Technische Gesteinkunde

für Bauingenieure, Kulturtechniker
Land- und Forstwirte, sowie für Steinbruchbesitzer
und Steinbruchtechniker

Von

Ing. Dr. phil. **Josef Stiny**
o. ö. Professor an der Technischen Hochschule in Wien

Zweite, vermehrte und vollständig
umgearbeitete Auflage

Mit 422 Abbildungen im Text und 1 mehrfarbigen Tafel,
sowie einem Beiheft: „Kurze Anleitung zum Bestimmen
der technisch wichtigsten Mineralien und Gesteine"

Springer-Verlag Wien GmbH 1929

ISBN 978-3-7091-2036-1 ISBN 978-3-7091-4210-3 (eBook)
DOI 10.1007/978-3-7091-4210-3

Urspünglish erschienen bei Julius Springer in Vienna 1929
Softcover reprint of the hardcover 2nd edition 1929

Aus dem Vorwort zur ersten Auflage

Gelegentlich der Abhaltung von Vorträgen über Gesteinkunde für geologische Hilfskräfte, die zur Beratung bei militärtechnischen Arbeiten herangezogen werden sollten, wurde der Mangel eines kurzen Leitfadens empfunden, welcher die technisch wichtigsten Gesteine unter Hervorhebung ihrer technischen Eigenschaften darstellt, ohne das Vertrautsein mit den mikroskopischen Methoden vorauszusetzen.

Der Ingenieur, mag er nun Tiefbau-, Hochbau- oder Forsttechniker sein, bedarf eines gewissen Maßes an Kenntnissen in der Gesteinkunde; denn die Felsarten liefern ihm seine Baustoffe und bauen die Erdhaut auf, in welcher er seine Bauten gründet und ausführt. Nur derjenige Ingenieur wird in seinem Fache das Beste leisten können, der die ihm zur Verfügung stehenden Stoffe auch zu meistern versteht und Mißgriffe in der Wahl der Baumittel und Bauplätze vermeidet.

Die Zeiten sind vorüber, in denen man sich mit der Durcharbeitung eines Planes nach der rein technischen Seite hin begnügte und wahllos nach dem nächstbesten, billigen Baustoff griff oder Verkehrswege baute, ohne auf das Verhalten des Erdbodens gegenüber den beabsichtigten, einschneidenden Eingriffen in seine Gleichgewichtsverhältnisse viel Rücksicht zu nehmen. Der Ingenieur der Gegenwart räumt der Beschaffenheit des zur Verfügung stehenden oder anzufordernden Baustoffes und dem Verhalten der Gesteine im Hoch- oder Tiefbau eine wichtige, die Bauweise, Linienführung usw. beeinflussende Stellung ein, mit der er die übrigen Forderungen technischer oder wirtschaftlicher Natur in Einklang zu bringen sucht.

Auch das Steingewerbe weicht allmählich von den rein empirischen Geleisen ab, in denen es sich jahrhundertelang bewegte und beginnt Wege einzuschlagen, die es im allmählichen Anstiege zu einer wirtschaftlicheren Ausnützung der Bodenschätze emporführen werden. Die Steinbruchbesitzer haben die Bedeutung einer wissenschaftlichen Gesteinprüfung lange unterschätzt, ja von ihr bisweilen eine Schädigung ihrer Interessen befürchtet; solches Mißtrauen ist unbegründet; denn erst die genaue Kenntnis der Eigenschaften und des Verhaltens eines Gesteines ermöglicht es, die Felsart jener Verwendungsart zuzuführen, zu der sie sich am besten eignet, und es von einem Gebrauche auszuschließen, in dem es sich nicht bewährt und bei dem Mißerfolge eintreten müssen, die selbst ein sonst gutes Vorkommen in Verruf bringen können.

Vorwort zur zweiten Auflage

Bei der zunehmenden Bedeutung der Gesteinkunde für den neuzeitlichen Straßenbauer, überhaupt den Tiefbauer jeder Art, den Hochbauer, Land- und Forstwirt usw. erschien die Herausgabe einer neuen Auflage — die erst vor einigen Jahren im Verlag bei Waldheim-Eberle A. G erschienene Auflage ist seit längerer Zeit vergriffen — eine Notwendigkeit, welcher sich Verlag und Verfasser nicht entziehen konnten. Für den Verfasser war die Einladung zur Niederschrift einer zweiten Auflage um so angenehmer, als der rührige Verlag Julius Springer sich entschlossen hatte, dem Buche ein größeres Format, größeren Umfang und eine den Bedürfnissen entsprechende Ausstattung zu geben.

Selbst die flüchtigste Durchsicht wird den Beurteiler der neuen Auflage schon davon überzeugen, daß sie gegenüber der ersten Auflage ganz beträchtlich erweitert, stofflich ergänzt und mit Abbildungen bereichert worden ist. Hoffentlich hat das Buch dadurch an Brauchbarkeit für alle gewonnen, an die es sich wendet: den Schüler, den ausübenden Ingenieur aller Sonderberufszweige, den Steinbruchbesitzer, den Steinbruchtechniker, Kulturingenieur usw.; vielleicht kann es sogar dem jungen Fachgeologen oder Fachgesteinkundler, der sich seine rein wissenschaftliche Bildung an der Universität geholt hat, bei der technischen Anwendung seines Wissens eine Art erster Hilfeleistung bieten.

Da eine genaue Kenntnis der wichtigeren gesteinbildenden Mineralien die unerläßliche Voraussetzung der Erkennung und technischen Bewertung der Gesteine ist, wurde dieser Abschnitt des Buches besonders stark erweitert und durch die Hinzufügung einer knappen Anleitung zum Bestimmen der Mineralien (Beiheft) ergänzt.

Entbehrliche Fremdwörter wurden durch deutsche Fachausdrücke ersetzt; ich hoffe, dadurch dem Leserkreise, der überwiegend der lateinischen und griechischen Sprache unkundig ist, gedient zu haben. Gerade in den technischen Wissenschaften findet das neuzeitliche, sieghafte Streben, sich deutsch auszudrücken und in seiner Muttersprache zu schreiben, erfreulicherweise den stärksten Widerhall.

Auf die Normung der Gesteinprüfung usw. konnte ich in dieser Auflage noch keine Rücksicht nehmen, da hier vieles noch im Flusse ist.

Die äußere Verbesserung des Buches verdanke ich einer ganzen Reihe von Helfern. In erster Linie habe ich dem Verlage zu danken, der das Büchlein in ein würdiges Kleid hüllte, mit Abbildungen reichlich ausstattete und auch sonst mannigfaches Entgegenkommen und viel Geduld bewies.

Zahlreiche Werke und Steinbruchbesitzer unterstützten mich in dankenswertester Weise, indem sie mir Druckstöcke zur Wiedergabe überließen, wie z. B. der Bund Deutscher Marmorbruchbesitzer, Gr. Kunnersdorf (Kreis Neisse), die optischen Werke C. Reichert, Wien, Ingenieur Luzzatto u. a. m., oder mir Vorlagen für Abbildungen zur Verfügung stellten. Viele Betriebe sandten auch Proben ihrer Rohstoffe und ihrer Erzeugnisse, Steinbruchbeschreibungen usw. ein; die Gesteinmuster sind nun in meinem Institute zu Unterrichtszwecken auf- und ausgestellt. Sollte das Buch eine weitere Auflage erleben, dann werde ich mich bemühen, die angeführten Beispiele heimischer deutscher und österreichischer Steingewinnung und -verwertung noch weitgehend zu vermehren; daran muß nicht bloß dem Leser des Buches und dem Steinkäufer, sondern ganz besonders auch dem Rohstofferzeuger liegen. Ich bin daher nach wie vor für die Einsendung von Gesteinproben, Prüfungszeugnissen, Steinbruchbeschreibungen, Bildern von Gesteinbearbeitungswerkzeugen und Fertigwaren aus Stein sehr dankbar.

Die überwiegende Zahl der Dünnschliffaufnahmen verdanke ich meinem früheren Assistenten, Herrn Dr. H. Küpper, dzt. Geologe in Holländisch-Indien. Mehrere Dutzend Vorlagen konnte ich der Lichtbildsammlung meines Institutes entnehmen; soweit sich dies feststellen ließ, befinden sich darunter Geschenke der Herren Dr. Hlawatsch (z. B. Abb. 120, 122), Geheimrat Dr. K. Keilhack (Abb. 117, 119, 124, 125, 206) und Professor Dr. Fr. Toula.

Die Abb. 345 bis 350 und 354 bis 359 sind aus dem Handbuche des Materialprüfungswesens von O. Wawrziniok (Berlin 1923, J. Springer) übernommen. Einige Aufnahmen von Handstücken und Geräten verdanke ich meinen Assistenten (K. Kuhn, A. Winter) und Schülern (z. B. N. Hantsch, Daschkow, K. Alber u. a.).

Beim Durchsehen der Fahnen und des Umbruches unterstützte mich meine Frau Leopoldine.

Allen jenen, welche das Büchlein irgendwie förderten, sei hiermit herzlichst Dank gesagt! Hinweise auf Mängel oder Fehler sowie Ratschläge für Verbesserung und Ausgestaltung des Buches für Berufszwecke nehme ich gerne und dankbar entgegen.

Wien, im November 1928

IV. Karlsplatz 13
(Techn. Hochschule)

J. Stiny

Inhaltsübersicht

Einleitung

Gesteine (Gebirgsarten, Felsarten) sind deutlich begrenzte natürliche Massen von mehr oder weniger gleichbleibender Ausbildung und solcher räumlicher Ausdehnung und Verbreitung, daß sie am Aufbaue der Erdkruste wesentlichen Anteil nehmen und geologische Selbständigkeit beanspruchen können.

Wie jede Begriffumschreibung, die sich auf einen Gegenstand oder eine Erscheinung der vielfältigen Natur bezieht, entbehrt auch die vorstehende als Menschenwerk im Forscherstübchen der völligen Strenge und Schärfe. So grenzen sich in der Natur draußen die Gesteine nicht immer mit auffälligen Flächen gegeneinander ab; gar häufig schalten die Körper verschiedenartiger, aber unmittelbar benachbarter Gebirgsarten einen Übergangsaum zwischen sich, innerhalb welches oft ganz unmerklich ein Gestein im andern gewissermaßen aufgeht. So verschwimmt zuweilen die Grenze zwischen dem feinkörnigen Ton und dem aus gröberen Teilchen bestehenden Sande, beispielsweise in der Art, daß in der Richtung gegen die Sandmasse zu die Tonkörnchen immer mehr und mehr vergröbern; in gleichem Maße nimmt dann die Korngröße der Sande gegen das Tongestein hin mehr oder minder stetig ab. Dies ist nur einer der häufigen Fälle des Überganges einer Felsart in eine andere.

Nach der gegebenen Beschreibung müßte man auch das Eis der Gletscher und der nordischen Festländer, das Wasser und die Erzvorkommnisse zu den Gesteinen zählen. Wohl wegen der hohen Bedeutung, welche die Erze für die menschliche Wirtschaft besitzen, pflegt man sie häufig aus der Masse der übrigen Felsarten herauszuheben und eingehend für sich zu behandeln. Vom rein wissenschaftlich-geologischen Standpunkt aus betrachtet, trägt diese Abtrennung den Stempel einer gewissen Willkür an sich; dieser Vorwurf trifft auch das vorliegende Buch; doch rechtfertigt die Stoffabgrenzung ähnlich wie dort hier der Umstand, daß der Leitfaden für die Bedürfnisse des technisch Gebildeten geschrieben ist und von vornherein darauf verzichtet, rein bergwirtschaftlich wichtige Gesteinskenntnisse zu vermitteln.

In Laienkreisen hält man nicht selten den Ausdruck „Gestein" für gleichbedeutend mit festem, „gewachsenen" Fels. Diese Auffassung ist irrig. Der Gesteinsbegriff hängt nicht von einer bestimmten Zustandform oder von der Zusammenhangsinnigkeit ab. Der lockere Sand, der weiche, wie „flüssig" sich verhaltende Schlamm, der leicht stechbare Löß und der harte, schwer schießbare feste Fels zählen mit gleichem Bürgerrechte zur Welt der Gesteine. Die Grenzen zwischen den Zusammenhangsgraden verschwimmen oft so sehr, daß sie die Auseinanderhaltung verwandter Gesteinsarten mehr oder minder erschweren; so gehen nicht selten mit wachsendem, inneren Zusammenhange lose Schotter ganz allmählich in mittelfeste Nagelfluh und schließlich in kräftig verbundene Konglomerate (Kittschotter) über; in völlig ähnlicher Weise kann man die Stufenleiter: loser Sand → mürber Sandstein → fester Sandstein, oder die Reihe: bildsamer, weicher Ton → etwas festerer Schieferton → mittelfester Tonschiefer → fester Urtonschiefer (Phyllit) aufstellen. Zustandsform und Zusammenhangsgrad der Gesteine bedeuten für die reine Wissenschaft wenig, für den ausübenden Techniker aller Fachrichtungen aber überaus viel; im vorliegenden Buche müssen sie, seinem Sonderzwecke entsprechend, ganz besonders kräftig hervorgehoben und berücksichtigt werden.

Die Gesteinkunde (Gesteinskunde, Petrographie, Lithologie, Petrologie usw.) ist die Lehre von den Gesteinen, ihrem Werden, Sein und Vergehen; sie will eine förmliche Lebenskunde der Gesteine sein.

In nicht allzuferner Zeit ging die Gesteinkunde völlig in der Aufzählung, Einteilung und Beschreibung der Gesteine nach Zusammensetzung, äußerer Tracht, Eigenschaften, Vorkommen usw. auf; heute spüren die fruchtbarsten Forschungen dem geologischen Werdegange der Gesteine nach; man spricht den Gesteinen nicht mehr ein gewisses „Leben“ ab, mag dieses auch wegen der langen Dauer der Vorgänge, wegen des Fehlens von Bewegungserscheinungen usw. von dem Leben der Pflanzen und Tiere sich stark unterscheiden; immerhin sind einige grobe Vergleiche gestattet. Auch die Gesteine „entstehen“ und „wachsen“; geologische Vorgänge sind ihre Erzeuger und ihre Ernährer; sie antworten auf eine Veränderung ihrer Daseinsbedingungen („Reize“), indem sie sich „weiterbilden“. „umwandeln“ oder sich auflösen und vergehen. Jede Zerstörung löst wieder Neubildungen aus, so daß auch von den Gesteinen das Dichterwort gilt: „Neues Leben blüht aus den Ruinen“. Auch da walten geologische Kräfte in erster Linie; ihr schöpferisches Gestalten schafft hier Gesteine, prägt dort Felsarten um und wieder wo anders zertrümmert ihre schwere Hand bald plötzlich und sprunghaft, bald langsam, aber stetig das eigene Gebilde oder wenigstens seine Form. Denn der Stoff selbst geht ja eigentlich nie verloren, er ändert nur nach dem Wechselspiele der geologischen Einflüsse seine Erscheinungsgestalt.

Die Gesteinkunde beschäftigt sich auch mit den gegenseitigen Wechselbeziehungen der Gesteine. Auch diese Kenntnis wurzelt in der Geologie; ähnliche Entstehungsgeschichte bedingt auch vielfach Ähnlichkeit der sich bildenden Gesteine, die so zu „Gesteinsvereinen“ und „Gesteinsgenossenschaften“ zusammengeschlossen werden können; so besteht die Lockermassen-Genossenschaft der Stromablagerungen beispielsweise immer wieder aus Schottern, Sanden und Schlammen; die Glieder dieses Gesteinsvereines verbinden viele gemeinsame Eigenschaften; die trennenden Unterschiede bestehen in der Verschiedenheit der „Ausbildung“ (Fazies) der Ablagerung im einzelnen.

Die Gesteinkunde beackert ein ganz anderes Arbeitsgebiet als die Mineralogie; Aufgabe dieser bildet die Beschreibung und Einteilung der Mineralien, ihr Vorkommen, ihre Bildung und Zerstörung.

Die Gesteinkunde macht sich die Erkenntnisse, welche der Mineraloge gewonnen hat, zunutze, wo sie ihrer bedarf; denn in unzähligen Fällen entstehen die Gesteine eben durch die massenhafte Aneinanderhäufung von einzelnen Mineralkörpern; dann geben die verschiedenen Mineralien selbst die Bausteine für die Felsart ab.

Außer der Geologie (Erdgeschichte) und der Mineralienkunde fördern auch noch viele andere Wissenschaften das Lehrgebäude der Gesteinkunde; so, um nur ein paar Wissensgebiete zu nennen, die Physik, die Chemie und die Technologie. Das Verhältnis der Gesteinkunde zu allen diesen Wissenschaften ist aber kein einseitiges; sie gibt auch ihrerseits aus dem eigenen, tiefschürfenden Forschungsbetriebe mannigfache Anregungen, wirkt hier befruchtend, löst dort strittig gebliebene Fragen und fügt sich so als gleichberechtigtes, nützliches Glied in die Gedankenkette unseres Wissens von der Erde und ihren Stoffen ein.

Während die Gesteinkunde als reine Wissenschaft die Erforschung der Gesteinswelt losgelöst von allen Beziehungen zur menschlichen Wirtschaft um ihrer selbst willen pflegt, trachtet die angewandte (praktische) Gesteinkunde die mannigfachen Beziehungen der Felsarten zum Menschen und seinen Tätigkeiten aufzudecken; sie zeigt die Abhängigkeit des Menschen vom Gestein; es trägt ihn während seines Erdenwallens, es bietet ihm schützendes Dach (Höhlen-, Lößwohnungen und so weiter), ernährt ihn und nimmt nach seinem Tode seine irdischen Reste auf. Die Gesteinkunde will aber auch dem Menschengeschlechte helfen, das Gestein zu meistern und in seine Dienste zu stellen. Mannigfach sind die Wege, die der Menschengeist betritt, um sich die Natur und ihre Kräfte dienstbar zu machen; man kann sie in Gruppen zusammenfassen und unterscheidet danach wieder eine Anzahl von Sondergebieten der angewandten Gesteinkunde.

Einer der größten, vielseitigsten und wirtschaftlich bedeutendsten Sonderanwendungsbereiche ist die Technische Gesteinkunde, deren Anfangsgründe das vorliegende Büchlein vermitteln will.

Die technische Gesteinkunde schildert die Gebirgsarten, ihre Eigenschaften, Lagerungsverhältnisse, Bildung und Umwandlung hauptsächlich vom Standpunkte des Technikers aus, welcher Roh- und Baustoffe gewinnt oder Bauten auf und in der Erdhaut ausführt. Die Kenntnis des technischen Verhaltens der Gesteine besitzt hohe allgemeine und besondere wirtschaftliche Bedeutung, weil sie den Ingenieur aller Zweige im gegebenen Falle befähigt, vermeidbaren Schwierigkeiten auszuweichen, leicht erreichbare Vorteile auszunützen, unvermeidlicher Schwierigkeiten Herr zu werden und so in jeder Weise und in allen einschlägigen Fragen den angestrebten Zweck auf dem einfachsten, raschesten, billigsten Wege zu erreichen; dann, aber auch nur dann schöpft man aus den eigenen und den Kräften der Natur das für den Bau und die Wirtschaft Beste und Zweckmäßigste.

I. Einführende Vorbemerkungen

1. Die Bestandteile der Gesteine

Unter den Bestandteilen, deren Zusammentreten zur „Gesteinwerdung" führt, spielen die Mineralien eine sehr bedeutende Rolle. Doch kommen nur die wenigsten bekannten Mineralien — kaum mehr als 35 bis 40 — als gesteinbildend im eigentlichen Sinne in Frage; alle übrigen finden sich so spärlich oder gar so selten in den Felsarten, daß ihre Kenntnis oder Berücksichtigung in der Gesteinkunde mehr oder minder entbehrlich ist.

Mineralien sind bekanntlich unbelebte, natürlich vorkommende feste oder flüssige, unterscheidbare Stoffe und Stoffverbindungen der Erdrinde, welche im physikalisch-chemischen Sinne gleichteilig (homogen, gleichartig) sind.

Gesteine, welche nur aus einer Mineralart bestehen und daher gleichartig erscheinen, pflegt man einfach (gleichartig) zu nennen (Abb. 1);

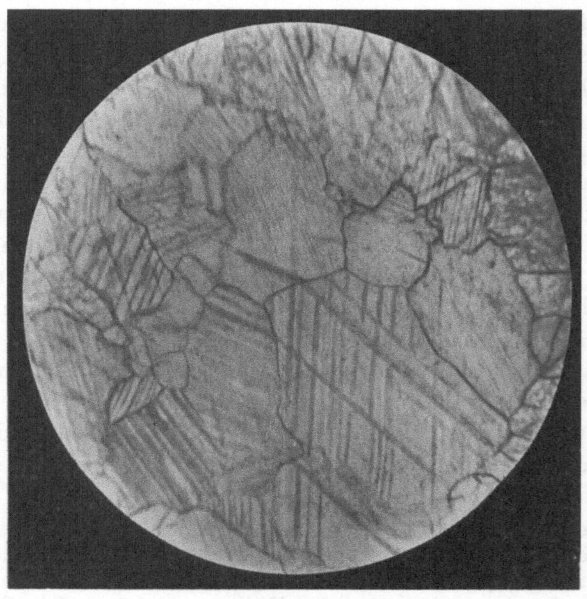

Abb. 1. Marmor aus St. Lambrecht (Steiermark). Beispiel eines einfachen Gesteins (nur aus Körnern einer Mineralart — Kalkspat — aufgebaut). Begrenzung der Körner z. T. ungefähr gerade, z. T. buchtig, Zwillingstreifung

beteiligen sich zwei oder mehrere Mineralien am Aufbau des Gesteins, so bezeichnet man es als zusammengesetzt (Abb. 2) oder gemengt (ungleichartig).

Ein großer Teil der Gesteine läßt erkennen, daß bei ihrer Entstehung sich die Mineralien nicht gesetzlos zueinander gesellen; mit Vorliebe treten Mineralien gleicher oder ähnlicher Bildungsbedingungen zu einer Mineralkameradschaft (Mineralverein, Mineralgenossenschaft) zusammen; die Mineralkameradschaften entsprechen ungefähr den Pflanzengemeinschaften der Standortslehre und Pflanzenverbreitungskunde. Wie sich z. B. Fichte, Lärche, Tanne und Föhre zum Vereine des „Nadelwaldes" zusammenschließen, so entsteht aus der regellosen Aneinanderlagerung von Quarz, Feldspat und Glimmer das Gestein „Granit"; der Glimmer kann durch Augit oder Hornblende in ähnlicher Weise vertreten werden, wie sich die einzelnen Nadelhölzer je nach Umständen gegenseitig ablösen. Solches Verhalten erschwert die Aufstellung fest umrissener Gesteinsarten, ja macht sie sogar bis zu einem gewissen Grade sinnlos.

Die mineralischen Gemengteile der Gesteine zeigen bei einheitlichem (gleichteiligem) inneren Bau meistens eine mehr oder minder regelmäßige äußere Form, die mit allen ihren chemischen und physikalischen Eigenschaften aufs engste gesetzmäßig zusammenhängt (kristallartige Körper, kristallinische Körper, Kristalloide); gesellt sich zu diesem Verhalten allseitige, regelmäßige Begrenzung, dann heißt der Mineralkörper Edeling (Edelform, Kristall).[1] Gut ausgebildete Kristalle trifft man in den Gesteinen

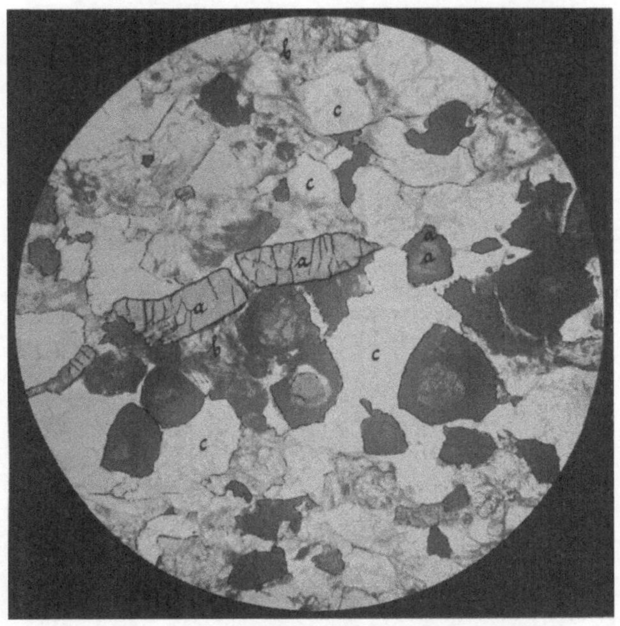

Abb. 2. Turmalingranit von Säusenstein. Beispiel eines zusammengesetzten Gesteins
a Turmalin, *b* Feldspat, *c* Quarz
Nach einem Lichtbilde der Sammlung des Geolog. Institutes der Techn. Hochschule in Wien

nicht gar so häufig an; hier liegen die Keimpunkte, von denen aus die Mineralien weiter wachsen, in der Regel so nahe nebeneinander, daß sich die Einzelkörper (Einlinge) an der allseitigen regelmäßigen Ausbildung wechselseitig behindern; es entstehen dann Aneinanderhäufungen (Gehäufe, Aggregate) kristalliner Körper (vielfach Körner oder Schuppen, Stengel usw.). Bilden sich die verschiedenen Mineralien eines Gesteins zu merklich verschiedenen Zeiten aus, dann kann das zuerst entstehende Mineral die ihm zukommende regelmäßige Gestalt annehmen und „eigenformig" (idiomorph,

---

[1] krystallos (griechisch) = Eis, Bergkristall; der Bergkristall galt nämlich in alter Zeit als Eis, das langandauernde, starke Kälte hart und unschmelzbar gemacht hat.

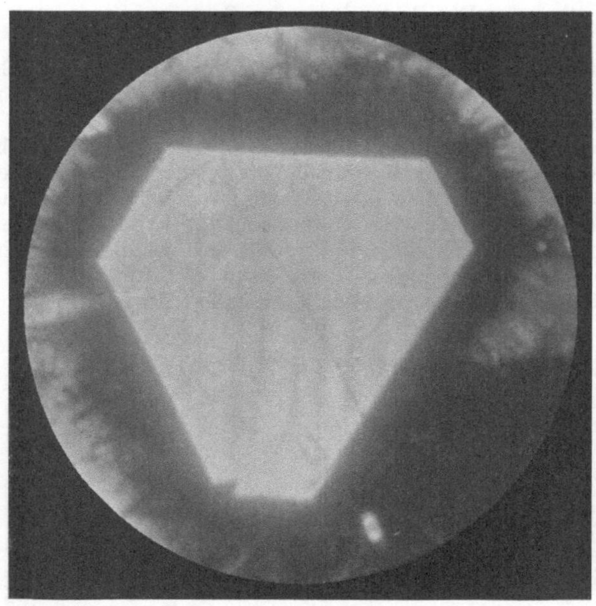

Abb. 3. Nephelinkristall (licht) mit Erzbart (dunkel); Basalt des Steinberges bei Feldbach, Steiermark. Beispiel für eigenformige Ausbildung (Eigengestalt)

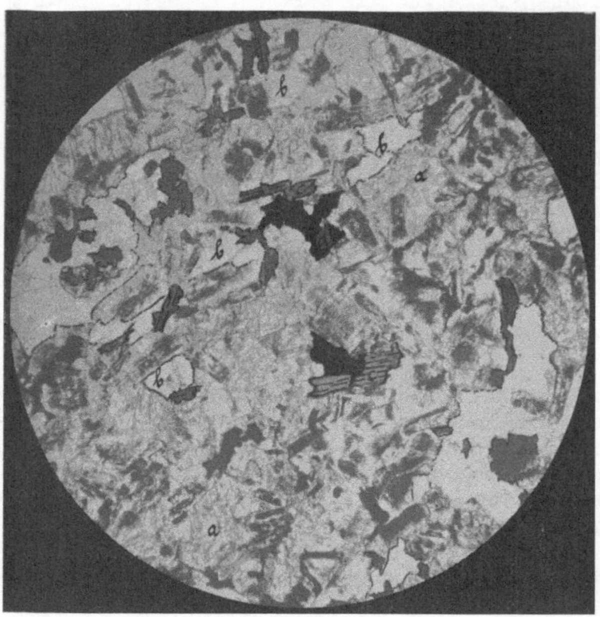

Abb. 4. Halbeigenformige Ausbildung. Einzelne Mineralien besitzen Eigenform, andere nicht. Granit von Freienstein a. d. Donau (N.-Ö.).
a **Feldspat,** ***b*** **Quarzkörner,** ***c*** **Biotit,** ***d*** **Magnetit (schwarz)**

automorph, eigengestaltig,[1] Abb. 3) werden; spätere Mineralbildungen erlangen dann gegenüber den Erstlingen die für sie bezeichnende Abgrenzung nicht mehr und können sie bloß gegenüber noch später entstehenden Mineralien durchsetzen: „halbeigenformige“ (hypidiomorphe,[1] Abb. 4) Ausbildung eines Gesteins. Die letzten Mineralbildungen müssen sich dann ganz dem Raum anpassen, den ihnen die früher Erschienenen übrig gelassen haben: „fremdformige“ (xenomorphe, allotriomorphe,[1] fremdgestaltige, andersformige) Ausbildung (Abb. 5).

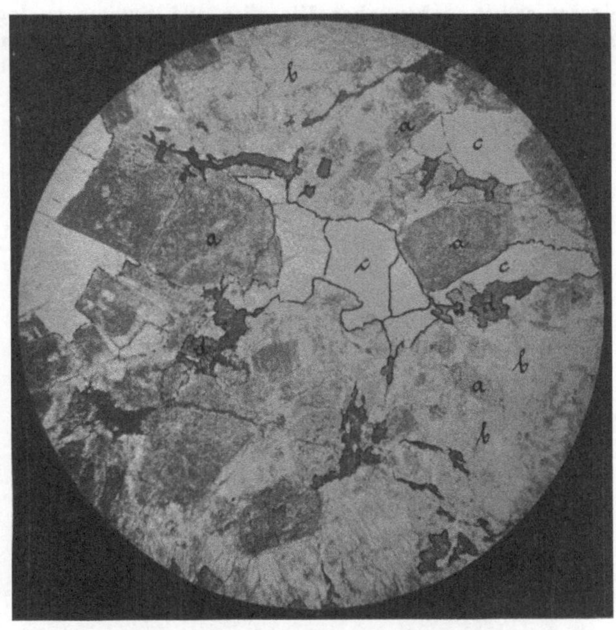

Abb. 5. Biotitgranit (Granitit von Roggendorf, N.-Ö.). Fremdgestaltige Ausbildung von Quarz (*c*)
a Kalknatronfeldspat, *b* Kalifeldspat, *d* Biotit
Nach einem Lichtbilde der Sammlung des Geolog. Institutes der Techn. Hochschule in Wien

Außer den mineralischen Einzelkörpern treten auch Trümmer von Gesteinen gesteinsbildend auf; sie bestehen allerdings letzten Endes meist wieder aus Mineralteilchen (Abb. 6).

Nicht alle Mineralien eines und desselben Gesteins besitzen für seinen Aufbau die gleiche Wichtigkeit. Die einen spielen eine solche Rolle in der Zusammensetzung des Gesteins, daß sie seine Bezeichnung festlegen; man nennt sie wesentliche oder Hauptgemengteile (z. B. Feldspat, Quarz und Glimmer im Granit). Andere Bestandteile

---

[1] morphé (griechisch) = Gestalt; idios (griech.) = eigen; autos (griech.) = selbst; hypó (griech.) = unter (hier gleich annähernd); allotrios (griech.) = anders; xenós (griech.) = fremd.

sind belanglos für das Wesen des Gesteins; so berührt z. B. das Vorhandensein oder Fehlen von Apatit oder Zirkon den Gesteinsbegriff „Granit" in keiner Weise; solche Gemengteile heißen unwesentliche oder Nebengemengteile. Schließlich fehlen kaum jemals in einem Gesteine sogenannte Übergemengteile (akzessorische Gemengteile); diese treten in verschiedenen Abarten auf.

Zufällige Übergemengteile stehen in keiner stofflichen Beziehung zur Gesteinsart selbst, geben aber Hinweise auf gewisse geologische Vorgänge, die sich bei der Bildung der Felsart abspielten; so deuten Flußspat, Topas, Turmalin usw. auf die Wirksamkeit heißer Dämpfe hin. Vertretende[1]

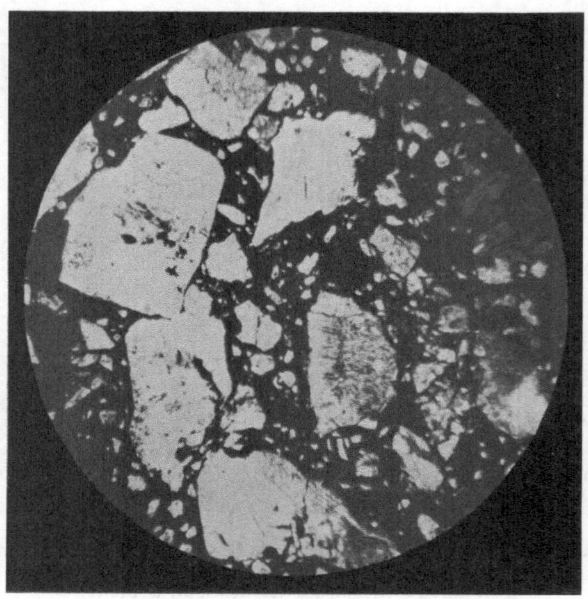

Abb. 6. Grobe Kalkbresche, Albanien. Trümmer eines älteren, zerbrochenen Gesteins beteiligen sich am Aufbau der Bergart (Aufsammlung Dr. E. Nowack)

Übergemengteile (oder kurz Vertreter, Stellvertreter) werden Mineralien genannt, welche sich gelegentlich teilweise oder auch ganz an Stelle eines Hauptgemengteiles in die Zusammensetzung einer Gebirgsart eindrängen; so ersetzen Nephelin, Hauyn, Leuzit u. a. häufig den Feldspat; in Graniten tritt zuweilen Turmalin an Stelle des Glimmers auf. Kennzeichnend[2] heißen Übergemengteile, welche gewissen Gesteinen regelmäßig eingelagert sind, während sie anderen, verwandten Felsarten mehr oder minder fehlen; so ist z. B. Titanit den Dunkelglimmergraniten und den Hornblendegraniten eigentümlich, während er die hellen Granite meidet; der Almandin begleitet gerne gewisse Gneise.

---

[1] Vikariierend. — [2] Charakteristisch.

Zu den Bestandteilen der Gesteine gehören auch die Versteinerungen, das sind die Reste von Lebewesen, die an der Bildung des Gesteins mitwirkten oder auch nur zufällig in den Gesteinsverband gerieten; sie finden sich zuweilen so massenhaft in gewissen Gebirgsarten, daß man das Gestein nach ihnen benannt hat (vgl. Ausdrücke wie Seelilienkalk, Muschelmarmor, Schilfsandstein usw.).

Schließlich finden sich in vielen Felsarten gewisse, Fremdkörpern ähnliche, zufällige, aber manchmal recht bezeichnende Mineralmassen, welche man begleitende Bestandmassen zu nennen pflegt; sie entstanden meistens nicht gleichzeitig mit dem Gestein und bilden auch nirgends einen wesentlichen, notwendigen Teil desselben. Man unterscheidet gewöhnlich fremdartige Einschlüsse, Zusammenwachsungen und Abscheidungen.

Abb. 7. Kugelige Zusammenwachsung (Sandkörner durch Kalkabscheidung verbunden)

Aufdringende Schmelzflüsse brechen bei ihrem Emporstiege nicht selten Stücke des Nebengesteins los oder übernehmen sonstwie sich abtrennende Teilmassen der durchbrochenen Felsarten. Viele solcher mitgeförderter Bruchstücke gehen durch Einschmelzung restlos im Glutteige auf, manche werden nur mehr oder minder stark angeschmolzen, so daß uns noch ein Restkern vom Vorhandensein und dem Schicksale eines „Einschlusses“ (Fremdeinschlusses) Kunde gibt. Außer der Anschmelzung treten auch andere Umwandlungsformen der Einschlüsse auf; bald verschwimmen ihre Umrisse gegen das Wirtsgestein, bald grenzen sie sich scharf gegen die Durchbruchfelsart ab; zuweilen bleiben sie auch ganz unverändert erhalten; bei größeren Ausmaßen heißen sie auch „Schollen“ (Fremdschollen, Nachbargesteinschollen usw.).

Die Zusammenwachsungen (Konkretionen)[1] bilden sich innerhalb eines Gesteins durch Zusammenscharung eines vom Gesteine verschiedenen Minerales oder Mineralgehäufes; sie wachsen von einem Mittelpunkte — der Ausgangsstelle der Ausscheidung oder Fällung eines früher in Lösung befindlich gewesenen Stoffes — aus nach außen; demgemäß sind die inneren Teile der Zusammenwachsung die ältesten, die äußersten dagegen

[1] concrescere (lat.) = zusammenwachsen.

die jüngsten. Die **Abscheidungen** (Sekretionen)[1] dagegen sind von außen gegen innen gewachsen; sie setzen stets für ihre Bildung das Vorhandensein eines leeren Raumes, einer Kluft, eines Hohlraumes usw. im Gesteine voraus, von dessen Wand aus ihr Wachstum gegen das leere oder leer werdende Innere zu fortschreitet. Dort, wo begleitende Bestandmassen aus Kristallen bestehen, richten diese bei den Zusammenwachsungen ihre Spitze nach außen, bei den Abscheidungen dagegen nach innen (Abb. 7, 8).

Zu den Bestandteilen der Gesteine gehören auch **gestaltlose** (ungestalte, amorphe[2]) **Körper**, wie z. B. die sogenannten **Gläser** (Gesteingläser). Während die Feinbaustoffe in den Kristallen und sonstigen kristallin ausgebildeten Mineralien eine bestimmte, für sie kennzeichnende

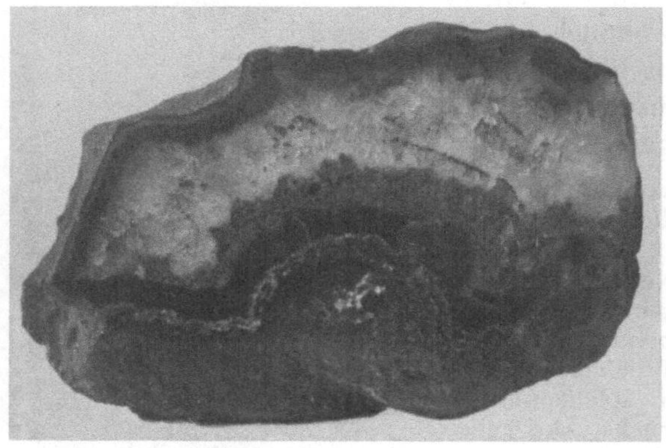

Abb. 8. Abscheidung von Quarzstoff in einem Hohlraum. Achat

gesetzmäßige Anordnung und Ausrichtung erkennen lassen, welche sich in ihren Eigenschaften äußert, liegen die Feinbauteilchen der ungestalten festen Körper regellos und wirr durcheinander, so wie etwa in den Gasen und Flüssigkeiten. Man pflegt auch die Gläser heute allgemein als unterkaltete Flüssigkeiten von hoher innerer Reibung aufzufassen; tatsächlich entstehen die Gesteingläser durch rasche Abkühlung von Schmelzflüssen (Laven, Magmen); es fehlt dann die Zeit zur Ausbildung von Kristallen. Zufolge ihres Baues zeigen gestaltlose Körper nach allen Richtungen gleiche Eigenschaften.

Bei genauerem Zusehen verschwimmen allerdings die Grenzen zwischen der gestaltlosen und der kristallinen Ausbildung. Dies tritt besonders klar hervor, wenn wir die Reihe: Gas → Flüssigkeit → flüssige Kristalle → Kristalle näher betrachten. Gase und Flüssigkeiten entbehren der Ausrichtung der Feinbaustoffe. Diese sind aber bei den Gasen noch vergleich-

[1] secernere (lat.) = abscheiden.

[2] amorph (griech. a ohne, morphé die Gestalt) = ungestalt.

weise spärlich im Raume verteilt (ihr Zwischenraum dürfte 30 bis 40 mal größer sein als ihr Durchmesser); sie bewegen sich daher leicht und bekunden eine gewaltige, feinbauliche Unrast. Verdichten sich Gase zu Flüssigkeiten, dann nähern sich die Feinbausteine bereits sehr kräftig; ihr Widerstand gegen Bewegung und Zerteilung wächst und wird bei manchen Stoffen und Ausbildungsformen so stark, daß man von „zähen Flüssigkeiten" und „Gläsern" spricht; die Feinbaueinzelteilchen streben der Kugelgestalt zu, die sie erreichen, wenn sich die Oberflächenkräfte allseits gleichmäßig auswirken können. Beginnen sich die Feinbausteinchen ständig auszurichten und in bestimmte Richtungen einzustellen, dann bilden sich gerichtete Eigenschaften heraus, die von den gestaltlosen Körpern, den Vorformen der Kristalle, hinüberleiten zu den Vollkristallen; man nennt die Zwischenformen „Fastkristalle" oder flüssige Kristalle. In den Vollkristallen liegen die Feinbauteilchen einander bereits ziemlich nahe, sind aber noch weit entfernt von einer gegenseitigen Berührung; so können z. B. die Siedesteine (Zeolithe) Wasserdampf ein- und ausatmen und ganz allgemein die Kristalle bei der Erwärmung sich ausdehnen und bei der Abkühlung sich zusammenziehen. Die Feinbaustoffe der Kristalle befinden sich in einem Bewegungsgleichgewichte, das in der inneren Ausgeglichenheit des Baues wurzelt, und daher eine gewisse Beständigkeit gewährleistet. Bedeutet der Vorgang des Kristallisierens die Bildung einer Raumgitteranordnung der Feinbauteilchen, so kommt das Schmelzen oder Auflösen einer Zertrümmerung des Gitterbaues und einer Gestaltlosmachung (Amorphosierung) gleich.

2. Die Größe und Gestalt der Gesteinsgemengteile

Größe und Gestalt der Gesteinsgemengteile besitzen für das technische Verhalten der Gebirgsarten eine sehr hohe, vielfach sogar entscheidende Bedeutung, welche in der Regel ganz unabhängig ist von der chemischen Zusammensetzung der Teilchen. Während die reine Gesteinslehre sich mit der Größe der Gemengteile nur so nebenbei beschäftigt, muß die technische Gesteinskunde jenen Veränderungen im Verhalten der Felsarten, die aus der Zu- oder Abnahme der Teilchengröße entspringen, einen eigenen, den sonstigen Betrachtungen vorauszuschiebenden Abschnitt widmen. Beeinflußt ja die Größe der Teilchen, mag sie nun bereits natürlich ausgebildet sein oder künstlich erzielt werden, vielfach die Verwendung des Gesteins in verschiedener Weise.

Leider herrscht über die Zahl und Abgrenzung der aufzustellenden Korngrößengruppen keine Einigkeit; die Verwirrung wird noch dadurch gesteigert, daß man die Grenzen der Größengruppen oft nach dem Verwendungszwecke des Gesteins oder dem Sonderfachgebiete, das sich mit der Gebirgsart beschäftigt, verschieden legt.

Im Betonbau pflegt man Teilchen von weniger als 7 mm Korngröße als Sand, solche von 7 bis 70 mm Durchmesser als Kies oder Schotter zu bezeichnen.

Im Straßenbau trennt man vielfach Feinsplitt (2 bis 7 mm, Grus), Grobsplitt (7 bis 25 mm, wenn rund geformt meist Feinkies genannt) und groben Steinschlag (Kantschotter, 20 bis 70 mm, nach anderen

30 bis 60 mm Durchmesser, dem Rundschotter entsprechend); daneben sind auch die Bezeichnungen „Feinschlag" für Korngrößen von 7 bis 15 mm und „Klarschlag" für Durchmesser von 15 bis 35 mm üblich.

Die österreichische Normung bezeichnet als „Sand" Gemenge mit 2,0 bis 0,2 mm Teilchengröße; als Feinriesel solche mit 2,0 bis 10,0 mm Teilchengröße (Feinkies, bzw. Feingrus,[1]) endlich jene mit 10,0 bis 20,0 mm Teilchengröße als Grobriesel (Grobkies, Grobgrus[1]).

Anders lauten die Vorschläge von R. Schenk (3), die in nachstehender Übersicht wiedergegeben sind.

Übersicht 1. Korngrößengruppen nach Schenk
(mit Zusätzen des Verfassers)

Korn nummer	Korngröße mm	Bezeichnung		
11	45 —55	Grob-	Schotter	
10	35 —45	Mittel-	Schotter	
9	25 —35	Fein-	Schotter	
8	18 —25	Grob-	Splitt	Kies (Riesel)
7	12 —18	Fein-	Splitt	Kies (Riesel)
6	8 —12	Grob-	Grus	Kies (Riesel)
5	5 — 8	Mittel-	Grus	Kies (Riesel)
4	2 — 5	Fein-	Grus	Kies (Riesel)
3	0,6 — 2,0	Grob-	Sand	
2	0,2 — 0,6	Mittel-	Sand	
1	0,086— 0,2	Fein-	Sand	
0	0,05 — 0,086	grober	Steinstaub (Mehl)	
00	0,01 — 0,05	feiner	Steinstaub (Mehl)	

In der technischen sowohl wie in der land- und forstwirtschaftlichen Bodenkunde pflegt man die Einteilung in folgende Korngruppen zu bevorzugen (siehe nebenstehende Übersicht 2).

Danach bezeichnet man alle Teilchen, deren Durchmesser unterhalb 2 μ (0,002 mm), aber noch oberhalb 100 $\mu\mu$ (0,0001 mm) liegt, als Kleinchen oder Kolloide[2] (Rohton, Kleinchenton usw.). Früher stellte man die Kleinchen den Kristalloiden entgegen; heute weiß man, daß auch unter den Kleinchen Kristalloide zu finden sind, wenn auch die gestaltlose Ausbildung bei ihnen überwiegen mag; immerhin sind „Kolloide" und „Kristalloide" keine gegensätzlichen Begriffe mehr, sondern beziehen sich auf verschiedene Eigenschaften des Stoffes; der Ausdruck

[1] Letztere Bezeichnungen vom Verfasser hinzugefügt.

[2] kollos (griech.) = Leim; wegen der neuzeitlichen Umstellung des Begriffes „Kleinchen" sei letzterer Ausdruck vorgezogen, zumal er das Wesen besser zum Ausdruck bringt.

Übersicht 2. **Korngruppen** (Die eingeklammerten Absatzzeiten nach Vorschlägen von J. Kopetzky)

	Durchmesser	Benennung: Eckig	Benennung: Gerundet	Absatzzeit bei 10 cm Fallhöhe	Gewinnung-Art	
Bodengerüst	> 30 mm	Steine, Kantschotter, Gest. Bruchstücke	Gerölle, Rundschotter, Geschiebe		Absieben	
	30 mm > Φ > 2 mm	Grus	Riesel, Kies, Grand			
Feinboden	2 mm > Φ > 1 mm	Grober Sand				
	1 mm > Φ > 0,5 mm	Mittelkörniger Sand				
	0,5 mm > Φ > 0,2 mm	Feiner Sand				
	0,2 mm > Φ > 0,1 mm	Grober Mu (Mehlsand)		5″ (5″)	Abschlämmen	Abschlämmen
	0,1 mm > Φ > 0,05 mm	Mittel- Mu (Mehlsand)		35″		
	0,05 mm > Φ > 0,02 mm	Feiner Mu (Mehlsand)		47″ (50′)		
	0,02 mm > Φ > 0,006 mm	Grober Schluff (Staub)		7,5′ (8′) (33′ bei 0,01 Durchm.)		
	0,006 mm > Φ > 0,002 mm	Feiner Schluff (Staub)		1 h (55′)		Ausschleudern
	0,002 mm > Φ > 0,0006 mm	Grobe Kleinchen (Rohton, Mikronen, Kleinchenton, Kolloide)		8 h		
	0,0006 mm > Φ > 0,0002 mm	Feine Kleinchen (Rohton, Mikronen, Kleinchenton, Kolloide)		64 h		
	0,0002 mm > Φ > 0,0001 mm	Feinste Kleinchen (Rohton, Mikronen, Kleinchenton, Kolloide)				
	< 0,0001 mm	Überkleinchen (Kleinstchen, Ultrakolloide, Ultramikronen, Überkleinchenton)				

„Kleinchen" zielt auf eine bestimmte Korngrößengruppe, jener, „Kristalloid", kennzeichnet die Erscheinungsform des Stoffes.

Der richtige Gegenpunkt zu den „Kleinchen" ist vielmehr in der Richtung gegen die gröberen Feinteilchen und die Kiese (Schotter) zu suchen („Grobkörper" im allgemeinen). Die Verschiedenheiten des physikalischen und technischen Verhaltens der verschiedenen Korngrößen der Gesteinsgemengteile vergegenwärtigen wir uns am besten, wenn wir an Sand und an Ton (oder an Lehm) denken.

Jener rieselt uns in trockenem Zustande zwischen den Fingern durch, in sehr feuchtem Zustande fließt er vom Handballen herab; er duldet kein Formen und Kneten; nur bei recht mäßiger Anfeuchtung zeigt er schwache Bildsamkeit (Plastizität) und läßt unsere Kinder zum Zerfallen neigende Kuchen backen; ins Wasser geworfen, sinken seine Körner verhältnismäßig rasch zu Boden; ob trocken oder naß, neigt er zur Wanderlust, bald ein Spielball des Windes, bald eine Beute des Wassers werdend; dabei ändert er kaum seinen Rauminhalt; beim Austrocknen klaffen keine Sprünge auf und die Wasseraufnahme bringt ihn auch nicht zum „Quellen". Kleinlebewesen, wie z. B. Spaltpilze (Bakterien) behalten im Sande ihre freie Beweglichkeit und ihr Wandervermögen.

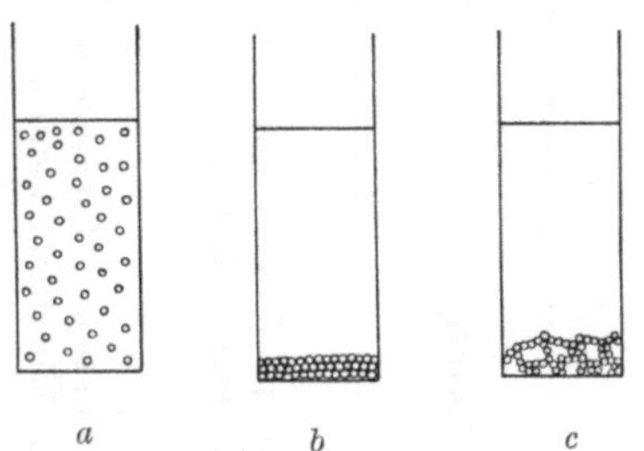

Abb. 9. Aufschlämmung (*a*, Zerteilung), dichtgelagerter Bodensatz (*b*, Einzelkornverband) und Flockenverband (*c*, Krümelverband)

Ganz anders der Ton. Er widersteht im trockenen Zustande hartnäckig der Trennung seiner Bestandteile und zeigt große „Standfestigkeit"; befeuchtet läßt er sich kneten oder formen; bei reichlicherem Wassergehalte klebt er an den Fingern und Werkzeugen; noch stärkere Durchtränkung bringt ihn zum „Fließen". Austrocknen ruft starke Zusammenziehung des Tones hervor; er „schwindet" unter Aufreißen mehr oder minder breiter und tiefer „Trocknungsrisse". Befeuchtung schließt zuerst die offenen Spalten, dann vergrößert sie den Rauminhalt des Tons weiterhin noch beträchtlich; er „quillt". In Wasser zerteilt, setzen sich seine Teilchen nur ganz langsam zu Boden; das Wasser bleibt lange Zeit trüb, zeigt später noch lange sich erhaltenden Oberflächenschiller (Opalisieren) und liefert schließlich an seinem Grunde dichtgelagerte Bodensätze (Abb. 9, Mitte); in jeder Tongrubenlache kann man dieses Verhalten des Tones leicht beobachten. Tonige Massen halten Farbstoffe, Nährsalze, Spaltpilze usw. mit großer Zähigkeit fest; sie „verhaften" förmlich Kleinlebewesen und hindern sie an freier Ausbreitung im Boden; diese Festhaltekraft für Spaltpilze kann der Weiterverbreitung ansteckender Krankheiten unter sonst gleichen Umständen auf tonigem Untergrunde leichter und rascher ein Ziel setzen wie auf sandigen Geländestrichen.

Der Grund für das abweichende Verhalten der Kleinchen muß in ihrer Kleinheit gesucht werden. Auch die Grobteilchen, Kiese usw. verlieren nach entsprechend weitgehender Zerkleinerung ihre sandähnlichen, d. h. Grobkörpereigenschaften und verhalten sich wie Kleinchen: sie haben unter Beibehaltung ihrer chemischen Zusammensetzung ihre Ausbildungsform gewechselt und zeigen nun bestimmte physikalische Eigentümlichkeiten. Durch gewisse Mittel — Auflösung — ist man imstande, die Zerkleinerung so weit zu treiben, daß man die einzelnen Moleküle (von der Größenordnung 0,5 bis 1 $\mu\mu$ im Durchschnitte) gesondert erhält. Dann bildet sich eine echte Lösung, die in der Vorstellung durch alle denkbaren Zwischenstufen übergehen kann in eine Kleinchenverteilung, z. B. in eine Aufschwemmung feiner Teilchen in Wasser (vgl. Abb. 9, links). Die kolloidalen Gebilde sind also größer als einzelne Moleküle, sie bestehen aus Molekülgruppen. Die obere Grenze der Raumausdehnung von Kleinchen ist ebenso schwer anzugeben; sie liegt etwa bei $^2/_{1000}$ mm Durchmesser eines Kornes; doch beginnen die Mehle von 0,02 mm Korndurchmesser ab bereits kleinchenähnliche Eigenschaften anzunehmen, die bei weiterer Kornzerreibung dann immer übereinstimmender werden. Die Kleinchen gehen, wie man daraus ersieht, ohne scharfe Grenze einerseits in die Moleküle, anderseits in die Grobkörpererscheinungsform über.

Die Änderung mancher physikalischer Eigenschaften der grobkörperlichen Gebilde bei ihrem Übergange in die Kleinchenform wird bedingt durch die mit fortschreitender Zerkleinerung wachsende Stärke der Oberflächenkräfte. Denkt man sich beispielweise einen Würfel von 2 cm Kantenlänge, so beträgt sein Rauminhalt 8 ccm, seine Oberfläche 24 qcm; zerschneidet man ihn nun in acht Würfelchen, so bleibt der Rauminhalt gleich, die Oberfläche aber wächst auf 48 qcm. Teilt man einen Würfel von 1 cm Kantenlänge und 6 qcm Oberfläche in kleine Würfelchen von 0,001 mm = 1 μ Kantenlänge, dann steigt die Oberfläche gar auf 6 Geviertkilometer. Unter solchen Umständen muß die Einwirkung der Schwere auf Teilchen von verhältnismäßig so großer Oberfläche weit zurücktreten gegenüber den Wirkungen der Kräfte, die an der Oberfläche der Kleinchen ihren Sitz haben. Es benötigen daher beispielsweise Tonteilchen zum Durchsinken einer 10 cm hohen Wasserschicht bei 10 μ Durchmesser 33 Minuten, bei 1 μ Durchmesser 30 Stunden 53 Minuten, bei 0,1 μ Durchmesser 128 Tage 17 Stunden, bei 0,01 μ Durchmesser 35 Jahre 17 Tage.

Wie bereits angedeutet, findet man die gesteinbildenden Körper der Natur ohne Unterschied der Korngröße selten für sich allein vor; meist liegen sie als Verteiltes in einem Verteilungsmittel; die ganze Gruppe nennt man Verteilung (Dispersion, Zerteilung); man unterscheidet in ihr die obgenannten zwei Glieder (Phasen): Verteilungsmittel (Dispersionsmittel) und Verteiltes (disperse Phase). So sind beispielweise die lange in der Luft schwebenden Rauchringel der Tabakliebhaber und die Rauchschwaden hinter einem fahrenden Dampfbahnzuge Verteilungen; Aschenkleinchen (fest) sind in ungeheurer Menge fein verteilt in der Luft (Gas); dadurch ist die Verteilung gasförmig-fest zustande gekommen. Verteilungen flüssig-flüssig (sogenannte Emulsoide oder besser Tröpfchenverteilungen) sind die Milch, verschiedene Eiweißlösungen, Gummi, manche Schmelzen, bituminöse Stoffe usw. Verteilungen fester Körper in Flüssigkeiten nennt man auch Aufschwemmungen (Körnchenverteilungen); zu ihnen gehören Tontrübungen im Wasser (z. B. bei Hochwasser) usw.

Die Aufschwemmungen nannte Graham, der erste Erforscher der Kleinchen, der ihnen auch den Namen Kolloide gab, Sole. Als Gele bezeichnet man jetzt meist die Sulzen, wie sie vorwiegend beim Eintrocknen oder Abkühlen von Tröpfchenverteilungen, seltener beim Verdunsten des Verteilungsmittels von Körnchenzerteilungen zurückbleiben. Die Gele sind meist zweigliedrig; sie bestehen aus sehr dünnen, zusammenhängenden Wänden aus gestaltlos-festem Stoffe, welche mit Flüssigkeit erfüllte Hohlräume umschließen; sie zeigen somit Wabenbau (schaumiges Gefüge). Ihr Gerüst ist entweder wenig veränderlich, also annähernd starr, wie z. B. beim Kieselsäuregel ($SiO_2 + x\,H_2O$) oder den schaumigen Metalloxyden, oder leichtbeweglich („federnd") wie bei Gelatine, Agar-Agar, Bergteer usw. Beim Austrocknen der Festkörperaufschwemmungen bleiben in der Regel keine Sulzen (Gallerten), sondern kleine, staubartige oder große, schwammähnliche Flocken, zuweilen auch hornartige Häute, Spiegel u. dgl. zurück; so bilden z. B. Raseneisenerz und Seerz leicht zerreibliche, erdige Pulver.

Von den Grobaufschwemmungen führt eine lückenlose Übergangsreihe über die zarten Verteilungen herab zu den echten Lösungen; dabei sinkt bei gleichem Verteilungsmittel die Korngröße der Teilchen immer mehr herunter bis zur Kleinheit eines Moleküls; demgemäß unterscheidet man, wie tieferstehend am Beispiele des Schwefels gezeigt werden soll, nach dem Verteilungsgrade grobe Aufschwemmungen, Feinverteilungen, echte Lösungen.

Übersicht 3. Verteilungsgrade des Schwefels

Kristalle (groß, gelbgrün)	→ Stangenschwefel (Einzelteilchen freiäugig schwer unterscheidbar)	→ Schwefelblumen (Einzelteilchen mikroskopisch wahrnehmbar)	→ Schwefelmilch (mit dem Mikroskop nicht mehr einzelnwahrnehmbare Teilchen in Wasser)	→ Schwefel in Benzol (gelbliche Flüssigkeit)	→ Schwefel in Schwefelkohlenstoff
sehr grob verteilt	grob-verteilt	fein-verteilt	überfeinverteilt (feinstverteilt)		echte Lösung

Einige Arten von Verteilungen gibt die folgende Übersicht wieder; die trennenden Linien der Spalten kennt die Natur nicht; sie ersetzt sie durch mehr oder minder allmähliche Übergänge, welche sowohl in wagrechtem wie in lotrechtem Sinne stattfinden.

Übersicht 4

Verteilungsmittel	Grobe Zerteilungen	Feine (kolloidale) Zerteilungen	Feinste Zerteilungen (Lösungen)
Fest	Einlagerungen fremder Teilchen in Mineralien (Mikrolithen) Lockere Böden, Gele Gaseinschlüsse in Mineralien u. Gesteinen, Bimsstein, Meerschaum, Lava, feste Schäume überhaupt	Färbende Einlagerungen in Mineralien, Kohlenstoffteilchen im Eisen, feste „kolloidale" Lösungen Gläser, Goldrubinglas (Goldkleinchen im Glas), blaues Steinsalz (Na-kleinchen im Kochsalz) Bindige Böden, Gele	Feste Lösungen
Flüssig	Aufschwemmungen Schäume	Tröpfchenverteilungen (Milch) Trübungen (Flußtrübe, „Gletschermilch" usw.) Schäume m. außerordentlich kleinen Bläschen	Echte Lösungen
Gasförmig	—	Nebel (tiefere Wolken), Staubwolken, Federwolken, Weltenstaub, Rauch, Höhenrauch, Staublawinen	Gasgemenge
Die Wechselwirkungen zwischen Verteiltem und Verteilungsmittel sind	Festhaltewechselwirkungen	Festhaltewechselwirkungen	Molekülwechselwirkungen (echte, chemische Wechselwirkungen)

Die Zusammenhänge zwischen groben Aufschwemmungen, Kleinchenverteilungen und echten Lösungen gehen auch aus der tieferstehenden Zusammenstellung hervor.

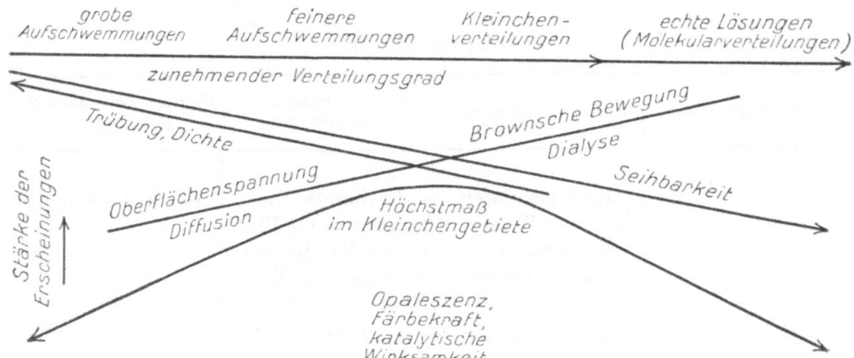

Auf den Oberflächenkräften beruht die überaus wichtige Fähigkeit der Kleinchen, gewisse andere Stoffe an sich zu ziehen, festzuhalten und auf ihrer Oberfläche anzuhäufen. Die Aufnahmefähigkeit (Absorptionskraft) der Kolloide ist meist sehr groß, stets aber begrenzt. Hat ein Kleinchen so viele Teile fremder Stoffe aufgenommen, daß es unfähig ist, weitere Mengen desselben Körpers anzusaugen, so nennt man es gesättigt im Gegensatze zu dem ungesättigten Kleinchenzustande, bei dem die Grenze der Aufnahmefähigkeit noch nicht erreicht ist. Mit dem Eintritte der Sättigung ändern sich meistens die Eigenschaften der Kolloide. So färben z. B. ungesättigte Humuskleinchen eine verdünnte Ammoniaklösung dunkel, während gesättigte Humusstoffe die Flüssigkeit ungefärbt lassen. Ungesättigter Ton ist sehr bildsam und bindig, gesättigter viel weniger oder gar nicht. Die Aufsaugungskraft der Kleinchen, die im Boden in ungeheuren Mengen enthalten sind, zeigt für die verschiedenen Stoffe unterschiedliche Werte. Sie ist unter den Pflanzennährstoffen am größten für Kali, Phosphorsäure, Ammonium und Natron, schwächer für Magnesia, Kalk und Schwefelsäure und praktisch kaum merklich für Chlor und Salpetersäure. Letztere wird daher aus Böden leicht ausgewaschen und ist z. B. in den Abwässern der Drainröhren nach jeder Stickstoffdüngung in größeren Mengen nachweisbar.

In den Körnchenverteilungen zeigt die Beobachtung unter dem „Übermikroskop“ (Ultramikroskop, von R. Zsigmondy und Siedentopf erfunden) zwar nicht die Feinteilchen selbst, wohl aber die Lichtstrahlen, welche bei seitlichem Einfall eines helleuchtenden Strahlenbündels am Kleinchen abgebeugt werden; dabei wird die Form des Teilchens nicht getreu abgebildet; es entsteht vielmehr eine Art Beugungskreis, von dem meistens ein feines Lichtstreifchen auszugehen scheint. Wir sehen ganz ähnliche Beugungsblitze an den Luftstäubchen, wenn die tiefstehenden Sonnenstrahlen mit hellem Glanze durchs Fenster ins düstere Zimmer hereinfluten. Die von Tyndall zuerst betrachtete Erscheinung der Beugungsblitze gestattet uns, die Bewegungen der Kleinchen im Verteilungsmittel zu verfolgen; sie scheinen unaufhörlich rast- und ruhelos im Raum auf- und niederzutanzen; ihr anscheinend vergnügtes Hüpfen und Springen ist aber kein freiwilliges Spiel; die hastigen Bewegungen werden durch den Stoß der ständig zuckenden Moleküle des Verteilungsmittels erzwungen (Brownsche Bewegung). Ihre Geschwindigkeit nimmt mit zunehmender Größe der Kleinchen ab und erlischt, wenn die Teilchen eine bestimmte Größe erreicht haben, welche der Schwerkraft gestatten, den Teilchen ihren Willen aufzuzwingen.

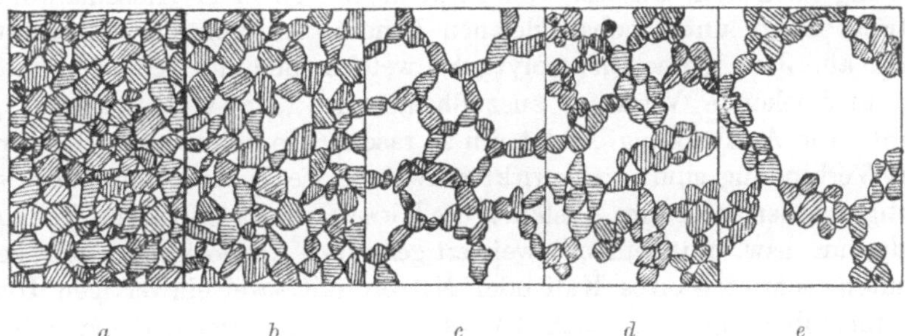

Abb. 10. *a* dichter Einzelkornverband, *b* lockerer (sperriger) Einzelkornverband, *c* Wabenverband (Kornwaben), *d* Flockenverband (Krümel), *e* Flockenwabenverband (Waben zweiter Ordnung, Flockenwaben)

Eine solche, die Teilchen in den Bannkreis des Schwerefeldes ziehende Vergrößerung erfahren die Kleinchen z. B. durch die sogenannte Zusammenballung. Die Aneinanderlagerung kleinerer Teilchen zu größeren Klümpchen oder Krümeln (Abb. 9 rechts und Abb. 10 *d*) entspricht dem Bestreben der Oberflächenspannung, die Oberfläche zu verkleinern; die Kolloide „altern", sie „gerinnen" (Milch, Eiweiß), „fallen aus". Die Zusammenlagerung kleinerer Körnchen zu größeren Körnern wird auch Ausflockung („Brechen" bei Tröpfchenverteilungen) genannt. Die ausgeflockten Teilchen gelangen unter den Einfluß der Schwerkraft, welche sie verhältnismäßig rasch auf den Boden herabzieht, wo sie lockere Absätze bilden (Abb. 9 und 10 *d, e*). In weiterer Folge verschmelzen die Einzelteilchen der Flocken nach einem der Oberflächenverkleinerung ähnlichen Grundsatze zu größeren Körperchen; waren sie vor der Ausflockung schon kristallin ausgebildet, so kann man den Vorgang der Entstehung größerer Kriställchen zur Erscheinung der Sammelkristallisation rechnen.

Auf die Ausflockung der Kleinchen und damit die Veränderung ihrer Eigenschaften haben mannigfache Umstände Einfluß. Es gibt Körper, welche die Kleinchen wie mit einem Häutchen überziehen und sie so gegen Ausflockung schützen. Man nennt sie Schutzkolloide; hieher gehören beispielweise manche Humusstoffe, Eiweißverbindungen, Gummilösung, Dextrinlösung usw. Gewisse Humuskleinchen erhalten unter anderem Eisen- und Tonerdehydroxydverbindungen in kolloidalem, beweglichem Zustand und begünstigen so ihre Verfrachtung durch Wasserläufe, deren Wasser sie braun bis schwarz färben (Schwarzwässer der kristallinen Gebiete). Eine ausflockende Wirkung üben dagegen z. B. Elektrolyte („Ausfäller", meist Salze) aus; sie entladen die gleichpolig elektrischen Teilchen, ermöglichen dadurch ihre Vereinigung zu Krümeln und begünstigen ihren Absatz. Die Geschwindigkeit, mit der die Ausflockung nach dem Zusatze von Elektrolyten zu einer Aufschlämmung eintritt, hängt unter sonst gleichen Umständen von der zugesetzten Menge ab. Jene kleine Elektrolytgabe, welche eben ausreicht, eine merklich ausflockende Wirkung auszuüben, wird „Schwellenwert" genannt. Die Ausflockung erfolgt um so rascher, je höherwertig die Ionen einer Verbindung sind; so bewirkt schwefelsaure Tonerde mit zwei dreiwertigen Ionen sofortiges Ausfällen des Kieselsäuresoles, Kupfer, Baryum, Kadmium usw. mit einem zweiwertigen Ion Ausflockung nach zehn Minuten, schwefelsaures Kali oder Natron mit zwei einwertigen Ionen Zusammenballung erst nach 24 Stunden. Zusammenballend wirken viele Salze; so z. B. gelöster kohlensaurer Kalk, Gips, phosphorsaurer Kalk usw., weshalb kalkreiche und gut gedüngte Böden viel leichter Krümelgefüge annehmen und beibehalten, als an Nährsalzen arme Böden.

Feinsande und Tone rutschen im allgemeinen weniger leicht bei Anwesenheit geringer Mengen ausflockender Salze; bei Gaben von Ausfällern, die den Schwellenwert um ein Vielfaches überschreiten, unterbleibt die Zusammenballung; vielleicht erklärt dies in manchen Fällen die wiederholt beobachtete Tatsache, daß Tone mit einem Gehalte von mehreren Gewichtshundertsteln (4 bis 7%) an kohlensauren Erdalkalien rutschungsgefährlicher sind als manche Tone mit viel geringerem Kalkgehalte. In einer ganzen Reihe anderer Fälle aber zeigt sich, daß die Zusammenballung der Kleinchen an sich auch die Beweglichkeit der Massen erhöhen kann. Dies tritt dann ein, wenn die Ausflockung zu Klümpchen von etwa „Schluffgröße" führt; das Verreiben der Teilchen mit der Hand unter Wasser trennt die Klümpchen voneinander und die Schlämmung ergibt dann wesentlich „Schlufftone" mit verhältnismäßig geringem Gehalte an Kleinchenton. So ergaben z. B. drei Schlämmungen bunter Schiefertone aus dem Flysch von Neustift bei Scheibbs (N.-Ö.):

Sand	10,0 v. H.	13,6 v. H.	13.0 v. H.
Mu	25,8	27,4	34,1
Schluff	61,3	56,8	50,0
Rohton	2,9	2,5	2,8

Es entspricht dies der Zusammensetzung eines rutschgefährlichen „Schlufflehmes". Kocht man jedoch die Bodenproben längere Zeit mit Wasser, Säuren und dgl., oder schüttelt sie in entsprechenden Geräten, dann löst sich die Bindung der Klümpchen und die nachfolgende Schlämmung ergibt einen kleinchenreichen Ton. Für das technische Verhalten des Tones sind die Ergebnisse der Schlämmung nach der erstgenannten Vorbehandlung maßgebend; die berüchtigten Schlufftone (Schlufflehme) gleichen feinsten Schwimmsanden; die Trennung der Kleinchen der Flocken voneinander hat vorwiegend wissenschaftlichen Wert.

Die Ausflockung der Sole (und ihre Umwandlung in sogenannte „Gele") erscheint jedoch nicht allein an den Zusatz von Salzen gebunden, sondern kann auch durch die Einwirkung des Frostes, durch wiederholtes Feuchtwerden und Austrocknen usw. erfolgen. Die Landwirte machen sich diese Tatsache seit alten Zeiten durch Bearbeitung des Bodens zunutze; die schweren, bildsamen, klebenden, an Kleinchen reichen Böden werden dadurch dem Winterfroste und den Feuchtigkeitsänderungen gründlicher ausgesetzt; dies fördert die Zusammenballung der Kolloidteilchen und führt die dem Pflanzenwuchse ungünstige, dichte Lagerung der Bodenteilchen in das eine Vorbedingung der Fruchtbarkeit bildende Krümelgefüge über. Die Ausflockung der kolloidalen Teilchen durch mechanischen Stoß und Schlag, wodurch die Körperchen einander genähert und zur Klümpchenbildung ermuntert werden, kann man am besten beim Buttermachen verfolgen; hier verwachsen die Fetttröpfchen, die in der Milch in kolloidaler Verteilung schweben, zum Butterknollen.

Der Einfluß der Korngröße der Gemengteile der Gebirgsarten auf ihr Verhalten geht auch aus der Zusammenstellung (Übersicht 5 auf S. 22) deutlich hervor.

Faßt man mehrere Körnungsstufen in größere Gruppen von ähnlichem Verhalten zusammen, so erhält man die Übersicht 6 (S. 23) für nicht fest miteinander verbundene Gesteinskörner.

Treten feinere Teilchen, die man in Gehäufen bloßäugig nicht mehr einzeln für sich wahrnehmen kann, zu einem Gestein zusammen, so nennt man es dicht. Dichte Gesteine zeigen ganz andere Bruchflächenbeschaffenheit als gröberkörnige Felsarten, von denen sie sich auch sonst noch mannigfach im Verhalten unterscheiden. Die obere Grenze der Körnung dichter Felsarten liegt bei etwa 0,01 bis 0,05 mm Durchmesser.

Übersicht 5

	Durchmesser	Benennung eckig	Benennung gerundet	Eigenschaften von Gehäufen der Teilchen
Bodengerüst	> 30 mm	Kantschotter, Steine, Gesteinsbruchstücke	Rundschotter, Gerölle, Geschiebe	Keine Haarröhrchenwirkung und keine nennenswerte Wasserhaltung mehr; rollig
Bodengerüst	30 mm bis 2 mm	Splitt, Grus	Feinschotter, Grand, Riesel, Kiesel	
Feinteilchen (Feinboden)	2 mm bis 0,2 mm	Sand (Grobsand, Feinsand)		Gute Wasserdurchlässigkeit, geringe Wasserhaltung, beginnende Haarröhrchenwirkung; lockere Lagerung, leichte Bearbeitung (Lösung), ziemliche Beweglichkeit, weil rasch austrocknend; nicht bildsam
Feinteilchen (Feinboden)	0,2 mm bis 0,02 mm	Mu (Feinstsand, Mehlsand)		Gute Haarröhrchenwirkung (Steighöhe mäßig, Steiggeschwindigkeit groß), gute Wasserhaltung, Wegsamkeit für Wasser, Luft und Pflanzenwurzeln, leicht erwärmbar, gut bearbeitbar; sehr beweglich, weil noch leicht austrocknend
Feinteilchen (Feinboden)	0,02 mm bis 0,002 mm	Staub (Schluff)		Körner mit freiem Auge nicht mehr einzeln wahrnehmbar; beginnendes kolloidales Verhalten; Wurzeln vermögen nicht mehr einzudringen; Haarröhrchenwirkung mittel (Hubhöhe groß, aber Steigdauer lang), Bearbeitbarkeit und Erwärmbarkeit mittel
Feinteilchen (Feinboden)	< 2 μ	Kleinchenton, Schlamm, Rohton, Kolloidton	2000 bis 100 $\mu\mu$ „Kleinchen" (Mikronen); 100 bis 1 $\mu\mu$ „Überkleinchen" (Ultramikronen, Kleinstchen)	Teilchen im Wasser verteilt in starker Bewegung; Spaltpilze werden festgehalten und verlieren die freie Beweglichkeit; Haarröhrchenbewegung des Wassers sehr langsam, Bodenbearbeitung schwer; Gehalt an Pflanzennährstoffen meist befriedigend; Wasserhaltungsvermögen groß; Bildsamkeit; Ausflockbarkeit; schwierige Erwärmbarkeit, Unwegsamkeit für Wasser, Luft und Pflanzenwurzeln; Standfestigkeit im trockenen Zustande groß
Bodenlösung	< 1 $\mu\mu$	Moleküle, bzw. Ionen		Echte Lösungen

Übersicht 6

Schlamm (Rohton)	Hohe Bindigkeit; Bildsamkeit; starkes Quellen und Schwinden; sehr geringe bis völlig unmerkliche Wasserdurchlässigkeit, großes Wasserfassungs- u. Festhaltungsvermögen, sehr langsames, aber bis zu verhältnismäßig großen Höhen erfolgendes Aufsteigen des Wassers in den Haarröhrchen. Sehr geringe bis fehlende Wegsamkeit für Luft und Pflanzenwurzeln; schwierige Erwärmbarkeit („kalte“ Böden); schwere Bearbeitbarkeit, meist feucht bis naß	Meist hoher Nährstoffgehalt. Zersetzungsvorgänge verlaufen sehr langsam (untätige Böden); Auslaugung gering	„Bindige“ Gebirgsarten (sog. „Binder“). Technisch meist ungünstig (am Werkzeuge oft klebend, schwer lösbar [gewinnbar], nur trocken standfest, feucht meist sehr rutschgefährlich, schlechter [tückischer oder schwer beurteilbarer] Baugrund, wasserstauend usw.). Wiesen- und Weideböden; Standort für Pflanzen mit größeren Ansprüchen an Wasserführung und Nährstoffgehalt des Bodens
Mu und Staub	↓	↑	Gebirgsarten mit mittlerem, verhältnismäßig unschwer günstig zu gestaltendem technischen Verhalten. Ackerland mit mittleren, durch pflegliche Maßnahmen (Bearbeitung, Düngung) leicht beeinflußbaren chemischen und physikalischen Eigenschaften
Sand	Geringer Zusammenhalt (große Lockerheit); keine Knetbarkeit, kein Schwinden und kein Quellen; große Wasserdurchlässigkeit; keine nennenswerte Wasserhaltung; fast keine Haarröhrchenwirkung mehr. Große Wegsamkeit für Wasser, Luft, Pflanzenwurzeln u. Wärmestrahlen („warme“ Böden); leichte Bearbeitbarkeit; Neigung zur Trockenheit	Geringer Nährstoffvorrat; Zersetzungen vollziehen sich rasch (tätige bis hitzige Böden). Auswaschung geht rasch vor sich	Lockere Gebirgsarten, „Lokkermassen“, mit überwiegend günstigem, zum mindesten leichter überseh- und beurteilbarem technischen Verhalten. Trotz geringer Standfestigkeit guter, trockener, meist verläßlicher Baugrund. Leichte Gewinnbarkeit. Waldböden; Standort für Bäume mit geringen Ansprüchen an die chemischen und höheren Ansprüchen an die physikalischen Eigenschaften des Bodens
	↓ Zunahme der guten physikalischen Eigenschaften, die meist auch bautechnisch günstig sind	Zunahme der guten chemischen Eigenschaften ↑	

Neben ihrer Größe spielt auch die Gestalt der Gemengteile der Gesteine eine technisch bedeutsame Rolle. Rein äußerlich kommt dies bei den großdurchmesserigen Korngruppen bereits durch die Verschiedenheit der Benennung ungleich gestalteter Korngruppen zum Ausdrucke (vgl. die Übersicht auf S. 22). In den Gleisbettungen der Bahnen und den Schotterdecken der Straßenfahrbahnen bewährt sich der eckige Kantschotter weit besser als das rundliche Geschiebe; die Festigkeit einer Betonmasse mit Grusgehalt (Splitt) übertrifft jene mit Kieselbeimischung beträchtlich; Lockermassen aus eckigen Gesteinsbruchstücken sind standfester als solche, welche aus Rundlingen bestehen.

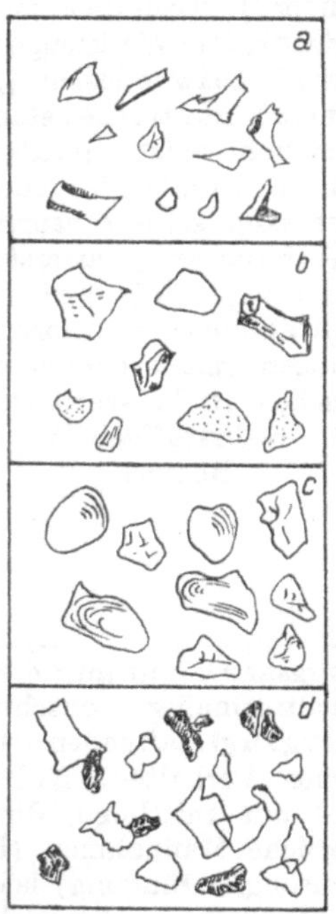

Abb. 11. Ausbildungsformen von Sandkörnern; *a* Quarz, gepulvert; *b* Gletschersand; Körner mit aufgerauhten Oberflächen (in der Zeichnung gepunktet) durchscheinend, jene mit glatten Oberflächen (in der Zeichnung ohne Punkte) durchsichtig (in der Minderzahl gegenüber den durchscheinenden); *c* Dünensand; die aus weicheren Mineralien bestehenden Körner sind gerundet (gelb, braun usw. gefärbt); die Quarzkörner (durchsichtig) sind kantenrund; *d* Grobschluff eines Tones. Derbe Bestandteile dunkel, schuppenförmige hell. Nach K. v. Terzaghi

Bei den Feinteilchen hat die Gestalt keinen Einfluß mehr auf die Benennung der Korngruppen; sie macht sich aber in den Eigenschaften der Massen in ungeschwächtem Maße bemerkbar. Gepulverter Quarz — gleichgültig ob die Zertrümmerung künstlich durch Zerstoßen oder in der Natur durch den Gesteinszerfall bei der Verwitterung oder durch Zerreibung bei der Gebirgsbildung stattfand — zeigt scharfe Kanten und spitze Ecken (Abb. 11*a*). Die Quarzkörner des Gletschersandes erscheinen wenig zugerundet; ihre Oberfläche sieht vorwiegend rauh aus und läßt das Licht nur durchscheinen; seltener ist ihre Oberfläche glatt und das Korn dann durchsichtig (Abb. 10*b*). Weichere Mineralien der Gletscher- und Flußsande haben meist mehr oder weniger gut gerundete Gestalt; merkliche Zurundung haben die Körner des Dünensandes erfahren, deren Oberfläche durchwegs glatt zu sein scheint. Mit zunehmender Verfeinerung der Teilchen beim Mu und Schluff wird die „Kornform" immer mehr und mehr durch die „Schuppen-" oder „Blättchenform" ersetzt. Soweit man aus mittelbar gewonnenen Anzeichen schließen kann, dürften im Schlamm oder Rohton nur mehr dünne Scheibchen, Schüppchen und Blättchen vorhanden sein. Wie sehr diese schuppige Formausbildung das Verhalten der Tone und verwandter Gesteine beeinflußt, daran wird später noch des öfteren erinnert werden.

3. Die wichtigsten Verfahren zur Bestimmung der Korngröße der Gesteingemengteile (mechanische Zerlegung der Gesteine) und die Darstellung der gewonnenen Untersuchungsergebnisse

Bei der außerordentlichen Beeinflussung, welche die für den Techniker so überaus wichtigen physikalischen[1] Eigenschaften der Gesteine durch die Korngröße der Gemengteile erfahren, verdient die Bestimmung der Korngröße der Gesteinteilchen die vollste Aufmerksamkeit des ausübenden Technikers.

Die Verfahren zur Zerlegung und Beschreibung der Gesteine nach der Korngröße ihrer Bestandteile sind sehr zahlreich; je nach dem Zusammenhalte der Gemengteile lassen sie sich in zwei Hauptgruppen scheiden; die eine wird für die Korntrennung der festen Gebirgsarten angewendet, während die andere sich nur für die mechanische Zerlegung jener Gesteine sich eignet, welche beim Aufrühren, Schütteln oder Verreiben in Wasser restlos in ihre Bestandteile zerfallen.

a) Bestimmung der Korngröße der Gemengteile in festen Gesteinen

Die Fälle, in welchen die Gemengteile eines festen Gesteins so groß sind, daß ihre Körner mit bloßem Auge auseinander gehalten werden können, sind nicht sehr häufig; oft muß zur Unterscheidung der Gesteinskörner die Lupe herangezogen werden; bei besonders feinkörniger Ausbildung löst erst das Mikroskop die Zusammensetzung des Gesteins auf.

Können die Körner bereits mit unbewaffnetem Auge deutlich erkannt werden, so ist die Bestimmung der Ausmaße einzelner Körner ohneweiters mit Hilfe von Zirkel und Maßstab, oder durch Anlegung eines genauen Maßstabes allein (Millimeterpapierstreifen, Kantholz mit Teilung auf der Schrägfläche usw.) möglich. Genauer ist ein von J. Hirschwald empfohlenes Verfahren.

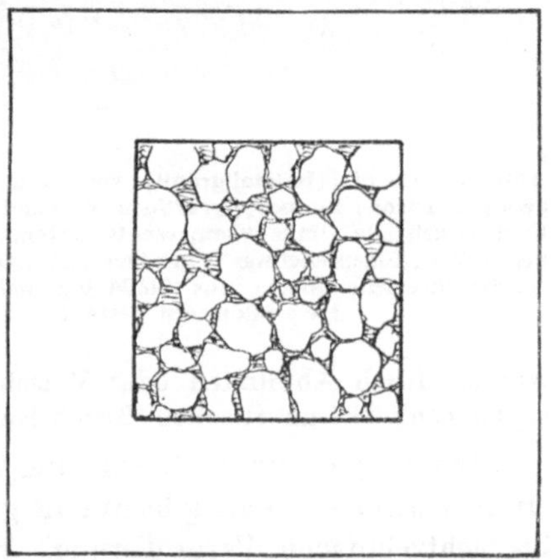

Abb. 12. Rahmen (Formblatt) für Kornauszählungen zur Ermittlung der Korngröße eines Gesteins

Man schneidet sich aus glatter, gefüllter Pappe oder Blech mehrere Formblätter nach Art der Abb. 12; dem inneren geometrisch getreuen Gevierte gibt man eine Lichtweite von 1, 2, 3 . . . . . cm.

[1] Bis zu gewissem Grade ändern sich, Versuchen von Nolte z. B. zufolge, auch die chemischen Eigenschaften mit der Kornfeinheit.

Je grobkörniger die Felsart ist, desto größere Kantenlänge muß das Geviert haben. Man legt das Formblättchen auf eine ebene Fläche des Gesteins (vgl. Abb. 12) und zählt die Anzahl der Körner aus, die entlang jeder Seite des Viereckes liegen; die Ergebnisse werden vermerkt; die Auszählung wiederholt man an mehreren Stellen der Gebirgsart und summt die erhaltenen Werte. Die durchschnittliche Korngröße ergibt sich aus dem Bruche:

$$\frac{\text{Gesamtlänge der ausgezählten Viereckseiten}}{\text{Gesamtzahl der Körner}}$$

Zeigen recht ungleichmäßig gekörnte Gesteine mit freiem Auge schon eine deutliche Scheidung der Gemengteile in größere Kristalle — die man dann Einsprenglinge nennt — und in eine Hauptmasse kleinerer Gemengteile — welche eine sogenannte grobkörnige Grundmasse[1] bilden (Abb. 13) — so wird die Korngröße am besten für die Einsprenglinge und die Grundmasse getrennt bestimmt; dabei fördert der Kantmaßstab besonders bei der Ausmessung der Einsprenglinge, das Formblättchen bei der Bestimmung der durchschnittlichen Größe der Grundmassekörner.

Abb. 13. Granit (Kristallgranit) von Arzberg, Fichtelgebirge. Beispiel für porphyrartigen Verband; drei große Feldspatkristalle (links oben, rechts unten, links unten) liegen als „Einsprenglinge“ in einer Art „Grundmasse“, welche ihrerseits wieder aus bloßäugig wahrnehmbaren Mineralkörnern besteht

Vorheriges Befeuchten des Gesteins läßt die Körner und ihre Begrenzungslinien deutlicher hervortreten; auf der Gesteinsoberfläche befindlicher, meist vom Schlagen des Handstückes herrührender Staub, anhaftender Schmutz u. dgl. werden durch Abbürsten oder Waschen sorgsam entfernt. Die Messungen sollen tunlichst an frischen Bruchflächen erfolgen.

Der Lupen zur Untersuchung kleinkörniger, aber noch nicht dicht erscheinender Gesteine gibt es eine große Zahl. Erwünscht ist eine zwölf- bis achtzehnfache Vergrößerung. Handlich ist das Lupengestell von C. Zeiß in Jena (Abb. 14), das nach Einstellung der Lupe *f* auf das Gesteinsbruchstück die Hände für die Messungen frei läßt. Diese werden in gleicher Weise, wie weiter oben angegeben, mit einem feinen Kantenmaßstabe, dessen Teilung mitvergrößert wird, oder mit Hilfe des Form-

---

[1] Eine solche Ausbildung eines Gesteins wird „porphyrartig“ oder „porphyrähnlich“ genannt, weil sie jener ähnelt, die dem Porphor eigentümlich ist.

blättchens (Auszählblättchens) ausgeführt. Empfehlenswert ist auch die Hirschwaldsche Lupe (Abb. 15), deren Fußgestell *D* mit dem Daumen der linken Hand an das zu untersuchende Felsbruchstück angepreßt wird, so daß die rechte Hand für die Messungen oder Auszählungen frei bleibt.

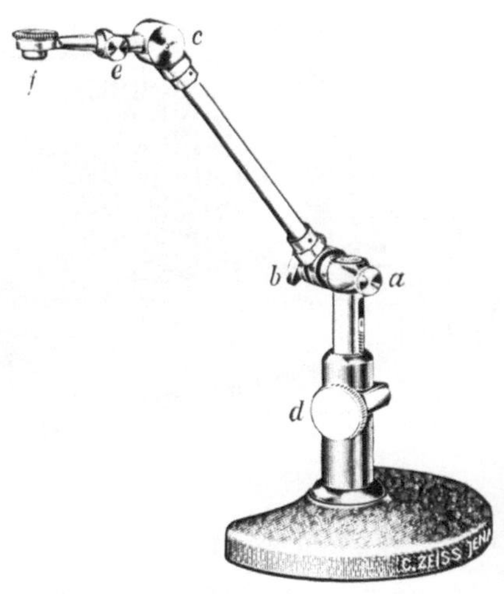

Abb. 14. Lupengestell von C. Zeiß in Jena

Sehr feinkörnige Gesteine können nur mit Hilfe des Mikroskops untersucht werden (vgl. Abb. 20); eine nähere Beschreibung seiner Einrichtungen gibt das in der angebundenen Schleife eingeschobene Beiheft zur Bestimmung der gesteinbildenden Mineralien und zur Erkennung der wichtigsten Gesteine.[1]

Voraussetzung für die Untersuchung des Gesteinsbildes im Mikroskop ist die Anfertigung eines Dünnschliffes, das heißt eines Gesteinsplättchens von nur 0,02 bis 0,04 mm Dicke.

Zur Herstellung eines Dünnschliffes bedarf es im Grunde genommen keiner teuren und verwickelten Einrichtungen. Man schlägt mittels eines Stahlhammers vom Probestück der Felsart einen möglichst dünnen Gesteinssplitter von etwa zwei bis drei Geviertzentimeter Flächenausdehnung los. Auf eine gußeiserne Platte — eine alte Herdplatte oder dgl. genügt — wird feuchter Schmirgel oder Karborundum aufgetragen, der Gesteinssplitter aufgesetzt und unter Andrücken mit der Hand in drehende, schleifende Bewegung versetzt; für ständige Feuchthaltung der Schleiffläche muß gesorgt werden. Hat man auf diese Weise eine ebene Schleiffläche erzielt, dann reinigt man den Splitter sorgfältig von anhaftendem Schleifmittel und Gesteinsstaub. Die nach dem Waschen getrocknete Schleiffläche wird hierauf mit Kanadabalsam oder Kollolith auf ein Tragglas (Objektträger) gekittet.

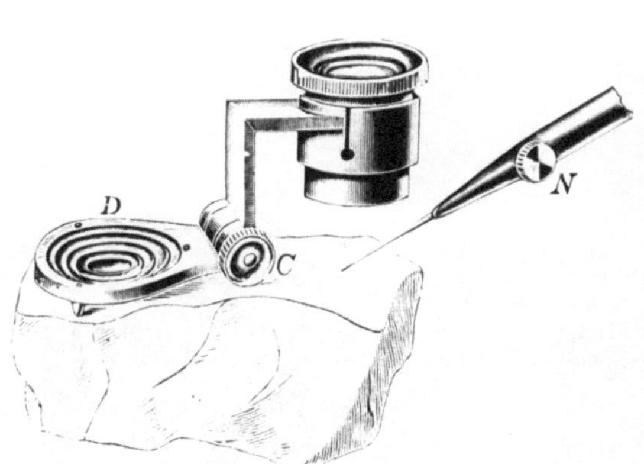

Abb. 15. Lupengestell nach Hirschwald (Erzeuger Fueß, Berlin-Steglitz)

[1] Im folgenden kurz „Beiheft“ genannt.

Abb. 16. Kleine Schneidemaschine für Kraftbetrieb (Erzeuger: Dr. Steeg und Reuter, Homburg v. d. Höhe)

Abb. 17. Kleine Schleifmaschine für Kraftbetrieb (zirka 1/4 nat. Größe) (Dr. Steeg und Reuter)

Nach dem Erhärten des Kittes schleift man dann in ähnlicher Weise wie früher die Oberseite des Gesteinsplättchens, bis es an allen Stellen gleichmäßig durchscheinend wird. Von nun ab ist besondere Vorsicht nötig. Man wählt zum weiteren Niederschleifen immer feinerkörnigeres Schleifmittel, zuletzt nur mehr allerfeinsten, ausgeschlämmten, völlig kornfreien Staub desselben; das Schleifen selbst erfolgt nicht mehr auf der Eisenunterlage, sondern auf einer matten Glasplatte, bis man durch den Schliff hindurch Kleindruck deutlich lesen kann. Unterläßt man die empfohlene Vermeidung körnigen Schleifmittels, dann werden die dünnen Plättchen fast ausnahmslos von den Schleifmittelkörnern in dem Augenblicke in Stücke zerrissen, wo man die ziemlich mühsame und zeitraubende Herstellung des Schliffes

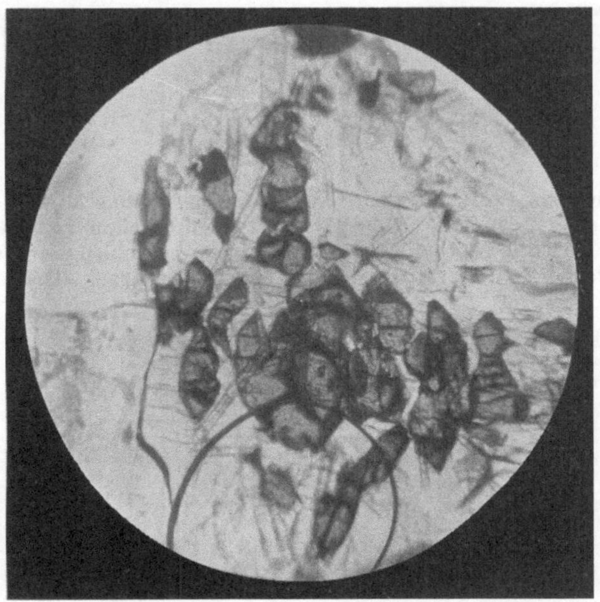

Abb. 18. Große Luftblase. (Mitte unten im Dünnschliff). Scharfe Begrenzung des dunklen Randes. Verstreute Olivinkörner

nahezu beendet glaubt. Sichere Überzeugung von der Brauchbarkeit des Dünnschliffes verschafft man sich am besten durch seine Betrachtung unter dem Mikroskop.[1] Läßt der Schliff u. d. M. soviel Licht durch, daß man die Ränder der Gesteingemengteile, ihren Aufbau, ihre Einschlüsse usw. gut erkennen kann, dann wäscht man die Schliffoberfläche sorgfältig ab und reinigt sie unter vorsichtiger Nachhilfe mit dem Finger von allem Staube des Schleifmittels und der Gesteinsbestandteile. Der sauber geputzte Schliff wird sodann mit einem 0,10 bis 0,15 mm dünnen, sogenannten Deckgläschen eingedeckt, damit er vor Beschmutzung, Beschädigung usw. geschützt ist; beim Decken des Schliffes muß peinlich darauf geachtet werden, daß keine Luftbläschen (vgl. Abb. 18, 43) mit eingeschlossen werden; diese stören

[1] Im folgenden meist abgekürzt: u. d. M.

die Beobachtung; man verjagt sie durch vorsichtiges Wiedererwärmen und Neigen des Schliffes; die vom Deckglase nicht eingenommenen Randstreifen des Tragglases werden mit Zettelchen beklebt, auf welchen man — am besten mit Tusche — Name, Fundort usw. des Gesteins vermerkt. Damit ist der Dünnschliff fertig zur Untersuchung wie zur späteren Aufbewahrung. Diese erfolgt am besten in flachen Pappschachteln.

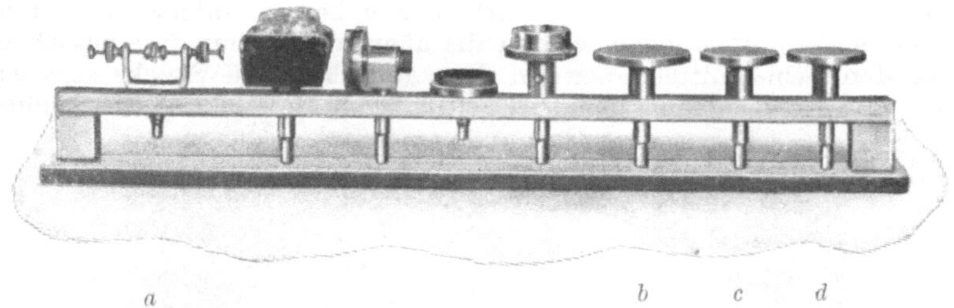

Abb. 19. Nebengeräte zur Schleifmaschine. *a* Steinklemme, *b*—*d* eiserne Kittscheiben

Rascher gestaltet sich die Herstellung von Dünnschliffen, wenn man sich dabei einer Schneide- (Abb. 16) und Schleifmaschine (Abb. 17) bedient. Unter den vielen Bauarten solcher Maschinen empfehlen sich jene älteren weniger, welche beiderlei Vorrichtungen am selben Arbeitstische vereinigen.

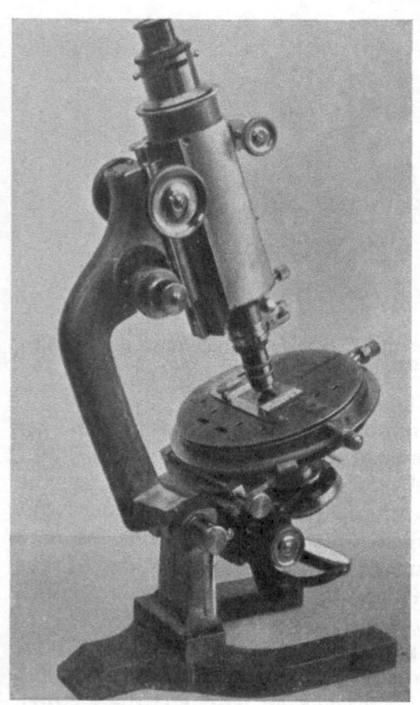

Abb. 20. Großes Mikroskop zur Gesteinsuntersuchung

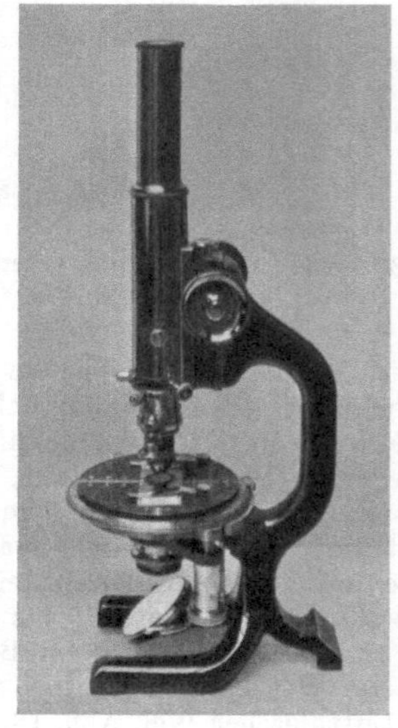

Abb. 21. Einfaches Mikroskop zur Gesteinsuntersuchung

In den Dünnschliffen beobachtet man Gestalt, Korngröße usw. der Gesteinsgemengteile mit Hilfe eines Mikroskops. Von den zahlreichen Bauweisen seien hier nur zwei Muster von C. Reichert, Wien, hervorgehoben (Abb. 20 und 21).

Das große Mikroskop (Abb. 20) besitzt an seinem Tischrande zwei Feinbewegungsschrauben (*m*), deren Achsen aufeinander senkrecht stehen. Mit Hilfe dieser Schräubchen kann der Dünnschliff in zwei zueinander senkrechten Richtungen verschoben werden; den Betrag der Verschiebung gibt die Meßtrommel der Schraube bis auf $^1/_{100}$ mm genau an. Die Augenlupe (Okular) muß für die Korngrößenmessung mit einem Fadenkreuze ausgerüstet sein; man stellt einen der zwei Fäden scharf auf den Rand des zu messenden Kornes ein; man dreht dann die senkrecht auf den betreffenden Faden stehende Feinbewegungsschraube so lange, bis das Korn durch den Faden hindurchgewandert ist und sein Rand den Faden wieder genau berührt; hat man im Augenblicke des Zusammentreffens von Faden und Kornrand in der Anfang- und Endstellung die zugehörigen Ablesungen gemacht, so gibt ihr Unterschied unmittelbar den Korndurchmesser an. Man ermittelt selbstverständlich den Durchmesser möglichst vieler Körner und zieht dann das arithmetische Mittel; wo Korn derart unmittelbar an Korn liegt, daß ihre Durchmesser auf der Meßlinie sich aneinanderreihen, kann man an Zwischenablesungen zuweilen sparen; der Längenunterschied zwischen Anfang und Endpunkt der Kornkette muß dann durch die Zahl der Körner geteilt werden.

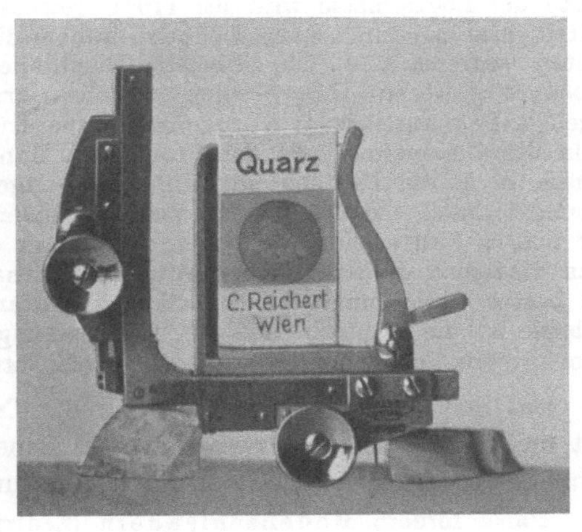

Abb. 22. Auf den Tisch aufsetzbarer Kreuzschlitten

Kleinere Mikroskope entbehren meist solcher Vorrichtungen zum Längenmessen. Man setzt dann auf ihren Tisch einen sogenannten Kreuzschlitten (Abb. 22) auf. Dieser gestattet, den Schliff in zwei aufeinander senkrechten Richtungen zu verschieben; das Ausmaß der Verrückung kann auf der einen Schiene am Nonius auf 0,1 mm, an der zweiten, längeren Schiene an Nonius und Meßtrommel auf 0,01 mm genau abgelesen werden. Der Vorgang bei der Messung gleicht im übrigen dem vorbeschriebenen.

b) Bestimmung der Korngröße der Gemengteile in erweichbaren, zerfallenden Gesteinen

Bei Gesteinen, welche entweder schon von vornherein lose sind, wie z. B. lockerer Sand, oder im Wasser unter Umrühren und Verreiben zum Zerfalle in ihre Einzelgemengteile veranlaßt werden können, hat man es gewöhnlich mit einem Gemenge der verschiedensten Korngrößen zu tun. Man bestimmt daher in ihnen wohl stets nicht nur die vorhandenen Korngrößen bzw. Korngrößengruppen, sondern auch den Anteil, ausgedrückt in Gewichtshundertsteln, den die anwesenden Korndurchmessergruppen am Gesteinsaufbau nehmen.

Für die Kornscheidung (Korntrennung, mechanische Zerlegung) des Gesteins hat man zahlreiche Verfahren ersonnen. Für technische Zwecke kommen hauptsächlich jene in Betracht, welche leicht und mit einfachen Hilfsmitteln auszuführen sind und tunlichst rasch ein brauchbares Ergebnis liefern.

Zu diesen Schnellverfahren gehört vor allem das Aussieben. Die Probe der Lockermasse wird bei 110° C getrocknet und gewogen. Sodann rüttelt man sie durch einen Siebsatz, in dem die entsprechenden Maschenweiten vertreten sind. Die einzelnen Durchfälle werden nach neuerlichem Trocknen gewogen; ihre Summe muß das ursprüngliche Gesamtgewicht ergeben. Den Anteil jeder Korngrößengruppe drückt man dann in Hundertsteln des Gesamtgewichtes der Probe aus. Manche ziehen es vor, naß zu sieben, d. h. die Teilchen mit Hilfe von aufgegossenem Wasser (Wasserleitungsschlauch!) durch die Maschen zu spülen; doch bringt das Haften der nassen Restteilchen an Boden und Wand der Siebe einigen Nachteil. Man wiederholt daher zur Überprüfung das Sieben der naß getrennten Teile am besten noch einmal im getrockneten Zustande. Ein Vorteil des Naßsiebens ist die leichtere und restlose Trennung der Feinteilchen von den Grobkörpern, an denen sie im trockenen Zustande oft festhaften.

Das Sieben empfiehlt sich nur für die Trennung der Korngruppen mit mehr als 0,2 mm Durchmesser. Die feineren Anteile scheidet man nach Entfernung aller gröberen am besten durch Schlämmen.

Dabei fördern Bodenschleudern (Zentrifugen) sehr; am Ausbaue dieser Trennungsart wird noch gearbeitet; die neuesten Geräte sollen eine Kornscheidung bis 2μ herab ermöglichen.

Aus der Unzahl der sonstigen Schlämmverfahren sollen aus den obgenannten Gründen nur einige wenige herausgegriffen werden, welche auf dem Absetzen von im Wasser aufgeschwemmten Teilchen beruhen. Je kleiner ihr Durchmesser, desto längere Zeit dauert es, bis sie sich zu Boden gesetzt haben. Die Fallzeit kann man nach der Formel von Stokes berechnen oder der Übersicht auf S. 13 entnehmen. Alle Absetzverfahren kranken an dem Übelstande, daß für die Fallzeit nicht bloß der Teilchendurchmesser, sondern auch Dichte, Form der Teilchen und so weiter von Einfluß sind.

Die Vorbereitung der Gesteinsprobe zur Schlämmzerlegung kann in verschiedener Weise erfolgen. Im allgemeinen trachte man die Probe in dem Zustande zu schlämmen, in welchem man sie entnommen hat; man vermeide daher tunlichst das Austrocknen der Masse, weil es zu einer teilweisen, oft nicht mehr rückgängig zu machenden Ausflockung führt. Die Auflockerung und Verteilung der bindigen bis schwach bindigen Gebirgsarten erfolgt am besten durch Anrühren der Probe von etwa 20 bis 30 g Gewicht[1] in einem Porzellanschälchen; der entstehende Brei wird mit dem bloßen oder dem durch einen Gummistulp geschützten Finger je nach Erfordernis mehrere Minuten lang gründlich durch Verreiben zerteilt, bis alle Klümpchen usw. zerlegt sind. Um nachträgliches Wiederausflocken hintanzuhalten, fügt man einige Tropfen Gummi- (Dextrin-) Lösung als Schutzkleinchen hinzu; aus dem gleichen Grunde verwendet man bei der Schlämmung nur überdampftes (destilliertes) Wasser oder ganz weiches Regenwasser, niemals aber kalkreiche, harte Wässer.

Von anderen Seiten wird die Vorbereitung des Bodens in der Weise empfohlen, daß man die Probe mit Wasser kocht, mit kalter, verdünnter Salzsäure versetzt (Lösung von Kalk usw., daher bedenklich!) oder mit verdünntem Ammoniak (NH_3) behandelt (Lösung freiwerdender Humussäuren usw.); doch erkauft man die geringen Vorteile derartiger, gewaltsamer Behandlungen der Probemassen wohl immer mit mindestens gleich großen oder noch schwerer wiegenden Nachteilen.

In Rüttelmaschinen werden allfällige Krümel in ihre Einzelkleinchen zerlegt. Mag diese Vorbereitungsweise auch wissenschaftlich sehr bedeutsam sein, so empfiehlt sich neben ihr für technische Zwecke auch die Vorbereitung durch bloßes Anrühren, weil man so jenen Aufbau des Lockergesteins ermittelt, der für sein technisches Verhalten maßgebend ist.

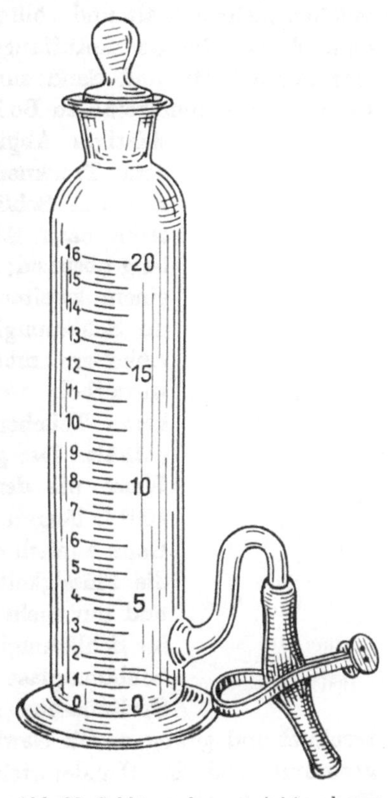

Abb. 23. Schlämmglas von Atterberg—Appiani (1/3 nat. Größe). Die Einteilung links gibt die Lebensdauer von Kleinchenton in Stunden, jene rechts die Fallhöhe in cm an.

Von den Geräten für den eigentlichen Schlämmvorgang war bisher das Schlämmglas von Atterberg-Appiani sehr in Schwung; seine Einrichtung geht aus der Abb. 23 unmittelbar hervor. Die entsprechend vorbereitete Gesteinprobe wird mit Hilfe einer Spritzflasche restlos in das Schlämmglas gespült. In diesem wird die Flüssigkeit durch Nachfüllen von Wasser auf 10 oder 20 cm Höhe ergänzt. Man läßt nun die Flüssigkeit bei 10 cm Höhe 8, bei 20 cm Höhe 16 Stunden lang absetzen und hebert dann in ein Auffanggefäß ab; auf diese Weise gehen alle Teilchen

[1] Nach Schätzung! Die Bestimmung des Sandanteiles (0,2 bis 2 mm) erfolgt am besten zur Nachprüfung noch einmal für sich in einem zweiten Teile der Probe durch Absieben!

mit weniger als 2 μ Durchmesser ins Sammelgefäß. Der im Schlämmglas verbleibende Satz muß nun sorgsam aufgerührt oder aufgeschüttelt und die Flüssigkeit durch Nachgießen von Wasser wieder auf ihren vorigen Stand ergänzt werden; nach Ablauf der vorgeschriebenen Zeit wird wieder ins Auffanggefäß abgehebert und der Vorgang so lange, nötigenfalls auch zwanzig- bis fünfzigmal wiederholt, bis das abgeheberte Wasser keine Rohtonteilchen mehr enthält und völlig klar abläuft. Man hat auf diese Weise nunmehr den Rohton im Auffanggefäße gesammelt, während im Schlämmglas Schluff, Mu und Sand zurückgeblieben sind. Während man den Rohton im Sammelgefäß zu Boden setzen läßt, um ihn dann durch vorsichtiges Abgießen vom Wasser trennen und nach dem Trocknen bei 100° C wägen zu können, füllt man das Schlämmglas wieder bis zur Marke 10 oder 20 cm nach, läßt aber diesmal nur 7½, bzw. 15 Minuten lang absitzen; durch Abhebern gewinnt man nun in einem zweiten Sammelgefäße den Schluff, während im Schlämmglas Mu und Sand zurückbleiben. Das Abhebern muß selbstverständlich auch hier so oft wiederholt werden, bis die abgeheberte Flüssigkeit keine Teilchen unter 0,02 mm Durchmesser mehr enthält. Der gesammelte Schluff wird nun in derselben Weise wie der Rohton vom Wasser geschieden, bei 100° C längere Zeit hindurch getrocknet und gewogen. Ganz ähnlich schlämmt man den Mu aus, indem man die Flüssigkeit im Schlämmglase bis auf 20 cm ergänzt und nur mehr 10 Sekunden lang absetzen läßt. Der im Schlämmglase zurückbleibende Sand wird aus dem Schlämmglase herausgespült, was am besten mit einer Spritzflasche geschieht, entwässert, bei 100° C getrocknet und gewogen. Die Gewichte der einzelnen Korngruppen werden gesummt und in Hundertsteln des Gesamtgewichtes ausgedrückt. Nebenher bestimmt man zur Nachprüfung in einer zweiten Probe auf die früher erwähnte Art des Aussiebens die Anteile von Sand und Feinerem.

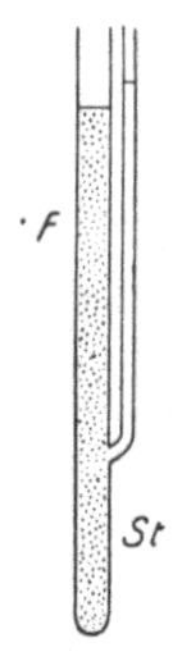

Abb. 24. Grundsatz des Wiegnerschen Verfahrens: Die schwerere Aufschlämmung (links F) trägt eine Säule reinen Wassers (rechts), die höher ist als jene der Bodenverteilung.

Dem Atterbergschen Verfahren haften Vor- und Nachteile an, die hier nicht sämtlich aufgezählt werden können. Vor allem dauert es zum Leidwesen des Ingenieurs, der rascher Ergebnisse bedarf, verhältnismäßig lange; an Rohton reiche Böden erfordern eine Schlämmzeit von drei bis fünf Wochen.

Weit rascher arbeitet die Wiegnersche[1] Schlämmröhre, deren Einrichtung Abb. 24 und 25 zeigen.

Zwecks Schlämmung unterbricht man mittels des Hahnes W die Verbindung zwischen dem weiten und dem engen Glasrohre; sodann füllt man

[1] Bei Dr. Bender und Dr. Hobein, Zürich (Schweiz), erhältlich.

die auf das sorgfältigste vorbereitete Probe in die weite Röhre ein und gießt erforderlichenfalls noch soviel überdampftes Wasser nach, daß der Wasserspiegel einige Zentimeter unterhalb des obersten Teilstriches bleibt. Nun füllt man das dünne Glasrohr bis zur gleichen Höhe mit überdampftem Wasser und verschließt beide Röhren mit Stopfen (*S*, *S*). Durch Lüften der Flügelschraube *Sch* wird die Schlämmröhre auf dem Gestelle *G* gekippt und tüchtig durchgeschüttelt. Nach dem lotrechten Aufrichten der Röhre klemmt man die Schraube fest und entfernt die Stopfen. Wenn man nun den Glashahn *W* öffnet, drückt die schwerere Aufschlämmung in der weiten Röhre auf die leichtere Reinwassersäule im dünnen Rohre derart, daß der Wasserspiegel *H* im dünnen Rohre jenen (*h*) im weiten Rohre erheblich übertrifft. Sofort nach dem Öffnen des Hahnes werden die Spiegelstände in beiden Röhren genau abgelesen, die Zeit erhoben und vermerkt. In dem Maße, als die Teilchen der Aufschwemmung unter das Verbindungsstück der beiden Rohre sinken, wird die Flüssigkeit im weiten Rohre leichter; es steigt infolgedessen hier der Spiegel, während er im dünnen Rohre sinkt. Da der Wasserspiegel im dünnen Rohre anfangs rasch sinkt, muß man in wenigen Sekunden weitere Ablesungen mit Zeitangabe machen. Später genügt es, nach Verlauf einiger Minuten und schließlich mehrerer Stunden neue Ablesungen zu machen. Nach längstens etwa 40 bis 50 Stunden ist die Schlämmung beendet, wenn man sich mit der Feststellung der drei Korngruppen, Sand, Mu und Feineralsmu, begnügt, sogar schon nach etwa 36 Minuten.

Die Auswertung der Messungen erfolgt am besten auf zeichnerischem Wege. Man trägt auf Millimeterpapier die Beobachtungszeiten als Abszissen und die Spiegelunterschiede als Ordinaten auf. Man erhält so eine vollständige Verteilungslinie des Gemenges, der man auf einfache Art den Anteil jeder beliebigen Korngruppe entnehmen kann. Man braucht nur die Fallzeit der gewünschten Gruppe zu ermitteln; in dem ihr entsprechenden Ab-

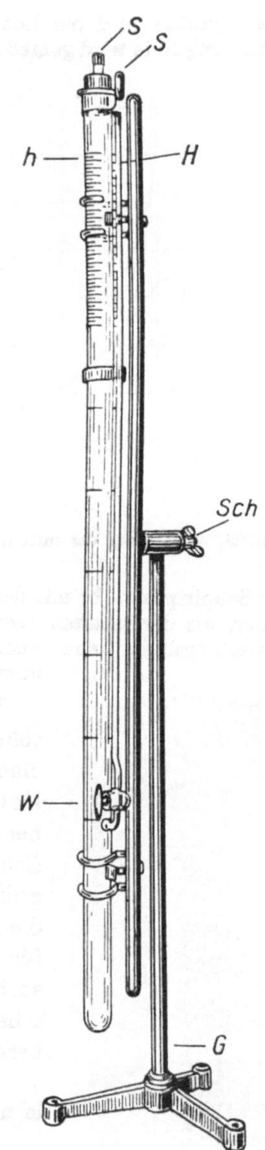

Abb. 25. Wiegnersche Schlämmröhre. *G* Gestell, *Sch* Flügelschraube; nach ihrem Lüften kann die Röhre gekippt und entleert werden. *S*, *S* Stopfen, *h* Einteilung des dicken Rohres, *H* Einteilung des dünnen Rohres, *W* Wechsel. Die Teilstriche zwischen den beiden Rohren gehören zum dünnen Rohre.

szissenpunkte wird ein Lot errichtet; im Schnittpunkte des Lotes mit der Verteilungslinie wird gemäß Abb. 26 eine Berührende an die Krumme gezogen.

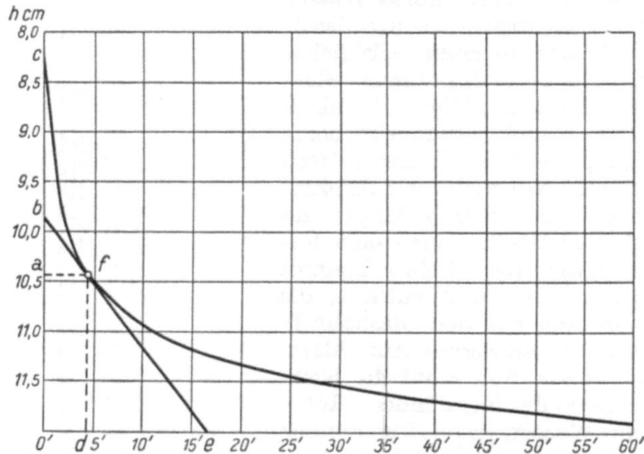

Abb. 26. Auswertung des mittels des Wiegnerschen Verfahrens erhaltenen Schaubildes

Ihr Schnittpunkt (b) mit der Ordinatenachse scheidet die Teilchen gröber und feiner, als der unteren Grenze der gesuchten Korngruppe entspricht. Die Verteilungslinie kann auch durch eine selbsttätige Schreibevorrichtung unmittelbar erhalten werden.

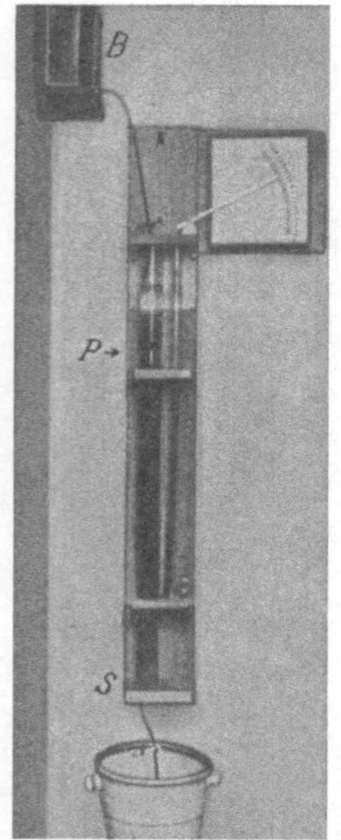

Abb. 27. Abgeändertes Wiegnersches Schlämmrohr

Der Hauptvorzug der Wiegnerschen Schlämmröhre ist ihr rasches Arbeiten und die Lieferung einer vollständigen Verteilungslinie, der jede beliebige Korngruppe entnommen werden kann; bei Einrichtung eines Selbstschreibers vermindert sich die Wartung des Gerätes auf einige Handgriffe. Das Atterbergsche Schlämmglas gewährt die Möglichkeit, die einzelnen Korngrößengruppen für sich zu sammeln und getrennt zu untersuchen; dieser Vorteil gegenüber dem Wiegnerschen Verfahren und seinen Nachbildungen muß hervorgehoben werden.

So hat Stiny das Wiegnersche Schlämmglas in nachstehender Weise handsamer gestaltet.

Wie Abb. 27 zeigt, ist das links befindliche, dicke (40 bis 50 mm) Glasrohr unten mit einem Kautschukstopfen (S) wasserdicht verschlossen; dadurch wird die Reinigung und Entleerung des Schlämmgerätes wesentlich erleichtert; eine Durchbohrung des Stopfens nimmt ein Glasrohr mit Gummischlauchansatz und Quetschhahn auf, um das Ablassen des Wassers weniger stürmisch gestalten zu können. Bei der gänzlichen Entleerung kann das Holzbrettchen, welches Stopfen und Glasrohr trägt, weggeklappt werden. Genau 50 cm oberhalb der Abzweigung des rechtseitigen, dünneren Glasrohres befindet sich eine kleine Einschnürung; hier ist auf die Innenwand der Glasröhre nach einer Kegelringfläche ein Glasplättchen (P) aufgeschliffen, welches mittels Silberdrahtes hochgezogen und herausgenommen werden kann. Das rechte Rohr hat einen dünneren Ansatz und (mit Gummischlauch verbunden) ein erweitertes Ende.

Der Behälter (B) dient, mit reinem, überdampftem Wasser gefüllt, zum leichteren Einleiten der Schlämmung. Zu diesem Zwecke wird zuerst das Schlämmrohr bis zum Glasplättchen mit überdampftem Wasser gefüllt. Hierauf schlämmt man die etwa nach S. Gericke[16] gut vorbereitete Bodenprobe in den Raum oberhalb des vorher eingepaßten Glasplättchens ein; da man nur etwa 30 g Probe verwendet, steht die Aufschlämmung im Rohre oberhalb des Abschlußplättchens nur etwa 10 bis 20 cm hoch. Man wartet nun zu, bis sich Sand und Mu auf dem Plättchen abgesetzt haben. Inzwischen füllt man im dünnen Rohrstutzen (etwa 18 bis 20 mm lichte Weite) Wasser bis zur Höhe der Aufschlämmung im dicken Rohre nach.

Der Versuch kommt dadurch in Gang, daß man das Glasplättchen geschickt herauszieht und so den Teilchen der Aufschwemmung den Weg zum Boden des Rohres öffnet. Für Sand und Mu beträgt die Absatzhöhe ziemlich genau 50 cm, für die feineren Teilchen durchschnittlich mehr; der hiedurch bedingte Fehler kann aber erfahrungsgemäß vernachlässigt werden.

Die Wasserstände im dünneren Röhrchen können an einer Einteilung abgelesen werden, ebenso jene im dicken Rohre. Statt der wenig genauen, unmittelbaren Ablesung kann man sich zur Vergrößerung der Wasserstandsschwankungen eines Hebelzeigers bedienen, der durch einen Schwimmer betätigt wird; das am besten gläserne Schwimmkörperchen wird durch feine, angeblasene Spitzen von der Glaswand ferngehalten. Die Bewegung des Schwimmers wird entweder mittels Silberdraht unmittelbar auf den Zeigerhebel übertragen; dann ist die Einteilung, auf welcher das rechte Zeigerende spielt, entsprechend zu treffen; angenehmer ist es, vom Schwimmkörper einen Seidenfaden über ein kleines, mit dem Zeiger fest verbundenes Nuträdchen laufen zu lassen; dann genügt eine gewöhnliche Kreiseinteilung zu den Ablesungen.

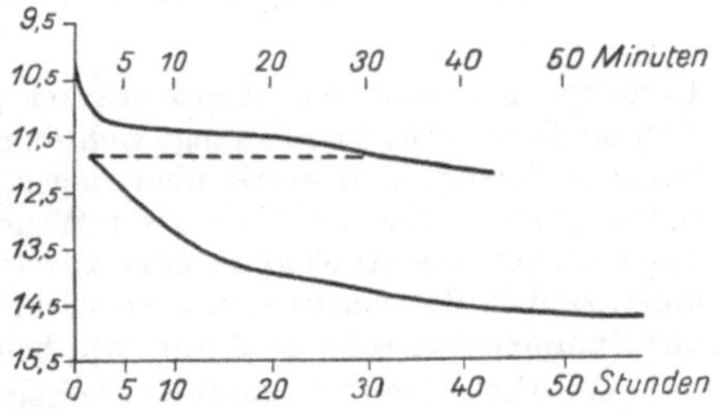

Abb. 28. Schaulinie einer Schlämmung nach Wiegner-Stiny

Die Ablesungen an der Einteilung erfolgen wie bei Wiegner; sie werden zu zwei Schaulinien vereinigt; die obere (Abb. 28) benützt die Minutenteilung der Abszissenachse, die untere die Stundenteilung (für Schluff und Rohton). Aus dem Schaubilde kann man jeden beliebigen Korngrößenanteil abgreifen und berechnen; bei der vorliegenden Versuchanordnung entfällt das etwas ungenaue Ziehen von Berührenden, es werden die Ordinatenlängen unmittelbar ausgewertet. Für die Bestimmung der Absetzzeit legt man bei Sand und Mu die Fallhöhe von 50 cm zugrunde, bei den feineren Teilchen 50 cm vermehrt um die halbe Höhe der Aufschwemmung im Stutzen oberhalb des Glasplättchens. Zur Bestimmung von Sand und Mu benötigt man 40′ bis 45′ Zeit; in zwei bis vier Tagen kann der Versuch auch hinsichtlich der Feinstteilchen als beendet gelten. Der Anfang- und Endstand der Wassersäule im weiten Rohre kann an einem Millimeterpapierstreifen abgelesen werden.

c) Die Darstellung der Ergebnisse der mechanischen Zerlegung

Die Darstellung der Ergebnisse der mechanischen Zerlegung der Gesteine kann auf verschiedene Weise erfolgen. Fr. Schaffernak, A. Schoklitsch (1), J. Stiny u. a. bedienten sich der Summenlinien (Abb. 29) für Lockermassen und Binder. Man kann sie aber auch, eine genügende Anzahl von Messungen vorausgesetzt, für feste Gesteine verwenden (vgl. auch S. 400ff.).

Nehmen alle Korngrößen gleichmäßig am Gesteinsaufbaue teil, dann wird die Schräglinie (Diagonale) zur Summenlinie; je ungleichmäßiger das

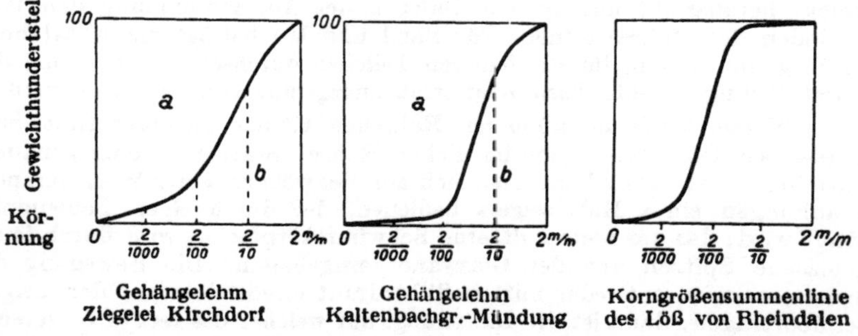

Abb. 29. Schaulinien zur Versinnlichung der Korngrößenzusammensetzung

Gemenge gemischt ist, desto stärker gekrümmt wird im allgemeinen die Summenlinie sein; sie schmiegt sich dann, je nachdem eben die gröberen oder feineren Korngrößen stark überwiegen, der Ordinaten- oder der Abszissenrichtung an; meist weist sie zwei Wendepunkte auf; Grenzfälle, in welchen die Summenlinie stückweise oder zur Gänze einer der beiden Achsen gleichläuft, sind in der Natur kaum verwirklicht; meist richtet sich nur ein Stück der Summenlinie sehr steil auf, wie beispielsweise beim Löß (Abb. 29).

A. Schoklitsch (1) mißt den Inhalt der beiden Flächen a und b (Abb. 29), in welche das Geviert von der Summenlinie geteilt wird; der Bruch $\frac{a}{b}$ (Verteilungsziffer, Kennziffer)[1] kennzeichnet roh den Kornaufbau des Gesteins; in gleichmäßig gemischten Gesteinen hat sie den Wert 1, in ungleichmischigen Gebirgsarten nähert sie sich mehr oder weniger dem Werte 0 (fast ausschließlich Feinteilchen vorhanden) oder ∞ (fast nur Grobteilchen anwesend). Eine völlig eindeutige Sprache redet die Kennziffer nicht, da gleiche Flächengröße und damit gleicher Kennwert durch verschiedenen Verlauf der Summenlinie zustande kommen kann. Für den ersten Überblick

[1] A. Schoklitsch nennt ihn Meßziffer.

aber mag sie genügen. J. Stiny trachtet durch Verlängerung der Viereckseiten und bessere Einteilung die Summenlinie brauchbarer zu gestalten.

K. Terzaghi(2) empfiehlt, statt der Korngrößen ihre Logarithmen aufzutragen (Abb. 30).

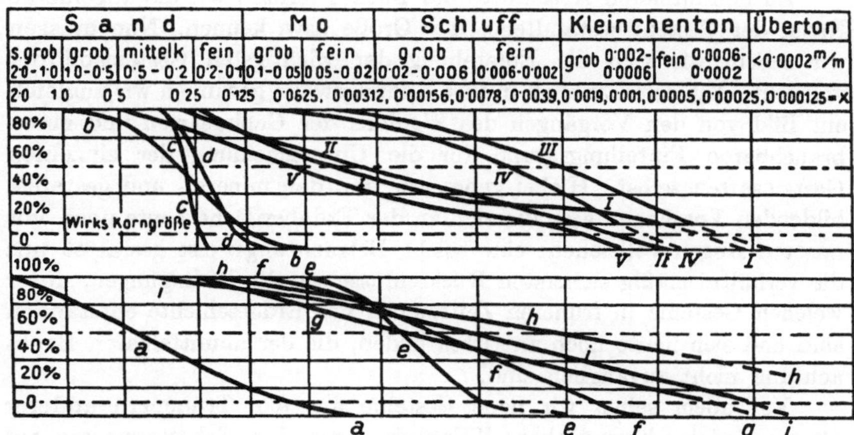

Abb. 30. Die Verteilungslinien (Zusammensetzung); nach K. Terzaghi

Verteilungslinie I: rutschfreier Lehm I, Verwitterung an Ort und Stelle, trotz viel Schlamm wenig Schwellung.
Verteilungslinie II: Miozäner mar. Lehm, starke Schwellung, rutschsüchtig.
Verteilungslinie III: Gelber miozäner mar. Ton, aus II abgerutscht.
Verteilungslinie IV: Blauer miozäner mar. Ton IV, tiefe Rutsche.
Verteilungslinie V: Schlamm V. Diluvialer Schlammsand.
Verteilungslinie *f*: Fließlehm, Schluffboden, Värmland.
Verteilungslinie *g*: Schwerer Molehm, Ugerup.
Verteilungslinie *h*: Schwerer Schlufflehm, Saltkällan bei Smedberg in Bohuslän (Rutsch).
Verteilungslinie *i*: laufende Zahl 14: Nr. 309, sehr schwerer Ton, Kullstorp, Wassmolösa.
Verteilungslinie *e*: Terrassenlöß, Virginia City, III, ungefähr Schimms. Kenesse.
Verteilungslinie *a*: gepulverter Milchquarz.
Verteilungslinie *b*: Gletscherbachsand (Ankogelgebiet).
Verteilungslinie *c*: Dünensand von Beklemé, Thrazien, Schwarzes Meer.
Verteilungslinie *d*: Strandsand von Rumeli Kawak, Nordende des Bosporus.

Den Maßstab für die Abszissen wählt er derart, daß zwischen ihnen (x) und den ihnen zugehörigen Korndurchmessern d die Beziehung

$$d = 2^{-x}$$

besteht; daraus errechnen sich die Abszissen

$$x = -1{,}441 \, ln d;$$

die Verdopplung der Korngröße bedingt, unabhängig von der Korngröße, einen Abszissenunterschied gleich 1. Als Ordinate wird der Wert der Gewichtshundertstel jener Körnermenge aufgetragen, deren Durchmesser kleiner ist als die der Abszisse entsprechende Korngröße.

Auch Terzaghis Vorgang würde die Errechnung einer Verteilungsziffer gestatten; wie bei der gewöhnlichen Summenlinie deutet auch hier ein Aufbäumen der Verteilungslinie auf hohen Gleichförmigkeitsgrad des Stoffes (große Ungleichheit der Korngruppenanteile).

II. Die Bildung der Gesteine und ihrer Bestandteile; die wissenschaftliche Einteilung der Gesteine

1. Allgemeine Vorbemerkungen

Im einführenden Abschnitte des Buches lernten wir die allgemeine Natur der Gesteinsbestandteile, ihre Größe usw. kennen. Nun müssen wir sehen, wie sich die Entstehung der wichtigsten Gesteinsbildner vollzieht. Mit dem Einblick in ihre Bildungsweise gewinnen wir zugleich ein Bild von den Vorgängen des Werdens der Gebirgsarten und einen brauchbaren Einteilungsgrund für die Unterscheidung der einzelnen Gesteinsarten selbst. Hiebei gehen wir von den mineral- und gesteinsbildenden Vorgängen aus, die sich an der Erdoberfläche heute noch vor unseren Augen vollziehen; eine solche Betrachtungsweise gestattet uns die verhältnismäßig sichersten Rückschlüsse auf die Bedingungen, unter welchen Gesteine in früheren Zeiträumen der Erdgeschichte entstanden sind und sich heute noch an Orten bilden, die der unmittelbaren Beobachtung nicht zugänglich sind.

Vor allem sehen wir neue Gesteine aus den Trümmern anderer älterer Gesteine hervorgehen; Wildbäche lagern ihre Schottermassen auf den Talgründen ab, wo sie sich allmählich zu Konglomeraten verfestigen; Flüsse und Ströme tragen vor unseren Augen Sand, Staub und feinste Trübung in die Ebenen oder ins Meer hinaus, wo die mitgeführten Stoffe dann zu Boden sinken und Sandbänke, Tonmassen usw. aufbauen; auch diese Ablagerungen werden durch den Druck der später über sie gebreiteten weiteren Ablagerungen und andere Vorgänge im Laufe der Zeit fester. Solche aus der Zertrümmerung bereits vorhandener Gesteine hervorgegangene Felsarten nennt man Trümmergesteine (klastische[1] Gesteine).

In Wasserbecken, zum Teil auch in ruhig fließenden Wässern, sehen wir nicht selten eine andere Form der Gesteinsbildung vor sich gehen. Die natürlich vorkommenden Wässer enthalten fast immer kleinere oder größere Mengen fremder Stoffe gelöst. Durch Verdunstung des Lösungsmittels, durch das Entweichen lösungfördernder Gase usw. scheiden sich aufgelöste Stoffe aus dem Wasser wieder aus und häufen sich am Grunde des Gewässers oder an anderen geeigneten Stellen an. So entsteht eine Reihe von Mineralien, die ihrerseits wieder zu Felsarten sich anhäufen können. Man nennt so gebildete Gebirgsarten chemische Absatz- oder Fällungsgesteine. So werden z. B. Gips, Anhydrit, Steinsalz, usw. ausgefällt.

Schließlich beobachten wir wieder an anderen Stellen der Erdoberfläche, wie durch die Lebenstätigkeit von Pflanzen und Tieren Mineral-

[1] Klao (griechisch) = ich zerbreche.

stoffe abgeschieden, bzw. aufgebaut werden, welche sich örtlich anhäufen und Gesteine bilden können. So bauen z. B. Korallen, Moostierchen und Schwämme ganze Riffelsen, Muscheln und Schnecken mehr oder minder mächtige Schichten und Muschelbänke auf. Abgestorbene Baumstämme, Torfmassen u. dgl. lagern sich, zu dicken Schichten aufgehäuft, zu Kohlenflözen um. Man spricht in diesem Falle von Absätzen der belebten Welt oder Lebewesenabsätzen (Lebewesengesteine, organogene Absatzgesteine) und unterscheidet solche pflanzlichen (phytogenen) und tierischen (zoogenen) Ursprungs (pflanzenbürtige, tierbürtige Gesteine).

Die Trümmergesteine, Fällungsgesteine und Lebewesenabsätze faßt man unter dem Sammelnamen der Absatz- oder Bodensatzgesteine (Sedimente) zusammen. Sie bilden eine der drei großen Hauptgruppen der Gesteine und zeichnen sich vor allem dadurch aus, daß ihre Baustoffe unter dem mittelbaren oder unmittelbaren Einfluß der Schwerkraft von oben nach unten bewegt und auf einer bereits vorhandenen Unterlage (Meeresboden, Flußbett, Seeboden, Landoberfläche) abgesetzt wurden. Sie durchbrechen niemals andere Gesteine, sondern ruhen ihnen mehr oder minder tafel- oder plattenförmig auf; sie setzen sich nie in die Tiefe fort, sondern suchen mehr Raum nach der Seite zu gewinnen. Ihre Dicke ist daher im Gegenteile im Verhältnis zu ihrer Flächenerstreckung gering und nimmt bei ungestörter Lagerung nach den Rändern hin ab (sie verschwächen). Ihr Verschwächen gegen die Ablagerungsgrenze zu führt schließlich zum Auskeilen, d. i. zum abklingenden, gänzlichen seitlichen Aufhören der Gesteinsmassen. Ihre Heimat ist die Erdoberfläche, ihr Aussehen meist ein schlichtes.

Eine vielgliedrige Reihe von Mineralien und anderen Gesteinsbestandteilen sehen wir aus den feurigflüssigen Massen des Berginnern, den sogenannten Schmelzflüssen (Magmen, Laven) erstarren. Die Gesteine, welche sie aufbauen, führen den Namen Erstarrungsgesteine oder, weil sie andere Gesteinsmassen durchbrechen und sich durch sie hindurch fortsetzen können, auch die Bezeichnung Durchbruchgesteine (Eruptivgesteine). Bezeichnend für sie ist auch dann, wenn der Schmelzfluß nicht die Oberfläche der Erde erreicht, sondern unter ihr bereits sich verfestigt, das Hindurchsetzen durch früher gebildete Gesteine, in deren Massen sie eindringen, die Auftürmung von Gesteinsstoff auf der Erdoberfläche in Form von Kuppen, ihre Ausbreitung zu Strömen, Decken usw. Ihre Erscheinung trägt den Stempel des Gewaltsamen an sich und ist häufig begleitet von Störungen des Gebirgsbaues, von Zermalmungen und Veränderungen des Nebengesteines durch Frittung, Verglasung, Umkristallisation usw. Ihre Förderung erfolgt durch Kräfte, welche mit der Erdschwere nichts zu tun haben, sondern im Gegenteil entgegengesetzt zu ihr gerichtet sind. Erst ein allfälliges Strömen des Schmelzflusses auf der Erdoberfläche steht unter dem Banne der Schwerkraft, durchmißt aber im Vergleiche zur Länge der Bahn, auf welcher das Magma empordrang, meist nur verhältnismäßig kurze Strecken. Das Aussehen der Erstarrungsgesteine ist oft prachtvoll kristallin, ihre Heimat ist die Tiefe, in der sie wurzeln und deren Kinder sie sind.

Die Bildung einer dritten großen Hauptgruppe von Mineralien und von ihnen aufgebauten Gebirgsarten, der sogenannten *umgeprägten Gesteine*, können wir in der Gegenwart nicht verfolgen, da sie sich nur Schritt für Schritt, äußerst langsam und in Erdräumen vollzieht, welche entweder nur künstlich unserer Beobachtung erschlossen werden können oder uns überhaupt unzugänglich sind. Auf ihre Entstehungsweise können wir nur durch Erforschung ihres Mineralbestandes, ihrer stofflichen Zusammensetzung, geologischen Erscheinungsweise, Ausbildung usw. gewisse, mehr oder minder sichere Rückschlüsse ziehen. Ihrer Lagerung nach ähneln sie für Laienaugen häufig, aber nicht immer, den Absatzgesteinen; Bestand und Ausbildung ihrer Mineralgemengteile zeigen vielfach Verwandtschaft zu jenen der Durchbruchgesteine. Die Hauptmasse der *Umprägungsgesteine* machen die *kristallinen Schiefer* aus, so genannt, weil sie kristalline Ausbildung mit schiefrigem Aussehen verknüpfen.

Damit haben wir die groben Umrisse einer Gesteinsgliederung in großen Zügen gewonnen; die unmittelbar folgende Übersicht gibt sie nochmals wieder.

1. *Erstarrungsgesteine* (Durchbruchgesteine)	*Oberflächen- oder Ergußgesteine* (der Schmelzfluß erstarrt erst an der Erdoberfläche)
	Tiefengesteine (der Schmelzfluß wird bereits im Erdinnern fest)
2. *Absatzgesteine* (Schichtgesteine)	*Trümmergesteine*
	Fällungsgesteine
	Lebewesengesteine (Belebtgesteine)
3. *Umprägungsgesteine* (umgeprägte Gesteine)	der Hauptsache nach kristalline Schiefer

2. Der Aufbau des Erdballs

Nach *Gutenberg* (4) und anderen Forschern haben wir aller Wahrscheinlichkeit nach drei Hauptteile (Abb. 31) an unserem Erdballe zu unterscheiden: den *Kern*, die *Zwischenschicht* und den *Steinmantel*; Unstetigkeitsflächen scheiden diese drei Teilkörper voneinander, deren Massen sich verhalten wie 9 : 13 : 8.

Auf den *Kern* stoßen wir in etwa 2900 km Tiefe; gediegene Metalle, vorherrschend Eisen und Nickel, daneben auch Kobalt usw. bauen ihn auf, vermutlich in ihre Atome aufgelöst; Zustand (ob fest oder flüssig) unbekannt.

Die Zwischenschicht (innere Schale) reicht von 1200 bis 2900 km Tiefe. In ihren oberen Teilen herrschen nach G. Linck (5) kieselsaure Salze (Silikate) vor, denen sich nach unten zu immer mehr gediegene Metalle (Fe, Ni usw.) beimengen. Tonerde, Kalkerde, Kali und Natron fehlen. Die

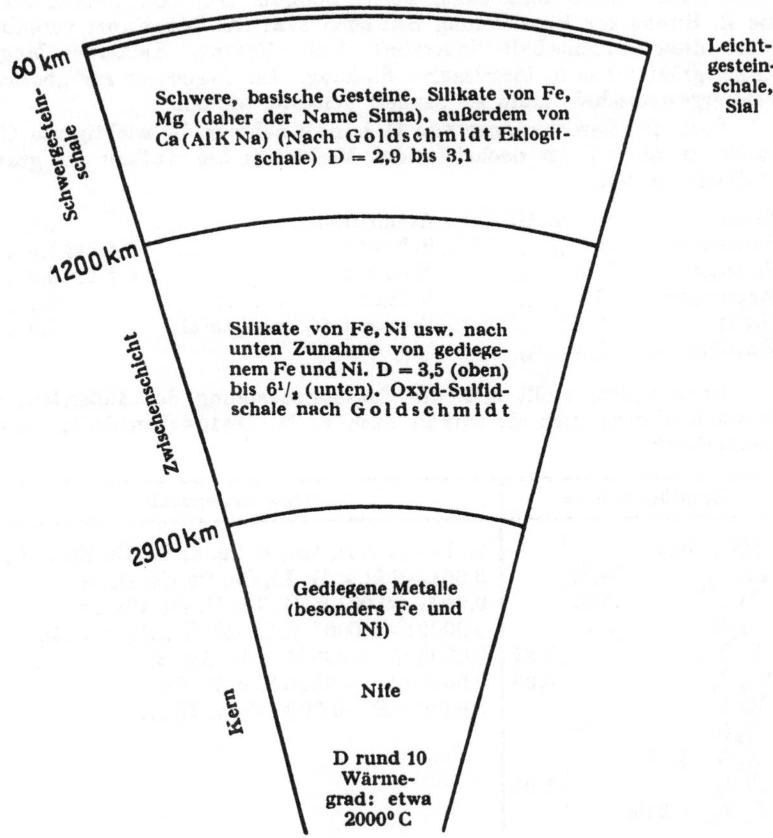

Abb. 31. Aufbau des Erdballes

Verbindungen sind einmolekular, in den größeren Tiefen wiegt Einatomigkeit der Stoffe vor. Nach V. M. Goldschmidt (7) würde die Innenschale aus Schwefel- und Sauerstoffverbindungen, hauptsächlich Schwefeleisen (Fe S) aufgebaut (daneben 1 bis 4 v. H. Nickel, 1 bis 4 v. H. Kupfer). Zustand unsicher, wahrscheinlich nicht fest.

Die äußere Schale, der Steinmantel, reicht von der Oberfläche bis etwa 1200 km Tiefe und gliedert sich wieder in eine Schwer- und Leichtgesteinschale; die Grenze beider dürfte ungefähr bei 60 km Tiefe liegen. In der Schwergesteinschale, von V. M. Goldschmidt (7) als Eklogitschale[1] bezeichnet, trifft man überwiegend kieselsaure Salze von Magnesium, Eisen und Kalkerde an; Tonerde-, Kali- und Natronverbindungen treten zurück. E. Suess hat diese Schwergesteinschale, deren im allgemeinen fester Zustand für die oberste Schicht gewisse Wahrscheinlichkeit besitzt, Sima genannt, nach den Anfangsbuchstaben ihrer beiden Hauptgrundstoffe Silizium und Magnesium. Ein- und mehrmolekülige Verbindungen sind in ihr vorhanden. Die Leichtgesteinschale, im Mittel etwa 60 km dick, wird aus mehrmolekülgen Salzen aufgebaut; neben Silizium (Si) und Aluminium (Al), die E. Suess zur Bezeichnung Sal oder Sial (A. Wegener) veranlaßten, führt diese Außenschale Sauerstoff, Kali, Natron, Kalkerde, Magnesia, Eisen, größtenteils in kieselsaurer Bindung. Im Gegensatz zur „basischen" Schwergesteinschale kann sie „sauer" genannt werden.

Nach den Berechnungen von G. Linck nehmen die wichtigeren Grundstoffe annähernd im nachstehenden Verhältnis am Aufbau des gesamten Erdballes Anteil:

Eisen	50 v. H.	Aluminium		0,6 v. H.
Sauerstoff ...	22 „ „	Schwefel	0,5 bis	1,0 „ „
Silizium	11,5 „ „	Natrium	0,1 bis	0,2 „ „
Magnesium .	9 „ „	Kalium		0,1 „ „
Nickel	6 „ „	Wasserstoff, weniger als		1,0 „ „
Kalzium	1,3 „ „			

Ganz anders stellt sich die Zusammensetzung der äußersten, sicher festen Erdkruste dar; sie enthält nach V. M. Goldschmidt in Gewichtshundertsteln:

Hauptbestandteile				Nebenbestandteile
SiO_2	59,12			0,01—0,1 v. H. Mn, F, Ce, S, Ba, Cr, Zr, C, V, Ni, Sr
Al_2O_3		15,34		0,001—0,01 v. H. Li, Cu, Ce, Co, B, Be
CaO		5,08		0,0001—0,001 v. H. Th, U, Zn, Pb, As
Na_2O		3,84		0,00001—0,0001 v. H. Cd, Sn, Hg, Sb, Mo
FeO			3,81	0,000001—0,00001 v. H. Ag, Bi
Fe_2O_3			3,08	0,0000001—0,000001 v. H. Au
MgO		3,49		0,00000001—0,0000001 v. H. Ra
K_2O		3,13		
H_2O	1,15			
TiO_2			1,05	
P_2O_5	0,299			

Aus vorstehender Übersicht geht ohneweiters hervor, daß die alles beherrschende Rolle, welche das Eisen im Kern des Erdballes spielt, in den obersten Teilen der Kruste ganz auf das Siliziumdioxyd übergeht. Die Schwermetalle, auch das Eisen, werden von den Leichtmetallen stark in den Hintergrund gedrängt, ein Umstand, der für das Großgewerbe der Völker von Bedeutung werden kann; glauben ja doch viele, daß auf unser Zeitalter der Schwermetalle ein solches der Leichtmetalle in der Weltwirtschaft folgen wird.

[1] Nach dem Gestein Eklogit so benannt, das diese Schale vorwiegend zusammensetzen soll.

Genauere Untersuchungen, namentlich von H. S. Washington haben gelehrt, daß die mittlere Zusammensetzung der Erdkruste in den einzelnen Gebieten mannigfache Abweichungen erleidet. Die Weltmeerbecken z. B. baut ein verhältnismäßig basischerer Stoff auf; das geht schon aus der mittleren Dichte hervor, welche für den Untergrund des stillen Weltmeeres mit 3,05, für jenen des atlantischen Weltmeeres mit 2,85 errechnet wurde; demgegenüber beträgt die mittlere Dichte des Festlandsockels nur etwa 2,75. Aber auch die einzelnen Festlandblöcke weisen untereinander verschiedene Dichte auf. Asien (D = 2,73?), Nord- (D = 2,76) und Südamerika (D = 2,75) sind im allgemeinen reicher an Kieselsäure als das Erdmittel, das Südpolland (D = 2,84) und Afrika (D = 2,85) dagegen basischer. Der Gegensatz zwischen der chemischen Zusammensetzung der Weltmeerböden und Festlandsockel findet in den Erdbebenuntersuchungen seine Bestätigung. Wir können auf Grund aller einschlägigen Forschungen wohl mit B. Gutenberg annehmen, daß am Grunde des stillen Weltmeeres nur eine dünne Absatzgesteinslage (Schlamm usw.) die Wasserhülle vom Sima trennt, während es unter dem atlantischen Weltmeere nirgends entblößt ist. Die Dicke der Sialblöcke beträgt etwa 60 km bei Eurasien (Abb. 32), 50 km

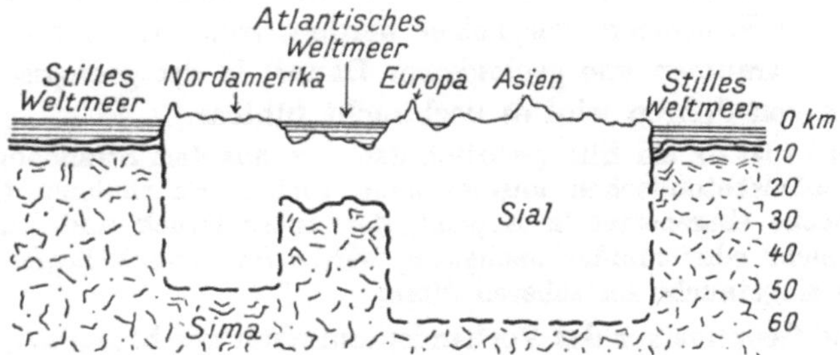

Abb. 32. Aufbau der äußersten Erdkruste; Sialblöcke ins Sima verschieden tief eintauchend. Nach B. Gutenberg (wenig geändert)

bei Amerika und rund 25 km unterhalb des atlantischen und des Nordpol-Weltmeeres. Die Sialschollen schwimmen also förmlich als leichtere Massen auf der Simaschale, in die sie verschieden tief eintauchen. Ihre mittlere Erhebung steht im umgekehrten Verhältnis zu ihrer Dichte. Die Bausteine der Außenschale der Erde streben somit einem allgemeinen Gleichgewichte zu, wie es die Lehre vom Schollengleichgewichte (Isostasie) auch gedanklich fordert. Die Gleichgewichtsbewegungen in der Erdkruste verlaufen wegen der großen Zähigkeit der in Betracht kommenden Stoffe äußerst langsam; sie können sowohl in lotrechter (Auf- und Abstiege von Schollen) als in wagrechter Richtung erfolgen (Schollentrift bzw. seitliches Zu- und Abströmen von Schmelzfluß unter den sich hebenden und senkenden Blöcken; Lehren von A. Wegener, O. Ampferer, R. Schwinner usw.). Man hat Anhaltspunkte dafür, daß die Ausgleichsbewegungen in einer Tiefe von etwa 60 km allmählich ausklingen (Ausgleichfläche).

Für die Entstehung der Gesteine aus erstarrenden Schmelzflüssen ist die Frage nach dem Zustande des Steinmantels sehr wichtig. In diesem Punkte widerstreiten sich noch immer die Anschauungen der Forscher. Man darf vor allem die Begriffe „fest“ und „flüssig“, wie wir sie von der Betrachtung des Felsens und des Wassers in uns aufgenommen haben, nicht auf die Verhältnisse im Leibe der Erde übertragen. Bei den dort herrschenden Drucken und Wärmegraden verhalten sich die Stoffe ganz anders als auf der Erdoberfläche. Man kann es als verhältnismäßig sicher annehmen, daß sich die tieferen Schichten der Erde (etwa unterhalb der Tiefe von rund 60 *km*) kurzfristigen Beanspruchungen gegenüber wie ein starrer Körper verhalten, beharrlicher Einwirkung von jahrtausendelang angreifenden Kräften aber stetig und ganz allmählich nachgeben wie eine Flüssigkeit von hoher innerer Reibung (Glasstab, Siegellackstange usw.). Die Schwergesteinschale und vielleicht auch noch eine ziemlich dicke Schicht des Erdballs unter ihr erscheint demnach als „zeitflüssig" (säkularflüssig nach Rösch), ein Zustand, der weder mit dem festen unserer Erdoberfläche noch mit dem Augenblickflüssigen des Wassers und ähnlicher Körper verwechselt werden darf, die auf einen geeigneten Anstoß sofort mit einer Bewegung antworten. Das Schwimmen der Sialkörper auf dem Sima kann daher nicht mit dem Schwimmen von Eisbergen im Weltmeere verglichen werden, sondern äußert sich erst in langen Zeiträumen von geologischer Dauer; in der geologisch kurzen Zeitspanne von Jahren wird es noch nicht fühlbar.

Vielleicht ist da ein Bild gestattet, das man aus dem Straßenbau kennt; in den Asphaltbetondecken unserer neuzeitlichen Fahrbahnen liegen die Schotterstücke eingebettet in Asphalt, der unter Druck und bei Wärmezunahme mehr oder minder nachgiebig wird. So ähnlich liegen auch die Sialblöcke eingetaucht im zäheren Sima.

Da die Geophysiker das Vorhandensein einer geschlossenen, schmelzflüssigen Schale unter der festen Rinde der Erde mit überwiegender Mehrheit ablehnen, müssen wir annehmen, daß in den oberen Teilen der „zeitfesten" Schwergesteinschale und in der festen bis zeitfesten Leichtgesteinschale Reste nicht erstarrter Schmelzflußmassen eingebettet liegen (Abb. 33), bereit aufzudringen, wo sich ihnen hiezu die Möglichkeit bietet. Förderlich sind diesem Bestreben vorhandene, offene Spalten der Kruste und die ungeheure Spannkraft der Gase, welche der Schmelzfluß gelöst enthält.

In physikalisch-chemischer Hinsicht stellen die Schmelzflüsse Schmelzlösungen dar. Sie enthalten neben schwerflüchtigen Stoffen (Metallen usw.) auch leichtflüchtige Bestandteile, wie z. B. Wasser (H_2O), Schwefelwasserstoff (H_2S), Fluorwasserstoff (HF), Chlorwasserstoff (HCl), Kohlenoxyd (CO), Kohlendioxyd (CO_2), Schwefeldioxyd (SO_2), Wasserstoff (H_2), Stickstoff (N_2), Sauerstoff (O_2) und Edelgase gelöst. Im einzelnen zeigen die Schmelzflüsse untereinander Verschiedenheiten in der Zusammensetzung, die sich aber in gewissen Grenzen halten und bestimmten Gesetzen folgen. Man macht häufig die Wahrnehmung, daß die Schmelzflüsse eines Gebietes blutsverwandte Teillösungen eines ursprünglichen Stammschmelzflusses darstellen, aus dem sie durch

Schmelzflußspaltung (magmatische Differentiation) hervorgegangen sind; sie bilden zusammen einen Schmelzflußgau (magmatische Provinz).

Im Erdleibe stehen die Schmelzflüsse unter dem Einflusse hohen Druckes und hoher Wärme. Alle Erfahrungen bestätigen immer wieder die alte Beobachtung, daß im Steinmantel die Wärme um so höher wird, je tiefer wir unter die Erdoberfläche hinabsteigen. Die Wärmezunahme beträgt im rohen Mittel bekanntlich für je 33 Meter 1° C (mittlere Erdwärmetiefenstufe[1]). Abkühlung der Schmelze, wie sie z. B. beim Aufstiege stattfindet, führt von einem bestimmten Punkte, dem Erstarrungs- oder Schmelzpunkt ab zum Festwerden der Schmelze; sie wird kristallin, wenn die Abkühlung ganz langsam erfolgt, glasig bei sehr rascher, plötzlicher Verfestigung; unter mittleren Verhältnissen

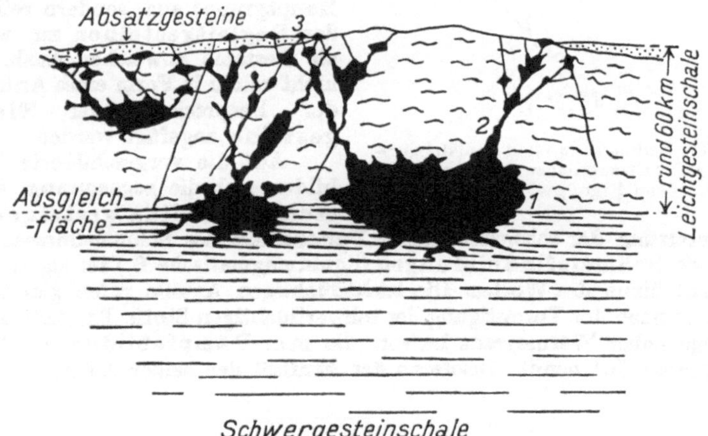

Abb. 33. Gedachter Durchschnitt durch die feste Erdkruste. 1 Schmelzflußherde, 2 Schmelzflußschlote, 3 Feuerberge, von ausgeflossenen Schmelzen und ausgeworfenen Lockerstoffen aufgebaut

entsteht Gesteinsglas neben Kristallen. Erstarrende Schmelzflüsse liefern also Gesteinsglas und Mineralien; letztere sollen als Gesteinsbildner im folgenden Abschnitt eine kurze Besprechung finden.

Jedes Festwerden stellt einen der Hauptsache nach einsinnigen Ablauf von Vorgängen dar: die Erstarrungsfolge der Schmelze. Die Kristallisation kann bereits im Leibe der Erdrinde beginnen; man spricht dann von Tiefenmineralien und Tiefenkristallisation (intrusive, plutonische Mineralbildung); bilden sich die Mineralien erst an der Erdoberfläche oder in ganz mäßiger Tiefe, so bezeichnet man sie als Oberflächenbildungen (extrusive, vulkanische Mineralien) oder als Feuerbergmineralien. Diese Scheidung der Mineralien je nach ihrer Bildungstiefe bedingt auch die Abtrennung der in der Tiefe erstarrten, nur aus Tiefenmineralien zusammen-

[1] Auch geothermische Tiefenstufe genannt; gè (griechisch) die Erde, thermos (griech.) die Wärme.

gesetzten **Tiefengesteine** von den **Oberflächen- oder Ergußgesteinen**; letztere führen neben wechselnden, oft sehr geringen Mengen von Tiefenkristallen Oberflächenmineralien und je nach Umständen auch Gesteinsglas. Zwischen den Tiefen- und den Ergußgesteinen stehen die sogenannten **Ganggesteine**, deren Bildungsweise und Bildungsort aus Abb. 34 erschlossen werden kann; sie füllen Gänge, d. h. offene Spalten in der Erdkruste aus. Doch verschwimmen die Grenzen der Ganggesteine gegen die übrigen Durchbruchgesteine infolge mannigfacher Übergänge, die in dem örtlichen Abklingen der Bildungsbedingungen begründet sind. Man scheidet daher häufig die Ganggesteine nicht als gleichwertige Hauptgruppe aus, sondern reiht sie den **Begleitgesteinen** an, welche als Gesteine abweicher Ausbildung nicht selten in Form eines Anhanges der Besprechung der **Tiefengesteine** angefügt werden.

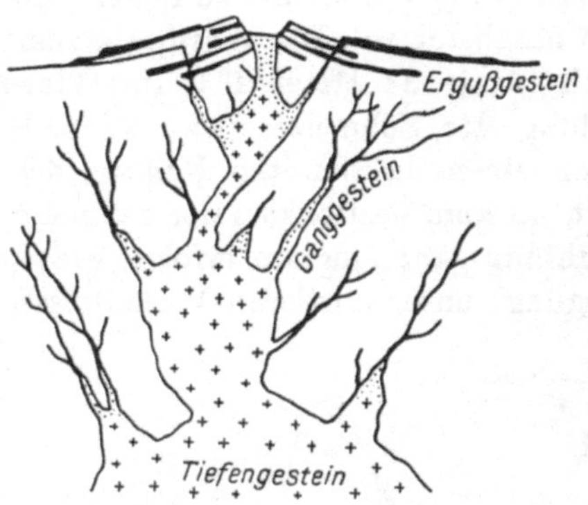

Abb. 34. Bildungsorte und Entstehungsweise von Tiefengesteinen, Ganggesteinen und Ergußgesteinen

Auf die vorgeschilderte Weise bilden sich die sogenannten kieselsauren oder **Silikatgesteine** durch die Erstarrung der schwerflüchtigen Bestandteile des Schmelzflusses; man nennt sie **Schmelzflußbildungen** (liquidmagmatische B.) im eigentlichen (engeren) Sinne des Wortes. Die leichtflüchtigen Anteile rufen gleichzeitig oder kurz nach der Verfestigung der schwerflüchtigen Stoffe Kristallisationsvorgänge hoher Wärmegrade hervor, die man **Dämpfebildungen** (pneumatolytische B.) nennt. Insoferne der Einfluß der heißen Dämpfe sich in

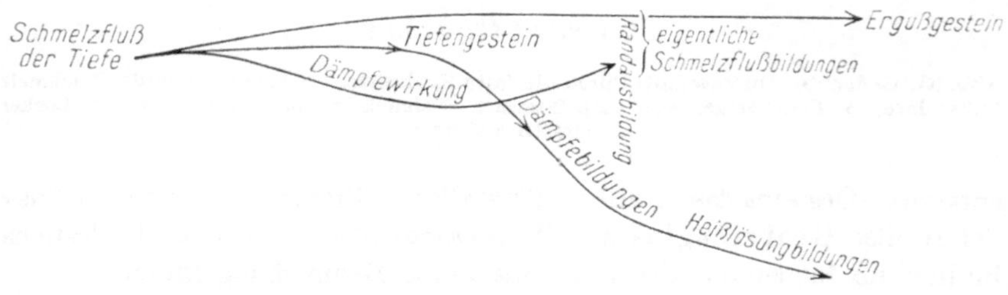

Abb. 35. Bildungsreihe der verschiedenen Schmelzflußabkömmlinge

den äußeren Schalen der Durchbruchgesteinskörper selbst geltend macht, spricht man auch von **Randausbildungen** der Tiefengesteine. Mit fortschreitender Abkühlung nehmen die Restlösungen immer mehr das Verhalten warmer, wäßriger Lösungen an; es bilden sich durch ihr Festwerden Mineralkameradschaften, die man als **Heißwasserbildungen** (hydatogene oder hydrothermale B.) oder **Heißlösungsbildungen** zu bezeichnen pflegt. Die Wirkungen der heißen Dämpfe und wäßrigen Restlösungen sind es besonders, die einem Teile der Begleitgesteine ihre bezeichnenden Merkmale aufprägen.

3. Die Glutflußerscheinungen als Mineral- und Gesteinbildner

a) Die Mineralien und sonstigen Gesteinbestandteile der Glutflußerscheinungen

Von den Mineralien, die sich aus erstarrenden Glutflüssen bilden, sollen nur jene wichtigsten kurz besprochen werden, die sich häufig oder in reichlichen Mengen am Aufbaue der Erstarrungsgesteine beteiligen. Bei jenen Mineralien, welche sich auch aus Lösungen absetzen oder auf eine sonstige andere Weise bilden können, wird dies an entsprechender Stelle vermerkt werden. Die Eigenschaften solcher Mineralien, namentlich die technischen, und ihre Vorkommen, sollen aber doch im Zusammenhange gleich hier kurz erörtert werden. Wenn auch hiedurch der Einteilungsgrundsatz des Buches zuweilen durchbrochen wird, so mag dies vielleicht deshalb weniger verschlagen, weil ja das vorliegende Buch eine technische Gesteinkunde und keine Mineralogie sein will.

Grundstoffe (Elemente)

Graphit. H (Härte) = ½ bis 1, D (Dichte, Raumgewicht) = 1,9 bis 2.3. Strich schwarz, metallisch glänzend. Farbe dunkelstahlgrau bis bläulichgrau, undurchsichtig; auf größeren Flächen lebhafter Metallglanz im auffallenden Lichte; in kleinkörniger oder feinschuppiger Ausbildung matt bis erdig; fühlt sich kalt und fettig an; färbt wegen seiner Weichheit ab, weshalb er zum Schreiben verwendet werden kann („Reißblei", „Bleistift"), woher auch sein Name (griech. gráphein = schreiben) stammt.

Graphit kristallisiert hexagonal; vollkommene Spaltbarkeit nach der Endfläche; die Spaltblättchen sind gemeinbiegsam; gesteinsbildend tritt er auf

a) in Form sechsseitiger oder rundlicher, zuweilen auch ausgefaserter, gemeinbiegsamer Schüppchen oder Blättchen, rein oder verunreinigt mit Kiesen, Kalkspath, Silikaten usw.; diese schuppig-blättrige Abart wird in Bayern und in der Steiermark „Flinz" genannt und eignet sich besonders zur Herstellung von Schmelztiegeln. Wertvoller ist der sogenannte „Silbergraphit".

b) in stenglig-fasrigen Aneinanderhäufungen; hieher gehören viele sehr reine und dem Schuppengraphit hinsichtlich Festigkeit und Gleichmäßigkeit überlegene Graphite;

c) dicht, als milde erdige Gehäufe, krümelig, und oft staubfein (Graphitoid; färbender Stoff vieler Gesteine, welcher selbst bei stärkster Vergrößerung unter dem Mikroskope nicht mehr kristallin erscheint), örtlich „Dachel" genannt. Oft Anthrazitähnlich.

Stofflich stellt Graphit reinen kristallinen Kohlenstoff dar (C). Zum Unterschiede von Bitumen und kohligen Stoffen, welche leicht verbrennen, ist Graphit vor dem Lötrohre fast unzerstörbar und unschmelzbar. Säurefest und unverwitterbar; bleibt daher im Verwitterungsboden erhalten und färbt ihn blaugrau bis schwärzlich. Je nachdem sich Graphit nach dem Anfeuchten mit konzentrierter rauchender Salpetersäure beim Glühen zu wurm- oder moosähnlichen Gebilden aufbläht oder nicht, hat man Graphit und Graphitit unterschieden. Der Unterschied beider Abarten dürfte kein stofflicher sein, sondern nur in der Formausbildung liegen, indem der blättrige Graphit die Säure begieriger aufsaugt, deren Dämpfe ihn dann beim Glühen nach den Spaltflächen auseinandertreiben. Graphitpulver mit rauchender Salpetersäure und chlorsaurem Kali behandelt, geht in gelbe Graphitsäure über.

Guter Leiter der Wärme und Elektrizität; besondere Wärme niedrig (0,197 bis 0,202). Gut durchlässig für Röntgenstrahlen.

Vorkommen: Im Gneis der Umgebung nordwestlich von Passau (Pfaffenreuth, Diendorf, Willersdorf), in südböhmischen Gneisen (Schwarzbach, Mugrau, Krumau, Kollowitz, norwestlich von Budweis), in Gneisen Mährens (Hafnerluden, Schlögelsdorf, Schweine bei Müglitz, Altstadt), im altzeitlichen Schiefer Obersteiers (Kaisersberg, Mautern, Leims, Bruck a. d. M., Thörl, Veitsch, Sunk bei Trieben, Rottenmann) und Niederösterreichs (Prein), in Gneisen und kristallinen Schiefern des niederösterreichischen Waldviertels (Brunn a. Walde, Geras, Mühldorf, Schönbichl (Dunkelsteinerwald), Artstetten, Wollmersdorf usw.), in Italien (in altzeitlichen Schiefern der ligurischen und kottischen Alpen), in England (Gruben von Cumberland, zumeist stark erschöpft), im südlichen Ural, im Kaukasus, in Sibirien, Japan, Indien, auf Ceylon, Neuseeland und in Nordamerika (New-Jersey, Kanada, Kalifornien, Mexiko).

Verwendung: Zum Tränken von Gummi; graphitdurchtränkte Gewebe (Baumwolle, Asbest, Jute usw.) geben ein gutes Dichtemittel für Kolben. Zu Schmelztiegeln verwendet man vorzugsweise mulmig losen Graphit in glimmerähnlichen Blättchen; das Schüppchengefüge wirkt dem Rissigwerden der Tiegel entgegen (bayrische und steirische Graphite). Für die Bleistifterzeugung werden nur derbe, dichte, sehr feinschuppige Graphite verwendet (böhmische, russische und gewisse Ceylongraphite). Wegen seiner Weichheit, fettigen Oberfläche und Haftfähigkeit am Eisen dient reinster (quarzfreier) feinstschuppiger Kleinchengraphit als Schmiermittel. Sein hoher Glanz bewog schon die alten Völker blättrige Abarten zum Glätten von Tongeschirren zu verwenden; auch heute noch findet er als Ofenputzmittel, Rostschutzfarbe usw. Verwertung; auch werden mit ihm Schieß- und rauchschwache Pulver geglättet. Die hohe Leitungsfähigkeit für Elektrizität macht ihn für Sammelelektroden, galvanoplastische Zwecke, zum Füllen von Trockenelementen usw. geeignet. Schrote werden durch Glätten mit Graphit schlüpfriger und kleben nicht aneinander.

Graphit entsteht zuweilen als Bildung heißer Dämpfe oder Heißlösungen. Meist aber bildet er sich durch Umwandlung von Lebewesenresten (vgl. später).

Schwefelverbindungen (Sulfide) der Grundstoffe

Die Schwefelverbindungen der Grundstoffe verraten ihren Schwefelgehalt beim Erhitzen an der Luft durch die Ausstoßung von stechend riechendem Schwefeldioxydgas. Technisch am wichtigsten sind Einfachschwefeleisen FeS (Magnetkies) und Doppelschwefeleisen FeS_2 (rhombisch kristallisierend Wasserkies, regulär kristallisierend Eisenkies genannt).

Magnetkies. H = 3½ — 4½, D = 4,54 — 4,64. Hexagonal, doch selten in Kristallen vorkommend, meist fein- bis grobkörnige Gehäufe bildend. Frisch bronzefarben, metallglänzend, läuft er an der Luft rasch tombackbraun an und wird matt. Strich grauschwarz. Mehr minder magnetisch. Einfach-Schwefeleisen = FeS; die Analysen führen auf die Formel (Fe) n S (n + 1), doch dürften Beimengungen von Eisenkies die Abweichungen bedingen. V. d. L. schmilzt er leicht zu einem schwarzen, stark magnetischen Korn. Salzsäure löst ihn ziemlich leicht unter Entbindung von Schwefel und Schwefelwasserstoff. Enthält 38½ bis 40% Schwefel. Bei der Verwitterung liefert er verhältnismäßig viel weniger Schwefelsäure als der Eisenkies und wirkt daher auch nicht so zerstörend auf die umgebenden Gesteinsmassen ein als Eisenkies (siehe diesen).

Gesteinbildend trifft man ihn in vielen basischen Durchbruchgesteinen als Ausscheidung aus dem Schmelzflusse. Oft führt er Nickel (2 bis 5%) und bildet dann nicht selten ein geschätztes Nickelerz (Kupferberg in Schlesien, Bodenmais, Andreasberg, Schweden, Norwegen, Kanada).

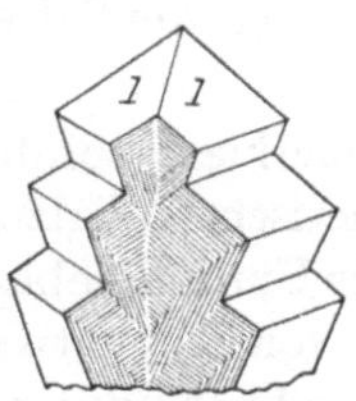

Abb. 36. Speerkies; wiederholte Zwillingbildung. Nach Hochstetter-Bisching-Toula

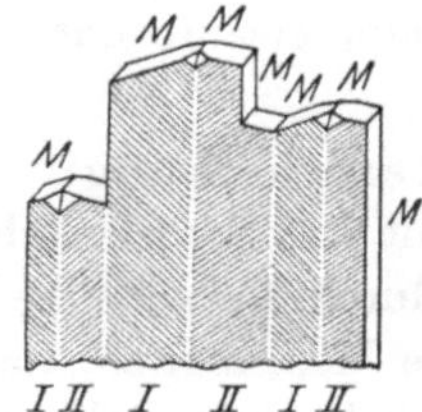

Abb. 37. Kammkies; wiederholte Zwillingbildung. Nach Hochstetter-Bisching-Toula

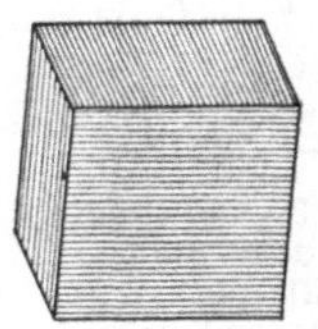
Abb. 38. Würfel von Schwefelkies mit gleichlaufender Streifung

S t r a h l k i e s (Wasserkies, Markasit). Rhombisch-tafelige, pyramidale oder schmalsäulige Kristalle, strahlige Aneinanderhäufungen (Strahlkies), lichte Massen (Leberkies), außerdem durch wiederholte Zwillingsbildungen spießartige (Speerkies Abb. 36) oder kammartige Formen (Kammkies Abb. 37). Graulich speisgelb, metallisch glänzend, nur in den dichten Abarten matt. Strich schwarz mit grünem Stich. Am Stahle funkengebend, mit dem Messer nicht ritzbar. H = 6 bis 6,5, D = 4,75 bis 4,88. Riecht schon beim Erwärmen nach schwefliger Säure. Zersetzt sich noch leichter als Eisenkies. In Absatzgesteinen häufiger als in Durchbruchgesteinen; auch in umgeprägten Gesteinen. Versteinerungmittel von Lebewesen.

E i s e n k i e s (Schwefelkies, Pyrit) H = 6 bis 6½ (wie Strahlkies), D = 4,9 bis 5,2 (schwerer als Wasserkies). Kristalle: meist Würfel (Flächen öfters den Kanten gleichlaufend gestreift, Abb. 38), Achtflächner (Oktaeder) oder Pentagonzwölfflächner (Abb. 39; die Formen sind nicht selten durch den Gebirgsdruck gequetscht und schiefwinklig verdrückt); kleine Körnchen und körnige Gehäufe, auch derb eingesprengt; in frischem Zustande sofort durch seinen lebhaften Metallglanz ins Auge fallend. Ein überaus häufiger Gemengteil, nicht bloß der Durchbruchgesteine, sondern auch aller übrigen Felsarten („Hans Dampf in allen Gassen").

Speisgelb, oft bunt angelaufen (Farbenspiel dünner Blättchen als erstes Anzeichen beginnender Verwitterung, die schließlich zu braunen Farbtönen führt); der lebhafte Metallglanz der Kristalle wird mit zunehmender Kleinheit der Körperchen (z. B. in dichten Gehäufen) immer matter. Strich bräunlichschwarz. FeS_2, häufig mit Gehalt an Gold (Radhausberg und Naßfeld bei Gastein). V. d. L. schmilzt er mit blauer Flamme und Schwefeldioxydgeruch zu einem schwarzen magnetischen Korn. In Salzsäure kaum löslich, wird er von Salpetersäure unter Ausscheidung von Schwefel zersetzt.

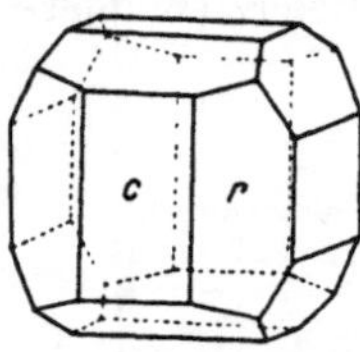

Abb. 39. Würfel (c) mit dem Fünfeckzwölfflächner (r; Pentagondodekaeder); Schwefelkies. Nach Hochstetter-Bisching-Toula

Unterscheidung: Von Magnetkies (tombackbraun, mit dem Messer ritzbar, magnetisch, in Salzsäure löslich) durch die hellgelbe Farbe, die Unnachgiebigkeit gegen die Messerspitze, das Fehlen von Magnetismus, die Unlöslichkeit in Salzsäure und die Entbindung von Schwefelwasserstoff beim Behandeln mit Salpetersäure (Nachweis durch Braunfärbung eines mit Bleiazetat getränkten Papierstreifens); von Markasit (rhombisch kristallisierend, schon beim Erwärmen nach Schwefeldioxyd riechend, leichter) durch die Kristallisation im tesseralen System, die Schwefeldioxydentbindung erst beim Verbrennen und das höhere Raumgewicht; von Kupferkies (messing- bis goldgelb, mit dem Messer ritzbar, v. d. L. zerknisternd, Strich grünlichschwarz) durch die hellere Farbe, die größere Härte, die Verbrennung v. d. L. und den mehr bräunlichschwarzen Strich.

Technisch findet der Schwefelkies Verwendung zur Gewinnung von Schwefel, zur Darstellung von Schwefeldioxyd (Papiererzeugung!) und Schwefelsäure, von Eisenvitriol, Alaun usw. Die bei der Schwefelsäuregewinnung und beim Sulfitverfahren der Zellstofferzeugung anfallenden, immer noch 3 bis 5 v. H. Schwefel enthaltenden Kiesabbrände, welche zu 60 bis 80% aus Eisenoxyd bestehen, liefern rote Anstrichfarben und den Rohstoff für die Darstellung von Eisensalzen, dienen weiters zur Entkeimung von Latrinen, zur Zerstörung des Grases im Schotterbette der Bahnen usw.

Abbauwürdige Kieslager finden sich in Spanien (Huelva-Gebiet, Rio Tinto), Frankreich (Sain Bel a. d. Rhône), Österreich (Sillian, Naintsch bei Anger, Groß-Fragant, Kallwang, in der Walchern bei Öblarn), Serbien (Majdanpek), Deutschland (Meggen, Rammelsberg),

Karpathen (Schmöllnitz), Skandinavien, Nordamerika usw. Die untere Grenze der Bauwürdigkeit liegt günstigstenfalls bei etwa 40 bis 50 v. H. Schwefelgehalt.

Die Zersetzungserscheinungen des Schwefeleisens

Unter Wasserbedeckung oder sonstigem Luftabschluß geht die Zersetzung des Schwefeleisens nur langsam vor sich. Kommt aber der Kies mit feuchter Luft in Berührung, so spaltet sich das Doppeltschwefeleisen in schwefelsaures Eisen (Eisenvitriol, Eisensulfat) und freie Schwefelsäure etwa nach der Formel

$$FeS_2 + H_2O + 7O = FeSO_4 + H_2SO_4.$$

Das schwefelsaure Eisen wandelt sich unter Freimachung eines weiteren Moleküls Schwefelsäure in Brauneisen um und färbt die benachbarten Gesteinsmassen ockerbraun oder wandert noch weiter fort, an anderen Stellen Ablagerungen von Brauneisenstein bildend und gelegentlich Sande verkittend. Das Einfachschwefeleisen entbindet neben Brauneisen gleichfalls Schwefelsäure, aber nur die Hälfte jener Menge, die vom Doppeltschwefeleisen unter gleichen Umständen freigemacht wird. Die entbundene Schwefelsäure aber bewirkt verschiedene, oft sehr lebhafte Umsetzungserscheinungen in den Gesteinen oder im Boden. So wird beispielsweise vorhandener kohlensaurer Kalk in Gips umgewandelt; beim Zusammentreffen der Schwefelsäure mit Dolomit entsteht außer Gips noch Bittersalz ($MgSO_4$), und bei der Einwirkung auf Chlorit und Talk Bittersalz nebst Kieselsäure; mit Ton gibt die Schwefelsäure ähnlich wie mit Schiefertonen, Tonschiefern und feldspatreichen Gesteinen schwefelsaure Tonerde und Kieselsäure bzw. Alaune. Beton wird durch die Einwirkung der Schwefelsäure in ähnlicher Weise zerstört („Zementbazillus") wie gewöhnlicher Mörtel. Auf die im Boden wachsenden Pflanzen wirkt die bei der Verwitterung des Doppeltschwefeleisens hervorgerufene Schwefelsäure als Gift, wenn nicht genügend Basen zur Bindung der entstandenen Säuremengen vorhanden sind. Dies trifft für arme Böden, insbesondere Moorböden, fast stets zu; bei der Urbarmachung von Torfgelände, das meist reichlich Doppeltschwefeleisen enthält, muß daher eine reichliche Kalkdüngung oder Mergelung angewendet werden, damit die Schwefelsäure, welche die mit der Bodenbearbeitung und Belüftung einsetzende Verwitterung entbindet, sofort durch das kohlensaure Kalzium gebunden und unschädlich gemacht wird.

$$CaCO_3 + H_2SO_4 = CaSO_4 + H_2CO_3.$$

Das Schwefeleisen schädigt aber die Pflanzen nicht bloß unmittelbar, wenn es nämlich im Boden vorkommt, sondern mittelbar auch dann, wenn es den mineralischen Brennstoffen beigemengt ist; unseren Kohlen sind solche Beimischungen von Doppeltschwefeleisen nicht fremd, weil sie aus pflanzlichen Resten hervorgegangen sind, bei deren Zersetzung unter Luftabschluß sich der im Eiweiß enthaltene Schwefel mit vorhandenen Eisensalzen zu Melnikowit, Strahlkies oder Eisenkies umsetzt. Bei der Verbrennung der Kohlen nun bildet die Schwefeleisenverbindung mit dem Sauerstoff der Luft Schwefeldioxyd (SO_2), ein Gas, welches sich mit dem Wasserdampf der Luft zu schwefliger Säure und Schwefelsäure umsetzt und trotz der Verdünnung in der Außenluft die Blattwerkzeuge der Pflanzen empfindlich schädigt. Auf diese Weise werden nicht bloß die Ernten landwirtschaftlicher Gewächse geschmälert, sondern auch die Waldbäume — je nach dem Grade der Einwirkung der Säure — in ihrer Entwicklung aufgehalten oder zum Absterben gebracht, ja unter Umständen bei längerer Einwirkung der säurebeladenen Rauchgase auch der Boden förmlich vergiftet („Rauchschäden"). Verheerend äußern sich die Rauchschäden auch an den Bauwerken der Großstädte (Kölner Dom, Votiv- und Stephanskirche in Wien); nebelreiches Klima beschleunigt die Zerstörungen. So erweist sich das Schwefeleisen mittelbar und unmittelbar als ein böser Feind des Ingenieurs, der seinem Vorkommen oft zu wenig Beachtung schenkt. Darüber später an geeigneter Stelle mehr.

Kupferkies (Chalkopyrit) H = 3½ bis 4, D = 4 bis 4,2. Tetragonale Kristalle (meist Sphenoide, Abb. 40), Körner, dichte Aneinanderhäufungen. Messinggelb bis goldgelb, oft blau oder bunt angelaufen. Strich grünlichschwarz. V. d. L. schmilzt er leicht unter Sprühen zu einem grauschwarzen magnetischen Korn. $CuFeS_2$ mit 35% Cu. In Salpetersäure löslich; aus der blauen Lösung scheidet sich das Kupfer als Metall auf blankem Eisen (z. B. an einem Messer, einer Stricknadel) ab. Bei der Verwitterung entstehen ockeriges Brauneisen, blauer Azurit und grüner Malachit.

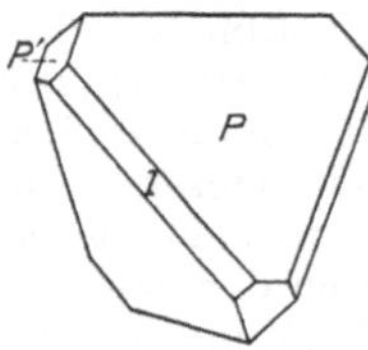

Abb. 40. Zwei Vierflächner (Tetraeder, *P*, *P'*), gegeneinander verwendet, und die Säule *l*; Kupferkies. Nach Hochstetter-Bisching-Toula

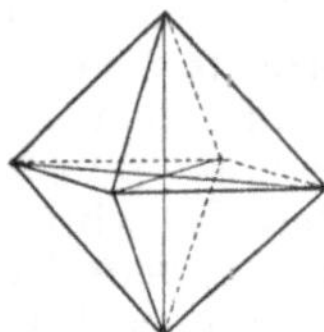
Abb. 41. Achtflächner (Oktaeder); Magneteisen

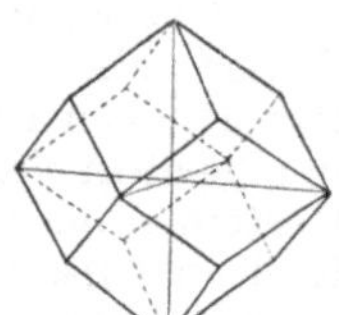
Abb. 42. Rautenzwölfflächner (Rhombendodekaeder). Magneteisen, Granat usw.

Wichtiges Kupfererz. Außer in Durchbruchgesteinen in Absätzen und umgeprägten Felsarten. Vorkommen: Österreich (Mitterberg in Salzburg), Schlaggenwald in Böhmen, Ungarn (Schemnitz, Kapnick, Oravica), Serbien (Majdanpek, Bor), Deutschland (Mansfeld, Harz, Nassau, Westphalen, Sachsen), Kleinasien (Arghana Maden), Spanien (Rio Tinto), Nordamerika usw.

Sauerstoffverbindungen (Oxyde)

Eisensauerstoffverbindungen

Magneteisenstein (Magnetit) H = 5½ bis 6½ (von Feuerstein geritzt, nicht aber vom Messer), D = 4,9 bis 5,2 (ungefähr gleich jener des Schwefelkieses). Häufig tesserale Kristalle (meist Achtflächner [Abb. 41], Rautenzwölfflächner [Abb. 42], selten Vierundzwanzigflächner oder Würfel). Die Rautenflächen sind oft nach der längeren Diagonale gestreift oder gerieft. Sonst meist Körner und dichte Gehäufe, auch feinste Säulchen. Eisenschwarz bis dunkelsammetblauschwarz mit Metallglanz, zuweilen ins Bräunliche spielend; Strich schwarzgrau bis schwarz. Spröde. Bruch muschelig. Die Kristalle werden vom Magneten angezogen; derbe Massen wirken, wohl infolge von Induktion durch Luftelektrizität, oft selbst als natürliche Magnete.

V. d. L. sehr schwer schmelzbar ($1530^0 \pm 10^0$). Fe_3O_4 mit 72% Eisen. Gepulvert in Salzsäure unschwer löslich (zum Unterschiede von Eisenglanz, Titaneisen, Chromit, welche in Salzsäure schwer oder gar nicht löslich sind; Manganerze, wie Braunstein, Psilomelan usw. entbinden meist mit konzentrierter Salzsäure Chlordämpfe). Die Verwitterung zu Brauneisen ($Fe_2[OH]_6$) oder Eisenglanz (Fe_2O_3) geht in trockener Luft langsam vor sich, weshalb man in Sanden noch häufig unzersetzte Magneteisenkörner finden kann (Magnetitsande). Aus dem gleichen Grunde kann man Magnetit in Gesteinen praktisch als wetterbeständig betrachten; er zeigt sich gewöhnlich auch

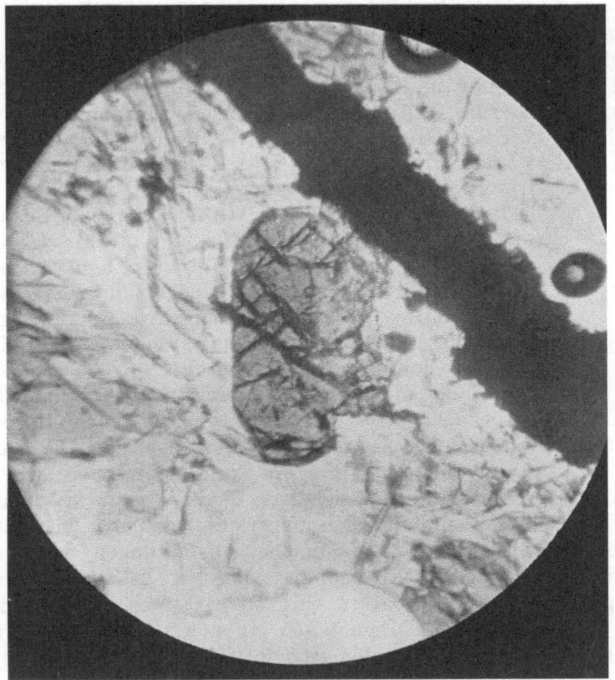

Abb. 43. Titaneisen (breiter, schwarzer Schrägstreifen mit hackigem Rand rechts oben); Mitte: Kristall von Titanaugit; rechts oben auch kleine Luftblasen (scharfer Umriß des breiten dunklen Randes). Basalt vom Pauliberg, Burgenland

dann noch frisch, wenn das Gestein selbst bereits zu Grus zerfallen ist. Entstehung: Aus Schmelzflüssen, Dämpfen und Heißlösungen; fehlt aber auch umgeprägten Gesteinen und Absätzen nicht.

Wertvolles Eisenerz. Vorkommen in abbauwürdigen Mengen in Schweden (Dannemora, Kirunavaara, Gellivara), Norwegen (Arendal), Bukowina (Kirlibaba), in Alt-Ungarn (Morawitza), im Ural (Goroblagodat, Magnetnaja gora), in Nordamerika usw. Kleinere Vorkommen: Steiermark (Plankogel), Niederösterreich (Pitten, Stockern, Lindau, Kottaun), Tirol (Zillertal).

Titaneisen (Ilmenit). H = 5½ bis 6, D = 4,56 bis 5,21. Hexagonale flache Täfelchen, dünne sechsseitige Blättchen („Titaneisenglimmer"), Körner, zerhackte Gebilde (Abb. 43). Eisenschwarz metallisch glänzend, in feinster Ausbildung mit freiem Auge der Farbe nach von Magneteisen nicht zu unterscheiden; Strich schwarz bis braunschwarz; Bruch muschelig; verwitternd ergibt es nicht braune Neubildungen wie Magneteisen, sondern graue, indem es sich nicht in Brauneisen, sondern vorwiegend zu Titanit ($CaTiSiO_5$) umwandelt. Unmagnetisch, in Salzsäure (unter Entbindung von TiO_2) sehr schwer löslich. Entstehung vorwiegend aus Schmelzflüssen und aus Restlösungen. $FeTiO_3$.

Vorkommen: In Graniten, reichlich in basischen Durchbruchgesteinen (Basalten, Gabbros, Melaphyren) und in Amphiboliten, zuweilen auch in Sanden („Titaneisensand"). Als Gesteingemengteil technisch belanglos. Abbauwürdige Massen, welche verhüttet werden, finden sich nur in Nordamerika.

Eisenglanz (Hämatit, Glanzeisenerz, Roteisenerz). H = 6 (wird vom Messer nicht geritzt), D = 5,2 bis 5,3. Hexagonale Kristalle (oft Rhomboeder oder zwei Rhomboeder und verwendete Pyramiden in Verbindung, auch drei Rhomboeder [Abb. 44]); als rosenähnliche Aneinanderhäufungen von Eisenstein (Eisenrosen). Kugelige, traubig-nierige Ausbildungsarten mit speichig-fasrigem und schaligem Aufbau werden roter Glaskopf (Glatzkopf) genannt. Körnig bis derb als Glanzeisenerz. Die schuppigen Formen, dünne kristalline, sechsseitige Täfelchen, oft mit rundlichen, oder gelappten, auch zackigen Umrissen, heißen Eisenglimmer, wenn sie sehr zartschuppig ausgebildet sind, abfärben und sich fettig anfühlen, Eisenrahm; feinfaserige Abarten werden als Blutstein (Hämatit) bezeichnet, dichte, kirschrote, glanzlose als Roteisenstein, abfärbende, erdige, kreidige mit Ton verunreinigte als Rötel, dichte festere, tonreiche als roter Toneisenstein usw. Spröde; Bruch muschelig, bei dichten Abarten erdig. Die Farbe ist undurchsichtig stahlgrau mit schwachem bis lebhaftem Metallglanz (Eisenglanz, Glanzeisenerz, Eisenglimmer), rot bis gelblich durchscheinend (Eisenglimmer) oder kirschrot bis braunrot ohne Metallglanz (Roteisenstein). Eierähnliche Ausbildungen nennt man roten Eisenroggenstein (Eisenoolith; oon, gr., das Ei; lithos, der Stein). Auch körnige, gleichausmaßige Abarten sind nicht selten (Elba). Strich stets kirschrot (Unterschied von Magneteisen einer- und Brauneisen anderseits). Die feinblättrigen Abarten fühlen sich fettig an und haften an der Haut. Fe_2O_3 mit 70% Fe; in Salzsäure sehr schwer löslich: vor dem Lötrohr schwierig schmelzbar, gibt im Kölbchen kein Wasser ab.

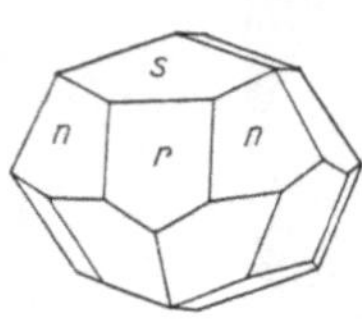

Abb. 44. Verknüpfung von drei verschiedenen Rhomboedern (*n*, *r*, *s*). Eisenglanz. Nach Hochstetter-Bisching-Toula

In den Drusenräumen mancher Laven findet er sich als Zersetzungsgebilde von Eisenchloriddämpfen (z. B. am Vesuv); Ausscheidungen aus Schmelzflüssen bzw. ihren Dämpfen und Lösungen sind auch die Vorkommnisse von Waldenstein in Kärnten, des Odenwaldes usw. Auf zweiter Lagerstätte kommt er z. B. bei Moravitza in Alt-Ungarn in Lehm eingebettet vor.

Technisch wichtig als hochwertiges Eisenerz (Harz, Norberg und Stuberg in Schweden, Gollrad und Niederalpl bei Gußwerk, Krivoj Rog usw.). Der Blutstein wird zu Schmuckgegenständen verschliffen oder dient als Glättstein (caput mortuum) für Edelsteine. Der Eisenglimmer gibt einen Anstrich, welcher die Schiffe gegen das Ansetzen von Austern usw. schützt. Die Rötel werden als Handwerkerkreide, zu Farbstiften und Malerfarben verwendet (Roter Ocker, Venezianer-, Englisch-, Preußisch-, Pariser-, Engelrot).

Der Eisenglanz bildet den Farbstoffträger vieler Mineralien, so des roten Karnallites, des sogenannten Sonnensteines (ein Oligoklas mit Belägen von Eisenglimmerflinserchen auf den Spaltflächen), des Bolus (roteisenhaltiger Tonstein = Toneisenstein) vieler roter Schiefer (Urtonschiefer,) mancher Sandsteine und Konglomerate.. Da er durch Jahrhunderte hindurch wetterbeständig ist, beeinträchtigt sein Vorkommen den Wert der Bausteine nicht; auch im Boden zersetzt er sich nur schwer.

Chromeisenstein (Chromit, Chromeisenerz). H = 5½; D = 4,5 bis 4,8. Tesseral. Vorwiegend Körner und körnige Aneinanderhäufungen, aber auch Achtflächner; mit Vorliebe in magnesiareichem olivinhaltigem Gestein auftretend (so z. B. im Peridotit [Dunit] von Kraubath in Obersteiermark, in Makedonien, Griechenland, Kleinasien usw.). Bräunlichschwarz, halbmetallisch bis fettig glänzend, Strich braun. $FeO \times Cr_2O_3$, doch meist mit etwas Mg und Al. Säuren fast ohne Wirkung, daher sehr wetterfest. Vor dem Lötrohr unschmelzbar, durch Glühen magnetisch werdend; färbt die Borax- und Phosphorsalzperle smaragdgrün.

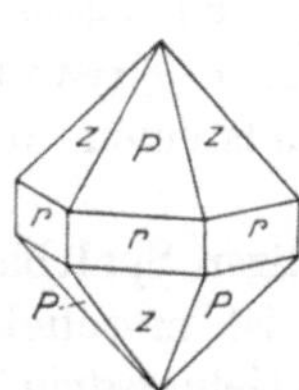

Abb. 45. Zwei Rhomboeder (im Gleichgewichte; *P*, *Z*) verbunden mit der Säule (*r*). Nach Hochstetter-Bisching-Toula. Tracht von α-Quarz

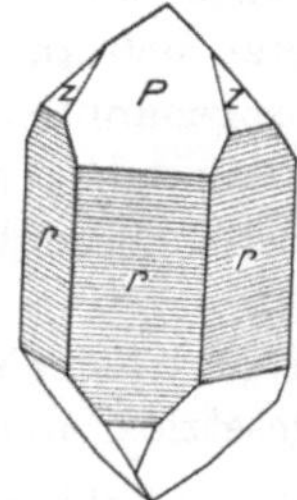

Abb. 46. Zwei gegeneinander verwendete Rhomboeder (*P*, *Z*) mit der Säule (*r*); die Säulenflächen quergestreift. Tracht von β-Quarz

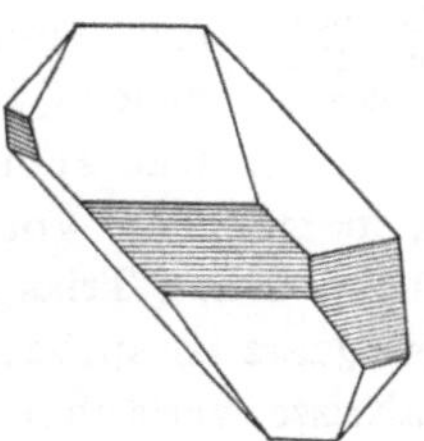
Abb. 47. Verzerrter Quarzkristall („Marmaroscher Diamant") Säulenflächen quergestreift. Nach Hochstetter-Bisching-Toula

Wertvolles Chromerz für die Darstellung des Chroms (Bestandteil des technisch wichtigen Chromstahls und Chromnickelstahls) und seiner Verbindungen (Ledergerberei, Farbenerzeugung, Chemikalien usw.). Vorkommen: Kraubath (Steiermark), Banat (Eibenthal), Norwegen (Rohammer), Albanien, Kleinasien, Neuseeland usw.

Die Glieder der Spinellgruppe, wie edler Spinell ($MgO \times Al_2O_3$), Hercynit ($FeO \times Al_2O_3$), Pleonast ($[MgFe]O \times [AlFe]_2O_3$), Chrysoberyll ($BeO \times Al_2O_3$) und Picotit ($[MgFe]O \times [AlFeCr]_2O_3$) mit einer weit größeren Härte (H = 7 bis 8½) besitzen keine besondere Bedeutung für die technische Gesteinkunde.

Silizium-Sauerstoffverbindungen

Quarz: H = 7 (härter als Stahl), D = 2,65. Einer der allerwichtigsten Gesteinsgemengteile. Kristalle hexagonal-rhomboedrisch, meist von der Form sechsseitiger Doppelpyramiden (aus zwei Rhomboedern bestehend (Abb. 45), hier mit Säulenflächen) oder in Form der Säule mit zwei ungleich zur Geltung kommenden, gegeneinander verwendeten Rhomboedern; die Säulenflächen sind meist quergestreift (Abb. 46), oft sind die Gestalten verzerrt (Abb. 47), nicht selten infolge von Anschmelzung verrundet und mit Einbuchtungen versehen (Abb. 48) (in sauren Ergußgesteinen „Porphyrquarze"). Körner, welche als zuletzt festgewordene Bestandteile des Schmelzflusses die Lücken zwischen den früher erstarrten Gemengteilen ausfüllen und so jeder selbständigen Begrenzung ermangeln (Füllquarz, Quarzfülle) in Tiefengesteinen („Tiefengesteinsquarze") und ihren Abkömmlingen (Granitgneisen usw.). Zertrümmerte Quarze enthalten viele Sande, Sandsteine, Konglomerate usw.; mitunter setzt sich an die einzelnen Quarzkörner neuer Quarzstoff, sogenannte ergänzende Kieselsäure, an, wie zum Beispiel in den sogenannten Kristallsandsteinen, in manchen Vogesensandsteinen und Buntsandsteinen, die der unteren deutschen Trias angehören.

Abb. 48. „Porphyrquarz" mit verrundeten Ecken, Einbuchtungen und Einstülpungen

Der Quarz ist spröde und entbehrt jeder regelmäßigen Spaltbarkeit; die Spaltrisse verlaufen völlig gesetzlos, der Bruch ist muschelig bis splittrig. Vom Gebirgsdruck verschont gebliebene Quarze sind außerordentlich fest (s. nebenan). Wasserhell, durchsichtig, graulich oder gefärbt (weiß durch Lufterfüllung der winzigen Hohlräume und Haarrisse, bläulich durch feinst verteilte Einschlüsse) veil durch Mangan, rot durch Eisenoxyd, gelb bis braun durch Brauneisen; bei starker Färbung mehr minder undurchsichtig. Mit Glasglanz auf den natürlichen Begrenzungsflächen, Fettglanz auf den Spaltflächen. Vor dem Lötrohr unschmelzbar. Löslich in Flußsäure (jedoch weit langsamer als die widerstandsfähigsten Feldspatarten), mit Soda unter Aufschäumen zu Natronwasserglas schmelzend; weder in reinem noch in kohlensäurehaltigem Wasser löslich; Kali- und Natronlauge greifen ihn in Stücken nur wenig an, etwas mehr dagegen in staubförmig feiner Verteilung (also bei sehr großer Oberfläche), und noch mehr Lösungen kohlensaurer Alkalien in der Hitze. Daß auch Quarz löslich ist, zeigen übrigens die vielen Vorkommen von Quarz in der Natur, welche nur durch Auskristallisieren aus Lösungen entstanden gedacht werden können, wie z. B. die Drusen von Bergkristall, die Kluftausfüllungen von Quarz usw. Immerhin aber widersteht er unter allen wesentlichen Gesteingemengteilen der Zersetzung und ver-

Nach Niggli:	kg/cm² ∥ zur Lotachse	kg/cm² ⊥ zur Lotachse
Druckfestigkeit . . .	25 000	22 280
Zerreißfestigkeit . .	1 160	850
Biegefestigkeit . . .	1 400	920

möge seiner bedeutenden Härte und geringen Abnutzbarkeit auch der mechanischen Aufbereitung am hartnäckigsten. Wir treffen ihn daher nicht nur als Hauptbestandteil vieler Sande, Kiese und Konglomerate, sondern oft auch als einzigen Gemengteil, wenn nämlich der weite Förderweg die übrigen Bestandteile bereits zerrieben oder in Lösung gebracht hat (Glassande, Quarzauslese). In Graniten selbst alter Bauwerke, deren Feldspate schon stark angewittert sind, beobachtet man bei den Quarzen höchstens eine gewisse Glättung der Oberfläche.

Abarten: 1. Kristallisierte Abarten oder freiäugig auflösbare, kristallinische Aneinanderhäufungen. Milchquarz: undurchsichtige, rein- bis schmutzigweiße, derbe bis einkristallige Abarten; Eisenkiesel: durch Brauneisen gelb- bis rotbraun gefärbt, ockerfarbig, undurchsichtig, derb oder einkristallig; Rosenquarz: derb, rosafarben; Bergkristall: regelmäßige Kristalle, durchsichtig, meist glasklar, zuweilen mit Einschlüssen fremder Stoffe, sehr spröde (zerspringt beim Erhitzen); Geschiebe von Bergkristall in den Rheinschottern werden Rheinkiesel genannt. Citrin: infolge Eisenoxydgehaltes wein- bis zitrongelb (daher der Name). Amethyst:[1] derbstrahlig, auch in großen Drusen, durch Mn, vielleicht auch Fe veil gefärbt; nimmt durch starkes Erhitzen die Farbe des Citrin an. Gemeiner Kristallquarz: undurchsichtige, trübe Kristalle, meist von weißer Farbe, undurchsichtig. Marmaroszer Diamanten: durchsichtige Kristalle mit verzerrten Kristallflächen (Abb. 47). Morion:[2] dunkelrauchbraun bis schwarz. Stinkquarz: riecht infolge Bitumengehaltes beim Zerschlagen brenzlich. Avanturinquarz: flimmernd und schillernd infolge feinster rötlicher Glimmer- oder Roteisensteinblättchen, welche ihm auf ebenso feinen Rissen eingelagert sind; eingebettete Bündel fuchsroter Rutilnadeln erzeugen ein ähnliches Farbenspiel. Katzenauge: grünlichgrau; in die Quarzmasse sind feine Asbestfasern untereinander gleichgerichtet eingebettet, so daß sich auf mugeligen (bauchigen) Anschliffen wandernde Lichtstreifen zeigen; ähnlich das Tigerauge (mit Krokydolith). Saphirquarz: bläulich gefärbt. Prasem: lauchgrün durch eingelagerte Hornblendenadeln. Rauchquarz (fälschlich auch Rauchtopas genannt): rauchgrau. Gemeiner Quarz: weißliche, gelbliche, rötliche, grauliche, seltener bläuliche oder grünliche, körnige Gehäufe in Gängen, welche die letzten, sauersten Ausläufer von aufgestiegenen Schmelzflüssen sind; Farbennamen: Milchquarz (s. o.), Gelbquarz, Blauquarz usw. Bezeichnungen für Ausbildungsarten sind: Szepterquarz (oberes Säulenende knopfartig verdickt), Sternquarz (innen speichigstrahlig gebaut), Faserquarz, Zellquarz, Kappenquarz usw.

2. Feinkristalline, dem unbewaffneten Auge dicht erscheinende Abarten faßt man unter dem Sammelnamen „Chalzedon" in weiterem Sinne zusammen. Chalzedone[3] in engerem Sinne sind meist lichter gefärbte, besser durchscheinende Spielarten von häufig traubiger oder glaskopfähnlicher Ausbildung und meist wachsartigem Glanz; sie sind aus Kieselsäuregel hervorgegangen. Lagen verschiedener Chalzedone bauen die Achate[4]

---

[1] Améthystos, griechisch = Trunkenheit verhütend, da er früher als Talisman gegen Trunksucht verwendet wurde.

[2] Morosus, lateinisch = mürrisch, finster.

[3] Von Chalzedon in Kleinasien.

[4] Vom Flusse Achatus (jetzt Drillo) in Sizilien.

(Abb. 8) auf; die Bezeichnungen Bandachat (gebändert), Moosachat (mit moosähnlichen Einwanderungsgebilden; ähnlich der Mokkastein), Trümmerachat, Regenbogenachat usw. erklären sich von selbst. Nicht selten beteiligen sich an der Zusammensetzung der Achate auch Jaspis[1] (unrein, undurchsichtig, rot, gelb oder braun [Nilkiesel], grau, grün, [Heliotrop: lauchgrün mit blutroten Punkten], manchmal als Bandjaspis mit farbiger Bänderzeichnung) usw. Die Achate füllen meist Hohlräume (Mandeln, Geoden) in basischen Durchbruchgesteinen aus (Theißer Kugeln aus der Umgebung von Brixen, Nahegebiet). Chrysopras: apfelgrün, durch Nickeloxydul gefärbt. Karneol[2] (roter, durchscheinender Chalzedon) findet sich unter anderen in gewissen Lagen des deutschen Buntsandsteines so häufig, daß man von Karneolschichten spricht. Felsquarz (Quarzfels) ist dichter, gemeiner Quarz (Gangquarz zum Teil). Onyx[3] und Sardonyx heißen geschichtete, d. h. einfacher und geradliniger gebänderte, weiß, grau bis schwarz gefärbte Spielarten. Hornstein und Feuerstein (Flint) sind meist wenig durchscheinend, trüb, braun, grau, gelblich, rötlich gefärbt. sehr dicht und brechen flachmuschelig. Sie treten als Knollen, Linsen, Nester, Adern, Platten, Nieren usw. in manchen Lagen des Kalkgebirges (Feuerstein z. B. in Kreidefelsen) so reichlich auf, daß man von Hornsteinkalken spricht (hieher gehört z. B. der Woltschacher Plattenkalk [Unterkreide des oberen Isonzotales], der Diphyakalk Südtirols [Tithon], die „Hornsteinkalke" des Jura unserer Nordalpen mit bunten, der Reiflingerkalk mit dunklen Hornsteinen, der Mendolakalk der Trias Südtirols, gewisse Lagen der untertriadischen Buchensteinerschichten [Südtirol], des Virgloriakalkes [Nordtirol] usw.). Feuerstein und Hornstein gehören zu den Zusammenwachsungen. Technisch wichtig ist die Erschwerung der Bohrarbeiten durch solche Hornsteineinlagerungen; maschinelle Bohrung wird wegen Verklemmens der Bohrer unmöglich und händisches Bohren schreitet wegen der Härte des Hornsteins und der starken Werkzeugabnutzung nur langsam fort.

Die Chalzedone werden beim Kochen in Kalilauge zum Teil stark angegriffen und erinnern in dieser Hinsicht an die Opale. Sie saugen begierig Flüssigkeiten (Eisenchlorid, Chromsäure, Gemische von Eisenchlorid mit Blutlaugensalz, Honig usw.) auf und nehmen dann nach dem Glühen, bzw. nach der Behandlung mit Schwefelsäure völlig haltbare Farben an (rot, blau, schwarz); durch die verschieden rasche Aufnahmsfähigkeit für Flüssigkeiten in den einzelnen Schichten der lagenweise gebauten Chalzedone entstehen dann prachtvolle Bänderungen.

Der Mineralquarz tritt in zwei Ausbildungsarten auf. Bei Zimmerwärme bildet sich β-Quarz. Erhitzt man ihn, so wandelt er sich bei 575° zu α-Quarz um; Abkühlung stellt den β-Quarz wieder her.

Dieselbe Zusammensetzung wie Quarz haben Tridymit (dünntafelig, hexagonal, H = 6,5, D = 2,282 bis 2,326) und Cristobalit (tetragonal, D = 2,33).

Die technische Verwertung des Quarzes beruht größtenteils auf seiner Härte und Widerstandsfähigkeit. Achate liefern Reibschalen, Glättsteine usw. Gemahlener Quarz wird mit Kalkmilch versetzt, bis zur Sinterung gebrannt und zu Ziegeln gepreßt (feuerfeste Steine, Dinasziegel; hiezu eignet er sich auch wegen des „Wachsens" im Feuer); auch zur Ausfütterung von Bessemer-

[1] Griechisch iaspis genannt.
[2] Carneus, lateinisch = Fleischrot.
[3] Onyx, griechisch = Fingernagel.

birnen usw. findet er Benutzung. Aus geschmolzenem Bergkristall werden künstliche Gläser erzeugt, welche gegen plötzliche Wärmeveränderungen sehr widerstandsfähig sind. Solche Quarze müssen beim Glühen weiß bleiben (Zeichen für Eisenfreiheit); Quarze, welche sich in der Gluthitze rot färben (Eisengehalt $>$ ½ v. H.), eignen sich höchstens für gewöhnliches Flaschenglas. Der Quarz bildet ferner den Rohstoff für die Herstellung von Ferrosilizium, Karborundum und anderen Schleifmitteln (Sandpapier), von Scheuerseifen, Glättmitteln, Kalksandsteinen usw., sowie einen wichtigen Beistoff bei der Erzeugung von Emaillen, Glasuren, Porzellan, Schamotten (Magerungsmittel), wetterfesten Anstrichen usw. Wasserwerke benutzen ihn als Seihstoff; wichtige Dienste leistet er im Sandstrahlgebläse, als Normalsand für Zementprüfungen und in der Technik kurzwelligen Lichtes (Durchlässigkeit für ultraveile Strahlen, Quarzlampe). Die farbenprächtigen Abarten von Quarz und Chalzedon werden zu Schmucksteinen verarbeitet. Als Schotter für wassergebundene Straßen eignet er sich weniger, weil er zu hart und spröde ist, schlecht bindet, den Zugtieren auf ungewalzten Fahrbahnen das Gehen erschwert und die Fahrbetriebsmittel raschem Verschleiß aussetzt; dagegen bewährt er sich im Schotterbette von Bahnen wegen seiner Unverwitterbarkeit und seiner Unfruchtbarkeit, welche den Unkrautwuchs hemmt.

Opal.[1] H = 5½ bis 6½, D = 2,1 bis 2,2. Gestaltlose, gelartige, meist erhärtete, seltener schleimige, wasserhaltige Kieselsäure ($SiO_2 . x H_2O$); sie wandelt sich im Laufe der Zeit in Quarz um, dem der Opal nach Bruch und Glanz gleicht. Farbe verschieden, oft ein hübsches, buntes Farbenspiel (opalisieren)[2] zeigend: Edelopal (weißlich bis bläulichgrau, gelbrot durchscheinend). Feueropal (honiggelb bis feuerrot); Milchopal (milchig trübe, oft etwas grünlich, gelblich oder bläulich); gemeiner Opal (infolge Wasserverlustes matt, verschieden gefärbt, halbdurchscheinend); hieher gehört der nierige, knollenbildende Menilit (Zusammenwachsung in Absätzen), der Wachsopal (gelblich, wachsglänzend), Holzopal (mit holzfaserähnlichem Bau, welcher teils durch schichtigen Absatz, teils durch Verkieselung von Holz unter Abbildung seines Gefüges entstanden ist); Jaspopal (durch Brauneisen gelb, bräunlich oder blutrot gefärbt, fettglänzend, undurchsichtig), Kascholong (porzellan- bis emailleartig) und der Hydrophan (weiß, trübe, ins Wasser gelegt aufhellend).

Vor dem Lötrohr unschmelzbar; gibt im Kölbchen Wasser. Kochende Kalilauge löst ihn restlos (Unterschied von Chalzedon und Quarz).

Opalmassen bilden ein häufiges Versteinerungsmittel (Baumstämme, Muscheln usw.), treten als Absätze heißer Quellen (Kieselsinterstufen der Geiser; weißlicher bis grauer, oft lückiger und krusten- bis tropfsteinförmiger Geyserit; wasserheller, glasglänzender, traubig-nieriger Hyalit), als Ausfüllungen von Hohlräumen, Spalten, Blasenräumen in Durchbruchgesteinen auf und werden auch durch die Lebenstätigkeit niederer Pflanzen des Meer- und Süßwassers (Kieselgur- und tripelbildende Spaltalgen = Diatomeen) oder Tiere (Radtierchenhornsteine, Radtierchenerde [z. B. von Zypern, Barbados]) abgeschieden. Er nimmt auch zuweilen teil am Aufbau des Hornsteines

---

[1] Opallios griechisch = Edelstein.

[2] Kleine Flecke oder auch größere Flächen leuchten im auffallenden Lichte in den verschiedenen Farben des Regenbogens lebhaft auf infolge der Beugung der Lichtstrahlen an zahllosen, winzigen, teils mit Luft, teils mit neugebildetem Opalstoff erfüllten Haarrissen und Spältchen, welche beim Eintrocknen des Opals aus dem kleinchenartigen Zustande sich gebildet haben.

und Feuersteines, in den er ja durch allmähliches Kristallisieren übergehen kann. Wenn der Opal trotz seiner mannigfachen Entstehungsart hier besprochen wurde, so geschah dies mit Rücksicht auf seine häufige Bildung

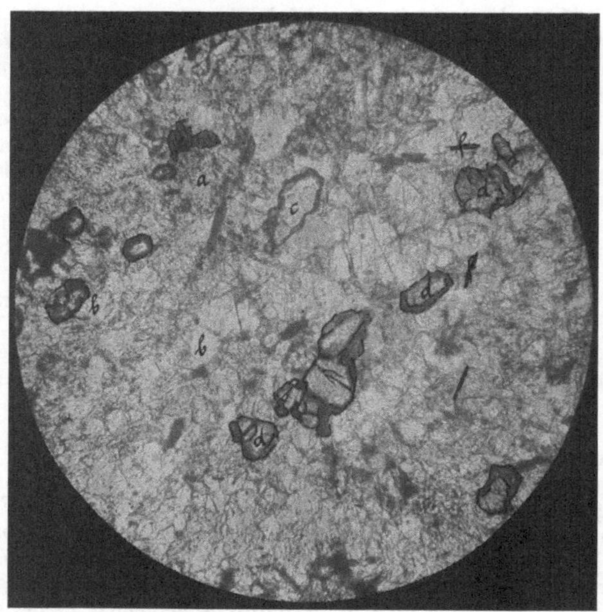

Abb. 49. Rutil im Granulit von Kräking, Waldviertel
a Feldspat, *b* Quarz, *c* Cyanit, d Granat, *e* Biotit, *f* Rutil

aus heißen Restlösungen bzw. aus durch sie eingeleiteten Zersetzungsvorgängen.

Edelopal dient als Schmuckstein (Fundorte: Czervenitza, Ungarn, in zersetztem Trachyt, Neuseeland), Kieselgur als Packmittel und wegen seiner aufsaugenden Kraft zur Dynamiterzeugung (jetzt allerdings durch andere Stoffe verdrängt), Tripel und -ähnliche Bildungen als Putz-, Schleif- und Glättmittel.

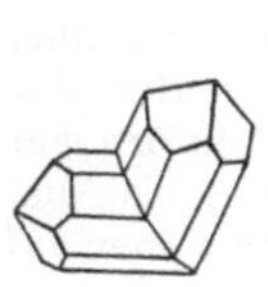

Abb. 50. „Kniezwilling"; Rutil

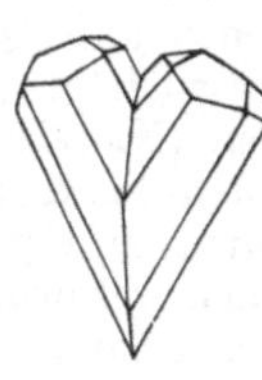

Abb. 51. „Herzzwilling"; Rutil

Rutil. Tetragonal. Meist Säulen bis Nadeln (Abb. 49); oft ohne Endflächen; Fasern, Körner. Zwillinge nach der verwendeten Pyramide (101) („Kniezwillinge", Abb. 50; Winkel der Lotachsen = $114^1/_2{}^0$) oder nach (301) „Herzzwillinge", Abb. 51, Lotachsen unter 55° gegeneinander geneigt) häufig. Braunrot, fuchsrot, rötlichbraun, blutrot, auch blond, gelblich oder schwarz (Nigrin). Strich gelbbraun. Meist undurchsichtig, in kleineren, klaren Kristallen aber durchsichtig bis durchscheinend. Säulenflächen oft längsgestreift; auf glatten Flächen metallartiger Diamantglanz, sonst Fettglanz. Nach den Säulenflächen (110) vollkommen spaltbar; Bruch halbmuschelig bis etwas uneben. H = 6 bis $6^1/_2$, D = 4,18 bis 4,3, TiO_2. Wird von Salzsäure und Flußsäure nicht angegriffen, wohl aber durch ein Gemisch von H_2SO_4 und HF oder von Schwefelsäure allein.

Im Gestein nahezu unverwitterbar.

Verwendung: Zur Herstellung gelber Farben für die Porzellanmalerei, für Glasuren, Legierungen (Titanstahl, Titankupfer [Cuprotitan], Titankarbid für Elektroden), chemischen Erzeugnissen usw.; auch als Schmuckstein benützt man ihn zuweilen.

Steinsalzverwandte (Haloide)[1]

Flußspat: (Fluorit), H = 4, D = 3,1 bis 3,2. Tesserale Kristalle, meist Würfel, Achtflächner, Pyramidenwürfel und ihre Verbindungen (Abb. 52 bis 54); grobe bis mittelgroße Körner, teils eckig, teils tropfenförmig; Körnergehäufe, seltener feinkörnig oder dicht bis erdig und dann schwerer kenntlich. Fast stets zur Gänze fleckig oder schalig gefärbt (grün, violett, honig- oder weingelb, blau, rot). Die Färbung wird durch Kohlenwasserstoffe verursacht und verschwindet beim Erhitzen oder Ausglühen. Tief dunkel gefärbte Abarten

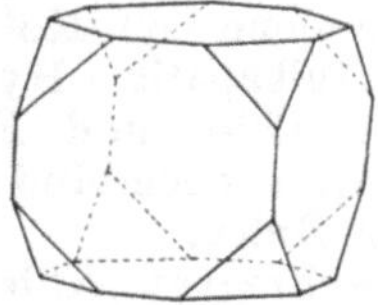

Abb. 52. Würfel; Ecken durch den Achtflächner abgestutzt. Flußspat

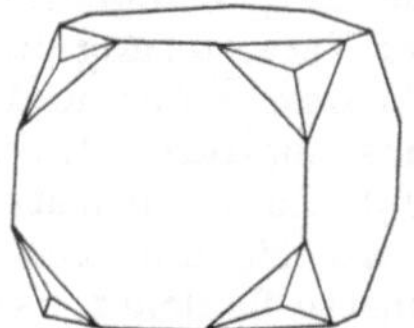

Abb. 53. Würfel; an den Ecken Flächen des Deltoid-Vierundzwanzigflächners. Flußspat

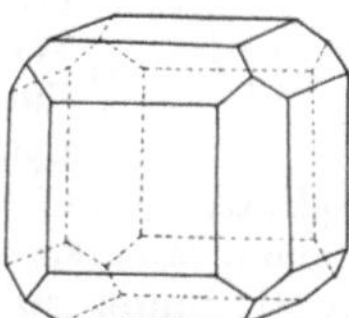

Abb. 54. Würfel; Kanten durch den Rautenzwölfflächner abgeschrägt (abgefaßt). Flußspat

(Wölsendorf in der Oberpfalz) riechen daher beim Anschlagen mit dem Hammer (Stinkflußspat). Glasglanz. Manche Abarten zeigen Fluoreszenz, d. h. ihre Farbe erscheint in auffallendem Licht anders (blau) als im durchgehenden (grün). Ausgezeichnete Spaltbarkeit nach dem Achtflächner; Spaltflächen perlmutterglänzend. CaF_2. Vor dem Lötrohre schwer schmelzbar, oft stark zerknisternd; gibt mit Gips in der Hitze klare, beim Erkalten sich trübende Perlen. Viele Flußspate (z. B. die gelbgrünen Chlorophane) leuchten nach dem Erhitzen (Selbstleuchten, Phosphoreszenz).

Vorkommen: Flußspat ist meist an Gänge gebunden (Erzgebirge, Thüringerwald, Oberpfalz, Harz, Cornwall usw.), fehlt aber auch vielen Tiefengesteinen nicht (Rapakiwi, Lithionitgranite, Eläolithsyenite usw.); in einer Quarzporphyrbresche bei Wedekind a. d. Saale kommt er so reichlich vor, daß er das Gestein blau färbt; seltener ist Flußspat in Absätzen (Gutensteinerkalke der Alpentrias).

Verwendung: Als Flußmittel bei der Verhüttung (namentlich der Eisenerze) und der Glaserzeugung, im chemischen Gewerbe zur Darstellung der Flußsäure und ihrer Salze, zu optischen Instrumenten usw.

---

[1] Hals (griechisch) = Salz.

Phosphorsaure Salze

Apatit[1]: H = 5, D = 3,17 bis 3,23. Hexagonale Einzelkristalle (meist die kurze Säule und die Endfläche mit der Pyramide und Gegenpyramide [Abb. 55] verbunden) oder Kristallgruppen; körnige, auch speichig-fasrige und dann glaskopfähnliche Aneinanderhäufungen (Phosphorit), bisweilen ganz dicht oder erdig (Phosphorit). Farblos, weiß, aschgrau, hellgelb, spargelgrün (Spargelstein), bläulichgrün (Moroxit[2]), lasurblau (Lasurapatit), manchmal durch Radiumstrahlen veil gefärbt. Osteolith und Hydroapatit sind bereits etwas zersetzte Abarten. Auf den Kristallflächen Glasglanz, sonst Fettglanz, durchsichtig bis kantendurchscheinend; vor dem Lötrohr nur in dünnen Splittern schmelzbar, in Säuren leicht löslich, beim Erhitzen zuweilen mit farbigem Lichte selbstleuchtend. In Salz- und Salpetersäure leicht löslich. Aus Lösungen fällt molybdänsaures Ammonium einen feinkörnigen, gelben Niederschlag von Ammoniumphosphomolybdat ($4H_2O + (NH_4)_3PO_4 + 14 MoO_3$). Färbt mit Schwefelsäure befeuchtet die Flamme bläulichgrün. Wird bei der Verwitterung durch Aufnahme von Kohlensäure und Wasser trübe und erdig (Talkapatit, Hydroapatit). Phosphorsaures Kalzium mit Chlor und Fluor ($3 [Ca_3P_2O_8] + CaCl_2 + CaF_2$); Zusammensetzung übrigens wechselnd; oft mit kleinen Mengen von Fe, Mn, Mg und von seltenen Erden.

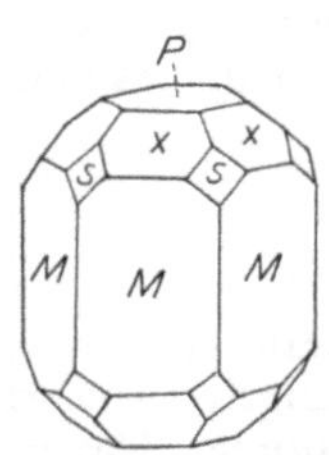

Abb. 55. Hexagonale Säule (*M*), Spitzdach (Pyramide) (*x*), verwendetes Spitzdach (*s*), Grundfläche (*P*), Apatit. Nach Hochstetter-Bisching-Toula

Apatit findet sich in kleinsten Säulchen usw. **allverbreitet** (Abb. 56) in den Gesteinen und zeigt sich in ihrem Innern trotz seiner leichten Angreifbarkeit durch Säuren fast immer frisch; seine Anwesenheit ist daher für die bautechnische Verwendung von Gesteinen wohl immer unbedenklich. Er spielt im Haushalte der Lebewesen eine wichtige Rolle; die dem Ackerboden durch die Verwitterung der Gesteine zugeführte Phosphorsäure wird von der Pflanze aufgenommen, gelangt mit ihr in das Tier und von diesem mittelbar oder unmittelbar in den Kreislauf der sich um- und neubildenden Gesteine. Man trifft den Apatit außer in den Erstarrungsgesteinen selbst unter anderem häufig als Begleiter der Zinnerzgänge (hier meist veilchenblau; z. B. im Erzgebirge), auf Kluftausfüllungen basischer Tiefengesteine, in kristallinen Schiefern, körnigen Kalken, in Magneteisenerzlagerstätten (Lappland) usw. Die fasrigen, kugeligen, nierenförmigen oder tropfsteinähnlichen Phosphorite bilden Lagerstätten in der Kreide Nordfrankreichs und Belgiens, in Deutschland (Staffelit der Lahngegend, im Tale der Dill, Oberpfalz, Umgebung von Amberg), in Galizien, Podolien, in der Bukowina, in Syrien, Palästina, Nordafrika, Nordamerika, Westindien usw. **Koprolithen** (zu deutsch: Kotsteine) sind zum Teil versteinerte Kotballen von Tieren.

Neben der Verwendung des Apatits und seiner Abarten zur Darstellung der Phosphorsäure und vieler phosphorsaurer Salze nimmt seine Verwertung als Düngemittel den ersten Platz ein. Der Rohstoff löst sich in Wasser schwer und wird von den Pflanzenwurzeln nicht ganz leicht aufgenommen. Man muß ihn daher vor seiner Aufstreuung auf den Boden zuerst in eine leichter lösliche Verbindung überführen. Zu diesem Behufe mahlt man ihn fein und verwandelt ihn durch Behandlung mit Schwefelsäure in ein Gemenge von

[1] Apatáo (griechisch) = ich täusche, weil man ihn lange verwechselte.
[2] Moroxos (griechisch) = bläulicher Ton.

leichter löslichem Monokalziumphosphat und Gips, das Superphosphat des Handels. ($Ca_3[PO_4]_2 + 2 H_2SO_4 = CaH_4[PO_4]_2 + 2 CaSO_4$)

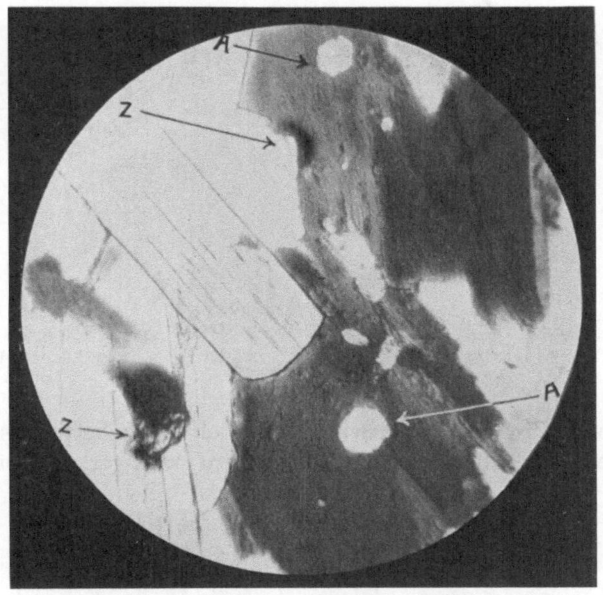

Abb. 56. Apatit im Gestein (Dünnschliff). *A* Apatit, *Z* Zirkon, beide Einschlüsse im Biotit (dunkel) bildend. Biotitgranit von Pulsnitz (Lausitz)

Kieselsaure Salze (Silikate)

Feldspatgruppe

monoklin:	triklin:
Orthoklas $K_2Al_2Si_6O_{16}$	Mikroklin $K_2Al_2Si_6O_{16}$
	Anorthoklas $(NaK)Al_2Si_6O_{16}$
Natronorthoklas $Na_2Al_2Si_6O_{16}$	Albit $Na_2Al_2Si_6O_{16}$
	Anorthit $CaAl_2Si_2O_8$

Die Glieder der Feldspatgruppe gehören zu den allerwichtigsten gesteinbildenden Mineralien. Sie treten in den Gesteinen vorwiegend mit schlichten, hellen (weiß, weißgrau, gelblich, bläulich, rötlich) Farben auf und zeigen sehr häufig Kristalltracht (Abb. 57, 58); diese liefert meist gedrungene Rechtecke oder Leisten (Abb. 60, 62) als Querschnittsbilder (letzteres besonders dann, wenn die Ausbildung zu tafeligen Kristallen (Abb. 59) führt). Oft ermangeln sie aber auch der regelmäßigen Umgrenzung. Vom unregelmäßig brechenden Quarz unterscheiden sie unter anderem die glas- bis perlmutterartig glänzenden Spaltflächen, deren zwei (die Endfläche *P* und die Längsfläche *M*) stets genau (monokline Feldspäte) oder nahezu (trikline Feldspäte) senkrecht aufeinander stehen;

beim Drehen des Handstückes spiegeln diese Spaltflächen deutlich ein. Die Härte der Feldspäte ist so beträchtlich (H = 6), daß sie vom Stahl-

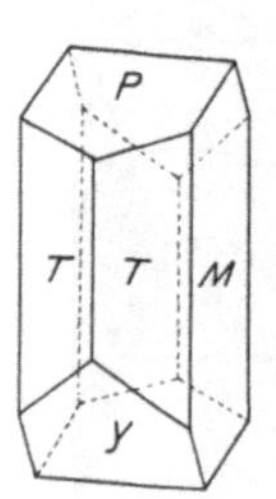

Abb. 57. Säule (*T*), Längsfläche (*M*), Grundfläche (*P*), Querdachfläche (*Y*), Orthoklas

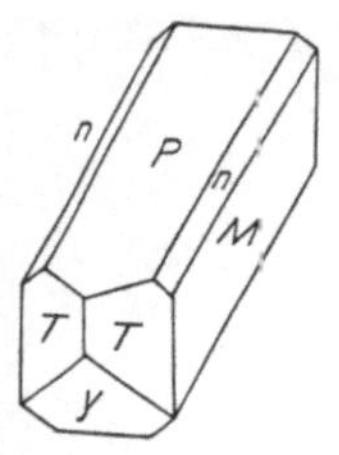

Abb. 58. Nach der Schrägachse (Längsachse) verlängerter Orthoklas. Schrägdachfläche *n*; die übrigen Buchstaben wie bei Abb. 57

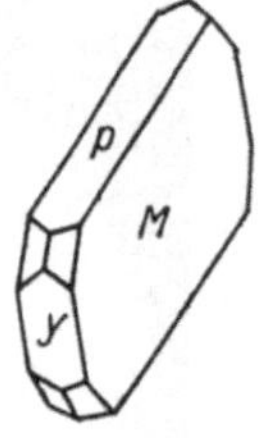

Abb. 59. Sanidinkristall, tafelig nach der Längsfläche (*M*) entwickelt

messer nicht mehr geritzt werden; man erzielt durch heftiges Aufdrücken der Messerspitze höchstens ein Absplittern winziger Spaltungsstücke.

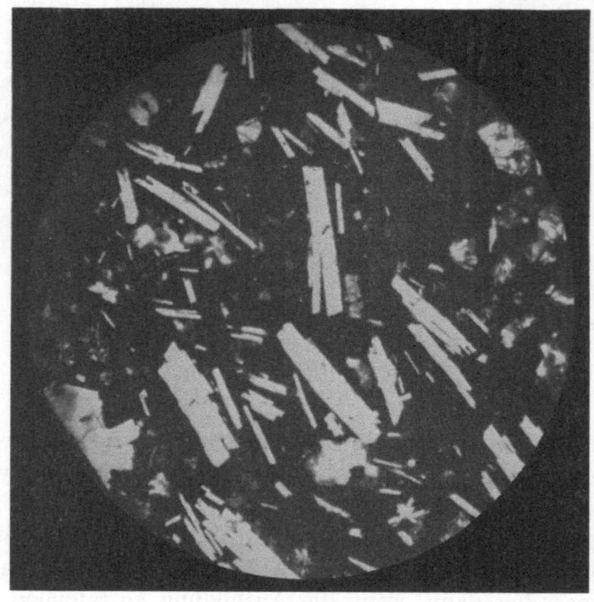

Abb. 60. Leistenförmige Durchschnitte von Feldspat. Basalt von Besagno, Südtirol

Die Dichte schwankt je nach der stofflichen Zusammensetzung zwischen 2,54 und 2,76. Die Verschiedenheiten in der stofflichen Zusammensetzung und Kristalltracht der Feldspäte werden zu ihrer Einteilung benutzt (siehe obige Zusammenstellung); die Abarten der Feldspäte bilden ihrerseits wiederum die Grundlage für die Aufstellung und Unterscheidung der verschiedenen Durchbruchgesteinsarten. Erwägt man obendrein, daß die Feldspäte am Aufbau der Erstarrungsgesteine allein mit 60 v. H. beteiligt sind, daß sie in den kristallinen Schiefern sehr reichlich auftreten und auch den Absatzgesteinen durchaus nicht fehlen, so wird man keinen Augenblick daran zweifeln, daß die genaue Kenntnis der Feldspäte den Schlüssel zur Erkennung und Beurteilung der Mehrzahl der Gesteine bildet.

Orthoklas.[1] H = 6 (wird von Quarzsplittern, aber nicht vom Messer geritzt). D = 2,54 bis 2,58 (Mittel 2,57). Die Kristalle, meist von den Endflächen (*P*, Abb. 57), Querdachflächen (*Y*), der Säule (*T*) und den Längsflächen (*M*) begrenzt, sind vorwiegend entweder gedrungen säulenförmig (Abb. 57) oder tafelig nach der Längsfläche (Abb. 59), seltener nach der Längsachse gestreckt (Abb. 58) entwickelt. Unter den Zwillingsbildungen sind jene nach dem sogenannten Karlsbader Gesetze (Abb. 63) die häufigsten; dabei spielt die Querfläche die Rolle der Zwillings-, die Längsfläche jene der Verwachsungsebene; man erkent sie leicht daran, daß bei entsprechendem Lichteinfalle eine Naht durch den Kristall zu gehen scheint, welche eine helle Hälfte von einer beschatteten trennt (Abb. 61).

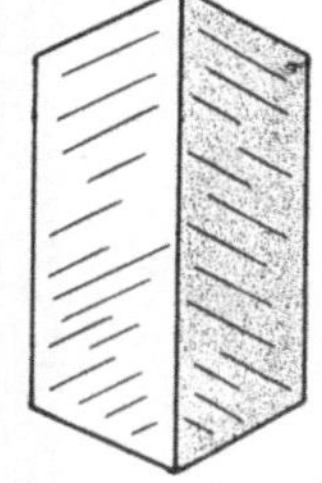
Abb. 61. Karlsbader Zwilling, Schnitt nach der Längsfläche. Orthoklas

Bei den sogenannten Bavenoer Zwillingen ist eine Fläche des Längsdaches (021) Zwillings- und fast immer auch Verwachsungsebene; die Zwillinge sind meist nach der Längsachse gestreckt. Die Manebacher Zwillinge sind nach der Endfläche verwachsen. Diese Ebene ist zugleich auch Zwillingsfläche; die Zwillinge sind meist nach der Längsachse gestreckt und dicktafelig nach der Endfläche.

Die regelmäßigste Ausbildung zeigt der Orthoklas im allgemeinen in Gesteinen mit porphyrischem Verbande (Einsprenglinge, Abb. 60, 62); weniger gesetzmäßig sind seine Umrisse in den gleichmäßig körnigen Durchbruchgesteinen und in den kristallinen Schiefern; dort, wo die letzteren starkem Gebirgsdrucke ausgesetzt waren, entbehren die Feldspäte überhaupt kristallographischer Begrenzung und sind meist randlich oder zur Gänze mehr oder minder zertrümmert, so daß man nur von „Körnern“ sprechen kann. Überhaupt zeigt der Feldspat in den Gesteinen nur dem Quarz gegenüber selbständige Begrenzungsflächen, nicht aber gegenüber den dunklen Bestandteilen. Die vollkommenste Spaltbarkeit verläuft nach der Endfläche (*P*); ihr steht eine zweite nach der Längsfläche (*M*) wenig nach. Beide Spaltebenen schließen miteinander einen Winkel von 90° ein. Eine unvollkommene, zuweilen kaum erkennbare Spaltbarkeit läuft den

[1] Orthos (griechisch) = gerade, kláo = ich spalte.

Säulenflächen gleich. Der Glasglanz des Orthoklases geht auf der Endfläche und den zu ihr gleichlaufenden Spaltflächen oft in Perlmutterglanz über. Klar durchsichtig bis durchscheinend (Adular), mitunter mit bläulichem Lichtschimmer (Mondstein, mit den Abarten „Wolfsauge“, „Fischauge“, „Ceylonopal“), meist aber undurchsichtig (gemeiner Feldspat) und dann von milchweißer, grauweißer, gelblicher, hochfleischroter (südschwedische Granite, Minette, Liebeneritporphyr usw.), bräunlichroter, hellgelber, seltener graublauer oder grünlicher Farbe. Auf den Bruchflächen der Gesteine unterscheidet ihn die regelmäßige Spaltbarkeit,

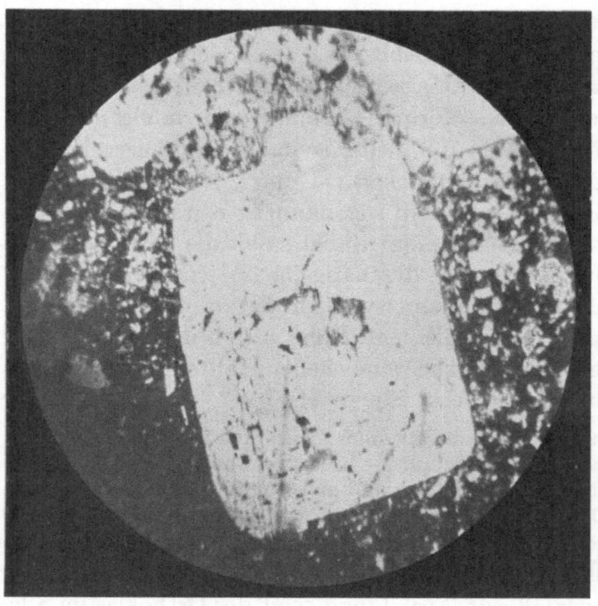

Abb. 62. Feldspat mit annähernd rechteckigem Querschnitt. Ecken verrundet (angeschmolzen); Schalenbau durch Einschlüsse. Plagioklas im Andesit vom Cabo de Gata, Spanien

der lebhaftere Glanz frischer Spaltflächen, die trübe Färbung verwitterter Körner von dem meist durchsichtigen, hellen, immer aber mehr oder minder klaren, unregelmäßig brechenden, höchstens Fettglanz auf den Bruchflächen zeigenden Quarz. Ein Teil der sogenannten Avanturine gehört ebenfalls zum Orthoklas; ihr Rotschiller wird durch gleichlaufend eingelagerte Roteisenblättchen hervorgerufen (Aranturinfeldspat, Sonnenstein; siehe auch unter Plagioklas, S. 76).

Gelegentlich durchwachsen wasserhelle, zuweilen hohle, breite Quarzstengel in gleichgerichteter Stellung einen Orthoklaskörper; hiedurch entstehen sogenannte schriftgranitische Bildungen (Abb. 68), so genannt, weil sie Schnitte liefern, welche an hebräische Schriftzeichen erinnern sollen

(Zierstein). Schalenbau (Abb. 62) wird dadurch hervorgerufen, daß gürtelförmig angeordnete Einschlüsse auftreten oder, wie z. B. im Rapakiwi, rote Orthoklaskerne von Schichten graugrünen oder weißen Oligoklases umhüllt werden (Zierstein).

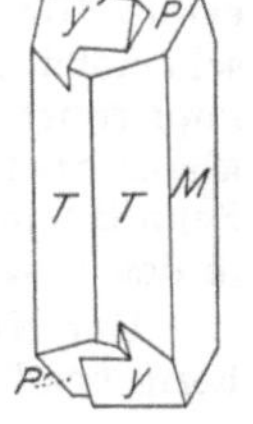

Abb. 63. Durchdringungszwilling von Feldspat (Karlsbader Zwilling). Nach Hochstetter-Bisching-Toula

Orthoklas ist ein Kaliumtonerdesilikat von der Zusammensetzung $K_2Al_2Si_6O_{16}$. Salzsäure greift ihn selbst in der Hitze nur wenig an, Flußsäure hingegen zersetzt ihn beträchtlich rascher als den Quarz. Vom reinen kalten Wasser wird Orthoklas nicht, von kohlensäurehaltigem etwas gelöst. Heißen wässrigen Lösungen widersteht er schlecht; es bildet sich dann oft Serizit. In eisenhaltigen, rötlichgefärbten Orthoklasen wird an der Luft die Eisenverbindung in Brauneisen übergeführt und hiedurch die allmähliche Verwitterung eingeleitet. Kohlensaure Alkalien zersetzen den Feldspat verhältnismäßig kräftig, indem sie die Bildung löslicher Alkalisilikate und zersetzbarer Alkalitonerdesilikate einleiten; letztere werden bei Gegenwart von Pyrit in Alkali- und Tonerdesulfate umgewandelt. Schwefelsäure wirkt auf unverwitterte Feldspäte wenig merklich ein, stärker auf solche, welche bereits in Zersetzung begriffen sind. Der Wechsel von Sonnenhitze und Nachtkälte führt bei der ungleichen Ausdehnung der Orthoklase in den verschiedenen Richtungen zur Bildung von Rissen

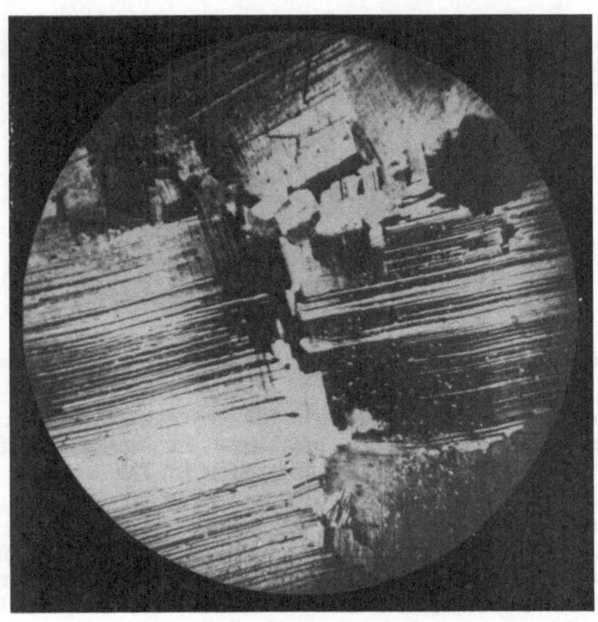

Abb. 64. Mikroklin mit deutlicher „Gitterung“. Saures Spaltgestein (Feldspatfels) von Margarethenhütte bei Thörl, Steiermark

nach den Spaltflächen. Von diesen Spältchen aus zersprengt das eindringende Wasser beim Gefrieren größere Feldspatkristalle, namentlich die Sanidine.

Als Sanidin bezeichnet man die glasige, meist dünntafelig nach der Längsfläche (Abb. 59) oder langsäulig nach der Längsachse (Abb. 58) ausgebildete Abart des Orthoklases, welche neben vorherrschendem Kalium- auch etwas Natriumoxyd enthält. Die Sanidine sind durchsichtig oder durchscheinend, mitunter auch grau; die braune Färbung des Sanidins vom Leilenkopf rührt von Radiumstrahlung her; außer den Spaltrichtungen des Orthoklases tritt bei ihnen häufig eine Absonderung nach der Querfläche auf. Schnitte meist leistenförmig (Abb. 69). Der Sanidin vertritt den Orthoklas in den jüngeren Ergußgesteinen, namentlich in den Lipariten, Trachyten usw.

Der Natronorthoklas und Natronsanidin enthält neben Kali vorherrschend Natron; die vorbildliche Zusammensetzung $Na_2Al_2Si_6O_{16}$ wird

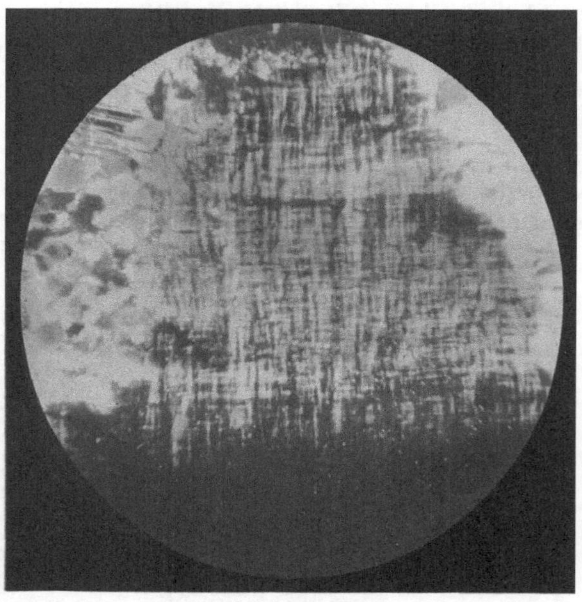

Abb. 65. Perthitische Verwachsung; Mikroklin, Granitgneis, Kindberg (Mürztal), Steiermark

aber in den natürlichen Vorkommen nie erreicht. Manche Vorkommnisse (z. B. von Frederikswärn) zeigen prächtigen Farbenschiller auf den Spaltflächen. Übergänge zu den Rautenfeldspäten (S. 76).

Mikroklin[1] nennt man einen Feldspat von der stofflichen Zusammensetzung und dem Aussehen des Orthoklases ($K_2Al_2Si_6O_{16}$); der Winkel zwischen End- und Längsfläche weicht nur wenig von 90° ab und schwankt zwischen 90° 16′ und 90° 30′; die trikline Ausbildung entgeht daher dem Auge. Die Färbung im Handstücke ist zuweilen prächtig apfelgrün oder spangrün („Amazonenstein"), auch fleischrot, meist aber weiß, blaßgelb, rötlichgelb oder unscheinbar; „Avanturin"ausbildung ist häufig. Die

[1] Mikrós (griechisch) = klein, klino (griechisch) = ich neige, wegen der geringen Abweichung des Neigungswinkels der beiden Hauptspaltflächen von 90°.

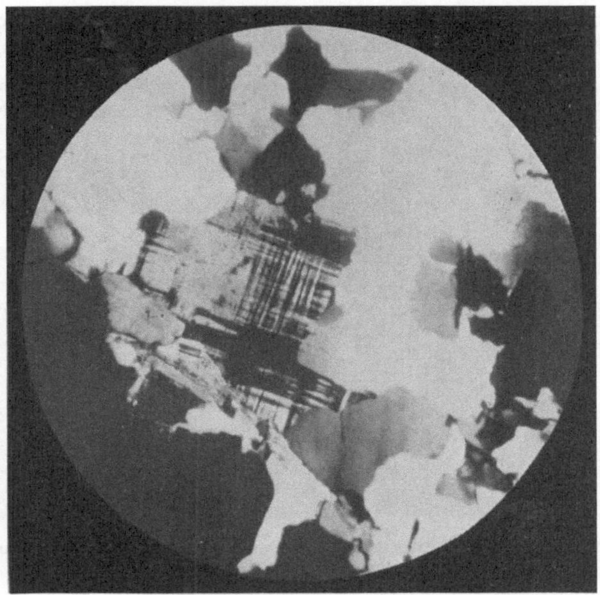

Abb. 66. Gegitterter Mikroklin im Gneis, Antholzertal

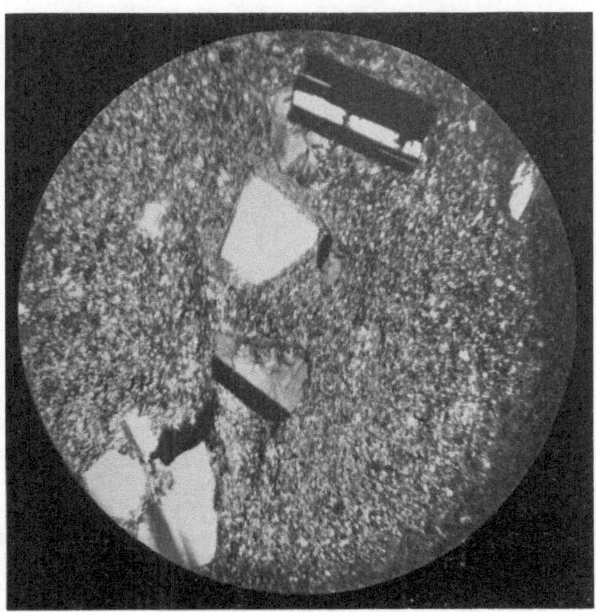

Abb. 67. Annähernd rechteckiges Schnittbild von Feldspat (oben; Zwillingstreifung). Aplit, granitporphyrisch, Ottenheim

für Mikroklin bezeichnende Gitterung (Abb. 64, 65, 66) ist oft schon dem unbewaffneten Auge sichtbar; der Kante: Längsfläche-Endfläche gleichgerichtete

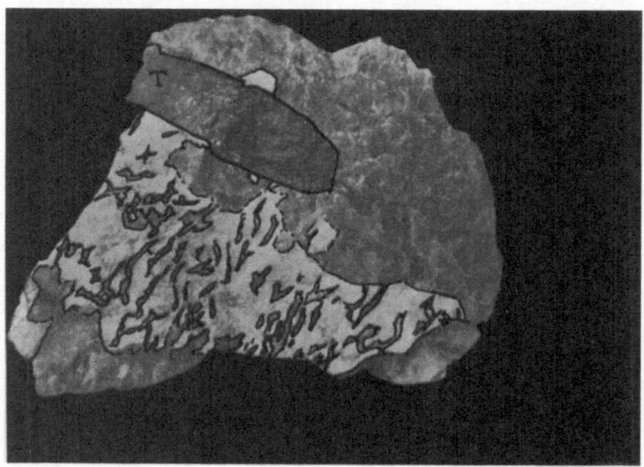

Abb. 68. Schriftgranitische Verwachsung von Quarz und Feldspat. Schriftgranit (Riesenkorngranit) von der Königsalm bei Gföhl. *T* Turmalin

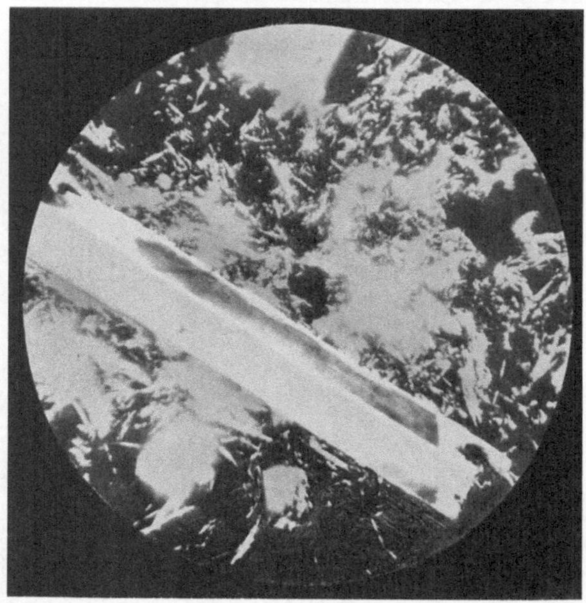

Abb. 69. Sanidin (breite, schräg von links mitte nach rechts unten laufende Leiste) im Trachyt vom Monte Olibano

Streifchen werden von solchen gekreuzt, welche mit der Querachse gleichlaufen. Diese Gitterung wird durch wiederholte Bildung von Durchdringungszwillingen (Viellingen) verursacht. D = 2,58 bis 2,65.

Der gleichfalls trikline kalkhaltige **Natronmikroklin** (natronführender Mikroklin, Anorthoklas) besteht aus einer etwas kalkhaltigen Mischung von Orthoklas- und Albitstoff; er findet sich z. B. unter den farbenschillernden Feldspäten der südnorwegischen Laurvikite („norwegische Labradore“ des Steingewerbes), hier meist rhombische Querschnitte liefernd („Rhombenporphyre“; vgl. S. 76; Vorwalten der *l*- und *T*-Flächen).

Meist handelt es sich um **Durchwachsungen** (Perthite); liegen „kaliführende Plagioklas“spindeln in einer Kalifeldspatgrundmasse, so spricht man von **Perthiten** (Abb. 65) schlechthin; sind umgekehrt Kalifeldspatspindeln in „albitischer“ Masse eingebettet, so bezeichnet man die Durchwachsung als **Antiperthit**. Je nach der Größe der Spindeln unterscheidet man **Großperthite** (Makroperthite, bereits mit freiem Auge erkennbar), **Feinperthite** (Mikroperthite, erst unter dem Mikroskope deutlich sichtbar) und **Überperthite** (Kryptoperthite, an der Grenze der mikroskopischen Sichtbarkeit). Die Ausdrücke **Mikroklinperthit** (Kalifeldspatreihe) und **Orthoklasperthit** (Natronorthoklasreihe) erklären sich von selbst.

Trikline Kali-Natronfeldspate können mithin auf dreifache Weise entstehen: als ursprüngliche, einheitliche Mischkristalle (eigentliche Anorthoklasreihe), durch ursprüngliche Durchwachsung (Urperthite, Primärperthite) und endlich durch nachträgliche Entmischung der vorgenannten (Folgeperthite, Entmischungsperthite, Sekundärperthite).

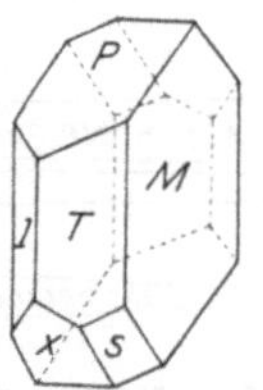

Abb. 70. Halbsäulenflächen (*l*, *T*), Grundfläche (*P*), Längsfläche (*M*), Halbquerdach (*X*), Viertelspitzdach (*S*) Albit. Nach Hochstetter-Bisching-Toula

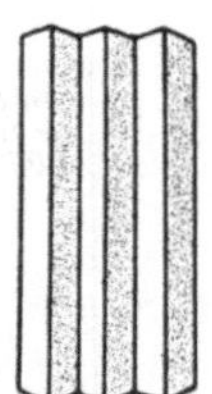
Abb. 71. Streifung der Plagioklase durch wiederholte Zwillingbildung (z. B. nach der Längsfläche. (Riß)

Die **Plagioklase**[1] (triklin) zeigen auf den ersten Blick fast dieselbe Kristalltracht und Spaltbarkeit wie die monoklinen Feldspäte; wir treffen hier wie dort ungefähr dieselben Flächen entwickelt und die Abweichung des Winkels (93° 36′ bis 94° 10′) zwischen Endfläche und Längsfläche von 90° bleibt dem Auge verborgen. Bei näherem Zusehen allerdings bemerkt man, daß den Plagioklasen jede Spiegelebene fehlt, indem z. B. das Spitzdach nicht mehr als Halbpyramide, sondern als Viertelpyramide (links hinten und rechts unten) auftritt (vgl. Abb. 70). Außerdem kann man bei größeren Kristallen oft schon mit unbewaffnetem Auge oder mit der Lupe auf den mit der Endfläche gleichgerichteten Spaltebenen eine mehr oder minder feine Streifung (Abb. 71, 67) wahrnehmen, indem einzelne schmale Streifchen oder Spindeln bei guter Beleuchtung und entsprechendem Lichteinfalle hell aufglänzen, während die anderen matt bleiben: die Streifen laufen der Kante zwischen End- und Längsfläche gleich und werden durch eine wiederholte Zwillingsbildung nach dem sogenannten **Albitgesetze** (Zwillingsebene die Längsfläche) hervorgerufen; auf der Endfläche entstehen hiedurch ein- und ausspringende Winkel (Abb. 71); derartige Viellinge sind häufig tafelig

[1] Plágios (griechisch) = schief.

nach der Längsfläche ausgebildet. Diese Zwillingsstreifung unterscheidet die Plagioklase vom Orthoklas, welchem sie fehlt.

Seltener findet sich eine Zwillingsbildung nach dem sogenannten Periklingesetz (Zwillingsachse die Querachse). Hier treten dann die Streifchen auf der Längsfläche hervor. Hand in Hand damit geht eine häufige Streckung nach der Querachse. Zwillinge nach dem Albit- und Periklingesetz liefern Gitterbilder (weniger, breitere und geradere Streifchen als bei Mikroklin). Es kommen auch Zwillinge nach dem Manebacher, Bavenoer und Karlsbader Gesetze vor. Glasige Plagioklase der Ergußgesteine nennt man zuweilen Mikrotine.

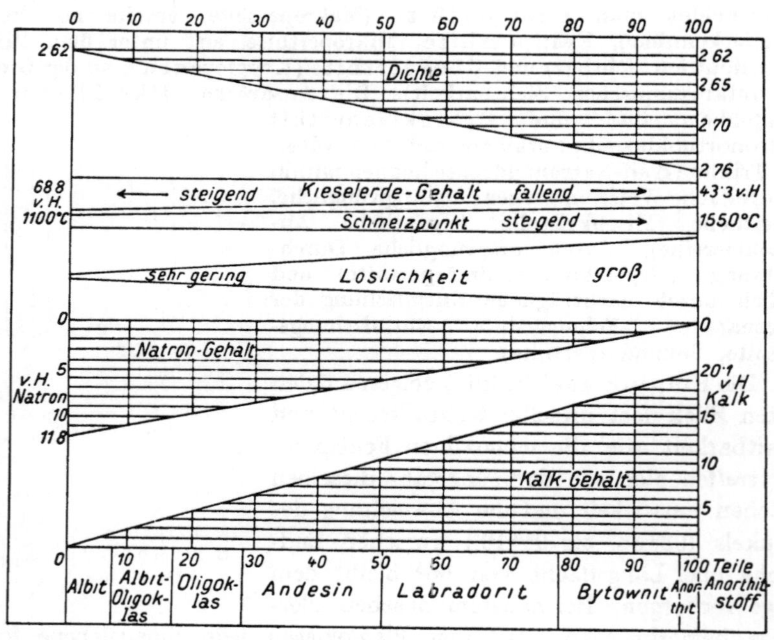

Abb. 72. Abhängigkeit der Eigenschaften der Plagioklase von ihrer chemischen Zusammensetzung

Stofflich sind die Plagioklase Natronfeldspat ($Na_2Al_2Si_6O_{16}$, Albitstoff), Kalkfeldspat ($CaAl_2Si_2O_8$, Anorthitstoff) oder Mischungen von Albit und Anorthitstoff. Der Albit ist saurer, leichter, in Salzsäure wenig löslich, der Anorthit basisch, schwerer, leicht zersetzbar durch Salzsäure (unter Sulzbildung); je nach der Beimengung von Anorthitstoff (An) zum Albitstoff (Ab) nähern sich die mit den Namen Oligoklas, Andesin, Labradorit, Bytownit belegten Zwischenglieder in ihren Eigenschaften mehr dem Albit oder dem Anorthit; die Abb. 72 gibt einen besseren Überblick über die Verhältnisse als viele Worte. Die chemischen Beziehungen der Plagioklase untereinander und zwischen ihnen und den monoklinen Feldspaten gehen auch aus Abb. 73 hervor.

Was über das Verhalten des Orthoklases gegenüber Säuren und Alkalien gesagt wurde, kann sinngemäß auch auf die Plagioklase übertragen werden, wobei jedoch beachtet werden muß, daß die Angreifbarkeit der triklinen

Feldspate gegen den Anorthit hin ziemlich rasch zunimmt, wie überhaupt die Plagioklase den verwitternden Kräften rascher erliegen als der monokline Kalifeldspat. Letzterer erscheint daher in den Gesteinen oft noch frisch, wenn die Plagioklase längst Spuren der Verwitterung an sich tragen (Trübung, Verschwinden des Glanzes auf den Spaltflächen, mattes Aussehen, zuweilen auch erdiger Bruch und geringe Härte).

Schalenbau ist eine viel beobachtete Erscheinung, namentlich der Plagioklase der Ergußgesteine. Bald gleichen sich Kern und Hülle stofflich vollkommen und werden nur durch Züge von Einschlüssen (Abb. 62) unterscheidbar, bald aber, und dies ist der häufigere Fall, verraten sich stoffliche

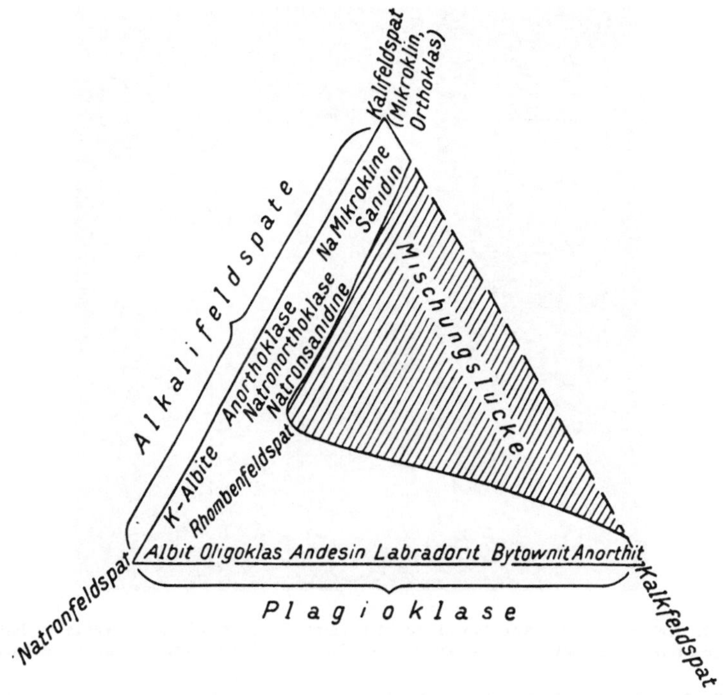

Abb. 73. Chemische Wechselbeziehungen zwischen den einzelnen Gliedern der Feldspatgruppe. Nach Niggli.

Gegensätze zwischen dem Kern und den Randschichten, manchmal auch zwischen den letzteren selbst. Dann nimmt die Sauerkeit meist von innen gegen außen zu.[1]

Über die Eigenschaften der einzelnen Glieder der Plagioklasreihe ist wenig besonderes zu sagen.

Albit[1]. Wasserklar, durchsichtig oder weiß (Periklin geheißen, wenn gleichzeitig nach der Querachse entwickelt) bis trübe, seltener graulich, gelblich oder grünlich gefärbt. Häufiger gesteinbildender Gemengteil, namentlich in umgeprägten Gesteinen der Zentralalpen; so z. B. in kristallinen Schiefern (hier oft tadellos frisch).

[1] albus (lateinisch), = weiß.

Oligoklas[1]. Tritt häufig neben Orthoklas in Erstarrungsgesteinen auf; seine meist weiße bis grünliche, stets helle Farbe unterscheidet ihn vom dunkleren (fleischroten) Orthoklas; leistenförmige Ausbildung ist besonders häufig. Der Sonnenstein (Tvedestrand, Norwegen) verdankt seinen blitzenden Schiller zahllosen winzigen orangefarbenen bis blutroten Schüppchen von Eisenglanz, welche gleichgerichtet Spaltrissen eingelagert sind. Die kalihaltigen Rauten- oder Rhombenfeldspäte haben rautenförmigen Querschnitt; Farbenschiller ist häufig.

Andesin, weiß (in Pegmatiten, Riesenkorngraniten, Tonaliten), graublau, auch dunkelgrünlich; oft schalig gebaut, insbesonders in Ergußgesteinen.

Abb. 74. Orthoklas mit annähernd rechteckigem Schnittbild (hell, rechts) Schalenbau; beginnende Zersetzung. Dunkel (links): Biotit. Minette von Freiberg, Sachsen

Labradorit (Labrador). Grobspätig und meist grau in riesenkörnigen Gesteinen; sonst meist kleine Körner. Das prächtige, schillernde Farbenspiel („Labradorisieren"), das viele Labradorite zeigen, kommt dadurch zum Ausdrucke, daß beim Drehen des Steines nach verschiedenen Richtungen die ganze Fläche oder einzelne Streifen und Flecke derselben in lebhaften, blauen, gelben, grünen, seltener rötlichen Farbentönen aufleuchten. Gleichgerichtete Einlagerungen feinster Blättchen bzw. Interferenzwirkungen der Lichtstrahlen rufen diese Erscheinung hervor.

Bytownit ist häufiger Gemengteil basischer Durchbruchsgesteine.

Anorthit[2]. Wasserklar (in Vesuvauswürflingen), trübe, oft rötlich gefärbt. Gesteinsbildend in den basischesten Erstarrungsgesteinen oder in

[1] olígos (griechisch) = wenig; kláo (griechisch) = ich spalte, weil man früher glaubte, er spalte weniger gut als Albit.

[2] anorthos (griechisch) = nicht gerade, schief.

umgeprägten Kalken (Monzonigebiet). Seine Kristalle sind oft flächenreich, ziemlich gleichausmaßig nach allen Richtungen und erscheinen dann kugelig bis scheinwürfelig.

Zusammenfassung der Verwitterungserscheinungen an Feldspaten

Die Neubildungen, welche aus der Zersetzung der verschiedenen Feldspäte hervorgehen können, sind, wie bereits weiter vorne angedeutet, mannigfacher Art. Am häufigsten wird im Schrifttum eine Umwandlung in Kaolin erwähnt, bei welcher Wasser aufgenommen und lösliches Alkalisilikat weggeführt wird, während wasserhaltiges Tonerdesilikat (Kaolin) zurückbleibt.

$$
\begin{aligned}
& && && \overbrace{\qquad\qquad\text{Kaolin}\qquad\qquad} \\
& Na_2Al_2Si_6O_{16} + 2\,H_2O = Na_2Si_4O_9 && + && H_2Al_2Si_2O_8 + H_2O \\
& K_2Al_2Si_6O_{16} + 2\,H_2O = K_2Si_4O_9 && + && H_2Al_2Si_2O_8 + H_2O \\
& CaAl_2Si_2O_8 + 2\,H_2O = Ca\ O^1 && + && H_2Al_2Si_2O_8 + H_2O
\end{aligned}
$$

Solche Umwandlungserscheinungen kann man tatsächlich überall dort beobachten, wo stärkere chemische Stoffe, wie aus dem Schoße der Erde hervordringende heiße Wässer, kohlensäurebeladene Quellen, Dämpfe von Borsäure, Fluorwasserstoffsäure, oder — ein sehr häufiger Fall — lösliche Humussäure usw. auf den Feldspat eingewirkt haben. Die Kaolinlagerstätten sind daher im allgemeinen an Verwerfungen, Warmquellengebiete, an den Untergrund von Mooren, das Liegende von Kohlenflözen u. dgl. gebunden. Die gewöhnliche Oberflächenverwitterung dagegen führt in unserem Klima nicht zur Bildung von Kaolin, sondern liefert vornehmlich Tone, welche je nach Umständen in ihrer chemischen Zusammensetzung sehr wechseln können und ihrem Wesen nach so wenig erforscht sind, daß man sie am besten vorläufig unter dem Sammelbegriff Zersetzungstone vereinigt.

Bei beiden Arten der Umsetzung zu weichen, knetbaren, je nach dem Wassergehalte schwindenden oder quellenden Massen entsteht häufig nebenbei auch heller Glimmer (Muskovit, Serizit); letzterer geht auch dann aus Feldspat hervor, wenn starke äußere mechanische Kräfte, wie z. B. Gebirgsdruck, auf das Mineral einwirken (Serizitisierung, Serizitbildung).

In Gebieten stärkster Pressung der Gesteine, in sogenannten Quetschstreifen, finden wir daher nicht selten die Feldspäte ganz oder teilweise serizitisiert; so beispielsweise im Mürztal, in der Umgebung von Aspang am Wechsel, unfern St. Kathrein am Hauenstein, im Dissauergraben bei Fischbach und bei St. Peter ob Judenburg, wo die zersetzten, unreinen Massen auf ursprünglicher oder auf zweiter Lagerstätte die sogenannte „Weißerde" bilden, welche oft schon mit Kaolin verwechselt wurde.

Für den Bauingenieur haben derartige schmierige serizitreiche Massen von Zerrüttungs- und Quetschstreifen eine doppelte Bedeutung. Sie entbehren der Standfestigkeit und bringen im Stollen Druck, verhalten sich aber dem Wasser gegenüber um so weniger durchlässig, je stärker die Zerdrückung und damit die Serizitbildung war.

Kalkreiche Feldspäte erleiden seltener eine Umwandlung in tonige Stoffe; häufiger ist eine Veränderung zu Saussurit[2], einer trüben, grünlich

---

1 Die Kalkerde bleibt als solche nicht bestehen, sondern wandelt sich weiter in Kalkhydrat (CaO_2H_2), kohlensauren Kalk usw. um.

2 Nach dem französischen Forscher Saussure.

gefärbten, harten und zähen Masse, welche aus Zoisit, Epidot (bei Anwesenheit von Eisensalzen im Gestein), Skapolith, Granat, Strahlstein, Quarz und Serizit, beim Beginne der Umwandlung auch aus beigemengten Plagioklasresten besteht. Gemäß seinen Eigenschaften bringt der Saussurit dem Techniker keine Nachteile.

Den Verwitterungserscheinungen der Feldspäte kommt hohe technische und bodenkundliche Bedeutung zu; die feineren Bestandteile unserer Böden, namentlich der bindigeren, sind zum großen Teil aus der Zersetzung von Feldspäten hervorgegangen; bei diesen Umsetzungen werden, je nach der stofflichen Natur des Feldspates, die wichtigen Pflanzennährstoffe Kali oder Kalzium den Gewächsen zugänglich. Böden, welche aus der Verwitterung von Gesteinen hervorgegangen sind, die kalkreiche Plagioklase in Menge führen, verraten ihre Entstehung oft schon durch ihre Besiedlung mit kalkholden Gewächsen oder lohnen durch vergleichsweise höhere Erträge.

Technische Verwendung der Feldspäte

Die hübsch aussehenden Abarten der Feldspäte, wie Sonnenstein (Oligoklassonnenstein von Tvedestrand, Orthoklassonnenstein aus Virginia, Pennsylvanien usw.), Mondstein (Ceylon), Amazonenstein (Pikes Peak in Kolorado, Virginia, Madagaskar, Miask im Ural usw.), Labrador u. dgl. verarbeitet man zu kleinen Kunstgegenständen, Schmucksteinen (unechten Perlen, Knöpfen) u. dgl.

Im übrigen lohnt sich die Gewinnung von Feldspat nur aus sehr grobkörnigen Gesteinen (Riesenkorngesteinen). Hauptabnehmer ist die Porzellanerzeugung. Diese bevorzugt den leichter schmelzenden Kalifeldspat vor den Natronkalkfeldspäten, deren Kalkgehaltsschwankungen zudem störend empfunden werden. Gemahlener Feldspat wird auch schillernden Gläsern, Emaillen, Zahnkitten, Scheuerseifen, künstlichen Zähnen usw. zugesetzt. Ein Zuschlag von Feldspat bei der Erhüttung des Eisens befördert die Schlackenbildung.

Abbau von Feldspat fand in Deutschland in den letzten Jahrzehnten statt in der Oberpfalz (Bayerische Feldspatwerke), in Niederbayern, Oberfranken usw.

Feldspatvertreter

Unter der Bezeichnung Feldspatvertreter kann man eine Reihe von Mineralien zusammenfassen, welche ähnliche stoffliche Zusammensetzung und ähnliche Eigenschaften haben wie die Feldspäte und diese in gewissen Durchbruchgesteinen teilweise oder ganz ersetzen; den kristallinen Schiefern sind sie fremd. Hieher gehören: Leuzit, Nephelin, Sodalith und Hauyn. Alle erweisen sich in den Gesteinen weniger widerstandsfähig als die Feldspäte und zersetzen sich bei Anwesenheit von Schwefelkies oder in der Großstadtluft in kürzester Zeit.

Leuzit[1]. D = 2,45 bis 2,50, H = $5^1/_2$ bis 6. Meist scheinbare Deltoidvierundzwanzigflächner (Leucitoeder, Abb. 75) bildend, mit nicht selten

[1] leukós (griechisch) = weiß; er wurde früher weißer Granat genannt.

verrundeten, gesattelten Flächen; Durchschnitte daher meist achteckig (Abb. 78) bis rundlich (Abb. 76, 79). Körner; Glasglanz, Bruchfläche fettglänzend. Halbdurchsichtig bis kantendurchscheinend. Graulich weiß, rauchgrau bis aschgrau, oft gelblichrötlich, weiß, spröde. Bruch muschelig. $K_2Al_2Si_4O_{12}$ mit 55% Kieselsäure und 21,6% Kaliumoxyd. Manche Leuzite enthalten Natrium. Vor dem Lötrohr unschmelzbar. Mit Kobaltlösung geglüht, färbt sich Leucit schön blau; wird in gepulvertem Zustande von Salzsäure unter Zurücklassung von Kieselpulver gelöst. Die Verwitterung führt unter Erhaltung der Form oft zur Entstehung von weißem undurchsichtigen Analzim (siehe diesen), Orthoklas, Muskowit, kaolinähnlichen Stoffen usw. Einschlüsse sind sehr häufig; ihre ringähnliche Anordnung (Abb. 77, 78, 79) führt zum Schalenbau; seltener ist strahlige Einlagerung nach den Speichenrichtungen (Abb. 78).

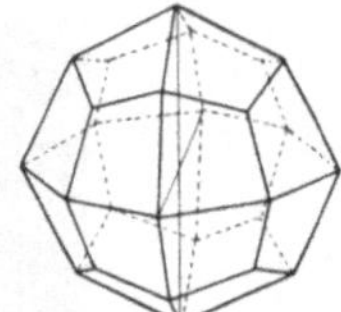

Abb. 75. Deltoidvierundzwanzigflächner (Leuzitoeder)

Leucit kommt besonders häufig in manchen jungen Durchbruchgesteinen. ihren Laven und ihren Tuffen vor (Laacher See, Kaiserstuhl, Rom, böhmisches Mittelgebirge, Vesuv usw.). Der durchschnittliche Kaligehalt solcher Leucitgesteine schwankt um 10 v. H. Man zerkleinert sie daher vielfach und

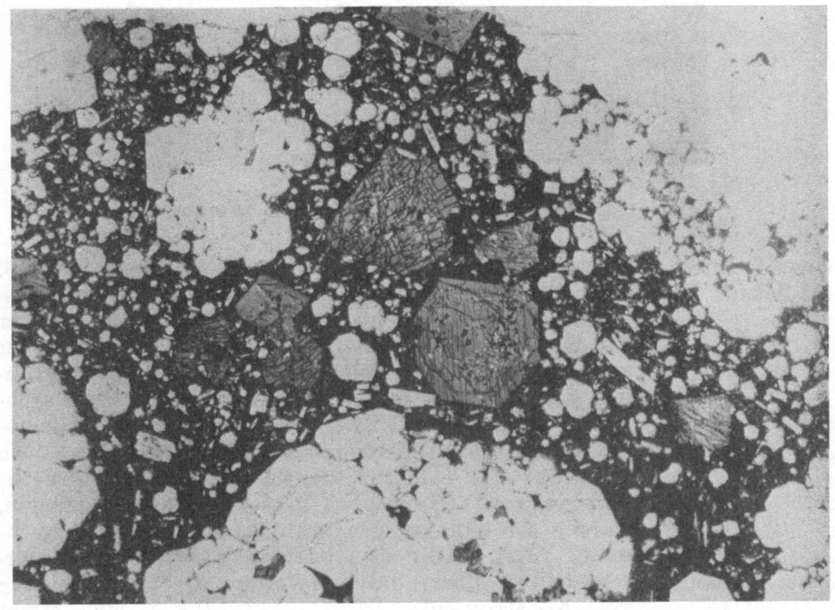

Abb. 76. Leuzit (weiß, Querschnitte achteckig bis verrundet) Vesuv, Lava des Jahres 1760

sondert aus ihnen mit magnetischem Aufbereitungsverfahren den unmagnetischen Leucit in großer Reinheit aus; er wird dann entweder als Düngemittel (wenig lohnend!) oder zur Alaundarstellung usw. verwendet.

Nephelin[1]. H = $5^1/_2$ bis 6, D = 2,55 bis 2,65. Jeder regelmäßigen Begrenzung bar, als „Nephelinfülle" in vielen jungen Ergußgesteinen (Nephelinbasalten, Nephelinbasaniten usw.); sonst meist gedrungene sechsseitige Säulen (Abb. 81) des hexagonalen Systems, welche sehr bezeichnende

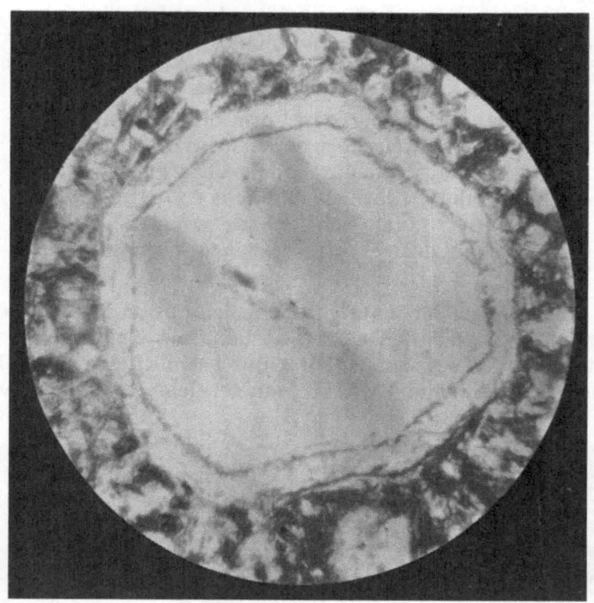

Abb. 77. Leuzit mit gürtelförmig angeordneten Einschlüssen

kurze Rechtecke als Längsschnitte und in Querschnitten Sechsecke (Abb. 3, 81) liefern. Ohne Spaltbarkeit, Bruch daher flach muschelig. Farblos, glasglänzend und durchsichtig im frischen Zustande, wird er bei der Verwitterung unter Annahme von Fettglanz oder speckigem Schimmer wolkig trübe, gelblich, grau, grünlich, bräunlich oder rötlich (Eläolith der älteren Durchbruchgesteine, meist derb). Afterkristalle (Pseudomorphosen) glimmerartiger Mineralien (Serizit usw.) nach Nephelin bzw. Eläolith, wie sie sich z. B. in Libeneritporphyr von Viezzena bei Predazzo (Südtirol) finden, wurden Liebenerit genannt. Zusammensetzung wechselnd, $Na_2Al_2Si_2O_8$, oft mit etwas K. Wird zum Unterschiede von Quarz durch Salzsäure unter Abscheidung von Kieselsäuresulze leicht gelöst. Die Lösung ergibt mit Ammoniak einen Niederschlag, dagegen nicht mit oxalsaurem Ammon. Aus der salzsauren Lösung kristallisieren beim Eindunsten zahlreiche winzige Kochsalzwürfelchen aus. Wird schon bei 200° C von destilliertem Wasser zersetzt, ist also sehr leicht

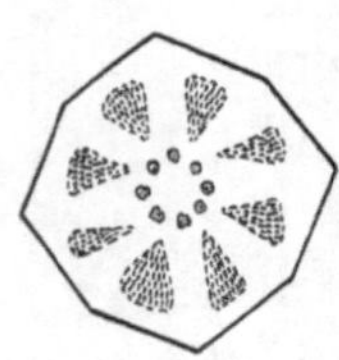

Abb. 78. Leuzitdurchschnitt; strahlig und ringförmig angeordnete Einschlüsse (Schlacken)

[1] néphele (griechisch) = Wolke, wegen der wolkigen Trübung durchsichtiger Stücke bei Behandlung mit Salpetersäure.

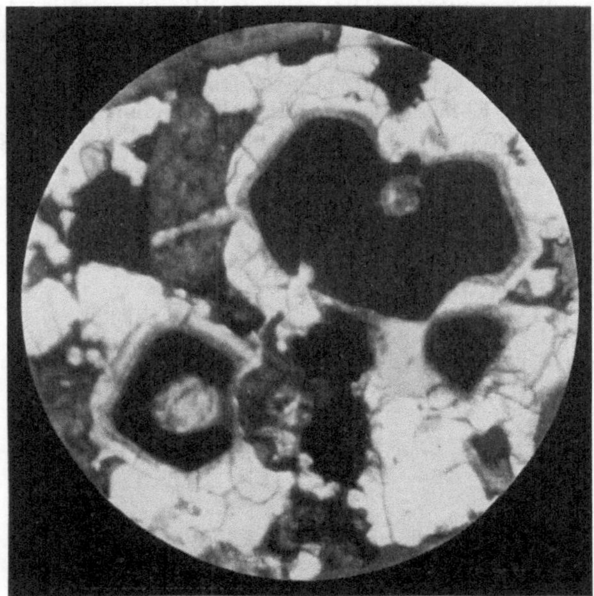

Abb. 79. Leuzit (weiß, mit gerichteten Einschlüssen) im Leuzitbasalt vom Campo di Bove, Italien

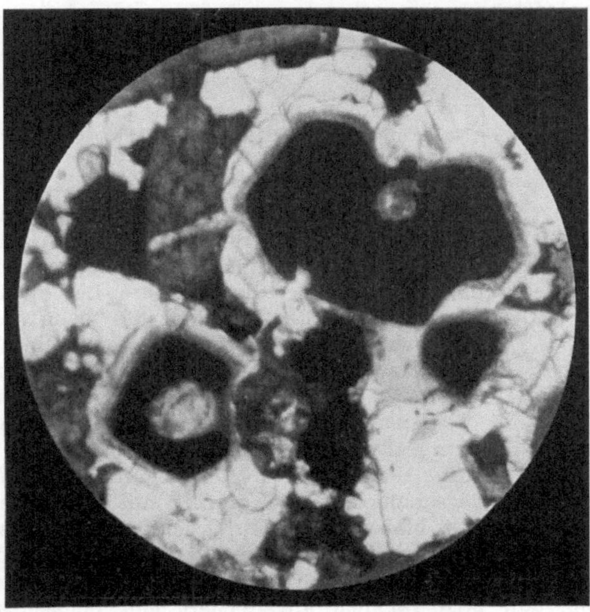

Abb. 80. Hauyn

verwitterbar; bei der Verwitterung bilden sich Zeolithe (Spreustein, Analzim), glimmerähnliche Massen (Liebenerit, Gieseckit), Sodalith, Hydronephelin, kaolinähnliche Stoffe usw.

Sodalith. H = 5 bis 6, D = 2,13 bis 2,34. Rautenzwölfflächner (Abb. 42) meist aber Körner und Körnergehäufe; Durchschnitte daher vier- und sechsseitig oder rundlich; durchsichtig und farblos, auch weißlich, grau, grünlich, gelblich, hellrot oder bläulich.

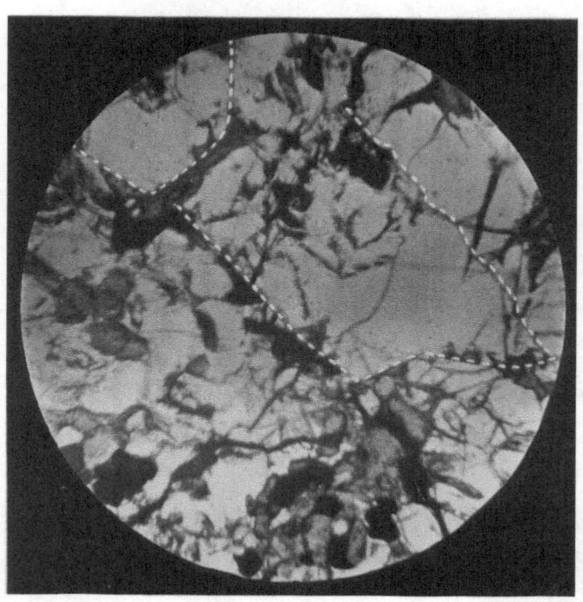

Abb. 81. Nephelin (hell) im Nephelinbasalt vom Steinberg bei Feldbach, Steiermark. Mit Stricheln umrandet: Schnitte größerer Kristalle

Glasglanz; nach den Dodekaederflächen undeutlich spaltbar. Einschlüsse häufig. 3 ($NaAlSiO_4$) + NaCl. Vor dem Lötrohr unter Anschwellen ziemlich leicht schmelzbar. Wird schon von schwachen Säuren (z. B. Essigsäure) unter Bildung von Kieselsäuresulze zersetzt; die salzsaure Lösung hinterläßt ähnlich wie jene des Nephelins beim Verdunsten reichlich Kochsalzwürfel, aber keine Gipsnädelchen, wie Hauyn. Leicht verwitterbar, namentlich zu Natrolith, Hydronephelin, Hydrargillit, Diaspor usw.

Abb. 82. Gipsnädelchen

Hauyn[1]. H = $5^1/_2$, D = 2,3 bis 2,5 (Steigend mit dem Kalkerdegehalte). Rautenzwölfflächner mit vier- und sechsseitigen Durchschnitten, häufiger unregelmäßig begrenzte Körner und Korngehäufe. Meist mit blauer Farbe durchsichtig bis durchscheinend, doch auch spargelgrün, grünlichblau, gelblich und rötlich. Bruch muschelig; fettartiger Glasglanz. Einschlüsse häufig, bald im Kern (Abb. 80), bald randlich angereichert und Schalenbau erzeu-

[1] Nach dem französischen Forscher Hauy.

gend. Entfärbt sich beim Erhitzen. Mischungen von $Na_3Al_3Si_3O_{12}$, Na_2SO_4 und $CaSO_4$; die kalkarmen Glieder werden oft als Nosean (wenn rein $Na_3Al_3Si_3O_{12}$. Na_2SO_4) bezeichnet. Leicht löslich in Salzsäure unter Entbindung von Schwefelwasserstoff und Hinterlassung von Kieselsäuresulze; beim Eintrocknen bleiben je nach dem Ca-Gehalte mehr oder minder reichlich Nädelchen und Faserknäuel von Gips (Abb. 82) zurück. Die Verwitterung liefert meist Siedesteine (Zeolithe), namentlich Natrolith.

Siedestein- (Zeolith-) Gruppe

Als „Siedesteine" (Zeolithe[1]) bezeichnet man wasserhaltige kieselsaure Salze, welche vor dem Lötrohre meist unter heftigem Schäumen schmelzen und ihr Wasser verlieren. Sie besitzen im allgemeinen hohe Neigung zur Bildung regelmäßiger Kristalle. Die meisten unter ihnen sind Tonerdesilikate von Natrium oder Kalzium. Von Salzsäure werden sie unter Ausscheidung von pulveriger oder schleimiger Kieselsäure zersetzt. Im Kölbchen geben sie beim Erhitzen Wasser ab. Ihre leichte Verwitterbarkeit macht sich technisch in Form rascher Auslaugung aus den Gesteinen zuweilen unangenehm bemerkbar. Sogar die Bodenfeuchtigkeit zersetzt die Siedesteine ziemlich rasch und verhindert daher ihre Anhäufung in der Ackererde. Ihre Dichte ist gering.

Sie sind teils gewöhnliche Umsetzungsgebilde anderer Silikate (namentlich der Feldspäte und Feldspatvertreter), teils Bildungen heißer Dämpfe und Lösungen im Gefolge von ausklingenden Glutflußerscheinungen. Demgemäß füllen sie besonders gern Klüfte und andere Hohlräume in Erstarrungsgesteinen aus.

Analcim[2]. ($Na_2Al_2Si_4O_{12} + 2\,H_2O$). H $= 5^1/_2$, D $= 2{,}22$ bis $2{,}29$. Afterkristalle nach Leuzit, meist jedoch in Drusen (Deltoidvierundzwanzigflächner, Würfel) aufgewachsen. Meist weiß, grau, rötlich (häufig fleischrot). Gesetzlos spaltend, spröde. Bruch muschelig, Glanz glasig. Vor dem Lötrohr ruhig zu einer glasigen, blasenarmen Kugel schmelzend, die Flamme gelb färbend. Verwittert zu Kalkspat, Orthoklas, Albit, Glimmer usw. Bekannt sind die Vorkommnisse im Fassatale (Ciamolalpe), auf der Seiseralpe (hier in Melaphyren), im böhmischen Mittelgebirge usw.

Fasersiedestein (Natrolith). H $= 5$ bis $5^1/_2$, D $= 2{,}2$. Tetragonale Tracht (rhombisch und monoklin). Der häufigste Siedestein; allverbreitet in Form feiner Säulchen, Nädelchen und strahl-fasrigen Gehäufen (daher der Name Fasersiedestein) in den Hohlräumen vieler Ergußgesteine. Außerdem auch dicht; Fasergehäufe glänzen zuweilen seidig. Weiß, grauweiß, isabellgelb (Hohentwiel), rötlich oder grünlich. $H_4Na_2Al_2Si_3O_{12}$. H_2O; ähnlich zusammengesetzt, nur mit Ca statt des Na, ist der Skolezit. Vor dem Lötrohr schmilzt er unter Aufblähen leicht zu einem klaren Glase.

Blättersiedestein, Heulandit: Vorherrschend blättrige, seltener kugelige oder körnige Gehäufe. Kalkhaltig, meist tafelig ausgebildet, und von gelber, brauner bis roter Farbe. Strich weiß. H $= 3^1/_2$ bis 4, D $= 2{,}2$. Monoklin,

[1] Zeo (griechisch) = ich koche (nämlich vor dem Lötrohr).

[2] Analkis (griechisch) = kraftlos, wegen seiner geringen elektrischen Erregsamkeit.

nach der Spiegelebene sehr vollkommen spaltbar; Perlmutterglanz auf der Spaltfläche.

Chabasit: Gleichfalls kalkhaltig, rhomboedrisch, mit würfelähnlicher Formausbildung; meist farblos, wasserhell bis durchscheinend, glasglänzend, auch weiß, blaßrötlich, gelblich oder bräunlich, seltener trübe. Spröde, spaltbar nach Säule, Rhomboeder oder beiden. H = 4 bis $4^1/_2$, D = 2,15.

Kreuzstein: Wenn Ca-haltig, Phillipsit genannt, monoklin. H = 4 bis $4^1/_2$, D = 2,2. Bariumhaltige Kreuzsteine heißen Harmotom, monoklin. H = $4^1/_2$, D = 2,45 bis 2,5. Der Name rührt von den häufigen, bezeichnenden Durchkreuzungszwillingen her.

Garbensiedestein, Desmin (Strahlsiedestein, Bündelsiedestein), monoklin. H = $3^1/_2$ bis 4, D = 2,0 bis 2,2. Name beruht auf der vorherrschend strahligen, bündeligen oder garbenförmigen Aneinanderhäufung.

Glimmergruppe

Die Mineralbezeichnung Glimmer[1] ist eigentlich ein Gestaltbegriff. Er umfaßt eine Reihe verwickelt zusammengesetzter, meist wasserhaltiger Silikate von blättrig schuppiger Tracht, welche eine höchst vollkommene Spaltbarkeit nach einer Fläche besitzen und federnd biegsam sind. In den Gesteinen treten sie in Form von lebhaft glänzenden dünnen Blättchen, Häutchen und Schuppen, seltener in dickeren Lagen von solchen auf. Die Spaltflächen zeigen metallartigen Perlmutterglanz, entbehren der Spaltrisse und haben vielfach sechsseitigen, hexagonale Tracht vortäuschenden Umriß. In Wirklichkeit aber gehören die Glimmer dem monoklinen System an; der Neigungswinkel der Hauptachse gegen die Lotrechte weicht jedoch nur wenig von 90° ab. Die Härte der Glimmer ist gering ($2^1/_2$ bis 3), die Dichte verhältnismäßig hoch (2,75 bis 3,2), zum Unterschiede von anderen blättrig entwickelten Mineralien, wie z. B. Kaolin. Setzt man auf ein Glimmerblättchen einen spitzen Stahlstift und schlägt darauf, so entsteht ein Schlagbild (Abb. 83a); der eine Riß fällt mit der Spiegelebene zusammen, die beiden anderen gehen den Säulenflächen gleich. Das Druckbild, welches das Aufdrücken einer stumpfen Nadel erzeugt (Abb. 83b), enthält einen Riß, welcher der Querachse gleichläuft. Bei beginnender Zersetzung verlieren sie die Fähigkeit zu federn rasch und werden gemein biegsam.

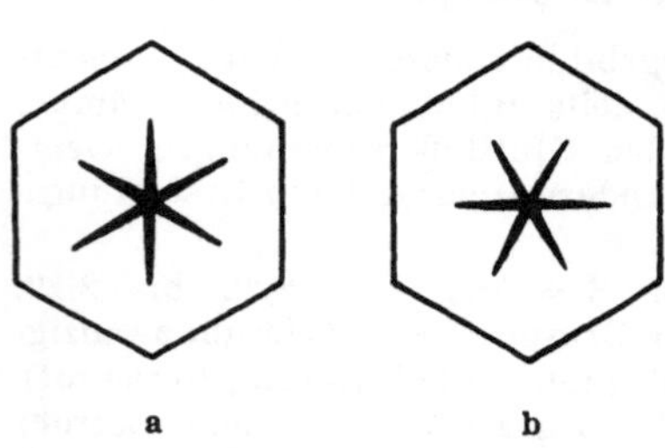

Abb. 83. a Schlagbild und b Druckbild von Glimmer

Die wichtigsten, in den Glimmern enthaltenen Moleküle sind $[Mg(SiO_4)_3]Mg_5$ und $[Al(SiO_4)_3]\frac{Al_2}{R^I_3}$, wobei Al durch Eisen (zuweilen auch sogar durch CaMn) ersetzt werden kann; als R^I kommen vorwiegend K, aber

[1] Glimmer = glänzen, wegen der lebhaft glänzenden Spaltflächen.

auch Na und Li in Betracht. Sehr häufig treten H (Wasserstoff) und OH (Hydroxylgruppe) auf.

a) Magnesiareiche Glimmer (Dunkelglimmer)

Phlogopit[1]. H = $2^1/_2$ bis 3, D = 2,8 bis 3,2 (Je nach dem Eisengehalte). Farblos bis rötlichbraun, rotblond, auch grün, eisenarm, oft etwas Li, auch Fl (Fluor) führend. Gewöhnlicher Biotit[2], eisenreich, dunkel, meist tiefbraun bis schwarz, seltener dunkelgrün. Sie heißen Anomit[3] (seltener), wenn die optische Achsenebene auf der Längsfläche senkrecht steht, dagegen Meroxen[4] (eisenärmer, häufiger), wenn die optische Achsenebene mit der Längsfläche gleichgerichtet ist (siehe darüber das Beiheft). Von den gewöhnlichen Biotiten dürfte eine Übergangsreihe zum Lepidomelan[5] führen (eisenreich, Mg-arm, dunkel). Eisen- und magnesiareich sind die rot- bis rostbraunen weichen Rubellane. Zinnwaldit heißen farblose, graue, gelbe, braune bis dunkelgrüne, lithiumhaltige Glimmer, die zum Lepidolith hinüberleiten (Abb. 56, 98).

Die Mg-reichen Glimmer schmelzen vor dem Lötrohre unter Trübung um so leichter zu schwarzem Glas, je weniger Eisen sie enthalten. Von HCl werden sie wenig angegriffen, von Schwefelsäure dagegen vollständig zersetzt unter Zurücklassung weißer Schüppchen oder eines Skelettes von Kieselsäure. Gegen die in der Natur wirksamen Verwitterungskräfte erweisen sich die eisenarmen Abarten widerstandsfähiger als die eisenreichen; aber selbst diese können in Bausteinen längere Zeit frisch bleiben, wenn sie von Angriffen der Schwefelsäure, wie sie in der Großstadtluft enthalten ist oder in eisenkiesführenden Gesteinen sich entwickelt, verschont bleiben. Kommen die eisenreicheren Magnesiaglimmer aber mit Schwefelsäure in Berührung, dann verwittern sie rasch. Dabei tritt zunächst durch Wegfuhr des Eisens eine Bleichung ein, die anfangs rabenschwarze Farbe geht allmählich über dunkelgoldigbraun in goldgelb mit metallisch bronzeartigem Glanz („Katzengold") und dann in Silberweiß über. Das dabei entstehende, die Kristallform bewahrende Kieselsäuregel bzw. der zurückbleibende Quarzstoff („Katzensilber" des Volkes z. T.) wird Bauerit genannt; er erweist sich gegen weitere Einflüsse von Verwitterungskräften sehr widerstandsfähig und kann leicht mit Muskovit verwechselt werden (letzterer färbt sich jedoch beim Glühen mit Kobaltlösung blau). Das aus den Magnesiaglimmern auswandernde Eisen dringt in Form von Brauneisen in die Hohlräume zwischen den übrigen Gemengteilen und in ihre Spaltrisse ein, überzieht Klüfte und Gesteinsaußenwände und prägt so den Felsarten jenen häßlichen rostfarbenen Ton auf, der uns so oft an ihnen abstößt. Neben dieser „Baueritisierung" treten noch Umwandlungen in Chlorit und Epidot auf, welche sich in einer Vergrünung des Glimmers äußern, ferner solche in kaolinähnliche, durch Quarzkörnchen verunreinigte Schüppchen, in Talk, Hydrargillit usw.

Von Hornblende oder Augit unterscheidet den Magnesiaglimmer die geringere Härte, das Fehlen von sich kreuzenden Spaltrissen auf der Endfläche, der selten fehlende eigentümliche rötliche Schimmer auf den Spaltflächen und die zahlreicheren und viel feineren Längsrisse auf den Querschnitten.

[1] Phlogopos (griechisch) = glänzend.
[2] Nach dem französischen Physiker Biot.
[3] anomos (griechisch) = gesetzwidrig.
[4] meros (griechisch) = Teil; xenos = fremd.
[5] lepis (griechisch) = Schuppe; melas = schwarz.

b) Magnesiaarme Glimmer (Hellglimmer)

Kaliglimmer (Muskovit[1], Katzensilber z. T.). H = $2^1/_2$ bis 3, D = 2,76 bis 3,1 findet sich in den technisch wichtigen Gesteinen weniger häufig als Magnesiaglimmer und fehlt den jungen Erstarrungsgesteinen gewöhnlich gänzlich. Neben farblosen, durchsichtigen, gelblichen oder hellgrünen silberglänzenden Schüppchen kommen auch größere Tafeln vor (z. B. in Riesenkorngesteinen, auf Klüften usw.). Vor dem Lötrohre undurchsichtig und spröde werdend, nur in dünnen Blättchen zu klarem Glas schmelzend. Gegen Säuren, gegen die chemischen Wirkungen der Lufthülle und die bei der Mineralverwitterung sich bildenden alkalischen Lösungen usw. zeigt er hohe Widerstandsfähigkeit. Man trifft ihn daher in den Gesteinen kaum jemals zersetzt an. Nur sehr selten wird eine Umwandlung in Hydromuskovit unter Verlust des Glanzes und der Federndheit genannt. Kobaltlösung färbt ihn, erhitzt, blau. Muskovit ist ein häufiges Verwitterungsgebilde bei der Zersetzung von Feldspäten, Feldspatvertretern und zahlreichen anderen Mineralien; er kann daher in einer Felsart sowohl ursprünglich als auch als Folgebildung vorhanden sein. $H_4K_2Al_6Si_6O_{24}$, oft mit SiO_2-Überschuß (dann Phengit genannt) oder mit etwas Na. Der smaragdgrüne, meist zartschuppige Fuchsit (Chromglimmer z. T.) führt einige Gewichtshundertstel Chromerde (Ersatz für Tonerde).

Eine sehr feinschuppige, talkartig aussehende und ebenso sich anfühlende Abart des Muskovites wird Seidenglimmer (Serizit[2]) genannt; dieser verleiht vielen sogenannten Glanzschiefern, Serizitschiefern, Phylliten usw. den eigenartigen, seidigen Glanz und stellt sich überall dort gerne ein, wo Alkalifeldspatgesteine von starkem Gebirgsdruck betroffen wurden. Im olivgrünen Roscoelith sind erhebliche Mengen von Tonerde durch Vanadium (V) ersetzt.

Lepidolith (Lithionglimmer), wasser- und eisenarm, H = 2 bis 3, D = 2,82 bis 3,2, begleitet die Gesteine der Zinnerzlagerstätten. Meist pfirsichblütenrot, rosenrot oder weiß, grau, gelblich, blaßveil; Li, Fe, K, Na, Mn (verursacht den rötlichen Ton) und F-haltig. Vor dem Lötrohr unter Purpurfärbung der Flamme schmelzbar. Eisenarme Lithionglimmer werden selbst von Flußsäure nur schwer angegriffen, eisenreiche, die zum Zinnwaldit hinüberleiten (S. 85), dagegen leichter.

Natronglimmer (Paragonit); der serizitähnlich ausgebildete Paragonit bildet einen wesentlichen Bestandteil der feinschuppigen sogenannten Paragonitschiefer; bei sonst muskovitähnlicher Zusammensetzung mehr Na als andere Alkalien führend.

Vom technischen Standpunkte müssen die Glimmer dort, wo sie am Gesteinaufbau wesentlichen Anteil nehmen, als Schädlinge oder doch wenigstens als Unholde bezeichnet werden. Sie richten um so mehr Unheil an, je reichlicher sie in einem Gestein auftreten und je vollkommener sie in untereinander gleichlaufenden Zügen angeordnet sind. Zufolge ihrer weitgehenden Spaltbarkeit erleichtern sie in jedem Falle den Witterungseinflüssen den Zutritt ins Gestein und zeichnen ihnen bei lagenweiser Anordnung den Weg ins Gesteinsinnere geradezu vor. So

---

[1] Vitrum moscoviticum (lateinisch) = russisches Glas.
[2] Serikos (griechisch) = seidig.

erleichtern und begünstigen sie das Aufblättern, Abschalen und Zerspringen vieler Gesteine, unterbrechen und lockern den innigen Verband der anderen Gesteinsgemengteile in mehr oder minder hohem Grad und setzen dadurch die Festigkeit der Gesteine ebenso herab wie sie ihren Zerfall fördern. Dabei nehmen sie kaum jemals eine genügende Glätte (Politur) an und geben in ihren eisenreicheren Abarten Veranlassung zur Bildung der entstellenden gelben und braunen Flecken („Rostflecke") von Brauneisen auf den Oberflächen der Bausteine. Feine, möglichst zusammenhängende und durchstreichende Glimmerlagen in geringen, gleichmäßigen Abständen voneinander kommen dem Techniker nur in den Dachschiefern gelegen, wo sie eine gute Spaltbarkeit bedingen und eine wirtschaftliche Ausnutzung und Gewinnung des Materials ermöglichen; absätzige, schwache Glimmerlagen oder solche von lockerer Beschaffenheit, kohlige Beimengungen usw. setzen dagegen die Güte des Schiefers wesentlich herab.

Bei der technischen Verwertung der Glimmer macht man sich ihre geringe Zerbrechlichkeit, Federbiegsamkeit, ihre sehr vollkommene und leichte Spaltbarkeit, Durchsichtigkeit, Widerstandsfähigkeit gegen hohe Wärmegrade, geringe Wärmeleitung (Wärmeschutzmittel), hohe Durchschlagsfestigkeit gegenüber Elektrizität und den Glanz der gemahlenen Schuppen zunutze.

Voraussetzung für die Verwendbarkeit des Nutzglimmers ist eine gewisse Blättchengröße (mehr als 27 mm im Geviert), völlige Rissefreiheit und Abwesenheit von Einschlüssen und Verwitterungsspuren (Brauneisen usw.). Diese Forderungen erfüllen nur die Glimmer der Riesenkorngesteine (Vorkommen: Mazedonien, Ceylon, Kanada, Bengalen, Südafrika, Ostafrika, Rußland, Sibirien usw.); die Riesenkorngranite unserer Alpen (Koralpe, Saualpe usw.) weisen Glimmer von genügender Größe und in abbauwürdiger Menge auf, doch sind die Täfelchen infolge der Wirkungen des Gebirgsdruckes vielfach verbogen und feinstrissig. Die Abfälle werden auf Kunstglimmer (Micanit usw.) verarbeitet.

Die weitaus größten Mengen werden heute zu Isolierzwecken im elektrischen Großgewerbe gebraucht (Glimmerpulver, Glimmertafeln, Kunstglimmer). Die Starkstromtechnik verlangt vor allem hohes Isoliervermögen, Zähigkeit und Widerstandsfähigkeit gegen mechanische Beanspruchung (insbesonders Erschütterungen), große Biegsamkeit (durch Beimischungen erzielt in den Erzeugnissen Mikanit, Megohunt, Mikafolium usw.), lange Gebrauchsfähigkeit, Hitzebeständigkeit, Unempfindlichkeit gegen Säuren, Fehlen jeder Feuchtigkeitsanziehung und gute Raumausnützung. Dem Wettbewerbe ist der Glimmer bei niedrigem Preise gewachsen. Außerdem verwendet man ihn zu unzerbrechlichen Fensterscheiben (z. B. in Ofengucklöchern und in den Panzertürmen der Kriegsschiffe), zu Schutzbrillen, Deckgläschen, Lampengläsern, Rauchschutzhelmen, Gasschutzhelmen, für die Erzeugung glitzernder Farben, als Wärmeschutzmittel, für Heizgeräte usw., ja sogar als Achsenschmiermittel (wozu sich besonders der Seidenglimmer eignet) und als Aufsaugemittel für Nitroglyzerin (Dynamit).

Hornblende-Augitgruppe

Die Glieder dieser Gruppe treten in den Gesteinen sehr oft neben und statt Glimmer auf. Sie sind in den Gesteinen meist grün (tief schwarz- bis hellgrün) gefärbt, undurchsichtig, bilden, wenn kristallisiert, Säulen und tragen kennzeichnende, auf dem Querschnitte sich kreuzende Spaltrisse, welche den Säulenflächen gleichlaufen (Abb. 84 und 85). Der Bruch ist splittrig bis hackig. Vom dunklen Glimmer unterscheiden sie die weit größere Härte (mit dem Messer selten ritzbar!), die meist ausgesprochen grüne oder schwarze, seltener braunschwarze Farbe, das Fehlen der Schuppen- und Blättchenform mit ihren glatten, stark glänzenden Flächen und der weitgehenden Zerteilbarkeit, Eigenschaften, welche schon mit freiem Auge oder unter Zuhilfenahme der Lupe erkannt werden können.

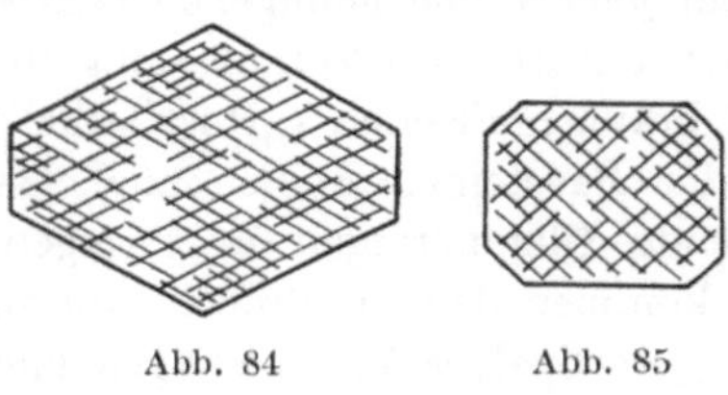

Abb. 84 und 85. Querschnitt durch Hornblende (Abb. 84) und Augit (Abb. 85); die Spaltflächen laufen den Säulenflächen gleich

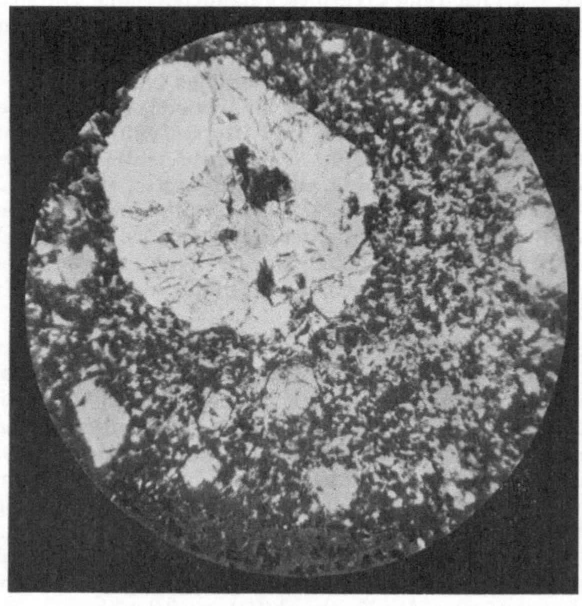

Abb. 86. Augit (hell; großer, achteckiger Kristall [Einsprengling] links); Augitandesit

Die Härte schwankt zwischen 5 und $6\frac{1}{2}$ (selten um 4), die Dichte von 2,9 bis 3,5. Wenn sie frisch sind, können sie in den Gesteinen als wetterbeständig gelten. Nehmen Glätte an.

In chemischer Hinsicht liegen Kieselsäureverbindungen von Kalk und Magnesium, zuweilen auch von Eisenoxydul und Mangan, zum Teil mit Kalium und Natrium vor. Die tonerdefreien bzw. tonerdearmen Glieder sind durch lichte Farben (farblos, weiß, grau, hellgrün) ausgezeichnet (vgl. z. B. Tremolit, Aktinolith, Asbest, Malakolith, Salit, Diallag), die tonerdereicheren dagegen durch dunkle Farben (gemeine und basaltische Hornblende, gemeiner und basaltischer Augit); letztere enthalten auch große Mengen von Eisenoxyd. Einige sind frei von Magnesia.

Hornblende und Augit sind ohne mikroskopische Untersuchung nicht immer leicht voneinander zu unterscheiden und werden deshalb von Anfängern oft verwechselt. Die Hauptunterscheidungsmerkmale sind folgende: Auf Querbrüchen ergibt die Hornblende Sechsecke (Abb. 84) als Querschnitte; sie werden von den vier Säulen und zwei Längsflächen begrenzt und durch

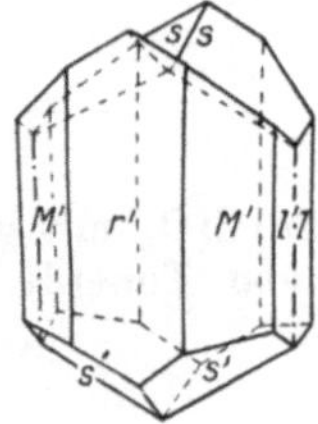

Abb. 87. Zwilling von Augit (mit einspringenden Winkeln); *s*, *s'* Halbspitzdach, *r'* Querfläche, *l*, *l'* Längsfläche, *M'* Säule

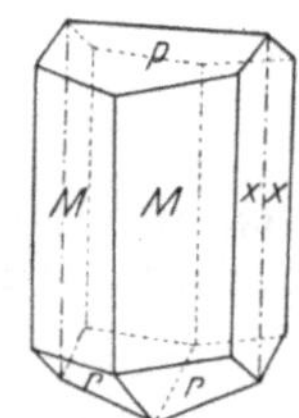

Abb. 88. Zwilling von Hornblende (nach der Querfläche); keine einspringenden Winkel; dadurch wird ungleichhälftige Ausbildung (Hemimorphie) vorgetäuscht. *p* Grundfläche, *x* Längsfläche, *M* Säule, *r* Halbspitzdach

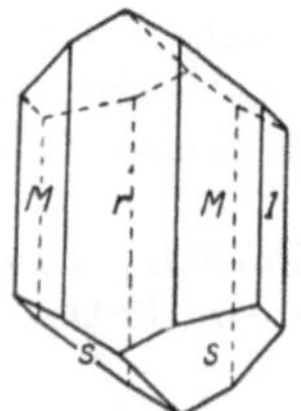

Abb. 89. Augitkristall; gedrungene Tracht. Buchstaben wie bei Abb. 87

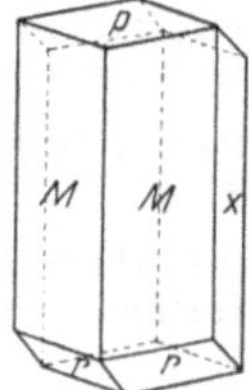

Abb. 90. Hornblendekristall; kurzsäulige Tracht. Buchstaben wie bei Abb. 88

den Säulen- und Spaltungswinkel von $124^1/_2{}^0$ ($55^1/_2{}^0$) gekennzeichnet (Spaltrisse gleichlaufend der Spur der Säulenflächen, Abb. 91). Der Augit dagegen läßt meist achtseitige Querschnitte (Abb. 86, Mitte, Abb. 85) entstehen, begrenzt von den vier Säulenflächen, zwei Längs- und zwei Querflächen; der Säulen- und Spaltungswinkel mißt etwa 87° (93°). Augit spaltet im allgemeinen weniger gut als Hornblende; Zwillingsformen zeigen bei Augit einspringende Winkel (Abb. 87), die den Hornblendezwillingen (Abb. 88) fehlen. Außerdem bildet die Hornblende zuweilen Stengel und fasrige Gehäufe, während Augit stets gedrungensäulig (Abb. 89) entwickelt ist; in jenen Fällen, in denen auch die Hornblende mehr kurzsäulige Tracht aufweist, bildet sie andere Flächen aus (Abb. 90) als Augit. Vor dem Lötrohre schmilzt Augit ziemlich ruhig, Hornblende mit Anschwellen und Kochen. Viele Augite führen mehr Kalkerde als die entsprechenden Hornblenden; sie würden daher im allgemeinen leichter verwittern als die Hornblenden, wenn bei diesen nicht die bessere und weitgehendere Spaltbarkeit den Zerfall und die Zersetzung fördern würde. Die Dichte des Augites ist höher (3,3) als jene der Hornblende (3,1).

In chemischer Hinsicht führen die Augite seltener Kali, sind im allgemeinen einfacher zusammengesetzt, kalkreicher, meist völlig wasserfrei, nur in einzelnen Abarten tonerdereicher; die Hornblenden dagegen führen oft viel Tonerde, sind verwickelt gebaut, oft wasser- und fluorhaltig, kalkärmer (als die entsprechenden Augite); bei Alkaligehalt tritt neben Natronvormacht Kali oft in größeren Mengen auf.

Die Gruppe gliedert sich in zwei Reihen von technisch-gesteinkundlicher Wichtigkeit, eine rhombische und eine monokline; die Vertreter der dritten (triklinen) Reihe haben nur mineralogische Bedeutung.

1. Rhombische Reihe

a) Augite	b) Hornblenden
Enstatit, $MgSiO_3$ (sehr eisenarm [0 bis 5 v. H. FeO] bis eisenfrei).	
Bronzit, $(MgFe)SiO_3$ (eisenarm: 6 bis 13 v. H. FeO). Hypersthen, $(MgFe)SiO_3$ (eisenreicher) 14 v. H. FeO).	Anthophyllit $(MgFe)SiO_3$ mit geringen Mengen von Tonerde.

2. Monokline Reihe

Klinoenstatit $MgSiO_3$.	
Gemeiner und basaltischer Augit $(MgFe)(AlFe)_2Si_2O_6$ $MgFeCaSi_2O_6$	Gemeine und basaltische Hornblende (eisenreicher) $(MgFe)CaSi_4O_{12}$ $(MgFe)(AlFe)_2Si_2O_{12}$
Fassait und Omphacit.	
Diallag (1 bis 4% Tonerde, kalkhaltig, sonst wie gemeiner Augit).	
Diopsid, Salit, Malakolith, $Ca(MgFe)Si_2O_6$.	Strahlstein $\begin{cases} CaMg_3Si_3O_{12} \\ CaFe_3Si_3O_{12} \end{cases}$
	Grammatit (Tremolit), $CaMg_3Si_3O_{12}$ (meist etwas Mg durch H_2 ersetzt).
Ägirin, Akmit, $NaFeSi_2O_6$.	Riebeckit, $Na_2Fe_2Si_4O_{12}$.
Hedenbergit, $CaFeSi_2O_6$.	
Jadeit, $AlNaSi_2O_6$.	

a) Augite[1]

Enstatit[2], grau, grünlich, bräunlich, lebhaft glänzend. H = 5,5, D = = 3,1 bis 3,29. Von Salzsäure gar nicht, von Flußsäure kaum angreifbar. Umwandlung in Schillerspat (Bastit, d. i. fasriger bis blättriger, grünlicher oder gelblicher, wasserhaltiger, zum Serpentin gehöriger Bestandteil des sogenannten Schillerfelses). Mit 0 bis 5% FeO.

---

[1] Auge (griechisch) = Glanz.

[2] enstatés (griechisch) = Gegner, wegen der Unschmelzbarkeit.

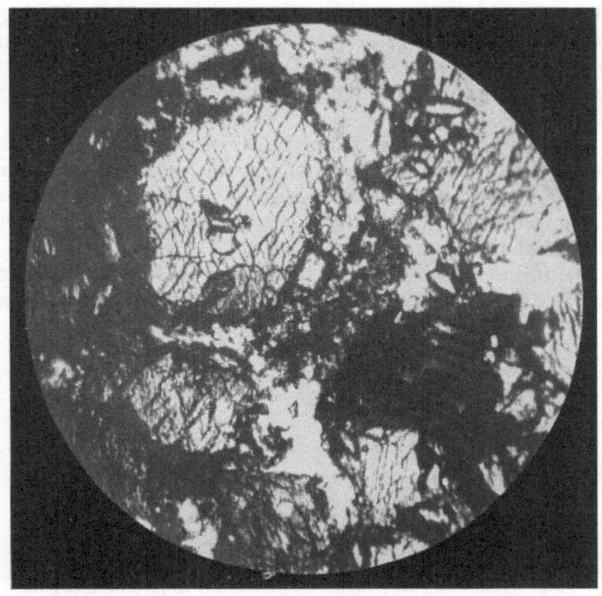

Abb. 91. Hornblende (hell) mit Spaltrissen, die sich unter einem Winkel von 124$^1/_2$° kreuzen. Amphibolit von Mixnitz, Steiermark

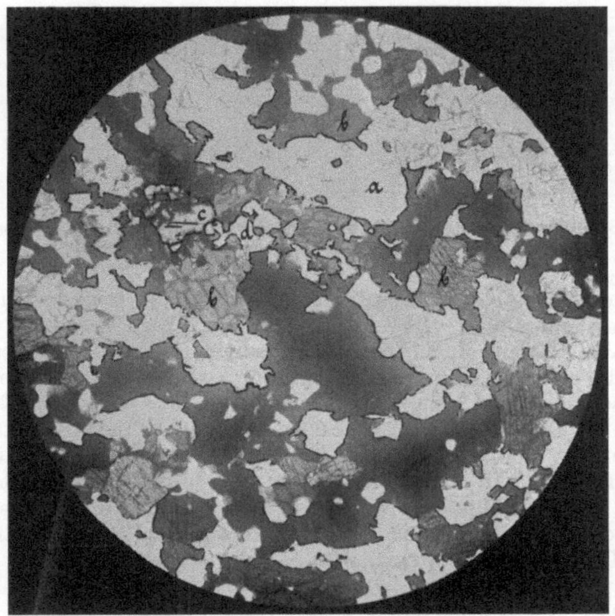

Abb. 92. Hornblendekörner mit gelapptem und gezacktem Rande (*b*). Amphibolit von Weitenegg a. d. Donau, N.-Ö. *a* Feldspat, *b* Hornblende, *c* Augit, *d* Quarz (weiß)

Bronzit. Grobblättrige Aneinanderhäufungen in Olivingesteinen, Gabbros, Serpentinen usw. H = 4 bis 5, D = 3 bis $3^1/_2$. Bronzefarben, nelkenbraun, auch lauchgrün; auf der Querfläche tombakfarbiger Schiller[1], häufig seidig-metallisch glänzend. Mit 6 bis 13% FeO. Vor dem Lötrohre sehr schwer schmelzbar.

Hypersthen[2]. H = 6, D = 3,3 bis 3,4. Schwärzlichgrün, schwarzbraun bis pechschwarz, auf der Querfläche oft kupferrot, halbmetallisch schimmernd. Mit mehr als 14% FeO. Unangreifbar von Säuren. Vor dem Lötrohre mehr oder weniger leicht zu einem grünschwarzen, oft magnetischen Glase schmelzend. Wie alle rhombischen Augite spröde.

Gemeiner und basaltischer Augit. H = 6, D = 3,3 bis 3,5. Meist schwarz bis schwarzgrün (dann Fassait genannt), ausnahmsweise braun bis gelbbraun.

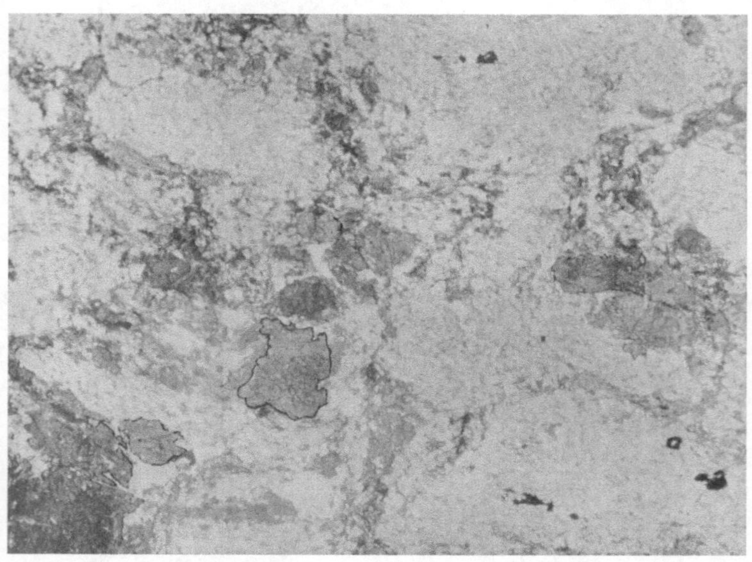

Abb. 93. „Schilfige" Hornblende (Rand z. T. nachgezogen) im Hornblendeaugengneis des Mugl-Rennfeldzuges bei Bruck a. d. Mur (Obersteier)

Titanreiche Abarten heißen Titanaugite (Abb. 43); sie zeigen oft einen prächtigen Schalenbau. Weit verbreitet in basischen Ergußgesteinen, und zwar sowohl in den älteren (als schwarzgrüner gemeiner Augit) wie in den jüngeren (in Form des pechschwarzen basaltischen Augites). Kristalle, Körner, „Fülle". Einschlüsse oft gürtelförmig angeordnet. Abb. 133, 134, 135, 136.

Diallag. H = 4, D = 3,23 bis 3,34. Stets in Körnern, Kristalle selten. Bezeichnend ist eine sehr deutliche Teilbarkeit nach der Querfläche (neben der Säulenspaltbarkeit). Grau, lauchgrün oder bräunlich (nelkenbraun), mit lebhaftem, oft metallischem Glanz auf der Querfläche. Eisenreich. Allein gesteinsbildend (Diallagfels) oder als Hauptgemengteil basischer Erstarrungsgesteine (Gabbro usw.) auftretend.

---

[1] Infolge von Einschlüssen.

[2] Hyper (griechisch) = über; sthenos = Kraft, weil meist härter als die beiden vorhergehenden.

Diopsid[1] ($CaMg[SiO_3]_2$), Malakolith[2] und Salit[3] sind farblose, lauchgrüne, flaschengrüne oder blaßgrüne Augite, tonerdefrei oder doch an Tonerde sehr arm. D = 3,3. Sehr häufig vertritt Fe geringe Mengen von Mg. Bei (geringem!) Chromgehalt spricht man von Chromdiopsid. Alkalihaltigen, zum Jadeit Beziehungen aufweisenden Fassait nennt man Omphacit. H = 6, D = 3,24 bis 3,3. Weingrün, sattgrün bis grasgrün. Neben rotem Granat Hauptgemengteil der sogenannten Eklogite (Bachergebirge, Koralpe, Niederösterreichisches Waldviertel, Fichtelgebirge usw.). Hedenbergit ist schwarz.

Ägirin (Akmit). Schwärzlich grün. H = 6, D = 3,5 bis 3,6. Bestandteil von natronreichen Erstarrungsgesteinen. Gegen den gewöhnlichen Augit hin vermitteln die Ägirinaugite den Übergang.

Jadeit. Weißlichgrün, dichte, körnige bis fasrige, oft schön kantendurchscheinende Gehäufe von äußerster Zähigkeit. H = $6^1/_2$, D = $2^1/_2$ bis 3. Verwertung wie Nephrit (Schmuckstein).

Spodumen (Triphan) besteht vorwiegend aus $AlLiSi_2O_6$; veil (Kunzit), tiefsmaragdgrün (Hiddenit), auch weißlich bis grünlichgrau.

b) Hornblenden[4]

Anthophyllit[5]. Lange, schmale Säulchen, breitere, etwas abgeplattete Stengel und fasrige Massen von grünlicher, gelblichgrauer bis bräunlicher Farbe. Perlmutter- bis Glasglanz, oft mit metallischem Schiller. Neben der Säulenspaltbarkeit noch eine Spaltbarkeit nach der Längsfläche und eine Absonderung nach der Querfläche vorhanden. Selten. Rinden um die Serpentin- Olivinknollen des Gneises bei Dürrenstein (Niederösterreich). H = $5^1/_2$ bis 6, D = 3,1 bis 3,2. Vor dem Lötrohre fast unschmelzbar, von Säuren nicht zerstörbar.

Gemeine und basaltische Hornblende. Gedrungene Säulen oder Körner (Abb. 90), selten fasrig, dunkelschwärzlichgrün oder braun (gemeine Hornblende) oder tiefschwarz (basaltische Hornblende), meist mit einem Stich ins Grüne, der den dunklen Augiten stets fehlt. Strich farblos, graugrün bis graubraun. H = $5^1/_2$ bis 5, D = 3,15 bis 3,33. Die gemeine Hornblende ist ein häufiger Bestandteil vieler Tiefen- und älterer Ergußgesteine (Syenite, Diorite usw.) sowie umgeprägter Felsarten (Amphibolite [Abb. 92] usw.); in den jüngeren Ergußgesteinen vertritt sie die basaltische Hornblende. In vielen umgeprägten Gesteinen neigt sie zu längsäulig-nadliger Ausbildung (Abb. 94) und reiht sich oft zu Bündeln und „Garben" aneinander; die Enden entbehren dann meist geradliniger Begrenzung, die Färbung ist blaß- bis kräftiggrün (schilfige Hornblende) (Abb. 93).

Strahlstein (Aktinolith[6]). H = $5^1/_2$ bis 6, D = 3,05 bis 3,15. Lichtgrün, tiefgrün bis schwärzlichgrün, meist ohne Endfläche. Lange Säulen, Stengel; fasrige Massen bilden den Übergang zu Asbest (siehe unten). Äußerst dichte, zähe, feinfilzige Gehäufe von lauch- bis graulichgrüner Farbe bilden

---

[1] Dis (griechisch) = zweierlei; opsis = Aussehen.

[2] Malakos (griechisch) = mild.

[3] Nach dem Fundorte Sala in Norwegen.

[4] „Horn" wegen ihrer Zähigkeit, die auch auf alle Felsarten übergeht, in welchen sie den Hauptgemengteil bildet. Amphibol (griechisch amphibolos, zweideutig) wird sie genannt, weil man sie mit Schörl verwechseln kann.

[5] Anthos (griechisch) = Blume; phyllon = Blatt.

[6] Aktis (griechisch) = Strahl.

den Nephrit[1], welcher in vorgeschichtlicher Zeit zu Steinbeilen usw. verarbeitet wurde; seine edleren, durchscheinenden Abarten werden auch jetzt noch in Ostasien als Schmuckstein usw. geschätzt. Fasrig als Asbest[2]. Smaragdit (gras- bis smaragdgrün) und Uralit (hell-dunkelgrün) sind strahlsteinartige Folgebildungen aus Augit. Pilit ist eine fasrig-filzige Folgebildung nach Olivin.

Grammatit (Tremolit[3]). H = $5^1/_2$, D = 2,93 bis 3. Farblos, weiß, grau, hellgrün (lichtflaschengrün), in breiteren Stengeln, langen Säulen und fasrigen, oft strahligen Gehäufen. Durchscheinend, Perlmutter- bis Seidenglanz. Haarförmige Abänderungen heißen Asbest[2] und werden hin und wieder zu feuerfesten Platten, hitze- und säuresicheren Umhüllungen, Lampendochten, Dampfdichtungen usw. verarbeitet; dieser Hornblendeasbest läßt sich jedoch wegen seiner Sprödigkeit nicht verweben wie Serpentinasbest, welcher sich leichter verspinnen läßt („Bergflachs“) und auch haltbarer ist. Sehr feine, seidenartige Fasergehäufe von Strahlstein und Grammatitasbest heißen auch Amiant oder Byssolith[4]. Bergkork, Bergleder und Bergholz sind lückige, graue bis bräunliche Gehäufe.

Abb. 94. Nadelig ausgebildete Hornblende, zum Teil zu „Garben“ gebunden Garbenschiefer aus dem Gr. Sölktale, Steiermark

Den Übergang zu den Alkalihornblenden vermittelt der Barkewikit (eisenreich, Mg-arm, mäßiger Alkaligehalt); tiefschwarz (Abb. 95).

Alkalihornblenden

Glaukophan. Vorwiegend $Na_2Al_2Si_4O_{12}$, H = 6 bis $6^1/_2$, D = 3,0 bis 3,1; blaugrau, lavendelblau bis schwärzlichblau; stenglig ausgebildet. Einen Übergang zur gemeinen Hornblende bildet der dunkle Karinthin (z. B. von der Saualpe in Kärnten).

Riebeckit. H = $5^1/_2$, D = 3,3. Glasig, tiefblau bis schwarz, vielfach Schörl ähnlich. Vorwiegend $Na_2Fe_2Si_4O_{12}$. In sogenannten Riebeckitgraniten und daraus hervorgegangenen Orthogneisen (z. B. im Forellenstein bei Gloggnitz am Semmering).

[1] Nephros (griechisch) = Niere, wegen der vermuteten Heilkraft bei Nierenleiden.

[2] Asbestos (griechisch) = unverbrennlich.

[3] Nach der Tremolaschlucht in der Schweiz; hier fehlt jedoch nach Niggli (8) das Mineral (Fundortsverwechslung).

[4] Amíantos (griechisch) = rein, unbefleckt; byssos (griechisch) = Faserstoff; lithos (griechisch) = Stein.

Krokydolith, seidigglänzend, indigoblau oder braun, auch erdig; wird zu Schmucksteinen verarbeitet (Tigerauge, Gemenge von Quarz und verwittertem Krokydolith).

Die monoklinen Glieder der Hornblendeaugitreihe sind leichter schmelzbar als die rhombischen. Gegen Säuren — Flußsäure ausgenommen — zeigen alle Augite und Hornblenden eine hohe Widerstandsfähigkeit, die jedenfalls viel größer ist als jene der Feldspäte. Die Verwitterbarkeit nimmt jedoch im allgemeinen mit der Abnahme des Eisengehaltes zu, so daß also unter den monoklinen Abarten die gemeinen und basaltischen Augite bzw. Hornblenden von Säuren am wenigsten angegriffen

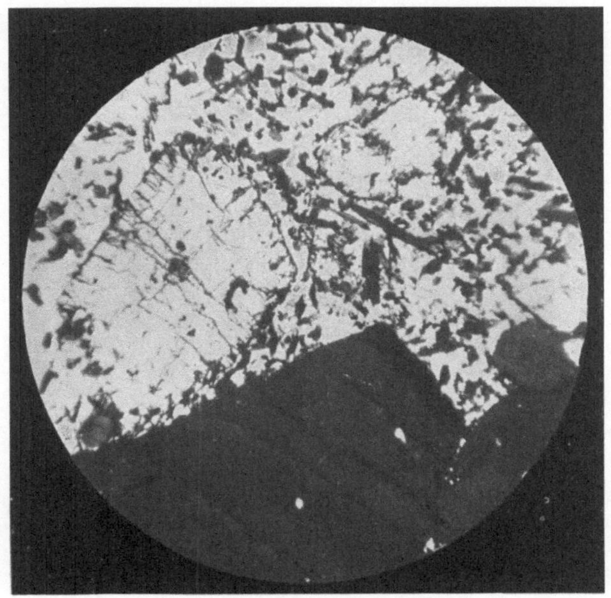

Abb. 95. Barkewikitische Hornblende (dunkel, unten). Camptonit von Jaren, Südnorwegen. Hell: Augit

werden. Im frischen Zustande vermag sie selbst die in den Gesteinen aus spärlich vorhandenem Eisenkies sich entwickelnde Schwefelsäure nicht merklich anzugreifen; daraus folgt, daß Schwefelkiesgehalt in basischen und zugleich nicht sehr feldspatreichen Gesteinen weniger schädlich wirkt wie in Hornblende- oder augitarmem und dabei feldspatreichem Baustein. Zeigen die Augite und Hornblenden jedoch schon im eben gebrochenen Bausteine Anzeichen von beginnenden Verwitterungsvorgängen, dann vermögen Säuren, wie z. B. Schwefelsäure, die Verwitterung immerhin erheblich zu beschleunigen. Man hat daher bei der Verwitterung von Gesteinen mit viel Augit und Hornblende auf die Beschaffenheit dieser Mineralien sorgfältig zu achten. Auf solche angewitterte Augite und Hornblenden wirken kohlensäurehaltige Wässer und kohlensaure Alkalien in der Weise ein, daß sie Karbonate von Kalzium und Eisen bilden, welch letzteres wiederum durch den Sauerstoff der Luft unter Mitwirkung von Wasser in Eisenoxyhydrat sich verwandelt. Im allgemeinen verwittern die kalk- und tonerdearmen Abarten langsamer als jene, welche mehr von diesen Stoffen enthalten, und die Hornblenden wegen ihrer vollkommeneren Spaltbarkeit rascher als die entsprechenden Augite.

Bei der Verwitterung bzw. unter Mitwirkung gebirgsbildenden Druckes geht, wie bereits weiter oben erwähnt, aus Augit oft eine grüne,

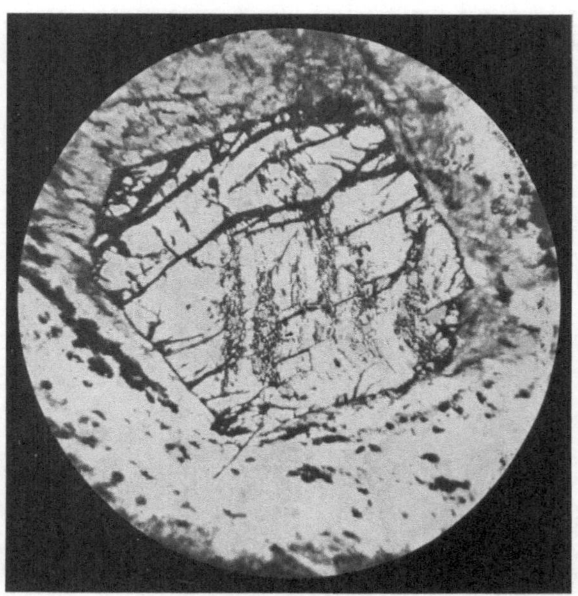

Abb. 96. Schnittbild durch einen Granat. Unregelmäßige Sprünge, gedrehte Einschlüsse (Punktstreifchen; Drehverband). Teigitschgraben, Steiermark

faserige Hornblende hervor, welche Uralit genannt wird. Ihre stoffliche Zusammensetzung nähert sich bald jener des Strahlsteines, bald der der gemeinen Hornblende. D = 3 bis 3,04. Sonstige Umbildungen finden aus den Augiten und Hornblenden statt zu Epidot, Chlorit (meist unter Abscheidung von Brauneisen, Kieselsäure, mitunter auch von Kalkspat), Serpentin, Talk (tonerdefreie Hornblenden), Biotit (tonerdehaltige Hornblenden) usw.

Granatgruppe

Zur Granatgruppe gehört eine Reihe von Mineralien, die sich durch einfache Tracht (Rhomboeder, Abb. 42, Deltoidvierundzwanzigflächner,

Abb. 75, rundliche Körner, Abb. 75, 97, 98), sehr unvollkommene Spaltbarkeit, hohe Dichte (größer als 3,4), große Härte (6½ bis 7½) und Widerstandsfähigkeit gegen Säuren auszeichnen. Durchschnitte viereckig, sechseckig (Abb. 96), achteckig oder rundlich, immer gleichausmaßig. Stofflich sind sie meist Silikate von dem Aufbaue: $X_3Y_2Si_3O_{12}$, wobei X zweiwertiges Eisen, Magnesium, Kalzium, Mangan, Y Aluminium, Chrom und dreiwertiges Eisen sein kann.

Gesteinkundlich wichtig sind:

Almandin, Eisentongranat, $Fe_3Al_2Si_3O_{12}$;
Pyrop, Magnesiatongranat, $Mg_3Al_2Si_3O_{12}$;

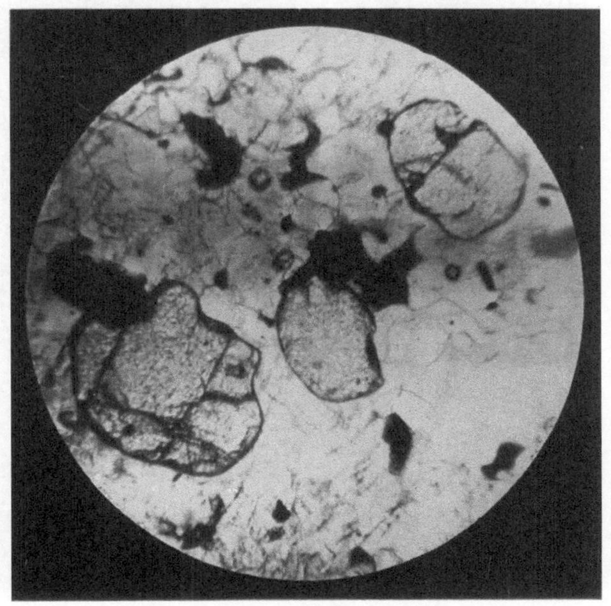

Abb. 97. Rundliche Körner von Granat im Granulitgneis von Kemmelbach

Andradit, Kalkeisengranat, $Ca_3Fe_2Si_3O_{12}$;
Grossular, Kalktongranat, $Ca_3Al_2Si_3O_{12}$;
Gemeiner Granat, Kalkeisentonerdegranat, Mg-haltig,
$$Ca_3Al_2Si_3O_{12} + Ca_3Fe_2Si_3O_{12} + Fe_3Al_2Si_3O_{12}$$

In den Gesteinen können die Granaten gemeiniglich als völlig wetterfest gelten. In der Natur wandeln sich allerdings manche Abarten (besonders der gemeine Granat) allmählich um (Verglimmerung, Chlorit-, Epidot-, Zoisitbildung, Entstehung von Quarz, Hornblende, Roteisen usw.)

Almandin[1]. Gelbrot, bräunlichrot, blutrot, kirschrot. H = 7 bis 7½,

[1] Nach der Stadt Alabanda in Karien (Kleinasien).

D = 4,1 bis 4,3. Vor dem Lötrohre leicht schmelzbar. Perle magnetisch, dunkel. Die gepulverte Schmelze bildet beim Kochen mit Salzsäure eine Kieselsäuregallerte. Widerstandsfähig gegen Säuren, Verwitterungserscheinungen selten. In Durchbruchgesteinen und umgeprägten Gesteinen, zuweilen auch in Seifen angereichert.

Mangangranat, Spessartin. Braunrot. Vorzugsweise in Riesenkorngesteinen, vergesellschaftet mit Quarz, Feldspat, Glimmer usw.

Gemeiner Granat. In der Farbe (braun, grün), im Vorkommen und in vielen Eigenschaften mit Almandin übereinstimmend, aber weitaus leichter verwitternd (zu Chlorit, Hornblende, Brauneisen, Glimmer usw.). Gewisse mit Andradit verwandte kolophoniumbraune Abarten heißen Kolophonit.

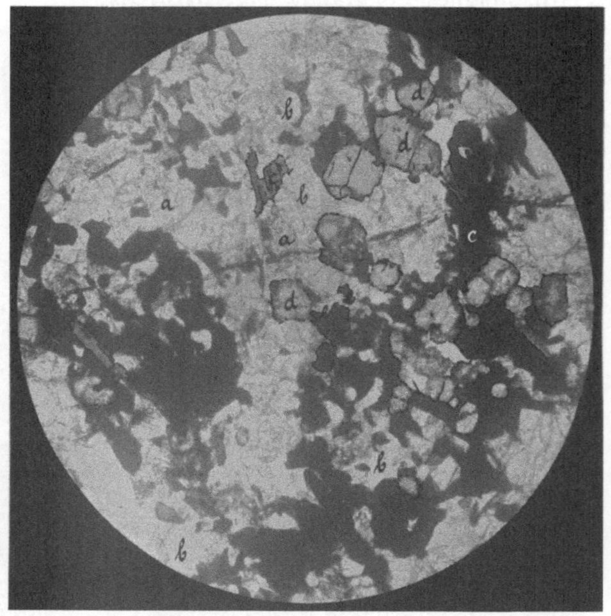

Abb. 98. Granatkörner (*d*) im Gneis vom Lubereck. *a* Feldspat, *b* Quarz, *c* Magnesiaglimmer, *d* Granat, *e* Magnetit

Pyrop[1]. Selten würfelähnliche Kristalle, gewöhnlich in losen oder eingewachsenen Körnern. Blutrot bis hyazinthrot, durchsichtig. H = 7 bis $7^1/_2$, D = 3,7 bis 3,8. Schwer schmelzbar, Perle unmagnetisch, schwärzlichgrün. Unlöslich in Säuren. In umgeprägten Gesteinen (Krems bei Budweis, Steinegg im niederösterreichischen Waldviertel usw.), ferner in Seifen (Meronitz in Böhmen); bevorzugt die Gesellschaft von Olivin, Serpentin oder Augit. Verwendung: Als Schmuckstein (Kaprubin) und zum Austarieren („Taragranaten").

Andradit: Topazolith (durchsichtig, gelb), Aplom (grün), Demantoid (gelbgrün). Melanit[2] (samtschwarz). H = 7, D = 3,6 bis 4.4. Unlöslich in

[1] Pyropos (griechisch) = feueräugig.

[2] Melas (griechisch) = schwarz.

Säuren. Vor dem Lötrohre schwer zu einem schwarzen magnetischen Glase schmelzend; letzteres scheidet beim Kochen mit Salzsäure sulzige Kieselsäure ab. Umwandlungserscheinungen unbekannt. Bestandteil vieler jüngerer, alkalireicher Ergußgesteine.

Grossular[1], Kaneelstein[2], gelblich bis stachelbeergrün, rötlichgelb bis rosa. H = $6^1/_2$ bis 7, D = 3,4 bis 3,6. Vor dem Lötrohre ruhig und leicht zu einem grünlichen Glase schmelzend. Unlöslich in Säuren. Bestandteil des Saussurites. Lichtrote, eisenhaltige Kalktongranate sind die Hessonite. Grossular ist ein häufiger Begleiter von Kalkspat, Diopsid, Chlorit, Wollastonit oder Vesuvian.

m

Abb. 99. Melilith (*m*) im Melilithbasalt von Hochbohl, Schwäbische Alb

Uwarowit. Kalk-Chromgranat. Dunkelsmaragdgrün. Wird gerne von Chromit begleitet.

Technische Verwertung der Granate. Die klaren, durchsichtigen, schöngefärbten und rissefreien größeren Stücke werden auf Schmucksteine verarbeitet („Kaprubine" u. dgl. geschliffen: „Karfunkelstein"). Die gewöhnlichen, unscheinbaren Stücke, wie sie in manchen Gesteinen massenhaft auftreten, dienen als Schleif- und Glättemittel (Schleifgranaten), wenn sie härter sind als Quarz; diesem gegenüber besitzen sie dann den weiteren Vorzug, daß ihre Kanten und Ecken schärfer und spitzer sind und durch Nachbrechen lange in diesem gebrauchsfähigen Zustande erhalten, während sich die Ecken und Kanten des Quarzes verhältnismäßig rasch

---

[1] Grossularia (lateinisch) = Stachelbeere.

[2] Canélla (neulateinisch) = Zimtrinde.

abstumpfen und zurunden. Außerdem haften die ziemlich ebenen Bruchflächen des Granates besser am Papier bzw. Leinen, was für die Herstellung von Schleifpapier usw. von Bedeutung ist. Schleif- und Glättepulver verwenden insbesonders die Spiegelglaserzeuger, die Eisenschleifereien und die Weichgesteinwerke; hier macht sich die geringere Härte des Granates gegenüber dem Schmirgel sogar vorteilhaft geltend.

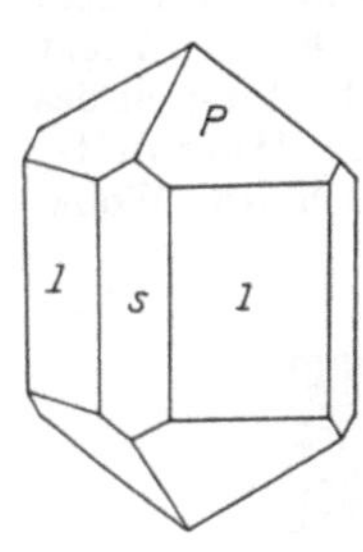

Abb. 100. Zirkon. Spitzdach (P), Säule (l) und verwendete Säule (s)

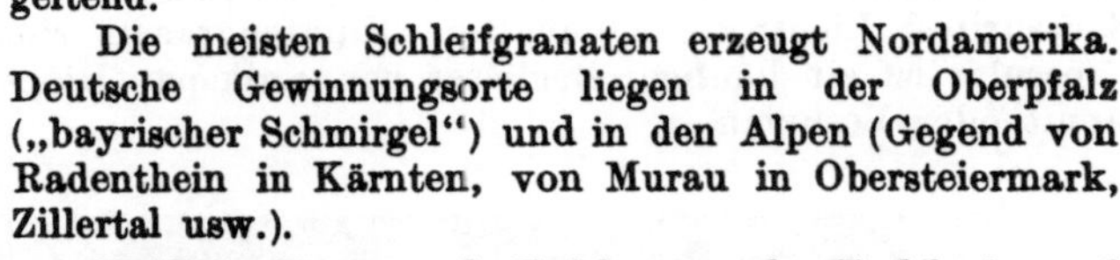

Die meisten Schleifgranaten erzeugt Nordamerika. Deutsche Gewinnungsorte liegen in der Oberpfalz („bayrischer Schmirgel") und in den Alpen (Gegend von Radenthein in Kärnten, von Murau in Obersteiermark, Zillertal usw.).

Melilith. Tetragonal. Tafeln, aus der Endfläche und der verwendeten Säule bestehend (daher im Schnitte langgestreckte Rechtecke bildend [Abb. 99], deren kurze Seiten der Lotachse entsprechen), kurze Säulen, auch rundliche Körner. Gleichgestaltige (isomorphe) Mischungen von Gehlenit ($Ca_2Al[SiO_5AlO_2]$) und Åkermanit ($Ca_2Mg[SiO_5 . SiO_2]$). H = 5 bis 6, D = 2,9 bis 3,1. Spröde, weiß, gelblich, grau, braun, seltener grünlich.

Zirkon. Tetragonal. Meist kurze Säulen (Abb. 56, 100, 101). Farblos, gelbrot, (hyazinthrot, Hyazinth), grauweiß, gelbbraun, rot, braun. Diamantartiger Glasglanz auf den natürlichen Flächen. Bruch muschelig bis uneben; spröde. H = 7 bis $7^1/_2$, D (schwankend) 4,4 bis 4,7. $ZrSiO_4$ (kieselsaure Zirkonerde), häufig mit Gehalt an seltenen Erden (Ce, Th, V usw.). Weit verbreitet in allerlei

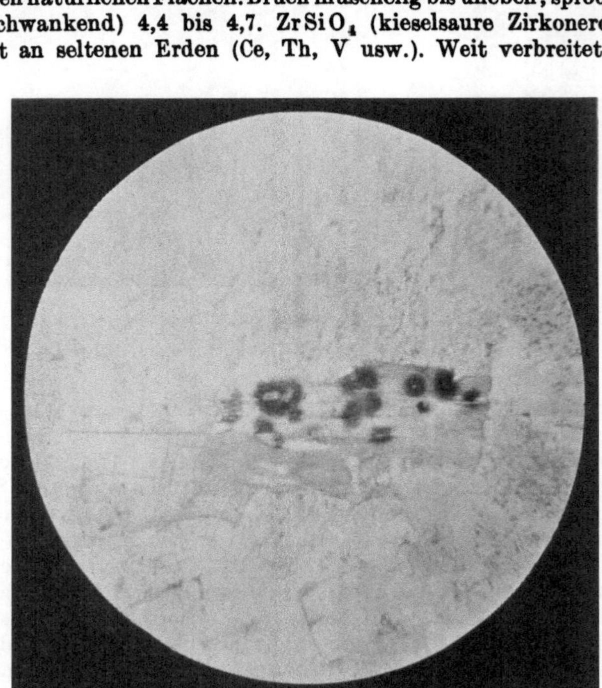

Abb. 101. Zirkon mit mehrfarbigen Höfen als Einschluß im Biotit. Greisen, Altenberg, Erzgebirge

Gesteinen; in Erstarrungsgesteinen Erstausscheidung, daher hier oft mit nadelscharfen Kanten. Unangreifbar von Säuren, heiße Schwefelsäure ausgenommen. α-Strahlung („mehrfarbige Höfe“, Abb. 101);

Wollastonit. Monoklin. Breitstengelige, nach der Querachse gestreckte bis blättrige Einlinge; diese meist mit vorherrschend entwickelter Querfläche (Abb. 102); die Schnitte sind daher meist leisten- oder tafelförmig. Strahlig-fasrige Gehäufe ohne gute Endbegrenzung zeigen oft silberweißen Schein oder Perlmutterglanz auf Spaltflächen; sonst Glasglanz. Spaltbarkeit nach der End- und Querfläche vollkommen (Flächenwinkel $95^1/_2{}^0$), etwas weniger gut nach den Querdächern ($\bar{1}01$) und ($\bar{1}02$). $CaSiO_3$; heiße Salzsäure zersetzt ihn unter Sulzbildung. H = $4^1/_2$ bis 5, D = 2,78 bis 2,99. Farblos, weiß, oft etwas grau, grünlich oder bräunlich; durchsichtig bis durchscheinend.

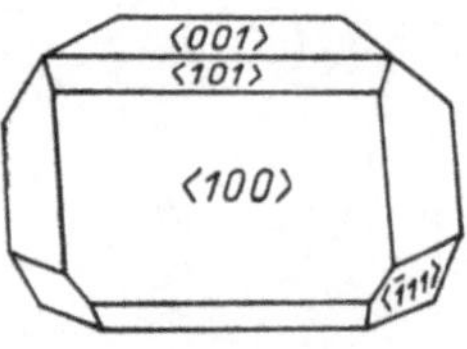

Abb. 102. Wollastonit. Grundfläche (001), Querfläche (100)

Vesuvian. (Idokras). Tetragonal. Kurzsäulige Einlinge, körnige, dichte oder strahlige Gehäufe. Farbe sehr wechselnd (grün, grünbraun, gelbbraun, pistaziengrün, ölgrün, gelb usw.); durchsichtige Einkristalle zeigen guten Glasglanz. Bruch meist uneben, muschelig, mit Fettglanz auf den Flächen. Spröde. H = $6^1/_2$, D = 3,3 bis 3,45. Verwickelt zusammengesetztes Kalktonerdesilikat mit Mg, Fe, Mn, Ti, H, F, K, Na usw. Ziemlich widerstandsfähig gegen Säuren. Vor dem Lötrohre unter Schäumen schwer schmelzbar und dann in Säuren lösbar; dadurch unterscheidet er sich von Zirkon und Zinnstein, welche beide überdies auch schwerer sind. Braune Abart: Kolophonit. Verwendung: Zu Schmucksteinen.

Olivin[1]

Der gewöhnliche Olivin (Peridot, Chrysolith[2]) erscheint im Gesteine dem freien Auge gewöhnlich in Gestalt unregelmäßig begrenzter, durchsichtiger bis durchscheinender Körner (Abb. 105, 106) von oliven-, flaschen- oder spargelgrüner, seltener rötlich grüner Farbe, Glasglanz und unvollkommener Spaltbarkeit. (Rhombische) Kristalle (Abb. 103) sind seltener. Bruch muschelig bis splittrig. H = $5\frac{1}{2}$ bis 7, D = 3 bis 3,4 (je nach Zusammensetzung). Mischungen von Fayalit- (Fe_2SiO_4) und Forsteritstoff (Mg_2SiO_4) in wechselndem Verhältnis; eisenreiche Olivine nennt man Hyalosiderit und Hortonolith. Gibt im Kölbchen kein Wasser ab, zum Unterschiede von Serpentin, welcher übrigens auch weicher (mit dem Messer ritzbar) und leichter ist.

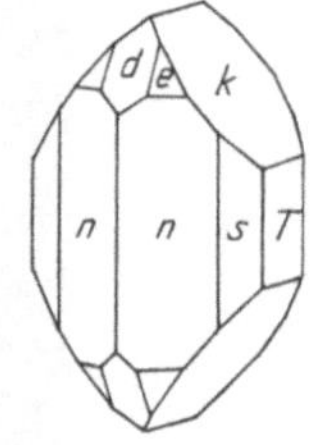

Abb. 103. Olivinkristall, Säule (*n*), Längsdach (*k*), Spitzdach (*e*), Querdach (*d*), Längsfläche (*T*), Säule (*s*)

Wird beim Glühen rot; auch beginnende Oxydation färbt ihn rot bis rotbraun. Eisen- und manganfreie Olivine sind farblos bis gelblich. Die eisenarmen Olivine schmelzen vor dem Lötrohre nicht, die

[1] Wegen seiner olivgrünen Farbe.
[2] Griechisch = Goldstein (chrysos = Gold, lithos = Stein).

eisenreicheren mehr oder minder leicht zu schwarzem magnetischem Glas. Von Salzsäure und noch leichter von Schwefelsäure wird Olivin in der Wärme zu Sulzen zersetzt. Groß ist seine Neigung, unter Wasseraufnahme und Raumvergrößerung sowie Abnahme der Härte (hydrolytisch) in Serpentin überzugehen. ($2\,Mg_2SiO_4 + 2\,H_2O + CO_2 = H_4Mg_3Si_2O_9 + MgCO_3$); dabei entsteht vielfach auch Magnesit, wie sich aus der voranstehenden Formel erklärt und außerdem nicht selten Talk, Opal usw. Die Verwitterung geht vom Kornrande und von den Rissen und Spalten (Abb. 104, 105, 106) aus, welche die Olivinkörner nach allen Richtungen durchziehen; von da aus ergreift sie allmählich das ganze Mineral; außer den bereits genannten Mineralien entstehen häufig noch Anthophyllit, Pilit, Kalkspat usw. Häufiger Bestandteil in basischen Tiefen- und Ergußgesteinen, im Olivinfels ganze Gesteinskörper zum überwiegenden Teil aufbauend. In Basalten und ihren Tuffen trifft man oft körnige, kugelige Massen von Olivin vergesellschaftet mit Hornblende, Pikotit usw. an, die sogenannten Olivinbomben (Döllnitz, Kosakowberg bei Turnau [Böhmen], Kalvarienberg

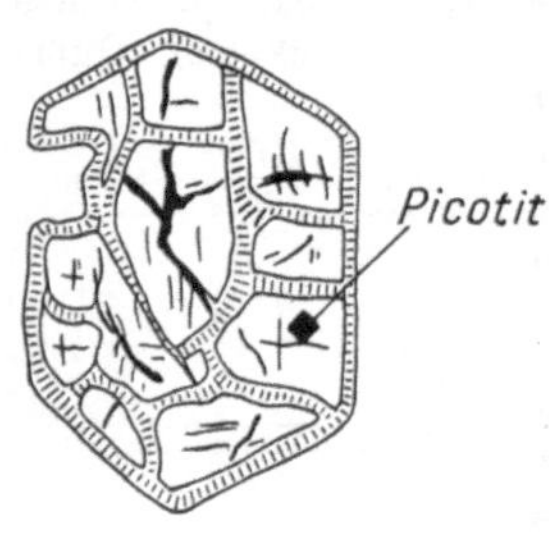

Abb. 104. Verwitterung des Olivin von den Spaltrissen aus

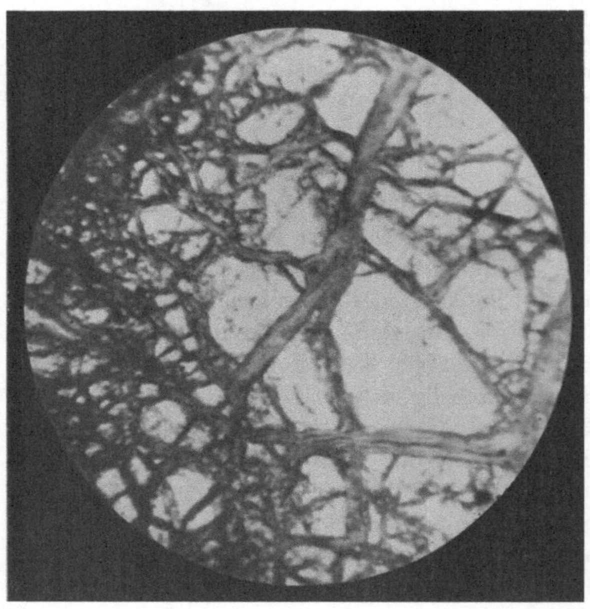

Abb. 105. Serpentin von Trafößbei Pernegg, Steiermark; Maschengewebe, entstanden durch Verwitterung des Olivins von seinen Spaltrissen aus

bei Fehring, Weißenbach und Kalvarienberg bei Feldbach, Kapfenstein bei Gleichenberg, Bonn, Marburg [Hessen], Neurode usw).

In frischen Gesteinen neigt der Olivin wenig zur Zersetzung. Nur größere, rissige Körner erliegen leicht der Frostwirkung und fallen dann aus dem Gesteinsverbande heraus. In unfrischem, Eisenkies führendem

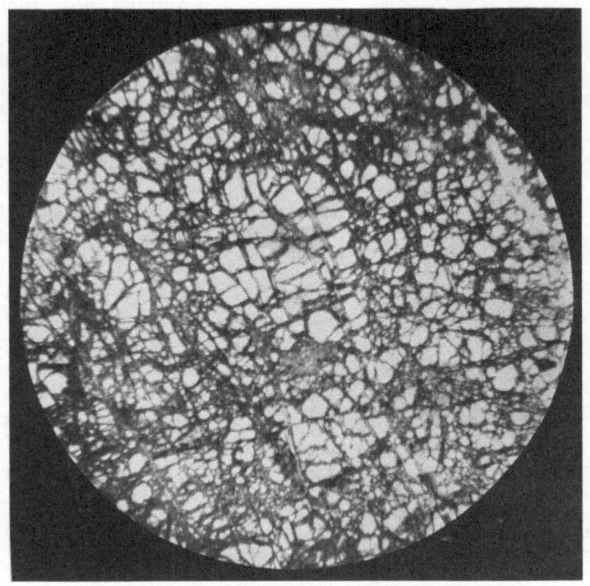

Abb. 106. Verwitterung des Olivins von den Spaltrissen aus. Olivinfels. Albanien. Aufsammlung Dr. E. Nowack

Gestein aber geht die Verwitterung des Olivins verhältnismäßig rasch vor sich. Verwendung: Als Schmuckstein (Chrysolith).

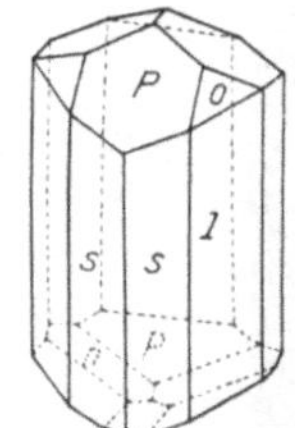

Abb. 107. Turmalinkristall; ungleichhälftige Ausbildung (Fuß und Kopf von verschiedenen Flächen begrenzt). Spitzdach (P), verwendete Säule (s)

Turmalin[1]

Abb. 108. Häufiger Querschnitt durch Turmalin

Verwickelt gebautes Silikat von Tonerde, Magnesia, Eisen, Kalk, Kali, Natron, Lithium, Bor, Fluor, Wasser usw. H = 7 bis $7^1/_2$, D = 3 bis 3,34. Meist stengelige (Abb. 68, 111) Kristalle von trigonaler Tracht (rhomboedrisch-hemimorph), welche dreiseitigen, sechsseitigen oder neunseitigen Querschnitt (Abb. 2, 108, 109, 110) haben, wobei jedoch stets der Eindruck einer mehr dreiseitigen Fläche gewahrt bleibt (Unterschied von dem zuweilen ähnlichen Strahlstein); die Flächen des Säulengürtels sind oft lotrecht gerieft und mehr oder minder gesattelt, wodurch die Querschnitte dann sphärischen (gerundeten) Dreiecken nicht unähnlich sehen.

Speichig-strahlige Aneinanderhäufungen heißen

[1] Name aus dem Singalesischen.

Abb. 109. Turmalin (dunkel) im Riesenkorngranit der Königsalpe (Waldviertel, N.-Ö.); grau Quarz, in schriftgranitischer Verwachsung (S. 68) mit Feldspat (weiß)

Turmalinsonnen (Abb. 110); seltener erscheinen feinfasrige, filzige Gehäufe. Auch Körner kommen vor; dicht als Turmalinfels. Selten farblos bis blaßgelb, -rosa, -grün (Achroit[1], eisenarm), meist gefärbt. Mohrenköpfe sind lichte Turmaline, welche an einem Ende schwarz gefärbt sind. Magnesiareiche Turmaline sind meist satt karminrot (Rubellit, durch Mn gefärbt), rosenrot (Siberit), pfirsichblütenrot (Apyrit), saftgrün oder tiefblau (Indigolith), eisenreiche dagegen schwarz (Schörl[2]); durchsichtige grüne, blaue oder hellbraune Kristalle heißen Edelturmaline. Glas-

---

[1] Achroos (griechisch) = farblos.

[2] Skorl (schwedisch) = spröde.

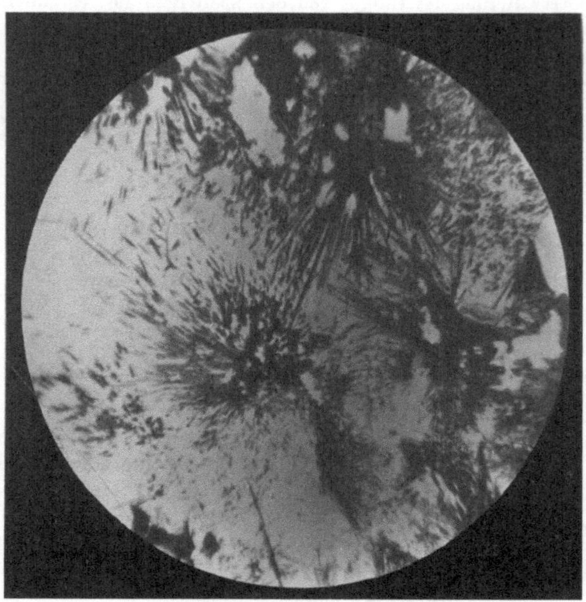

Abb. 110. „Turmalinsonnen" (dunkle Strahlenbüschel); Granit von Luxullion, England

glanz, sehr spröde, Bruch uneben. Turmalinkristalle werden beim Erwärmen polarelektrisch. Gegen Säuren sehr widerstandsfähig, auch gegen Flußsäure. Mit Flußspat und Kaliumbisulfat am Platindraht geschmolzen, geben die Turmaline die grüne Flammenfärbung der Borsäure. Vor dem Lötrohre sind die Magnesiaturmaline unter Blähen leichter schmelzbar als die eisenreichen Turmaline. Ihre große Härte und Widerstandsfähigkeit gegen chemische Einwirkungen erhält sie in Böden und Seifen (Edelsteinseifen).

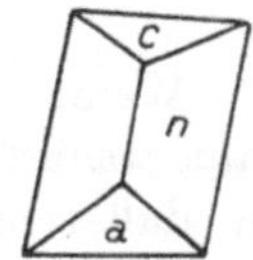

Abb. 111. Briefumschlagform von Titanit. Querdach (*a*), Säule (*n*), Endfläche (*c*)

Turmalin findet sich häufig in Riesenkorngesteinen und in anderen, unter Mitwirkung von heißen Dämpfen und Lösungen erstarrten Gebirgsarten. Er wird zu den sogenannten Turmalinzangen, zum Teil wohl auch als Schmuckstein verarbeitet.

Titanit (Sphen)

Monoklin. Flachsäulig, von briefumschlagähnlichem Umriß, (Abb. 111) spindelförmige (Abb. 112) bis nadelige Gestalten, Körner. H = 5 bis 6, D = 3,4 bis 3,6. Gelb, grünlichgelb, grün, rötlich, rotbraun bis dunkelbraunschwarz,

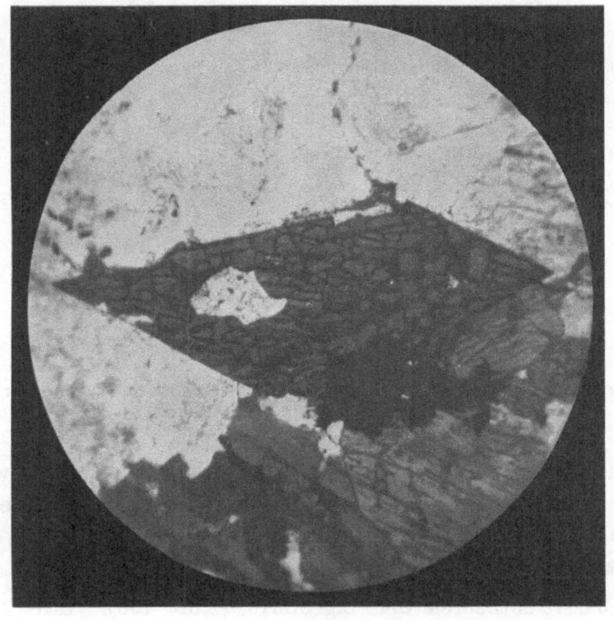

Abb. 112. Titanit (quer über die Mitte, dunkel) im Hornblendesyenit vom Plauenschen Grunde, Sachsen

zuweilen klar durchsichtig und diamantglänzend. Die weißen, aus Rutil und Titaneisen entstandenen Körner- oder Kriställchengehäufe werden auch Titanomorphit oder Leukoxen genannt. Bruch muschelig; deutliche Säulenspaltbarkeit. $CaTiSiO_5$ (Kalktitanosilikat). Vor dem Lötrohre zu dunklem Glase schmelzend. Von Salzsäure nicht, von Schwefelsäure dagegen leicht zersetzbar. Unwesentlicher Gemengteil vieler hornblendehaltiger Erstarrungsgesteine sowie kristalliner Schiefer.

Die Gesteingläser

Wenn ein Schmelzfluß oder Reste desselben sehr rasch erstarren, dann wächst die Zähigkeit der Glutteigteile in kurzer Zeit derart rasch an, daß sich entweder gar keine Kristallkeime bilden oder die schon entstandenen nicht mehr weiter wachsen können. So entstehen durch

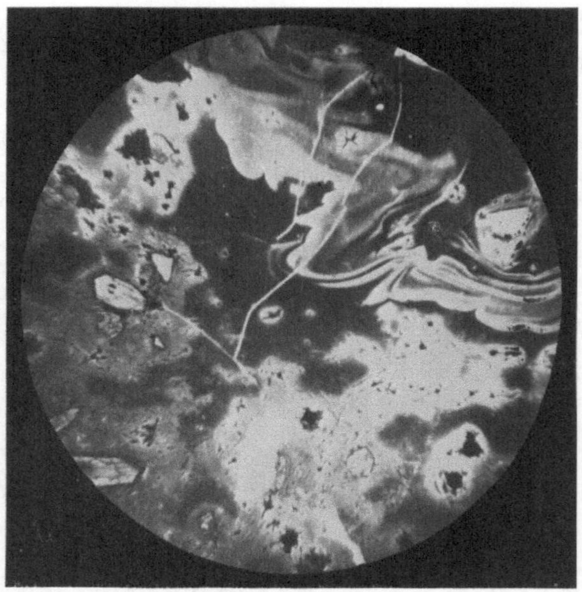

Abb. 113. Basaltglasschliere (oben rechts), gebändert; Obsidian in beginnender Entglasung. Steinberg bei Feldbach, Steiermark

Unterkühlung von Schmelzmassen die Gläser. Sie bauen zuweilen Gesteinteile allein auf, oder entstehen neben bereits früher bei höheren Wärmegraden gebildeten Kristallen, die dann in einer glasigen (hyalinen) Grundmasse eingebettet liegen.

Die Gläser entbehren der Eigenform (Abb. 130). Ihre Zusammensetzung wechselt sehr. Dichtgefügte, wasserarme Gesteingläser nennt man Obsidiane[1], wasserreiche Pechstein; die Perlite stehen ungefähr in der Mitte; schaumig-lückige heißen Bimsstein, ohne Rücksicht auf die Größe des Wassergehaltes. Perlite (Perlgläser) bestehen aus dicht aneinandergereihten, hirse- bis erbsengroßen Glaskörnern, die durch Zusammenziehung des Schmelzflusses bei der Erstarrung entstanden sind und entweder un-

[1] Nach dem Entdecker Obsidius genannt.

mittelbar einander berühren oder in einer gleichfalls glasigen Zwischenmasse liegen.

Die Gläser befinden sich im Ungleichgewichte. Die Schwerbeweglichkeit des Glutteiges hat den Kristallisationsvorgang, der zur beständigen Gleichgewichtslage geführt hätte, sehr verlangsamt, kann ihn aber auf die Dauer nicht aufhalten. Es bilden sich Kristallkeime, früher bereits vorhandene von Kleinchengröße wachsen; die Gläser werden trübe, sie entglasen (Abb. 113). Ihre Endform ist der kristalline Zustand, dem sie mählich zustreben.

Die Gläser besitzen Fettglanz (Pechstein) bis Glasglanz (Obsidian) und splittrigen, muscheligen Bruch. Die Farbe wechselt von glashell bis zum dunkelsten schwarz; häufig sind rote bis braune Töne; auch Bänderung ist nicht selten (Abb. 113).

Hat man durch stoffliche Zerlegung, durch mikroskopische Untersuchung, Ermittlung der Verknüpfung mit einem Erguß usw. das kristalline Gestein festgestellt, zu dem das Glas als gestaltlose Ausbildung gehört, dann bezeichnet man das Glas noch näher durch Vorsetzung des Gesteinnamens, z. B. als Liparitpechstein, Trachytperlstein, Basaltbimsstein usw. Die Farbe ist kein sicheres Merkmal zur Unterscheidung von Pechstein (schlicht, graugrün, rötlich, braun bis schwarz) oder Obsidian (meist pechschwarz); hier kann nur die Feststellung des Glühverlustes entscheiden.

Übrigens hat die nähere Unterscheidung der Glasarten an sich, wie auch die Gläser selbst, wenig technischen Wert, da ihre Verwertungsmöglichkeit bescheiden ist. Sie beschränkt sich auf den Ersatz des Feldspats durch Pechstein in der Glas- und Porzellanerzeugung, die Herstellung von Knöpfen, Dosen, Blumenbechern aus Obsidian (zum Teil „schwarze Glaslawa", „isländischer Achat" usw. genannt) sowie auch auf die Verwendung als Straßenschotter; nur die Bimssteine Ungarns, der Eifel, Italiens[1] usw. lohnen ausgedehnteren Abbau, weil sich die besseren Arten als Schleif-, Putz-, Scheuer- und Klärmittel sowie als Wärmeschutz bewähren; wegen seiner Leichtigkeit (D = 0,95, schwimmt eine Zeitlang auf dem Wasser) hat man größere Bimssteinblöcke zum Bau der Hagia Sophia (Sophienmoschee) in Konstantinopel verwendet. Aus Neuwieder Bimsstein erzeugt man die rheinischen Schwemmsteine.

Die alten Griechen verfertigten aus Obsidian Pfeilspitzen, die Römer Spiegel, Prunkstücke usw., die Ureinwohner Mexikos Schneidewerkzeuge; auch heute noch dienen sie einigen Naturvölkern (z. B. den Vielinslern) zur Erzeugung von Geräten und Waffen.

b) Allgemeine Vorbemerkungen über die Glutflüsse und die aus ihnen hervorgehenden Erstarrungsgesteine

α) Chemische Verhältnisse

Wir haben nunmehr die wichtigsten Mineralien der Durchbruchgesteine und ihre allgemeinen und technischen Eigenschaften in aller Kürze kennengelernt. Wir müssen unsere Aufmerksamkeit jetzt ihrer

[1] Auf dem campo bianco (Me. Chiriaci, Insel Lipari) fördern Tagbaue und ausgedehnte Stollenanlagen jährlich Zehntausende von Tonnen Bimsstein.

Entstehung und der Art und Weise zuwenden, wie sie zu Gesteinen zusammentreten. Wir werden dabei die Überzeugung gewinnen, daß diese Vorgänge nicht vom bloßen Zufalle beherrscht sind, sondern bestimmten Gesetzen und Regeln unterliegen, deren Kenntnis das Verständnis der Zusammensetzung und der Eigenschaften der Erstarrungsgesteine ganz wesentlich erleichtert.

Schon die chemische Zusammensetzung der Schmelzflüsse zeigt eine gewisse kennzeichnende Gesetzmäßigkeit auf, die sich unter anderem schon darin äußert, daß die Mengenverhältnisse der aufbauenden Grundverbindungen, der Sauerstoffsalze (Oxyde) nicht beliebig auftreten, sondern sich innerhalb bestimmter Schrankenwerte halten.

Die hauptsächlichen Sauerstoffverbindungen der Erstarrungsgesteine sind: SiO_2 (Kieselsäure), Al_2O_3 (Tonerde), Fe_2O_3 (Eisenoxyd), FeO (Eisenoxydul), MgO (Talkerde, Magnesia), CaO (Kalkerde), Na_2O (Natron, Natriumoxyd), K_2O (Kali, Kaliumoxyd), H_2O+ (oberhalb 110° entweichend), H_2O- (unterhalb 110° austretend), CO_2 (Kohlendioxyd); weit verbreitet sind auch TiO_2 (Titanerde), ZrO_2 (Zirkonerde), P_2O_5 (Phosphorpentoxyd), B_2O_3 (Borsäure, wasserfrei), SO_3 (Schwefelsäure, wasserfrei), Cl (Chlor), F (Fluor), Cr_2O_3 (Chromsäure, wasserfrei), V_2O_3 (Vanadinsäure, wasserfrei), MnO (Manganerde), seltener NiO (Nickeloxyd), BaO (Bariumerde), SrO (Strontiumerde), Li_2O (Lithiumerde).

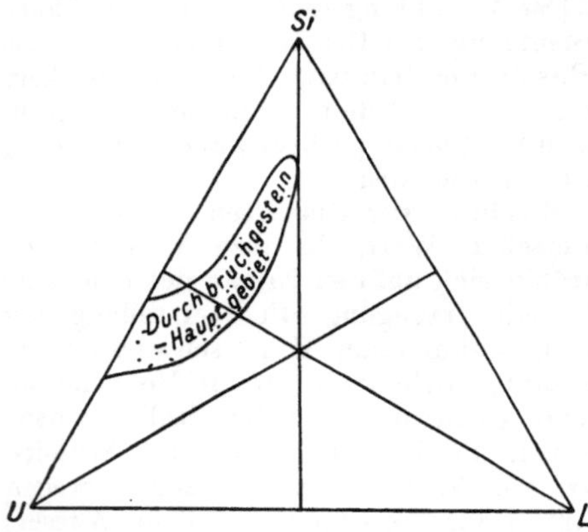

Abb. 114. Streifen der Analysenörter der Durchbruchgesteine im *Si-U-L*-Dreieck; nach F. Becke

Die Stoffmengen, welche in den Durchbruchgesteinen enthalten sind, erhält man durch die chemische Zerlegung des Gesteins, die sogenannte Bauschzerlegung oder Bauschanalyse. Ihre Werte geben die Beteiligung jeder Sauerstoffverbindung an der Gesteinzusammensetzung in Gewichtshundertsteln des Gesamtgemenges an. Die Ergebnisse der Bauschzerlegung gestatten zwar einen rohen Einblick in die gewichtsmäßige Verteilung der Oxyde der Grundstoffe, geben aber für sich noch keinen guten Überblick über die chemischen Verhältnisse des Gesteins. Der Vergleich zwischen den verschiedenen Felsarten — und das gilt nicht bloß für die Durchbruchgesteine allein, sondern für alle Gebirgsarten — wird wesentlich erleichtert, wenn man die Ziffern der Bauschzerlegung auswertet; zu diesem Zwecke hat man verschiedene Verfahren ersonnen, unter welchen jene von A. Osann, Fr. Becke und P. Niggli die bedeutsamsten sind.

Den genannten drei Verfahren gemeinsam ist die Bildung der „Molekularzahlen“ (Molekularproportionen, Molekularquotienten), die man dadurch erhält, daß man die einzelnen Werte der Bauschzerlegung durch die zugehörigen Molekulargewichte teilt. Durch Umrechnung auf 100 gewinnt man aus den Molekularzahlen die Molekularhundertstel (Molekularprozente). Um von diesen ein übersichtliches Bild zu gestalten, stellt man aus den nächstverwandten Bestandteilen mit Hinweglassung weniger wichtiger Stoffgruppen zusammen.

F. Becke sucht die Molekularzahlen den Atomzahlen der Hauptgrundstoffe gleichgehend zu machen, indem er die Analysenziffern von Al_2O_3, Fe_2O_3, Na_2O und K_2O durch die halben Molekulargewichte dieser Stoffe teilt. Die Umrechnung auf 100 liefert die Metallatomhundertstel von Si, Al, Fe, Mg, Ca, Na und K; dabei wird Ti zu Si geschlagen; sonstige Bestandteile werden nicht berücksichtigt. Aus den Metallatomhundertsteln bildet man die drei Stoffgruppen:

Si = Kieselsäure.
U = Al + Fe + Mg (schwerlösliche bis unlösliche Bestandteile).
L = Ca + Na + K (leichtlösliche Bestandteile).

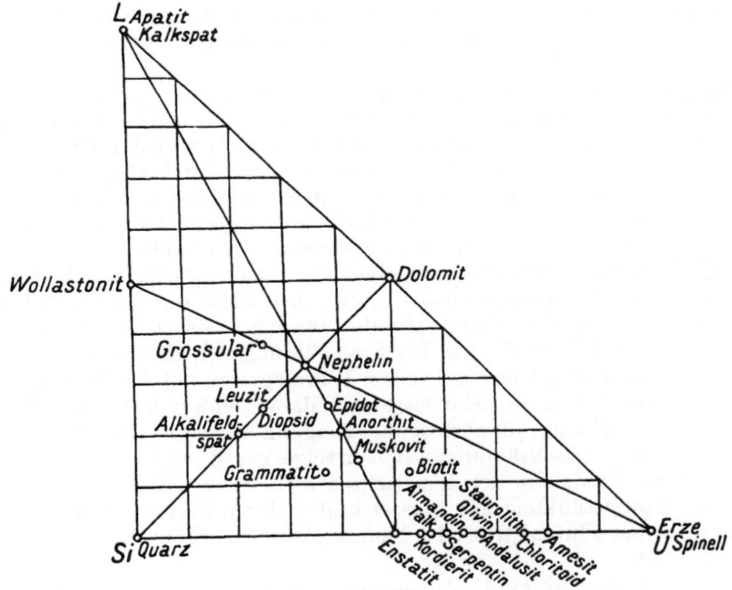

Abb. 115. *Si-U-L*-Dreieck; nach F. Becke

Die Werte der drei Stoffgruppen kommen nun in einem Dreiecke zur Darstellung, das beliebig, gleichseitig (Abb. 114) oder rechtwinkelig-gleichschenkelig, am besten auf Millimeterpapier gezeichnet wird. Die Analysenörter der Durchbruchgesteine ordnen sich dann in einen schmalen Streifen ein, der unterhalb der Si-Ecke beginnt und ausgebaucht gegen die L-Ecke auf die *U-Si*-Seite des Dreieckes sich hinüberschwingt; die kieselsäurereichen sauren Gesteine fallen in die Nähe der lotrechten Mittellinie der Abb. 114, die basischeren nähern sich dagegen mit abnehmender Sauerkeit immer mehr der linken Dreiecksseite. Die Darstellungsorte von Absatzgesteinen und ihren Abkömmlingen sondern sich vom Durchbruchfelsfelde ab.

F. Becke hat in seinem Si-U-L-Dreiecke weiters die Orte eingetragen, an denen die wichtigsten gesteinbildenden Mineralien erscheinen (Abb. 115). Vergleicht man den Dreieckspunkt eines Gesteins mit der Lage der Mineralorte, so gewinnt man bereits einen ungefähren Einblick in die mögliche mineralische Zusammensetzung der Felsart. So wird z. B. ein Gestein, dessen Dreieckort oberhalb der Verbindungslinie der Punkte von Anorthit-Diopsid zu liegen kommt, wahrscheinlich einen Feldspatvertreter enthalten.

In den bei der Erstarrung gebildeten Bestandteilen (Mineralien, Gläser) kommt jedoch die ursprüngliche chemische Zusammensetzung des sie liefernden Glutflusses nicht mehr ungetrübt zur Erscheinung. Beim Aufstiege der Schmelze ändern sich Wärmegrad und Druck, unter dem der Glutfluß steht; Gase und Dämpfe entweichen, während anderseits einzelne Stoffe bereits kristallisieren und aus dem Schmelzflusse ausscheiden; die Massenverhältnisse des Glutflusses ändern sich somit fortwährend; durch Spaltung (Differentiation) und Erstarrung sucht sich die Schmelze immer wieder vom neuen der jeweiligen Gleichgewichtslage anzupassen; das völlig erstarrte Gestein entspricht dann einem letzten, halbwegs dauernden Gleichgewichte. Am ehesten ähneln noch die basischen Durchbruchgesteine in ihrer chemischen Zusammensetzung dem Urschmelzflusse; die sauren sind von ihrem Glutteige am meisten verschieden.

Bei der Kristallisation spielen Kristallisationsvermögen, Kristallisationsgeschwindigkeit und Schmelzflußzähigkeit eine große Rolle. Ersteres bezeichnet nach G. Tamann die Anzahl der Kristallkerne, welche sich bei gegebenem Wärmegrade in der Zeiteinheit je Gewichtseinheit der Schmelze bilden; warum in dem einen Falle die Verfestigung an wenigen Stellen einsetzt (die dann allerdings entsprechend im Raume sich auswachsen können), während sie in anderen Fällen zahlreiche, aber wenig entwicklungsfähige Erstarrungsmittelpunkte schafft, bedarf noch der Klärung. Die Kristallisationsgeschwindigkeit wird durch die Anzahl Millimeter gemessen, die an den Kristallen je Minute zuwachsen; sie ist nach der Richtung verschieden und beherrscht die Trachtausbildung der Kristalle. Die Zähigkeit der Schmelze steigt mit sinkendem Wärmegrade, mit wachsendem SiO_2- und Al_2O_3-Gehalte; saure Glutflüsse sind daher schwer beweglich, basische dagegen leichter flüssig; dies erklärt die Neigung der zähen und daher kristallisationsträgeren, kieselsäurereichen Glutteige zur Bildung von Gesteinglas und die hohe Fähigkeit der kieselsäurearmen Schmelzflüsse, kristallin zu erstarren. Durchtränkung mit Wasser und anderen leichtflüchtigen Stoffen, den sogenannten Flußmitteln oder Mineralbildnern, erhöht die Beweglichkeit der Schmelzen.

Wie sehr die Bestandbedingungen der Mineralien, insbesonders der Erstlingausscheidungen, nachträglichen Änderungen unterliegen können, zeigt besonders deutlich die Erscheinung der sogenannten Anschmelzung (magmatische Korrosion, Abb. 48); heiße Nachschübe, Druckentlastung, aufsteigende Dämpfe usw. führen zur randlichen Auflösung bereits ausgeschiedener, wohlumgrenzter Kristalle, deren Oberfläche dann vielfache Auslappungen und Einbuchtungen oder wenigstens weitgehende Zurundungen zeigt. In vielen, von uns allerdings dann nicht mehr feststellbaren Fällen wird es sogar zur gänzlichen Wiedereinschmelzung von Erstausscheidungen oder sogar ganzen Gesteinkörpern kommen. Anderseits aber werden durch die wechselnden Verfestigungbedingungen manche Erscheinungen des Schalenbaues (S. 75) hervorgerufen, indem jüngere Ausscheidungen mischungverwandter Stoffe sich als schützende Hüllen um ältere Ausscheidungskerne lagern.

Für die Reihenfolge, in welcher die Stoffverbindungen aus den Glutflüssen sich ausscheiden, hat H. Rosenbusch eine Regel aufgestellt, welche aber zahlreicher Ausnahmen nicht entbehrt. Nach ihm sind:

Erstausscheidungen: Erze (Magneteisen, Titaneisen, Chromeisen), Korund, Spinelle, Apatit, Zirkon, Titanit.

Frühausscheidungen: Olivin, rhombische Augite, monokline Augite, Hornblenden.

Spätausscheidungen: Plagioklase, Nephelin, Leuzit, Ägirinaugite, Albit, Orthoklas.

Restausscheidungen: Quarz und Glasmasse.

Wichtiger dürfte die Einteilung der Durchbruchgesteinmineralien in solche hoher und tiefer Wärmegrade sein. Zu ersteren, welche aus ihrer trockenen Schmelze ohne Mitwirkung von Mineralbildnern (Mineralisatoren) auskristallisieren, gehören Olivin, Augit, Granat (Melanit), gewisse Glimmer, anorthitreichere Plagioklase, Leuzit, Nephelin, Melilith, Sillimanit, Cordierit, Tridymit, Korund, Eisenglanz, Rutil, Spinell, Magneteisen usw., zu letzteren, welche vorwiegend aus nassen Schmelzen unter Mitwirkung von Wasserdampf und Mineralbildnern erstarren, Quarz, Alkalifeldspat, Albit, Orthoklas, Sodalith, Hornblende, gewisse Glimmer, Beryll, Zirkon, Titanit, Apatit (?) usw.

Die Verständigung in Fragen der Mineralzusammensetzung und Einteilung der Durchbruchgesteine wird sehr erleichtert, wenn man ihre Bestandteile zu folgenden Gruppen vereinigt:

1. Farblose und helle (sogenannte saure) Bestandteile: monokline und trikline Feldspate, Nephelin, Leuzit, Sodalith; bezeichnend ist neben der fehlenden oder hellen Färbung ihre geringe Dichte (2,13 bis 2,76), der Reichtum an Tonerde, Kalkerde und Alkalien sowie der Mangel an Eisen und Magnesia. Hauptbestandteile der „Hellfelse“.

2. Gefärbte, oft sogar dunkle (sogenannte basische) Gemengteile: Augite, Hornblenden, Biotit, Olivin. Sie sind verhältnismäßig schwer (D = 2,8 bis 3,6), arm oder frei von Alkalien und Tonerde; dagegen führen sie stets mehr oder weniger Eisen und Magnesia. Vorherrschend in den „Dunkelfelsen“.

3. Freie Kieselsäure: Quarz.

4. Erze und andere Neben- bzw. zufällige Bestandteile, wie z. B. Magnetit, Titaneisen, Eisenglanz, Apatit, Titanit, Chromeisen, Korund, Zirkon usw.

Die Gesteinsgemengteile vergesellschaften sich nun nicht willkürlich, sondern nach bestimmten Gesetzen, welche darin zum Ausdrucke kommen, daß gewisse Bestandteile sich gegenseitig auszuschließen scheinen, andere dagegen sich sehr häufig, ja oft fast regelmäßig zusammenfinden. Als Grundregel kann das Gesetz gelten, daß ein Glied der vorgenannten Gruppe 1 mit einem Gliede der Gruppe 2 zusammentritt, während Quarz vorhanden sein oder fehlen kann. Die Glieder der vierten Gruppe stellen sich zuweilen in spärlicher Menge ein und spielen kaum jemals eine bedeutendere Rolle. In einigen selteneren Felsarten kommen nur dunkle Gemengteile zur Ausbildung (Peridotite, Pyroxenite, Pikrite usw.).

Weitere Gesetzmäßigkeiten eröffnen sich aus folgenden Wahrnehmungen: So ist z. B. der helle Glimmer auf saure Tiefengesteine und saure Gangausfüllungen beschränkt; die Hornblende bevorzugt die Tiefen-, der Augit die Ergußgesteine. In kieselsäurearmen Gesteinen kann der Feldspat ganz oder teilweise durch Feldspatvertreter ersetzt werden. Dunkler Glimmer ist in sauren wie in basischen Gesteinen zu Hause. Der Quarz meidet Gesteine mit Olivin, Nephelin oder Leuzit, Hypersthen Felsarten mit Nephelin, Leuzit oder Wollastonit; Leuzit findet sich nicht neben Albit; Korund und Diopsid (oder Akmit) schließen sich gegenseitig aus, ebenso Wollastonit und Olivin

Übersicht 7. Einteilung der Durchbruchgesteine

Das Gestein enthält			Der Verband des Gesteines ist vorwiegend		Zu- und Abnahme gewisser Eigenschaften						
			gleichmäßig körnig (Tiefengesteine)	porphyrisch, seltener verschränkt oder dicht (Ergußgestein)	SiO_2	Dichte	Farbe	Druckfestigkeit	Wärmeleitungsfähigkeit	Erzführung	Schmelzpunkt
vorwiegend Alkalifeldspat	mit Quarz und Glimmer (oder einem anderen farbigen Gemengteil)		Granit	Quarzporphyr Liparit	bis über 80 v. H. (sauer)	2,6—2,7 (leicht	hell	1000 bis 1600kg/cm²	0,0053	erzarm	1215 bis 1260°
	ohne Quarz	mit farbigem Gemengteil, ohne Nephelin	Syenit	Orthoklasporphyr Trachyt	↑	↑	↑	↑	↑	↑	↑
		desgleichen aber mit Nephelin	Eläolith- (Nephelin) Syenit	Phonolith	Kieselsäuregehalt	Raumgewicht			Fließen von Wärmeeinheiten je cm² in der Sekunde	Abnahme der Erzführung	Schmelzpunkt im allgemeinen zunehmend
vorwiegend Kalknatron feldspat	mit Hornblende oder Biotit (seltener Augit)	und Quarz	Quarzdiorit	Quarzporphyrite, Quarzandesite (Dazite)							
		quarzfrei	Diorit	Porphyrit Andesit							
	mit Augit (seltener Hornblende)	Augite rhombisch	Norit	Noritporphyrite Hypersthenandesite usw.							
		Augite monoklin	Gabbro, Olivingabbro	Diabas Melaphyr Basalt							
keinen oder fast keinen Feldspat	mit Olivin allein oder mit vorwaltender Hornblende		Peridotite Hornblendite	Pikrite und Pikritporphyrite							
	mit vorwaltendem Augite		Pyroxenite		35 v. H. (basisch)	2,9—3,3 (schwer)	dunkel	2000 bis 5000kg/cm² (sehr fest)	0,0067	erzreich	984 bis 1260°

(oder Hypersthen). Augithaltige Gesteine beherbergen Olivin öfter als solche mit Hornblendegehalt. Biotit scheint mehr die Gesellschaft von Hornblende als jene von Augit zu lieben. Mit dem Gehalte der Feldspate an Kalk bzw. Alkalien verknüpfen ihn keinerlei Wechselbeziehungen. Hornblenden sowie Augite begleiten öfters dunklen, selten dagegen hellen Glimmer. Kieselsäureärmere und zugleich alkalireiche Schmelzflüsse scheinen keinen Quarz ausscheiden zu können. Er fehlt daher regelmäßig den Leuzit- sowie Nephelingesteinen, nicht aber den Gesteinen, welche basische Plagioklase führen. Seine Menge nimmt im allgemeinen mit der Verminderung des Kieselsäuregehaltes des Gesteines und der Zunahme der Kalkbeimischung in den Feldspaten ab. Orthoklas bevorzugt die kieselsäurereichen Felsarten vor den kieselsäurearmen. Albit kristallisiert aus kieselsäurearmen Schmelzflüssen nur dann aus, wenn sie obendrein sehr kalkarm sind. Augit tritt in Gesteinen mit Leuzit und Nephelin häufiger auf als Hornblende.

Nach dem Mineralbestande und dem Orte der Bildung auf oder innerhalb der Erdrinde unterscheidet man die in der höherstehenden Übersicht genannten Gesteinsfamilien.

Mit der Abnahme des Kieselsäuregehaltes in den Durchbruchgesteinen nimmt auch die Menge des Kali ab, während die Anteile von Kalkerde, Magnesia und Eisen anwachsen; das Zurücktreten des Quarzes bedingt also einen Raumgewinn der basischen Gemengteile, der sich rein äußerlich schon in einer Zunahme der dunklen Färbung bemerkbar macht.

Hand in Hand mit der Änderung des Mineralbestandes in der Reihe vom sauren Granit zum basischen Gabbro oder Peridotit geht natürlich auch ein völliger Wandel in der chemischen Zusammensetzung wie nachstehende aus abgerundeten Werten zusammengestellte Übersicht zeigt; es enthalten:

	SiO_2	Al_2O_3	Fe_2O_3	FeO	MgO	CaO	K_2O	Na_2O
Quarz	100%	—	—	—	—	—	—	—
Kalifeldspat	64½%	18½%	—	—	—	—	17%	—
Natronfeldspat	69%	19½%	—	—	—	—	—	12%
Kalkfeldspat	43%	37%	—	—	—	20%	—	—
Basisches Mineral	50%	7%	5%	11%	16%	11%	—	—
Olivin	41%	—	—	11%	48%	—	—	—

Die einzelnen Gesteinsfamilien stoßen nicht mit scharfen Grenzen gegeneinander ab, sondern sind durch mancherlei Übergänge miteinander verbunden. So leiten die reinen Granite durch Verarmung an Quarz mit ihren Syenitgranite genannten Endgliedern hinüber zu den quarzfreien, echten Syeniten; diese (Orthoklasgesteine!) wiederum können Übergangsglieder zu den Dioriten (Plagioklasgesteine!) entwickeln, wenn ein Teil der Alkalifeldspäte durch Kalknatronfeldspat ersetzt wird, wie z. B. in den Monzoniten; in völlig ähnlicher Weise nehmen zuweilen Granite Kalknatronfeldspäte auf und erzeugen so in den Tonaliten und Granodioriten Zwischenglieder zwischen dem echten Granit und dem Quarzdiorit.

Je nach dem Verhältnisse des Tonerdeanteiles zur Menge der Alkalien unterscheidet man Alkaligesteine und Alkalikalkgesteine.

Die Alkalikalkgesteine, wegen ihres Vorkommens auf den Inseln und Küsten des stillen Weltmeeres auch pazifische Sippe der Gesteine genannt, zeichnen sich durch verhältnismäßig geringe Dichte und Tonerdeüberschuß aus; dieser Gesteinsreihe fehlen Feldspatvertreter, Melilith, Titanaugite und natronreiche Hornblenden und Augite. Zum Alkalikalkgaue gehören außer dem Kreise des Stillen Weltmeeres noch die Gebiete des Harz, der Karpathen usw., überhaupt Faltenländer. Die Alkaligesteine (atlantische Sippe) sind schwerer und enthalten nur gleichviel oder sogar noch weniger Tonerde, in Molekularhundertsteln ausgedrückt, als dem Anteile der Alkalien entspricht; diese sind ihrerseits wieder in reichlicherer Menge vorhanden als zum Aufbaue der Feldspäte erforderlich wäre. Kennzeichnende Mineralbestandteile der atlantischen Gesteinreihe sind die Feldspatvertreter (Nephelin, Leuzit, Analzim, Hauyn usw.), ferner Alkalihornblenden (Arvfedsonit, Riebeckit) und Alkaliaugite (Ägirin usw.). Ihre Heimat sind Schollenländer, wie z. B. das böhmische Mittelgebirge, die phlegräischen Felder, der Hegau, die Eifel, das Gebiet um Oslo, der Vogelsberg, die Rhön, der Kaiserstuhl, der Vesuv, die Capverden, Azoren usw.; mehr oder minder starke Anklänge an die atlantische Sippe zeigen die Gesteine der Oststeiermark, des Burgenlandes, des Bakonyerwaldes u. v. a. m.; ein Mittelglied bildet die Monzoni-Sippe.

In neuester Zeit erwirbt sich eine daran anknüpfende Dreiteilung der Durchbruchgesteine immer mehr Freunde; sie unterscheidet

1. Kalkalkaligesteine: Granite, Quarzporphyre (Liparite usw.), Syenite, Diorite, Andesite, Porphyrite usw., Gabbros, Basalte, Melaphyre, Diabase usw., Pikrite, Augitite, Limburgite usw.;

2. Natrongesteine: Natrongranite usw., Natrontrachyte, Phonolithe, Rhombenporphyre, Nephelinbasalte, Nephelinite, Nephelintephrite, Nephelinbasanite, Essexite, Theralithe usw.;

3. Kaligesteine: Quarzsyenite, quarzführende Porphyrite, Monzonite, Leuzitsyenite, Shonkinite, Leuzitite, Leuzitbasalte, Trachyandesite, Leuzitbasanite, Leuzitphonolithe usw. (Mittelmeergebiet).

Örtliche Verschiedenheiten der stofflichen Zusammensetzung und damit auch der Mineralvergesellschaftung kommen nicht bloß in räumlich getrennten Durchbruchgesteinen, sondern auch innerhalb einer und derselben Erstarrungsgesteinsmasse vor. Sind sie örtlich beschränkt, wenig ausgedehnt, dann nennt man sie Schlieren, nehmen sie aber größere Räume ein, so spricht man von Spaltmassen und bezeichnet den Vorgang ihrer Bildung, welcher mit späterer Umwandlung nichts zu tun hat, sondern gleichzeitig mit der Gesteinswerdung sich abspielte, als Spaltung (Abspaltung, Saigerung, Differenzierung) oder Abgliederung.

Wo bei größeren Erstarrungsgesteinsmassen solche ursprüngliche Gesteinsverschiedenheiten örtlich auftreten, beherbergt gewöhnlich die Mitte die kieselsäurereicheren, der Rand dagegen die basischeren Mineralvergesellschaftungen. So bestehen z. B. die Durchbruchgesteinsmassen der Umgebung von Klausen im Eisacktale in Tirol in ihren mittleren Teilen vorwiegend aus Quarzglimmerdiorit (mit z. B. 70 v. H. SiO_2), in ihren randlichen dagegen teilweise aus Noriten (mit nur etwa 56 v. H. SiO_2). Es kommen jedoch auch die umgekehrten Verhältnisse vor. So herrschen z. B. in der Mitte des Jablanicastockes an der Narenta (Herzegowina) Gabbro (mit nur 40,5 v. H. SiO_2) und Olivingabbro vor, am Rande jedoch kieselsäurereichere Gesteine, wie Diabas (47 v. H. SiO_2), Diorite und selbst Quarzdiorite.

Die Schlieren heben sich durch abweichende Beschaffenheit aus der umgebenden Gesteinmasse heraus. Sie führen entweder ihnen eigene, der Wirtsmasse fremde Mineralien, wie z. B. die Erzschlieren, oder enthalten die sonst auch im Gesteine vertretenen Mineralien in besonderer Anordnung oder stärkerer Anhäufung; zuweilen treffen beide Erscheinungen zu. Ihrem Umrisse nach bilden sie teils verschwommen begrenzte, teils schärfer umrandete Wolken, Flecken, Streifen („Blätterschlieren" nach Cloos, wenn dünn ausgebildet), Flammen usw. Zum Teil sind die Schlieren ältere Ausscheidungen, wie z. B. die Olivinbomben (S. 102), zum Teil annähernd gleichzeitige Kristallisationen um einen Sammelpunkt, zum Teile handelt es sich auch um mehr oder minder gut verdaute, d. h. umgeschmolzene Bruchstücke des Nebengesteins oder um chemisch anders gebaute Nachschübe in noch nicht völlig erstarrte Massen.

β) Geologische Erscheinungsweise

Die geologische Erscheinungsweise der Erstarrungsgesteine entspricht vollkommen ihrer Bildungsart; wir können so Glutflußerscheinungen der Tiefe und Feuerbergvorgänge der Oberfläche unterscheiden. Die Tiefengesteine formen in der Erdrinde steckende Kuppeln, Stöcke, Gänge usw., welche erst durch die abtragenden Kräfte sichtbar werden, die Ergußgesteine dagegen bilden sofort an der Erdoberfläche beobachtbare Ströme, Decken, Kuppen usw.

Glutteigformen der Tiefe

Als Stöcke (Abb. 33, 34 unten) bezeichnet man große, unregelmäßig gestaltete Ausfüllungsmassen unterirdischer Hohlräume. Ein wagrechter Schnitt durch sie zeigt meist rundliche oder eiähnliche, oft mehr oder minder gelappte und gebuchtete Form. Ihr Querschnitt ist meist plumpkegelförmig, zuweilen mit stufenartigem Verlaufe der seitlichen Grenzflächen, von denen oft Verästelungen (Apophysen) ins Nebengestein ausstrahlen (Abb. 34, seitlich). Sie schmiegen sich nicht an die benachbarten Schichten an, sondern durchschneiden im Gegenteile ihren Körper schräg oder der Quere nach. Stöcke von großen, räumlichen Ausmaßen hat man wohl auch Riesenstöcke (Batholithen, Tiefenstöcke) genannt. Hierher gehört der den Thayafluß übersetzende riesige Granitstock von Znaim (Thayabatholith von F. E. Suess).

Abb. 116. Tiefengestein-Kuppel (Lakkolith)

Wenn der aufsteigende Schmelzfluß zwischen vorhandene ältere Schichten sich hineinzwängt, sie aufblättert, mehr oder minder hoch emporwölbt und dann zu einem annähernd brotlaibähnlichen oder kuppelförmigen unterirdischen Körper erstarrt, so entsteht eine Kuppel

(Lakkolith[1], Abb. 116). Ihre Grundfläche ist annähernd wagrecht, ihre Oberfläche sanft nach oben ausgebaucht oder glockenähnlich gestaltet. Verästelungen sind häufig. Die Tonalitkerne der Riesenfernergruppe (Südtirol) wurden von Löwl als Kuppeln bezeichnet.

Gänge sind mehr weniger plattenförmige Ausfüllungsmassen von Spalten (Abb. 117) und Klüften, welche unter bald größeren, bald kleineren Neigungswinkeln gegen die Wagrechte ältere Gesteine, sei es nun Erstarrungs- oder Schichtgestein, durchbrechen (Abb. 118). Wenig mäch-

Abb. 117. Feuerbergspalte, gangförmig von erstarrtem Schmelzfluß ausgefüllt. Almannagja, Island. Aus der Lichtbildsammlung des Geolog. Institutes der Technischen Hochschule in Wien

tige Gänge heißen Adern (Abb. 119) oder Trümer, Abzweigungen vom Hauptgange Nebengänge (Apophysen, Verästelungen); letztere zeigen meist feineres Korn als die Hauptgänge; finger- bis messerrückendicke Gänge durchsetzen nicht selten netzadrig verschiedene Gesteinsmassen, ihren Bruch längs der eigenen Ränder (Salbänder) erleichternd. Die meisten Gesteinsgänge lassen in ihrer Mitte eine andere Ausbildung erkennen als an ihren Rändern; nicht selten sind die Salbänder sehr feinkörnig gegenüber der grobkörnigen Gangmitte oder sie sind infolge

[1] Lakkos (griechisch) = die Grube, Zisterne.

Abb. 118. Kieselschiefer, von zahlreichen Porphyrgängen durchschwärmt. Steinbruch bei Podbaba N von Prag. Lichtbildsammlung des Geolog. Institutes der Technischen Hochschule in Wien.

Abb. 119. Zwei sich kreuzende Basaltgänge im Liparite von Husafell N von Long-Jökull, Island. Lichtbildsammlung des Geolog. Institutes der Technischen Hochschule in Wien

Abb. 120. Porphyritgang (dunkel) im Marmor (hell); Viezzenatal bei Predazzo, Südtirol. Nach einer Aufnahme von Dr. Hlawatsch

des rascheren Wärmeverlustes glasig, während die mittleren Teile des Ganges, langsamer auskühlend, sich kristallin verfestigen konnten.

Die selteneren Gangstöcke haben in der Streichrichtung geringe Erstreckung, erfüllen breite Klüfte und leiten zu den eigentlichen Stöcken hinüber. Gänge, welche den Schichtfugen des Gesteines gleichlaufen, in welchen sie eingeschlossen sind, nennt man Lagergänge (Abb. 120) zum Unterschiede von den echten Gängen oder Gängen schlechtweg, denen stets durchgreifende Lagerung eigentümlich ist. Bei großer Ausdehnung bzw. Mächtigkeit heißen Lagergänge Durchbruch-(Intrusiv-)Lager; letztere mögen zuweilen in ähnlicher Weise zwischen die Schichtflächen eines Gesteines hineingepreßt worden sein, wie die Kuppeln, mit denen sie Zwischenglieder verbinden. Lagergänge und Durchbruchlager verraten sich an den Veränderungen, welche sie sowohl an den Gesteinen ihres Hangenden wie an jenen ihres Liegenden hervorrufen; sie sind jünger als ihr Dach, in das sie nicht selten Verästelungen entsenden, das aber niemals aufbereitete Bruchstücke des Erstarrungsgesteines eingeschlossen enthält. Als Stielgänge (Schlote, Necke, Abb. 121) hat man Auffüllungsmassen von röhrenähnlichen Hohlräumen bezeichnet; sie sind die Durchbruchsschlote der Ergußgesteine, von denen Teile noch heute in ihnen stecken. Sie haben nicht plattenförmigen Querschnitt wie die Gänge, sondern sind mehr oder minder walzig ausgebildet und liefern rundliche Durchschnitte.

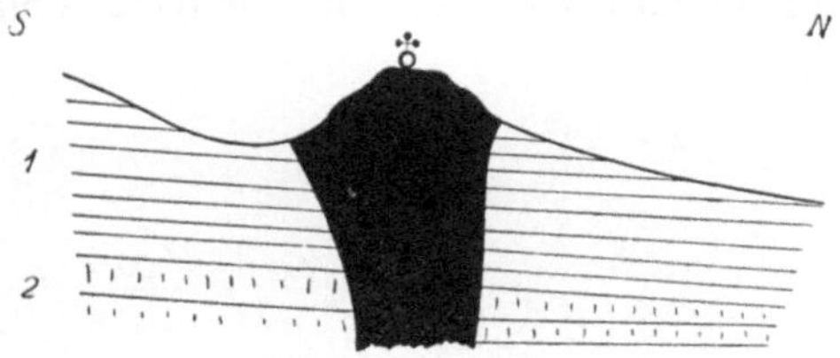

Abb. 121. Stielgang des Kalvarienberges bei Feldbach. Schwarz: Basalttuff, 1 pontische Schichten (Jungtertiär, Pliozän), 2 sarmatische Schichten (Jungtertiär, Obermiozän)

Glutflußformen der Erdoberfläche

Erstarrte Glutflüsse

Kuppen sind große kegel-, glocken-, auch dom- oder kuppelartige Gesteinskörper, welche durch Anhäufung von Schmelzflußmassen über einer Ausbruchsstelle entstanden sind (Abb. 122). Alle echten Kuppen hängen (oder hingen wenigstens ursprünglich) mit Stielgängen oder verwandten Gangformen zusammen, die ihre unterirdische Fortsetzung, also gewissermaßen ihre Wurzel bilden und die Bahnen darstellen, auf welchen der Glutteig zur Oberfläche empordrängte. Die innige Verknüpfung mit Gängen und ihre der Art ihrer Entstehung entsprechenden gesetzmäßigen inneren Absonderungsformen unterscheiden diese echten Kuppen von den Scheinkuppen, deren kegelförmige Gestalt auf die Wirkungen der abtragenden Kräfte zurückzuführen ist. Die echten Kuppen setzen zähe Schmelzflüsse voraus und werden daher am häufigsten bei den trachytischen und phonolitischen Glutteigen beobachtet. Beispiele für echte Kuppen liefern der Teplitzer Schloßberg, der Puy de

Sarcoui (Abb. 122), Hohentwiel im Hegau, viele Kuppen des böhmischen Mittelgebirges, die Andesit- und Trachytkuppen der Gleichenberger Kogeln usw. Für solche Kuppen, deren zwiebelschaliger Aufbau die massige Aufstauung von äußerst dickflüssigem Glutteig und das Wachstum von innen heraus unter dem Drucke der heftig nachdrängenden Nachschübe verrät, hat Reyer die Bezeichnung „Quellkuppen" eingeführt.

Ströme (Abb. 123, Vordergrund) nennt man lange und dabei schmale, also flußartige Glutergüsse in geneigter Lage, deren Ausbruchstelle immer ziemlich weit oberhalb des Erstarrungsortes liegt; sie sind vorwiegend die Ergußform leicht flüssiger Glutteige, wie z. B. der Basalte, fehlen aber auch bei den Trachyten, Phonoliten usw. nicht. Zum Unter-

Abb. 122. Kuppe des Puy de la Goule und Sarcoui in Mittelfrankreich (Auvergne). Nach einer Aufnahme von Dr. C. Hlawatsch

schiede von den meist dünnen Strömen breiten sich die Decken (Abb. 124) bei ziemlicher Dicke (Mächtigkeit) teppichartig aus, liegen söhlig oder doch flach und haben oft die Ergußstelle unter sich begraben. Zuweilen lagert sich eine Decke über die andere, mächtige Erstarrungsgesteinsstöße (Abb. 125) auftürmend. So täuschen sie nicht selten Absatzgesteine vor; doch fällt bei näherer Betrachtung die wahre Natur des Baustoffes, die große Mächtigkeit der einzelnen „Schichten" und das Fehlen jedes Altersunterschiedes zwischen den unteren und oberen Teilen der Lagen auf, welche ja gleichzeitig wie aus einem Gusse geformt sind. Beispiele für Deckenergüsse liefert das böhmische Mittelgebirge, der Hochstradnerkogel bei Gleichenberg in Steiermark, die Quarzporphyrlagen Südtirols u. a. m. Decken werden zu Lagern, wenn sie später durch neue Absätze verhüllt werden. Der Natur der Sache nach entsenden

Abb. 123. Vesuv in Auswurftätigkeit; im Vordergrunde erstarrter Lavastrom

Abb. 124. Etwa 100 m mächtige Basaltdecke; Ármannsfall, Westisland. Aus der Lichtbildersammlung des Geolog. Institutes der Technischen Hochschule in Wien

Abb. 125 Decken von Basaltfels (*B*) und Basalttuff (*T*) abwechselnd übereinander gebreitet

Lager niemals Verästelungen ins Hangende, das auch sonst als jüngere Bildung frei ist von Spuren der Einwirkung des in seiner Sohle befindlichen älteren Ergußgesteines, von dem es Bruchstücke enthalten kann.

Abb. 126. Oberfläche der Schollenlava, Island. Lichtbildersammlung des Geolog. Institutes des Technischen Hochschule in Wien

Abb. 127. Fladenlava. Vesuv

Je nach dem Aussehen der Oberfläche des Glutstromes unterscheidet man Blocklava (Abb. 126) und Fladenlava (Abb. 127). Die Blocklava, auch Schollen- oder Zackenlava genannt, besitzt große Blasenräume, eine rauhe, zackige, scharfkantige Oberfläche und erscheint dem Beobachter als ein wildes Haufwerk von Schollen und Blöcken. Sie bildet sich aus gasreichen Glutströmen von geringer Hitze; unter dem Schollenpanzer fließt der Glutbrei wie in einem Schlauche talwärts, dessen Wände beweglich sind; die Lavamasse wälzt sich auf der eigenen Schlackenunterlage vorwärts, die sich aus dem Trümmerwerk bildet, das von der Stromstirne mit Geklirr niederstürzt und von dem langsam vorwärtsdringenden Glutteige überschoben und überronnen wird. Die Fladenlava (Wulstlava) hat zahlreiche, aber kleine Poren, und zeigt an ihrer Oberfläche wurst- oder gekröseähnliche, runzlig zusammengeschobene, oft gedehnte Fladen; sie schiebt sich ohne starke Gasentbindung langsam wie eine bildsame Masse auf schiefer Unterlage vorwärts. Die Oberfläche glänzt wie Glas und ist nicht durch massenhaft entweichende Gase zackig aufgerauht wie jene der Blocklava. Dem Wasser gegenüber verhält sie sich im allgemeinen weniger durchlässig als die Zackenlava, welche die Niederschläge einem Schwamme gleich verschluckt.

Ausgeschleuderte Lavamassen

In der Gegenwart schleudern die Feuerberge viel mehr lockere Massen aus als sie Glutströme ausspeien; bei manchen Ausbrüchen werden zerstörte Massen allein gefördert und von etlichen Essen kennt man überhaupt keine Glutteige, sondern nur Lockergebilde.

Die lockeren Auswurfmassen entstehen entweder unmittelbar aus einem zur Oberfläche empordrängenden Glutbreie oder sie entstammen dem bei einem älteren Ausbruche im Schlote erstarrten Pfropfen und alten Baustoffen des Feuerberges, die bereits einmal ausgeworfen worden waren und dann in den Krater zurückgefallen sind oder den Wall um den Ausbruchschlot aufgeschüttet haben. Diese Auswürflinge herdeigener Herkunft werden häufig noch vermehrt durch Massen, welche durch keinerlei Beziehung mit der betreffenden Feuerbergerscheinung verknüpft sind und dem Untergrunde entstammen; sie gehören dann zu Absatzgesteinen, kristallinen Schiefern oder zu Durchbruchgesteinen, welche mit den neuerlichen Ausbrüchen gar nichts gemein haben.

Die gröberen Auswürflinge heißen je nach ihrer Größe Blöcke, Bomben und Brocken.

Erstere werden in bereits verfestigtem Zustande ausgeschleudert (Abb. 123) und zeigen keinerlei Schmelzerscheinungen auf ihrer Oberfläche. Letztere sind im allgemeinen kleiner, stets aber von rundlicher, kugeliger, ei-, birn- oder keulenähnlicher Form, die meist an einem Umdrehungskörper erinnert und dann durch rasches Fliegen durch die Luft in noch zähbildsamem Zustand entstanden sein kann. In noch schmelzflüssigem Zustande werden auch die Blockmassen gefördert, die als Schlacken zur Erde herabfallen. Die rasche Abkühlung beim Fluge durch die Luft ruft mehr minder glasige und porige Beschaffenheit hervor. Schlacken in Bombengestalt nennt man Schlackenbomben. Am häufigsten trifft man Schlackenbildungen bei sauren Gesteinen an; sind die Schlackengebilde sehr stark porig, so daß ihre Dichte um 1,0 schwankt und oft auch unter diesen Betrag herabsinkt, so spricht man von Bimssteinen (vgl. S 106).

Erbsen- bis walnußgroße Auswürflinge heißen Feuerbergsteinchen (Lapilli, Rapilli). Sie werden in festem (ungeschmolzenem), bildsamen

Abb. 128. Ausbruch des Vesuvs im Jahre 1872. Die Rauchwolke des Feuerberges, aus der Asche herabfällt. Nach einem käuflichen Lichtbilde

oder flüssigem Zustande ausgeschleudert. Wird ein in Kristallisation befindlicher Glutfluß zerstäubt, dann gelangen oft große Mengen loser, wohlgeformter, scharfkantiger oder höchstens an den Kanten angeschmolzener Kristalle an die Oberfläche (Kristallapilli); so fördert beispielsweise der Vesuv häufig Augit- und Leuzitkristalle. Porige Steinchen nennt man Schlackenlapilli, glasige, oft zu Strähnen oder Fäden ausgezogene Glaslapilli; nicht selten sind die Lapilli auch mehr weniger dicht (dichte Lapilli).

Hirsekorn- bis höchstens erbsengroße Auswürflinge bezeichnet man als Feuerbergsande; alle noch kleineren, feinen, staubartigen Gebilde faßt man unter dem Namen „Aschen" zusammen; sie schweben, zu dichten Wolken zusammengeballt, oft lange Zeit über der Esse in der Luft (Abb. 128). Die feinen staubartigen Massen der Feuerbergaschen können durch Ausblasung zerriebener älterer, bereits verfestigter Laven entstehen; man nennt sie dann „Lavenaschen". Sie können aber auch unmittelbar aus dem Glutteige durch dessen feinste Zerstäubung hervorgehen; diese „Magmaglasasche" hat in frischgefallenem Zustande meist lichte, an der Luft durch Sauerstoffaufnahme nachdunkelnde Färbung und setzt sich vorwiegend aus Scherben, Splittern und Fetzen von Glas, mit glaseinschlußreichen Kriställchen und Kristallbruchstücken vermengt, zusammen.

Der feinste Glutteigstaub und die Feuerbergasche können bis in große Seehöhen emporgetrieben und von Luftströmungen weithin verfrachtet werden; so wurde z. B. Asche des Vesuv bis an die dalmatinische Küste verweht und der feinste Staub dieses Feuerberges bis an die holsteinische Küste geblasen.

Die lockeren Auswurfmassen fallen, soferne sie nicht in den Kratertrichter selbst zurücksinken, je nach ihrer Schwere, der Windstärke, Windrichtung usw. in geringerer oder größerer Entfernung vom Ausbruchschlote zu Boden und bilden hier Ablagerungen, die man Tuffe schlechtweg, besser aber Feuerbergtuffe nennt (Abb. 129). Durch die Übereinanderschichtung mehrerer oder vieler Tufflagen entstehen allmählich die mehr oder minder kegel- oder besser gesagt neiloidähnlichen Aufbauformen der Feuerberge; doch findet man häufiger Feuerberge, die nicht aus Lockermassen allein aufgetürmt sind, sondern dadurch emporwuchsen, daß ähnlich wie Abb. 125 zeigt, abwechselnd Tuffschichten und erstarrte Lavadecken sich übereinanderlagerten.

Tracht, Verband, Gefüge und Absonderung

Tracht. Das Aussehen eines Gesteines, wie es durch die räumliche Verteilung der einzelnen Bestandteile hervorgerufen wird, heißt man seine äußere Tracht. Sie ist gewissermaßen das Muster des Kleides einer Gebirgsart und in hohem Grade die Trägerin der Bildungsverwandschaft der Gesteine; sie teilt den Grad ihrer Wichtigkeit wohl nur noch mit dem Verbande.

Liegen die stengeligen oder blättrigen Mineralien eines Gesteines regel- und wahllos in der übrigen Gesteinsmasse verstreut und zeigt keiner der Gemengteile eine Einstellung in eine bestimmte Richtung,

Abb. 129. Vesuv nach dem großen Ausbruche im Jahre 1872. Links die Bresche im Krater; auf dem Kegelmantel breiten sich die ausgeworfenen „Tuffe" aus. Nach einem käuflichen Lichtbilde

dann spricht man von einer richtungslosen, massigen (Abb. 2, 5, 152, 159) Tracht des Gesteines. Eine ursprüngliche schiefrige Tracht (Ur-Schiefertracht) kommt in einem Durchbruchgestein dann zustande, wenn seine blättchenförmigen Mineralien durch den Druck der nachschiebenden Schmelzflußmassen noch vor der Erstarrung des Magmas gleichgerichtet wurden; man trifft sie häufig an den Rändern von Stöcken und anderen Tiefengesteinskörpern. Eine solche Einstellung schuppig blättriger Gemengteile in gleichlaufende, mehr minder gerade Züge kann auch durch Strömungen im Schmelzflusse hervorgerufen werden. Von

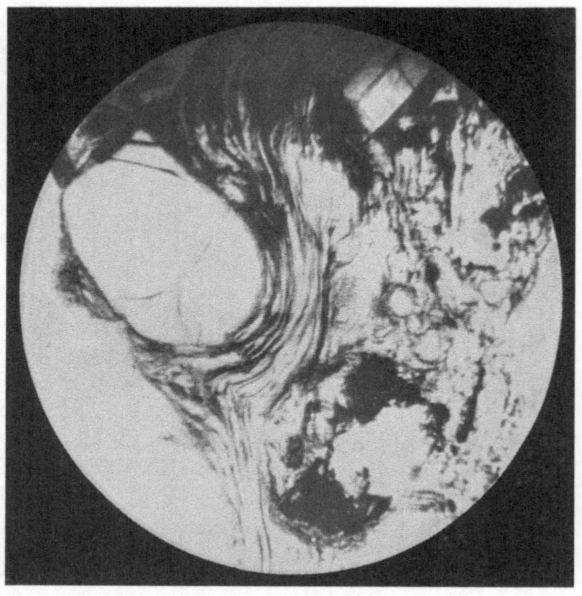

Abb. 130. Fließtracht. Pechsteinporphyr von Auer, Südtirol. Glasmasse umfließt Einsprenglinge

einer eigentlichen Fließtracht (Abb. 130) aber spricht man erst dann, wenn die einzelnen Züge mehr minder wellenförmig geschwungen sind; die Erstarrung hat das Schwimmen der früher ausgeschiedenen Kristalle in der Grundmasse abbildend festgehalten und uns so die Fließbewegung gewissermaßen versteinert überliefert (Abb. 131). Dieselbe Tracht äußert sich auch in einer einseitigen Streckung von Hohlräumen im Sinne der Fließrichtung der Glutteige und im Abwechseln gewundener, etwas voneinander abweichender Gesteinstreifen. Dort, wo sich einzelne Mineralien oder Mineralgruppen örtlich zu mehr minder regelmäßigen kugelähnlichen Gebilden zusammenballen, entsteht kugelige Tracht. Dabei können die einzelnen, die Kugeln zusammensetzenden Mineralien schalig um einen Mittelpunkt angeordnet sein oder speichig strahlig geschart sein. Der Ausdruck „schlierige Tracht“ erklärt sich nach dem S. 115 Gesagten von selbst.

Vom technischen Standpunkte aus muß der richtungslosen Tracht im allgemeinen der Vorzug gegeben werden. Die schiefrige Tracht kann allerdings unter Umständen die Gewinnung des Gesteins erleichtern und die Zerlegung des Gesteinskörpers in einzelne lagerhafte Stücke fördern; sie erweist sich aber dann als störend und schädlich, wenn sie durch massenhaftes Auftreten der schuppigen oder säuligen Bestandteile allzu stark ausgeprägt ist und zum leichten Zerspringen und Aufblättern des Gesteins nach der

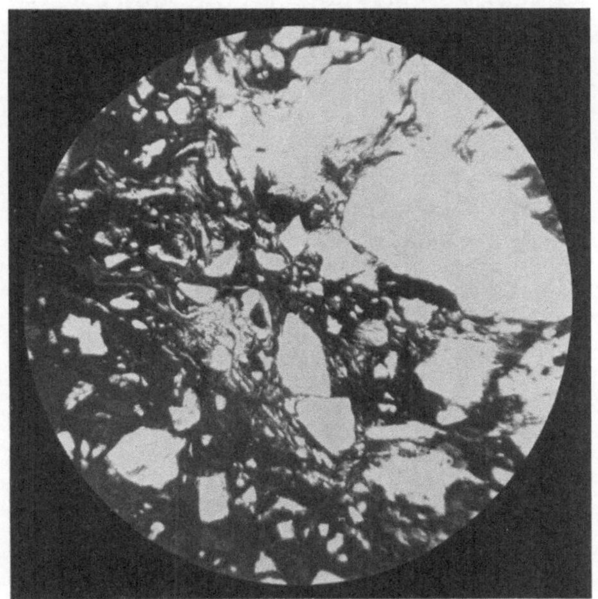

Abb. 131. Trift- (Fließ-) Verband. Quarzporphyr, Bozen

Schieferungsrichtung führt. Die Fließtracht stört sehr häufig die Verwendung an sich brauchbaren Gesteins zu Werkstücken, Säulen usw.; sie kann aber unter Umständen bei der Verwendung einer Felsart als Zierstein auch willkommen sein, da sie im geglätteten Gestein oft eine hübsche Musterung in Erscheinung treten läßt. Am meisten stört bei Bau-, Bruchsteinen u. dgl. die kugelige Tracht.

Von der obgenannten, ursprünglichen Schieferung eines Durchbruchgesteines ist jene schieferige Tracht wohl zu unterscheiden, welche den Erstarrungsgesteinen zuweilen durch den Gebirgsdruck nachträglich aufgeprägt wurde. Gesteine, welche in höherem Maße nachträglich „geschiefert“ wurden, sind unter die kristallinen Schiefer zu verweisen.

Verband. Die gegenseitigen Größenverhältnisse der einzelnen Gesteinsgemengteile, ihre Form, Aneinanderlagerung und Verbindungsweise kommen im Verbande des Gesteins zum Ausdruck. Von den mannigfachen Verbandarten, welche in den Durchbruchgesteinen auftreten, können viele erst mit dem bewaffneten Auge erkannt werden; die Betrachtung eines Gesteinsverbandes mit freiem Auge genügt daher zur Fällung eines Urteiles über die technischen Eigenschaften des Gesteines keineswegs. Wie in allen anderen wichtigeren Fällen, wo die technische Eignung eines Gesteines beurteilt werden soll, muß das Gutachten eines mit den

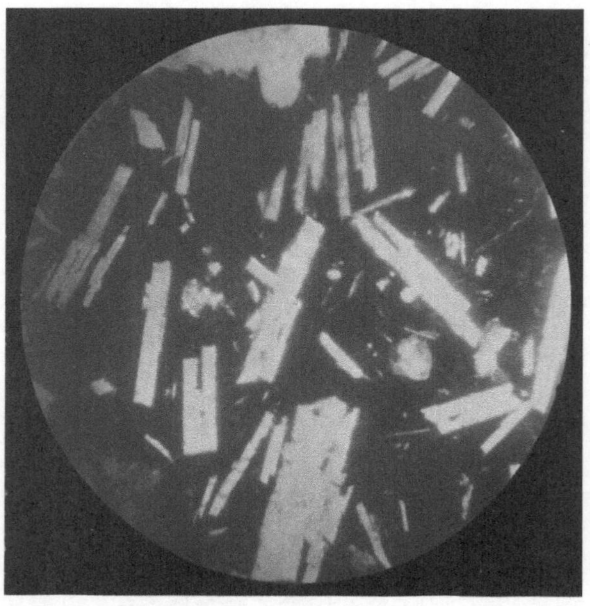

Abb. 132. Porphyrischer Verband. Plagioklasleisten als Einsprenglinge im Basalt der Umgebung von Mori, Südtirol

feineren Untersuchungsverfahren vertrauten Fachmannes eingeholt werden, wenn man Täuschungen und Schaden vermeiden will.

Unter den Tiefengesteinen ist der gleichmäßig-körnige Verband (Abb. 5, 56, 150) am verbreitetsten. Bei ihm nehmen die verschiedenen Hauptgemengteile alle annähernd gleich große Räume ein; kein Bestandteil zeichnet sich vor dem anderen durch besondere Größenentfaltung aus; die einzelnen wesentlichen Mineralien können mit freiem Auge bereits erkannt werden. Im gleichmäßig körnigen Verbande, wie er uns z. B. in den Graniten, Syeniten usw. entgegentritt, sind ungestörte, gleichmäßige, ganz allmählich vor sich gehende Erstarrungsvorgänge zur Abbildung gelangt. Besitzen alle oder fast alle Gemengteile des Gesteins gesetzmäßige kristallographische Grenzflächen, so spricht man von eigenformig-körnigem, wenn dagegen ein Teil der Mineralien Zwangsformen aufweist, von halbeigenformig-körnigem Verbande (S. 5, 7). Je nach der Korngröße unterscheidet man grob-, mittel- und feinkörnige Gesteine. Riesenkornverband (fälschlich auch pegmatitischer Verband genannt; Abb. 109) liegt vor, wenn ein Gestein von ungewöhnlich großen Kristallen bzw. Mineralkörnern aufgebaut wird. Der Riesenkornverband verdankt seine Entstehung dem Vorhandensein besonders günstiger Mineralbildungsbedingungen, vor allem starker mineralbildender Kräfte

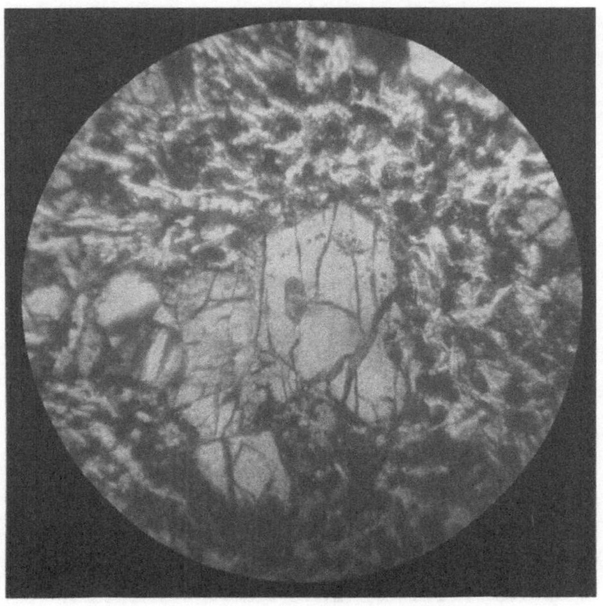

Abb. 133. Porphyrischer Verband. Großer Augitkristall (Mitte; mit Einschlußstreifchen) als Einsprengling in einer Grundmasse aus Augitkristallen und Feldspaten. Basalt von Oberpullendorf, Burgenland

(Dämpfe, Wärme, Druck). Er findet sich am häufigsten bei großkörnigen Graniten, welche Orthoklase, Quarz und silberweiße Muskovite in riesenhaften Ausmaßen enthalten und meist reich sind an kennzeichnenden Übergemengteilen, wie Turmalin, Flußspat, Topas, Granat, Zirkon, Apatit, Zinnstein usw. Das Gegenstück zu ihm bildet der dichte Verband, bei welchem die einzelnen kristalloiden Körner nicht mehr mit freiem Auge, sondern erst unter dem Mikroskop unterschieden werden können. Man beobachtet ihn häufig bei Basalten. Dem Riesenkornverband sind im allgemeinen geringe, dem dichten dagegen hohe Festigkeitsziffern eigen. Der glasige Verband wird seltener angetroffen; er eignet den

Gesteingläsern und ist auf untermeerische und Oberflächenergüsse beschränkt; in diesem Falle ist die ganze Glutflußmasse fest geworden, ehe noch die Kristallbildung beginnen konnte. Gliedert sich, dem Bestreben des Glutteiges, sich zusammenzuziehen, entsprechend die Glasmasse in annähernd rundliche, höchstens erbsengroße Körperchen, so spricht man von Perlsteinverband (Perlitverband; vgl. S. 106); strenge genommen ist er eine Absonderungerscheinung (vgl. S. 146).

Porphyrisch (Abb. 62, 86, 132, 133) wird ein Verband genannt, welcher in einer dem bloßen Auge dicht oder sehr feinkörnig erscheinenden

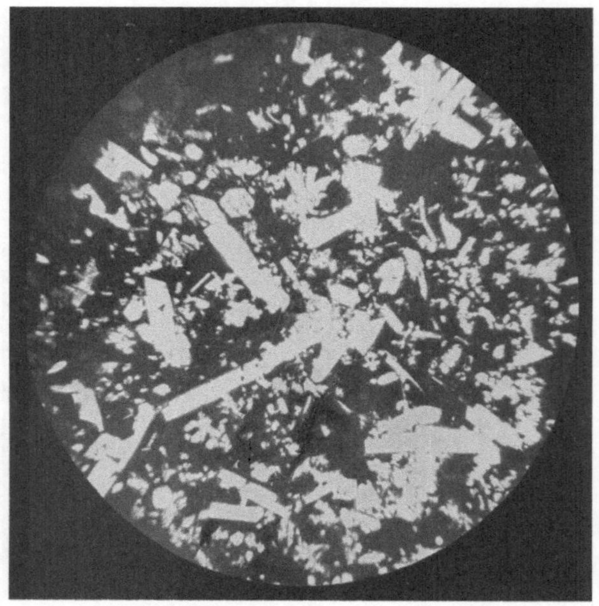

Abb. 134. Glasig-porphyrischer Verband. In einer glasigen Grundmasse (schwarz) liegen Einsprenglinge von Augit und Plagioklas (breite Leisten). Basalt vom Steinberge bei Feldbach, Oststeiermark

Masse, der Grundmasse, größere Kristalle mit Eigenformen, sogenannte „Einsprenglinge“, zeigt; wie bereits früher erwähnt, prägt sich in dieser Verbandart die Aufeinanderfolge zweier Bildungszeiten von Gemengteilen aus, welche jedoch nicht immer scharf voneinander geschieden sind, sondern sich auch übergreifen können. Durch ein solches Ineinanderschwimmen oder förmliches Zusammenfallen der beiden Bildungsabschnitte kommen Verbandarten zustande, welche Übergänge von dem gleichmäßig-körnigen zum porphyrischen Verbande schaffen und als „porphyrartige“ (Abb. 13) bezeichnet werden. Die Grundmasse selbst kann wiederum je nach der Raschheit, mit welcher sich der Abkühlungsvorgang vollzog, restlos kristallin erstarrt (vollkristallin-porphyrischer Verband), glasig verfestigt (glasig-porphyrischer Verband, Abb. 134) oder zum Teil glasig, zum Teil kristallin entwickelt sein (halbkristallin-porphyrischer Verband). Der porphyrische Verband ist vielen Ergußgesteinen eigentümlich. In technischer Hinsicht muß beachtet werden, daß der porphyrische Verband unter sonst gleichen Umständen die Wetterbeständigkeit eines Bausteines herabsetzt, und zwar um so mehr, je größere Einsprenglinge das Gestein enthält; solche große Mineralkörner verwittern meist rascher als die Grundmasse und erzeugen dann

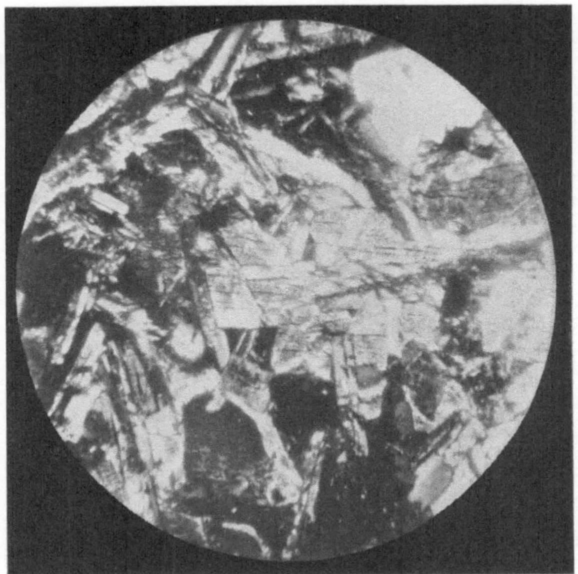

Abb. 135. Verschränkter Verband. In einem Gerüste von Plagioklasleisten bilden Augitkörner die Zwischenmasse. Diabas von Albanien (Aufsammlung Dr. E. Nowack)

Lücken im Gestein, von denen aus die Verwitterung immer weiter ins Innere des Gesteins fortschreitet.

Porphyrartig nennen wir, wie weiter oben bereits angedeutet, einen Verband, bei dem in einem glasfreien, vollkristallinen, mittel- bis grobkörnigen Gemenge einzelne größere Kristalle liegen (Granitporphyre usw., Abb. 13).

Beim verschränkten Verbande (Abb. 135, 136; auch „ophitisch“[1] genannt) greifen leisten- oder balkenförmige, auch tafelig oder strahlig entwickelte Gemengteile (besonders Plagioklase) innig ineinander und

---

[1] Ophis (griechisch) = die Schlange (wegen der einer Schlangenhaut ähnlichen Zeichnung).

erzeugen ein Gerüst, dessen Lücken mit einer Zwischenklemmungsmasse (z. B. Augit) ausgefüllt sind. Man findet diese Verbandform namentlich bei Diabasen und manchen Basalten und nennt sie daher auch „diabasisch“. Ersichtlich verfestigte sich die Gerüstmasse vor der Ausfüllungsmasse. Gesteine mit verschränktem Verbande weisen hohe Druckfestigkeitswerte auf und sind sehr zähe und widerstandsfähig gegen Stöße und Erschütterungen.

Von Trift- oder Fließ-Verband (Abb. 137) spricht man, wenn die vorwiegenden Grundmassemineralien, z. B. tafelige Feldspate, welche

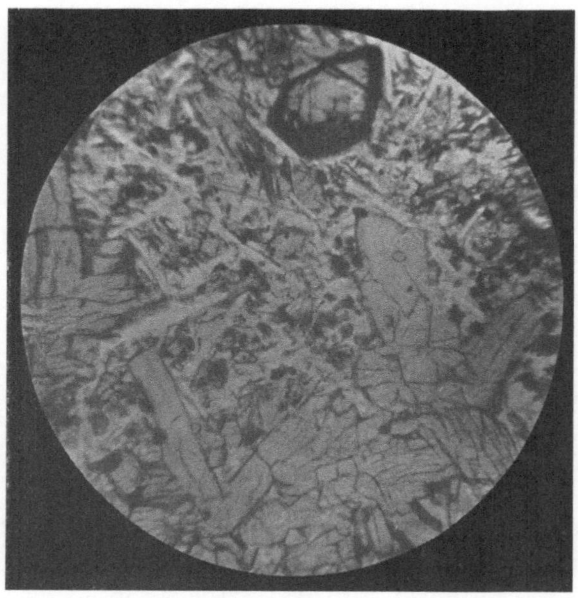

Abb. 136. Verschränktartiger Verband. Augit (breite Säulen), Plagioklas (schmale, helle Leisten), Olivin (dunkel umrandet); Basalt vom Steinberge bei Feldbach, Oststeiermark

leistenförmige Durchschnitte liefern, in Zügen von annähernd gleichem, mehr minder stromstrichähnlich gewundenem Verlaufe angeordnet sind; die Feldspate sind in der Lage, in welcher sie von Strömungen in der noch flüssig gebliebenen Mutterlauge getriftet wurden, bei der Erstarrung der Grundmasse gleichsam festgebannt worden. Man trifft ihn häufig bei Trachyten und nennt ihn daher zuweilen auch trachytischen Verband. Der Triftverband ist bei gleicher Größe der Kristalle und unter sonst gleichen Umständen für technische Verwendungen minder günstig als der gewöhnliche, richtungslos-porphyrische Verband, weil durch die Einstellung eines Teiles der Gemengteile nach bestimmten Richtungen Flächen geringsten Widerstandes vorbereitet werden.

Fließtracht und Fließverband lassen sich nicht scharf auseinanderhalten; drängt sich die abgebildete Fließerscheinung dem Beschauer auf den ersten Blick auf, dann ist die Bezeichnung Fließtracht am Platze; nimmt man sie bloß mit bewaffnetem Auge oder freiäugig erst bei genauerem Zusehen wahr, dann redet man besser von Fließverband.

Schriftgranitisch (pegmatitisch im Sinne Hauys) wird jener Verband genannt, welcher Quarz und Feldspat in gleichgerichteter Verwachsung zeigt (z. B. im Schriftgranit, Abb. 68).

In technischer Hinsicht verhält sich der gleichmäßig körnige Verband am günstigsten; Wetterbeständigkeit, Standfestigkeit und Druck-

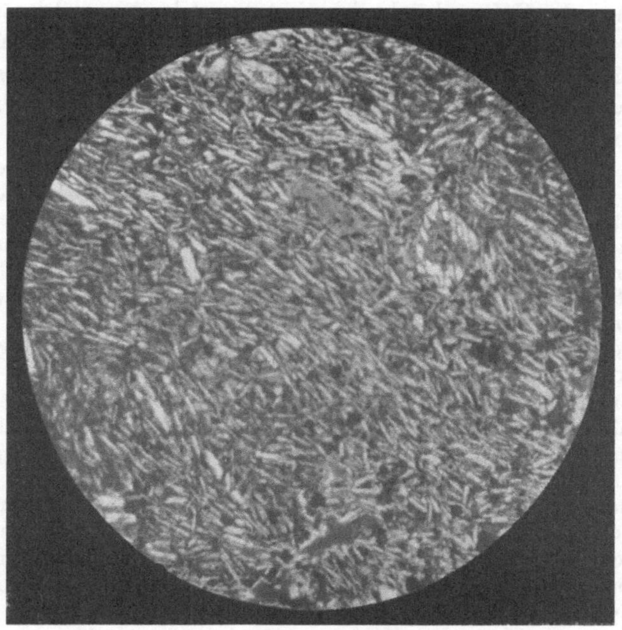

Abb. 137. Plagioklasleistchen drücken durch ihre Ausrichtung „Fließtracht" aus; Anblick gleich jenem triftender Holzscheiter. Basalt von Weitendorf b. Wildon, Steiermark

festigkeit steigen dabei im allgemeinen mit abnehmendem Korne; sehr grobkörnige Gesteine — mit sogenanntem Riesenkornverbande — weisen meist geringe Festigkeitsziffern auf; dichte Durchbruchgesteine, deren einzelne kristalloide Gemengteile mit freiem Auge nicht mehr voneinander unterschieden werden können, sind vorwiegend fest und wetterbeständig. Dem gleichmäßig-körnigen Verbande steht der porphyrische unter sonst gleichen Umständen in bezug auf Festigkeit, Wetterbeständigkeit und Standfestigkeit im allgemeinen nach, und zwar um so mehr. je größer die Einsprenglinge im Verhältnis zu den Bestandteilen der Grundmasse sind. Gesteine mit glasigem Verbande — reine Gesteinsgläser — sind sehr spröde und empfindlich gegen Wärmeschwankungen. Halbglasige (gemischte) Ausbildung ist gleichfalls in technischer Hinsicht weniger günstig. Dem reichlichen Durchtränktsein mit sprödem Gesteinsglas schreiben die meisten Gesteinskundler den raschen Zerfall mancher Basalte, der sogenannten Sonnenbrenner, zu. Technisch weit günstiger als glashaltige Gesteine verhalten sich solche mit vollkristallinem Verbande.

Anhangweise sei noch der Erscheinung der Urzerbrechung (Protoklase) Erwähnung getan. Erstlingkristalle erleiden nämlich durch die Fließbewegungen der Muttermasse, in der sie getriftet werden, mehr oder minder kräftige Absplitterungen der Ecken, Kanten usw. oder auch eine vollständige Zerbrechung in Teilstücke. Die Selbstzerbrechung oder das Springen in Scherben (Autoklase) ist auf die Auslösung innerer Spannungen beim Übergange einer Mineralabart in die andere (z. B α-Quarz in β-Quarz) zurückzuführen. Über Zerbrechung (Kataklase) siehe S. 339.

Gefüge. Im Gefüge drückt sich die Art und das Ausmaß der Erfüllung des vom Gesteine eingenommenen Raumes mit Gesteinsmasse (der Dichtigkeitsgrad) aus. Es beeinflußt im hohen Grade die Festigkeitsverhältnisse, Wegsamkeit, Wasseraufsaugungsfähigkeit usw. eines Gesteines und besitzt daher große technische Bedeutung.

Das lückenlose (vollmassige) Gefüge zeigt stetige Raumerfüllung ohne örtliche Unterbrechungen des Gesteinszusammenhanges. Derart festgefügte Gesteine leisten auf sie einwirkenden Kräften den größten Widerstand. Erfüllt die Gesteinsmasse den von ihr eingenommenen Raum unstetig, indem sie kleinere oder größere, leere bzw. lufterfüllte Zwischenräume einschließt, so leidet darunter die Festigkeit des Gesteins in mehr oder minder hohem Grade. Je nach der Form, Wandbeschaffenheit, Größe, Zahl und Entstehung der Hohlräume unterscheidet man nachstehende unstetige, offene oder lückige Gefügearten:

Feinstlückiges (miarolithisches) Gefüge: Zwischen den Gesteinsgemengteilen liegen winzige, teils rundliche, teils eckige Hohlräume einzeln verstreut; meist stehen sie nicht miteinander in offener Verbindung.

Kleinlückiges Gefüge: Die Zwischenräume sind klein, in großer Zahl vorhanden, annähernd gleichmäßig in der Gesteinsmasse verteilt, entweder rundlich oder auch ganz unregelmäßig gestaltet, mit rauhen, zerfressenen oder drusenbedeckten Wänden. Je nach der Größe der Hohlräume unterscheidet man wieder feinlückige (< 2 mm), kleinlückige (2 bis 3 mm), mittellückige (3 bis 5 mm) und groblückige (5 bis 10 mm) Gesteine.

Zelliges Gefüge: Die Hohlräume sind größer als 10 mm, mehr oder weniger ebenflächig begrenzt, ihre Wände fühlen sich rauh an und erscheinen selten zerfressen oder mit winzigen Drusenmineralien bedeckt.

Löcheriges Gefüge: Die Zwischenräume besitzen 10 mm bis einige Dezimeter Durchmesser, ganz unregelmäßige Gestalt und rauhe, angefressene oder drusige Wände.

Röhriges Gefüge: Die Hohlräume erscheinen walzig-röhrenförmig in die Länge gezogen, gerade oder gewunden, liegen annähernd gleichgerichtet in der Gesteinsmasse und werden von glatten oder rauhen Wänden umgeben.

Blasiges Gefüge: Die Wandungen der Hohlräume sind meist glatt, krummschalig und umschließen kugelige, ei- oder schlauchförmige Hohlräume, welche weniger als die Hälfte des vom Gesteine eingenommenen Raumes erfüllen.

Sind die Hohlräume stark in die Länge gezogen, meist nach verschiedenen Richtungen hin gesetzlos gewunden und in solcher Menge im Gesteine verteilt, daß dessen Masse gegenüber dem lufterfüllten Raume zurücktritt, so heißt das Gefüge *schlackig*. Überwiegen die Hohlräume derart, daß die Scheidewände zwischen ihnen sehr dünn werden, so pflegt man das Gefüge als *schwammig* oder *schaumig* (bei kleinen Hohlräumen) zu bezeichnen (man erinnere sich an den Bimsstein). Die Bildung der Hohlräume blasig, schlackig und schaumig-schwammig gefügter Gesteine rührt von Gasblasen her, die von der Erstarrung des Gesteins gewissermaßen überrascht wurden und uns in ihrem Hohlabgusse (Abdrucke) erhalten blieben. Diese Entstehungsweise erklärt auch den auf Fließerscheinungen zurückzuführenden, eigentümlich gewundenen Verlauf der Hohlräume beim schlackigen Gefüge. Zuweilen laufen die Längsachsen gestreckter Blasenräume über längere Erstreckung einander annähernd gleich; dann können sie auf die Strömungs-

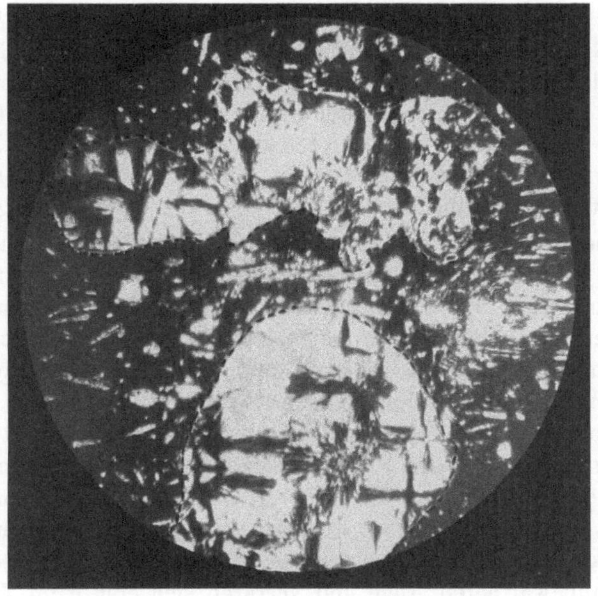

Abb. 138. Mandelsteingefüge. „Mandeln" (umstrichelt, das sog. *Brewstersche* Kreuz unter x-Nikols zeigend) im Basalt vom Steinberge bei Feldbach, Oststeiermark

richtung des Glutteiges gewisse Rückschlüsse erlauben; nur hat man dabei immer rein örtliche und allgemeine Fließrichtung auseinanderzuhalten.

Je nach der Größe der Blasen (< 2 mm, 2 bis 3 mm, 3 bis 5 mm, < 5 mm) unterscheidet man *feinblasiges* (kleinschlackiges, kleinschaumiges, kleinschwammiges), *kleinblasiges*, *mittelblasiges* und *grobblasiges Gefüge*.

Wurden nach der Verfestigung des Schmelzflusses die Blasenräume nachträglich gänzlich oder zum Teile mit fremden Mineralstoffen (Quarzarten, Opalmasse, Kalkspat, Zeolithen usw.) ausgefüllt, so daß die neugebildeten, meist helle und längliche Bruchformen (Schnittformen) liefernden Mineralkerne wie Mandeln im Gesteine liegen, so entsteht das *Mandelsteingefüge* (Abb. 138), welches für manche Diabas- und Melaphyrvorkommen bezeichnend ist. Der gleichsinnige Verlauf der Mandellängsachsen, die Glattheit der Wände u. a. m. unterscheidet diese echten Mandeln von den falschen, welche Ausfüllungen von Hohlräumen darstellen, die durch Auswitterung eines Gesteinsteiles, eines Einsprenglings oder einer zufälligen Bestandmasse entstanden sind.

Unstetige Raumerfüllung drückt nicht nur, wie durch Versuche erhärtet wurde, die Festigkeit eines Gesteines herab, sondern vermindert auch seine Wetterbeständigkeit. Von Hohlräumen erfüllte Gesteine saugen, namentlich wenn sie kleinlückig sind, Wasser und Lösungen begierig aus dem Erdboden auf; durch diese Durchfeuchtung wird der chemischen Verwitterung Vorschub geleistet und außerdem die Zerstörung durch Frostwirkungen gesteigert. Anderseits allerdings sind lückige Gesteine leichter als lückenlose, leiten infolge der Lufterfüllung ihrer Hohlräume die Wärme schlechter und fördern die Durchlüftung der Räume, welche von ihnen umschlossen werden (vgl. S. 422).

Der Grad der Wasserdurchlässigkeit lückiger Gesteine hängt nicht bloß von der Größe der Hohlräume ab, mit der sie wächst, sondern insbesondere von dem Vorhandensein und der Weite von Verbindungsschläuchen zwischen den einzelnen Lücken (S. 424). Fehlen solche Verbindungswege, dann können die Wasser- und Luftbewegungen in solchen Gesteinen trotz anscheinend gut ausgeprägter Lückigkeit doch gering sein.

Absonderung. Es wird kaum ein Durchbruchgestein geben, an dem man nicht bald mehr, bald minder deutlich, entweder schon im frischen Zustande oder erst bei beginnender Verwitterung hervortretende Klüfte und Spalten wahrnehmen kann, welche den Zusammenhang des Gesteines in bestimmten Abständen aufheben und seine Masse in größere oder kleinere, mehr oder weniger regelmäßige Körper gliedern. Insoweit diese Ausbildung von Teilungsflächen mittelbar oder unmittelbar auf die Zusammenziehung des Schmelzflusses beim Erkalten und des erstarrten Gesteines während der weiteren Abkühlung zurückzuführen ist, bezeichnet man sie als Absonderung. Sind die Absonderungsklüfte, die das Gestein durchziehen, sehr fein, so entgehen sie oft der Beobachtung mit dem unbewaffneten Auge und verraten sich erst beim Zerschlagen des Gesteines in einer leichteren Teilbarkeit der Masse entlang ihrem Verlaufe; dies ist namentlich in völlig frischen Gesteinen die Regel; in verwitternden Felsen arbeiten Zerfall und Zersetzung an der Erweiterung der Haarrisse, so daß sie immer deutlicher hervortreten und schließlich als offene, mehr oder minder breite Spalten sich dem Auge des Beobachters darbieten.

Die Absonderung erleichtert in den meisten Fällen dem Techniker die Gewinnung und Verwendung der Gesteine wesentlich, indem die Zerlegung des unförmlichen Gesteinkörpers in leichter zu bewältigende Stücke hier von der Natur bereits vorgenommen erscheint und dem Steinbrecher viel künstliche Spreng-, Brech- und Spaltarbeit erspart. Mißlich ist die Absonderung nur dann, wenn sie zu einer allzuweitgehenden Zerstückelung der Gesteinsmasse geführt hat, so daß die einzelnen Bruchstücke für gewisse Verwendungsarten, z. B. für die Herstellung von Werkstücken, nicht mehr die erforderliche Größe besitzen.

Plattige und bankige Absonderung (Abb. 139, 140, 163). Kühlt sich die Oberfläche eines Durchbruchgesteines gleichmäßig ab, so entstehen an der unteren Grenze der erstarrenden Platte im Augenblicke der Festwerdung infolge der Zusammenziehung der erstarrenden Teilchen Spannungen gegenüber den oberen Teilchen des noch feurig flüssigen Liegenden, welche den Zusammenhang an der Grenze beider lockern

Abb. 139. Plattig-bankige Absonderung von Granit. Rudolfstein, Fichtelgebirge

und vielleicht teilweise ganz aufheben. Dasselbe Spiel wiederholt sich bei der Erstarrung jeder der nächsttieferen Platten. Auf diese Weise wird die früher einheitliche Masse in viele, gleichsinnig zur Oberfläche verlaufende Teilstücke zerlegt, welche man je nach ihrer Dicke als Plättchen, Platten (Abb. 163) oder Bänke bezeichnet.

Die Mächtigkeit der Teilstücke hängt außer von der Beschaffenheit des erstarrenden Schmelzflusses hauptsächlich von der Langsamkeit der Abkühlung ab; dementsprechend schwillt die Dicke der Platten von der Oberfläche der Durchbruchgesteinsmasse gegen die Tiefe zu immer mehr an; in gleichem

Maße wird die in den oberen Teilen der Massen noch sehr scharfe Trennung der einzelnen Platten voneinander immer weniger ausgesprochen und ver-

Abb. 140. Bankige Absonderung von Granit. Burgstein, Fichtelgebirge

schwindet schließlich ganz. Diese Abhängigkeit der Plattenstärke und des Klaffens der Trennungsfuge von der Raschheit der Erstarrung zeigt sich nicht nur bei einem und demselben Gesteinskörper in verschiedenen Tiefen, sondern auch in gleichen Höhen unter der Oberfläche in räumlich getrennten, unter verschiedenen Bedingungen festgewordenen Gesteinsmassen.

Dicke Platten und Bänke, wie sie für die Herstellung von Werksteinen, Quadern usw. benötigt werden, liefern viele Granitvorkommen. Platten von mäßiger Dicke, wie sie für Decksteine, Bürgersteigplatten, Randsteine usw. Verwendung finden können, trifft man bei Graniten, Quarzporphyren, Basalten usw. an. Noch dünnere Platten werden mit Vorteil zu Pflastersteinen verarbeitet; Plättchen, die man z. B. zuweilen in den Basaltbrüchen bei Feldbach sowie auch nicht selten bei manchen Porphyren und Phonolithen findet, können örtlich den Dachschiefer ersetzen.

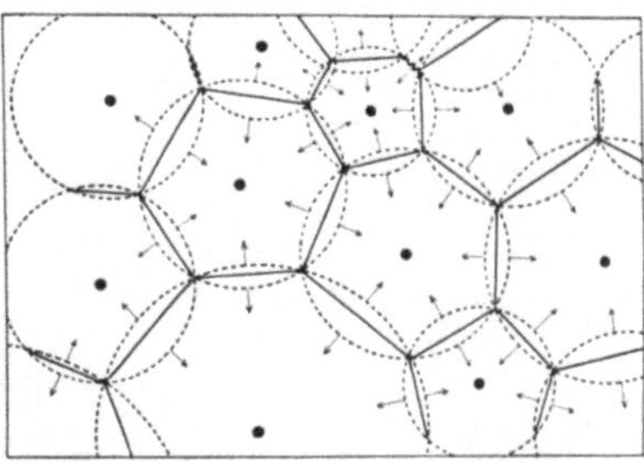
Abb. 141. Entstehung der säuligen Absonderung. Um Erstarrungsmittelpunkte bilden sich Kreise gleichen Fortschreitens der Abkühlung; nach den gemeinsamen Sehnen der sich schneidenden Kreislinien lösen sich die Zugspannungen aus.

Säulenförmige Absonderung. Erstarrt ein Schmelzfluß an seiner Oberfläche ungleichmäßig, so bilden einzelne früher fest gewordene Gemengteile sich zu Mittelpunkten (Abb. 141) aus, von denen die Erstarrung nach allen Richtungen hin

Abb. 142. Säulenförmige Absonderung, schräg von oben gesehen

fortschreitet. Die in ihrer selten erreichten Musterform Kreise darstellenden Linien gleicher Erstarrungszeit stören sich schließlich bei weiterem Vordringen der Verfestigung, schneiden sich und die Sehnen

Abb. 143. Säulenförmige Absonderung. Herrenhausberg bei Parchen, unweit Böhmisch-Leipa, Nordböhmen

zwischen den Schnittpunkten der Bogen werden zu Linien, nach denen sich die Zusammenziehungsspannungen auslösen. Auf diese Weise entstehen Netze von Trennungslinien, deren Maschen in ihrer vollkommensten Ausbildung regelmäßige Sechsecke, meist aber unregelmäßige Sechsecke, Fünfecke, Vierecke, ja selbst auch Dreiecke sind (Abb. 142). Schreitet die Erstarrung in gleicher Art nach der Tiefe zu

Abb. 144. Fächerstellung der Basaltsäulen. „In der Koslike", Nordböhmen. Lichtbildersammlung des Geolog. Institutes der Technischen Hochschule in Wien

fort, dann entstehen Säulen von geschildertem Querschnitt und oft beträchtlicher Länge; dünne Säulen heißt man Stengel oder Stifte, sehr dicke dagegen Pfeiler (Abb. 125, 143, 145, 161, 164).

Die Säulen stehen stets senkrecht zur Abkühlungsfläche, also bei Strömen (Abb. 143, 125) senkrecht zur Oberfläche, bei Gängen und Schloten (Abb. 144) senkrecht zum Salbande. Auch die säulige Absonderung ist um so deutlicher ausgeprägt und zerlegt den Gesteinskörper um so vollkommener, je rascher die Erstarrung vor sich ging; sie ist daher bei räumlich beschränkten Gesteinsmassen und an den Rändern der Gesteinskörper besser zu beobachten als in ausgedehnten Massen und in derem Innern bzw. in der Tiefe. In den Aufschlüssen sieht man die Säulen je nach dem Verlaufe der Abkühlungsfläche oft in meiler-, fächer-, fieder-, garben-, zopf- oder treppenartigen Stellungen angeordnet (Abb. 143, 144, 145, 146). Man trifft die säulige Absonderung vornehmlich bei basaltischen Gesteinen an, jedoch ist sie auch sauren Tiefengesteinen (z. B. dem Granit von Baveno) nicht fremd. Zuweilen verbindet

Abb. 145. Undeutliche säulige Absonderung (obere Bildhälfte). Basalt des Steinberges von Feldbach. Nach einer Aufnahme von Dr. A. Winkler-Hermaden. In der unteren Bildhälfte zeigt das Gestein unregelmäßig-vielflächige Absonderung

sich örtlich die plattige Absonderung mit der säuligen; dann gliedern sich die Säulen senkrecht zu ihrer Längsachse in dicke, angewittert brotlaibartig erscheinende oder dünne, brettartig übereinandergeschichtete Teilstücke (Abb. 142); manchmal wechseln säulig abgesonderte Lagen (Abb. 145, Mitte) mit solchen ab, welche plattig gegliedert sind.

Die Einstellung der Säulen gestattet Rückschlüsse auf die Gestalt des Erstarrungskörpers. Wie sehr dies technisch wichtig sein kann, zeigt der Fall des Schloßbrunnens von Stolpen (Sachsen). Dieser wurde, ohne Wasser anzutreffen, 82 m tief abgeteuft; hätte man den Schacht, wie aus der Ausrichtung der Säulen zu erschließen gewesen wäre, an einem anderen Punkte niedergebracht, so wäre er sicher fündig geworden (Abb. 146).

Die säulige Absonderung vermindert die Ausnützungsfähigkeit des Gesteins. Zeigen die Säulen bei genügendem Querschnitt annähernd kunstgerechte, regelmäßige Formen, so finden sie als Prellsteine, Radabweiser u. dgl. Absatz. Trifft diese Voraussetzung nicht zu, dann ist die Verwertbarkeit des Gesteines je nach der Dicke der Säulen wohl meistens auf die Verwendung zu Steinschüttungen, Steinberollungen, Steinwürfen, Pflaster- und Schottersteinen beschränkt; hierbei erleichtert die weitgehende Zerklüftung des Gesteins den Abbau wesentlich, indem sie die Lösung der Massen größtenteils mit Keil und Brechstange ohne

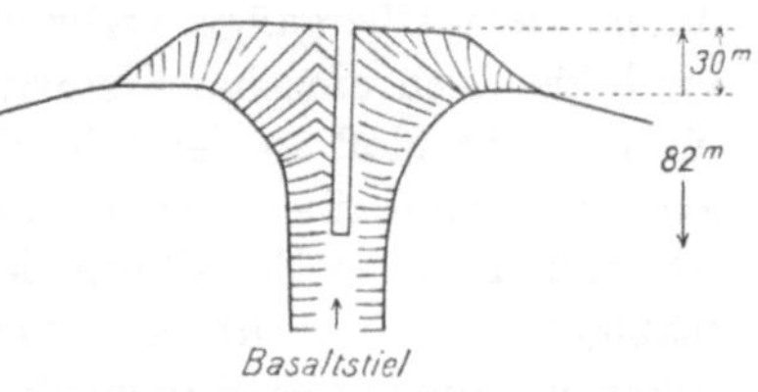

Abb. 146. Schloßbrunnen zu Stolpen; verfehlte Anlage infolge Nichtbeachtung der Säulenstellung. Nach G. Weicker u. A. Wiese

Abb. 147. Bogige Absonderung (Abart der kugeligen). Porphyr des Eggentales bei Bozen

Anwendung von Sprengmitteln gestattet. Ja, letztere erzielen bei der Klüftigkeit des Gesteins meist nicht einmal die gewünschte Wirkung, weil die Sprenggase viele Wege zum Entweichen finden und einen Gutteil ihrer Spannkraft ungenützt einbüßen. Bei Hohlbauten (Stollen,

Tunnels) wäre auf die starke Nachbrüchigkeit säulig abgesonderter Gesteine Rücksicht zu nehmen, welche sich besonders dort sehr bemerkbar macht, wo die Säulen der Wand des künstlichen Hohlraumes gleichgerichtet liegen.

Kugelige Absonderung. Mit der säuligen Absonderung hängt, durch viele Übergänge verbunden, die kugelige enge zusammen. Bei ihr bilden sich einzelne Erstarrungsmittelpunkte von starker richtender Kraft nicht bloß an der Schmelzflußoberfläche nebeneinander, sondern auch in Lagen übereinander aus. Das Ergebnis einer so verlaufenden Abkühlung ist der Zerfall des Gesteinskörpers zu mehr oder minder regelmäßigen Kugeln. Oft erwecken solche Felsmassen den Eindruck, als wären sie aus lauter Kanonenkugeln zusammengesetzt.

Die Kugelform wird durch die Verwitterung, welche die unregelmäßigeren äußeren Schalen absprengt, während die Kerne frisch und rissefrei erhalten bleiben, oft noch vervollkommnet. Sie kommt am häufigsten bei Basalten und Diabasen, zuweilen auch bei den Melaphyren, Trachyten und Porphyren vor. Eigenartig ist die bogige Absonderung z. B. an einer Stelle des Eggentales bei Bozen, wo sie in Laienköpfen die Vorstellung eines versteinerten Ammonshornes wachgerufen hat (Abb. 147). Kleinkuglige Absonderung leitet zum Perlsteinverbande über (S. 132).

Ist der Abbau auf die Gewinnung größerer Stücke gerichtet, dann wird er durch die kugelige Absonderung sehr behindert und ergibt viel Abraum. Hohlräume in derart abgesonderten Gesteinen leiden stark unter der Nachbrüchigkeit der Firste und auch der Ulme, da dem Gesteine die seitliche Verspannung und damit die Fähigkeit, sich über Hohlräumen selbst zu tragen, fehlt.

Unregelmäßig-vielflächige Absonderung. Die unregelmäßigvielflächige Absonderung zerstückelt die Gesteinsmasse in zahlreiche meist kleine Stücke von ganz regelloser, eckiger und scharfkantiger Gestalt. Sie ist bei Porphyren und Diabasen sehr verbreitet, zuweilen auch bei Basalten (z. B. am Steinberg bei Feldbach in Steiermark, Abb. 145, tiefste Lagen) zu beobachten.

Die weitgehende Zerlegung der Gesteinsmasse macht die Gewinnung von Werkstücken unmöglich und gestattet meist bloß den Abbau von Schottergut, dessen Hereingewinnung mit einfachen Werkzeugen sie erleichtert. Hinsichtlich der Nachbrüchigkeit verhält sie sich vielleicht noch ungünstiger als die kugelige Absonderung.

Regelmäßig sechsflächige Absonderung. Durch die Entstehung von drei angenähert aufeinander senkrecht stehenden Kluftscharen wird — gewöhnlich bei langsamer Abkühlung — eine regelmäßigsechsflächige Absonderung (Abb. 148) hervorgebracht, welche bei annähernd gleicher Länge der Kanten der entstandenen Sechsflächner in die würfelige Absonderung übergeht. Sie kommt nicht selten bei Graniten vor und führt im Verein mit den vor allem die Kanten abrundenden Verwitterungskräften zu den bekannten matratzen-, brotlaib- oder wollsackähnlichen (Abb. 149) Verwitterungsformen. Beispiele: Bayrischer Wald, Umgebung von Znaim (Südmähren), Grein a. d. Donau, Dürn-

Abb. 148. Regelmäßig-sechsflächige Absonderung. Quarzporphyr, Eggental bei Bozen. Nach einem käuflichen Lichtbilde

stein a. d. Donau (hier im Granitgneis), Hochficht, Plöckenstein und Dreisesselberg im Böhmerwald, Altvater usw.

Der Techniker begrüßt ihr Auftreten in den Steinbrüchen, wenn sie große Werkstücke liefert, da sie die Gewinnungs-, Spalt- und Zurichtarbeit wesentlich erleichtert. Den Stollenbau erschwert sie nach der am günstigsten sich verhaltenden dickbankigen Absonderungsform unter allen Absonderungsarten am wenigsten, namentlich dann, wenn, wie fast immer, die eine Reihe

Abb. 149. Matratzenähnliche Verwitterungsformen des Granites von Eggenburg, N.-Ö. Kogelstein am Koglberg

der Trennungsflächen annähernd söhlig verläuft und die lotrechten Klüfte verhältnismäßig weit voneinander abstehen.

Von der Absonderung sehr wohl zu unterscheiden ist eine besonders bei Gneisgraniten sich oft einstellende Spaltbarkeit gleichsinnig mit dem Verlauf der Glimmerzüge, welche sich infolge von Strömungen im Schmelzflusse oder unter dem Drucke der nachschiebenden, die randlichen Teile des Magmas gegen das Nachbargestein pressenden feurigflüssigen Gesteinsmassen vor ihrer Verfestigung herausgebildet haben. Unter den Begriff der Absonderungsflächen fallen auch nicht die Harnisch-, Spalt- und Kluftbildungen infolge von Setzungs- und Sackungserscheinungen im Gesteine, Wirkungen gebirgsbildender Kräfte, Druckentlastung durch die Entfernung überlagernder Schichten, Schwellungsvorgängen usw. Die nähere Erörterung dieser nicht immer leicht von den Absonderungsflächen zu trennenden sonstigen Flächen der Aufhebung des Gesteinszusammenhanges erfolgt im Zusammenhange auf S. 407ff.

c) Die Familien der Erstarrungsgesteine

α) **Tiefengesteine** (siehe Übersicht S. 112)

Die wichtigsten Tiefengesteinsfamilien sind:

1. die Familie der Granite, gekennzeichnet durch die Mineralvergesellschaftung: Alkalifeldspat und Quarz, meist auch Glimmer (oder einem anderen farbigen Gemengteile, wie z. B. Hornblende oder Augit);

2. die Familie der Syenite: Alkalifeldspat und Glimmer (oder ein anderer färbiger Gemengteil) bauen das Gestein auf, dem Quarz fehlt; in der verwandten Familie der Eläolith (Nephelin-, Leuzit)-Syenite wird der Alkalifeldspat ganz oder zum Teile durch Leuzit, Nephelin (Eläolith), Sodalith oder Hauyn vertreten; außerdem sind nur noch farbige Gemengteile vorhanden;

3. die Familie der Diorite. Vorherrschende Kalknatronfeldspate werden von Magnesiaglimmer oder Hornblende, selten von Augit begleitet. Quarz fehlt meist, kann aber zuweilen vorhanden sein (Quarzdiorite);

4. die Familie der Gabbros. Basische Plagioklase treten zu Diallag (Gabbro schlechtweg), rhombischen Augit (Norite), seltener zu Hornblende (Hornblendegabbro); Olivin gesellt sich oft bei (Olivingabbro); Quarz ist selten;

5. die Familie der Peridotite und der Pyroxenite, die feldspatarmen bis feldspatfreien und stets quarzlosen Gesteine mit vorherrschend Olivin und Hornblende oder Augit umfassend.

1. Die Familie der Granite

Das Mineralgerüst der Granite bilden Alkalifeldspate, Quarz und Glimmer, oder an Stelle der Glimmer ein farbiger Gemengteil, meist Hornblende oder Augit. Der Verband ist meist halbeigenformig-körnig (Abb. 4), zuweilen auch porphyrartig (Abb. 13); „Kristallgranite" Gümbels) infolge Hervortretens einzelner größerer Feldspatkristalle innerhalb einer mittel- bis feinkörnigen Hauptmasse; die Tracht der Granite ist in der Regel richtungslos (massig), seltener etwas schiefrig (Gneisgranite).

Unter den Alkalifeldspaten herrschen Orthoklas (häufig Karlsbader Zwillinge, kenntlich daran, daß die eine Hälfte des Kristalls bei entsprechendem Lichteinfalle einspiegelt, während die andere matt bleibt) und Mikroklin (gegittert) vor. Die Feldspate besitzen dem Quarz gegen-

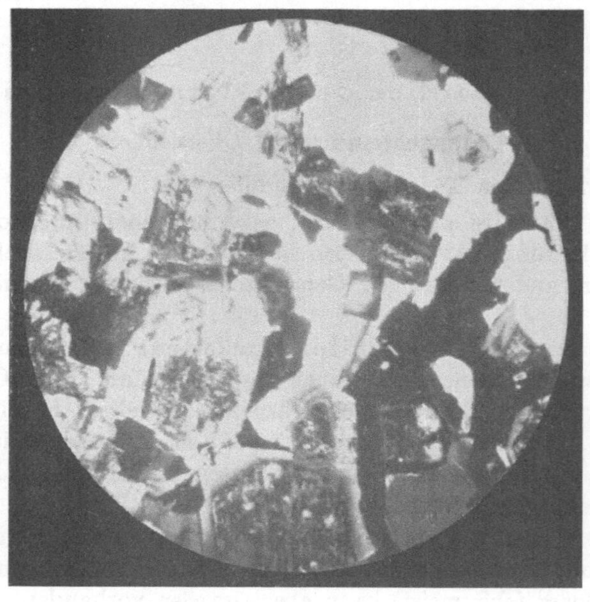

Abb. 150. Granit mit bestaubten Feldspaten. Plöcking b. Neuhaus, O.-Ö., Tonibruch (Ing. Poschacher). Rand meist ungetrubt; Plagioklase an ihrer Zwillingsstreifung kenntlich

über Eigenform, sind weißlich, rötlich (fleischrot, lichtrosa bis ziegelrot) oder gelblich, seltener grünlich oder bläulich gefärbt. Ihre Trübung (Abb. 150) ist selten ursprünglich (z. B. durch winzige Einschlüsse von Flüssigkeit usw. bedingt), sondern weit häufiger eine Folgeerscheinung (Ausscheidung neu gebildeten eingesickerten Limonites, Hämatites, Kalkspates, Zersetzungstones u. a. m.). Am häufigsten tritt uns an der Erdoberfläche die Umwandlung der Feldspate zu tonigen Stoffen und zu Muskovit bzw. Seidenglimmer entgegen; die Kaolisierung scheint auf die tieferen Erdschichten und jene Stellen der äußersten Rinde beschränkt zu sein, wo längs Spalten warme Wässer, heiße Dämpfe oder Moorwässer usw. auf die Feldspate einwirkten. Granit mit

Kali- oder Natronvormacht heißt Alkaligranit (vgl. S. 114) (z. B.: Sodagranit, Riebeckitgranit); gesellen sich jedoch zu den Alkalifeldspaten auch Kalknatronfeldspate (Oligoklas, Andesin), so spricht man von Alkalikalkgranit; in dieser häufigeren und technisch wichtigeren Unterfamilie unterscheidet man die Kalknatronfeldspate (Abb. 150) meist schon mit freiem Auge durch ihre Zwillingsstreifung und ihre vorherrschend hellen weißlichen, gelblichen, grünlichen, kaum jemals rötlichen Farben von den meist um einen Schatten dunkler gefärbten, häufig fleischroten Alkalifeldspaten (meist Orthoklasen).

Der Granitquarz ist wie alle Tiefengesteinsquarze als zuletzt erstarrter Gemengteil jeder Eigenform bar (Lückenbüßer, Füllmasse; Abb. 2, 5) und entweder farblos oder weißlich, rauchgrau, gelblich (durch fein verteiltes Brauneisen), auch rötlich (durch Eisenoxyd) gefärbt. Man erkennt ihn außerdem an dem Fehlen von regelmäßigen Spaltrissen und seinem Fettglanze auf den unebenen Bruchflächen. Feldspat besitzt im Gegensatz hierzu vorwiegend regelmäßige Umrisse, ebene Spaltflächen mit gleich gerichteten Spaltrissen und einen lebhafteren Glanz.

Neben Feldspat und Quarz treten in den Graniten noch farbige Gemengteile, meist Glimmer, jedoch auch Hornblenden und Augite auf; je nach dem Vorherrschen der einen oder anderen Mineralart unterscheidet man:

Glimmerarme Granite (Alaskite), welche vorwiegend nur aus Quarz und Feldspate bestehen.

Zweiglimmergranite oder Granite im engeren Sinne. Neben Feldspat und Quarz erscheinen Biotit und Muskovit als vorwaltende farbige Gemengteile.

Biotitgranite (Granitite). Magnesiaglimmer herrscht unter den dunklen Bestandteilen vor. Wohl die verbreitetste Granitart (Abb. 5, 56).

Muskovitgranit. Muskovit allein oder Muskovit neben spärlichem Magnesiaglimmer begleitet das Quarzfeldspatgemenge.

Hornblendegranite. Muskovit fehlt. Der vorherrschende dunkle Gemengteil ist Hornblende, der sich zuweilen Biotit beigesellt (Hornblendegranitit). Aus der Alkalireihe gehört hierher der riebeckitreiche Riebeckitgranit.

Augitgranite. Abwesenheit von Muskovit und Reichtum an Augit kennzeichnen diese seltenere Granitart. Hypersthengranite (Charnockite) enthalten rhombischen Augit, Ägiringranite Ägirin (Alkaligranit).

Turmalingranite (Abb. 2). Neben oder an Stelle des dunklen Gemengteiles tritt Schörl (schwarzer Turmalin) auf, dessen Nadeln und Stengel oft speichigstrahlig angeordnet sind (Turmalinsonnen; Abb. 110). Bekannt ist der fleischrote Turmalingranit von Predazzo (Südtirol), der einen prächtigen Zierstein liefert.

Die verschiedenen Granitarten sind durch mancherlei Übergänge und Zwischenglieder verbunden; es können daher nur ihre reineren Formen, nicht aber ihre Mischausbildungen leicht auseinandergehalten werden (Abb. 2, 4, 5, 56, 150).

Stofflich sind die Granite durch hohen Gehalt an Kieselsäure (60 bis über 80 v. H.) gekennzeichnet. Als Beispiel für die Zusammensetzung eines Granites sei jene angeführt des Granites von:

	SiO_2	TiO_2	Al_2O_3	Fe_2O_3	FeO	MgO
Maissau, N.-Ö.	73,23	0,42	14,37	0,18	1,87	0,62
Fürstenstein bei Königshain . .	75,70	0,09	13,17	0,43	0,74	0,92
Desgleichen porphyrartig. . . .	74,56	0,16	13,19	0,68	0,98	0,28
Desgleichen aplitisch	76,13	0,04	12,85	0,57	0,24	0,09
Zweiglimmergranit von Hauzenberg (Bayern).	72,50	0,66	12,16	4,13	0,03	Spur
Krieglach i. Mürztal (Gneisgranit)	73,59	0,15	13,85	0,52	0,97	0,27
Biotitgranit von Durbach (Schwarzwald)	67,70	0,50	16,08	5,26		0,95

	CaO	Na_2O	K_2O	H_2O	P_2O_5
Maissau, N.-Ö.	2,29	2,15	3,09	1,30	0,26
Fürstenstein bei Königshain . .	0,15	4,77	3,59	0,68	Spur
Desgleichen porphyrartig. . . .	1,17	4,15	4,41	1,01	0,02
Desgleichen aplitisch.	0,50	3,74	5,18	0,40	nicht best.
Zweiglimmergranit von Hauzenberg (Bayern).	0,93	2,19	6,46	0,70	
Krieglach i. Mürztal (Gneisgranit)	0,80	3,08	5,43	1,25	0,10
Biotitgranit von Durbach (Schwarzwald)	1,65	3,22	5,78	1,25	0,10

Die eigentliche Oberflächenverwitterung der Granite wird eingeleitet und begleitet von der mechanischen Auflockerung durch den Wechsel von Wärme und Kälte, von Ausdehnung und Zusammenziehung, Gefrieren und Wiederauftauen.

Die Gesteinsmasse zerfällt allmählich bis zu einer Tiefe von mehreren Metern in eckigkörnigen Grus; die einzelnen Grusteilchen werden meist von dünnen, schmutzigbraunen Limonithäutchen umhüllt. Nur in den von Pflanzenwurzeln durchwachsenen Erdschichten pflegt das Brauneisen infolge Reduktion und Auflösung zu verschwinden; ähnliche Erscheinungen führen auch zur Ausbleichung der Granitblöcke in den Torfmooren, wie z. B. auf den Hochflächen der Gebirge und den Talböden der Mittelgebirge (Böhmerwald). Die wesentlichsten Zersetzungsgebilde der von dem Gesteinszerfalle unterstützten stofflichen Umwandlung sind neben Brauneisen Zersetzungston und Muskovit aus den Feldspaten, Chlorit, Epidot, Serpentin usw. aus Biotit, bzw. Hornblende und Augit. Das Endergebnis der Oberflächenverwitterung ist in der Regel ein gelbbraungefärbter oder gefleckter, infolge der Quarzkörnerbeimischung sandiger (magerer) Lehm (Verwitterungslehm).

Die Verwitterung folgt den Klüften der sechsflächigen Absonderung, die man bei den Graniten so häufig antrifft, rundet zuerst die Kanten der Sechsflächner, so daß wollsack- oder matratzenähnliche Formen (Abb. 139, 140, 149, 203), Wackelsteine usw. entstehen und schreitet von ihrer Oberfläche allmählich immer weiter gegen das Innere fort. Verlieren die entstehenden Blöcke die gegenseitige Fühlung ganz, rutschen und stürzen sie zusammen, so bilden sich die sogenannten Blockmeere (Bayrischer Wald, Böhmerwald usw.). Besonders tiefgründig (15 m und mehr) ist die Verwitterung in Ruschelstreifen (Zerrüttungstreifen, Quetschstreifen).

Diese Art der Verwitterung der Granite und ihr geologisches Auftreten in breiten, flachgewölbten Stöcken, Kuppeln (Lakkolithen) usw., bedingen auch den Wasserhaushalt in Granitgebieten.

Da sich die Gesteinsmassen bis in große Erdtiefen fortsetzen, zwingt meistens keine wasserundurchlässige Schicht die eingesickerten Niederschlagwässer zum Wiederaustritte in Form von Quellen. Die Wässer sinken auf den Spalten und Klüften des Gesteins in große Tiefen hinab. Das Granitgebiet selbst ist daher arm an reichlich und andauernd fließenden Quellen. Die Bewegung des nicht auf Spalten rasch der Tiefe zustrebenden Wassers vollzieht sich an der Grenze der vergrusten Verwitterungsschicht in Mulden, kleinen Tälchen usw. in Form des sogenannten Mittelwassers, das nur wenige, rasch versiegende Rasenquellen („Hungerquellen") speist. Die Wasserspende dieser Quellfäden ist unter sonst gleichen Umständen um so größer und um so eher trinkbar, je mächtiger die Verwitterungsdecke entwickelt ist. Außerdem ist zu beachten, daß Südlehnen trockener und wasserärmer sind als die feuchteren Nordhänge, welche meist weniger steil sind und eine üppigere Pflanzendecke tragen. Beim Planen von Wasserversorgungsanlagen wird man daher mit Vorliebe nördliche Einhänge aufsuchen, beim Baue von Verkehrswegen — außer wenn man auf langbenützbare Schlittwege abzielt — sie jedoch meiden, da auf ihnen der Schnee länger liegen bleibt als auf Südlehnen und die stärkere Durchfeuchtung und die damit zusammenhängende Neigung zu Bodenbewegungen (Erdfließen, Rutschungen) zu kostspieligen Entwässerungs- und Sicherungsanlagen zwingt.

Neben den echten, richtungslosen und gleichmäßig körnigen Graniten gibt es noch einige Abarten mit etwas anders ausgebildeter Tracht und Verbandform. Gar nicht selten finden sich Granite, welche in einer dem unbewaffneten Auge deutlich körnig erscheinenden Hauptmasse größere Kristalle von Feldspat, manchmal auch eigenformige Quarze und sechsseitige Biotittäfelchen zeigen. Diese Abarten kann man als porphyrartige Granite (Abb. 13) von den Granitporphyren trennen, welche letztere durch die feinere, oft mit freiem Auge nicht mehr auflösbare Grundmasse schon sehr dem Porphyre ähneln. Beide durch Übergänge verbundene Abarten findet man in Gängen oder an den Rändern von Granitstöcken und Kuppeln häufig vor. Bei anderen Graniten wiederum erinnert die äußere Tracht insofern an jene kristalliner Schiefer, als die Glimmerblättchen nach untereinander gleichlaufenden Flächen eingestellt sind.

Diese Gleichrichtung der Glimmerschüppchen kann eine ursprüngliche, vor der Gesteinsverfestigung erfolgte oder erst nachher erworbene sein. Im ersteren Falle ist sie eine Abbildung, gewissermaßen eine Versteinerung von Fließerscheinungen, wie sie besonders in den äußeren Teilen der Schmelzflüsse nicht selten sind, oder eine Folge der vom nachschiebenden Magma auf die randlichen, etwas früher emporgepreßten, aber noch nicht erstarrten Massen ausgeübten Druckes, zu dessen Richtung sich die Schüppchen senkrecht einstellten, zuweilen wohl auch eine durch Belastungsdruck erzeugte

Gleichrichtung mit der belastenden Fläche. Solche Gesteine mit mehr minder gerichteten Glimmern müssen wegen ihrer stets engen Verknüpfung mit richtungslosen Graniten wohl unbedingt zu den Graniten gezählt werden. Zerbrechungserscheinungen werden bei ihnen seltener beobachtet. Dagegen treten solche Zertrümmerungs- und Auswalzungserscheinungen in jenen Fällen sehr häufig, ja regelmäßig auf, wo die Einstellung der Glimmerschüppchen in gleichlaufenden Flächen erst nachträglich im erstarrten Gestein durch die Wirkungen der gebirgsbildenden Kräfte erfolgte (Störungsumwandlung, Dynamometamorphose). Die ersten Spuren der Druckwirkungen zeigen sich im Handstücke in Knickungen und Biegungen der Glimmer und der Feldspatleistchen sowie in einem zuckerkörnigen Aussehen der von zahlreichen unregelmäßigen Rissen durchzogenen Quarze. Narbenartige,

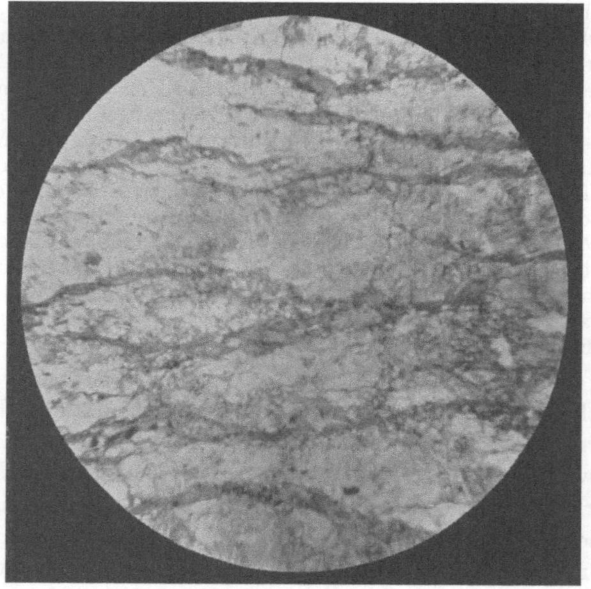

Abb. 151. Schnüre von Muskovit (graue Züge), dazwischen (heller) zertrümmerte Feldspate und Quarze. Granitgneis von Edelsee b. Birkfeld, Steiermark

matte, nicht spiegelnde Linien durchkreuzen die Feldspate, weiße Streifchen die Quarze. Das sind die Schnittbilder von Flächen, längs deren Teile des Gesteins gegeneinander verschoben wurden. Bei stärkerer Einwirkung des Gebirgsdruckes werden die Glimmerblättchen zerdrückt und ihre Teilchen zu Flatschen, Striemen und Häutchen ausgewalzt, zwischen welchen die größeren, randlich oft ganz zertrümmerten Feldspate und die zerdrückten Quarze eingebettet liegen (Abb. 151). Auch in diesem Falle geht der Granit in ein gneisartiges Gestein über, welches in den ersten Stufen der Umwandlung bei noch wenig zerdrückten Glimmern und Feldspaten sehr wohl noch als Gneisgranit bezeichnet werden kann, aber dann, wenn die mechanische Umbildung (Zerbrechung, Kataklase) weitere Fortschritte gemacht hat, besser als Granitgneis bezeichnet wird. Solche Granitgneise gehen mit Zunahme des Gebirgsdruckes, wobei sich die Feldspate in Seidenglimmer usw.

umwandeln, allmählich in förmliche Serizitschiefer über. Granit, Gneisgranit, Granitgneis und Serizitschiefer findet man oft in einem und demselben Gebirgsstocke, ja in stark gestörten Gebieten zuweilen sogar im selben Steinbruche nebeneinander vor; dann bezeichnen die Granite jene Teile der Gesteinsmasse, welche im Schatten der Kräfte lagen, wie sie bei der Faltung oder an Verwerfungen lebendig werden, die Gneisgranite und Granitgneise aber die Stellen stärkerer Druckwirkung und die Serizitschiefer endlich die Orte stärkster Druckbeanspruchung (Quetschstreifen). Solche Quetschstreifen meidet der Ingenieur tunlichst, sowohl bei der Rohstoffgewinnung als auch bei der Anlage von Bauten. Man begegnet ihnen z. B. häufig in den Granitgebieten bei Eggenburg—Znaim, in den Gneisgraniten des Mürztales und der Umgebung von Birkfeld (Steiermark). Solche Ruschelstreifen dürfen mit Verwitterungserscheinungen nicht verwechselt werden. Die Stärke letzterer nimmt nach der Tiefe zu ab, jene der ersteren dagegen nicht.

Das Raumgewicht der Granite schwankt zwischen 2,6 und 2,7, je nach der Menge der schweren, farbigen Gemengteile. Die Bearbeitbarkeit der Granite ist nicht allzu schwierig, ihre Nachbrüchigkeit und Lückigkeit im frischen Zustande und in tektonisch nicht zu sehr gestörten Gebieten gering. Gewähr für Wetterbeständigkeit bieten Granite mit feinerem bis mittlerem Korn, vollkommen frischen, einspiegelnden Feldspaten, reichlich vorhandenem Quarz, nicht allzu viel Glimmer und ohne Schwefelkies; auf die Anwesenheit des letzteren muß ein Gestein besonders dann näher untersucht werden, wenn sich auf unfrischen Flächen die gewissen rostähnlichen Flecke zeigen, welche so häufig der Verwitterung von Schwefelkies ihre Entstehung verdanken. Man muß sich aber vor Täuschungen hüten, welche verwitternder Biotit verursachen kann; auch eine bloße gelbliche Färbung des Gesteins infolge Durchtränkung mit Eisenoxydhydrat braucht seine Verwendungsfähigkeit und Festigkeit noch nicht herabzusetzen (vgl. die technisch einwandfreien, gelblichen Abarten der Granite von Reinersreuth in Bayern und Gmünd in Niederösterreich).

Die Druckfestigkeit der Granite schwankt im Mittel zwischen 1200 und 1600 kg; bessere bayrische, sächsische, schlesische und nordische Granite erreichen Werte um 2000 kg/qcm (manchmal sogar solche auch von 2400 bis 2600 kg/qcm).

Im allgemeinen erweisen sich Granite besonders fest bei lückenloser Raumerfüllung, kleinerem Korn, größerem Quarzreichtum und geringerem Glimmergehalt; letzterer soll möglichst regellos im Gestein verteilt sein, seine Anordnung in Putzen oder gar in flaserähnlichen Gebilden erniedrigt die Druckfestigkeit wesentlich. Unangenehm ist auch schlierige oder kugelige Tracht. Ein Gehalt von Hornblende oder Augit erhöht die Festigkeit, wenn diese dunklen Gemengteile tief gefärbt sind und nicht etwa durch grünliches oder chloritisches Aussehen Zersetzungsvorgänge verraten. Ebenso dürfen auch die Feldspate keinerlei Trübungen und Erweichungserscheinungen zeigen und auch nicht spaltrissig oder allzu groß sein, weil sonst die ungleiche Ausdehnung nach verschiedenen Richtungen zum Zerspringen und Ausbrechen der Kristalle führt. Weniger schädlich wirkt das chemische oder physikalische Auswittern des Feldspates dort, wo reichlich beigemengter Quarz ein zusammenhängendes Netzwerk bildet; zersetzt sich der Feldspat in den Maschen des Quarzgerüstes, so bedeckt sich die Oberfläche des Gesteins zwar mit Pockennarben und kleinen Grübchen, das Gesteinsstück als Ganzes aber bleibt, durch den Quarz zusammengehalten, noch ziemlich fest. Zerbrechungserscheinungen an den Gemengteilen des Granites infolge Gebirgsdruckwirkungen setzen die Festigkeit oft bis zur Unbrauchbarkeit herab; dies gilt vielfach von dem sogenannten Alpen-(Protogyn-) Granit, welcher reichlich lichten, grünlichgelben, talkähnlichen Serizit, Chlorit usw. eingelagert enthält, meist schiefrige Tracht besitzt und oft eine sandig-bröcklige Beschaffenheit zeigt.

Die Frostbeständigkeit frischer Granite genügt fast immer allen Anforderungen. Zweifel ergeben sich nur bei Granitgesteinen mit stark verwitterten Feldspäten, bei denen sich die Kornbindung bereits merklich gelockert hat.

Die Abnützung der Granite hat sich nach vielen Versuchen als sehr gering erwiesen; sie sinkt mit der Zunahme der Quarzbeimengung und mit dem Feinerwerden des Kornes. Dagegen entspricht ihre Feuerfestigkeit nicht den zu stellenden Anforderungen, da sie gegen jähen Wärmewechsel empfindlich sind. Namentlich führt plötzliches Abschrecken mit Löschwasser Zerspringen und Zerbröckeln des Gesteins herbei. Manche Bauordnungen, z. B. die Berliner, verbieten daher die Anwendung von Granit zu freitragenden Treppen usw.

Für die vielseitige technische Ausbeutung (53) von Granitvorkommen kommt auch die Absonderungsform in Betracht. Kugelige und unregelmäßig-vielflächige Absonderung stört den Abbau, grobbankige dagegen erleichtert ihn und gestattet die Gewinnung großer Bausteine und Werkstücke. Folgen die Ablösungsflächen der plattigen Absonderung in geringen Abständen aufeinander, so wird natürlich die technische Verwertbarkeit des Vorkommens beschränkt. Desgleichen wird sie herabgemindert oder gänzlich unmöglich gemacht durch Störungen im Gebirgsbau, in deren Nähe es oft zu einer förmlichen Zerstückelung und Vergrusung des Gesteins gekommen ist (Quetschstreifen).

Wo die Granitvorkommen nicht zu sehr durch Absonderungsflächen oder Verwerfungspalten, Lose, Stiche usw. zerklüftet sind, finden sie eine überaus vielfältige Verwendung. So zu Sockelsteinen für Denkmäler, Kunstbauten aller Art, zu Ziersteinen usw.; hiezu befähigt sie ihr oft schöner Farbenton (rote Granite von den Riesensteinen bei Meißen, von Limberg (N.-Ö.), Virbo Vanevik, Saltvik, Lysekil usw. in Schweden, roter Turmalingranit von Predazzo usw., grünliche Granite usw.). Außerdem liefern die Granite Rohstoffe für Pflastersteine, Steinplatten (Bürgersteige, Randsteine, Treppenstufen), Steinschlag (zu Straßenfahrbahnen, Eisenbahnschwellenbettungen, Betonschotter), Mühlsteine, für den Festungs-, Hoch- und Wasserbau; letzterer fordert völlige Frische der Feldspate, welche sonst unter Wasser rasch zerstört würden. Unter den Straßenbauern (53) hat der Granit sich viele Freunde erworben; seine Druckfestigkeit, Schlagfestigkeit und Kantenhärte sind meist hoch. Der beim Gesteinszerfalle sich da und dort in größeren Mengen ansammelnde Grus kann als Bau- und Wegsand verwertet werden, der stellenweise gebildete Kaolin aber zur Herstellung von Porzellan, Tonwaren und feuerfesten Steinen.

Der Granit ist das verbreitetste Durchbruchsgestein. In Deutschland findet er sich vielerorts, so im Wasgenwald (Fouday, Andlau), im Schwarz-,

Oden- und Thüringer Wald, im Brockengebirge, Fichtel- (Wunsiedel, Berneck, Waldstein b. Weißenstadt, Kornberg, Kösseine), Riesen- und Erzgebirge, in der Lausitz (Umgebung von Bischofswerda), in Schlesien, im Bayrischen Wald (Passau, Cham, Tirschenreuth, Egging, Metten) usw. Außerdem beutet man u. a. folgende Granitvorkommnisse aus: Grasstein in Tirol, Schärding, Dornach, Neuhaus (Plöcking) und Mauthausen (Pflastersteine Wiens) in Oberösterreich, bei Eggenburg, Limberg, Maissau, Groß-Reipersdorf, Roggendorf, Gmünd, Schrems, Exenbach, Retz in Niederösterreich, bei Preßburg und Wolfstal, am Bacher, bei Übelbach und Ht. Lobming (Granitgneis!) in der Steiermark, Seebach b. Villach (Granitgneis, Pflastersteine!), in Böhmen (Heinrichsgrün, Hohenfurt), Mähren, Schlesien (Domsdorf, Friedeberg, Schwarzwasser, Setzdorf) usw. Granit fand u. a. für nachstehende Bauten und Denkmäler Wiens Verwendung: Hochbehälter Rosenhügel, Rudolfsbrücke, Giselabrücke, Rathaus, Börse, für die Sockel des Kaiser-Josef-, Kaiser-Franz- und Maria-Theresien-Denkmales usw.

Einige Beispiele deutscher Vorkommen: Albersweiler (Biotitgranit, mittelkörnig, rötlichbraun, R = 2,62, Druckfestigkeit = 2040 kg/qcm). Raumünzach (Großpflaster, Kleinpflaster, grobkörnig, rötlichgrauweiß, porphyrartiger Verband, R = 2,66, Druckfestigkeit = 2120 kg/qcm). Reinersreuth, Nordbayern (glimmerarmer Zweiglimmergranit; bläulichweiße Abart und gelblichweiße [vgl. S. 155] Abart; Bausteine, Ziersteine [warmer Ton!]. Druckfestigkeit 1910 bis 2070 kg/qcm, verwitterungsfest und frostständig). Lichtenberg im hessischen Odenwald. Schrems, N.-Ö. (blaugrau, feinkörnig, Biotitgranit, Wasseraufnahme 0,20 v. H., R = 2,61, Druckfestigkeit trocken: 2490 bis 2690 kg/qcm, wassersatt: 2080 bis 2150 kg/qcm). Fürstenstein b. Passau (Granodiorit, R = 2,771, Druckfestigkeit 2125 bis 2375 kg/qcm). Höhenberg b. Tittling, Bayern (R = 2,64 bis 2,65, Druckfestigkeit 1500 bis 2370 kg/qcm). Büchlberg b. Passau (gelblichgrau gesprengelt, scharfkantig, flachmuschelig brechend, frostfest, R = 2,624, D = 2,655, $\frac{R}{D} = 0{,}988$, Druckfestigkeit trocken: 2493 kg/qcm, wassersatt: 2348 kg/qcm, Wasseraufnahme = 0,4 v. H.). Kamenz (C. Sparmann u. Co., Dresden, grobkörnig, weißgrau mit schwarzen Sprenkeln. Druckfestigkeit 2506 bis 2691 kg/qcm). Beucha b. Leipzig (porphyrartiger Granit, schwefelkiesfrei, rötlichgrau, oder bläulichgrau bis graugrünlich, R = 2,617 bis 2,618, druckfest [2179 kg/qcm] vorzüglicher Pflasterstein.) Fürstenstein bei Königshain, Kreis Görlitz (porphyrartiger Granit, hellgrau mit weißen, grauen und bräunlichen Sprenkeln, R = 2,64, D = 2,66, $\frac{R}{D} = 0{,}99$, Wasseraufnahme 0,4 v. H., frostbeständig, druckfest [2540 bis 2730 kg/qcm]).

Durch die Verwitterung entstehen aus feinkörnigen Graniten meist nur flachgründige, oft steinreiche, sandige Lehmböden, durch Wegschwemmung der feinen und feinsten Verwitterungsteilchen auch oft fast reine Sandböden; sind diese mit Wald bestockt, dann neigen sie wegen ihrer Armut an Pflanzennährstoffen oft zur teilweisen Vermoorung; es siedeln sich auf ihnen zuerst Gabelzahnmoose (Dicranum), später Polster von Blaumoos (Leucobryum glaucum) und schließlich Plaggen verschiedener Torfmoose (Sphagneen) an (Böhmerwald, Mürztal-Sonnseite, Teufelstein bei Kindberg, Kraubatheckgruppe, Rammelsteinabhänge bei Olang usw.). Günstiger verhalten sich meist die aus grobkörnigeren Graniten hervorgehenden Böden, welche aber auch über Mittelgüte selten hinausgehen. Wo die ausgeschlemmten Feinteilchen zusammengeschwemmt werden, liefern sie einen dichten, mit Quarzkörnern und Glimmerschüppchen durchsetzten Tonboden. Die Granitböden enthalten meist ziemlich viel Alkalien, insbesondere Kali, mittelviel Phosphorsäure, dagegen in den Alpen sehr wenig Kalk; man trifft deshalb auf ihnen im südlichen Teile der deutschen Lande die dort kalkholde Buche selten an.

2. Die Familie der Syenite

Der hochrote, von den Alten als Baustein geschätzte Granit von Syene (Hornblendebiotitgranit) wurde früher als Syenit bezeichnet und hat der ganzen Gesteinsfamilie den Namen gegeben.

Bezeichnend für Syenit ist der Mangel bzw. die Armut an Quarz und das Vorherrschen von Alkalifeldspat, dem gegenüber die farbigen Gemengteile — Magnesiaglimmer, Hornblende, Augit — zurücktreten können. Titanit (Abb. 112) wird öfters schon mit freiem Auge in Form brauner, glänzender Körner wahrgenommen.

Der Alkalifeldspat ist meist Orthoklas, seltener Mikroklin (gegittert); rote und weiße Farbentöne herrschen vor. Wo Kalknatronfeldspat ins Gesteingemenge eintritt, gehört er zu ziemlich sauren Mischungen (Oligoklas, Andesin). Die Anordnung der Bestandteile ist richtungslos, der Verband halbeigenförmig-körnig, das Korn fein bis grob. Gelegentlich findet sich auch porphyrartiger Verband oder Fließtracht, hervorgerufen durch gleichsinnige Einstellung von Glimmerplättchen oder tafelig nach der Längsfläche ausgebildeten Feldspaten.

Je nach dem Vorherrschen eines Minerals unter den farbigen Gemengteilen unterscheidet man folgende, durch Übergänge miteinander verbundene Abarten:

1. Glimmersyenit: Magnesiaglimmer wiegt vor. (Grundart: Gestein des Erzenbachtales bei Oberwolfach im Schwarzwalde.)

2. Hornblendesyenit: Hornblende herrscht vor. (Musterbeispiel: Syenit vom Plauenschen Grunde in der Meißener Granitsyenitmasse; Abb. 112.)

3 Augitsyenit: Augit wiegt vor. Als Mustergestein wird meist jenes von Gröba bei Riesa (Sachsen) angeführt.

Als Beispiel für die stoffliche Zusammensetzung der Syenite (im Mittel 55 bis 65% SiO_2) diene das Ergebnis der Bausch-Analyse des Hornblendesyenites vom Plauenschen Grunde bei Dresden und jenes des Augitsyenites von Gröba (Sachsen).

SiO_2	Al_2O_3	Fe_2O_3 FeO	MgO	CaO	Na_2O	K_2O	H_2O
59,83	16,85	7,01	2,61	4,43	2,44	6,57	1,29
51,93	17,90	9,31	3,99	7,29	4,11	3,42	0,53

Quarzhaltige Syenite leiten zu den Graniten hinüber. Eine eigentümliche Stellung nimmt der Monzonit[1] ein, welcher neben Orthoklas

[1] Nach dem Vorkommen am Monzoniberg bei Predazzo in Südtirol.

auch reichlich Plagioklas führt, zuweilen Olivin enthält und in seiner quarzhaltigen Abart, dem Quarzmonzonite, den Übergang zum Quarzdiorit vermittelt; die Spaltungsfähigkeit des Monzonitschmelzflusses ist überaus groß und führt zur Ausbildung vieler Spielarten, wie z. B. Olivin-, Hypersthen-, Nephelin-Monzonit, Sommait (leuzitführender Olivinmonzonit) usw. Viele Monzonite vermitteln den Übergang zu den Alkalisyeniten.

Zu den Alkalisyeniten gehören die Laurvikite (Rauten-, Rhombenporphyre) mit spitzrautenförmigen (S. 73) oder gleichschenkelig-dreieckigen Feldspatschnittbildern; sie sind frei von Plagioklas und enthalten außer Alkalifeldspat Ägirinaugit, Diopsid, Natronhornblende, Olivin, Lepidomelan usw. Der Verband ist bald körnig, bald porphyrartig, sehr oft ein Fließverband. Ihre dunkelgrünen und perlgrauen Abarten geben beim Glätten einen bläulichen Farbenschiller („norwegischer Labrador, Perlmutterlabrador"). Der Sodalithsyenit führt neben Alkalifeldspat (Feinperthit oder Anorthoklas) Sodalith (Böhmen).

Die Eläolith- und Leuzitsyenite führen neben Alkalifeldspat Eläolith (Nephelin) oder Leuzit bei gleichzeitiger Anwesenheit eines farbigen Gemengteiles. Kalknatronfeldspat fehlt in der Regel. Blauer Sodalith erscheint häufig, desgleichen gelbbraune, stark glänzende Körner von Titanit. Tracht und Verband ähneln jenem der gemeinen Syenite. Riesenkornverband ist nicht selten, desgleichen Andeutung von schieferiger Tracht. Das Raumgewicht ist gering (2,46 bis 2,69); bei der Verwitterung bilden sich häufig Zeolithe. Die nicht sehr häufigen Vorkommen, z. B. von Nagy Köves bei Fünfkirchen (Ungarn), von Langental-Farrisvand in Südnorwegen, von Ditro (Siebenbürgen) usw. werden zu Bau- und Pflastersteinen ausgebeutet. An Güte stehen sie den eigentlichen Syeniten im allgemeinen nach, da sie leichter verwittern und weniger druckfest sind.

Die Dichte der Syenite ist etwas größer als jene der Granite (D = 2.7 bis 2.9) ebenso auch die Druckfestigkeit (Mittelwerte: 1500 bis 2000 kg pro qcm).

Die Abnützung der Syenite ist nicht immer geringer als die der Granite. Im allgemeinen lassen sie sich leichter bearbeiten als der meist härtere Granit; dafür sind sie zäher, namentlich wenn Hornblende oder Augit in reichlicher Menge vorhanden ist. Sie lassen sich auch gut glätten. Ihre Farbe hängt von jener des vorherrschenden Gemengteiles ab; meist ist sie perlgrau, graurot oder dunkelgrün, seltener schwarzgrün, grau oder bläulich.

Die Zähigkeit der Hornblende- und Augitsyenite, ihre Wetterbeständigkeit und Härte macht sie zu geschätztem Pflaster- und Schottergut. Syenitgrus wurde z. B. zur Bekiesung der Wege vor dem Naturhistorischen Hofmuseum in Wien angewendet. Manche norwegische Syenite (Laurvikite) erfreuen sich großer Beliebtheit als Stirnmauerverkleidung, als Sockel von Prunkgebäuden, Denkmälern usw.; sie wurden verwertet beim Kaiser Friedrich-Denkmal in Potsdam, für die Säulen im „Pschorrbräu" in Berlin, das Bavariahaus und das Haus Trarbach in Berlin usw. Auch viele andere Syenitarten mit ihrer meist braunroten, dunkelgrünen oder grünlichschwarzen Gesamtfarbe lassen sich leicht glätten und geben vornehme Ziersteine.

Gleich dem Granite bildet auch der Syenit meist Stöcke und Kuppeln, seltener Gänge; Absonderung und Verwitterung ähnelt jener des Granites, ebenso auch die Berührungserscheinungen. An Verbreitung steht er dem

Granit weit nach. Bekanntere Vorkommen sind: Gröba bei Riesa in Sachsen (Augitsyenit), Odenwald (Kisselbusch bei Löhrbach), Plauenscher Grund bei Dresden (Hornblendesyenit), Erzenbachtal bei Oberwolfach im Schwarzwald (Glimmersyenit), Dörrmorsbach bei Aschaffenburg, Schlesien (Umgebung von Glatz und Reichenstein), Wiesen in Oberfranken, im Bayrischen Walde, Blansko bei Brünn (Mähren), Umgebung von Wolin und Milin (Südböhmen), am Monzoni in Südtirol (Monzonit), in Südnorwegen (Laurvik, Tönsberg, Fredriksvärn usw.).

3. Die Familie der Diorite[1]

Die Diorite kennzeichnet die Mineralvergesellschaftung Natronkalkfeldspat mit einem oder mehreren Gliedern der Magnesiaglimmer-, Hornblende- oder Augitgruppe. Quarz kann vorhanden sein, fehlt aber den meisten Abarten nahezu ganz.

Die Plagioklase sind meist grau oder weiß, höchst selten rötlich gefärbt und bald dünn-, bald dicktafelig nach der Längsfläche entwickelt. Seltener sind sie gleichausmaßig. Stets eignet ihnen die bekannte Zwillingsstreifung. Alkalifeldspat gesellt sich untergeordnet hinzu.

Die Tracht ist meist richtungslos, seltener schieferig („Dioritschiefer"), zuweilen kugelig (Kugeldiorit von Korsika, auch „Napoleonit" oder „Corsit" genannt; die Kugeln bestehen aus abwechselnden Lagen heller und dunkler Gemengteile). Der Verband ist fast immer halbeigenformig-körnig, von wechselnder Korngröße, nur zuweilen auch porphyrartig. Basische Ausscheidungen beobachtet man des öfteren.

Die wichtigsten Arten der Alkalikalkdiorite sind:

1. Quarzdiorite. Diese führen neben Feldspat und einem dunklen Bestandteil noch Quarz und leiten daher zu den Graniten über, von denen sie jedoch der Gehalt an mehr oder minder basischen Plagioklasen unterscheidet. Die Grenzglieder gegen die Granite hin werden vielfach als Granodiorite bezeichnet.

Hieher wird auch der sogenannte Tonalit[2] gestellt, welcher aus weißem Andesin, dunkelschwarzgrüner Hornblende, hochgradig eigenformigem, dunkelbraunem Magnesiaglimmer und Quarz aufgebaut wird. Er findet sich im Gebirgsstock des Adamello und der Presanella, im Ultental und am Iffinger bei Meran, bei Grasstein und Franzensfeste, in der Riesenfernergruppe, in dem Granit sehr nahestehenden Abarten (Tonalitgranit) auch sonst im Alpenhauptkamme, hier allerdings mehr minder verschiefert (Tonalitgranitgneis); so z. B. in der Hochalmgruppe und im Zillertale usw. Der Tonalit ist glimmerreicher als die eigentlichen Quarzdiorite und leitet zu den Quarzglimmerdioriten über.

2. Augitdiorite. Augit tritt in größerer Menge zu den anderen farbigen Bestandteilen hinzu. Hieher gehören auch die „Banatite"

[1] diorizein (griechisch) = unterscheiden, nämlich von den Diabasen.

[2] Nach dem Vorkommen am Tonalepaß in Südtirol. Cathrein versuchte den Namen Adamellit einzubürgern und das Gestein an die Granite anzugliedern.

von Dognacska, Moravitza usw. in Ungarn, welche zum Teil Quarz führen. Quarzhypersthendiorit (Klausen, Südtirol) führt neben Plagioklas Hypersthen und Quarz. Die Augitdiorite leiten vielfach zum Gabbro (und Norit) hinüber.

3. Hornblendediorite oder Diorite schlechthin. Sie sind die verbreitetste Art.

4. Glimmerdiorite. Magnesiaglimmer übertrifft an Menge die selten ganz fehlende Hornblende. (Beispiele: Lausach in Baden, Elsaß, Fichtelgebirge, Christianberg im Böhmerwald usw.) Die Anwesenheit von Quarz gibt Veranlassung zur Bezeichnung Quarzglimmerdiorit (Umgebung von Klausen, Südtirol).

Die Diorite besitzen zwar nicht annähernd die weite Verbreitung des Granites, gehören aber immerhin zu den häufigeren Gesteinen. Vorkommen: Elsaß (Kienberg, bei Barr), Sachsen, Thüringer Wald, Schwarzwald, Bayrischer Wald, Vogesen (Memelstein, Neuntestein bei Hohwald), Odenwald (Schriesheim, Birkenau, Mühltal bei Eberstadt, Lindenfels, Reichelsheim). Schweden (grüner „Varberggranit"), Mähren (Nebowid), Böhmen (Skutsch, Wodnian, Svarov, Čerčan, Wischkowitz), Südtirol (Klausen), Oberösterreich (Dornach), Niederösterreich (Gebharts, Schrems) usw. Der Diorit bildet Stöcke und Gänge; letztere sind meist in der Mitte grobkörniger als an den Salbändern.

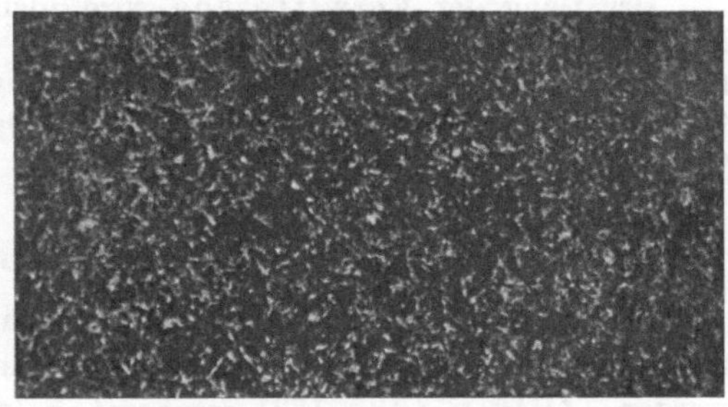

Abb. 152. Lamprophyr (Mesoproterobas) Ochsenkopf, Fichtelgebirge

Die Gesamtfarbe ist meist grau, dunkelgrün oder grün und weiß gesprenkelt. Das Raumgewicht beträgt 2,75 bis 2,95. Die Druckfestigkeit übersteigt jene des Granites und Syenites und schwankt im Mittel zwischen 1800 bis 2400 kg/cm^2.

Die Abnutzbarkeit der feinkörnigeren Diorite ist gering, die Bearbeitung um so schwieriger, je reicher sie an Hornblende bzw. Augit sind. Die Wetterbeständigkeit wächst mit der Verdrängung des Glimmers durch Hornblende und Augit. Auf die Abwesenheit von Schwefelkies muß um so sorgfältiger geachtet werden, je basischer und mithin je angreifbarer oder je weniger frisch die Plagioklase sind. Hohe Glättbarkeit macht die Diorite zu geschätzten Verkleidungs- und Ziersteinen. Feinkörnige hornblendereiche Diorite gehören zu den zähesten, stoßfestesten und abnutzungshärtesten Gesteinen. Man verwendet sie daher gern zu Unterlagsplatten für Arbeitsmaschinen, Auflagerquadern für Brücken- und ähnliche Bauten, zu Pflastersteinen, als Schottergut usw. Schön gesprenkelte Abarten dienen auch zu Ziersteinen und Kunstbauten; so wird z. B. der von den Steinbrechern „Syenit" genannte Diorit des Odenwaldes, welcher im geschliffenen und geglätteten Zustand eine tiefschwarze Farbe annimmt, namentlich für Grabdenkmäler viel verarbeitet; einige schwedische Vorkommen führen im Steinmetzgewerbe den Namen „schwarzer Granit“ (Vestervik, Loftahammer).

Stofflich sind die Diorite gegenüber Granit gekennzeichnet durch die meist geringere Menge von Kieselsäure (45,0 bis 68%), die Vorherrschaft des Kalkes gegenüber den Alkalien, unter denen Kali zurücktritt. Eisen und meist auch Magnesia treten reichlicher auf. So z. B. enthalten:

Tonalit vom Aviosee (Adamellogebiet):

66,91% SiO_2	15,20% Al_2O_3	— Fe_2O_3
6,45% FeO	3,73% CaO	2,35% MgO
0,86% K_2O	3,33% Na_2O	0,16% H_2O

Hypersthendiorit von Klausen (Südtirol):

59,97% SiO_2	16,93% Al_2O_3	2,41% Fe_2O_3
4,83% FeO	5,10% CaO	3,61% MgO
1,32% K_2O	3,87% Na_2O	1,60% H_2O

Der Gang der Verwitterung wird insbesonders von der Korngröße beeinflußt. Feinkörnige Abarten widerstehen oft dem Zerfall und der Zersetzung hartnäckig und liefern erdarme sandig-steinige Böden; grobkörnige dagegen verwittern meist leichter und erzeugen in der Regel fruchtbare, eisenreiche, tiefgründige Lehmböden.

4. Die Familie der Gabbros[1]

In den Gabbros treten am häufigsten Plagioklas und Diallag zusammen; Diallag kann durch Hornblende ganz oder teilweise ersetzt werden. Olivin (Abb. 153) erscheint bald im Gesteinsverband, bald fehlt er. Quarz ist in den Gabbros ein seltener Gast und bedingt dann den Abartnamen „Quarzgabbro“. Erze sind meist reichlich vorhanden, desgleichen auch oft Apatit. Die Alkaligabbros führen auch Feldspatvertreter.

Die Plagioklase sehen derb aus, haben bläulichweiße, graue, oft auch violette oder braune, sehr selten rote Farbe und gehören den basischen Endgliedern der Albit-Anorthitreihe an. Grünliche Farbentöne verraten beginnende oder vorgeschrittene Bildung von Chlorit, Strahlstein u. dgl. oder regelrechte Saussuritisierung (S. 77). Hierbei verschwinden Spaltbarkeit und Zwillingsstreifung, der Glanz wird matt, wachsähnlich, der Bruch splitterig. Härte und Dichte behalten beträchtliche Werte bei (Saussuritgabbro). Muskovit- oder Kaolinbildung ist selten. Der Diallag besitzt häufiger Zwangs-, als Eigenform und meist braune, graubraune oder grüne Farbe mit hohem Glanz auf den Spaltflächen nach der Querfläche, während die Säulenteilbarkeit weit zurücktritt. Verbreitet ist die Umwandlung des Diallages in faserige

[1] Nach dem Dorfe Gabbro, zwölf Kilometer östlich von Livorno, woselbst ein diallaghaltiger Serpentin ansteht. In Schlesien volkstümlich „Krötenstein“ genannt.

Hornblende (Uralit), namentlich im gefalteten Gebirge; außerdem entstehen aus dem Diallag nicht selten Serpentin (Bastit), Chlorit, Talk usw.

Die Tracht des Gabbro ist richtunglos, der Verband gleichmäßigkörnig; Korn meist grob. Porphyrartiger Verband kommt kaum jemals vor, dagegen ziemlich häufig schlierige Fließtracht, schiefrigflaserige Tracht (Flasergabbro) und Riesenkornverband.

Von den zahlreichen Abarten seien genannt: Essexit[1] (quarzfrei, reich an Augit [Diopsid, Titanaugit, Ägirinaugit], Olivin, Biotit und Hornblende, mit Kalknatronfeldspat, Orthoklas und häufig etwas Nephelin, Sodalith = Alkaligabbro), Norit (Diallag teilweise oder ganz durch rhombischen Augit

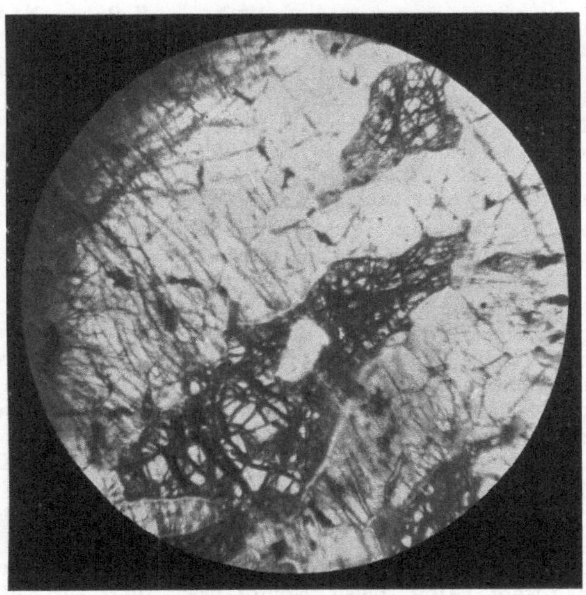

Abb. 153. In Zersetzung begriffener Olivin (Maschen) in Plagioklas. Gabbro, Albanien. Aufsammlung Dr. E. Nowack

ersetzt; Unterabarten: Olivinnorit, Biotitnorit, Quarznorit), Olivingabbro (olivinhaltig), Biotitgabbro, Quarzgabbro, Forellenstein[2] (Troktolith; weißlich mit dunkelgrünen Flecken, aus sehr basischen Plagioklasen und Olivin [oder Serpentin] bestehend; Neurode in Schlesien, Radautal), Labradorfels (gehört zum Anorthosit; farbige Gemengteile spärlich oder ganz fehlend), Hornblendegabbro (Hornblende verdrängt den Diallag; der Plagioklas ist basischer als bei den Dioriten) usw. Übergangsglieder zu den Dioriten hin sind häufig. Aus den Essexiten entwickeln sich durch Zunahme des Nephelins die Theralithe, durch Anreicherung an Nephelin und Kalifeldspat die Shonkinite. (Übergang zum Alkalisyenit.)

---

[1] Diesen Namen gab J. H. Sears einem Gestein der Umgebung von Boston, Mass.

[2] Nicht zu verwechseln mit dem auch „Forellenstein" genannten Orthoriebeckitgranitgneis der Gegend von Gloggnitz (N.-Ö.); vgl. S. 94.

Gegenüber den Dioriten ist der Kieselsäuregehalt der Gabbros stark herabgesunken (40 bis 55 v. H.), ebenso jener an Alkalien, während die Ziffern für Kalk, Magnesia und Eisen gestiegen sind. Es enthält der

	SiO_2	Al_2O_3	Fe_2O_3	FeO	CaO
Hornblendegabbro von Langenlois, N.-Ö.	48,99	16,92	0,81	6,56	16,69
Olivingabbro von Loisberg bei Langenlois, N.-Ö.	46,71	22,23	0,79	5,46	11,69
Radautal im Harz	49,14	15,90	5,88	9,49	10,50

	MgO	K_2O	Na_2O	H_2O
Hornblendegabbro von Langenlois, N.-Ö.	10,76	0,16	1,44	1,16
Olivingabbro von Loisberg bei Langenlois, N.-Ö.	10,30	0,15	1,70	1,15
Radautal im Harz	6,64	0,28	2,26	0,52

Tritt in Stöcken, aber auch in Lagergängen usw. auf.

Vorkommen: Apennin, Nordschweden („Schwarzer Granit" z. T.), Preußisch-Schlesien (Wolpersdorf, Zobten, Buchau, Hausdorf), Harz (Radautal), Ober-Elsaß (Amarinertal, Talhorn), Fichtelgebirge (Wurlitz), Odenwald, Sachsen (Penig, Roßwein), Niederösterreich (Langenlois, Nondorf, Drosendorf, Ottenschlag, Kottes), Steiermark (Bruck a. d. Mur), Böhmen (Ronsperg), Oberösterreich (Ischl, Wolfgangsee), Salzburg (Abtenau), Tirol (Märzengrund, Wildschönau, Monzoniberg, Ultental usw.), Bosnien, Albanien, Makedonien, Kleinasien usw. Essexite kennt man u. a. von Rongstock a. d. Elbe, Großpriesen Umgebung (Nordböhmen) und aus dem Monzonigebiete; Theralite aus dem böhmischen Mittelgebirge (Duppau), vom Katzenbuckel (Odenwald) und aus Südtirol (Monzoni).

Unter dem Einflusse des Gebirgsdruckes werden die größeren Körner der Gabbros zuerst randlich zertrümmert, dann verschiefert (Flasergabbro, Gabbroschiefer, Amphibolite). Der Ersatz der basischen Plagioklase durch Saussurit-Haufwerk (Albit, Zoisit, Epidot usw.) führt zur Entstehung des Saussuritgabbro (Allalinit)[1]; durch Flaserung und Schieferung gehen dann weiters die Flaserallalinite und die Allalinitschiefer hervor. Erscheint der Augit in Smaragdit umgewandelt, so spricht man von Smaragditgabbro.

Das Raumgewicht des Gabbros ist hoch (2,8 bis 3,1). Die Farbe ist schön, dunkelgrün oder olivgrün, auch grau- oder bräunlichgrün, weiß gesprenkelt. Nimmt prachtvolle Glätte an, ist sehr zähe und wetterbeständig. Die Druckfestigkeit ist bei den feinkörnigen Abarten sehr groß (im Mittel 2000 bis 2800 kg/cm² und sinkt nur bei sehr grobem Korn bis auf etwa 1000 kg/cm² herab. Hohe Standfestigkeit, schwierige Bearbeitbarkeit; erfordert beim Aussprengen von Stollen u. dgl. außerordentlich harte Bohrer, welche sehr oft gehärtet werden müssen und sich rasch abnützen sowie viel Sprengstoff. Die Gabbros finden wegen ihrer Glättbarkeit und ihrer meist sehr hübschen Färbung sowohl als Zierstein, für Tischplatten, Säulen, Wandbeläge u. dgl., als auch als Schottergut Verwendung und geben ausgezeichnete, rauhe Pflastersteine. Berühmt sind der sog. Granitone (pietra

[1] Nach den Vorkommen im Allalingebiete (Wallis, Schweiz).

di maschine), welcher NO von Florenz (Olivingabbro von Prato), bei Genua, Savona usw. gebrochen wird und der sog. Verde di Corsica, ein grasgrüner Smaragditsaussuritgabbro von der Insel Korsika, auch Verde' d'Orezza, Granito verde smeraldino usw. genannt. Finnländische Gabbros (Willmanstvand unweit Simola) liefern den „finnischen Labrador" mit farbigschillernden Feldspäten. Als Druckfestigkeitswerte werden angegeben für

Gabbro vom Radautale bei Harzburg .... 1030 kg/cm²
Gabbro von Nonndorf, Niederösterreich .... 1908 kg/cm²
Gabbro von Schwarzbach, Breuschtal (Ober-Elsaß) .... 3460 kg/cm²

Technisch minderwertig sind Gabbros mit reichlichem Gehalt an sehr basischen unfrischen Feldspaten, an Olivin oder an neugebildetem Chlorit.

5. Die Familie der Peridotite, Pyroxenite und Hornblendite

Als Peridotite, Pyroxenite und Hornblendite bezeichnet man feldspatfreie oder doch wenigstens an Feldspat sehr arme Gesteine, welche vorwiegend aus Olivin (Peridotite), Pyroxen (Pyroxenite) oder Hornblende (Hornblendite) bestehen. Stofflich ragen sie durch sehr geringen Gehalt an Kieselsäure, Tonerde und Alkalien sowie durch den Reichtum an Magnesia und Eisen hervor. Das Raumgewicht ist in frischem Zustande größer als das jedes Gliedes der bisher besprochenen Gesteinsfamilien (3,0 bis 3,4); Serpentinisierung drückt den Dichtewert jedoch herab.

Die Farbe ist meist dunkel, oft grünlich, gelbgrünlich, bräunlich, schwarzgrün bis grünlichschwarz; häufig treten fleckige, flammige Zeichnungen oder rote Sprenkel (Granatbeimengung) auf, welche den Wert des Gesteins als Zierstein, namentlich für Innenausschmückung oder als Schmuckstein erhöhen. Sehr olivinreiche (namentlich in Serpentinisierung begriffene) Arten erweisen sich nicht wetterfest.

Die Glieder dieser kieselsäureärmsten, basischesten, schwersten Familie der Tiefengesteinsreihe gelten in noch viel höherem Maße, wie die Gabbros als Erzbringer; an ihr Vorkommen knüpfen sich Lagerstätten von Nickel, Chromeisen (Kraubath, Balkan, Kleinasien), Kupfer (Arghana Maden im Tigris-Sammelgebiete, Platin (Ural) usw. Ihre Umwandlung in Serpentine usw. fällt in den Bereich der Tiefenzersetzung (siehe unter Umprägung der Gesteine S. 351). Bei ihrer Oberflächenverwitterung bilden sie im allgemeinen fruchtbare Böden; nur dann, wenn sich aus ihnen durch Zersetzung bereits Serpentin entwickelt hat, tragen sie eine unfruchtbare und nährstoffarme Krume.

An Arten seien genannt:

Olivinfels: Olivin alleinherrschend (Abb. 106); oft mehr oder minder stark in Serpentin verwandelt. Durch Hinzutritt geringer Mengen von Chromit entsteht Dunit; Vorkommen: Dun Mountains (daher der Name) auf Neuseeland, Steineck (Niederösterreich), Kraubath (Obersteier) usw.

Olivinglimmerfels (Glimmerperidotit): Körniges Gemenge von Olivin mit dunkelbraunen Biotittafeln und viel Spinell. Kaltes Tal bei Harzburg.

Hornblendeolivinfels (Amphibolperidotit): vorherrschend Hornblende mit Olivin (mehr minder stark serpentinisiert); hiezu zum Teil der „Schillerfels". Schriesheimer Tal im Odenwald.

Wehrlit: zu Diallag tritt reichlich Olivin, mitunter auch Hornblende. Vorkommen: Prachatitz (Böhmerwald), Brucka. d. Mur (Obersteier), Wolpersdorf (Schlesien), Magnetstein bei Burg Frankenstein (Odenwald), Dobschau, Ickersdorf, Berg Szarvaskö (Ungarn).

Harzburgite: neben Olivin (Serpentin) vorwiegend rhombischer Augit (Hypersthen, Bronzit) oder sein Umwandlungsgebilde (Bastit); hiezu gehört ein Teil der „Schillerfelse". Harzburg (daher der Name!), Glatter Stein bei Todtmoos (Schwarzwald), bayrisch-böhmischer Wald usw.

Lherzolith: Olivin, graubrauner Bronzit, smaragdgrüner Diallag, braunschwarzer Pikotit oder Chromeisenstein. Ultental (Südtirol), See von Lherz (Pyrenäen; daher der Name!).

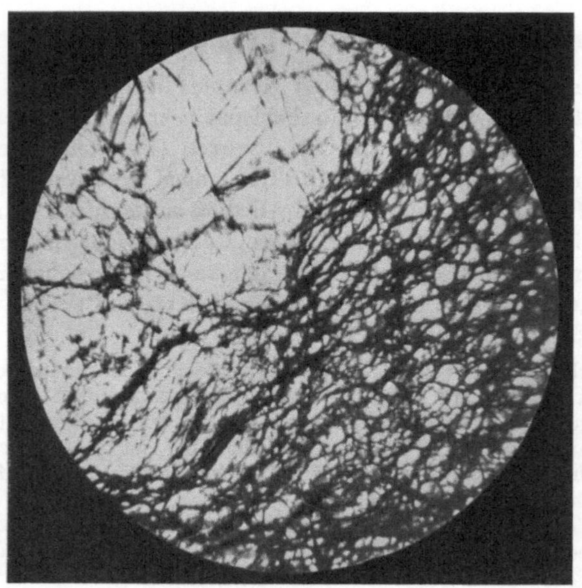

Abb. 154. Augit (links oben) und Olivin (rechts und unten). Peridotit, Albanien. Aufsammlung Dr. E. Nowack

Die Diallagite (Abb. 154), Bronzitite, Hypersthenite (rund (3000 kg/ccm Druckfestigkeit) bestehen fast nur aus dem gleichnamigen Augite; in diese Gruppe fällt auch der Jadeit als Gestein.

Hornblendit (Hornblendefels): wesentlich Hornblende. Obersteier (Umgebung von Bruck a. d. Mur), Oberflockenbach (Odenwald); hieher gehört wohl auch das Nephritgestein.

β) **Ergußgesteine** (Übersicht S. 112)

Im Gegensatze zu den innerhalb der Erdrinde steckengebliebenen Schmelzflüssen der Tiefengesteine sind die Glutteige der Ergußgesteine bis zur Erdoberfläche emporgedrungen und haben sich zum Teil über sie ergossen; dieser Bildungsweise entspricht der in den Ergußgesteinen sich überaus häufig geltend machende Gegensatz zwischen einer meist dichten Grundmasse (Abb. 86) und größeren Einsprenglingen, welche in ihr eingebettet liegen. Stofflich kennzeichnet die Ergußgesteine gegenüber den zugehörigen Gliedern der Tiefengesteinsreihe ein etwas höherer Gehalt an Kieselsäure und Alkalien und eine etwas geringere Beimengung von alkalischen Erden. Daraus erklärt sich auch das im allgemeinen etwas geringere Raumgewicht der Ergußgesteine, das bei teilweiser oder gänzlich glasiger Ausbildung noch weiter sinkt, die größere Häufigkeit von Alkalifeldspaten bei Abnahme der Alkalikalkfeldspate und endlich das häufige Auftreten des sogenannten Mandelsteingefüges.

Jedes Ergußgestein muß irgendwo eine Fortsetzung nach der Tiefe zu besitzen, aus der es emporgequollen ist; zudem trennt eine verschieden breite Kluft die Zeit der Förderung durch die Erdrinde von jener des Ergusses. Es darf daher auch nicht wundernehmen, wenn die Grenze zwischen den Tiefen- und Ergußgesteinen keine scharfe ist, sondern in einer Fülle von Zwischen- und Übergangsgliedern völlig verschwimmt.

Ein geologischer Unterschied zwischen Tiefen- und Ergußgesteinen kommt auch dadurch zum Ausdruck, daß die Ergußgesteine nicht selten von Anhäufungen von losen Auswurfstoffen (Tuffen) begleitet werden, welche den Tiefengesteinen naturgemäß stets fehlen.

Von den Ergußgesteinsfamilien sollen nachstehende, besonders wichtige, betrachtet werden:

1. Die Familie der Quarzporphyre und Liparite. Sie entspricht den Graniten unter den Tiefengesteinen.

2. Die Familie der Feldspatporphyre und Trachyte. Sie ist das Gegenstück zu den Syeniten. Die Familie der Phonolithe entspricht den Eläolithsyeniten.

3. Die Familie der Andesite und der Porphyrite. Sie steht den Dioriten gegenüber.

4. Die Familie der Basalte, Melaphyre und Diabase. Ihre mineralogische und stoffliche Zusammensetzung entspricht den Gabbros.

5. Die Familie der Pikrite und Pikritporphyrite. Sie bilden das Seitenstück zu den Peridotiten und Pyroxeniten.

Dem Anfänger fällt vor allem die Vielfältigkeit der Bezeichnung ein und derselben Gesteinsfamilie in der Ergußgesteinreihe auf; diese rührt davon her, daß man früher geglaubt hat, jüngere und ältere Ergußgesteine unterscheiden zu müssen; damit hat man die Übersicht nur erschwert, ohne einen nennenswerten Gewinn dafür einzutauschen. Denn zwischen dem alten Diabas, dem mittelalten Melaphyr und dem jugendlichen Basalt besteht tatsächlich keinerlei wie immer gearteter durchgreifender Unterschied; chemische und mineralogische Zusammensetzung, Ausbildung usw. sind die gleichen; bloß in der Frische der Gemengteile bestehen einige Unterschiede; es kann ja von vorneherein nicht überraschen, daß ein geologisch altes Gestein im Laufe der Jahrmillionen weitergehende Veränderungen erlitten hat, als eine Felsart, die erst im Tertiär, in der Eiszeit oder gar in der geologischen Gegenwart emporgedrungen und erstarrt ist; es fehlt aber anderseits auch nicht an Beispielen, daß solche junge Oberflächengesteine stärkeren Zersetzungen ausgesetzt waren als Altgesteine. Die Wissenschaft würde den ausübenden und schaffenden Berufen einen großen Dienst erweisen, wenn sie auf eine straffere, einheitliche Einteilung der Ergußgesteine hinzuarbeiten sich entschlösse und auf Doppelnamen verzichtete.

Wegen der feinkörnigen bis dichten Ausbildung der Grundmasse, deren Auflösung in der Mehrzahl der Fälle mit freiem Auge nicht gelingt, ist man bei der Bestimmung der Ergußgesteine noch mehr wie bei der Erkennung der Tiefengesteine auf das Mikroskop angewiesen.

1. Die Familie der Quarzporphyre[1] und Liparite (Rhyolithe)[2]

Verband porphyrisch. Grundmasse dicht und dann weiß, grau, gelblich oder blaß- bis ziegelrot gefärbt oder auch gestaltlos (glasig) und dann meist dunkel, schwärzlich, braun, seltener rötlich oder gar hell gefärbt.

In der Grundmasse liegen Einsprenglinge von Alkalifeldspat, etwas Kalknatronfeldspat und Quarz, zuweilen begleitet von Magnesiaglimmerschüppchen. Die Feldspateinsprenglinge sind in Quarzporphyren adularähnliche oder derbe, meist rote oder schmutziggraue Orthoklase, in den Lipariten dagegen meist tafelig nach der Längsfläche ausgebildete Sanidine. Oligoklas, tafelförmig und zwillingsstreifig, tritt spärlicher auf als in den Graniten. Wenn Albit den Orthoklas ersetzt, so bezeichnet man das Gestein als Quarzkeratophyr. Die Quarzeinsprenglinge haben die für Porphyrquarze bezeichnende Doppelsechsflächnerform (Abb. 45, 48). Quarz fehlt unter den Einsprenglingen, wenn die Verfestigung der Grundmasse der Erstarrung der Feldspateinsprenglinge auf dem Fuße folgte; solche Porphyre ohne Quarzeinsprenglinge nennt man vielfach Felsitporphyre; die freie Kieselsäure wurde nur in der Grundmasse als Quarz ausgeschieden. In Begleitung braunschwarzer Biotitblättchen tritt hie und da braune Hornblende auf.

Fehlen bloßäugig sichtbare Einsprenglinge überhaupt oder sind sie nur spärlich vorhanden, so spricht man von Felsitfels.

Die Grundmasse erscheint durch fein verteiltes Eisenoxyd vorwiegend rötlich gefärbt. Gelbliche bis bräunliche Farbentöne deuten auf Brauneisen, die seltenen grünen auf verstreuten Chlorit. Die Auflösung der Grundmasse bleibt dem unbewaffneten Auge wohl stets versagt. U. d. M. nimmt man wahr, daß die Grundmasse entweder glasig oder kristallinisch oder auch zum Teil glasig, zum Teil körnig entwickelt ist. Porphyre mit glasiger Grundmasse nennt man wohl Pechstein-, bzw. Obsidianporphyre (Vitrophyre), solche mit granitisch-körniger als Mikrogranite; sind die Quarze und Feldspate der ganzkristallinen Grundmasse schriftgranitisch miteinander verwachsen, so spricht man von Granophyren (eigentlich Verbandbezeichnung); sind die Kriställchen der Grundmasse feinstkörnig-schuppig-faserig ausgebildet, so nennt man das Gestein Felsophyr.

Die ältere Einteilung der Porphyre nach der Grundmasse bezieht sich auf das bloße Aussehen der Grundmasse bei Betrachtung mit freiem Auge.

[1] griechisch: porphyreos, purpurfarben, wegen der roten Farbe hieher gehöriger Gesteine.

[2] Nach dem Vorkommen auf den liparischen Inseln.

Bei ebenem, splitterigen Bruch der Grundmasse und schwachem weichen Schimmer, der im Aussehen an Hornstein erinnert, spricht man von Hornsteinporphyren; ist der Bruch glanzlos, eben, nicht splitterig und feldspatähnlich, so liegen Feldsteinporphyre vor; Tonsteinporphyre besitzen eine weiche, erdige, meist weißliche, gelbliche oder bräunliche Grundmasse, welche beim Anhauchen nach Ton riecht. Die Grundmasse der Liparite ist meist emailartig, oft blaugrau, auch porzellanartig, flachmuschelig brechend mit weichem Wachsglanz; eine dunkelgraue bis schwarze, muschelig brechende und pechartig glänzende Grundmasse deutet auf Pechsteinporphyr. Beim Gebrauch dieser älteren, für rein praktische Zwecke aber recht dienlichen Namen hat man sich aber wohl vor Augen zu halten, daß die Grundmasse der Hornstein- und Tonsteinporphyre keineswegs Hornstein, bzw. Tonstein ist, sondern nur so aussieht wie diese Stoffe. Quarzporphyre mit spärlicher Grundmasse hat man Kristallporphyre genannt.

Unter den Alkalirhyolithen (Unterschiede zwischen älteren und jüngeren Gesteinen werden hier nicht gemacht) spielen die Pantellerite (so genannt wegen ihres Vorkommens auf der Insel Pantellaria) eine gewisse Rolle; sie führen Einsprenglinge von Ägirinaugit, Diopsid usw.

Die Quarzporphyre und Liparite unterscheiden sich eigentlich wesentlich nur durch ihr geologisches Alter. Die jüngeren Liparite zeigen allerdings meist einen besseren Erhaltungszustand, besitzen vorwiegend hellere Farben und glasigen Feldspat (Sanidin), während die älteren Quarzporphyre zufolge der vorgeschritteneren Oxydation der Eisenverbindungen oft kräftig rot bis bräunlich gefärbt sind und derbe, unfrisch aussehende Feldspate enthalten.

Die Tracht ist bisweilen eine schwach schieferige bis lagige. So z. B. bei der sogenannten Hälleflinta, einem dichten bis sehr feinkörnigen, eben- bis flachmuschelig brechenden, hornartig schimmernden Gestein, das spärlich Quarz- und Feldspateinsprenglinge enthält, glimmerarm ist und graue, rötliche bis rote, oft auch bräunliche, schwarze und grünliche Farbentöne aufweist (Vorkommen: Schweden, Eulengebirge in Schlesien, Czeremosz-Quellengebiet an der Grenze von Galizien und der Bukowina, bayrischer Wald usw.). Viele Gesteinkundler rechnen die Hälleflinta schon zu den umgeprägten Gesteinen (vgl. S. 367, 373). Kugelige Tracht, mit speichig-strahligem Aufbau, eignet den Kugelporphyren (Odenwald, Thüringerwald). Glasiger Verband wird bei den glasigen Porphyren (Vitrophyren) beobachtet; ist die Glasmasse wasserhaltig, so spricht man von Pechsteinporphyr (siehe oben). Ursprünglicher Triftverband gibt sich in einer bisweilen prächtigen Bänderung kund, indem dünne Lagen von rötlicher, weißer, grauer, grünlicher, auch fast schwarzer Farbe miteinander abwechseln. Lückig-drusiges Gefüge gestattet die Verwendung der Porphyre zu Mühlsteinen (Mühlsteinporphyre; Lücken durch Auswitterung der Feldspate entstanden: Crawinkler Mühlsteine); ihre Eignung wird durch winzige, scharfe Quarzkriställchen auf den Wänden der Hohlräume erhöht. Unter den Gläsern können Rhyolit-Obsidian, Rhyolithbimsstein (blasig-schaumig), Porphyrpechstein, Rhyolithpechstein und Rhyolithperlstein unterschieden werden.

Die Liparite und Quarzporphyre bilden Ströme, Decken, Intrusivlager, Lager und Gänge. Die Absonderung ist plattig, bankig (z. B. in der Eggentalschlucht bei Bozen (Abb. 148), dünnplattig-blätterig (Tsingtau, Südtirol: Piné, Palu, Pergine, Eggental, Tiersertal, Leifers und Branzoll), seltener säulenförmig (Eggental) oder kugelig (Abb. 147). Die Stärke von Berührungumwandlungen ist wie bei allen Ergußgesteinen gering; der Gebirgsdruck schiefert sie bisweilen (Porphyrschiefer, Porphyroide; S. 367) und verwandelt sie stufenweise in Serizitporphyrschiefer und bei Verschwinden der Feldspateinsprenglinge in Serizitschiefer.

Die stoffliche Zusammensetzung der Liparite und Quarzporphyre ähnelt sehr jener der Granite; es enthalten:

	SiO_2	Al_2O_3	FeO	Fe_2O_3	MgO	CaO	Na_2O	K_2O	H_2O
Hornsteinartiger Liparit von Hlinik (Ungarn)	74,17	13,24	3,24	—	0,32	1,46	1,87	5,38	1,05
Quarzporphyr, Grödnertal (Südtirol)	76,14	12,69	1,78	—	0,32	0,51	1,82	5,81	1,03
Quarzporphyr, Naifschlucht bei Meran (Südtirol)	66,60	15,17	—	8,92	0,37	0,46	3,57	3,85	2,00
„ Handschuchsheim, Odenwald	75,39	12,92	0,85	1,71	0,61	0,65	2,06	5,34	1,21

Der Kieselsäuregehalt schwankt meist zwischen 65 v. H. und 78 v. H. Das Raumgewicht beträgt 2,40 (Pechsteinporphyr) bis 2,60, selten etwas mehr (2,66 beim Porphyr von Weinheim i. B.).

Vorkommen: Südtirol (zwischen Bozen und Suganatal in Begleitung mächtiger Tuffmassen; Steinbrüche bei Atzwang [grüner Porphyr], Pfatten, Neumarkt, Kastelruth, Waidbruck, Leifers, Predazzo, Auer, Branzoll usw.). Galizien (Mjekinia unweit Krzeszowice), Südschweiz, Italien (Luganersee, Euganeen, Liparische Inseln), Ungarn, Siebenbürgen, Baden, Hessen, Sachsen (Hohburg, Meissen, Tharandt), Schwarzwald, Odenwald, Vogesen, Rheinland (Lebach), Thüringen, Harz (Lauterberg, Elbingerode), Oststeiermark (Schaufelgraben bei Gleichenberg), Raibl, Schweden (Elfdalen, Vämhus) usw.

Einige Beispiele deutscher Vorkommen:

Rochlitzer Berg, Sachsen (altberühmter, vorzüglicher Baustein, farbenschön, frostbeständig, druckfest 1978 bis 2195 kg/qcm; farbbeständiger roter Rochlitzer Putz; Tuff; S. 194). Reinsdorf bei Landsberg, Bez. Halle (rötlichgrau mit roten und grauweißen Sprenkeln, $R = 2,537$, $D = 2,620$, $\frac{R}{D} = 0,968$, frostbeständig, druckfest [2790 kg/qcm trocken, 2650 kg/qcm wassersatt], Wasseraufnahme sehr gering). Badische Bergstraße (Dossenheim, Weinheim—Schriesheim usw.). Löbejün, Sachsen (frostbeständig, druckfest: 3120 bis 3240 kg/qcm, Pflastersteine, Bordsteine, wirkungsvoller Zierstein).

Die wichtigste Verwertung finden die Porphyre und Liparite als Schottergut für Straßen und Eisenbahnen sowie für Klein- und

Großpflastersteine (Innsbruck, Bozen, Villach); hiezu befähigen sie bei gutem Erhaltungszustand und hornstein-, feldstein- oder emailartiger Ausbildung der Grundmasse ihre Härte und geringe Abnützbarkeit. Bei grobbankiger Absonderung liefern sie auch beliebte Werkstücke. Die hohe Glättbarkeit und schöne Farbe bzw. Zeichnung mancher Abarten macht sie als Ziersteine gesucht; so die Halleschen Porphyre, die „Sterzinger Porphyre" der Bozener Gegend (darunter die für Grabmäler beliebten dunklen Pechsteinporphyre von Auer und Kastelruth), ferner die Porphyre von Elfdalen, Varnhalt und von Mjekinia. Auch als Bruchsteine haben sie sich bewährt. Die dünnplattig abgesonderten Porphyrspielarten des Eggen- und Tiersertales, von Palu usw. dienen zum Dachdecken, zu Beeteinfassungen, Bürgersteigplatten, Sohlenplatten von Gerinnen, Stiegenstufen, Bodenbelag in Kellern und Häusern und zu ähnlichen Zwecken. Ihre Standfestigkeit ist befriedigend, die Nachbrüchigkeit gering, die Bearbeitung mittelschwer. Die Druckfestigkeit beträgt im Mittel 1300 bis 1800 kg, häufig auch weit mehr.

Die Güte und Wetterbeständigkeit der Liparite und Quarzporphyre hängt sehr von der Beschaffenheit und Menge der Grundmasse bzw. der Einsprenglinge ab. Dichte Felsitfelse gehören zu den besten Bausteinen, namentlich wenn ihre Grundmasse lückenlos, frisch und stark verkieselt ist; solche Gesteine geben am Stahl Funken, lassen sich mit dem Messer keinesfalls ritzen und brechen splitterig; ihre Druckfestigkeit erreicht Werte von 2800 kg/qcm und etwas mehr. Ihnen stehen einsprenglingarme Felsitporphyre von ähnlich guter Ausbildung der Grundmasse nur wenig nach. Die anderen Porphyrabarten sind bei gleicher Beschaffenheit der Grundmasse um so fester und wetterbeständiger, je mehr die Grundmasse die Einsprenglinge an Menge überragt. In einsprenglingärmeren Porphyren kann sogar Unfrische der Feldspate weniger Schaden anrichten, da nach dem Herauswittern der Feldspate eine feste Grundmasse den Zusammenhalt des Gesteins noch weiter vermitteln kann. Quarzreichtum ist günstiger als Feldspatreichtum. Unter den verschiedenen Ausbildungsweisen der Grundmasse ist wiederum die glasige, weil sprödere und leichter verwitterbare, weniger günstig als die halb- und ganzkristalline; letztere soll dem freien Auge völlig dicht, email- oder hornsteinartig erscheinen und keine Spur von Verwitterungsvorgängen zeigen; sie darf sich niemals mit dem Fingernagel ritzen lassen; sogenannte Tonsteinporphyre sind namentlich für Gründungen im feuchten Erdreich und für den Wasserbau gänzlich unbrauchbar. Unfrische der Grundmasse beeinträchtigt die Verwertbarkeit des Gesteins nur dann weniger, wenn, wie dies bei lückenlosem Gefüge meist der Fall ist, die Verwitterung der Feldspate zu einer förmlichen Verkieselung bzw. Opalisierung der Grundmasse geführt hat; bei lückig gefügten Gesteinen aber wird die freiwerdende Kieselsäure meist durch die wandernden alkalischen Lösungen ausgelaugt. Schwefelkiesgehalt schadet namentlich in feldspatreichen Porphyren stets und darf bloß bei sehr frischen Gesteinen mit großem Quarzreichtum und sehr dichter lückenloser, quarzreicher Grundmasse minder scharf beurteilt werden. So führt z. B. der Liparit des Schaufelgrabens bei Gleichenberg in Steiermark stellenweise reichlich Schwefelkies; seine Feldspate sind dort weich und unfrisch, das Gefüge drusig, löcherig; basische Schlieren verschiedener Größe treten häufig auf und wittern leicht heraus; solche Erscheinungen beeinträchtigen die Verwertbarkeit sehr.

Die leichter verwitterbaren Abarten (sogenannte Feldstein- und Tonsteinporphyre) zerfallen meist rasch in Grus und geben dann mit Quarzkörnern gespickte und durch Brauneisen gefärbte, gute, fruchtbare Tonböden, welche neben Fichte und Tanne auch Laubhölzer tragen; sie sind aber gegen Kahllegung in größeren Flächen sehr empfindlich und hagern leicht aus. Berühmt sind die Porphyrböden Südtirols, auf denen die Traube und das Edelobst gedeiht und die ertragreichen Waldbestände von Paneveggio im Fassatal stocken. Die Felsitporphyre und Felsitfelse verwittern dagegen sehr langsam, indem sie in scharfkantige, schiefwinklige Trümmer zerfallen; aus ihnen gehen flachgründige, steinreiche und erdarme Böden von geringer Fruchtbarkeit hervor.

2. Die Familie der Feldspatporphyre und Trachyte[1]

Die syenitischen Schmelzflüsse sind an der Erdoberfläche zu Trachyten (jüngere Gesteine) und Feldspatporphyren (ältere Gesteine) erstarrt; von den Quarzporphyren und Lipariten unterscheidet sie die Quarzfreiheit. Quarzhaltige Abarten sind selten und leiten zur vorigen Gesteinsfamilie hinüber. In den älteren Vertretern der Familie, den Feldspatporphyren, sind die Feldspate weniger frisch, meist rot bis braun gefärbt und sehen derb aus; die Grundmasse ist geschlossener (lückenloser) als bei den vorwiegend kleinlückig gefügten Trachyten.

Von den Feldspaten herrscht in den Trachyten ein tafelförmiger oder nach der Längsachse gestreckter Sanidin (Abb. 59, 69, 155) vor, leicht kenntlich an den zahlreichen, einer Absonderung nach der Querfläche entsprechenden Rissen und seiner spröden Beschaffenheit. In den Feldspatporphyren ist das glasige Aussehen meist, aber nicht immer, verloren gegangen und einem feldsteinartigen gewichen; Hand in Hand mit dieser Veränderung geht sehr häufig eine Rotfärbung der Feldspate. Andesin und Labrador, stets zwillingstreifig, kommen nicht selten vor. Hornblende, Augit und Magnesiaglimmer treten bald einzeln, bald miteinander vergesellschaftet ins Gesteinsgemenge.

Die Grundmasse sieht meist dicht, zuweilen auch glasig aus und ist grau, gelblich oder rötlich.

Vorherrschender natronreicher Feldspat (Anorthoklas, Albit usw.) kennzeichnet die Keratophyre, welche ein Seitenstück zu den Quarzkeratophyren in der Quarzporphyrfamilie darstellen; die kalireichen Feldspatporphyre bezeichnet man im Gegensatze zu ihnen wohl als Orthophyre. Natronreich sind auch die sogenannten Rauten- oder Rhombenporphyre, auffallend durch die rautenförmigen Durchschnitte ihrer großen Natronorthoklase (S. 159); sie stellen die Ergußformen der Laurvikite dar. Weitere Alkalitrachyte sind die Sodalithtrachyte (graue, rauhe Gesteine mit Sodalith in der Grundmasse), Ägirintrachyte (lichtgrünlich), Alkali-Hornblendetrachyte (Alkalihornblenden in der Grundmasse und

[1] trachys (griechisch) = rauh, weil er sich bei seinem häufig lückigen Gefüge meist rauh anfühlt.

unter den Einsprenglingen), Drachenfelstrachyte (Drakontite; Einsprenglinge von Sanidin, Labradorit, Biotit [allein oder mit Hornblende, oder letztere allein], Grundmasse aus Alkalifeldspat, Diopsid und Alkalihornblenden; helle, weißliche, gelbe bis graue Felsarten des Siebengebirges, der Eifel, des Wester-, Odenwaldes usw.); Arsotrachyte (Arsoite; Abb. 155, porig, dunkelgrau mit reichlichen Einsprenglingen von basischem Andesin neben Sanidin, Diopsid, etwas Olivin; Grundmasse aus Sanidinleistchen, Oligoklas, Magnetit, sparsamen Sodalith und viel Diopsid) usw.

Der Verband ist meist porphyrisch. Sehr häufig tritt auch Triftverband auf. Die Tracht ist bei manchen Trachyten (z. B. dem feinlückigen Piperno von der Pianura bei Neapel) schlierig-fleckig oder geflammt-streifig infolge

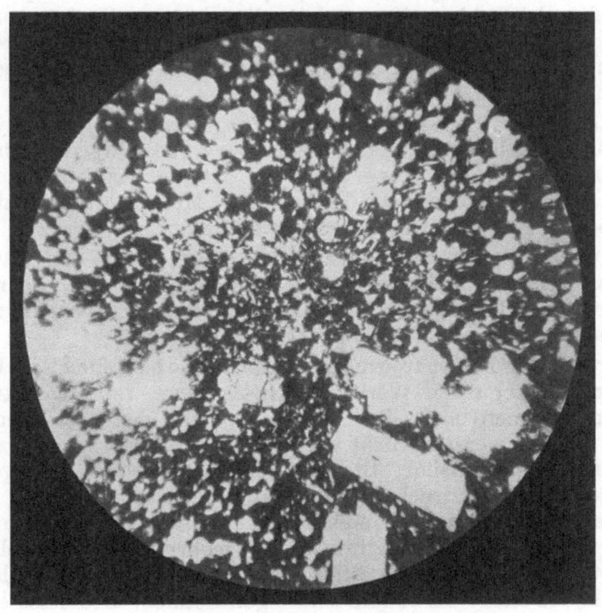

Abb. 155. Trachyt; Einsprenglinge: Augit, Feldspat. Ischia, Arsostrom (1302)

örtlicher Anhäufung dunkler Gemengteile (Magnetit usw.). Das Raumgewicht schwankt um 2,55 (2,45 bis 2,61); die Gesamtfarbe ist meist grau bis grünlichgrau, gelblich oder rötlich.

Die stoffliche Zusammensetzung (55 bis 65% Kieselsäure) möge aus nachstehenden Angaben entnommen werden; es enthalten:

	SiO_2	Al_2O_3	Fe_2O_3	FeO	MgO
Glimmertrachyt vom Sodjberg bei Bogdany (Gran, Ungarn)	65,36	15,62	—	5,78	0,46
Keratophyr von Garkenholz bei Hüttenrode (Harz)	61,67	17,47	1,37	3,92	2,13
Trachyt vom Arso-Strom (Ischia bei Neapel).	56,75	18,03	2,22	3,04	2,02
Trachyt von Gleichenberg (Oststeiermark)	61,44	17,08	3,67	2,42	1,14

	CaO	Na_2O	K_2O	H_2O
Glimmertrachyt vom Sodjberg bei Bogdany (Gran, Ungarn)	3,94	1,42	6,07	1,19
Keratophyr von Garkenholz bei Hüttenrode (Harz)	0,18	8,52	3,38	0,45
Trachyt vom Arso-Strom (Ischia bei Neapel) Abb. 156	4,68	4,85	5,92	0,18
Trachyt vom Gleichenberg (Oststeiermark)	6,21	1,06	3,86	1,04

Die Absonderung der Feldspatporphyre und Trachyte ist meist unregelmäßig vielflächig, seltener plattenförmig (zum Dachdecken verwendbar, beim Anschlagen klingend) oder säulig. Die häufigsten Erscheinungsformen sind Ströme, Kuppen (Quellkuppen), Decken und Lagergänge, auch echte Gänge.

Vorkommen: Sachsen, Hessen, Wasgenwald (Giromagny), Siebengebirge (Drachenfels), Eifel (Lachersee), Auvergne (Puy de Dôme), Italien (Ischia, Arsostrom 1302), Umgebung von Neapel (Astroni, Monte nuovo, Monte di Cuma), Euganeen, Böhmisches Mittelgebirge, Oststeiermark (Gleichenberger Kogeln), Ungarn, Siebenbürgen.

Die Druckfestigkeit der Trachyte ist meist gering, im Mittel 600 bis 700 kg/qcm, seltener mehr (bis etwa 1500 kg/qcm). Die Bearbeitbarkeit ist vergleichsweise leicht, aber auch die Abnützung der Abarten mit großen, rissigen Sanidineinsprenglingen nicht gering.

Während die Feldspatporphyre sich bei entsprechendem Erhaltungszustande ziemlich gut zu Werk- und Bausteinen, zur Beschotterung von Straßen und Bahnen usw. eignen, kann dies von den Trachyten nur dann behauptet werden, wenn sie nicht allzu lückig und nicht zu reich an größeren Sanidineinsprenglingen sind. Stark lückige, namentlich löchrige Trachyte erliegen rasch dem Raddrucke der Fuhrwerke, vertragen auch in Bauwerken keine großen Belastungen und sind nicht sehr wetterfest; sie sanden und frieren leicht ab. Große, rissige Sanidinkristalle wiederum wittern leicht aus dem Gesteinsverbande heraus und öffnen eine Bresche, durch welche die Verwitterungskräfte leicht ins Innere eindringen können. Die besseren Trachyte verbinden sich wegen ihrer Rauhigkeit gut mit Mörtel, verlangen aber ein Besprengen mit Wasser vor dem Verlegen, weil sie sonst dem Mörtel zu viel Feuchtigkeit entziehen würden. Manche Vorkommen geben gute Mühlsteine ab, andere eignen sich wegen ihrer leichten und guten Bearbeitbarkeit zu Säulen, Gesimsen, Treppen, Verzierungen usw. Trachyt nimmt keine Glätte an. Plattig abgesonderte Trachyte werden zu Bürgersteigplatten, als Fußbodenbelag, die dünnplattigen zuweilen sogar zum Dachdecken verwendet.

Die Bodenbildung setzt zuerst bei vorhandenen, großen Feldspateinsprenglingen ein und ergreift von diesen aus das ganze Gestein um so leichter, je lückiger es unter sonst gleichen Umständen ist. Die entstehende Ackerkrume zeigt meist helle, weißliche bis gelbbraune Farbe und gehört bei Flachgründigkeit und Trockenheit oft zu den schlechteren Böden; nur die leicht- und tiefgreifend zersetzbaren Abarten liefern tiefgründige ertragreiche Erdarten.

3. Die Familie der Phonolithe[1]

Die Phonolithe (Abb. 156) sind den Eläolithsyeniten entsprechende, porphyrische Ergußgesteine, welchen die Mineralvergesellschaftung Sanidin (oder Anorthoklas) und Nephelin (mit bezeichnenden teils sechsseitigen, teils rechteckigen Schnittbildern) unter den Einsprenglingen eigen ist; je nach dem Anteile des Nephelins unterscheidet man nephelinitoide (wenig mehr als 20% Sanidin) und trachytoide Phonolithe (bis zu 70% Sanidin). Der wesentliche farbige Gemengteil, jedoch vorwiegend in der Grundmasse vorkommend und daher selten mit freiem Auge sichtbar, ist Augit; Hornblende tritt selten auf. Die Grundmasse ist dicht, meist grünlichgrau oder bräunlich, fettglänzend.

Vorkommen: Hegau (Hohenkrähen, Hohentwiel, Staufen, Mägdeberg), Kaiserstuhl, Vogelsberg, Rhön, Thüringen, Westerwald, Eifel, Lausitz, Böhmisches Mittelgebirge.

Leucitophyre heißen Klingsteine, deren Feldspat durch Leuzit zum großen Teile ersetzt wird; gleichzeitig tritt Hauyn bzw. Nosean auf. Ihre Farbe ist grau, gelblichbraun oder grünlich. Vorkommen: Olbrück im hinteren Brohltal (Ruine, Perler Kopf), Kaiserstuhl, Lehrberg, Burgberg bei Rieden, Ergelner Kopf, Schellkopf bei Brenk usw.

Mandelsteingefüge ist häufig; in den Hohlräumen haben sich meist Siedesteine, von Karbonaten begleitet, angesiedelt; so z. B. strahliger Natrolith, Ikositetraeder von Analzim, Chabasit, Apophyllit, spießige Aragonitkristalle usw. Das Raumgewicht beträgt 2,51 bis 2,58 (selten bis zu 2,64).

Phonolith tritt häufig in Kuppen auf (Hohentwiel im Hegau, Nordböhmen), jedoch auch in Strömen, Gängen usw. Wie beim Erstarren granitischer Schmelzflüsse Lösungen freier Kieselsäure als letzte Reste übrigbleiben und sich in Linsen- und Gangform in den Granitkörpern und ihren Ausläufern abscheiden, so bilden sich beim Festwerden phonolitischer Schmelzen Lösungen von Natrium-Aluminiumsilikaten aus, welche sich in Klüften, Spalten oder Blasenräumen in Gestalt dichter Zeolithmassen (Spreustein [Hohentwiel], Apophyllit, Analzim) verfestigen.

Der Kieselsäuregehalt schwankt zwischen 48 und 60%. Es enthalten beispielsweise

	SiO_2	Al_2O_3	Fe_2O_3	FeO	MgO
Trachytoider Phonolith vom Ziegenberge bei Nestersitz, Nordböhmen	56,49	18,77	3,00	1,46	0,63
Nephelinitoider Phonolith vom Hohentwiel	55,01	21,67	1,95	1,86	0,13

	CaO	Na_2O	K_2O	H_2O
Trachytoider Phonolith vom Ziegenberge.	3,29	7,10	5,18	1,83
Nephelinitoider Phonolith vom Hohentwiel	2,12	9,78	3,54	2,17

[1] griechisch = Klingstein, weil er in dünnen Platten beim Anschlagen hell klingt. Diese Eigenschaft teilt Phonolit übrigens mit anderen, harten, dünnplattig abgesonderten Gesteinen, wie Trachyten, Basalten, Quarzschiefern („Plattelquarzen") usw.

Beim Übergießen mit Salzsäure sulzt Phonolith infolge der Zersetzung des Nephelins (vgl. S. 80); beim Eintrocknen bleiben kleine Kochsalzkriställchen (Na Cl) zurück. Beim Verwittern bedeckt sich der Phonolith mit einer gelblichen oder graulichweißen Schwarte, welche sich meist scharf vom frischen Gestein abhebt und zum Abschälen der Rindenteile führt. Überhaupt sind viele, namentlich nephelinreiche Phonolithe wenig wetterfest.

Die Farbe ist meist weißlich oder hellgrau bis graugrün mit schwachem Fettglanze, der Bruch splitterig, scharfkantig, flachmuschelig. Im allgemeinen kommen den nephelinreichen Phonolithen dunkler grüne Färbungen und dichtere Gefüge zu als den nephelinarmen, in die sie übrigens ohne scharfe Grenze übergehen.

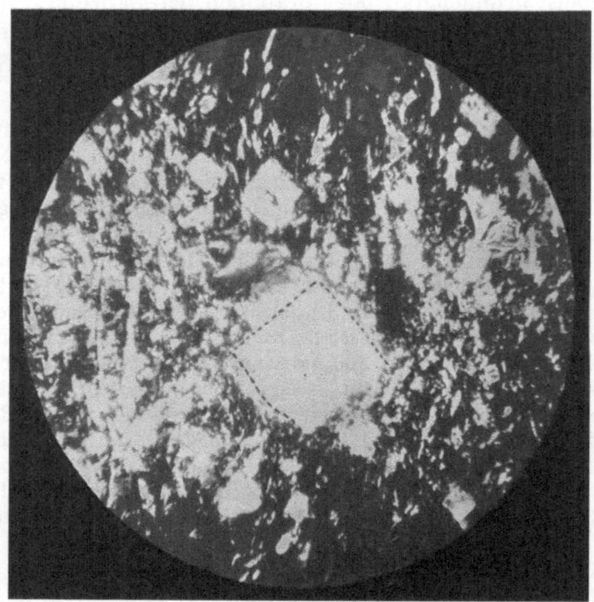

Abb. 156. Phonolith. Weiß: Querschnitte von Nephelin. Brüx, Böhmen

Die Absonderung ist oft ausgezeichnet plattig, manchmal auch säulig; darnach richtet sich auch die Verwendung zum Dachdecken, für Sitzplatten, Tischplatten, Fußbodenbelage, Bürgersteigplatten, Radabweiser, als Mauersteine usw. Örtlich wird Phonolith in Glashütten, bei größerem Kaligehalte nach Vermahlung auch als behelfsmäßiger Kunstdünger verwendet.

Die Druckfestigkeit wird mit 1700 bis 2500 kg/qcm angegeben.

Bei der Verwitterung zerfällt der Phonolith in der Regel in ein Haufwerk von scharfkantigen, plattigen Bruchstücken, die sich bald mit einer weißlichen, kaolinähnlichen Zersetzungsrinde überziehen. Schließlich bildet sich ein in feuchtem Zustande schlammiger, nach dem Austrocknen krümeliger, heller, fruchtbarer Boden, der schattseitig massenreiche Waldbestände tragen, aber auch zur Versumpfung neigen kann.

4. Die Familie der Andesite und Porphyrite

Die jüngeren Andesite (Abb. 157, 196) und die älteren Porphyrite (Abb. 158, 159) sind porphyrische Ergußgesteine, erstarrt aus dioritischen Schmelzflüssen; in einer bald hellgrauen oder rötlichen, lückigen oder dunkelgrauen bis schwarzen, auch grünlichen oder braunen, lückenlosen Grundmasse liegen Einsprenglinge von Kalknatronfeldspaten und solche von Biotit, Hornblende und Augit.

Die Feldspateinsprenglinge (Abb. 62, 157) sehen im frischen Gestein glasig, sanidinähnlich, in den Porphyriten und in unfrischen Andesiten vielfach derb aus; sie sind fast regelmäßig tafelig nach der Längsfläche (Abb. 59), seltener

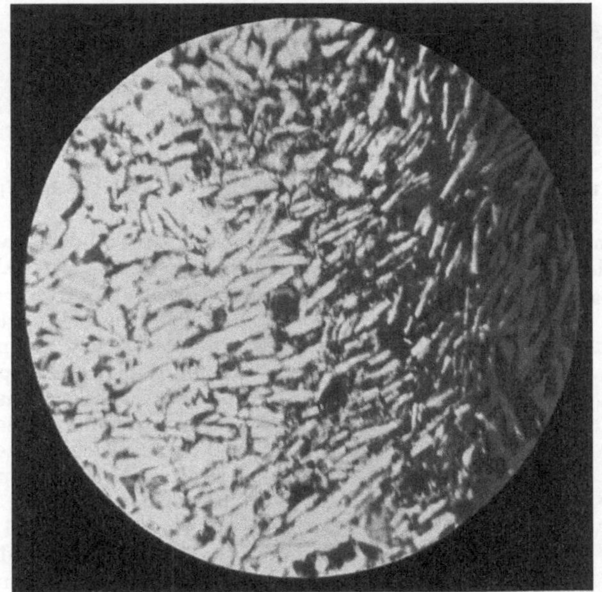

Abb. 157. Andesit; leistenförmige Sanidine. Gleichenberg, Steiermark

säulig nach der Längsachse entwickelt. Die Hornblende gleicht jener der Basalte, bildet sechsseitige, schlanke, stark glänzende, samtschwarze bis braun-durchsichtige, weniger häufig schwärzlichgrüne bis grün-durchsichtige Säulen. Der Augit bildet achtkantige Säulen von meist schwarzgrüner Farbe, gedrungener Form und minder vollkommener Spaltbarkeit (Abb. 84, 86).

Die Grundmasse besteht sehr häufig aus einem filzigen Gewebe von Feldspatleistchen, Augitsäulchen und Erzkörnchen (kristallin-filzige [pilotaxitische] Grundmasse), oder aus Kriställchenfilz, der mit braunem, seltener grünlichem Glase getränkt ist (glasig-filzige [hyalopilitische] Grundmasse).

Je nach der Natur des vorherrschenden dunklen Gemengteiles unterscheidet man vor allem Glimmerporphyrite und Glimmerandesite, Hornblendeandesite und Hornblendeporphyrite (oder Porphyrite schlechtweg), Augitandesite (Abb. 86) und Augitporphyrite.

Quarzhaltige Gesteine dieser Familie bezeichnet man als Quarzandesite oder Dacite[1] bzw. Quarzporphyrite. Zu den Augitporphyriten gehören auch

Abb. 158. Porfido verde antico (Grünfärbung durch neugebildeten Epidot)

die sogenannten Weiselbergite (Weiselberg bei St. Wendel, Harzrand bei Ilfeld, Flechtinger-Neufeldenslebener Höhenzug, Sachsen, Glarner Alpen usw.).

Labradorporphyrite sind augitandesitische Felsarten mit grünlicher bis bräunlicher, dichter Grundmasse und meist recht auffälligen Einsprenglingen von Labrador (frisch: glasig, wasserhell, unfrisch: grünlich, wachsglänzend), und etwas grünen Augiten; sie nähern sich sehr den Melaphyren (siehe S. 181); hieher gehört auch der grüne griechische „Marmor" (marmore lacaedemonium verde, porfido verde antico) von Marathonisi (Levetsova) im Eurotastale, unweit des alten Sparta (Abb. 158). Der sogenannte Porfido rosso antico von Djebel Dokhan (Abb. 159), östlich von Siut zwischen Nil und dem Roten Meer (Färbemittel ein roter Epidot, Withamit) gehört zu den Hornblendeporphyriten. Der berühmte Schotter- und Pflasterstein von Quenast in Belgien (2344 kg/qcm

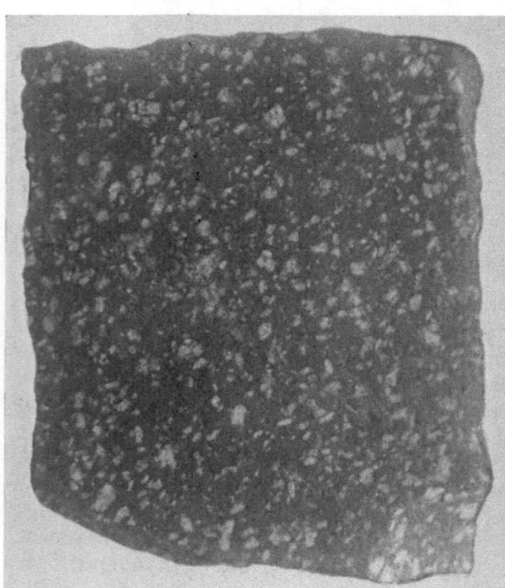

Abb. 159. Roter Porphyr der Alten (Porfido rosso antico). Ägypten, Djebel Dokhan

[1] Nach dem lateinischen Namen für Siebenbürgen = Dacia (provincia).

Druckfestigkeit) ist ein quarzführender Hornblendeporphyrit („Chlorphyr"); zu den Glimmer- und Hornblendeporphyriten gehören die permischen „schwarzen Porphyre" von Lugano (Südschweiz).

Als Propylite bzw. Quarzpropylite hat man „Grünstein" ähnliche Arten von andesitischen oder dazitischen Gesteinen bezeichnet, deren Feldspate das glasige Aussehen verloren haben und zum Teil zu Kaolin zerfallen sind, während die Augite, Hornblenden und Magnesiaglimmer epidotisiert, chloritisiert und spatisiert wurden; zugleich durchtränkten mehr oder minder reichliche Erzlösungen das Gestein. Alle Anzeichen sprechen für die Einwirkung heißer Dämpfe und warmer Quellen als Ursachen dieser Veränderungen der Gesteine, namentlich aber der Erzführung, welche örtlich Bergbau ins Leben gerufen hat („ungarisches Erzgebirge"). Ähnliche grüne Farbentöne und trüben Feldspat zeigen zuweilen auch die Gebilde der gewöhnlichen Oberflächenverwitterung; auch hier bilden sich Chlorit und Kalkspat, daneben aber noch reichlich Zersetzungston, Brauneisenocker usw.

Die Alkaliandesite werden meist Trachyandesite (Cantalite) genannt. Es sind graue bis grauschwarze oder bräunliche Ergußgesteine mit Einsprenglingen von basischem Plagioklas (seltener Hauyn, Hauynandesite) und Hornblende (Biotit, Augit) in einer Grundmasse von Sanidin, Plagioklas und Magneteisen (oft auch Augit oder Glas); die Hornblenden und Augite sind meist natronreich.

Vorkommen: Westerwald, Böhmisches Mittelgebirge (Hochland von Tepl).

Die Lagerungsverhältnisse der Andesite und Porphyrite ähneln jenen der Trachyte und Feldspatporphyre; man trifft Decken, Ströme und Kuppen (Quellkuppen) an. Die häufigste Absonderungsform ist die vielflächige, seltener die säulige oder schalig-säulige. („Umläufer", Stenzelberg, Siebengebirge.)

Die Gesamtfarbe ist meist hellgrau bis dunkelgrau, das Raumgewicht schwankt zwischen 2,56 bis 2,85. Der Kieselsäuregehalt beträgt 48 bis 68 v. H. Es enthalten beispielsweise:

	SiO_2	Al_2O_3	Fe_2O_3	FeO	CaO
Quarzglimmerporphyrit von S. Pellegrino (Südtirol)	66,75	16,53	2,76	1,66	4,71
Dacit vom Monte alto (Euganeen)	68,56	13,73	—	6,72	2,24
Hypersthenandesit von St. Egidi (Steiermark)	61,37	15,76	4,06	2,94	7,27
Andesit von der Kuppe Stary-Swietlau bei Banow (Mähren)	58,92	21,24	—	7,63	6,79

	MgO	K_2O	Na_2O	H_2O
Quarzglimmerporphyrit von S. Pellegrino (Südtirol)	2,64	1,82	2,86	2,12
Dacit vom Monte alto (Euganeen)	0,42	1,74	6,04	6,55
Hypersthenandesit von St. Egidi (Steiermark)	2,76	0,71	3,04	2,64
Andesit von der Kuppe Stary-Swietlau bei Banow (Mähren)	0,81	1,12	2,20	1,11

Die Druckfestigkeit der Arten bewegt sich meist zwischen 1200 bis 2400 kg/qcm.

Die Gesteine eignen sich, namentlich wenn sie schön gefärbt sind, bei großbankiger Absonderung zu Werksteinen; so außer dem porfide rosso und verde antico unter anderem noch z. B. der Labradorporphyrit von Elbingerode und Rübeland im Harz, der grüne Labradorporphyrit von St. Barthélemy und Fernuay im Departement Haute-Saone (verwendet am Grabe Napoleons im Invalidendom, in den Sphinxen des Schlosses Chantilly usw.), der dunkelgrüne Porphyrit aus dem Wâdi Hammâmât nördlich von Theben in Ägypten u. a. m.

Dunkle Gesamtfarbe läßt auf reichliche Beteiligung von Augit bzw. Hornblende am Gesteinsaufbau und damit auf höhere Festigkeit und Wetterbeständigkeit schließen. Auch beim Zerschlagen mit dem Hammer verrät sich sofort die Zähigkeit oder Lockerheit der Grundmasse; letztere Beschaffenheit deutet auf Unfrische, welche sich auch an erdigem Aussehen erkennen läßt. In Zersetzung befindliche Gesteine sind vom bautechnischen Gebrauche auszuschließen. Die Andesite und Porphyrite werden vielfach auch zu Pflastersteinen und Schottergut verwendet, so z. B. jene der Umgebung von Gleichenberg in Steiermark, des Flechtinger Höhenzuges in Mitteldeutschland, der Rheinpfalz, der Rheinlande (Vollmersbachtal), Sachsen usw.

Aus den Andesiten und Porphyriten gehen bei der Verwitterung, die im allgemeinen einen schnelleren Verlauf nimmt als bei den Porphyren, zumeist recht fruchtbare, an Steinen und Feinerde reiche Böden mit genügendem Nährstoffgehalte hervor.

5. Die Familie der Diabase, Melaphyre und Basalte

Die gabbroiden Schmelzflüsse haben auf Gängen und in Form von Ergüssen Oberflächengesteine geliefert, welche teils versteckten, teils bereits freiäugig wahrnehmbaren porphyrischen, zuweilen aber auch körnigen Verband haben und stets dunkle bis schwarze Farbe besitzen. Das Aussehen ist meist matt, glanzlos; hie und da blitzen Flinserchen von titanhaltigen Eisenerzen hell auf. Das Korn ist selten grob (Dolerite), meist feinkörnig (Anamesite) oder dicht (Aphanite). Die Hauptgemengteile sind Kalknatronfeldspat und Augit; der Feldspat wird oft durch Leuzit oder Nephelin vertreten, wodurch Gesteinabarten entstehen, die nach dem neu ins Gemenge tretenden Bestandteil genannt werden (z B. Leuzitbasalt, Nephelinbasalt). Der Hinzutritt von Olivin führt zu den Bezeichnungen Olivinbasalt und Olivindiabas.

In den Gesteinen mit porphyrischem Verband heben sich vorwiegend nur die Augite und Olivine, seltener die Feldspate, bzw. ihre Vertreter oder Erze einsprenglingartig aus der stets dunklen Grundmasse heraus. Die deutlich porphyrisch entwickelten Glieder der Familie sollen gemeinsam im nachstehenden Unterabschnitt a) besprochen werden, unter b) die Diabase und im letzten Unterabschnitt c) die Basalte.

a) Als Melaphyre[1] bezeichnet man gewöhnlich dunkle (frisch schwärzliche, verwittert grünliche bis grünlich- oder rötlichbraune) mittelalte Felse, mehr oder minder porphyrisch entwickelt durch Einsprenglinge von Kalk-

[1] melas (griechisch) = schwarz.

natronfeldspat, Augit oder Olivin (meist zu Serpentin verwittert); die Melaphyre sind also eigentlich die porphyrischen Ausbildungsformen der Olivindiabase.

Erscheint der Augit in scharf umrissenen, ziemlich großen Kristallen innerhalb einer dunkelgrünlichen Grundmasse ohne Plagioklaseinsprenglinge, so spricht man von Augitophyr (Augitporphyr, Augitporphyrit); Augitophyre mit uralisierten Augiten wurden Uralitporphyre (Uralitporphyrite) genannt. Übergangsglieder zu den Augitporphyriten der Andesit-Porphyritfamilie sind häufig (vgl. S. 178). Zum Melaphyr kann man auch die Olivin-Weiselbergite mit glasreicher Grundmasse rechnen. Navite[1] sind porphyrisch ausgebildete Arten; in einer glasarmen bis glasfreien Grundmasse (vorwiegend Feldspat, wenig Augit, etwas Eisenerz) liegen reichliche Einsprenglinge von Plagioklas, Olivin und wenig Augit). Nichtporphyrisch sind die Olivin-Tholeite entwickelt; Tholeite sind olivinfrei.

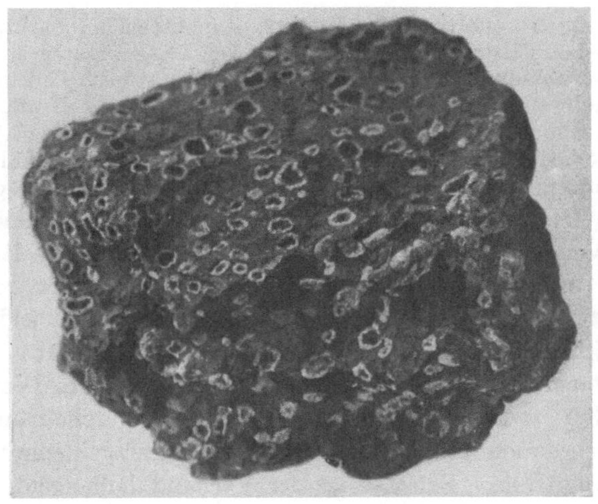

Abb. 160. Basalt-Mandelstein. A. d. Straße Gießhübel-Duppau, Böhmen

Vorkommen: Pfalz, Saar-Nahe-Gebiet (Kirn; Tholeit von Lemberg, Pfalz R = 2,617, Druckfestigkeit = 2392 kg/qcm, Pflastersteine, Schotter).

Erscheinen statt der Augite große, grünliche Labradore als Einsprenglinge, so bezeichnet man die Gesteine als diabasischen Labradorporphyr. Sie fallen samt den Augitophyren unter den Begriff der Diabasporphyrite, welche nichts anderes als die porphyrisch ausgebildeten Glieder der eigentlichen, olivinarmen bis olivinfreien Diabase sind, also den echten Melaphyren (porphyrischen Olivindiabasen) gegenüberstehen.

Mandelsteinbildungen sind häufig, ebenso Verwitterung des Augites zu Grünerde (S. 238) und Kalkspat.

Die Verwitterung geht von der Oberfläche aus und dringt auf den Klüften und Spalten gegen die Tiefe vor, wobei sie die Gesteinsfläche anfangs grünlich, später bräunlich färbt und mit einer erdigen Rinde überzieht. Das Endergebnis ist ein dunkelgelbgrauer, eisenreicher Tonboden von meist großer Fruchtbarkeit, der neben Nadelbäumen auch Laubhölzer trägt.

[1] nava (lat.) = Nahe, weil sie im Gebiete der Nahe vorkommen.

Die Absonderung ist meist unregelmäßig-vielflächig, bisweilen säulig, auch kugelig; Auftreten in Decken, Kuppen und Gängen.

Das Raumgewicht beträgt meist 2,5 bis 2,8, die Druckfestigkeit erreicht bei Unfrische des Gesteins selten Werte, die viel über 1200 kg/qcm liegen; nur die ganz frischen Gesteine liefern hohe Druckfestigkeitsziffern, so z. B. der „schwarze Porphyr" von Königswalde (Kreis Neurode) den Wert von 3600 kg/qcm oder der Kirner Hartstein (3800 kg/qcm und mehr). Melaphyr ist nur im frischen Zustand wetterfest und dann sehr wohl zu Packlagern, Mauersteinen, als Pflasterstein und Schottergut für Straßen und Eisenbahnen, ja sogar als Werkstein zu verwenden; die dunkle, ernste Gesamtfarbe macht ihn zu einem beliebten Zierstein, ebenso wie man auch die Farbe der Diabasporphyrite schätzt. Verwitterndes Gestein ist nur mit größter Vorsicht zu verwenden. Gute Melaphyre besitzen meist tief dunkelgrüne Farbe und eine feinfilzige Anordnung der frischen Augitnädelchen.

Vorkommen: Südtirol (Seiser Alpe, Rabenstein im Sarntale, Recoaro, Caprile, Predazzo usw., Ergüsse innerhalb der Trias-Absatzgesteine bildend), Böhmen, Deutschland (Harz, Schlesien, Saar-Nahegebiet, Thüringen, Nassau, Vogesen (Gebweiler, Rimbach, Roßberg, Villerbachtal), Nordtirol (Bletzergraben bei Pillersee), Siebenbürgen (Tekerö, Mihaleny usw.). Deutsches Beispiel: Remigiusberg bei Theisbergstegen, Pfalz (graublau, Pflastersteine, Schottergut R = 2,608, Druckfestigkeit = 2092 kg/qcm).

b) Die Diabase[1] unterscheiden sich als ältere Gesteine[2] oft schon äußerlich von den sonst zuweilen ganz ähnlichen Basalten, welchen gewöhnlich infolge ihres geringeren Alters als nachtertiären Ergüssen eine größere Frische zukommt. Der Mineralbestand beider Gesteine deckt sich im übrigen vollkommen. Bezeichnend für Diabas ist der beim Basalt seltener auftretende sogenannte verschränkte Verband (vgl. Abb. 135, 136); zwischen den leistenförmigen, wirr durcheinanderliegenden und sich kreuzenden Kalknatronfeldspaten liegt eingeklemmt die dunkle, formlose Augitfülle. Seltener ist der Verband halbeigenförmig-körnig, gabbroartig (gabbroide Diabase). Man hat früher die freiäugig auflösbaren „körnigen" von den „dichten" Diabasen (Spiliten, einsprenglingfrei bis -arm; siehe S. 183) unterschieden.

Der Kalknatronfeldspat ist meist Labradorit, bildet tafelige oder säulig gestreckte, stets mehr oder minder leistenförmige Schnitte liefernde Kristalle und zeigt Zwillingsstreifung. Im unveränderten Gestein glasig aussehend, erscheint er im unfrischen Gestein derb, weiß oder grünlich, letzteres infolge Saussuritierung, bei der als Nebengebilde oft Kalkspat und tonige Stoffe entstehen. Die Augite besitzen meist dunkelgrüne Farbentöne, entsprechend einer allmählichen Zersetzung zu feinfaseriger Hornblende (Uralit) oder Chlorit.

Saussuritierung, Uralitisierung und namentlich Chloritbildung verleihen den unfrischen Diabasen jene bezeichnende grüne Gesamtfarbe, welche

[1] diabasis (griechisch) = Übergang.

[2] Lossen wollte den Namen Diabas auf die vorkarbonen, den Namen Melaphyr auf die nachkarbonen, aber vortertiären Ergußgesteine von der Zusammensetzung des Gabbros angewendet wissen, fand aber wenig Zustimmung.

ihnen den Namen „Grünsteine" verschafft hat. Ein Großteil dieser Umbildungsvorgänge ist auf Tiefenwirkungen (warme Quellen usw.) und auf Gebirgsdruck zurückzuführen; weit langsamer und zum Teil auch andere Mineralien erzeugend, arbeitet die Oberflächenzersetzung.

Chemische Zusammensetzung des Diabases von Niederkunnersdorf in Sachsen:

SiO_2	Al_2O_3	Fe_2O_3	TiO_2	Mn_2O_3	CaO	MgO	SO_3	Na_2O	K_2O
50,26	17,77	11,65	1,78	Spuren	8,39	4,01	0,40	2,45	0,91

Durch Pressungsumwandlung (Dynamometamorphose) gehen aus Diabasen schiefrige Gesteine hervor (Diabasschiefer, Flaserdiabase, chloritische Schiefer, Hornblendeserizitschiefer, Grünschiefer, Chloritschiefer usw.). Auf Störungswirkung sind vielleicht auch die Proterobase zurückzuführen (etwas reichlicherer Biotit, kleiner Quarzgehalt, braune Hornblende).

Arten: Hypersthendiabas, Olivindiabas (olivinführend), Quarzdiabas (mit ursprünglichem Quarzgehalt), Diabasaphanit (dem bloßen Auge dicht erscheinend), Uralitdiabas (mit Uralit an Stelle des aufgezehrten Augites), Spilit (einsprenglingsfrei, rasch abgekühlt und daher meist blasenreich); lückigem Gefüge entspringen Bezeichnungen wie Kalkdiabas, Diabasmandelstein (Blatterstein, mit zahlreichen von Kalkspat, Chlorit, Siedesteinen, Epidot usw. ausgekleideten Hohlräumen). Die „Kuselite" des Remigiusberges bzw. Kuseltales der Pfalz gelten nach den neueren Forschungen als Mischgesteine, entstanden durch Mengung von diabasischem und aplitischem Schmelzfluß in ganz bestimmtem Verhältnisse; wo bei der Vermischung der basische Schmelzfluß überwog, entstanden Quarz-Tholeite (S. 181; Alsenztal).

Die Absonderung ist oft ausgesprochen kugelig und führt dann zu kugelig-schaliger Abwitterung; sonst kommt häufig eine unregelmäßig-vielflächige Absonderung vor. Die Diabase bilden Decken, Gänge und Einschublager; sie vermitteln nach Verband und geologischer Erscheinungsweise in manchen Ausbildungen zwischen Tiefen- und Ergußgesteinen.

Bei der Verwitterung bräunt sich das dunkle, schwärzlichgrüne Gestein und zerfällt in einen lehmreichen, rostfarbenen Grus, der meist rötlichbraune bis dunkle, eisenreiche, warme, lockere und fruchtbare Böden liefert. Die Diabasböden sagen wegen ihres verhältnismäßig hohen Phosphor- und Kaligehaltes den meisten Laubhölzern (Buche, Esche, Elsbeere, Ahorn) mit Ausnahme der Eiche sehr zu. Die natürliche Verjüngung gelingt sehr leicht, wenn man für Niederhaltung des Gras- und Himbeerwuchses entsprechend sorgt.

Das Raumgewicht der Diabase bewegt sich meist zwischen 2,8 bis 3,0, die Druckfestigkeit zwischen 1800 und 2600 kg/qcm. Frische Diabase geben einen ausgezeichneten Pflasterstein und ein widerstandsfähiges, langsam sich abnützendes Schottergut. Die Kleinklüftigkeit verhindert oft die Verwendung als Baustein. Die Diabase sind häufig Erzbringer (Přibram).

Vorkommen: Deutschland (sächsisches Vogtland, Thüringen, Fichtelgebirge, Harz, Nassau, Saar-Nahegebiet), Böhmen (Einlagerungen im Algonkion, z. B. bei Přibram), Mähren und Schlesien (ein Teil der „Teschenite" gehört zu den Diabasen), Bosnien (Dobojer Schloßberg, Kladanj), Dalmatien (Scoglio Brusnik, Lissa), Tirol (Pillersee, Kitzbühel Umgebung,

Zwölferspitz, hier zum Teile porphyrisch und als Labradorporphyr bezeichnet, Monzoni, Val Trompia), Steiermark (Hochlantschgebiet), Kärnten (Kreuth, Windische Höhe usw.), Venetien (Val del Degano).

Galtzenberg bei Niederkunersdorf, unweit Löbau in Sachsen (graugrün mit schwarzen, weißen und goldgelbglänzenden Sprenkeln; R = 2,975, D = 2,993, $\frac{R}{D} = 0{,}994$; Wasseraufnahme 0,03 bis 0,06%, frostbeständig, druckfest (trocken 3180 bis 3520 kg/qcm, wassersatt 3140 bis 3260 kg/qcm) zäh, abnützungshart. Ochsenkopf, Fichtelgebirge (3140 kg/qcm Druckfestigkeit).

c) Unter dem Namen Basalt[1] werden viele Gesteinsarten zusammengefaßt, welche neben dem dunklen, oft feinkörnigen bis dichten oder porphyrischen Aussehen nicht viel mehr gemeinsam haben als ihre basische Ausbildung und das Vorwalten von Augit unter den dunklen Bestandteilen. Der Feldspat kann durch einen Vertreter ersetzt sein. Olivin kann vorhanden sein oder fehlen, oft ist auch Glasmasse beigemengt.

Zu den Alkalikalkbasalten gehören die Plagioklasbasalte (dicht, oft porphyrisch) und die Plagioklasdolerite (schon freiäugig deutlich körnig, nicht porphyrisch, meist arm an Olivin); die Gesteine haben dunkelgraue bis schwarze Färbung. Reichlicherer Gehalt an Übergemengteilen drückt sich in Bezeichnungen wie Quarzbasalt, Hypersthenbasalt usw. aus.

Die Einteilung der Alkalibasalte geht ohneweiters aus der tieferstehenden Übersicht hervor; es sind dunkelgraue („trachytartige Reihe") bis schwarze („basaltische Reihe"), meist porphyrische Felsarten.

Olivin	mit Plagioklas	Plagioklas + Nephelin	Plagioklas + Leuzit	Nephelin	Leuzit	Melilith	Glas
vorhanden	Trachybasalt	Nephelinbasanit	Leuzitbasanit	Nephelinbasalt	Leuzitbasalt	Melilithbasalt	Limburgit
fehlt		Nephelintephrit	Leuzittephrit	Nephelinit	Leuzitit	—	Augitit

Als Trapp[2] werden basaltische Ergußgesteine mit verschränktem Verband ohne Einsprenglinge von Olivin oder Augit bezeichnet; viele Forscher wollen die Bezeichnung berechtigterweise vermieden wissen.

Unter dem Sammelnamen Teschenite hat man früher Gesteine der mährisch-schlesischen Kreidebildungen zusammengefaßt, welche zum Teil basischen Kalknatronfeldspat, Analzim, hellen Augit, barkevikitische Hornblende und reichlich Apatit führen, zum Teil Diabase (bei geringerem Analzimgehalt und Hornblendefreiheit) oder Pikrite sind. Jetzt versteht man darunter nur Gesteine der ersten Art, also Alkalibasalte, welche zu einem hornblendeandesitischen Schmelzfluß hinüberleiten.

[1] basáltes, Gesteinsname bei Plinius; von Agricola zuerst auf sächsische Felsarten übertragen.

[2] trapp (altmodisch) = Treppe, weil die übereinanderliegenden Decken wagrechte Stufen mit senkrecht abfallenden Wänden bilden.

Das Raumgewicht der Basalte beträgt 2,7 bis 3,3; sie gehören somit zu den schwersten Ergußgesteinen (Abb. 60, 132, 133, 138, 162).

Sie lassen sich nur schwer bearbeiten und sind meist gut glättbar. Sie treten in Decken, Kuppen, Stielgängen, Strömen und Gängen (Trappe Islands, Dekhans usw.) auf und zeichnen sich durch die Häufigkeit der säuligen Absonderung aus; zwischen den Säulen findet sich meist ein dünner Besteg aus tonigen Verwitterungsstoffen. Untergeordnet zeigt sich daneben oft noch eine Quergliederung; auch kugelige, plattige und unregelmäßig vielflächige Absonderung kommt vor (Säulenbasalte [Abb. 161, 164], Plattenbasalte [Abb. 163], Kugelbasalte). So sehr die Absonderung

Abb. 161. Dicksäuliger Basalt. Steinberg bei Feldbach 1917. Nach einer Aufnahme von Dr. A. Winkler

der Basalte die Gewinnung erleichtert, indem sie häufige Anwendung von Brechstange und Keil gestattet und Sprengzeug sparen hilft, so beeinträchtigt sie andererseits die Verwendbarkeit des Basaltes, wenn die einzelnen Säulen geringen Durchmesser besitzen, wie dies zumeist der Fall ist. Es können daher nur wenige Vorkommnisse dieses sonst meist überaus wetterfesten und harten Gesteines für Hoch-, Brücken-, Hafen- (Unangreifbarkeit durch Meerwasser) Wasser- (Steinwürfe u. dgl.) und Festungsbau ausgebeutet werden. Dünnere Säulen werden zu Prellsteinen, Grenzsteinen, Böschungspflastern, Packlagen, Grundmauerwerk, als Straßenpflasterstein (sehr geeignet für Steinpflaster) und als Schottergut für Kraftwagenstraßen und Schwellenbettungen verwendet. Die Bewährung für den Straßenbau hängt ganz von der technischen Eigenschaften eines Vorkommens ab. Es gibt spröde, kantensplitternde, zur Kopfbildung und zum Glattwerden neigende Basalte, aber auch solche, welche Zähigkeit und Bruchflächenrauhigkeit miteinander verbinden. Löcheriger und schlackiger Basalt dient als Mauer-, Mühl- und Pflasterstein; bei letzterer Verwendungsart ist das Rauhbleiben von Vorteil (lückenloser Basalt wird bei der Abnutzung schlüpfrig), jedoch lassen sich solche Pflastersteine andererseits schwieriger und unvollkommener reinigen. Weitere Verwendung findet der Basalt als Flußmittel bei der Erzverhüttung, in der Glas- und Zementerzeugung usw.

Die Druckfestigkeit schwankt zwischen 1100 und 5000 kg/qcm und übertrifft im allgemeinen die aller anderen Gesteine.

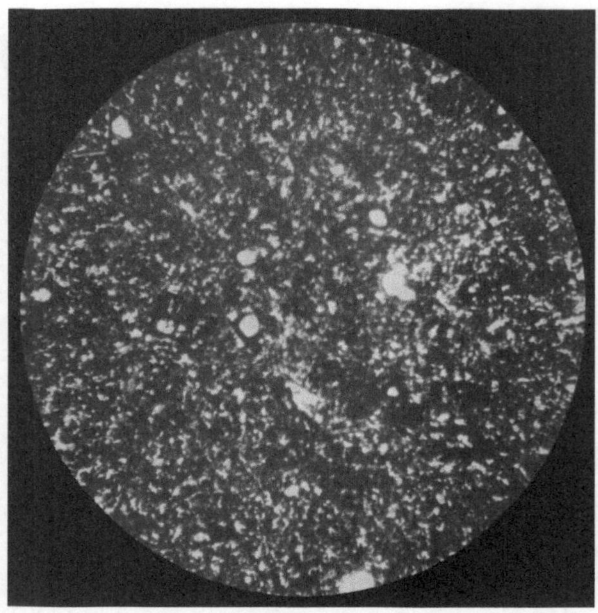

Abb. 162. Feinkörniger Basalt. Die hellen Olivinkörner sind dunkel umsäumt. Steinberg b. Feldbach

Die stoffliche Zusammensetzung (40 bis 55%, Kieselsäure) ist jener der Melaphyre und Diabase ähnlich; sie möge nachstehenden Analysenwerten entnommen werden:

	H_2O	SiO_2	TiO_2	Fe_2O_3	FeO
Basalt vom Steinberge bei Feldbach (Steiermark)	0,88	44,18	2,76	5,18	7,21
Basalt von Kolmer-Scheibe bei Tetschen (Böhmen)	2,08	55,02	—	6,03	1,32
Basalt von Biliner Skale südl. Lukow (Böhmen)	0,98	42,14	2,86	3,49	7,97
Nephelinbasalt, Roßberg, Odenwald.	1,44	40,53	—	1,02	11,07

	Al_2O_3	MgO	CaO	K_2O	Na_2O
Basalt vom Steinberge bei Feldbach (Steiermark)	15,93	7,38	8,37	2,09	5,25
Basalt von Kolmer-Scheibe bei Tetschen (Böhmen)	18,14	2,13	6,67	4,03	4,55
Basalt von Biliner Skale südl. Lukow (Böhmen)	13,13	4,74	12,13	2,89	4,78
Nephelinbasalt, Roßberg, Odenwald	14,89	8,02	14,62	1,95	2,87

Abb. 163. Plattenbasalt. Kasseler Basalt-Industrie A. G.

Bemerkenswert sind körnige Gemenge von Olivin, rhombischem Pyroxen, Hornblende, Chromit, Picotit usw., welche sehr häufig wie fremde Einschlüsse im Basalt liegen (Olivinknollen); sie werden wohl zumeist als Urausscheidungen aus dem Schmelzflusse erklärt und fehlen auch nicht den Basalttuffen (vgl. S. 102).

Die Basalte verwittern im allgemeinen schwer und langsam; ihre Trümmer zeigen in Schutthalden oft nach Jahrtausenden noch messerscharfe Kanten und legen so Zeugnis ab von der einzig dastehenden Widerstandsfähigkeit mancher Arten gegen die Verwitterungskräfte. Solche Basalte liefern dann vorzügliche Rohstoffe von hoher Druckfestigkeit. Neben diesen vollkommen wetterfesten Arten kommen, oft im selben Steinbruche, auch Basaltfelse vor, welche mit gerundeten Kanten anwittern, also weniger

Abb. 164. Basaltbruch der Casseler Basalt-Industrie A. G.

witterungsbeständig sind und außerdem oft noch Gesteinsmassen, welche beim Liegen an der Luft sich mit kleinen, immer deutlicher hervortretenden, sternförmigen, weißlichgrauen Fleckchen und Tüpfelchen bedecken; bald darauf bildet sich um diese Mittelpunkte ein Netzwerk von unregelmäßigen, feinsten Rissen heraus, nach welchen das Gestein schließlich zu bald rundlichem, bald eckig-körnigem Grus oder zu Sand zerfällt. Solche „Sonnenbrenner" (Graupen-, Körner-, Kokkolithbasalte) genannte Abarten taugen zu keinerlei technischer Verwendung. Sie treten namentlich an der Oberfläche von Basaltströmen, Gängen usw. auf und bevorzugen Gesteinskörper, welche reich an derber Nephelinfülle (Stiny 31) oder an eisenreichem Alkaliglas mit vorherrschendem Natron sind; nach Ansicht mancher Forscher ist es gerade die Sprödigkeit dieser Gläser, welche bei wiederholtem Wärmewechsel das Rissigwerden des Gesteines und seinen Zerfall herbeiführt. Hibsch (32) führt den Sonnenbrand auf mehrfache Ursachen zurück; so unter anderm auf die leichtere Verwitterbarkeit von Gesteinstellen, welche reich sind an Nephelin, Zeolithen und Plagioklasen; überhaupt unterstützt nach ihm schlieriger Aufbau die Verwitterung; er wird durch Entmischungsvorgänge herbeigeführt (Augit, Magnetit ⟵⟶ Feldspate, Nephelin, Glas, Zeolithe), welche im ruhenden Schmelzflusse leichter eintreten als im bewegten. Bei einiger Übung lassen sich die Sonnenbrenner von den technisch wertvollen Gesteinsmassen schon im Steinbruche auseinanderhalten; übrigens lassen sich auf frischen Bruchstücken von Sonnenbrennerbasalten die bei der natürlichen Verwitterung oft erst nach Wochen hervortretenden hellen Fleckchen schon durch mehrstündiges Kochen eines Gesteinssplitters mit Ammoniumkarbonat oder Essigsäure hervorrufen, ebenso durch wiederholtes Erhitzen von Handstücken auf 250 bis 300° C oder durch Kochen mit Salzsäure durch etwa eine Viertelstunde hindurch und sodann in Fünf-Hundertstellösung von Na_2CO_3.

Die natürliche Verwitterung der Basalte kann je nach Umständen verschiedene Wege einschlagen. In unseren Klimaten entsteht in der geologischen Jetztzeit aus dem Basaltschutte meist eine sehr dunkel gefärbte, lockere, warme und sehr fruchtbare Erde, welche vom Maiglöckchen, der Buche und von der europäischen Erdscheibe (Cyclamen europaeum) gerne besiedelt wird. Die Verwitterungsrinde der wetterfesten Abarten ist dabei meist grau, weiß bis gelblichweiß; weniger beständige Teile der Gesteinsmasse überziehen sich dagegen mit einer mehr oder weniger rötlichen Kruste. In anderen Fällen werden die Feldspate zu Gemengen von Ton und Quarz zersetzt, wobei etwa entstehende Karbonate durch Wasser sofort ausgelaugt werden und aus der Verwitterung der übrigen Bestandteile des Basaltes als Endgebilde Brauneisen und wiederum Quarz hervorgehen. Der verbleibende Rückstand ist schließlich ein quarzreicher Toneisenstein von roter oder brauner Farbe, welcher im Schrifttume unter dem Namen Basaltwacke bekannt ist. Seltener wird der Feldspat unter Wegführung seines Kieselsäuregehaltes in Hydrargillit umgewandelt und auch die Kieselsäure der Augite und Olivine fortgeführt, wobei der Eisengehalt in Form von Brauneisen zurückbleibt. Das Endergebnis ist dann ein kieselsäurearmes bis fast -freies Gemenge von Aluminium- und Eisenhydroxyd von grauweißer, gelber oder rötlicher Farbe, der für die Aluminiumherstellung so überaus wichtige Bauxit (Beauxit, S. 312).

Über die Kennzeichen wetterbeständiger und druckfester Basalte läßt sich ganz allgemein etwa folgendes sagen. Die Farbe guter Felsarten soll tiefdunkel, das Korn des Gesteines möglichst fein und gleichmäßig, der Verband nicht porphyrisch sein; größere Feldspate und Augite, besonders aber Olivine und Nepheline erliegen zu allererst der Verwitterung, weshalb ihre Frische mit einer Stahlnadel geprüft werden sollte. Auch die Grundmasse darf sich mit einer gehärteten, stählernen Nadel gerade eben noch ritzen lassen; weiche Beschaffenheit oder gar toniger Geruch derselben ist ein böses Vorzeichen und verbietet die Verwendung derartiger Gesteine namentlich für Wasserbauten. Für letzteren Zweck muß die Auswahl des Basaltgesteines besonders sorgfältig gehandhabt werden, da man die Erfahrung gemacht hat, daß an der Wasserlinie die schlechteren Felsarten sehr häufig zerfrieren. Der Bruch des Gesteines soll flachmuschelig, nicht grubighackig sein. Die Verwitterungsrinde überschreitet bei guten Basalten selten die Stärke von 2 bis 3 mm; dickere Verwitterungsrinden fallen überdies meist noch durch ihre rostbraune Farbe auf, welche von aus dem Gesteinsglase weggeführten Brauneisen herstammt. Die Glasmasse setzt die Wetterbeständigkeit und Festigkeit der Basalte um so mehr herab, je reichlicher sie vorhanden ist; oft ist ihre Anwesenheit schon mit freiem Auge zu erkennen. Vorsicht erheischen auch lückige Basalte (Schlackenbasalte usw.).

Vorkommen: Basaltlaven entströmen heute noch dem Ätna, dem Hekla, den Kratern Hawais usw. Ergüsse der Vorzeit finden sich viel verbreitet in Deutschland (Siebengebirge, Westerwald, Rhön, Vogelsberg, Odenwald, Eifel, Lausitz, Kaiserstuhl), Böhmen (Böhmisches Mittelgebirge), Mähren, Schlesien (Freudental, Banow, Venusberg), Steiermark (Weitendorf bei Wildon, Klöcherkogel, Hochstradener Kogel bei Gleichenberg, Steinberg bei Feldbach, Stein bei Fürstenfeld), Ungarn (Plattenseegegend, Umgebung von Schemnitz), Burgenland (Oberpullendorf, Pauliberg), Kärnten (St. Paul), Tertiär Südtirols und Venetiens (Brentonico (Abb. 60), Umgebung von Rovereto, Euganeen, Umgebung von Ronca, Monte Bolca, Monte Castellaro, Monte Schiavi, Monte Bello usw.), Syrien (Hauran-Gebirge, See Tiberias usw.), Java, Japan usw.

Einige Beispiele deutscher Vorkommen: Hartbasaltwerk Lauban in Schlesien (Bruch in Kerzdorf bei Lauban; grauschwarz, frostbeständig, 3810 bis 4460 kg/qcm Druckfestigkeit (16,3 qcm Druckfläche); Nephelinbasalt, rauh, etwas uneben, splitterig brechend, Olivineinsprenglinge; Tageserzeugung etwa 800 t). Hartbasaltwerk Rabishau in Schlesien (Bruch Wickenstein bei Rabishau; dunkelgrauer Nephelinbasalt mit Olivineinsprenglingen; R = 3,082, D = 3,093, Dichtigkeitsgrad $\frac{R}{D}$ = 0,996, frostbeständig, mittlere Wasseraufnahme 0,24 v. H. Druckfestigkeit: 3605 kg/cm^4 (15,8 qcm Druckfläche). Radebeule bei Czalositz, unweit Leitmeritz (2951 bis 3523 kg/qcm). Basaltwerk Forst bei Deidesheim (Pflaster, Straßenschotter; Olivinbasalt, R = 3,083, Druckfestigkeit: 4047 kg/qcm. Rheinische Basaltlavawerke Niedermendig (Mühlsteine, Sockel, Fenster- und Türrahmen, Gesimse, Brückenquadern, Bordsteine, Grenzsteine, Schotter usw.). Basaltlavagruben in Cottenheim, Kr. Mayen, D. Zervas Söhne (R = 2,36, Druckfestigkeit: trocken 1452 kg/qcm, wassersatt 1425 kg/qcm, Wasseraufnahme: 2,30 v. H.). Odenwälder Hartsteinwerke (Steinefrenz im Westerwald: Feldspatbasalt; Schottergut, Basaltplatten [auch Mosaikfliesen]). Roßberg bei Roßdorf (Nephelinbasalt, R = 3,04 bis 3,12, Druckfestigkeit: 4573 kg/qcm). Neustadt-Wied im Westerwald (60 t Kleinpflaster und 350 t Schotter arbeitstäglich, frosthart, R = 3,044, D = 3,077, $\frac{R}{D}$ = 0,989, Wasseraufnahme: 0,2 v. H., 4566 kg/qcm Druckfestigkeit trocken, 4528 kg/qcm naß). Basaltbruch Rothberg bei Nordheim v. d. Rhön (300 rm Tagesleistung, 2087 bis 4414 kg/qcm Druckfestigkeit bei 17,9 bis 30,8 qcm gedrückter Fläche), dgl. Sodenberg bei Morbesau (Tagesleistung 700 t, 2413 bis 3785 kg/qcm), Umpfen-Fischbach bei Kaltennordheim a. d. Feldabahn (400 t Tagesleistung, Pflastersteine, Schotter; Feldspatbasalt mit wenigen Olivineinsprenglingen, frostbeständig, R = 2,967, D = 2,985, $\frac{R}{D}$ = 0,994, Wasseraufnahme 0,11, 3513 kg/qcm). Oberriedenberg, Amt Brückenau (200 bis 250 rm, Großpflaster, Randsteine, Schotter; 3820 bis 4030 kg/qcm), Ochsengemäul bei Büdingen, Oberhessen (200 rm Tagesleistung, Pflaster, Schotter, 3610 bis 4510 kg/qcm). Hohenzell bei Schlüchtern, Kr. Fulda (Pflastersteine, Schotter, blaugrau. verschränkter Verband, Feldspatbasalt, frostbeständig, 3850 bis 4350 kg/qcm). Süddeutsche Basaltwerke Immendingen, Baden (grauschwarzer Nephelinbasalt mit Olivineinsprenglingen, flachmuschelig-scharfkantig brechend, R = 3,180, D = 3,191, $\frac{R}{D}$ = 0,997, frostbeständig, Wasseraufnahme 0,10 v. H., 4088 kg/qcm Biegefestigkeit); Basaltsteinbruch Hövenegg bei Immendingen (frostbeständig, grauschwarz, scharfkantig-muschlig brechend, R = 2,995, D = 3,046, $\frac{R}{D}$ = 0,983; Wasseraufnahme 0,2 v. H., 3936 [wassersatt] bis 4085 kg/qcm [trocken], Druckfestigkeit bei 16 qcm gedrückter Fläche). Basaltwerke Steinmühle, Oberpfalz (4000 kg/qcm Druckfestigkeit).

6. Die Familie der Pikrite[1] und der Pikritporphyrite

Die körnigen Pikrite (bei porphyrischem Verbande und Glasführung Pikritporphyre genannt) lassen sich aus Olivindiabasen durch Anreicherung des Olivins und Augites und Ausfall des Plagioklases ableiten; ihre wesentlichen Bestandteile sind daher Augit und Olivin (Serpentin) gleich jenen der Peridotite; als Gäste können sich Magnesiaglimmer, Perowskit ($CaTiO_3$, regulär) und Hornblende einstellen; der Augit gehört zum Teil der rhombischen Reihe an. Die Gesamtfarbe des Gesteins ist dunkelgrün bis schwarz. Vorkommen: Rechtsrheinisches Schiefergebirge, Erzgebirge, Vogtland, Fichtelgebirge, Harz.

Zu den Alkalipikriten (mit gelegentlichem Melilith, Alkalihornblenden und -Augiten) gehören die südafrikanischen Kimberlite und die Vorkommen von Ellgoth und Neutitschein in Schlesien.

Am Pikrit von Prchalau bei Freiberg (Mähren) hat Hanisch das Raumgewicht mit 2,61 bis 2,90 und die Druckfestigkeit zu im Mittel 1619 kg/qcm bestimmt. Das Gestein dürfte schon etwas angewittert sein; frische Stücke dieser Gesteinsfamilie besitzen ein Raumgewicht von 3,1 bis 3,36 und eine erheblich größere Festigkeit.

Anhang zu den Ergußgesteinen

Die Bildung von Tuffen aus Lockermassen der Feuerbergschlote

Wenn aus den Schmelzflüssen Gase plötzlich und mit großer Gewalt entweichen, dann können sie Teile der Schmelze mit sich emporreißen und aus dem Durchbruchsschlote herausschleudern (vgl. S. 124). Kleinere Schmelzflußklümpchen erstarren oft schon im Fluge, größere nach dem Niederfallen; je nach der Größe und Gestalt der festen Auswurfstoffe unterscheidet man dann Feuerbergstaub, Feuerbergasche, Feuerbergsand, Lapilli (erbsen- bis

[1] pikrós (griechisch) = bitter, wegen des Gehaltes an Bittererde (Magnesia).

walnußgroß), Bomben (über walnußgroße, rundliche oder länglich birnförmige Auswürflinge), Blöcke (größere Massen von unregelmäßiger Gestalt); zuweilen werden auch ringsum ausgebildete, teilweise wieder angeschmolzene Kristalle ausgeworfen. Alle diese Massen fallen in der näheren Umgebung des Schlotes in reichlicherer Menge als im weiteren Umkreis, wohin Luftströme nur den feinsten Staub tragen können, zu Boden und bilden hier oft mächtige Ablagerungen, die sich im Laufe der Zeit durch den Druck aufgelagerter Schichten, Gebirgsdruck oder Bindemittel aus kreisenden wässerigen Lösungen bis zu einem gewissen Grade verfestigen können. Die so entstandenen Tuffe liegen nicht immer genau an derselben Stelle, wo ihre Gemengteile aus der Luft sich ablagerten. Manche unter ihnen wurden nach ihrem Absatze aus der Luft vom Wasser umgeschwemmt oder vom Winde verweht, also noch einmal aufbereitet; sie zeigen sich uns nunmehr auf zweiter Lagerstätte. Die fast immer vorhandene Schichtung und die Ablagerung aus der Luft nähern die Tuffe den Absatzgesteinen; die Förderung ihrer Stoffe aus der Tiefe verknüpft sie mit den Durchbruchsgesteinen. Ihren Namen empfangen sie von dem Gestein, welches aus ihrem Schmelzfluß sich durch Erstarrung gewöhnlich bildet und mit dem sie entwicklungsgeschichtlich enge verknüpft sind. Aus den Lockermassen, welche die Feuerbergessen ausschleudern, entstehen so durch Ablagerung, Umlagerung und Verfestigung Gesteine, welche in der Mitte zwischen Durchbruchgesteinen und Absatzgesteinen stehen und gewöhnlich unter dem Sammelnamen „Feuerbergtuffe"[1] oder „Durchbruchgesteintuffe" zusammengefaßt werden. Derartige, später durch neugebildete Kalkspate, Zeolithe, Kieselsäure usw. verkittete lockere Feuerberggebilde oder Tuffe können nach den Umständen, unter denen sie sich abgelagert haben, eingeteilt werden in:

1. Trockentuffe, entstanden durch Saigerung der Lockergebilde in der Luft und schichtweisen Absatz auf dem trockenen Lande, worauf ihre Verfestigung erfolgte.

2. Unterwassertuffe, hervorgegangen aus einer Anhäufung von Auswürflingen bei Ausbrüchen unter dem Wasserspiegel von Meeren oder Seen, wobei die Absätze unweit der Ausbruchstelle einen massigen Eindruck machen, während sie in einiger Entfernung davon deutliche Schichtung zeigen.

3. Bodensatztuffe (Sedimenttuffe), gebildet aus jenen lockeren Auswurfmassen, welche während des Ausbruches eines festländischen Feuerberges in ein ruhiges Wasserbecken fielen, auf dessen Oberfläche die Bimssteine einige Zeit schwammen, wodurch ein Wechsel von Lagen aus dichten und lückigen Trümmern entsteht.

4. Wandertuffe (Transporttuffe), durch fließendes Wasser verfrachtet und umgeschwemmt.

5. Schlammtuffe, aus Aschenmuren und Tuffschlammströmen abgelagert.

Nach einem anderen Einteilungsgrundsatz kann man Tuffe im engeren Sinne und Tuffite unterscheiden.

Erstere bestehen ganz oder fast völlig aus zerstäubtem Schmelzflusse allein; hydrochemische Vorgänge haben, vorwiegend an den feinen Aschenteilchen angreifend, ihre Verfestigung bewirkt. Je nach ihren Hauptbestandteilen spricht man die Tuffe verschieden an. Feuerbergkonglomerate sind durch feine Asche verkittete gröbere Auswürflinge, also Bomben,

[1] tofus (lat.) = poriger Stein; ital. = tufo.

Blöcke und Schlackentrümmer. Von den gewöhnlichen Absatzgesteinkonglomeraten unterscheidet sie der Aufbau aus unmittelbaren Feuerberglockergebilden, die ein regelloses Durcheinander bilden. Schlacken-, Steinchen- oder Brockentuffe enthalten weniger grobe Auswurfsmassen, etwa von der Größe der Feuerbergsteinchen oder -Brocken. Die Aschentuffe („Tonsteine") setzen sich aus feinsten, glasig erstarrten und meist sehr wohlgeschichteten Lockergebilden zusammen. In älteren Tuffen geht die fortschreitende Entglasung (Kristallinwerdung) Hand in Hand mit der teilweisen Auflösung des Glases und der Neubildung verschiedener Mineralien, wie Opal, Chalzedon, Zeolithe, Delessit, Karbonate usw. Fallen gelegentlich

Abb. 165. Tuffsteinbruch in Ettringen der Rheinschen Basaltlavawerke F. X. Michels in Niedermendig

eines „Kristallregens" größere Mengen fertiger Kristalle zu Boden und werden hier durch Asche miteinander verbunden, so entstehen die sogenannten „Kristalltuffe". Zwischen den aufgezählten Unterarten der Tuffe gibt es natürlich verschiedene Übergänge.

Die Tuffite stellen Gesteine dar, welche aus Vermischung von Feuerbergauswürflingen und gewöhnlichen Absätzen hervorgegangen sind. Sie leiten zu den echten Absatzgesteinen hinüber.

Im Rheinlande unterscheidet man je nach der Verwertung 1. massige, trachytische Tuffe oder Bimstuffe zur Traßerzeugung, 2. geschichtete Trachyttuffe für die Schwemmsteinbereitung (Abb. 165) und 3. ungeschichtete Phonolithtuffe der Steinmetzbetriebe.

Da die Tuffe nicht bloß, wenn sie fest genug sind, einen lückigen und deshalb leichten, die Wärme schlecht leitenden, den Luftaustausch aber befördernden beliebten Baustein abgeben, sondern auch sonst technische Verwertung finden, seien ihnen einige Zeilen gewidmet.

Quarzporphyrtuffe nehmen hervorragenden Anteil am Aufbaue der „Bozener Quarzporphyrtafel" Südtirols. Falls sie durch kieselige

Bindemittel („Verkieselung“) verkittet sind, können sie gute Bausteine von großer Festigkeit und befriedigender Wetterhärte abgeben, die sich für verschiedene Zwecke des Hoch- und Tiefbaues vielfach bewährt haben; ihre Verwendung im Wasserbaue erheischt aber wegen mancher schlechter Erfahrungen hinsichtlich ihrer leichten Zersetzung unter Wasser Vorsicht. Beliebte Quarzporphyrtuffe sind der „Rochlitzer Porphyr“ vom Rochlitzer Berg (blaßfleischfarben, weißgeadert, z. T. stark verkieselt; S. 170), der „Hillersdorfer Stein“ aus dem Zeisigwalde bei Chemnitz (schlichtfarbig, z. T. weicher), der Quarzporphyrtuff von Frohburg-Kohren u. v. a.

Porphyrtuffe mit toniger Zwischenmasse, deren Natur sich meist schon durch den Tongeruch beim Anhauchen verrät, erweichen im Wasser und zerfrieren daher leicht; sie taugen weder für Wasserbauten noch für Gründungen. Die „Tonsteine“ der Rheinpfalz sind umgelagerte Tuffe von Quarzporphyren und wohl auch anderer älterer Durchbruchgesteine.

Die Trachyttuffe liefern in ihren festeren Abarten zuweilen sehr geschätzte Bau-, Zier- und Werksteine, deren Druckfestigkeit bescheidene Ansprüche vollauf befriedigt. So hat z. B.

Trachyttuff von Gleichenberg (Oststeiermark) 722 kg/qcm Druckfestigkeit
„ „ Ettringen (Eifel) . . . 300 bis 317 „ „

Das Raumgewicht der Trachyttuffe schwankt zwischen 1,4 und 2,2.

Traß oder Duckstein nennt man einen feinen, dichten Aschentuff des Brohltales in der Eifel und seiner Nachbartäler (Schweppenburg, Tönnissteiner Tal, Pünterbachtal, Gleesbachtal, Burgbrohl usw.), der sich vermutlich aus mächtigen Schlammströmen oder aus absteigenden Glutwolken (ähnlich jener auf Martinique) abgelagert hat. Zerstampft und gemahlen, liefert er, mit Kalk und Sand vermengt, einen unter Wasser erhärtenden Mörtel, dessen hervorragende Eigenschaften namentlich für Talsperrenbauten usw. wertvoll sind. Ein ähnlicher, wenn auch chemisch anders gearteter Tuff wird im „Ries“ bei Nördlingen und ferner am Schafstein (Rhön) gewonnen.

Die Bimstuffe des Rheinlandes werden mit entsprechenden Bindemitteln auf „Schwemmsteine“ verarbeitet (Wärmeleitzahl 0,13 bis 0,14, luftige, trockene, gesunde Wände gebend, feuerfest (bis 1100° C), nagelbar, hinreichend druckfest (36,6 kg/qcm), leicht (R = 0,65), isolierend).

Den Phonolithtuffen (Leuzitphonolithtuffen) sind die sogenannten „Weibernsteine“ der Umgebung von Weibern im Rheinlande zuzuzählen.

Sie besitzen hellgraue bis weiße Farbe, 150 bis 360 kg/qcm Druckfestigkeit, rund 1,5 Dichte (1,479 bis 1,549), Stoffdichte 2,39, Wasseraufnahme 18,2 bis 24,8 v. H., Dichtigkeitsgrad 0,648. Weitere Brüche von Phonolittuffen liegen bei Ettringen (Abb. 165; R = 1,631, D = 2,4, $\frac{R}{D} = 0{,}68$, Wasseraufnahme 14,8 v. H. frostbeständig, druckfest: trocken 317 kg/qcm, wassersatt 246 kg/qcm), Grobesberg bei Rieden) 248 kg/qcm Druckfestigkeit). Das leichtgetönte Gesteiu wirkt besonders auf großen Wandflächen, seien sie glatt oder gegliedert, gut; die grobkörnigen Abarten taugen insbesondere für massige Bauten, die feinkörnigeren Weibernsteine auch für Bildhauerarbeiten (namentlich Innenausschmückung). Verwendungsbeispiele: Regierungsgebäude in Koblenz a. Rh., Esplanade-Hotel in Hamburg, Oberpostdirektionsgebäude in Hannover, Kaiser-Friedrich-Bad in Wiesbaden u. v. a. m.

Basalttuffe sind örtlich sehr verbreitet; enthalten sie den gestaltlosen, weingelben gelblichbraunen bis schwarzen, schwach glänzenden, muschelig brechenden, aus Gesteinglas entstandenen Stoff, den man Palagonit nennt, so bezeichnet man sie als Palagonittuffe. Die festeren Vorkommnisse, deren Raumgewicht meist zwischen 2,0 und 2,3 schwankt, verwendet man örtlich als Bausteine. Die Druckfestigkeit beträgt beispielsweise bei

Basalttuff von Burgfeld bei Fehring (Oststeiermark)	100 bis 107	kg/qcm
Raase in Schlesien (Dichte = 2,03; „Raaser Steine"); auch bei Karlsberg unweit Hof gebrochen	161	„
Unterweißenbach bei Feldbach (Oststeiermark) ..	318	„

Manche Palagonittuffe der Oststeiermark vertragen die unmittelbare starke Bestrahlung durch die Sonne nicht gut und vergrusen im Sommer binnen weniger Wochen an der Oberfläche bis zu 3 bis 4 cm Tiefe völlig, während ihnen die Winterkälte anscheinend wenig schadet; der Sonne ausgesetzte kleinere Brocken zerfallen in der heißen Zeit binnen kurzem oft ganz zu Grus. Im Grundmauerwerk an schattigen, der Sonne wenig ausgesetzten Orten aber haben sie sich, nach aus ihnen hergestellten, gut erhaltenen Bauwerken zu schließen, besser bewährt. Die Aschentuffe der Jörgener Brüche im Basaltgebiete von Klöch nördlich von Mureck (Oststeiermark) wurden für den Bahnbau Spielfeld-Radkersburg gebrochen.

Peperino („Pfefferstein") heißt der Leuzitittuff des Albanergebirges bei Rom; viel benutzter Baustein (nicht zu verwechseln mit dem „Piperno" S. 173).

Die durch den Gebirgsdruck plattig oder auch schiefrig zusammengepreßten, von kohlensaurem Kalk durchtränkten, oft von Tonschlamm durchsetzten Diabastuffe nennt man Schalsteine, weil sie sich meist in große Platten („Schalen") spalten lassen. Ihre Grundmasse ist feinerdig, grün, grau, auch gelblich bis rötlich gefärbt, enthält Chlorit bzw. Serizit und umschließt Bruchstücke von Diabas, Tonschiefer usw. Der Kalkspat bildet Nester, Körner, Lagen oder netzförmige Adern; wittert er heraus, so entstehen die lückigen bis schwammigen, sogenannten „Blattersteinschiefer". Die festeren und wetterbeständigeren Schalsteine werden als Bau- und Werksteine verwendet.

γ) Begleitgesteine

In der Gruppe der Begleitgesteine sollen bis zur endgültigen Klärung der Ansichten jene Felsarten vorläufig untergebracht werden, welche sich von den Tiefengesteinen, mit denen sie verknüpft sind, entweder durch andere Tracht bzw. Verbandsform oder durch stoffliche Abweichung oder auch durch beides zusammen unterscheiden Die verschiedene Ausbildung des Verbandes deutet auf Unterschiede in den Erstarrungsbedingungen, Änderungen in der stofflichen Zusammensetzung auf Spaltungsvorgänge („Spaltungsgesteine") im Magma hin.

In der Mehrzahl der Fälle handelt es sich bei den „Begleitgesteinen" um jene Felsarten, welche in den Spalten und Schläuchen erstarrt sind, auf denen der Glutteig aus der Tiefe zur Oberfläche emporstieg; es sind also die Ausfüllungsmassen der „Gänge" und „Verästelungen" (S. 48), welche von den Tiefengesteinen hinaufleiten gegen die Oberfläche; aber nicht alle erreichen sie; gar mancher Ast des unterirdischen Schlotes keilt noch innerhalb der Erdrinde aus und nur verhältnismäßig wenige Gänge und Stiele stellen eine unmittelbare Verbindung mit den Oberflächenergüssen (vgl. Abb. 34) oder mit der Erdoberfläche selbst her. Rosenbusch hat die Gangfüllungen als „Ganggesteine" bezeichnet. Der Name wird oft gebraucht, aber nicht allgemein angewendet, weil diese Untergruppe der Begleitgesteine schwer gegen die beiden großen Hauptgruppen der Durchbruchgesteine — Tiefen- und Ergußgesteine — abzugrenzen ist und die Fäden zu vielfach sind, welche die Ganggesteine mit den Tiefengesteinen verknüpfen; sie erscheinen als „Ganggefolge" der Tiefengesteine und werden ihnen am besten angereiht. Neben dem Ganggefolge der Tiefenfelse gibt es nun noch eine Anzahl von Gesteinen, welche man heute noch nicht mit voller Sicherheit an richtiger Stelle eingliedern kann; sie wurden vorläufig mit dem Ganggefolge zur Gruppe der Begleitgesteine vereinigt.

Die örtlich verschiedenen Abkühlungsbedingungen und die Mannigfaltigkeit der Möglichkeiten für die Glutteige, sich in den Gängen zu spalten, führen zur Entstehung einer ungeheuer großen Verschiedenheit in Mineralzusammensetzung, Tracht, Verband und Gefüge der Ganggesteine; wollte man ihr völlig gerecht werden, dann müßte man fast jeder Gangausfüllung, ja manchesmal sogar den Teilmassen eines einzigen Ganges, einen eigenen Namen geben. Tatsächlich ist die Zahl der in das Schrifttum eingeführten Gesteinsnamen von Gangfelsen verwirrend groß. Diese Fülle von Namen steht in umgekehrtem Verhältnisse zur Wichtigkeit des Ganggefolges für die Technik und zur Massenausdehnung dieser Gebirgsarten. Ausnahmen kommen ja vor; im großen und ganzen aber sind die Felsarten des Ganggefolges nur wenig mächtig und daher nur in einer kleinen Anzahl von Fällen abbauwürdig. Aus diesem Grunde sollen nur die wichtigeren Begleitgesteine hier genannt werden.

Unterschiede in den Erstarrungsbedingungen ganz ohne oder ohne nennenswerte Spaltungsvorgänge erzeugten jene nicht seltenen Felsarten, welche stofflich und mineralogisch mit den Tiefengesteinen übereinstimmen, auch glasfrei sind, aber nicht gleichmäßig körnigen und auch nicht porphyrartigen, sondern geradewegs porphyrischen Verband besitzen. Hieher gehören die sogenannten Granit-, Syenit- und Eläolithsyenitporphyre; die entsprechenden Namen für die Plagioklasgesteine werden durch die Anhängung des Wortes „Porphyrit" gebildet. (Dioritporphyrit, Gabbroporphyrit). In technischer Hinsicht wäre zu bemerken, daß alle diese Gesteine wegen des Vorkommens von Einsprenglingen im allgemeinen dem Zerfalle und der Verwitterung leichter unterliegen als die ihnen entsprechenden nicht porphyrisch entwickelten Glieder der Tiefengesteinsreihe, und daß auch ihre Festigkeitsverhältnisse meist etwas ungünstiger sind. Sie werden im allgemeinen als Bausteine und als Schottergut verwertet.

Der Granitporphyr tritt meist gangförmig auf; seine Farbe wechselt von rötlich zu grünlich. Vorkommen: östliches Erzgebirge, Umgebung von Leipzig (Mauerwerk und Standbilder des Völkerschlachtdenkmales), Harz, Odenwald, südlicher Schwarzwald, Wasgenwald usw. Die Namen der Unterarten, wie Biotitgranitporphyr (Erzgebirge), Augitgranitporphyr (Leipziger Kreis), Zweiglimmergranitporphyr (Fichtelgebirge) usw. erklären sich von selbst. Alkaligranitporphyre haben wenig Bedeutung.

Der graue, mittelkörnige Syenitporphyr der Umgebung von Wolin (Südböhmen) wird für Gründungen, Flußbauten, Brückenwiderlager, Kanalbauten, in seinen feinkörnigeren Abarten auch für Treppenstufen, Bürgersteigplatten, Sockel, Grenzsteine, Grabsäume, Tränk- und Futtertröge usw. verwendet. Unterarten: Hornblendesyenitporphyr (Schönau i. Schwarzwald), Biotitsyenitporphyr (Triberg i. Schwarzwald), Augitsyenitporphyr. Zu den Alkalisyenitporphyren gehören der Monzonitporphyr (Predazzo) und der Rauten(Rhomb.-)porphyr (rautenförmige Alkalifeldspate als Einsprenglinge; vgl. auch S. 172).

Dioritporphyrite haben graue, grünliche Farben. Unterarten: Tonalitporphyrite (Rieserferner, Adamello), Quarzglimmerporphyrit (Schwarzwald, Fichtelgebirge, Böhmerwald), Hornblendedioritporphyrit (hiezu der grüne Ortlerit, der graue andesitähnliche Suldenit und der dunkle Vintlit des Rienztales), Augitdioritporphyrit (Monte Aviolo). Zu den Quarzhornblendeporphyriten gehört der sogenannte Töllit von der Töll bei Meran, ein Magnesiaglimmer und oft etwas Granat führendes Gestein, welches Gänge im Gneis und Glimmerschiefer bildet.

Gabbroporphyrite zeigen in grünlichgrauer, sehr feinkörniger Grundmasse (Labradorit, Diallag, Hypersthen, Magnetit) Einsprenglinge von Labradorit oder solche von Augit und Olivin (Olivingabbroporphyrit); Frankenstein i. Odenwald.

Eine besondere Ausbildung der Granite ist der sogenannte Schriftgranit, ein grobkörniges Quarzfeldspatgestein, in welchem Quarz und Feldspat gleichgerichtet miteinander verwachsen sind. Auf den Feldspatspaltflächen entstehen dadurch Zeichnungen, die an Keilschrift oder an hebräische Schriftzeichen erinnern (Lapis hebraicus, Pegmatit; vgl. Abb. 68). Diese eigenartige Ausbildungsweise und das häufige Vorkommen von bor-Lithium- und fluorhaltigen Mineralien, wie z. B. Turmalin, Topas, Apatit (Umgebung von Ligist in Weststeiermark), Beryll, Lithiumglimmer usw., in den Schriftgraniten weisen auf die Begünstigung der Kristallisation durch Dämpfe (Pneumatolytische Wirkungen) hin.

Die Schriftgranite sind nur eine Abart der Riesenkorngranite (Abb. 109), deren Bildung ganz ähnlich gedacht werden muß. Sie werden aus Kristallen und Körnern von oft überraschender Größe zusammengesetzt und führen neben den wesentlichen Bestandteilen Feldspat und Quarz häufig auch große Tafeln von Muskovit, sowie vielfach Turmalin, Flußspat, Zinnerze, Spinelle, Biotit, Monazit, Thorit, Wolframit, Granit usw. Manche Vorkommen werden zur Gewinnung von Feldspat (Südnorwegen, Schweden, Königsalm bei Gföhl, Niederösterreich) oder Muskowit (Bengalen, Ceylon, Ural usw.) ausgebeutet, andere zur Schotterguterzeugung verwendet. Die Schrift- und Riesenkorngranite erfüllen gerne Klüfte und Spalten im etwas früher erstarrten Granithauptgestein und in den Nebengebirgsarten; man kann sie als Ausscheidungen aus den wasserreichen, immer saurer werdenden Schmelzflußresten auffassen, deren Vordringen große Mengen von allen Seiten aus der erstarrenden Granitschmelze zuströmender Dämpfe und Gase begleiten. Stellenweise laufen die Riesenkorngranitgänge in förmliche Quarzadern (Ganzquarz) aus. Seltener sind Feldspatfelse (Abb. 64).

Die Anwendung des von Hauy für Schriftgranite gebrauchten Namens Pegmatit auch für Riesenkorngranite ist eine mißbräuchliche und schafft unnötige Verwirrungen.

Auch zu den Syeniten, Dioriten und Gabbro gehören Riesenkorngesteine als Gefolge: Riesenkornsyenit, Riesenkorndiorit (Riesenkorntonalit im Gebiete der Rieserferner), Riesenkorngabbro (Riesenkornnorit).

Mit Alkaliriesenkorngesteinen bekommt der Ingenieur höchst selten zu tun.

Die Schrift- und Riesenkorngranite leiten bereits hinüber zu den eigentlichen Spaltungsgesteinen, also zu Felsarten, welche sich stofflich und dem Verbande nach von den zugehörigen gewöhnlichen Tiefengesteinsformen unterscheiden. Man nennt sie Aplite, wenn sie sauer (und dabei zugleich heller und leichter) als das betreffende Hauptgestein, Lamprophyre, wenn sie basischer (und dabei auch dunkler und schwerer) sind.

Abb. 166. Granulit mit „Erzbäumchen". Petzenkirchen, N.-Ö. Schottersteinbruch

Unter den Apliten (Granit-, Syenit-, Monzonit-, Diorit-, Gabbroaplit) hat der Granitaplit, auch Aplit schlechtweg genannt, die weiteste Verbreitung. Seine Hauptkennzeichen sind Feinkörnigkeit („zuckerkörnige Tracht"), Armut an Glimmer, ganz eigenförmige Ausbildung von Feldspat und Quarz, helle Farbe, hoher Gehalt an Kieselsäure. Zuweilen stellt sich schwarzer Turmalin (Schörl) ein (Turmalinaplit). (Abb. 67.)

Zu den seltenen, porphyrischen Apliten („Aplitporphyren") gehört der hellgraue bis bräunlichgraue Alsbachit (Melibocus, Odenwald; Granitaplit).

Den Dioritapliten rechnete man früher die Malchite (Odenwald) zu; diese grünlichgrauen Felsarten führen Labrador-Oligoklas und grüne Hornblende oder Biotit, bzw. Biotit und Hornblende (Hornblendemalchite, Glimmermalchite); Milch hat sie als Lamprophyre erkannt.

Von den Gabbroapliten wird der dunkelgraue Beerbachit (Odenwald, Harzburg) häufiger genannt.

Alkaliaplite spielen technisch eine geringe Rolle.

Eine gewisse Sonderstellung gebührt dem Granulit (Weißstein; Abb. 49, 97, 166, 167), der nicht wie die Aplite in Gängen usw., sondern in selbständigen Kuchen oder als randliche, saure Ausbildungsart von Granitgesteinsmassen vorkommt. Er besitzt in gewöhnlicher Entwicklung deutlich schiefrige bis bänderige, oft dünnschieferige Tracht, helle, meist weiße, lichtgraue, lichtgelbliche oder blaßrote Farbe, feines bis dichtes Korn und enthält fast immer mehr minder reichlich Granat, zuweilen auch Cyanit, Andalusit und Turmalin, wenig oder keinen Glimmer; ein inniges Gemenge von fremdformigem Quarz und Feldspat bildet die Hauptmasse des Gesteins. Der Verband ist meist körnig, an die Aplite erinnernd, oft mit Zerbrechungserscheinungen. Stärker geschieferte Abarten werden besser zu den kristallinen Schiefern gestellt. Die chemische Zusammensetzung der Granulite erinnert an jene der Granite; doch haben manche Granulite, z. B. jene des Südrandes der böhmischen Masse in Niederösterreich, mehr oder weniger große Mengen von Nachbargestein eingeschmolzen, aufgenommen und verdaut (Mischgesteine).

Der Granulit wird häufig gebrochen und als Schottergut verwendet; hiezu eignen sich besonders die sehr zähen Hypersthengranulite (Trapp-

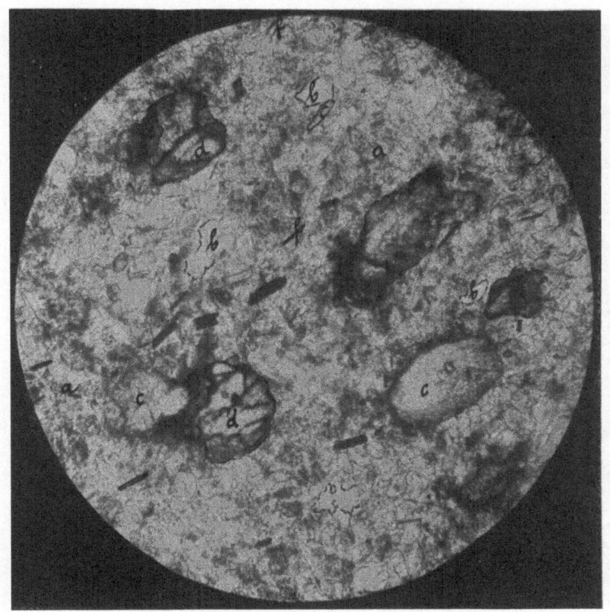

Abb. 167. Granulit von Marbach, N.-Ö. a Feldspat, b Quarz, c Zyanit, d Granit, e Biotit, f Rutilsäulchen

granulite), wie z. B. jene des Dunkelsteiner Waldes in Niederösterreich. Die meist große Kleinklüftigkeit verhindert die Ausformung von Hau- und Werksteinen. Schieferigkeit und Sprödigkeit machen ihn für Pflasterungszwecke minder geeignet. Vorkommen: Sachsen, Schwarzwald, Vogesen, Westböhmen (Warta a. d. Eger), Böhmerwald (Budweis, Krumau, Prachatitz) usw.

Unter den quarzarmen bis quarzfreien, meist porphyrischen L a m p r o p h y r e n wären zu nennen: M i n e t t e (Abb. 74), wesentlich aus rotbraunem Feldspat und Biotit mit Einsprenglingen von Biotit bestehend und daher einem Syenit entsprechend; wenn kugelige Tracht: K u g e l m i n e t t e. In der A u g i t- und H o r n b l e n d e m i n e t t e ersetzen Augit bzw. Hornblende den Biotit der Grundmasse. K e r s a n i t (ähnlich gewissen Dioriten aus Plagioklas und Biotit, oft mit Hornblende und Augit zusammengesetzt; Abb. 168). V o g e s i t, dunkelbräunliche oder grünlichgraue Gesteine mit einer Grundmasse von Orthoklas, etwas Plagioklas, bräunlichgrüner Hornblende und Einsprenglingen von Hornblende oder Diopsid (oder beiden).

Spessartit. Hauptbestandteile: Basischer Plagioklas, braune oder olivgrüne Hornblende, gelegentlich Diopsid. Vorkommen: Spessart, Odenwald, Pfalz, Adamello. „Mesoproterolas" (Abb. 152) nennt man zuweilen einen mächtigen, Bau- und Ziersteine liefernden Gang am Ochsenkopf (Fichtelgebirge). Malchite vgl. S. 198.

Alkaligesteinslamprophyre sind die Camptonite (Abb. 95), welche Biotit, Hornblende und Augit neben Plagioklasen und Feldspatvertretern führen. Ihre Farbe ist grauschwarz bis schwarz. Die Monchiquite unter-

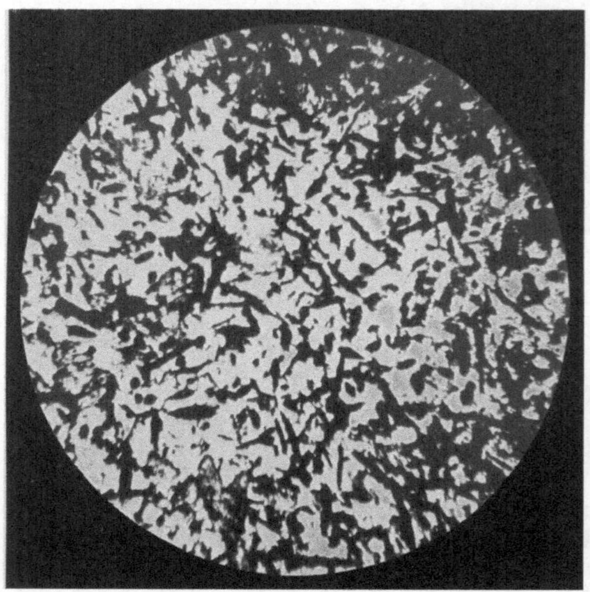

Abb. 168. Kersantitisches Ganggestein. Kemmelbach b. Ybbs a. d. Donau, N.-Ö.

scheiden sich von den Camptoniten durch das Vorhandensein von Glasfülle und Zurücktreten des Plagioklases bis zum völligen Fehlen. Vorkommen beider Alkalilamprophyre: z. B. Böhmisches Mittelgebirge.

Lamprophyre sind nur mit Vorsicht technisch zu verwerten; ihr Erhaltungszustand läßt meist zu wünschen übrig, und auch in frischem Zustand ist ihre Wetterbeständigkeit oft gering.

Anhangsweise seien hier noch die Eklogite, mittel- bis grobkörnige, richtungslose, seltener schieferige Gemenge von Omphazit (grasgrüner Augit) und Granat erwähnt. Das farbenschöne Gestein wird vielfach für kleinere, geglättete Ziersteine, wegen seiner Härte und Zähigkeit als Straßenschotter und nach Ausschlämmen des Omphazitgehaltes als Schmirgelersatz (bayrischer, oberpfälzischer Schmirgel) verwendet.

Die Eklogitbildung heischt hohen allseitigen Druck und große Wärme; werden sie durch die Gebirgsbildung in seichtere Rindenschalen emporgetragen, dann wandelt sich der Omphazit in Hornblende um;

so bilden sich die sogenannten Hornblendeeklogite als Gegenstücke zu den Omphaziteklogiten und in weiterer Folge dann die Eklogitamphibolite. Man findet sie in der Steiermark und in Kärnten auf den Abhängen der Kor- und Saualpe, in der Lieserschlucht nördlich von Spital a. d. Drau (Kärnten, Steinbruch auf Straßenschotter). Stärkerer Gebirgsdruck erzeugt schieferige Abarten, die sogenannten Eklogitschiefer, die bereits zu den umgeprägten Gesteinen zählen. (Vgl. S. 380.) Vorkommen: Niederösterreich (Dunkelsteinerwald, Waldviertel), Tirol (Pitztal, Ötztal, Venedigergebiet), in Bayern (Albesrieth, Eppenreuth, Wöllbattendorf, Stammbach, Silberbach, Wildenreuth), sächsisches Granulit- und Erzgebirge (Waldheim), Baden, Tessin, Wallis (Allalingebiet usw.).

4. Die geologischen Kräfte der Erdoberfläche als Gesteinbildner

Während die Durchbruchgesteine ihre Entstehung den Kräften verdanken, die im Erdinnern selbst schlummern, gehen die Absatzgesteine (s. S. 40) aus der Tätigkeit jener geologischer Kräftegruppen hervor, die ihren Sitz auf der Oberfläche des Erdballes haben und ihre Arbeitsfähigkeit zum größten Teile den Erscheinungen des Weltalls, zumal den Lebensäußerungen unserer Sonne verdanken. Diese erwärmt durch Einstrahlung die Erdoberfläche und die Luft ober ihr, sie setzt das Wasser in Kreislaufbewegung und äußert auch sonst ihren Einfluß auf den Erdball in mannigfacher Weise.

Die hauptsächlichsten gesteinbildenden Wirkungen der Erdoberfläche gehen vom Wetter (Verwitterung), von den Winden, dem rinnenden Wasser, dem Schnee und Eise, den großen Wasserbecken und von den Lebewesen aus. Diese weitverbreiteten, vielseitigen geologischen Kräfte erzeugen die schichtigen (Absatz-, Bodensatz-) Gesteine. In ihrer Bildungsgeschichte lassen sich die Zeitabschnitte der Zerstörung (Auflösung, Zertrümmerung) eines älteren Gesteines, der Fortschaffung der festen oder gelösten Zerstörungsgebilde, der Ablagerung bzw. Ausfällung der verschleppten Trümmer bzw. Stoffe und schließlich allenfalls noch der Umbildung (Diagenese) der abgelagerten Massen zum endgültigen Gestein mehr oder minder deutlich erkennen.

Nach der Art und Weise ihrer Entstehung (vgl. auch S. 40) kann man die Schichtgesteine etwa folgendermaßen einteilen:

1. Trümmergesteine (mechanische Absatzgesteine). Es sind dies schichtige Gesteine, welche aus losgebrochenen, fortgeschleppten und wieder abgelagerten Trümmern fester Gesteinsmassen sich aufbauen. Die Zertrümmerung können Spaltenfrost, bewegtes Wasser, Gletscher usw. bewirkt haben.

Als Verfrachtungsmittel dient meist Wasser; aus ihm haben sich Schlamm, Ton und Sand am Grunde der Ströme und Meere, die Schottermassen der Talauen und Hochgebirgsgründe, viele Konglomerate usw. abgelagert. In anderen Fällen besorgt das Eis die Fortschaffung und Ablagerung des Schuttes; so entstanden und entstehen heute noch vor unseren

Augen die Geschiebelehme, Endmoränen usw. Oder es tritt der Wind als bewegende Kraft auf, wie bei der Bildung der Dünensande, des Lößes, mancher Durchbruchsgesteinstuffe usw. Auf steilen Gebirgshängen übernimmt oft die Schwerkraft unmittelbar die Verfrachtung (Gehängeschutt, Bergsturzablagerungen). In selteneren Fällen bleiben die Schuttmassen unweit ihrer Bildungsstätte liegen und bilden Blockmeere, Felsenmeere u. dgl. Alle diese mannigfachen Ablagerungen liegen uns teils im lockeren (Sand, Schotter) teils im bereits verfestigten Zustand (Konglomerate, Sandsteine) vor.

2. Fällunggesteine (chemische Absätze); ihr Stoff wurde aus älterem Gestein ausgelaugt, als Lösung weitergeführt und dann wiederum irgendwo ausgeschieden. Beispiele für so gebildete Gesteine sind unter anderem das Steinsalz, die Abraumsalze, Gips, Anhydrit, Kalk- und Kieselsinter, manche Erze.

3. Durch Lebewesen erzeugte oder organogene (Belebt-) Gesteine. Sie bestehen vorwiegend oder ganz aus den Resten tierischer oder pflanzlicher Körper, wie z. B. die Kohlen und ihre Verwandten, oder sind doch unter wesentlicher Mitwirkung von Lebewesen zur Abscheidung gelangt, wie beispielsweise manche Kalke.

Die Absatzgesteine haben ihren stofflichen Aufbau von dem Gestein übernommen, aus dessen Zerstörung sie hervorgegangen sind. Insbesondere die Trümmergesteine entbehren daher jeder gesetzmäßigen, stofflichen Zusammensetzung, wie wir sie bei den Durchbruchsgesteinen zu finden gewohnt waren. Ihr Stoffinhalt ist beherrscht von dem Zufall, der die einzelnen Trümmer zusammenschleppte. Wir begegnen daher bei den Schichtgesteinen nirgends allgemein gültigen Regeln über die Vergesellschaftung der einzelnen Mineralgemengteile und die gegenseitigen Mengenverhältnisse der das Gestein aufbauenden Grundstoffe. Dies schließt natürlich nicht aus, daß sich auch bei ihnen unter Umständen örtlich bedingte Mineralkameradschaften herausbilden; so z. B. jene seichter, verdampfender Meeresbuchten (Salz, Gips, Anhydrit, Abraumsalze usw.). Alle Absatzgesteine wurden im wesentlichen unter dem unmittelbaren oder mittelbaren Einflusse der Schwerkraft abgelagert und ruhen überall auf einem fremden, vor ihrer Bildung bereits vorhandenen Gestein auf, das von ihnen nicht durchbrochen wird. Sie sind nirgends aus der Tiefe emporgedrungen, sondern stets von oben nach abwärts bewegt worden und haben daher keine Fortsetzung im Erdinnern wie die Durchbruchsgesteine, deren Heimat die Tiefe ist, in der sie wurzeln.

Allgemeine Vorbemerkungen über die Absatzgesteine und ihre Eigenschaften

Beim Absatz der Schichtgesteine bilden sich plattenförmige Massen, welche man Schichten nennt. Sie entsprechen einem Zeitabschnitt der Ablagerung und waren einmal vorübergehend ein Stück der Erdoberfläche. Indem sich auf den fertigen Schichten bei Fortdauer des Absatzes immer neue Schichten ablagern, entstehen ganze Schichtstöße, in denen jede jüngere Schicht das Hangende der nächst älteren sogenannten liegenden Schicht darstellt.

Der senkrechte Abstand zwischen den beiden Grenzflächen einer Schicht, den sogenannten Schichtflächen, gibt einen Maßstab für die Dicke oder Mächtigkeit der Schicht. Sehr dünne Schichten bezeichnet man wohl als Schnüre, etwas dickere als Schmitze, wenn sie in ihrer Beschaffenheit vom Hangenden oder Liegenden abweichen; bei gleicher Zusammensetzung der Schichten spricht man von Blättchen, Platten oder Bänken je nach der geringeren oder größeren Mächtigkeit.

Die Lage einer Schicht im Raume wird durch die Angabe von Streichen und Fallen festgelegt. Die Streichlinie ist die Schnittlinie der Schichtfläche mit einer beliebigen, gedachten wagrechten Ebene und das Streichen gibt den Richtungswinkel dieser Geraden, bezogen auf die astronomische Mittagslinie, an. Das Fallen wird durch den Neigungswinkel, den die Schichtfläche mit der Wagrechten bildet, der Größe und durch den Richtungswinkel der Linie des stärksten Gefälles auf der Schichtfläche der Richtung nach ausgedrückt (Abb. 169).

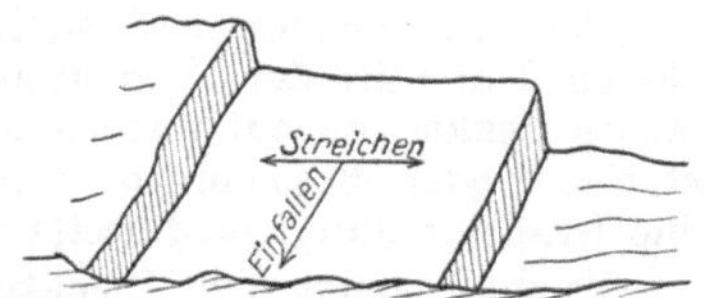

Abb. 169. Streichen und Fallen einer Schicht

Zur Bestimmung des Streichens und Fallens bedient man sich des sogenannten Geologen- oder Handkompasses (Abb. 170), dessen Einrichtung und Gebrauch nach H. Höfers (9) geschildert werden soll.

Der Kompaß besteht aus dem Gehäuse, welches in einem kreisrunden Ausschnitte die Bodenplatte, den Stundenring, welcher zur Erzielung einer genügenden Genauigkeit mindestens 6 cm Durchmesser besitzen soll, die Magnetnadel mit dem Stift, die Feststellvorrichtung, den Neigungsmesser und das Deckglas einschließt.

Abb. 170. Geologenkompaß

Der Stundenring oder Teilkreis ist ein flacher Ring aus Weißmetall, der in 360 Teile (Grade) geteilt ist. Der Nullpunkt der Gradeinteilung steht stets genau über N, 90° über O, 180° über S und 270° über W der Bodenplatte.

Im Mittelpunkte des Stundenringes, dem Kreuzungspunkte der N—S- oder O—W-Geraden der Bodenplatte, ist in dieser von unten her ein stählerner Stift eingeschraubt, welcher unten einen kleinen Kopf besitzt, der am Boden des Holzgehäuses in einer Vertiefung steckt und von hier aus ausgeschraubt werden kann. Der Stift endet oben in der Ebene des Stundenringes in einer scharfen Spitze, welche die Magnetnadel trägt. Diese kann verschieden gestaltet werden. Meist ist sie eine Schwert- oder Rautennadel, d. h. sie besitzt die Form einer sehr spitzen Raute, deren Fläche sich in der Ebene des Stundenringes ausbreitet. Die Balkennadel ist ein schmales Rechteck, dessen kurze Seite lotrecht, also gleichgerichtet zum Stift steht. Die Nordseite der Magnetnadel ist blau angelaufen; da dies bei der Rhombennadel besser als bei der Balkennadel sichtbar ist, so findet man erstere zumeist verwendet. Um diesen Mißstand der Balkennadel zu beheben, ist an ihrer Nordseite ein kleiner, verschiebbarer Messingring aufgeschoben.

In der Mitte der Nadel ist in einem kleinen Messinggehäuse das Hütchen (gewöhnlich aus einem harten Edel- oder Halbedelstein) eingesetzt, welches unten mit glatter Schüsselfläche auf der Spitze des Stiftes aufsitzt und sich auf dieser leicht dreht.

Der Neigungsmesser (Senkel) aus Messing oder dergleichen ist mit einem Öhr an dem Stift der Magnetnadel leicht drehbar befestigt. Die Länge des ganzen Senkels gleicht nahezu dem Halbmesser der Bodenplatte. In dieser ist von O oder W sowohl nach N wie nach S bis zum N—S-Strich reichend eine Gradeinteilung, beiderseits zu je 90°; O oder W trägt 0.

Es muß zuerst eine Eigentümlichkeit des Kompasses erwähnt werden, welche den Anfänger gewöhnlich befremdet, ja veranlaßt, das Gerät für fehlerhaft zu halten. Es erscheint nämlich in der Bodenplatte, hält man N nach vorne, O und W verwechselt. Wenn man in der Natur nach N sieht, so ist O rechts, W links. Im Kompaß ist es umgekehrt, was wie folgt begründet ist. Wenn in einer Uhr der Zeiger feststünde und sich das Zifferblatt drehen würde, so müßte dann dort, wo eine gewöhnliche Uhr mit drehendem Zeiger rechts 1 hat, das drehende Zifferblatt 1 links haben. Wenn wir in der Natur von N nach O, S und W zeigen, so drehen wir uns, wir sind der drehende Zeiger. Wenn wir jedoch mit der N—S-Linie des Kompasses nach O sehen, so hat sich der Stundenring (Zifferblatt) gedreht; der Zeiger, die Magnetnadel, ist an Ort und Stelle geblieben, d. h. zeigt immer nach N, infolgedessen müssen am Zifferblatt, am Stundenring, die Zahlen nach links und nicht wie in der Natur nach rechts herumlaufen.

Beim Gebrauche des Kompasses gilt stets die alte Markscheiderregel: „Nord voran", d. h. N der Bodenplatte muß stets dorthin gerichtet sein, wohin man die Richtung bestimmen will, bzw. wohin die Schichten einfallen.

Bekanntlich fällt die Magnetlinie oder der magnetische Großkreis mit der wahren oder astronomischen Mittagslinie nicht zusammen.

Beträgt die Mißweisung z. B. 7° westlich, so wird man eine magnetische Richtung auf die astronomische Mittagslinie dadurch beziehen, daß man 7° von ersterer abzieht. Fand man mittels des Kompasses z. B. eine Richtung nach 147°, so ist diese astronomisch 140°. Ist die Mißweisung östlich, wie z. B. am Ural, so ist sie zur Kompaßablesung hinzuzufügen.

Das Streichen ist bekanntlich die Richtung einer in der Ebene gezogenen wagrechten Linie; auf diese senkrecht nach abwärts — wohin das Wasser fließt oder die Kugel rollt — ist das Fallen oder Verflächen der Ebene. Die Schicht- usw. Flächen sind meist keine Ebenen, sondern sie sind infolge von allerlei Runzeln, Buckeln, Fältchen, Eindrücken, organischen Resten uneben und gewellt; man nimmt dann die mittlere Lage.

Die Streichlinie wird erhalten, wenn man den Kompaß auf die Fläche lotrecht (nicht senkrecht zur Fläche) aufstellt und auf ihr solange dreht, bis der Neigungsmesser auf 0 zeigt. Mittels eines scharfen Steinsplitters, Bleistiftes u. dgl. m. zieht man an dem Unterrande des Kompasses, mit welchem er auf der Gesteinfläche sitzt, auf dieser einen Strich, welcher das Streichen verkörpert. Will man dessen Richtung bestimmen, so legt man den Kompaß wagrecht und die N—S-Linie gleichgerichtet an die gezogene Streichlinie und liest an der blauen Nordspitze der beruhigten Nadel die Streichrichtung ab.

Das **Fallen oder Verflächen** ist bestimmt durch die **Neigung** und **Richtung** der Fallinie. Die Richtung des Einfallens wird mit dem Kompaß durch derartiges Anlegen seiner kurzen Kante an die Streichlinie bestimmt, daß die N—S-Linie der Bodenplatte über der Fallinie, und zwar so liegt, daß wieder N „voran" ist oder, mit anderen Worten ausgedrückt, daß N dorthin zeigt, wohin eine Kugel auf der Gesteinfläche rollen würde. Durch diese Stellung des Kompasses hat man von der Streichlinie die um 90° (6 h) verschiedene Kreuzstunde abgenommen, so daß man durch Zuzählen oder Abziehen von 90° die Richtung der Streichlinie eindeutig berechnen kann; dieselbe braucht deshalb nicht eigens abgenommen zu werden. Ist das

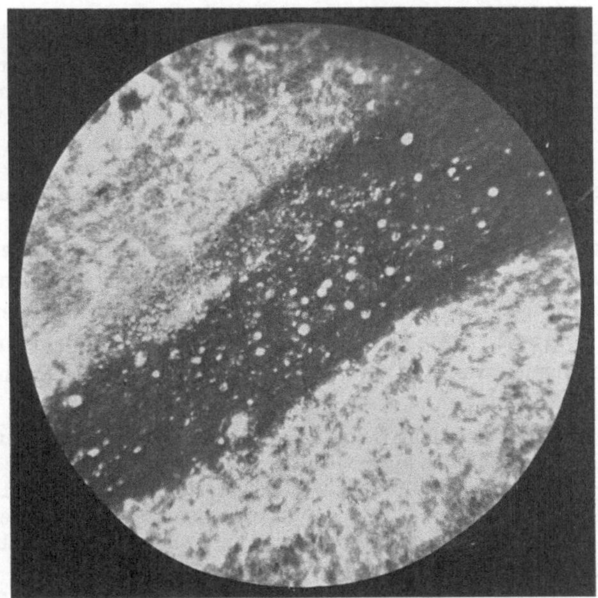

Abb. 171. Entstehung der schichtigen Tracht durch Wechsel von Farbe und Korngröße der Bestandteile. Kalkstein, Albanien. Aufsammlung Dr. E. Nowack

Fallen z. B. SO = 135°, so ist das Streichen SW—NO oder 225°—45°. Umgekehrt kann man aus dem Streichen das Fallen nicht berechnen; denn wäre ersteres z. B. O—W, so kann das Fallen sowohl N als auch S sein. Die Neigung der Fallinie wird mittels des Neigungsmessers bestimmt; der ganz geöffnete Kompaß, dessen Magnetnadel zuvor gehemmt wurde, wird derart lotrecht und zugleich senkrecht zur Streichlinie gestellt, daß 0 Grad des Gradbogens der Fallinie zugekehrt und die Linie 0°—180° (N—S) mit ihr gleichläuft. Das Fallen vermerkt man in seinem Buche einfach, z. B. 25° 135°, bez. 25°/135°, d. h. die Schicht fällt unter 25° gegen 135° (d. i. SO).

Von den Schichtflächen nennt der Geologe die untere die **Sohle**, die obere dagegen das **Dach**.

In diesen Schichtgrenzflächen kommt ein, wenn auch oft sehr wenig schroffer Wechsel in der Art der nacheinander abgesetzten Stoffe oder in den Absatzbedingungen, seltener eine Unterbrechung des Absatzes zum Ausdruck. In letzterem Falle kann die Trennungsfläche sich zum Beispiel dadurch gebildet haben, daß die Oberfläche der älteren Schicht bereits eingetrocknet oder erhärtet war, als die jüngere sich auflagerte, oder daß dünne Häute von Algen usw. in der Zeit, da der Absatz ruhte, das Dach der älteren Schicht besiedelten und eine innige Verschmelzung der jüngeren Schicht mit ihrem Liegenden verhinderten. Sichtbar wird die Schichtung vor allem durch den Wechsel verschiedener Gesteinstoffe (z. B. von Trümmermassen mit ausgefällten Soffen, durch Einschaltung von Ton in Sandsteinen, Kalken usw.), durch Änderungen in der Farbe der Baustoffe (Abb. 171) der Schichten (braune, eisenschüssige Sandsteinbänke inmitten eisenfreier, Einlagerungen von Grünsandstein usw.), durch Bestege und feine Lagen schuppiger Mineralien, wie z. B. Glimmer, durch Einlagerungen von tierischen und pflanzlichen Resten usw. Beginnende Verwitterung erhöht die Wahrnehmbarkeit der Schichtung meist noch bedeutend. Sie wird auch in frischen Gesteinen meist noch schärfer betont durch Bewegungen im Gesteinkörper, bei denen ein Schichtpack über den anderen gleitet (Bankungs- und Plattungsklüfte; s. S. 211).

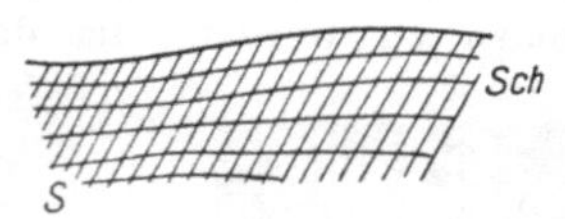

Abb. 172. Schrägschieferung (*S* Schieferungfugen, *Sch* annähernd söhlige Schichtfugen)

Dieser Aufbau aus gleichgerichteten Lagen und die dadurch bedingte Verschiedenheit des Aussehens der Bruchfläche senkrecht zur Schichtfläche (Querbruch) und gleichsinnig mit ihr (Hauptbruch) kennzeichnet die schichtige Tracht, das gewöhnliche Kleid, in dem uns Absatzgesteine entgegentreten und von dem sie ihre Nebenbezeichnung Schichtgesteine erhalten haben.

Der Gegensatz zwischen Hauptbruch und Längsbruch fällt um so mehr ins Auge, je vollkommener die Schichten ausgebildet ist und je weitgehender sie die Gesteinsmasse in dünne Blättchen zerlegt. Hand in Hand damit geht eine leichtere Teilbarkeit des Gesteins nach den Schichtflächen; solche Vorkommen hat man mit dem leicht irreführenden Namen Schiefer (Tonschiefer, Mergelschiefer, Kalkschiefer u. dgl.) bezeichnet, obwohl hier unzweifelhaft eine ursprüngliche Schichtung vorliegt, welche den Flächen kleinsten Zusammenhanges im Gestein entspricht und durch den Druck der überlasteten Massen bloß deutlicher ausgeprägt wurde. Besser wäre die Benennung Blätterton, Blättermergel, Blätterkalk usw. Schieferung im eigentlichen Sinne des Wortes ist dagegen eine leichtere Teilbarkeit des Gesteins in untereinander gleichlaufenden Richtungen, welche das Gestein erst nachträglich durch Druckwirkungen usw. erworben hat und welche nicht schon in der ursprünglichen Anordnung gleicher oder ungleicher Körner nach einer Fläche begründet ist. Freilich können sehr oft die Flächen einer späteren Schieferung zufällig mit den Ebenen der früher bereits vorhandenen Schichtung zusammenfallen. Überall dort aber, wo in Gesteinsmassen seitlich wirkende Kräfte lebendig wurden, wie z. B. bei der Gebirgsbildung, schneidet die stets senkrecht auf die Druckrichtung eingestellte Schieferung

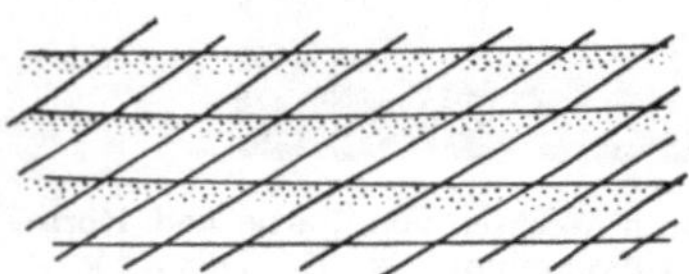

Abb. 173. Die Schichtung wird an dem Korngrößenwechsel erkannt; dieser setzt schräg über die von links unten nach rechts oben aufsteigenden Schieferungfugen

die Flächen der ursprünglichen Schichtung oft unter mehr minder spitzen bis rechten Winkeln; diese Art der Schieferung wird Quer-, Schräg- oder Pressungsschieferung genannt (Abb. 172, 173).

Die schiefrige (blättrige) Tracht wird bei glatter, ebener, stetiger Ausbildung der Spaltungsflächen vollkommenschiefrig genannt. Sie wird z. B. von einem Gesteine verlangt, das als Dachschiefer verwendet werden soll. Sie kommt unter anderem durch Anordnung reichlicher, feinster Glimmerschüppchen in untereinander gleichlaufenden, langen, zusammenhängenden, gleich dünnen knotenlosen Zügen zustande. Wenige unzusammenhängende, nicht genau gleichgerichtete, stellenweise ganz fehlende Glimmerblättchen

Abb. 174. Bändertracht. Aragonit (Sprudelstein), Karlsbad, Böhmen

erzeugen unvollkommen schiefrige Tracht (Beispiel: Kalkglimmerschiefer). Die Ausdrücke ebenschiefrig, krummschiefrig, welligschiefrig, verworrenschiefrig, welche auf die Oberflächenform der Spaltfläche hinweisen, erklären sich von selbst, ebenso die Benennungen dünn- und dickschiefrig. Sie wären besser durch „blättrig" zu ersetzen. Trotz des häufigen Vorkommens schiefriger Tracht ist aber die die Absatzgesteine beherrschende Tracht die schichtige. Einige Forscher trennen die ursprüngliche, dünnschichtige Tracht als „schiefrige" Ausbildung von der erst nachträglich vom Gestein infolge von Gebirgsdruck erworbenen „geschieferten" Tracht.

Bändertracht (Lagentracht, Streifentracht, Abb. 174) kommt dadurch zustande, daß abwechselnde, gleichgerichtete Gesteinslagen verschiedene Farbe aufweisen. Man unterscheidet feingebänderte (Lagenbreite schmäler als 2 mm), dünnbändrige (2 bis 5 mm) und breitgebänderte (> 5 mm) Gesteine. Die entstandenen Streifen können gleichbreit (gleichmäßig gebändert) oder verschieden breit (ungleichmäßig gebändert), gerade (ebenstreifig) oder krumm sein (krummbändrig; Abb. 174). Durchflochten wird die Tracht genannt, wenn Gesteinstreifen von verschiedener Färbung und Beschaffenheit nicht untereinander gleichlaufen, sondern sich unter verschiedenen Winkeln kreuzen, wie die Fäden eines Netzes. Der eine Gesteinsstoff füllt dann gewissermaßen die Maschen des Geflechtes aus. Solche Ausbildung zeigen unter anderem die sogenannten „Kramenzelkalke" des deutschen Devons (S. 294).

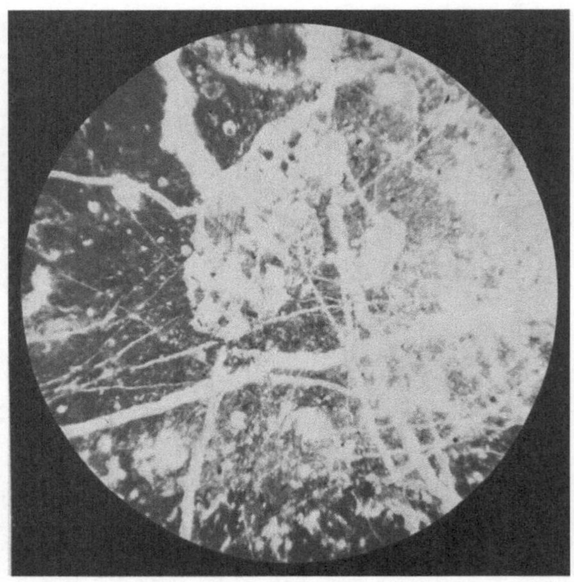

Abb. 175. Netzadern. Wettersteinkalk, Buchau, Steiermark

Von der Bänderung wohl zu unterscheiden ist die Adertracht (Aderung). Sie entsteht durch Ausheilung offener Klüfte, welche das Gestein quer oder schräg zur Schichtung durchsetzen. Die Füllmassen bestehen meist aus kohlensaurem Kalk (Kalkspatadern, meist weiß gefärbt), zuweilen auch aus Kieselsäure oder einem anderen Stoffe. Die Breite der Adern wechselt (dünnadrige, dickadrige Tracht). Oft kreuzen sich zwei Scharen von Adern (Netzadern [Abb. 175, 176]). Der Verlauf ist bald gerade (geradadrige Tracht), bald mehr oder minder krumm (verworrenadrige Tracht). In technischer Hinsicht schadet die Adertracht oft, weil sie meist eine leichtere und dabei zu weitgehende Spaltbarkeit bedingt. In manchen Fällen ist die Kittmasse allerdings härter als die verbundenen Trümmer; dies trifft insbesondere für feine Quarzadern zu. Mit der Richtung der alten, verheilten Klüfte — der jetzigen Adern — können jüngere, noch offene Spaltscharen und Schnitte übereinstimmen oder nicht (vgl. S. 344).

Kugelförmige Tracht (Rogensteintracht) eignet den sogenannten Oolithgesteinen. Diese bauen sich aus einer Anzahl kleiner, hirse- bis erbsengroßer Kügelchen auf, welche ihrerseits wiederum aus speichigstrahlig oder mittelpunktgleich-schalig angeordneten Mineralkörperchen bestehen (Abb. 257, 258).

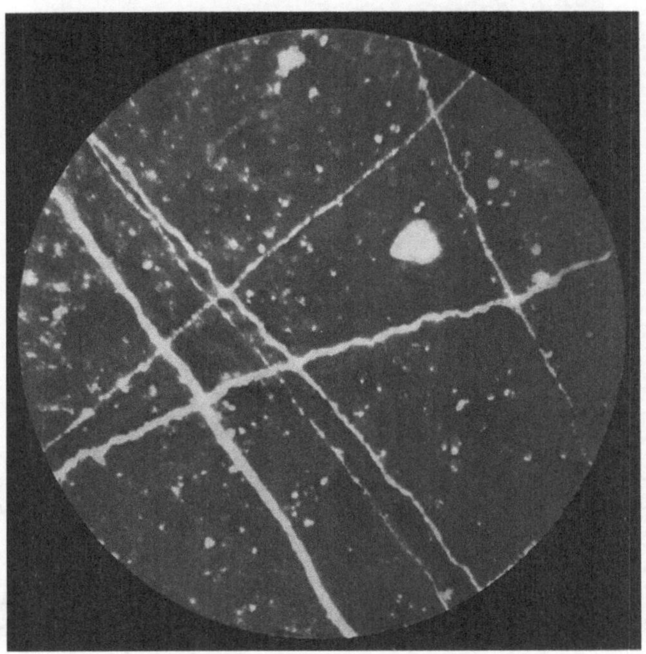

Abb. 176. Netzadern im Mergel von Neustift b. Scheibbs, N.-Ö.

Von den bereits bei den Durchbruchgesteinen kennengelernten Arten des Gefüges eignet den Schichtgesteinen häufig auch das röhrige Gefüge. Hier treten in einer Gesteinsmasse röhrenförmig langgezogene, gerade oder gewundene Hohlräume mit glatten oder rauhen Wänden auf. Es ist vielfach durch Herauswitterung ursprünglich im Gestein eingebettet gewesener Pflanzenstengel entstanden und wird daher bei manchen Süßwasser- und Festlandsbildungen angetroffen. So z. B. bei gewissen Quarziten, Kalksteinen, bei Löß usw.

Der Verband der Absatzgesteine ist gemäß der gänzlich verschiedenen Bildungsweise meist stark abweichend von jenem der Durchbruchgesteine. Nur manche Gesteine, wie z. B. die Marmore, zeigen einen gleichmäßig körnigen Verband, ähnlich jenem vieler Tiefengesteine. Neu treten dagegen der schlammige, der Sandstein-, der konglomeratische und der breschige Verband auf.

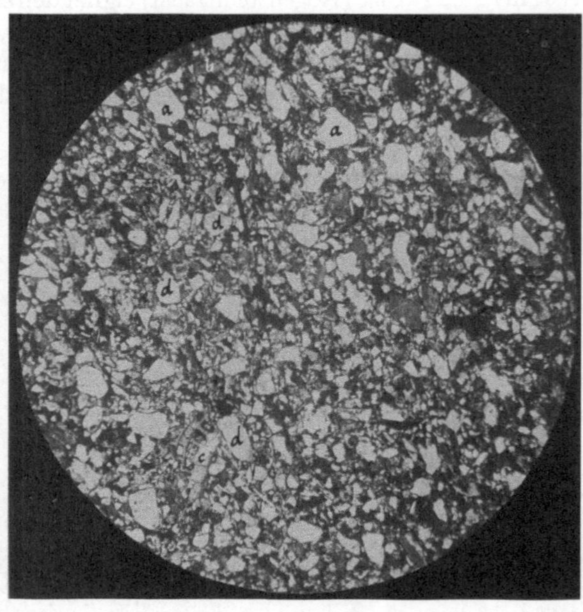

Abb. 177. Sandsteinverband. Kreideflyschsandstein, Klosterneuburg b. Wien, N.-Ö. a Quarzkörner, b Kalkspatkörner, c Kammerlinge (Foraminiferen), d Feldspatkörner, e kieselig-eisenschüssige Zwischenmasse

Der Schlammverband (Pelitverband, Abb. 179) zeigt nur feinste Körnchen oder Schüppchen, so daß das Gestein eingetrocknetem Schlamm nicht unähnlich sieht. Man trifft diese Verbandart bei Lehmen, Tonen, Tonschiefern, Schiefertonen usw. an. Etwas größer sind die Gesteingemengteile beim Sandsteinverbande (Psammitverband, Abb. 177); sie sind entweder ganz locker nebeneinander und übereinander gelagert (Sand) oder mehr oder minder verfestigt (Sandstein); im letzteren Falle verleiht ihnen eine Zwischenmasse, die zwischen den körnigen Gesteinsbestandteilen liegt, einigen bis sehr starken Zusammenhalt. Von Trümmerverband (Psephitverband) spricht man, wenn die lose zusammengehäuften oder ver-

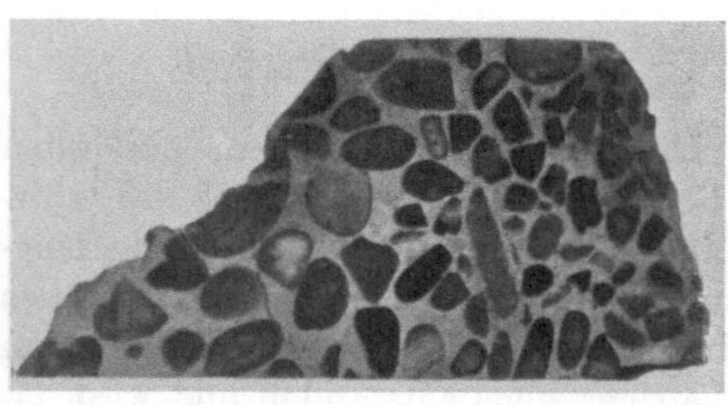

Abb. 178. Konglomeratverband. Puddingstein (England)

festigten Gesteinstücke wenigstens die Größe eines Pfefferkornes besitzen.

Der Verband ist breschig (Abb. 6), wenn die verbundenen Trümmer spitzeckig oder scharfkantig sind, konglomeratisch (Abb. 178, 215) dagegen, wenn die Ecken und Kanten der Trümmer während der Verfrachtung abgerundet wurden. Stammen die Trümmer eines Gesteins mit Trümmerverband von einer und derselben Mutterfelsart ab, so bezeichnet man das Gestein als einheitlich (monogen), nicht zutreffendenfalls als gemischt (polygen).

Abb. 179. Schlammverband. Abfluß aus dem Überreste des „Salzigen See"

Während die Absonderung der Durchbruchgesteine ihren letzten Grund in der Auslösung von beim Erstarren entstandenen Spannungen hat, ist die echte Absonderung der Absatzgesteine auf Schwindungs- und Setzungsvorgänge bei ihrer oberflächlichen Austrocknung und ihrer Verfestigung zurückzuführen. Die Hauptabsonderungsflächen verlaufen nach den Schichtflächen, und man nennt sie, wenn sie deutlich klaffen, Schichtfugen (Schichtlassen, Schichtklüfte, Abb. 180, 181).

Zu diesen, im ungestörten Gelände meist wagrecht verlaufenden Flächen der plattigbankigen Absonderung nach den Schichtfugen gesellen sich zuweilen noch lotrechte Schwindrisse, namentlich bei tonigen Gesteinen. Eine versteckte Absonderung nach lotrechten, feinsten Spalten, begünstigt durch feinröhriges Gefüge, tritt beim Löß auf; hier fehlt die plattigbankige Absonderung in aller Regel völlig. Die Verbindung einer breitsäuligen

Absonderung mit der bankigen führt zur quaderförmigen Gliederung von Absatzgesteinsmassen (Quadersandstein Böhmens und Sachsens). Hier gesellen sich zu den echten Schichtflächen aber bereits durch Krustenbewegungen erzeugte gemeine Klüfte (vgl. S. 407; Abb. 181); solche Rindenbewegungen prägen auch oft echte Schichtfugen noch deutlicher aus (Schichtklüfte). Schaligen Absonderungsformen begegnet man zuweilen bei eisenreichen Tongesteinen usw. Bei den Schichtgesteinen sind die echten Absonderungsflächen von anders entstandenen Ablösungsflächen oft noch schwieriger zu trennen als bei den Durchbruchgesteinen; sie sind

Abb. 180. Erleichterung der Steingewinnung durch Schichtklüfte und Steilklüfte im tertiären Leithakalk des Rauchstallbrunngrabens bei Baden, N.-Ö.

auch, von den häufigen Schichtlassen abgesehen, seltener als man meist glaubt; darüber an anderem Orte mehr (S. 407 ff.).

Für den Steinbruchbetrieb haben die Schichtlassen eine große Bedeutung. Ihr Abstand voneinander bestimmt die Verwertungsmöglichkeit des Gesteins für alle Zwecke, bei welchen feste Ausmaße gefordert werden. Ihr Vorhandensein erleichtert die Zerlegung der Gesteinsmasse und ihre Hereingewinnung. Anderseits verlangt der Techniker vom Absatzgestein ebenso wie vom Durchbruchgestein eine möglichst gleichmäßige Ausbildung, besonders wenn das Gestein auf Mühl- oder Schleifsteine verarbeitet werden soll; dann müssen einzelne gröbere Einschlüsse, festere oder weichere Zusammenwachsungen, größere Löcher, zahlreichere Versteinerungen usw. fehlen. Bestege von Ton oder eingelagerten

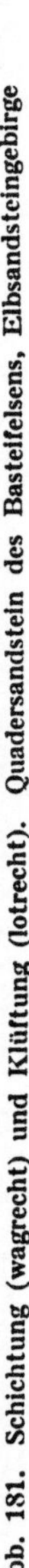

Abb. 181. Schichtung (wagrecht) und Klüftung (lotrecht). Quadersandstein des Basteifelsens, Elbsandsteingebirge

Glimmerblättchen setzen stets den Wert eines Absatzgesteines herab, da längs dieser Flächen die atmosphärischen Wässer eindringen, auslaugend und Spaltenfrostschäden vorbereitend wirken können. Weitgehende Zerlegung des Gesteins durch Schichtklüfte in dünnere Platten ist für die bautechnische Verwendung eines Gesteines meist unerwünscht; sie wird nur für die Gewinnung von Schieferplatten zum Eindecken willkommen sein.

Man pflegt die Schichtgesteine vielfach nach dem Zeitalter der Erdgeschichte, in dem sie sich bildeten, zu benennen. Es muß aber nachdrücklichst betont werden, daß die Bestimmung des Alters eines Absatzgesteines für den Techniker keine wesentliche Bedeutung hat. Es kann kaum eine technische Eigenschaft einer Felsart genannt werden, welche sich gerade an bestimmte geologische Zeitalter allein knüpfen würde; denn einerseits kehren, wenn der Blick des Beobachters den ganzen Erdball in fast allen Zeitaltern umspannt, dieselben Absatzgesteine immer wieder, und anderseits wechseln im selben Zeitalter die Gesteinsinhalte einer und derselben Schicht je nach dem Orte der Erdoberfläche, auf dem wir uns befinden. So hindern uns rascher Gesteinwechsel im lotrechten und wagrechten Sinne einer-, die Übereinstimmung der Ausbildung zu verschiedenen Zeiten anderseits, mit gewissen Zeitaltern ganz bestimmte Gesteinbegriffe zu verbinden. Günstiger liegt die Sache allerdings, wenn man örtlich beschränkte Gebiete in Betracht zieht; hier wird es schon eher gelingen, Gesteinen eines Zeitalters gewisse Eigenschaften sozusagen auf den Leib zu schreiben. In solchem Sinne kann man dann vielleicht auch von der Rutschungsgefährlichkeit der jungtertiären Tegel der Oststeiermark, vom guten Baustein des Buntsandsteines in Süddeutschland sprechen und mit gewisser Berechtigung z. B. nutzbare Salzlager in den Werfener Schichten der Ostalpen erwarten. Im großen und ganzen aber muß der Techniker weniger das Alter einer Felsart, als vielmehr ihre gesteinkundliche Stellung und Ausbildung, von der ihre technischen Eigenschaften abhängen, zu erkunden trachten.

Zur leichteren Zurechtfindung sei im nachstehenden eine gedrängte Übersicht der Zeitalter der Erdgeschichte und ihrer wichtigsten Unterteilungen gegeben.

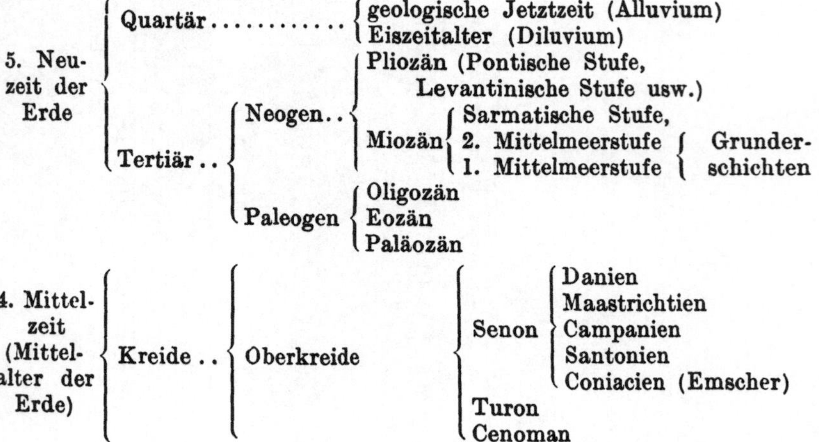

5. Neuzeit der Erde	Quartär		geologische Jetztzeit (Alluvium)		
			Eiszeitalter (Diluvium)		
	Tertiär	Neogen	Pliozän (Pontische Stufe, Levantinische Stufe usw.)		
			Miozän	Sarmatische Stufe,	
				2. Mittelmeerstufe	Grunderschichten
				1. Mittelmeerstufe	
		Paleogen	Oligozän		
			Eozän		
			Paläozän		
4. Mittelzeit (Mittelalter der Erde)	Kreide	Oberkreide	Senon	Danien	
				Maastrichtien	
				Campanien	
				Santonien	
				Coniacien (Emscher)	
			Turon		
			Cenoman		

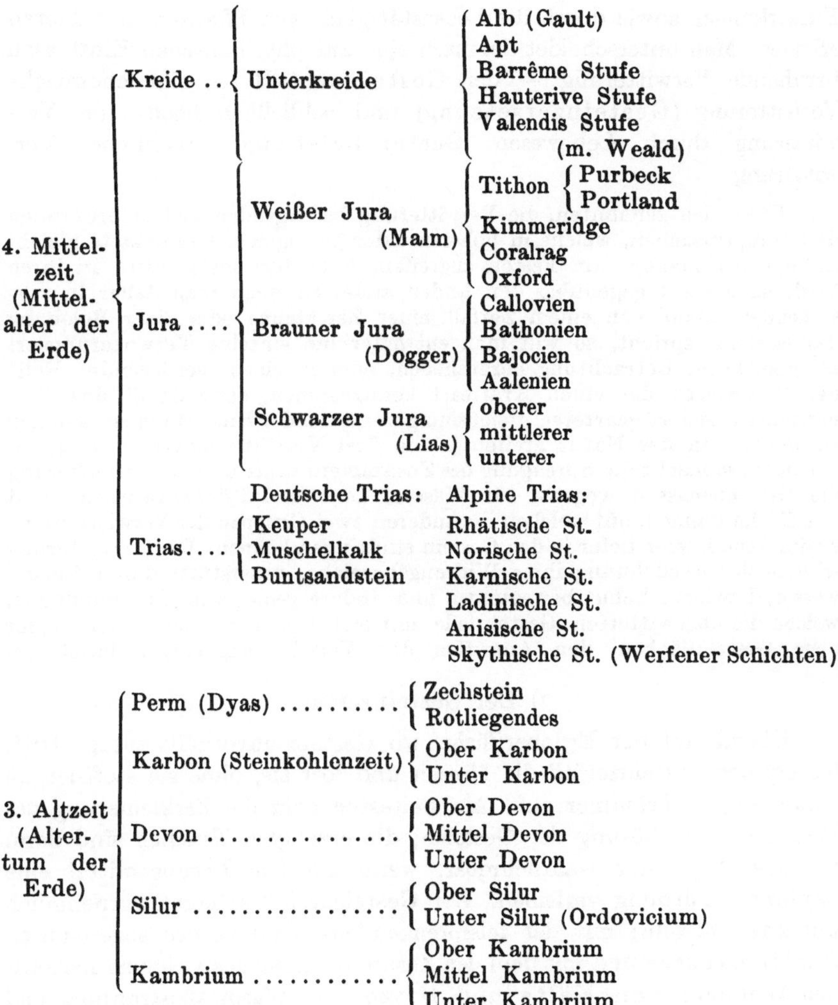

Zeitalter	Formation	Abteilung	Stufen
4. Mittelzeit (Mittelalter der Erde)	Kreide ..	Unterkreide	Alb (Gault) Apt Barrême Stufe Hauterive Stufe Valendis Stufe (m. Weald)
	Jura	Weißer Jura (Malm)	Tithon (Purbeck, Portland) Kimmeridge Coralrag Oxford
		Brauner Jura (Dogger)	Callovien Bathonien Bajocien Aalenien
		Schwarzer Jura (Lias)	oberer mittlerer unterer
	Trias....	Deutsche Trias: Keuper Muschelkalk Buntsandstein	Alpine Trias: Rhätische St. Norische St. Karnische St. Ladinische St. Anisische St. Skythische St. (Werfener Schichten)
3. Altzeit (Altertum der Erde)	Perm (Dyas)		Zechstein Rotliegendes
	Karbon (Steinkohlenzeit)		Ober Karbon Unter Karbon
	Devon		Ober Devon Mittel Devon Unter Devon
	Silur		Ober Silur Unter Silur (Ordovicium)
	Kambrium		Ober Kambrium Mittel Kambrium Unter Kambrium

2. Übergangszeit (Algonkium)
1. Urzeit der Erde

a) Die Verwitterung als geologische, gesteinzerstörende und gesteinbildende Kraft

Die Verwitterung umfaßt alle jene, sehr mannigfaltigen, oft verwickelten Auflockerungen, Rauminhaltsveränderungen und stofflichen Umwandlungen, welche die äußerste Kruste der Gesteinsrinde unserer Erde durch Witterungsvorgänge, oder schärfer ausgedrückt, durch verschiedene in der Lufthülle beheimatete chemische und physikalische

Einwirkungen sowie durch die Lebenstätigkeit von Pflanzen und Tieren erleidet. Man unterscheidet demnach eine auf physikalischen Einflüssen beruhende Verwitterung — den Gesteinzerfall —, eine chemische Verwitterung (Gesteinzersetzung) und schließlich noch eine Verwitterung durch Lebewesen: Gesteinbelebung, organische Verwitterung.

Unter den genannten, die Verwitterung bedingenden und befördernden drei Hauptursachen, welche in höherem oder geringerem Grade stets gleichzeitig nebeneinander am Festen angreifen, überwiegt meist eine in ihren Wirkungen stark gegenüber den beiden anderen; wenn man daher in vorstehendem Sinne von einem Zerfall, einer Zersetzung oder einer Belebung des Gesteins spricht, so will man entweder die einzelne Verwitterungsart zu gesonderter Betrachtung herausheben, oder in einem vorliegenden Falle das Überwiegen der einen Kräfteart kennzeichnen, ohne damit das Vorhandensein anders gearteter, gleichsinnig verlaufender Erscheinungen leugnen zu wollen. In der Natur greifen ja die drei Verwitterungsarten innig ineinander; so macht die Sprengung des Zusammenhanges und die Auflockerung die Gesteinsmassen wegsam für Wasser, Luft und Pflanzenwurzeln, und schafft die Bahnen, auf welchen die anderen zwei Gruppen der Verwitterungskräfte dann immer tiefer in das Gestein eindringen können. Die Verwitterung wird in der Ausdehnung ihres Wirkungsbereiches unterstützt durch Regenwässer, Lawinen, Schuttbewegungen und andere geologische Erscheinungen, welche die abgewitterten Gesteinteile mit sich führen und so immer wieder neue Gesteinflächen den Angriffen der Verwitterungskräfte bloßlegen.

α) Der Gesteinzerfall

Überall auf der Erdoberfläche, wo Gestein unverhüllt zutage tritt, lockert der Gesteinzerfall die Massen und löst sie, ohne sie stofflich zu verändern, in Trümmer auf. Am weitesten geht die Zerkleinerung des Festen bei der Lösung der Gesteine; die erzeugten Teilchen sind dann für das Auge nur wahrnehmbar, wenn sie dem Lösungsmittel eine bestimmte Färbung verleihen. Der Gesteinzerfall arbeitet vornehmlich mit zwei Mitteln; mit der felssprengenden Wirkung des sogenannten Spaltenfrostes und mit dem den Zusammenhang des Gesteins lockernden Wechsel von Kälte und Hitze, von Wärmeausstrahlung und Sonnenbescheinung.

Die Auflockerung des Gesteins, auch trockene Verwitterung oder Wärmeverwitterung genannt, beruht auf der Auslösung von Spannungen zwischen äußeren und inneren Teilen von Gesteinen, hervorgerufen durch rasche Wärmeänderungen; unter Knistern oder auch mit lautem Knall reißen Klüfte im Gestein auf oder schälen sich Platten und Tafeln vom Mutterfelsen los. Die auflockernde Wirkung der Wärmeschwankungen verstärkt sich in zusammengesetzten Gesteinen noch durch die ungleichmäßige Ausdehnung, bzw. Zusammenziehung der einzelnen Gemengteile und ihre verschiedene, Abweichungen in der Erwärmbarkeit bedingende Färbung. Die Gesteine zerfallen dann längs

Rissen in ein Haufwerk von Bruchstücken oder gar zu mineralischem Grus.

Die Raschheit des Vorganges hängt auch von dem Ausmaße und der Häufigkeit von Wärmeschwankungen in einem Gebiete ab. Je mehr sich das Wetter eines Striches dem Seeklima nähert, um so ausgeglichener sind die Wärmeverhältnisse und um so geringer sind auch die Erscheinungen der Wärmeverwitterung; so beträgt die Wärmeschwingungsweite während des Jahres beispielsweise in Irland rund 30 Grad; in der Umgebung Berlins betragen die jährlichen Wärmeschwankungen dagegen etwa 61 Grad, in Tamsweg (Lungau) rund 68 und in Mariazell höchstens 60 Grad. Bei der Beurteilung der Wirkungen der Wärmeverwitterung wäre allerdings, strenge genommen, nicht die Luftwärme, sondern der Wechsel in der Bodenwärme zu berücksichtigen, der noch weit größer ist, als die Schwingungsweite der Luftwärme; es fehlen jedoch hierüber noch genauere Angaben. Am augenfälligsten sind die Zerstörungen der Felsen in den Wüsten und im Hochgebirge; die hochstehende Wüstensonne und der auf den Höhen erdnähere Sonnenball erhitzen untertags die Felsplatten bis auf 70 und noch mehr Grad und überlassen dann während der Nacht das Gestein einer starken Abkühlung bis auf wenige Grad oberhalb, im Hochgebirge sogar oft bis weit unterhalb Null. Man darf daher nicht erstaunt sein, wenn man in den Wüstengebieten sowohl wie in den Hochgebirgen ausgedehnte, mächtige Schuttmassen an die Bergleiber sich lehnen oder sie überdecken sieht.

Neben den eine Hauptrolle spielenden klimatischen Einflüssen befördern Grobkörnigkeit und rauhe Gesteinsoberfläche den Fortschritt des Gesteinszerfalles durch Wärmeschwankungen; auch lebhafte, zumal dunkle Färbungen und Glasgehalt des Gesteins erhöhen die Raschheit und das Ausmaß der Auflockerung, die alle Stufen, von der bloßen Sprüngebildung bis zum gänzlichen Zerfall der Gesteinsstücke durchlaufen kann. Auf diese Weise erklärt sich unschwer, warum die geglätteten und geschliffenen (Abb. 205), der Gletscherbewegung zugekehrten Oberflächenteile der bekannten Rundhöcker oder Rundbuckel, die uns aus der Eiszeit überkommen sind, kaum einen Fortschritt des Gesteinszerfalles während der geologischen Gegenwart erkennen lassen, während die entgegengesetzten, vom Gletscher nicht geglätteten Wände des Felsbuckels von dem Gesteinszerfalle bereits kräftig bearbeitet erscheinen; die leichte, oft schon während weniger Sommerwochen erfolgende, tiefgehende Auflösung der basaltischen Tuffe der Umgebung von Feldbach, die einen tiefgründigen, fruchtbaren Boden liefern, wird aus ihrem oft reichlichen Gehalte an Gesteinsglas verständlich.

Hinsichtlich der Tiefe, bis zu welcher die Wärmeverwitterung reicht, muß festgestellt werden, daß sie mit der Lage der unbeeinflußten (unveränderlichen) Schicht zusammenfällt, in welcher jahraus, jahrein der gleiche Wärmegrad herrscht. Diese Schicht liegt nun in den heißen Ländern im allgemeinen nur wenige Meter unterhalb der Erdoberfläche; bei uns treffen wir sie in etwa 20 bis 25 m Tiefe an.

Ein wichtiges Merkmal der Wärmeverwitterung ist die Erscheinung, daß sie überall dort, wo Feuchtigkeit vorhanden ist, begleitet wird von der chemischen Verwitterung, der Gesteinzersetzung, der sie wesentlich vorarbeitet.

Während die Heimat der Wärmeverwitterung der heiße und der gemäßigte Gürtel der Erde einschließlich der tieferen und mittleren Lagen der Hochgebirge ist, kommt die Spaltenfrostverwitterung, auch

Frostverwitterung kurzweg oder Kälteverwitterung genannt, hauptsächlich im hohen Norden und in den höchsten Lagen der Gebirge zur Vorherrschaft, ja teilweise sogar zur Alleinherrschaft.

Sie beruht auf der sprengenden Wirkung des in die Ritzen und Spalten des Gesteins eindringenden und hier unter beträchtlicher Raumausdehnung — Eis hat die Dichte 0,916 — gefrierenden Wassers. Am stärksten äußern sich die felszernagenden Erscheinungen des Spaltenfrostes dort, wo Frieren und Wiederauftauen am häufigsten miteinander abwechseln, wie z. B. im hohen Norden und auf den Hängen der Hochgebirge in einem breiten Gürtel oberhalb und unterhalb der Schneegrenze. Die zahlreichen Blockgipfel und ausgedehnten Schutthalden unserer Alpen legen Zeugnis ab von der Schutt schaffenden Tätigkeit des Spaltenfrostes.

Die kräftigste Beeinflussung geht naturgemäß vom Klima aus. Geradeso wie für die Ausbildung der Flußbette und die Talbildung die Hochwässer maßgebend sind, so gehen auch die stärksten Felszermürbungen von den Zeiten größter Tiefenwirkung und Stärke des Frostes aus. In den Hügelländern West- und Süddeutschlands erstreckt sich der Angriffsbereich des Spaltenfrostes bis in etwa 0,6 m, in Ostdeutschland und im Hochgebirge meist bis in 0,8 bis 1,3 m Tiefe. Voraussetzung für Spaltenfrostwirkung ist die Füllung der Gesteinshohlräume zu mindestens neun Zehntel mit Wasser; daher schadet der Frost während Trockenzeiten und in solchen Gebieten nicht, wo Niederschläge zur kalten Jahreszeit fehlen oder geringfügig sind. Bei Trockenheit, sei sie nun zeitlich oder räumlich bedingt, kann nur Wärmeverwitterung, aber keine Spaltenfrostverwitterung in Erscheinung treten. Niedrige Wärmegrade allein müssen noch keine starken Spaltenfrostwirkungen im Gefolge haben; entscheidend ist der häufige Wechsel zwischen Frost und Auftauen; da dieses auf sonnigen Hängen von Südseiten öfter eintritt als auf schattseitigen Lehnen, so macht die Verwitterung durch Spaltenfrost auf den Sonnseiten auch raschere Fortschritte wie auf den Nordlagen; aus demselben Grunde sind die höchsten Felshäupter der Gebirge geringerer Frostzerstörung unterworfen als die Hangteile beiderseits der Schneegrenze, wo die Wärmegrade sehr häufig zwischen über und unter Null wechseln; die Eistage der Wetterkundler, während welcher kein Auftauen erfolgt, kommen für die Spaltenfrostwirkung nicht in Betracht.

β) Die Gesteinzersetzung

Geräuschloser und langsamer als der Gesteinzerfall spielt sich der Vorgang der chemischen Verwitterung ab, der die Felsmasse stofflich oft vollkommen umwandelt und in den meisten Fällen auch ihre weitere Zerstörung sehr erleichtert.

Befördernd wirkt hiebei namentlich die Wärme, indem sie die stofflichen Umwandlungen beschleunigt und auch sonst lebhaft beeinflußt. Die Trümmerfelder unserer Hochgebirge und der nördlichen Länder bestehen daher vorwiegend aus chemisch wenig veränderten Gesteinen, während in den wärmeren Gegenden der Schutt meist bis zum Kern verwittert ist; an Gebiete mit Bodenwärmen über Null Grad gebunden, fehlt die Gesteinzersetzung mithin in Ländern und Landstrichen, deren Boden dauernd gefroren bleibt.

Im allgemeinen gilt der Satz, daß die chemischen Umsetzungen bei 10° rund 1,7mal, bei 18° etwa 2,5mal und bei 34° ungefähr 4,5mal so rasch vor sich gehen als bei 0° C. Diese der Zersetzung förderliche Wirkung höherer Luftwärme wird in den warmen Gürteln der Erde noch durch den Umstand verstärkt, daß die größere Wärme hier während einer längeren Zeit wirksam ist als in kühleren Lagen.

Vergleichsweise gering anzuschlagen ist die chemische Einwirkung des **Luftsauerstoffes**. Die Verbindungen, welche unsere Gesteine aufbauen, sind zumeist hoch oxydiert und unfähig, weitere, nennens-

Abb. 182. Furchenweise Auslaugung von Kalk durch abrinnendes Niederschlagwasser (Karrenbildung). Sonnwendgebirge, 1950 m Seehöhe. Lichtbildsammlung der Technischen Hochschule Wien

werte Mengen von Sauerstoff aufzunehmen. Bloß die Schwefelverbindungen und die Oxydule des Eisens und Mangans unterliegen einer ausgiebigen Sauerstoffverwitterung oder Röstung, die sich durch bräunliche oder schwärzliche Krusten und Überzüge auf den Gesteinen gar bald bemerkbar macht; auch bituminöse Gesteine binden Sauerstoff, wobei sie aber bleichere Farbentöne annehmen.

Die kräftigste, zersetzende Wirkung scheint nach den neueren Forschungen vom **Wasser** auszugehen, das in Bruchteilen stets, und zwar in mit zunehmender Wärme steigendem Maße, in Wasserstoff- (H) und in Hydroxylionen (OH) gespalten ist ($H_2O = H + OH$). Von den freien Ionen des Wassers geht der erste Angriff auf die kieselsauren Salze aus, die ihm um so leichter erliegen, je mehr Alkalien sie enthalten; etwas widerstandsfähiger sind die Kalzium-, mehr noch die Magnesium- und am meisten die Tonerdesilikate. Dabei werden z. B. die Feldspate in wasserhaltige Tonerdesilikate von kolloidaler Beschaffenheit einerseits und in wasserhaltige Alkalisilikate, freie Alkalien und Kieselsäurehydrat anderseits hydrolytisch zersetzt; eines der Endgebilde dieses Verwitterungsvorganges sind die Zersetzungstone unserer Gebiete (vgl. S. 77).

Daraus ergibt sich ohneweiters die Wichtigkeit der Rolle, welche die Feuchtigkeit bei der Gesteinzersetzung spielt; man kann behaupten, daß bei gleichen Wärmeverhältnissen die chemische Verwitterung mit

Abb. 183. Karstwanne. Krainer Karst.
Lichtbildersammlung des Geologischen Institutes der Technischen Hochschule Wien

zunehmender Feuchtigkeit steigt. Infolgedessen tritt die Gesteinzersetzung in den trockenen Wüstengebieten ebenso zurück wie in den eisstarrenden Landstrichen.

Der gesteinumwandelnde und -zerstörende Einfluß der Kohlensäure wird am deutlichsten bei den Karbonatgesteinen sichtbar, und führt hier bekanntlich zur teilweisen oder gänzlichen Auflösung des Gesteins. Die schwer löslichen Verunreinigungen der kohlensauren Salze bleiben als Rückstände zurück und bilden Anhäufungen verschiedenster Art, namentlich Lehme, Tone u. dgl.

Anderseits entstehen durch die Angriffe kohlensäurehaltiger Wässer in Kalk- und Dolomitgebieten die sogenannten Karsterscheinungen, bestehend in der Bildung von Karrenfeldern (Abb. 182), Trichtern, Wannen (Abb. 183), Höhlenschläuchen (Abb. 184) usw.

Nicht übersehen darf man die Einwirkung der **Humusstoffe** auf die Felsmassen. Sie zersetzen beispielsweise die kohlensauren Gesteine in weitestgehender Weise, so daß man ihre größeren Trümmer im Kalkalpenhumus sehr häufig knochenähnlich angewittert findet, und machen, wenn sie ungesättigt sind, die Tonerde und das Eisen des Bodens beweglich und erleichtern seine Fortführung; solche, auf Auslaugung hinauslaufende Vorgänge finden jedoch hauptsächlich nur in feuchteren Gebieten statt, während in trockenen Lagen und Klimaten die Humusstoffe selbst meist sehr schnell zerstört werden.

Abb. 184. Tropfsteine. Höhlenbildung infolge Auslaugung und Ausschürfung von Kalkgestein; Kalvarienberg, Adelsberger Grotte, Krain
Nach einem käuflichen Bilde

Unter der Einwirkung saurer Humuskörper wird auch die Kieselsäure vielfach leicht beweglich, die man dann z. B. in den durch Humusstoffe rotbraun gefärbten Abflüssen von Torfmooren und sauren Wiesen neben Eisen und Tonerde unschwer nachweisen kann. Wirken Humuskolloide führende Gewässer auf feldspathaltige Gesteine ein, dann kann sich, wie bereits S. 77 erwähnt wurde, Kaolin bilden.

Das Endergebnis der Zersetzungsvorgänge sind einerseits Sande und Tone aus schwer verwitterbaren Mineralien; anderseits führt die chemische Verwitterung auf der Erdoberfläche, die sogenannte Oberflächenverwitterung, zur Entstehung verschiedener gelartiger Mineralien, deren Auftreten vielfach vom Klima abhängt. Im Gegensatze zu diesen uns in Form gestaltloser oder dichter Körper entgegentretenden Verwitterungsgebilden der Oberfläche stehen die meist kristallinen Ausscheidungen der Zersetzungsvorgänge größerer Erdtiefen (Tiefenzersetzung).

Die chemischen Veränderungen, welche die einzelnen Mineralien und Gesteine bei der Verwitterung erleiden, wurden bereits früher (S. 49ff.) besprochen. Im allgemeinen läßt sich zusammenfassend behaupten, daß die ein- und zweiwertigen Metalle, wie z. B. Kalium, Natrium, Kalzium und Magnesium der Auslaugung verhältnismäßig leicht erliegen, während die höherwertigen Stoffe, wie Eisen, Tonerde und Kieselerde mehr oder minder das Bestreben zeigen, sich in den Verwitterungsrückständen anzureichern. Wie sehr jedoch auch diese Erscheinungen vom Klima abhängig sind, lehrt die tieferstehende Zusammenstellung einiger Ergebnisse chemischer Zerlegungen von Gesteinen und Böden.

	Gelberde v. Lovrana-Medvea bei Abbazia (nach Graf Leiningen)	Dolerit von South-Straffordshire (Tonbildung)		Roterde von Volosca (nach Graf Leiningen)	Dolerit West-Ghats (Lateritbildung)		
		frisch	verwittert		frisch	verwittert	
SiO_2	50,34	49,3	47,0	41,98	50,4	0,7	SiO_2
Al_2O_3	20,71	17,4	18,5	26,82	22,2	50,5	Al_2O_3
Fe_2O_3	11,97	2,7	14,6	10,95	9,9	23,4	Fe_2O_3
FeO	—	8,3	—	—	3,6	—	FeO
MgO	Spur	4,7	5,2	1,11	1,5	—	MgO
CaO	0,67	8,7	1,5	1,57	8,4	—	CaO
Na_2O	—	4,0	0,3	0,26	0,9	—	Na_2O
K_2O	—	1,8	2,5	0,92	1,8	—	K_2O
P_2O_5	—	0,2	0,7	—	—	—	P_2O_5
H_2O	15,26	2,9	7,2	17,52	0,9	25,0	H_2O

So zeigt z. B. der Dolerit von Straffordshire nach seiner Zersetzung einen Rückstand, in dem Tonerde, Wasser und Eisen sichtlich angereichert erscheinen; die Kieselsäuremenge ist annähernd gleich geblieben; dagegen haben Kalkerde und Natron beträchtliche Einbuße durch Wegfuhr erlitten; Kali und Phosphorsäure sind nur durch die starke Bindefähigkeit der Bodenkleinchen für diese Stoffe vor dem gleichen Schicksale bewahrt worden. Der mithin an Kieselsäure immer noch reiche, vorherrschend Tonerde, Eisen und Wasser enthaltende Verwitterungsrückstand, im Wesen ein wasserhaltiges Tonerdedesilikat, ist der uns von der Ziegelerzeugung und anderen, ähnlichen Gewerben her wohlbekannte Ton, und die in feuchtem und verhältnismäßig kühlem Klima sich vollziehende Zersetzungsart wird gemeinhin als Tonverwitterung bezeichnet. Ein ganz ähnlich zusammengesetzter Dolerit von den West-Ghats dagegen lieferte einen Boden, welcher fast nur aus Tonerde- und Eisenhydroxyd besteht und von der Kieselsäure nur mehr spärliche Reste aufweist; die übrigen Stoffe, einschließlich des Großteiles der Kieselsäure sind in dem feuchten und zugleich heißen Klima weggeführt worden; nach dem gebildeten Stoffe spricht man in diesem Falle von Lateritverwitterung. Den Übergang zur Tonerdeverwitterung vermitteln die Gelb- und Roterdebildungen, bei welchen Verwitterungsvorgängen die Anreicherung an Tonerde, Eisen und Wasser und die Auslaugung der Kieselerde mittlere Werte annimmt, welche namentlich bei der Roterde sich von der Tonverwitterung bereits ziemlich entfernen. Die Gelberden, welche in Frankreich, Nordafrika usw. ziemlich verbreitet sind, scheinen an warmgemäßigtes, die Karstroterden an heiße, trockene Sommer und kühle, mittelfeuchte Winter gebunden zu sein.

Das augenfälligste Ergebnis der Gesteinzersetzung ist die Umfärbung der Felsen. An kohligen Stoffen und Bitumen reiche Gesteine werden unter dem Einflusse des Sauerstoffgehaltes der Außen- und der Bodenluft ausgebleicht, eisen- und manganführende Gesteine dagegen färben sich im angewitterten Zustande mehr oder minder leuchtend rot oder auch gelblichbraun, rotbraun, violett bis schwärzlich. Was insbesondere das Eisen anbelangt, so wandert dieses bei Gegenwart von Sauerstoff stets als Oxyd, bzw. Oxydhydrat; fehlt es aber an Sauerstoff, so werden vorhandene Oxyde zu Oxydul (blaugrau, grünlich) oxydiert, welches dann wieder von kohlensäurehaltigen Wässern leicht gelöst wird; Wässer, welche aus größeren Tiefen hervorbrechen, enthalten deshalb meist reichlich Eisenoxydulsalze beigemengt.

γ) Die Gesteinbelebung (Verwitterung durch Lebewesen)

Letzten Endes beruht auch die Verwitterung durch Lebewesen wieder auf physikalischen und chemischen Vorgängen; die Wurzeln der felsbewohnenden Pflanzen dringen in die Spalten und Klüfte sowie zwischen die Schichtfugen und Schieferungsflächen der Gesteine ein, erweitern die Risse durch Druck und Sprengwirkung und lösen den Fels, indem sie verdünnte Säuren ausscheiden; besonders kräftig ist die spaltenvergrößernde Wirkung der Waldbäume, deren dicke Wurzeln oft mehrere Meter tief in die Klüfte hinab vordringen. Sehr anziehend hat Schroeter[1] die verwitterungfördernde Tätigkeit der „Felsenpflanzen" geschildert, jener Gewächse, welche als erste ihresgleichen den kahlen Fels oder bloßliegende Blöcke dauernd besiedeln und als Standort für höhere Gewächse vorbereiten.

Die ersten Lebewesen, welche den nackten Fels besiedeln, sind Spaltpilze; der Tätigkeit von Stickstoffspaltpilzen schreibt Münz die Verwitterung vieler hochalpiner Gipfel zu. Dann beziehen Flechten den bereits etwas vorbereiteten Nährboden; Moose gesellen sich hinzu und senken ihre Scheinwurzeln tief in das Gestein. Später folgen genügsame Farne und erst, wenn die Zersetzung und Auflockerung des Gesteins genügend weit fortgeschritten ist, erobern höhere Pflanzen die nun schon wirtlicher gewordene Stätte.

Unter den felszerstörenden Spaltpilzen spielen die Salpeterspaltpilze (Nitromonaden) die vornehmste Rolle. Sie können ihren Bedarf an Kohlensäure aus den kohlensauren Salzen ihrer Unterlage decken, die hiedurch allmählich zerstört wird; ihre Lebensbetriebskraft gewinnen sie aus der Verbrennung von Ammoniak, das die Regenwässer zuführen, zu salpetriger und Salpetersäure. Sie haften nicht bloß an der äußeren Felsoberfläche, sondern dringen auch metertief in Risse und Spalten des Gesteins ein und fehlen selten den Felsen der Hochgebirge, mögen sie aus Kalk oder aus Urgestein bestehen.

---

[1] Schroeter K., Das Pflanzenleben der Alpen.

In die rauhe, durch die Kräfte der Lufthülle angewitterte und aufgemürbte Oberfläche der Gesteine nisten sich kleine Vertreter der Algengruppe, namentlich mit Schleimhüllen gegen Austrocknung geschützte Spaltalgen, ein. Nicht selten verleihen ihre Ansiedlungen den Felsen eine weithin sichtbare Färbung; so färbt Trentepohlia iolithus, die wohlriechende Veilchenalge, die Blöcke feuchter Urgebirgsschluchten lebhaft rot, die Goldalge (Trentepohlia aurea) ganze Felsenteile gelb, eine Gloeocapsa-Art Kalkwände bläulich, und verschiedene andere Algen, wie Gloeocapsa opaca, Stigomena usw. bevölkern die Wasserbahnen auf steilen bis senkrechten Felswänden so dicht, daß die Felsen oft wie mit Tinte übergossen aussehen (Tintenstriche). Schlägt man mit dem Geologenhammer auf die alte Oberfläche eines Felsens, so entsteht fast immer ein lebhafter, blattgrüner Fleck als Beweis dafür, in wie hohem Grade grüne Algen an der Besiedlung von Gesteinsoberflächen teilnehmen. Die Spaltungsklüfte der Glimmerplättchen feuchter Felsen wimmeln von Kieselalgen (Diatomeen) und anderen Vertretern der Algengeschlechter.

Die allgemeinsten, genügsamsten und verbreitungsfähigsten Vorkämpfer des Lebens auf nacktem Gestein sind die Steinflechten, deren überaus widerstandsfähige Geschlechter von der Ebene bis zu den höchsten, schneefrei werdenden Felszacken der Hochgebirge vordringen, das tote Gestein mit den bunten Farben des Lebens bemalend. Die Steinflechten setzen sich auf verschiedene Weise auf ihrer Unterlage fest. Ein Teil von ihnen, die Oberflächenflechten, breiten ihren Wuchskörper oberflächlich auf dem Felsen aus und senken nur einzelne wurzelähnliche Pilzfäden in den Stein hinab; kein Gestein, selbst Glas, kann der auflösenden, einwachsenden Kraft dieser Scheinwurzeln widerstehen; am leichtesten aber dringen sie auf den Spaltflächen der Glimmer vorwärts, deren Blättchen sie teils anätzen, teils aufblättern. Sämtliche Urgebirgsflechten gehören dieser Flechtengruppe an. Bei den bisher nur auf Kalk beobachteten steindurchsetzenden Löcherflechten wächst der Flechtenkörper bis zu einer Tiefe von 10 bis 20 mm in den Fels hinein und sendet nur die Früchte an die Oberfläche. Auf diese Weise entstehen auf den Felsen zentimeterdicke erdige Verwitterungsschichten, die erst von Moosen und später von höheren Pflanzen besiedelt werden können. Unter den kieselholden Flechten ist die Landkartenflechte (Rhizocarpon geographicum), auch Schwefelflechte genannt, wohl am bekanntesten; ihre gelben, oft große Flächen einnehmenden Überzüge verraten dem Geologen oft schon von weitem Urgebirgsschollen und Urgebirgsblöcke mitten im Kalkgebiete; zuweilen zeigt sie sich auch auf der Oberfläche des Dolomits, aber nur dann, wenn der Kalk hier bereits ausgelaugt und fortgeführt ist. Auch die Tintenflechte (Rhizocarpon badioatrum Th. Fr.) meidet den Kalk und überzieht mit ihren Krusten gerne Schieferfelsen, welche oft aussehen, als hätte eine Riesenhand sie mit Tintenströmen übergossen.

Zur Ansammlung und Bindung von Erde und Humus auf Fels tragen die Steinmoose sehr viel bei, deren Scheinwurzeln auf den Schieferungsflächen der Gesteine bis 20 cm tief eindringen können. Die Moose bevorzugen das Urgebirge, fehlen aber auch dem Kalk keineswegs, auf dem sie sich bei Vorhandensein genügender Feuchtigkeit, wie z. B. im Schatten der Wälder, sogar sehr üppig entwickeln können. Ihre Rasen wirken nicht nur als Staubfänger, sondern bieten auch vielen felsbewohnenden höheren Pflanzen ein günstiges Keimbett und einen Wasserspeicher für die Zeiten der Trocknis; sie beherbergen meist auch ein reiches Tierleben, an dem sich besonderes

Radtierchen, Älchen (Nematoden), Springschwänze (Poduridae), Bärentierchen (Macrobiotus, mit den Milben verwandt) und viele andere beteiligen. Ihre Polster ragen oft als Oasen reich entwickelten Lebens mitten aus der Öde und Wildnis der toten Felsenwüsten und unwirtlichen Höhen auf.

Hat die Pflanzendecke das Gestein vollends erobert, dann schützt sie den Felsleib gewöhnlich bis zu gewissem Grade gegen das weitere Eindringen der Verwitterung; zumindest hemmt sie die Schnelligkeit der Gesteinszerstörung (Gegensatz von „nacktem" und „bewaldetem Karst").

b) Die Abscheidung von Mineralien aus Lösungen

Unablässig arbeitet die Verwitterung an der Zerstörung des Festen. Alles unter den gegebenen Umständen Lösliche wird gelöst und von den im Schoße der Erde kreisenden Wässern weitergeführt. So wandern die Lösungen in den Spalten der Erdrinde und in den sonstigen, feineren und gröberen Hohlräumen der Gesteine. Aber die Lösungen sind nur eine begrenzte Spanne Zeit bestandfähig; sie treffen auf ihrem Wege andere Stoffe an, die sie zur Ausfällung bringen, oder es engt sich die Lösung durch Verdunstung immer mehr und mehr ein, bis schließlich die aufgelöste Verbindung zum Ausfallen gezwungen wird; einem Teile der Lösungen gelingt es zwar, mit den oberirdischen Gewässern vereint offene Wasserbecken oder das Weltmeer zu erreichen. Aber auch hier winkt ihnen nicht unbedingt der rettende Hafen; auch hier müssen sich, durch Verdunstung, Umsetzungen usw. angeregt oder in den Stoffwechsel der Lebewesen hineingezogen, immer von neuem wieder gelöste Massen absetzen.

Durch solche leblos oder belebt vor sich gehende Ausfällung aus Verwitterungslösungen entsteht eine Reihe von gesteinbildenden Mineralien. Sie sollen im nachfolgenden ganz kurz vom technischen Standpunkte aus besprochen werden. Um Wiederholungen zu vermeiden, sollen Mineralien, die sich sowohl aus Lösungen absetzen wie aus Schmelzen erstarren können, nicht mehr Erwähnung finden (Quarz z. B.).

Die wichtigsten Mineralien der Absatzgesteine

Brauneisenerz (Limonit).[1] H = 5 bis 5½, D = 3,5 bis 3,9. Ringsum ausgebildete Kristalle unbekannt. Kristalline Aneinanderhäufungen im sogenannten braunen Glaskopf (traubig-nierig, tropfsteinähnlich mit feinfaserigem, zuweilen gleichzeitig auch schaligem Bau). Eiartig (oolithisch) als brauner Eisenroggenstein (Eisenoolith). Dichte, erdige, meist mit Ton verunreinigte Massen heißen gelber, bzw. brauner Ocker oder Eisenmulm, wenn sie locker, gelber Toneisenstein, wenn sie mehr minder verfestigt sind. Bohnerze sind lose Geschiebe-, bohnen- oder erbsenähnliche Zusammenwachsungen von schaligem Bau, welche man in Taschen und Höhlen der ausgelaugten Kalke, z. B. der schwäbischen Alb eingeschwemmt oder alten Landoberflächen (Villacher Alpe, Zürner, Eisenerzer Reichenstein

[1] Leimon (griechisch) = Wiese.

usw.) aufgelagert findet; vereinzelte Zusammenwachsungen in Absätzen heißen Eisennieren. Gestaltlos (amorph), aus Kolloiden (Eisenhydroxydgel) hervorgegangen, sind die sogenannten Wiesen-, Sumpf-, Morast-, See-, Quell- oder Rasenerze, welche erdigen Bruch besitzen; das gleichfalls gestaltlose, oft schlackige Eisenpecherz (Stilpnosiderit) bricht muschelig (Fettglanz).

$Fe_2O_3 . X H_2O$ = wasserhaltiges Eisenhydroxyd mit höchstens 60% Fe. Schwarzbraun, braun, rotbraun, rot, veil bis ockerfarben; Tiefe der Rotfärbung mit dem Wassergehalte abnehmend. Strich bräunlichgelb. In Salzsäure schwer löslich. Vor dem Lötrohre oder im Kölbchen erhitzt, gibt es Wasser ab und wird rot (Übergang in Hydrohämatit und Roteisen; aus der salz- oder salpetersauren Lösung fällt Ammoniak einen flockigen, braunen Niederschlag von Eisenhydroxyd.

Geht aus der Verwitterung anderer Eisenerze hervor oder wird aus eisenhaltigen Lösungen (meist aus $Fe (HCO_3)_2$) ausgefällt. In langsam fließenden Wässern sieht man häufig bunt schillernde Häutchen auf der Wasseroberfläche schwimmen, als wenn Erdöl ausgegossen wäre; es sind dies die ersten Anzeichen beginnender Brauneisenausscheidung, an der sich unter anderen auch Algen (Gaillionella ferruginea. Chlamydothrix ferruginea, Crenothrix polyspora), Fadenpilze usw. beteiligen. Reichlichere Mengen ausgeschiedenen Brauneisens setzen sich am Boden der Gewässer ab und können enge Sickerrohre, Drains, Wasserleitungsrohre usw. allmählich verstopfen. In Sanden und Schottern bilden von Brauneisen gefärbte durchziehende Streifen die Marken für zeitweiliges Stillstehen der Aufschüttung. Solche Brauneisenausfällungen in mehr minder mächtiger Anhäufung, meist nicht oberirdisch, sondern im Grundwasser gebildet, stets durch Phosphor, Humusstoffe, Sand, Ton und Mergel verunreinigt, stellen auch die oben bereits erwähnten Sumpferze dar. Örtlich können solche Brauneisenausscheidungen, wenn sie seicht liegen, sonst lockere Böden so verkitten, daß sie als sogenannter Raseneisenstein (vgl. auch S. 284) das Eindringen der Pflanzenwurzeln hindern und den Pflanzenwuchs schädigen.

Das Brauneisen tritt als der verbreitetste rote, rotbraune, braune oder gelbe Farbstoff in vielen Gesteinen auf; so z. B. im sogenannten Eisendolomite des Semmering- und Tauernmesozoikums, in den Werfener Schiefern, dem Buntsandstein und vielen Tonen, Lehmen, Erden (Roterde, Bauxit) usw. Wird auch als Farbstoff verwendet (Ocker, Umbra, Terra di Siena, Zyprische Umbra).

Wo es in abbauwürdiger Menge vorkommt, bildet es ein wertvolles Eisenerz. Hierher gehört auch die „Minette“, ein roggensteinartiger, kieselsäurehältiger Brauneisenstein, welcher sich an der Dreiländerecke, wo Deutschland, Frankreich und Luxemburg zusammenstoßen, in ungeheuren Mengen vorfindet (Umgebung von Metz, Diedenhofen, Longwy, Briey). Durch Röstung verschiedener eisenhältiger Mineralien nahe dem Ausgehenden einer Erzlagerstätte entsteht der „eiserne Hut“ der Bergleute.

Unterscheidung des Brauneisensteins:

Magneteisen: Magnetisch, Strich: schwarz, in HCl leicht löslich, Farbe: stets dunkel.

Eisenglanz: Farbe dunkel oder kirschrot, unmagnetisch, Strich: kirschrot, in HCl schwer löslich, gibt kein Wasser ab.

Brauneisen: Farbe selten dunkel, meist braun bis braungelb, unmagnetisch, in HCl langsam löslich, Strich: gelbbraun, gibt im Kölbchen Wasser ab, ist viel leichter als Eisenglanz oder Magneteisen.

Hydrargillit:[1] H = 2½ bis 3½ (zäh), D = 2,3 bis 2,4. Monoklin. Sechsseitige Blättchen und Tafeln, meist strahlige, büschelige, schuppige oder warzige bis tropfsteinartige Aneinanderhäufungen bildend, auch dicht. Spaltbarkeit glimmerähnlich nach der Endfläche. Glasglanz, auf den Endflächen Perlmutterglanz. Weiß, grau, gelblich, rötlich, grünlich, je nach den Verunreinigungen. Tonerdehydroxyd = $Al_2(OH)_6$. Gibt im Kölbchen Wasser und wird trübe. Vor dem Lötrohr unschmelzbar. Mit Kobaltlösung Blaufärbung. In hochgradiger Schwefelsäure langsam löslich. Hauptbestandteil des Laterites und Beauxites. (Siehe diesen, S. 312.)

Diaspor. H = 6 (und mehr), D = 3,3 bis 3,5. Rhombisch. Ausbildung ähnlich wie Hydrargillit, Farbe ebenso; durchsichtig bis durchscheinend. $Al_2O_3 . H_2O$ (häufig mit Gehalt an Fe_2O_3). Säurefest; vor dem Lötrohr zerstäubend, aber unschmelzbar. Im Laterit und Beauxit.

Steinsalz. H = 2, D = 2,2. Tesseral. Würfel (leicht spaltbar nach den Flächen), Körner, seltener faserige Gehäufe (Haarsalz). Rein farblos; Kupfersalze färben es bisweilen grün, Ton grau, Bitumen bläulich bis bräunlich (Naphtha gelbbraun), Eisenoxyd rot, metallische Na-Kleinchen (z. B. durch Radiumstrahlen ausgeschieden) blau (?). NaCl. Stark wärmedurchlässig, leicht löslich im kalten und warmen Wasser (das Knistersalz erzeugt hierbei das bekannte Geräusch infolge des Entweichens eingeschlossener Gasbläschen). Geschmack salzig.

Das Meerwasser enthält 2,5 bis 3.5% Kochsalz gelöst (Totes Meer 7%). Steinsalz-Lagerstätten: Perm (Staßfurt), Trias (Friedrichshall, Jagstfeld, Heilbronn, Sulz, Kitzingen, Burgbernheim und Wilhelmsglück, Berchtesgaden, Salzungen und Erfurt, Hallein, Hall in Tirol, Hallstatt, Aussee), Tertiär (Elsaß, Wieliczka, Bochnia und Kalusz in Galizien, Parajd und Thorda in Siebenbürgen). Steinsalzbildung geht noch in der Gegenwart in Salzseen und abgetrennten Meeresbuchten vor sich (siehe S. 315 ff.).

Gewinnung: Am Meeresufer in sogenannten Salzgärten, in Bergwerken bergbaumäßig, weiters durch Verdampfung (Sudwerke) aus natürlichen Salzquellen (Solen).

Verwendung: Als Zutat zu Speisen, Viehsalz, als Zuschlag bei der Verhüttung, zur Darstellung von Soda, Chlor, Salmiak, Salzsäure usw., ferner bei der Herstellung von Seifen und Gläsern.

Sylvin:[2] (KCl), Kainit ($KCl . MgSO_4 . 3 H_2O$), Carnallit[3] ($KCl . MgCl_2 . 6 H_2O$), Kieserit ($MgSO_4 . H_2O$, monoklin), Polyhalit ($2 CaSO_4 . MgSO_4 . K_2SO_4 . 2 H_2O$, triklin) bilden die sogenannten Edelsalze (Abraumsalze), welche bei der Herstellung von Kalisalpeter, Pottasche usw. sowie in der Düngemittelerzeugung eine wichtige Rolle spielen.

Hauptvorkommen: Staßfurt (permisch), Elsaß (tertiär), Kalusz in Galizien (tertiär), Suria und Cardona in Spanien (tertiär).

Begleiter des Steinsalzes und der Edelsalze sind auch: Glaubersalz ($Na_2SO_4 . 10 . H_2O$ monoklin), Bittersalz ($MgSO_4 . 7 H_2O$), Syngenit ($CaSO_4 . K_2SO_4 . H_2O$ monoklin), Löweit ($2 MgSO_4 . 2 Na_2SO_4 . 5 H_2O$, trigonal), Blödit ($MgSO_4 . Na_2SO_4 . 4 H_2O$, monoklin), Leonit ($MgSO_4 . K_2SO_4 . 4 H_2O$, monoklin), Pikromerit ($MgSO_4 . K_2SO_4 . 6 H_2O$), Bischofit ($MgCl_2 . 6 H_2O$), Langbeinit ($2 MgSO_4 . K_2SO_4$) usw.

---

[1] Hydor (griechisch) = Wasser; argillum (griechisch) = Ton.

[2] Nach F. Sylvius.

[3] Caro (lat.) = Fleisch (wegen seiner Farbe).

Kohlensaure Salze

Gemeinsame Eigenschaften: geringe Härte und Dichte, meist schlichte Farben, Aufbrausen in Säuren (ohne oder bei Erwärmung), veranlaßt durch stürmisches Entweichen der Kohlensäure.

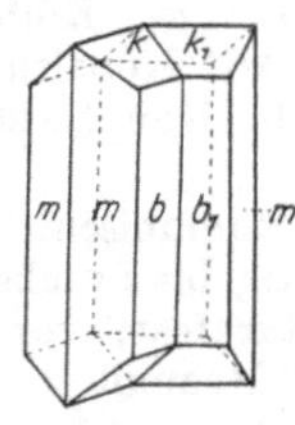

Abb. 185. Aragonit. *m* Säulenflächen, *k* Längsdach, *b* Längsfläche. Nach Hochstetter, Bisching, Toula

Aragonit: H = 3½ bis 4, D = 2,9 bis 3. Rhombisch. Kristalle meist nadelig, stengelig, spießig, säulig (Zwillingbildung häufig; Abb. 185); sinterartige Krusten und Überzüge (Sprudelstein), staudenförmige bis korallenähnliche Aneinanderhäufungen (Eisenblüte; Folgebildung bei der Verwitterung des Eisenspates); dicht in den Schalen (Perlmutterschicht) vieler Muscheln und Schnecken (Turritella, Cancellaria, Niso, Dentalium, Pinna usw.), lockere Gehäufe im Schaumkalk; kugelig schalige Körperchen mit speichig strahligem Bau (Erbsenstein). Größere Massen von faserig strahligem Aragonit werden als Onyxmarmore im Kunstgewerbe geschätzt (vgl. S. 498). Selten körnig oder derb. $CaCO_3$. Mit Säuren aufbrausend, durchsichtig oder gefärbt

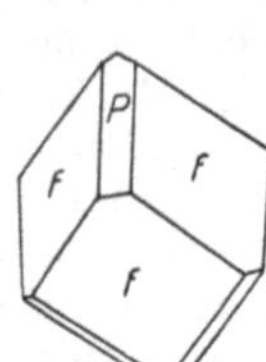

Abb. 186. Kalkspat. *P* Rhomboeder, *f* verwendetes, spitzeres Rhomboeder. Nach Hochstetter, Bisching, Toula

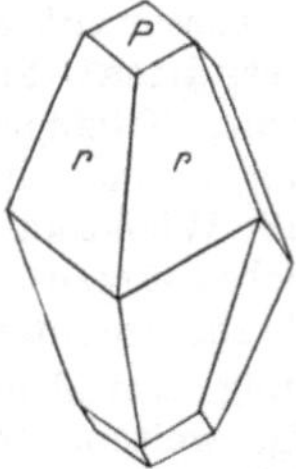

Abb. 187. Kalkspat. *P* Rhomboeder, *r* Skalenoeder. Nach Hochstetter, Bisching, Toula

(meist gelblich bis grünlich, rosenrot, seltener blaßveil); Fett- bis Wachsglanz; Bruch nach den Spaltflächen eben, sonst muschelig. (Abb. 174).

Soweit der Aragonit nicht durch die Lebenstätigkeit belebter Wesen entstanden ist, bildet er sich aus Lösungen meist in der Wärme (z. B. aus heißen Quellen), während in der Kälte vorwiegend Kalkspat ausfällt. Die Aragonitbildung wird durch die Anwesenheit von Magnesiumsulfat und Magnesiumchlorid als Lösungsgenossen, durch alkalisches Verhalten der Lösung, die Gegenwart von Ba, Sr-Salzen oder Gips begünstigt. In reich bevölkerten Meeren bildet sich aus dem Eiweiß abgestorbener Lebewesen Natriumkarbonat, aus den Stoffwechsel- und Fäulnisprodukten Ammoniumkarbonat; diese liefern in Wechselwirkung mit dem im Meerwasser enthaltenen Gips Aragonitkügelchen (Sphärolithe), die meist winzige Sandkörnchen, Bruchstücke von Muscheln, Korallen, Foraminiferen, Urtierchen, Gasbläschen umschließen; die Brandungswellen schwemmen diese Gebilde an den Strand, wo sie nicht selten zu Dünen aufgeweht werden (Roggenstein-

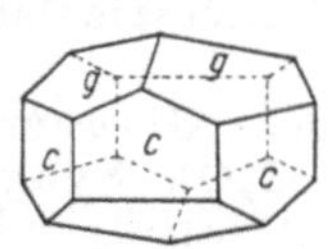

Abb. 188. Kalkspat. *c* Säule, *g* verwendetes stumpfes Rhomboeder

bildung). Der Aragonit ist unbeständig und strebt darnach, sich, wenn auch langsam, in Kalkspat umzuwandeln; daher tritt Aragonit so selten eigentlich gesteinsbildend auf. Die Umbildung zu Kalkspat wird durch Erhitzen beschleunigt; oberhalb 400° ist Aragonit nicht mehr bestandfähig.

Vom hexagonal-rhomboedrisch kristallisierenden Kalkspat unterscheidet er sich, abgesehen von der fast immer langsäuligen Ausbildungsweise und der Kristallform, dadurch, daß er vor dem Lötrohr mit Salzsäure befeuchtet zwar gelbrot aufleuchtet, sonst aber vor dem Lötrohr rasch zerfällt, während Kalkspat stark leuchtend (Drummondsches Kalklicht) die Form behält, daß er sich weiters beim Kochen mit verdünnter Kobaltnitratlösung schnell

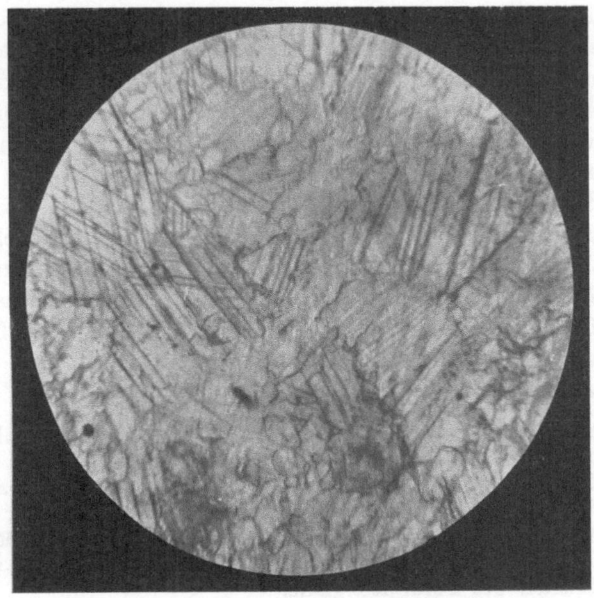

Abb. 189. Kalkspatkörner; Zwillingstreifung nach $-\frac{R}{2}$, lappig ineinandergreifende Ränder

lila färbt (Kalkspat bleibt längere Zeit weiß bis er blau wird) und mit Eisenvitriol einen grünschwarzen Niederschlag liefert. (Kalkspat fällt nur braune Flocken von Eisenhydroxyd aus.) Aragonit löst sich auch weniger rasch in Säuren als Kalkspat.

Kalkspat (Kalk, Kalkstein, Calzit). Eines der verbreitetsten Mineralien von größter gesteinsbildender Bedeutung. H = 3, D = 2,72. Kristalle von großem Formenreichtum: flache Rhomboeder (— ½R, vgl. Abb. 188; papierdünne, blättrige Kristalle der sogenannten Titansippe), das normale Rhomboeder (R), seltener spitzrhomboedrische Formen (— 2 R, — 8 R, vgl. auch Abb. 186), Skalenoeder (Abb. 187), auch Säulen; Zwillinge (meist nach — ½ R, Streifung der Spaltflächen nach der längeren Diagonale infolge wiederholter Zwillingsbildung [Abb. 1, 189]. Polkantenwinkel 105° 5′). Körner und Körnergehäufe. Stenglige

Anhäufungen. Faserkalke erfüllen dünne Plättchen innerhalb anderer Kalksteinbänke; ihre äußerst feinen gleichgerichteten Fasern stehen mit nach außen gerichteten Spitzchen senkrecht zur Längserstreckung der Platten und zeigen oft einen lebhaften, seiden- oder atlasartigen Glanz (Atlasspat); vom Fasergips unterscheidet ihn schon die größere Härte. Die roggensteinartigen Ausbildungsarten sind wohl durch Umwandlung aus Aragonitroggenstein (S. 228) entstanden. Sehr häufig dicht. Erdig, locker als Kreide. Traubig-nierig in den Tropfsteinen (Abb. 184). Durchsichtig; wasserhell, z. B. als Doppelspat (füllt bei Helgustadir am Eskifjord und am Reydarfjord [Island] im Verein mit rotbraunem Zersetzungslehm gangartige, vielfach verzweigte Hohlräume in doleritischem Basalte aus). Meist durch Verunreinigungen gefärbt. Stinkkalke riechen beim Anschlagen unangenehm (H_2S, Bitumen usw.). Die körnigen Abarten werden Marmore genannt; die Techniker bezeichnen jedoch auch dichte Spielarten so, wenn sie sich glätten lassen. Gestaltlos scheidet der Kalk als Gel aus, geht aber bald in die kristalline Form über; so zeigt z. B. das zarte, weiße Bergmehl (Bergmilch) u. d. M. einzelne Rhomboeder und Stäbchen (nach der Polkante verzerrte Rhomboeder). Auch die Knochen der Wirbeltiere und Schalen mancher Muscheln (Pecten, Ostrea) bestehen vorwiegend aus Kalkspat; solche Gehäuse trotzen der Auflösung durch Sickerwasser länger als jene, welche aus Aragonit aufgebaut sind (vgl. S. 228).

Gemeinglänzend; vollkommen spaltbar nach der Rhomboederfläche (Kantenwinkel 105° 5′). Aus sehr grobkörnigen Vorkommen lassen sich mit dem Hammer leicht Spaltungsrhomboeder schlagen. Kurze, zuckende Schläge mit einer Stahlspitze lassen auf einer Spaltfläche außer zwei Rissen unter einem Winkel von 105° 5′ noch große Sprünge in der Richtung der längeren Diagonale (— ½ R) erkennen. Bruch muschelig bis uneben; auf den Spaltflächen oft Perlmutterglanz.

$CaCO_3$. Mit Salzsäure befeuchtet färbt er die Flamme gelbrot, vor dem Lötrohr leuchtet er stark, ohne, etwa wie Aragonit, zu zerfallen. Alle, selbst stark verdünnte oder an sich schwache Säuren (z. B. Essigsäure) lösen ihn bereits in der Kälte und in Stücken unter Entbindung von Kohlendyoxyd (aufbrausend).

Schwefelsäure, wie sie sich bei der Verwitterung des Eisenkieses oder der Verbrennung pyrithältiger Kohlen (Großstadtluft) bildet, zersetzt den Kalkspat unter Bildung von Gips. Humusstoffe und Salpetersäure im Boden, aus der Umsetzung von tierischen und pflanzlichen Stoffen hervorgehend, veranlassen Neubildungen von humussaurem oder löslichem, salpetersaurem Kalzium. Die Chloride und Sulfate von Magnesium, Natrium, Ammonium usw., wie sie z. B. das Meerwasser gelöst enthält, zerstören ihn unter Bildung löslicher Chloride und Sulfate des Kalziums. Dies ist bei der Wahl von Steinen für Hafenbauten usw. in Salzwasser zu beachten. Reines Wasser greift Kalkspat nur sehr wenig an, kohlensäurehältiges dagegen stärker, und zwar lösen 1000 Teile mit Kohlensäure gesättigtes Wasser ein Gewichtsteil Kalkspat auf. Regenwasser ist im allgemeinen zu arm an Kohlensäure um merklichen zerstörenden Einfluß auf Kalkspat auszuüben; wo aber Wasser, bzw. Wasserdampf längere Zeit mit der kohlensäuregeschwängerten Luft in Berührung bleibt, wie z. B. in feuchten schattigen Höfen, Parkanlagen usw. greift es Bildwerke und Zierate aus Kalkstein merklich an.

Die Löslichkeit des Kalkes in kohlesäurehältigem Wasser spielt im Haushalte der Natur eine wichtige Rolle. Einerseits entstehen durch diesen Vorgang Höhlen, unterirdische Flußläufe, die Roterdebildungen (als Ansammlung von Lösungsrückständen) usw. im Kalkgebirge, anderseits aber wird das als Doppelkarbonat [$CaCO_3 + H_2O + CO_2 = Ca(HCO_3)_2$] in Lösung gegangene Kalzium anderwärts wieder abgeschieden, wenn die Kohlensäure durch Belüftung, Erwärmung des Wassers an der Außenluft (Quellen) oder durch Verbrauch desselben beim Lebensvorgange von Pflanzen entweicht. (Bildung von Tropfstein, Kalksinter oder Travertin.)

Wässer, welche Kalksinter bilden, können zwar unter Umständen ein gutes Trinkwasser sein, taugen aber für technische Zwecke nicht. Sie verbrauchen beim Waschen zu viel Seife, da der Kalk mit den Fettsäuren der Seifen unlösliche, weiße Flocken bildet; erst wenn sämtlicher Kalk durch die Fettsäure gebunden ist, gibt das kalkhältige Wasser mit Seife Schaum. Solches Wasser nennt man im Gegensatze zum weichen, kalkfreien bis kalkarmen Wasser hart. Als deutsche Härtegrade bezeichnet man die Einheiten von CaO in 100.000 Teilen Wasser. Beim Kochen fällt $CaCO_3$ durch Entweichen von CO_2 aus dem gelösten Doppelkarbonate $Ca(HCO_3)_2$ aus; die Härte, welche diesem Gehalte an Ca-Doppelkarbonate entspricht, bezeichnet man daher als vorübergehende Härte. Jene Härte aber, welche dem noch weiter in Lösung verbleibenden Gips entspricht, heißt bleibende und bildet mit der vorübergehenden zusammen die Gesamthärte. In Dampfkesseln und allen anderen Vorrichtungen zum Erhitzen des Wassers setzt sich der kohlensaure Kalk fest an den Wänden als „Kesselstein“ ab. So auch unter anderem in Warmwasserheizungsröhren, welche dadurch schlecht wärmeleitend werden und übermäßig viel Heizmaterial beanspruchen.

Durch Erhitzen bis auf Rot- bzw. Weißglut wird die Kohlensäure aus dem Kalkstein entfernt; der so gebrannte Kalk bildet eine gestaltlose, weiße Masse (CaO) welche durch Übergießen mit Wasser „gelöscht“, d. h. in Kalziumhydroxyd $Ca(OH)_2$ verwandelt wird. Dieses läßt sich in Wasser zerteilen (Kalkmilch) und teilweise auch klar auflösen (Kalkwasser). Gelöschter Kalk mit Wasser und Sand zu einem dicken Brei, dem Mörtel, angerührt, dient zum Verbinden der Bausteine. Der Mörtel zieht aus der Luft Kohlensäure an und wird im Laufe der Zeit immer härter, indem sich das Hydroxyd in das Karbonat umwandelt. Der Zusatz von Sand hat unter anderem den Zweck, den Mörtel porös zu machen, und der kohlensäurehältigen Luft den Zutritt in das Innere der Mörtelmasse zu erleichtern. Fetter Kalk wird aus Kalkstein erbrannt, welcher sehr rein ist; durch Magnesia, Sand oder dergleichen verunreinigte Rohstoffe liefern mageren Kalk. Außer zu dem erwähnten, sogenannten Luftmörtel, wird der Kalk auch zur Erzeugung von Portlandzement, von verschiedenen Chemikalien, im Eisenhüttengewerbe, bei der Zuckererzeugung usw. verwendet.

Der Landwirt macht sich die Eigenschaften des Kalkes, ein wichtiger Pflanzennährstoff zu sein und bodenlockernd (krümelnd) zu wirken, zunutze, indem er den Kalkstein als Düngemittel auf kalkarme und schwere Böden führt. Diesem Zwecke kann jeder Kalkstein mit gutem Erfolge dienen, wenn er nur keine zu großen Mengen schwefelsaurer, den Pflanzenwuchs schädigender Metallsalze enthält und keine hydraulischen, Krustenbildungen erzeugende Eigenschaften besitzt. Als Düngekalke kommen insbesonders die sogenannten Wiesenkalke („Alm", S. 315) in Betracht, welche sich leicht vermahlen lassen, infolge ihres feinen Gefüges hohe Assimilationsfähigkeit besitzen und zuweilen reich sind an organischen Beimengungen und an phosphorsauren und Stickstoffverbindungen.

Unterscheidung: Von Aragonit: siehe diesen. Von Schwerspat (D = 4,5 bis 4,7) durch die bedeutend geringere Dichte. Vom Dolomit dadurch, daß Kalkspat schon bei Anwendung von verdünnten Säuren (10% Salzsäure) in der Kälte in ungepulvertem Zustande lebhaft und anhaltend aufbraust, während Dolomit Kohlendioxyd erst dann entbindet, wenn man die verdünnte Säure auf das beim Ritzen oder Schaben entstehende

Abb. 190. Talkspat. Sunk bei Trieben. Flache Rhomboeder pignolienähnlich in einem Tonschieferteige liegend (Pinolit)

Mineralmehl einwirken läßt oder erwärmte bzw. hochgradige Säure anwendet (auch Magnesit und Eisenspat brausen mit verdünnter kalter Salzsäure nicht auf); ferner ist Dolomit härter (H = 3,5 bis 4,5) als Kalkspat, welcher noch von einem Eisennagel geritzt wird, während dieser bei Dolomit wenig Eindruck hervorruft.

Kalkspat ist kein reines Absatzmineral; er kann sich auch aus SiO_2-armen Schmelzflüssen unter Druck absetzen, ebenso aus den letzten Restlösungen und Dampfeinspritzungen.

Talkspat (Magnesit): H = 4 bis 4½, D = 2,9 bis 3,1. Kristalle (Grundrhomboeder, — ½ R), größere oder kleinere Körner und Körneranhäufungen. Zuweilen erdig oder auch knollig, nierig. Glasglanz, in reinem Zustande durchsichtig bis kantendurchscheinend, dicht schneeweiß, verunreinigt gefärbt (meist gelblich infolge Eisengehaltes oder grau durch Tonbeimengungen). Beim Glühen wandelt er sich in Periklas um (MgO). Säuren üben auf ihn nur dann eine Wirkung aus, wenn sie im unverdünnten oder erwärmten Zustande auf das Mineralpulver gebracht werden. Spaltbarkeit nach dem Rhomboeder vollkommen; Polkantenwinkel 107° 20'. Pinolite

(Abb. 190) nennt man Talkspate, deren flache Rhomboeder pinolienähnlich in einer Tonschiefermasse eingebettet liegen. $MgCO_3$. 1000 Gewichtsteile kohlensäuregesättigten Wassers lösen etwa 1,3 Gewichtsteile Magnesit (mithin etwas löslicher als Kalkspat?). Eisenreiche Talkspate heißen Breunnerit (ockergelb bis braun gefärbt, $MgCO_3 . FeCO_3$).

Der sogenannte gestaltlose, dichte (gelartige) Talkspat findet sich meist enge verknüpft mit Serpentinstöcken (Kraubath in Obersteiermark, Frankenstein in Schlesien, Makedonien, Griechenland, Kleinasien), bei deren Entstehung er sich bildet (vgl. S. 102). Der kristallinische Talkspat dagegen kommt bald mit Mineralien der Salzlagerstätten und mit Aragonit (Muster Hall, Tirol), bald mit Dolomit, Quarz, Talk, Rumpfit und einer Reihe von Erzen (Muster Veitsch, Obersteiermark) oder als äußerer Gürtel von Serpentinstöcken (Muster Greiner, Zillertal) vor. In Abbau stehen vor allem die Vorkommnisse von Veitsch (Steiermark), Radenthein (Kärnten), Sunk (bei Trieben, Obersteiermark), Gotschakogel—Eichberg (Semmering, Niederösterreich), Lubenz (Karpathen, Komitat Gömör) usw.; weniger bekannt sind die Vorkommen von Breitenau, Oberdorf a. d. Laming, St. Martin a. d. Enns, Zillertal, Wald (Paltental), Neuberg a. d. Mürz, Stangalpe, Dienten (Salzburg), Hacsava (Karpathen) u. a. m.

Der Rohmagnesit dient vorzüglich zur Darstellung des Bittersalzes und der Kohlensäure. Meist wird jedoch der Magnesit gebrannt, und zwar entweder auf eine Hitze von 700 bis 800° (kaustischer Magnesit) oder bis zur Sinterung (1400 bis 2000°). Der kaustisch gebrannte Talkspat gibt ein vorzügliches Bindemittel ab, welches zur Herstellung fugenloser, feuerbeständiger und hygienisch einwandfreier, leicht reinzuhaltender Fußböden (Steinholz, Xylolith), zu Terrazzobelag, Kunststeinen, Magnesiazement usw. verwendet wird. Der Sinter- oder totgebrannte Talkspat ist bei Eisenfreiheit einer der feuerfestesten Stoffe, die wir kennen. Die chemischen, Glas- und viele andere Gewerbe fordern tunlichste Eisenfreiheit des Magnesites. Dagegen ist dem Eisengewerbe ein Mindesteisengehalt von 5 bis 6% Fe_2O_3 erwünscht; damit decken sich die Bestrebungen der Magnesitwerke insoferne, als eisenhältiger Bitterspat bei niedrigeren Wärmegraden sintert (1400°) als eisenfreier (2000°).

Unterscheidung: Von Dolomit mittels einer alkoholischen Lösung von Diphenylencarbazid; Dolomit verändert die Lösung erst nach dem Glühen (Feigl-Leitmeier).

Dolomit:[1] H = 3½ bis 4½, D = 2,85 bis 2,95. Grundrhomboeder mit dem Polkantenwinkel 106° 15′. Flächen oft sattelförmig gekrümmt. Körner und körnige Gehäufe („Dolomitmarmore"), seltener stengelige Ausbildungen; der Verband der Körner ist oft nicht sehr fest, wodurch der Dolomit lückig-zellig wird und ein zuckerkörniges Aussehen gewinnt, andererseits aber auch leicht zu sogenannter „Dolomitasche" oder zu „Dolomitsand" zerfällt; die Wände der Lücken des Dolomites sind meist mit winzigen Drusen ausgekleidet. Selten wasserhell, meist weiß, grau oder gelblich, seltener schwarz (Hall in Tirol). Spaltbarkeit nach dem Rhomboeder sehr vollkommen. $CaCO_3 . MgCO_3$ mit rund 54% Kalk und 46% Magnesitstoff. Mit Salzsäure braust er erst dann

[1] Nach dem französischen Mineralogen Dolomieu; das Mineral wiederum hat den gleichnamigen Gebirgsstöcken Südtirols den Namen gegeben.

auf, wenn die Säure unverdünnt oder erwärmt angewendet oder mit dem gepulverten Dolomit zusammengebracht wird (Unterschied vom Kalkspat). Bituminöse Dolomite werden Stinkdolomite, eisenreiche und dabei Mn-haltige Braunspat genannt.

Nach neueren Untersuchungen soll Dolomitstoff in kohlensäurebeladenem Wasser etwas leichter löslich sein als Kalkspat. ROTH dagegen hat ermittelt, daß sich nur 0,3 Gewichtsteile Dolomit gegen ein Gewichtsteil Kalk in 1000 Gewichtsteilen Wasser lösen. Mit diesen Versuchsergebnissen würde auch die Tatsache besser stimmen, daß in der Natur Kalkspat leichter und rascher ausgelaugt wird wie Dolomit, so daß letzterer in Gesteinen sich nicht selten gegenüber ersterem anreichert. Dolomit ist meist mehr zerklüftet als Kalkstein, so daß dieser dem Dolomit gegenüber nicht selten als „Wasserstauer" wirkt, an dessen Grenzausstrichen Quellen auftreten können.

Verwendung als Düngemittel, als Futter von Bessemerbirnen, Stahltiegeln u. dgl., als Füllung von Sulfitlaugentürmen usw.

Eisenspat (Spateisenstein, Siderit):[1] H = 3½ bis 4½, D = 3,8 bis 4. Kristalle meist in Form des Grundrhomboeder (Polkantenwinkel 107°), Flächen zuweilen sattelförmig gekrümmt. Körnige, ab und zu auch dichte Aneinanderhäufungen, faserige Gebilde von kugeliger oder tropfsteinähnlicher Form („weißer Glaskopf", Sphaerosiderit).[2] Vollkommen spaltbar nach den R-Flächen. In frischem Zustande meist gelblichweiß (Weißerz) bis gelblich, angewittert braun (Braunerz) bis schwarz werdend (Schwarzerz) infolge Abgabe von Kohlensäure und Aufnahme von Sauerstoff und Wasser. Glanz perlmutterartig. Vor dem Lötrohre schwarz und magnetisch werdend. $FeCO_3$ mit 48,2% Fe; häufig Mn (Blauerz), Mg, Ca als vertretende Bestandteile enthaltend. Nach dem Pulvern in nicht zu stark verdünnter oder warmer Salzsäure löslich. Kohleneisenstein heißen die Steinkohlen begleitende Bänke, welche Eisenspat (kugelige Zusammenwachsungen im tonigen Zwischenmittel) neben Kohlenschnüren enthalten.

Wichtiges Eisenerz. Vorkommen: Eisenerz (Steiermark), Friesach und Hüttenberg (Kärnten), Steierdorf (Banat), Vares (Bosnien), Auerbach und Nitzelbuch, Arzberg, Kamsdorf (Thüringen), Stahlberg bei Schmalkalden, a. d. Mommel, Bieber (Spessart), Schafberg und Hüggel bei Osnabrück.

In die Gruppe der kohlensauren Salze gehören noch: Ankerit (½ $CaCO_3 . MgCO_3 . FeCO_3$; auch Rohwand genannt, vielfach Mn-haltig) u. a. m.

Schwefelsaure Salze

Schwerspat (Baryt):[3] H = 3 bis 3½, D = 4,5 bis 4,7. Rhombische Kristalle vielfach tafelig (Abb. 191, 192) durch Vorwalten der Längsfläche; körnige faserige, blätterige, schalige (schieferige), säulige (Vorherrschen der Säulenflächen), stengelige oder dichte Aneinanderhäufungen; zuweilen erdig (Baryterde). Strich weiß. Vollkommene Spaltbarkeit nach der Längsfläche mit Perlmutterglanz auf den Spaltflächen; nach den Querdachflächen minder gut spaltend (Glasglanz), spröde, Bruch muschelig. Farblos bis hell gefärbt, selten dunkel (durch Bitumen schwarz gefärbt). Vor dem Lötrohr sehr schwer schmelzbar, zerknisternd und die Flamme gelbgrün färbend.

---

[1] Sideros (griechisch) = Eisen.
[2] Sphaira (griechisch) = Kugel.
[3] Barys (griechisch) = schwer.

$BaSO_4$ (schwefelsaures Barium). In Wasser sehr schwer löslich (1 Teil Schwerspat in 400.000 Teilen Wasser); in HCl unlöslich. Konzentrierte Schwefelsäure löst ihn erst nach dem Pulvern in der Wärme (aus solchen Lösungen schon durch Verdünnung der Lösung mit Wasser fällbar). Kalkbaryt enthält Kalziumsulfat beigemengt. Radiobaryt ist deutlich radiumwirksam.

Vorkommen: Zerstreut verteilt in manchen Tonen, Sanden, Mergeln (Bologneserspat = Zusammenwachsungen vom Monte Paterno bei Bologna) und Kalken, auch in Form von Zusammenwachsungen; echtes Versteinerungsmittel und Ausfüllungsmasse von Steinkernen; Begleiter von Erzlagerstätten, auch selbständig in Gängen und Lagern. Ausbeutbare Vorkommen: Westfalen (Dillenburg, Hartenrod, Burg a. d. Dill), Schwarzwald (Wolfach), Odenwald, Thüringer Wald, Harz (Lauterberg), Hessen (Nentershausen), Rheinpfalz (Königsberg b. Wolfstein, Rathsweiler), Spessart (Partenstein, Lohr, Heigenbrücken), Belgien (Fleurus), England, Vereinigte Staaten usw.

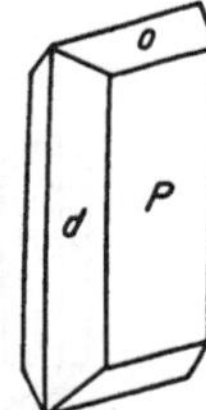

Abb. 191. *P* Längsfläche, *d* Längssäule, *o* Längsdach, Schwerspat. Nach Hochstetter, Bisching, Toula

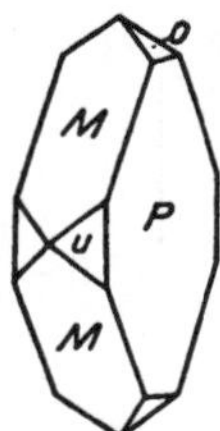

Abb. 192. Schwerspat, *u* Säule, *M* Querdach, sonst wie bei Abb. 191. Nach Hochstetter, Bisching, Toula

Verwendung: Zur Farbenerzeugung als Weißfarbe („Dauerweiß") allein oder in Mischung mit anderen Weißfarben als Ersatz für das giftige Bleiweiß und das lösliche und leichter veränderliche Zinkweiß); künstlich gefälltes Schwerspatpulver dient als Blanc fix, als Grundlage für farbige organische Anstriche. Im chemischen Gewerbe zur Darstellung von Bariumverbindungen (selbstleuchtende Anstriche, Röntgenerzeugnisse usw.).

Anhydrit:[1] H = 3 bis 3½, D = 2,9 bis 3. Rhombische Kristalle (selten), Spaltstücke; Spaltbarkeit vollkommen nach der Endfläche (Perlmutterglanz), minder gut nach der Quer- (fettiger Glasglanz) und nach der Längsfläche (Glasglanz; „Blätterbruch"); Körnergehäufe stenglig, faserig, auch dicht. Bruch muschelig. Durchsichtig bis undurchsichtig, farblos oder weiß, grau, gelblich, bläulich, bläulichgrau, rötlich gefärbt. Wasserfreies, schwefelsaures Kalzium ($CaSO_4$). Vor dem Lötrohr zerknisternd und oberhalb 1400° C zu einem weißen, alkalisch reagierenden Email schmelzend; gibt im Kölbchen kein Wasser ab. In Salzsäure langsam löslich. Aus der Lösung wird durch Bariumchlorid ($BaCl_2$) Schwerspatniederschlag gefällt. Durch Wasseraufnahme geht er unter beträchtlicher Raumvermehrung in Gips über. Dies führt im Schichtverbande zu mannigfachen Faltungen (Schlangengips) und darmähnlichen Fältelungen (Gekrösestein), zu Auftreibungen, Blähungen usw. Bauten, welche im Anhydritgebirge ausgeführt werden, leiden zuweilen unter dem Drucke der sich ausdehnenden Massen (Verdrückung von Stollen und Tunnelquerschnitten, wodurch schwierige und kostspielige Zimmerungen und Ausbauarbeiten notwendig werden); in den

[1] Anhydros (griechisch) = wasserlos.

Alpen liegt solches ohne Umwandlungsvorgänge bereits an sich druckgefährliches Gebirge — eine „Haselgebirge" genannte Wechselfolge von Salztonen, Gips und Anhydrit, Mergeln, Rauhwacken usw. — in den Werfenerschichten (untere Trias = Buntsandstein).

Anhydrit bildet sich aus Lösungen bei höherer, Gips bei niedrigerer Wärme; auch Druck begünstigt die Anhydritbildung, so daß in Tiefen von mehr als 100 m alles $CaSO_4$ als Anhydrit ausfällt. Er begleitet häufig die Salzlagerstätten und Gipsvorkommnisse. Verwendung zum Teil ähnlich wie Gips; als Düngemittel soll er jedoch nur auf feuchte Böden gestreut werden. Dort, wo sich weit und breit kein besseres Schottergut findet, kann er auch zum Beschottern von Wegen verwendet werden.

Gips:[1] H = 1,5 bis 2, D = 2,31 bis 2,33. Monokline Kristalle, meist Zwillinge nach der Querfläche (Schwalbenschwanzzwillinge,

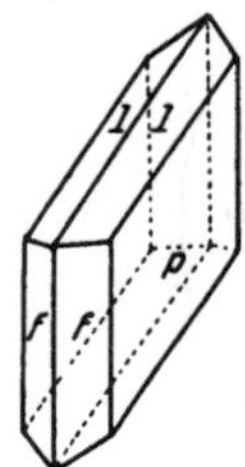

Abb. 193. Gips. *l* Halbspitzdach, *p* Längsfläche, *f* Säule

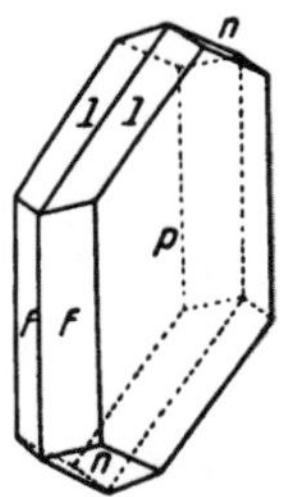

Abb. 194. Gips. Bezeichnung wie vor, außerdem *n* Halbspitzdach

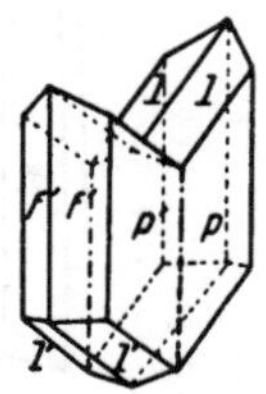

Abb. 195. „Schwalbenschwanzzwilling" von Gips. Nach Hochstetter, Bisching, Toula

Abb. 195; großblättrig nach der Längsfläche entwickelt, Abb. 194, 193), zuweilen linsenförmig; wenn durchsichtig, Fraueneis oder Marienglas genannt; spätig-körnig bis blättrig als Perlgips, feinkörnige, zuweilen durchscheinende (Alabaster)[2] Gehäufe, Kristallgruppen (Gipsrosen), auch dicht oder faserig (Fasergips, Seidengips) mit Seidenglanz und stenglig; erdig (Gipserde, Gipsgur); lose zusammengelagerte, feine Blättchen (Schaumgips). Farblos, meist aber weiß oder gelblich, rötlich (Eisenverbindungen), bräunlich oder grau (Tonbeimengung) gefärbt. Strich weiß. Der Stinkgips enthält Bitumen, der Gipsstein ist durch Ton verunreinigt. Milde biegsam, fühlt sich warm an. Wasserhältiges, schwefelsaures Kalzium ($CaSO_4 + 2\,H_2O$). Gibt im Kölbchen erhitzt Wasser (21%) ab. Vor dem Lötrohr trübt er sich und schmilzt unter Aufblättern zu einem alkalisch reagierenden Email. In HCl und in Wasser nicht leicht (1 Gewichtsteil Gips auf 450 Gewichtsteile Wasser von 0° C) löslich, leichter in heißer Kalilauge. Beim Erhitzen auf 107 bis 130° C wandelt er sich unter Wasserverlust in das Halbhydrat

[1] Gae (griechisch) = Erde; epsein = Brennen; das Brennen und Formen war schon den Alten bekannt.

[2] Alabaster nach der Stadt Alabastron in Oberägypten.

($2\,CaSO_4 + H_2O$) um, das sich mit Wasser angerührt, nur der Trocknung überlassen, leicht wieder in Gips zurückverwandelt. Darauf beruht seine Anwendung als Stuckgips im Baugewerbe. Der Estrichgips ist härter und bindet langsamer ab als der Stückgips; er wird durch Brennen des Gipses bis nahe der Rotglut (900 bis 970°) und bis zur schwachen Sinterung gewonnen. Beim Brennen zwischen 400 bis 750° C und über 1400° C entsteht totgebrannter Gips.

Wie Anhydrit, so fehlt auch Gips selten auf Salzlagerstätten. Weniger regelmäßig findet man Gips auf Schwefellagerstätten, in vulkanischen Tuffen (Hohentwiel) und auf Erzlagerstätten; in Tonen und Sanden trifft man nicht selten Nester von Gipskristallen (Montmartre) und Zusammenwachsungen (namentlich plattenförmige) als Neubildungen infolge Wechselwirkung von verwitterndem Eisenkies auf Kalk; auf Gipsschloten (schlauchartige Hohlräume in Gips) aufgewachsen. Vorkommen: Harz (im Zechstein), Norddeutschland (Lüneburg, Lübthen), Alpen (untere Trias), Karpathenvorland (Tertiär), Umgebung von Zips-Neudorf (Spisska nova ves) usw.

Verwendung: 1. Als Düngemittel. Seine Wirkung ist zum Teil unmittelbar chemischer Natur, indem Ca und S einen unentbehrlichen Nährstoff der Pflanzen bilden, zum Teil kommt sie der Pflanze erst auf dem Umwege über den Boden zugute. Der Gips setzt sich nämlich mit den kohlensauren Alkalien, die bei der Verwitterung der Silikate im Ackerboden entstehen, zu schwefelsauren Alkalien um und führt auch die gleichfalls aus den Silikaten stammende kohlensaure Magnesia in lösliche, schwefelsaure Magnesia über. Er schließt mithin die Alkalien auf und macht sie den Pflanzen zugänglich. Auch das leichtflüchtige kohlensaure Ammoniak, das durch die Zersetzung der Jauche entsteht, wird durch den Gips in nicht flüchtiges schwefelsaures Ammoniak verwandelt (vorteilhaftere Ausnützung der Nährstoffe des Düngers, Milderung des üblen Geruches in den Ställen).

2. Im Gewerbe wird Alabaster (Edelgips) von Kunsthandwerkern verwendet (für Innenausschmückungen; fürs Freie taugt er wegen praktisch verhältnismäßig rascher Löslichkeit in Wasser nicht), gebrannter Gips außerdem zu Abgüssen, Kitten, zur Gewinnung von Schwefelsäure und für bauliche Zwecke [siehe oben], namentlich für Decken, Gesimse, Rabitzwände, Gipsdielen, künstliche Marmore und dergleichen).

3. In der Heilkunde verwendet man ihn zu Abdrücken, Verbänden usw.

Unterscheidung von Kalkspat: Gips fühlt sich warm an (Kalkspat kalt), läßt sich schon mit dem Fingernagel ritzen, braust mit HCl nicht auf und ist bedeutend leichter.

Kieselsaure Salze

Glaukonit:[1] H = 1 bis 2, D = 2,2 bis 2,85. Ist ein wasserhältiges Silikat von Eisenoxydul und Bittererde mit bis zu 15 v. H. Kali und oft auch Tonerde und Phosphor. Monokline Schüppchen, meist aber kleine dunkelgrüne bis schwärzliche schießpulverartige Körnchen als Färbemittel in manchen Sandsteinen, Sanden, Schlicken und Mergeln verschiedener geologischer Zeitalter, namentlich aber der Kreide und des Tertiärs. Die ölgrüne Farbe

[1] Glaukos (griechisch) = blaugrün.

wird durch die Anwesenheit des Eisens als Eisenoxydulsilikat bedingt. Ihre Lebhaftigkeit bildet einen Maßstab für den Grad der Frische des Minerals. Vor dem Lötrohre schmilzt Glaukonit schwer zu einer schwarzen, schwach magnetischen Schlacke. Von heißer, konzentrierter Salzsäure wird er langsam, aber vollständig gelöst, wobei die Kieselsäure in der Form die Körner nachbildend zurückbleibt. Bei der natürlichen Verwitterung, der er meist nur langsam erliegt, färbt er sich zuerst braun (Ockerbildung) und wird dann fast farblos. Neubildung (wohl zuerst gelartig) am Meeresboden. Man benützt ihn als Anstrichfarbe und wegen seines Kaligehaltes örtlich als Düngemittel.

Die Grünerde (Seladonit) stellt ein grünes, schuppiges Kaliumeisenbittererdesilikat von glimmerähnlicher Beschaffenheit vor. Sie geht aus der Verwitterung der Augite von Basalten und Melaphyren hervor (Fassatal, Brentonico am Fuße des Monte Baldo) und dient unter dem Namen „Kadner Grün“ (Antschau bei Kaaden, Böhmen) und „Veronesergrün“ zuweilen als Malerfarbe.

Allophan (und Halloysit)

Wasserhältiges Aluminiumsilikat. Gestaltlos (Gel). H = 3, D = 1,85 bis 1,89. Durchsichtig, Glasglanz. Blaßblau, gelblich oder bräunlich oder grünlich. Vor dem Lötrohre unschmelzbar. Mit Kobaltlösung geglüht blau werdend. Wird von Salzsäure unter Sulzen zersetzt (Unterschied von Kaolin). Wird im feuchten Zustande bildsam, schwindet stark beim Trocknen, besitzt hohe Festhaltekraft, kurz Kleinchen-Eigenschaften. Bestandteil verschiedener Tone. Erdig-fest: Steinmark (z. T.).

Kaolinit (Porzellanerde, Kaolin)

Kleine, weiße, biegsame, perlmutterglänzende, glimmerartige Schüppchen und Täfelchen (monoklin); sechsseitige Blättchen: Nakrit, Pholerit; dicht (wachsglänzend, oft schwach fettig sich anfühlend); erdig (Steinmark). Kaolin: dichte, lockere, zerreibliche, mager sich anfühlende, gelige Masse mit erdigem Bruch, die ohne scharfe Grenzen in Halloysit und Allophan übergeht. ($H_2Al_2Si_2O_8 + H_2O$). H etwa 2 bis 2½, D = 2,6 bis 2,63. Vor dem Lötrohre unschmelzbar, sich weißbrennend. Widersteht Angriffen von Salz- und Salpetersäure, wird jedoch von kochender Schwefelsäure zerstört. Verliert sein Wasser (etwa 14%) sehr schwer, zum überwiegenden Teile erst in der Glühhitze und schwindet dabei stark. Trocken saugt Kaolinit begierig Wasser auf, quillt und wird formbar. Kaolintone sind oft durch andere Stoffe verunreinigt und zeigen Übergänge zu gemeinen Tonen. Verwitterungsgebilde von Feldspat dort, wo heiße Quellen, kohlensaure Wässer, Humussäuren und ähnliche starke, umbildende Kräfte auf feldspatreiche Gesteine eingewirkt haben; auch umgeschwemmt auf zweiter Lagerstätte. Die besten Sorten dienen zur Erzeugung des Porzellans, die schlechteren als Füllstoff bei der Papiererzeugung; hier wird er aber in letzter Zeit stark von dem in vieler Hinsicht besser geeigneten Talk (Talkum) verdrängt.

Vorkommen: Sachsen (Hohburg, Altenbach, Mügeln, Löthain, Bautzen), Schlesien (Schweidnitz, Strehlen, Steine), Halle a. d. Saale, Thüringen, Bayern (Hirschau, Schnaittenbach, Thiersheim), Rheinland (Geisenheim, Ellweiler), Böhmen (Karlsbad, Umgebung von Pilsen), England (Cornwall) usw.

Anhang

Kohlige Stoffe und Bitumen

Die kohligen Stoffe finden sich als schwarze, formlose Körner oder noch häufiger als feiner, undurchsichtiger Staub, zuweilen auch in Form von Flocken und Flittern oder von rußartigen Überzügen auf den Schichtflächen und im Innern vieler Gesteine vor, manche von ihnen wohl auch ganz durchtränkend und grauschwarz bis blauschwarz färbend.

Die meisten von ihnen enthalten neben Kohlenstoff noch Sauerstoff, Wasserstoff und geringe Mengen von Stickstoff in wechselnden Gewichtsverhältnissen und nähern sich demgemäß in ihrer Zusammensetzung bald mehr dem Graphit, bald mehr der Kohle oder dem Bitumen. Sie lösen sich in einem Gemische von rauchender Salpetersäure und chlorsaurem Kali mit brauner Farbe und unterscheiden sich dadurch vom Graphit; einige lösen sich auch schon, wenigstens teilweise, unter Braunfärbung in Kalilauge.

Bitumen tritt entweder allein oder in Verbindung mit kohligen Stoffen gesteinfärbend auf. Vermutlich aus Faulschlammbildungen hervorgegangen, stellen die bituminösen Stoffe organische Verbindungen dar, welche gelblichbraune bis braune Farbe besitzen und harzartige Beschaffenheit zeigen. Auch sie lösen sich in einem Gemenge von chlorsaurem Kali und rauchender Salpetersäure, zum Teile auch in Benzol, Xylol usw. Gesteine, welche reich an Bitumen sind, zeigen nicht bloß dunkelbraune bis schwarze Farbe, sondern entwickeln beim Anschlagen mit dem Hammer auch einen unangenehmen, brenzlichen Geruch, welcher zur Bezeichnung „Stinkstein" geführt hat (Stinkkalke, Stinkdolomit, Stinkgips, Stinkquarz), und vielfach auf die Anwesenheit von Kohlenwasserstoffen, wie Indol, Skatol u. a. zurückgeführt wird. (Bitumen = pix tumens, aufwallendes Pech).

Außer durch ihre Löslichkeit in den vorgenannten Säuren unterscheiden sich die bituminösen und kohligen Stoffe noch dadurch von Graphit, daß sie über einer Flamme leicht verbrennen; dieselbe Bleichung wird auch durch die Verwitterung hervorgerufen, die hier ja nichts anderes ist, als eine ganz langsam sich abspielende, der Glüh- und Flammenerscheinung ermangelnde Verbrennung. Gewöhnliche Säuren bleiben ohne Einwirkung; man kann daher die kohligen Stoffe und das Bitumen aus den Gesteinen leicht abscheiden, und zwar aus kohlensauren Felsarten durch Salzsäure, aus kieselsauren durch Flußsäure.

Zusammenwachsungen

Die an einen Bildungsmittelpunkt nach außen zu sich ansetzenden Mineralteilchen ordnen sich bald schalig, bald speichenartig-strahlig um einen Mittelpunkt an, bald auch finden sich beide Ausbildungsformen vereint vor (mittigschalige und speichigstrahlige Anordnung). Bei vielen Zusammenwachsungen drängt der Wachstumsdruck der auskristallisierenden Stoffe die Nachbarmassen zur Seite, staucht sie, verdichtet sie und schafft so den Raum für die Entwicklung der Verwachsungen, während ihn die Abscheidungen (vgl. S. 10, 242) schon fertig vorgebildet antreffen.

Die Grenzen der Zusammenwachsungen gegenüber dem umgebenden Gestein sind meist deutlich; sie verschwimmen nur dann, wenn der Baustoff der Zusammenwachsungen von jenem eines Gesteins wenig abweicht. Beim

Weiterwachsen wird, wenn nur irgend möglich, kugelähnliche Gestaltausbildung angestrebt, aber freilich gar oft nicht erreicht. Man kann nach der äußeren Form der Zusammenwachsungen folgende Gruppen unterscheiden:

1. Kristallgruppen (Kristallzusammenwachsungen): Viele Kristalle eines und desselben Minerals schießen von einem Richtpunkte aus auf. Solche Kristallgruppen bilden z. B. Gips, Eisenkies und Markasit in Tonen (z. B. Gipskristalle im Schlier Nieder- und Oberösterreichs) und Mergeln, Schwerspat mit Sand gemengt in Sanden („Rosen" in der Umgebung von Kreuznach bei Wiesbaden), Kalkspat, gewöhnlich in spitzen Rhomboedern (— 2 R) ausgebildet, gleichfalls mit Sand vermengt in Sanden und Sandsteinen (Fontainebleau bei Paris, Wallsee a. d. Donau, Sievering bei Wien usw.), Aragonit im Ton, usw.

2. Kugelige Zusammenwachsungen (Abb. 7). Sie entstehen durch ein besonders inniges Zusammendrängen der aufschießenden Kristalle, von denen höchstens die äußersten Enden frei herausragen; meistens fehlen aber deutliche Kristallendigungen. In Kalksteinen, Mergeln, Tonen finden sich derartige Zusammenwachsungen von Kalkspat, Gips, Schwerspat, Schwefelkies, in Sandsteinen solche von Hornstein, Jaspis, und zwar meist mit verwaschenen Umrissen. In den sogenannten Knotenerzen (Erzknoten) haben kristallinische Bindemittel von Bleiglanz, Malachit, Kupferlasur oder Weißbleierz die Sandkörner des Buntsandsteines der Gegenden von Commern und Mechernich (Rheinland) zu rundlichen Zusammenwachsungen verkittet.

3. Traubige und nierenförmige Zusammenwachsungen. Wenn die Ausgangspunkte kugeliger Zusammensetzungen so nahe aneinander liegen, daß sich die Mineralneubildungen beim Weiterwachsen berühren und gegenseitig überflügeln, dann bilden sich traubig-nierige Gestalten. Sehr verbreitet und bekannt sind solche Formen von Brauneisenstein in Sandsteinen und Sanden, Braunspat in Dolomiten, Eisenkies in Tonen, Schiefertonen und Tonschiefern. Zuweilen bildet sich in ihrem Innern durch Schrumpfung beim Eintrocknen der ursprünglich feuchten Masse ein Hohlraum; enthalten sie in demselben einen zusammengeschrumpften, von der Schale abgelösten Kern, welcher beim Schütteln ein Klappern vernehmen läßt, so spricht man von Klapper- oder Adlersteinen.

4. Linsenförmige Zusammenwachsungen. Zu ihrer Bildung hat oft ein Tierrest die Ansatzfläche geboten; der Zersetzungsstoff der Eiweißverbindungen, Kohlensäure und Ammonsalze derselben, Schwefelwasserstoff usw. liefern das Fällungsmittel für die in den kreisenden Bodenwässern gelösten Stoffe. Hieher gehören unter andern die Kugelspateisensteine (Sphärosiderite), welche aus nierigen Linsen von tonführendem Eisenspat bestehen und den Schiefertonen des Karbons und des Rotliegenden eingelagert sind. Mergellinsen in Tonen und Schiefertonen bezeichnet man als Septarien; sie sind durch örtliche Anreicherung des Kalkgehaltes im Gestein entstanden, später durch Verlust von Wasser geschrumpft und im Innern von einem Netz lotrecht gestellter Austrocknungsklüfte durchzogen. Die Austrocknungsrisse nehmen von der Mitte der Septarien nach außen zu an Breite ab und keilen aus, ehe sie noch den Rand der Zusammenwachsungen erreicht haben. Auf den Wänden der Klüfte sitzen nicht selten Kristalle von Kalkspat, Braunspat, Eisenspat, Eisenkies, Bleiglanz, Zinkblende usw. Zuweilen erfüllen sie auch den ganzen Raum der Spalten, sie lückenlos ausheilend. Von den linsenförmigen Zusammenwachsungen führen Übergänge zu den brotlaibförmigen.

5. Knollige Zusammenwachsungen. Ihre Gestalt ist unregelmäßig rundlich knollenähnlich, zuweilen infolge von Auswüchsen der Fortsätze geradezu wunderlich; ihre Mannigfaltigkeit entspricht ihrer weiten Verbreitung sowie den ungemein verschiedenen Umständen der Bildung von Ansatzpunkten für Mineralstoffe. Am bekanntesten sind wohl die sogenannten „Lößkindl" oder „Lößpuppen" (seltsam gestaltete, oft die Umrisse belebter Formen annehmende mergelig harte Zusammenwachsungen im Löß) und die Feuersteine, d. s. Chalzedonknollen, die besonders häufig der Schreibkreide sowie den sie begleitenden Kreideschichten eingelagert sind. Für den Ingenieur sind auch die Hornsteinknollen verschiedener Kalkmassen wichtig (Hornsteinkalke der Reiflinger Schichten, mit meist einfärbigen, braunen oder schwärzlichen Hornsteinknollen, des Jura mit meist bunten, roten, grünen, braunen, schwärzlichen Knauern usw.). Ähnliche Gebilde sind die Menilithknollen im Klebschiefer von Menil-le Montant bei Paris, die durch Verwachsungen zweier scheibenförmiger Zusammenwachsungen entstandenen „Augensteine", „Brillensteine" oder „Imatrasteine" (durch Ton und Sand verunreinigte kalkige Zusammenwachsungen von der Stromschnelle Imatra in Finnland, vom Lieserbergl bei Gmünd in Kärnten usw.) u. v. a. m.

6. Plattenförmige Zusammenwachsungen. Dient schon bei den linsenförmigen Zusammenwachsungen nicht mehr ein Punkt, sondern eine ganze Fläche als Ansatzstelle, so gilt dies in noch erhöhtem Maße für die plattenförmigen Zusammenwachsungen. Von einer Fläche geringsten Widerstandes (Schichtfuge u. dgl.) aus wachsen die Kriställchen bald nach einer bald nach beiden Seiten, die auflagernden Schichten lüftend und etwas in die Höhe hebend. So bilden sich des öfteren Faserkalk, Fasergips und faseriges Steinsalz ganz ähnlich, wie häufig Fasereisplatten in lehmigen feuchten Sanden zustande kommen. Auch die Raseneisenplatten (S. 284) und die Ortsteinschichten gehören hieher.

Manche Forscher rechnen zu den Zusammenwachsungen auch die Zusammenballungen von ältesten Ausscheidungen in Durchbruchsgesteinen wie z. B. die olivinreichen kugeligen oder knolligen Massen im Basalte (Olivinknollen), die an Magnesiaglimmer und Hornblende reichen dunklen Knollen im Granit usw. Von den eigentlichen Zusammenwachsungen unterscheidet sie jedoch der Umstand, daß sie schon vor der Verfestigung des Gesteins, in dem sie auftreten, gebildet wurden. Man wird sie daher eher als Urschlieren bezeichnen (vgl. S. 102, 115).

Für den Techniker bedeuten die Zusammenwachsungen, wo immer sie auch auftreten mögen, eine unliebsame Störung der erwünschten Gleichmäßigkeit des Rohstoffes bzw. des Gesteins, in welchem der Ingenieur arbeitet. So beeinträchtigen kalkige oder mergelige Zusammenwachsungen die Verwendbarkeit eines an sich guten Ziegeleilehmes und nötigen allenfalls zum mühsamen Ausklauben oder Ausscheiden der Zusammenwachsungen. In den Bausteinen setzen die Zusammenwachsungen, selbst wenn sie den einschließenden Wirt an Härte übertreffen, die Festigkeit des Gesteins herab, weil sie den Zusammenhang mehr oder minder scharf unterbrechen. Beim Vortriebe von Stollen, bei der Aussprengung von Einschnitten und Hohlformen überhaupt führen sie Verklemmungen der Bohrer hervor, nutzen, wenn sie härter sind als die Hauptmasse des Gesteins, das Bohrzeug stark ab, verringern den Arbeitsfortschritt und verbieten meist die Anwendung maschineller Bohrung. So sank z. B. die tägliche Ausfahrung im Wocheiner Tunnel, die bei händischem Bohren anfangs 2,3 m betrug, in dem Hornsteinzusammenwachsungen führenden Woltschacherkalk auf 2,1 m herab. Auch andere, viel auffälligere Fälle haben gelehrt, wie sehr der Wechsel in der Gesteinbeschaffenheit bei Einschätzung der zu erwartenden Schwierigkeiten namentlich dort berücksichtigt werden muß, wo an Zusammenwachsungen arme Gesteine von solchen abgelöst werden, welche reich daran sind.

Abscheidungen

Während die Zusammenwachsungen in der Regel nur aus einem Stoffe bestehen, nehmen am Aufbau der von außen her in das

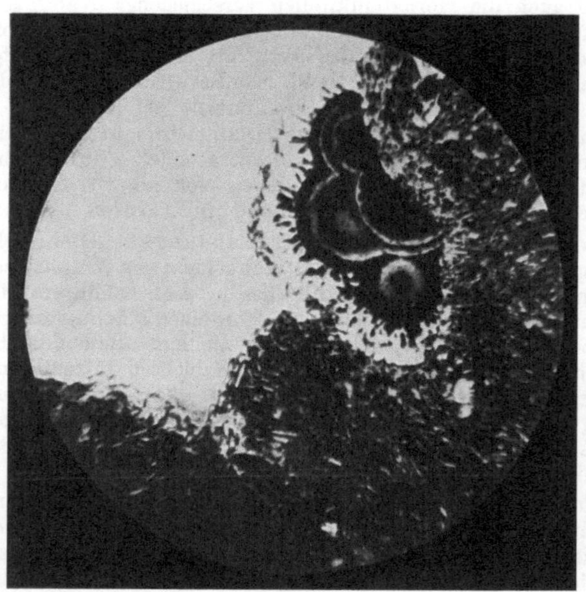

Abb. 196. Kalkspatdruse in einem Hohlraum von Andesit. Gleichenberger Kegeln, Oststeiermark

Innere eines Hohlraumes hineinwachsenden Abscheidungen nicht selten mehrere, bisweilen sogar zahlreiche Mineralarten teil. Ihrem Stoffe nach bestehen sie häufig aus Verbindungen, welche aus dem Nebengesteine ausgelaugt und auf den Wänden von Hohlräumen abgesetzt wurden. Kommen auf solchen Hohlräumen Kristalle in Gruppen zur Abscheidung, so spricht man wohl auch von Drusen und nennt die Hohlräume, in welche sie hineingewachsen sind, Drusenräume. Sonst bezeichnet man die Abscheidungen gewöhnlich als Mandeln oder Geoden, wenn sie rundliche, als Trümer oder Adern, wenn sie spaltenartige, hohle Räume erfüllen. In der Mitte zwischen den Mandeln und Trümern stehen die Nester und die Kristallkeller, an denen die Schieferhülle unserer Kernalpen örtlich so reich ist.

1. Mandeln und Geoden. Die Mandeln füllen kleinere, die Geoden größere rundliche Hohlräume aus. Die echten Mandeln (Abb. 160) haben sich in

Blasenräumen gebildet, welche durch die Ausdehnung der dem Schmelzflusse entweichenden Gase und Dämpfe in einem mehr oder minder rasch darauf erstarrenden Magma entstanden sind. Demgemäß haben sie bald kugelige, bald birnförmige, oft auch schlauchartig gewundene oder ganz unregelmäßige Gestalt. Die Ausfüllungsmasse ist stets ziemlich scharf von dem umgebenden Wirtgestein abgegrenzt, und löst sich daher verhältnismäßig leicht von ihm ab; sie besteht häufig aus Quarz oder Chalzedon (Abb. 8), Kalkspat, (Abb. 196), Siedesteinen (Abb. 138), Schwerspat, Grünerde usw. Stetig mit Kalkspatmasse erfüllte Blasenräume spalten oft einheitlich rhomboedrisch, bergen mithin einen einzigen Mineralkörper. Während die kohlensauren Salze die Mandeln meist ganz ausfüllen, nehmen kieselige Stoffe seltener den ganzen Hohlraum ein, Siedesteine nur ausnahmsweise. An den Umbiegungen der meist mittelpunktgleichschalig verlaufenden Zuwachsstreifen der Ausfüllungsstoffe erkennt man häufig noch die Zufuhrschläuche, welche den Lösungen zum Eindringen gedient haben. Wurden solche Einspritzlöcher plötzlich verstopft, ehe noch die eingespritzte Lösung verdunstet war, so blieb ein Rest der Lösung, welcher nicht mehr eintrocknen konnte, oft noch im Innern der Mandel erhalten. Solche im Innern Flüssigkeitsreste einschließende Mandeln werden Wassersteine (Enhydros) genannt. Man kennt sie z. B. aus Brasilien, von den Colli Berici in Venetien usw. Die bekanntesten Mandeln und Geoden sind die Achate (Abb. 8) sowie die sogenannten Theißer Kugeln der Melaphyrtuffe in der Umgebung von Theiß bei Klausen in Südtirol. Manche Ergußgesteinsmassen sind derart mit Mandeln förmlich gespickt, daß sie Mandelsteine genannt wurden (Melaphyrmandelsteine usw., Abb. 160).

Unechte Mandeln und Geoden bilden sich in Hohlräumen, welche durch das Auswittern leicht zersetzlicher Gesteinsgemengteile entstanden. Sie sind meist mehr oder minder innig mit den rauhen, oft wie ausgefransten Wänden des Wirtes verzahnt und lassen sich nicht so leicht wie die echten vom umgebenden Gesteine ablösen. Solche Mandeln und Geoden trifft man nicht nur in Durchbruchsgesteinen, sondern auch in Absatzgesteinen, wenn hier durch die Wegfuhr von Gesteinsstoff oder das Auswittern von Versteinerungen Hohlräume sich ausbildeten.

2. Kristallkeller und Nester. Kristallkeller nennt man Erweiterungen von Klüften und Höhlen, deren Wände mit zahllosen, oft besonders großen und prächtigen Kristallen von Bergkristall, Topas, Amethyst, Rhaetizit, Hornblende, Strahlstein, Adular usw. ausgekleidet sind. Im Gipsgebirge sind die durch Auslaugung entstandenen Gipsschlote oft in ähnlicher Weise mit Gipskristalldrusen besetzt. Bekannt sind die gleichfalls hieher gehörigen Tropfsteingrotten und -höhlen des Kalkgebirges mit ihren Kalkspatdrusen, Sinter- und Tropfsteinbildungen (Adelsberger Grotte, Abb. 184, in Krain, Lurloch bei Peggau nördlich Graz, Dachstein-Riesenhöhlen, Eishöhlen des Tennengebirges, Macocha bei Brünn, Grotten von St. Kanzian im Triester Karste usw.).

Als Nester hat man gänzlich unregelmäßig gestaltete Abscheidungen bezeichnet. Sie bestehen entweder zur Gänze aus kristallinen Bildungen oder zeigen drusige Ausbildung. Von den Mandeln und Geoden sind sie manchesmal schwer zu unterscheiden, indessen dann leicht von ihnen zu trennen, wenn sie vom umschließenden Gestein nicht scharf abgegrenzt sind. Unregelmäßig begrenzt und den vorhandenen Hohlräumen angepaßt sind auch die Abscheidungen von Kalksinter, welche Trümmerwerke verkitten (Entstehung von Nagelfluh (Abb. 197), Konglomeraten, Breschen usw.).

3. Trümer (Adern). Die Trümer oder Adern sind plattenförmige Abscheidungen in vorgebildeten Spalten oder Klüften des Gesteins. Sie zeigen nach Entstehung und Ausbildung eine große Verwandtschaft mit den Erzgängen, deren taube Begleitmittel, wie z. B. Kalkspat, Braunspat, Chalzedon, Quarz, Amethyst, Schwerspat usw. auch in ihnen sehr häufig auftreten. Der Spaltenraum wurde bald zur Gänze erfüllt, bald blieb er in der Mitte hohl. Die Mächtigkeit der Trümer schwankt von Papierdünne bis zur Dicke vieler Zentimeter (vgl. S. 208 und Abb. 175, 176). An ihren Enden keilen sie meist bald aus. Oft deuten mannigfache Zerbrechungs- und Durchkreuzungserscheinungen die Gebirgsbewegungen an, von welchen die Adern nach ihrer Bildung betroffen wurden und verraten dann eine wiederholte Entstehung und Wiederausheilung von Spalten.

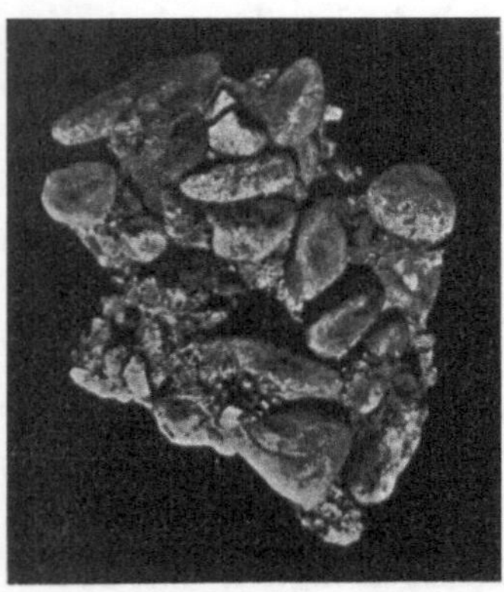

Abb. 197. Nagelfluh, Mürztal bei Bruck-Diemlach. Gesteinstrümmer (Schotter) als Bestandteile eines Gesteines (Trümmergestein)

4. Papierdünne, zarte, zierlich geformte Abscheidungen auf Schichtfugen, Klüften usw. sind die „Bäumchen" (Dendriten; z. B. „Eisenbäumchen", „Manganbäumchen", „Erzbäumchen" [Abb. 166] usw.).

Auch die Abscheidungen stören sowohl beim Baue in mit ihnen erfüllten Gesteinen als auch bei der Verwendung von Gesteinen, welche sie in größeren Mengen durchsetzen. So springen geaderte Steine, insbesonders Mergel und Kalke mit Spatadern häufig nach den Salbändern der Kluftausfüllungen; nur selten ist die Gesteinfestigkeit geringer als das Haften der Adermasse am Gestein. Überdies sind Klüfte, welche durch Abscheidungen noch nicht vollkommen ausgeheilt wurden, häufig Wasserbringer und erschweren dann den Stollenbau.

c) Trockener Massenabtrag und trockene Massenanhäufung

An tausenden und abertausenden Punkten zugleich setzt die Verwitterung ihren Meißel an und verwandelt das starre Felsgestein in beweglichen Schutt. Die Verwitterungsgebilde bleiben auf sanft geneigten Flächen am Orte ihrer Entstehung liegen und bilden hier Blockmeere und Blockgipfel, wenn ihre feineren Zwischenmassen durch das rinnende Wasser abgespült oder durch den Wind ausgeblasen werden und ihre Bestandteile von allem Anfang an sehr grobe Beschaffenheit zeigen.

Blockmeere und Blockgipfel zählen zu den Ablagerungen, denen ein vergleichsweise ruhiges Beharren an ihrem Bildungsorte zukommt; ihre geringe Fruchtbarkeit gestattet in niederen Lagen nur eine kümmerliche forstliche Benützung, in größeren Seehöhen liegen sie meist kahl da. Das Blockwerk wird bei günstiger Lage nicht selten technisch verwertet, vorausgesetzt, daß es als „Auslese" frisch ist (z. B. Findlingblöcke von Granit bei Gmünd, Niederösterr.), Felsberg (Hessen), Triberg, Schluchsee, Eisenbach.

Ganz anders verhalten sich jene Anhäufungen größerer Verwitterungsschuttmengen, deren gröbere Bestandteile in einer Art Teig aus feineren und feinsten Körnern eingebettet bleiben und oft ziemlich viel tonige Massen enthalten, ja in Grenzfällen sogar nur aus Lehm oder Ton bestehen können. Solche gewöhnlich als Gehängeschutt (Lehnenschutt, Abb. 198) im engeren Sinne bezeichnete Ansammlungen von Verwitterungsgebilden befinden sich nur mehr im großen und ganzen als Körper an ihrer Erzeugungsstätte.

Abb. 198. Fuß der Südwand des Tschirgant (Oberinntal, Tirol). Steinschlägige Kalkfelsen (oben), darunter Gehängschutt (i. w. Sinne d. Wortes); links (in halber Höhe) der breite Schwemmkegel der „breiten Mure"); im Vordergrunde Bergsturzblockland, durch das sich die Ötztaler Ache zum Inn durcharbeitet

In Wirklichkeit haben aber ihre Teilchen rascher oder langsamer kürzere oder längere Wege nach abwärts zurückgelegt und bewegen sich auch noch immer in der Richtung des stärksten Gefälles. Der Ingenieur muß vorsichtig zu Werke gehen, wenn er solchen Wanderschutt anschneidet; die Verwertung der in ihm enthaltenen größeren Blöcke lohnt nur so nebenbei, kaum jemals als Selbstzweck. Die Ursachen der Schuttbewegungen sind mannigfache; Durchtränkung mit Wasser, Gefrieren und Wiederauftauen und der allgemeine Zug der Schwere geben gar oft den inneren Anstoß zum langsamen Abwärtsgleiten.

Enthalten die Gehängeschuttanhäufungen vorwiegend Blöcke und große Gesteinstrümmer, die sich nur schwer mit Pflanzenwuchs besiedeln und kommt zur gleitend-rutschenden Fortbewegung auch noch ein gelegentliches Kollern, Rollen und Stürzen hinzu, dann entstehen Gebilde, die man besser als Blockhalden und Blocklammern bezeichnet; ihr Seitenstück finden sie unter den Ansammlungen weniger grober Stücke in den sogenannten Schuttüberrieselungen.

Überall dort aber, wo das Gefälle des Geländes so groß ist, daß jedes anfängliche Gleiten in Springen und Stürzen übergehen muß, bauen die unter dem Einflusse der Schwere abgekollerten Schuttmassen eigenartige Vollformen von einer Gestalt auf, die in enger Wechselbeziehung zu jener des Schutt liefernden Felskörpers steht. Solche Ablösungen vereinzelter

Abb. 199. Uferanbruch an der Ötztaler Ache nördlich des „Teufelschmiedes". Am Fuße des kahlen Anbruches winzige Schutthalden

Trümmer von der oberflächlich verwitternden Mutterwand nennt man Einzelabbruch (Steinschlag, Steinfall).

Freilich spielt die Schwere nur selten ganz allein die Rolle der verfrachtenden Kraft; oft gesellt sich bei der trockenen Schuttförderung — immer aber nur untergeordnet — noch die Wirkung des Wassers, des Schnees oder des Windes helfend oder die Bewegung auslösend hinzu.

Die Felsteilchen, welche der Gesteinszerfall vom Bergesleibe trennt, stürzen, wenn sie eines Unterstützungspunktes bar sind, gleich nach der Aufhebung des Zusammenhanges in die Tiefe. Andere verharren noch eine Zeitlang an dem Orte ihrer Entstehung, bis auch sie, durch Wegschwemmen oder Verwehen ihres Auflagers, durch Frostdruck oder den Tritt belebter Wesen (Menschen, Gemsen, weidende Ziegen) aus der Ruhelage gebracht, zu Tale kollern. Ganz ähnlich spielt sich der Vorgang der Teilchenablösung in den sogenannten Anbrüchen (Abb. 199) ab, jenen meist steil geneigten, schuttliefernden Ödflächen, welche in unseren Gebirgswässern häufig die Hauptherde der Geschiebeerzeugung darstellen und anderseits die Ausdehnung unserer bebaubaren Böden um erkleckliche Flächen schmälern.

Die losgebröckelten Massen sammeln sich dort an, wo ihre Bewegungsgröße durch Stoß oder Reibung erlischt, also namentlich auf den flachen Böden der Täler. Hier bilden sie mehr oder minder steile Schuttkegel und Schutthalden (Abb. 200).

Erstere verdanken der Ablagerung von einem einzigen Punkte aus ihre Entstehung; kommt dagegen der Schutt längs einer entwickelten Linie

Abb. 200. Schutthalden am Fuße der Pribitzmauer (Tragöß, Obersteier); Kampf des Pflanzenwuchses mit den Schuttströmen (weiß)

zur Ruhe, so bilden sich echte Halden oder Schuttpulte; unechte Schutthalden oder Schutthalden schlechtweg werden durch das Verschmelzen einer Reihe nebeneinander liegender Kegelleiber (Abb. 199, 200) erzeugt und sind an der mehr minder deutlichen Selbständigkeit namentlich der oberen Hälften ihrer Teilkörper leicht zu erkennen.

Wenn die Schutthalden und Schuttkegel von oben her keinen neuen Zuschub an Baustoffen mehr erhalten, dann ergreift der Pflanzenwuchs von ihnen Besitz und begrünt diese „toten" Schuttleiber. Rücken aber immer noch neue Trümmermassen nach, dann haben wir nach Ampferer „lebendige" Schuttgebilde vor uns, die entweder gänzlich des Pflanzenkleides entbehren und in trostloser Kahlheit daliegen oder der Schauplatz eines ständigen, erbitterten Kampfes zwischen den nach unten zu vordringenden Schuttströmen und den Gewächsen sind, die in zäher Gegenwehr oder im kühnen Angriffe bestrebt sind, dem Schutte den Weg zu versperren, ihn zurückzuhalten und zurückzudrängen (Abb. 200).

Der Techniker hat nun nicht selten in solchen lockeren Schuttablagerungen Anlagen zu bauen. Sie sind mittelschwer zu lösen, halten ihrer scharfen Kanten wegen steilere Böschungen als Schottermassen und sind daher auch weniger nachbrüchig; immerhin aber erfordern sie eine gewisse sorgsame Behandlung, will man vor Nachrutschungen sicher sein. Vor den Äußerungen der die „lebendigen" Schuttleiber umformenden oder weiterbildenden Kräfte, zumal den bald schnelleren, bald langsameren („Gekrieche") Bodenbewegungen, hat der Techniker auf der Hut zu sein. Von den „abgestorbenen" kaum mehr weiterbildungsfähigen Schuttmassen dagegen hat der Mensch wohl selten Bedrohungen der Werke seines Fleißes zu befürchten, solange er ihr Gleichgewicht nicht zu sehr stört. Die Trümmer

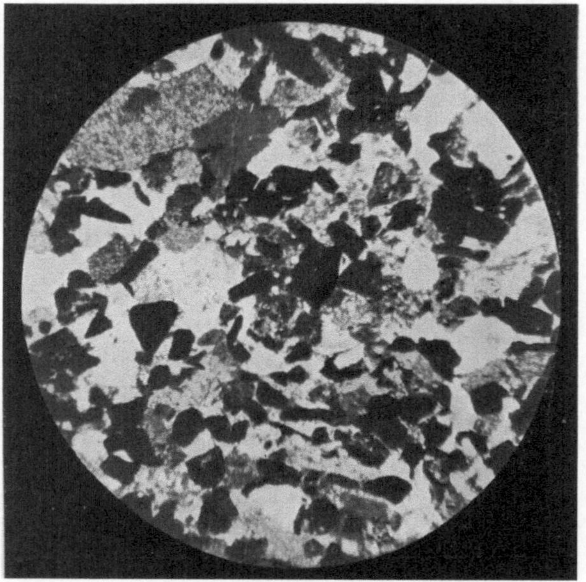

Abb. 201. Feinkörnige Kalk-Serpentin-Bresche. Albanien. Aufsammlung Dr. E. Nowack

der Schuttablagerungen können oft ohne weiteres als Straßenschotter verwendet werden; auch für manche andere Verwertungsart ist die von der Natur bereits besorgte Zerkleinerung willkommen. Zu Betongut ist der Haldenschutt wegen der ihm meist anhaftenden oder beigemengten Tonteilchen oft erst nach Waschen geeignet. Dem Wasseraufstau gegenüber (Kraftwerke!) verhalten sie sich in ihren oberen Schichten stets durchlässig; nur die tieferen Lagen können zuweilen eine gewisse Wasserdichtheit zeigen, wenn nämlich ihre Hohlräume durch eingeschlämmte Feinteilchen ausgefüllt sind. Je nach der Größe der Teilchen des „Kantschuttes" unterscheidet man oft Grus (2 bis 40 mm Durchmesser) und Gesteinsbruchstücke (über 40 mm Durchmesser) oder Bruchstücke (Bergschotter) schlechthin (vgl. auch S. 22). Ausdrücke wie Blockschutt (Kantblockschutt, im Gegensatz zum Rundblockschutt), Trümmerschutt (Flyschkalke z. B.), Brockenschutt (z. B. des Greifensteiner Sandsteines), Bröckelschutt, Scherbenschutt, Splitterschutt usw. zur Kennzeichnung verschiedener Schuttarten erklären sich wohl von selbst.

Ganz ähnliches technisches Verhalten, wie die Anhäufung von Schutt aus Einzelablösungen zeigen auch die Trümmerfelder, welche durch Massenbewegungen (Felsstürze, Bergstürze, Felsschlipfe usw.) aufgeschüttet werden. Ihre Durchörterung mittels Stollen ist ebenso schwierig wie die Durchtunnelung von Schutthalden (druckhaftes, rolliges Gebirge).

Die Verfestigung von Schuttanhäufungen liefert Breschen (Breccien, Abb. 6, 201, 202). Ihr Zusammenhalt ist zuweilen gering; er hängt weniger

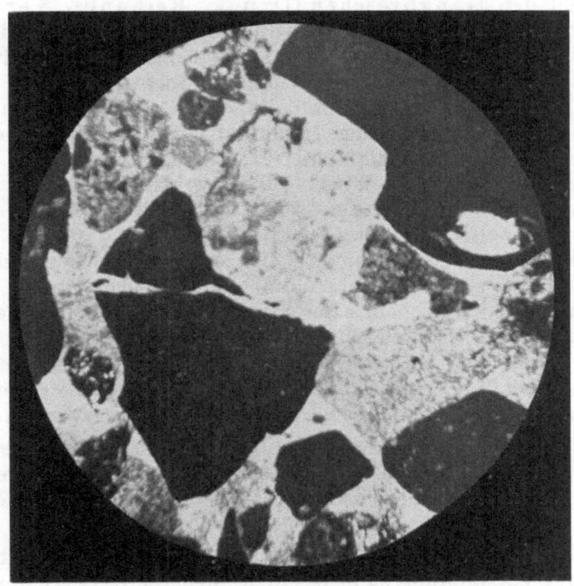

Abb. 202. Grobe Serpentin-Kalk(hell)bresche. Albanien. Aufsammlung Dr. E. Nowack

von der Menge, als von der Güte der Zwischenmasse ab, die man Bindemittel (Kitt) nennt, wenn sie eine gewisse Festigkeit zeigt. Bei der technischen Verwertung der Breschen kommt es hauptsächlich darauf an, ob die Zwischenmasse fester ist als die Verbundlinge (Kittbreschen) oder umgekehrt (mürbe Breschen, Bröckelbreschen).

Nach der Entstehung bzw. nach dem Baustoff unterscheidet man verschiedene Arten von Breschen.

Gehängeschuttbreschen bilden sich durch Verkittung von Gehängeschuttmassen; die wegen ihres warmen Tones als Baustein beliebte Höttinger Bresche von Hötting bei Innsbruck gehört hierher. Gehängebreschen, vorwiegend aus hellem Wettersteinkalk bestehend, hat Ampferer aus Nordtirol beschrieben; im Gesäuse (Ennstal) sind Gehängebreschen aus Dachsteinkalk verbreitet, bei St. Gallen (Obersteier) Gehängebreschen aus Gutensteinerkalk; sie stellen also immer örtliche Bildungen aus in der Nachbarschaft beheimateten Gesteinen dar. Strandbreschen entstehen durch

Verfestigung kantigen Schuttes, der sich an Felsküsten durch die zerstörenden Wirkungen der Brandung ansammelt. Feinkörnigere Absätze dieser Art heißen Strandgrusbreschen. Solche Bildungen sind z. B. an manchen Stellen der Steinbrüche von Müllendorf (Leithagebirge), beim Eichelhof und beim Grünen Kreuz am Nußberge bei Wien, am schönsten aber in den Idria- und Isonzoschluchten bei St. Lucia-Tolmain aufgeschlossen.

Feuerbergs- oder vulkanische (Eruptiv-, Kontakt-) Breschen bilden sich zuweilen an den Salbändern von Durchbruchgesteinen; die durch den empordringenden Schmelzfluß, das Aufreißen von Spalten usw. zertrümmerten Nebengesteine werden durch die sie umhüllende und erstarrende Schmelze verbunden. Zu den Gangbreschen (Druck-, Reibungs-, Verwerfungs-, Dislokations-, endogene Breschen, Mylonite) liefern die Trümmer den Baustein, welche sich in offenen Spalten ansammeln (Spaltenbreschen i. e. S.), bzw. beim Über- und Aneinanderbewegen zweier Erdschollen von den Salbändern sich ablösen und die Klüfte erfüllen (Reibungbreschen i. e. S.). Später umhüllen dann Mineralabsätze aus wandernden Lösungen, meist Chalzedon, Quarz und Kalkspat, aber auch Brauneisen, Malachit usw. die Gesteinbruchstücke und verkitten sie. Oft sind mächtige Gesteinsmassen in Störungsstreifen gänzlich zerrüttet, später aber wieder fest verheilt worden (Rütterbreschen). In den Muschelbreschen werden eckige Trümmer von zerbrochenen Muschelschalen, in den Knochenbreschen Bruchstücke von Knochen durch eine mehr oder minder feste Zwischenmasse zusammengehalten; solche Knochenbreschen trifft man vielfach in Höhlen an; berühmt ist das jungtertiäre Vorkommen von Pikermi bei Athen und das sogenannte Knochenbett (Bonebed) an der Grenze von Keuper und Lias. Manche Fundstellen werden wegen des bis zu 15 v. H. steigenden Phosphorgehaltes zu Düngezwecken ausgenutzt.

Die Entstehung der Breschen kann nach dem Gesagten eine überaus mannigfaltige sein. Mit Ausnahme der Glutflußbreschen, welche durch Schmelzteig verkittet werden, ist aber stets wenigstens das Bindemittel ein Absatzstoff.

Der technische Wert der Breschen hängt von der Festigkeit des Bindemittels, bei der Verwendung zu Ziersteinen auch von ihrer schönen Farbe ab. Kieselbreschen sind überaus harte, spröde Gesteine; aber auch Breschen mit kalkigen oder dolomitischen Bindemitteln erlangen namentlich dann eine große Festigkeit, wenn der Kitt spätig und frei von weichen, tonigen Verunreinigungen ist. Die Fälle, in welchen das Bindemittel fester und wetterbeständiger ist als die umhüllten Bruchstücke, sind auch nicht selten; werden die Gesteinsbrocken ausgelaugt, dann bilden die erhaltenen „Adern“ des Kittes die bekannten Zellenkalke, Zellendolomite, Rauhwacken usw. Bei harmonischen Farbenunterschieden zwischen der Ausheilungsmasse und dem Trümmerwerke sowie entsprechender Glättbarkeit bezeichnet der Steinmetz Breschen oft als „Marmore“; so z. B. den Marmor vom Untersberg, von Kramsach (Tirol) („Brèches“ Kiefer) und den Marmor von Aleppo in Syrien (Brèches d'Alep); zu den durch Kalkspat verheilten Serpentinbreschen (Ophicalziten) gehören der Marmor Thessalicum (verde antico) aus Griechenland (Verde di mare), der Verde di Genova, von Pietra Lavezzara bei Genua, Verde di Pegli, Verde di Tinos, die Vorkommen von Sterzing (Südtirol) usw. Wegen der größeren Bindungsfähigkeit eckiger Trümmer übertreffen die Breschen unter sonst gleichen Umständen die Konglomerate an Festigkeit meist beträchtlich. Die Bresche in den Keuperbänken der Gegend von Lauf in Bayern wird als Pflaster und Schottergut verwendet.

Eine rege, zur Boden- und Gesteinbildung beitragende Tätigkeit entfaltet auch die bewegte Luft.

Jeder von uns hat die aufwirbelnde und verfrachtende Tätigkeit des Windes erfahren, wenn er z. B. vor Ausbruch eines heftigen Gewitters mitten im Staubsturm auf der Landstraße, auf einem Truppenübungs- oder Sportplatze stand. Auf solchen, des Pflanzenwuchses völlig oder nahezu ganz baren Flächen kann der Wind seine Kraft ungehemmt entfalten; auf den Wiesen und Feldern verzögern die Halme und Stengel der Pflanzen seine Geschwindigkeit; am mächtigsten bremsend aber wirkt der Wald mit seinen

Abb. 203. „Pilzfels", d. i. von windverwehtem Sande rundum an seinem Fuß angescheuertes Gestein. Koglberg b. Eggenburg, Niederösterreich

Tausenden von Ästchen und Zweiglein sowie seinen hochragenden Stämmen und Millionen Blättchen. Die mitgeführten Sandteilchen werden gegen Steinoberflächen geschleudert oder an ihnen entlang vorbeigeführt; sie wirken dann nach Art eines Sandstrahlgebläses oder scheuern die Gesteinsoberfläche blank. So tragen sie in manchen Gegenden viel zur Zerstörung der Felsen (Abb. 203) und der Bausteine bei.

Die Bodenteilchen, welche der Sturm aufgewirbelt hat, fliegen oft lange Strecken weit durch die Luft, bis sie an ruhigeren Plätzchen oder zwischen dem Geäst von Pflanzen wieder niedersinken. Dieser „Verstaubung" genannte Vorgang spielt in der Bodenkunde eine nicht unwichtige Rolle.

Die Verstaubung fördert Pflanzennährstoffe auf die in der Regel überaus armen Hochmoorböden, sie führt den Moosen und Flechten auf sonst kahlem Felsgestein Nahrung zu und verfrachtet überhaupt in Verwitterung begriffene oder sonstwie wegen ihrer Kleinheit leicht aufschließbare Feinteilchen auf bewachsene Flächen; ihre Wirkung ist somit im wesentlichen eine düngende. Insbesondere gilt dies von den Feuerbergsaschen, welche der Wind oft über weite Strecken trägt; sie enthalten nennenswerte Mengen von Phosphorsäure und fast stets mehr als 0,1, oft sogar 1,5 bis 2, ja auch 5 bis 6% Kali. Die Fruchtbarkeit der Böden Javas muß zu nicht geringem Teil auf Rechnung der düngenden Wirkung der Asche der Feuerberge gesetzt werden, an denen diese Insel so reich ist.

Eine Staubablagerung aus bewegter Luft stellt auch der Löß dar. Er wird gekennzeichnet durch erbsengelbe bis hellweißgelbe Farbe, Feinkörnigkeit, Aufbrausen mit Salzsäure (infolge eines bis zu 30% steigenden Kalkgehaltes), große Lockerheit und daher Wegsamkeit für Wasser, Luft und Pflanzenwurzeln, mehliges, mageres Anfühlen, Zerreiblichkeit zwischen den Fingern, mangelnde Knetbarkeit, lotrechte Absonderung und verhältnismäßig beträchtliche Standfestigkeit.

Seiner Entstehung gemäß bauen ihn winzige, eckige bis kantenbestoßene Körnchen von Quarz, Glimmer, Feldspat, etwas Ton usw. auf, welche von dünnen, fächerstrahlig gebauten Kalkhäutchen umhüllt werden. Solche feine Kalkrinden überziehen auch die zahlreichen rundlichen Röhrchen, welche den Löß in lotrechter Richtung durchsetzen und die leichte Ablösung des Lößes nach lotrechten Klüften sowie die Bildung steiler Wände begünstigen. Das lockere Gefüge des Lößes beruht, soweit es nicht ursprünglich ist, zum Teil auf der Abbildung der Wurzeln und Halme der Steppenländer, in welchen sich der Löß absetzte. Denn Pflanzenleben ist zur Festhaltung des vom Winde verwehten, allmählich zur Erde niedersinkenden und auf dem Erdboden sich anhäufenden Feinstaubes unbedingt erforderlich; die Grasnarbe, die der Boden trägt, wächst mit der Zunahme der Lößablagerung in die Höhe und treibt aus den oben angesetzten Folgeknospen (Adventivknospen) immer neue Wurzeln, Blätter und Halme an Stelle der vom Löß tief überdeckten, zum Absterben und Verwesen verurteilten. So entstehen wohl zumeist die oberwähnten, schlauchartigen, lotrechten Gänge im Löß. In anderen Fällen können, wie Bailey Willis gezeigt hat, auch das aus den Poren der anfangs überaus lockeren Ablagerung beim Setzen entweichende Wasser und die Luft Hohlgänge bilden, indem sie in langen Linien geringeren Widerstandes aufsteigen.

Diese ungefähr lotrechten Hohlräume begünstigen die lotrechte Absonderung des Lößes, die sich bei der allmählichen Verfestigung der ursprünglich fast losen Staubanhäufung herausbildete; beim Setzen der lockeren Masse rücken unter dem Einflusse der Schwerkraft die übereinanderliegenden Teilchen näher zusammen, als die nebeneinanderliegenden, wodurch sich Spannungen zwischen den im lotrechten Sinne stärker als im wagrechten zusammenhängenden Körnchen und in weiterer Folge annähernd lotrechte Flächen geringeren Zusammenhaltens bilden.

Daß der Löß, wie Richthofen zuerst erkannt hat, im wesentlichen eine Landbildung auf weiten Steppenböden ist, das beweisen auch die Tierreste, die man in ihm aufgefunden hat. Am häufigsten enthält er Reste von Landschnecken; daneben trifft man vielerorts auch Knochen und ganze Gerippe von Säugern, die heute noch in Tundren und Steppen des Nordens zu Hause sind, wie beispielsweise der Lemming, der Wildesel, das Ziesel, das Steppenmurmeltier usw. Gleich einer Schneedecke, die nicht mehr wegschmilzt, wächst auch der Löß aus gleichartigen Teilchen immer mehr in die Höhe. Es bilden sich daher im Löß meist auch keine deutlichen Schichtfugen aus; der Löß breitet sich als eine ziemlich gleichmäßige Hülle über alle Unebenheiten des Geländes, vor Wasserscheiden ebensowenig Halt machend, wie vor tief eingeschnittenen Tälern. Nur zwei an Verbreitung hinter dem echten schichtenlosen, auch Deckenlöß genannten Löß weit zurückstehende Abarten des Lößes weisen eine mehr minder deutliche Schichtung auf: der Gehängelöß und der Seelöß. Ersterer hat sich durch Abschwemmung von Deckenlöß und Ablagerung auf sanft geneigten Hängen gebildet, letzterer verdankt den Staubmassen seine Entstehung, die aus den Luftströmungen auf seichte Wasserbecken niederfielen und sie allmählich ausfüllten.

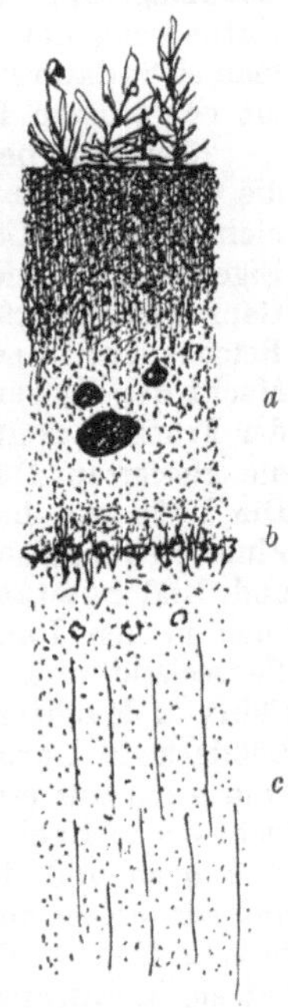

Abb. 204. Durchschnitt durch Löß (*c*); bei *b* Kalkzusammenwachsungen („Lößkindl"), darüber „Schwarzerde"; in dieser bei *a* mit Humus ausgefüllte Gänge bodenbewohnender Tiere („Krotowina" der Russen)

So wie einerseits ausgedehnte Steppengebiete zur Ablagerung des Staubes aus der Luft erforderlich sind, müssen anderseits an den Rändern der Steppe große Massen von Staubkörnern vorhanden sein und immer wieder neu gebildet werden. In einem regenreichen, dem Pflanzenwuchse günstigen Klima verhindert die Pflanzendecke die Anhäufung und Aufwirbelung größerer Sandmengen. In der Wüste aber zermalmt der Wechsel von großer Hitze bei Tag und empfindlicher Kälte bei Nacht die unbedeckt den Sonnenstrahlen und der Ausstrahlung preisgegebenen Felsen und Gesteinstrümmer, so daß immer neue Massen von Sand und Staub zur Ausblasung durch die Wüstenstürme bereit liegen. Diese formen den ausgefegten Sand zu Wanderdünen und wehen den Staub hinaus über die Grassteppe, jeden Halm, jedes Blättchen mit einer gelben Staubkruste überrindend. Tau und Regen waschen den Staub von den Pflanzenleibern und häufen ihn an ihrem Fuße an. So wächst der entstehende Löß immer mehr in die Höhe, im Laufe der Zeiten Mächtigkeiten von mehreren hundert Metern erreichend.

Wird die Lößbildung aus irgendwelchen Ursachen zeitweilig unterbrochen und die Oberfläche des Lößes der auflösenden Wirkung der einsickernden Niederschlagswässer ausgesetzt, so werden die obersten Lößschichten allmählich ihres Kalkgehaltes durch Auslaugung beraubt. Der gelöste Kalk wandert in die Tiefe und fällt dort wieder aus, eigenartige Zusammenwachsungen, die sogenannten Lößkindel (Lößmännchen, Lößpuppen, Abb. 204) bildend, wie man sie in Hohlwegen nicht selten an Pflanzenwurzeln hängend oder lagenweise angereichert beobachtet. Hand in Hand mit der Entkalkung der oberen Schichten geht die Umwandlung des im Löß enthaltenen Eisenoxyduls in Brauneisen; die hellgelbe Farbe schlägt ins Bräunliche um. Aus dem Löß geht auf diese Weise Lehm (Laimen) hervor mit allen unangenehmen Eigenschaften dieses tonigen Gesteins; er staut das Wasser, ist zähe und schwer bearbeitbar, im trockenen Zustande hart und schwer zu zerdrücken, während er feucht sich kneten läßt und zu Rutschungen neigt; mit Salzsäure betupft, braust er nicht auf. Setzt nach Verlehmung der obersten Schicht die Lößbildung neuerlich ein, so wird auf die Lehmunterlage wieder echter Löß aufgelagert. Ein solcher Wechsel von Lößablagerung und Unterbrechung der Lößbildung unter gleichzeitiger Entkalkung der obersten Schicht kann sich mehrere Male wiederholen und man sieht dann in Schluchten und anderen Aufschlüssen die Lößablagerungen oft von einigen Laimenzonen durchzogen.

Der Löß bedeckt weite Landstriche des nördlichen China, namentlich die Gebiete von Honan, Kansu, Schensie und Tschili. Hier beherrscht er nicht bloß das Landschaftsbild, sondern hat auch mit seinen eigentümlichen Eigenschaften vielen Erscheinungen des menschlichen Lebens deutlich sein Gepräge aufgedrückt. Gelb wie der Löß ist die heilige Farbe des chinesischen Reiches, das in seiner Lößwiege groß geworden ist, gelb war das Sinnbild der Macht des Kaisers über sein Lößreich, gelb das Wahrzeichen der Erde und der Fruchtbarkeit des Bodens, und gelb schimmern auch seit Jahrtausenden die glasierten Dächer der kaiserlichen Paläste und der Tempel in China. Die Lößdecke hat den Chinesen zum Ackerbauer gemacht, sie hat seine Flureinteilung, seine Bauten, sein Wegnetz, ja seinen ganzen Bildungsgang und Bildungsstand beeinflußt. Ausgedehnte Verbreitung besitzt der Löß auch in den Pampas von Argentinien, in den Prärien Nordamerikas, auf Neuseeland und in vielen Gegenden Europas. Während aber der Löß in China in Mächtigkeiten bis zu etwa 400 m das Land bedeckt, erreicht die Lößdecke in Europa selten eine Stärke von mehr als 12 bis 20 m, in Deutschland meist nur eine solche von 3 bis 8 m. Durch Mittel- und Süddeutschland zieht ein vielfach unterbrochener Streifen von Lößablagerungen, der westlich in Belgien und den Niederlanden, östlich aber in Mähren, Schlesien, Ober- und Niederösterreich, Ungarn, Galizien, Rumänien und Südrußland seine Fortsetzung findet. Während in China die Lößbildung auch heute noch andauert, hat sie in Europa wohl fast überall bereits ihr Ende erreicht. Ihre Hauptentfaltung besaß sie in Europa während der Eiszeit. Aus den Gebieten hohen Luftdruckes über den kalten Eismassen der Gletscher brausten heftige Stürme in das vom Eise als öde Wüstenei zurückgelassene Vorland hinaus, wo sie den Staub aufwirbelten und hinaustrugen über die weiten Steppengebiete, die sich in einiger Entfernung vom Rande der ehemals vereisten Fläche ausdehnten.

Von den technischen Eigenschaften des Lößes wäre vor allem seine leichte Bearbeitbarkeit hervorzuheben (ungefähr zweite Stufe der aufgestellten üblichen Reihe, vgl. S. 474 ff.).

Der Löß wird schon mittels der Breithaue oder auch mittels Pickel und Schaufel gelöst. Aushubarbeiten aller Art (Stollen, Einschnitte, Gräben, Unterstände usw.) schreiten daher in ihm sehr rasch vorwärts. Er hat die Chinesen schon vor Jahrtausenden dazu verlockt, sich Lößhöhlen zu graben und auch unseren Weinbauern (Kremser Gegend, Wagram, Weinviertel [N.-Ö.], Umgebung Wiens) die Anlage ihrer Keller erleichtert.

Die Feinkörnigkeit des Lößes macht die Lößlandschaften arm an Baustein.

Verwendbare Steine liefert die Unterlage des Löß, wenn sie aus technisch brauchbaren Gesteinen sich aufbaut. Den bescheidenen Ansprüchen der Chinesen genügen auch die Zusammenwachsungen der Lößkindellagen, mit denen sie Wände und Firstwölbungen ihrer Wohnstollen auskleiden, und aus welchen sie durch Zerstoßen und Mischen mit Wasser Verputz und Tünche bereiten. Die Zusammensetzung des Lößes aus Staubteilchen erschwert weiter den Verkehr in Lößgebieten; während trockener Zeiten watet man auf den Wegen bis über die Knöchel im Staube, bei Regenwetter aber versinkt man in grundlosem Schlamm.

Die Standfestigkeit des Lößes ist in trockenem Zustande groß und auch in der Nässe noch sehr befriedigend.

Sie ermöglicht die Staffelung der Hänge, die man in unseren Rebengeländen so häufig beobachtet, wo sie der Bauer der Natur abgelauscht hat; sie erhält auch die Wände der Schluchten und Hänge und die Prallstellen der Flußufer jahrelang in ihrer kühnen Steile und verhindert das Abflachen und Abrutschen der fast senkrechten Böschungen der Hohlwege. Die Standfestigkeit des Lößes geht durch dauerndes Betreten, wie z. B. in der Sohle von Schützengräben, auf Fußsteigen usw. verloren, indem sich quellbarer, zum Schwinden und Rutschen neigender Lößlehm (S. 254) bildet.

Die Luftdurchlässigkeit des Lößes macht das Wohnen im Löß und auch die Lößkeller gesund. Die Lößwände saugen schädliche oder unangenehme Ausdünstungen rasch auf und leiten sie weiter. Die Lößwohnungen bleiben im Sommer kühl, halten sich im Winter warm und werden das ganze Jahr hindurch niemals feucht. Die Form der Lößhöhlen mag vielerorts zur Erfindung des Rundbogens und des Tonnengewölbes geführt haben. Die Wegsamkeit des Lößes für Wasser drückt den Lößlandschaften den Stempel der Wasserarmut auf und nötigt den Landwirt vielfach zur künstlichen Bewässerung seiner Gründe.

Ständig rieselnde Quellen und Bächlein entspringen im Löß nur dort, wo Schluchten in ihrem Grund schlecht durchlässige Lößkindellagen oder das Grundgestein entblößen. Auf solchen mehr oder minder stauenden Zwischenlagen oder auf undurchlässigem Untergrunde des Lößes bewegt sich auch der Grundwasserstrom. Abzuteufende Brunnen haben erst dort Wasser zu erwarten; ihre Tiefe hängt von der Mächtigkeit des Lößes ab, der ganz durchsunken werden muß, wenn man ständig einiges Wasser beziehen will.

Die Eigenschaft des Lößes, nach fast senkrechten Wänden abzubrechen, begünstigt das rasche Rückwärtsschreiten des Tiefenschurfes und verstärkt auch die Wirkung der unterwühlenden Angriffe des Wassers in den Krümmungen der Bach- und Flußläufe.

Die zeitweilig vom Wasser durchflossenen Lößschluchten enden daher auch mit von Steilwänden überragten Kesseln; in diese münden oft von unterirdischen Wässern ausgenagte Hohlgänge, deren Decke zuerst örtlich in trichterförmigen Schächten, dann aber völlig einbricht. Dabei bleiben zuweilen stellenweise Reste der alten Lößdecke eine Zeitlang noch stehen, brückenartig die Lößschlucht überspannend; so wandert das Schluchtende nach aufwärts fort.

Aus den Lößablagerungen gehen größtenteils überaus fruchtbare Böden hervor. Die große Ertragfähigkeit der Lößböden beruht auf mannigfachen Umständen.

Vor allem besitzen sie fast immer einen ausreichenden Vorrat an mineralischen Pflanzennährstoffen. Wo, wie in manchen Gebieten Chinas, die Lößbildung auch heute noch andauert, bedürfen sie wenig oder gar keiner Düngung; denn die Staubmassen, welche die winterlichen Stürme herbeischaffen, führen dem Boden immer wieder neue Nährsalze zu und ihr Niedersinken auf die Felder, ihr Eindringen in die Wohnungen dünkt daher nach

Abb. 205. Gletscherschliff i. d. Töll bei Meran, Südtirol. Nach einer Aufnahme von Herrn Dr. C. Hlawatsch)

Schmitthenner[10] den Chinesen als ein glückbringender Gruß. Das porige Gefüge des Lößes erleichtert den Wurzeln der Pflanzen das Eindringen in tiefere Bodenschichten und begünstigt die Wasserbewegung im Boden. Die Niederschlagswässer werden, ohne irgendwo stauende Nässe zu erzeugen, vom Boden förmlich verschluckt und in Zeiten der Trockenheit steigt dann die Feuchtigkeit, mit Salzen beladen, in den Haarröhrchen des Lößes wieder gegen die Oberfläche empor. Die geringe Korngröße der meisten Teilchen, zwischen 0,2 bis 0,02 mm Durchmesser liegend, macht die Hubhöhe für Wasser groß, verlangsamt aber infolge der verhältnismäßig großen Reibung die Geschwindigkeit der Aufwärtsbewegung und verteilt so das aufsteigende Wasser auf einen längeren Zeitraum. In Niederösterreich (Krems-Langenloiser Gegend, Wagram, Umgebung von Wien usw.) trägt der Löß fruchtbare Weingärten, in welchen die Rebe vortrefflich gedeiht. In Ungarn und Rumänien wächst auf Löß das Brotgetreide sehr gut; in Polen, Wolhynien,

Podolien, Beßarabien und in der Ukraine bedecken Lößböden gewaltige Flächen (Weizenbau).

In geeignetem Klima geht aus dem Löß die fruchtbare Schwarzerde (Abb. 204) hervor (Hildesheim, Meve, Breslau, Kujavien, Hainburg a. d. Donau, Krems, Umgebung von Moosbrunn (N.-Ö.), Weinviertel (N.-Ö.), Hanna, Ungarn, Rumänien, Südrußland); sie verdankt ihre schwarze Färbung dem großen Humusgehalte (6 bis 15 v. H.); die Schwarzerde ist jedoch in ihren Hauptverbreitungsgebieten nicht an Lößuntergrund gebunden, sondern geht dort auch aus beliebigen anderen Gesteinen hervor.

Die menschliche Wirtschaftsentwicklung wird in tiefgehender Weise auch von einer anderen Form des Windauftrages, von den Dünen, beeinflußt. Mit diesem Namen bezeichnet man ganz allgemein Anhöhen, die aus verwehtem Sand (Flugsand) bestehen. Verhältnismäßig wenig Schaden bringen derartige Flugsandflächen beispielsweise im niederösterreichischen Marchfelde, in Norddeutschland und in Ungarn. Großartigen Maßstab nehmen die Sandwanderungen dagegen in echten Wüstengebieten und an flachen Meeresküsten (Norddeutschland) an.

Die Dünensande, namentlich jene der Küstendünen, zeichnen sich durch große Reinheit und Gleichmäßigkeit (vgl. S. 39 und Abb. 11, 30) des Kornes aus; ihre Oberfläche ist mehr oder minder glatt (Rundsande).

d) Massenabtrag, -verfrachtung und Gesteinbildung durch rinnendes Wasser, Schnee und Eis

Schnee und Eis als Gesteinbildner

Das Wasser entfaltet im festen Zustande, als Schnee und Eis, eine lebhafte, gesteinbildende, für den Ingenieur bedeutsame Tätigkeit.

So tragen beispielsweise die Gletscher auf ihrem breiten Rücken gewaltige Schuttmassen in die Täler hinaus und stapeln sie dort in Form von Moränen (Abb. 207) auf. Dabei verfrachten sie nicht bloß bereitliegenden Verwitterungsschutt, sondern scheuern auch selbst den Fels ab (Abb. 205, 208) und reißen Splitter aus seinem Gefüge.

Auf dem langen Förderwege werden die Gesteinbruchstücke immer mehr zerrieben und zerkleinert; es darf uns daher nicht wundernehmen, wenn manche Moränen, so namentlich die am Grunde des Gletschers unter der ungeheuren Last seines Leibes mitgeschleppten Grundmoränen, eine überraschende Menge von Feinbestandteilen enthalten. So fanden sich beispielsweise in den Moränenablagerungen, welche den Leopoldsteinersee bei Eisenerz abdämmen

Sand	2,80%	Mu (Mehlsand)	43,99%
Staub..................	36,58%	Schlamm	16,68%

In Norddeutschland bedecken Gletscherablagerungen einen großen Teil der Landoberfläche; insbesondere ist es der sogenannte Geschiebemergel, ein blaugraues, infolge Beimengung von Kalkgeschieben und Kalkzerreibsel stets kalkhaltiges, reichlich gekritzte Geschiebe und Wanderblöcke

(Abb. 206) enthaltendes Gestein, welches den Boden zahlreicher Gebiete des norddeutschen Flachlandes bildet; durch die Verwitterung wird der Geschiebemergel ausgelaugt, verliert seinen Kalkgehalt und geht in einen gelb bis braun gefärbten, geschiebereichen Lehm, den sogenannten Geschiebelehm über.

A. Penck[11] hat nach gesteinskundlichen Gesichtspunkten für verschiedene Moränenablagerungen eigene Bezeichnungen geprägt, die auch für den Ingenieur von Wert sein können. So nennt er Griesmoränen die ganz aus Obermoränen abzuleitenden, von kleinen Gehängegletschern (Kargletschern) verschleppten Gehängeschuttmassen. Von dem gewöhnlichen

Abb. 206. Wanderblock auf dem Kirchhofe von Groß-Tychow, Hinterpommern. Granitgneis, 30 bis 40 t schwer. Aus der Lichtbildsammlung des Geolog. Institutes der Technischen Hochschule in Wien

Haldenschutt unterscheidet sich das Trümmerwerk der vorzugsweise an das Kalkgebirge gebundenen Griesmoränen durch seine Verfrachtung mittels Eis und auch durch seine Wallform. Beide Merkmale lassen aber nicht selten den weniger Kundigen im Stiche; wo nämlich Schneeflecken längere Zeit liegen bleiben, rollt Gehängeschutt über den Schnee und bleibt an seinem Fuße, einen Wall (Schneeblocksichel, Schneeblockwall) auftürmend, liegen und von solchen alten Schneeflecken sind alle Übergänge denkbar zu kleinen Gehängegletschern.

Bei größeren Gletschern gesellt sich zur Verfrachtung auf dem Eise in mit der Länge der Gletscher zunehmendem Ausmaße die Förderung am Gletschergrunde; zu den eckigen Trümmern der Obermoränen solcher Gletscher gesellen sich dann auch gerundete und geglättete, oft mit schönen Kritzern und Schrammen, und außerdem noch größere Mengen gemahlenen Gesteinpulvers. Solche Zusammensetzung ist den Blockmoränen im

Abb. 207. Moränenablagerung; Metnitztal, Kärnten. Aus der Lichtbildsammlung des Geolog. Institutes der Technischen Hochschule in Wien

Abb. 208. „Gletschertöpfe" mit „Reibsteinen". Gletschergarten von Luzern. Lichtbild sammlung des Geolog. Institutes der Technischen Hochschule in Wien

Sinne Pencks eigen. Überwiegen die runden, vom Gletscher gerollten und geschobenen Bestandteile vor den mehr eckigen, dann liegen Geschiebemoränen vor. Wir treffen solche Geschiebemoränen, die dann, wenn in ihnen das feinste, im nassen Zustande schlammige Gesteinpulver vorherrscht, auch Schlammoränen heißen, am häufigsten in den Grundmoränen und in Endmoränen solcher großer Gletscher an, welche gar keinen oder nur wenig Obermoränenschutt fördern. Greift an den Endmoränenwällen fließendes Wasser an, das die feinsten Teilchen aus ihnen herausschlämmt (Gletschertrübe, „Gletschermilch") und die Geschiebe mehr minder umlagert, dann gehen aus ihnen Moränen hervor, die vornehmlich aus gewaschenem gröberen Rundschutt bestehen und Schottermoränen genannt werden können.

Die Moränen verhalten sich in baulicher Hinsicht verschieden. Junge, eben erst abgelagerte Endmoränenwälle geben wegen ihrer lockeren Beschaffenheit, ihrer meist starken, Rutschungen und Erdfließen begünstigenden Durchfeuchtung, der Ungleichmäßigkeit ihrer Zusammensetzung aus großen Felsblöcken, Schotter, Sand und feinstem Schlamm und wegen ihrer dadurch bedingten geringen Standfestigkeit einen unsicheren Baugrund ab; aus demselben Grunde sind auch Stollenbauten in frischabgelagerten Moränen schwierig durchzuführen.

Trügerisch sind derartige Gletscherschuttablagerungen oft auch aus dem Grunde, weil sie in ihrem Innern nicht selten kleinere und größere Eisreste bergen, die bei geringer Luftzufuhr nur ganz allmählich der Abschmelzung erliegen und dabei Senkungen der Überlagerung bewirken, die der groben Beobachtung wegen ihrer Geringfügigkeit während kurzer Zeitläufte entgehen, im Laufe mehrerer Monate aber an Weganlagen und Baulichkeiten aller Art namhafte Schäden herbeiführen können.

Als verläßlicher Baugrund kann ein Moränengelände erst dann gelten, wenn sich auf seiner Oberfläche eine geschlossene Pflanzennarbe ohne solche Risse und Klüfte gebildet hat, welche auf Sackungen und Rutschungen hindeuten könnten. Bei solchen Stapelmoränen frägt der Ingenieur nicht selten nach der Wasserundurchlässigkeit ihrer Wälle; dies gilt nicht bloß für die Endmoränen, welche Kare abschließen, deren See zum Wasserspeicher für Kraftgewinnungszwecke ausgebaut werden soll, sondern auch zuweilen für Moränenbögen in den Talebenen, die in der Umrandung von Speicherbecken liegen. Diesbezüglich kann man wohl als Regel aufstellen, daß die Grießmoränen der kleinen Kare großer Seehöhen kein Wasser halten. Ebenso unverläßlich sind Schottermoränen. Dagegen lassen die Blockmoränen meist nur mehr wenig Wasser hindurch, namentlich wenn genügend Feinbestandteile ihr Grobgerüst ausgießen; ein Urteil über die Wasserdichtheit kann in solchen Fällen immer erst auf Grund einer Untersuchung der Moränenzusammensetzung in Proberöschen und Probegruben abgegeben werden, wobei Schlämmungen und andere bodentechnische Untersuchungen die Entscheidung erleichtern. Hinsichtlich Dichtheit vermitteln dann die Geschiebemoränen je nach ihrem Gehalte an feinsten kolloidalen

Teilchen den Übergang zu den wasserundurchlässigen Schlammmoränen und feinteilchenreichen Grundmoränen.

Wenn eine Schneedecke nach längerer Lagerung abschmilzt, so hinterläßt sie nicht bloß Feuchtigkeit, sondern auch einen dunklen Rest von Schmutz und Erde. Dies kann den aufmerksamen Beobachter des Winterschnees nicht wundernehmen; bleudend weiß scheint seine Oberfläche, aus der Ferne betrachtet, zu sein, nähert man sich aber der Schneemasse, so sieht man erst, wieviel Schmutz und Staub die Schneeflocken mit ihren feinen Fangarmen (Abb. 209) beim Falle durch die Luft mit sich

Abb. 209. Schneekriställchengerüste. Nach einem Lichtbilde von Manek

gerissen haben; dazu kommen noch organische Fasern, aufgewehte Kerfen und Herbstblätter der nahen Büsche und Wälder. Nicht ohne Grund behauptet daher der Bauer: „Der Schnee düngt“.

Aber auch in anderer Weise wirkt der Schnee — wenigstens im Hochgebirge — schuttfördernd und schuttsammelnd. Steil gelagerter Schnee erleichtert die Abrollung des Schuttes, indem er die Reibung verkleinert und die Unebenheiten der Hangoberfläche ausgleicht. Man sieht daher am Fuße von Steilhängen oft Blockwälle (Blocksicheln, Rollblockwälle) aufgehäuft, die ihre Entstehung stark geneigten Schneefeldern verdanken; endmoränenartig aufgeschüttet sind sie Vollformen, welche durch Beibehaltung einer Grenzlinie des Abrollens während einiger Zeit entstanden sind. Rollen Trümmer auf einer schneebedeckten, bogig die Talmulde umsäumenden Halde ab, so bildet sich ein Blockfeld (Rollblockfeld). Viele Almböden unserer Alpen erfahren von Jahr zu Jahr eine ständig fortschreitende, oft erschreckende Verminderung ihrer Weidefläche durch solche auf Schneefeldern abgerollte Blöcke.

Rinnendes Wasser als Gesteinbildner

Weltweit verbreitet und größer noch als die gesteinbildenden Wirkungen von Schnee und Eis sind die Ablagerungen erzeugenden Tätigkeiten des fließenden Wassers; es entstehen so z. B. die Sande, Sandsteine, Schotter, Konglomerate, endlich die Tone und die ihnen ver-

Abb. 210. Im Vordergrunde der mittelsteil geböschte Schwemmkegel des Rudlgrabens bei Taisten unweit Welsberg, Pustertal. Auf der Höhe der Schindelholzer Rudel die kahlen „Anbrüche" (Geschiebeherde)

wandten Gesteine. Ähnliche Absätze bilden sich allerdings auch in Seebecken und in den Meeren. Um Wiederholungen zu vermeiden, sollen daher die erwähnten Absatzgesteinsarten im Zusammenhange beschrieben werden, gleichgültig, ob sie wirklich aus fließendem Wasser abgelagert oder in Wasserbecken abgesetzt wurden.

Was zunächst die Form der aufgeschütteten Massen anlangt, so entstehen durch Ablagerung aus fließendem Wasser im Gebirge überall dort, wo das Gefälle sich ermäßigt, die bekannten Schwemmkegel und

Schwemmhalden. Die annähernd kegelähnlichen Schuttleiber der Schwemmkegel (Abb. 198, 210) trifft man in den Haupttälern unserer Gebirge besonders häufig an den Mündungsstellen von Seitentälern an; auf ihren trockenen, gegen die Überschwemmungen und Versumpfungen geschützten Rücken siedelten sich die ersten Bewohner der Alpentäler an; dabei tauschten sie freilich oft nur ein Übel gegen ein anderes ein; denn die Schwemmneiloide der Alpenbäche täuschen oft nur eine gewisse Ruhe vor, die durch wilde Ausbrüche in Form von Muren und Wildbachhochwässern gar nicht so selten unterbrochen wird.

Die Fruchtbarkeit der auf den Schwemmkegelleibern sich bildenden Böden hängt von verschiedenen Umständen ab, nicht zum mindesten aber von der Beschaffenheit des Gesteines, das im Sammelgebiete des Schuttbringers ansteht; verwittert dieses Gestein leicht und liefert es dabei zahlreiche feine Gemengteile, die obendrein reich sind an Pflanzennährstoffen,

Abb. 211. Sehr sanft geneigte Schwemmassen der Metnitz bei Hirt, Kärnten; im Vordergrunde junges, im Mittelgrunde eiszeitliches Schwemmfeld (beachte die Schichtung!)

dann kommen oft sehr fruchtbare Standorte zustande, welche zur Erhöhung ihres Ertrages meist nur einer entsprechenden Bewässerung bedürfen; grobsteiniges, schwer verwitterndes Wildbachgeschiebe liefert dagegen in den meisten Fällen minderwertige, nur mit Aufwand hoher Kosten zu verbessernde Böden.

Die Neigung der Schwemmkegel gegen die Wagrechte wechselt sehr und kann nach oben zu Grenzwerte bis zu 30 Grad erreichen; solche Schwemmkegel gestatten dann meist keine regelmäßige landwirtschaftliche Benützung mehr — höchstens als Weideflächen — und bleiben zumeist der Waldwirtschaft gewidmet. Nach unten zu gehen die Schwemmkegel durch zunehmende Verflachung allmählich über in die großen sogenannten Schwemmfächer, welche sich gewöhnlich dort aufbauen, wo wasserreichere Gewässer mit größerer Lauflänge aus dem Gebirge auf die Ebene hinaustreten. Die freie Entfaltung im Raume unterscheidet die Schwemmfächer und Schwemmfelder von den Schwemmebenen (Abb. 211), welche zwischen den Flanken von Talgehängen eingespannt liegen und daher mit ihrer ungemein langstreifenförmig gestreckten Gestalt nicht mehr an Schwemmkegel erinnern („Talauen", „Schwemmstreifen"). Die Böden der Schwemmebenen enthalten vielfach feine und feinste Teilchen in reichlichen Mengen und zeigen daher, soweit sie nicht unter der Überschwemmungsgefahr zu leiden haben, eine befriedigende bis hohe Fruchtbarkeit; die meisten der sogenannten Aueböden gehören hieher. Manche von ihnen sind wenig bis gar nicht durchlässig für Wasser (Autone, Aulehme).

Dort, wo fließende Gewässer in stehende, z. B. in Seen, Meere usw., einmünden, bilden sich gleichfalls kegelförmige Ablagerungen, welche **Mündungskegel** (**Delta**) genannt werden. Sie zeigen oft Kreuzschichtung (Abb. 212). Die Eigenschaften der Aufschüttungen sind örtlich ähnlich verschieden, wie jene der gewöhnlichen Schwemmkegel; die Mündungskegel größerer Flüsse und Ströme leiden sehr unter Hochwässern und Versumpfungen (Mündungskegel der Donau, des Nil, des Ganges, des Mississippi usw.). Ihre Ablagerungen sind in der Regel locker, oft sogar „sperrig" gelagert und daher wenig tragfähig, selbst wenn sie aus Schotter bestehen; besonders beweglich und nachgiebig (sackend) sind Feinsande und Tone der Mündungskegel.

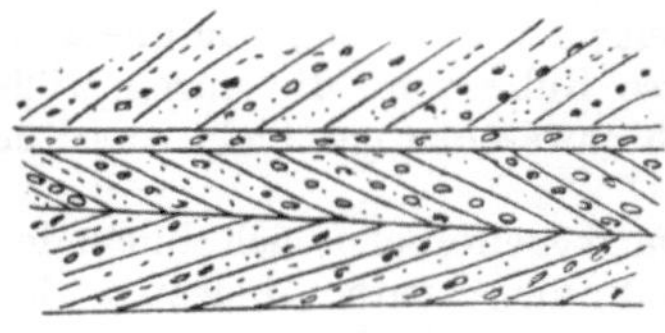

Abb. 212. Kreuzschichtung

Wildbachschutt, lose und verfestigte Kiese, Schotter usw.

Der Wildbachschutt ist gewöhnlich recht unruhig abgelagert und schichtungslos bis undeutlich geschichtet; erst in den Wildflüssen stellt sich eine bessere Sonderung der Geschiebe nach der Korngröße und damit auch eine ausgeprägtere Schichtung ein (vgl. Abb. 211); Hand in Hand damit geht auch eine Zunahme der Rundung, während das Geschiebe kurzläufiger Wildwässer kantig bis kantenrund gestaltet ist. Wildbachablagerungen

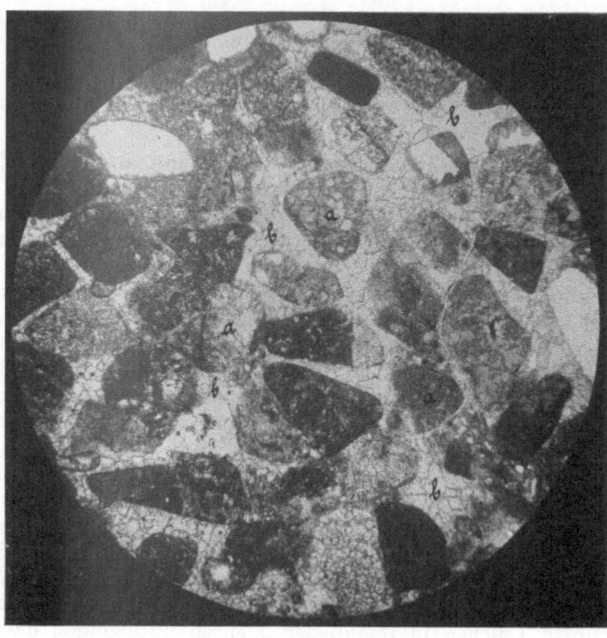

Abb. 213. Tertiäres Konglomerat (sog. „Leithakonglomerat") von Hundsheim, Niederösterreich. *a* Kalksteingeschiebe, *b* Kalkspatkörner des Bindemittels

liefern nicht selten Findlinge für Bauzwecke, häufig auch Bau- und Straßenschotter; das Geschiebe murender Bäche muß aber vor der Verwendung als Betongut erst von dem in aller Regel anhaftenden Schlamme durch Waschen gereinigt werden; eine Zerkleinerung von Wildflußrundschutt im Brecher empfiehlt sich stets.

Die Grande, Feinschotter oder Kiese (0,2 bis 4 cm Durchmesser) und Geschiebe (über 4 cm Durchmesser, auch Flußschotter genannt) sind durch Wasser bewegt, zerkleinert und gerundet worden. Wenn sie frei von tonigen und anderen schädlichen Verunreinigungen sind, finden

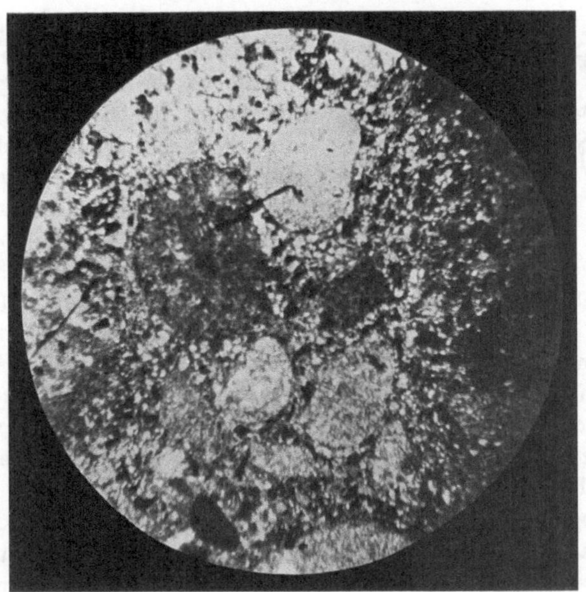

Abb. 214. Festes, dichtgefügtes Kalkkonglomerat. Die runden Verbundlinge bestehen ihrerseits wieder aus Kalkspatkörnern und liegen eingebettet in einem Kitte von Kalkspat und Quarz. Gosau, Spitzenbachklamm bei St. Gallen, Obersteier

sie Verwendung für Betonbauten, für Seih-(Filter-)anlagen, zur Herstellung des Katzenkopfpflasters, sowie im Straßen- und Wegebau. Für Schwellenbettungen benutzt man sie nur im Notfalle, da ihre runden Stücke bei den starken Beanspruchungen durch den Bahnbetrieb sich leicht verschieben und keine feste Lagerung des Oberbaues gewährleisten. Kalkschotterablagerungen werden gar nicht selten zum Kalkbrennen ausgenutzt. Die technisch verwendeten Flußschotter trennt man meist in Betonschotter (nuß- bis faustgroß), Grobschotter (bis kopfgroß), Mugeln (überkopfgroß) und Blöcke oder Findlinge (von einem Mann allein ohne Werkzeuge nicht mehr förderbar). Löcherige oder zellig zerfressene Schotter sind meist noch brauchbar, stark angewitterte aber von der Verwendung auszuschließen.

Durch die Verfestigung lockerer Kiese und Schotter entstehen Konglomerate.[1] Mit den Breschen verbinden sie zahlreiche Übergänge („Halbkonglomerate") je nach dem Grade der Kantenrundung (Abb. 213, 214, 215), welche ihrerseits wiederum bei gleicher Felsart von der zurückgelegten Wegstrecke abhängt; seltener sind runde und eckige Verbundlinge gemischt. Die jetztzeitlichen und jüngsten eiszeitlichen Konglomerate sind oft noch wenig verfestigt, mürbe bis bröcklig und widerstehen mit ihren sinterverkleideten, nicht voll ausgegossenen Hohlräumen daher Beanspruchungen minder gut, als die Konglomerate der älteren Eiszeit oder gar solche noch früherer Altersstufen der Erdgeschichte. Ihre Standfestigkeit bleibt oft hinter den Erwartungen zurück und zwingt daher zur Abböschung von Steillehnen nach flachen Winkeln; das Anschneiden natürlicher, anscheinend fester, im Innern aber doch nur mäßig verkitteter Steilwände hat sich wiederholt gerächt (vgl. Bahnhofanlage von Hieflau, Ennstal) und, von Schäden abgesehen, kostspielige Stützmauern und andere Sicherungsmaßnahmen nötig gemacht. Nach der Entstehung kann man Flußkonglomerate, Strandkonglomerate (Küstenbildung!), Mündungskegelkonglomerate usw. unterscheiden. Man kennt auch viele örtliche Bezeichnungen.

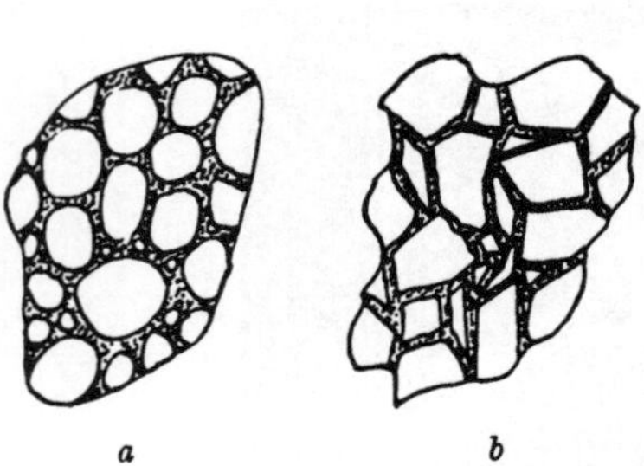

Abb. 215. Konglomerat (*a*) und Bresche (*b*).

Der sogenannte Puddingstein (Abb. 178) ist ein eozänes, an Zwischenmasse sehr reiches Feuersteinkonglomerat mit kieseligem Bindemittel. Verwendung: als „feuerfestes Gestein" und zu Schmuckwerken. Unter Nagelfluh versteht man ein verfestigtes Gemenge von Kalkstein-, Quarz-, Sandstein- und anderen Geschieben in kieselig-sandiger oder kalkiger Packung; das Herausragen einzelner Gerölle aus Bruchflächen gleich den Köpfen von Nägeln in einer Wand (schweizerisch „flue") hat dem Gestein den Namen gegeben. Die Nagelfluh wird in der Nordschweiz und im nördlichen Alpenvorlande (hier „Groppenstein" genannt), wo sie ganze Hochflächen aufbaut, als Baustein usw. geschätzt (Abb. 197). Der Verrucano (Sernifit der Schweizer) des Perms der Südalpen enthält Geschiebe von kristallinen Schiefern, Quarzporphyren, Quarziten, zum Teil auch von Kalkstein; das Bindemittel ist serizitisch-tonig-kieselig. Außer konglomeratischen kommen auch breschen- sowie sandsteinartige Entwicklungen vor. Ähnliches Alter haben die Rotliegendkonglomerate (Sachsen, Rheinland, Thüringerwald, Saar-Nahe-Gebiet). Große

[1] Conglomerare (lat.) = zusammenhäufen.

Festigkeiten haben auch manche Gosaukonglomerate (Abb. 214). Ein beliebtes tertiäres Konglomerat ist das Lindabrunner (Niederösterreich).

Andere Bezeichnungsweisen gehen von der Natur der Geschiebe aus (Kalkkonglomerat, Quarzkonglomerat, Buntkonglomerat); besser ist die Einteilung nach der Zwischenmasse.

Die Festigkeit der Konglomerate (D = 2 bis 2,6) hängt von der Natur und Menge des verkittenden Bindemittels ab; am wenigsten fest sind Gesteine mit toniger Zwischenmasse, die leicht erweicht und beim ersten Frost den Zusammenhang verliert; am wetterbeständigsten und widerstandsfähigsten sind die Konglomerate mit kieseliger Verkittungsmasse. Die verkieselten oberpontischen Schotter der Umgebung von Gleichenberg (Mühlsteinkonglomerate) wurden früher auf Mühlsteine verarbeitet. Über Grauwackenkonglomerate vgl. S. 279.

Die losen Sande

Die Sande sind lockere Anhäufungen von kleineren Mineral- oder Gesteinkörnern von 0,2 bis 2 mm Korngröße (bzw. 0,02 bis 2 mm); je nach der Form unterscheidet man Rundsande (z. B. die Dünensande, Abb. 11c und S. 24), Kantsande (Abb. 11 b) und Zackensande (z. B. Schlackensande, vgl. auch Abb. 11 a). Entsprechend der größeren Widerstandsfähigkeit von Quarz bestehen sie zumeist aus Quarzkörnchen. Oft scheiden sich in solchen Quarzsanden Eisenoxyde und Eisenoxydhydrate ab und erzeugen so „eisenschüssige Sande"; manchmal verkitten die ausgeflockten Eisensalze die Sandteilchen in ganzen Schichten (Raseneisenstein) oder zu flachen bis rundlichen Zusammenwachsungen. Rohhumusdecken des Bodens begünstigen die Beweglichkeit des Eisens, seine Auswaschung in den oberen und seinen Absatz in den unteren Bodenschichten („Eisenstreifen", S. 226).

Reine Ablagerungen quarzreicher Sande, frei von tonigen oder kohligen schädlichen Beimengungen werden zur Gewinnung von Bausand ausgebeutet; Sand für Luft- oder hydraulischen Mörtel, für Betonbauten, Kalksandsteinziegel usw. soll vollkommen rein sein und sich resch anfühlen, d. h. scharfe Kanten besitzen. Die Reinheit des Sandes prüft man durch Reiben zwischen den Fingern, an welchen bei guten Sanden keine Tonteilchen kleben bleiben dürfen, oder durch Aufschwemmung einer Sandprobe in einem mit Wasser gefüllten Glase; die Wassermasse oberhalb des sich rasch zu Boden setzenden Sandes darf nicht zu trüb werden und auch nicht zu lange trüb bleiben, wenn der Sand als Bausand Verwendung finden soll. Das Tonwarengewerbe benutzt Sand als Magerungsmittel; er verhindert hier das übermäßige Schwinden, erhöht die Feuerfestigkeit der Tonwaren und befähigt sie zum Tragen rissefester Glasuren. Für feine Tonwaren (Steingut oder Porzellan) verwendet man Felsquarzsand (Milchquarz, Rosenquarz). Die Glaserzeugung benötigt reinsten Sand, womöglich mit mehr als $^{99}/_{100}$ Kieselsäure und mit unbedingt weniger als $\frac{1}{2}$ v. H. Eisenoxyd; den besten Rohstoff liefern die Sande von Nivelstein und Herzogenrath bei Aachen und jene von Hohenbocka. Sand für Glasuren soll 99,61 bis 99,76 v. H. Kieselsäure und weniger als 0,06 v. H. Eisenoxyd enthalten (Glühen vor der Verwendung macht den Eisengehalt kenntlicher). Eisenfrei muß auch der Magerungsrohstoff für Porzellan sein. Besondere Anforderungen stellt man an Formsand für Gießereien. Dieser muß feuerfest sein und darf durch die Hitze des geschmolzenen Metalles nicht erweicht werden. Weiters soll er dem Andrängen des eingegossenen Schmelzflusses widerstehen (bindefest sein). Schließlich wird eine gewisse Gasdurchlässigkeit vorausgesetzt. Der Formsand von Offleben enthält nach Wache und Behr: Sand 10,1 v. H. (davon 10,0 v. H. von 0,5—0,2), 0,2—0,1 mm = 66,4 v. H., 0,1 bis 0,05 mm = 6,4, 0,05—0,01 mm = 2,8, $< 0,01$ = 14,3. Näheres bei Dienemann-Burre (65).

In der Umgebung von Eggenburg (Niederösterreich) werden die sogenannten Gauderndorfer Sande als Bausande viel verwertet; eine Schlämmung ergab:

Steine (> 2 mm)	Grobsand 2—1,0 mm	Sand 1,0—0,2 mm	Mu	Schluff	Rohton	Summe
0,62	2,55	48,87	35,56	12,09	0,31	100,0

Der grobe, weiße, tertiäre „Klebsand" der Rheinpfalz (Hettenleidelheim) dient zur Herstellung feuerfester Massen, wie z. B. von „Dinassteinen"; seine Mächtigkeit ist bedeutend (15 m und mehr); Korndurchmesser 0,5 bis 1,5 mm; chemische Zusammensetzung nach Matthiaß.[33]

Tonerde	4,08 v. H.	Bittererde ..	0,05 v. H.
Kieselsäure	93,71 „ „	Kali	0,04 „ „
Eisenoxyd	0,13 „ „	Wasser	1,29 „ „
Kalkerde	0,90 „ „		
		zusam.	100,20 v. H.

In technischer Hinsicht unterscheidet man vielfach den auf ursprünglicher Lagerstätte befindlichen Bergsand (Gruben-) von dem zusammengeschwemmten Fluß- oder Schwemmsand; die Körner des letzteren sind um so wohlgerundeter und abgeschliffener, je weiter sie vom Wasser verfrachtet wurden, während der Bergsand (gleich dem künstlich zerkleinerten „Bruchsande") kantenscharfe Formen aufweist.

Über das bautechnische Verhalten von Sandablagerungen entscheiden außer der Form und Größe der Körner, die Gesteinsart, der Erhaltungszustand der Bestandteile, das Fehlen oder Vorhandensein von Beimengungen und die Art der Ablagerung; Sande, welche Kalk, Quarzit oder Granit zum Muttergestein haben, sind solchen, die aus Glimmerschiefer und Phylliten hervorgingen, fast immer vorzuziehen, da sie ärmer an Glimmerblättchen sind, deren Ausschlemmen („Waschen") oder Ausblasen Sorgfalt und Kosten erfordert. Außer hohem Glimmergehalte ist auch reichliche Beimischung von gemeinen Granaten (Teigitschgebiet z. B.) dann unerwünscht, wenn ihre Splitter stark brüchig und mulmig angewittert sind. Je nach der Größe der Körner unterscheidet man im Bauwesen gewöhnlich:

Sehr grober Sand (Mörtelsand, Betonsand), Mauersand	1 —5 mm Durchmesser
Grober Sand (Mauersand)	0,5 —1 „ „
Mittelkörniger Sand (Verputzsand)	0,2 —0,5 „ „
Glättsand	0,1 —0,2 „ „
Feinsand (Mehlsand)	0,02—0,2 „ „

Die Standfestigkeit der meisten Sande ist gering; es sollen daher selbst gutartige, von Sickerwässern nicht durchfeuchtete Sandablagerungen nicht steiler als etwa anderthalbfüßig angeschnitten und sofort wieder bepflanzt werden. Trockene festgelagerte Sandablagerungen stehen dagegen im Stollenbau nicht selten längere Zeit ohne Ausmauerung; doch tut auch hier Vorsicht not.

Neben Quarz finden sich auch oft Körner von Glimmer, Kalkstein, Hornblende, Feldspat, ja sogar von Erzen in manchen Sanden. Bei reichlicher Beimischung spricht man dann von Glimmer-, Kalk-, Spat-, Magnetit-, Titaneisensanden usw. Sande, welche Edelsteine oder Erze führen, heißen

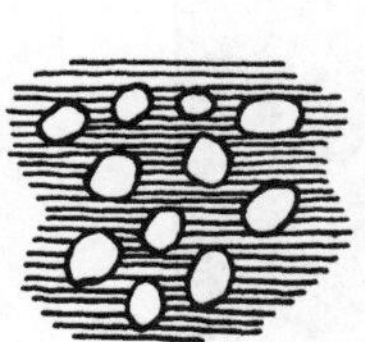

Abb. 216. Sandstein, Grundkitt (gestrichelt) umgibt in reichlicher Menge die Sandkörner (Grundmassesandstein)

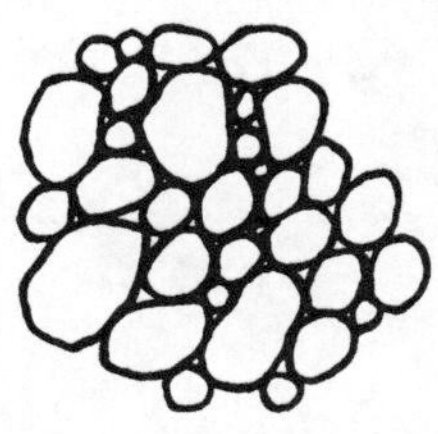

Abb. 217. Sandstein, Umhüllungskitt (dicke Linien); die Lücken zwischen den einzelnen Körnern sind leer (Hohlzwickelsandstein)

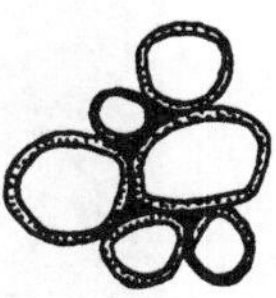

Abb. 218. Sandstein. Weiß: Sandkörner. Gepunktet: Umhüllungskitt (Rindenkitt). Schwarz: Lückenfülle (Vollzwickelsandstein)

Seifen (z. B. Gold-, Platin-, Zinnseifen). Glimmersande eignen sich zur Mörtelbereitung schlecht (siehe oben); sie sind im Schiefergebirge oft sehr verbreitet (Teigitschgebiet usw.).

Verfestigte Sande (Sandsteine)

Sandsteine (Abb. 177) sind mehr oder minder stark verfestigte Sande. Schon bei der Besprechung der Breschen, Konglomerate usw. wurde eine Zwischenmasse erwähnt, in welcher die einzelnen Gesteintrümmer eingebettet liegen. Diese Zwischenmasse vermittelt auch bei den Sandsteinen den Zusammenhalt der Gesteinsplitter; von ihrer Widerstandsfähigkeit hängt somit die Festigkeit des Gesteins ab.

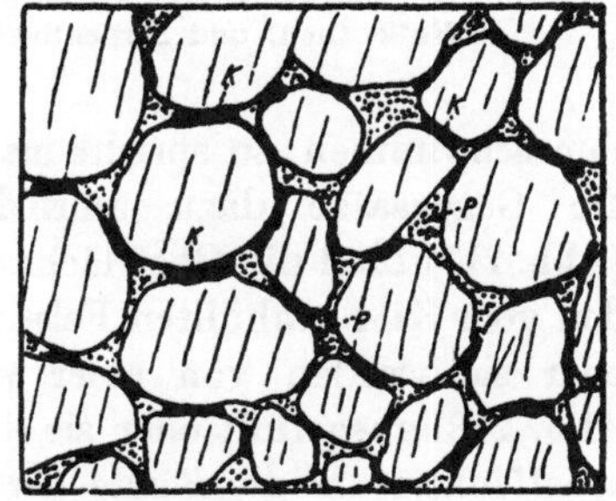

Abb. 219. Sandstein, *K* Berührungskitt, *P* Lückenfülle (oder Lückenkitt). Berührungskittsandstein (nach Hirschwald)

Das Zwischenmittel heißt Füllmasse, wenn es lediglich die Zwischenräume zwischen den Felstrümmern ausfüllt, ohne sie fest und dauernd zu verkitten. Ton ist ein solches Füllmittel; im trockenen Zustande gewährt er den in ihm eingebetteten Körnern einigen Zusammenhang, ja oft sogar eine ziemliche Festigkeit; wird er aber von Wasser durchweicht, so schwindet der Zusammenhalt und der Gesteinkörper kann förmlich zerfließen. Ähnlich verhalten sich Kaolin, Eisenocker, Humusstoffe usw.

Verleiht dagegen die Zwischenmasse dem Gesteine dauernd eine mehr oder minder große Festigkeit, dann nennt man sie Bindemittel oder Kitt. Solche Kittmassen bilden Kalk, Dolomit, beide am besten in spätiger Ausbildung, Opal, Chalzedon usw. Ist das Bindemittel sehr reichlich vorhanden, so daß die einzelnen Gesteintrümmer förmlich in

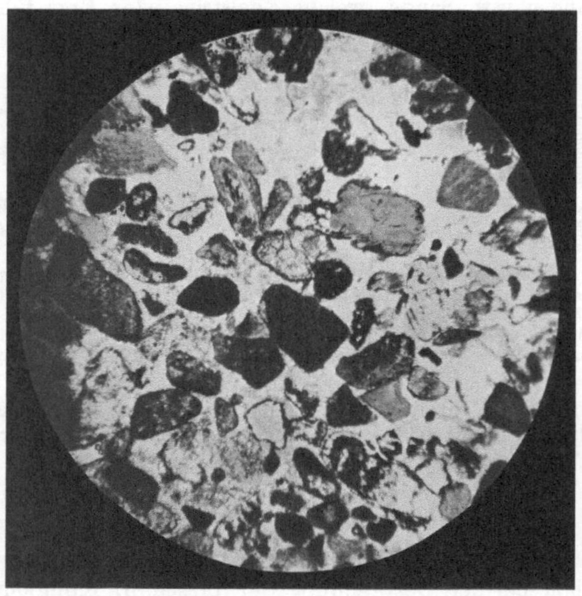

Abb. 220. Kalksandstein, Albanien (Aufsammlung Dr. E. Nowack). Gerundete Kalk- (hell) und Serpentinkörner (dunkel) durch Kalkspat verkittet

ihm schwimmen, so spricht man von einem Grundkitt (Abb. 216, 220). Im Gegensatze dazu umrindet der sogenannte Umhüllungskitt (Abb. 217) bloß die Oberfläche der einzelnen Körner; die Poren zwischen den vom Kitt umhüllten Felstrümmern bleiben entweder leer (Abb. 217) oder sie werden von einer weichen Lückenfülle (Porenfüllmasse; Abb. 218) ausgefüllt oder sie sind mit einem Kitt von einer anderen Beschaffenheit als die Rinde der Körner (Rindenkitt), dem sogenannten Lücken-(Poren-)Kitt erfüllt (vgl. Abb. 219). Der Berührungskitt ist nur an den Berührungsstellen der einzelnen Körner vorhanden (unterbrochener Umhüllungskitt). Von Stützfülle (weich) und Stützkitt (hart) spricht man, wenn die Zwischenmasse einen breiten Saum um die Verbundlinge bildet, ohne aber so reichlich aufzutreten wie beim Grundkitt. Festigkeit, Härte und Wetterbeständigkeit eines verfestigten Trümmergesteins hängen wesentlich von der Art und Menge des Umhüllungskittes ab; am günstigsten verhält sich kieseliger Rindenkitt.

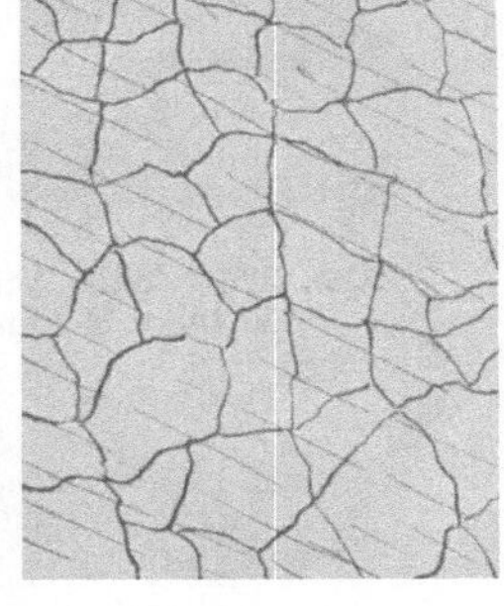

Abb. 221. Unmittelbare Kornbindung durch kristallographisch ausgerichteten Quarz. Keine Lücken

Damit sind aber die Arten und Unterarten der Sandsteine noch lange nicht erschöpft. Mit Hirschwald können wir etwa folgende Kornbindungsmuster der innerhalb der Bänke richtunglosen Sandsteine unterscheiden:

1. Quarzkörnchen, kristallographisch ausgerichtet, stoßen lückenlos aneinander; den Kitt bildet jüngere Quarzmasse, welche die älteren Sandkörner bis zum völligen Zusammenschlusse überrindet hat; unter dem Mikroskope zeigen die einzelnen Körner daher einheitliche Färbung und einheitliche Auslöschung. Ohne Lücken (Abb. 221).

2. Quarzmasse füllt, kristallographisch anders gerichtet als die Nachbarkörner, die Zwischenräume zwischen den Sandkörnern lückenlos aus. Dabei kann der Lückenkitt in sich einheitlich (Muster 2_1, Abb. 222) sein oder in ein Haufwerk kleinster Körnchen zerfallen (Muster 2_2, Abb. 225); die Körnelung des Quarzes tritt erst u. d. M. hervor.

3. Ausgerichtete Quarzrinden verkitten die einzelnen Sandkörner, lassen aber in den Kornwinkeln Lücken frei (Umhüllungskitt mit Leerwinkeln oder Hohlzwickeln) (Abb. 217, 223, 26).

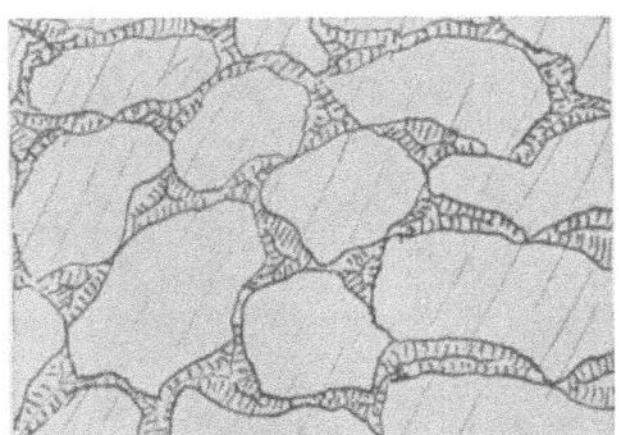

Abb. 222. Kornbindung durch nicht ausgerichteten, gleichteiligen Quarz; lückenlos.

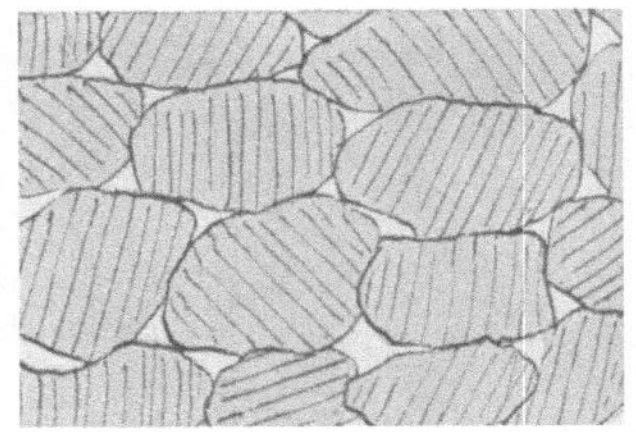

Abb. 223. Kornbindung durch ausgerichtete Quarzüberrindung; wie Abb. 222, nur mit Verbandslücken; größere Bindungszahl

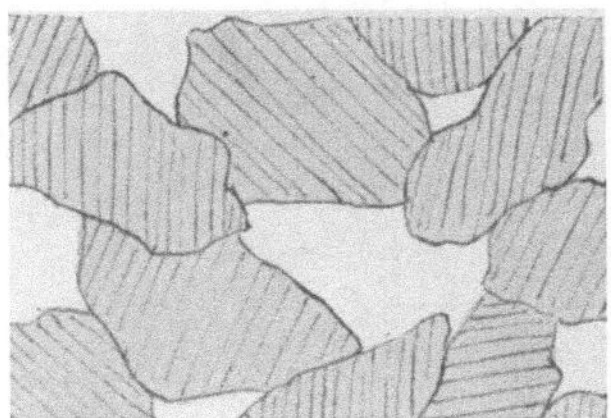

Abb. 224. Kornbindung durch ausgerichtete Quarzüberrindung; Verband- und Lagerunglücken

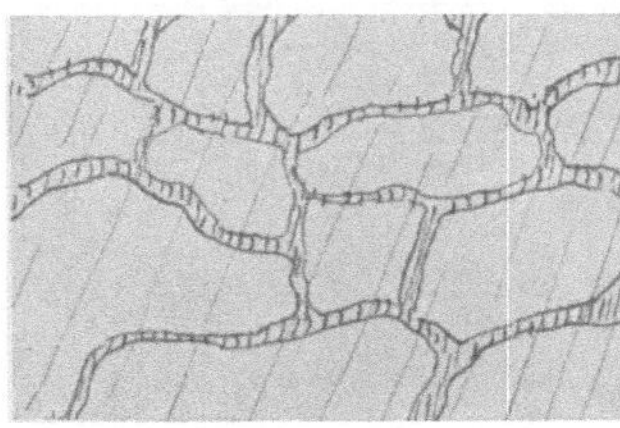

Abb. 225. Kornbindung durch körneligen Quarz; lückenlos

Abb. 226. Wie Abb. 223, bloß kleinere Bindungszahl

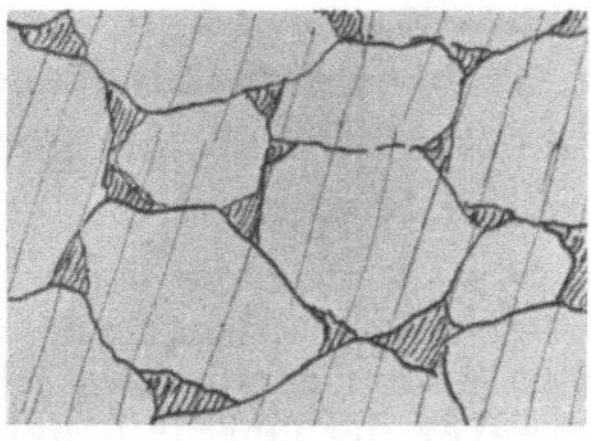

Abb. 227. Kornbindung durch ausgerichtete Quarzüberrindung; Verbandlücken mit abweichender Masse gefüllt

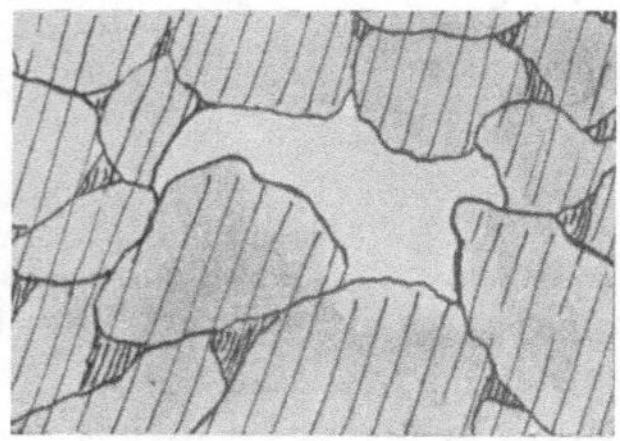

Abb. 228 wie vor, nur außerdem leere Lagerunglücken

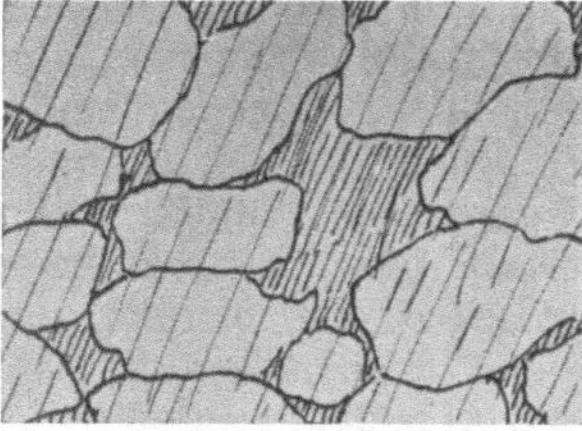

Abb. 229. Kornbindung durch ausgerichteten Überrindungskitt; Verband- und Lagerunglücken mit abweichendem Lückenkitt vollgefüllt

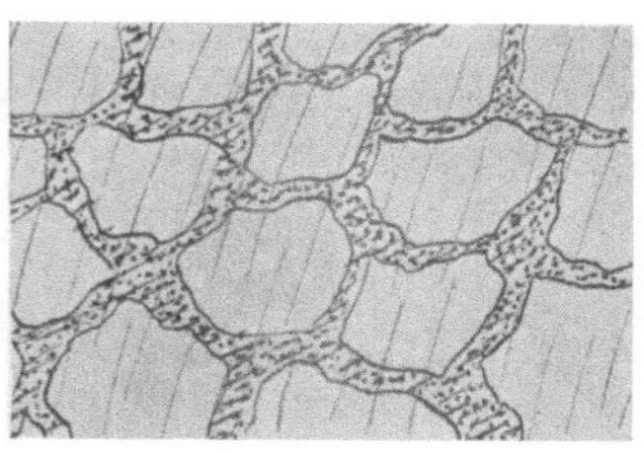

Abb. 230. Kornbindung durch Fremdüberrindung, ausgefüllte Verbandlücken

Abb. 231 wie Abb. 231, nur mit sparsamerem Bindemittel

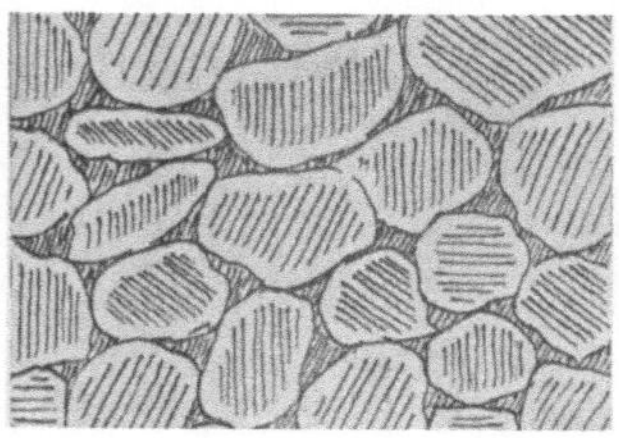

Abb. 232. Sehr kleine rundliche Quarzkörnchen im polarisierten Lichte. Die unebene Oberfläche der einzelnen Körnchen erzeugt einen „Hof" um einen „Kern"

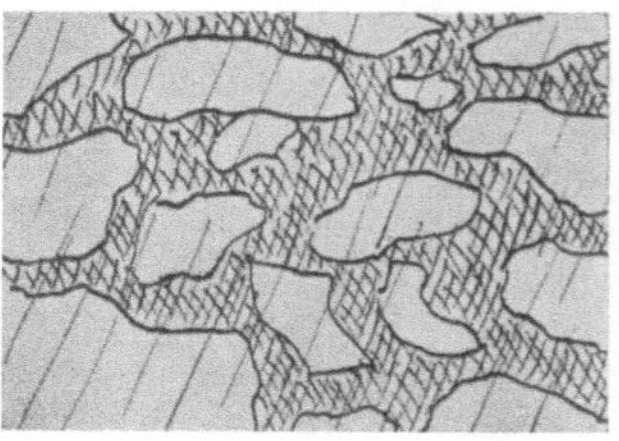

Abb. 233. Kornbindung durch sparsamen Grundkitt

4. Außer den Winkellücken verbleiben zwischen den einzelnen, durch gleichgerichteten Quarzstoff weitergewachsenen Sandkörnern noch Lagerungslücken (Abb. 224).

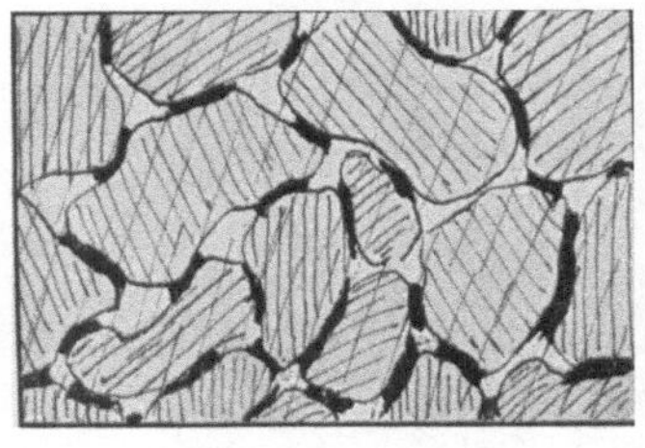

Abb. 234. Kornbindung mit unterbrochener Fremdüberrindung. Verbandlücken leer

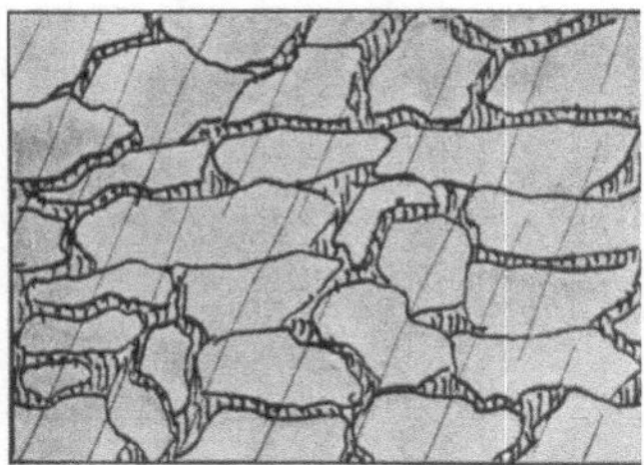

Abb. 235. Wie Abb. 230. Körner nur mehr oder minder schichtig angeordnet

5. Die Winkellücken sind nicht leer, sondern durch ein abweichendes Füllmittel ausgestopft. Sonst wie 3 (Abb. 227).

6. Wie 4.; Winkellücken durch ein abweichendes Zwischenmittel gefüllt, Lagerungslücken leer (Abb. 228).

7. Wie 4.; Winkel- und Lagerungslücken von einer abweichenden Zwischenmasse erfüllt (Abb. 229).

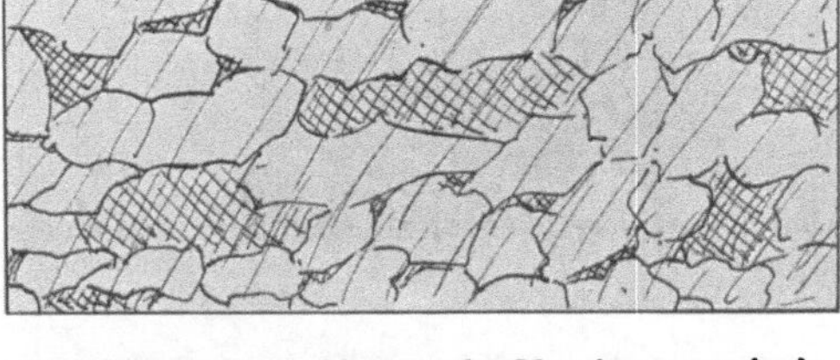

Abb. 236. Zusammenhängende Kornlagen wechseln mit unterbrochenen ab, so daß „Bindungslücken" (gekreuzelt) entstehen, welche in der Schichtebene 1 bis 3 Korngrößen umfassen

8. Die Quarz- oder sonstigen Sandkörner werden durch einen abweichenden Berührungskitt verbunden, wobei die Kornwinkel leer bleiben (Abb. 234).

9. Wie 8.; Winkellücken mit dem gleichen (9_1) oder einem anderen (9_2) Bindemittel ausgestopft (Abb. 231).

10. Grundkitt verbindet die mehr oder weniger weit auseinanderrückenden Körner. Er kann reichlich (216) oder sparsam (Abb. 233) verteilt sein.

Die lückenfreie, kieselige Kornbindung der Muster 1 und 2 gewährleistet am besten Festigkeit und Wetterbeständigkeit. Die Muster 3 bis 4 mit ihrem Quarzrindenkitt und leeren Lücken trifft man ebenfalls häufig bei festen, wetterbeständigen Gesteinen an. Bei den folgenden Mustern mit ihren zum Teil oder durchwegs gefüllten Lücken hängen Festigkeit und Frosthärte des Gesteines von der Beschaffenheit der Zwischenmasse und der Kornbindungszahl (siehe S. 394) ab.

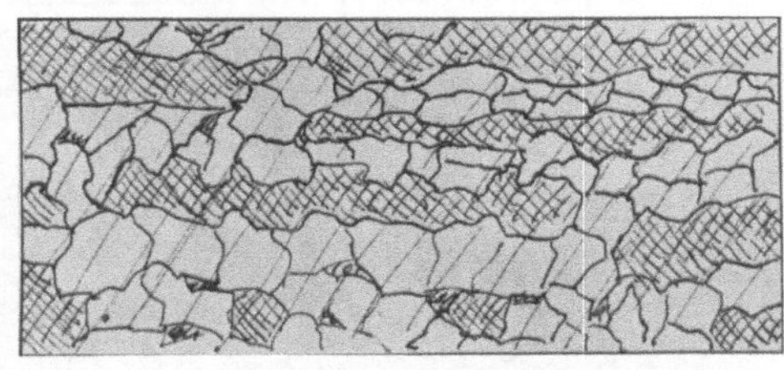

Abb. 237. Wie vor, Bindungslücken jedoch 4 und mehr Körner lang

Die mehr oder minder deutlich schichtige Anordnung im Raume bedingt bei den Sandsteinen mit auch innerhalb der Bänke schichtiger Tracht eine weitere Reihe von Ausbildungsmustern; ich folge auch hier wieder im wesentlichen der bis heute unübertroffenen Darstellung und den Zeichnungen von Hirschwald.

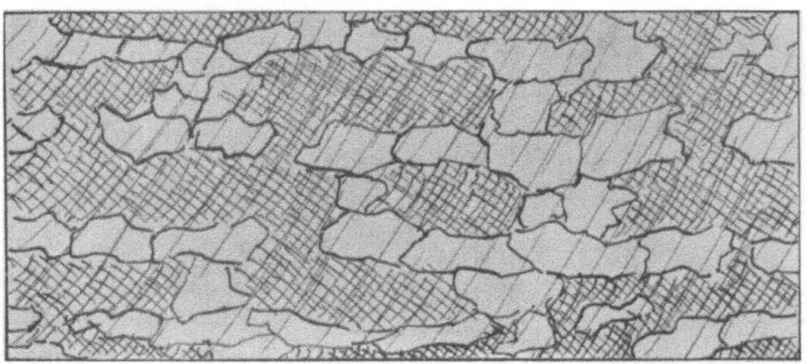

Abb. 238. Die Kornlagen sind sämtlich unterbrochen; die entstehenden Bindungslücken betragen 1 bis 3 Korngrößen

Abb. 239. Wie vor, aber mit längeren Bindungslücken

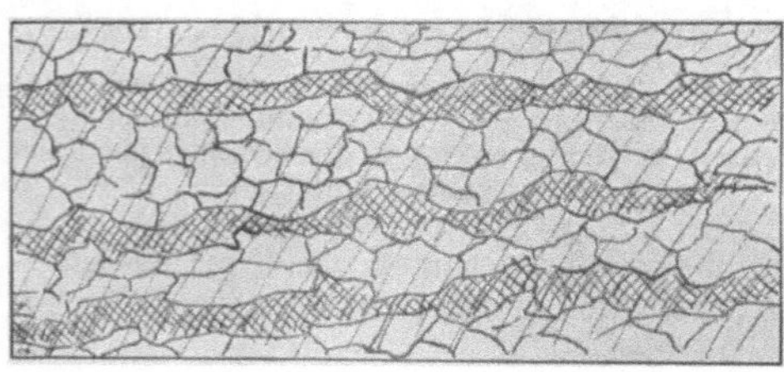

Abb. 240. Die zusammenhängenden Kornlagen werden durch eine Zwischenmasse (Ton, Mergel, Kalk) voneinander getrennt

Abb. 241. Unzusammenhängende, gleichlaufende Kornlagen, getrennt durch kittartige Zwischenmasse

a) Die Sandkörner liegen annähernd schichtig unmittelbar nebeneinander (Abb. 235).

b) Ununterbrochene Kornlagen wechseln mit solchen ab, welche Lücken aufweisen; nach der Längenerstreckung dieser „Bindungslücken" unterscheidet man:

Muster bα; Bindungslücken 1 bis 3 Korngrößen umfassend (Abb. 236),

Muster bβ; Bindungslücken mehr als 3 Körner umfassend (Abb. 237).

c) Die ununterbrochenen Kornlagen werden durch eine Zwischenmasse (Ton, Kalk, Mergel usw.) voneinander geschieden (Abb. 240). Die gleichlaufenden Kornlagen sind in sich nicht unterbrochen.

d) Unterbrochene, gleichlaufende Kornlagen werden durch eine abweichende Zwischenmasse (Kitt) voneinander getrennt (Abb. 241).

Muster dα; die Bindungslücken betragen 1 bis 3 Korngrößen (Abb. 238),

Muster dβ; die Bindungslücken betragen mehr als 3 Korngrößen (Abb. 239).

e) Einzelne Körner oder kleinere Korngruppen liegen

gleichgerichtet in einer zusammenhängenden Grundmasse (Grundkitt) gebettet (Abb. 242). Gegenstück zum Muster 10 (Abb. 216 und S. 273) mit richtungloser Feintracht.

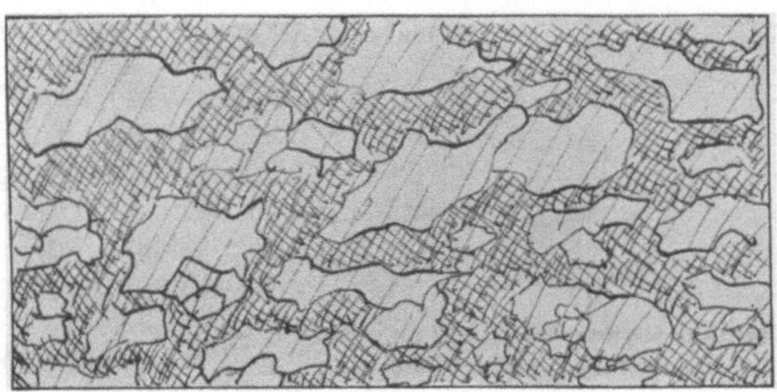

Abb. 242. Vereinzelte Körner oder kleine Korngruppen annähernd untereinander gleichlaufend in einem Grundkitt

f) Kornmasse wirr (richtungslos) gelagert, leere Lagerungslücken einander annähernd gleichlaufend (f α) (Abb. 244).

Wie vor, nur Lagerungslücken gefüllt (f β) (Abb. 246).

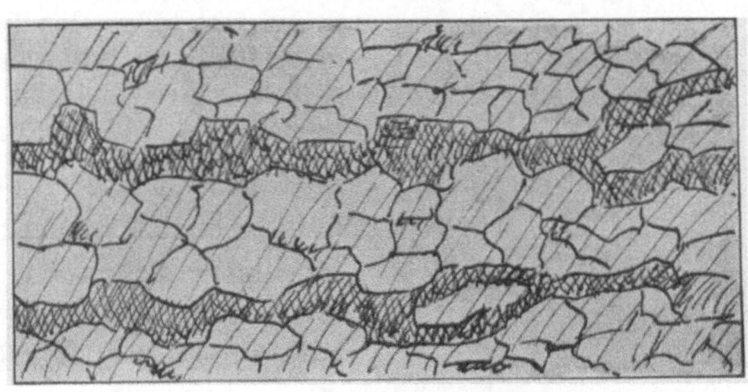

Abb. 243. Gleichlaufend angeordnete Fremdzwischenlagen (tonige, mergelige, kalkige Stoffe usw.) in kleineren oder größeren Abständen innerhalb einer ziemlich unregelmäßigen Kornmasse

g) Gleichgerichtete, abweichende Zwischenlagen (z. B. mergelige, tonige Stoffe u. dgl.) in kleineren (1 Korndurchmesser) und größeren (mehr als 1 Korndurchmesser) Abständen einer richtunglosen Kornmasse eingebettet (Abb. 243).

h) Unregelmäßig gelagerte Körner in gleichlaufenden Lagen.

h α; Korngröße der einzelnen Lagen nicht sehr stark verschieden.

h β; Korngröße der einzelnen Lagen beträchtlich verschieden (Abb. 245, 247).

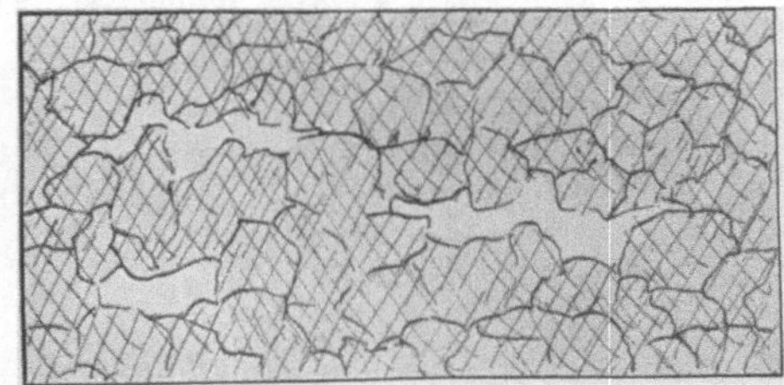

Abb. 244. Kornmasse unregelmäßig, Lagerunglücken gleichlaufend angeordnet, leer

i) Die Kornbindung gleichgerichteter Lagen wechselt von Lage zu Lage. Lagen (weiß) annähernd gleich dick (i α; Abb. 248) oder merklich verschieden (i β; Abb. 249) mächtig.

k) Der Lückenkitt gleichgerichteter Lagen wechselt von Lage zu Lage).

l) In einer unregelmäßig angeordneten Körnermasse sind Schüppchen oder Blättchen, z. B. von Glimmer, in gleichlaufenden Lagen eingebettet (Abb. 250).

Abb. 245. Unregelmäßige Kornstreifen (-schichten) von verschiedener Korngröße, gleichlaufend

Die Kornanordnung ist besonders für die Wetterbeständigkeit der Sandsteine von höchster Bedeutung; sie ergibt mit der Zwischenmassenausbildung vereint eine Unzahl von Ausbildungsmustern ($1a$, 2_1c usw.).

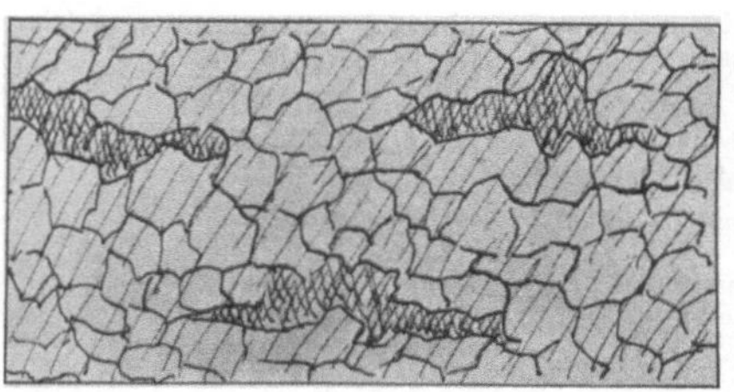

Abb. 246. Wie 244; Lagerunglücken mit Fremdfüllung

Für gewisse Verwendungszwecke wünscht man auch über die chemische Zusammensetzung eines Sandsteines Aufschluß; dies gilt auch für die Verwertung zu Betonschotter, als Baustein usw.; man kann auf diese Weise schädliche Stoffe, wie z. B. Schwefelkies u. dgl. feststellen, den Tongehalt usw. ermitteln und auf diese Weise das durch mikroskopische Betrachtung gewonnene Bild ergänzen.

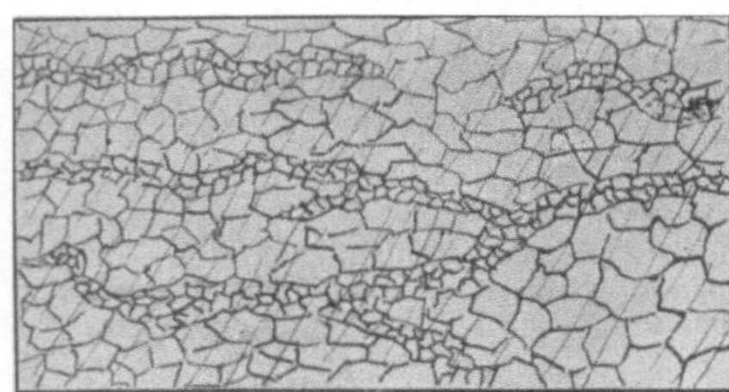

Abb. 247. Dünne, kleinkörnige Zwischenlagen in einer unregelmäßigen, gröberen Kornmasse

Die Körner (Verbundlinge) sind zumeist Quarzkörner, doch beteiligen sich auch Kalk, Feldspat, Glimmer usw. an der Zusammensetzung der Körnermasse. Je nach der Natur der Zwischenmasse kann man nachstehende Sandsteinarten unterscheiden; freilich haften auch dieser Einteilung — wie jeder — gewisse Unvollkommenheiten und Nachteile an.

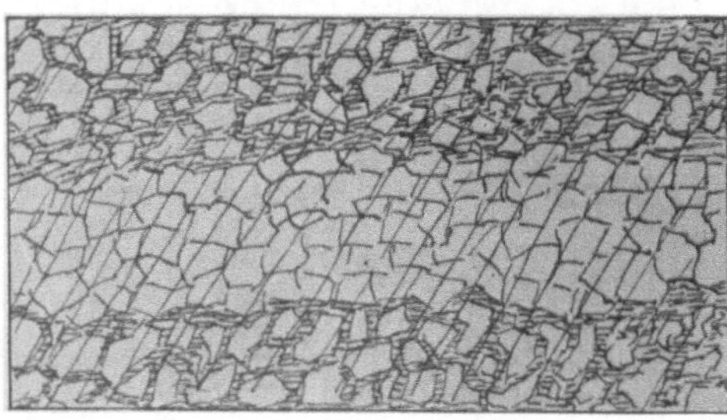

Abb. 248. Lagen verschiedener Kornbindung miteinander abwechselnd. Lagen annähernd gleich dick

1. Die Kittquarzite und Kieselsandsteine. Die Körner der Kittquarzite sind mit freiem Auge nicht mehr erkennbar. Die Kieselsandsteine dagegen werden von gröberen, mit freiem Auge auflösbaren Körnergemengen gebildet. Die Zwischenmasse beider ist zum Teil oder

ganz als Kitt (Bindemittel) entwickelt, welcher aus wasserfreiem Quarzstoff (Quarz, Chalzedon) oder aus Opalmasse (erstarrte Kieselsäuresulze) besteht. Der Bruch der Kittquarzite ist meist uneben eckig, splittrig mit oft messerscharfen Kanten und von glänzender Farbe; ihre Härte ist im allgemeinen groß, desgleichen aber auch ihre Sprödigkeit. Hieher gehörige Gesteine findet man nördlich von Graz, im oberen Murtal, im Mürztal in Begleitung der sogenannten Semmeringkalke, im Taunus, in Sachsen, Thüringen, Hunsrück, in Böhmen, in der Karpathenkette usw.

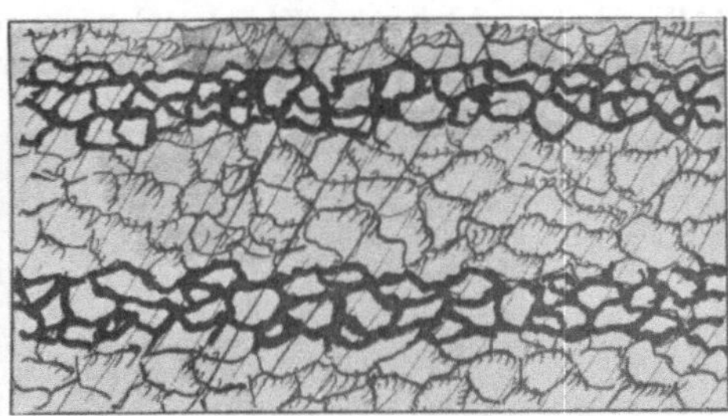

Abb. 249. Wie vor; Lagen verschieden mächtig

Kommen sonst unwesentliche Gemengteile wie Chlorit, Serizit, Feldspat, Epidot, Zoisit, Graphit, Eisenglanz, Magnetit u. dgl. in nennenswerter Menge vor, dann spricht man wohl auch von Chloritquarziten, Serizitquarziten, Graphitquarziten, Magnetitquarziten (Blauquarze z.T.), Epidotquarziten u. dgl. Übergänge zu den Quarzitschiefern (S. 372).

Die reinen Koblenz- und besonders die reinen Taunusquarzite gehören zu den wetterbeständigsten und festesten Gesteinen die Deutschland besitzt. Der **Taunusquarzit** führt über 90 v. H. Kieselsäure und einen sehr festen, rein kieseligen Kitt; aus Mangel an Würfelspaltbarkeit liefert er aber keinen Pflasterstein.

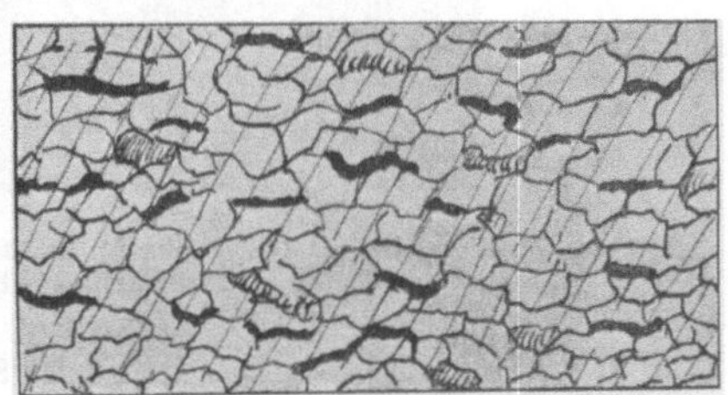

Abb. 250. Unregelmäßig angeordnete Kornmasse mit eingestreuten Blättchen oder Schüppchen, z. B. von Glimmer (hell und dunkel)

Bei den **Kieselsandsteinen** tritt der Quarzit bisweilen in gerichteten Anwachshüllen (Abb. 221) um Quarztrümmer auf, deren ursprüngliche Grenzen oft noch durch Häutchen von Limonit, Staub usw. kenntlich sind („ergänzende" Kieselsäure); hieher zählen die sogenannten Kristallsandsteine der unteren Trias der Vogesen, des Neckarlandes, manche Keupersandsteine, Quadersandsteine u. dgl. Manche von ihnen liefern bewährte Pflastersteine, andere wieder Wetz-, Mühl- und Eisenschleifsteine.

Nicht gerichtete Kittmassen (Abb. 222) bilden zuweilen einen Grundkitt, in dem die Quarzkörnchen satt eingebettet liegen; auf diese Weise entstehen sehr harte und feste Sandsteine, welche zu den besten Bausteinen gehören, die wir kennen. Hieher gehören die tertiären **Braunkohlenquarzite** (Knollensteine), welche für feuerfeste Steine mannigfache Verwertung finden (Sachsen, Thüringen, Siebengebirge, Hessen, Braunschweig usw.). Tritt der Kitt in geringerer Menge auf, dann können die Korntrümmer nicht mehr zu einem so festen, Eingriffen gegenüber sich einheitlich verhaltenden Gesteine verwachsen. Das Bindemittel umhüllt dann als dünner Überzug die Körner vollständig, während die Zwischenräume zwischen den Ecken entweder leer bleiben (Abb. 223) oder mit einem Füllmittel (Kaolin, Ocker, weichen tonigen Stoffen) ausgefüllt (Abb. 227) sind; im Grenzfalle gegen die lockeren Sande hin tritt der Quarzkitt überhaupt nur mehr an den unmittelbaren Berührungsflächen der Körner auf (sparsamer Berührungkitt).

Schwierig einzureihen sind die sogenannten „Niederquarzite" (Albien) — wohl besser Kieselsandsteine genannt — wie sie die Basaltstein-Gesellschaft in Buchs (Schweiz) zu Pflaster und Schottersteinen für Tief-

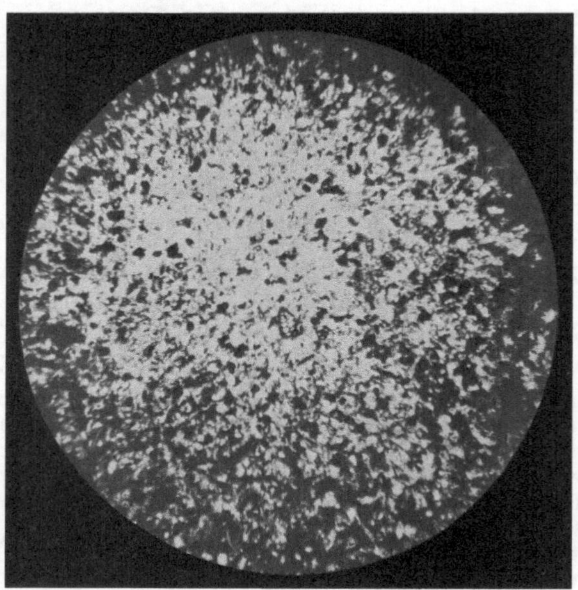

Abb. 251. Kalksandstein, sehr feinkörnig; Gosau, Spitzenbachklamm, Obersteier. In der Mitte „Kammerling" (Foraminifere, niederes Lebewesen)

und Hochbau ausbeutet. Farbe schwärzlichblaugrau; dicht; Quarzkörnchen vorherrschend; Glaukonit verbreitet; Feldspat sehr selten; Bindemittel kieselig-kalkig. Daneben Füllmasse von eisen- und manganschüssigem Ton. Abnutzung gering, mit rauher Oberfläche. R = 2,69, Druckfestigkeit 3060 bis 4040 kg/ccm, Wertziffer der Schlagversuche 1513 kg/ccm.

Es geht daraus ohne weiters die Tatsache hervor, daß die Festigkeit und auch die Wetterbeständigkeit der Kieselsandsteine wesentlich von der Menge des quarzigen Bindemittels abhängt, welche die Güte der Kornbindung bestimmt.

Kieselige Bindemittel verkitten auch oft die sogenannten Arkosen, das sind feldspatreiche Sandsteine von granitähnlichem Aussehen, also sozusagen wiederverbundener Granit- oder Gneisgrus. Die Feldspäte sind meist schon stark zu Verwitterungston oder Muskovit zersetzt und begünstigen die Verwitterung des Gesteines, dessen Verwendbarkeit hauptsächlich von dem Grade der Verkieselung abhängt. Bezeichnend ist eine Neigung zur Durchtrümerung mit roten Hornsteinadern. Solche Arkosen finden sich vorwiegend in der Nähe von Granit- oder Gneismassen; so z. B. in Hessen, Oberfranken (Viereth, Heidelberg, Cönnern), im Elsaß (Breuschtal), Baden, am Harzostfuß usw.

Anhangweise wären hier auch die Grauwacken zu erwähnen, Gesteine von meist grauer Farbe, welche aus Trümmern von Quarz, Feldspäten, Glimmer, Kieselschiefern, Tonschiefern, Gneisen usw. bestehen.

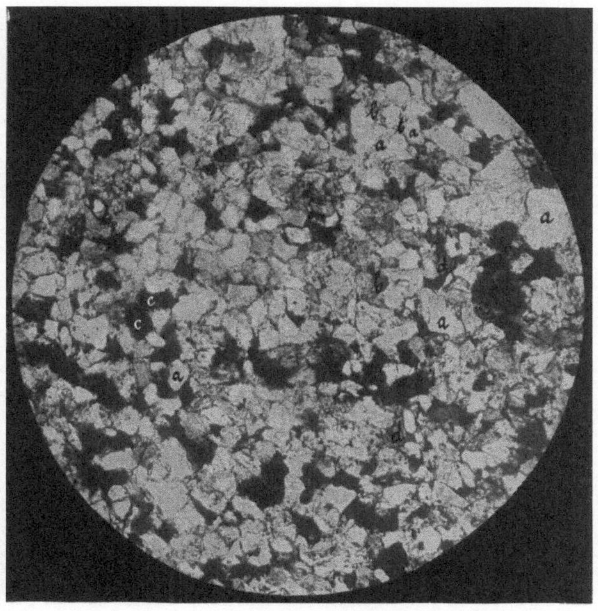

Abb. 252. Tertiärer Flyschsandstein von Greifenstein a. d. Donau. *a* Quarzkörnchen, *b* kieselig-eisenschüssiges Bindemittel, *c* Glaukonitische Teilchen, *d* Kalkkörner

Das Bindemittel ist kieselig oder tonig-kieselig, auch wohl bisweilen karbonatisch. Je nach der Korngröße unterscheidet man dichte und körnige Grauwacken; die ersten leiten in ihren Grenzfällen zu den Konglomeraten (Grauwackenkonglomeraten) über; geschieferte Ausbildungsarten nennt man Grauwackenschiefer. Die Druckfestigkeitswerte der besten Grauwacken liegen zwischen 1900 bis 2600 kg/qcm — vereinzelt sogar darüber! — erreichen aber in stark gefalteten Gebirgen, wie z. B. in den Alpen, diese Beträge meist auch nicht einmal annähernd. Bei der Verwitterung liefern die Grauwacken lehmige Böden, welche reichliche, scharfkantige Reste des Muttergesteines in sich einschließen. Ihr Hauptverbreitungsgebiet liegt in der nach ihnen benannten Zone paläozoischer Gesteine der Nordalpen, in Böhmen (z. B. Přibramer Grauwacken), in Pr.-Schlesien, Mähren, Österr.-Schlesien, Baden, Elsaß, im Flechtinger Höhenzug, in der Hardt, in Nassau, Westfalen, Rheinland, Thüringen, Pr.-Sachsen, St. Margrethen i. d. Schweiz usw.

Grauwackensandsteine mit geringer Abnützbarkeit und hoher Druckfestigkeit werden im Straßenbau vielfach verwendet; nur ihre Schlagfestigkeit läßt oft zu wünschen übrig. Die Grauwacken mit Kieselkitt (z. B. Mühlenbergsandstein, Annenbergsandstein usw.) kommen hinsichtlich technischer Eignung vielfach dem Taunusquarzit nahe (vgl. S. 277); Würfelspaltigkeit kann vorhanden sein, aber auch fehlen; für Schottergut eignen sie sich aber meist vorzüglich; sehr hohe Druckfestigkeitswerte geben viele oberbergische Grauwacken (Gummersbach usw.); hier wirken neben dem bereits erwähnten hohen Quarzgehalt auch innige Kornverzahnung und feste Kornbindung günstig.

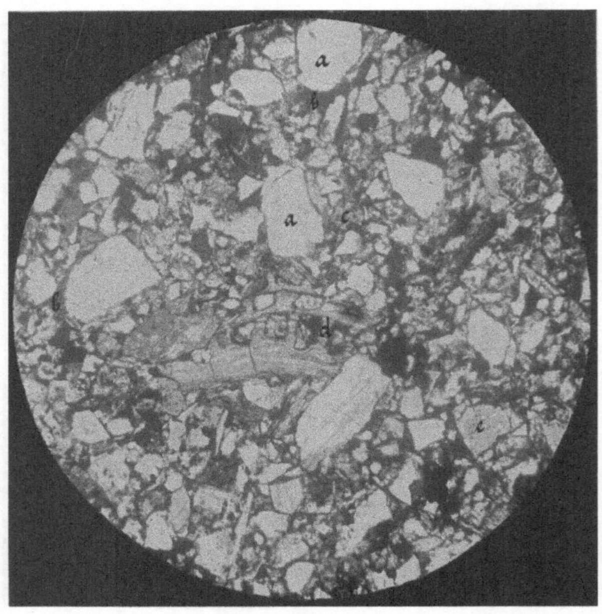

Abb. 253. Kalkiger Kreidesandstein von Klosterneuburg. *a* Quarzkörner, *b* Kalkkörnchen, *c* Kammerlinge (Foraminiferen), *d* Feldspatkörner, *e* kieselig-kalkiges-eisenschüssiges Bindemittel

2. Bei den **Kalksandsteinen** (Abb. 220, 251) tritt meist kohlensaurer Kalk von dichter oder kristalliner Beschaffenheit, oft durch Kieselsäure oder Magnesiumkarbonat verunreinigt, als Kitt auf; enthält das Bindemittel reichlich Magnesiumkarbonat, so spricht man von **Dolomitsandstein**. Während der Umhüllungskitt stets von der geschilderten Zusammensetzung und fester Ausbildung ist, weicht die Porenmasse zuweilen in ihrem stofflichen Bestande vom Umhüllungskitt ab und ist dann meist erdig, weich und locker. Je reichlicher die Kittmasse vorhanden und je besser kristallin sie entwickelt ist, desto fester sind im allgemeinen die hiehergehörigen Sandsteine; ebenso erhöht der Eintritt von Kieselsäure in den Stoff des Bindemittels die Güte des Gesteines.

Dichte Kitte binden um so weniger gut, je ärmer sie an Kieselsäurebeimischung und je reicher sie an bituminösen oder kohligen Stoffen sind.

Zu den Kalksandsteinen gehören auch viele der als Wiener Sandsteine (Abb. 253), Karpathensandsteine u. dgl. bezeichneten Flyschsandsteine des Nordsaumes der österreichischen Alpen und des Karpathenbogens. In ihrem Bindemittel ist Eisenoxydul enthalten, welches sich an der Luft verhältnismäßig rasch in Eisenhydroxyd verwandelt, wobei die früher meist blaugraue Farbe in bräunliche oder gelbliche Farbentöne überschlägt. Ihre Wetterbeständigkeit ist nicht sehr bedeutend; fast immer ist eine Neigung zum Abblättern vorhanden, das besonders bei Bauten in Großstädten, wie

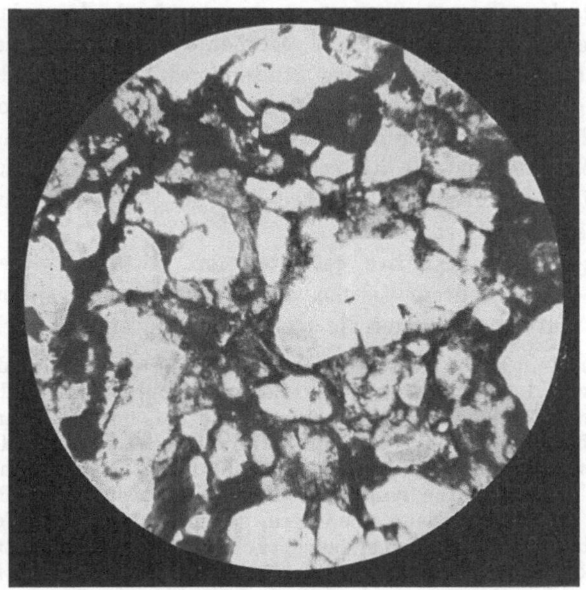

Abb. 254. Flyschsandstein, Quarzkörner in gemischtem Bindemittel

z. B. Wien, durch die Schwefeldioxyd enthaltenden Abgase der Feuerungsanlagen beschleunigt wird. Früher verwendete man sie auch vielfach zur Herstellung von Säulen (Friedhof in Steyrdorf bei Steyr, Oberösterreich), Bildstöcken (Umgebung von Seitenstetten, Niederösterreich, Steyr usw.), hat aber damit im allgemeinen keine sehr günstigen Erfahrungen gemacht (Absanden, Abblättern, ja zum Teil auch Bersten ganzer Werkstücke).

Wichtiger als der Flyschsandstein ist für das Baugewerbe Wiens der miozäne Kalksandstein des Leithagebirges geworden, welcher in großen Steinbrüchen abgebaut wird. Er wurde für Pfeiler und Gesimsplatten der Hofmuseen, ferner beim Bau des Justizpalastes, Burgtheaters, des Rathauses, der Börse, des Stephansdomes, der Universität usw. verwendet. Kalksandsteine haben auch Bausteine für andere Großstädte geliefert, so für Budapest, Graz (Aflenzer Brüche) usw.

Der Kalksandstein des Südalpenflysches wurde zum Bau der Wocheinerbahn verwendet und bewährte sich u. a. bei den schwierigen Ausbesserungsarbeiten im Bukowertunnel „Bačatal“ bisher sehr. Die Flyschsandsteine

Italiens werden Macigno oder auch Tasello genannt. Technisch günstiger als der Flysch des Nordsaumes der Ostalpen scheint jener der Schweiz zu sein: Pflastersteinbrüche zu Massongex, Mittholz (Eozän), Brüche bei Wilen-Sarnen, Schwarzsee, Plasselb. Tertiäre Sandsteine finden sich in der Schweiz, auch bei Würenlos, Othmarsungen, Ostermundigen, Freimlach, Bollingen, Rorschach usw.

3. Das Bindemittel der Mergelsandsteine ist tonig-kalkiger (mergeliger) Natur, minder wetterbeständig und weniger fest als jenes der Kalksandsteine. Oft enthält es Eisenocker beigemengt, zuweilen auch Kieselsäure. Letztere erhöht den Wert des Gesteins für technische Zwecke; starker Tongehalt setzt sie herab, desgleichen ein stärkeres Zurücktreten des Umhüllungskittes gegen eine etwa vorhandene, weichere Porenfüllmasse. Das kalkhaltige Bindemittel verrät sich durch Aufbrausen beim Betupfen mit Salzsäure; seine Löslichkeit in kohlensäurehaltigem Wasser macht sich in technischer Hinsicht unangenehm bemerkbar. Die Mergelsandsteine halten meist keine steilen Böschungen und neigen in Hohlbauten sehr zu Nachbrüchigkeit. Ein Teil der sogenannten Flyschsandsteine gehört hieher.

4. Die Tonsandsteine enthalten im Kitte vorwiegend tonige Stoffe mit beigemengtem Eisenoxyd oder Eisenocker; sie sind um so fester und wetterbeständiger, je mehr das Bindemittel verkieselt ist.

Tonsandsteine mit kieselsäurearmer Kittmasse gehören dagegen zu den weicheren, leicht abwitternden und wetterunbeständigen Bausteinen; vermöge ihres Tongehaltes saugen sie Wasser auf, quellen sodann ab oder zeigen die bekannten „Wespennester“ ähnlichen, zerfressenen Oberflächen und zerfallen schließlich bei Frostwetter sehr rasch. Namentlich für Gründungen und Wasserbauten taugen sie nicht. Verkieselte tonige Bindemittel, welche gute bis mittlere Bausteine liefern, gehen häufig aus der Verwitterung der Feldspäte eines Trümmergesteines hervor. Der Porenkitt besitzt mitunter dieselbe Beschaffenheit wie der Umhüllungskitt; meist aber ist er kieselsäureärmer als dieser. Häufig führt er Glimmer, bei dessen Zunahme dann das Gestein oft dünnschichtig und sogar schieferig wird (Sandsteinschiefer).

Zu den Tonsandsteinen ist ein Teil der Flyschsandsteine zu stellen (Abb. 255), ebenso manche Vorkommen des Elbsandsteines (Quadersandstein; vgl. Abb. 181, 422).

5. Bei den Kaolinsandsteinen vermittelt eine weißliche oder graue, aus Kaolin bestehende Zwischenmasse einen gewissen Zusammenhalt des Gesteins, welches aber stets leicht erweichbar, wenig widerstandsfähig und wetterunbeständig bleibt. Der Kaolinsandstein geht zuweilen in Arkose über. Man benutzt ihn örtlich zu feuerfesten Gestellsteinen oder zur Hereingewinnung von Kaolin.

6. Der Grünsandstein (Glaukonitsandstein) wird durch ein Bindemittel verkittet, welches bei kalkig-mergeliger oder toniger Beschaffenheit sehr viel Glaukonit enthält oder ganz aus ihm besteht. Seine Farbe ist im frischen Zustande meist schmutziggrün bis grün. Die Bindemasse

tritt meist so reichlich auf, daß sie einen Grundkitt bildet, seltener beschränkt sie sich auf den Aufbau eines bloßen Umhüllungskittes.

Bei Vorwiegen kalkiger Bindemittel geben die Grünsandsteine meist gute Bausteine ab, vorausgesetzt, daß sie frostbeständig sind. Hiervon kann man sich an alten Bauten oder im Steinbruch überzeugen; zeigt das Gestein trotz des Auftretens brauner Flecken und Überzüge, welche durch die Auswitterung des Eisens aus dem Glaukonit hervorgerufen werden, eine feste Beschaffenheit, so kann es als wetterbeständig gelten.

Als Baustein finden beispielsweise die Grünsandsteine der Gegend von Essen, Ampen (Druckfestigkeit 800 bis 1000 kg/qcm), Clieve, Neuen

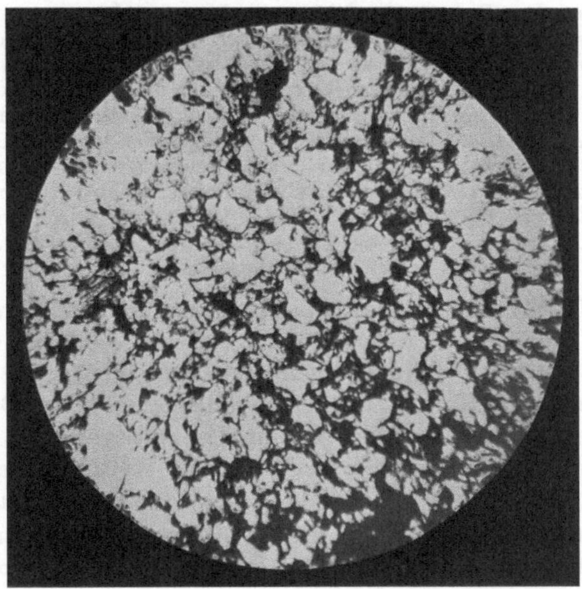

Abb. 255. Flyschsandstein, Wienerwald, Niederösterreich. Quarzkörner, dazwischen tonig-eisenschüssiges Bindemittel

Geseke, Bochum, Werl, Soest (Wiesenkirche in Soest aus Ampener Stein gebaut?), Lünern, Rüthen, Anröchte usw. und die gleichfalls der Kreidezeit angehörigen Grünsandsteine von Ihrlerstein, sowie von Kapfelberg und Abbach (Bayern) Verwendung. Glaukonitsandsteine enthält auch der Flysch der Nordalpen (Eozän).

Wegen des Kalireichtums der Grünsandsteine zeigen die bei der Verwitterung aus ihnen hervorgehenden Böden bei entsprechender Frische meist große Fruchtbarkeit; hier tritt oft auch Kieselsäure ins Bindemittel ein.

7. Brauneisensandstein (Limonitsandstein). Der Kitt besteht aus Brauneisen, dem häufig tonige oder kieselige Stoffe (Abb. 177, 252) beigemengt sind, deren Menge dann die Güte des Bausteines ungünstig oder günstig beeinflußt. Poren- und Umhüllungskitt sind in der Regel von gleicher Beschaffenheit. Seine Farbe schwankt zwischen gelb, rot oder braun; bekannt ist der Portasandstein der westfälischen Pforte (Jurazeit).

Der Brauneisensandstein leitet hinüber zu dem sogenannten Raseneisenstein (S. 226), der aus Eisenoxydhydraten mit wechselnden Beimengungen von kieselsauren und phosphorsauren Eisenoxyden, Sand, Ton und pflanzlichen Resten besteht. Seine Bildung erfolgt unter Mitwirkung von Spaltpilzen, den sogenannten Eisenspaltpilzen (Eisenbakterien), unter denen Quellhaar- (Crenothrix-) Arten vorzuherrschen scheinen. Wahrscheinlich zersetzen diese Kleinlebewesen mit Eisensalzen beladene Humusstoffe, von denen sie sich nähren, und machen dadurch das Eisenoxyd in der Hydratform frei. In ähnlicher Weise soll der Manganspaltpilz (Crenothrix manganifera) durch Manganausscheidung Sandverkittungen mit Mangan als Zwischenmasse hervorrufen.

8. Humussandsteine und bituminöse Sandsteine enthalten die Zwischenmasse teils als einen, eine gewisse, wenn auch geringe Festigkeit gewährleistenden Kitt, teils als ein bloß nur schwachen Zusammenhalt gewährendes Füllmittel. Im ersten Falle liegen im kalkigen oder tonigen Poren- und Umhüllungskitt fein verteilte, kohlige oder bituminöse Stoffe reichlich eingebettet, im letzteren treten kalkige oder tonige Beimengungen ganz zurück (Ortstein). Reichlicher Bitumengehalt, wie z. B. im Asphaltsandstein (Unterelsaß) macht die Gesteine im allgemeinen wetterunbeständig; dagegen leidet die Wetterfestigkeit eines Sandsteines durch mäßige Einlagerung von kohligen Stoffen in kieseligen Bindemitteln, wie z. B. in den sogenannten Kohlensandsteinen (Ruhrsandsteinen), keineswegser heblich.

9. Die Glimmersandsteine besitzen zum Teil tonige und schwach verkieselte Bindemittel, welche vorwiegend als Grundkitt entwickelt sind und in welchen mehr oder minder reichlich Glimmer oder glimmerähnliche Mineralien (Talk, Chlorit) eingebettet liegen. Diese Beimengung von Schüppchen und Blättchen verleiht den Sandsteinen oft eine mehr oder minder ausgeprägte schieferige Tracht; die meisten hiehergehörigen Gesteine blättern leicht auf und geben minderwertige Baustoffe.

10. Sandsteine mit Gips oder Schwerspat als Kittmasse sind selten; wo sie vorkommen, verdienen letztere den Vorzug vor ersteren.

11. Mischsandsteine sind weit verbreitete Sandsteine mit verschiedenen, miteinander in oft wechselnden Mengen gemischten Zwischenmassen. Man findet sie u. a. im Flyschgebiete häufig an (Abb. 176, 253, 254).

Nach der Korngröße unterscheidet man grobkörnige ($1^1/_4$ bis 2 mm), mittelkörnige ($^3/_4$ bis $1^1/_4$ mm), kleinkörnige ($^1/_4$ bis $^3/_4$ mm) und feinkörnige ($< {}^1/_4$ mm) Sandsteine. Auch kann man gleichkörnige und ungleichkörnige Sandsteine trennen. Die Korngröße beeinflußt nicht bloß die Verwertung, sondern auch die Wetterfestigkeit.

Die Farbe der Sandsteine kommt dort in Betracht, wo sie im Hochbau, für Denkmäler usw. verwendet werden sollen. Gut wirken Flammungen, Streifungen und Flecken (z. B. Tiger- oder Leopardsandstein), auch Tüpfelungen, Punkte, Aderungen usw.; sie werden meist durch Eisen- oder Manganverbindungen hervorgerufen. Glättbar sind die Sandsteine nicht oder nur ausnahmsweise.

Nach der Art der das Gestein zusammensetzenden Körper hat man wohl auch Feldspatsandsteine, Glimmersandsteine usw. unterschieden. Vom technischen Standpunkt dürfte die gegebene Unterteilung nach dem Bindemittel vorzuziehen sein, da hauptsächlich letzteres die Güte und Brauchbarkeit des Rohstoffes beeinflußt.

Von zufälligen Bestandmassen kommen in den Sandsteinen nicht selten Zusammenwachsungen von Chalzedon (roter Karneol, Jaspis), von Eisenoxyd, Brauneisenstein, Phosphorit, Gips, Mergel, Kalkspat, Tongallen usw. vor; besonders schädlich sind größere Knauern oder fein verteilte Massen von Schwefelkies, Wasserkies usw.; sie veranlassen die Bildung häßlicher Streifen und Flecken an der Außenseite von Bauwerken und zerstören kalkig-dolomitische Bindemittel unter Neubildung von Gips- und Bittersalzausblühungen. Dabei lockert sich der Zusammenhang der äußeren Gesteinrinden, die Bausteine sanden oder blättern ab und zerfallen schließlich ganz. Ähnliche Wirkungen erzeugt der Großstadtrauch. Die Anwesenheit von Schwefelkies im Sandstein kann meist schon mit Hilfe der Lupe festgestellt werden; beim Glühen einer feingepulverten Gesteinprobe in einem Glasröhrchen entweicht stechend riechende schweflige Säure (Rötung von befeuchtetem, blauem Lackmuspapier); kocht man einen weiteren Teil des Gesteinpulvers mit Salpetersäure und filtriert die Flüssigkeit, so kann man im Filtrate durch Zugabe von Chlorbarium den Schwefelgehalt in Form eines weißen Niederschlages von Schwerspat (schwefelsaures Barium) nachweisen.

Das Raumgewicht der Sandsteine schwankt zwischen 1,6 bis 2,9 je nach dem Gehalt an schweren Stoffen (Eisenverbindungen usw.) und je nach dem Gefüge. Lückigen Sandsteinen muß vor der Verwendung zu Beton usw. Gelegenheit zur Füllung ihrer Poren mit Wasser gegeben werden; verabsäumt man das Begießen mit Wasser, so entziehen sie dem Mörtel begierig Feuchtigkeit und stören oder verhindern so seine regelrechte Abbindung.

Die Verwitterung der Sandsteine hängt von der Art ihrer Zwischenmasse und von der mineralogischen Natur der Sandkörner ab. Im allgemeinen tritt die chemische Verwitterung nicht sehr stark in den Vordergrund, ausgenommen bei den Sandsteinen mit reichlichem Gehalt an Schwefelkies, Markasit, Magnetkies usw. Weit wichtiger ist der mechanische Zerfall der Sandsteine. Die in Wasser erweichbaren Bestanteile, wie Ton, Kaolin, Eisenocker u. a. m. werden ausgeschwemmt und dem Spaltenfrost der Zutritt ins Gesteininnere erleichtert; dort, wo solche erdige Stoffe nur das Porenfüllmittel bilden, verschlägt ihre Wegspülung so lange wenig, als der Umhüllungskitt noch fest bleibt; machen aber die erweichbaren Gemengteile das ganze Zwischenmittel aus, dann führt ihre Ausschwemmung zu raschem Zerfall des ganzen Gesteines; dieser wird durch das wiederholte Trocknen und Wiederdurchfeuchtetwerden, womit immer ein abwechselndes Schwinden und Blähen verbunden ist, vorbereitet und beschleunigt. Die Rauminhaltsänderungen schaden nur Gesteinen mit festem, zähem Bindemittel weniger. Chemische Vorgänge spielen eine Helferrolle bei der Entstehung von festeren Außenrinden in Bausteinen; die Wässer, welche den Sandstein durchfeuchten, lösen nämlich stets kleine Mengen des Gesteines auf und führen sie dem Gesteinauflager zu; hier verdunstet das Wasser, die gelösten Stoffe fallen aus und verkitten allmählich die Rinde des Gesteines so stark, daß sie für weitere Lösungen unwegsam wird; das gleichsam gestaute Wasser wirkt nun im erhöhten Maße zerstörend auf die Gesteinteile oberhalb der undurchlässig gewordenen Rinde ein, gefriert im Winter und führt zum Abschalen und zum Zerfalle des Bausteines (vgl. auch S. 506ff). Solche Frostwirkungen können auch ohne vorbereitende Vorgänge, wie die schon genannten, in kleinlückigen Sandsteinen eintreten, welche von zahlreichen feinen Haarrissen und Stichen durchsetzt sind, dünnschieferige Tracht besitzen oder von dünnen, tonigen Schnüren und Bestegen durchzogen werden.

Wie bei allen Gesteinen muß auch bei den Sandsteinen der Anlage eines Steinbruches die geologische Untersuchung des Vorkommens vorausgehen. Sie muß Klarheit über die Menge und Brauchbarkeit eines Gesteines schaffen; gerade bei Sandsteinen tritt häufig ein rascher Wechsel der Beschaffenheit in wagrechter und lotrechter Richtung (Abb. 333, 421) hinsichtlich Korngröße, Bindemittel usw. sowie ein häufiger Übergang in Konglomerate, Mergel, Tone usw. statt.

Über die Brauchbarkeit entscheidet neben der Absonderungsform und Tracht (schieferige Tracht, quaderförmige Absonderung u. dgl.) hauptsächlich die Natur des Zwischenmittels. Dieses kann oft schon nach seiner Farbe erkannt werden; so ist Hämatit rot, Brauneisen gelbbraun, Glaukonit grün, Manganoxyd schwärzlich, Humusstoff grau bis schwarz gefärbt. Die sicherste Unterscheidung der einzelnen Zwischenmassen aber erfolgt auf frischen Bruchflächen mit der Lupe (Abb. 14, 15) unter Anwendung von Salzsäure und einer harten spitzen Stahlnadel. Man untersucht die Menge der Zwischenmasse und entscheidet, ob sie als Umhüllungskitt, Grundkitt oder als bloßes Füllmittel entwickelt ist; bei Vorhandensein von Umhüllungskitt fragt es sich, ob die Poren zwischen den umrindeten Körnern leer oder von einem Porenfüllmittel (weich) bzw. von einem Porenkitt (fest) erfüllt sind. Hierauf sucht man die stoffliche Natur der Zwischenmasse zu ermitteln. Kieselige Kitte lassen sich mit der Stahlnadel weder ritzen noch herauskratzen und zeigen Fettglanz. Kalkiger Kitt braust, mit Salzsäure genetzt, ohne weiteres auf, dolomitischer erst nach dem Erwärmen des Gesteines; man muß jedoch genau feststellen, ob die Kohlensäurebläschen nur aus den Porenfüllungen oder auch von den Bindungsflächen der Körper heraufsteigen oder gar von den verfestigten Mineralkörnern selbst kommen. Tonige Zwischenmittel verraten sich schon in geringen Mengen durch ihren bezeichnenden Geruch.

Die Bearbeitbarkeit der kalkigen Sandsteine ist nicht schwierig; sie sind deshalb als Bausteine sehr beliebt. Die weit haltbareren kieseligen Sandsteine sind mühsamer zu bearbeiten, aber wegen ihrer größeren Härte auch als Pflastersteine und als Steinschlag verwendbar. Schieferige Sandsteine werden zuweilen als Dachdeckungsstoff, plattig abgesonderte als Decksteine usw. verwendet. Gewisse Sandsteine geben oder gaben Schleifsteine ab (Waydhofen a. d. Ybbs, Flyschsandstein; Gosau, Oberösterreich, Oberkreidesandstein).

Untergeordneten Wert hat die Benennung des Sandsteines nach dem Alter der geologischen Schicht, welcher er entstammt. Solche Namen führen z. B. der Molassesandstein, ein mergeliger, oft glaukonitischer Sandstein des tertiären Vorlandes der Alpen, besonders in der Schweiz und in Oberbayern verbreitet, der bereits erwähnte Flyschsandstein, der Kreidesandstein oder wie er wegen seiner quaderförmigen Absonderung genannt wird, Quadersandstein Böhmens und Sachsens (Abb. 181, 422) usw. Anderen Benennungen liegt der Gewinnungsort des Sandsteins zugrunde; so wurden z. B. Namen wie Karpathensandstein, Aflenzersandstein, Burgsandstein usw. geprägt. Manche Sandsteine werden nach ihrer Verwertung benannt. So der Stubensandstein des mittleren Keupers Süddeutschlands, der örtlich so locker ist, daß man ihn unmittelbar als Scheuersand für Stubenböden gebrauchen kann, der Werksteinsandstein Süddeutschlands u. a. m. Von der Farbe leiten sich Bezeichnungen her wie Grünsandstein, Buntsandstein (vgl. Hoppe[39]) usw.

Einige weitere Beispiele deutscher Vorkommen:

Teutoburgerwald-Sandsteinbrüche zu Horn in Lippe. Druckfestigkeit: 682 bis 868 kg/qcm, Wasseraufnahme 6,8 v. H., D = 2,244; wetterbeständig. Verwendung: Kölner Dom, Liebfrauenkirche in Münster i. W., St. Nikolaikirche in Hamburg usw.

Quadersandstein des Heuscheuergebirges. Hockenau (rund 400 kg/qcm), Deutmannsdorf (500 bis 525 kg/qcm), Steinbrüche am Plaschkenberge bei Kaltenbrunn-Stolzenau usw. Mittlere Beschaffenheit: Druckfestigkeit 1000 bis 1400 kg/qcm, 98 v. H. Kieselsäure (beim Oberquader). Sogenannter Cudowaer Sandstein vom Friedrichstein bei Albendorf: weiß, Bruch unregelmäßig, etwas erdig; Gefüge fest; D = 2,645, R = 2,314, Dichtigkeitsgrad 0,875; frosthart; Wasseraufnahme 1,96 v. H., Druckfestigkeit 903 bis 940 kg/qcm.

Roter Sandstein aus dem Bruche bei Schlegel, Kreis Neurode (L. Niggl, Breslau): Druckfestigkeit lufttrocken $\left\{\begin{array}{l}868 \text{ bis } 1023 \text{ kg/qcm } \parallel \\ 1070 \text{ bis } 1302 \text{ kg/qcm } \perp\end{array}\right.$, wassersatt 1023 bis 1178 kg/qcm, Wasseraufnahme 4,3 v. H. (nach 125[h]), R = 2,211; wetterbeständig.

Roter Sandstein der „Sollinger“ Brüche (Haarmann & Co., Holzminden a. d. Weser): vorzügliche Bodenbeläge (Fliesen) für Schlachthallen, Kühlanlagen, Küchen, Schlösser, Hallen jeder Art usw.; außerdem vielseitig für andere Steinmetzarbeiten geeignet (Brüstungen, Erker, Fenstergewände, Fensterstürze, Giebel usw.). Würfelfestigkeit ($6 \times 6 \times 6$) lufttrocken $\left\{\begin{array}{l}\parallel 808 \text{ bis } 1662 \text{ kg/qcm} \\ \perp 913 \text{ bis } 1138 \text{ kg/qcm}\end{array}\right.$, wassersatt 749 bis 981 kg/qcm.

Brüche Neubrunn, Unterfranken (O. Winterhelt): hellgrau, feinkörnig, D = 2,63, R = 2,22, Dichtigkeitsgrad = 0,85, frosthart, Druckfestigkeit lufttrocken 867 kg/qcm, wassersatt 473 kg/qcm, ausgefroren 479 kg/qcm.

Brüche bei Miltenberg a. M. (C. Winterhelt): Gemarkung Dietenhau 897 kg/qcm; Gemarkung Kembach 951 kg/qcm; roter Eichenbühler Sandstein (Druckfestigkeit $\left\{\begin{array}{l}\parallel 635 \text{ bis } 700 \text{ kg/qcm} \\ \perp 780 \text{ bis } 851 \text{ kg/qcm}\end{array}\right.$, R = 2,17 bis 2,19, Wasseraufnahme 10,07 bis 10,49 v. H., völlig wetterfest).

Birkenfeld bei Burgreppach (C. Winterhelt): R = 2,07 bis 2,09, Druckfestigkeit lufttrocken $\left\{\begin{array}{l}\parallel 658 \text{ bis } 664 \\ \perp 689 \text{ bis } 751\end{array}\right.$, wassersatt $\left\{\begin{array}{l}\parallel 658 \text{ bis } 660 \\ \perp 689 \text{ bis } 724\end{array}\right.$, froststbeständig, Wasseraufnahme 13,2 bis 13,9 Raumhundertstel.

Leistadt b. Dürkheim, Rheinpfalz (C. Winterhelt): R = 2,07 bis 2,19, Druckfestigkeit lufttrocken $\left\{\begin{array}{l}\parallel 411 \text{ bis } 544 \\ \perp 527 \text{ bis } 582\end{array}\right.$, wassersatt $\left\{\begin{array}{l}\parallel 338 \text{ bis } 444 \\ \perp 444 \text{ bis } 506\end{array}\right.$, Wasseraufnahme 10,7 bis 12,9 Raumhundertstel.

Zeil a. Main: hellgrau, feinkörnig, R = 2,24 bis 2,39, wetterbeständig, Druckfestigkeit lufttrocken $\left\{\begin{array}{l} \parallel 526 \text{ bis } 735 \text{ kg/qcm} \\ \perp 674 \text{ bis } 760 \text{ kg/qcm} \end{array}\right.$, Druckfestigkeit wassersatt $\left\{\begin{array}{l} \parallel 479 \text{ bis } 649 \text{ kg/qcm} \\ \perp 492 \text{ bis } 634 \text{ kg/qcm} \end{array}\right.$.

Lauterecken, Rheinpfalz (C. Winterhelt): gelblichgrau, feinkörnig, D = 2,655, R = 2,33, Dichtigkeitsgrad 0,84, frostbeständig, Druckfestigkeit lufttrocken 572 kg/qcm, wassersatt 335 kg/qcm, ausgefroren 338 kg/qcm.

Kieselgesteine

Als Kieselgesteine bezeichnet man alle mehr oder minder schichtigen Gesteine, welche vorwiegend aus Kieselsäure (Quarz, Chalzedon, Opal) bestehen und nicht Trümmerverband besitzen, sondern aus Lösungen ausgefällt oder unter Mitwirkung von Lebewesen entstanden sind. Kenntlich sind sie vor allem durch ihre große Härte (6 bis 7), ihre Sprödigkeit, ihre Unlöslichkeit in Salzsäure und ihre Unschmelzbarkeit vor dem Lötrohre.

Eine scharfe Grenze zwischen den echten Absatz-Kieselgesteinen und den aus Nachgeburten von Schmelzflüssen erstarrten Quarzfelsen ist nicht zu ziehen; zwischen beiden Gruppen vermitteln Ausscheidungen aus heißen Lösungen.

Zu den Kieselgesteinen gehören unter anderem die Felsquarzite. Zum Unterschiede von den Kittquarziten besitzen die Felsquarzite unmittelbare Kornverbindung. Sie sind wohl meist durch Kieselsäureausscheidungen bei der chemischen Umwandlung der Gebirgsarten oder als gangähnliche Absätze in Spalten entstanden und stellen in beiden Fällen ursprüngliche kristalline Bildungen an Ort und Stelle dar. Die sogenannten Süßwasserquarzite sind bald quarz-, bald chalzedon- oder halbopalähnliche Massen von graulicher, gelblicher, lichtrötlicher oder bläulicher Farbe, die meist löcheriges oder röhriges Gefüge zeigen; für die technische Verwendung werden winzige Drusenkrusten von Quarz wichtig, welche die Wandungen seiner Hohlräume auskleiden; man kennt sie z. B. vom Löwenhof in Littnitz (Böhmen), hier mit zahlreichen Steinkernen von Schnecken erfüllt, vom Katzenbüchel bei Komotau, aus dem Pariser Becken usw. Sie werden örtlich zu Mühlsteinen verwendet.

Glimmergehalt, wie ihn viele Quarzite schlesischer Fundstätten aufweisen, setzt die Wetterbeständigkeit und Festigkeit der Quarzite um so mehr herab, je reichlicher er ist, und je feinkörniger die Bestandteile sind; bei glimmerreichen Abänderungen wirkt namentlich sandartige Ausbildung des Quarzes schädlich.

Kieselschiefer (Lydite) heißen dichte, sehr harte, im großen flachmuschelig, im kleinen splitterig brechende Gesteine, welche vorwiegend aus Quarzstoff mit Chalzedon und etwas Opal bestehen. Gehalt an kohligen Stoffen färbt sie grau bis schwarz, Brauneisen bräunlich und Chorit grünlich; meist zeigen sie feinschichtige Bändertracht, häufig eine gequälte Kleinfältelung, sehr oft weiße Netzadern verschiedener Dicke, aus spaltenverheilendem Quarzstoff bestehend. Eisenkies stellt sich namentlich auf den zahlreichen Stichen und Klüften oft ein. In vielen Lyditen (hell bis dunkel, stückiger Bruch nach kurzen Klüften) hat man Radtierchen (Strahlinge, Radiolarien), Kieselalgen (Diatomeen) und andere kieselabsondernde Meeresbewohner nachgewiesen.

Die feinsten Vorkommen werden als Probiersteine für den Strich von Gold- und Silberlegierungen verwendet, die gemeinen Arten zur Herstellung feuerfester Steine, als Schottergut, zu Schleif- und Wetzsteinen usw. Ihre Sprödigkeit einer- sowie die überaus schwierige Bearbeitbarkeit anderseits schließt ihre Verwendung als Baustein bis auf Ausnahmefälle aus. In neuerer Zeit werden sie als Schottergut für neuzeitliche Straßen vielfach empfohlen. Bewährtes Gleisbettungsgestein. Vorkommen sind namentlich aus dem Altertume der Erdgeschichte bekannt; so bei Langebruch unweit Plauen im Vogtlande, Ölsnitz nächst Raasdorf, Frankenberg, Nossen usw. in Sachsen, bei Schleiz und Lobenstein in Thüringen (z. B. Ronneburg, echte Kieselschiefer), bei Klaustal, Liebenwerda und Acker-Bruchberg am Harz, Triebenreuth im Fichtelgebirge usw., bei Trofajach und Eisenerz (Steiermark) usw.

Als Verkieselungsgesteine bezeichnet P. Krusch mehr massige — wenngleich oft weitgehend zerklüftete — Kieselgesteine von muscheligem bis splitterigem Bruch, durch Verquarzung anderer Absätze entstanden (Rotstein, Sarkaschlucht bei Prag).

Polierschiefer sind dünnblätterige, meist hell gefärbte Gesteine, welche begierig Wasser aufsaugen und im Wasser zu einem äußerst feinen Pulver zerfallen, ohne schmierig zu werden; dies unterscheidet sie vom Kaolin, welcher im feuchten Zustand knetbar ist. D = = 1,8 bis 1,9. Kieselgur hat geringere Festigkeit, ist mehr oder weniger erdig, knirscht zwischen den Zähnen, läßt sich leicht zwischen den Fingern zerreiben (D = 0,24) und fühlt sich mager an. Er ist oft durch Sand, zuweilen auch durch organische Stoffe verunreinigt und dann dunkelgrau bis schwarz gefärbt.

Polierschiefer und Kieselgur bestehen der Hauptsache nach aus den Kieselpanzern von Spaltalgen (Gallionella, Melosira, Synedra, Ulna, Bacillaria, Navicula usw.), welchen sich an einigen Fundstellen noch Reste von Radtierchen, Foraminiferen und Kieselschwämmen zugesellen. Ihre Kieselsäure enthält Wasser, gehört also zum Opal. Im Laufe der Zeit geht aus der lockeren, erdigen Kieselalgenerde (Kieselgur i. e. S.) der halbfeste Polierschiefer, dann der kreideartige Tripel und schließlich durch Umlagerung der Kieselsäure der härtere, schieferähnliche Saugschiefer hervor.

Die technische Verwertbarkeit von Kieselgur und Polierschiefer beruht auf nachstehenden Eigenschaften: Aufsaugevermögen, geringes Gewicht, geringe Wärmeleitung (0,052—0,078), geringe Wärmefassung (0,21), Feuersicherheit, Raumbeständigkeit bei hoher Wärme (wächst im Feuer nicht), Keimfreiheit usw. Ihre selten gewordene Verwendung als Aufsaugemittel für Nitroglyzerin (Dynamit) ist bekannt. Heute werden sie sonst mannigfach verwendet; so z. B. als Putz- und Scheuermittel, Verpackungsstoff, Klärmittel, Seihstoff, Wärmeschutz, Zusatz zum Siegellack (dessen Abtropfen verlangsamend) usw. Kieselgur ist ein unverläßlicher Baugrund. Nach der Farbe unterscheidet der Techniker roten, gelben, weißen, Gold-, Silbertripel u. dgl. m.

Vorkommen von Kieselgur: Fläming, Lüneburger Heide, Vogelsberg, Untergrund von Berlin, bei Jastraba (Ungarn), bei Krasna unweit Tabor

(Böhmen) usw. Vorkommen von Polierschiefer: Bilin, Leitmeritz, Lausitz, Habichtswalde bei Kassel, Tripolis (daher der Name?), Limberg (N.-Ö.) usw.

Kieselsinter heißen die weißlichen, gelblichen oder bräunlichen oft auch blendend weißen, bald lockeren und kleinlückigen (Kieseltuff), bald ziemlich lückenlosen Massen gestaltloser Kieselsäure, welche sich aus kalten und heißen Quellen absetzen. Bei genügender Festigkeit geben sie einen guten, aber schwer zu bearbeitenden Baustein ab, finden aber meist nur in der Glas- und Tonwarenerzeugung Anwendung.

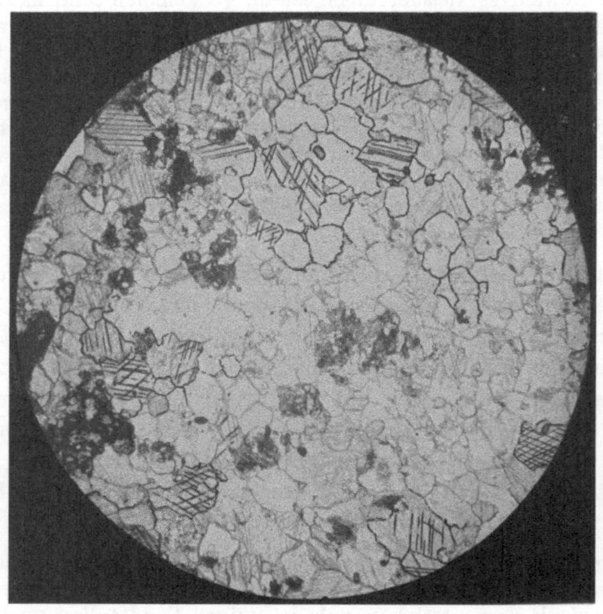

Abb. 256. Marmor von Spitz a. d. Donau, N.-Ö.; Zwillingsstreifung nach $-\frac{R}{2}$ (gekreuzte Striche)

Feuerstein (Flint s. S. 60) findet sich namentlich in der weißen Schreibkreide in Form von Knollen und Platten verschiedener Farbe. Man verwendet ihn zur Füllung von Kugelmühlen, als Betonschotter, Rohstoff für feuerfeste Steine usw. Bekannt ist, daß der Vorzeitmensch aus ihm Waffen und Werkzeuge herstellte.

Dem Feuerstein nahe verwandt ist der gleichfalls muschelig oder splittrig brechende Hornstein (S. 60), der ähnlich wie Feuerstein verwertet werden kann. An Hornsteinen reiche Kalke sind im Straßenbau beliebt; Dreher erzeugen aus ihm Knöpfe, Schalen usw.

Kohlensaure Gesteine

Die kohlensauren Gesteine umfassen Absätze, welche sich vorwiegend aus Kalkspat, Dolomit oder aus mechanischen Gemengen dieser kohlensauren Salze aufbauen, daneben aber auch oft beträchtliche Mengen von

Ton, Sand, kohligen Stoffen usw. enthalten. Engere Verbreitungsgebiete haben Magnesit und Eisenspat, welche Gegenstand bergbaumäßiger Gewinnung sind. Gemeinsam ist allen diesen Gesteinen die Löslichkeit in Säuren, wobei die Kohlensäure in Bläschenform entweicht und den Eindruck des Aufbrausens hervorruft. Dieses tritt bei Kalkstein bereits dann ein, wenn man die Säure ohne weiteres auf das Handstück träufelt; Dolomit dagegen braust erst auf, wenn man die Säure erwärmt oder auf das gepulverte Gestein einwirken läßt (vgl. S. 228 ff.).

a) Kalkstein

Die Kalksteine bestehen vorwiegend aus Kalkspatmasse ($CaCO_3$). Sie sind meist nicht ganz rein, sondern mehr oder minder verunreinigt durch fremde Beimengungen, wie z. B. Bittererde (infolge Anwesenheit von Dolomit), Mangan, Ton, kohlige oder bituminöse Stoffe, Eisenverbindungen usw. Bei der Auflösung des Kalksteines in Säuren bleiben die Verunreinigungen als Rückstand zurück, und man kann auf diese einfache Weise leicht den Grad der Reinheit eines für technische Zwecke zu verwendenden Kalksteines roh ermitteln.

Auch bei den viel großartigeren Lösungsvorgängen in der Natur bleiben nach Auslaugung der kohlensauren Salze durch kohlensäurebeladene Wässer die Verunreinigungen zurück und häufen sich in Mulden, Klüften oder Höhlungen des Gesteines an, gelbe oder braune Lehme oder Roterde (terra rossa) bildend. Solche Ansammlungen z. B. von Roterde oder gelben Rückstandlehmen in weiten zusammenhängenden wasserarmen Kalkgebieten, die man auch Karste nennt, besitzen technisch und wirtschaftlich hohe Bedeutung, weil sich oft an ihr Vorkommen in den Dolinen usw. allein die Wasserführung und Fruchtbarkeit des Geländes knüpft.

Die Dichte reiner, lückenloser Kalksteine beträgt 2,72. Beimengungen von Ton (D = 2,50), Quarz (D = 2,65) setzen das Raumgewicht herab, Beimischungen von Aragonitstoff (D = 2,95), Dolomit (D = 2,85 bis 2,95) erhöhen sie.

Viele Kalksteine sind durch die Lebenstätigkeit von Pflanzen und Tieren entstanden, und man benennt sie oft nach den Lebewesen, deren Reste sie aufbauen (Korallen-, Nummuliten- [Abb. 259], Seelilien. [Abb. 261, Lithothamnienkalk [Abb. 260, 262] usw.). Oft besteht die Mithilfe der belebten Welt nur darin, daß sie dem kalziumbikarbonathaltigen Wasser Kohlensäure entzieht und so mittelbar den Kalk zur Ausfällung bringt, ohne sich seiner zum Aufbau von Schalen, Gerüsten, Panzern usw. zu bedienen; so entstehen ja bekanntlich vielfach Wiesenkalk (Alm, S. 315), Travertin und Kalksinter (Kalktuff). Ohne Mitwirkung lebender Wesen kann Kalkstein allenfalls auch auf folgende Weise entstehen: Bei der unter Sauerstoffmangel erfolgenden Verwesung von organischen Stoffen unter Wasser bildet sich Ammoniumkarbonat $(NH\,4)_2\,CO_3$, und dieses liefert in Wechselwirkung mit dem im Meerwasser stets gelöst vorhandenen Gips ($CaSO_4$) einerseits Ammoniumsulfat $(NH\,4)_2\,SO_4$, anderseits Kalziumkarbonat ($CaCO_3$).

Die Tracht der Kalksteine ist meist deutlich schichtig, lagig (gebändert), geadert, seltener massig (schichtungslose Marmore), durchflochten (Nieren-, Knoten-, Kramenzelkalke) oder geschiefert. Der

Verband ist zuweilen deutlich kristallinkörnig (Marmore [Abb. 1, 189, 256] der Gesteinkundler), vorherrschend aber dicht. Das Gefüge ist zuweilen kleinlückig, wie z. B. bei den sogenannten Schaumkalken, welche durch Auswitterung von Eistein- (oolitischen) Körnchen aus dem Gesteinverbande oder durch Kalkalgen entstehen oder bei manchen Kalksintern. Die Auslaugung von Gesteinteilchen führt zu löcherigem Gefüge; auf den Wänden der Hohlräume siedeln sich dann gerne Drusen von Kalkspat an, wodurch das Gefüge drusig-löcherig wird. Lockeres Gefüge zeigen auch die gröberen Kalksinter (Travertine usw.).

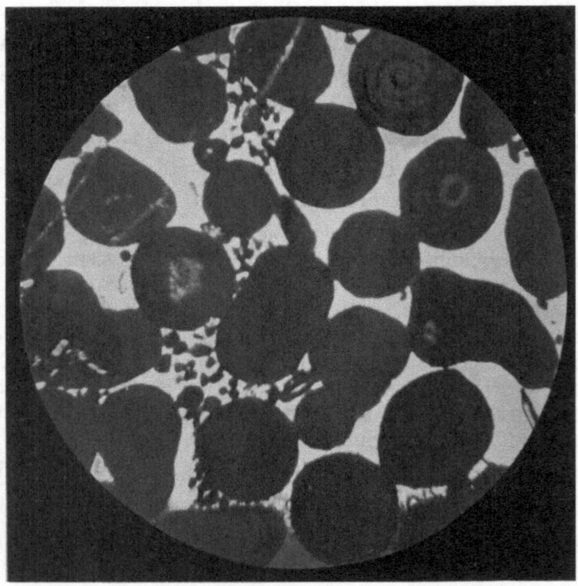

Abb. 257. Grobkörniger Jura-Rogenstein, S. Giovanni bei Nago, Südtirol

Je nach den Verunreinigungen, der Tracht usw. unterscheidet man verschiedene Arten von Kalkstein.

Dolomitische Kalksteine enthalten Dolomitstoff beigemengt (mehr als 15. v. H. $MgCO_3$); sie sind meist etwas härter und schwerer als gewöhnliche Kalke. **Tonige Kalke** enthalten bis zu 10 v. H. Ton. Sie leiten zu den **mergeligen Kalken** (10 bis 20 v. H. Ton) und den **Mergeln** (20 bis 60 v. H. Ton) über. Beim Anhauchen riechen sie nach Ton und hinterlassen beim Lösen in Säuren einen schlammigen Rückstand. Beim Brennen entstehen Kalke, die sich nur schwer in Stücken mit Wasser löschen lassen und hinüberleiten zu den sogenannten Zementen (mit mehr als 20. v. H. Tongehalt), welche nur im feingemahlenen Zustande abbinden. **Kieselkalke** (vgl. Analyse S. 302) sind gleichmäßig oder nesterweise durchtränkt mit wasserfreier oder wasserhaltiger Kieselsäure, von der sie oft bis zu 50 v. H. enthalten; sie zeichnen sich durch Härte (bis zu 6!), splittrigen bis muscheligen

Bruch, Festigkeit und Wetterbeständigkeit aus. Selbst gänzliche Auslaugung des Kalkes zerstört die kieselreicheren dann nicht völlig, wenn ein kleinlückiges schwammiges Kieselgerüst zurückbleibt. Sie finden sich namentlich in mittelzeitlichen Ablagerungen (Trias, Jura) der Alpen nicht selten vor. Die sogenannten sandigen Kalksteine enthalten die Kieselsäure in Form von Quarzkörnchen (Quarzsand) und gehen durch Abnahme des Kalkgehaltes und Anwachsen des sandigen Anteiles am Gesteingemenge in Kalksandsteine über. Bei ihrer Verwitterung hinterlassen sandige Kalksteine einen Rückstand von Sand, Glimmerblättchen, Kieseln usw.; hieher gehören manche Kalke (Kalksandsteine) von Zogelsdorf, St. Margarethen, Breitenbrunn usw. in Österreich. Die Stinkkalke sind meist grau, graublau bis schwarz

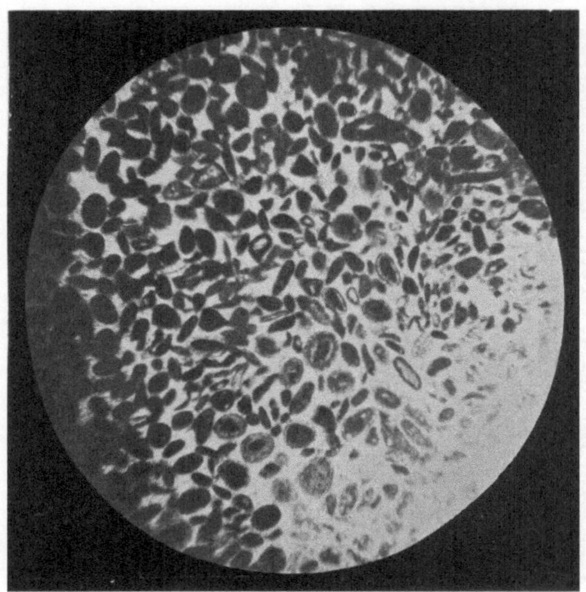

Abb. 258. Feinkörniger Rogenstein, Jura, Torbole, Südtirol. Punkt 167

gefärbt und geben beim Reiben und Schlagen einen unangenehmen Geruch von sich, der auf bituminöse Beimengungen zurückzuführen ist; sie enthalten zuweilen Kristalle von Stinkquarz. Asphaltkalkgesteine sind so reichlich mit Bitumen getränkt, daß aus ihnen Asphalt gewonnen werden kann. In den lichter bis satter grüngefärbten glaukonitischen Kalksteinen nimmt Glaukonit in wechselnden Mengen teil am Gesteinaufbau. Phosphoritkalke schließen Phosphoritknollen oder fein verteiltes Trikalziumphosphat ein. Eisenkalke führen reichlich Eisen, und zwar in Eisenoxydform, wenn sie rot, in Form von Brauneisen, wenn sie braun oder gelb gefärbt sind. Rogenstein (Oolith-)Kalke (Abb. 258, 257) bestehen aus dichtgedrängten, mohn- bis erbsengroßen Kalkspatkügelchen von speichig-strahligem oder schaligem Bau, die durch eine spärliche, gewöhnlich ausgebildete Kalkspatmasse verkittet werden. Zuweilen liegen auch die Kügelchen mehr vereinzelt in einem reichlicheren Grundkitt; ist dieses Zwischenmittel tonig, kalkig oder mergelig, dann spricht man wohl von sogenannten Rogensteinen, die im Buntsandstein Süddeutschlands meist eisenschüssig entwickelt sind. Im Lias Südtirols kommen in großer Verbreitung graue bis gelbliche, dickbankige, feinkörnige Rogensteinkalke vor, welche als Baustein beliebt sind. Die Namen Aderkalke und Bänderkalke erklären sich von selbst; schön gezeichnete Abarten werden als Zierstein geschätzt. Flammkalke tragen Flammenzeichnungen zur Schau. Brockenkalke haben knollig-brockiges Gefüge; zerbröckeln sie überdies leicht, so nennt man sie Bröckelkalke. Ähnlich, nur verbandfester, sind die Knollenkalke (z. B. Reiflinger Kalk).

Die Zellenkalke verdanken ihr löcheriges Gefüge Auswitterungsvorgängen, denen oft Zertrümmerungs- und Ausheilungserscheinungen

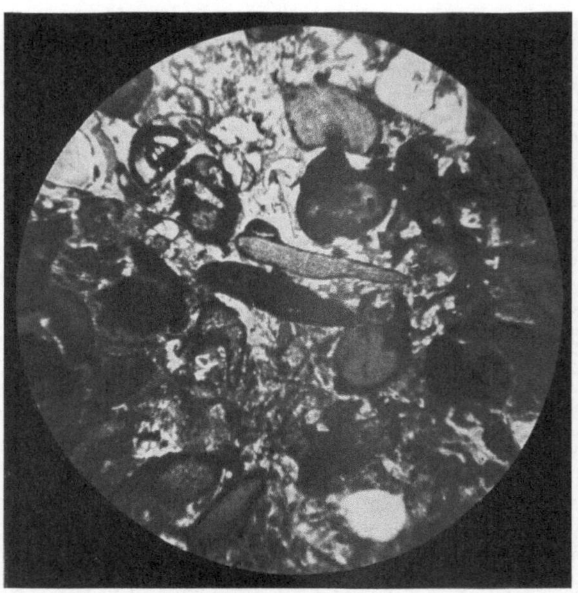

Abb. 259. Eozänkalk mit Kammerlingen (Foraminiferen), Mori Umgebung (Südtirol)

vorausgegangen sind; dabei sind die zermürbten, ursprünglichen Gesteintrümmer ausgelaugt und treten dem Beschauer nunmehr als Löcher (Zellen) entgegen, während die durch Spatmasse ausgeheilten Zerrungsspalten und -spältchen die Zellwände des neuen Gesteines bilden; viele Zellenkalke liefern beliebten Bruchstein; so z. B. jene der sogenannten Semmeringmittelzeitablagerungen, welchen beim Baue der Semmeringbahn und auch sonst im Tiefbaue vielfache Anwendung gefunden haben. Auf Straßen mit schwachem Verkehr haben sie sich auch als Schottergut bewährt. Die sogenannten Flaserkalke (Nierenkalke, Kramenzelkalke) bestehen, wie bereits S. 208 angedeutet, aus flachen Linsen (Nieren) von Kalkstein, welche von wellig gebogenen Ton- und Tonschieferlagen umflochten werden (Oberdevon Westfalens, Sachsens, Silur-Devon der Alpen usw. s. u.). Kalksinter (Travertin, Bachkalk, Quellkalk, Kalktuff) nennt man Kalkgesteinabsätze aus kalzium-bikarbonathaltigen Wässern, auch aus heißen Quellen. Sie sind oft von Hohlräumen durchsetzt, welche meist durch Überkrustung von Moosen, Blättern, Pflanzenstengeln usw. entstanden sind; sie zeigen sich daher sperrig und wenig druckfest, aber auch sehr leicht und in feuchtem Zustande mühelos und gut bearbeitbar. Nachträgliche Kalkeinlagerungen schließen die Lücken oft ganz oder zum Teil. Zu den Sinterbildungen gehören weiter die bereits a. a. O. (S. 231) erwähnten Tropfsteine.

Der Name Kalktuff wird gerne vermieden, da er leicht zu Verwechslungen mit den ganz verschiedenen Durchbruchgesteintuffen, den Tuffen

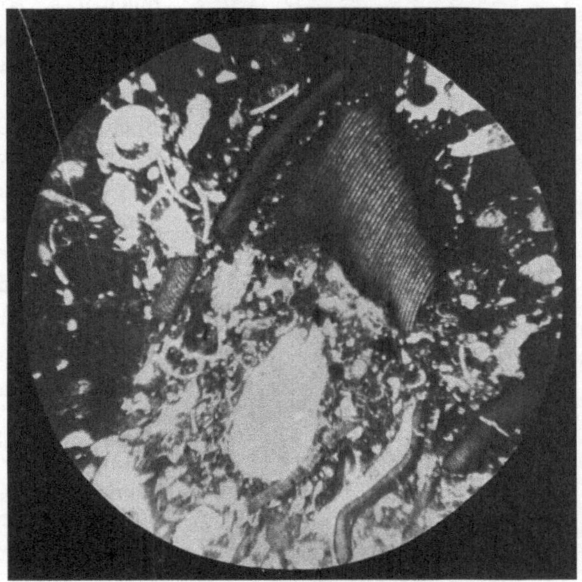

Abb. 260. „Leithakalk" mit Lithothamnium. Durchschnitt (gestreift). Retznei, Steiermark

schlechtweg, Veranlassung gibt. Berühmt sind die Sinterabsätze (Travertin) der Wasserfälle des Anio bei Tivoli unweit Rom, welche den Hauptbaustein des alten und neuen Rom darstellen. Die geschlosseneren Kalksinter werden im Hochbau geschätzt, die löcherigen, sperrigen dagegen dienen vielfach zur Herstellung künstlicher Grotten, Steingruppen, zur Verzierung von Springbrunnen, Gartenanlagen, als Weg-, Beet- und Gräbereinfassung usw.

Bekanntere Vorkommen sind: Weimar, Mühlhausen, Langensalza, Gera, Schwanebeck b. Halberstadt, Paschwitz b. Canth in Schlesien, Streitberg (Franken), Kannstadt b. Stuttgart, Artstein i. d. Eifel, Roßdorf b. Göttingen, Alfeld, Lauenstein (Hannover), Meißen (Sachsen), Wutachtal, Neustift b. Scheibbs (Niederösterreich), Kirchberg a. d. Pielach (Niederösterreich) u. a. m.

Nach dem Ablagerungsorte kann man Talsinter und Gehängesinter unterscheiden; auf zweiter Lagerstätte befinden sich die Sintersande und Sintersandsteine (z. B. Württembergs).

Kalkschiefer heißen dünngeschichtete Kalksteine, wie z. B. die Solnhofener Steindruckschiefer (Abb. 269), welche zu den Mergelkalkschiefern zählen. Sehr dünnschichtige Kalkschiefer nennt man auch Blätterkalke.

Kreide nennt man die erdigen, weichen, zerreiblichen und abfärbenden Kalkgesteine, welche vorwiegend aus winzigen Schälchen von Urtierchen (Foraminiferen u. a.) bestehen; beigemengt sind kleinste Bruchstücke von Muschelschalen, Seeigeln, Moostierchen (Abb. 262), Korallen u. a., sowie feinste Flocken und Stäubchen von Kalkschlamm; auch kieselige Reste, z. B. von Spaltalgen (Diatomeen), Strahlingen (Radiolarien) und Kieselschwämmen kommen in der Kreide vor und liefern den Stoff für kleinere und größere Feuersteinzusammenwachsungen.

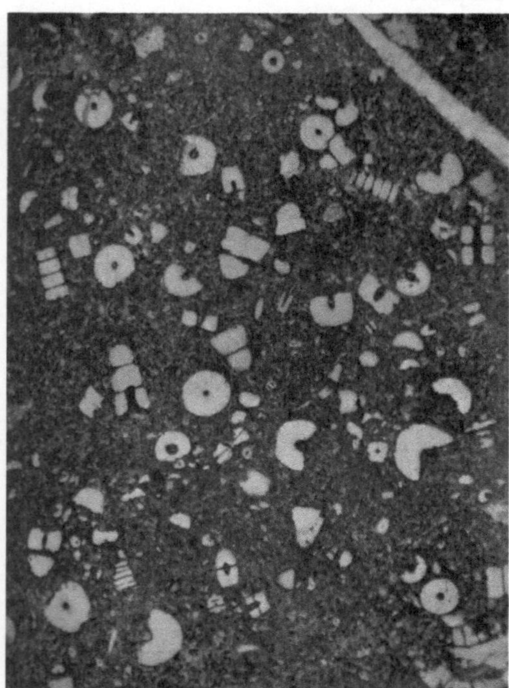

Abb. 261. Seelilienstielglieder (Querschnitte kreisrund, Längsschnitte Scheibchenstäbe). Aussee, Fludergraben, sog. Seelilienkalk des Lias

Die Kreide findet im geschlemmten Zustande Verwendung als Scheuer- und Putzmittel für Metalle, Zähne u. dgl., als Schreibemittel usw.; roh benutzt man sie zum Kalkbrennen, als Dünger in der Landwirtschaft und in der Zementherstellung. England hat seinen Beinamen Albion von den weißen Kreidefelsen, welche in steilen Abstürzen den Strand des Ärmelkanals begleiten; auch die Steilküsten Rügens, Pommerns, Helgolands usw. werden zum Teil von Kreidefelsen aufgebaut. Reichliche Beimengungen von tonigen Teilchen liefern die mergelige Kreide oder den Kreidemergel, solche von Glaukonitkörnchen die grünliche, glaukonitische Kreide, Beimischung von Splittern von Korallen, Moostierchen, Kalkalgen usw. den lockeren Kreidetuff. Wie die Kreide besteht auch der neuzeitliche, kalkige Tiefseeschlamm, den man wegen der in ihm allgemein verbreiteten Urtierchenart Globigerina bulloides als Globigerinenschlamm bezeichnet, vorwiegend aus Schalen abgestorbener Foraminiferen, aus Kokkolithen, feinstem Kalkschlamm usw. „Gletscherkreide“ nennt man den örtlich in Moränenablagerungen usw. aufgehäuften, feinsten Kalkschlamm, der durch das Eis von den Kalkfelsen abgerieben wurde. Vorkommen bei St. Agatha und Steg (O.-Ö.), am Vorderen Gosausee (Oberösterreich) usw. wurden bzw. werden zur Herstellung von Glaserkitt u. dgl. verwendet.

Den Namen Marmor beschränkt der Gesteinkundler auf die verschiedenen fein- bis grobkörnigen, also deutlich kristallinen Kalksteinarten (Abb. 1, 256), der Steinmetz und Hochbauer dagegen wendet ihn auch für andere, z. B. dichte (Korngröße unter 0,01 mm) Kalkgesteine an, wenn sie nur glättbar sind. In diesem Sinne wird daher oft auch von Onyx-,

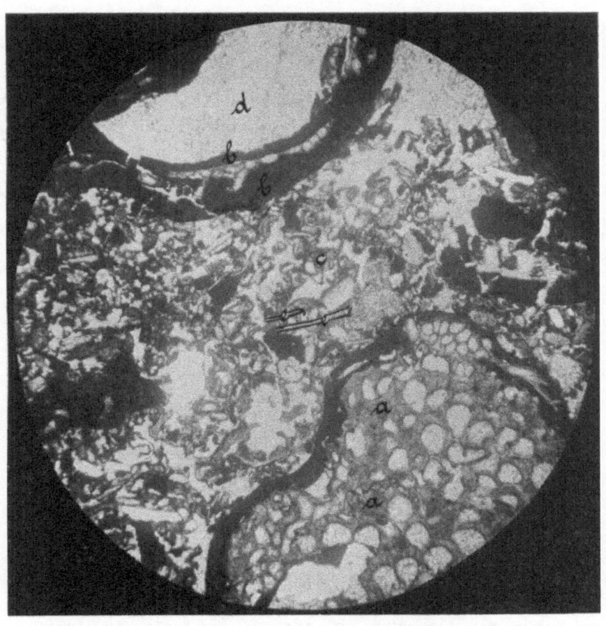

Abb. 262. Lithothamnienkalk von Hundsheim. a Moostierchen (Bryozoen), c Kammerlinge (Foraminiferen), b Lithothamnien (Kalkalgen), d Kalkspatfüllung von Hohlräumen, e Seeigelstacheln

Muschel-, Korallen-, Ammoniten-, Breschenmarmor usw. gesprochen. Die grobkörnigen Marmore zeigen deutlich die spiegelnden Flächen der Kalkspatrhomboederchen, die feinkörnigen haben auf den Bruchflächen einen weichen Schimmer. Unter dem Mikroskop ist deutliche, wiederholte Zwillingstreifung zu beobachten (Abb. 256). Reiner Marmor ist weiß. Verunreinigungen färben ihn, so z. B. Graphit und kohlige Stoffe blaugrau bis grau, Eisenglanz rot, Brauneisen gelblich, bräunlich usw.; sein Gefüge ist meist lückenlos (0,01 bis 0,22 v. H. Porenraum beim Marmor von Carrara). Cipolline nennt man Marmore mit feinen Glimmerbestegen auf den Schichtflächen, Ophikalzit einen „Marmor“, welcher von Körnern und Streifen von Serpentin durchwachsen ist (also eigentlich eine Serpentinbresche; S. 250). Die meisten Marmore sind wohl durch Umwandlung aus dichtem Kalkgestein hervorgegangen (vgl. S. 377), sollten daher eigentlich erst später besprochen werden.

Berühmt sind die Marmorvorkommnisse Griechenlands, in denen die hellenische Kunst einen vornehmen und wirkungsvollen Rohstoff gefunden hat, wie z. B. der Marmor aus dem Pentelikon (Bauten Athens), von den Inseln Paros (grobzuckerkörnig, weiß, stark kantendurchscheinend, herrlichster Bildhauerstein des Altertums), Naxos usw. Andere technisch wertvolle Marmorbrüche besitzen Italien (Massa, Carrara, edler Rohstoff der

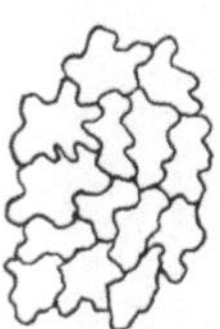

Abb. 263. Marmor. Lappigbuchtiger Verband

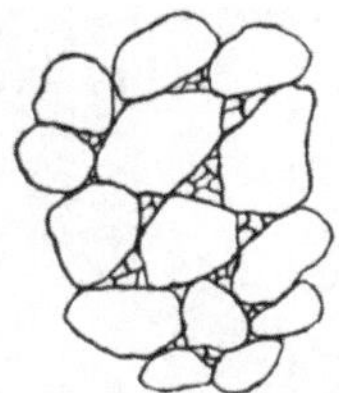

Abb. 264. Marmor. Unmittelbar aneinanderstoßende große Spatkörner, in den Zwickeln kleine Körner

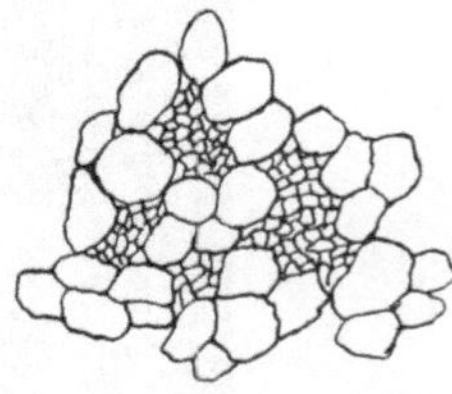

Abb. 265. Marmor. Lückenmasse vorhanden; nur bei Vollmarmoren kristallin

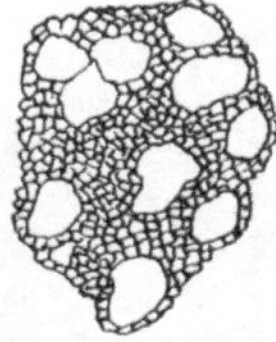

Abb. 266. Inselartig in „Grundteige" eingebettete größere Körnchen und Gruppen von ihnen

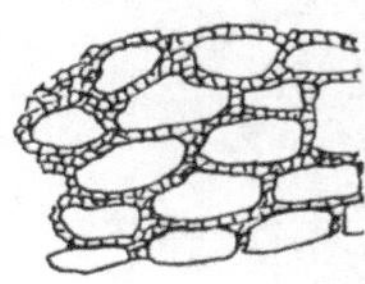

Abb. 267. Marmor. Lagige Anordnung größerer Körner in kleinstkörnigem „Grundteige"

Bei den gewöhnlichen Kalksteinen sind die Körner höchstens halbkristallin; die Halbmarmore führen neben den kristallinen Großkörnern nichtkristalline Füllungen (Abb. 264, 265) oder Grundteige (Abb. 266, 267), die echten Marmore dagegen nur kristalline Körner.

Bildhauer des Altertums und der Neuzeit), Tirol (Laas und Schlanders, weiß, kantendurchscheinend, sehr edel, sehr wetterfest, etwas gröber und härter als der von Carrara, Sterzing, Predazzo usw.), Kärnten (Töschling, Grastal), Preußisch-Schlesien, Hessen, Sachsen usw.

Beispiele deutscher, meist unechter Marmore: Untersberg bei Salzburg (Marmorindustrie Kiefer A.-G.): zarte Mitteltöne (Hofbrunnen in Salzburg, Walhalla bei Regensburg, Glyptothek, Pinakothek, Ruhmeshalle), dichtes Gefüge, gleichartiges Korn; Abarten: Hofbruch (zart rosa, sparsam unterbrochen durch gelblichrote und hellgelbe Stellen mit weißen Tupfen; Abb. 1, Tafel 1), Neubruch („Forellenmarmor"; gelblichgraue Farbe mit schwachen, grünlichen Adern, forellenartigen, roten Tupfen), Mittelbruch (gelblich und rötlich gefärbt mit gelblichweißen, kleinen Stellen), Veitlbruch (bunte, gelbliche und rötliche Töne vorherrschend, Breschenmarmor). Druckfestigkeit 1605 bis 1728 kg/qcm. Adnet, Salzburg (Marmorindustrie Kiefer A.-G.): Ziersteine aus der rhätischen Stufe („Tropfmarmore" = Lithodendronkalk) und dem Lias (roter „Adneter Kalk"); mannigfach verwendet (Marienaltar zu St. Stefan, Säulenschäfte des Wiener Parlaments (Grau Schnöll), Altar zu Linz a. d. Donau, Universitätsbücherei Leipzig (Prunkstiege), Amtsgericht Dresden usw. Abarten: Motzaubruch (dunkelbraun und gelb mit weißen Adern, kleinen Versteinerungen und blaugrauen Einsprengungen), Lienbachbruch (Abb. 6, Tafel 1, hellbraun bis feurigrot mit kleinen schwarzen Ringen und weißen Adern), Grau Schnöll (blaugrau mit weißen Adern und schwarzen Zeichnungen, zuweilen auch roten Streifen), Rot-Schnöll (Abb. 3, Tafel 1, rötlich mit kräftigen, blaugrauen Adern und

Abb. 268. Lahnmarmor-Rohblock aus den Marmorbrüchen der Firma G. Joerissen, G. m. b. H., Weilburg (Lahn) — im Ausmaß von 330×215×115 cm und einem Gewicht von 26.000 kg —, aus dem die Löwenfigur des Hochhauses in Düsseldorf gearbeitet wurde.

Flecken), Rosa-Urbano (Abb. 2, Tafel 1, auf gelblichem bis rosa Grund dunkelrote Adern und weiße Versteinerungsfüllungen), Licht-Urbano, weißlichgelb mit rosa bis roten Einsprengungen), Tropfbruch (Grün-Tr., Rot-Tr., Lebertropf, je mit weißen Korallenresten; größere Stücke führen alle drei Farbabarten, kleinere nur eine), Rot-Scheck (feurigrot mit weißer Spatzeichnung, daher lebhaft aussehend; Abb. 5, Tafel 1), Grau-Scheck (blaugrau mit weißen Einsprengungen), Druckfestigkeit 1137 bis 1315 kg/qcm. Weilburg a. d. Lahn (G. Joerissen, Abb. 268), Balduinstein a. d. Lahn, Villmar a. d. Lahn (Nassauer oder Lahnmarmore von Dyckerhoff & Neumann), Devon. Abarten: fast schwarz mit weißen und gelben Adern, licht bis dunkelgrau, hell- bis tiefrot, grau mit gelb, grauveil, „Brunhildenstein", „Auberg grau", „Schupbach schwarz" (dunkel-grauschwarz), „Grafenstein", „Kölken" (silbergrau mit weißen und schwarzen Tupfen), „Wirbelau". Bayrische

Marmorwerke Bad Aibling mit den Brüchen: Schärfen, Gemeinde Kreuth, unweit Tegernsee (rotweiße oder gelblich-geflammte, von feinen Kalkspatadern durchzogene Kalke = „Tegernseer Marmor"; Malm, hohe Glättbarkeit; faserig-wellige Streifung. Würfelfestigkeit 1480 bis 1710 kg/qcm). Ruhpolding b. Traunstein, Chiemgau (rot, rotgelblich); Jura. Druckfestigkeit 905 bis 1050 kg/qcm (dunkelrotbraune Farbe), 1200 bis 1260 kg/qcm (hell gelbbraun). Böttingen, Rauhe Alb („Deutscher Onyx", elfenbeingelb, tiefdunkelrot; tertiärer Sinter). Horwagen b. Marxgrün, Oberfranken (rötlich, von grauen Adern durchzogen; Würfelfestigkeit 964 bis 994 kg/qcm (‖), 1005 bis 1090 kg/qcm (⊥); Jura. Westfälische Brüche, devonisch mit den Abarten: „Goldader" (dunkelgrau mit feinen goldgelben, blutroten und weißen Adern, „Hohlstein" (schwarzgrau, weiß gebändert = deutscher St. Anna-Marmor, „Alma" (bräunlich mit roten nnd weißen Tönungen). Saalburger Marmorwerke (olivgrün, meergrün usw.), Schleiz („Altrot", tief dunkelrot). Gr. Kunzendorf, Kreis Neiße (hell, oft „flimmernd", zu Schalttafeln sehr geeignet; Bildhauerstein mittelfeinen bis groben Korns). Fichtelgebirge und Frankenwald, buntfarbig, breschig, altzeitlich, Marxgrün (s. o.), Hof, Döbra, Selbitz b. Hof, Kehlheim, Bayern (gelbweiß bis warm-gelbe Tönung), Weißenburg, Treuchtlingen, Pappenheim, Möhren, Rehlingen, Gundelsheim, Solnhofen, Kerpen, Kreis Daun (Eifler Marmorwerke; „Weinberggrau" und „Weinberg rötlich"), Linde b. Köln (schwarzgrau und schwarzbraun bis tiefschwarz), Wildenfels, Mecklinghausen, Rohrdorf-Neubauern, Kramsach (Tirol, Bresche, S. 250) u. a. m.

Die deutschen Marmore stehen an Farbenspiel, Wärme und Zartheit des Tones, Festigkeit, Glättbarkeit und Wetterhärte den ausländischen nicht nach. Der deutsche Architekt halte daher erst im Inlande Umschau, ehe er deutsches Geld ins Ausland trägt!

Die Verwitterung der reinen Kalkgesteine wird weniger durch den mechanischen Zerfall, auch nicht durch stoffliche Umwandlungen, sondern hauptsächlich durch Auflösung im kohlensäurehaltigen Wasser und Fortschaffung im gelösten Zustande herbeigeführt. Tonige Kalkgesteine dagegen erweichen leicht im Wasser, frieren aus und zeigen daher Neigung zum Zerfall. Aus tonigen Gesteinen heben sich reine Kalksteine durch steilere Formen und geringere Fruchtbarkeit oft schroff heraus. Ungleichmäßige Auswitterung im Kleinen zeigen die Flaserkalke; auf ihren Oberflächen entstehen bald Furchen und Rillen infolge geringerer Widerständigkeit der eingekneteten Schiefertone und Tonschiefer, bald wieder von Rippen umgebene Mulden und Gruben, wenn die Kalkknollen rascher ausgelaugt werden als ihre Schieferhülle. Ausgedehnte Kalkmassen zeigen infolge ihrer Zerklüftung Wassermangel, wegen ihrer Nährstoffarmut Unfruchtbarkeit und gemäß der raschen Auslaugung des Kalkspates durch die Niederschlagswässer die Erscheinungen der Karren, der Karsttrichter usw., kurz, sie geben ein Bild, das man treffend als Karstlandschaft bezeichnet hat.

Tonige Kalke eignen sich nicht als Straßenschotter, und von den reinen Kalken die körnigen besser als die dichten. Im allgemeinen galt

Kalkstein früher als treffliches Schottergut, da er die Radreifen wenig abnutzt und die Fahrbahn gut bindet. Den gesteigerten Ansprüchen, welche der Kraftwagenverkehr derzeit an die Straßen stellt, zeigt sich jedoch der Kalkstein in wassergebundenen Fahrbahndecken nicht mehr gewachsen; der heutige Verkehr fordert einen härteren, sich weniger abnutzenden Schotter, um die Staub- und Schlammplage zu verringern und die Fahrbahnerhaltung zu erleichtern und zu verbilligen. Inwieweit die neuzeitlichen Straßenbauweisen (Betondecken, Asphaltmakadam usw.) den Kalkstein wieder zu Ehren bringen werden, muß die Zukunft lehren. Weiche Kalkschotter verträgt die Herstellung von Silikatdecken (mit Wasserglas als Bindemittel).

Die sonstige Verwendung des Kalksteines ist bekannt. Er dient zur Erzeugung von Luft- und hydraulischem Mörtel, zur Bereitung von Kohlensäure, Kalziumkarbid, Glas, als Zuschlag bei verschiedenen Verhüttungsvorgängen usw. Ausgedehnte Verwertung findet er im Hochbau als Zier- und Denkmalstein, als gewöhnlicher Baustein, für Fußbodenbelege, als Dachdeckmittel (Kalkschiefer) usw. Für den Wasserbau sind kieselige Kalksteine am geeignetsten, tonig-mergelige dagegen wegen ihrer Erweichbarkeit zu verwerfen. Bei der Herstellung von Stütz- und Futtermauern, Böschungspflastern usw. wird Kalkstein vielfach angewendet.

Die Druckfestigkeit von Marmor wird im Mittel zu 400 bis 1200 kg/qcm angenommen, bei dichtem Kalkstein schwankt sie zwischen 100 und 2800 kg/qcm als äußersten Werten. Sie ist vielfach von der Art der Kornbindung abhängig; diesbezüglich geben die Erläuterungen zu den Abb. 264—267 Aufschluß. Dabei kann man Vollmarmore und Halbmarmore unterscheiden. Erstere bestehen aus vollkristallinen Körnern; die einzelnen Körner zeigen deutliche Zwillingstreifung (Abb. 189). In den Halbmarmoren liegen neben deutlich erkennbaren kristallinen Kalkspatkörnern (Zwillingstreifung vorhanden bis fehlend) nicht kristallinische Kalkmassen allein oder neben fremden (tonige, ockerige, kieselige usw.) Stoffen. Weitere Unterteilung wie bei den Marmoren (Gleichkorn- [Abb. 263], Kornzwickel- [Abb. 264], Lückenmasse- [Abb. 265], Grundteig- [Abb. 266, 267] -Marmore bzw. -Halbmarmore).

Versteckt kristalline (dichte) Kalke zeigen unter dem Mikroskope Korndurchmesser unter 0,01 mm; die Körnchen können buchtig ineinandergreifen oder sich mit annähernd glatten Rändern berühren; statt der kristallinen Körnchen können Splitter, erdige Massen, Lebewesenreste usw. vorhanden sein (Abb. 261); dies ist bei der Gesteinsbeschreibung und Einteilung nach Ausbildungsmustern zu berücksichtigen. Die Muster Abb. 266 und 267 leiten eigentlich schon zu den Kalksandsteinen hinüber.

Im übrigen kann man nach der Korngröße noch feinstkörnige (0,01 bis 0,1 mm), feinkörnige (0,1 bis 0,25 mm), klein-

(0,25 bis 0,75 mm), mittel- ($^3/_4$ bis $1^1/_4$ mm), grob- ($1^1/_4$ bis 2 mm), großkörnige (2 bis 4 mm), sehr grob- und riesenkörnige Kalke (> 4 mm) unterscheiden (vgl. auch S. 387).

Einige deutsche Vorkommen gemeinen Kalksteines: Hartmannshof, Bayern (C. Sebald & Söhne; Schwammkalk [15 m mächtig] als Bruchstein, Schotter, gebrannter Stückkalk; blaue Kalksteine [15 m] zu Bruchstein, Schotter, gemahlenen kohlensauren Düngekalk; gelblicher Kalk [12 m] für Weißkalk; graue Kalksteine [15 m mächtig] für Zementerzeugung). Steinbruch Hohenems: Fester, grauer, etwas glaukonithaltiger Kieselkalk der Unterkreide; R = 2,67, D = 2,68, Lückigkeit 0,37 des Rauminhaltes, Wasseraufnahme nach 28 Tagen 0,12 v. H., Abnutzungsziffer (nach Deval) trocken 1,23, naß 3,59; frosthart, Druckfestigkeit trocken 2311 bis 2798 kg/qcm, wassersatt 1766 bis 2135 kg/qcm. Kauffung (Katzbach) am Eisenberg (Marmor-Kalkwerk „Silesia"): Erzeugung: Weißstückkalk, Graustückkalk, Kalkmehl, Pulverkalk, Mischkalk, Kalksteinmehl usw. Hauterivienkieselkalke der Schweiz: Oberried, Weesen (Pflastersteine, Hartschotter), Brunnen-Hallenbach, Gersau, Seewen, Matt, Kehrsiten, Acheregg (Lopperbergnase), Beatenberg am Thunersee (Pflastersteine, Hartschotter), Rozloch am Vierwaldstättersee usw. Bönigen am Brienzersee (kieselige und sandige Liaskalke; Pflastersteine).

Übersicht 8. Analysenergebnisse einiger Kalkgesteine

	CaO	MgO	Fe_2O_3	Al_2O_3	SiO_2	Gangart	$MgCO_3$	$CaCO_3$
Kalkberg bei St. Lamprecht (Obersteier)	54,85	0,75	0,68		0,54			97,89
Kalkberg bei St. Lamprecht (Obersteier)	55,64		0,33		0,06			98,16
Kalkstein von Gradenberg (Steiermark) (0,052 S, 0,003 P)								99,00
Jurakieselkalk von der Heuriese bei St. Gallen (Steiermark)	29,15	1,01	2,16	2,10	41,96			
Schöckelkalk von Radegund (Steiermark) nach Heritsch			1,25			0,75	5,46	91,71
Schöckelkalk von Peggau (Steiermark) nach Heritsch						1,77	16,90	81,52
Bruch Hahnstätten der Kalkwerke Johann Schaefer in Diez a. d. Lahn			0,014	0,004	0,06		0,91	98,70
Bruch Limburg der Kalkwerke Johann Schaefer in Diez a. d. Lahn			0,024	0,005	0,08		0,99	98,78
Dolomitwerke Wülfrath, Bruch a. d. Straße Hagen-Hohenlimburg			0,09	0,07	0,12		1,50	98,27
Stromberg, Hunsrück (Gebr. Wandesleben)	55,3			0,90		(Glühverlust		43,5)

b) Dolomit

Dolomite nennt man Gesteine, welche vorwiegend aus Dolomit zusammengesetzt sind. Die verunreinigenden Beimengungen sind dieselben wie bei den Kalksteinen und bedingen die gleichen Unterarten, wie z. B. eisenschüssige, tonige, mergelige, bituminöse (Stink-), kieselige, kalkige, sandige Dolomite; Härte (H = $3^1/_2$ bis $4^1/_2$) und Dichte (D = 2,80 bis 2,90) sind etwas größer als beim Kalkstein.

Der Verband der Körner ist nicht wie beim Kalkstein zwangsförmig-körnig, sondern ganz eigenförmig-körnig, indem jedes Dolomitkörperchen die Rhomboederform anstrebt und in mehr oder minder großer Vollkommenheit auch erreicht; daher berühren sich die einzelnen Körnchen nicht wie beim Kalkstein auf längeren Umfangsteilen, sondern nur an einzelnen Punkten bzw. kurzen Linien, so etwa, wie die Zuckerkörner im Zuckerhut nur sperrig einander angelagert sind; die Zwischenräume zwischen den Körnchen bleiben leer (kleinlückiges oder zuckeriges Gefüge) oder werden nachträglich durch Kalkspatmasse ausgefüllt, so daß lückenloses Gefüge entsteht.

Rogenstein (Eistein-) Tracht findet sich zuweilen. So z. B. im mittleren Zechstein bei Gera (vgl. Hundt[40]); wo der Rogenstein leicht zerfällt, liefern die dolomitischen Eichen „Sand"; festere Bänke geben Bausteine, Blender, Stufensteine, Grabsteine, Packlagen, Betonschotter usw.; das Gefüge ist lückig. Dem gemeinen Kalkstein entspricht der dichte Dolomit, dem Kalkmarmor der körnige Dolomitmarmor. Zellendolomite sind ähnlich entstanden wie die Zellenkalke; ihre zahlreichen, meist eckigen, seltener rundlichen Zellen enthalten häufig im Innern pulverigen Dolomitsand (sog. Dolomitasche, S. 233) als Rückstand der ausgelaugten Stoffe und tragen auf den aus Dolomitstoff bestehenden Wänden häufig Drusen von winzigen Dolomitkriställchen. Sie finden sich in Gesellschaft von Zellenkalken mancherorts in den Alpen (Semmering, Mürzflußseitentäler, Tauernmesozoikum usw.) und werden vielfach als Straßenschotter und als Baustein (Stütz- und Futtermauern der Semmeringbahn) benutzt. Wegen ihrer rauhen Oberfläche heißt man sie auch Rauhwacken (Rauchwacken).

Die Dolomite kommen sowohl in den Nord- als auch in den Südalpen in großer Verbreitung vor und tragen oft örtliche Namen oder die Bezeichnung der geologischen Schicht, der sie entstammen (z. B. unterer Triasdolomit, Schlerndolomit, Dachsteindolomit, Hauptdolomit, Ramsaudolomit und so weiter). Die Entstehung des Dolomites ist noch nicht völlig geklärt. Sicherlich haben an verschiedenen Stellen der Erdrinde magnesiahaltige Wässer bereits gebildeten Kalkstein ganz oder teilweise verdrängt. Anderseits sprechen viele Vorkommnisse dafür, daß sich da und dort Dolomit bzw. dolomitischer Kalk unmittelbar aus Wasser abgesetzt hat; in manchen Fällen dürften dolomitische Kalke durch Auslaugung des Kalkspates an Dolomitstoff angereichert worden und allmählich in Dolomite übergangen sein.

Der Dolomit wird als Werk- und Baustein vielfach benutzt.

Als Schottergut eignet er sich besser als Kalk; die Dolomite der Alpen haben durch den Gebirgsdruck vielfach eine starke Zertrümmerung erfahren, so daß sie bei der Verwitterung zu sofort gebrauchsfertigem Splitt und Kantschotter zerfallen. Größeren Anforderungen genügen verkieselte Dolomite.

Sonst dient er zur Gewinnung von Magnesiasalzen, als Zuschlag bzw. basisches Futter bei der Eisen- und Stahlerzeugung, bei der Verhüttung der Eisenerze (namentlich im sogenannten Thomasverfahren) usw. Seine Druckfestigkeit übersteigt in der Regel jene des Kalksteines.

Einige deutsche Vorkommen: Dolomitwerke Halden a. d. Lenne, Kreis Hagen, Bruch Dietkirchen der Johann Schaefer Kalkwerke in Diez a. d. Lahn (56,28 $CaCO_3$, 40,72 $MgCO_3$, 0,77 $Fe_2O_3 + FeO$, 1,02 Al_2O_3, 0,96 SiO_2. Dolomitwerke Vöslau und Veitsau, Niederösterreich, der 1. österreichischen Dolomitin-Edelputzwerke Adolf Strauß, Wien V 2, Margaretengürtel 45. Hartmannshof, Bayern (Bruchstein, Schotter, gebranntes Tüncherweiß). Dolomitwerke Wülfrath, Bruch an der Straße Hagen-Hohenlimburg (CaO 30,89 v. H., MgO 21,56 v. H., Al_2O_3 + Fe_2O_3 0,69, SiO_2 0,20, Glühverlust 46,69 v. H.).

Die Dolomitgesteine neigen häufig, aber nicht immer, zu ähnlicher Unfruchtbarkeit und Verkarstung wie die reinen Kalksteine. Hauptdolomitschotter in Gleisbettungen und auf Straßenfahrbahnen überzieht sich nur sehr langsam mit einer Pflanzendecke. Auf der Triestiner Karsthochfläche heben sich aber die Dolomitgebirge nicht selten durch besseren, lebhafteren Pflanzenwuchs von den unfruchtbaren Kalken ab (Hochfläche von Comen).

Mergelgesteine

Die Mergelgesteine bilden die Übergangsglieder zwischen den kohlensauren und tonigen Gesteinen. Sie sind innige Gemenge von kristallinem Kalkspat (Kalkmergel) bzw. Dolomit (Dolomitmergel) und tonigen Stoffen von wenig bekannter Natur.

Nicht nur ihre Zusammensetzung, sondern auch ihre physikalischen Eigenschaften, wie Härte, Dichte, Verhalten gegen Wasser usw. bewegen sich auf einer mittleren Linie zwischen jenen der beiden Hauptgemengteile Kalk (bzw. Dolomit) und Ton. Beim Anhauchen riechen sie nach Ton, mit Salzsäure benetzt, brausen sie auf; sie fühlen sich im Gegensatze zu den kohlensauren Gesteinen warm an und lassen sich bei höherem Tongehalte meist schon mit der Hand in Stücke brechen.

Je nach den Beimengungen, der Tracht usw. unterscheidet man verschiedene Arten. Der Gipsmergel vermittelt zwischen Gips und Ton, gehört daher strenge genommen als Anhang zu den Gipsarten. Sandmergel enthalten reichlich Sandkörnchen, welche bisweilen den Ton nahezu verdrängen und bewirken können, daß der Fels in mergeligen Sandstein übergeht. Steinmergel sind besonders feste, verkieselte Abarten; solche harte Mergel können auch als Bausteine Verwendung finden. Brandschiefer nennt man bituminöse Mergel, welche sich am Feuer entzünden lassen. Der Kalkmergel (etwa 20 bis 30 v. H. Ton) nähert sich nach Zusammensetzung und Eigenschaften mehr dem Kalkstein, der Tonmergel (50 bis 60 v. H. Ton) dem Ton. Dazwischen liegen die Mergel schlechtweg (30 bis 50 v. H. Ton. Mergelschiefer sind dünn, Blättermergel sehr dünn geschichtet. Die grüngefärbten Glaukonitmergel führen Glaukonit. Der Schlier ist der Hauptsache nach ein feinsandiger, glimmerhaltiger, schieferiger (dünnschichtiger) Tonmergel von lichtblaugrauer oder grauer Farbe, der in seinen oberen Lagen Reste von Landpflanzen und Gipskristallen einschließt; doch kommen auch sehr tonreiche oder einem mürben Sandstein ähnliche Abarten vor. Er verwittert sehr leicht, hält dauernd nur flache Böschungen (10 bis 14^0 im Großen) und neigt sehr zu Rutschungen. Die Verwitterung erzeugt fette, bildsame Tone oder Lehme. Man kennt ihn in weiter Verbreitung aus dem Tertiär Bayerns, Ober- und Niederösterreichs, Mährens, Galiziens, Ungarns usw. Der Geschiebemergel (S. 257) stellt im frischen Zustand ein blaugraues, infolge reicher Beimengung von zermahlenen Kalkgeschieben stets kalkhaltiges Mergelgestein dar, welches immer reichlich gekritzte Geschiebe und Wanderblöcke enthält. Durch die Verwitterung verliert er seinen Kalkgehalt, wird gelb bis braun gefärbt und geht so schließlich in einen geschiebereichen Lehm über.

Die meisten Mergelarten verwittern sehr leicht, sind nicht frostbeständig, wenig fest und daher sehr stark nachbrüchig. Die Standfestigkeit eines Mergels läßt sich leicht dadurch erproben, daß man eine aus ihm geschnittene Säule (oder einen Würfel) mit Wasser übergießt; zerfällt der Probekörper binnen kurzer Zeit, dann hat man mit einer äußerst geringen Standfestigkeit und Wetterbeständigkeit zu rechnen. Als Bausteine eignen sich nur die härtesten Arten; die weicheren saugen viel Wasser auf, erweichen dabei ganz und bereiten so den vollständigen Zerfall bei Eintritt von Frostwetter vor. Als Schotter sollte man Mergel

Abb. 269. Steinbruch bei Solnhofen; Steindruckschiefer.
Nach einem käuflichen Lichtbilde

überhaupt nicht verwenden; er widersteht wegen seiner geringen Härte dem Raddrucke zu wenig und liefert schließlich eine Unmenge von Schlamm. Bei Schüttung hoher Dämme sind tonreiche Mergel von der Verwendung auszuschließen, da sie bei Durchnässung aufquellen und Fließ- und Rutschungsvorgänge herbeiführen.

Ihre Hauptverwertung finden die Kalkmergel bei der Erzeugung von Zementen; Dolomitmergel eignen sich hiefür nur unter bestimmten Voraussetzungen (niedrige Brennwärme usw.). Ferner benutzt der Landwirt die kalkigen Mergel, um nasse, kalte, schwer bearbeitbare (bindige oder strenge) Böden trockener, wärmer und lockerer zu machen, und ihnen obendrein Kalknährstoff für die Pflanzen zuzuführen. Dolomitische Mergel spenden wegen ihres geringen Kalkgehaltes und der schwierigeren Aufschließbarkeit des Kalziums im Dolomit weniger Kalknährstoff, wirken aber physikalisch ähnlich wie Kalkmergel.

Zerstückelte Mergel, durch eingewanderte Eisen- und Manganlösungen gefärbt und wieder verkittet, werden „Ruinenmarmore" genannt (Abb. 270).

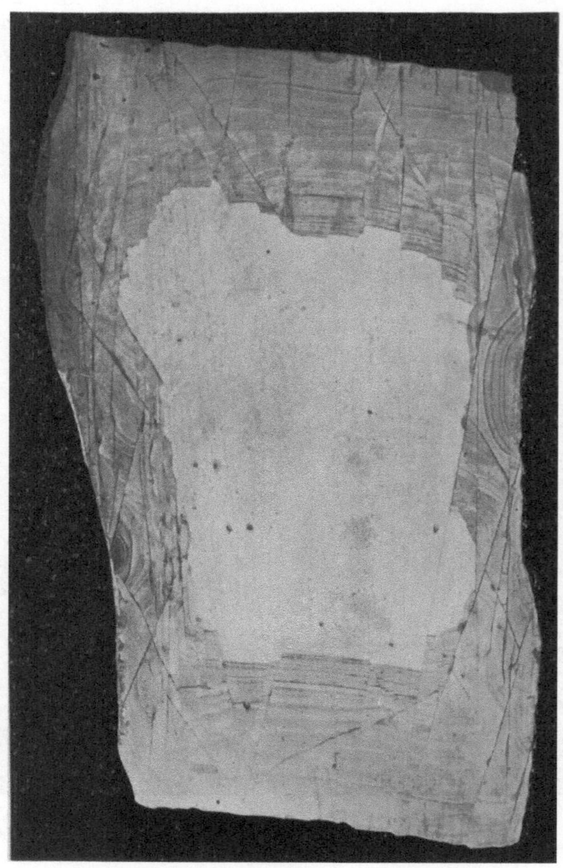

Abb. 270. „Ruinenmarmor", Klosterneuburg

Tone und ähnliche Gesteine

Der Name Ton umfaßt keinen genau umgrenzten stofflichen Inhalt wie z. B. der Ausdruck Kaolin, sondern ist innerhalb gewisser Grenzen ein physikalischer Begriff; er schließt alle an wasserhaltigen Aluminiumsilikaten reichen Ablagerungen ein, welche, ohne gerade immer Kaolin zu sein, kaolinähnliche bzw. kolloidale Eigenschaften besitzen, so z. B. Festhaften an der Lippe, Zerreiblichkeit und Glanzlosigkeit in trockenem Zustande, begieriges Aufsaugen von Wasser, Knetbarkeit nach Durchfeuchtung, Quellen mit Wasser, Neigung zu Rutschungen, Schwinden beim Trocknen, hohe Aufnahmefähigkeit für Farbstoffe und Kleinlebewesen (Bakterien) usw.

Alle diese Eigenschaften sind mehr oder minder Oberflächenwirkungen (vgl. S. 14). Die neueren Untersuchungen, namentlich von Atterberg, haben ergeben, daß die „Tone“ aus feinsten, staubförmigen Teilchen verschiedener Mineralien (Quarz, Feldspat, Kaliglimmer, Magnesiaglimmer, Talk, Chlorit, Limonit, Kaolin, Hämatit usw.) bestehen, von denen ein Teil (Magnesiaglimmer, Hämatit, Talk) in dieser feinen Zerteilung hochbildsam ist und sich ähnlich verhält wie Kleinchen, während der größere Rest (z. B. Quarz) erst bei außerordentlicher Kleinheit der Teilchen Knetbarkeit zeigt; jene Stoffe im Ton, welche gewissermaßen als Träger der kolloidalen Wirkungen gelten dürfen, hat man als Allophanoidton (S. 238), als Kleinchenton usw. bezeichnet. Verhältnismäßig geringe Mengen von Kleinchenton genügen bereits, um einer größeren Masse von ebenfalls fein zerteilten, aber an sich nicht knetbaren Mineralkörperchen kolloidales Verhalten aufzuzwingen. Über die Korngrößenzusammensetzung einiger Tone unterrichten die Abb. 29, 30. „Weißerde“ (S. 77) vom Dissauer Graben enthält: Sand 32,90, Mu 8,20, Schluff 56,48, Rohton 2,42.

Schwemmt man Ton im Wasser auf, und setzt zu der Aufschwemmung einen Elektrolyt, z. B. Kalkspatstoff, zu, dann werden die Kleinchen zusammengeballt und ausgeflockt. Sie legen sich zu lockeren Gehäufen zusammen, sinken zu Boden und bilden Absätze, welche bei geringer Flockengröße (Schluffgröße) noch tonähnlich sich verhalten, bei Zunahme des Krümeldurchmessers (etwa Mugröße) aber ganz abweichende Eigenschaften zeigen. Die Ablagerung wird locker, für Wasser durchlässig und standfester als der Ton früher war, aber die Knetbarkeit, das Schwinden beim Trocknen und das Aufquellen bei Durchfeuchtung sind verloren gegangen. Der Ton ist mager geworden, während er in ursprünglichem Zustande fett genannt werden konnte. Erinnern wir uns an den Kalkgehalt des Lößes (S. 254), so werden wir unschwer den Zusammenhang erkennen, welcher zwischen den Eigenschaften des Lößes und seinem Kalkgehalte besteht und werden auch die Lehmwerdung der entkalkten obersten Lößschichten jetzt richtiger als Wiedererweckung der vom Kalke gleichsam hilflos gebundenen Kleinchenkräfte deuten.

Die Tone sind zuweilen durch Sand, Schwefelkies, Kalkspat, Gips, Steinsalz usw. mehr minder verunreinigt. Ihre Stoffdichte beträgt in vollkommen trockenem Zustand etwa 2,5. Als färbende Stoffe treten zumeist Eisenoxyd (rot), Brauneisen (gelb, braun), Eisenoxydul (grünlich, blaugrau), feinstverteilter Schwefelkies (blaugrau), kohlige und Humusstoffe (grau, blaugrau, schwarz) auf. Bezeichnend ist der tonige Geruch, der sich besonders beim Anhauchen bemerkbar macht. Manche Tone sind reich an Versteinerungen mit kieseligem Versteinerungsmittel, wie z. B. der Ornatenton des oberen Doggers Deutschlands (Callovien), an Zusammenwachsungen von Phosphorit, Schwerspat, Gips, Sphärosiderit, Kalkspat, Mergel usw.

Die stoffliche Zusammensetzung der Tongesteine schwankt in weiten Grenzen und möge nachstehenden Ergebnissen von Bauschanalysen entnommen werden:

1. Septarienton, Offenbach (Maintal)
2. Lößlehm, Ziegelhausen bei Heidelberg
3. Walkerde, Cilli (Steiermark)
} nach Rosenbusch, Elemente der Gesteinlehre
4. Roterde, Schneeberg (Niederösterreich) (nach Dr. W. Graf zu Leiningen):
5. Congerientegel des Wiener Beckens (nach v. Sommaruga),
6. Rotbrennender Klinkerton nach Hirsch,[42]
7. Feuerfester Sinterton nach Hirsch:[42]

	SiO_2,	Al_2O_3,	Fe_2O_3,	FeO,	MgO,	CaO,	Na_2O,	K_2O,	H_2O,	
1.	58,11	14,65	2,07	3,03	3,23	4,40	0,61	2,08	6,40	
2.	75,18	10,01	5,41	0,22	0,73	0,72	1,27	3,97	2,82	
3.	51,21	12,25	2,07	—	4,89	2,13	—	—	27,89	
4.	50,34	16,33	13,60	—	1,27	1,43	—	0,09	15,42	
5.	50,14	13,18	—	7,62	0,50	3,85	5,14	0,89		12,28 (Glühverlust)
6.	61,3	18,9	6,7	—	1,2	0,5	3,2			8,3 (Glühverlust)
7.	50,1	34,9	2,0	—	0,1	0,1	0,8			12,0 (Glühverlust)

Im großen und ganzen handelt es sich also bei den Tonen um wasserhaltige Aluminiumsilikate, welche mit verschiedenen anderen Silikaten gemischt sind. Tone gleicher stofflicher Zusammensetzung besitzen oft verschiedenes physikalisches Verhalten, weshalb die chemische Analyse eines Tongesteines noch keinen sicheren Rückschluß auf seine technische Verwertbarkeit gestattet; über letztere entscheiden bloß Verwendungsproben. Gerade dieser Umstand bestätigt die eingangs wiedergegebene Anschauung, daß der Name Ton vorläufig, bis zur gründlicheren Kenntnis des Gesteins, nicht stofflich, sondern physikalisch aufgefaßt werden muß.

An Arten des Tones und verwandter Gesteine seien aufgezählt: Porzellanerde oder Kaolin ($H_2Al_2Si_2O_8$, H_2O), meist das Endergebnis der Tiefenzersetzung feldspatreicher Gesteine wie Granit, Porphyr, Liparit, Andesit usw. Viel langsamer, unvollkommener und unvollständiger geht die Kaolinisierung bei der Oberflächenverwitterung solcher Gesteine vor sich; bei dieser bilden sich vorwiegend andere tonige Stoffe. Die Kaolinisierung wird aber kräftig gefördert durch die Anwesenheit von Schwefelkies, der bei der Verwitterung Schwefelsäure entbindet, oder durch die Einwirkung von Kohlensäure von Humuskolloiden (Mooruntergrund usw.) (vgl. S. 77, 238). Töpferton ist ein durch Eisenoxyde, etwas organische Stoffe und Quarzsand verunreinigter Ton, der, wie der Name sagt, zur Erzeugung irdener Geschirre usw. verwendet wird. Bituminöse Tone sind reich an kohligen Stoffen oder Bitumen, meist dunkelgrau bis schwarz gefärbt. Der Salzton ist mit den Chloriden des Natriums und Magnesiums durchtränkt, enthält wohl auch häufig Anhydrit, Gips usw. Mergelige Tone enthalten 60 bis 80 v. H., kalkige Tone mehr als 80 v. H. Ton, während der Rest aus Kalkspat besteht. Alaunton (Vitriolton) führt Eisenkies und kohlige Stoffe in feinster Verteilung. Die Verwitterung des Schwefelkieses gibt Veranlassung zur Bildung von Alaunen (Sulfate von K, Ca und Al), welche zuweilen gewerbsmäßig mit Hilfe von Wasser ausgelaugt und gewonnen werden. Tegel heißen die formbaren, feinstsandigen tertiären Tone des Wiener Beckens und der Grazer Bucht, welche an vielen Orten (Hernals, Baden, Heiligenstadt, Wienerberg, Andritz und St. Peter bei Graz usw.) den Rohstoff für die Erzeugung von Ziegeln liefern; sie wurden teils zur Zeit der zweiten Mittelmeerstufe, teils zu jener der sarmatischen und pontischen Stufe abgelagert. Letten nennt man zähe, schwer lösbare Tone, die viel Wasser aufnehmen und infolgedessen sehr undurchlässig und fett sind, oft lebhafte Färbung zeigen und beim Austrocknen gerne blättern. Die „Bändertone" zeigen Lagentracht, viele von ihnen sind zur Eiszeit entstanden (Alpen, Norden).

Lehme sind Tone, welche stark sandig sind und sich daher mager anfühlen; sie enthalten selten nennenswerte Mengen von Kalk, dagegen fast immer reichlich Brauneisen, dem sie ihre meist gelbliche bis bräunliche Farbe verdanken. Mit zunehmendem Sandgehalte nähern sich die Lehme den Sanden. Man unterscheidet Lehm schlechtweg (Sandgehalt erst beim Aufschlämmen mit Wasser oder beim Zerdrücken erkennbar), sandigen Lehm (Sandgehalt ohneweiters kenntlich), lehmigen Sand usw. Tonziegel sind im allgemeinen höherwertiger als Lehmziegel (vgl. S. 401). Soll Lehm feuerfest sein, so darf er weder Kalk noch Eisen enthalten. Für die Verwendung zur Ziegelerzeugung schadet ein Gehalt an Schwefelkies oder an Kalkspat. Ersterer verursacht Auswitterung und Abblätterung, letzterer das Zerspringen der gebrannten Ziegel, da der Kalk beim Ziegelbrennen mitgebrannt und an der feuchten Luft gelöscht wird, wobei er sich heftig ausdehnt und den Backstein zerreißt. Feinmahlen der nicht aushaltbaren Kalkbrocken mindert das Übel. Der bereits besprochene Lößlehm ist aus Löß, der Geschiebelehm aus Geschiebemergel hervorgegangen.

Der Höhlenlehm wird durch eingeschwemmte tonhaltige Stoffe oder durch die Lösungsrückstände der Höhlenkalke gebildet. Er enthält häufig reichlich Knochenreste von Höhlenbären und anderen Tieren eingebettet, und weist nicht selten einen oft bis zu 15 und mehr v. H. steigenden Gehalt an Phosphorsäure auf; er wird dann vielfach ausgebeutet und als „Höhlendünger" verkauft (Feengrotte bei Saalfeld, Peggauer Höhlen, Drachenhöhle bei Mixnitz). Ähnlichen Ursprunges ist die Roterde (terra rossa, Analyse S. 222. 308), der Auslaugungsrückstand vieler kalkiger und dolomitischer Gesteine. Sie braust mit Salzsäure nicht auf, ist hoch bildsam, entfärbt sich mit verdünnter warmer Salzsäure leicht, besitzt hohe Aufsaugekraft gegenüber Eisenlösungen und rötet Lackmuspapier. An ihr Vorkommen in Mulden (Dolinen), am Fuße von Hängen, in Spalten und Klüften usw. knüpft sich die Möglichkeit des Gedeihens von Pflanzen in den wasser- und nährstoffarmen Karstgebieten. Die Roterde bildet vielfach den färbenden Belag „rotklüftiger" Kalke, so z. B. des devonischen Hochlantschkalkes, mancher Dachsteinkalke, Hochgebirgskorallenkalke (Höllgraben bei Jassingau, südlich Hieflau, Steiermark), Liaskalke, Gosaubreschen, Kreidekalke usw.

Hochrote, eisenschüssige Tone, welche vielerorts den südlichen Alpenrand begleiten, nennt man „Ferretto"; sie sind den Roterden verwandt, deren eiszeitliche Ausbildung sie darstellen. Walkerde (Analyse S. 308) ist ein bittererdehaltiger und daher wenig bildsamer, aber fetter Ton, der im Wasser zerbröckelt, begierig Fette und Öle aufsaugt und deshalb in der Tuchwalkerei, beim Klären von Öfen (Bleicherde) usw. verwendet wird. Er geht unter anderem aus der Verwitterung von Gabbros und Basalten hervor (Roßwein in Sachsen, Riegersdorf in Preußisch-Schlesien, Reifenstein bei Cilli in Südsteier, Württemberg, Westerwald usw.). Tonige Gesteine, welche in trockenem Zustande aus kleinen Schuppen oder Scherben bestehen, deren Oberfläche infolge mechanischer Verschiebung geglättet ist und glänzt, nennt man wohl Scherbentone; sie neigen zu Gleiterscheinungen, Schuttwandern u. dgl. Die Blättertone zerfallen wegen ihrer Dünnschichtigkeit blättrig. Bolus heißen eisenschüssige, mitunter auch kalkige Tone von lebhaft roter Farbe, Schlick die jungen Tone, welche sich in den Überschwemmungsgebieten von Strömen aus der feinen Flußtrübe absetzen und oft reich an pflanzlichen und tierischen Resten sind (Faulschlamm zum Teil). Weißerden (S. 77, 307) sind durch Quarzkörnchen verunreinigte Tone mit sehr großem Gehalt an Serizit und ähnlichen Glimmerabarten; sie schmelzen schon bei Wärmegraden um 1400° C oder etwas darüber.

Bessere Tone (zum Teil auch als „Rohkaolin" [?] bezeichnet) gewinnt man in Österreich bei Krumnußbaum (auf Granulit), Schwertberg, Göttweig, Aspang, Voitsberg, Wolfsegg, Thomasroith, Tiefenfucha, Oberfucha (hier auf Granulit, nach L. Kölbl[1] an Ort und Stelle entstanden, zuweilen seine Klüftung und Bandstreifigkeit widerspiegelnd), Klein-Pöchlarn, Mallersbach bei Frein (auf sogenanntem Bittescher Gneis) usw.

Einige andere Beispiele deutscher Tone: Hettenleidelheim, Rheinpfalz (sehr feuerbeständig, tertiär), „Posener" Ton (Abarten: graugrüne Tone mit lebhaft farbigen Bändern [„Flammentone"], rote Tone, dunkle, humose Tone), Rüdersdorf, „Kapseltone" Mitteldeutschlands, Septarientone Mitteldeutschlands und Brandenburgs, miozäne „Flaschentone" der Lausitz, Brandenburgs, Anhalts, Nordwestsachsens usw.

Der Schieferton unterscheidet sich vom Ton durch deutlichere, in engeren Abständen auftretende Schichtung, kleineren Porenraum und größere Festigkeit. Hand in Hand damit sinkt auch der Wassergehalt; damit steigt seine Standfestigkeit, die bei Ton in feuchtem Zustande nahezu null ist. Schieferletten und Lettenschiefer sind Tonarten, welche meist rote und braune Färbung zeigen und leicht in Scherben zerbröckeln. Zum Ton gehört auch der Schlamm der Meere, der sich am Boden nahe der Küste und in der Tiefsee absetzt. Gelbe Tone, welche reichlich Brauneisen enthalten, gehen häufig in sogenannten gelben und braunen Ocker über, der hie und da als Mineralfarbe verwendet wird.

Die verschiedenen Bezeichnungen der Tone nach geologischen Zeitaltern, in denen sie sich bildeten, fesseln den Techniker weniger, als die technisch wichtigeren Artnamen, welche sich auf die physikalische und stoffliche Beschaffenheit oder die Verwertung der Tone gründen.

Die Tone spielen in der Technik eine große Rolle. Einerseits wohl deshalb, weil sie die Rohstoffe für die Erzeugung verschiedener Porzellane, Tonwaren, feuerfester Stoffe usw. liefern, anderseits aber, weil sie an vielen Orten das Gelände aufbauen, auf und in welchem der Techniker seine Bauten aufführt.

Tone für Klinker müssen nach Hirsch[42]) dicht brennen (sintern, verklinkern), also von schädlichen körnigen Anteilen und Salzen frei sein; Flußmittel (z. B. Alkalien), Kornfeinheit und Farboxyde (z. B. Eisenoxyd) begünstigen das Sintern. An sich brennt Eisenoxyd unter 1000° C leuchtend rot; zwischen 1000° und 1100° C entstehen rotbraune Farbentöne, sodann braune und bläuliche Töne und schließlich oberhalb 1200° C schwarze (Eisenoxyduloxyd, namentlich im rauchigen, reduzierenden Feuer). Kalkgehalt drückt den Sinterungswärmegrad herab und schwächt die rote Farbe (gelbliche oder grünliche Töne); Feldspat wirkt gleichfalls als Flußmittel.

Überall dort, wo der Ingenieur mit tonigen Ablagerungen im Tief- oder Hochbau zu tun hat, sollte er vor den unangenehmen Eigenschaften

---

[1] Vgl. Kölbl[41]); der Volksmund nennt diese Tone „Tachert" (dâha, althochdeutsch = Ton).

der Tone in durchnäßtem Zustande auf der Hut sein. Schwach angefeuchtet lassen sich die Tone meist nicht allzu schwer lösen, halten fast jede Böschung und erfordern in Baugruben usw. oft keine oder nur eine schwache Zimmerung. Tritt jedoch von außen oder vom angeschnittenen Gebirge Wasser in reichlicherer Menge herzu, so „quellen" und „treiben" sie, indem sie die geschaffenen Hohlräume (Stollen, Baugruben usw.) mit erstaunlicher Gewalt zu schließen suchen; den überraschend großen, plötzlich lebendig werdenden Druckkräften vermag oft selbst sehr starke Auspölzung bzw. Auszimmerung nicht standzuhalten und zwingt bei Tunnels und wichtigen Stollen (Grundstrecken usw. des Bergbaues) zu allseitigem Gewölbeausbau. Das „ Quellen" („Blähen") der Tone darf aber nicht mit den Erscheinungen des Gebirgsdruckes verwechselt werden, dessen Wirkungen allerdings völlig ähnliche sind.

Brückenwiderlager, auf tonige Böden gesetzt, neigen oft zu Bewegungen in lotrechter und wagrechter Richtung. Die Aufschüttung hoher Dämme oder die Herstellung von Anschnitten und Einschnitten, wie sie beim Baue von Straßen und Eisenbahnen häufig notwendig werden, stören nur zu oft das an sich nicht sehr beständige Gleichgewicht von Hängen, welche aus tonigen Gesteinen bestehen. Es kommt zu den bekannten Erscheinungen des Fließens, Rutschens und langsamen Wanderns von Hängen. Einmal ausgelöste und in Gang gekommene Bewegungen von Tonböden sind nur schwer und mit großen Kosten durch Anlage von Entwässerungen, Stützmauern usw. wieder zum Stillstande zu bringen. Es empfiehlt sich daher, auf Grund eingehender geologischer Untersuchungen entweder von vornherein solche Linienrückungen vorzunehmen, durch welche Rutschgelände umgangen oder Erdbewegungen wesentlich herabgemindert werden, oder bei Unmöglichkeit von Achsenverlegungen vor Inangriffnahme der eigentlichen Bauarbeiten das gefährliche Gelände entsprechend zu entwässern.

Besondere Vorsicht erheischen Tone, welche reichlich Schwefelkies führen, denn die Verwitterung des Eisenkieses an der feuchten Luft ruft unter Raumausdehnung und Zusammenhangsminderung der Masse Alaunbildung und im Zusammenhange damit starke Quell- und Fließerscheinungen hervor; außerdem greifen sie Mörtel an (S. 53).

Der Landwirtschaft sind reine Tonböden abträglich. Sie sind meist arm an Pflanzennährstoffen, infolge ihrer Bindigkeit und Zähigkeit sehr schwer bis schwer zu bearbeiten, schlecht durchlüftet, kalt, feucht und neigen zur Versumpfung, bei Trockenheit wiederum zur Rissebildung, wobei Pflanzenwurzeln zerrissen werden. Anlage von Sickerungen (Drainagen) und „Kalken" bzw. „Mergeln" beheben die schlechten Eigenschaften der Tonböden ganz oder zum Teile und begünstigen die Krümelbildung (Auflockerung), die Durchlüftung und die leichtere Durchwärmung des Bodens.

Anhang zu den Tonen

Weitgehende Hydrolyse und Wegführung der Kieselsäure führt unter dem Einflusse feuchtheißen Klimas zur Bildung des Laterites, dem wesentlich aus Aluminiumhydroxyd (meist kristallines Tonerdetrihydrat) und Eisenhydroxyd bestehenden Endgebilde der Verwitterung mannigfacher Gesteine.

Auch der **Beauxit** setzt sich wesentlich aus Tonerdehydroxyd (Hydrargillit und Diaspor; Tonerdemonohydrat in meist kolloidaler Form vorherrschend) zusammen; zuweilen ist auch er durch Eisenhydrat verunreinigt und dann mehr minder rötlich gefärbt. Der Beauxit bildet einen hochwichtigen Ausgangsstoff für die Darstellung des Aluminiums und seiner Verbindungen; ferner kommt Beauxit als Zuschlag bei der Verhüttung, zur Herstellung künstlicher Schleifmittel, feuerfester Erzeugnisse, des Schmelzzementes usw. in Betracht. Zuweilen ist er, wie z. B. am Vogelsberg, Niederrhein (Königswinter, Siegburg) und in der Wetterau, aus der Verwitterung von Basalten hervorgegangen. Bekanntere Lagerstätten sind: Wocheiner Feistritz in Oberkrain (4 m mächtiges Lager in Trias- und Jurakalken), Prichowa bei Cilli (Steiermark), Pitten Umgebung und der Marchgraben zwischen Wöllersdorf und Dreistätten in Niederösterreich, Novigrad, Benkovac, Drnis, Knin und so weiter in Dalmatien, das Bihargebirge, Petrosz und Varsonkolyos in Ungarn usw. Das ausgiebigste Lager Deutschösterreichs befindet sich in der Laussa (Oberösterreich), kleinere Lagerstätten im Weißenbach bei Hieflau, bei Grödig unweit Salzburg (bereits ausgebaut) u. a. m.

Die stoffliche Zusammensetzung des Laterites und Beauxites zeigen nachstehende Analysenergebnisse:

Übersicht

	Al_2O_3	Fe_2O_3	H_2O	SiO_2	K_2O, Na_2O	Li_2O, TiO_2	
Beauxit aus Wochein	72,87	13,49	8,50	4,25	0,78	Spur	
Beauxit von Dealul Cunci-(Bihar-Gebirge)	65,50	21,30	11,70	0,80	—	2,80	
Laterit von den Seychellen	60,68	9.56	29,76	—	—	—	
Beauxit von der Laussa (Steiermark)	49,60	24,00	12,60	14,00	—	—	
	55,80	25,30	13,15	5,80	—	—	
Laterit von Harbach) (Vogelsberg)	53,47	15,43	+ 28,05 — 0,69	0,72	—	0,95	nach Kaiser
Weißer Beauxit-Laterit von Wermertshausen (Vogelsberg)	60,85	1,40	32,40	1,96	—	3,12	nach Möser
Laterit-Beauxit von Langsdorf (Vogelsberg)	50,85	14,36	+ 27,03 — 1,35	5,14	0,09 0,17		nach Lang

Tonschiefer

Die Tonschiefer sind feste, nicht zerreibliche, gut geschichtete, zuweilen auch geschieferte und daher meist vorzüglich spaltende und blättrige Gesteine von geringer, bisweilen mittlerer Härte und dichtem, gleichmäßigem Aussehen; sie schimmern auf dem Hauptbruche gewöhnlich mehr oder weniger matt, zeigen oft auch einen gewissen Glanz, dessen sie aber auf dem Querbruche völlig entbehren. Mit den Tonen und den sich aus ihnen durch Abnahme des Wassergehaltes und Zunahme der Festigkeit allmählich entwickelnden Schiefertonen verbinden sie alle möglichen

Übergänge. Die Umbildung der Tone zu Schiefertonen und Tonschiefern bewirkt der die Feuchtigkeit austreibende und die Teilchen einander nähernde Druck, mag er nun als Belastungsdruck von Hangendmassen oder als seitlich wirkender Druck (Pressung) auftreten. Mit zunehmender Umprägung stellen sich meist auch Glimmermineralien ein, die dann den gewissen Glanz auf den Schieferungsflächen hervorrufen; ein Teil der bei der Umwandlung verschwindenden Bergfeuchtigkeit geht also mineralische Bindung ein.

Die Farbe ist vorwiegend grau bis bläulichgrau, zuweilen fast schwarz infolge kohliger Beimengungen; Verunreinigungen von Eisenoxyd rufen violettrote und rote, solche von Chlorit grünliche, von Brauneisen gelbliche bis braune Farbenänderungen hervor. Brauneisenhäutchen überziehen häufig auch die Schichtungsflächen und verleihen ihnen oft das für dünne Blättchen bezeichnende Farbenspiel. Sehr verbreitet ist auch eine feine Fältelung auf dem Hauptbruche, die bei sehr zierlicher Ausbildung einen weichen Seidenglanz erzeugt und eine Folge von Gebirgsdruck ist.

Von Abarten seien nachstehende hervorgehoben: Mergelschiefer sind Tonschiefer mit Beimengungen von Kalk, zuweilen Bitumen führend. Die Posidonienschiefer des schwäbischen Lias sollen bis zu 7 v. H. nutzbares Erdöl enthalten (sogenannter Ölschiefer). Auch ein Teil der Brandschiefer (vgl. S. 304) gehört hieher. Kohlenschiefer enthalten reichlich verkohlte Pflanzenreste; manche ähnliche Vorkommen sind noch so weich, daß sie besser zu den Schiefertonen gestellt werden. Tonschiefer, welche sehr dicht und dünnblättrig entwickelt sind und dabei ausgezeichnet ebenflächig spalten, nennt man nach ihrer Verwendung zum Eindecken Dachschiefer. Ihre vollendete Spaltbarkeit verdanken sie wohl fast stets einer Querschieferung; man findet sie daher nur in gepreßten und gefalteten Gebirgen. Vorkommen sind: Mariental in den Kleinen Karpathen (sogenannter Marientaler Schiefer), im Devon und Kulm Mährens (Hof, Waltersdorf, Neustadt, Bautsch, Friedland, Domstadtl, Liebau, Großwasser), im schlesischen Kulm (Eckersdorf, Tschirm, Mohradorf, Freihermersdorf, Freudental, Ölbersdorf, Großglockersdorf), in der Schweiz (Wallis, Bern, Glarus usw.), in den Ardennen, in Thüringen, Rheinland, Westfalen, Hunsrück, an der Lahn usw., im Kambrium Böhmens bei Eisenbrod, im Karbon Krains (Bischoflack) usw. Ein guter Dachschiefer soll dichten Verband, vollkommen lückenloses Gefüge, große Härte und nicht zu dunkle Farbe besitzen, frei von Eisenkies sein und beim Anschlagen hell klingen; kohlige Stoffe, welche sich durch lebhafte schwarze Farbe verraten, und viel Kalk sind unerwünscht, die Glimmerzüge sollen möglichst weit anhalten, dünn ausgewalzt und frei von faserigen Verdickungen sein. Dachschiefer, welche sehr dunkel gefärbt und kalkreich sind, nennt man Tafelschiefer, da man auf ihnen gut schreiben kann. Auch die Zeichnenschiefer enthalten reichlich kohlige Stoffe; sie sind zudem sehr weich und milde und lassen sich roh oder geschlämmt als Zeichnenkreide verwenden (Bayreuth, Thüringen usw.). Wenn neben der Schrägschieferung auch noch die ursprüngliche Schichtung gut erhalten ist, entstehen die sogenannten Griffelschiefer, welche sich in lange, dünne Stengel spalten lassen und daher als Rohstoff zur Griffelerzeugung dienen (Thüringen, Sernftal in der Schweiz usw.). Die Wetzschiefer zeichnen sich durch dichten Verband, große Gleichmäßigkeit und Härte aus; letztere verdanken sie Beimengungen von feinsten Quarzkörnchen und Silikaten (sächsisches

Erzgebirge, Thüringen, Württemberg usw.); sie leiten vielfach zu den Kieselschiefern hinüber. Die Fleck-, Frucht-, Garben- und Knotentonschiefer werden später Erwähnung finden (S. 333). Kalktonschiefer enthalten Kalk mechanisch beigemengt; sie leiten zu den Mergelschiefern über. Die Alaunschiefer sind braunschwarze bis schwarze Tonschiefer mit einem hohen Gehalte an Schwefelkies und meist auch an kohligen Stoffen oder Bitumen. Sie werden zuweilen zur Gewinnung von Alaun, Ockererde usw. benutzt.

Die Tonschiefer sind zwar leicht bearbeitbar, aber wenig standfest. Ihre Böschungen verlangen bei technischen Bauten entweder geringe Neigungen oder entsprechende Versicherungen (Verkleidungs-, Futtermauern usw.). Ihre leichte Verwitterbarkeit beruht auf ihrer Erweichbarkeit bei Durchfeuchtung, welche zum mechanischen Zerfalle führt und die Frostwirkungen verschärft. In Schüttungskörpern zeigen sie ähnliches Verhalten wie manche Mergel und die Tone bzw. Schiefertone. Hohlbauten leiden unter der Nachbrüchigkeit der Schiefer und verlangen daher vollständigen Verzug bei entsprechend starker Zimmerung. Zu Bau- und Schottersteinen eignen sich Tonschiefer nur höchst selten und im Notfalle, so daß ihre Verwertung zu Dachplatten, Griffeln, Zeichnenstiften und ähnlichen Zwecken wohl ihre einzigen, ausgedehnteren technischen Verwendungsmöglichkeiten bilden dürfte. Tonschiefer aus dem Rumertale, Rheinland, zeigte ausnahmsweise 753 kg/qcm Druckfestigkeit gleichlaufend und 1152 kg/qcm senkrecht zur Schieferungsfläche.

e) Gesteinbildung in Seen und Meeresbecken sowie durch Lebewesen

Die Ansammlungen stehenden Wassers auf der Erdoberfläche entfalten ebenso wie die Lebewesen in ihnen eine mannigfache geologische Tätigkeit; sie führt hier zur Zerstörung und Auflösung des Festen, dort zur Anhäufung und zur Ausscheidung neuer Gesteine. Ein großer Teil der so entstehenden Gesteine wurde im Zusammenhange mit den Sandsteinen, Kalken, Tonen usw. anderer Bildungsweise bereits früher besprochen; es sollen daher an dieser Stelle nur einige Nachträge geliefert und im übrigen das Hauptgewicht auf die Bildungsart der nur hieher gehörigen Felsarten gelegt werden.

Die Absätze, die sich bei der Verlandung der Seebecken bilden, sind mannigfacher Natur. Die gröberen Geschiebe bauen sich in Form von Schüttungskegeln in den See hinaus vor. Diese sogenannte Schotterentwicklung (Schotterfazies) herrscht bei den meisten kleineren Seen nur an der Nähe der Flußmündungen; sie zeigt mustergültige Schräg- und Kreuzschichtung (Abb. 212). Die Mitte der Seebodenschicht nimmt Schlamm ein, der sich aus der Trübung des Seewassers niederschlägt. Zwischen Schlamm- und Schotterentwicklung vermittelt zuweilen die Sandausbildung des Seebodens.

Auf der Seehalde können die feinen Sande und Schlammassen ins Rutschen geraten und Baulichkeiten am Ufer bedrohen. Solche Unterwassergleitungen (Unterwasserrutschungen) hat Arnold Heim[1] in jüngster Zeit geschildert; nach ihm versanken am Zuger See im Jahre 1887 über 20 Häuser im Schlammsande des Ufers, der in einem 250 m breiten Strome mehr als 1000 m weit sich gegen die Seemitte vorwälzte.

Außer den oben aufgezählten Trümmergesteinen bilden sich in den Seebecken aber auch, wenngleich an Masse meist zurücktretend, Anhäufungen von Pflanzen- und Tierresten, von Abscheidungen der Lebewesen und von Fällungsgesteinen. So schlägt sich z. B. in unseren Süßwasserseen der in den einmündenden Bächen und Flüssen gelöst enthaltene Kalk als Alm (Seekreide, Wiesenmergel) teils in gelartiger, teils in äußerst feinkristalliner Form nieder. Außer kohlensaurem Kalk enthält der Alm etwas kohlensaure Bittererde, Eisenhydrat, Phosphorsäure, bis zu 8 v. H. organische Stoffe und Tonerde. Letztere verleiht ihm, wenn sie in größerer Menge zugegen ist, eine schlammige Beschaffenheit. Anwesenden Humusstoffen verdankt er eine dunkle, Eisenbeimengungen eine gelbliche Farbe. In reinem Zustand ist er oft blendend weiß und von kreidigem Aussehen. An seiner Bildung beteiligen sich oft auch die zerfallenen Schalen von Süßwasserschnecken und Muscheln, Algenreste (namentlich von sogenannten Armleuchteralgen), sowie der Pflanzenwuchs der stehenden Gewässer, welcher dem in Lösung befindlichen doppeltkohlensauren Kalk ein Molekül Kohlensäure entzieht und so einfach kohlensauren Kalk zur Ausfällung zwingt. In der Eiszeit und Nacheiszeit haben sich stellenweise ausgiebige Almablagerungen gebildet, so z. B. in den Schweizer Seen unter dem Schlamm und Sand der geologischen Gegenwart bis zu 9 m Mächtigkeit. Wo er in größeren Mengen vorkommt, wird er mit Vorteil an Stelle von Gips, Mergel oder Bergkalk zum „Düngen" schwerer kalkarmer Böden verwendet. Da er, dem Froste ausgesetzt, von selbst zerfällt, so erübrigt sich seine künstliche Zerkleinerung; übrigens ist er meist von Haus aus schon leicht zerreiblich.

Unter den Abscheidungen in Salzseen und anderen Salzwasserbecken nehmen das Steinsalz (NaCl) und seine Begleitgesteine den ersten Platz ein; es ist daher wohl hier der richtige Ort zur Erörterung der Entstehung der Salzlagerstätten.

In Gebieten, in welchen die Verdunstung über die Wasserzufuhr durch Niederschläge überwiegt, wie in den Steppen und Wüsten, blühen gerne die Salze aus, welche die infolge der Haarröhrchenwirkung aufsteigenden Bodenwässer aus dem verwitternden Gestein ausgelaugt und zur Erdoberfläche emporgefördert haben. Der nächste Regenguß schwemmt diese Salze in die Flußläufe, welche sie zumeist wieder abflußlosen Seewannen zuführen, deren Salzgehalt sich daher im Laufe der Zeit immer mehr und mehr anreichern muß. Der Salzreichtum der Salzseen kann daher nicht von den zurückgebliebenen Resten einstiger Meeresbedeckung abstammen, wie zuweilen geglaubt wurde. Durch die Verdunstung von Salzseen und die Bedeckung der gebildeten Absätze mit einer schützenden Hülle undurchlässigen Schlammes können dann kleinere Salzlager entstehen. Die große Mächtigkeit (1000 und mehr Meter) mancher Steinsalzlager verbietet es aber, auch ihre Entstehung einfach durch Eindunstung eines See- oder Meeresbeckens

[1] Arnold Heim, Über rezente und fossile subaquatische Rutschungen. Neues Jahrb. f. Min., Geol. usw. 1908, II, S. 136.

zu erklären. Würde man z. B. imstande sein, das Mittelmeer mit seinem Salzgehalte von 3,9 v. H. einzudampfen, so erhielte man doch nur eine Salzschicht von etwa 27 m Mächtigkeit.

Ochsenius hat die Bildung der Salzlagerstätten unserem Verständnisse näher gebracht, indem er annahm, daß Salzlager von großer Mächtigkeit in Meeresbuchten entstehen, welche durch eine bis nahe an den Meeresspiegel emporreichende Gesteinbarre von der offenen See getrennt sind. In heißen, trockenen Klimaten verdunstet das Wasser in der Meeresbucht rasch, und reichert sich, während vom offenen Meere her die Wassermenge immer wieder ergänzt wird, allmählich an Salzen an. Ist ein bestimmter Gehalt an Salzen erreicht, so scheidet sich zuerst der schwefelsaure Kalk als Anhydrit (in Tiefen von über 100 m, also bei mehr als 10 Atmosphären Druck) oder als Gips (in seichterem Wasser) ab. Bei weiterer Anreicherung beginnt sich das Steinsalz abzuscheiden und so wächst das Anhydrit-Gips-Kochsalzlager allmählich bis fast zur Barrenhöhe hinauf. Nun fließen die schweren, noch in Lösung befindlichen („Mutterlauge") sogenannten Abraumsalze (Kainit, Sylvin, Kieserit, Polyhalit, Karnallit u. a. m.) im Unterstrom ins offene Meer ab, das leichtere Salzwasser fließt in der Oberströmung in die Bucht herein und nun beginnt wieder der Absatz von Gips und Anhydrit, so daß das Steinsalzlager schließlich von einer Sulfatlage überdeckt wird. Wird aber, sei es nun infolge von Hebung der Küste und der Barre oder Absenkung des Spiegels des offenen Meeres die Verbindung zwischen Bucht und offener See abgeschnitten, dann verdunstet auch die Mutterlauge und es scheiden sich aus ihr die bereits genannten Abraumsalze ab.

Der Erklärungsversuch von Ochsenius stimmt mit den Beobachtungen in Salzlagerstätten vielfach überein; so folgt z. B. im Staßfurt-Leopoldshaller Salzlager auf die Anhydrit-Steinsalzlage der Polyhalit. Darüber liegen Kieserit und Karnallit. Ähnliche Verdunstungsvorgänge wie die von Ochsenius angenommenen gehen noch heute im Karabogas vor sich, einer etwa 18000 Geviertkilometer einnehmenden Meeresbucht, welche durch eine Nehrung bis auf eine 100 m weite Rinne von Kaspisee abgeschlossen ist und Wasser mit 18 v. H. Salz enthält, während der offene See einen beträchtlich geringeren Salzgehalt aufweist. Die gewaltige Mächtigkeit mancher Salzlagerstätten wird aber auch auf diese Weise noch nicht zureichend erklärt; sie ist jedenfalls auf den „Salzauftrieb" und die Bildung der „Salzhorste", also auf die Stauchung und Zusammenschoppung von Salzlagern, die unter Druck kamen, zurückzuführen. Die in einiger Erdtiefe herrschende größere Wärme hat dann Umkristallisationen und Mineralumbildungen eingeleitet, als deren Ergebnis der heutige Mineralbestand der Salzlager aufzufassen sein dürfte.

Die geologischen Kräfte, die das Meerwasser entfaltet, wirken teils zerstörend, teils aufbauend.

Am augenfälligsten treten die mechanischen Leistungen des Meeres an den Küsten in Erscheinung. In der Tiefe schwächen sich die Wirkungen der Wellenbewegung des Meerwassers immer mehr ab; bereits in etwa 10 m Tiefe wird gröberer Sand kaum mehr in Bewegung gesetzt und in rund 200 m Tiefe kann auch ein Aufrühren von Schlamm nicht mehr wahrgenommen werden.

Die mechanischen Zerstörungen der Küste werden von den Wogen des Meeres hervorgerufen, die der Sturm in Ellipsen gegen den Strand peitscht, der durch Reibung die Wellenbewegung zu hemmen sucht; die Wellenberge überstürzen sich daher auf der Oberfläche der See und erzeugen die Brandungwelle, die sich einem Raubtiere gleich auf die Küste wirft und Stück um Stück von ihr abbricht (Helgoland, Südengland usw.) (Abb. 271). So entstehen Strandblöcke, Strandschotter (-konglomerate), Strandgrus und Strandsand.

Das Meerwasser äußert aber nicht bloß eine große mechanische Gewalt, sondern wirkt auch lösend auf die Gesteine ein, mit denen es in Berührung

Abb. 271. Brandungangriff. Mitteldevonische Schichten, Widre, Schottland, Grafschaft Caithness. Lichtbildsammlung des Geolog. Institutes der Technischen Hochschule in Wien

kommt. Es wurde bereits weiter oben erwähnt, daß Meerwasser Silikate und Silikatgesteine rascher zersetzt als süßes Wasser, weil das Wasser der See kräftigere Lösungsmittel enthält als Süßwasser. Es enthält nämlich das Meerwasser im Mittel in Tausendsteln

Kochsalz (NaCl)	26,862
Chlormagnesium (MgCl)	3,239
Bittersalz ($MgSO_4$)	2,196
Gips ($SaSO_4$)	1,350
Sylvin (KCl)	0,582
Karbonate usw.	0,100

Bei der Verwendung von Gesteinen zu Hafenbauten u. dgl. erscheint daher große Sorgfalt bei der Auswahl der Felsart am Platze.

Wichtig ist auch die Gesteinbildung durch Meeresabsätze. Letztere sind teils reine Fällunggesteine, durch chemische Niederschläge entstanden, teils nehmen an ihrer Bildung auch Lebewesen teil (belebte oder organogene Gesteine), teils setzen sie sich aus Gesteinzerreibsel, Abreibungsstoffen des Festlandes, Feuerbergaschen, von Winden zugeführten Staubmassen usw. zusammen. Je nach der Meerestiefe, in der sie sich anhäufen, und ihrer Beschaffenheit unterteilt man die Absätze der See mit E. Kayser in

I. Küstenablagerungen

Flachmeerbildungen:
a) Strandablagerungen,
b) Schelfablagerungen.

II. Tiefseeablagerungen

Tiefere Küstenbildungen (Küstenschlicke):
a) Kalkschlick, b) Grünschlick, c) dunkler Schlick, d) Rotschlick.
Kalkreiche Tiefseeablagerungen:
a) Globigerinenschlamm, b) Pteropodenschlamm.
Kalkfreie Tiefseeablagerungen:
a) roter Tiefseeton, b) Rädertierchenschlamm, c) Kieselalgenschlamm.

Die Strandablagerungen bilden sich in dem ufernächsten, zur Ebbezeit trockenliegenden Strandstreifen und setzen sich vorwiegend aus Brandungsgeröllen (S. 317) und Sanden, mit Tierresten vermengt, zusammen. Die Absätze des Uferstreifens zeigen Wellenfurchen und Trockenrisse, tragen Kriechspuren und andere Eindrücke, welche durch die Lebenstätigkeit der Tiere entstanden sind; Schneckengehäuse, Muschelschalen und die Hartteile von Krebsen, Meereicheln, Seeigeln, Krabben usw. liegen in ihnen oft massenhaft eingebettet.

Die Schelfablagerungen entstehen in dem sogenannten Schelfgürtel, einem etwa 20 bis 200 m tiefen, die Festländer umsäumenden Seichtwasserstreifen, dessen Boden ziemlich sanft geneigt ist und von den Wasserbewegungen teilweise noch lebhaft ergriffen wird. Sie umfassen feinsandige bis körnige, gleichmäßig und ebenflächig geschichtete Absätze.

Die Küstenschlicke gehören Tiefen von etwa 200 bis 4000 m an und weisen als feinstes Zerreibsel der Festlandstoffe feines Korn auf. Der dunkle, auch „blau" genannte Schlick baut sich aus Körnchen verschiedener Mineralien, wie Quarz, Feldspat, Glimmer, Hornblende, Augit u. dgl. und aus Resten von Strahlingen, Kieselalgen usw. auf, welchen Bestandteilen beigemengtes Schwefeleisen die dunkle Färbung verleiht. Der Grünschlick verdankt seine Färbung dem Gehalte an Glaukonit (S. 237). Lateriteinschlemmungen erzeugen den Rotschlick (Rotschlamm). Reste von Lebewesen fehlen auch dem Grünschlick nicht, der durch Vergröberung des Kornes gelegentlich in Grünsand übergehen kann. Kalkschlick zeigt helle Farbe, besteht zum überwiegenden Teil aus Kalkteilchen und Resten von Blumentierchen, Kalkalgen, Weichtierschalen u. dgl. m.

Die Tiefseeablagerungen setzen sich fern von den Küsten in Tiefen von 700 bis 9000 m ab; sie sind über die Hälfte der ganzen Erdoberfläche verbreitet und zum überwiegenden Teil ein Werk der Lebenstätigkeit von Lebewesen, an dem Stoffe, die vom Festlande oder aus dem Weltenraume kommen, nur geringen Anteil haben. Bezeichnend für sie ist die Langsamkeit, mit der sie wachsen und die große Einförmigkeit über weite Strecken, eine Folge der sich auf großen Flächen annähernd gleichbleibenden Absatzbedingungen. Der Globigerinenschlamm weist grauliche bis weißliche Farbe auf und setzt sich größtenteils aus den Hartteilen tiefseebewohnender Foraminiferen zusammen, unter denen die Gattung Globigerina überwiegt. Der ähnlich aussehende Flügelfüßler- (Pteropoden-) Schlamm enthält hauptsächlich Schälchen von Flügelfüßlern und Heteropoden. Der rote Tiefseeton baut sich größtenteils aus Tonteilchen, denen reichlich färbendes Eisenoxyd beigemengt ist, kleinsten Mineralstäubchen, Weltenstaub und Resten von Tieren mit kieseligen Hartteilen auf; von roter bis brauner Farbe, läßt er sich im feuchten Zustande leicht kneten, erhärtet aber beim Austrocknen. Den roten, schokoladefarbenen bis strohgelben Radtierchenschlamm setzen vorwiegend Tonteilchen, Hartteile von Strahlingen Nädelchen von Kieselschwämmen und Kieselpanzer von Algen zusammen, während im Kieselalgenschlamm neben den eben genannten Stoffen vorherrschend Kapseln von Kieselalgen (Schachtelingen) enthalten sind.

Gesteinbildung durch Lebewesen

Wenn sich auch die geologische Tätigkeit der Lebewesen dem Auge des Beobachters nicht so sehr aufdrängt, wie jene des Wassers in seinen verschiedenen Formen, so darf man sie in ihren Wirkungen während längerer Zeit doch keinesfalls unterschätzen; sie baut teilweise Neues auf, teils zerstört sie Bestehendes.

Unter den Neubildungen durch die Pflanzenwelt spielen die Mineralkohlen die wichtigste Rolle.

Bekanntlich geht der Zerfall abgestorbener Lebewesen je nach den Umständen auf verschiedene Art vor sich. Die Verwesung vollzieht sich bei freiem Zutritt von Luftsauerstoff und Feuchtigkeit; sie ist nichts anderes als eine unter der Mithilfe von Kleinlebewesen erfolgende langsame Verbrennung der Stoffe, führt in letzter Linie zur Bildung von Kohlendioxyd, Ammoniak oder Salpetersäure und Wasser und hinterläßt keinerlei noch brennbare, kohlenstoffhaltige Rückstände. Der Zerfall der Stoffe bei Luftabschluß ohne oder mit Hilfe von sauerstoffscheuen Spaltpilzen heißt Fäulnis. Die Endergebnisse dieses Vorganges sind Faulschlammarten (Sapropele), also bitumenähnliche, kohlenstoffärmere Glieder der Fettgruppe. Im Gegensatz dazu sind Vermoderung und Vertorfung Inkohlungsvorgänge, bei welchen ähnlich wie bei der trockenen Destillation unter Luftabschluß kohlenstoffreichere Verbindungen gebildet werden, während Wasser, Kohlendioxyd, Wasserstoff, Ammoniak, Schwefelwasserstoff, Methan (Sumpfgas) usw. frei werden.

Bei der zur Entstehung von Torf, Braunkohlen, Steinkohlen und Anthrazit führenden allmählichen Inkohlung entweicht neben anderen zum Teil oberwähnten Kohlenwasserstoffen Methan (CH_4), das in den Gruben die gefürchteten schlagenden Wetter verursacht, während sich der Rückstand an Kohlenstoff immer mehr anreichert, bis schließlich der Anthrazit fast nur mehr Kohlenstoff enthält.

So enthalten beispielsweise, aschenfrei berechnet:

	Holz	Torf	Braunkohle	Steinkohle	Anthrazit
Kohlenstoff	50%	60%	70%	82%	94%
Wasserstoff	6%	6%	5%	5%	3%
Sauerstoff	43%	32%	24%	12%	3%
Stickstoff	1%	2%	1%	1%	Spuren

Der Kohlenstoffgehalt hängt mithin bis zu einem gewissen Grade vom geologischen Alter der Kohle ab, doch gilt diese Regel nur bedingt und hat manche Ausnahmen. So hat z. B. die Inkohlung mancher karboner Kohlen Südrußlands (Rjesan, Tula usw.) trotz ihres hohen Alters wegen ihrer geringmächtigen Überdeckung und ruhigen Lagerung erst geringe Fortschritte gemacht. Anderseits kann die Zeit als geologische Kraft in ihren Wirkungen teilweise ersetzt werden durch besonders starken Gebirgsdruck und durch Berührung mit Durchbruchsgesteinen. So kennt man z. B. in der Schweiz (Diablarets) und Nordamerika im gefalteten Gebirge junge Kohlen von steinkohlenähnlicher Beschaffenheit. Der Basalterguß des Meißner in Hessen hat das liegende Braunkohlenflöz zum Teil stengelig abgesondert (Stangenkohle) und auf 2½ bis 6 m Tiefe veredelt. Daß übrigens die Inkohlungsvorgänge auch sonst nicht so einfach verlaufen, als sie der Übersicht halber und wegen unserer noch mangelhaften Erkenntnis dargestellt werden, beweist unter anderem die Tatsache, daß selbst in einem und demselben Flöz Kohlen verschiedenster Zusammensetzung und Beschaffenheit vorkommen. Der wesentlichste Regler des Inkohlungsvorganges ist somit nach W. Petrascheck der Belastungs- und Gebirgsdruck, neben welchem die Wärme einen gewissen aber nicht sehr großen Einfluß ausübt.

Die Kohlen sind gewöhnlich noch durch unverbrennliche Stoffe verunreinigt, die man Asche nennt.

Der Aschengehalt wechselt je nach der Entstehung der Kohle, ihrem Alter usw. sehr und schwankt zwischen ¼ und 30 v. H. Er rührt nur zum Teil von dem ursprünglichen Gehalte der Pflanzenstoffe an Asche (1 bis 4 v. H.) her, der Rest ist auf Rechnung von Einschwemmungen in die Kohle oder von verunreinigenden Absätzen (Niederschlägen) zu setzen. Der größte Schädling unter den Beimengungen ist der Schwefelkies, welcher bei der Verbrennung der Kohle schweflige Säure liefert. Letztere verursacht an der Pflanzenwelt die bekannten Rauchschäden und an den Bausteinen die gefürchteten raschen Verwitterungsfortschritte (vgl. S. 53).

Mit zunehmender Inkohlung steigt auch das Raumgewicht, und zwar bei:

Braunkohle	auf	1,2	bis	1,4
Steinkohle	„	1,25	„	1,5
Anthrazit	„	1,5	„	1,7

Was die Entstehung der Kohlenlager anbelangt, so kann man nach dem heutigen Stande unserer Kenntnisse wohl behaupten, daß ein großer Teil der Braun- und Steinkohlen aus alten Moorbildungen und den Holzanhäufungen mächtiger, feuchter Urwälder hervorgegangen ist. Hiefür spricht die außerordentliche, oft viele Hunderte von Geviertkilometern betragende Ausdehnung mancher Kohlenflöze bei oft weithin gleichbleibender Mächtigkeit, ihre Freiheit von erdigen Beimengungen und das Vorkommen von aufrechtstehenden Baumstämmen in den Flözen. Daß solche Strünke tatsächlich an dem Orte gewachsen sind, an dem sie uns heute entgegentreten, beweist der Umstand, daß ihr Wurzelwerk vielfach noch im sandigen oder tonigen Liegenden des Flözes, also im ursprünglichen Mutterboden, verankert ist. Solche Kohlenablagerungen waren mithin in weiten Niederungen und flachen Wannen auf langsam sinkendem Festlandsboden in ähnlicher Weise entstanden, wie in den Tropenmooren Sumatras heute noch vor unseren Augen ein beispiellos üppiger Pflanzenwuchs in warmfeuchtem Klima mächtige Massen von Pflanzenstoff aufeinanderhäuft. Auch die Bezeichnungen Humuskohle, Faulschlammkohle (Dysodil) usw. weisen auf Bodenständigkeit der Vorkommen hin.

Andere Kohlenablagerungen sind teilweise auch durch die Inkohlung ungeheurer Schwemmholzmassen entstanden, welche an den Mündungen von Flüssen in Seen oder Meeresbuchten vielleicht in ähnlicher Weise aufgehäuft wurden, wie die „Rafts", das sind die großen Treibholzansammlungen des Mississippi, oder jene an der Küste von Novaja Semlja heute noch vor sich gehen. Ein Teil dieser Holzzusammenschwemmungen mag auch beim Eintritte gefällsreicher Flüsse in flache Niederungen erfolgt sein. Rasch wechselnde Mächtigkeit und begrenzte wagrechte Ausdehnung des Flözes, das Fehlen aufrechter Wurzelstöcke und von Dammerdebildungen im Liegenden, der schlechtere Erhaltungszustand der Pflanzen, welche bei der Fortschwemmung der zarteren Teile verlustig gingen, und andere Merkmale mehr kennzeichnen solche ortsfremde (allochthone) Kohlenlager gegenüber den bodenständigen (autochthonen).

Die Brennkraft der Kohle wird durch den Heizwert in Wärmeeinheiten ausgedrückt. Die Angabe, eine Braunkohle besitze 6000 Wärmeeinheiten (Kalorien) Heizwert, besagt, daß 1 kg dieser Kohle imstande ist, 6000 l Wasser von 0^0 auf 1^0 zu erwärmen.

Die Güte der Kohle wird herabgesetzt durch hohen Gehalt an Wasser und an Asche. Schädlich wirkt auch ein größerer Gehalt an Schwefelkies, welcher bei der Verbrennung der Kohle schweflige Säure entbindet. Diese greift die Wände der Heizkörper an, benachteiligt den Pflanzenwuchs (Rauchschäden) und greift die Steine von Bauten, namentlich Kalke, Kalksandsteine u. dgl. an (S. 53, 320).

Die Verwertung der Kohlengesteine als Brennstoff und Kraftquelle, zur Gewinnung des Leuchtgases, des Kohlenteers und seiner wertvollen Abkömmlinge ist bekannt.

Im neuzeitlichen Straßenbau werden auch die Kohlenteeröle in steigendem Maße angewendet. Von ihnen werden im allgemeinen nachstehende Eigenschaften verlangt: Wasser und Ammoniak müssen sich mit weniger als 1 v. H. an seiner Zusammensetzung beteiligen; der Anteil an Leichtöl (unter 170^0 C siedend) soll gleichfalls 1 v. H. nicht überschreiten, weil sonst das Teeröl zu spröde Anstriche hinterläßt; der Gehalt an Mittelölen (170 bis 230^0 C) ist in den Vorschriften mit etwa 12 bis 24 v. H. bemessen (saure Öle [$<$ 5 Raumhundertstel] oder Phenole und Naphtalin [$<$ 8 v. H. des Gewichtes]; erstere lösen sich im Wasser und halten es zurück, letztere kristallisieren im

Belag und unterbrechen seine Gleichmäßigkeit); Schweröle machen etwa 4 bis 12 v. H., freier Kohlenstoff nicht mehr als 20 v. H. der empfohlenen Straßenteeröle aus (höhere Kohlenstoffgehalte machen den Teer zu spröde).

Außer Kohlenteerölen wendet man auch Teerverteilungen (Teeremulsionen) an. In diesen Kleinchenverteilungen umhüllt entweder eine Wasserrinde das Teerkernkügelchen (Teerkernverteilungen) oder eine Teerhaut den Wassertropfen (Teerhautverteilungen). Teerverteilungen haben den Vorzug, sich kalt aufbringen zu lassen. Zu nasse Fahrbahnen, Kalkgestein usw. befördern aber gleichwohl vorzeitiges, das Eindringen hinderndes Gerinnen (Brechen) der Verteilung. Kiton (Dr. Raschig) besteht aus 60 v. H. Teer, 10 v. H. Ton, 30 v. H. Wasser; Teerverteilungen sind auch Solutin, Magnon usw. Rückstände geben den Kohlenteerasphalt.

An Arten von Kohlengesteinen unterscheidet man:

Torf

Torflager bilden sich vorwiegend im gemäßigten oder kalten Klima, im heißen nur bei Vorhandensein großer Feuchtigkeitsmengen. Sie entstehen aus den abgestorbenen Resten von Heidekraut, Torfmoosen (Spagnumabarten), Wollgräsern (Eriophorum), Riedgräsern (Carexarten), Sträuchern (Vakzinien u. a. m.), Bäumen (Birke, Kiefer usw.).

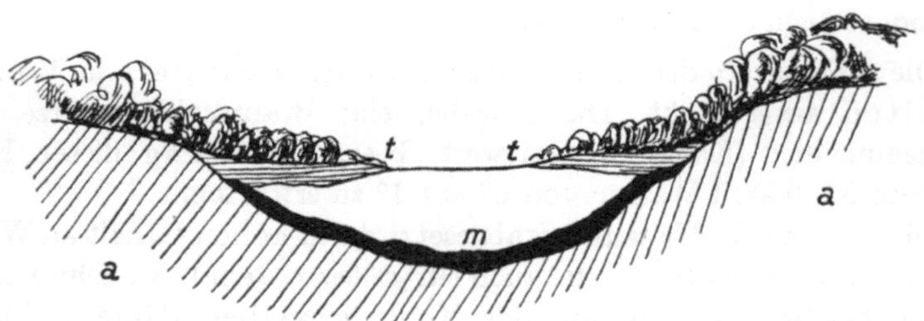

Abb. 272. Erblinden eines Wasserbeckens. Von den Ufern her schiebt sich eine Pflanzendecke aus Moorgewächsen (t) schwimmend immer weiter gegen die Mitte zu vor; gleichzeitig setzt sich am Boden der Unterlage (a) mulmiger Schlamm (m) ab

Je nach den Bildungsverhältnissen und Eigenschaften unterscheidet man Flachmoore (Niedermoore, Grünlandsmoore) und Hochmoore. Erstere besitzen eine ebene Oberfläche und gehen meist aus der Verlandung von Teichen, Seen, abgeschnittenen Flußschlingen usw. hervor. In solchen stehenden Gewässern rückt der Pflanzenwuchs von den Uferrändern aus immer weiter gegen die Mitte des Wasserbeckens vor, bis schließlich die Pflanzen von der ganzen Fläche Besitz ergreifen und das Becken erblindet ist (Abb. 272). Die Pflanzengemeinschaft solcher Niedermoore besteht vorwiegend aus Riedgräsern, auch Scheingräser oder Seggen genannt, Schilfrohr, Schilfkolben, Wollgrasarten, Binsen, Moosen und vereinzelten Laubhölzern, unter denen die Erlen, Weiden und Birken vorherrschen.

Ihr Torf ist meist sehr aschenreich und nicht arm an Nährsalzen. Die Hochmoore (Abb. 273) sind in der Mitte uhrglasförmig aufgewölbt, und besitzen daher ein Gefälle gegen ihre Ränder hin. Sie sind ungemein arm an Nährsalzen und tragen eine Pflanzengesellschaft, die sich größtenteils aus Torfmoosen, Wollgras und Heidekraut zusammensetzt. Ihr Torf besitzt nur einen geringen Aschengehalt und eignet sich daher zum Brennen gut.

Unterscheidung von Torf und Braunkohle nach W. Gothan, K. Pietzsch und W. Petrascheck: Gelinder Druck preßt aus Torf Wasser heraus, aus Braunkohle nicht; im Torf sind sehr viele Fasern und Gewebeteile, Moose usw. sichtbar, in der Braunkohle wenige oder keine. Torf ist stechbar, Braunkohle im allgemeinen nicht.

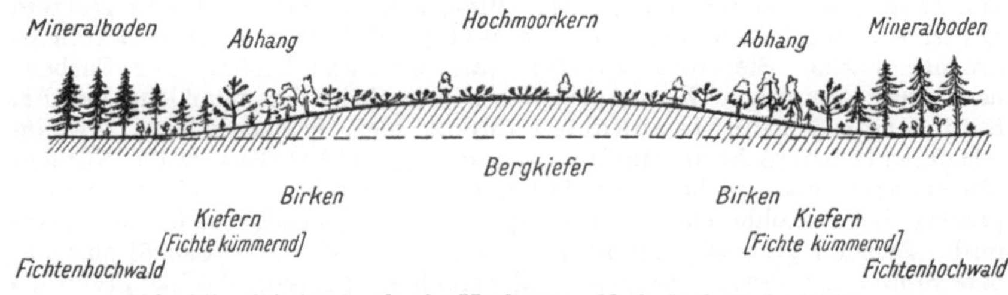

Abb. 273. Schnitt durch ein Hochmoor Nach Graf zu Leiningen.

Moorböden geben einen sehr unsicheren Baugrund von äußerst geringer Tragfähigkeit ab. Hochbauten müssen im Moorgrund auf Roste gesetzt werden, bei Straßen und Eisenbahnen wird mooriges Gelände lieber ganz vermieden. Die Bahnhofanlage Selztal (Steiermark) erforderte in dem moorigen Untergrunde besonders sorgfältige Gründungsmaßnahmen. Nichtrücksichtnahme auf Moorböden hat schon wiederholt zu Dammrutschungen und ähnlichen Schäden geführt.

Der Fasertorf zeigt den Gewebeaufbau noch deutlich, besitzt helle gelbliche bis bräunliche Farbe und nimmt die oberen Schichten der Torfmoore ein. Der dunkle schwere Pechtorf findet sich in tieferen Schichten. Er erscheint durch und durch fast gleichartig, indem die stark umgewandelten Pflanzenteile nicht oder nur mehr schwer zu erkennen sind. Die Torfmassen zeigen in trockenem Zustande fast pechkohlenähnliches Aussehen, die Schnittflächen glänzen wachsartig. Rasentorf ist meist locker, leicht, gelbbraun bis holzbraun und besteht aus ziemlich gut erkennbaren Pflanzenteilen. Erdiger Torf läßt sich leicht zerreiben und enthält schwer erkennbare Pflanzenreste. Papiertorf, sehr leicht, holz- bis nußbraun, baut sich aus dünnen Lagen unvollkommen zersetzter Pflanzenteile, meist Blättern von Gräsern und Scheingräsern auf, die sich leicht voneinander ablösen.

Nach den torfbildenden Pflanzen benennt man den Moostorf, Wiesentorf, Heidetorf, Holztorf usw., Namen, welche kaum einer näheren Erklärung bedürfen. Man benutzt den Torf als Brennstoff, Entkeimungsmittel, als Streu usw., manche Arten, wie den Wollgrastorf, sogar zu Geweben; der Heizwert schwankt je nach dem Grade der Vertorfung und dem Aschengehalte zwischen 3500 bis 5000 Wärmeeinheiten. Torfmoore finden sich in Vorarlberg, Salzburg, Steiermark (Ennstal), Kärnten, Böhmen, Ungarn usw., in gewaltiger Ausdehnung aber im norddeutschen Flachlande und auf der oberbayrischen Hochebene.

Braunkohle

Strich braun, färbt heiße Kalilauge braun; Rotfärbung beim Kochen mit verdünnter Salpetersäure. Der Bruch ist muschelig, erdig oder holzartig faserig. Dichte 1 bis 1,4. Die Holztracht ist oft noch sehr deutlich erhalten (Lignit); die Glanzkohle (Pechkohle) ist derb, spröder, pechschwarz mit Wachs- oder Fettglanz, bricht muschelig und besitzt die größte Härte unter den Braunkohlen (Eibiswald in Steiermark, Oberbayern, Häring in Tirol). Die Matt-Braunkohle hat geringere Sprödigkeit und Härte als die Pechkohle, matteren Glanz, flachmuscheligen bis eben muscheligen Bruch, derbes Aussehen. Erdige Braunkohle (Erdbraunkohle) bildet zerreibliche Massen von meist lose zusammenhängenden pulverartigen Teilen, mit sehr mattem Glanz, erdigem Bruch und Aussehen und gelblichbrauner bis schwärzlichbrauner Farbe. Sie wird zuweilen (als kölnische Umbra) zur Farbenherstellung benutzt. Kaumazit sind künstliche Braunkohlengemische. Schieferige Weichbraunkohlen (Moorkohlen, Schieferkohlen) brechen schieferig, färben nicht ab, stauben kaum oder gar nicht; Westerwald, Köflach (Steiermark), eiszeitliche „Schieferkohlen" (Schweiz, Österreich). Pyropissite (Schwelkohle) sind locker gefügt, graurosa bis hellbräunlich, bitumenreich. Reiner Pyropissit enthält mindestens 50 v. H. durch Benzol ausziehbare Stoffe. Dysodil (Ölschiefer, Papierschiefer, Papierkohle) hat graue bis dunkelbraune Farbe, matte bis schimmernde Oberfläche und meist einen größeren Gehalt an Bitumen; Rhön (Rott, Pieblos), Vogelsberg (Beuern), Böhmen usw.

Nach dem Zusammenhalte unterscheidet man Stückbraunkohle (in größeren, längere Zeit zusammenhaltenden Stücken erhaubar), Knorpelbraunkohle (kleinere, dauerhafte Stücke gewinnbar) und Klarbraunkohle („Rieselkohle"; krümelig zerbrechend).

Mannigfach sind die Beimischungen organischer Verbindungen; so finden sich z. B. im Lignit von Zillingdorf und Neudorf bei Wiener-Neustadt Dopplerit (pechschwarz) und Fichtelit (fester, harzartiger Kohlenwasserstoff). Der Aschengehalt der Braunkohle ist meist größer als jener der Steinkohle, der Heizwert schwankt zwischen 2500 und 6000 Wärmeeinheiten.

Braunkohlenlager besitzt z. B. Böhmen (Falkenau, Ellbogen, Dux, Brüx, Teplitz, Komotau), Steiermark (Fohnsdorf, Leoben, Parschlug, Köflach, Oberdorf, Eibiswald, Wies, Ilz, Ratten usw.), Oberösterreich (Wolfsegg, Thomasroith), Tirol (Häring), Kärnten (Sonnberg), Burgenland (Neufeld, Brennberg), Bayern, Rheinland, Hessen, Sachsen-Thüringen (Staßfurt-Helmstedt, Bornstedt, Halle usw.), Schlesien usw.; Deutschlands Reichtum an Braunkohlen ist gewaltig.

Steinkohle

Strich schwarz, Bruch glänzend, meist würfelig, mit heißer Kalilauge keine Braunfärbung durch ulminsaures Kali und beim Kochen mit verdünnter HNO_3 keine Rotfärbung. Dichte 1,25 bis 1,5, Härte 2 bis 2,5. Aschengehalt geringer als bei der Braunkohle, ebenso kleinere Beimengungen von Wasserstoff und Sauerstoff. Heizwert 6000 bis 8000 Wärmeeinheiten, gelegentlich auch mehr.

In technischer Hinsicht unterscheidet man Magerkohlen, welche reicher an Kohlenstoff und ärmer an Bitumen sind; sie verbrennen mit kurzer Flamme ohne Rußbildung und entwickeln beim Erhitzen nur geringe Mengen von Gasen. Die Fettkohlen rußen und sintern beim Brennen und Entgasen (Sinterkohlen, Backkohlen); zu ihnen gehört die Kannelkohle, eine Steinkohle, welche bitumenreich, milde und zähe ist und flachmuschelig bricht (sogenannte Faulschlammkohle). Die nicht fetten Flammkohlen liefern gleich den Fettkohlen ebenfalls viel Gas, sintern aber beim Brennen wenig. Die Glanzkohlen besitzen tiefschwarze Farbe und lebhaften Glasglanz bei meist großer Sprödigkeit; sie spalten ausgezeichnet nach Lassen, enthalten wenig Asche und geben meist reiche Koksausbeute. Die Mattkohle bläht beim Verbrennen und glänzt wenig.

Wichtige Steinkohlenlager sind: Die großen böhmischen Kohlenbecken von Pilsen, Kladno-Schlan, Rakonitz, Schatzlar, die Reviere von Rossitz-Segen-Gottes bei Brünn; jene von Ostrau-Karwin in Mähren-Schlesien, die angrenzenden Flöze Westgaliziens, die Liaskohlen von Fünfkirchen und die karbonen Vorkommen von Ujbanya bei Eibental, Szekul bei Résicza usw. In Deutschland schließen sich die Kohlenmulden der Umgebung von Aachen an die belgischen Ablagerungen an; große Kohlenvorräte birgt auch der Ruhrbezirk, die Mulde von Saarbrücken, das niederschlesische Kohlengebirge um Waldenburg, Oberschlesien (Tarnowitz, Gleiwitz usw.), die Mulde von Zwickau usf. Österreich besitzt nur kleine Vorkommen (Grünbach bei Wiener-Neustadt, Lunz-Göstling, Schrambach-Lilienfeld usw.).

Anthrazit

Dichte 1,5 bis 1,7, Härte 2 bis 2,5. Höchster Heizwert unter den Kohlengesteinen, schwarze Farbe und schwarzer Strich; Anthrazit verbrennt nur bei kräftigem Luftzutritte und ohne besondere Rauch- und Flammenentwicklung. Die wichtigsten Lagerstätten besitzen China und Nordamerika.

Übersicht des Heizwertes verschiedener Kohlen in Wärmeeinheiten

Braunkohlen

Karbitz, Mariaschein, Teplitz	3717	bis	5053
Dux, Ladovitz, Bilin, Schwaz	3951	„	5496
Osseg, Bruch	4501	„	6080
Brüx, Oberleutensdorf	4369	„	6826
Neusattel-Janessen	3808	„	6156
Falkenauer Mulde, Agnesflöz	5599	„	5747
Lignitflöz	3300	„	3561
Göding, Gaya (Mähren)	2398	„	3801
Thomasroith (Oberösterreich)	3332		
Leoben (Steiermark)	5000		
Fohnsdorf (Steiermark)	4854	„	5782
Voitsberg-Köflach (Steiermark)	3106	„	4485
Piberstein	3940		
Eibiswald, Mariaschacht	4883		
Gaiseregg	4209		
Kalkgrub	4242		
Kleegraben b. Ilz	3742		
Weinitzen b. Graz	2737	bis	3174

Steinkohlen

Schatzlar, Förderkohle		5307
Rossitz, Förderkohle		6361
M.-Ostrau, Tiefbau		7018
Karwin, Würfelkohle		7234
Paulusgrube Oberschlesien		6903
Königshütte, Nußkohle		5447
Waldenburg:	Friedenshoffnungsgrube	7021
	Maxgrube	5604
Zwickau, Brückenbergschacht		7240
Ruhrgebiet:	Königin Elisabeth	8545
	Königsgrube	6949
	Zollverein	8045
	Pluto	6967
Inde-Wormgebiet, Zentrum-Flöz-Genossenschaft		6313 bis 8599
Saargebiet:	Duttweiler	8287
	Luisental	6804

Neben der Kohlenbildung aus Pflanzenresten darf eine andere gesteinbildende Tätigkeit gewisser Pflanzen, nämlich die Abscheidung von Kalk nicht übersehen werden.

Unter den Süßwassergewächsen sind es namentlich zahlreiche Armleuchteralgen (Charaarten) und Schlafmoos- (Hypnum-) Arten, welche Kalk teils in ihrem Leibe aufspeichern, teils den Absatz von Kalk dadurch begünstigen, daß sie dem im Wasser gelösten doppeltkohlensauren Kalzium $Ca(HCO_3)_2$ die Kohlensäure entziehen und für ihren Lebensbetrieb verwenden. Solche mit Kalk überkrustete, feuchtigkeitsliebende Pflanzen, deren Spitzen weiter wachsen, während das andere Ende abstirbt, trifft man an vielen kalkreichen Quellen, wo sie zur Kalksinterbildung viel beitragen. Im Meerwasser spielen Kalkalgen bei der Bildung kohlensauren Kalkes eine wichtige Rolle. Wir treffen ihre Reste in der Schreibkreide, aber auch in vielen tertiären Kalkgesteinen; so bauen beispielsweise die zu ihnen gehörenden, rasenbildenden, vielfach bäumchenartig verzweigten Lithothamnien (Nulliporen) die Hauptmasse des Leithakalkes der Wiener und der Grazer Bucht auf. Kalkalgen aus der Gruppe der Diploporen (Gyroporellen) nehmen weiters lebhaften Anteil an der Bildung vieler Kalke und Dolomite der Ostalpen.

Am Aufbau des Kieselsinters heißer Quellen beteiligen sich die Fadenalgen in hervorragender Weise; im Meere und im süßen Wasser häufen sich die Kieselpanzer verschiedener Algen an und bilden die unter den Namen Kieselalgenerde (Diatomeenerde), Kieselgur, Polierschiefer und so weiter bekannten Gesteine (S. 289).

Auch die Neubildungen durch die Tierwelt besitzen große Bedeutung. In erster Linie muß diesbezüglich an die Abscheidung von Meereskalken erinnert werden, an der sich alle Tiere beteiligen, deren Hartteile aus Kalk bestehen. Häufen sich derartige kalkreiche Reste von Meeresbewohnern in größerer Menge an, dann kommt es zur Bildung von Kalk- bzw. Dolomitgesteinen. Unter den in ihren Gehäusen Kalk abscheidenden Bewohnern der See ragen die Korallen hervor, deren

Stöcke ganze Riffe, die bekannten Korallenriffe, aufbauen. Diese kleinen, zum Stamme der Blumentiere gehörigen, geselligen Tierchen leben nur in warmen, sich nicht unter etwa 20° C abkühlenden Meeresteilen, in geringer, 40 m nicht übersteigender Tiefe. Die große Mächtigkeit lebender Riffe und solcher aus der geologischen Vorzeit erklärt man mit Darwin durch langsames Sinken des Meeresgrundes, mit dem das Korallenwachstum Schritt gehalten hat.

Aus Resten von Lebewesen hat sich auch das Erdöl gebildet. Erdöl enthält Kohlenwasserstoffe der Methan-(Paraffin-)reihe (C_nH_{2n+2}), der Reihen C_nH_{2n} (Olefine, Naphtene), etwa von C_8H_{16} (Oktylen) und C_8H_{18} (Oktan) bis $C_{30}H_{62}$, selten etwas Sauerstoff und Spuren von Stickstoff und Schwefel. Es ist eine mit Wasser nicht mischbare, ölartige Flüssigkeit von der Dichte 0,79 bis 0,95. Man unterscheidet zuweilen das helle Naphtha, das gelbliche Steinöl (Petroleum) und den zäheren, bräunlichen Bergteer.

Die Erdöle kann man in Methan- und Naphthenöle einteilen. Erstere, welche vorwiegend Kohlenwasserstoffe der Methanreihe enthalten, finden sich in Pennsylvanien, Kanada, Galizien, (Drohobycz, Tustanovice usw., Boryslaw), Tegernsee. Letztere führen vornehmlich Glieder der Naphthenreihe und kommen in der Umgebung von Baku (Apscheron), in Kalifornien, Mesopotamien, Persien, Oberitalien, Niederländisch-Indien, bei Ölheim und Oberg bei Peine, Hänigsen, Sehnde, Nienhagen, Wietze usw. vor.

Das Erdöl ist sehr wahrscheinlich zur Hauptsache aus pflanzlichen, weniger aus tierischen Massen entstanden, welche nahe dem Meeresstrande auf dem Boden der See sich nach Art von Faulschlamm anhäuften. Die Erdöle werden durch unterbrochene Überdampfung in leichtere und schwerere Bestandteile zergliedert; erstere liefern das Benzin (Siedepunkt zwischen 70 und 90°) und das etwas schwerere Brennöl (130 bis 300° Siedepunkt). Letztere sind die Rückstände, welche teils als Heizmittel für die Maschinen (Eisenbahnlokomotiven) verwendet, teils auf Schmieröle oder feste Kohlenwasserstoffe (Paraffine) verarbeitet werden.

Die Erdölrückstände haben eine außerordentliche Bedeutung für den neuzeitlichen Straßenbau gewonnen. Bei der Erwärmung der Rückstände über 290° C fällt der sogenannte Erdölasphalt ab, der von gewissen Werken wiederum in Spramex (290 bis 300° C) und Mexphalt (300 bis 320° C) getrennt wird; stärkere Erhitzung ergibt für den Straßenbau zu spröde Erdölasphalte. Andere Namen von Handelserzeugnissen sind: Petmex und Mexpet (Mexico-Ebano-Bitumen), Bituroad, Bitufalt und Mexitumen (Mexikobitumen-Compagnie) u. a. m. Für die Asphaltgewinnung eignen sich hauptsächlich die mexikanischen Rohöle, während das galizische z. B. wegen seines Paraffingehaltes hiefür nicht verwendbar ist.

Unter den Asphaltprüfmaschinen spielen Meßgeräte zur Bestimmung der Eindringung (Durchdringung, Penetration) und der Ausziehbarkeit

(Duktilität) eine große Rolle. Die Eindringung wird durch die Tiefe gemessen, bis zu der eine mit 100 g belastete Nadel innerhalb 5 Sekunden in einen von einem Ringe umschlossenen Asphaltkörper eindringt, wenn ihm durch ein Wasserbad die Wärme von 25° C mitgeteilt wird.

Der Ausziehbarkeitsmesser bestimmt die Länge des Bitumenfadens, im Augenblicke des Zerreißens, wenn er, im Wasserbade von 25° C liegend, mit einer genau bemessenen Geschwindigkeit an einem seitlich angebrachten Maßstabe vorbei ausgezogen wird.

Als Werte für Kunstasphalt werden mitgeteilt:

	Spramex	Mexphalt E
Schmelzpunkt	28 bis 33° C	45 bis 55° C
Durchdringung	rund 200	40 „ 50° C
Ziehbarkeit	über 100	über 100
Dichte	1,014	1,047
Asche	0,05	0,5
In Benzol Unlösliches	0,1	0,1

Erdpech (Asphalt)[1] bildet eine braune bis schwarze, fettglänzende, leichte (D = 1,1 bis 1,2), schon bei etwa 100° schmelzende Masse, welche mit rußender Flamme brennt und in Erdöl löslich ist; es besteht aus Kohlenstoff, Wasserstoff, Sauerstoff, Stickstoff, zuweilen auch Schwefel und stellt wahrscheinlich einen Erdölrückstand dar, welcher durch Sauerstoffaufnahme verharzt wurde. Das Erdpech kommt für sich in großen Mengen auf der Insel Trinidad (Asphaltsee La Brea) und im Toten Meer vor; die alten Ägypter verwendeten das Erdpech zum Einbalsamieren der Leichen (Mumienasphalt), die Babylonier als Mörtel. Als Beimengung findet sich Asphalt in Tonen, Schiefertonen, Tonschiefern und Mergelschiefern (Brandschiefern), ferner in Kalken und Mergeln, so z. B. in der Kreide (Asphaltstein) bei Hannover (Limmer, Eschershausen), im Kanton Neuenburg in der Schweiz (in der unteren Kreide), in Dalmatien, Albanien, Süditalien, Südfrankreich, Kleinasien usw.

Der Naturasphalt aus dem Trinidadsee enthält in rohem Zustand Wasser, Pflanzenteile und andere Verunreinigungen, von denen er vor dem Versande gereinigt wird („Epuré!"). Seine mittlere Zusammensetzung ist dann:

In Schwefelkohlenstoff lösliches Bitumen	56,5 v. H.
Asche	38,5 „ „
Unlöslicher organischer Rückstand	5,0 „ „
Dichte	1,4
Erweichungspunkt	85° C
Schmelzpunkt	113° C

Für den Walzasphaltstraßenbau setzt man dem Reinpech Erdölrückstände zu. (Goudron, Teerpech.) Asphaltmastix ist mit Kalksteinpulver oder gemahlenem Asphaltstein verschmolzenes Teerpech.

Asphalt wird zu Bürgersteigen (Gußasphalt; Asphaltmastix wird mit etwas Teerpech oder Erdölpech und Sand oder Kies verschmolzen;

---

[1] ásphaltos (griech.) = unveränderlicher Körper.

Hartgußasphalt erhält Zusatz von Basaltschotter) und als Straßenbelag verwendet; er eignet sich hiezu vorzüglich wegen seiner Federndheit, Staubfreiheit, Glätte, leichten Reinhaltung und Wasserundurchlässigkeit. Er dient außerdem zur Herstellung verschiedener Dachpappen, als Dichtungsmittel (Trockenhaltung von Mauern, Gewölbeleibungen usw.), zur Herstellung von Asphaltmakadam (Vorzüge wie oben) usw.

Beim Vergleiche der Analysenwerte von Natur- und Kunstasphalt (S. 328) fällt vor allem der hohe Aschengehalt des ersteren auf. Im übrigen verwendet der neuzeitliche Straßenbau neben dem Erdpech und Steinkohlenpech noch die verschiedensten Mischungen dieser mit Teerölen, Erdölrückständen, Teer- und Asphaltverteilungen. Überzüge von Teerölen mit ihrer leichten Flüssigkeit und raschen Verdunstbarkeit erweichen im Sommer sehr leicht, während sie im Winter verspröden und Haarrisse bekommen; Erdölasphalte dagegen sind zähflüssig und verdunsten schwer, sie bleiben daher selbst bei kalter Witterung noch federnd biegsam, ohne zu springen; freilich erweichen sie auch in der Sommerhitze und erleiden daher Schäden durch die Stollen der Zugtiere. Schon aus diesen Gründen ist es daher nützlich, durch Mischung die guten Eigenschaften von Teeren und Asphalten zu verbinden.

Von den ohne Erhitzung aufbringbaren Asphalt (Kaltasphalt-)- und Teerverteilungen seien nachfolgende genannt: Emulbit, Gerassol, Vialit, eine Teerverteilung mit Asphaltzusatz; Bitumuls ist eine Asphaltverteilung, Colas und Dasagol desgleichen; Goudronit-Kaltasphalt ist teerfreie Asphalttröpfchenverteilung, Magnon eine Teerpaste.

Erdwachs (Ozokerit) besitzt gelbe bis bräunlichgrüne Farbe, ist wachsartig, leicht (D = 0,95), weich und schmilzt schon bei etwa 65° C. Es begleitet nicht selten das Erdöl (Lagerstätten von Drohobycz, Borislaw, Tustanovice usw. in Galizien). Man verarbeitet es auf Kunstwachs (Ceresin).

5. Die Umprägung der Gesteine (Umprägunggesteine, Umwandlunggesteine) durch geologische Kräfte des Erdinnern (Gebirgsbildung und Krustenbewegungen aller Art)

1. Allgemeine Bemerkungen über die Umwandlunggesteine

Alle umgeprägten Gesteine treten uns in einem anderen Kleide entgegen, als ihnen ursprünglich eigen war. Wir können wohl von allen Umwandlunggesteinen nachweisen, daß sie, bevor sie die neue Tracht anlegten, in der sie sich uns heute zeigen, entweder Absätze oder Durchbruchgesteine waren. Die Veränderungen, die an ihnen vor sich gingen, haben teils die Tracht und den Verband, teils den Mineralbestand, zuweilen aber auch beide betroffen. Alle jene Vorgänge nun, die zu einer oft recht tiefgreifenden Umwandlung der ursprünglichen Gesteine, zu ihrer Zertrümmerung, Schieferung, zu ihrer Auswalzung oder zur Schaffung oder Erhöhung der Kristallinität geführt haben, bezeichnet man in ihrer Gesamtheit als Umprägung (Umwandlung, Metamorphose). Der Großteil der Umprägungsgesteine trägt schieferige Tracht und zeigt hohe Kristallinität; man nennt diese herrschende Gruppe der umgewandelten Gesteine daher „kristalline Schiefer".

Die Umschreibung des Begriffes Umwandlung als einer Umprägung ursprünglich anders beschaffen gewesener Gesteine zu kristallinen Schiefern bringt es mit sich, daß jene Durchbruchgesteine, deren schieferige Tracht wir als eine ursprüngliche, schon vor ihrer Erstarrung entstandene und nicht erst später erworbene, erkannt haben, nicht der Reihe der kristallinen Schiefer anzugliedern sind, sondern als anders ausgebildete Glieder der betreffenden Durchbruchgesteinfamilie betrachtet werden müssen (S. 128).

Die geologischen Kräfte, welche die Umprägung bewirken, wurzeln in dem Erdinnern; das unterscheidet z. B. die Umprägung von den gewöhnlichen Oberflächenverwitterungserscheinungen. Die geologischen Kräfte der Gesteinumprägung fallen teils unter die Gruppe der Glutteigerscheinungen, teils unter jene der Gebirgsbildung und der Krustenbewegungen; letztere wirken sich in geringen Erdtiefen vorwiegend brechend, biegend und gleitend aus, erstere beeinflussen die ursprünglichen Felsarten durch ihre Wärme und die Stoffe, die sie mit sich führen; die Gebirgsbildung bewirkt Umwandlungen nach verschiedenen Richtungen hin.

Es tragen eben alle Gesteine unserer Aufbaugebirge die Geschichte ihrer Lebensschicksale seit ihrer ersten Bildung auf dem Leibe geschrieben mit sich. Sander[12]) hat daher einen für die Gesteinkunde wie für die Geologie gleich bedeutsamen Gedanken ausgesprochen, wenn er darauf aufmerksam macht, daß gebirgsbildende Vorgänge zur Entfaltung einer Störungsausbildung bei den Gesteinen führen können, welche uns gestattet, die Geschicke der Felsart während der Gebirgsaufrichtung aus dem Dünnschliffe ebenso genau, ja oft sicherer und vollständiger herauszulesen, als sie uns die geologische Sonderaufnahme im Felde aufzeigt. Er war es auch, welcher vorschlug, diese für den Geologen und Ingenieur wichtigen Gesteine mit dem Namen Tektite, d. i. Störungsgesteine, zu belegen. Diese Störungsgesteine sind an Störungsstreifen der Erdrinde, d. i. an Orte geknüpft, an welchen die Gesteine durch Rindenbewegungen aller Art aufgerichtet, gefaltet, verworfen, überschoben, kurz gestört worden sind.

Die oben aufgezählten geologischen Erscheinungen der Erdtiefe wirken auf recht verschiedene Weise auf die Muttergesteinarten der Umprägungfelsen ein; so durch aufsteigende Schmelzflüsse, heiße Lösungen und warme Dämpfe, durch bloße Wärmezufuhr, durch hohen allseitigen Druck und durch einseitige Pressung. In manchen Fällen kommt eine der aufgezählten Kräfte ziemlich rein zur Entfaltung und Auswirkung; so z. B. in der Nähe der Erdoberfläche die zertrümmernde Gewalt der seitlichen Pressung und der Gegeneinanderbewegung sich verstellender Schollen, oder in der Nachbarschaft emporquellender Schmelzflüsse deren Wärme und Stoffzufuhr; weit häufiger aber noch treten zwei oder mehrere dieser Kräfte vereint umprägend auf und es läßt sich dann aus dem Gesamtbilde der Erscheinung nur schwer oder gar nicht der Anteil ablesen, welchen jede einzelne Kraft am Endergebnis der Umwandlung gehabt hat. Mit diesem Vorbehalte seien im nachstehenden die hauptsächlichsten umwandelnden Kräfte in ihrer Wirkung auf die Gebirgsarten kurz geschildert.

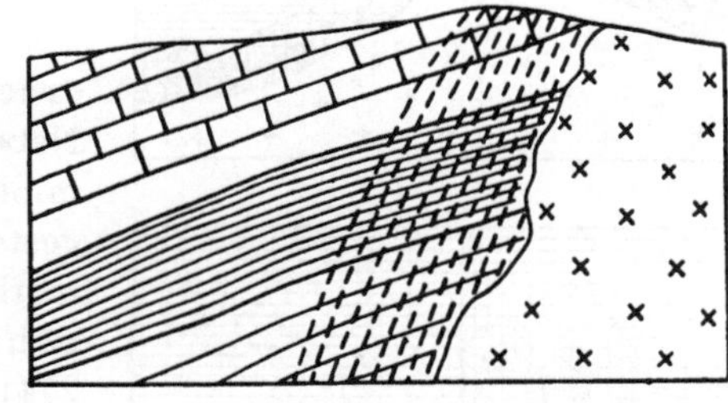

Abb. 274. Der Durchbruchkörper (Kreuze) ist jünger als die jüngsten Schichten des Berührungshofes (gestrichelt). Nach Stočes

Die Erscheinungen der Umprägung in der Nachbarschaft empordringender Schmelzflüsse werden als Berührungsumwandlung (Kontaktmetamorphose) bezeichnet. Dabei wirken sich bald hauptsächlich die Hitze des aufquellenden Glutteiges (Wärmeumwandlung), bald vorherrschend die mitgeführten Stoffe (Lösungen, Dämpfe; Dämpfe- und Lösungsumprägung), bald wiederum beide Kräftegruppen vereint aus.

Diese beiden äußersten Fälle scheiden sich oft auch örtlich gut, indem der erstere auf die unmittelbare Nachbarschaft der Durchbruchgesteinsmasse beschränkt bleibt, während der letztere mehr in einiger Entfernung vom eingepreßten Körper zu beobachten sein wird. Zwischen diesen beiden Endgliedern einer Erscheinungsreihe liegen aber alle erdenklichen Zwischenglieder, in denen sowohl hohe Wärme als auch große Mengen flüchtiger Stoffe auf das Nebengestein umwandelnd einwirken.

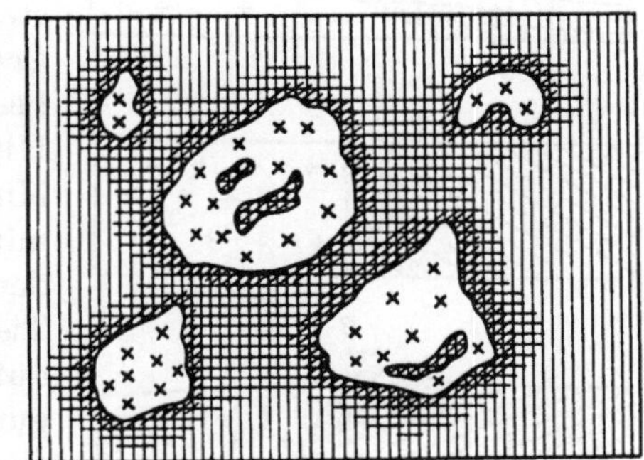

Abb. 275. Die Veränderung des Nachbargesteins ergibt den Berührungshof (gegittert). Nach Rinne

Die Annäherung an die umwandelnden Schmelzflüsse braucht nicht immer in der Weise zu erfolgen, daß die Glutteige und die ihnen entströmenden Stoffe sich zu den umgeformten Felsmassen hinbewegt haben; es können auch durch Rindenbewegungen Schollen in den Schmelzflußbereich hinabgetaucht und so in den Wirkungsbereich der Glutteige gekommen sein (Versenkungumprägung). Dann gesellt sich zu den sonstigen umwandelnden Kräften noch ein gewisser allseitiger Druck, der sich in der Bildung einer eigenen den Verhältnissen angepaßten Mineralkameradschaft äußert.

Die Einwirkungen auf das umhüllende Gestein beginnen unmittelbar mit der Einpressung und hören erst nach erfolgtem Wärmeausgleich zwischen dem Einschiebsel und dem Nebengestein auf. Aber auch der Durchbruchgesteinkörper selbst erfährt während der Zeit bis zu seiner völligen Abkühlung gewisse Veränderungen, die namentlich in Auflockerungen, Risse- und

Spaltenbildungen, in der Herausbildung dichter (bei schneller Abkühlung) oder porphyrischer Verbände, also in porphyrischen bzw. dichten Randausbildungen des Durchbruchgestein, in dem Auftreten bestimmter Mineralien, wie Andalusit, Turmalin, Disthen usw. bestehen (innere Berührungswirkungen).

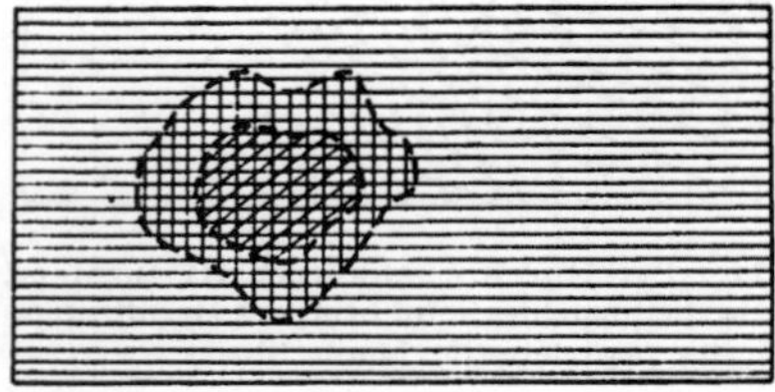

Abb. 276. Der Berührungshof an der Oberfläche (gegittert) verrät den Durchbruchkörper in der Tiefe. Nach Stočes

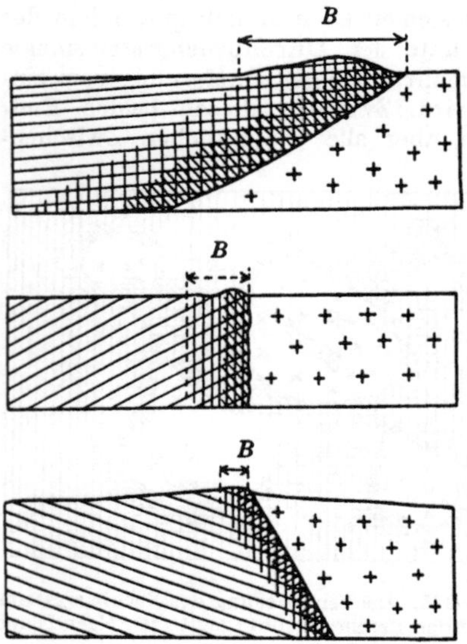

Abb. 277. Die Breite (*B*) des Berührungshofes hängt von den Lagerungsverhältnissen ab Nach Stočes

Die äußeren Berührungserscheinungen machen sich am Nebengestein innerhalb eines mehr minder breiten, die Erstarrungsgesteine umhüllenden Gürtels bemerkbar, welchen man als Berührungshof (Abb. 275, 276, 277, 274) bezeichnet. Die Stärke der Umwandlung hängt natürlich von der Durchtränkung des Schmelzflusses mit Wasser- und anderen Dämpfen, seiner Masse und von der Entfernung ab, welche das betrachtete Nebengestein von dem Durchbruchsgesteinskörper trennt; demgemäß begegnet man den kräftigsten, auffallendsten Veränderungen unmittelbar an der Grenze des Erstarrungsgesteines, ferner bei großen Tiefengesteinsmassen sowie bei solchen, welche außer großer Hitze noch reichlich Wasserdämpfe, Minerallösungen usw. aus der Tiefe mitbrachten. Die Unterschiede in den Berührungswirkungen von Tiefen- und Ergußgesteinen beruhen auf den verschiedenen Verfestigungsbedingungen dieser beiden Gesteingruppen; Tiefengesteine rufen im allgemeinen bedeutendere und auch räumlich weiter reichende Umwandlungserscheinungen hervor als Ergußgesteine. Zur chemisch-mineralogischen Natur des erstarrenden Gesteines ergeben sich keinerlei gesetzmäßige Beziehungen; dagegen hängt die Umprägung wesentlich von der Natur des Nebengesteines ab, das im wesentlichen nicht so sehr chemisch als physikalisch durch Umkristallisieren usw. verändert wird.

Wenig mächtige Schmelzflüsse (Basalte, Diabase) wirken meist nur durch ihre große Hitze; Tonschiefer und Tone werden gehärtet, gefrittet und gebrannt (Porzellanjaspis), Sandsteine verglast, Braunkohlen verkokt (entgast), in Anthrazit umgewandelt und stellenweise säulig abgesondert (Stangenkohle des Meißner in Sachsen).

Die reine Wärmeumwandlung verändert den stofflichen Inhalt des Nebengesteins nicht, ist also ganz unabhängig von der gesteinkundlichen Natur des eingedrungenen Glutflusses; Granite erzeugen dieselben Einwirkungen wie Diorite, Gabbros oder Syenite.

Die Veränderungen des Nebengesteins bestehen in der Umkristallisation des ursprünglichen Mineralbestandes des Nebengesteins, indem neue Mineralien sich bilden und bestehenbleibende ihre Korngröße ändern; letzteren Vorgang hat Rinne Sammelkristallisation genannt; einige neu entstehende Mineralien sind für die Berührungsumwandlung kennzeichnend, so z. B. Andalusit, Kordierit, Granat, Spinell, Wollastonit usw. (Berührungs- oder Kontaktmineralien). Demzufolge entscheidet über die Natur des entstehenden Berührungsgesteins (Kontaktgesteins) im wesentlichen die stoffliche Beschaffenheit des Nebengesteins, das von der Wärmeumwandlung ergriffen wird.

Durchbruchgesteine und kristalline Schiefer werden durch aufgestiegene Schmelzflüsse kaum merklich verändert, da ihr Mineralbestand und ihr Verband bereits mehr oder weniger in der, auch durch die Berührungsumwandlung angestrebten Gleichgewichtslage sich befinden.

Auch bei kieselsäurereichen Absatzgesteinen, wie Kiesel-Sandsteinen, Quarziten, Kieselschiefern usw. macht sich die Berührungsumwandlung, von einer eintretenden Veränderung des Verbandes und der Korngröße abgesehen, wenig bemerkbar.

Tonerdereiche Gesteine (Tonschiefer usw.) zeigen einen besonders breiten und oft deutlich gegliederten Berührungshof. Sie werden am äußeren Rande des Berührungswirkungsraumes zu Berührungsschiefern (Kontaktschiefern) umgewandelt, indem zahlreiche, kleine, dunkle, knotige Flecke im Gestein auftreten. Ähnliche Berührungsgebilde sind die sogenannten Fruchtschiefer (Erzgebirge, Alpen usw.), Fleckschiefer, Forellenschiefer, sowie die dunkle Bündel schuppig verwitternder Hornblende auf ihren Schieferungsflächen tragenden Garbenschiefer (Ötztal, Pfitschtal, Zillertal, Sölk [Ennstal], Mürztal usw., Abb. 94). Näher gegen das Durchbruchgestein zu erscheinen dann schon deutlich kristalline Gesteine, meist Glimmerschiefer (sogenannte Knotenglimmerschiefer), mit Knoten und Höckern von Kordierit, Andalusit usw. Schließlich weicht mit zunehmender Durchbruchgesteinsnähe die schiefrige Tracht immer mehr und mehr einer massigen, richtungslosen; zugleich werden die umgewandelten Gesteine sehr hart und splitterig. Man nennt sie dann Hornfelse; sie enthalten neben den selten fehlenden Gemengteilen Quarz, Feldspat, Glimmer und Magnetit oft noch größere Mengen von Andalusit, Kordierit, Granat, Augit (Hypersthen, Diopsid), Hornblende usw. (Abb. 296).

Technisch besitzt das Vorkommen von Hornfelsen im Schiefergebirge, wo die umwandelnden Tiefengesteinkörper von den abtragenden Kräften noch nicht bloßgelegt wurden (Abb. 276), zuweilen einige Bedeutung, da sie in solchen Gebieten vorherrschend weicher, oft bröckliger Gesteine nicht selten das einzige, brauchbare Schottergut und Bausteine für Packlagen,

Mauern usw. liefern. Zu dieser Verwendung macht sie ihre große Härte, hohe Druckfestigkeit (3000 bis 4000 kg/qcm) und geringe Abnützbarkeit geeignet; der Hornfels auf dem Wingertsberge bei Niederramstadt unweit Darmstadt ist dicht, schwarz, sehr zäh, hart, druckfest (3420 bis 3970 kg/qcm) und wenig abnutzbar (3,1 ccm an Würfel von 5½ cm Kantenlänge, 200 Umdrehungen, 49 cm Halbmesser). (Odenwälder Hartsteinwerke.) Für ihre Aufsuchung im Felde gibt die Zunahme des Umwandlungsgrades mit der Annäherung an die Durchbruchgesteinmasse einen brauchbaren Fingerzeig.

Mergel und mergelige Kalksteine liefern bei der Berührungsumwandlung Hornfelse, welche Grossular und Diopsid, oder Grossular, Diopsid und Wollastonit oder auch Vesuvian, Grossular, Diopsid mit oder ohne Wollastonit führen; Kalksteine mit geringerem Tongehalte gehen in sogenannte mineralreiche Marmore über (Granat, Hornblende, Biotit usw.) Kieselige Kalksteine erzeugen Kalksilikathornfelse oder auch silikathaltigen Marmor, je nach den Druckverhältnissen; reine Kalksteine können nur in Marmore umgewandelt werden (S. 377).

Der Stärkegrad der Wärmeumwandlung steht in einfachem geraden Verhältnisse zum Wärmegrade bzw. zur Wärmemenge, welche an das Nebengestein bei der Berührung abgegeben wird. Mächtige Durchbruchgesteinskörper rufen daher umfangreichere Berührungsumwandlungserscheinungen hervor, als kleine Einschübe, die nur schmale Berührungshöfe mit schwachen Veränderungen zeigen werden. Die Stärke der Umwandlung nimmt ferner mit wachsenden Entfernungen vom Durchbruchgesteinkörper ab; sie erreicht den höchsten Grad unmittelbar an der Berührungsstelle und klingt schließlich am äußeren Rande des Hofes ohne scharfe Grenze in das völlig unbeeinflußte Gestein aus. Die Reichweite der Wärmeumwandlung wird häufig überschätzt; wo sie sicher festgestellt werden konnte, übersteigt die Breite des Berührungshofes nirgends einen Betrag von etwa 1 bis 4 km (1 bis 3,5 km beim Ramberggranit des Harzes, 4 km im Tonschiefermantel des Granites von Rostienen in der Bretagne, 2,6 km um den Lauterbachgranit in Sachsen und so weiter).

Die Dämpfeumwandlung führt den Nebengesteinen mit den sie durchwandernden Gasen, Dämpfen und Lösungen neue Stoffe zu und veranlaßt dadurch Mineralneubildungen und Umkristallisationen unter gleichzeitiger stofflicher Umprägung des in Umwandlung begriffenen Gesteins.

Sie reicht sicherlich viel weiter als die reine Wärmeumwandlung, da die beweglichen Dämpfe auf Spalten, Klüften und Rissen sehr weit ins Nebengestein vordringen können, ehe sie von demselben aufgesaugt oder infolge fortgeschrittener Abkühlung, Verdichtung und Verfestigung wirkungslos geworden bzw. aufgezehrt worden sind. Bezeichnend für die Dämpfeumwandlung ist das Auftreten von Topas, Flußspat, Lithiumglimmer (Lepidolith), Turmalin, Axinit, Apatit, Skapolith usw. Die heißen Chlor- und Fluordampfströme haben im Erzgebirge das Zinn mitgebracht; die weniger heißen Schwefel- und Arsendämpfe setzen kiesige Erze ab, die Kohlenstoffdämpfe laden Uranpecherze ab. Die Ergebnisse der Dämpfeumwandlung hängen aber nicht bloß von der stofflichen Natur der dem Glutflusse entweichenden flüchtigen Bestandteile, sondern auch von der Beschaffenheit des Nebengesteins ab, welches die Gasaushauchungen in sich aufnimmt bzw. zum Niederschlage zwingt.

Am empfindlichsten antworten die kohlensauren Gesteine auf die Einwirkung sie durchstreichender Gase, während Tonschiefer und Sandsteine selten mehr als Spuren einer Dämpfeumwandlung erkennen lassen. In Kalkgesteinen bilden sich vornehmlich Eisenglanz, Flußspat usw. und das Endergebnis der umwandelnden Vorgänge sind Kalkeisen- und Eisensilikatgesteine. Sandige Kalke (Kalke mit Quarzsand) werden in quarzreiche Wollastonithornfelse umgewandelt, wobei Zufuhr von Kieselsäure angenommen werden muß.

Abb. 278. Bänderamphibolit; Murgeschiebe, hornblendereiche Lagen dunkel, hornblendearme dagegen hell (feldspatreich!)

Durch die flüchtigen Bestandteile des allmählich erstarrenden Kernes des Glutflusses können aber auch die bereits einigermaßen abgekühlten randlichen Teile des Einschubes selbst ungewandelt werden. Auf diese Weise entsteht z. B. aus Granit der bekannte Greisen, indem der Alkalifeldspat des ursprünglichen Tiefengesteines durch Quarz, Topas, Flußspat, Lithionglimmer, Zinnstein, Turmalin und andere chlor-, fluor- oder borhaltige Mineralien ersetzt wird. Ähnliche Vorgänge führen zur Umwandlung der Feldspäte von Graniten, Porphyren usw. in Kaolin (Kaolinisierung).

Mit der Wärmeumwandlung und der Dämpfeumwandlung nahe verwandt ist die Einspritzungsumprägung (Injektionsmetamorphose) und die Durchtränkungsumwandlung. Sie besteht in dem Eindringen des Schmelzflusses oder der ihm entströmenden heißen Lösungen und Dämpfe in

Abb. 279. Einspritzung von Mikroklingneis (hell) in Hornblendegneis. Helsingfors, Bergmanns Gatan, Süd. Lichtbildsammlung des Geolog. Institutes der Technischen Hochschule Wien

den Schichtenverband der Nachbargesteinmasse, die in einer oft ganz riesigen Ausdehnung, im lotrechten, wie im wagrechten Sinne, von der Umprägung erfaßt wird. Neue Mineralien, wie Feldspäte („Verfeldspatung" der Gesteine, Perlgneise, Knotengneise), Glimmer, Granat usw. blühen auf; gelegentlich werden die Gesteinplatten aufgeblättert und ihre Zwischenräume mit Schmelzfluß ausgegossen (Abb. 279); es entsteht dann die auffällige Lagentracht; sogar Einschmelzungen kommen vor (Übergang zur Nachwirkung der Berührungsumwandlung; Mischgesteine).

Dringt der Schmelzfluß längs Schichtfugen, Schieferungsflächen usw. in eine Schichtfolge ein, so nennt man die Einspritzung übereinstimmend (Abb. 279; konkordant); durchgreifend (diskordant) wird sie genannt, wenn sie die Bauflächen des Nebengesteines quer durchbricht. Im ersten Falle entstehen die Bänder- oder Adergneise (Arterite), deren das ganze Gestein durchschwärmende Adern teils unmittelbare Bildungen aus dem Schmelzflusse, teils Schöpfungen der Gase des Glutflusses sind. So zeigen beispielsweise die ruhig nach Nordosten fallenden, mächtigen Gneisglimmerschiefer des Teigitschgebietes bei Voitsberg (Steiermark), die Hauptmasse der Gesteine des Koralpenabfalles gegen Wolfsberg (Lavanttal), viele Gneise des Mur- und Mürztales prachtvolle Lagentracht infolge schichtweisen Wechsels von Absatzstoffen und riesenkorngranitischen Einspritzungen. Hierher gehören auch die aplitisch-riesenkorngranitischen Durchaderungen vieler Gesteine des niederösterreichischen Waldviertels, die Umwandlung von Schiefern des bayrischen und oberpfälzischen Waldes durch Granite in Bändergneise, körnig-streifige und schuppige Gneise, die durch Aplite und Granite hervorgerufene Umprägung und Umkristallisation von Werfener Schiefern der Gegend von Schemnitz in Ungarn zu gneisartigen Gesteinen usf. Der mehr flächenhaft vordringenden Einspritzung steht die das Gestein räumlich viel gleichmäßiger erfassende Durchtränkung gegenüber. Die Einspritzungsumprägung kann beträchtliche Mengen neuer Stoffe zuführen; es entstehen dann Mischgesteine (Migmatite) aus Absatzgesteinstoff und Schmelzflußmassen gemischt. Sie leiten zur vollständigen Auf- und Umschmelzung über (Umschmelzungsgseteine).

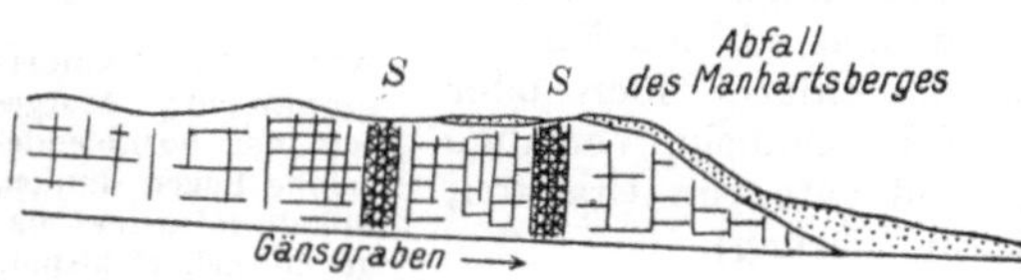

Abb. 280. Störungsstreifen (Zerrüttungsstreifen S, S) im Granit des Gänsgrabens bei Limberg, N.-Ö.; gepunktet: Tertiär; die Zerrüttung nimmt von der Abbeugung (rechts) gegen W (links) allmählich ab; Riß

Ganz anders stellen sich die Vorgänge bei der Störungs- (Dislokations-) Umprägung dar, deren treibende Kräfte die hohe Wärme, der allseitige Druck und die starke seitliche Pressung sind. Zu ihnen gesellt sich dann noch die lösende Wirkung des kaum irgendwo in den Gesteinen der obersten Schichten der Erdkruste fehlenden Wassers. Aus der Tiefe steigt neu entbundenes (juveniles) Wasser empor, kreisendes (vadoses) sinkt, der Erdschwere folgend, nieder. Das Wasser kann selbst bei der großen Wärme der tieferen Erdschichten noch flüssig sein, wenn es unter entsprechend starkem Drucke steht; ihm müssen eine ganze Reihe von Lösungs- und Umbildungsvorgängen zugeschrieben werden.

Von der Berührungsumwandlung unterscheidet sich die reine Störungsumprägung vornehmlich dadurch, daß sie an Störungsgebiete gebunden ist und zu ihrer Entstehung keiner Glutteigerscheinungen bedarf, Anschmelzungen und Frittungen niemals erzeugt, Pflanzenreste in Graphit und Anthrazit verwandelt, keine Stoffe bei der Umkristallisation zuführt, an neuen Mineralien besonders Serizit, Disthen und ähnliche bildet, die chemische Zusammensetzung des Gesteins ganz oder nahezu unverändert läßt und die Auswalzung, Streckung und Schieferung der Felsmasse teils neu bewirkt, teils verstärkt. Im übrigen besitzen Störungsumprägung und Berührungsumwandlung auch manches Gemeinsame; so die Beförderung und Vervollkommnung der kristallinen Ausbildung, die Bildung von Mineralien wie Glimmer („Verglimmerung" der Gesteine), Granat, Feldspate usw. Und da zudem Störungen das Aufdringen von Schmelzflüssen und ihren Gase oder die Annäherung an sie befördern können, so ergeben sich auch hier mannigfache Übereinstimmungen und ein nicht seltenes Verschwimmen der Grenzen.

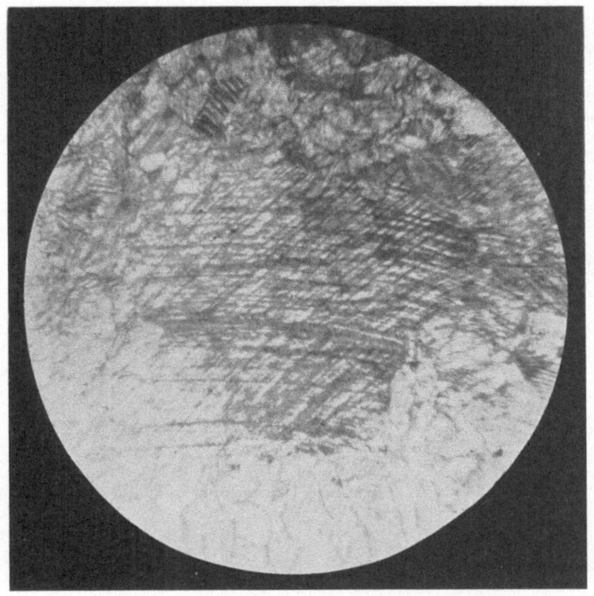

Abb. 281. Verbogene Zwillingsstreifchen im Marmor der Judeichhöhe, Lehrforst Bruck a. d. Mur, Obersteiermark

Auch bei der Störungumprägung lassen sich zwei — allerdings oft miteinander verkettete und durch Übergänge verbundene — Untergruppen von Erscheinungen herausschälen. Bei der einen wirkt hauptsächlich der wagrechte Gebirgsdruck, die seitliche Pressung (Pressungsumwandlung), bei der andern mehr der allseitige Druck und höhere Wärme (Versenkungsumprägung).

Durch ungleichmäßige, ungleichgerichtete Verschiebungen in einem Gesteinkörper entstehen bei der Pressungumwandlung Spannungen, welche beim Überschreiten der Elastizitätsgrenze des Gesteins unter Bildung von Klüften, Haarrissen usw. ausgelöst werden. Solche Risse und Spalten heilen oft vollkommen aus, so daß das Gestein dem freien Auge bruchlos erscheint. Erst bei Anwendung von Vergrößerungsmitteln

bemerkt man dann die oft völlige Zertrümmerung des Gesteins und seine Wiederverkittung. In anderen Fällen bleiben die entstandenen Klüfte und Ritze mehr minder offen und die innere Zerrüttung erhalten; solche Gesteine können technisch völlig wertlos sein, da sie der Zerstörung,

Abb. 282. Durch den Gebirgsdruck zerbrochener Quarz; die Trümmer löschen noch fast gleichzeitig aus. Blasseneckgneis. Nach Fr. Angel

Abb. 283. Wie vor; Trümmer aber bereits von der bewegten Grundmasse auseinandergetriftet und verschieden auslöschend. Blasseneckgneis. Nach Fr. Angel

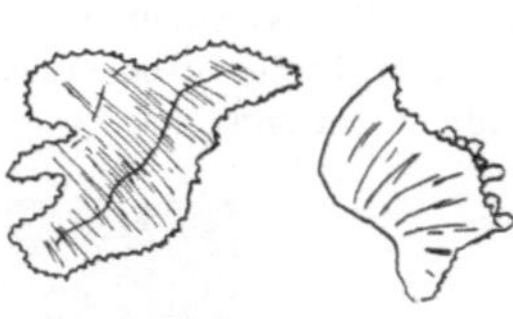

Abb. 284. Scharf ausgezackte Quarze mit sog. Böhmscher Streifung ‖ w. Nach Fr. Angel

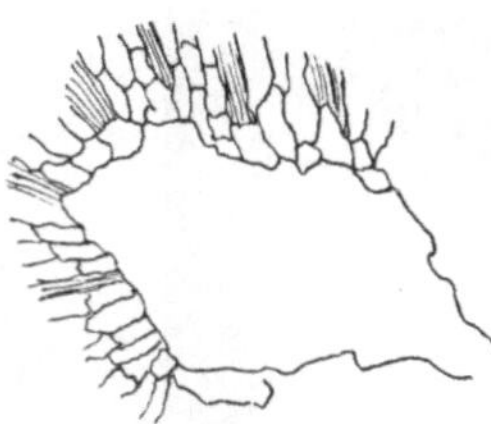

Abb. 285. Strahlquarz. Von den zackig-buchtigen Rändern der Quarzkristalle (Mitte der Abbildung) strahlen Stengelchen von Quarz (licht) und Fasern von Chlorit aus. Nach Fr. Angel

Abb. 286. Großes Auge aus zertrümmertem Quarzeinsprengling; Glimmerlider; eingepreßte Teile der Grundmasse zwängten die Trümmer auseinander. Blasseneckgneis. Nach Fr. Angel

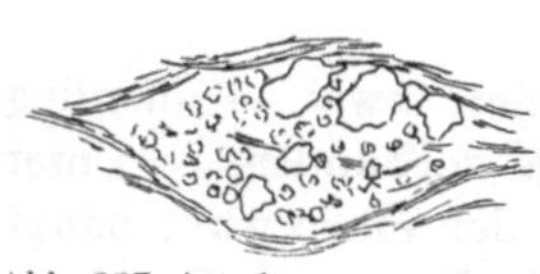

Abb. 287. Anschoppungen von Quarzbröckeln bilden lidumflossene Augen (Knollen, Linsen usw.). Nach Fr. Angel

Abb. 288. Blasseneckgneis, Bruchquarz. Korngehäufe, durch Zerbrechung aus einem einheitlichen Korn entstanden. Nach Fr. Angel

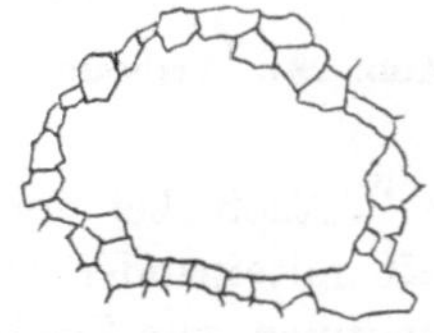

Abb. 289. Trümmerquarz; Hauptkern mit gezähntem Rand, von randlich abgesprengten Trümmern umgeben. Nach Fr. Angel

namentlich dem Zerfalle durch Hitze und Frost ungemein rasch erliegen und nicht druckfest sind.

Die Störungsumwandlungen beginnen mit einer Quetschung der Quarze („wellige Auslöschung") und Feldspate, einer Biegung und

Stauchung der Zwillingsstreifen der Plagioklase, Kalkspatkristalle u. dgl. (Abb. 281) und mit Knickungen und Verbiegungen der Glimmerblättchen. Starke Teiläußerungen der gebirgsbildenden Kräfte führen zu Zerbrechungserscheinungen an den Feldspaten, deren Spaltflächen nicht mehr gleichmäßig einspiegeln und deren Bruchstücke längs Gleitebenen gegeneinander verlagert oder verschoben sein können; die Glimmerschüppchen werden zerrissen, zerfetzt und schließlich die Quarzfeldspatkörnchen in ein Haufwerk feiner, dem freien Auge als weiße, mehlähnliche

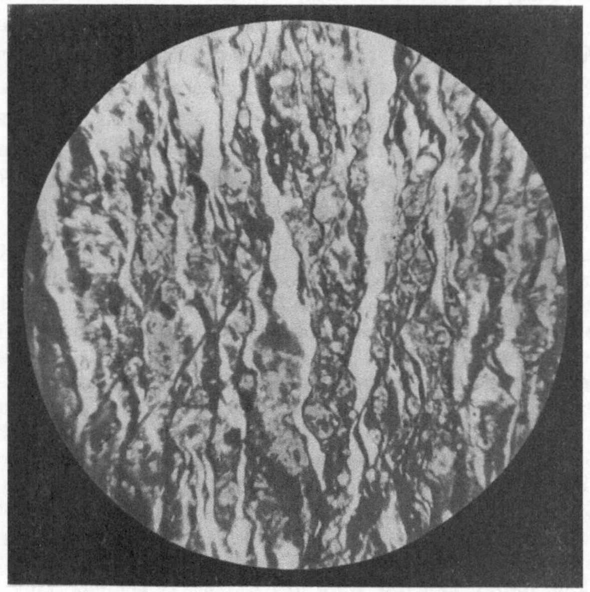

Abb. 290. Ausgewalzter Gneis. Pischkberg bei Bruck a. d. Mur, Obersteiermark

Masse erscheinender Trümmer verwandelt. Solche Erscheinungen bezeichnet man als Zerdrückung (Kataklase; S. 154; Abb. 282—289). Außer Zertrümmerungen einzelner Bestandteile ruft der Gebirgsdruck aber auch häufig eigentliche Gestaltsveränderungen hervor, welche als Streckungen und Auswalzungen beschrieben werden. Man hat sie wohl zuerst an Versteinerungen erkannt, welche einseitig in die Länge gezogen, plattgedrückt und gequetscht waren. So werden auch Quarze und Feldspate zu Linsen oder Plättchen ausgewalzt (Augen- [Abb. 286], Schiefer- [Abb. 290], oder Lagenverband) oder zu stengeligen Gehäufen gestreckt (Stengelgneise). Ein Beispiel für solche nachträgliche Gestaltsveränderungen, welche mit einer Zerdrückung verbunden waren, bietet der das Rückgrat unserer Alpen bildende sogenannte Kerngranit, der ja durch die formenden Kräfte der Gebirgsbildung vielfach geschiefert, geflasert oder lagig ausgebildet wurde; aus dem ursprünglich richtungslosen Granite sind auf diese Weise geschieferte, flaserige, Augen-, Stengel- oder Lagengneise hervorgegangen. Vgl. auch S. 154.

Die innerliche Zermalmung, welche der Gebirgsdruck in mehr minder hohem Grade bewirkt, führt in vielen Fällen auch zu einer Änderung des Mineralbestandes eines Gesteines, verursacht durch die mit der Zerdrückung Hand in Hand gehenden stofflichen Umsetzungen. Die Kalifeldspate liefern dabei nicht selten Neubildungen von Serizit („Verglimmerung", Serizitisierung), welche zuerst auf den Druckrissen auftreten, von hier aus aber immer weitere Gesteinmassen ergreifen; auf diese Weise können z. B. aus Porphyren, Graniten usw. Serizitschiefer hervorgehen; so sind z. B. in den Störungsstreifen des Mürztales (Steiermark) häufig die grobkörnigen, zum Teil porphyrartigen Mürztaler- und Waldheimat-Granite in Serizitschiefer umgewandelt. Inwieweit auch hiebei Zu- und Abfuhr von Stoffen (z. B. Kali) eine gewisse Rolle spielt, ist noch wenig geklärt. Vgl. auch S. 155.

Oft hat der Gebirgsdruck das ganze Gestein zu kleinen eckigen Bruchstücken zertrümmert, die bei längerem Reiben gegeneinander dann auch gerundete Kanten, ja sogar geschiebeähnliche Formen mit geglätteter Oberfläche annehmen können. So ist beispielsweise der sogenannte untere oder Ramsaudolomit der Alpentrias in der Regel in ein mürbes Haufwerk von Grus und kantenscharfen Trümmern aufgelöst, die leicht aus dem Gesteinverbande herausbrechen und die eigenartigen, oft abenteuerlichen und wunderlichen Verwitterungsformen des unteren Dolomites bedingen. Heilen Absätze aus kreisenden Wässern die bei der Gesteinzertrümmerung entstandenen Risse und Spalten aus oder legen sich als Bindemittel zwischen die durchbewegten Gesteintrümmer, dann entstehen die bekannten „Reibungs- oder Störungsbreschen" (Dislokationsbreschen, S. 250) seltener Reibungskonglomerate (Ramsaudolomit der Gesäuseberge, Serpentine Albaniens). Ihre Festigkeit hängt von der Güte des Kittes (Kalkspat, Quarz usw.) ab; unverkittete Zertrümmerungsgürtel (Abb. 280) liefern weder gute Bausteine, noch sind sie sonst für den ausübenden Techniker angenehm.

Wo die Stärke des seitlichen Druckes nicht übermäßig anschwoll, blieb die Zermalmung oft auf die Ränder der Bestandteile des Gesteins beschränkt (randliche Zertrümmerung; Abb. 289); wurden dabei die größeren Mineralkörner in das entstandene Gesteinmehl eingebettet und eingehüllt, so entsteht ein Verband, der mit der Lagerung der Backsteine im Mörtelbett einige Ähnlichkeit hat (Mörtelverband).

Den Gesteinverband, der aus der mehr oder minder weitgehenden Zertrümmerung der Gesteine hervorgeht, hat man Quetschverband (Kataklasstruktur) und die entstandenen, Zermalmungsspuren in höherem oder geringerem Grade zeigenden Gesteine Quetschgesteine (Mylonite) genannt; sie liegen in Quetschstreifen (Abb. 280).

Bei der reinen Quetschungsumwandlung, wie sie vorstehend, weil für den Ingenieur bedeutsam, geschildert wurde, bleiben allseitiger Druck und Wärme als umbildende Kräfte fast ganz außer Spiel; auch die Durchbewegung der Massen ist oft gering (Umwandlung an Ort); sie erfolgt zur Gänze unter Bruch (brechende Umwandlung). Findet die Pressungumwandlung an Stellen des Gebirgsleibes statt, wo höhere

Abb. 291. Liegende Falten im Gneis bei Unter-Meißling, Kremstal, N.-Ö.

Wärme, heiße Dämpfe usw. zur Wirkung kommen, dann stellt sich bei heftiger Durchbewegung bruchlose (fließende) Umformung ein (Durchbewegungsumprägung, bildsame Umwandlung).

Die bruchlose Umformung der Gesteine und die Herausbildung eines oft völlig neuen Mineralbestandes wird nach Anschauung Beckes vorzugsweise durch Auflösung und Wiederkristallisieren bewirkt.

Diese chemischen Vorgänge werden durch einen Grundsatz dem Verständnisse näher gebracht, den Riecke aufgestellt hat; danach fördern hoher Zug oder Druck die Löslichkeit eines Körpers, In einem Gestein, dessen Haarrisse von Lösungen der Gesteingemengteile in kreisendem Wasser durchwandert werden, unterliegen alle Oberflächenstücke, die senkrecht zur Pressung liegen, einem stärkeren Drucke als die mit der Druckrichtung gleichgerichteten. Die am stärksten gepreßten Stellen der Körner werden nun stärker gelöst, während die am schwächsten beanspruchten in der zwischen den Körnern kreisenden Lösung weiterwachsen können. Hiedurch werden die Körner in der Richtung des stärksten Druckes durch allmähliche Auflösung verschmälert und in der Ebene des leichtesten Ausweichens durch Wachstum bzw. Massenanlagerung verlängert und ausgedehnt. Auf diese Weise kommt die von Becke so bezeichnete Kristallisationsschieferung zustande.

Abb. 292. Faltungen im Muskovitgneis; Murgeschiebe

Die veränderten Bestandbedingungen für die Mineralien der bruchlosen Umformung kommen wieder auf verschiedene Weise zustande. Erstlich einmal durch Versenkung einer Scholle oder eines Krustenstreifens in größere Erdtiefe, wo der allseitige Druck sich bereits kräftig äußert und eine hohe Wärme, von anderen mineralbildenden Kräften unterstützt, wirksam wird (Versenkungsumprägung). Ähnliche Wirkung kann aber auch erzielt werden, wenn Glutteige von unten sich dem betrachteten Schichtverbande nähern, indem sie ihr Dach aufschmelzen und auflöten; sie teilen dann den im wesentlichen an ihrem Platze verbliebenen Hangendschichten mehr oder minder hohe Wärme, unter Umständen auch Dämpfe und heiße Lösungen mit; es fehlt dann nur der vorerwähnte höhere allseitige Druck; solche Umprägungen kann man als Annäherungsumprägung bezeichnen. Kräftige Kleindurchbewegung kann sowohl die Versenkungs- als auch die Annäherungsumprägung begleiten (Durchbewegungumprägung) oder fehlen (ruhende Umprägung, Umprägung am Ort). Die bildsame Umprägung leitet hinüber zu den Erscheinungen der echten Berührungs- und Einspritzungsumwandlung. Auch die Wirkungen sind ähnliche.

Kalkige Gesteine werden kristallinisch körnig; ihre Verunreinigungen wandeln sich in Serizit, Muskovit, Magnesiaglimmer, Granat, Chlorit, Rutil, Augit, Hornblende, Albit, Magneteisen usw. um. Das berühmte Marmorvorkommen von Carrara bei Spezia in Italien ist durch Umprägung entstanden, ebenso die zahlreichen Marmorlagerstätten Tirols (Laas, Schlanders. Ratschinges bei Sterzing), Kärntens und der Steiermark (Stubalpe, Kleinalpe, Grebenze, Pusterwaldertal usw.). In den tonigen Gesteinen bilden sich helle Glimmer und erzeugen Urtonschiefer, Glimmerschiefer und bei weitergehender Umprägung bis zur Feldspatbildung Gneise. Roteisensteinlager verwandeln sich in Magneteisenlagerstätten, und kohlige Stoffe gehen in Graphit über; letzteres hat unter anderen Hoernes an der Hand der steirischen Graphitlagerstätten (St. Lorenzen bei Trieben, Kaisersberg bei Leoben u. a. m.) nachgewiesen. Granite verwandeln sich durch Umprägung in Gneise, Diorite und Gabbros in Amphibolite usw.

Zu den Erscheinungen des Gesteinfließens leitet die Verknetung verschiedener Gesteine miteinander über. F. E. Sueß hat abgebildet, wie bei der Faltung Amphibolitblöcke in weiche Kalkgesteine des niederösterreichischen Waldviertels eingepreßt wurden; Kneterscheinungen zeigt auch der schweizerische Lochseitenkalk zumeist, in dem kalkige, dolomitische und tonige Bestandteile zu einem wachsartig dichten, eigenartig geflaserten, seltener Reibungsbreschen ähnlichen Gestein zusammengemengt wurden.

Die bildsame Umformung führt meist zu einer weitgehenden Kleinfältelung (Abb. 291, 292, 293, 294) des Gesteins; die vielfach einen gequälten Eindruck hervorrufenden kleinsten Fältelchen bilden ihrerseits wieder nur Bestandteile größerer Falten und auch diese sind zuweilen wieder einer Verfaltung höherer Ordnung zugesellt. Die vielfältige Kleinfaltung beobachtet man besonders häufig und in schönster Ausbildung bei Urtonschiefern und ähnlichen Gesteinen; sie macht die Gesteine für die technische Verwendung unbrauchbar, soweit es sich nicht um besonders harte Gesteine, wie Amphibolite usw. handelt; und auch diese zerspringen gerne nach den bogigen Faltenflächen und liefern daher in gequält gefaltetem Zustande meist nur Schottergut.

Sehr hübsch ist die gequälte Fältelung bei den Grünschiefern und Phylliten der Umgebung von St. Lambrecht (Obersteier) zu beobachten; weitere Beispiele bietet die Umgebung von Bruck a. d. Mur in den dortigen altzeitlichen Schiefern (Abb. 294).

Unter der Einwirkung riesigen seitlichen Druckes kam neben der Faltung in nicht seltenen Fällen auch eine Schieferung der Gesteine senkrecht auf die Druckrichtung zustande, die sogenannte Druckschieferung (Abb. 172, 173), auch falsche, Schräg-, Pressungs- oder Querschieferung (Transversalschieferung) genannt.

Die bei der Pressung gebildeten kleinsten Teilchen des Gesteins suchen in einer Ebene senkrecht zur Druckrichtung auszuweichen, die bereits vorhandenen, stengeligen oder schüppchenähnlichen Mineralien stellen sich in die gleichen Ebenen ein, und so sieht man quer zur ursprünglich etwa schon vorhandenen Schichtung neue Schieferungsebenen mit einer oft überraschenden Beharrlichkeit das Gestein auf weite Erstreckung durchziehen (Abb. 172).

In vielen Fällen haben die Schichtungs- und Querschieferungsflächen gleiches oder nahezu gleiches Streichen. Während aber die Schicht-

Abb. 293. Kleinfalten im Hornblendegneis am linken Ufer des Kamp, gegenüber der Rosenburg, N.-Ö. Aufnahme von F. Hirsch

flächen in lebhaft gefalteten Gebirgen ihr Einfallen von Punkt zu Punkt ändern, zieht die Schrägschieferung nicht selten mit gleichmäßigem Fallwinkel weithin durchs Gebirge durch. Es ist nicht immer leicht, die Flächen der Schieferung von jenen der Schichtung auseinanderzuhalten. Zuweilen bietet der Aufbau der Gesteinfolge aus Schichten von wechselnder Zusammensetzung oder ein Wechsel in der Farbe bzw. Korngröße der Absätze (Abb. 173), die Lage von Versteinerungen (namentlich von Pflanzenresten), von Zusammenwachsungen usw. gute Fingerzeige für die Erkennung der Schichtflächen. Stark ausgebildete Pressungsschieferung verwischte zuweilen die ursprüngliche Schichtung oder macht sie ganz unkenntlich; Reste verquetschter oder verdrückter Versteinerungen, Spuren abweichender Gesteinfärbungen, das Auftreten von Lagen anderer Gesteine verrät dann oft nur dem Eingeweihten die ursprünglichen Schichtflächen. Letztere werden ganz unerkennbar, wenn ursprüngliche Schichtung und Ebene der Druckschieferung zusammenfallen, wie dies sowohl örtlich als auch innerhalb weiterer Gebiete gelegentlich der Fall sein kann. Stehen die durch falsche Schieferung bewirkten Ebenen guter Spaltbarkeit mehr oder minder senkrecht auf den durch die ursprüngliche

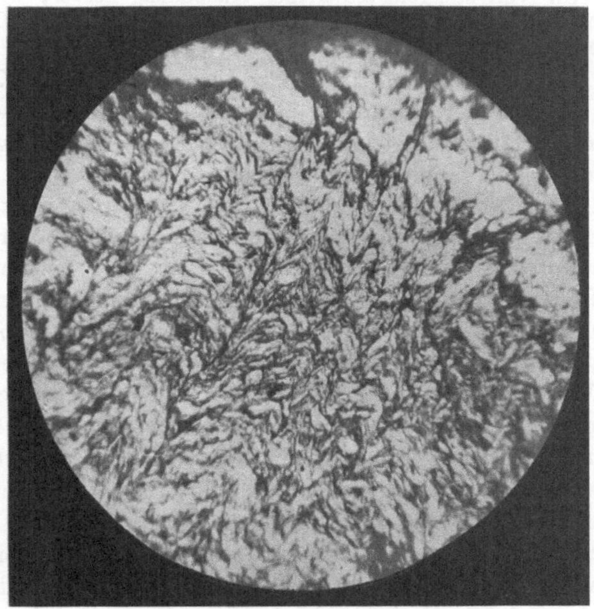

Abb. 294. Feingefältelter Tonschiefer; Frauenberg bei Bruck a. d. Mur, Obersteiermark

Schichtung hervorgerufenen Ablösungsflächen, so entstehen in dünne, kantige Stengel zerfallende Schiefer, die sogenannten G r i f f e l s c h i e f e r (vgl. S. 313).

Dem ausführenden Techniker bringt die Querschieferung viele Nachteile. Vor allem hat sie, namentlich in Gesteinen mit erhalten gebliebener Schichtung vermehrte Nachbrüchigkeit im Gefolge; dies nötigt zu starkem Ausbaue von Stollen, Tunnels usw., aber auch zu entsprechenden Verschalungen, Pölzungen usw. bei Gründungen. Zudem nässen die Schieferungsflächen meist stark und führen den Hohlbauten Sickerwässer zu, die beim Aufenthalt in solchen Räumen unangenehm empfunden werden. Freilich erleichtert die Querschieferung die Bearbeitbarkeit des Gesteins bis zu gewissem Grade, so daß sich stark druckgeschieferte Felsarten meist schon mit dem Pickel lösen lassen; doch wird dieser scheinbare Vorteil mehr als aufgehoben durch die Unmöglichkeit, den Vortrieb durch Anwendung von Sprengarbeit im allgemeinen und der raschen maschinellen Bohrung im besonderen zu fördern. Denn durch die vielen feinen Spalten und Risse des Schiefergesteins entweichen die Sprenggase leicht und üben nur eine geringe Schußwirkung aus, während anderseits in den zusammenhanglosen Schichten der Bohrhammer nicht gut arbeiten kann und leicht verklemmt. Freilich hat die Schrägschieferung mitunter auch zur Ausbildung technisch wertvoller Dachschiefer geführt; so z. B. am Königsberge bei Goslar am Harz und den meisten deutschen und mährischen Tafeldachschiefern.

Werden durch die seitliche Zusammenpressung die kleinsten Teilchen des Gesteins senkrecht zur Richtung des wirksamen Druckes ausgewalzt und ausgezogen, so gehen hierdurch scheiter- oder holzähnliche Gesteintrachten von stengelig-schiefriger Ausbildung hervor; oft verraten aufgerissene und wieder verheilte Querklüfte und Querrisse die Gewalt der tätig gewesenen Kräfte.

Durch die Umprägung im allgemeinen wird ein Kreislauf geschlossen, der mit der Erstarrung emporsteigender Glutflüsse und der Bildung von Durchbruchgesteinen beginnt. Die Verwitterung und der Abtrag zernagen den Leib der neugebildeten Felsmasse, deren Trümmer einesteils in Form von Sand, Schlamm und Schottern weithin über die Niederungen ausgebreitet werden, anderseits in gelöster Form in das Meer hinauswandern und dort als Kalk, Dolomit usw. zum Absatze gelangen. Das ursprüngliche Durchbruchgestein ist in Mineralien von einfacher Zusammensetzung und niedrigem Raumgewicht, aber hohem Molekularraum aufgelöst und dabei Leistungsfähigkeit (Energie) freigeworden. Werden die entstandenen Absätze nun in den Bereich gebirgsbildender Vorgänge einbezogen, so gehen die einzelnen einfachen Mineralien unter Bindung von Leistungsfähigkeit wieder verwickeltere Verbindungen ein, es entwickelt sich Schiefertracht und in größerer Rindentiefe nach vollkommener Umkristallisierung hochkristalliner Verband. Auf diese Weise werden wiederum Gesteine gebildet, welche den ursprünglichen Erstarrungsmassen in mineralogischer und chemischer Hinsicht nahestehen und das Spiel des Zerfalles und Aufbaues beginnt wieder aufs neue.

2) Die Mineralien der Umprägunggesteine

Neben den Mineralien der Durchbruchgesteine und der Absatzfelse kommen in den Umwandlungsgesteinen auch Mineralien vor, welche für Umprägungen und aus ihnen hervorgegangene Gesteine kennzeichnend sind; sie seien im nachstehenden kurz besprochen.

Chlorite. Die meist hell- bis dunkelgrün gefärbten monoklinen Mineralien der Chloritgruppe spalten vollkommen nach der Endfläche und stehen auch sonst in ihrer schuppigen, blättrigen Tracht (Abb. 295) den Glimmern sehr nahe. Sie sind aber nicht federnd, sondern nur gemein biegsam und mild (H = 1½ bis 3). D = 2,5 bis 2,9, je nach dem Eisengehalte. Strich grün. Sie sind der grüne färbende Stoff vieler grüner Gesteine (Grünsteine, Grünschiefer und „grüner Schiefer").

Vor dem Lötrohr schmelzen sie sehr schwer, am ehesten noch die eisenreichen, während die eisenarmen sich weiß brennen. Man faßt die Orthochlorite als Mischungen von Amesitstoff ($H_4Mg_2Al_2SiO_9$) und Serpentinstoff ($H_4Mg_3Si_2O_9$) auf. Die sogenannten Leptochlorite sind eisenreicher und wasserärmer; sie nähern sich mehr dem Chloritoid. Salzsäure zersetzt sie weniger leicht als Schwefelsäure. In beiden Fällen bildet sich Kieselsäuregallerte. Das Wasser entfernt sich erst bei sehr hoher Hitze. Den

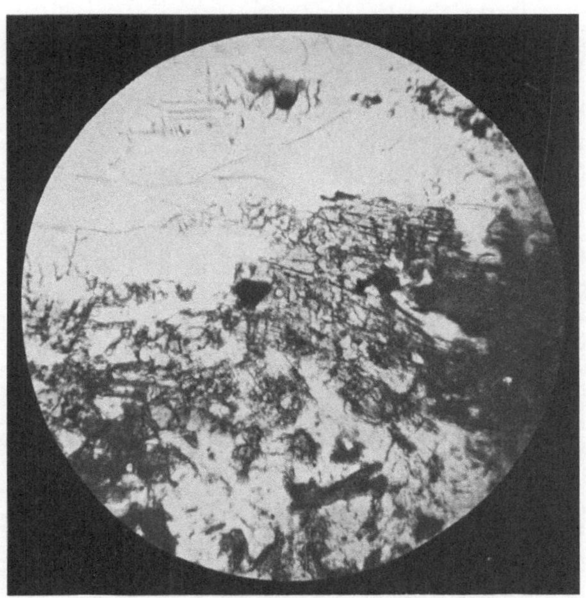

Abb. 295. Chlorit (blättrig) im Chloritgneis des Jammergrabens bei Göritz, unweit Kapfenberg, Obersteiermark

Verwitterungseinflüssen widerstehen sie ziemlich hartnäckig. Zersetzungen werden mehr oder minder nur in schwefelkieshaltigen Gesteinen beobachtet und geben sich in einer Färbung mit blaugrünen, braungrünen bis schmutziggelben Farbtönen kund. Amesit ist tonerdereicher, Kämmererit ein rosafarbener (pfirsichblütenroter) chromhaltiger Chlorit, Pennin (tonerdearm, apfelgrün, smaragd bis ölgrün) und Klinochlor (tonerdereicher) kommen in den Gesteinen häufiger vor als der tonerdereichste, mit den Penninen verwandte Ripidolith. Der Rumphit ist bloß eine Abart des Klinochlor. Die Chlorite bilden sich vorwiegend unter dem Einflusse warmer Lösungen; ihre Heimat sind die oberen Rindenschichten.

In den Gesteinen ist das Auftreten von Chlorit noch weniger erwünscht als jenes der echten Glimmer; die meisten chloritreichen Gesteine sind sehr weich und kommen als Bausteine nur ausnahmsweise in Betracht.

Chloritoid. H = 6 bis 7 (ritzt Glas), D = 3,45 bis 3,55. Monokline, sechsseitige Blättchen mit einer weniger vollkommenen Spaltbarkeit nach der Endfläche als Glimmer. Grünlichgrau, lauchgrün und schwärzlichgrün. Wasserhaltiges Eisenaluminiumsilikat (mit Magnesium). Wird von Säuren wenig oder gar nicht angegriffen. Bestandteil mancher kristalliner Schiefer höherer Rindenschichten (z. B. der Chloritoidschiefer); Umwandlung in Chlorit nicht selten.

Kalkglimmer (Margarit, Perlglimmer). $H_2CaAl_4Si_2O_{12}$, meist mit etwas Kali und Natron. Perlgrau bis farblos; monokline, spröde Blättchen. Vorkommen: Greiner im Zillertal.

Andalusit. Rhombisch, gedrungene oder längere Säulen, viereckige Schnitte liefernd; Körner (namentlich in Hornfelsen). Im frischen Zustande

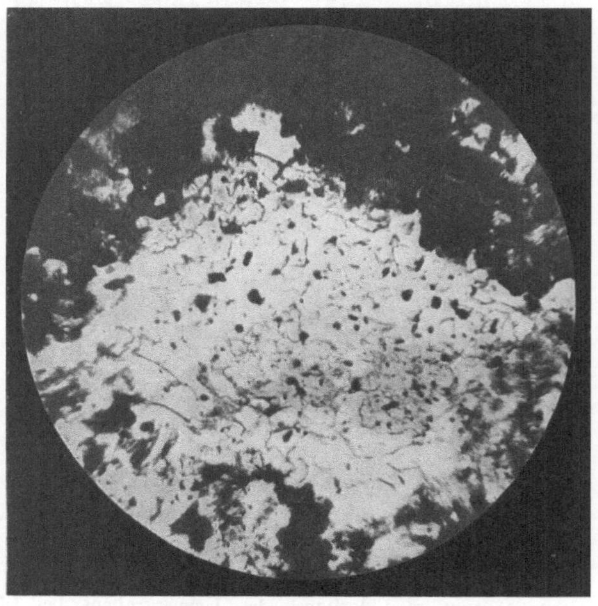

Abb. 296. Andalusit (Mitte) im Hornfels; Schreibersgrün, Sachsen

rot bis ölgrün, auch blaßsaphirblau, durchsichtig; meist jedoch zersetzt und dann mattrosa, fleischfarben, veil oder grau (in ein dichtes Gehäufe von Glimmerschüppchen umgewandelt). Mäntel von Muskovit oder Serizit sind sehr häufig. H = 7 bis 7½ (wegen der Verwitterungserscheinungen aber meist beträchtlich geringer) D = 3,10 bis 3,17. Bruch kleinmuschelig bis uneben. Vor dem Lötrohr unschmelzbar, von Säuren, selbst von Flußsäure, nicht zersetzbar. Bezeichnender Bestandteil von Riesenkorngraniten, aus heißen Lösungen abgesetzten Quarzadern und tonerdereichen Berührungsgesteinen. Al_2SiO_5 (Tonerdesilikat, Abb. 296). Durchsichtige oder schön gezeichnete Andalusite werden auf Schmucksteine verarbeitet.

Sillimanit. Rhombisch. Meist erst unter dem Mikroskop erkennbar; filzige, faserige (Abb. 299, 300) bis stengelige Gehäufe (Faserkiesel); weiß, gelblichgrau, blau bis grünlich oder nelkenbraun. Frisch lebhaft glänzend. H = 6 bis 7½, D = 3,03 bis 3,24. Mineral tieferer Rindenschichten, bei Pressungumwandlung den Andalusit ersetzend. (AlO) Al Si O_4.

Disthen.[1] Triklin. Breitsäulige Kristalle sind selten. Meist breite stengelige, strahlige, faserige bis blättrige Gehäufe. Nach der Querfläche (Perlmutterglanz) vollkommen spaltbar. Al_2SiO_5, gleich dem Andalusit, mit dem er auch das Verhalten gegen Säuren und vor dem Lötrohre teilt. Farblos, weißlich oder blau (Cyanit),[2] durch Graphit oft eisengrau bis schwarz gefärbt (Rhaetizit). H auf der Längsfläche im Mittel 7, auf der Querfläche gleichlaufend mit der Querachse 6½, quer dazu etwa 4½, D = 3,48 bis 3,68. Bestandteil kristalliner Schiefer aus mittleren Rindentiefen (Abb. 298).

Cordierit. Rhombisch. Flächenarme, kurzsäulige Kristalle mit scheinhexagonalem Querschnitte; Körnergehäufe. In frischem Zustande veilchenblau, schwarzblau bis bräunlichgrün, im zersetzten Zustande grau, bräunlichgrau oder grünlichgrau; meist liegen dann Gemenge von Serizit, Chlorit, Biotit, Muskowit usw. vor (Pinit). H = 7 bis 7½, D = 2,58 bis 2,66. Von

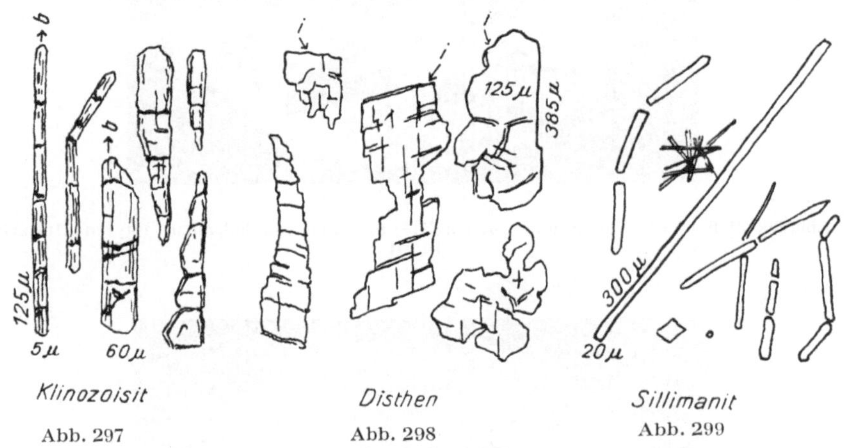

Abb. 297 Abb. 298 Abb. 299

Kleinformen einiger Schiefermineralien. Nach Fr. Angel

ähnlich gefärbten Quarzarten durch die Spaltbarkeit nach der Längsfläche, die sich in der Bildung gleichgerichteter Risse äußert, mit freiem Auge zu unterscheiden. Vor dem Lötrohr schwer schmelzbar, in Salzsäure wenig löslich. $H_2Mg_4Al_8Si_{10}O_{37}$, mit etwas Fe. In Riesenkorngraniten, Berührungsgesteinen und tonerdereichen kristallinen Schiefern größerer Tiefen.

Serpentin[3]. H = 2½ bis 4, D = 2,2 bis 2,8. Dichte Gehäufe, verworrenblättrig (Antigorit, Abb. 301), zuweilen in körnigen oder faserigen (Abb. 302) Abarten (Faserserpentin; wenn technisch verwertbar, Asbest). Chrysotil ist ein seidigglänzender Faserserpentin von weißlicher, ölgrüner bis olivengrüner Farbe. Graubraune, verfilzte Haufwerke heißen Bergleder (Bergholz, Bergkork). Edler Serpentin ist dicht, glättbar, schön gefärbt

---

1 Dis (griechisch) = zweierlei; — sthenos = Kraft, weil die Härte im Sinne der lotrechten Achse = 4½, senkrecht dazu = 6 bis 7.

2 Kyanos (griechisch) = blau.

3 Serpens (lateinisch) = die Schlange, wegen der manchmal schlangenartigen Farbenzeichnung.

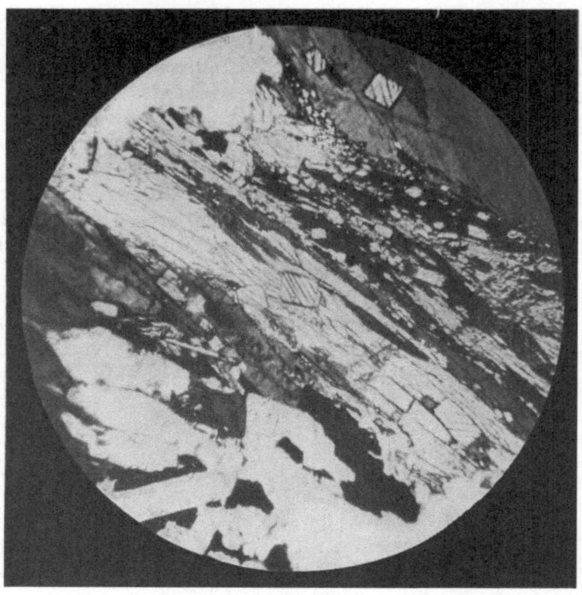

Abb. 300. Sillimanit (Nadeln und Querschnitte) im Gneis von Bodenmais, Bayern. Dunkel: Biotit

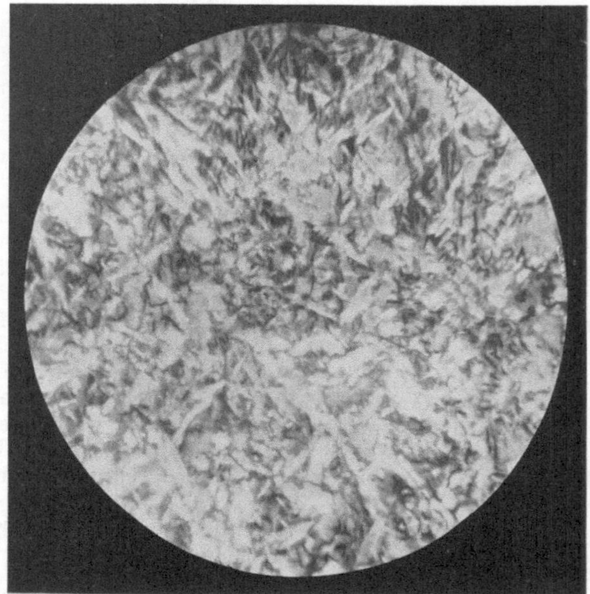

Abb. 301. Antigorit. Serpentin, m. Gitterverband. Sprechenstein, Südtirol

(zeisiggelb, lichtgrün, apfelgrün, spargelgrün, lauchgrün) und durchscheinend. Mild bis wenig spröde. Wachsglänzend bis matt, nur in den faserigen Gehäufen seidig glänzend. Meist grün, schwarzgrün, blaugrün, lauchgrün, auch gelbgrün, graugrün, zuweilen rötlich oder bräunlich (eisenreichere Abarten), oft gefleckt oder geadert. Wasserhaltiges Magnesiumsilikat ($H_4Mg_3Si_2O_9$), fast immer eisenhaltig. Vor dem Lötrohre brennt er sich weiß, nur die eisenreicheren werden bräunlich oder rötlich gefärbt. Nur in feinen Splittern wenig schmelzbar. Gibt im Kölbchen Wasser und wird durch Salzsäure langsam zersetzt. Aus Olivin, Augit und Hornblende durch Tiefenzersetzung in höheren Erdschichten hervorgehend oder durch Zufuhr kieselsäurereicher Lösungen zu dolomitischen Gesteinen entstehend (Ophicalcite

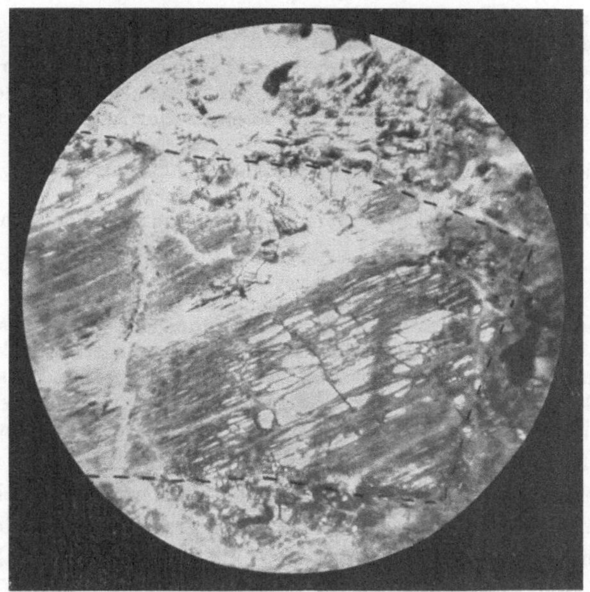

Abb. 302. Umwandlung von rhombischen Augit (Umriß gestrichelt) in Serpentin. Albanien, Aufsammlung Dr. E. Nowack

z. T.) Aus dem Serpentin selbst kann Talk (Vertalkung) oder Meerschaum hervorgehen.

Vielfach Träger von Erzlagerstätten, namentlich von Chromeisenerzen (Kraubath in Obersteier, Kleinasien, Balkanländer). Der Asbest wird zu feuerfesten Geweben, als Wärmeschutzmittel, zu Dichtungen, Asbestpappen usw. verwendet; Serpentinasbest ist weniger spröde und daher leichter spinnbar als Hornblendeasbest. Edler Serpentin gilt als Schmuckstein.

Talk. H = 1, D = 2,6 bis 2,8 (wahrscheinlich monoklin). Schüppchen, Blättchen (perlmutterglänzend), seltener in stengeligen Aneinanderhäufungen und dann mehr weniger verfilzt; dicht, verborgen kristallin als Speckstein, (Steatit,[1] Seifenstein). Spaltbar nach der Endfläche mit perlmutterglänzenden Spaltflächen, sehr mild, fettig und weich sich anfühlend, gemein biegsam bis

[1] Stear (griechisch) = Talk.

schwach federnd biegsam. Weiß, silberweiß bis apfelgrün, verunreinigt auch gelblich, grünlich, graulich oder bräunlich. Strich farblos. Vor dem Lötrohr hell leuchtend, unter Wasserabgabe blätternd und sehr hart (H = 6, enstatitartige Neubildung) werdend, so daß er dann Glas ritzt; mit Kobaltlösung befeuchtet und geglüht färbt er sich fleischrot (zum Unterschiede von dem ihm manchmal ähnlich sehenden Serizit, welcher blau wird). Schmilzt nur an den feinsten Kanten. Von Salzsäure wird er nicht angegriffen. Stets Folgebildung (durch Bittererdezufuhr!) wie der Serpentin und gleich diesem an höhere Rindenteile gebunden.

Vorkommen: Göpfersgrün und Thiersheim (Fichtelgebirge), Steiermark (Mautern, Rabenwald, Oberdorf a. d. Lamig, Lassing, Palbersdorf), Hirt (Kärnten), Zillertal (Tirol), Zöptau (Mähren), Schweiz (Malencotal, Maggiatal) usw.

Die reineren Talkvorkommnisse werden bei entsprechender Mächtigkeit technisch ausgebeutet. Der Speckstein wird unmittelbar als Schreibmaterial (Schneiderkreide), zu Bildwerken, zum Entfernen von Fettflecken usw. verwendet oder ebenso wie Talk durch Steinbrecher zerkleinert und hierauf gemahlen. Das Talkmehl findet als „Talkum“ Anwendung als „Füllstoff“ in der Papiererzeugung, ferner als Streupulver, Schmier-, Putz- und Fleckmittel, als Zusatz zu Schmelztiegeln usw.

Den Witterungseinflüssen gegenüber ist Talk vollkommen beständig.

Epidot-Gruppe

Von den gesteinbildenden Gliedern der Epidotreihe kommen hauptsächlich nur Epidot und Zoisit in Betracht. Ersterer kristallisiert monoklin und ist ein wasserhaltiges Eisentonerdesilikat, letzterer ein eisenfreies wasserhaltiges Tonerdesilikat und gehört dem rhombischen System an. Beide können vom technischen Standpunkte aus in den Gesteinen als wetterfest gelten.

Zoisit. Rhombisch. H = 6 bis 6½, D = 3,22 bis 3,36. Endenlose oft stark längsgestreifte Stengel, meist quer abgesondert (Abb. 303) und Körner. Wasserhell und farblos oder trübe: graulich, gelblichbraun, grün, seltener pfirsichblüten- bis rosenrot (Thulit = manganhaltig). Glasglanz, auf der vollkommenen Spaltfläche nach der Längsfläche Perlmutterglanz. Feinfilzig im Saussurit und hier meist Umwandlungsgebilde kalkreicher Plagioklase.

$HCa_2Al_3Si_3O_{13}$. Vor dem Lötrohre schwillt er unter Blasenwerfen zu einer blättrigen Masse an und schmilzt an den Kanten zu einem klaren gelblichen Glase. Mit Kobaltlösung geglüht, färbt er sich blau. Von Salzsäure sehr schwer zersetzbar. Bestandteil mancher kristalliner Schiefer (z. B. der Zoisitamphibolite, Abb. 303) oberflächennaher Bildungsräume.

Epidot.[1] Monoklin. H = 6½ bis 7. D = 3,3 bis 3,5. Kristalle nach der Querachse stark verlängert, oft sehr flächenreich, nach der Endfläche spaltbar. Außerdem oft in langen, zuweilen gebogenen Stengeln, in Körner usw. Zeisiggrün (Epidot, Strich meist grau) bis pistaziengrün (Pistazit). In helleren (eisenarm) oder dunkleren (eisenreich, Pistazit) Tönen.

[1] Epidosis (griechisch) = Zugabe, wegen des häufigen Flächenreichtums.

Epidotreiche Gesteine zeigen meist gelbgrüne Farbe; eisenarme, farblose, lichtgelbe bis rosenrote Abarten hat man Klinozoisit (Abb. 297) genannt. Der Piemontit hat kirschroten Strich und rötlichschwarze, braun- bis kirschrote Farbe. Glasglanz ($HCa_2Al_3Fe_3Si_3O_{13}$). Vor dem Lötrohr an den Kanten um so eher schmelzend, je eisenreicher er ist. Wird im frischen Zustande von HCl kaum angegriffen, nach dem Glühen aber löst er sich unter Abscheidung flockiger Kieselsäure. In den Gesteinen verbreitet als Zersetzungsgebilde von Hornblende, Augit, Magnesiaglimmer, Granat, Olivin, Feldspat usw.

Kluft- und Drusenmineral (Warmwasserbildung), auch häufiger Bestandteil kristalliner Schiefer nicht zu tiefer Bildungsräume, zuweilen

Abb. 303. Zoisit, langer Stengel links im Zoisitamphibolit von Törl, Obersteier; außerdem Hornblende (dunkel), Titanit (kräftige Lichtbrechung) usw.

auch Berührungsmineral; dann von Vesuvian, Augit, Hornblende, Magnetit usw. begleitet.

Orthit. Monoklin. H = 5 bis 6, D = 3,5 bis 4. Cerepidot (cerhaltig). Bestandteil von Riesenkorngraniten, Durchbruchgesteinen, aber auch von umgeprägten Felsarten.

3. Weitere allgemeine Vorbemerkungen über die Umprägunggesteine

Nach Erörterung der Bildung der Umprägungsgesteine und der sie aufbauenden Mineralien treten wir in die Schilderung der Eigenschaften und des Aussehens der Umprägungsgesteine ein.

Die verschiedenen Arten der Umprägung, welche Felsarten in das Kleid umgewandelter Gesteine, besonders jenes der kristallinen Schiefer, zwingen, können wir zwar nicht so mit unseren Augen verfolgen, wie die Bildung von Absatz- und Durchbruchgesteinen. Wir können aber dort, wo kristalline Schiefer neben Absatz- und Durchbruchgesteinen vorhanden sind, häufig mehr oder minder lückenlose Reihen von Übergangsgliedern zwischen kristallinen Schiefern und ihren Muttergesteinen beobachten und mit ihrer Hilfe Rückschlüsse auf die Art der Entstehung der kristallinen Schiefer ziehen. So gelangen wir z. B. im Erzgebirge, Fichtelgebirge usw. ohne scharfe Grenzen aus den Urtonschiefern in Glimmerschiefer und aus diesen allmählich in Gneisgesteine. Ebenso zeigen sich dort, wo in Faltengebirgen Gebiete stärkerer Pressung und Stauchung mit solchen schwächerer Druckbeanspruchung wechseln, allmähliche, unmerkliche Übergänge von niedriger in höher umgewandelte Gesteine und umgekehrt.

Die Umprägung hat den stofflichen Bestand der betroffenen Gesteine in der Mehrheit der Fälle so sehr unangetastet gelassen, daß die Ergebnisse der chemischen Analyse meist ohneweiters gestatten, einen bestimmten kristallinen Schiefer von einem Absatz- oder einem Durchbruchgestein abzuleiten. Wesentlich anders verhält es sich mit dem Mineralbestande des ursprünglichen Gesteins. Zwar kennt man Fälle, in welchen kristalline Schiefer, namentlich Gneise, dem Tiefengestein, aus dem sie hervorgegangen sind, nicht nur stofflich, sondern auch der Mineralkameradschaft nach fast völlig gleichen. Doch sind dies Ausnahmen und es kann dem aufmerksamen Beobachter kaum entgehen, daß selbst in solchen nicht sehr häufigen Gesteinen gewisse Unterschiede gegenüber den Tiefengesteinen nicht zu verkennen sind (häufigeres Auftreten von Epidot, Muskowit, Granat, Chlorit usw.).

Im allgemeinen weichen also die umgeprägten Gesteine in ihrer Mineralzusammensetzung von ihren Ausgangsgesteinen, den Durchbruch- bzw. Absatzgesteinen wesentlich ab. Die Richtung, welche diese Änderungen im Mineralbestande meist einschlagen, ist gekennzeichnet durch den von F. Becke am klarsten ausgesprochenen Raumgrundsatz, demgemäß die Stoffe der kristallinen Schiefer jener Mineralausbildung zustreben, in welcher sie den kleinsten Raum einnehmen. Sie treiben somit Verbindungen größter Dichte und kleinsten Molekularraumes zu (Molekularraum = Molekulargewicht gebrochen durch Dichte.) Dieses Gesetz klärt uns darüber auf, warum von den drei Formen des Tonerdesilikates Al_2SiO_5, nämlich Andalusit (D = 3,16), Sillimanit (D = 3,24) und Disthen (D = 3,66) in den kristallinen Schiefern am häufigsten der Disthen sich findet, und warum uns die Titansäure (TiO_2) in den kristallinen Schiefern weit häufiger als Rutil (D = 4,20), denn als Brookit (D = 4,00) oder Anatas (D = 3,89) entgegentritt. Das Beckesche Raumgesetz wirft Licht auf manche sonst schwer verständliche Umwandlungsvorgänge; betrachten wir beispielsweise die Umbildung von Olivin und Anorthit in Granat:

Olivin + Anorthit			Granat
Mg_2SiO_4	43,9	Molekularraum	$CaMg_2Al_2Si_3O_{12}$
$CaAl_2Si_2O_8$	101,1		rund 125,8 Molekularraum
	145,0		

Diese Raumformel erklärt das häufige Vorkommen von Granat in den kristallinen Schiefern. Eine ähnliche Raumabnahme findet bei dem Übergange eines Gabbros in ein Gemenge von Granat und Quarz statt; die entsprechende Raumgleichung lautet:

Augit + Anorthit		Granat + Quarz	
$CaMgSi_2O_6$	68,0	$Ca_2MgAl_2Si_3O_{12}$	123,0
$CaAl_2Si_2O_8$	101,1	SiO_2	22,8
	169,1 Molekularraum		145,8 Molekularraum

Etwas verwickelter gestaltet sich die häufig vorkommende Umwandlung von Diabas in Amphibolit.

Diabas		Amphibolit	
Labrador, Augit, Titaneisen		Saurer Plagioklas, Hornblende, Granat, Quarz, Titanit	
Augit + Labrador		= Granat + Hornblende + Albit + Quarz	
$3MgCaSi_2O_6$	204,0	$Ca_3Al_2Si_3O_{12}$	125,8
$CaAl_2Si_2O_8$	101,1	$Mg_3CaSi_4O_{12}$	135,0
$NaAlSi_3O_8$	100,3	$NaAlSi_3O_8$	100,3
	405,4	SiO_2	22,8
			383,9
Anorthit + Titaneisen		= Titanit + FeAl Verbindung der gemeinen Hornblende	
$2CaAl_2Si_2O_8$	201,4	$2CaSiTiO_5$	111,2
$2FeTiO_3$	63,4	$Fe_2Al_4Si_2O_{12}$	140,5
	264,8		251,7

Die Änderungen, welche der Mineralbestand eines Gesteins bei seiner Umprägung erfährt, zeigen Unterschiede je nach den Tiefenschalen der Erdrinde, in welchen die Umwandlung vor sich gegangen ist.

Becke unterscheidet dabei zwei Tiefenstufen der Bildung kristalliner Schiefer. Die tiefere Stufe steht im Zeichen hoher Wärme und starken allseitigen Drucks; in ihr erscheint die Bildung wasserreicher Verbindungen erschwert, und man trifft in ihr hauptsächlich rhombische und monokline Augite, Biotit, kalkreiche Plagioklase, Orthoklas, Olivin, Sillimanit, Cordierit usw. an. In der Tiefe bestehen weiter Kalkspat und Quarz nicht mehr nebeneinander, sondern setzen sich zu Kohlendioxyd und Wollastonit ($CaSiO_3$) um; letzterer ist daher ein ebenso empfindlicher geologischer Wärmemesser wie die beiden von Quarz verschiedenen Ausbildungsarten der Kieselsäure, nämlich Christobalit und Tridymit (siehe S. 60), in welche Quarz bei 900° bzw. 1470° übergeht.

In der oberen Stufe tritt die Wärmeeinwirkung in den Hintergrund, dagegen der Einfluß der Pressung stark hervor; es können hier auch wasserhaltige Mineralien entstehen; in der oberen Rindenschichte bilden sich unter anderem Epidot, Zoisit, Muskovit, Chlorit, Albit, Serpentin, Chloritoid. Beiden Tiefenstufen gemeinsam sind Disthen, Staurolith, Hornblende, Granat, Quarz, Titanit, Turmalin usw.

Eine scharfe Scheidung der beiden Tiefenstufen ist unmöglich, da ihre Grenzen in der Natur verschwimmen. Trotzdem war es kein unbestrittener Fortschritt, wenn Grubenmann[13]) statt zweier, drei Tiefenstufen, eine untere, mittlere und obere, eingeführt hat. Manche Mineralien halten „ihre" Stufe nicht genau ein („Durchläufer"); so steigt z. B. Biotit aus seiner eigentlichen Heimat höher hinauf wie Augit, Zoisit und Epidot tiefer herunter wie die Chlorite. Außerdem entscheidet nicht die Tiefe der Umprägungstelle allein, sondern überhaupt die Entfernung von Wärmespendern (Glutflüsse usw.) und der Druck (Druckschatten neben Stellen gewaltiger Pressung!); statt „Tiefenstufen" wäre daher „Umprägungstufen" zu sagen.

Sehen wir somit in den kristallinen Schiefern eine ganze Reihe von Mineralien auftreten, welche den Erstarrungsgesteinen fremd sind, so vermissen wir in ihnen anderseits auch wiederum Mineralien bzw. Stoffe, welche, wie z. B. Glas, basaltische Hornblende, Leuzit, Nephelin, Hauyn, Sodalith usw. in den Durchbruchgesteinen als häufige Gäste erscheinen.

Die Gesetze über die Ausscheidungsfolge der Mineralien, die wir bei den Erstarrungsgesteinen kennengelernt haben, gelten für die kristallinen Schiefer nicht. Kein Gemengteil eines kristallinen Schiefers ist auffallend früher kristallisiert als ein anderer und es kann sich daher jedes Mineral in einem anderen als Einschluß finden. Dagegen läßt sich bei den kristallinen Schiefern eine Reihe mit abnehmender Kristallisationskraft aufstellen, in der ein Mineral in Berührung mit einem anderen seine eigene Kristallform zur Ausbildung bringt.

Für die gesteinkundliche und geologische Auswertung des Mineralbestandes der Umprägunggesteine ist die Einteilung ihrer Gemengteile wichtig, die wir Becke verdanken. Dieser ausgezeichnete Forscher unterscheidet artliche (typomorphe), Erstlings- (proterogene) und Spätlingsgemengteile. Die artlichen Gemengteile stehen miteinander in chemischem Gleichgewicht und bestimmen den Gesteinbegriff; es ist nebensächlich, ob sie während der Gesteinausprägung aus anderen, älteren Gemengteilen hervorgegangen sind oder nicht. Erstlinge oder Erstlingsgemengteile sind Reste der ursprünglichen Bestandteile des Gesteins, die sich neben den artlichen als Zeugen des früheren Mineralbestandes erhalten haben. Augitreste in einem Granatamphibolit würden beispielsweise auf die frühere Eklogitnatur des Gesteins hinweisen. Spätlinge oder Spätlingsgemengteile sind offenkundige Neubildungen im Gestein, welche das Artbild des Gesteins zwar verschleiern, aber niemals ganz auslöschen können; eine solche Rolle spielt beispielsweise in einem Eklogite die Hornblende, welche sich auf Kosten artlicher Bestandteile des Eklogites (Granat, Omphazit) gebildet hat.

Der Verband der kristallinen Schiefer ist, um mit Becke zu reden, kristalloblastisch, d. h. er ähnelt jenem der körnigen Durchbruchgesteine, ohne sich vollständig mit ihm zu decken. Die verschiedenen Ausbildungsformen dieses kristalloblastischen Verbandes sind zahlreich, je nach dem höheren oder geringeren Grade der Umprägung und Mineralumbildung.

Zuweilen blieben in größerem oder kleinerem Umfange Reste des ursprünglichen Verbandes bald versteckter, bald deutlicher erhalten. Ein solcher Überbleibselverband (Palimpsestverband) gibt neben den Ergebnissen der Bauschanalyse wichtige Fingerzeige für die Beurteilung des ursprünglichen Zustandes der jetzigen Gebirgsart. Mit Hilfe des Überbleibselverbandes können so z. B. manche Amphibolite, in denen sich Reste

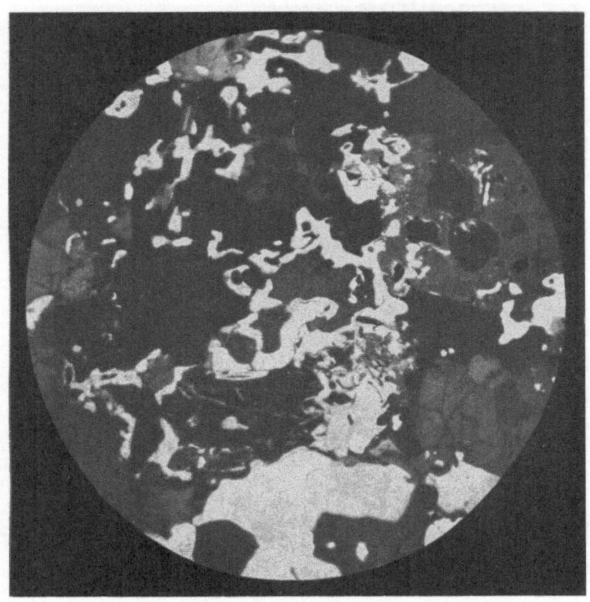

Abb. 304. Siebartiger Verband. Zoisitamphibolit, Deutschlandsberg, Steiermark

des ursprünglichen (Gabbro-) Verbandes zeigen, als Abkömmlinge von Gabbros, gewisse Gneise mit Andeutungen von Konglomeratverband als Tochtergesteine von Konglomeraten erkannt werden. Körniger Verband ist manchen Gesteinen eigen, welche sich, wie Marmore, Eklogit usw. als Einlagerungen in kristallinen Schiefern finden. Er leitet hinüber zu dem Bienenwaben- oder Pflasterverband (auch gabbroider, granoblastischer, Mosaikverband genannt), bei welchem die Gemengteile Haufwerke rundlicher oder eckiger Körner bilden und nur in abgeschwächtem Maße gleichgerichtet sind; er ist bezeichnend für Quarzite, viele Marmore usw. (Abb. 305). Beim schuppigen Verband liegen Plättchen und Schuppen von Glimmer, Chlorit, Chloritoid, Talk usw. gleichgerichtet im Gestein, ohne zusammenhängende Häute oder Flasern zu bilden. Häufig trifft man porphyroblastischen Verband (Abb. 96, 306) an; einzelne Kristalle wurden im Wachstum gegenüber ihrer Umgebung sehr gefördert und ragen durch ihre

Größe aus der feinkörnigeren Hauptmasse, dem Grundgewebe hervor. Solche Porphyroblasten bilden häufig Granat, Hornblende (z. B. in den Garbenschiefern, Abb. 94), Biotit, Chlorit, Albit, Epidot, Erze usw. In den Porphyroblasten treten häufig Einschlüsse des Grundgewebes auf; liegen sie in so großer Zahl nebeneinander, wie etwa die Maschen eines Siebes, so spricht man von Siebverband (Abb. 304). Ordnen sich die Einschlüsse der Porphyroblasten auf alten Schicht- oder Schieferungsflächen an, die sich im Grundgewebe noch erhalten haben, oder verraten sie einen bei der Ausprägung des Schiefers überwundenen und nur in den Einschlußzügen der Porphyroblasten erhalten gebliebenen früheren Fältelungszustand, so liegt nach Weinschenk helizitischer Verband (Abb. 96, Drehverband, Verlagerungsverband; s-förmig

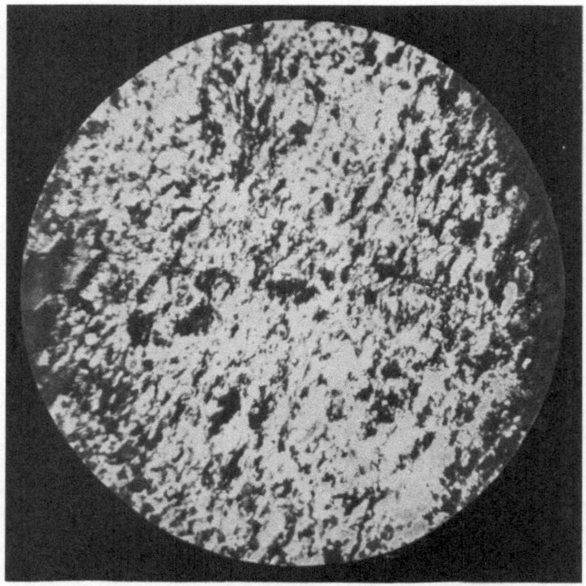

Abb. 305. Pflasterartiger Verband (besonders links oben). Aplitgneis, Kohlhof N von Kindberg, Obersteiermark

angeordnete Einschlüsse im Granatporphyroblast.) vor. Hat sich ein ursprünglich vorhanden gewesener porphyrischer Verband infolge der geringen mechanischen Veränderung des Gesteins als Überbleibsel erhalten, so spricht man mit F. Becke von blastoporphyrischem Verbande. Wenn bei der Zerdrückung eine gewisse Auslese stattfindet, indem einzelne Kristalle (z. B. Quarz, Feldspat) ihr besser widerstehen als andere, welche zerrieben werden, so kommt ein scheinporphyrischer Verband zustande, den Becke als trümmerporphyrisch bezeichnet. Bei Eklogiten und Amphiboliten findet sich häufig eine förmliche Durchdringung und Durchwachsung von in einzelne Stengel, Körner und Fetzen aufgelösten Bestandteilen. Ein solcher Durchwachsungsverband (diablastischer Verband Beckes) deutet oft auf die Entstehung eines neuen Gemengteiles aus einem Erstlingsbestandteil hin. Das Vorherrschen nadeliger Mineralien bedingt den Faserverband (z. B. Nephrit).

Als **bunten** (poikiloblastischen) **Verband** kann man jenen bezeichnen, bei welchem in einer Art grobkörnigen Grundgewebes kreuz und quer oder annähernd den Schieferungsflächen folgend, beträchtlich kleinere eigenförmige Körner anderer Gemengteile eingebettet sind. Der bunte Verband begegnet uns häufig bei Grünschiefern, welche dann Epidot- und Hornblendekristalle in einer Albitkörnermasse zeigen.

Die verbreitetste **Tracht** der Umwandlunggesteine ist die **schieferige**, welcher die kristallinen Schiefer auch ihren Namen verdanken. Bei ihr sind die Gemengteile des Gesteins gleichgerichtet und in Fällen

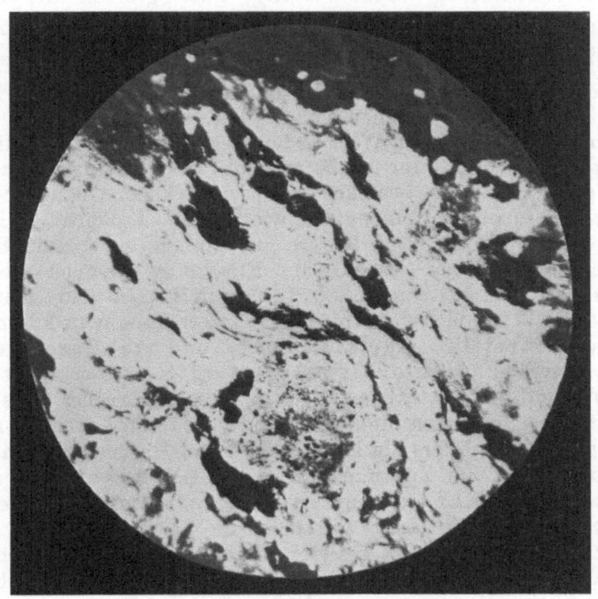

Abb. 306. Porphyroblastischer Verband. Feldspatauge (Mitte unten) inmitten kleinkörnigeren Quarz-Feldspatgewebes mit schlängligen Glimmerzügen. Gneis; Hochstadlanger, Zillertal, Tirol

besonders vollkommener Ausbildung in mehr minder durchlaufende, vielfach wiederholte, dünne Lagen gesondert. So wechseln beim schieferigen Gneis dünne Blättchen von Feldspat und Quarz mit Häutchen von Glimmer, beim Kalkglimmerschiefer Lagen von Kalkspat mit solchen von Glimmer ab.

Der **Hauptbruch**, die Richtung der besten Spaltbarkeit, ist mehr oder weniger ebenflächig und man sieht auf ihm nur die Bestandteile einer Lage. Auf dem **Querbruch** und **Längsbruche** dagegen zeigt sich die Wechsellagerung der gleichlaufenden Plättchen und Häutchen sehr deutlich und man kann auf solchen senkrecht zum Hauptbruche verlaufenden Bruchflächen die Gesamtzusammensetzung des Gesteins erkennen, von der eine bloße Betrachtung des Hauptbruches ein vollständig falsches Bild ergeben würde.

Die Ausdrücke feinschieferig (dünnschieferig), mittelschieferig und grob- (dick-) schieferig erklären sich von selbst. Die Schieferungsfläche kann eben (ebenschieferig) oder feingerieft sein (rillschieferig, feinriefiggeschiefert).

Höckerige Oberflächenausbildung kennzeichnet die flaserige Tracht (Abb. 151; Übergang). Bei dieser erscheint die Sonderung der Gesteingemengteile so vollzogen, daß die einen sich in dünneren (Abb. 290) oder dickeren Linsen sammeln, während die anderen die Linsen umhüllen und umflechten. Dies hat zur Folge, daß der Hauptbruch nicht ebenflächig, sondern wellig, bucklig erscheint, gleich einem vom Winde bewegten Ährenfelde; auf seiner Oberfläche wechseln Mulden und rundliche Erhabenheiten (Knoten, Schwielen miteinander ab.

Während der unebene Hauptbruch auch hier nur den Bestandteil einer, und zwar der gewundenen Lagen zeigt, erkennt man auf dem Quer- und Längsbruche deutlich den Wechsel der mehr oder weniger verdickten oder gestreckten Linsen und ihrer Umhüllungen. Die bekannten rundlichen bis länglichen dünnen Flasern bestehen meist aus Glimmer, seltener aus Hornblende. Treten farblose Gemengteile wie Quarz, Kalkspat, Feldspat ausnahmsweise zu linsenförmigen Flasern zusammen, so spricht Becke von Kornflasern. Umgeben geschlossene Flaserzüge ziemlich dicke Linsen, ähnlich wie die Lider das Auge (Abb. 287) einhüllen, so redet man wohl von „Augentracht". Je nach der Größe der Flasern kann man kleinflaserige (2 bis 3 mm), mittelflaserige (3 bis 5 mm) und grobflaserige (> 5 mm) Tracht unterscheiden, ebenso kleinaugige (2 bis 3 mm), mittelaugige (3 bis 5 mm) und großaugige (> 5 mm). In technischer Hinsicht ist die Flasertracht der schieferigen im allgemeinen vorzuziehen, wenn es sich um die Verwendung eines Schiefers als Mauerstein handelt; denn die Flasern unterbrechen gewöhnlich den Zusammenhang des Gesteins in nicht so scharfer Weise und auf so weite Erstreckung, als es die Schieferung tut, deren Wirkung auf das Gestein auch in einer weit besseren Spaltbarkeit zum Ausdrucke kommt; freilich ergibt die mit besserer Spaltbarkeit gepaarte Schiefertracht leichter und rascher brauchbare Lagerflächen als die Flasertracht; die unebenen Lagerflächen der letzteren verdienen aber den Vorzug, da sie zu innigerem Verbande führen, als die glatten Auflager der schieferigen Gesteine. Auch brechen bei der Anarbeitung der Schichtköpfe und der Stoßfugen Gesteintrümmer aus flaserigen Gesteinen nicht so leicht heraus, als bei schieferigen, wo ein ungeschickter oder falscher Hammerschlag den ganzen Block unbrauchbar machen kann.

Bei der lagigen Tracht (Abb. 278) sind die Gemengteile weniger weitgehend voneinander gesondert. Jede Lage enthält alle Gesteinsbestandteile, aber in ungleicher Menge, indem ein Teil der Gemengteile in der einen Lage angereichert und in der anderen wieder spärlich vertreten ist.

Sowohl Haupt- als Quer- und Längsbruch lassen alle Gemengteile des Gesteins erkennen. Die Gleichrichtung der Bestandteile tritt aber auf dem Hauptbruche weniger deutlich hervor, und mit dieser Ebene läuft eine bessere Spaltbarkeit des Gesteins gleich. Der Zusammenhang der Gesteine mit Lagentracht ist im allgemeinen inniger als jener mit Flaser- oder gar Schiefertracht. Zur technischen Beschreibung dienen die Ausdrücke: ebenlagig, welliglagig, gefälteltlagig (Abb. 293 307); dünnlagig (1—3 mm), mittellagig (3—5 mm), dicklagig (> 5 mm) usw.

Richtungslose Tracht, Hand in Hand mit porphyrischem oder gleichmäßig körnigem Verbande, zeigen viele umgeprägte Gesteine, auch solche, welche kristallinen Schiefern eingelagert sind, wie z. B. manche Marmore, Eklogite, Serpentine, Amphibolite (Abb. 308) u. a. m.

So wie die Stoffverbindungen der Umprägunggesteine dem Minerale mit kleinster Raumbeanspruchung zustreben, nähert sich auch das Gefüge der kristallinen Schiefer tunlichst dem lückenlosen.

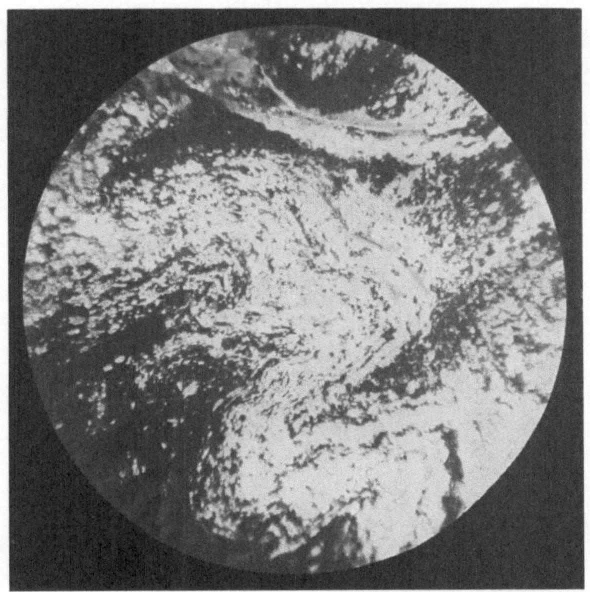

Abb. 307. Feinfältelung mit lagiger Ausbildung verknüpft. Grünschiefer, Koglberg bei Maria-Trost, unweit Graz

In bodenkundlicher Hinsicht verhalten sich die kristallinen Schiefer nicht bloß je nach ihrer Zusammensetzung, sondern auch je nach ihrer Lagerung überaus verschieden. Sind sie, wie dies meist der Fall ist, arm an Kalk und reich an kieselsauren Salzen, dann neigen sie zu langsamer Zersetzung tierischer und pflanzlicher Reste und somit zur Anhäufung von Rohhumus und ähnlichen sauren, für die Entfaltung eines reichen Pflanzenlebens ungünstigen Humusstoffen; dies verraten unter anderem auch die aus solchen Gebieten abfließenden, durch kolloidale Humusstoffe dunkelgefärbten Schwarzwässer. Bei der Verwitterung fällt dem Spaltenfroste eine bedeutsame Rolle zu; er zersprengt, von den Schieferungsflächen aus angreifend, die Gesteine und zertrümmert sie zu einem Haufwerk, das dann leichter den Angriffen der chemischen Zersetzung erliegen kann; die Böden, die sich aus kristallinen Schiefern gebildet haben, sind oft ungemein reich an Trümmern und Brocken des Muttergesteins. Söhlig oder auch nur flach gelagerte Schiefergesteine mit seichter Verwitterungshülle erschweren dem Wasser den Eintritt in den Boden; es sammelt sich daher in den Mulden und Vertiefungen an und führt unter Umständen leicht zu einer Vernässung des Bodens und zur Entstehung von Mooren; anderseits behindert eine annähernd wagrechte Lage der Schichtungsflächen auch die Wurzeln unserer Nutzpflanzen, insbesondere der Waldbäume, am Eindringen und bewirkt Kurzhalmigkeit, bzw. Kurzstämmigkeit und langsames Wachsen der Pflanzen. Steile Schichtaufrichtung erleichtert einerseits das Eindringen der Pflanzenwurzeln in die für die Nahrungsaufnahme und entsprechende Verankerung erforderliche Tiefe, befördert den Fortschritt der Verwitterung längs der Schieferungsflächen und damit die Tiefgründigkeit, begünstigt aber anderseits

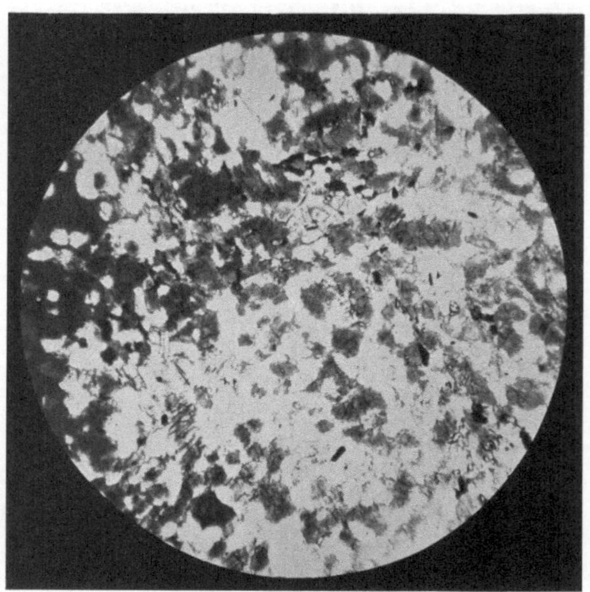

Abb. 308. Richtungslose Tracht. Granatamphibolit: Scheitzenhöh, Scheibsgraben bei Wartberg, Obersteiermark

auch das Einsickern des Wassers in größere Tiefen und die Austrocknung der oberen, der Pflanze zugänglichen Bodenschichten.

4. Die verschiedenen Arten der kristallinen Schiefer und sonstigen Umprägunggesteine

Der Ingenieur hat zwar bei der Herstellung baulicher Anlagen aller Art sehr häufig mit den weltweit verbreiteten Umwandlunggesteinen zu tun, verwendet sie aber bei weitem nicht so häufig als Baustein oder Schottergut wie die beiden anderen Hauptgruppen der Felsarten; dies liegt allein schon in ihren durch die Bildung bedingten Eigenschaften (Abb. 293, 294) begründet, welche ihrer ingenieurmäßigen Benutzung im allgemeinen weniger günstig sind. Aus diesem Grunde sollen im nachstehenden die umgewandelten Gesteine auch etwas flüchtiger behandelt und ihrer Einteilung der ältere, für den Techniker ausreichende Einteilungsgrundsatz unterstellt werden; damit sollen aber keineswegs die Verdienste geschmälert werden, welche sich Grubenmann, Sander und andere um die Sichtung und Einreihung der Umprägunggesteine erworben haben.

Gneise

Die Gneisgesteine bestehen aus Feldspat, Quarz und einem farbigen Gemengteile (Glimmer, Hornblende oder Augit); sie besitzen mithin eine

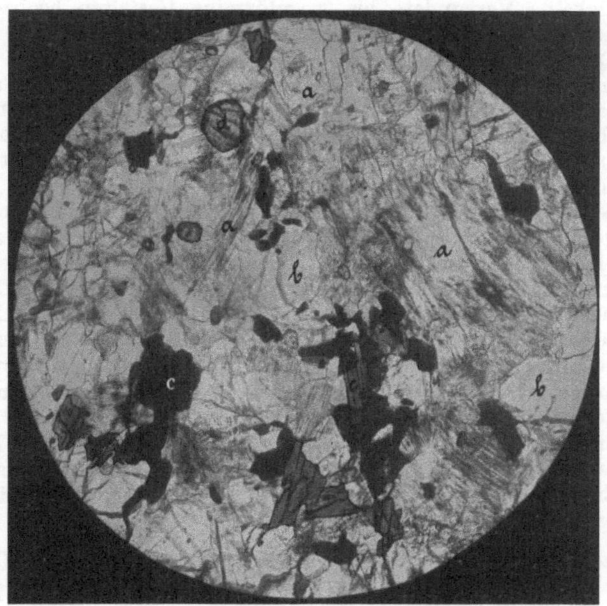

Abb. 309. Biotitgneis von Dürnstein. *a* Feldspat, *b* Quarz, *c* Biotit, *d* Granat

ähnliche mineralogische Zusammensetzung wie Granit, von dem sie sich aber durch die Schiefergesteintracht unterscheiden. Je nach der Natur der farbigen Gemengteile kann man die Gneise in Glimmergneise, Hornblendegneise und Augitgneise einteilen.

a) Glimmergneis

In den Glimmergneisen können Feldspat, Quarz und Glimmer als wesentliche Gemengteile meist schon mit dem bloßen Auge erkannt werden (Abb. 310).

Von Feldspaten finden sich gewöhnlich Orthoklas, Mikroklin (Abb. 65, 66) Albit, Oligoklas oder Andesin. Der Orthoklas ist meist weißlich oder rötlich gefärbt und baut häufig knollige bis linsenförmige, größere Gebilde auf oder setzt gemeinsam mit Quarz ein fremdgestaltiges, annähernd gleichkörniges Gemenge zusammen. Dort, wo er größer entwickelt ist, tritt oft eine Zwillingsbildung nach dem Karlsbader Gesetz deutlich hervor. Mikroklin ist an seiner Gitterung, Plagioklas an der kaum jemals fehlenden, höchstens durch Zerbrechung oder Verwitterung verwischten, wiederholten Zwillingsstreifung kenntlich. Die Menge der Kalknatronfeldspate wächst im allgemeinen mit der Zunahme der dunklen Gemengteile. Schichtiger Aufbau ist nicht selten; im Gegensatz zu den Erstarrungsgesteinen (S. 75) sind jedoch in den Gneisen wie in den kristallinen Schiefern überhaupt die äußeren Schalen meist basischer als der Kern. Der Albit besitzt oft Eigenform und meist weißliche bis grünliche Farbe (durch eingeschlossene Glimmer oder Chloritblättchen); zuweilen ist er wasserhell, entbehrt dann häufig der Zwillingsstreifung und zeigt große Wetterfestigkeit. Verrundete bis linsenförmige Gestalten beobachtet man nicht selten (z. B. in den Perlgneisen, Knotengneisen usw.).

Der Quarz besitzt meist rundliche oder eiähnliche Formen und bildet häufig Gemenge mit Feldspat, von dem ihn der unregelmäßig muschelige Bruch und der Fettglanz in den grobkörnigen Gesteinen unterscheidet. Seine Farbe ist hier rauchgrau, weiß, rötlich (durch Eisenverbindungen), selten bläulich. In den feinkörnigen Gneisen zeigt er sich meist weiß und zuckerkörnig.

Die Glimmer bilden bald vereinzelte rundliche Schuppen oder unregelmäßige Blätter, bald langgezogene Striemen, bald wieder zusammenhängende Häute, die aus zahlreichen, mehr minder aufeinandergewalzten und oft förmlich miteinander verschweißten Blättchen bestehen. Den Biotit kennzeichnen schwarze bis dunkelgrüne Farben und selten fehlende Verwitterungserscheinungen. Bei der als Baueritisierung (S. 85) bezeichneten, unter Beibehaltung der Form erfolgenden Umwandlung in muskovitähnliche oder talkartige Blättchen wird Brauneisen frei, das alle übrigen Gesteinsgemengteile mit rostfarbenen Überzügen bedeckt und auch in alle Spältchen, Absonderungsflächen und Klüfte des Gesteins eindringt. Der Muskovit ist immer silberweiß, gelblich, hellgrün bis sattgrün, auch lichtblau gefärbt; zuweilen bildet er unregelmäßige Rosen, meist aber tritt er in der gleichen Ausbildung wie Biotit auf.

Je nachdem nur ein Glimmer oder beide zusammen im Gestein erscheinen, spricht man von Muskovitgneisen (Abb. 151, 292; Hellglimmer-gneisen, Hellgneisen), Biotitgneisen (Abb. 309, 310; Dunkelglimmergneisen, Dunkelgneisen) und Zweiglimmergneisen.

An Übergemengteilen treten häufig Granat (Abb. 98), Epidot, Graphit usw. hervor und man bezeichnet solche Gneise dann als Granatgneise, Epidotgneise, Graphitgneise usw. Staurolithgneise enthalten reichlich Staurolith (Radegund am Fuße des steirischen Schöckels), Turmalingneise größere Mengen von Turmalin; Kinzigitgneise (Kinzigite) nennt man granatreiche, zumeist quarzarme, falsche Gneise mit reichlichem Gehalt an Magnesiaglimmer und außerdem Cordierit, Sillimanit als Übergemengteilen, denen sich noch stets Graphit in wechselnder Menge zugesellt. Reichtum an Sillimanit kennzeichnet die Sillimanit- und Fibrolithgneise, die fast immer den unechten Gneisen zuzuzählen sind (Waldviertel, Glein- und Stubalpenzug). Die Cordieritgneise führen reichlich Cordierit oder seine Umwandlungsgebilde (Pinit usw.), weiter etwas Sillimanit, oft auch Granat, Spinell oder Graphit. Hieher gehören die Vorkommnisse von Lunzenau

(Sachsen), Bodenmais (Bayern), der Stubape, dem Südrande der böhmischen Masse u. a. m., die sämtlich falsche Gneise beinhalten. Wird der Glimmer zum Großteil oder gänzlich von Chlorit vertreten, so spricht man von Chloritgneisen (Abb. 295). Der Feldspat dieser unechten Gneise ist häufig Albit, außerdem stellen sich Epidot, rhomboedische Karbonate und Quarz in verschiedenen Mengen ein. Sie treten stets im oberen Tiefenstreifen auf (Gegend zwischen Liebau und Schmiedeberg in Schlesien, Umgebung von Berggießhübel und Tanneberg in Sachsen, Wechselgebirge, Maderanertal in der Schweiz, Mürztal-Fischbacher Alpen, Muralpen usw.

Jene Gneise, deren stofflicher Bestand mit dem der Durchbruchgesteine übereinstimmt, aus welchen sie auch hervorgegangen sind, pflegt

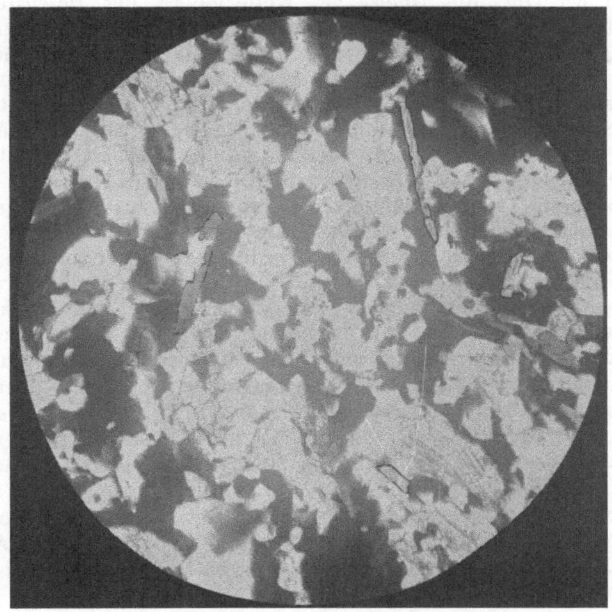

Abb. 310. Biotitgneis von Dürnstein, N.-Ö. Dunkel: Biotit

man als echte Gneise (Echtgneise, Orthogneise), die aus Absätzen entstandenen aber als Absatz- (falsche, After-, Para-) Gneise zu benennen. Letztere zeigen große, gesetzlose Schwankungen in der stofflichen Zusammensetzung auf kleinem Raume, stark wechselnden Verband und häufige, oft sprungartige Änderungen im Mineralbestande, nicht selten auch kohlige Beimischungen usw.; je nachdem ihnen ein Ton-, Sand- oder Konglomeratgestein als Ausgangsfels zugrunde liegt, unterscheidet man Ton-, Sand- und Konglomeratgneise (Pelit-, Psamnit-Psephitgneise). Die Echtgneise weisen oft auf große Strecken gleichförmige Beschaffenheit des stofflichen Bestandes, Mineralverbandes, der

Tracht usw. auf. Mischungen von Absatz- und Durchbruchstoffen stellen die Mischgneise, Durchtränkungs- und Durchspritzungsgneise (Adergneise) dar.

Unter den Waldviertelgesteinen fällt z. B. der sogenannte Gföhler Gneis in die Gruppe der echten Gneise, der Seyberer Gneis in jene der Aftergneise. Die Gneise des Feistritz- und Mürztales sind zum Teil echte Gneise (Granitgneis von Birkfeld, der Waldheimat, Mürztaler Granitgneise), zum Teil Absatz- und Durchtränkungsgneise, wie z. B. die Gneise des Rennfeldes, Floning, Troiseck, der Mugl usw. Zu den Echtgneisen gehören von den alpinen Vorkommen weiter jene des vorderen Antholzertales (Rammelstein-Wielenbachtal), von Aufhofen bei Bruneck, der Umgebung von Sand in Taufers (Schloßberg usw.), von der Maurachschlucht bei Umhausen und vom Acherkogel bei Ötz, die Gneise des Kellerjoches, der Bösensteingruppe, Seckauer Tauern, die Kerngneise (Zentralgneise) der Hohen Tauern u. a. m. Die Biotitgneise des Erzgebirges hat Beck, die sogenannten Schapbachgneise des Schwarzwaldes Sauer als Abkömmlinge von Graniten erkannt; dagegen gehören die Renchgneise des letzten Gebietes zu den Aftergneisen. Echte Gneise sind auch die sogenannten Protogingneise der Alpen, das sind stark gepreßte Granite mit reichlichem Serizitgehalte, weißlichem bis fleischfarbigem Orthoklas, häufig auch etwas grünlichweißem Plagioklas und feinkörnigem Quarzzerreibsel. Man kennt sie aus der Umgebung des St. Gotthard, der Grimsel, des Montblanc usw.

Häufig finden sich in den Gneisen begleitende Bestandmassen, wie z. B. Quarz, in Linsen, Putzen und Adern. Sie leiten sich zuweilen von alten, ausgewalzten Quarzgeröllen her; sie haften dann meist nur lose am Nebengestein und lassen sich aus ihm leicht herauslösen. Andere Quarzmassen stellen Verdrängungen ursprünglicher Kalkspatlinsen (Pseudomorphosen) dar; sie verraten sich dann oft durch eine gewissermaßen vom Kalke übernommene rhomboedische Spaltbarkeit. Schließlich können Hohlräume, wie sie bei der Gebirgsfaltung in großer Zahl, meist mehr minder spaltenförmig, entstehen, durch Quarzmassen ausgefüllt worden sein; dann bildet der Quarz gerne deutlich säulige bis stengelige Gehäufe, welche von den Wänden des Hohlraumes nach dem Innern zuwachsen, also echte Abscheidungen sind. In der Nachbarschaft von Durchbruchgesteinen durchziehen sehr häufig Adern und Gänge von Aplit und Riesenkorngranit, auch von Pegmanit die Gneise (z. B. in der Umgebung von Dürnstein bei Krems, Niederösterreich, im Teigitschgebiete usw.); sie gehören dann meist zu den Durchspritzungsgneisen.

Nach der Tracht bzw. dem Verbande werden verschiedene Abarten des Gneises benannt. Der Schuppengneis enthält Glimmer in zwar gleichgerichteten, aber wenig zusammenhängenden, mehr vereinzelten dachziegelähnlichen Schuppen. Der schuppig-schieferige Gneis leitet zum schieferigen Gneis hinüber, dessen Glimmer in zusammenhängenden Häutchen die einzelnen Quarzfeldspatlagen trennen. Körnig-flaseriger Gneis liegt dann vor, wenn der spärlich vorhandene Glimmer schmale, mehr langgezogene, seitlich sich nicht berührende Flasern bildet. Schließen die Flaserchen des reichlich vertretenen Glimmers zu ausgedehnteren Flasern zusammen, so entstehen flaserige Gneise. Bei den Stengel- oder Holzgneisen umhüllt der Glimmer walzenförmige langgestreckte Quarzfeldspatgemenge. In den Lagen- (Bänder-)

Gneisen wechseln glimmerreiche und glimmerarme Quarzfeldspatlagen miteinander ab. Wenn die Glimmerblättchen mehr weniger regellos verteilt und nicht sehr vollkommen gleichgerichtet sind, spricht man von körnigem oder Granitgneis. Die porphyrartigen Gneise haben blastoporphyrischen (z. B. jene des Feistritz- und Mürztales), porphyroblastischen oder trümmerporphyrischen Verband. Flaserige Gneise mit rundlichen Feldspat-, seltener Quarzaugen, also mit Augenverband, führen den Namen Augengneise (Abb. 306), Perlgneise, Knotengneise usw. Dichte (Mikro-) Gneise besitzen eine feine, mit dem unbewaffneten Auge nicht mehr auflösbare Körnung und meist dunkle Färbung (Cornubianitgneis). Zu den dichten Gneisen gehören auch die sogenannten Phyllitgneise (Fichtelgebirge und an anderen Orten) mit feinschuppigen, vielfach gestauchten und gebogenen Lagen von vorwiegend dunklem Glimmer. Riesenkorngranite werden durch Schieferung zu Riesenkorngneisen. Aplite zu Aplitgneisen. Manche Hälleflinten (S. 373) sind Gneise, welche aus Phorphyren und Porphyrtuffen hervorgegangen sind. Nach dem Muttergestein bildete man Bezeichnungen wie: Granulitgneis, Syenitgneis, Porphyrgneis, (Porphyroid, z. B. Blasseneckgneis, vgl. S. 170 und Abb. 282—289).

b) Hornblendegneise

Die Hornblendegneise bestehen wesentlich aus Feldspat und Hornblende; Quarz gesellt sich öfters in größerer oder geringerer Menge hinzu, kann aber auch fehlen. Die Hornblende hat dunkelgrüne bis schwarze Farbe und bildet endflächenlose Stengel (Abb. 93).

Hornblendegneise kommen unter anderem in Obersteier vor, wenn auch nicht in der weiten Verbreitung, wie man früher annahm. In den sogenannten „Kränzchengneisen" (Angel) umsäumen kleinere Feldspatkörnchen, Glimmerschüppchen und Hornblendesäulchen die größeren Plagioklase; die Kränzchengneise ähneln äußerlich den Amphiboliten (S. 380) sehr. Man trifft sie im Stubalpengebiet (Angel) aber auch sonst in Obersteier sehr häufig; sie lieben den Wechselwirkungsraum von Riesenkorngraniten, Apliten usw. (Durchspritzungsgebiete!) und dürften unter die Mischgesteine (S. 336) einzureihen sein. Von Dioriten stammen die Hornblendegneise der Umgebung von Markirch (Wasgenwald) und vom Kyffhäuser ab. Zu den unechten Gneisen zählen die Vorkommnisse von Oberramstadt (Odenwald), Furth (Bayrischer Wald), Neustadt im Schwarzwald usw. Der „Forellenstein" von Gloggnitz (N.-Ö.) ist ein Riebeckitgranitgneis; beliebtes Straßenhartgut.

Weniger üblich sind Bezeichnungen wie Dioritgneis, Syenitgneis usw.

c) Augitgneise

In den Augitgneisen bilden Feldspat und Augit die Hauptgemengteile; man kennt quarzreichere, quarzarme und quarzfreie Abarten.

Im niederösterreichischen Waldviertel stecken Züge und Linsen von Augitgneis an vielen Orten im Aftergneise (Seyberer Gneis). In Deutschland kennt man unechte Augitgneise aus dem Elsaß (Weilertal, St. Philippe), dem Odenwald (Auerbacher Kalk) und dem Schwarzwald (Gengenbach, Furtwangen), echte aus dem Wasgenwalde (Markirch), aus Sachsen (Hypersthengneise von Penig), Mittweida, Oberkrossa usw.

Die Absonderung ist bei den an Granite erinnernden, körnigen Arten oft eine mehr oder minder regelmäßig sechsflächige. Die Verwitterung schafft daraus die von Granitgebieten her bekannten Wollsack- oder Matratzenformen, die man z. B. in den Felsen oberhalb der Burgruine Dürnstein bei Krems a. d. Donau recht gut beobachten kann. Bei stärker geschieferten Gneisen blättert das der Verwitterung verfallene Gestein nach den Schichtungsflächen auf, der Zusammenhang der einzelnen Lagen untereinander und der Mineralien in den Lagen lockert sich und schließlich zerfallen die oberflächlichen Gesteinmassen je nach der Korngröße ihrer Gemengteile in gröberen oder feineren Grus; auf den so vervielfachten Angriffsflächen hat dann die chemische Verwitterung um so leichteres Spiel. Das Endergebnis dieser Verwitterungsvorgänge ist meist ein sandiger, eisenschüssiger Lehm. D = 2,4 bis 2,9. Druckfestigkeit gering bis 2000 kg/qcm.

Die technische Verwendbarkeit der Gneise ist weitaus beschränkter als jene der Granite. Zwar macht sie ihre leichte Spaltbarkeit nach den Schieferungs-, Lagen- oder Flaserungsflächen tauglich zur Herstellung von Platten für Bürgersteige, Kanäle, Bordsteine, Beläge, unter Umständen auch zu Eindeckungen; viel verwendet wurden nach dieser Richtung z. B. in Steiermark (Graz, Bruck a. d. Mur, Kapfenberg, Leoben, Vordernberg usw.) die sogenannten „Stainzer Platten“, Gneisglimmerschiefer und Gneise der Umgebung von Stainz (Sauerbrunngraben), Salla, Puchbach Ligist usw. in der Weststeiermark; auch im Mölltale erzeugte man aus dort vorkommenden plattigen Flasergneisen Stiegenstufen usw. Zu Pflastersteinen ist Gneis aber nur dann (Brüche bei Albersweiler, Rheinpfalz, Seebach bei Villach) geeignet, wenn er mehr körnig ausgebildet erscheint. Überhaupt hängt seine Verwendbarkeit zu anderen Zwecken als zur Erzeugung von Platten von seiner Granitähnlichkeit ab; je mehr er sich nach Mineralbestand und Verband dem Granite nähert, um so mehr wird er als Baustein, Schottergut usw. verwendet werden können (Kordieritgneis!). Zusammenhängende Glimmerlagen befördern die Zerstörung durch Frost und chemische Verwitterung. Unebene (flaserige oder gefältelte) Schieferungsebenen erschweren meist die Bearbeitung, jedoch schadet auch ein Übermaß an Glätte der Ablösungsflächen (lästig namentlich beim Anarbeiten von Kopfflächen). Dünnschieferige Gneise sind auch wenig standfest und sehr nachbrüchig; Stollenbauten in solchen Gesteinen erfordern daher entsprechenden Ausbau; die Wirkung von Sprengschüssen ist in stark geschieferten Gneisen eine weit geringere als in grobbankigen, granitähnlichen. Ein beträchtlicher Gehalt an Schwefelkies führt zum raschen Aufblättern und Verwittern der Gneise. Mit der Zunahme des Quarzes und der Abnahme des Glimmergehaltes steigen Wetterbeständigkeit, Festigkeit und Brauchbarkeit der Gneise; so liefern z. B. die harten Gneise an der Ausmündung des Queichtales in der Rheinpfalz ein gesuchtes Schottergut. Grobes Korn, wie es z. B. die meisten Vorkommen des Mürz- und Feistritztaler Granitgneises zeigen, erhöht die Verwitterbarkeit des Gesteines und macht es für Wasserbauten und wichtige Werke (Brückenpfeiler, Stützmauern) oft unbrauchbar; selbst bei örtlicher Verwendung zu Bruchsteinmauerwerk für Gebäudesockel macht sich das Ausbrechen der größeren Feldspatkörner und das Vergrusen der Gesteinsköpfe oft recht unangenehm fühlbar; Treppenstufen aus solchem grobkörnigen Granitgneis zeigen rauhe, grubige Oberflächen und nutzen sich rasch ab (Waldheimatgebiet in den Fischbacher Alpen).

Nachstehend die Ergebnisse von Bauschanalysen (nach Becke), welche ein Bild der stofflichen Zusammensetzung von Gneisen geben sollen:

Gföhlergneis (Senftenberg im Waldviertel), Echtgneis: $SiO = 71{,}54$, $Al_2O_3 = 14{,}02$, $FeO = 2{,}16$, $FeO = 0{,}53$, $MgO = 0{,}66$, $CaO = 1{,}00$, $Na_2O = 2{,}81$, $K_2O = 5{,}93$, $H_2O = 1{,}19$.

Augitgneis (Burgerwiesen im Waldviertel), Aftergneis: $SiO_2 = 53{,}69$, $Al_2O_3 = 13{,}68$, $Fe_2O_3 = 0{,}25$, $FeO = 5{,}22$, $MgO = 17{,}25$, $Na_2O = 1{,}38$, $K_2O = 0{,}78$, $H_2O = 1{,}22$.

Aus dem Gneis gehen Verwitterungsböden verschiedenster Güte hervor. Feldspatarme und dabei quarz- und muskovitreiche Gneise liefern im allgemeinen keine sonderlich günstigen Standorte für unsere Nutzpflanzen, von denen auf ihnen unter den Waldbäumen die Kiefer und die Fichte noch am besten fortkommen. Die Hornblende- und Augitgneisböden dagegen heben sich durch verhältnismäßige Fruchtbarkeit hervor; sie tragen auch Laubhölzer, wie z. B. die Buche; diese in den Alpen kalkholde Holzart findet sich auch auf Standorten, welche aus der Verwitterung von Granatgneisen hervorgegangen sind, wenn sie leicht verwitternde Kalktongranaten in reichlicher Menge enthalten (Waldheimat bei Krieglach, Fischbacher Alpen). Im allgemeinen kann man sagen, daß die Gneisgesteine um so rascher der Verwitterung erliegen, je reichlicher sie Feldspat und Magnesiaglimmer und je weniger Quarz und Muskovit sie enthalten. Die Verwitterung setzt mit dem Zerfalle des Gesteins in Platten infolge Wirkung des Spaltenfrostes ein; die einzelnen Trümmer lösen sich dann weiter in Grus auf und gehen schließlich in einen gelblichen bis ockerbraunen, mit Quarzkörnern und anderen Gesteinresten gemengten Boden über, der um so frischer ist, je größer der Feldspatgehalt des Gneises war.

Glimmerschiefer

Die mannigfaltigen Arten der Glimmerschiefer verbindet als gemeinsames Merkmal die bereits mit bloßem Auge wahrnehmbare Körnung (Unterschied von Phylliten) und die Zusammensetzung aus Quarz (Kalkspat) und Glimmer; vom Gneis unterscheidet sie mithin das Fehlen oder die große Armut an Feldspatmineralien.

Eine scharfe Abgrenzung der Glimmerschieferfamilie ist unmöglich, da durch Aufnahme von Feldspat Übergänge in Gneis, durch Verfeinerung des Kornes solche in Phyllit und schließlich durch allmähliches Verschwinden des Glimmers Übergänge in Quarzitschiefer sich herausbilden. Die Farbe des Glimmerschiefers wird durch jene des vorherrschenden Glimmers bedingt und wechselt daher von hellem Silberweiß bis zum dunklen Braunschwarz; nach Regen glänzen die Schieferflächen von muskovitreichen Glimmerschieferfelsplatten überaus hell metallisch im Sonnenlichte und man versteht deshalb sehr wohl, warum das Volk so oft in solchen Gesteinen Silbergehalt vermutet hat (Katzensilber). Raumgewicht 2,6 bis 2,8.

Das Glimmermineral ist bald Muskovit, bald Biotit, bald treten beide zusammen auf. Diese Glimmer bilden einzelne, regelmäßiger Umrisse bare Blättchen, schuppige Gehäufe oder ganze Flasern und Häute. Verbiegungen, Verdrehungen (Torsionen), Riefung, einfache und Kreuzfältelung (durch zwei sich schneidende Faltenzüge) werden überaus häufig beobachtet. Überhaupt zeigen sich die Glimmerschiefer im allgemeinen weniger widerstandsfähig gegen Gebirgsdruck als die Gneise. Während der Muskovit der Verwitterung außerordentlich hartnäckig widersteht, erliegt der Magnesiaglimmer rasch der unter Brauneisenausscheidung vor sich gehenden Baueritisierung. Der Quarz bildet Körner und Körnerhäufchen, die entweder linsenförmige Massen aufbauen (Flasertracht) oder sich zu zusammenhängenden Lagen von wechselnder Mächtigkeit scharen (Schiefertracht). Der Quarz wird auf dem Hauptbruche selten beobachtet und auch auf den Quer- und Längsbrüchen fällt er oft nicht sehr auf, da ihn meist Glimmerblättchen gänzlich umschmiegen. Außer diesem, zum Hauptbestandteile des Gesteins gehörigen Quarz erscheint die freie Kieselsäure auch häufig in Form begleitender Bestandmassen (Linsen, Knauern u. dgl.), welche derselben Entstehung sind wie bei den Gneisen (S. 366).

Je nach der Natur des vorherrschenden Glimmers unterscheidet man zunächst Muskovit- (Hellglimmer-) Schiefer (Hellschiefer), Biotit- (Dunkelglimmer-) Schiefer (Dunkelschiefer) und Zweiglimmerschiefer. Die Paragonitschiefer, ausgezeichnet durch ihren häufigen Gehalt an prächtigen Disthenen, Staurolithen usw. bestehen vorwiegend aus Paragonit (S. 86).

Einen weiteren Einteilungsgrundsatz liefert das reichliche Hinzutreten von Übergemengteilen. Nach ihnen spricht man von Gneisglimmerschiefer (feldspathaltig, zum Gneis hinüberleitend; Stubalpe, Teigitschgebiet), Granatglimmerschiefer (mit Porphyroblasten von Granat, meist Almandin), Hornblendeglimmerschiefer, Epidotglimmerschiefer (Wechselgebirge, Südabhang des St. Gotthard, Greiner im Zillertal), Chloritoidglimmerschiefer, Graphitglimmerschiefer, Chloritglimmerschiefer, Talkglimmerschiefer usw. Die sogenannten Kalkglimmerschiefer bestehen aus abwechselnden, dünnen Lagen von Glimmer und einem Gemenge von Quarz und Kalkspat, in welchem letzterer vorherrscht; man findet sie in den Tauern, im Brennergebiete, in der Umgebung von Murau, am St. Gotthard, in den Bündner Alpen. Staurolithglimmerschiefer kennt man von Zöptau in Mähren, Langhennersdorf im Erzgebirge usw. Andalusitglimmerschiefer wurden beschrieben von Landeck in Schlesien, aus dem Bayrischen Walde und von anderen Orten. Disthenglimmerschiefer birgt das kristalline Grundgebirge des Waldviertels, des Spessart und des Bayrischen Waldes.

Grubenmann rechnet die Glimmerschiefer seiner mittleren Tiefenstufe zu. Die Glimmerschiefer treten im Grundgebirge bald in selbständigen, ausgedehnten Massen auf, bald erscheinen sie Gneisen eingelagert oder wechsellagern mit ihnen. In ähnlicher Weise nehmen sie auch am Aufbaue der Schieferhülle vieler Gebirge Anteil (Tremolaschiefer, Greinerschiefer, Gurgler Schichtstöße im Ötztale usw.).

Die Glimmerschiefer sind für technische Zwecke meist noch minderwertiger als die Gneise; als Bausteine taugen nur dickplattige, quarzreiche und glimmerarme Arten. Manche Vorkommen liefern Platten für Eindeckungen und Beläge (Dachplatten von Fenn am Brenner), glimmerreiche Schiefer werden als Gestellscheine für Hochöfen verwendet. Die härtesten Arten können auch als Schottergut verwendet werden. Die meisten Glimmerschiefer erweisen sich in Stollen mehr oder minder nachbrüchig und wenig standfest.

Die Verwitterung dringt längs der Schieferungsflächen in das Gestein ein und erzeugt Böden, welchen zahlreiche Gesteinbruchstücke eingelagert sind. Am reichsten an Schieferbrocken sind die Kaliglimmerschieferböden, die meist erdarm und wenig fruchtbar sind; in der Feinerde herrschen kleine Glimmerblättchen vor, welche die Lockerheit, Wasserdurchlässigkeit und Trockenheit solcher Böden bedingen; sie sind auch meist arm an Pflanzennährstoffen, insbesonders an Kalk; infolgedessen geht die Verwitterung der Reste von Lebewesen nur langsam vor sich und erzeugt Neigung zur Anhäufung von Rohhumus und in weiterer Folge zur Ansiedlung von Beersträuchern, Heide und Torfmoosen. Aus Magnesiaglimmerschiefern gehen dagegen bei reichlichem Gehalt an dunklem Glimmer nicht selten ziemlich fruchtbare, ockerfarbene bis rotbraune, eisenreiche Lehmböden hervor, besonders wenn sie neben den Hauptgemengteilen etwas Feldspat führen. Die besten Böden liefern Kalkglimmerschiefer, wenn ihre Oberflächenformen nicht zu steil sind; jene des Mölltales z. B. sind dagegen wegen ihrer Steilheit seichtgründig.

Urtonschiefer (Phyllite-Blätterschiefer)

Die Phyllite sind höher kristallin entwickelte Tonschiefer, welche vielerorts durch Vergröberung des Kornes und weitere Zunahme der Kristallinität in Glimmerschiefer übergehen.

Sie sind meist dünnblättrig, ebenflächig oder auch gefältelt, glänzen und schimmern oft sehr lebhaft auf dem Hauptbruche (Glanzschiefer) und bestehen wesentlich aus Quarzkörnern und Glimmerblättchen; diese Gemengteile können mit unbewaffnetem Auge meist nicht unterschieden werden. Mannigfache Übergänge verbinden sie mit den Tonschiefern. Bei der Gebirgsbildung stark beanspruchte Urtonschiefer nennt Sander Phyllonite (Abb. 294).

Die zu den Phylliten gehörigen Serizitschiefer (Serizitphyllite), rein weiß bis ölgrün gefärbt, fettig sich anfühlend, bestehen aus seidenglänzenden, talkähnlichen Blättchen von Serizit und Quarz; sie sind vielfach aus Porphyren und Porphyroiden hervorgegangen (Taunusschiefer). Die Kalkphyllite enthalten reichlich Karbonate, und zwar bald halbwegs gleichmäßig durchs Gestein verteilt, bald in dünnen Lagen dem übrigen Phyllitstoff eingeschaltet. Die Namen Feldspatphyllite (wenn Albit führend: Albitphyllite), Graphitphyllite, Granatphyllite, Chloritoidphyllite (Chloritoidschiefer), Pyritphyllite (Pyritschiefer) usw. erklären sich selbst. Die Quarzphyllite führen wenig Glimmer und reichlich Quarz. Biotitphyllite enthalten größere Biotitblätter, die oft quer zur Schieferung eingestellt sind. Wenn Quarz und Feldspat vorhanden sind, aber an Zahl und Korngröße vor den dünnen Flasern der eigentlichen Phyllitmasse stark zurücktreten, spricht man auch von Gneisphylliten.

D = 2,7 bis 3,0. Härte meist gering, nur die quarzreichsten Abarten liefern noch Bausteine; sie dienen örtlich, z. B. in den Alpen, zum Bau der Haussockelmauern, nässen aber stark; seltener fertigt man aus ihnen Tischplatten und Stiegenstufen an. Die wetterbeständigen Vorkommen werden oft ähnlich den Tonschiefern zum Dachdecken verwendet, so z. B. im Wehetale, westlich von Härtgen (Rheinland), wo sie ziemlich gleichmäßig zusammengesetzt sind. Voraussetzung hiefür ist neben ebenflächiger Spaltbarkeit Freiheit von Schwefelkies.

Im Wehetale und oberhalb der Schevenhütte bei Stolberg bricht der Phyllit auch in dickeren, kräftigeren Platten, aus denen Treppenstufen, Fensterbänke, Flurbeläge, Grenzsteine usw. verfertigt werden können.

Die Nachbrüchigkeit ist unter gleichzeitiger Abnahme der Standfestigkeit bei den Urtonschiefern noch größer wie bei den Glimmerschiefern; graphitische Schiefer und Serizitschiefer stauen das Wasser und neigen sehr zu Rutschungen, zum Schuttwandern usw.

Die Urtonschiefer liegen in weiter Verbreitung über den kristallinen Gliedern des eigentlichen Grundgebirgskörpers des Erzgebirges, des Fichtelgebirges, Bayrischen Waldes usw. In den Alpen nehmen sie nördlich und südlich des Rückgrates der Kernalpen breite Geländestreifen ein. An einigen Punkten gelingt ihre Einordnung in ein bestimmtes geologisches Zeitalter; dies gilt z. B. von den kambrischen Schiefern der Ardennen, den silurischen des Rheinlandes und Thüringens, und zum Teil auch von den paläozoischen Schichtfolgen der Alpen (Graphitschiefer des Steinkohlenzeitalters auf der Wurmalpe bei Kaisersberg). Viele Urtonschiefer sind nicht durch aufsteigende Umprägung aus Tonen, sondern durch rückschreitende Umprägung (Niederprägung) aus Gneisen u. dgl. entstanden (Diaphtorite Beckes; verderbte Gesteine).

Nach Grubenmann sind die Urtonschiefer in der obersten Tiefenstufe beheimatet. Drehverband tritt sehr häufig auf; die Fältelungen und Windungen des Serizites und Chlorites werden durch verbogene Streifen kohliger Stoffe oft noch deutlicher hervorgehoben.

Die Verwitterung macht in den Urtonschiefern meist rasche Fortschritte und geht nur bei den quarzreichen Abarten der Quarzphyllite langsamer vor sich, wie die Erhaltung zahlreicher Rundhöckerformen aus der Eiszeit (z. B. im Sölktale, Steiermark, Pustertale, Südtirol) beweist. Quarzarme Urtonschiefer zerfallen leichter zu nicht selten milden, tonigen Böden von mittlerer bis besserer Güte, die Fichten, Tannen und zuweilen auch Buchen tragen. Auflockerung und Bodenbearbeitung wirken oft ungünstig, weil sich die zahlreichen Steine des Bodens nur schwer wieder dichter lagern. Quarzreichere Urtonschiefer bringen arme Böden hervor, die nur in den Mulden und auf den feuchten Ost- und Nordhängen der Fichte noch günstig sind.

Kieselschiefer, Quarzitschiefer und Quarzite

Die Kieselschiefer, Quarzite und Quarzitschiefer kann man durch Abnehmen des Glimmergehaltes bzw. vollständigen Ausfall des Glimmers von den Glimmerschiefern und Quarzphylliten ableiten.

Sie haben feines bis dichtes Korn und weiße, rötliche, graue oder bläuliche, manchmal auch schwarze Farbe. Von den Kittquarziten (Kieselschiefer z. B.) und ähnlichen Absatzkieselgesteinen, aus denen sie meist hervorgegangen sind, unterscheidet sie die oft hochentwickelte Streckung, Verbiegung, Fältelung und Auswalzung der anscheinend so spröden Masse; doch vermitteln auch hier Übergänge und erschweren die Abtrennung von den Verwandten der Absatzreihe. War das Bindemittel des Ausgangsstoffes nicht rein kieselig, sondern tonhaltig, eisenschüssig usw., so entstehen Glimmerquarzitschiefer (z. B. Serizitquarzitschiefer), Graphitquarzitschiefer, Epidotquarzitschiefer, Gneisquarzitschiefer usw.

Die Quarzitschiefer werden als feuerfeste Gesteine, die reinsten Abarten mit mehr als 99½ v. H. Kieselsäure, auch zur Glaserzeugung usw. verwendet. Trotz ihrer Wetterbeständigkeit eignen sie sich bei Sprödigkeit und Dünnschiefrigkeit nicht zu Bausteinen. Für den Straßenbau sind sie oft gleichfalls zu brüchig und zum Teil auch zu hart (zu rasche Abnutzung der Radreifen, der Schuhe von Fußgängern und der Beschläge der Zugtiere); viele Abarten (z. B. Quarzitschiefer des Grauwackengürtels der Alpen) bewähren sich aber in den Straßendecken doch recht gut, liefern vorzüglichen Splitt und geben ein geschätztes Schottergut für Eisenbahnschwellenbettungen ab, weil sie scharfe Kanten halten und wegen ihrer Nährstoffarmut nicht zum Vergrasen neigen. Reinere Quarzitschiefer dienen auch als Flußmittel kupferreicher, amerikanischer Schwefelkiese und zur Füllung von Säuretürmen; gewöhnliche Quarzitschiefer verwendet man zuweilen als Herdsohlenbelag im Siemens-Martin-Verfahren.

Bei Gommern und in der Gegend von Liebenwerda bricht man silurische Quarzite zu Schottergut und Pflastersteinen; die Taunusquarzite (S. 277) wurden bereits erwähnt; örtlich verwendet man die Quarzitschiefer des Erzgebirges zu Bruchstein und Schottern.

Die chemische Zerlegung ergab bei Quarzit von

Übersicht

	SiO_2	Fe_2O_3	Al_2O_3	FeO	MgO	K_2O	Na_2O	H_2O
Bruck a. d. M.	93,77	1,11	—	—	—	—	—	—
Fröschnitz bei Steinhaus a. S.	98,66	1,30	—	—	—	—	—	—
Stalvedo bei Airolo (Tessin)	90,10	1,07	5,04	0,27	0,38	0,48	0,25	0,59
Roßkogel bei Neuberg, Veitsch	87,97	2,70	6,06	—	0,44	2,40 (K_2O + Na_2O)		0,66*

* Glühverlust

Die Dichte der Quarzite schwankt zwischen 2,65 bei den reineren und 2,89 bei feldspathaltigen Schiefern. Die Druckfestigkeit des Quarzitschiefers vom Blaaberge bei Ardning (Steiermark) wurde zu 574 kg/qcm ermittelt.

Grubenmann zählt zu den Gesteinen der tiefsten Stufe gewisse sogenannte Kataquarzite und Katagneisquarzite; letztere führen etwas Feldspat (Orthoklas, sehr selten Plagioklas). Die Gesteine sind mittelkörnig bis dicht, meist weißlich, gelblich, rötlich oder hellgrau bis dunkelgrau und wenig geschiefert. Mit freiem Auge erkennt man außer Quarz allenfalls vorhandenen Magnesiaglimmer und Feldspat. Ein großer Teil der „Hälleflinten" (S. 169) Schwedens und Finnlands soll hiehergehören; durch Herrschendwerden des Quarzes gehen aus diesen Gesteinen reine Kataquarzite hervor. Man trifft sie im tiefen Grundgebirge des Schwarzwaldes, Schwedens und Finnlands. In der mittleren Tiefenstufe haben sich die Mesogneisquarzite, Glimmerquarzite und Mesoquarzite gebildet. Grubenmann rechnet hiezu auch einige „Hälleflintgneise". Der obersten Tiefenstufe endlich gehören die Serizitquarzite und Epiquarzite an; sie sind in den oberen Grundgebirgsschichten und in den Schieferhüllen (z. B. der Alpen) sehr verbreitet (z. B. „Semmeringquarzite", „Lantschfeldquarzite" usw.).

Die Böden, die aus diesen Gesteinen hervorgehen, sind meist sehr arm an Pflanzennährstoffen und überaus reich an Bruchstücken des phakoidisch oder parallelepipedisch zerfallenden, ungemein schwer verwitternden Quarzites. Die langsame Zersetzung der Pflanzenreste führt zur Anhäufung mächtiger Rohhumusschichten, auf welchen sich Weißmoos (Leucobryum glaucum), Torfmoose (Sphagneen), Heidelbeeren und andere Besiedler sauren Humuses einfinden, eine allmähliche Vernässung und Vermoorung des Waldbodens verbreitend; zur landwirtschaftlichen Nutzung eignen sich solche Quarzitböden überhaupt kaum; von Waldbäumen gedeihen noch am ehesten die Kiefernarten. Enthält der Quarzit dagegen Feldspat, wie die sogenannten Gneisquarzite, dann nähern sich die Verwitterungsböden in ihren Eigenschaften mehr den ärmeren bis mittleren Gneisböden.

Konglomeratschiefer und Sandsteinschiefer

Die Konglomeratschiefer sind geschieferte Konglomerate. Es ist Geschmacksache, sie auf die Gneise (Konglomeratgneise, S. 365), Glimmerschiefer (Konglomeratglimmerschiefer) und Urtonschiefer (Konglomeratphyllite) aufzuteilen. Zu den Konglomeratschiefern gehört z. B. auch das „Rannachkonglomerat", das in Obersteiermark sehr verbreitet ist und gerne quarzitische Schiefer begleitet. -- Technische Verwertungsmöglichkeit gering.

Die Sandsteinschiefer gehen durch Pressungsumprägung aus Sandsteinen, Arkosen (Arkoseschiefer) usw. hervor; sie sind in den Altzeitablagerungen der Alpen, besonders im sogenannten Grauwackengürtel, sehr verbreitet, haben aber nur geringe technische Bedeutung. Durch kräftigere Umprägung (Höherprägung) bilden sich aus ihnen, je nach ihrer chemischen Zusammensetzung Serizitquarzite, Gneisquarzite, Glimmerschiefer (bzw. Phyllite) usw. heraus.

Granulitschiefer

Nach Tracht und Entstehung müssen auch die geschieferten Granulite zu den kristallinen Schiefern gezählt werden. Bei nicht allzugroßer Dünnschieferigkeit nähert sich der Granulitschiefer in seinen technischen Eigenschaften sehr dem Granulite (S. 198). Die Verbreitung der Granulitschiefer ist eine beschränkte; sie bilden meist wenig mächtige Einlagerungen in kristallinen Gesteinstößen. Ein anderer Teil der Granulite kann zu den Aufschmelzungsgesteinen gezählt werden. Die Granulitschiefer gehen in echte Granulite über.

Speckstein und Talkschiefer

Talkschiefer sind Anhäufungen von feinschuppigem bis großblätterigem Talk, meist gleichlaufend, seltener verworren angeordnet, hell (grau, rötlich, grünlich, weiß) gefärbt, eben bis wellig schieferig, weich (H = 1 bis 2), fettig sich anfühlend. Als Speckstein bezeichnet man die mehr massigen Ausbildungen. Sie gehören der obersten Tiefenstufe an. D = 2,77 bis 2,89. Verwendung wie Talk (S. 351), dem sie auch hinsichtlich Säurefestigkeit und Unschmelzbarkeit gleichen. Sie werden daher zur Gewinnung der Handelsware Talk und Talkum, als Hochofengestellstein usw. verwertet.

Talkschiefer, die von Absatzgesteinen abstammen und sich an Mg und Ca-haltigen kohlensauren Salzen anreichern, leiten hinüber zu den Topfsteinen, Listwäniten usw. Die Topfsteine (Giltstein, Lawezstein), von weißlichgrauer, grünlichgrauer, schmutziggrüner Farbe, bestehen aus Talk, Chlorit und Karbonaten, zuweilen mit Serpentin und faserigem Tremolit gemengt. Das milde, mit dem Messer schneidbare und auf der Drehbank formbare Gestein findet sich zu Dissentis, Chiavenna usw. in der Schweiz, bei Zöptau (Mähren) usw. Als Listwänit bezeichnet man Gemenge von Talk und Magnesiakarbonaten mit mehr oder weniger Quarz, der übrigens auch fehlen kann. Verwandt mit ihm ist der Speckstein, der z. B. in Göpfersgrün (Fichtelgebirge) aus Dolomit hervorgegangen ist; er dient als Rohstoff für die Herstellung von Gasbrennern und von Isoliermassen in der Elektrotechnik. Zum Talkschiefer ist auch ein Teil des Bildsteines (Agalmatolithes) zu rechnen, aus dem die Japaner und Chinesen Nippsachen schnitzen.

Andere Fundstellen von Talkschiefer und verwandter Gesteine sind in den Alpen Mautern, Thörl, Oberdorf und der Rabenwald in Steiermark, in Deutschland Thiersheim (Bayern), in der Schweiz die Gegend von Zermatt (Wallis), Taretsch, Veltlin (Val Malenco), Tessin usw.

Chloritschiefer

Die dünn- bis dickschieferigen Glieder der Chloritschieferfamilie bestehen vorwiegend aus schuppigem, seltener blätterigem Chlorit. Ihre Farbe ist lauchgrün, die Härte gering (H = 2), das Raumgewicht 2,7 bis 2,8.

An Übergemengteilen finden sich häufig Strahlstein, Magnetit, Epidot, Albit usw., welche Veranlassung zur Aufstellung von besonderen Bezeichnungen, wie Strahlsteinchloritschiefer, Magnetitchloritschiefer, Epidotchloritschiefer usw. geben können. Die hornblendereichen Glieder der Familie leiten zu den Amphibolitschiefern hinüber (Mittelkärnten).

Die Chloritschiefer taugen selten als Bausteine; die überwiegende Mehrzahl der Vorkommen ist wetterunbeständig, wenig druckfest, sehr nachbrüchig und von geringer Standfestigkeit. Dies gilt insbesondere von den stärker gefältelten und geschieferten (Abb. 307, 311); die mehr massig entwickelten „Grünsteine" eignen sich eher als Bausteine; so wurden z. B. die Chloritgesteine des Kreuzbergls usw. bei Klagenfurt vielfach zu Türstöcken, Sockelsteinen usw. gebraucht; ja sogar das Wahrzeichen der Stadt, „Der Lindwurm", ist aus ihm gehauen.

Die chemische Zusammensetzung der Chloritschiefer möge nachstehenden Beispielen entnommen werden.

Übersicht

	SiO_2	Al_2O_3	Fe_2O_3	FeO	MnO	MgO	CaO	H_2O	Na_2O+K_2O
Riffelhorn, Schweiz	42,08	3,51	—	26,85	0,59	17,10	1,04	11,24	—
Pfitschtal	31,54	5,44	10,18	—	—	41,54	—	9,32	—
Walchern, Öblarn (Obersteier)	41,67	10,98	2,07	8,11	0,73	9,32	10,44		4,83

Die Bildung der Chloritschiefer hat sich in der obersten Tiefenstufe vollzogen; es liegen mithin Epigesteine im Sinne Grubenmanns vor. Das Muttergestein kann ein Absatzgestein sein, das sich gewöhnlich schon durch ungewöhnlich hohen Tonerdegehalt verrät, oder ein Durchbruchgestein von sehr basischem Grundzug (Diabas, Gabbro); dann führt der Chloritschiefer gewöhnlich nur wenig Tonerde.

Die Chloritschiefer bilden Einlagerungen in den Phylliten der Grundgebirgsdächer und in den Schieferhüllen; so z. B. bei Schönberg in den Sudeten, im Pfitsch-, Ziller- und Ahrntal in Tirol, im Längstal der Salzach, in der Umgebung von Murau, Leoben, Bruck a. d. Mur, Graz, im Klagenfurter Becken (Mittelkärnten), Liesertal, Mölltal usw.

Serpentinschiefer und Serpentin

Die Serpentine gehören gleichfalls der oberen Tiefenstufe an. Sie sind dichte, meist graugrüne bis dunkelschmutziggrüne, seltener hellgrüne, rötlichbraun bis gelblich anwitternde, auch gefleckte oder gestreifte, schieferige (Serpentinschiefer) bis massige Gesteine (Serpentin) von mattem Wachsglanz, flachmuscheliger bis kleinsplitteriger Bruchfläche und geringer Härte (3 bis 4). Sie enthalten stets Wasser, das durch Erhitzen imKölbchen leicht nachgewiesen werden kann (Abb. 105; S. 350 ff.).

Wie ihr Name schon ausdrückt, bestehen die Serpentingesteine vorwiegend aus Serpentin; dazu gesellen sich die Reste der Muttermineralien (Olivin, Bronzit, Diallag, Diopsid, Hornblende). Überbleibselverband ist also häufig. Manchmal tritt auch Breunnerit oder Magnesit auf. Serpentin bildet das Muttergestein vieler Erze, so stellenweise des Chromeisensteins (Kraubath in Steiermark) und des Platins (Ural). Bei reichlicherem Granatgehalte spricht man von Granatserpentin (Reutmühle im niederösterreichischen Waldviertel, Krems bei Budweis, Karlstetten im Dunkelsteinerwalde unweit St. Pölten, Zöblitz und Waldheim in Sachsen). Wenn Opal den Serpentin durchtränkt, erhält er eine größere Härte.

Die chemische Zusammensetzung der reineren Serpentine nähert sich sehr der Musterformel $H_4Mg_3Si_2O_9$; es enthält z. B. Serpentinschiefer von

Gumberg bei Frankenstein (Schlesien) ...	SiO_2	41,13	v. H.
	Al_2O_3	1,05	„ „
	Fe_2O_3	3,44	„ „
	FeO	6,43	„ „
	MgO	36,67	„ „
	CaO	0,64	„ „
	M_2O	10,48	„ „
	Zusammen:	99,84	v. H.

Die Dichte schwankt von 2,54 bis 3,08. Feuerfest.

Die Serpentine liefern, wenn nicht oder nur wenig verschiefert, einen guten Baustein von leichter Bearbeitbarkeit. In Steiermark (Vordernberg, Leoben, Bruck a. d. Mur, Kapfenberg usw.) haben besonders die Serpentine von Kraubath und Kirchdorf eine weitgehende Verwendung im Baugewerbe zu Radabweisern, Bruchsteinen, Bürgersteigplatten, Türstöcken, Fensterstöcken, Denkmalsockeln, Brunneneinfassungen, Brunnenmuscheln, Deckplatten von Mauern, Bruchsteinen usw. gefunden. Im Burgenlande gründet sich auf das Vorkommen von Bernstein (Rechnitzer Schiefergebirge) ein leistungsfähiges Zierstein- und Schmucksteingewerbe (The styrian Jadeit Co.); hier wird auch der sog. Mikro-Asbest mannigfach technisch verwertet. In den übrigen deutschen Landen bricht man z. B. Serpentin in Schlesien auf dem Gumberge bei Frankenstein, bei Schräbsdorf, Baumgarten, Kosemitz, Waettrisch, Trebnig, Ober-Johnsdorf, Jordansmühle, Költschen usw.; das Gestein ist hier mäßig wetterfest und eignet sich daher mehr für Innenausschmückungen (Säulen, Platten, Beläge usw.); seine Druckfestigkeit liegt zwischen 700 und 800 kg/qcm. Ein schön hellgelblichgrün bis schwarzgrün gefärbter Serpentin liefert bei Waldheim in Sachsen Rohstoff für Taufsteine, Altäre, Urnen, Grabdenkmäler und andere Steinmetzarbeiten. Wichtig ist das ausgedehnte Vorkommen von Zöblitz und Ansprung im Erzgebirge; der Serpentin kann hier in bruchfeuchtem Zustande überaus leicht geformt, gesägt, geschliffen und geglättet werden; ungemein vielfältig ist seine Verarbeitung zu größeren Erzeugnissen (Taufbecken, Altären, Säulen, Denkmälern, Grabsteinen, Wandbelägen, Türstöcken, Brüstungen, Aschenurnen) und zu Kleingegenständen (Aschenbecher, Briefbeschwerer, Lampen, Leuchterbestandteilen, Wärmsteinen, Spielwürfeln, Dominosteinen usw.); seine Farbe ist vorwiegend grün, seltener rötlich oder gelbbräunlich. Am Frankenstein und am Mühlberge in Hessen, sowie im Dunkelsteiner Walde südlich der Donau in Niederösterreich liefert der Serpentin Schottergut. Zu Steinmetzarbeiten feinerer Art finden die Serpentine von Wirsberg, Stammbach, Kupferberg und Wurlitz in Oberfranken Verwendung.

In der Natur zeigt sich Serpentin im allgemeinen widerstandsfähig gegen die Oberflächenverwitterung und bildet daher zumeist steile Hänge; der Gesteinzerfall formt aus ihm faust- bis kopfgroße, pyramidenähnliche, seltener

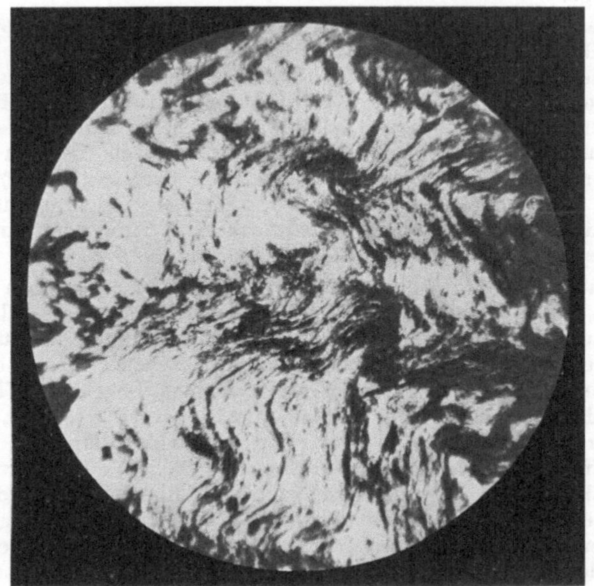

Abb. 311. Gefältelter Grünschiefer. Gaisberggletscher, Ötztal, Tirol

kleinere Stücke, welche mächtige Schutthalden mit steilem Böschungswinkel aufbauen. Wo die mechanische Zertrümmerung überwiegt, wie z. B. im Mölltale (Kärnten), grüßen lichtgrüne oder prächtig blaugrüne Wände den Wanderer; hält jedoch der Gesteinzerfall nicht gleichen Schritt mit den oberflächlichen, namentlich in einer Hydratisierung des Eisengehaltes bestehenden Umsetzungen, dann starren dem Betrachter gelblichbraune bis rostrote Gehänge entgegen, wie z. B. in der Umgebung von Kraubath (Gulsen) und Kirchdorf bei Pernegg in Obersteier.

Marmore

Die Marmore bestehen aus Kristallen von Kalkspat (Kalkmarmore), Dolomit (Dolomitmarmore) oder aus Gemengen von Körnern beider Stoffe. (Vgl. S. 297 ff., „Urkalke des Kristallins".)

Als Übergemengteile treten die kieseligen und tonigen Verunreinigungen auf, die bei der einer Umkristallisation gleichkommenden Umprägung in Mineralien der entsprechenden Tiefenstufe übergegangen sind; vorhandene kohlige Stoffe verwandeln sich in Graphit oder verschwinden durch Verbrennung.

Die Marmore der tiefsten Stufe (Katamarmore) enthalten als Übergemengteile Quarz, Orthoklas, Plagioklas, Biotit, Diopsid, Wollastonit, Hornblende, Vesuvian, Spinell, Olivin, Graphit usw. Ihre Tracht ist meist massig, die ursprüngliche Schichtung verwischt oder nur mehr in einem Wechsel von graphit- oder glimmerreicheren und -ärmeren Bänken zu erkennen. Grubenmann rechnet hieher die Vorkommnisse der Insel Paros, aus dem bayrisch-böhmischen Grenzgebirge, aus Finnland und aus dem Fichtelgebirge.

Die Marmore der mittleren Tiefenstufe (Mesomarmore) führen neben den Haupt- und unwesentlichen Gemengteilen noch Quarz, Feldspate, Epidot, Zoisit, Biotit, Muskovit, Fuchsit, Grammatit, Strahlstein, Hornblende, Graphit, Graphitoid. Ihre Tracht ist lagig, massig oder grobschieferig. Die glimmerreichen, blättrigen Kalkmarmore dieser Gruppe werden „Cipolline" genannt. In der mittleren Stufe wurden nach Grubenmann die Kalkmarmore vom Pentelikon bei Athen, von Carrara (Italien), Laas im Vintschgau, Ratschinges bei Sterzing, vom Simplon, von Andermatt, Airolo usw., und die Dolomitmarmore von Schneeberg in Tirol, vom Binnental im Wallis und anderen Orten gebildet.

Die Marmore der obersten Stufe (Epimarmore) weisen die Übergemengteile Quarz, Albit, Serizit, Epidot, Zoisit, Strahlstein, Chlorit, Talk, Serpentin auf, besitzen meist feineres Korn und kräftigere Färbung als die tieferen Glieder und sind lagig oder schieferig, seltener massig entwickelt. Körnige Marmore, die von grünen Nestern, Putzen, Lagen und Flecken von Serpentin durchwachsen sind, heißen „Ophicalcite" (S. 250, 297) oder wegen ihrer grünen Farbe „Verde" (Vert); beliebte Bildhauer- und Steinmetzrohstoffe dieser Art sind der Verde antico (S. 250) nördlich von Larissa in Griechenland, der blaugrüne schwedische Ringborg von der Bucht Bråviken südlich von Stockholm usw. Zu den Epimarmoren gehören die Marmore der Schwarzseespitze, Telfserweißen, Moarerweißen bei Sterzing in Tirol, die körnigen Kalke der Brennerphyllite und anderer Schiefergesteine der Ostalpen. Noch nicht völlig kristallin umgeprägte Kalksteine nennt man Halbmarmore; Abb. 312 (S. 379); sie leiten zu den echten, lichten Absatzkalken über (S. 291 ff.)

Die chemische Zerlegung lieferte bei Marmor von

	CO_2	SiO_2	Al_2O_3 Fe_2O_3 FeO	CaO	MgO	
Paros	43,95	—	Spuren	55,61	0,20	(99,76)
Carrara	43,92	0,16	0,08	55,32	0,43	(99,91)

Die Dichte schwankt zwischen 2,7 (Kalkmarmore von Paros, Carrara) und 2,90 (Dolomitmarmore).

Im Deutschen Reiche finden sich an vielen Orten technisch ausbeutbare Marmorlager (vgl. auch S. 298). So bei Wunsiedel und Marktredwitz im Fichtelgebirge und bei Dechantsees in der Oberpfalz. Weiter bei Markirch (St. Philipp, Rauental) im Elsaß, wo ein rein weißer, mittelkörniger Marmor mit einzelnen phlogogit- und pseudophitreichen Lagen ansteht. Körniger Kalk kommt auch im Hochstädter Tal bei Auerbach in Hessen vor und dient hier meist zur Darstellung der Kohlensäure, der Kupferkalkbrühe zur Bekämpfung von Pflanzenschädlingen, des Ätzkalkes und Düngekalkes, seltener zu Steinmetzarbeiten. Zahlreiche Marmorlinsen sind dem sächsischen Erzgebirge eingeschaltet und fehlen auch nicht im kristallinen Schiefergebirge Schlesiens.

Die Kornbindung guter, druckfester und frostbeständiger Marmore soll eine tunlichst lückenlose sein; Marmor von Carrara besitzt bloß Hohlräume von etwa 0,01 bis 0,22 v. H. der Gesamtgesteinmasse. Die Körner sollen ohne Zwischenschaltung einer feineren Bindungsmasse unmittelbar aneinanderschließen und tunlichst mit Lappen und runden Zähnen ineinandergreifen (Abb. 263); Eisenkies, Eisenspat und Magnetspat machen sich im verwitternden Gestein durch das Auftreten häßlicher bräunlicher bis schwärzlicher Flecken bemerkbar und schaden um so mehr, in je feinerer Verteilung und in je größerer Menge sie dem Marmor beigemengt sind. Dort, wo kohlige Stoffe und Bitumen graublaue, mehr oder minder dunkle Farbentöne hervorrufen, wird das Gestein im Laufe der Zeit immer heller, da die beigemengten Kohlenstoffverbindungen allmählich oxydieren und in Form von Kohlendioxyd sich verflüchtigen.

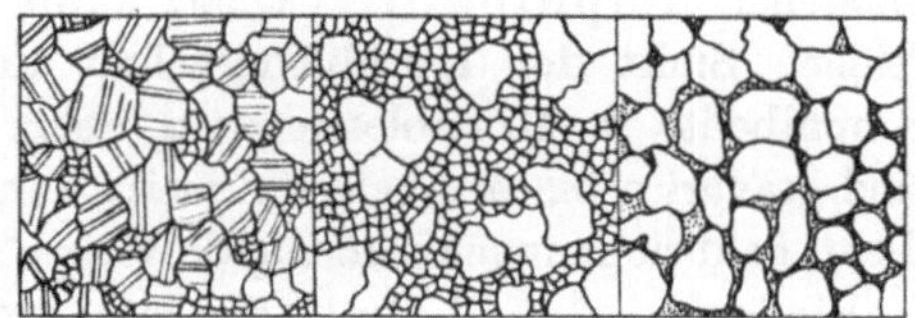

Abb. 312. Zweikornmarmore; links mit Zwickelfüllung, mitten mit Grundpflaster und rechts ein Halbmarmor mit großen Kristallkörnern und mehr oder minder dichter Umhüllungsmasse

Hornblendeschiefergesteine

Die Strahlsteinschiefer sind hellgrüne bis graugrüne oder schwärzlichgrüne Gesteine, welche bald dünn-, bald dickschieferig sind und wesentlich aus Strahlstein bestehen. Gemeine, endflächenlose Hornblende setzt die Hornblendeschiefer zusammen; fehlt Schiefertracht, so spricht man von Hornblendefels. Die Hornblendeschiefer sind harte, sehr zähe, schwer bearbeitbare Gesteine, welche einen vorzüglichen Steinschlag liefern. Die Hornblendeschiefergesteine wurden von Grubenmann der mittleren Tiefenstufe zugerechnet.

Zu ihnen gehört auch der Nephrit (S. 94), dem der verworren filzige Verband seiner feinsten Strahlsteinfäserchen jene Glättbarkeit und ungeheure Zähigkeit, gepaart mit großer Härte verlieh, die den Menschen der Vorzeit veranlaßte, aus ihm seine Steinwaffen und Geräte zu verfertigen. Noch heute gilt der Nephrit in Ostasien und Australien als ein beliebter, geschätzter Rohstoff für die Herstellung von Schmucksachen, Tassen, Vasen, Dosen, Kästchen, Säbelgriffen usw. In Europa findet man ihn als Geschiebe in den Schottern vieler Flüsse (Mur, Enns), in den Eiszeitablagerungen Norddeutschlands, anstehend bei Jordansmühle und Reichenstein in Schlesien, im Radautale, in der Oberpfalz (Serpentin von Kühstein, Erbendorf usw.), bei Schwarzenbach im Frankenwalde, im Unterengadin usw.

Größere technische Bedeutung kommt den Strahlstein- und Hornblendeschiefern kaum zu; sie sind in den Gneisen, Glimmerschiefern und Phylliten als Einlagerungen sehr verbreitet (Erzgebirge, Böhmische Masse, Fischbacher Alpen, Gleinalpenzug, Hohe und Niedere Tauern usw.).

Eklogitschiefer

Die geschieferten Abarten der Eklogite (vgl. S. 201), die Eklogitschiefer, kommen nicht häufig vor und haben deshalb wenig technische Bedeutung.

Amphibolite und Amphibolitschiefer

Gesellt sich zur Hornblende (95 bis 45 v. H.) Kalknatronfeldspat, so entstehen Amphibolite. Quarz kann vorhanden sein oder auch ganz fehlen. Sinkt der Hornblendegehalt unter 45 v. H., dann gehen die Amphibolite in Hornblendegneise über. Die hieher gehörigen Gesteine sind graugrün bis dunkelgrün, meist feinkörnig, seltener grobkörnig oder dicht, bald richtungslos körnig (körnige Amphibolite), bald geschiefert (schieferige Amphibolite), bald lagig gebaut (streifige oder gebänderte Amphibolite). Die nicht zu dünnschieferigen Arten sind hart, zähe, druckfest und wetterbeständig, weshalb sie örtlich einen beliebten Schotterstein (Breitenauer Tal, Weststeiermark) und einen Baustein liefern, der nur seiner schwierigen Bearbeitung wegen manchen anderen Gesteinen nachgestellt wird. Als Schottergut eignen sie sich wegen ihrer vorzüglichen Kornbindung oft besser als Basalt oder Porphyr.

In Hessen bricht man bei Obermengelbach und Fischweiher unfern Heppenheim Amphibolit, desgleichen bei Berneck und an anderen Orten Nordbayerns, in Baden bei Freiburg, Haslach und Mühlenbach und an anderen Orten, im Dunkelsteiner Wald (Niederösterreich), in Steiermark (Breitenau, Lamingtal, Lobming, Gundersdorf und Neurath bei Stainz, Unter-Laufenegg bei Deutsch-Landsberg), in Kärnten (Lieserschlucht bei Spittal a. d. Drau) usw. (Abb. 91, 92, 93).

Grubenmann unterscheidet Mittlere (Meso-) und Obere (Epi-Amphibolite).

Zu den Amphiboliten der mittleren Tiefenstufe zählen die Plagioklasamphibolite, schwarzgrüne, graugrüne oder weiß und dunkel gesprenkelte Gesteine von feinem bis grobem Korn und schieferiger Tracht, welche hauptsächlich aus basischen Plagioklasen und gewöhnlichen Hornblenden bestehen. Die Granatamphibolite (Abb. 308) die auf dem Weg über die Eklogitamphibolite zu den Eklogiten hinüberleiten, zeichnen sich durch reichliche Führung von Granat aus; durch Zurücktreten des Granates entstehen Übergänge zu den Plagioklasamphiboliten. Die Zoisitamphibolite, die insbesondere von der Saualpe (Kärnten), der Koralpe (Steiermark), dem Rennfeld-Muglzuge (Obersteier) und aus dem niederösterreichischen Waldviertel bekannt geworden sind, enthalten neben der Hornblende mehr minder reichlich Zoisit; sie zeigen meist lebhaft entwickelte Schiefertracht, feines bis grobes Korn und helle Farbe mit dunkelgrünen Sprenkeln, Flecken oder Streifen (Abb. 303, 304). Ersetzt Biotit die Hornblende zum Teil, so entwickeln sich Biotitamphibolite, die dann weiter in glimmerige Hornblendegneise überleiten können.

Die Amphibolite der oberen Tiefenstufe heißt man Albitamphibolite, wenn sie hauptsächlich aus gewöhnlicher grüner Hornblende und Albit bestehen; gesellt sich hiezu in nennenswerter Menge Epidot oder Chlorit, so spricht man von Epidotalbitamphiboliten und von Chloritalbitamphiboliten.

III. Die technischen Eigenschaften der Gesteine und ihre Prüfung

(nebst Hinweisen auf die Gewinnung und Verwertung der Gesteine)

Einleitung

Obwohl bereits in den vorangegangenen Abschnitten manches über die technischen Eigenschaften der Gesteine erörtert wurde, sollen im nachstehenden die gegebenen Hinweise doch noch ergänzt und übersichtlich zusammengefaßt werden.

Ein breiter Raum sollte naturgemäß der Gewinnung der natürlichen Gesteine und der Steinbruchgeologie gewidmet werden; aber auch die Untersuchung der Gesteine auf ihre technischen Eigenschaften steht heute, im Zeitalter des Aufschwunges des Straßenbaues, wieder im Vordergrunde der Anteilnahme des steinverbrauchenden und steinerzeugenden Gewerbes und des Ingenieurs.

Die Gesteinprüfung hat eigentlich schon einen langen Entwicklungsweg hinter sich; und trotzdem scheint ihr Höhepunkt noch nicht erreicht zu sein. Ihre erste Stufe war sozusagen die mechanisch-technologische Prüfung der natürlichen Bausteine; es ist im Rahmen dieser kurzen Darstellung gar nicht möglich — und auch nicht beabsichtigt —, alle die vielen Namen zu nennen, die sich in dieser Richtung hohe Verdienste erworben haben (Tetmajer, Gary, Föppl, Kerl, Kirsch, Bauschinger, Hirschwald, Rosiwal, Rudeloff u. v. a.). In Österreich war es vor allem Hanisch, [14] welcher eine große Anzahl von Felsarten technologisch untersuchte und beschrieb; wie sehr dieser sonst so verdiente Forscher an dieser rein physikalischen Untersuchung der Gesteine klebte, zeigt die Tatsache, daß eine Anzal von ihm geprüfter Felsarten gesteinkundlich nicht einmal richtig bezeichnet sind; so z. B. der „Trachyttuff" von Burgfeld[14] bei Fehring (Steiermark), der ein Basalttuff ist; diese irreführende Bezeichnung ist auch ins Schrifttum eingedrungen und hat zu einigen vergeblichen Versuchen verleitet, hier „Traß" zu gewinnen.

Einen großen Fortschritt brachte die Einführung des Mikroskops in die bautechnische Gesteinprüfung. Hirschwald, Rinne, Rosiwal — um nur einige wenige Namen zu nennen — verdanken wir in dieser Hinsicht viel. Es wäre überflüssig und hieße nur allzubekanntes wiederholen, wollte man die Einblicke in die Natur und das technische Verhalten der Gesteine schildern, die uns die mikroskopische Gesteinuntersuchung gebracht hat.

Hirschwald und nach ihm eine ganze Reihe reichsdeutscher und österreichischer Forscher gingen aber noch weiter; man verlangt heute immer mehr und mehr, daß neben den mechanisch-technologischen Prüfungsverfahren auch die Untersuchung des Gesteinvorkommens an Ort und Stelle, mit anderen Worten, die Steinbruchuntersuchung zur Geltung komme. Damit bricht, wie mich dünkt, eine neue, höhere Zeitstufe der Entwicklung der Gesteinprüfung für Bauzwecke an, die Zeit der Betrachtung der natürlich vorkommenden Bausteine als geologische Körper. Diese Auffassungsweise ist dem reinen Gesteinkundler seit langem vertraut; sie geht auch unmittelbar aus der Umschreibung des Gesteinbegriffes hervor. In deutschen Landen waren es neben Rosenbusch namentlich Weinschenk und Rinne, welche in den von ihnen herausgegebenen Lehrbüchern die Betrachtung des Gesteins als geologischen Körper kräftigst betont haben.

Es ist nun keine bloße Anpassung an neuzeitliche Anschauungen, sondern eine innere Notwendigkeit, daß die fortschrittliche Gesteinprüfung vom Gestein als geologischen Körper, also von der Geologie und ihren Untersuchungsverfahren ausgeht.

Die Forderung nach der geologischen Betrachtungsweise der Gesteinuntersuchung ist begründet und fest verankert in der Abhängigkeit einer ganzen Unzahl technischer Eigenschaften des Gesteins von den geologischen Verhältnissen des Vorkommens; ich erinnere da, ohne lückenlos sein zu wollen, an die Gewinnbarkeit, Lösbarkeit, Wetterbeständigkeit, Teilbarkeit und so weiter; die Möglichkeit der Ausbeutung eines Vorkommens, die Art und Weise der Inangriffnahme des Abbaues, das Anhalten gewisser Gesteinseigenschaften, das Zwischentreten von Störungen usw. hängt zusammen mit der geologischen Erscheinungsweise der Felsart. Daneben tritt eigentlich alles andere mehr zurück und sinkt herab in den Rang von Hilfsuntersuchungen, welche den Geologen in seinen Schlüssen und Folgerungen mehr oder minder wertvoll und bedeutsam fördern und unterstützen. Im großzügigen Rahmen der gesteinkundlich-geologischen Untersuchung kommt dann selbstverständlich die mechanische technologische Prüfung ebenso zu dem verdienten Rechte, wie die mikroskopische und die chemische Prüfung des Baustoffes. Von der älteren Art der Bausteinuntersuchung aber unterscheidet sich die neuzeitliche vornehmlich dadurch, daß man früher sich oft damit begnügte, ein paar willkürlich dem Vorkommen entnommene Proben mechanisch prüfen zu lassen; wenn es hoch ging, dann schickte man noch einem Chemiker ein Muster zur Untersuchung ein, in ganz besonders verwickelt erscheinenden Fällen, oder wenn der Mißerfolg einer Steinbrucheröffnung bereits eingetreten war, berief man getrennt noch einen Geologen (Gesteinkundler). Demgegenüber wird heute die berechtigte Forderung erhoben, als ersten und einzigen unmittelbaren Begutachter eines Vorkommens den Geologen an Ort und Stelle zu rufen. Dieser entscheidet ja von vornherein über die Ausbeutbarkeit des Vorkommens überhaupt; ist, wie z. B. bei zu geringem Vorrat an nutzbarem Gestein, die Gewinnbarkeit des Vorkommens nicht gegeben, dann entfallen weitere, kostspielige Prüfungen als unnötig von selbst. In anderen, günstigeren Fällen hat es aber bei solcher Vorgangsweise der Geologe in der Hand, die erforderlichen Nebenuntersuchungen mechanischer, mikroskopischer, chemischer und sonstiger Art, in dem Umfang und in der Richtung einzuleiten und teils selbst, teils im übertragenen Wirkungskreis durchzuführen, wie es vom Standpunkt der Gebirgsart und ihrer Verwertbarkeit aus nötig und nützlich ist. Daß er dabei in engster Fühlungnahme mit dem Auftraggeber vorgehen wird, ist selbstverständlich. Der Geologe wählt bei der Aufnahme des Vorkommens bzw. des Steinbruches die Gesteinmuster aus, welche zur mechanischen oder chemischen Untersuchung bestimmt sind; er ermittelt je nach der Gleichmäßigkeit oder Ungleichmäßigkeit der zu nutzenden Felsart auch die Anzahl der Proben und bezeichnet sie entsprechend. Wenn er zu Hause dann die selbst mitgenommenen Mustersplitter im Arbeitsraum auf Körnung, Lückigkeit, Wasseraufnahme, Mineralzusammensetzung, Frische usw. untersucht, dann kann er seine im Arbeitsraum und in der Natur gewonnenen Ergebnisse strenge richtig vergleichen mit den vom Chemiker und Technologen erhaltenen Werten; es ist ihm dann möglich, auffälligen Ergebnissen seiner Mitarbeiter weiter nachzugehen und ihre Ursache zu erkunden. Es leuchtet wohl ohne weiteres ein, daß bei Einhaltung eines solchen Untersuchungsganges am sparsamsten und wirtschaftlichsten vorgegangen werden kann; statt höherer Untersuchungskosten wird man erfreulicherweise niedrigere buchen können. Der Auftraggeber hat weiter noch den Vorteil, daß er es nur mit einem Gutachter zu tun hat, der die Ergebnisse aller Untersuchungen in einem einzigen, großen, das ganze Vorkommen erschöpfend behandelnden Berichte niederlegt und auswertet.

Es wird vielfach empfohlen, der gesteinkundlich arbeitende Geologe solle auch die mechanischen und allenfalls auch die chemischen Untersuchungen im eigenen, hiezu eigens eingerichtetem Arbeitsraum ausführen. So hat z. B. Hirschwald über ein glänzend eingerichtetes Institut verfügt, in dem er seine so verdienstlichen Untersuchungen mustergültig ausführen konnte. Ich glaube jedoch, daß dies in Zukunft nicht mehr unbedingt nötig ist. Es fällt vielen Anstalten (Hochschulen usw.) schwer, in der Not der Zeit gleich mehrere Lehrkanzeln mit teuren Festigkeitsmaschinen usw. auszustatten; auch die Einrichtung eines eigenen, mit allen Errungenschaften der Neuzeit ausgestatteten, chemischen Arbeitsraumes für den Geologen neben den an den höheren Schulen ohnedies schon bestehenden chemischen Forschungsstätten kann auf geldliche Schwierigkeiten stoßen. Der Geologe (Gesteinkundler) wird sich im allgemeinen mit den gewöhnlichen Einrichtungen zu einfachen qualitativen und quantitativen Untersuchungen begnügen können. Der hervorragende Gesteinkundler Fr. Becke hat ja auch eine ganze Reihe von Gesteinanalysen, die er als Grundlage für weittragende, wissenschaftliche Schlüsse und Erkenntnisse benützte, in einem fremden Laboratorium (Ludwig) ausführen lassen. Weiters darf nicht übersehen werden, daß es bei der ungeheuren Ausdehnung aller Wissenschaften in die Breite und in die Tiefe immer schwerer werden dürfte, einen Forscher zu finden, welcher die weiten Gebiete der Geologie, der mechanischen und der chemischen Technologie in gleicher Gründlichkeit zu beackern imstande ist. Wer zuviel leisten will, bleibt leicht in allen Zweigen ein Stümper. Gerade das aber muß vermieden werden; die neuzeitliche Untersuchung von Gesteinen für Bauzwecke erfordert Männer, die über das ganze Rüstzeug neuzeitlicher Forschungs- und Untersuchungsverfahren verfügen; das aber ist nur bei einer gewissen Arbeitsteilung möglich, bei welcher jedem Fachmanne die Bearbeitung seines ureigensten Gebietes verbleibt. Es ist ja richtig, daß sich während der mechanischen Gesteinsprüfung wichtige Eigenschaften der Gebirgsarten beobachten lassen; diese werden aber dem Geologen als Gesteinuntersucher auch dann nicht entgehen, wenn er es ist, der dem Technologen die Muster zur Prüfung übergibt; er wird sogar in vielen Fällen den Technologen darauf aufmerksam machen können, worauf er bei der Untersuchung auf Grund der vom Geologen erkannten Gesteinverhältnisse besonders zu achten hat; der Geologe kann weiters mit dem mechanisch-technologischen Versuchsamte in steter Fühlung bleiben; es werden ihm die Proben nach beendeter Untersuchung gezeigt und etwaige, auffällige Beobachtungen während der Prüfung mitgeteilt. Daß die hier vertretene Anschauung richtig ist, zeigt ein Blick auf das Verhalten der reinen Gesteinkundler zur chemischen Wissenschaft. Obwohl alle Gesteinkundler mit chemischen Arbeiten vertraut sind, übergeben sie eine ganze Reihe einschlägiger Untersuchungen doch dem Analytiker, und scheuen sich nicht, aus dessen Ergebnissen Schlüsse zu ziehen und auf ihnen aufzubauen. Und wir sollten dem Technologen das Mißtrauen entgegenbringen, mit dem wir den Chemiker verschonen?

Damit will ich freilich nicht gesagt haben, daß die Vereinigung aller Untersuchungsverfahren in einer Hand, wenn sie auch im großen und ganzen ein Rückschritt ist, stets und unbedingt zu bekämpfen sei; ich wollte hauptsächlich meine Anschauung kundtun, daß ein fruchtbares Untersuchen der natürlichen Baustoffe auch in Zusammenarbeit des Geologen mit dem Technologen und Chemiker gesucht und gefunden werden könne und im allgemeinen einen großen Fortschritt bedeuten würde. Es muß nur mit allem Nachdruck gefordert werden, daß der Geologe Anreger und Leiter der Prüfung bleibt, weil er doch derjenige ist, welcher dem Naturvorkommen am großzügigsten gegenübersteht und seine Entstehung am tiefschürfendsten erfassen kann. Besser, als man dies durch Versuche im Arbeitsraum ermitteln kann, beobachtet er draußen im Felde, auf der Steinbruchhalde, an Bauwerken mannigfachster Art, auf Friedhöfen usw. die Bewährung des Baustoffes, Grad, Schnelligkeit und Verlauf der Verwitterungserscheinungen u. dgl. m.

Wird, wie bisher in der Regel, die Gesteinprobe unmittelbar dem Technologen oder Chemiker eingesandt, so unterbleibt fast immer die so notwendige geologische Untersuchung der Felsart und des Vorkommens. Das umgekehrte aber würde kein Geologe verantworten können; statt Einbuße zu erleiden, gewinnen Chemiker und Technologe nur aus einer solchen Neuordnung der Dinge. Dieser bereits von vielen Gesteinkundlern und auch von der preußischen geologischen Landesanstalt vertretenen Auffassung würde es wesentlich rascher zum Siege verhelfen, wenn nicht nur die Steinbruchbesitzer selbst und alle, die es werden wollen, sondern auch die Steinbezieher darauf dringen würden, daß statt der rein mechanischen Prüfungszeugnisse solche vorgelegt werden, in denen der Geologe das Vorkommen selbst darlegt und seine Untersuchungsergebnisse noch beleuchtet mit den selbständigen Prüfungsergebnissen des Chemikers und des Technologen an vom Geologen gezogenen Proben.

In neuerer Zeit scheinen sich zwischen Forschung und Untersuchung auf dem Gebiete der Stoffprüfung Gegensätze herauszubilden. Sie wurzeln in der Beschränktheit der Mittel, über welche unsere Wirtschaft verfügt, oder besser gesagt, nicht verfügt. Strenge genommen sollten die Forschungsverfahren auch die Verfahren der Untersuchung der natürlichen Bausteine sein; nur so kommt man dem Wesen der Naturerscheinungen und der von ihnen geschaffenen natürlichen Gebirgsarten auf den Grund, nur so erzielt man nach allen Richtungen unanfechtbare Ergebnisse. Es sollte z. B. bei den mechanischen Gesteinuntersuchungen danach gestrebt werden, im Versuchswege jede technische Eigenschaft des Gesteines für sich tunlichst rein herauszuschälen; vorbildlich ist ja diesbezüglich die Ermittlung der Zugfestigkeit, nicht nachahmenswert gar manches Verfahren der Bearbeitbarkeit- und Abnützbarkeitfeststellung. Ich kann mich aus diesem Grunde auch mit manchem der sogenannten „verschärften" Verfahren der mechanischen Gesteinprüfung nicht recht befreunden; sie vermengen, z. B. bei der Bestimmung der Abnützbarkeit, nur zu leicht Schleifhärte, Zähigkeit, Sprödigkeit usw. Nun bringt uns aber meines Erachtens auf dem Wege zur Erkenntnis nur das Bestreben weiter, einzelne, tunlichst gut umrissene, technische Eigenschaften der Baustoffe herauszugreifen, möglichst rein und unvermischt zu prüfen und nebeneinander zu stellen, statt sie miteinander zu vermischen und — gesteinkundlich ausgedrückt — eine

Konglomerateigenschaft der Öffentlichkeit zu übergeben. Auf diesem Wege,den ja manche schon vorbildlich beschritten haben, heißt Vorwärtsschreiten Erkenntnis gewinnen. Leider ist dies nicht der Pfad, den so mancher „Normer" geht; die Normung trachtet alles zu vereinfachen; dies kommt der Wirtschaft scheinbar zugute, nicht aber der Wissenschaft; dieser schadet auch die Verknöcherung, die darin liegt, daß ganz bestimmte Verfahren vorgeschrieben werden. Mancher Laie glaubt dann, es genüge der vereinfachte Untersuchungsgang, wie ihn die Normung vorsieht, in allen Fällen und unter allen Umständen. Dabei anerkenne ich den Wert der Normung voll und ganz; ich verstehe ihre Zwangslage, in welche sie die europäische Wirtschaftsnot hineingezwängt hat; ich weiß auch, daß sie selbst bestrebt ist, Wege zu wandeln, die eine fortschritthindernde Erstarrung ihrer empfohlenen Verfahren tunlichst verhüten und Anpassung an neue Verfahren ermöglichen. Das, was ich besonders kräftig unterstreichen wollte, ist nur, daß neben der Normung die Wissenschaft nicht zu kurz kommen möge: über der normenmäßigen Untersuchung, die ja Vergleichsmöglichkeiten schafft, steht die wissenschaftliche Erforschung, die letzten Endes tunlichst rein erstrebt werden soll; geht ja schließlich doch auch die „Normung" eigentlich aus der „Forschung" hervor. So führt die Forschung zur Normung und erweist sich dankbar für die Anregungen, die ihrerseits die Normung wiederum der Forschung bietet.

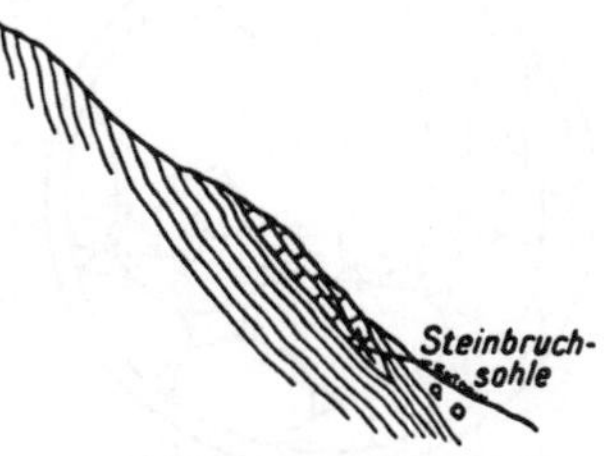

Abb. 313. Steinbruch N-Pörtschach am See, Kärnten

Bei jeder Beurteilung eines natürlichen Gesteinvorkommens wäre demnach in allererster Linie der Geologe zu rufen; von seiner Wohlmeinung hängt es ja ab, ob andere Untersuchungen, z. B. chemischer und technologischer Art überhaupt Zweck und Sinn haben. Diesbezüglich ein einziges warnendes Beispiel aus leider nur allzuvielen. Am Fuße des Bannwaldes bei Pörtschach am See in Kärnten liegen Kalkmarmorlinsen in kristallinen Schiefern, die steil bergauswärts verflächen. Die falsche Anschauung, der Kalk, welcher dem Beschauer sozusagen die eine Begrenzungsfläche der Linse zuwendete, setze beliebig tief in den Bergleib hinein fort, verleitete zur Anlage eines großen, neuzeitlichen Kalkofens, eines Bremsberges zur Eisenbahn und eines Schleppgeleises; für alles war gesorgt worden, nur nicht für die geologische Untersuchung des Vorkommens. Daher auch der glatte Mißerfolg; nach wenigen Metern Abbau an der Arbeitsbrust war die Marmorlinse durchstoßen und man stand vor dem unverwertbaren Schiefer (Abb. 313); hunderttausende von Goldkronen waren verpufft. Ein tüchtiger Geologe hätte, rechtzeitig zu Rate gezogen, jede unnütze Geldausgabe verhütet.

Die neuzeitliche Gesteinuntersuchung muß noch mehr, wie dies bisher geschehen ist, auf Vergleichbarkeit der Ergebnisse Wert legen. Dieses Ziel wird nicht bloß durch die Einführung einheitlicher, genormter Verfahren erreicht, sondern auch dadurch näher gerückt, daß man auch bei Gesteinbeschreibungen, wo es nur angeht, ziffermäßige Angaben erstrebt. Auch darin haben Hirschwald, Rosiwal u. a. bereits wesentliche Fortschritte ermöglicht. Es bleibt aber noch manches zu tun übrig.

A. Einige wichtigere technische Gesteineigenschaften und ihre Prüfung

1. Körnung

Die Größe der Mineralkörner unserer natürlichen Gesteine und einige Verfahren zu ihrer Bestimmung wurden bereits auf S. 25ff. behandelt. Technisch ist die Körnung sehr wichtig; denn unter sonst gleichen Umständen sind die Gesteine im allgemeinen um so fester, wetterbeständiger, standfester, aber auch schwerer bearbeitbar, je feiner ihr Korn ist. Bei Felsarten mit porphyrischem Verbande entscheidet hierüber nicht allein die Größe und Zahl der Einsprenglinge, sondern auch die Feinkörnigkeit der Grundmasse. Letztere darf aber nicht etwa glasig sein. Einsprenglingsarme Quarzporphyre mit feinkörniger, ganz kristalliner Grundmasse können härter, druckfester und wetterbeständiger sein, als ein feinkörniger Granit, dessen Körnung an Feinheit gegen jene der Grundmasse eines Porphyres doch immer zurückstehen wird müssen.

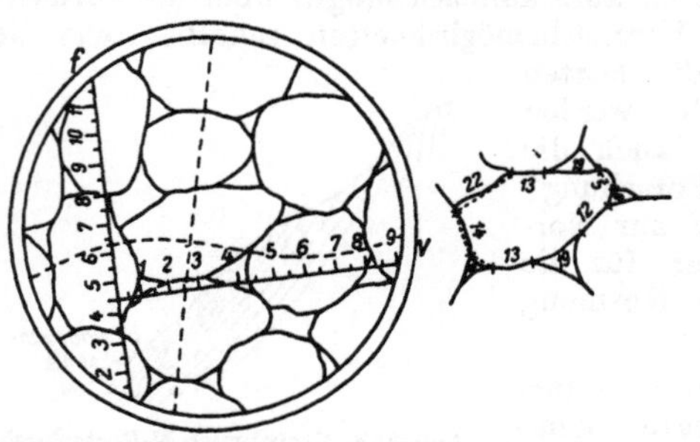

Abb. 314. Bestimmung von Korngröße und Kornbindungszahl unter dem Mikroskop mit Hilfe von Mikrometerokularen (Nach J. Hirschwald.)

Die Wissenschaft benützt zur Ermittlung der Körnung im allgemeinen das Mikroskop (Abb. 314); die gesteinerzeugenden, -verarbeitenden und -verbrauchenden Berufe aber benötigen für Werkplatz, Schleiferei, Steinbruch, Atelier und Schreibstube einfachere Hilfsmittel zur Bestimmung der Korngröße (vgl. S. 25ff.). Zur leichteren Verständigung teilt man die technisch verwertbaren Gesteine nach der Körnung in Gruppen ein; leider geht man dabei nicht ganz einheitlich vor.

Gleichmäßig körnige Durchbruchgesteine nennt man

dicht, wenn man die einzelnen Gemengteile mit freiem Auge nicht mehr auseinanderhalten kann;

feinkörnig, wenn ihre Gemengteile vorwiegend Quermaße bis 2 mm aufweisen, aber mit freiem Auge noch kenntlich sind (Beispiel: Biotitgranit von Demitz bei Bischofwerda in Sachsen);

kleinkörnig, wenn ihre Gemengteile vorwiegend Quermaße von 2 bis 3 mm aufweisen (Beispiel: Zweiglimmergranit von Valtenberg, Sachsen);

mittelkörnig, wenn ihre Gemengteile vorwiegend Quermaße von 3 bis 5 mm aufweisen (Beispiel: Granit von Mauthausen, N.-Ö.);

grobkörnig, wenn ihre Gemengteile vorwiegend Quermaße von 5 bis 10 mm aufweisen (Beispiel: Biotitgranit von Virbo und Vånevik in Südschweden);

großkörnig, wenn ihre Gemengteile vorwiegend Quermaße von 10 bis 15 mm aufweisen;

riesenkörnig, wenn die Quermaße der Gesteinbestandteile 15 mm übersteigen (Beispiele: Riesenkorngranite, manche Gabbro).

Bei den Absatzgesteinen bezeichnet man Felsarten als

dicht, wenn die Gemengteile vom unbewaffneten Auge nicht mehr voneinander getrennt werden können (Beispiel: sog. „dichter" Magnesit (Gelmagnesit);

feinkörnig, wenn die Quermaße ihrer Körner durchschnittlich bis $^1/_4$ mm betragen (Beispiel: gute Bildhauermarmore);

kleinkörnig, wenn die Quermaße ihrer Körner durchschnittlich $^1/_4$ bis $^3/_4$ mm betragen (Beispiele: Marmor von Carrara [statuario], Pentelikon);

mittelkörnig, wenn die Quermaße ihrer Körner durchschnittlich $^3/_4$ bis $^5/_4$ mm betragen (Beispiel: eozäner Flyschsandstein von Eichgraben N.-Ö.);

grobkörnig, wenn die Quermaße ihrer Körner durchschnittlich $^5/_4$ bis 2 mm betragen (Beispiel: Marmor von Paros, Laas);

großkörnig, wenn die Quermaße ihrer Körner durchschnittlich 2 bis 4 mm betragen (Beispiel: Marmor von Salla, Weststeiermark, Ratschinges, Südtirol);

riesenkörnig, wenn die Quermaße der Gemengteile 4 mm übersteigen (Beispiel: die meisten kristallinen Magnesite).

Die Gesteingemengteile können von gleicher oder ungleicher Größe sein. Felsarten erster Art nennt man gleichkörnig; je nach dem Grade der Gleichkörnigkeit unterscheidet man völlig gleichkörnige (Durchmesserverhältnisse um 1 : 1 schwankend) und annähernd gleichkörnige (Größtdurchmesser [Dg]: Kleinstdurchmesser [Dk] = 1½ : 1).

Ungleichkörnig heißen Gesteine, deren Korndurchmesserverhältnis zwischen 1½ und 3 schwankt. Unterarten:

mäßig ungleichkörnig ..... Dg : Dk = (1½ bis 2) : 1,
ungleichkörnig .... Dg : Dk = (2 bis 2½) : 1,
stark ungleichkörnig...... Dg : Dk = (2½ bis 3) : 1.

Gesteine, deren Korndurchmesser um das Dreifache oder um noch mehr schwanken, heißen porphyrartig (Grundmasse bloßäugig auflösbar) oder porphyrisch (Grundmasse freiäugig nicht mehr auflösbar).

Porphyrartige Gesteine lassen sich benennen als

kleinkörnig-porphyrartig, wenn die Quermaße der Körner der Grundmasse (Qg) 3 mm und jene der Einsprenglinge (Qe) 9 mm nicht übersteigen;

mittelkörnig-porphyrartig, wenn 5 mm > Qg > 3 mm und 15 mm > > Qe > 9 mm (Beispiele: porphyrartiger Biotitgranit von Shap in Nordwestengland; porphyrartige Granitgneise der Tauern, der Kraubatheckgruppe, des Mürztales und der Waldheimat);

grobkörnig-porphyrartig, wenn Qg > 5 mm und Qe > 15 mm (Beispiel: sog. „Kristallgranite" des bayrischen Waldes, des oberösterreichischen Mühlviertels [Neufelden, Freistadt, Grein] usw.).

Porphyrische Gesteine kann man werten als

kleinporphyrisch, wenn die Quermaße der Einsprenglinge (Qe) kleiner sind als 3 mm (Beispiele: viele Quarzporphyre, Olivinbasalte, Porphyrite usw.);

mittelporphyrisch, wenn 5 mm > Qe > 3 mm;

grobporphyrisch, wenn 10 mm > Qe > 5 mm (Beispiel: viele Trachyte);

großporphyrisch, wenn Qe > 10 mm (Beispiel: manche Trachyte).

Die Korngröße eines Felses wird bedingt durch die geologische Bildungsweise. Dies beweisen u. a. auch die Sande. Die Küstendünen bergen Sandkörner von vorherrschend 0,6 bis 0,2 mm Durchmesser (Atterberg, Keilhack); dagegen sind nach Keilhack[37] die Sande der Binnendünen durchwegs feinkörniger (meist über 50 v. H. feiner als 0,2 mm). Aber auch die Korngröße der Stranddünen wechselt (je nach der wirksamen Windstärke) an einer Örtlichkeit sehr; so z. B.

	über 0,2 mm	unter 0,2 mm
Gegend von Eiderstedt	31,9 bis 32,2	66,8 bis 68,1 v. H.
Sylt	95,5	4,5
	97,0	3,0

Über die Korngröße von Lockermassen vgl. S. 31ff. Bei Zuschlagstoffen verlangt man aus technischen Gründen (Festigkeit usw.) eine Korngrößenzusammensetzung von tunlichst geringer Lückigkeit; zwischen größeren Stützkörnern muß die feinere Füllmasse entsprechend verteilt liegen („Füllerlinie" von W. B. Fuller, O. Graf usw.); den Bedürfnissen der Praxis genügt ein Streifen („Füllerstreifen") beiderseits der Füllerlinie.

2. Korngestalt

Die Korngestalt beeinflußt viele wichtige technische Eigenschaften der Gesteine; so namentlich das Gefüge, die Festigkeit der Kornbindung und damit auch die technische Festigkeit des Gesteins, die Glättbarkeit usw.

Rundliche Formen lösen sich leichter aus dem Gesteinszusammenhange, auch wenn ein Bindemittel vorhanden ist; sie erschweren die Bindung der Gemengteile aneinander bei fehlender Zwischenmasse und befördern die Ausbildung lockerer, lückiger Gefüge; in Lockermassen setzen sie die Verspannungsfähigkeit herab (Standfestigkeit von rolligem Gebirge in Einschnitten, Stollen usw.).

Eckige, annähernd gleichausmaßige Formen begünstigen die feste Kornbindung im allgemeinen und erhöhen auch sonst in der Regel vorteilhafte technische Gesteineigenschaften.

Längliche Formen sind im allgemeinen dem Techniker um so willkommener, je ärger das Mißverhältnis zwischen Längen- und Querausmaßen des Gemengteiles ist; es entstehen dann meist recht stark verfilzte Gesteine von hoher Zähigkeit und Erschütterungsfestigkeit (manche Diorite, Amphibolite usw.). Es ist selbstverständlich, daß diese vorteilhaften Gesteineigenschaften gleichzeitig an eine gewisse Kleinheit der Querausmaße geknüpft sind (vgl. die feinfilzigen Nephrite; S. 94, 379); mit zunehmender Vergrößerung des Durchmessers der Mineralstäbchen, -säulchen, -nadeln usw. nimmt die Gesteinfestigkeit wieder ab. Minder groß ist der Einfluß der Querschnittform (kreisrund, eckig usw.).

Plattige, schuppige, blättrige und ähnliche Formen wirken im Gesteinkörper um so ungünstiger, je dünner die Gestalten im Verhältnisse zu ihrer flächenhaften Ausdehnung und je spaltbarer sie sind.

Das erklärt auch die schädliche Wirkung stärkerer Glimmerbeimengung auf die Festigkeit einer Gebirgsart (S. 86 ff.). Es leidet aber außerdem auch die Glättbarkeit, der Bruchflächenglanz usw.

Für die *Beschreibung* von Gesteingemengteilen eignen sich vielleicht nachstehende Ausdrücke:

a) *länglich* oder *kurzsäulig* (*dicksäulig*): Querdurchmesser (Qd) größer als die Hälfte der Längenausdehnung (L) des Mineralbestandteiles, aber merklich kleiner als L ($\mathrm{Qd} < \mathrm{L} < 2\,\mathrm{Qd}$);

langsäulig: $2\,\mathrm{Qd} < \mathrm{L} < 3\,\mathrm{Qd}$;

stenglig: $3\,\mathrm{Qd} < \mathrm{L} < 6\,\mathrm{Qd}$;

nadlig: $6\,\mathrm{Qd} < \mathrm{L} < 12\,\mathrm{Qd}$;

fasrig: $\mathrm{L} > 12\,\mathrm{Qd}$.

Je nach der runden oder eckigen Form wählt man wieder Unterbezeichnungen, wie z. B. *eilänglich*, *kantigfasrig*, *rundstenglig* usw.

b) *plattig*: Dicke der Gemengteile (D) merklich kleiner als die mittlere Flächenausdehnung (Qd), aber größer als deren Fünftel ($\mathrm{Qd} > \mathrm{D} > \frac{\mathrm{Qd}}{5}$);

schuppig (grobschuppig): $\frac{\mathrm{Qd}}{5} > \mathrm{D} > \frac{\mathrm{Qd}}{10}$;

blättrig (dünnschuppig, feinschuppig, blättchenförmig): $\mathrm{D} < \frac{\mathrm{Qd}}{10}$.

Nach dem Umfange der Blättchen fügt man Bezeichnungen bei, wie z. B. *rundlich* (Rundschuppen), *eckig*, *ausgebuchtet*, *lappig*, *zackig* und so weiter.

c) *gleichausmaßig* bis *annähernd gleichausmaßig*. Ausmaße des Kornes nach allen Richtungen mehr oder minder gleich. Unterbezeichnungen, die sich von selbst erklären: *rundlich*- (Rundlinge), *würfelig*-, *kantig-gleichausmaßig*, *zackig*- usw.

Auch bei *losen Bergarten* (Nichtbindern) spielt die Gestalt des Kornes zuweilen eine große Rolle. So z. B. beim *Bausand*; seine Körner sollen scharfkantig und rauh sein; dies trifft bei *Bergsand* meistens zu, bei *Flußsand* nicht immer; *Dünensande* (vgl. Abb. 11c) enthalten viele Rundkörner. Gleichausmaßige Form (kantig-gleichausmaßig) ist an sich noch kein Nachteil. Von *Zackensanden* brechen die Spitzen gerne ab, wenn sie aus spröden Mineralien bestehen. Auch bei den Schottern werden bekanntlich für viele Zwecke (Straßenbau, Gleisbettungen usw.) Kanter (Kantschotter) den Rundschottern (Rundlingen) vorgezogen.

3. Kornbindung

Die Art der Verbindung der einzelnen Körner im Gestein — die *Kornbindung* — beeinflußt im hohen Maße viele technisch wichtige Eigenschaften der Gesteine, wie z. B. die Abnützbarkeit, Bearbeitbarkeit, Festigkeit, Wetterbeständigkeit, Nachbrüchigkeit usw. Man spricht auch von einer Kornbindungsfestigkeit, Kornfestigkeit, Verbandfestigkeit usw. Bei der Beurteilung der Kornbindung und ihrer technischen Auswirkung stellt man den *Gesteinen mit unmittelbarer Kornbindung* jene Gesteine gegenüber, in welchen die einzelnen Gemengteile sich nicht unmittelbar berühren, sondern durch eine Zwischenmasse getrennt sind (*Felsarten mit mittelbarer Kornbindung*).

Bei den Gesteinen mit unmittelbarer Kornbindung (Abb. 315) hängen die einzelnen Gemengteile infolge der an den Berührungsflächen wirksamen Haftkräfte und vielleicht auch vielfach infolge einer Art chemischer Wechselwirkung(?) aneinander. Je inniger daher die Berührung der Körner untereinander ist, je stärkere Oberflächenkräfte die einzelnen Mineralarten betätigen, je größer die Berührungsfläche und je kleiner die Oberfläche etwa vorhandener Hohlräume ist, um so günstiger werden die technischen Eigenschaften des Gesteins sein. Hohe Verbandinnigkeit eignet beispielsweise dem verschränkten Verbande (S. 133); feines Korn gilt ebenfalls als Zeichen guter Kornbindung; denn mit der Zunahme der Kornkleinheit wächst die verbindende Oberfläche im quadratischen Verhältnisse. Unter den Marmoren und Felsquarziten gibt es Abarten, deren einzelne Körner weder eigentlich eckige noch rundliche Formen besitzen, sondern mannigfache Ausbuchtungen und Ausstülpungen zeigen; jeder Lappen eines Kornes greift nun in die entsprechende Einbuchtung des Nachbarkornes, und es kommt auf diese Weise eine ungemein feste Kornbindung zustande (vgl. Abb. 1, 189, 263). Der zuckerig-körnige Verband vieler Dolomite (S. 303) bietet mit seinen zahlreichen, meist leeren Zwickeln zwischen den Eigenform anstrebenden Einzelkörperchen keine Gewähr für innige Kornbindung. Porphyrische oder porphyrartige Ausbildung schwächt im allgemeinen die Kornbindung. Zu den Gesteinen mit fester unmittelbarer Kornbindung gehören auch die kristallinen Schiefer; die günstige Wirkung des innigen Verbandes wird hier aber durch die schieferige Tracht aufgehoben, welche an sich schon eine Unmenge von Trennflächen (Gleitflächen) mit sich bringt. Dazu kommt noch die zusammenhangaufhebende Wirkung der Mineralblättchen in jenen kristallinen Schiefern, welche an Glimmern, Sprödglimmern usw. reich sind; und das trifft eigentlich für die überwiegende Mehrheit der kristallinen Schiefer zu. Die schädliche Wirkung der Glimmerschüppchen macht sich übrigens auch schon in manchen Durchbruchgesteinen (z. B. glimmerreichen Graniten) und Absatzgesteinen (z. B. glimmerreichen Sandsteinen) bemerkbar. In den glimmerführenden Gesteinen erweist sich nämlich zwar die Haftfestigkeit der Glimmerblättchen an den benachbarten Gemengteilen als genügend groß; die vollkommene Spaltbarkeit der Glimmer bewirkt aber eine leichte Trennbarkeit nach der Endfläche und so kommt es, daß die Glimmermineralien ganz allgemein als Körper betrachtet werden müssen, welche den Gesteinzusammenhang schwächen. Ähnlich wirken auch Graphitschüppchen (Graphitgneise, Graphitschiefer usw.), Eisenglimmer u. dgl.

Abb. 315. Unmittelbare Kornbindung

Die mittelbare Kornbindung tritt bei den Trümmergesteinen (Sandsteinen, Breschen, Konglomeraten usw.) häufig auf. Hier hängt die Festigkeit, Bearbeitbarkeit, Wetterbeständigkeit und Abnutzbarkeit der Felsart nicht nur von der Bindungsfähigkeit der Gemengteile, sondern auch von der Beschaffenheit und Menge der Zwischenmasse ab. Es wurde bereits gelegentlich der Besprechung der Sandsteine erwähnt, daß weiche Zwischenmassen als Füllmittel, und nur die harten, dem Gesteine tatsächlich Festigkeit verleihenden, als Kitt (Bindemittel) angesprochen werden. Über die verschiedenen Arten und das Verhalten der

Zwischenmassen möge das dort Gesagte allenfalls nachgelesen werden (S. 269 ff.).

Einige wichtige Hauptarten mittelbarer und unmittelbarer Kornbindung gehen ohneweiters aus den Abb. 1 und 6 hervor.

Die Kornbindungsfestigkeit der Gesteine hängt übrigens auch stark von ihrem Wassergehalt ab. So besitzen z. B. trockene Sande nur eine sehr geringe Verbandfestigkeit. Befeuchtet man sie aber ein wenig, so wächst der Zusammenhalt; das zugeführte Wasser hat feine Häutchen um die Sandkörnchen gespannt und wirkt vermöge seiner Oberflächenspannung und seinem Haftvermögen an den Mineralteilchen als Kitt; es entsteht gewissermaßen ein Wassersandstein. Fügt man jedoch viel Wasser hinzu, dann werden auch die Zwickel und sonstigen Lücken zwischen den Sandkörnern mit Wasser erfüllt; die Haftkräfte werden in den Hintergrund gedrängt von der Reibungslosigkeit des Wassers als Flüssigkeitsmasse; damit nimmt die Beweglichkeit der Sandmasse gegenüber dem trockenen und anfeuchten Zustande zu. In der Natur draußen verhalten sich bruchfeuchtes und trockenes Gestein gleichfalls verschieden. Man braucht da nicht gleich an die Unterschiede in den technischen Eigenschaften des Schwimmsandes und des trockenen Bergsandes zu denken. Auch an sich recht feste Felsarten erfahren durch das Austrocknen eine Zunahme der Verbandfestigkeit; am augenfälligsten aber tritt uns die Erscheinung des „Erhärtens an der Luft" bei vielen Weichgesteinen (z. B. Kalksintern, Kalksandsteinen usw.) entgegen. Vor dem Verlust der Bruchfeuchtigkeit (Bergfeuchtigkeit) lassen sich alle Gesteine leichter anarbeiten, sie spalten leichter und geben vollkommenere, ausgedehntere und ebenere Spaltflächen. Verdunstet die Bergfeuchtigkeit beim Lagern des Gesteines an der Luft, dann wächst die Kornbindungsfestigkeit; die Felsart erscheint dem bearbeitenden Steinmetz „härter" als im früheren feuchten Zustand.

Die Ursache dieses eigenartigen Verhaltens der Gesteine dürfte auch hier in der verschiedenen Wirkungsweise abweichenden Gehaltes an Wasser liegen. Die Gesteinlücken erfüllendes Wasser vermindert den Zusammenhalt und löst bis zu gewissem Grade die Kornbindungen; beim Austrocknen schrumpft der Wassergehalt bis auf ganz dünne, äußerstenfalls sogar in größeren Bruchstücken kaum mehr wägbare Häutchen zusammen, welche starke Zusammenhaltskräfte betätigen; nach dem gänzlichen Schwinden des Wassers (z. B. bei sehr langem und dabei starkem Erhitzen) gelangen die gegenseitigen Festhaltekräfte der Mineralkörner zur unmittelbaren Einwirkung aufeinander.

Die Beurteilung der Kornbindung kann auf verschiedene Weise erfolgen.

So z. B. durch die Beurteilung einer künstlichen, frischen Bruchfläche, wie sie z. B. durch einen Hammerschlag oder bei der Prüfung der Zugfestigkeit einer Gebirgsart erhalten wird.

Bei Gesteinen mit unmittelbarer Kornbindung können folgende Fälle eintreten (Bilder nach Hirschwald):

1. Die Bindung Korn an Korn übersteigt die Bruchfestigkeit der Körner selbst; die Bruchfläche durchschneidet dann die Gesteingemengteile, ohne deren äußeren, gegenseitigen Zusammenhang zu stören (Abb. 316).

2. Die Kornbindung ist schwächer als die innere Festigkeit der Gemengteile; dann werden beim Zerbrechen eines Handstückes die Körner nicht zerrissen, sondern nur längs ihrer Ränder voneinander getrennt (Abb. 319).

3. Kornfestigkeit und Bindungskraft halten einander ungefähr die Wage; der Bruch trennt dann einen Teil der Körner gleicher Art und zerreißt den Rest.

4. Die Bindungskraft überwiegt die Zusammenhangstärke gewisser Mineralien, bleibt aber hinter der Festigkeit anderer Gemengteile zurück;

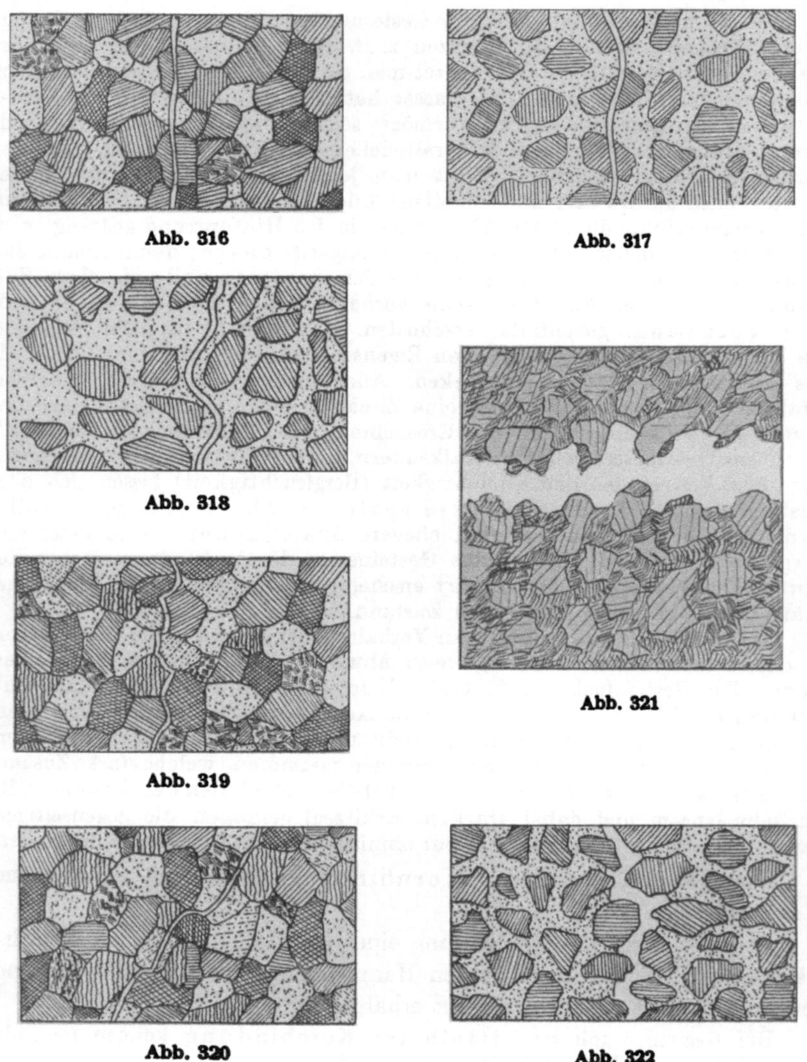

Abb. 316

Abb. 317

Abb. 318

Abb. 321

Abb. 319

Abb. 320

Abb. 322

dann lösen sich beim Zerbrechen der Felsart einzelne Mineralien glatt und ohne Riß aus dem Zusammenhang, während die minder festen Gemengteile auseinanderbrechen (Abb. 320). Dieser Fall tritt besonders häufig und rein entwickelt bei sehr glimmerreichen Gesteinen ein; die Glimmerblättchen spalten beim Zerbrechen des Handstückes auseinander, während die körnigen Gemengteile nicht zerbrechen; sie erscheinen auf der Bruchfläche von den Glimmerschüppchen bedeckt (Hauptbruch) oder eingehüllt (Querbruch, Längsbruch).

Gesteine mit mittelbarer Kornbindung zeigen nachstehende Erscheinungen:

1. Die körnigen Gemengteile sind fester als das Bindemittel; dann trennt der Riß beim Zerbrechen der Felsart das Zwischenmittel durch, ohne die „Körner" zu zerstören (Abb. 318);

1a). letztere ragen mit ihren „Köpfchen" aus der Bruchfläche hervor (vgl. Abb. 322 und das Verhalten von Kaolinsandstein, „Nagelfluh" usw.), wenn die Haftfestigkeit des Bindemittels an den Körnern kleiner ist als die Bruchfestigkeit der Bestandteile;

1b). die Haftfestigkeit des Kittes an den übrigen Gesteingemengteilen (Verbundlinge) erreicht die Festigkeit der Verbundlinge nicht, ist aber ungefähr gleich der Festigkeit des Bindemittels; dann sieht man auf der Bruchfläche die Verbundlinge zum Teil glatt aus der Kittmasse herausgeschält, zum Teil aber mit Resten des Bindemittels überrindet (Abb. 321).

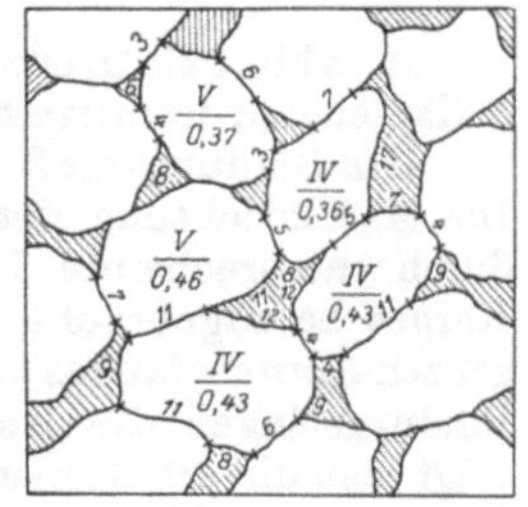

Abb. 323. Bestimmung der Kornbindung nach J. Hirschwald

2. Die verbundenen Bestandteile des Gesteines (Verbundlinge) besitzen geringere Festigkeit als das Kitt; dann durchschneidet die Bruchfläche sowohl das Bindemittel wie die Verbundlinge (Abb. 317).

Die Stärke der Kornbindung ergibt sich am einwandfreiesten aus der Prüfung des Gesteins auf Zugfestigkeit (siehe S. 450); ermittelt man die Kornbindungsstärke auf diese Weise, so ist die Lückigkeit des Gesteins zu berücksichtigen. J. Hirschwald[16] gibt hiefür die Formel an:

$$Z_b = \frac{Z}{F\left(1 - \frac{L}{100}\right)}$$

worin Z_b die auf 1 Geviertzentimeter lückenfreien Gesteins berechnete Zugfestigkeit bedeutet, Z das unmittelbare Ergebnis der Zugfestigkeitsprüfung, F die Zerreißungsfläche in Quadratzentimeter und L die Lückigkeitsziffer (siehe später S. 394 ff.) ist.

Das Ausmaß der unmittelbaren Kornbindung kann bei großkörnigen bis riesenkörnigen Gesteinen mit unbewaffnetem Auge oder mit Hilfe einer Lupe, in allen übrigen Fällen aber vermittels des Mikroskops erhoben werden.

Man mißt zu diesem Behufe (Abb. 314 links) auf einer Schliffläche die Länge L und L_1 der Bindungslinien in zwei aufeinander senkrechten Richtungen; die erhaltenen Werte rechnet man auf die Längeneinheit (z. B. Zentimeter) um (l, l_1). Die Bindungsfläche ist nach J. Hirschwald bei rundlichen Körnern annähernd $\frac{l \,.\, l_1 \,.\, \pi}{4}$, bei Kantern höchstens $l \,.\, l_1$; bei der Mehrzahl der Gesteine dürfte das Mittel aus beiden Werten der tatsächlichen Kornbindungsfläche nahekommen.

Die Kornbindung kann ziffermäßig auch durch die **Bindungszahl** ausgedrückt werden, d. i. die Anzahl der Körner, welche mit jedem einzelnen Korn in der Ebene des Dünnschliffes verbunden erscheinen, oder durch das **Bindungsmaß**, d. i. den Quotienten aus dem ganzen Kornumfange und die Summe seiner Teile, die mit den benachbarten Körnern verbunden sind.

In Abb. 323 grenzt ein Teil der Verbundlinge an 4, ein anderer an 5 Kameraden unmittelbar an. Die Bindungszahl ist daher 4 bis 5.

Das Bindungsmaß wird in der Weise ermittelt, wie Abb. 314 rechts zeigt. Die Meßeinrichtung des Mikroskops, z. B. das Augenlinsenmikrometer wird durch entsprechende Drehung an eine Bindungslinie des auszumessenden Kornes herangebracht und ihre Länge bestimmt; so geht man längs des ganzen Kornumfanges vor; man erhält so als Summe der gemessenen, einzelnen Bindungslängen die Kornbindungslinie B. Zur Vermeidung von Irrtümern trägt man die erhaltenen Werte auch in eine Zeichnung ein (Abb. 314, rechts). Der gesamte Kornumfang (in der Zeichnung Abb. 314 134 Mikrometerteilstriche), geteilt in den Wert der Bindungslinie (in der Zeichnung Abb. 314 57 Teilstriche), ergibt das Bindungsmaß (im vorliegenden Beispiel $\frac{57}{134} = 0{,}42$). J. **Hirschwald** schreibt nun Bindungszahl und Bindungsmaß in Bruchform übereinander und bezeichnet den Ausdruck als **Kornbindung**; es heißt z. B. $\frac{\text{V}}{0{,}42}$ (Abb. 323), daß die Bindungszahl 5 und das Bindungsmaß 0,42 ist. Selbstverständlich müssen die Messungen an einer entsprechend großen Anzahl von Körnern ausgeführt werden.

Kornbindungszahl (Bz) und Anzahl der Lücken im Gestein stehen im allgemeinen im geraden, gleichen Verhältnis miteinander; das Steigen der einen geht Hand in Hand mit dem Wachsen der andern. Dagegen verringert zunehmendes Bindungsmaß (Bm) die Größe der Lücken im Gestein, weil die Flächen, mit welchen die Verbundlinge aneinander haften, immer größer werden. Geringe Bindungszahl und hohes Bindungsmaß leistet nach J. **Hirschwald** eine gewisse Gewähr für die Wetterbeständigkeit des Gesteins.

4. Gefüge

(vgl. hiezu auch S. 136 u. 209)

Dem Bautechniker sind in der Regel lückenlos gefügte Gesteinsarten am willkommensten, weil sie größere Belastungen vertragen und der Verwitterung besser widerstehen, als lückige (porige) oder gar löcherige Felsarten. In dieser Hinsicht würden die kristallinen Schiefer am besten entsprechen, wenn nicht ihre Tracht die günstigen Wirkungen an sich lückenlosen Gefüges vollkommen aufheben würde.

Nachstehend die Lückigkeit (Porigkeit) einiger Gesteine Altösterreichs in Hundertsteln ihrer Gesamtraumerfüllung ($\dot{\text{L}}$ = Lückigkeit = $\frac{\text{Lückenraum}}{\text{Gesteinsraum}}$ .100) nach **Hanisch**

Kalksandstein von Aflenz bei Wildon (Steiermark)	34,70
Porphyr von Branzoll (Tirol)	3,10 bis 2,47
Serpentin von Einsiedel bei Marienbad (Böhmen)	0,85
Granit von Grasstein (Tirol)	1,53
Wiener Sandstein von Hütteldorf (Niederösterreich)	4,57
Wiener Sandstein von Klosterneuburg (Niederösterreich)	0,33
Marmor von Laas (Tirol)	1,33
Granit von Limberg (Niederösterreich)	1,61
Granit von Mauthausen (Oberösterreich)	1,63
Dichter Kalkstein von Mori (Südtirol)	1,47
Dichter Kalkstein von Nago (Südtirol)	0,87
Syenit von Plan (Böhmen)	1,54
Konglomerat von Pernitz (Niederösterreich)	7,40
Trachyt von Spitzberg bei Pern (Böhmen)	12,39
Diorit von Wischkowitz bei Marienbad (Böhmen)	0,59

Gary gibt folgende Undichtigkeitswerte an (in Huntertsteln):

Marmor von Fürstenberg bei Schwarzenberg (Sachsen)	0,3
Muschelkalk von der Neubaulinie Mühlhausen—Treffurt (Thüringen)	8,9
Hornblendebiotitgranit von Taubenberg bei Setzdorf (Österr.-Schles.)	0,7
Granitit von Kindisch (Sachsen)	1,4
Granitit von Strehlen	1,2 bis 2,2
Granit von Döbschütz (Schlesien)	0,7 bis 0,8
Granitit von Hasserode-Wernigerode (Harz)	0,8
Granitit vom Scharzwald	1,3
Quarzporphyr von Mockrepna	0,4
Quarzporphyr von Oberröversdorf	3,3
Quarzporphyr von Schmalwassergrund bei Dietharz (Thüringen)	8,3
Quarzporphyr von Loebejün	3,7
Gabbro aus dem Radautale oberhalb Harzburg	3,0
Diabas von Hohenberg (Kreis Schmalkalden)	0,5
Limburgit (Basalt) von Lichtenau	0,4
Feldspatbasalt vom Lohkopf bei Remagen	0,6
Feldspatbasalt von Niederdresselndorf	0,4
Kalksandstein von Habelschwerdt	2,2
Quarzsandstein von Schmalkalden	14,6
Vogesensandstein von Plaine bei Champenay	9,7
Sandstein von Barsinghausen	18,5
Arkose von Niederweiler i. L.	21,2
Portasandstein von Neesen und Hausberge	19,3
Tonschiefer von Klein-Blumberg im Neyetale	1,9
Grauwackensandstein von Thalbecke bei Gummersbach (Rheinland)	0,6

Je nach dem Grade der „Dichtigkeit" (Lückenlosigkeit) oder „Undichtigkeit" (Lückigkeit, ziffermäßig ausgedrückt durch die Lückigkeit L) kann man unterscheiden:

sehr dichtgefügt: $L < 0{,}5$
dichtgefügt: $1{,}5 > L > 0{,}5$
} Lücken vorwiegend in Form von Haarröhrchen und kleinsten Hohlzwickeln zwischen den Mineralkörnern ausgebildet.

mäßig dichtgefügt: $2{,}5 > L > 1{,}5$;
mäßig lückig: $5 > L > 2{,}5$;

lückig: 10 > L > 5 } Größere Hohlräume (rundliche Lücken,
sehr lückig: 30 > L > 10 } Schläuche usw.) allein oder neben kleineren Lücken vorhanden.

durchlöchert: L > 30.

Vergleiche außerdem die Benennungen auf S. 136 und 137.

Der hundertste Teil des Lückigkeitswertes L heißt auch Undichtigkeitsgrad (U); seine Ergänzung auf den Wert 1 (1 — U) nennt man Dichtigkeitsgrad (Dg). Danach hätte der Kalksandstein von Aflenz (Steiermark; vgl. vorstehende Übersicht) die Lückigkeit 34,70, den Undichtigkeitsgrad 0,347 und den Dichtigkeitsgrad 0,653.

Die technischen Auswirkungen des Gefüges hängen aber nicht bloß von dem Gesamtraum ab, den die Lücken im Gestein einnehmen, sondern auch von ihrer Größe, Form und Verteilung in der Felsmasse; darüber wurde bereits S. 138 manches mitgeteilt; Ergänzungen bringen die weitere Erklärungen nicht bedürfenden Abb. 223, 224, 226, 228, 236—239 und die nachstehenden Bemerkungen.

Je nach der Verteilung der Lücken im Gestein kann man vor allem verstreutlückige, nesterlückige, lagenlückige, aderlückige, netzlückige und gleichmäßig lückige Felsarten unterscheiden. Bei den Gesteinen mit einzeln oder nesterartig eingestreuten Lücken besteht kein Zusammenhang zwischen den Lücken bzw. Lückenhaufen; diese Felsarten sind verteiltlückig im Gegensatz zu den zusammenhängendlückigen, bei welchen die Unstetigkeitsräume der Gebirgsart zu Lagen, Adern, Netzwerken usw. angeordnet sind und in diesen Gebilden oder auch durchs ganze Gestein hin (allseitig lückig) miteinander in unmittelbarer Verbindung stehen. Es braucht wohl nicht hervorgehoben zu werden, daß diese Arten der Verteilung der Hohlräume im Fels viele technische Eigenschaften der Gesteine hervorragend beeinflussen, so vor allem die Aufnahme und Weiterleitung des Wassers (und damit auch die Frostwirkungen, die chemische Verwitterung und so weiter), die Wärmeleitung, Luftdurchlässigkeit, Festigkeit, Teilbarkeit, Bearbeitbarkeit usw. Die Einflüsse, die vom Zusammenhang der Gesteinslücken ausgehen, sind natürlich um so stärker, je wegsamer und vollkommener die Verbindungen der Lücken untereinander sind.

Bei Gesteinen mit mittelbarer Kornbindung verwickeln sich die Verhältnisse dadurch, das Verbundlinge und Zwischenmittel verschieden gefügt sein können. In jungen Sandsteinen, Konglomeraten, Breschen usw. ist der Kitt gewöhnlich weniger bis viel weniger dichtgefügt als die übrigen Bestandteile; bei älteren Gesteinen mit z. B. gut verheilten Ader- oder Netzklüften kann sich das Verhältnis umkehren; die Verbundlinge sind dann oft lückiger als das Bindemittel. In beiden Fällen ist also bei solchen Gesteinen mit zusammenhängendem Grundkitt dieser für die meisten technischen Auswirkungen der Lückigkeit maßgebend.

Dichte Kalksteine brennen sich in der Regel schwerer (langsamer) als lückige und erfordern daher mehr Brennstoff bzw. eine weitgehendere Zerkleinerung des Kalksteines.

.Lückige Bausteine bringen den Nachteil, daß sie dem Mörtel sehr viel Wasser entziehen; zur Vermeidung von Abbindestörungen müssen sie vor Verwendung entsprechend benetzt werden. Dies gelingt bei lückigem Betonschotter nicht in einer entsprechenden, das Mittel zwischen einem Zuwenig und Zuviel (Verdünnung des Mörtels) haltenden Weise, weshalb von der Verwendung kleinlückigen Schotters, namentlich für Eisenbetonbauten und Gütebeton überhaupt, besser Abstand genommen wird.

In löcherigen Felsarten, wie z. B. gewissen Kalken, Zellendolomiten, Konglomeraten mit lückigem Bindemittel (z. B. Rohrbacher Konglomerat) und so weiter, werden Unfälle beim Sprengen oft dadurch hervorgerufen, daß Reste der Sprengladung in die seitlich ans Bohrloch grenzenden Hohlräume gelangen und sich erst später entzünden. Gegen derartige Zufälle schützt man sich durch Ausschmieren des Bohrloches mittels Lehm vor dem Besatze.

Manche löcherige Gesteine, wie z. B. viele Zellenkalke, Dolomite, schlackige Durchbruchsfelse usw., geben trotz ihrer lückigen Raumerfüllung einen vorzüglichen Baustein ab, wenn ihre Zellwände entsprechend fest sind. So haben z. B. die mittelzeitlichen Zellendolomite des Semmerings den Hauptbaustein für zahlreiche Stütz- und Futtermauern der Bahnstrecke zwischen Payerbach und Mürzzuschlag geliefert; sie werden auch sonst in der Gegend vielfach technisch verwertet; so z. B. für Sockelmauern und aufgehendes Mauerwerk aller Art; ja in den Seitentälern des Mürztales, wo sie vielfach anstehen (Fröschnitztal, Veitsch, Stanzer Tal usw.) werden sie sogar als Steinschlag vor dichtem Kalkstein bevorzugt.

Kleinlückige Gesteine können zwar für Bauten im Freien nur ausnahmsweise verwendet werden, empfehlen sich aber für Innenräume in allen Fällen, wo auf Leichtigkeit des Baustoffes, Luftdurchlässigkeit und Wärmeabschluß Wert gelegt wird. Man zieht dabei auch aus dem geringeren Raumgewichte des Gesteins durch Ersparnis an Förderkosten Vorteil. Unter solchen Verhältnissen finden auch Gesteine wie Schaumkalk, Kalksinter, Bimsstein usw. um so mehr Anwert, als sie leicht bearbeitbar sind.

Hinsichtlich der Bestimmung der Lückigkeit der Felsarten sei auch auf den Abschnitt: „Raumgewicht", S. 403, verwiesen.

5. Tracht

Da die Tracht eines Gesteines sein technisches Verhalten weitgehend beeinflußt, darf ihre Feststellung und nähere Schilderung unter tunlichst zahlenmäßiger Auswertung auch in technischen Gesteinsbeschreibungen nicht fehlen. Angaben über die häufigeren Trachtausbildungen bringen die S. 126 ff., 206 ff. und 359 ff.

Technisch wichtig sind weitere Abstufungen, insbesondere bei der kugeligen und schlierigen Tracht. Man kann vielleicht zu nachfolgenden Bezeichnungen greifen:

A. kleinkugelige (graupige) Tracht: Durchmesser der Kugeln (Kokkolithen) unter 25 mm; findet sich z. B. bei manchen Basalten (Graupenbasalten) vor;

mittelkugelige Tracht: 100 mm $>$ Kugeldurchmesser $>$ 25 mm; großkugelige Tracht: Kugeldurchmesser größer als 100 mm.

B. Bei der schlierigen Tracht muß man sowohl auf die Form der Schlieren, als auch auf ihre Größe, Verteilung im Gestein und die Art ihrer Abgrenzung gegen die Hauptgesteinsmasse achten.

Schlieren mit scharf sich abhebender Umrandung (scharfrandigschlierige Tracht) brechen leichter aus dem Gesteinverbande als solche, deren Körper allmählich in das Nachbargestein übergeht (verschwommenschlierige Tracht).

Bänder- oder streifenartig ausgezogene Schlieren (Bänderschlieren; bänderschlierige Tracht) leiten zur Fließtracht hinüber. In anderen Fällen haben die Schlieren die Gestalt von längeren bis kürzeren Linsen (langlinsige bis kurzlinsige Schlieren) oder von Putzen, Eiformen, Knauern, Kugeln usw. (Putzenschlieren, Eischlieren, Kugelschlieren usw.). Innerhalb dieser Gestaltbezeichnungen lassen sich wieder Größenabstufungen treffen (kleinlinsig, großlinsig, kleine Kugelschlieren [Durchmesser kleiner als 25 mm], mittlere Kugelschlieren 100 mm $>$ D $>$ 25 mm], große Kugelschlieren [D $>$ 100 mm] usw.).

Die Menge des Auftretens der Schlieren im Gestein ist entweder sehr sparsam ($\frac{\text{Schlierenfläche}}{\text{Gesteinbruchfläche}}$ = Schlierenziffer [Schl] $<$ 0,000001 oder kleiner als 1 auf eine Million), sparsam (10 a. M. $>$ Schl $>$ 1 a. M.), mäßig (100 a. M. $>$ Schl $>$ 10 a. M.), reichlich (0,001 $>$ Schl $<$ 0,0001) oder sehr reichlich (Schl $>$ 0,001).

Die Verteilung selbst kann wieder regelmäßig oder unregelmäßig, einzeln (zerstreutschlierig) oder örtlich gehäuft sein (geselligschlierig, nesterschlierig [Nesterschlieren], haufenschlierig [Haufenschlieren, Schlierenhaufen], zeilenschlierig [Schlierenzeilen; Anordnung der Schlieren in Zügen oder Lagen] usw.).

6. Verband

Hinsichtlich der technischen Wichtigkeit des Verbandes eines Gesteines ist dem auf den S. 130 ff., 209ff. und 356 ff. Gesagten wohl kaum etwas hinzuzufügen; die Feststellung des Gesteinverbandes darf in keiner technischen Gesteinbeschreibung fehlen.

7. Mineralbestand

Eine grundlegende Bedeutung für das technische Verhalten hat selbstverständlich der mineralogische Aufbau eines Gesteines. Der Ingenieurgeologe muß daher den hauptsächlichsten Gemengteilen jeder von ihm zu behandelnden Gebirgsart die vollste Aufmerksamkeit schenken; aber auch die Nebengemengteile darf er nicht ganz vernachlässigen, weil manche von ihnen, wie z. B. die in den Gesteinen recht verbreiteten Kiese (Schwefelkies, Magnetkies usw.) von ungünstigem Einflusse auf das technische Verhalten der Gebirgsart sein können.

Die Aufnahme des Mineralbestandes eines Gesteins erstreckt sich meist nur auf die Feststellung der am Felsaufbau anteilnehmenden Mineralarten (artliche Mineralbestandaufnahme); es ist aber, insbesondere für technische Zwecke, durchaus anzustreben, auch das Ausmaß der Beteiligung jeder technisch wichtigen Mineralart an der Zusammensetzung des Gesteins ziffermäßig kennenzulernen (Mineralmengenbestandaufnahme).

Es würde den Rahmen und den verfügbaren Raum des vorliegenden Buches zu sehr übersteigen, wollte man die zahlreichen Verfahren wiedergeben, welche die Wissenschaft zur mengen- und artmäßigen Feststellung der mineralischen Zusammensetzung eines Gesteines ersonnen hat. Viele wichtige Verfahren der mineralogischen Gesteinerforschung sind zudem so schwierig und erfordern derart teure Untersuchungsgeräte, daß der Ingenieur wohl nie in die Lage kommen wird, sie selbst ausführen zu können; er wird daher besonders auf diesem Gebiete der Mithilfe des zünftigen Gesteinkundlers oder Ingenieurgeologen nicht entraten können. Es sollen daher im nachstehenden bzw. im Beihefte nur einige wichtigere Verfahren der Mineralbestimmung und auch diese nur insoweit mitgeteilt werden, daß der Ingenieur in die Arbeitsweisen des Geologen einigen Einblick bekommt und in die Lage versetzt wird, in einfacheren Fällen sich selbst zu helfen. Die Übersichtstafeln des Beiheftes sollen die Bestimmung der wichtigsten, gesteinbildenden Mineralien erleichtern.

Die Verfahren der Mineralbestimmung in den Gesteinen sind im wesentlichen chemische, optische oder sonstige physikalische.

Verfahren der Bestimmung der Mineralarten in Gesteinen

Hinsichtlich der Bestimmung der Mineralarten in den Gesteinen sei vor allem an die Mineralbeschreibungen erinnert, die sich auf den S. 49 ff., 225 ff. und 346 ff. dieses Buches finden. Die wichtigsten Ziffernwerte der Mineraleigenschaften können im Beihefte nachgesehen werden. Dieser Anhang bringt auch sonst alles Wesentliche für die Bestimmung der allerwichtigsten gesteinbildenden Mineralien und enthebt den vorbetitelten Abschnitt des Buches selbst der Notwendigkeit, in die Verfahren zur Feststellung der Mineralart einzugehen. Ich hoffe, daß dies der Benützung des Buches sowohl wie des Anhanges selbst Vorteile bringt; der Zusammenhang wird besser gewahrt, ein umfangreicher Sonderstoff aus dem Buche ausgeschieden und in sich geschlossen dargeboten; das Heftchen des Anhanges kann leicht herausgenommen und getrennt vom Buche zur Mineral- und Gesteinbestimmung allein verwendet werden.

Verfahren zur Ermittlung des Mengenanteiles der einzelnen Mineralien an der Gesteinzusammensetzung

Neben der artlichen Mineralbestimmung darf die mengenmäßige nicht verabsäumt werden, wenn man die Einwirkung eines Minerals auf die technischen Eigenschaften eines Gesteins richtig, d. i. ziffermäßig erfassen will.

Man kann den Mengenanteil eines Minerals bei sehr grobkörnigen Gesteinen bereits mit unbewaffnetem Auge oder unter Benützung eines Vergrößerungsglases auf ebenen Bruchflächen oder noch besser, auf künstlich geglätteten Flächen des Gesteins erheben. Bei weniger grobkörnigen Gebirgsarten bedient man sich zur Ausmessung des Mineralbestandes des Mikroskops und der Dünnschliffbilder.

Nach dem zuerst von A. Rosiwal[17] angegebenen Verfahren führt man die Körperermittlung (Rauminhalt der einzelnen Gemengteile) auf einfache Längenmessungen zurück. Da die dabei benützten Sätze der Geometrie, strenge genommen, nur für kugelige oder wenigstens rundliche Körner in gleichmäßiger Verteilung gelten, müssen zur Erzielung einer genügenden Genauigkeit des Ergebnisses (1 v. H.) bei den im allgemeinen ja anders ausgebildeten Mineralien der Gesteine besondere Vorsichtsmaßregeln beachtet werden. So muß z. B. die gesamte Länge der Linien, auf welchen die Minerallängen gemessen werden („Meßlinien"), mindestens das Hundertfache der Korngröße des betreffenden Minerals betragen. Bei Gesteinen mit Lagen-, Fließ- oder Schiefertracht sind Dünnschliffe je nach Bedarf in zwei oder drei aufeinander senkrecht stehenden Richtungen herzustellen und auszumessen.

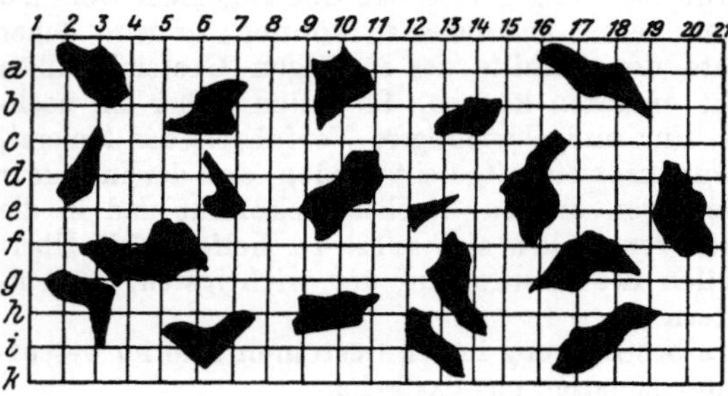

Abb. 324. Schaubild zur Veranschaulichung der Ermittlung des Mineralbestandes eines Gesteins mit der Planimeterlinse nach Hirschwald, von R. Fuess, Steglitz bei Berlin.

Die Meßlinien werden bei sehr grobkörnigen Gesteinen mit Bleistift oder Tusch auf eine ebene Fläche des Handstückes gezogen; bei Verwendung des Mikroskops sind sie durch die Linien der Meßvorrichtung (Okularmikrometer, vgl. Abb. 314 und 324) gegeben; man verteilt sie, am handsamsten in zwei aufeinander senkrechtstehenden Richtungen, dergestalt über die auszumessende Fläche, daß jedes Korn nur einmal von den Meßlinien durchschnitten wird. Auf den Meßlinien nimmt man nun — entweder durch unmittelbaren Abstich oder mit Hilfe des Schraubenmikrometers — die Strecken ab, welche die Meßlinien von jedem Korn des betreffenden Minerals abschneiden; man vereinigt dann die einzelnen Teillängen l_1, l_2, l_3 usw. zur Summe L („Mengenlinie") und stellt sie jener der Gesamtlänge der Meßlinien Lm (der „Meßliniensumme") gegenüber. Der Bruch $\frac{L}{Lm} . 100$ (Gesamtlänge der durch das Mineral gehenden Abschnitte der Meßlinien, geteilt durch die Gesamtlänge der Meßlinien $\times$ Hundert) gibt den Raumanteil des ausgemessenen Minerals an dem Gesamtkörper des Gesteins.

Die mikroskopische Ausmessung der Mineralbestandteile eines Gesteins wird durch eine Einrichtung sehr erleichtert, die S. J. Shand[18] angegeben hat. Shand verwendet zwei ineinandergleitende Schraubenschlitten (Abb. 325), die auf dem Mikroskoptisch befestigt werden; der innere Schlittenrahmen nimmt den Dünnschliff auf. Zur Messung benötigt man ein Okular (Augenlinse) mit Fadenkreuz; dem Querfaden werden die Schlitten gleichgerichtet und am Längsfaden die Mineralgrenzen eingestellt. Mit dem einen Schlitten durchwandert man nun (Drehen der betreffenden Mikrometerschraube!) die Streckenabschnitte, welche auf den Mineralkörnern liegen, mit dem andern Schlitten (Drehen der zugehörigen Schraube!) die Zwischenräume zwischen den Mineralkörnern. Vor dem Beginn der Messungen und am Ende der Durchmusterungen liest man die Stellung der Mikrometerschrauben ab; diese vier Ablesungen genügen auch dann, wenn man mehrere Meßlinien verwendet; man muß nur dann nach Durchmusterung der ersten Meßlinien das Meßgerät auf dem Tische so verschieben, daß man die nächste Meßlinie unmittelbar an die vorhergehende anlegen kann. Man erhält so gleich die Summe der Mineralschnittlängen und die Gesamtlänge der Zwischenräume; eine einfache Rechnung ergibt dann den Mengenanteil des ausgemessenen Minerals.

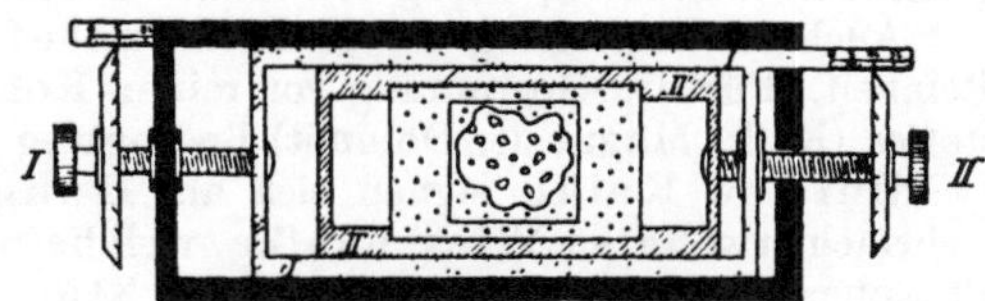

Abb. 325. Meßschlitten von S. J. Shand; Riß

Bis zu gewissem Grade kann eine Mineralmengenbestandaufnahme sogar eine chemische Bauschzerlegung eines Gesteins (Bauschanalyse) ersetzen.

8. Chemische Zusammensetzung

Da gewisse, technisch schädliche Gesteingemengteile, wie Schwefelkies u. dgl. mit dem Mikroskope viel leichter und rascher festgestellt werden können und die Mineralmengenaufnahme einen hohen Grad der Vollkommenheit und Handsamkeit erlangt hat, spielt die Ermittlung der chemischen Zusammensetzung eines Gesteines für den Tiefbauingenieur nur in besonderen Fällen eine größere Rolle. Sie wird aber dann von entscheidendem Werte, wenn eine Gesteinverwertung in gewissen gewerblichen Betrieben, so namentlich jenen des chemischen Großgewerbes und der chemischen Technologie geplant wird. Da über die bezüglichen Belange die Lehrbücher der technologischen Chemie erschöpfenden Aufschluß geben, sollen hier nur einige wenige Hinweise gegeben werden.

Die chemische Zusammensetzung entscheidet namentlich bei chemisch nutzbaren Mineralien bzw. Gesteinen über ihre Verwertbarkeit, so z. B. bei der Ausbeutung von Vorkommen von Erzen, Schwerspat, Magnesit Talk, Bauxit, Phosphorit usw.

Aber auch bei der Verwendung von Gesteinen für verschiedene Gewerbe kommt es auf die Freiheit einer Felsart von gewissen Verunreinigungen und die Anwesenheit anderer Stoffe in hinreichender Menge an. So soll z. B. Lehm für die Herstellung von Ziegeln frei sein von Kalk, Pflanzenresten, Steinstücken und von Schwefelkies (S. 309). Dagegen ist ein gewisser Gehalt an Quarz- bzw. Glimmersand (etwa 15 bis 20 v. H.) zur Verhinderung des Schwindens erwünscht. Für die Erzeugung von natürlichen hydraulischen Mörteln eignen sich nur Mergel von bestimmter stofflicher Zusammensetzung, wie z. B. gewisse Flyschmergel (Klosterneuburg bei Wien), eozäne Mergel (Tasello bei Cles in Südtirol), oligozäne Mergel (Nordtirol), Aptychenmergel (Kaltenleutgeben bei Wien) usw.

Quarzsand für die Herstellung klarer Gläser darf keine eisenhältigen Mineralien führen; sein Eisengehalt muß unter 0,5 v. H. bleiben (vgl. S. 267).

Für die Füllung der sogenannten Sulfittürme der Zellulosewerke sind solche Kalke und dolomitische Kalke erwünscht, welche ziemlich fest und rein sind, daher von schwefliger Säure rasch angegriffen werden und bei der gänzlichen Auflösung wenig Rückstand hinterlassen.

Auch die Erzeugung von Kalkstickstoff fordert Kalke von tunlichster Reinheit. Für die Gewinnung von reiner Kohlensäure ist Reinheit des Rohstoffes (Kalk, Magnesit, Dolomit) Bedingung.

Unreine Kalke eignen sich als Düngekalke; so z. B. die bereits mehrfach erwähnten Wiesenkalke, welche meist reich an Lebewesenresten, Phosphorsäure und Stickstoff sind (S. 315).

Kalkstein liefert einen um so fetteren, ausgiebigeren Mörtel, je reiner, d. i. reicher er an Kalziumkarbonat ist.

Für Luftkalkmörtel können verschiedene Kalksteine gebrannt werden. Fettkalke (Speckkalke) enthalten wenig Fremdbeimengungen, vor allem sehr wenig Bittererde und Tonerde; bittererdereichere (Mg) Kalksteine (dolomitische Kalke) löschen sich in Stücken nur mehr schwer und unvollkommen und werden daher nach dem Brennen zerkleinert (Sackkalk, im Gegensatz zum Stückkalk). Minder reine Kalke überhaupt heißen Magerkalke. Sind diese einigermaßen reich an Bittererde, Kieselsäure und Tonerde, dann brennen sie sich tot; die Beimengungen sintern und ihre Sinter- und Glashäute überziehen die Kalkteilchen und verhindern das Löschen. Analysen siehe S. 302.

Zu Wassermörtel eignet sich auch der vorerwähnte Kalkstein mit 18 bis 25 v. H. Verunreinigungen (vorwiegend Tonerde, Bittererde und Kieselsäure, ferner etwas Eisen und Alkalien), wenn er unter der Sintergrenze gebrannt wird; er heißt auch Wasserkalk (Schwarzkalk, hydraulischer Kalk; er löscht träger als der nur bis zu 10 v. H. Silikatbildner enthaltende Graukalk).

Zur Zementerzeugung benützte man früher vorwiegend natürlich vorkommende Mergel und Mergelkalke mit im Durchschnitt 50 bis 70 v. H. kohlensaurem Kalk; der Rest sind Silikate.

Heute stellt man die Zemente meist als Kunstzemente durch Mischung und Brennen der Rohstoffe her (Portlandzement). Auf 1 Gewichtsteil lösliche Kieselsäure (SiO_2) + Tonerde (Al_2O_3) + Eisenoxyd (Fe_2O_3) dürfen nicht weniger als 1,7 Gewichtsteile Kalkerde (CaO) kommen. Der Gehalt an Bittererde (MgO) darf 5 v. H., jener von Schwefeltrioxyd (SO_3) 2,5 v. H. nicht übersteigen; mehr als 1 v. H. Gipsgehalt ist gefährlich, ein Gehalt von mehr als 2 v. H. löslicher Sulfate ganz unzulässig.

Eisenzement besteht aus mindestens 70 v. H. Portlandzement und höchstens 30 v. H. Hochofenschlacke. Steigende Wichtigkeit erlangen die sogenannten Sonderzemente. Zu ihnen gehören die Schmelzzemente (Tonerdezemente), für deren Erzeugung gute (nicht zu SiO_2 reiche) Bauxite benötigt werden, und andere sog. frühfeste und frühhochfeste Zemente.

Dolomite, welche in der basischen Stahlerhüttung Verwendung finden, sollen etwa 3 bis 4 v. H. Tonerde und Eisenoxyd und nicht mehr als 2,5 v. H. Kieselsäure enthalten.

Sande zur Herstellung feuerfester Steine sollen etwa 1 bis 3 v. H. Ton, aber möglichst wenig Kalk und Alkalien enthalten.

Titansäuregehalt setzt die Feuerfestigkeit von Tonen herab.

9. Raumgewicht und Dichte

Das Raumgewicht eines Gesteins ist das Gewicht der Raumeinheit (einschließlich der Hohlräume). Es wird manchmal unmittelbar an hergestellten Probewürfeln durch Abwiegen derselben und Abnahme ihrer Raumausmaße ermittelt. Das Gewicht der bis zur Gewichtsgleichheit getrockneten Würfel, gebrochen durch ihren Rauminhalt, gibt das Raumgewicht. Seine Größe hängt in erster Linie von der Dichte der Gesteingemengteile und sodann von der Lückigkeit des Gefüges ab (vgl. S. 394). Unregelmäßig gestaltete Gesteinstücke werden bis zur Gewichtsgleichheit getrocknet (G) und sodann in geschmolzenes Paraffin getaucht. Sie umgeben sich beim Herausziehen mit einer dünnen Paraffinhaut und werden nach dem Erkalten nochmals gewogen (G_p). Den Rauminhalt bestimmt man durch Einlegen in ein Meßgefäß, das soweit als nötig, mit Wasser beschickt wird (J_p). Durch Rechnung erhält man R (Raumgewicht) $= \frac{G}{J}$. Da man die Dichte 0,93 und das Gewicht des Paraffins kennt ($G_p - G$), so kann man den reinen Rauminhalt des Gesteins errechnen $\left(J = J_p - \frac{G_p - G}{d_p}\right)$. Meist kann jedoch der Rauminhalt des Paraffins vernachlässigt werden; man erspart dann die Wägung im paraffingetränkten Zustand und hat dann gleich $R = \frac{G}{J_p}$.

Dem Raumgewichte der Felsart stellt man häufig die Dichte der reinen Gesteinmasse gegenüber, d. h. das Gewicht der Raumeinheit der lückenlosen Felsmasse unter Ausschluß der Hohlräume. Der Ausdruck „Dichte" allein führt leicht zu Verwechslungen, weshalb man stets die Bezeichnung „Dichte der Gesteinmasse" oder Stoffgewicht gebrauchen sollte. Bei lückenlos gefügten Felsarten fallen Raumgewicht des Gesteins und Stoffgewicht zusammen, bei lückigen, von Hohlräumen erfüllten dagegen sinkt das Raumgewicht um so mehr unter den Betrag der Dichte der Gesteinsmasse herab, je größer die Hohlraumsumme der Felsart ist. Das Verhältnis des Raumgewichtes (r) zur Dichte der Masse (s) wird Dichtigkeitsgrad (d) des Gesteins, sein Ergänzungswert auf 1 Undichtigkeitsgrad (u) genannt (vgl. auch S. 396).

$$d = \frac{r}{s}, \quad u = 1 - \frac{r}{s}$$

D gibt den Dichtigkeitsgrad in Raumhundertsteln, d in Gewichthundertsteln (gewichtsmäßiger und räumlicher Dichtigkeitsgrad).

Die Stoffdichte wird an Pulvern am besten mit Hilfe des bekannten Pyknometers ermittelt. Bedeutet G das Gewicht des Pulvers an der Luft, Gw das Gewicht der Wasserfüllung des Pyknometers, Gw + p das Gewicht der Pyknometerfüllung aus Pulver und Wasser bestehend, so errechnet sich die Stoffdichte d mit:

$$d = \frac{G}{G_w + G - G_{w+p}}$$

Für den Versuch werden 20 bis 30 g des zu untersuchenden Gesteins verwendet; es empfiehlt sich, das Mittel aus mehreren Bestimmungen zu ziehen.

Andere Verfahren zur Bestimmung des Rauminhaltes (Raumgewichtes) sind jene der Verdrängung von Quecksilber (Vorsicht wegen Giftigkeit!) oder durch Einlegen wassergesättigter Prüfkörper (etwa 250 ccm) in Wasser (Ablesegenauigkeit des Gefäßes $>$ 0,25 ccm).

Als Mittelwerte des Raumgewichtes einzelner Felsarten werden angegeben für

Bimsstein	0,95	Quarzporphyr, Petersberg	2,54 bis 2,56
Trockenen lockeren Sand, (Bausand)	1,30 bis 1,50 (Mittel 1,40)	Dichten Kalkstein	2,58
		Grauwacke	2,60
Kies, Schotter	1,50 bis 2,00	Serpentin	2,60
Donaurundschotter	2,00	Granit	2,63
Lehm	1,50 bis 1,80	Quarz	2,65
Lückigen Kalkstein (Tuff)	1,65	Grauwacke, Hundisburg bei Magdeburg	2,66
Ton, je nach Wassergehalt	1,80 bis 2,60	Reiflinger Kalk (Hornsteinkalk)	2,66
Phonolithtuff, Weibern	1,48	Kristalliner Kalkstein	2,66
Udelfangener Sandstein	1,88	Jurahornsteinkalk	2,63
Biewerer Sandstein	1,95	Wettersteinkalk	2.63
Kalksandstein	1,98	Liaskrinoidenkalk	2,64
Roggensteinkalk	2,00	Gosaubresche	2,69
Tonig-kieseligen Sandstein	2,10	Gosaukalksandstein	2,67
Schiefertone, je nach Bergfeuchtigkeit	2,00 bis 2,20	Gneis	2,70
		Diorit	2,74
Kohlensandstein	2,34	Basalt, Finkenberg bei Limperich	2,88
Kieselsandstein	2,41	Diabas	2,80
Trachyt	2,42	Quarzsandstein, Solingen	2,83
Kieselschiefer	2,46	Dolomit	2,85
Phonolith	2,47	Basalt	2,91
Quarzit	2,49	Basalt, Schwarzenberg (Rheinland)	2,96
Kalkkonglomerate und Breschen	2,48	Syenit, Fichtelgebirge	3,06
Zechsteinkalk, Solhope bei Seesen	2,51	Diabas, Pfaffenkopf (Harz)	2,87 bis 3,30
Quarzporphyr	2,54		

Nach den Mitteilungen von M. Gary sollen einige Zahlen von Stoffdichte, Raumgewicht und Dichtigkeitsgrad verschiedener Gesteine wiedergegeben werden. („Mitteilungen a. d. Kgl. techn. Versuchsanstalten zu Berlin" 1898.)

Fundort	Dichte des Gesteinspulvers s	Raumgewicht des Gesteins r	Dichtigkeitsgrad $\frac{r}{s}$
Kalkstein			
Pentelikon (Marmor)	2,714	2,699	0,994
Synnada (Marmor)	2,708	2,695	0,995
Montois la Montagne (dichter Kalkstein)	2,715	1,945	0,716
Riesenbeck (Mergelkalk)	2,702	2,515	0,931
Pogorcze (Muschelkalk)	2,840	2,460	0,866
Hausdorf (Mikrokrist. Kalkstein)	2.747	2,564	0,933
Wutschenberg (Mikrokrist. Kalkstein)	2,720	2,637	0,969
Oberrohn (Mikrokrist. Kalkstein)	2,701	2,602	0,963
Allendorf-Schwarzburg (Dolomit)	2.707	2,225	0,822
Mutzig (Dolomit)	2,708	2,682	0,990
Sandstein			
Altheim, Lothringen	2,708	2,060	0,761
Wingen-Münztal	2,643	2,046	0,774
Alsenborn, Pfalz	2,635	2,142	0,813
Wolfhagen, Hessen	2,648	2,049	0,774
Otterberg, Pfalz	2,715	2,140	0,788
Daufenbach, Eifel	2,652	2,244	0,846
Fels, Luxemburg	2,676	2,277	0,851
Stangenwald bei Appweiler	2,638	2,085	0,790
Wünschelberg, Heuscheuer	2,593	2,112	0,812
Vitzenburg, Thüringen	2,609	2,019	0,774
Abweiler, Elsaß	2,633	2,085	0,792
Felsburg, Elsaß	2,634	2,093	0,795
Born, Luxemburg	2,617	1,904	0,728
Friedrichstein, Heuscheuer	2,645	2,314	0,875
Osterwald, Hannover	2,654	2,191	0,826
Horst, Westfalen	2,664	2,552	0,958
Velpke, Provinz Sachsen	2,633	2,270	0,862
Piesberg, Hannover	2,671	2,600	0,973
Hellstein, Hessen-Nassau	2,658	2,476	0,933
Grauwacke			
Bevertal	2,693	2,580	0,958
Saalscheid	2,692	2,681	0,996
Basalt			
Bilstein, Hessen-Nassau	2,959	2,957	0,999
Watzenhahn bei Limburg a. d. L.	2,961	2,942	0,994
Dollendorfer Hardt, Rheinland	3,019	2,985	0,989
Hoheberg bei Orb	2,934	2,929	0,998
Sproitz, Ober-Lausitz	3,081	3,034	0,985
Debus, Böhmen	3,075	3,060	0,995
Pohlwitz, Schlesien	3,024	2,986	0,987
Koiskau	3,087	2,998	0,971

Fundort	Dichte des Gesteinspulvers s	Raumgewicht des Gesteins r	Dichtigkeitsgrad $\frac{r}{s}$
Phonolith			
Oberrotweil, Kaiserstuhl	2,543	2,444	0,961
Rotweil	2,575	2,520	0,979
Rupsrot bei Milseburg	2,567	2,537	0,988
Milseburg i. d. Rhön	2,549	2,517	0,987
Steinbach	2,563	2,526	0,986
Porphyr			
Schmalwassergrund, Thüringen	2,595	2,193	0,845
„ „	2,586	2,326	0,899
Reinsdorf, Provinz Sachsen	2,622	2,591	0,988
Spielberg, Sachsen	2,630	2,620	0,996
Röcknitz, „	2,621	2,572	0,981
Bentengrund, Schlesien	2,589	2,552	0,986
Weinheim i. B.	2,656	2,477	0,933
Granit			
Kleine Schmücke (porphyrisch und nicht mehr frisch)	2,617	2,262	0,864
Carlshamn, Schweden	2,633	2,503	0,954
Schlesien (Fundort?)	2.638	2,619	0,993
Lyseкil, Schweden	2,628	2,612	0,994
Söndre Kinnertangen, Norwegen	2,603	2,588	0,994
Carlskrona, Schweden	2,685	2.671	0,995
Reichenstein, Schlesien	2,639	2,633	0,998
Schlesien (Fundort?)	2,622	2,591	0,988
Drammen, Norwegen	2,582	2,563	0,993
Sachsen (Fundort)	2,662	2,649	0,995
„ „	2,683	2,636	0,982

Aus der Stoffdichte des Gesteins (s) und seinem Raumgewichte (r) ergibt sich ohneweiters die Lückigkeitsziffer (L) des Gesteins (Porositätskoeffizient; nicht zu verwechseln mit L, S. 394).

$$L = \frac{s - r}{s} \cdot 100$$

Das Raumgewicht eines Bausteins verdiente vom Techniker mehr beachtet zu werden, als dies meist geschieht.

Schwere Bausteine eignen sich für den Wasserbau besser als leichte, weil sie bei gleichem Rauminhalte den Angriffen des bewegten Wassers kräftigeren Widerstand entgegenzusetzen vermögen.

So wiegt z. B. ein Raummeter lückigen Kalksinters unter Wasser etwa 900 kg: ein Raummeter Basalt von doppeltem Raumgewicht wiegt im Wasser dagegen bis zu 2300 kg, also fast das Dreifache des Leichtgesteins. Auch bei Ufer-, Stütz- und Hafenmauern, sowie bei großen Talsperren erhöhen schwere Bausteine, wie z. B. Amphibolite oder basische Durchbruchgesteine, bei gleichem Ausmaß des Bauwerkes die Standsicherheit; bei gegebener Standfestigkeit helfen sie Baustoff und Werkausmaße ersparen.

Leichten Gesteinen gibt man überall dort den Vorzug, wo durch leichte Bauart eine kleinere Festigkeitsbeanspruchung von Bauwerksteilen erzielt werden soll, wie z. B. bei Brüstungen, ausladenden Gesimsen, Treppengeländern, Gewölben, Decken, hohen Mauern usw. So wählte man beispielsweise für die große Gewölbekuppel der Hagia Sophia (Sophienmoschee) in Byzanz (Konstantinopel) den leichten Bimsstein als Baustoff. Natürlich darf die Rücksichtnahme auf die Festigkeitsverhältnisse des Bausteins selbst nicht fallen gelassen werden; so namentlich bei auskragenden Steinen (Erkern, Treppen, Fußgehersteigen auf Brücken usw.).

Bei allen Verwendungsarten, bei welchen es auf eine besondere Festigkeit nicht ankommt, erspart man durch Verwendung leichterer Gesteine außerordentlich an Fördermitteln und Förderkosten. Wären z. B. für die Herstellung eines Mauerwerkskörpers, an dessen Festigkeit geringe Ansprüche gestellt werden, 900 rm Bruchstein erforderlich, so benötigt man für ihre Zulieferung bei Verwendung von Kalktuff (D = 1,7) nur rund 102 Eisenbahnwagen von je 15 t Tragkraft, während die Anförderung von Basalt (D = 3,0) 180 Wagen, also um 78 Wagen mehr beanspruchen würde.

Zur Trennung von Mineralgemischen nach der Dichte bedient man sich mit Vorteil des Gerätes von E. Clerici. Als Trennflüssigkeit dient Azetylentetrabromid (D = 3,00), welches mit Äthylenbromid (D = 2,18—2,19) verdünnt werden kann.

10. Natürliche Ablösung (Klüftung)

Große Bedeutung für den Steinbruchbetrieb und das ganze Ingenieurwesen besitzt auch die natürliche Ablösung (Klüftung) des Gesteins. Sie läßt sich in vollkommen frischem Gestein meist schwer überblicken und wird erst durch Verwitterungsvorgänge (Abb. 422) deutlicher herausgearbeitet. Über die erste Anlage der Ablösungsflächen, das ist der Ebenen, nach welchen der Zusammenhang der Gesteinsmassen mehr oder minder aufgehoben erscheint, herrschen noch verschiedene, zum Teil weit auseinandergehende Anschauungen. Vielleicht kommt man den Tatsachen am nächsten, wenn man die Ablösungsflächen in echte Absonderungsflächen (Absonderungsklüfte) und in Bewegungsflächen (gemeine Klüfte, Bewegungsklüfte) teilt.

Die Absonderungsflächen verdanken ihre Entstehung der allmählichen Erstarrung eines Durchbruchgesteins oder der langsamen Austrocknung von Absatzgesteinen. Letztere springen auch an Stellen geringsten Widerstandes auf, wie sie durch fremde Einlagerungen (Glimmerbestege usw.) gegeben sind. Auch Wärmeschwankungen, Raumvermehrungen durch stoffliche Umsetzungen in der Gesteinsmasse (Serpentin-, Gipsbildung usw.), Druckentlastung durch Abspülung und Abtrag hangender Schichten, sowie andere, noch wenig untersuchte Vorgänge können wohl Absonderungserscheinungen verursachen; sie dürften allerdings bisweilen in untergeordnete Bewegungen ausarten und dann eigentlich zugleich auch Bewegungsflächen darstellen. Gerade solche Ursachen aber müssen wir zur Erklärung der Absonderung mancher kristalliner Schiefer heranziehen, deren ursprüngliche Absonderung ja durch die Umprägung wohl als verwischt angenommen werden muß. Sie deuten auch am ungezwungensten

Abb. 326. Reibsandgruben bei Gainfahrn, N.-Ö.

den Verlauf der Absonderungsflächen dort, wo er mit der Geländeoberfläche annähernd gleichgerichtet ist. Für den Steinbruchbetrieb ist die Tatsache wichtig, daß der Abstand der Absonderungsflächen stets von der Oberfläche nach der Tiefe zu wächst. So verknüpft, wie auch sonst in der Natur üblich, eine Übergangbrücke die echten Absonderungsklüfte und die gemeinen Klüfte (Klüfte schlechthin).

Längs der Bewegungsflächen (Abb. 331) hat im Gegensatze zu den Absonderungsflächen stets eine Bewegung von zwei Schollen der Erdhaut stattgefunden, mag nun die Strecke, über welche die beiden Bruchstücke aneinander vorbeibewegt wurden, lang oder auch nur ganz kurz, ja kaum meßbar sein. Stets ging der Bewegung ein Zerbrechen einer größeren Scholle in Stücke voraus. Die nachfolgende Bewegung selbst bestand entweder in Hebungen, Senkungen, schrägen oder wagrechten Verschiebungen oder in Verdrehungen. Wohl die meisten Bewegungsflächen sind auf Wirkungen gebirgsbildender Kräfte oder langsamer Hebungen und Senkungen der Erdrinde zurückzuführen. Nicht selten zersplitterte eine an sich bedeutende Bewegung, indem jeder einzelne, bei der Zerbrechung entstandene Block nur um einen winzigen Betrag verschoben wurde; summt man die unzähligen, für unser Auge unmerklichen Teilverstellungen, dann erhält man erst den mehr oder minder erheblichen Gesamtbetrag der Massenverschiebung. Ausnahmen sind am häufigsten da denkbar, wo Austrocknung oder Erstarrung klaffende Absonderungsspalten geschaffen haben; über solchen Klüften brach das Hangende ein und seine Schollen wurden beim Absinken eine kurze Strecke weit aneinander vorüberbewegt. Je nachdem die Bewegungsflächen deutlich voneinander abstehen oder sich berühren bzw. ganz feine,

Abb. 327. Stark zerquetschter Kieselkalk (Neokom), nur Schotter liefernd. Antonshöhe, Kalksburg, N.-Ö.

dem freien Auge oft nicht wahrnehmbare Haarrisse bilden, spricht man von offenen Spalten, Losen, Stichen, Schnitten usw. Ihrer näheren Betrachtung wollen wir uns nun zuwenden, da die echten Absonderungsflächen bei den Erstarrungsgesteinen bereits ausführlicher behandelt worden sind (S. 138).

Die Gesteinklüfte wurden bisher in der reinen Gesteinkunde wenig beachtet, obwohl auch sie ein beweiskräftiges Zeugnis ablegen für die mannigfaltigen Bewegungen, die in den keineswegs als starr anzunehmenden Gesteinkörpern vor sich gegangen sind und — unseren groben Sinnen nicht wahrnehmbar — vielleicht noch immer stattfinden. Dagegen haben sie die alten Bergleute bereits wohl beachtet und auch die Steinbrecher haben sich ihrer schon längst zur Zerlegung der Gesteinsmassen bedient, ehe die Wissenschaft sie entdeckte. Die klaffenden Spalten und Klüfte tragen auf ihren Wänden (Salbändern) Drusen verschiedener Mineralien, zuweilen sind ihre Oberflächen auch glatt (Harnische, Spiegel) oder mit Druckstreifen (Rutschrillen, Rutschstreifen) und Rutschlappen versehen, welche die Bewegungsrichtung verraten. In anderen Fällen erfüllen Mineralabsätze (Quarz, Erze, Chalzedon, Opal, Kalkspat), Ganggesteine (Aplite, Riesenkorngranite, Pegmatite) oder Letten die Spalte ganz (durch Mineralgänge, Erzgänge, Gesteingänge, Kluftletten usw., geschlossene Klüfte). Die schmäleren Spalten sind meist ebenflächig, glatt, auf den Trennungsflächen häufig mit Lettenbestegen, gelbbraunen Häutchen von Brauneisen oder mit glimmerigen Überzügen bedeckt. Viele Stiche und Schnitte entziehen sich der Beobachtung mit freiem Auge und werden erst unter dem Mikroskop oder bei Färbungversuchen (mit oder ohne Ultralampe) sichtbar. Der Steinmetz fürchtet sie besonders, da längs ihnen anscheinend spaltenfreie Gesteine bei der Bearbeitung plötzlich auseinanderfallen. Die

Abb. 328. Feine Haarrisse annähernd senkrecht zu den Schichtflächen werden durch den Frost zu klaffenden Spalten erweitert und weithin sichtbar gemacht. Steinbruch bei Höflein a. d. Donau, N.-Ö.; eozäner, sogenannter Greifensteiner Sandstein

Entfernungen, in denen die Bewegungsflächen voneinander auftreten, sind verschieden, bald sehr groß, bald verhältnismäßig klein; bei einem und demselben Gestein scheinen die grobkörnigeren Abarten in weiteren Abständen von Bewegungsflächen durchzogen zu sein als die feinkörnigeren, den Bewegungskräften leichter gehorchenden Abarten. Spalten, Klüfte und Stiche behalten in geologisch einheitlich gebauten Gebieten oft über weite Erstreckungen ihr Streichen bei. Je nach der Art der Bewegung kann man nachstehende Hauptgruppen von Spalten (Stichen, Schnitten) unterscheiden.

Pressungspalten werden durch seitlichen Druck erzeugt. Harte und spröde Gesteine vermögen dem gebirgsbildenden Drucke bzw. den bei den Schollenverstellungen überhaupt sich ansammelnden Pressungspannungen nicht auszuweichen und brechen daher nach weithin sich fortpflanzenden Hauptspalten; letztere werden ähnlich wie die Zerbrechungslinien von

Würfeln, die in Festigkeitprüfmaschinen zerdrückt werden, begleitet von teils ihnen gleichlaufenden, teils annähernd senkrecht auf ihnen stehenden Nebenspalten. Dabei sind die Hauptklüfte der Natur der Sache nach meist weit ebenflächiger und setzen sich regelmäßiger fort, als die Nebenspalten. Zu den Pressungsklüften wären auch die Drucknähte (Drucksuturen) zu zählen, welche zickzackförmig (sägeblattartig) manche Gesteine, namentlich gewisse Kalke, durchziehen.

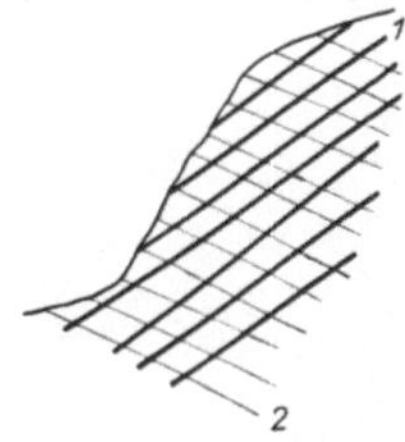

Abb. 329. 1 (dickere Striche) = Klüftung, stärker ausgeprägt als 2 (dünne Striche) = Schichtung. Der Ingenieur hat daher hier 1 mehr zu beachten als 2

Durch Zerrungsvorgänge in der Erdhaut entstehen Berstungspalten (Abb. 330, 334). Auch sie können Netze bilden, indem ein Teil der Klüfte (die Hauptspalten) senkrecht zur Richtung des stärksten Zuges sich einstellt, während die anderen Spalten ungefähr gleich mit ihm laufen. Anhangweise mögen hier auch noch die Spalten erwähnt werden, welche infolge der Auslösung von Spannungen dann entstehen, wenn überlagernde Gebirge durch den Abtrag oder auflagernde Eismassen durch Abschmelzen entfernt werden. Entsprechend der mehr ruckweise ausgelösten Entspannung werden sich annähernd wagrechte Klüfte bilden, welche den Absonderungsflächen zugerechnet werden können, daneben aber auch gemäß eintretender kleiner, lotrechter Verschiebungen von Teilen zerbrechender Schollen echte Bewegungsflächen.

Senkungspalten werden durch den Einsturz von Höhlen, durch das Zubruchgehen von Gebirgsschollen usw. hervorgerufen. Gegenüber diesen,

Abb. 330. Dem Beschauer zufallende Schichtflächen von Flyschsandstein mit Fließwülsten, von frosterweiterten Klüften senkrecht zur Schichtung ganz zerrissen. Steinbruch im Gspöttgraben bei Sievering (Wien)

oft gewaltigen Äußerungen gebirgsbildender Kräfte treten die kleinen, mehr minder lotrechten Verschiebungen von Gesteinteilkörpern infolge ungleichen Setzens der Massen usw. an Ausmaß, nicht aber an Zahl weit zurück. Die Senkungspalten haben mit den Zerrungspalten viel gemein und sind durch Übergänge mit ihnen verbunden.

Abb. 331. Verwerfungen (gestrichelte Linien) und ihnen annähernd gleichlaufende Klüfte. Steinbruch bei Gießhübl, N.-Ö.

Gewissermaßen den Gegensatz zu den Senkungsklüften bilden die Aufbruchspalten. Sie werden durch Hebungsvorgänge in der Erdrinde erzeugt, wo sie in kleinerem Maßstabe durch den Salzauftrieb, die Raumvermehrung beim Übergang von Olivin in Serpentin, von Anhydrit in Gips usw., im großen Maße aber bei der Gebirgsbildung ins Leben gerufen werden. Auch sie leiten vielfach zu den Zerrungklüften hinüber.

Bei der Faltung von Streifen der Erdhaut bilden sich auf der Sattelfirste, im Muldenkern usw. als Stellen größter Zerrung bzw. Pressung sogenannte F a l t u n g s p a l t e n bzw. Faltungschnitte; sie spielen in der Steinbruchtechnik zwar eine geringere Rolle als die vorgenannten Arten von Bewegungsflächen, dürfen aber in Gebieten starker Auffaltung doch nicht

Abb. 332. Einfluß der Klüftung auf die Kleinformen des Gesteins. Hans Helling-Felsen (Granit) an der Eger bei Elbogen

ganz übersehen werden; wichtig werden sie insbesondere bei enggepreßten Falten, in deren Kernen bisweilen eine weitgehende Zerquetschung und Zerrung des Gesteins eintritt. Sie gehören somit zum Teil zu den Pressung- (Druck-), zum Teil zu den Zerrungspalten.

Alle diese Absonderungs- und Bewegungsflächen besitzen für den Steinbruchbetrieb eine ganz hervorragende Bedeutung. Dort, wo die Ablösungsflächen so weit voneinander entfernt sind, daß sie die Verwertung eines Gesteins für einen bestimmten Zweck nicht hindern, erleichtern sie dem Steinbrecher die Arbeit ganz wesentlich. Sie unterstützen ihn bei der Zerlegung der sonst klotzigen Gesteinsmasse, erleichtern ihm die Loslösung der einzelnen Schollen, gestatten ihm weitgehendste Benutzung von Spaltkeil und Brechstange und ersparen ihm sehr viele Sprengarbeit (Abb. 333). Letz-

Abb. 333. Bankungklüfte (schräg einfallend) und darauf annähernd senkrecht stehende, weit weniger ausgeprägte Zerrungspalten. Flysch, Pinsdorf bei Gmunden

tere liefert obendrein mehr Abfall als das händische Brechen und Abkeilen, welches eine wirtschaftlichere Ausnutzung des Gesteinvorrates erlaubt.

So arbeitfördernd und kostensparend sich die Ablösungsflächen dann auswirken, wenn sie verhältnismäßig sparsam im Gesteinkörper verteilt sind, so schädlich können sie in jenen Fällen werden, in welchen sie der Ausdruck einer weitgehenden gebirgbaulichen Zerrüttung des Gesteines sind. Die Steinbruchtechniker meiden solche Störunggebiete, vor denen bereits weiter oben gewarnt wurde, samt ihrer Nachbarschaft und gehen selbst dann vorsichtig zu Werke, wenn das unbewaffnete Auge keine Haarrisse im Gestein entdeckt. Die feinen Schnitte, welche um so gefährlicher sind, je heimtückischer sie zum Zerbrechen eines Steines führen, können meist erst unter dem Mikroskop oder mit Hilfe von Färbeverfahren und der Ultralampe wahrgenommen werden; es soll deshalb jeder Neuverwendung einer noch nicht erprobten Gesteinsart eine gründliche Untersuchung durch einen Fachmann vorausgehen. Eine technische Verwertung zertrümmerter Gesteine läßt sich nur dann rechtfertigen, wenn eine glatte und dauerhafte Verheilung der entstandenen Klüfte und Spalten stattgefunden hat und außerdem die einzelnen verkitteten Trümmer keinerlei Spuren innerer Zermürbung aufweisen. Vor der Verwendung von zerrüttetem und außerdem noch von feinsten Haarrissen durchsetztem Gesteine zu Steinschlag oder gar zu Beton kann nur dringend abgeraten werden. Innerlich zermürbtes Gestein widersteht weder dem Raddrucke noch den im Mauerwerk auf dasselbe einwirkenden Kräften. So hat man z. B. in Kärnten mit äußerlich ziemlich gesund erscheinenden, in Wirklichkeit aber vom Gebirgsdrucke stark mitgenommenen Dolomiten

Abb. 334. Schichtfugen (wagrecht) und Zerrungklüfte (annähernd lotrecht). Steinbruch bei Kalksburg, N.-Ö., in den Strandbildungen der zweiten Mittelmeerstufe (Klypeasterbänke)

und Kalken bei der Herstellung von Straßendecken schlechte Erfahrungen gemacht; sie zerbrachen beim Walzen zu kleineren Stücken, Sand und Grus.

Unter Felswänden, welche aus tektonisch stark beanspruchten Gesteinsmassen aufgetürmt sind, besteht Steinschlaggefahr; außerdem halten solche Quetschgesteine keine steile Böschung; darauf wäre bei der Anlage von Verkehrswegen (Straßen, Bahnen usw.) zu achten; damit wäre eigentlich schon die Frage nach der Wichtigkeit der Klüftung für den Tiefbauingenieur bejaht. Wie Stiny in mehreren Veröffentlichungen (19 bis 22) zu zeigen versucht hat, unterstützen die Kluftbeobachtungen den Ingenieurgeologen auch ganz wesentlich bei der Verfolgung von Störungen im Gebirgsleibe und ergänzen in wesentlicher Form die geologischen Verfahren zur Enträtselung des Gebirgsbaues überhaupt. Wie sehr aber letzterer die Ingenieurbauten beeinflußt, braucht dem Stollen- und Tunnelbauer, ja überhaupt dem Tiefbautechniker nicht erst gesagt zu werden. Scheinbar mehr untergeordnet, aber wichtig genug und noch zu wenig gewürdigt ist die Rolle, welche Zerrüttungstreifen und Klüfte bei der Standfestigkeit bzw. Nachbrüchigkeit der Gebirgsarten spielen. In vielen Fällen ist es für den Ingenieur weitaus wichtiger, festzustellen, wie weitgehend und in welcher Art ein Gestein zerklüftet ist, als zu erkennen, welches Gestein seinen Baugrund bildet. Es ist zwar an sich höchst lobenswert und aus anderen Gesichtspunkten heraus recht wünschenswert, daß der ausübende Ingenieur z. B. weiß, daß er in einem gewissen Falle es mit Granit zu tun hat; er hat aber mit dieser Beobachtung noch lange nicht alles gewonnen, was für seinen Beruf bedeutsam ist; denn zwischen Granit und Granit können — abgesehen von den Verschiedenheiten in der mineralogischen Zusammensetzung — ganz gewaltige Unterschiede klaffen. In Zerrüttungstreifen beispielsweise wird der Granit mehr oder minder stark nachbrüchig, druckhaft, wasserdurchlässig usw. sein; wo aber die Lassen (Schnitte) weit voneinander abstehen und das Gestein gesund ist, wird derselbe Granit in steilen Böschungen sich halten, keiner Ausmauerung bedürfen und nicht die geringste Nachbrüchigkeit zeigen. So vermag Engständigkeit oder Weitständigkeit der Klüftung dem Ingenieur oft mehr zu sagen als die bloß gesteinkundliche Einreihung des Anstehenden. Aber auch der Verlauf der Kluftflächen ist durchaus nicht gleichgültig; langklüftige Gesteinvorkommen verhalten sich im Tiefbau anders als kurzschnittige, schalenklüftige anders als ebenklüftige usw.; dabei kommt auch die Richtung und der Neigungswinkel des Verflächens in Betracht.[1] Klüfte, welche eine Stollenachse oder eine Böschung sehr schräg kreuzen, können die Einhaltung einer bestimmten Form (Kreis, Eiform usw.) oft ebenso erschweren als die Einhaltung vorbestimmter Hohlraumausmaße; anderseits erleichtern günstig verlaufende Schnitte zuweilen den regelmäßigen Aushub oder Ausbruch sehr. Von der Klüftung hängt es vielfach ab, unter welchem Neigungswinkel sich eine Anschnittböschung auf die Dauer hält; nur der Ingenieur, welcher sorgfältig auf die Schnitte des Gebirges achten gelernt hat, wird sich nicht darüber wundern, daß dasselbe Gestein, je nach dem Winkel, den die Klüfte zur Achse des Bauwerkes und zur söhligen Ebene bilden, bald überraschend steile, bald wieder nur bemerkenswert sanft einfallende Böschungen verträgt. In dieser Richtung äußert sich der immer schon entsprechend gewürdigte Einfluß der Schichtung und Schieferung häufig nicht einmal so augenfällig und folgenschwer wie jener der Klüftung (Abb. 329). Jede Baugrunduntersuchung wird daher in Zukunft auch der Gesteinsklüftung die ihr gebührende Beachtung schenken müssen.

Am längsten erkannt ist der Einfluß der Klüftung auf die Lösung, Zerteilung und Bearbeitung der Gesteine; nicht bloß die Steinbruchgeologie, sondern auch der einfache Steinarbeiter weiß recht gut, wie die ganze Hereingewinnung und Verwertung der Felsarten neben der Schichtung und Schieferung von den Ablösungsflächen (Abkühlungs- und Bauklüften) abhängt. Ich begnüge mich daher damit, die Bedeutung der Klüftung für den Steinbruchbetrieb hier nur zu streifen.

Hohen Gewinn aus der Kluftbeobachtung zieht auch die technische Geländeformenkunde (Abb. 332); es ist sehr zu begrüßen, daß dieser Wissenszweig in neuerer Zeit die Bedeutung der Gesteinklüftung für die Landformenkunde immer mehr erkennt. Man hat früher zuweilen, mehr als recht war, von „harten“ und „weichen“ Gesteinen gesprochen; man ließ „Härtlinge“ über die „weichere“ Umgebung hervorragen; man ließ die Stromschnellen,

[1] Den Einfluß der Klüftung auf die Ingenieurbauten anerkennt z. B. auch die Arbeit: L. Kölbl und Ing. G. Beurle, Geologische Untersuchung der Wasserkraftstollen im oberösterreichischen Mühlviertel. Jahrbuch der geologischen Bundesanstalt Wien 1925, S. 331ff.

Wasserfälle und sonstigen Talstufen dort entstehen, wo „harte" Gesteinbänke durchzogen. Man hat damit in vielen Fällen ja tatsächlich das Richtige getroffen, in einer Unzahl von Fällen mit dieser Art der Erklärung aber auch tüchtig daneben gegriffen. An Stelle der Gesteinshärte wäre vielfach jener der „Ausräumbarkeit" der Schichten (22 bis 23) zu setzen. Nun erliegen aber unsere Felsarten der schürfenden Tätigkeit der außenbürtigen geologischen Kräfte um so leichter, je weitgehender sie zerhackt und zerklüftet sind. Die Klüftigkeit der Felsarten wirkt sich dabei in zweifacher Richtung aus. Sie bestimmt erstlich den Fortschritt des Schurfes — also seine Leistung der Menge nach — und zweitens die Art der Ausformung der entstehenden Ausräumungen. In dieser letzteren Richtung sei nur an die gewaltigen Unterschiede erinnert, welche Landformen in stark zerklüfteten und daher wasserdurchlässigen Gesteinen gegenüber jenen zeigen, welche in weniger spaltenreichen, mehr massigen oder wenigstens mehr versteckt-klüftigen Gebirgsarten entstehen. Man denke da nur an die minder steilen Einhänge der Täler in den Schieferbergen mit ihren wasserundurchlässigen Gesteinleibern und vergleiche damit die fast lotrechten Mauerfluchten, die jäh dem Klammgrunde entsteigenden Talwände und die sonstigen kühnen Felsgestalten durchlässiger Gesteine, wie der Kalke, der Quadersandsteine usw. (Sächsische Schweiz, Prachower Felsengebirge, Heuscheuer usw.). Der große Gegensatz zwischen wasserdurchlassenden und wasserstauenden Gebirgsarten prägt sich — vergleichbare Verhältnisse natürlich vorausgesetzt — in voller Schärfe auch in den Landschaftsformen aus. Wie wichtig dies für den Ingenieur ist, davon weiß namentlich der Wasserbauer ein Lied zu singen; so gibt es, um nur ein Beispiel anzuführen, in unseren Kalkalpen Stellen in den Talschluchten, die mit ihrer schmalen, nur dem Wasser Platz lassenden Sohle und ihren steil emporstrebenden Flanken zur Errichtung einer hohen Talsperre geradezu herausfordern; die Standfestigkeit und Tragfähigkeit des Untergrundes wäre hier ohneweiters gegeben, nicht aber die von einem großen Weiher zu fordernde Dichtheit von Sperrenstelle und Stauraum; die Reinheit der Kalke und ihre Offenklüftigkeit bedingt die schroffen, zur Planung eines Stauwerkes einladenden Landschaftsformen, zugleich aber auch die Wasserdurchlässigkeit des Bergleibes. Wenige hundert Meter von einem solchen verlockenden „Bauplatze" entfernt kann vielleicht eine Stelle sich befinden, nach welcher der Ingenieur von vornherein nicht gerne greift; schon die Sohle des Tales ist hier etwas breiter, weil Schutthalden ihre schön geschwungenen Linien zu ihr herabziehen; die Flanken steigen zwar noch ziemlich steil, aber gar nicht mehr schroff empor; rein technisch betrachtet, wäre der Bauplatz weit ungünstiger als jener in der engen Klamm; aber die Gesteine sind hier wegen einer gewissen, stärkeren Beimengung von Tonteilchen, welche die vorhandenen Klüfte verlegen und auskleiden, weniger durchlässig und der Stauraum wird hier zwar teurer herzustellen, aber unvergleichlich besser in seiner Wirkung sein; der Kundige wird dies schon aus den Landschaftsformen erschließen können, die in geschlossenklüftigen und daher wasserundurchlässigen Gebirgsarten ganz andere sind als in offenklüftigen und deshalb wasserlässigen Felsen.

Aber nicht bloß die Art, sondern auch der Größenbetrag der Ausräumung hängt von der Klüftigkeit der Gesteine ab. Hier handelt es sich hauptsächlich um den Abstand der Klüfte voneinander; kurzklüftige Felsarten zerfallen sehr leicht und rasch und werden auch von den schürfenden Kräften unschwer ausgeräumt; weitständig geklüftete Gesteine aber bieten den Angriffen der verwitternden Kräfte weniger Angriffspunkte und setzen auch der Wegführung ihrer Riesentrümmer stärkeren Widerstand entgegen. Solche weniger weitgehend zerquetschte und zerhackte Gebirgsteile ragen dann als Erhabenheiten über ihre Umgebung empor,[1] während die Zerrüttungstreifen daneben Furchen, Mulden und ähnliche Hohlformen bilden. Dabei entscheidet in den meisten Fällen nicht etwa, wie man früher meist geglaubt hat, die Gesteinsart im wissenschaftlich-gesteinkundlichen Sinne, sondern der Grad der Klüftigkeit des Gebirges. Zwar gibt es Gesteine, die sich den kluftbildenden Kräften gegenüber recht verschieden verhalten; ich erinnere da nur an die spröden, dem Gebirgsdrucke leicht erliegenden Dolomite, Quarzite usw. und die meist viel zäheren und daher weniger leicht engständig zerhackbaren Kalke; diese letzteren Gesteine ragen daher auch z. B. im Gesäuse in Form von Steilwänden (Dachsteinkalk der Planspitze, des Hochtores, des Ödsteines usw.) auf, während die spröden, ganz zerquetschten Dolomite den zwar wild zerrissenen, aber doch weniger steilen Bergfuß bilden. Man darf aber aus solchen, wenn auch recht eindruckvollen Bildern nicht zu weitreichende Schlüsse ableiten. Es ist ja auch in einem und demselben Gestein die Klüftung ganz verschieden kräftig ausgebildet; hier verlaufen z. B. die Schnitte in weiten Abständen voneinander und unterbrechen den Zusammenhang des Gesteines nur wenig; dort wiederum drängen sich die Klüfte eng zusammen und zerschneiden den Felsleib in Millionen kleiner Trümmer und Splitter; ja linsen- und streifenweise sind die Gesteine oft so stark zerquestcht, daß die Teilchen die Größe von feinstem Schmant und kleinsten Schüppchen annehmen und das Verhalten von Kleinchen (Kolloiden) zeigen; die „Klüftigkeit" hat den Grad „Unendlich" angenommen und zur mehr oder minder vollständigen Zermahlung und Auswalzung des Felsens geführt. Wie sehr diese, von mir in früheren Veröffentlichungen bereits geschilderten Erscheinungen für den Ingenieur von Bedeutung sind, brauche ich nicht zu unterstreichen; weder der Tunnelbauer noch der Straßen- und Wasserbauer kann an ihnen vorbeigehen. Der eingeweihte Ingenieur wird den Grad der Klüftigkeit eines Gebirges auch dort anschätzen können, wo ihm Aufschlüsse nicht zur Verfügung stehen, wenn er gelernt hat, die Sprache der Geländeformen zu verstehen; gerade das „zerrüttetste" Gebirge sieht am harmlosesten für den Laien aus, weil es fast immer einen freudigen, dichten Pflanzenwuchs trägt.

Trotz der hohen Wichtigkeit der Klüftungverhältnisse der Gebirgsarten für den Ingenieur,[24] Steinbruchtechniker usw. ist man meines Wissens eigentlich noch nicht ernsthaft daran geschritten, die Klüftigkeit der Gesteine einheitlich zu beschreiben und etwa auch zu normen. Und doch tun uns Vereinbarungen auf diesem Gebiete zur besseren gegenseitigen Verständigung ebenso not, wie man dies sonst bereits einzusehen gelernt hat. Das heißt mit anderen Worten, daß die Kluftmessung und Kluftbeschreibung für Ingenieurzwecke eine Notwendigkeit geworden ist.

Im Steinbruch äußert sich dem unbewaffneten Auge nur die Schauschnittigkeit; die angeregten Messungen werden sich daher im allgemeinen nur auf freiäugig sichtbare Klüfte erstrecken können. Die Verborgenschnittigkeit wird erst bei der Bearbeitung oder bei der Besichtigung durch das Mikroskop festgestellt.

---

[1] Vgl. Stiny J., Einiges über Gesteinklüfte und Geländeformen in der Reißeckgruppe (Kärnten). Zeitschr. f. Geomorphologie 1926, S. 254ff.; Gesteinklüftung im Teigitschgebiet. Tschermaks Min. und petr. Mitteilungen 1925.

Bevor ich in die ziffermäßige Erfassung der Klüftigkeit eingehe, will ich der Vollständigkeit halber einige die Schnitte usw. betreffende Ausdrücke wiederholen, die bereits in den älteren Lehrbüchern, wie z. B. von *Hirschwald*, *Herrmann* u. a. zu finden sind. So unterscheidet man nach der Breite der Klüfte *offenklüftige* und *geschlossenklüftige* Gesteine; letztere können wiederum mit Lehm (lehmklüftig, lehmlässig, lettenklüftig, tonklüftig), mit Erz (erzklüftig), Quarzmasse (kieselklüftig) oder mit Spat (spatklüftig) ausgefüllt sein; lehmige Massen bilden nur ein Zwischenmittel (Füllmasse), während andere Füllungen (Kalkspat, Quarz u. dgl.) zugleich auch mehr oder minder verkittend wirken (verheilte Klüfte, Kittklüfte). Erzklüftige Gebirgsarten oder solche mit Erzbestegen auf den Kluftsalbändern führen öfters Schwefelkies, worauf der Ingenieur besonders zu achten hat; die Gefahr für die Zerstörung des Gesteins ist jedoch in allen jenen Fällen nicht sehr groß, in welchen die Kiese nur im Kluftraume selbst zum Absatz gekommen sind und nicht in Form einer mehr oder minder feinen Durchtränkung auch in das Innere der kluftbegrenzten Blöcke einwandern konnten. *Rot*-, *gelb*- oder *braunklüftige* Felsarten, das heißt Gesteinvorkommen mit so gefärbten Kluftbelegen, verdanken die Salbandfärbung meist der Einschwemmung von Bodenteilchen (Roterde, Laterit, Gelberde, Braunerde usw.) oder Zersetzungstoffen in die Spalten.

Von größtem Einfluß auf die technischen Eigenschaften einer Felsart ist, wie bereits weiter oben hervorgehoben, der *Abstand* der Klüfte; als sein Maß gilt die *Klüftigkeitsziffer*, das heißt jene Zahl, welche angibt, wieviel kluftbegrenzte Felskörper auf den Laufendmeter Gestein entfallen. Ermittelt wird sie aus einer *größeren Anzahl* von Messungen, also z. B. auf eine Länge hin, die mindestens das Zwanzigfache des Kluftabstandes überschreitet. Wie später noch zu erörtern sein wird, kann die Klüftigkeitsziffer in verschiedenen Richtungen der Felsmasse verschieden sein; dann ist bei der Angabe des Klüftigkeitswertes auch die Richtung im Raume zu vermerken, in welcher der Klüftigkeitsgrad erhoben wurde. Die Klüftigkeitsziffer wird in der Regel Werte annehmen, die zwischen etwa 0,1 und ∞ liegen; im ersteren Falle handelt es sich um sehr weitständige Klüfte (z. B. im dickbankigen Dachsteinkalk), im letzteren haben wir ein völlig zerquetschtes Gestein vor uns. Vielleicht wird man, je nach der Klüftigkeitsziffer (K), zur leichteren Verständigung folgende Bezeichnungen anwenden dürfen:

gehäuftständige Klüfte (gehäuftscharig)	$K > 5{,}0$
sehr engständige Klüfte (sehr dichtscharig)	$5{,}0 > K > 2{,}5$
engständige Klüfte (dichtscharig)	$2{,}5 > K > 1{,}67$
mittelständige Klüfte (mittelscharig)	$1{,}67 > K > 1{,}25$
weitständige Klüfte (weitscharig)	$1{,}25 > K > 0{,}833$
sehr weitständige Klüfte (sehr weitscharig)	$K < 0{,}833$

Je nach der *Anordnung* kann man *gleichlaufende* und *ungleichlaufende* Klüfte unterscheiden; erstere gehören zu den *regelmäßigen*, letztere oft zu den *regellosen* Klüften. Klüfte, die einander schneiden, dürfen je nach dem Winkel, den sie einschließen, als *rechtwinklige* (Abb. 271) und *spitzwinklige* (Abb. 270) bezeichnet werden.

War mit dem Aufreißen einer Kluft auch eine Verschiebung der Gesteinblöcke gegeneinander verbunden, so kann man die entstandene Kluft als *Störungkluft* (Verwerfungkluft, Überschiebungkluft, Abbeugungkluft usw.) kennzeichnen. Manchmal sind die Verschiebungen im Gefolge von Sprungklüften nur ganz geringfügig und betragen nur Bruchteile von Zentimetern oder Millimetern; solche Störungklüfte können immerhin gewaltige Wirkungen auf den Bauplan des Gebietes hervorrufen, wenn sie eng gedrängt in annähernd gleichlaufenden Scharen das Gebirge in größerer Breite durchziehen und ihre einzelnen Teilverstellungen sich zu größeren Gesamtbeträgen summen; derartige Summungs- oder Differentialstörungen entgehen oft sogar der Aufmerksamkeit der Fachgeologen und wurden im Schrifttume bisher nur selten beschrieben.

Die Ausbildung der Schnittfläche (Kluftwand) führt zu Ausdrücken, wie: glattklüftig (spiegelklüftig, wenn hochgradig geglättet und glänzend; mit oder ohne Rutschstreifen, Rutschlappen u. dgl.), rauhklüftig, striemenklüftig, ebenklüftig (schnurschnittig), höckerklüftig, grubigklüftig, hackigklüftig, splitterklüftig, verbogenklüftig (mit windschiefen Schnittflächen), schalenklüftig usw.; die Bezeichnungen erklären sich ebenso von selbst, wie ihre Bedeutung für den Ingenieur ohneweiters erhellt.

Nach der Längenerstreckung und der Weite der Verfolgbarkeit der Klüfte kann man kurzklüftige und langschnittige Felsarten unterscheiden.

Die Klüfte und Schnitte schärfen bald die Kanten der von ihnen begrenzten Gesteinblöcke messerartig zu, bald tragen sie allein oder im Vereine mit der Verwitterung zur Abrundung der Kanten der Gesteinkörper bei. Man könnte so scharfschnittige, sattelschnittige und rund- bis kugelklüftige Ausbildungsweisen trennen.

Ziffermäßige Auswertung verdiente auch die Netzung der Schnitte und Klüfte. Wir können da gleich von vornherein regelmäßige und unregelmäßige Kluftnetze herausheben. Im übrigen kennt man seit langem von beiden Hauptgruppen wieder eine Reihe von Unterarten.

Würfelklüftige Gesteine bilden mehr oder minder würfelförmige Teilkörper aus, deren Leiber also annähernd gleichausmaßig sind. Die Kluftformel wäre hier $a \,.\, a \,.\, a$, d. h. die Kanten der Blöcke sind annähernd gleich lang ($= a$). Je nach der Kantenlänge a dürfte man wieder kleinwürfelig ($a < 20$ cm), mittelwürfelig (a zwischen 20 und 60 cm) und großwürfelig ($a > 60$ cm) geklüftete Gebirgsarten unterscheiden.

Die bankungsklüftigen (Abb. 333) Gesteine haben die Kluftformel: $a \,.\, D \,.\, a$, wobei a die Länge (und die annähernd meist ebenso große Tiefe) und D die Dicke (Mächtigkeit) des hereingewinnbaren Bankteilstückes bedeutet. Wieder kann man hier dünnbankig (Kluftformel $a \,.\, 60\,\text{cm} \,.\, a$ bis $a \,.\, 80 \,.\, a$), mittelbankig ($a \,.\, 80 \,.\, a$ bis $a \,.\, 120 \,.\, a$) und dickbankig ($a \,.\, > 120 \,.\, a$) geklüftete Felsarten auseinanderhalten.[1]

Plattigschnittige (plattenklüftige) Felsarten zeigen die Kluftformel $a \,.\, d \,.\, a$ (z. B. 50 . 20 . 50), wobei a nach der Breite etwas verschieden von a nach der Tiefe sein kann (z. B. 50 . 20 . 60); ist dieser Unterschied groß, wie z. B. in der Formel 90 . 20 . 40, dann liegt Bohlenklüftigkeit vor, welche die betreffenden Gebirgsarten als Bürgersteigplatten und Deckplatten jeder Art sehr geeignet macht.

Schieferklüftige Felsen unterscheiden sich von den plattenschnittigen nur durch die geringeren Abstände der Plattenklüfte voneinander; Kluftformel z. B. 40 . 4 . 40. Man kann etwa nachstehende Unterteilungen machen:

dickplattig geklüftet	Schnittabstand	40	bis	60	mm
mittelplattig geklüftet............	„	20	„	40	„
dünnplattig geklüftet	„	20	„	5	„

[1] Ziffernangaben in Zentimetern.

dickschiefrig geklüftet	Schnittabstand	5 „ 2	mm
dünnschiefrig geklüftet.	„	2 „ 0,5	„
blättrigschiefrig geklüftet	„	unter 0,5	„

Vorwiegend nach einer Richtung gestreckt sind stengel- und säulenklüftige Gesteine: sie unterscheiden sich hauptsächlich durch den verschiedenen Wert von a in der Kluftformel $a . C$, worin a die mittlere Dicke der im allgemeinen recht verschieden querschnittigen Stengel oder Säulen bedeutet. Griffelklüftig wird man dann Gesteine nennen, deren Querschnittdurchmesser recht klein ist. Im übrigen kann man je nach der Länge (C) langsäulige (langstengelige, langgriffelige) Ausbildung von kurzsäuliger (kurzstengeliger, kurzgriffeliger) Ausbildung trennen; die Grenze liegt etwa bei $a = {}^{1}/_{3}\, C$. Weitere Unterteilungen ergeben sich nach der Querschnittsform. Wichtiger für den Ingenieur aber sind vielleicht nachstehende Bezeichnungen:

dicksäulig geklüftet.	a	> 60 cm
mitteldicksäulig geklüftet	a	zwischen 30 und 60 cm
dünnsäulig geklüftet	a	„ 10 „ 30 „
dickstengelig geklüftet	a	„ 5 „ 10 „
dünnstengelig geklüftet..............	a	„ 2 „ 5 „
dickgriffelig geklüftet	a	„ 1 „ 2 „
dünngriffelig geklüftet	a	„ kleiner als 1 „

Es kommt, wie weiter oben bereits angedeutet, gar nicht so selten vor, daß die eine Gebirgsart durchziehenden Kluftscharen einander nicht unter annähernd rechtem Winkel (Abb. 272) schneiden; es können beispielsweise zwei Scharen von Schnitten auf der dritten ungefähr senkrecht verlaufen, miteinander aber spitze Winkel einschließen; diese letzteren Klüfte bilden dann rautenförmig abgegrenzte Flächen. Stehen sämtliche Kluftscharen schief aufeinander, dann schneiden sie aus dem Gesteinkörper allseitig rautenförmig begrenzte Bruchstücke heraus; man kann dann von Rautenklüftigkeit etwa im Gegensatze zur Würfelschnittigkeit reden. Die Rautenkörper wiederum können annähernd gleichausmaßig („Würfelrauten") oder nach einer Ausdehnung gestaucht sein („Plattenrauten").

Von den Rautenklüften führt nur ein kleiner Schritt hinüber zu den „Linsenklüften", welche linsenförmige Gesteinkörper umhüllen. Hier wären wiederum flache Linsen von dickbauchigen zu trennen. Der Ausdruck „Kugelklüftigkeit" (Kluftformel $a = r$) erklärt sich von selbst.

Die Linsenklüfte führen hinüber zu den gewebeartig verzweigten Klüften, deren Anordnung man mit M. F. Wocke auch als „Kluftgewebe" bezeichnen könnte (Gewebeklüfte). Bei geringer Ausdehnung und flacher Muldung der entstehenden Trennkörper darf man von Scherbenklüftigkeit reden, wie sie z. B. bei manchen Tonen und Letten (S. 309) recht verbreitet ist. In der Verworrenklüftigkeit (Abb. 327) findet schließlich jede regelmäßige Kluftanordnung und in vielen Fällen sogar jede Gesteinverwertbarkeit ihr Ende.

Mit dem in vorstehenden Zeilen zum Ausdrucke kommenden Streben nach ziffermäßiger Auswertung der Klüftung der Gesteine zum Zwecke einer besseren Verständigung über gesteintechnische Fragen erschöpft sich jedoch die Kluftmessung noch lange nicht. Sie muß auch das Streichen und Fallen der Gesteinklüfte statistisch zu erfassen suchen, wie neben der Schule von Salomon, Cloos usw. auch ich (in Österreich wohl als erster) in mehreren Schriften betont habe. Die Messung der Gesteinklüfte ist heute mindestens von der gleichen Wichtigkeit für geologisch-technische Fragen wie die Erhebung des Verflächens der Schichten. Dies trifft um so mehr zu, wenn man sich mit vielen Geologen dazu versteht, die Schicht- und Schieferungsfugen auch als Klüfte aufzufassen, wofür verschiedene gewichtige Gründe sprechen; Bankungklüfte sind eben dann weitabstehende Schichtfugen, Schieferungsklüfte engscharige Fugen in Schiefergesteinen.

11. Luftdurchlässigkeit, Luftaufnahmevermögen

Die Luftdurchlässigkeit spielt für den Luftaustausch in ober- und unterirdischen Räumen (Wohnungen, Ställen, Kellern usw.) eine große Rolle; solche Räumlichkeiten sind umso gesünder, je leichter sie die Ausdünstungen usw. aufsaugen und an die Außenluft weiterleiten.

Lückenlos gefügte Gesteine lassen die Luft schwer durch, leiten die Wärme gut und beschlagen sich daher leicht; sie eignen sich schlecht für den Bau bewohnter Räume und können gesundheitschädlich wirken. Weit besser durchlüftbar sind lückige Gesteine (viele Sandsteine, Kalksteine, Dolomit, Trachyt usw.), welche zugleich auch schlechte Wärmeleiter sind, am besten aber künstliche Bausteine, wie z. B. Ziegel. Die Chinesen haben sich im Löß sehr gesunde und billige Wohnungen geschaffen. Auch die Keller unserer Weinbauern im Löß (z. B. des Wagrams zwischen Krems und Tulln, im Viertel unter dem Wienerwalde und unter dem Manhartsberge usw.) sind von Natur aus luftig und haben unter Ansammlungen dumpfer Luft nie zu leiden (S. 255).

Für die Luftdurchlässigkeit kommen nicht alle Gesteinslücken in Betracht, sondern nur diejenigen, welche miteinander in Verbindung stehen. Außerdem üben vorhandene, offene Klüfte einen entscheidenden Einfluß aus. Sie können an sich undurchlässige oder für Luft schwer wegsame Gesteine mehr oder minder leicht luftdurchlässig machen. In ähnlichem Sinne wirken auch offene Schichtfugen und Schieferungklüfte. Der Einfluß solcher einheitlich gerichteter Fugenscharen hängt dann, wenn es sich um die Bewetterung von Stollen, Tunnelbauten usw. handelt, natürlich auch von dem Maße und der Art der Verbindung dieser offenen Luftwege mit der Tagoberfläche ab; so erleichtern z. B. steil stehende Schicht- oder Schieferungsfugen den Luftaustausch; söhlige Lage der Gesteinstöße erschwert ihn. Verwerfungsspalten gelten gleich anderen, offenen Klüften als Durchlässigkeit erhöhend. Über die tatsächliche Wegsamkeit eines Gesteines für Luft, wie auch für Wasser, entscheidet daher nicht die Gesamthohlraumsumme, sondern ein besonderer Durchlässigkeitsversuch, tunlichst im großen ausgeführt.

Hohe Bedeutung hat die Luftdurchlässigkeit für den Boden. Gut durchlüftete Böden lohnen durch höhere land- und forstwirtschaftliche Erträge; viele Nutzgewächse kränkeln in schwer luftdurchlässigen Böden oder sterben ganz ab. Mittelbar besteht die Einwirkung der Luftdurchlässigkeit auf das Gestein oder den aus ihm hervorgegangenen Boden darin, daß sie die Tiefe bestimmt, bis zu welcher die Verwitterung in das Innere des Gesteins oder des Bodens eindringen kann und schließlich auch maßgebend ist für die Raschheit, mit der die Zersetzungsvorgänge nach innen zu fortschreiten.

Luftdurchlässigkeit und Luftaufnahmevermögen spielen auch eine große Rolle bei der Abwehr schädlicher Bodengase. Man kennt zwar im allgemeinen die Schichten, welche schadengaserzeugende Stoffe führen (z. B. bituminöse oder kohlige Tone, Mergel, Kohlenflöze, Stinkkalke, Stinkdolomite usw.) und kann sich so auf das Auftreten von Bläsern oder Gassprengschlägen vorbereiten. Die Schadengase (Kohlendioxyd, Grubengas usw.) strömen aber auch in luftdurchlässige Nachbargesteine und sammeln sich in deren Hohlräumen an. Werden diese durch Bauanlagen angeschnitten, kann mangelnde Vorsicht zu Erstickungs- oder Vergiftungsfällen führen. Auch künstlich, z. B. durch Sprengungen, erzeugte Gase können in Gesteinhohlräume hineingepreßt werden, aus denen sie dann, begünstigt durch Luftdruckschwankungen, verdrängendes Niederschlagsickerwasser, Bodenerschütterung, Anhauen usw. unter Gefährdung der Arbeiter entweichen.

Nach E. Wollny lassen Bodensäulen von 1 m Höhe und 5 cm Durchmesser bei einem Quecksilberdrucke von 100 mm nachstehende Luftmengen in einer bestimmten Zeit durch:

Kaolin	0,88 l
Quarzsand von 0,010 bis 0,071 mm	1,95 l
Fester Lehm	2,37 l
Quarzsand (0,071 bis 0,114 mm)	35,25 l
Lockerer Lehm	72,00 l
Quarzsand (0,114 bis 0,171 mm)	77,12 l
„ (0,171 bis 0,25 mm)	140,00 l
Torf	163,70 l
Quarzsand (0,25 bis 0,50 mm)	358,25 l
„ (0,5 bis 1,0 mm)	713,00 l
Lehmkrümel	1740,00 l
Quarzsand (1,0 bis 2,0 mm)	2883,60 l

12. Wasserdurchlässigkeit

Technisch von größter Wichtigkeit ist auch die Fähigkeit eines Gesteins, das von ihm aufgesaugte Wasser wieder an die Nachbarschicht abzugeben (also weiterzuleiten) oder dasselbe zurückzuhalten. Hienach unterscheidet man wasserdurchlässige und wasserundurchlässige Gesteine, denen als Übergangsglied noch die halbdurchlässigen angegliedert werden könnten. Wasserlässige Gesteine lassen mithin das Wasser beliebig ein- und austreten, wasserdichte Gesteine lassen das Wasser nur ganz langsam eindringen, halten es fest und verwehren ihm den Austritt; sie wirken also wasserstauend.

Undurchlässig für Wasser sind: frischer Granit, Syenit, Diorit, Gneis, echter Marmor, manche Grauwacken, stark verkieselte Sandsteine, gut verheilte Breschen, manche Kieselgesteine, kluftfreier Porphyr, alle tonreichen Gesteine (Werfener Schichten, Raibler Schichten, Wengener Schichten, Partnachmergel, Aptychenschiefer, Flyschmergel), die Tongesteine, Tonschiefer usw.

Als durchlässig gelten: Sand, Schotter, Konglomerate, klüftige Kieselgesteine, Kalke, Dolomite usw., spaltdurchzogene und mit Tuffen wechsellagernde Ergußgesteine (Porphyr, Trachyt, Andesit, Basalt,

Melaphyr usw.), alle lückigen Gesteine (wie z. B. viele Sandsteine, Tuffe, Löß usw.). Auch die an sich undurchlässigen Gesteine, wie z. B. Granit, lückenloser kristalliner Kalk usw. können wasserdurchlässig werden, wenn sie zerklüftet sind und der Wasserbewegung offene Bahnen darbieten; dabei bleibt die Undurchlässigkeit für das einzelne Bruchstück noch bestehen, wenn sie dem Gesteinskörper als Ganzes bereits verloren gegangen ist.

Kein Gestein, das Wasser aufzusaugen imstande ist, entbehrt, strenge genommen, der Durchlässigkeit gänzlich. So sickert z. B. in Schachtbrunnen von den Schachtwänden her immer etwas Wasser auch aus Tegeln oder Tonen zu. Auch von der Unterseite mächtiger Tegelmassen tropft stets etwas Wasser in die Liegendschotter hinab. Beide Erscheinungen lassen sich beispielsweise in der Umgebung von Embach unweit Taxenbach in Salzburg, und zwar auf der Tegelkuppe des sogenannten Emberges einer- und in der Steilabbruchwand der Embacher Plaike anderseits deutlich beobachten. Auch die Tegelbrunnen der Tertiärgebiete werden von „Schwitzwasser" („Seihwasser") gespeist.

Über den Grad der Gesteindurchlässigkeit entscheidet also im allgemeinen das Verhältnis der wasserwegsamen Hohlräume (H_w) zum Gesamtrauminhalt (I) des Gesteins; der Wert des Bruches $\frac{H_w}{I}$ kann, verhundertfacht $\left(\frac{H_w}{I} \cdot 100\right)$ als Wasserwegsamkeitsgrad oder Wasserdurchlässigkeitsgrad des Gesteines bezeichnet werden. Er hat mit der Lückigkeit (s. S. 394) nichts zu tun, da ja für die Wasserwegigkeit nur die größeren Hohlräume der Felsart, nicht aber die Haarröhrchen, Feinstrisse usw. in Betracht kommen. Selbst von den größeren Hohlräumen kommen für die Wasserdurchlässigkeit nur jene in Betracht, welche miteinander gut verbunden sind.

Da man die Summe der wasserwegsamen Hohlräume in den Gebirgsarten schwer ermitteln kann, benutzt man als Maß der Wegsamkeit eines Gesteines für Wasser die sogenannte Wasserdurchlässigkeitziffer (Wegsamkeitziffer), welche angibt, wieviel Wasser bei bestimmtem Gefälle ($i = 1$) durch die Querschnitteinheit einer bestimmten Felsart in der Zeiteinheit durchzufließen vermag. Man ermittelt die Wegsamkeitsziffer ähnlich jener der Luftdurchlässigkeit durch Versuche in der Natur im Großen oder im Arbeitsraume. Der rechnerischen Feststellung der Wegsamkeitsziffer haften noch manche Ungenauigkeiten an; K. Terzaghi[1] empfiehlt die Formel:

$$k = C_1 d^2 \left(\frac{\eta_0}{\eta_t}\right)$$

worin k die Durchlässigkeitsziffer bedeutet (hier Höhe der Wassersäule, welche bei $i = 1$ in der Zeiteinheit senkrecht durch einen Querschnitt tritt), C_1 einen vom Gestein und vom Porenraum abhängigen Beiwert, d den Korndurchmesser, η_0 die Zähigkeitsziffer des Wassers bei Normalwärme (meist 10^0 C), η_t die Zähigkeit des Wassers bei dem Wärmegrade t. C_1 hat K. Terzaghi im Versuchwege festgestellt mit

203 bei etwas lehmigem Flußsand mit vorwiegend eckigen Körnern (wirksamer Korndurchmesser 0,13 mm);
460 bei hellem Flußsand mit vorwiegend eckigen Körnern, gesiebt (wirksamer Korndurchmesser 0,64 mm);
700 bei Strandsand (wirksamer Korndurchmesser 0,116 mm).

Die Wegsamkeit der Gesteine für Wasser wird durch die Verwitterung in der Regel erhöht; namentlich der Gesteinzerfall lockert die Gebirgsarten auf; aber auch die Gesteinbelebung, bodenbewohnende Tiere usw. erzeugen Tausende von Hohlschläuchen, in denen das Wasser in die Tiefe sickern oder seitwärts weiterfließen kann. Gegenteilig wirkt hauptsächlich die tonige Verwitterung, welche Feinstteilchen schafft, die leicht in die größeren Hohlräume eingeschlämmt werden können und sie verlegen (Verlehmung des Gesteins). Auch der an sich gut durchlässige Löß verliert seine Wegsamkeit durch die Verwitterung; die Auslaugung führt die Kalkteilchen hinweg und ermöglicht so den engen Zusammenschluß der Staubkörnchen und die Verstopfung der Wasserwege durch Tonschüppchen und verschiedene Kleinchenausfällungen.

Bei grobkörnigen Gesteinen fallen Wegsamkeitgrad und Lückigkeit annähernd bis ganz zusammen; man kann für sie etwa folgende Werte angeben:

30	bis	36 v. H.	bei	Feinkies	($<$ 4 mm);
35	„	36 v. H.	„	Grobsand	(1 bis 2 mm);
36	„	40 v. H.	„	Mittelsand	($^1/_4$ bis 1 mm).

Mit der Wasserdurchlässigkeit hängt das Seihvermögen zusammen, das ist die Fähigkeit eines durchlässigen Gesteines, trübes, seuchenerregende Keime enthaltendes Wasser zu klären und zu entkeimen. Die Felsarten seihen um so rascher, aber auch um so schlechter, je mehr und je größere Hohlräume sie enthalten. In feinstlückigem Gestein braucht das Wasser nur einen verhältnismäßig kleinen Weg, etwa 8 bis 10 m zurückzulegen, um keimfrei und klar zu werden. In groben Sanden oder gar Kiesen ist eine längere Wegstrecke zum vollständigen Seihen, etwa 100 bis 500 m erforderlich. Offene Spalten können das Wasser, das sie durchmißt, zwar klären, aber nicht entkeimen. Dieser Umstand ist bei der Beurteilung von Felsquellwasser sehr wohl zu beachten. Am besten seihen Tongesteine, welche sämtliche ansteckenden Keime infolge der Festhaltekraft ihrer Kleinchen zurückhalten und unschädlich machen; doch seihen die Tone so langsam, daß man sie praktisch als undurchlässig bezeichnen muß.

An die Wasserdurchlässigkeit der Gesteine schließt sich ihre Eigenschaft an, das Wasser in ihren Haarröhrchen entgegen der Schwere aufsteigen zu lassen (Wasserhebung in den Gesteinen).

Die Steighöhe des Wassers wächst mit der Abnahme der Weite der Haarröhrchen; sie beträgt nach Atterberg bei einem Korndurchmesser von

5	bis	2	mm	2,5 cm
2	„	1	„	6,5 „
1	„	0,5	„	13,1 „
0,5	„	0,2	„	24,6 „
0,2	„	0,1	„	42,8 „

0,1 bis 0,05 „ .... 105,5 cm
0,05 „ 0,02 „ .... 200,0 „

Die Steiggeschwindigkeit dagegen nimmt mit der lichten Weite der Wasserwege im Gestein ab und wird in kleinchenreichen Tonen unmeßbar klein; es überwiegt dann die Verdunstung auf der Tonoberfläche bzw. im Ton selbst vor der Emporschaffung neuen Wassers. Dieser Umstand kann z. B. für die Versorgung von Pflanzenwurzeln mit Wasser aus tieferliegenden Grundwasserkörpern verhängnisvoll werden. Je wärmer das Wasser ist, desto rascher vermag es aufzusteigen, da seine Zähigkeit stärker sinkt · als die Oberflächenspannung; sie beträgt bei 25° C nur die Hälfte jener bei 0°.

Für walzenförmige Haarröhrchen gilt die Formel: $h = \frac{4S}{\gamma g d}$; darin bedeutet h die Steighöhe, S die Oberflächenspannung des Wassers, γ seine Dichte, g die Schwerebeschleunigung und d die lichte Weite des Haarröhrchenschlauches.

Im Boden vermindern manche Stoffe die Oberflächenspannung; so namentlich die als Begleiter der Humusteilchen so häufig auftretenden wachsähnlichen Stoffe, fette Öle usw. Im allgemeinen beläuft sich jedoch die Steighöhe auf $h = \frac{0,306}{d}$.

Sie beträgt in Zentimetern nach E. Wollny in zwei Tagen bei

Sand (0,01 bis 0,071 mm)	99,5 cm
„ (0,071 „ 0,114 „)	45,3 „
Humus	33,5 „
Sand (0,114 bis 0,171 mm)	25,0 „
„ (0,171 „ 0,25 „)	22,8 „
Ton	19,0 „
Sand (0,25 bis 0,5 mm)	16,2 „
„ (0,5 „ 1,0 „)	8,7 „
„ (0,1 „ 2,0 „)	4,7 „

Der Wasseraufstieg im Gestein führt im Hochbau und Tiefbau oft zu großen Unannehmlichkeiten. Wird für Sockelmauern stark lückiges Gestein verwendet, dann steigt die Grundfeuchtigkeit leicht ins Gebäude auf. Man darf daher für Gründungmauerwerk nur geschlossene Gesteine mit tunlichst kleiner Lückigkeitziffer und durchaus nur allerfeinsten Hohlräumen verwenden, wenn man feuchtes aufgehendes Mauerwerk vermeiden will; namentlich in schwerdurchlässigen Böden greife man bei Gründungen zu Granit, Syenit, Basalt, Diabas, Diorit, festgefügtem Phonolith usw. und sei bei Verwendung von Kalksinter, Roggensteinkalk, Feuerbergtuffen, Schlackengesteinen, lückigen Sandsteinen u. dgl. vorsichtig. Unter die Erdoberfläche gehören in aller Regel dichtgefügte, schlecht und langsam wasserleitende Gesteine, während das aufgehende Mauerwerk lückigen, locker gefügten Baustein erfordert. Eine Ausnahme machen nur sehr durchlässige Baugründe oberhalb des Grundwasserspiegels.

In den wasserdurchlässigen Schichten bewegt sich das Wasser als sogenanntes Grundwasser in Form von Grundwasserströmen oder es bildet mehr weniger ausgedehnte, stehende Ansammlungen, die man als Grundwasserseen bezeichnet. Die Abdichtung nach unten vermittelt eine undurchlässige Schicht. Wechseln durchlässige und undurchlässige Schichten miteinander ab, so bilden sich oft mehrere Grundwasserstöcke übereinander. In neuerer Zeit zieht man das Grundwasser zur Versorgung der Städte mit Nutz- und Trinkwasser immer mehr und mehr heran. Die natürlichen Austritte des Grundwassers nennt man Quellen; die Lehre von der Bildungsweise und dem Auftreten der Quellen gehört in die Geologie.

13. Wasseraufnahmevermögen. Festhaltevermögen für Wasser

Wasserdurchlässigkeit und Wasseraufnahmevermögen sind verwandte Gesteineigenschaften, die sich durchaus nicht decken, sondern gegenseitig ergänzen. Noch anders verhält sich das Festhaltevermögen der Gesteine für Wasser; stark durchlässige Gesteine besitzen kein oder nur ein geringes Festhaltevermögen für Wasser, wasserundurchlässige, feinstlückige Gesteine pflegen dagegen die Feuchtigkeit zähe zurückzuhalten (zu binden).

Fast alle Gesteine besitzen die Fähigkeit, Wasser aufzusaugen, da es kaum Gesteine gibt, welche frei von feinsten Lückchen, Rissen und Haarröhrchen sind. Der Grad des Aufnahmevermögens der Gesteine für Wasser (W) hängt mithin wesentlich von der gegenseitigen Verbindung, Zahl und Größe ihrer feinen Hohlräume, also ungenau ausgedrückt, auch von der Lückigkeit des Gesteins (vgl. S. 394), d. i. von dem Verhältnisse der Hohlraumsumme zum gesamten Rauminhalte des Gesteins ab. Er wird ausgedrückt durch das Verhältnis des Trockengewichtes der Felsmasse (G) zur Gewichtszunahme im wassersatten Zustande ($G_w - G$).

$$W \text{ (in Hundertsteln)} = \frac{G_w - G}{G} 100.$$

So wie bei der Wegsamkeit der Gesteine für Wasser und Luft, hat man auch bei der Wasseraufnahme durch das Gestein zu unterscheiden zwischen dem Verhalten des Gesteinstoffes an sich und einer größeren Gesteinmasse. Letztere kann auch in sonst sehr wenig lückigen, aber zerklüfteten oder zerrütteten Gebirgsarten größere Wassermengen aufnehmen und bei mangelnder Abflußmöglichkeit aufspeichern, wenn sie eine große Gesamthohlraumsumme besitzt. Die aufgesammelten Wassermassen machen sich bei Stollen- und Tunnelbauten, in tiefen Baugruben, Schächten u. dgl. durch Wassereinbrüche oft unangenehm bemerkbar. Vorsichtige Ingenieure begegnen drohenden Schäden durch Vorbohren, Anlage wasseraufnahmefähiger Röschen u. dgl.

Für Lockermassen wird nachstehende gelegentliche Wasserführung in Raumhundertsteln angegeben:

Sand (1 bis 2 mm)	3,66 v. H.	(E. Wollny)
„ (0,25 bis 0,50 mm)	4,83 v. H.	(„ „)
„ (0,11 bis 0,17 mm)	6,03 v. H.	(„ „)
Schwachlehmiger Geröllboden der oberen Süßwassermolasse von Achdorf bei Landshut	18,26 v. H.	(H. Puchner)
Gekrümelter Lehm	31,51 bis 32,62 v. H.	(E. Wollny)
Sand (0,01 bis 0,07)	35,50 v. H.	(„ „)
Jetztzeitlicher Sandboden von Geinsheim, Pfalz,	36,98 v. H.	(H. Puchner)

Ungekrümelter Lehm .... 42,91 v. H. (E. Wollny)
Lehmiger Sand des Serpentins von Waldau bei Vohenstrauß (Oberpfalz) .... 53,39 v. H. (H. Puchner)
Glimmerreicher, feiner Sand der oberen Süßwassermolasse von Rohr bei Pocking (Niederbayern) .... 60,09 v. H. („ „)
Sandiger Moorboden von Gunzesried bei Immenstadt) .... 72,11 v. H. („ „)

Das Wasseraufnahmevermögen eines Gesteines ermittelt man, indem man ein Probestück bei etwas unter 100° C bis zur Gewichtsbeständigkeit trocknet, sorgfältig wiegt und allmählich unter Wasser setzt. Man nimmt nach mehreren Tagen das Bruchstück aus dem Wasser, tupft es mit Fließpapier, einem feuchten Schwämmchen oder reinen Lappen sorgfältig ab und wiegt es wieder; die Wägung wird nach einiger Zeit wiederholt, bis keine Gewichtszunahme mehr stattfindet. Die Wasseraufnahme, in Hundertsteln ausgedrückt, beträgt dann: $W = \frac{G_w - G}{G} \cdot 100$, wobei G_w das Gewicht im angesaugten und G das Gewicht des Handstückes im trockenen Zustande bedeutet. Wiegt man die in Wasser getauchte Gesteinprobe öfters in gleichen Zeitabständen, dann kann man die Ergebnisse auch in einer Schaulinie des zeitlichen Verlaufes der Wasseraufnahme darstellen. A. Rosiwal empfahl Kochen der Prüfstücke in reinem Alkohol vor der Wasserlagerung.

Die Wassersättigung wird oft erst nach Monaten vollständig erreicht; so ergaben Versuche des Geologischen Institutes der Technischen Hochschule in Wien (Versuchausführer: A. Winter) eine Wasseraufnahme bei:

Nach	1 Tag	8 Tagen	20 Tagen	4 Monaten	14 Monaten
Basalt, Sag, Ungarn	0,922	—	1,052	—	1,180 v. H.
Basalt, Oberpullendorf ...	0,210	0,253	0,266	0,266	— „ „
Hart-Sandstein, Buchs ...	0,338	0,345	0,365	0,365	— „ „
Granit, Mauthausen	0,080	0,138	0,241	0,241	— „ „

Statt bei gewöhnlichem Drucke (freiwillige Wasseraufnahme), kann man das Gestein auch im luftverdünnten Raume oder unter Druck Wasser aufnehmen lassen (erzwungene Wasseraufnahme); erst dann erhält man für den Wert des Aufnahmevermögens eine Ziffer, welche, je nach dem angewendeten Ermittlungverfahrens (Höhe des Druckes, Grad der Luftverdünnung usw.) mehr oder minder gut mit der Lückigkeitziffer übereinstimmt (Obergrenze des Wasseraufnahmevermögens).

Färbungsversuche ergänzen die Wasseraufnahmeprüfung in willkommener Weise und decken die feinen Wasserwege in hellen Gesteinen (weniger gut in dunklen) leicht verfolgbar auf. Als Farbstoff wird meist alkohollösliches Nigrosin in $\frac{4}{100}$ Verdünnung angewendet. Man richtet zweierlei Reihen von Prüfstücken zu; die eine stellt man durch Abschlagen von Gesteinsplittern von etwa 60 bis 150 ccm Größe her, die andere durch Ersägen von Prüfstücken; man kann so gleichzeitig die Einwirkung der Bearbeitung auf das Gestein feststellen. Man trocknet dann die Prüfstücke einige Stunden lang und legt sie mindestens 48 Stunden lang in die Farblösung. Nach Beendigung der Lagerung im gut verschlossenen Glasgefäß holt man die Proben mit einer Greifzange heraus, läßt sie abtropfen, trocknen und zerschlägt sie dann; aus ihren Bruchflächen lassen sich viele wichtige Eigenschaften des Gesteingefüges ablesen (Abb. 335 bis 344).

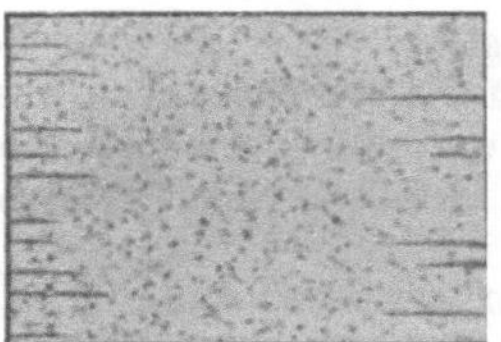

Abb. 335. Dichtes Gefüge, Schichtung schwach, daher linige, kurzstreckige Eindringung des Farbstoffes

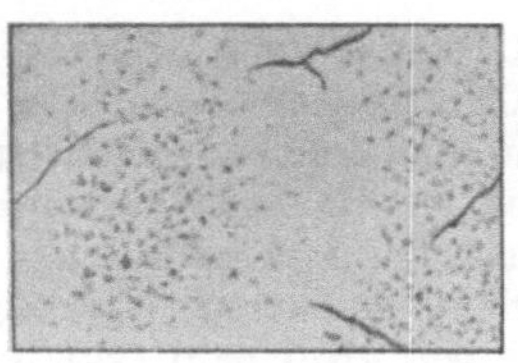

Abb. 336. Farbstoffeindringung nur in Spaltrissen

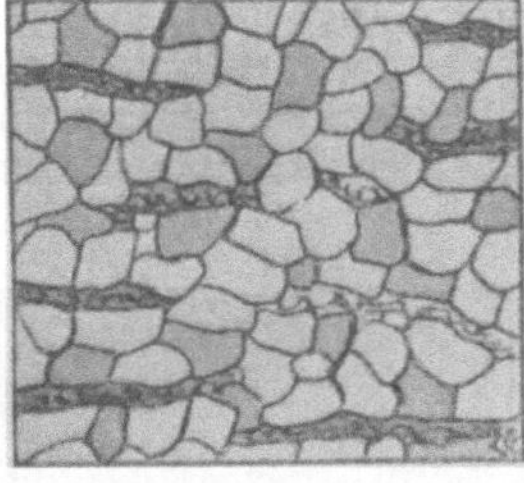

Abb. 337. Durchlässige „Zwischenmasse" absätzig in einer undurchlässigen Hauptmasse eingelagert

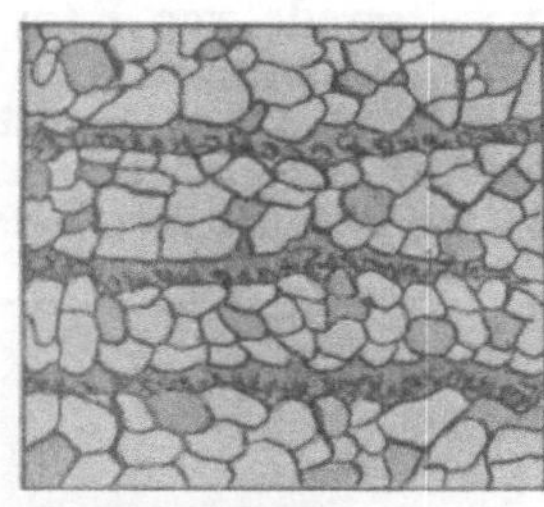

Abb. 338. Durchlässige „Zwischenmasse" durchlaufend eingelagert in einer rissigen Hauptmasse

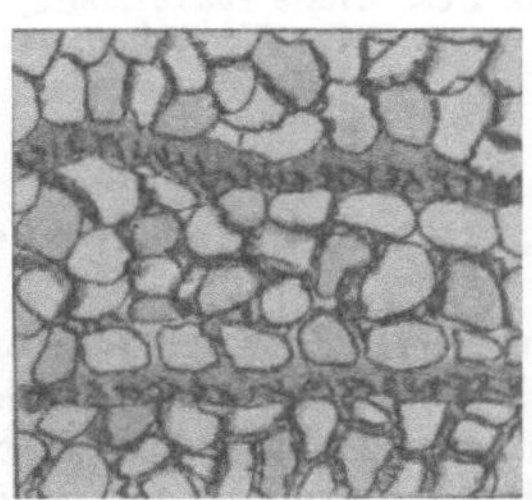

Abb. 339. Durchlässige „Zwischenmasse" durchlaufend eingelagert in einer luckigen Hauptmasse

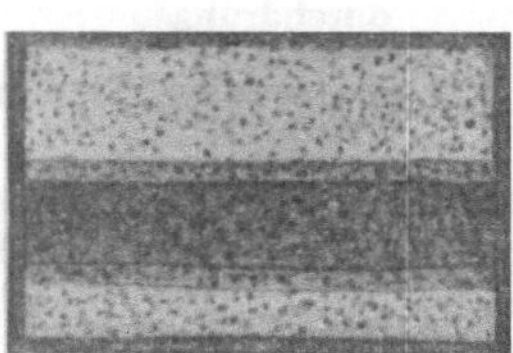

Abb. 340. Schichtenweise vollständig durchfärbtes Bindemittel

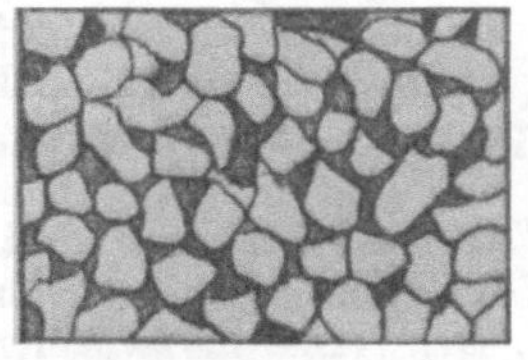

Abb. 341. Vollständig durchfärbte, weil luckige Porenfülle

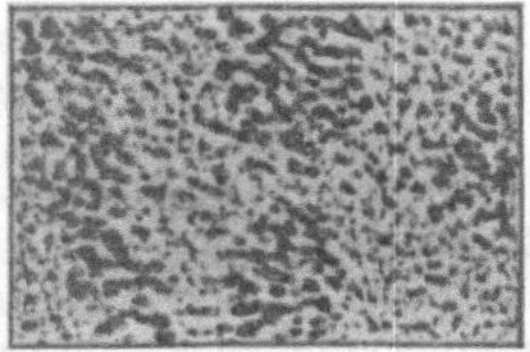

Abb. 342. Mehr oder weniger gleichmäßig schwarzblaue Durchfärbung; stark luckiges Gestein mit unregelmäßiger Verteilung eines reichlich beigemengten pulverigen Bestandteiles

Färbeversuche mit Nigrosinlösung; nach J. Hirschwald

Mit der bereits vielfach zum Durchmustern von Gesteinen benutzten Ultralampe kann man das Eindringen von Farbstofflösungen usw. in ein Gestein gut sichtbar machen; man gewinnt dadurch nicht bloß Einblick in die Wegsamkeit eines Gesteines, sondern auch in sein Gefüge (Haarrisse usw.; vgl. auch A. Schmölzer).

Die technischen Wirkungen der Wasseraufnahme durch die Gesteine können sehr groß sein (vgl. Jesser[63]). In den allermeisten Fällen erfahren die verschiedenen Felsarten eine merkliche Ausdehnung. Damit verbindet sich eine Lockerung des Zusammenhanges; diese tritt z. B. allein schon durch wiederholtes Feuchtwerden und Wiederaustrocknen ein und wird noch verstärkt durch die bei diesen Vorgängen unvermeidlichen Unterschiede im Feuchtigkeitsgrade von Kern und Rindenschalen (Spannungen!); sie wird weiters noch bedingt durch die verschiedene Ausdehnung, welche die einzelnen Bestandteile zusammengesetzter Felsarten infolge ihres unterschiedlichen Wasseraufnahmevermögens und ihrer abweichenden Raumvermehrung bei der Feuchtigkeitaufnahme erfahren.

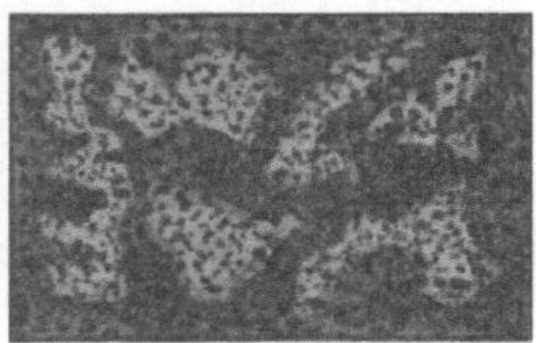

Abb. 343. Unregelmäßige netzadrige Durchfärbung mit schlauchartigen Eindringungsbahnen. Mehr oder weniger dichtes Gestein, netzartig von einem luckigen Gemengteil durchdrungen

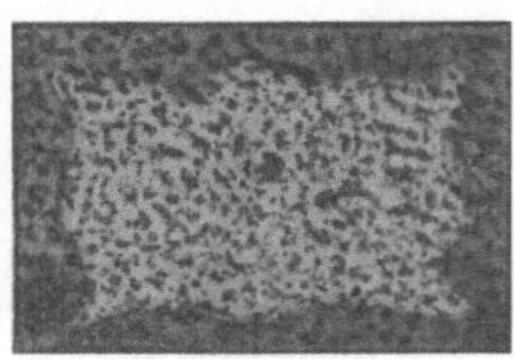

Abb. 344. Breite Randfärbung mit rundlichen Vorstülpungen

Färbeversuche mit Nigrosinlösung; nach J. Hirschwald

Gesteine, deren technische Eigenschaften (Festigkeit usw.) unter Wasseraufnahme merklich leiden, heißen **erweichbar**; der Grad der Erweichbarkeit eines Gesteines nimmt im allgemeinen mit dem Gehalte an staubförmigen oder erdigen Teilchen („Ton" u. dgl.) zu. Das „Kornhaften" (Haften von Korn zu Korn) ist bei trockenen Tonen ziemlich groß; bei vollständiger Durchfeuchtung des Schlammes kann es Null werden. Als Erweichungfähigkeit eines Gesteines könnte man den Bruch ansehen $\frac{\text{Zugfestigkeit naß}}{\text{Zugfestigkeit trocken}}$.

Die Wasseraufnahme durch Felsarten ist dann besonders gefährlich, wenn das eindringende Wasser schädliche Stoffe beigemengt enthält; so z. B. SO_3 (aus Schwefelkies, Anhydrit, Gips usw.), Humussäuren, Sulfitlauge (Abwässer von Papierwerken) usw.

Bei geschichteten oder geschieferten (geflaserten) Gesteinen sind Raschheit und Ausmaß der Wasseraufnahme nach den Richtungen der Schichtung (Schieferung) und senkrecht dazu verschieden. Das Verhältnis zwischen beiden Werten gibt nach J. Hirschwald die Verteilungziffer (V) des freiwillig aufgenommenen Wassers $\left(V = \frac{W\parallel}{W\perp}\right)$. Bei der Durchführung des Versuches werden annähernd würfelige (4 . 4 . 4 cm, Hirschwald empfiehlt 5 . 4 . 4 cm) Probestücke abwechselnd auf den Unstetigkeitsflächen und senkrecht dazu mit einem wasserdichten Überzuge aus Paraffin, Wachs, Terpentin, Kolophonium oder einem Gemisch aus den letzten drei Stoffen, versehen, während die übrigen Flächen von der Schutzrinde frei bleiben. Die Verteilungsziffer gibt bedeutsame Fingerzeige bei der Beurteilung der Wetterbeständigkeit einer Felsart; sie beträgt z. B. bei

Sandstein von Miltenberg a. M.	1,27	$\left(\frac{2,41}{1,89}\right)$
	1,22	$\left(\frac{4,73}{3,88}\right)$
deutlich geschichtetem Sandstein von Bentheim	1,01	
undeutlich geschichtetem Sandstein von Wünschelburg (Schlesien)	1,04	
ziemlich deutlich und grob geschichtetem Sandstein von Wünschelburg (Schlesien)	1,07	
ziemlich deutlich geschichtetem Sandstein von Alt-Warthau (Schlesien)	1,06	
sehr deutlich geschichtetem Sandstein von Alt-Warthau (Schlesien)	1,16	
undeutlich geschichtetem Sandstein von Friedersdorf	1,011	
deutlich dünnschichtigem Sandstein von Schlegel (Schlesien)	1,01	

Die Fähigkeit eines Gesteins, Wasserdampf aus gesättigter Luft aufzunehmen und an den Wänden seiner Lücken zu verdichten, pflegt man Wasseranziehung (Wasserverdichtungkraft, Hygroskopie) zu nennen. Dagegen bezeichnet man als Wasseraufsaugung (Imbibition, Wasseraufnahme schlechthin) das Vermögen des Gesteins, seine Lücken mit Wasser oder einer Flüssigkeit überhaupt zu erfüllen; es kommt z. B. bei Kieselgur für seine Verwendung bei der Sprengstofferzeugung in Betracht. Die Wasseraufnahme lückiger Steine kann man u. a. durch einen Mörtelüberwurf aus Kalk, Sand und Wasserglas herabsetzen oder ganz verhindern. Die Wasseranziehung erfolgt um sehr vieles langsamer als die Wasseraufsaugung.

Die Sättigungsziffer (S) gibt jenen Bruchteil der Gesamthohlraumsumme eines Gesteins an, welcher bei gewöhnlichem Druck tatsächlich von aufgenommenem Wasser erfüllt werden kann. Sie wird dadurch bestimmt, daß man einen Probewürfel zuerst unter gewöhnlichem Drucke mit Wasser sättigen läßt ($G =$ Gewicht der hiebei aufgesaugten Wassermenge) und ihm sodann nach Behandlung im luftverdünnten Raume Wasser (G_1) unter 150 Atmosphären Druck einpreßt.

$$S = \frac{G}{G_1}.$$

Die Sättigungsziffer gibt ein annäherndes Maß für die Frostbeständigkeit einer Felsart. Da nämlich der Frost die Wände der Hohlräume nur dann zerstört, wenn das gefrierende Wasser keinen Platz zur Ausdehnung vorfindet, so wird das Zerfrieren rechnungsmäßig im allgemeinen nur bei solchen Gesteinen auftreten, deren Sättigungsziffer den Wert von 0,90 überschreitet. In Wirklichkeit liegt nach Hirschwald der obere Grenzwert der Sättigungsziffer für frostbeständige Gesteine wesentlich tiefer, etwa bei 0,80 im Durchschnitte, und sinkt bei einer regelmäßigen Anordnung der Gesteinslücken in gleichgerichteten Lagen, bei Erweichungsfähigkeit des Gesteinbindemittels in Wasser usw. sogar bis auf 0,7 herab.

Über die Wasseraufnahme in Gewichtshundertsteln und die Sättigungsziffer gibt J. Hirschwald nachstehende Werte für verschiedene Gesteine an:

		W	*S*
Granit,	Weinberg, Schlesien, kleinkörnig, sehr fest	0,36 bis 0,39	0,544
„	Jannowitz, Schlesien, mittel- bis grobkörnig, drusig	0,40 „ 0,57	0,679
„	Strehlen in Schlesien, kleinkörnig, sehr mürbe (Steine aus alten Bauwerken)	2,65 „ 2,91	0,750
Marmor,	Kunzendorf, Schlesien, grobkörnig, aus altem Bauwerk	0,43 „ 0,44	0,589
Kalkstein,	Limburg, feinkörnig, kristallin, sehr fest	0,66 „ 0,75	0,806
„	Anröchte, dicht mit Hohlräumen	1,22 „ 1,41	0,638
„	Wenden, schaumig fest	2,94 „ 3,17	0,490
„	Sonnenschein, schaumig, muschelhaltig	3,60 „ 4,05	0,399
„	Rüdersdorf, Schaumkalk	3,92 „ 4,43	0,494
„	Sülfeld, Serpulitenkalk	5,76 „ 6,00	0,730
Sandstein,	Dortmund, Kieselsandstein, sehr fest, mit Kohlenteilchen und Feldspat	1,47 „ 1,63	0,738
„	Cattenbühl bei Münden, Kieselsandstein, sehr fest	1,69 „ 1,92	0,522
„	Aschaffenburg, geschichtet mit pulverförmigem Eisenoxyd	4,32 „ 4,75	0,614
„	Trier, schiefrig, wenig fest	6,54 „ 6,98	0,674
„	Steinstedt bei Börssum, mit kohligen Einlagerungen	11,35 „ 11,39	0,772
Dachschiefer,	Klotten a. d. Mosel, sehr dünnschiefrig, mit ebener Schieferungsfläche, grauschwarz, ziemlich glimmerarm	0,67 „ 0,67	0,931
„	Goslar, sehr dünnschiefrig, Schieferungsfläche geriefelt, grauschwarz, wenig Glimmer	0,56 „ 0,58	0,725

Wasseraufnahme in Gewichtshundertsteln nach 7 Tagen.
Mittelwerte nach Untersuchungen des Geologischen Institutes der Technischen Hochschule in Wien (A. Winter):

Sandstein, Buchs, Schweiz	0,456
Basalt (blau), Pullendorf, Burgenland	0,237
Basalt (braun), Pullendorf, Burgenland	0,267
Gneis-Glimmerschiefer, Seebach, Kärnten	0,711
Granit, Mauthausen, O.-Ö.	0,237
Granit, Freistadt, O.-Ö.	0,374
Diorit (Schwarzschwed. Granit)	0,011
Labradorit	0,053
Marmor, Laas, Südtirol	0,145
Quarz-Porphyr, Bozen, Südtirol	0,229
Syenit, Blauberg	0,08
Diorit, Kreuth, Kärnten	0,09
Aptychenkalk, Achenkirchen, Tirol	0,40

Beispiele für die Wasseraufnahme der Gesteine unter verschiedenen äußeren Bedingungen nach J. Hirschwald

Fundort des Gesteins	Wasseraufnahme in Gewichtshundertsteln des Gesteins					Wasseraufnahme in $^0/_0$ des Gesamtrauminhaltes der Gesteinsporen			
	bei schnellem Eintauchen der Probe W_1	bei langsamem Eintauchen der Probe W_2	im luftleeren Raum W_v	bei 50 bis 150 Atm. Druck W_c	Quotient $\frac{W_2}{W_c} = S$	bei schnellem Eintauchen der Probe W_1	bei langsamem Eintauchen der Probe W_2	im luftleeren Raum W_v	Bezogene Lückigkeitsziffer P
1. Sandstein									
1. Mürlenbach, Rheinland	4,89	5,66	7,89	9,23	0,613	52,97	61,30	85,46	20,16
2. Pfalzeler Wald bei Trier	6,95	7,18	11,33	11,40	0,630	60,95	62,99	99,36	23,09
3. Steinkaute bei Saalmünster	4,77	4,99	5,29	6,21	0,804	76,85	80,36	85,22	14,11
4. Sandershausen, Hessen-Nassau	3,76	4,00	4,19	5,18	0,772	72,55	77,20	80,99	12,17
5. Neukirch, Schlesien	5,57	5,89	9,48	10,25	0,575	54,41	57,56	92,57	20,80
6. Dammelsberg, Hessen-Nassau	5,61	5,64	10,38	10,56	0,534	53,16	53,48	98,31	21,84
7. Röllinghausen, Hannover	6,75	7,22	10,54	10,81	0,668	62,46	66,80	97,47	22,35
8. A. d. Lehne bei Frankenberg	6,90	7,33	10,80	11,31	0,648	61,06	64,88	95,48	23,14
9. Bleichenbach, Hessen-Darmstadt	5,54	5,84	9,13	9,33	0,626	59,43	62,66	97,93	19,75
10. Gerstungen, Hessen-Nassau	4,92	5,02	5,75	6,67	0,753	73,25	74,78	85,55	15,04
11. Stadtoldendorf	2,95	3,36	3,37	4,13	0,814	71,33	81,22	81,49	10,03
12. Obernkirchen	5,72	6,35	11,14	11,45	0,555	50,02	55,54	97,33	23,26
13. Lüstringen, Hann.	4,01	4,25	4,42	4,96	0,857	81,00	85,81	89,17	11,62
14. Altenhagen, Hann.	5,62	5,63	9,04	9,30	0,605	60,44	60,49	97,17	19,77
15. Lutter am Barenberge	4,72	5,75	9,98	10,10	0.569	46,79	56,97	98,80	21,14
16. Elze, Hannover	4,50	4,70	9,09	9,46	0,497	47,58	49,73	96,10	20,05
17. Kattenbühl, Hann.	1,69	1,92	2,25	3,68	0,522	45,93	52,21	61,14	8,81
18. Hockenau, Schlesien	5,05	5,17	9,42	9,47	0,546	53,34	54,62	99,49	19,60
19. Grüssau, Schlesien	2,48	2,49	2,61	2,75	0,905	90,13	90,57	95,10	6,77
20. Soest (Umgegend)	4,13	5,23	5,52	5,85	0,894	70,59	89,47	94,43	13,87
21. Löwenberg, Schlesien	7,76	7,81	12,58	12,85	0,608	60,50	60,86	97,92	25,38
22. Alt-Warthau, Schlesien	7,07	7,24	12,02	12,54	0,577	56,46	57,80	95,80	24,93
23. Alt-Warthau, Schlesien	6,99	7,01	11,99	12,10	0,579	57,78	57,95	99,12	24,23

Fundort des Gesteins	Wasseraufnahme in Gewichtshundertsteln des Gesteins: bei schnellem Eintauchen der Probe W_1	bei langsamem Eintauchen der Probe W_2	im luftleeren Raum W_v	bei 50 bis 150 Atm. Druck W_c	Quotient $\frac{W_2}{W_c} = S$	Wasseraufnahme in % des Gesamtrauminhaltes der Gesteinsporen: bei schnellem Eintauchen der Probe W_1	bei langsamem Eintauchen der Probe W_2	im luftleeren Raum W_v	Bezogene Lückigkeitsziffer P
2. Kalkstein									
24. Kauffungen, Schles. (Marmor)	0,35	0,49	0,55	0,59	0,831	59,47	84,27	94,67	1,57
25. Laas, Tirol (Marmor)	0,38	0,74	0,82	0,92	0,804	41,60	81,37	90,01	2,43
26. Limburg	0,66	0,85	0,89	0,90	0,944	72,99	92,29	99,30	2,51
27. Beckum, Westfalen	0,26	0,40	0,50	0,74	0,541	36,24	54,59	67,89	1,98
28. Rittershausen, Rheinland	0,20	0,39	0,58	0,58	0,672	35,00	67,78	100,00	1,59
29. Kammerforstberg, Sachsen	2,20	2,41	3,71	4,58	0,526	48,15	54,03	81,10	11,50
30. Harlyberg, Hannov.	1,93	2,08	2,43	3,26	0,638	59,17	63,96	74,48	8,11
31. Hottensen, Hannov.	7,51	7,88	19,08	21,19	0,372	35,46	37,20	90,04	36,47
32. Sülfeld, Hannover	5,76	6,00	7,18	8,22	0,730	70,07	73,05	87,36	18,18
33. Rüdersdorf	2,81	3,43	4,38	11,43	0,300	24,63	30,08	38,35	21,86
34. Rüdersdorf (andere Lage)	4,79	5,39	8,90	10,70	0,504	44,77	50,41	83,20	—
3. Dachschiefer									
35. Nordenau, Westfalen	0,52	0,58	0,86	0,86	0,674	60,35	67,50	100,00	2,33
36. Clotten a. d. Mosel	0,67	0,67	0,72	0,72	0,931	90,00	90,00	100,00	1,98
37. Simmerath, Rheinland	0,92	0,98	1,18	1,41	0,695	65,00	69,58	83,33	3,81
38. Caub am Rhein	0,51	0,55	0,70	0,70	0,786	72,92	79,16	100,00	1,91
39. Ruppachtal b. Diez	1,04	1,10	1,80	2,16	0,509	48,19	51,11	83,33	5,66
40. Silbach, Westfalen	0,99	1,01	1,01	1,13	0,894	88,37	89,53	89,53	3,04
4. Feuerberg-Tuffe									
41. Weibern, Rheinland	22,11	23,41	30,25	33,75	0,694	65,51	69,37	89,64	45,14
42. Brohltal, Rheinland	13,48	13,48	15,00	15,54	0,867	86,71	86,71	96,52	29,35
43. Wolsdorf, Rheinland	11,07	11,74	14,81	16,78	0,700	65,97	69,99	88,25	28,81
44. Homberg (Umgeg.)	9,00	9,20	11,39	12,29	0,749	73,23	74,83	92,70	24,74
5. Basalt									
45. Helle Warte bei Fritzlar	0,30	0,33	0,51	0,51	0,647	58,24	64,71	100,00	1,52
46. Naumburg, Hessen-Nassau	1,07	1,07	1,17	1,17	0,915	91,14	91,43	100,00	3,37
47. Siebengebirge	0,27	0,27	0,39	0,39	0,693	68,46	68,46	100,00	1,14

Fundort des Gesteins	Wasseraufnahme in Gewichtshundertsteln des Gesteins: bei schnellem Eintauchen der Probe W_1	bei langsamem Eintauchen der Probe W_2	im luftleeren Raum W_v	bei 50 bis 150 Atm. Druck W_c	Quotient $\frac{W_2}{W_c} = S$	Wasseraufnahme in % des Gesamtrauminhaltes der Gesteinsporen: bei schnellem Eintauchen der Probe W_1	bei langsamem Eintauchen der Probe W_2	im luftleeren Raum W_v	Bezogene Lückigkeitsziffer P
6. Porphyr									
48. Burgberg bei Ilfeld	2,28	2,90	3,44	3,90	0,744	61,76	78,46	90,23	9,15
49. Nahetal	1,24	1,24	1,24	1,40	0,886	88,75	88,75	88,75	3,48
50. Galgenberg b. Halle	1,43	1,67	1,72	1,95	0,856	73,10	85,51	88,27	4,89
7. Granit									
51. Strehlen, Schlesien	0,74	0,74	0,98	1,31	0,565	56,46	56,46	74,53	3,34
52. Desgl. von älterem Bauwerk	2,65	2,91	3,88	3,88	0,750	68,44	75,06	100,00	9,32
53. Jannowitz	0,40	0,57	0,66	0,84	0,680	47,89	68,00	78,27	2,17
54. Trusental bei Herges-Vogtei	0,28	0,59	0,59	0,69	0,855	41,79	85,58	85,58	1,82
55. Am Zobten	0,51	0,91	1,07	1,25	0,728	41,20	57,71	85,54	3,20

Steine, welche nach Niederschlägen länger feucht bleiben als ihre Nachbarn und sich auch erheblich rascher abnutzen, nennt der Pflasterer „Wassersöffer" (Wassersauger). Sie treten nach W. Zelter (53) in Granitpflastern häufig auf; Steuer führt sie auf lückige Vorkommen zurück (winzige, aber zahlreiche Hohlräume), Zelter (53) auf feinste Risse als Folge von Gebirgsdruck.

Die Wasseraufnahme schädigt nur bei wenigen — namentlich lückenlosen, kieseligen oder vollkristallinen, massigen — Gesteinen die technischen Eigenschaften nicht. Die meisten anderen Gesteine — namentlich tonhältige — sind erweichbar; ihre Festigkeit leidet unter der Wasseraufnahme; Auflösung des Bindemittels und Erweichung kann in Stollen zur Bildung einer sogenannten „Dreckbank" führen. An Kleinchen (besonders tonigen Stoffen) reiche Gesteine „quellen" bei der Wasseraufnahme (vgl. L. Jesser [62]).

14. Wärmeleitungfähigkeit

Die Fähigkeit der Gesteine, die Wärme aufzunehmen und wieder abzugeben, also gewissermaßen Wärmeströme durch ihren Körper fließen zu lassen, ist zwar im allgemeinen gering, aber immer noch größer als die Wärmeleitungfähigkeit der künstlichen Baumaterialien. Die weitaus meisten natürlichen Gesteine fühlen sich daher im Gegensatz zu Kunststein kalt an (z. B. Kalkspat, Graphit); nur der Gips fühlt sich warm an, desgleichen Gesteine von sehr lückigem Gefüge (Kalksinter, Kreide usw.). Das Wärmeleitungsvermögen der natürlichen Gebirgsarten übersteigt weiters jenes des Wassers und ganz besonders jenes der Luft. Durchfeuchtung erhöht daher die Wärmeleitungsfähigkeit des Bodens und der lückigen Gesteine; ebenso wächst das Leitvermögen für Wärme mit der Abnahme der Hohlraumsumme eines Gesteines.

Der Grad der Wärmeleitungsfähigkeit ist bei richtungsloser Tracht nach allen Richtungen gleich; bei schichtigen, schiefrigen, flasrigen und lagig gebauten Gesteinen dagegen pflanzt sich die Wärme in der Richtung der Schichtung, Schieferung, der Flaserzüge und Lagen rascher fort, als lotrecht dazu. Dieses Verhalten ist für den Stollen- und Tunnelbau von Belang. Hohlbauten in flachgelagerten Schichtgesteinen und Schiefern werden nicht bloß schlechter durchlüftet, sondern erschweren auch durch größere Wärme die Arbeit mehr als Stollen in steil aufgerichtetem, die Wärme besser nach außen ableitendem Gebirge. Glimmerreichtum erhöht in schiefrigen Gesteinen die Wärmeleitungsfähigkeit.

Die Wärmeleitungsfähigkeit hängt weiter auch von dem Ausmaße der Zerklüftung und Lückigkeit des Gesteines ab. Sind die Spalten offen und klaffen sie weit, wie dies im Kalkgebirge oft der Fall ist, dann fördern sie den Luftaustausch und erhöhen die Wärmeleitungsfähigkeit. Schmale Spalten und alle sonstigen kleinen Hohlräume des Gesteines, welche mit stauender, schlechtleitender Luft erfüllt sind, setzen aber die Leitungsfähigkeit des Gesteines für Wärme herab. Auf dieser Eigenschaft beruht die Verwendung feinlückiger Felsarten, wie Kieselgur, Bimsstein usw., als Wärmeschutzkörper zur Umhüllung von Gefrierräumen, Eiskellern, Dampfrohren usw. Angestellte Versuche haben gezeigt, daß trocken erscheinende Tone die Wärme etwa dreimal so schlecht leiten als Basalt, Granit oder Marmor. Ungefähr in der Mitte zwischen diesen Werten liegt das Leitvermögen von Tonschiefer. Basaltmauern geben wegen der verhältnismäßig hohen Wärmeleitungsfähigkeit des Basaltes Räume, welche im Sommer heiß, im Winter aber kalt sind, während Wände aus lückigem Kalksinter, Sandsteinen, Trachyt, Roggensteinkalk usw. den Wärmeaustausch zwischen der Innen- und Außenluft stark verzögern und daher gleichmäßiger warme Räume erzeugen. Geschlossene Gesteine (Basalt, Diabas, glimmerarme Gneise, Quarzite, feinkörnige Granite usw.) bringen im Gefolge ihrer guten Wärmeleitungsfähigkeit noch den Nachteil, daß sie die Feuchtigkeit an ihrer Oberfläche niederschlagen; man sagt, sie „schwitzen" und benutzt auf dem flachen Lande diese Erscheinung auch zur Beurteilung, ob schlechtes Wetter droht. Das „Schwitzen" der Gesteine befördert die überaus lästige Ausbreitung des Hausschwammes und benachteiligt die Gesundheit der Tiere und Menschen, die sich in solchen Räumen aufhalten müssen.

Technisch wichtig ist die Leitfähigkeit feuerfester Stoffe.

Die Wärmeleitungfähigkeit beträgt bei einem Wärmegefälle von 1° C in kleinen Wärmeeinheiten, welche je Sekunde durch ein ebenes Gesteinsplättchen von 10 mm Dicke je 1 qcm durchgehen, bei:

	W. E.		W. E.
Steinkohle	0,0003 bis 0,004	Quarz ∥ zur Hauptachse	0,0009 „ 0,0016
Quarzsand fein, trocken	0,0003 „ 0,0013	Quarz ⊥ zur Hauptachse	0,0026 „ 0,0042
Granit	0,0004 „ 0,0097	Tonschiefer	0,0019 „ 0,0030
Bimsstein	0,0006	Obsidian von Lipari	0,0019
Wasser (Strömungseinfluß)	0,00124„ 0,02	Kreide	0,0020 „ 0,0022

	W. E.			W. E.
Feuerstein	0,0024		Marmor, schwarz	0,0018
Sandstein	0,0024 „ 0,0307		Antigoriogneis	0,0055 „ 0,0067
Andesit	0,0031		Rofnaporphyr	0,0055
Basalt	0,0032 „ 0,0067		Granatschiefer	0,0056
Aplitischer Aaregranit	0,0040		Tithonkalk vom Tättis	0,0048
Marmor	0,0012 „ 0,0050		Kalkphyllit	0,0047
Triasmarmor vom Simplon	0,0052		Feldspat	0,0058
Marmor, weiß	0,0012		Phyllit	0,0068
			Porphyr	0,0083

Hingegen leiten

	W. E.
Trockene Bodenluft	0,00005
Wasser	0,00142

Es leiten also die meisten Mineralien und Gesteine die Wärme besser als Wasser und letzteres wieder unvergleichlich besser (250mal) als Luft.

Die Wärmewegsamkeit von Lockermassen hat besonders H. Karsten bestimmt; sie beträgt in Wärmeeinheiten für

	trocken	ganz durchfeuchtet
Torferde	0,00027	0,0011
Lehm	0,00033	0,0021
sandhaltigem Lehm	0,00045	0,0032
feinem Sand	0,00046	0,0039
grobem Sand	0,00047	0,0041

Feiner Quarzsand, trocken	0,0005
„ „ mit 20 v. H. Wasser	0,0020
„ „ „ 20 v. H. „	0,0035

Bei Lockermassen entscheidet also über die Wärmeleitungfähigkeit nicht ihre mineralogische Zusammensetzung, sondern ihr jeweiliger Feuchtigkeitgehalt.

15. Erwärmbarkeit (Wärmeschluckvermögen)

Die Erwärmbarkeit eines Gesteins wird durch die Wärmemenge gemessen, welche erforderlich ist, um die Raumeinheit der Felsart um 1° C zu erwärmen (Wärmefassungvermögen, Wärmekapazität, spezifische Wärme, besondere Wärme).

Hinsichtlich der Erwärmbarkeit verhalten sich trockene Gesteine mit lufterfüllten Poren ganz anders, als feuchte Felsarten. Wasser benötigt zu seiner Erwärmung mehr Wärmeeinheiten als die gleiche Menge Luft und ist auch ein recht schlechter Wärmeleiter; tonige, das aufgesaugte Wasser zäh festhaltende Gesteine und Bodenarten werden sich infolgedessen nur langsam erwärmen und daher kalt (schwer erwärmbar) genannt, im Gegensatze zu den lockeren, sandigen Böden, deren Lücken das Wasser rasch abgeben, sich mit Luft füllen und daher leichter erwärmen. Diese Verhältnisse haben für die Pflanzenwelt hohe Bedeutung; unsere Nutzgewächse gedeihen unter sonst gleichen Umständen auf „warmem" Gestein besser als auf „kaltem" (z. B. die Weinrebe!).

Natürlich hängt die Erwärmbarkeit eines Gesteines nicht nur von der Summe seiner lufterfüllten Lücken, sondern auch von seiner Farbe ab. Dunkle Gesteine erhitzen sich rascher und bis zu höheren Wärmegraden als helle. Daraus erklärt sich zum Teil auch die Güte der Weine, die in unserem Klima auf basaltischem Grundgestein gekeltert werden (z. B. Seindl bei Klöch, Oststeiermark).

Die Erwärmbarkeit ist auch für die Anlage von Wärmespeichern wichtig, deren Zweck es ist, möglichst viel Wärme in kurzer Zeit aufzunehmen und zur raschen Abgabe bereit zu halten.

Nachstehend einige Werte für das Wärmeschluckvermögen:

	W. E.		W. E.
Graphit	0,20187	Augit aus Basalt	0,1930 bis 0,1950
Quarz	0,1883	Hornblende (Freiberg)	0,1958
Kalkspat	0,2046	Feldspat (Lomnitz)	0,1911 „ 0,1911
Kalkspat (Steiermark)	0,1963	Kohle	0,180 „ 0,190
Aragonit (Steiermark)	0,2018		

	Dichte	W. E.	
Granit, Schwarzwald 1	2,660	0,1949	nach G. Stadler
„ Baveno	2,596	0,1941	
„ Schwarzwald 2, quarzärmer als 1	2,660	0,1963	
Syenit	2,510	0,1986	
Trachyt, Siebengebirge	2,550	0,2089	
Porphyr	2,620	0,1966	
Basalt, Mittelrhein	2,970	0,1988	
Marmor, Carrara	2,699	0,2066	
Kalkstein, Jura	2,658	0,2061	
Molasse-Sandstein, dicht	2,570	0,2056	
Molasse-Sandstein, weniger dicht	2,060	0,2010	
Nagelfluh 1, St. Gallen	2,034	0,2071	
Nagelfluh 2, St. Gallen	2,730	0,2107	
Serpentin	2,680	0,2439	
Tuff von Ruma bei Porta Portese	1,3651	0,3308	nach F. Morano

	W. E.		W. E.
Tertiärer Quarzsand	0,517	Quarzsand mit 41,5 v. H. Luft	0,302
Kalksand	0,582	Humus mit 75,4 v. H. Luft	0,240
Ton	0,576	Quarzsand mit 20,75 v. H. Luft und 20,75 v. H. Wasser	0,510
Torf	0,601		
Wasser	1,000		
Luft	0,000306		

Die Erwärmbarkeit von Böden und anderen Lockermassen (Bindern und Nichtbindern) wird daher in allererster Linie nur von ihrem Luft- und Wassergehalte bestimmt. Es beträgt nach E. Mitscherlich die besondere Wärme in W. E. je 1 Raumzentimeter Gestein bei einem Wassergehalte in Hundertsteln des Gesamthohlraumes für

	0	10	20	30	40 v. H.
Sand	0,302	0,344	0,385	0,427	0,468
Ton	0,204	0,298	0,357	0,415	0,473

	50	60	70	80	90	100 v. H.
Sand	0,510	0,551	0,592	0,634	0,676	0,717
Ton	0,532	0,590	0,648	0,706	0,765	0,823

Sand verhält sich im trockenen Zustande „kälter" als Ton; im nassen Zustande dagegen ist er „wärmer" als Ton.

16. Wärmedehnung

Wenig untersucht ist bisher die Ausdehnung der Gesteine durch die Wärme.

Die Ausdehnungziffer je 1° C beträgt nach K. Schulz bei

	Längenausdehnung	Räumliche Dehnung
Marmor	0,0000034	
Kalkstein	0,00000809	
Granit	0,0000081	
Quarz ∕∕ der Hauptachse ...	0,00000781	0,000038 bis 0,000042
⊥ zur „ ...	0,00001419	
Kalkspat ∕∕ „ „ ...	0,00002621	0,000018 bis 0,000020
⊥ „ „ ...	0,00000540	
Adular	0,000015687 0,000000659 0,000002914	0,001794
Aragonit nach den 3 Achsen	0,00001016 0,00001719 0,00003460	
Diopsid in den verschiedenen Richtungen	0,000008125 0,000016963 0,000001707	0,00002330
Orthoklas		0,000017 bis 0,000026
Graphit (Batongol)	0,00000786	
Granat	0,000008478	0,000025434
Hornblende in den verschiedenen Richtungen	0,000008119 0,000000843 0,000009530	0,00002845

Die Wärmeausdehnung hat besonders bei der Verwendung feuerfester Stoffe hohe Bedeutung.

Ähnlich wie Wasseraufnahme die Festigkeitsverhältnisse der Gesteine mehr oder weniger beeinflußt, verändert sie auch Erwärmung auf hohe Hitzegrade.

17. Schallfortpflanzung

Die Fortpflanzung von Schallwellen im Gestein besitzt für den Bergbau und Stollenbau, namentlich aber für unterirdische Grab- und Sprengarbeiten im Kriege (vgl. J. Wilser 25) eine gewisse Bedeutung.

Dichtes oder feuchtes Gestein leitet den Schall besser als lückiges oder trockenes Gestein. Lufterfüllte Hohlräume dämpfen den Schall um so mehr, je weiter sie sind und je größer ihre Gesamtsumme ist; verwittertes Gestein leitet daher den Schall schlechter als frischer Fels. Zusammenhängende, feste Spaltenausfüllungen leiten gut, mit Wasser oder wäßrigem Schlamm erfüllte Klüfte dagegen schlecht.

18. Elektrische Leitfähigkeit

Quarz, Tridymit und die meisten Silikate (mit Ausnahme von Epidot, Hornblende, Orthoklas, Bronzit usw.) leiten bei gewöhnlicher Wärme die Elektrizität schlecht oder nicht; so ist z. B. Glimmer ein oft angewendetes Schutzmittel. Höhere Wärmegrade verbessern die Leitfähigkeit der Mineralien. Die Leitfähigkeit der Felsarten hängt von ihrem Wassergehalte, jene der Kohlen auch von ihrem Gasgehalte ab.

Die elektrische Leitfähigkeit gewinnt steigende Bedeutung für die elektrische Durchforschung des Baugrundes, der nutzbaren Lagerstätten usw.

Landolt-Börnstein gibt den Umkehrwert des Widerstandes in Ohm eines Würfelzentimeters von folgenden Stoffen an:

Steinsalz	$1 \cdot 10^{-17}$	Diorit	$5 \cdot 10^{8}$
Eis	$2 \cdot 10^{-11}$	Gabbro	$1 \cdot 10^{6}$
Flußwasser	$2 \cdot 10^{-7}$	Schwefelkies bei 20°	$1 \cdot 10^{-1}$
Serpentin	$4 \cdot 10^{-7}$ — $5 \cdot 10^{-4}$	Magnetit	$2 \cdot 10^{0}$
Glimmerschiefer	$5 \cdot 10^{9}$	Braunkohle	$> 2 \cdot 10^{9}$
Diabas	$2 \cdot 10^{8}$		

Nach H. Reich beträgt der Leitwiderstand in 1000 Ohm bei

Wealdensandstein, bergfeucht, I	400 bis 500
II	rund 1500
Toneisenstein der Tongrube Duingen, bergfeucht	3000 bis 5000
Duinger Kohle, feucht	4000
„ „ sehr trocken	fast ∞
Stark angefeuchteter Letten	20
„ „ Sand	30
Basalt, grubenfeucht	rund 200000
Kersantit, grubenfeucht	20000 bis 40000
Zersetzter Glimmerschiefer, grubenfeucht	2500 „ 7000
Gewöhnlicher Glimmerschiefer, grubenfeucht	10000 „ 50000

Nach Ambronn beträgt die Dielektrizitätsziffer für:

Glimmerschiefer	16	Trachyt	8,5
Gneis	14	Granit	8
Melaphyr	14	Granulit	8
Porphyr	13	Hornfels	7 bis 8
Basalt	12	Kalk	8 „ 12
Phyllit	12	Marmor	8,5
Sandstein	9 bis 11	Anhydrit	6 „ 7
Grauwacke	9 „ 10	Gips	5,5

Steinsalz	5,6 „ 6,3	Quarzit	7
Quarz	4 „ 4,7	Eis	1,8
Erdöl	2	Luft	1

19. Magnetische Eigenschaften

Als Maß der magnetischen Leitfähigkeit eines Gesteins dient seine magnetische Durchlässigkeit (Permeabilität, μ); für Rechnungen verwendet man meist den Wert $\varkappa$ (magnetische Aufnahmfähigkeit, Suszeptibilität). Diese beträgt nach Ambrom in $\varkappa \cdot 10^6$

Basalt	600	Olivingabbro	5600	Ilmenit	30740
Gabbro	3300	Pyrit	4	Hornblende	122
Kalkspat	—	Quarz	—	Augit	133
Magnesit	6	Serpentin	1274	Magnetkies	7018
Magnetit	97350	Dolomit	1		

Durchbruchgesteine können bei ihrer Abkühlung dauernd magnetisch werden. Einzelne Felsblöcke, Felskanzeln, Felstürmchen u. dgl. können auch durch Blitzschläge kräftig magnetisiert werden.

20. Radiumwirksamkeit

Der Gehalt der gewöhnlichen Gesteine an radiumwirksamen Stoffen schwankt innerhalb weiter Grenzen. Frische, unverwitterte Gesteine haben nach Kolhörster je 1 g nachstehenden Gehalt an

		Ra	Th
Saure Gesteine	Einguß-	$3{,}1 \cdot 10^{-12}$ g	$2{,}5 \cdot 10^{-5}$ g
	Tiefen-	$2{,}7 \cdot 10^{-12}$ „	
Basische Gesteine	Einguß-	$1{,}1 \cdot 10^{-12}$ „	$0{,}5 \cdot 10^{-5}$ „
	Tiefen-	$0{,}9 \cdot 10^{-12}$ „	
Ton		$1{,}5 \cdot 10^{-12}$ „	$1{,}3 \cdot 10^{-5}$ „
Sandsteine		$1{,}4 \cdot 10^{-12}$ „	$0{,}5 \cdot 10^{-5}$ „
Kalke, Dolomite		$0{,}9 \cdot 10^{-12}$ „	$< 0{,}1 \cdot 10^{-5}$ „

21. Druckfestigkeit

Einleitende Vorbemerkungen über Gesteinfestigkeit überhaupt

Die Festigkeit eines Gesteins stellt gewissermaßen den Gegensatz zur Teilbarkeit dar; sie äußert sich in dem Widerstande, den ein Gestein der Trennung seiner Masse entgegensetzt. Je nachdem die Kräfte, welche die Trennung des Gesteinszusammenhanges zu erreichen streben, Druck-, Zug-, Biegungs-, Schub- oder Verdrehungskräfte usw. sind, spricht man von Druck-, Zug-, Biegungs-, Schub- und Verdrehungsfestigkeit. Der Verwendungszweck eines Bausteines entscheidet über die notwendige Untersuchung; darnach wird entweder die Untersuchung der Druckfestigkeit des Gesteins im Vordergrunde stehen, wie z. B. beim

Bau von Gewölben, hohen Sperrmauern, Bogenbrücken mit verlorenen Widerlagern usw., oder auch eine Prüfung des Baustoffes auf Biegung, Zug und Abscherung notwendig werden. Man begnüge sich in den Prüfungszeugnissen nicht mit den Mittelwerten der Versuchsergebnisse, sondern verlange auch die Mitteilung der Einzelwerte, namentlich der Höchst- und Mindestwerte; stellen letztere in vielen Fällen auch nur Zufallswerte (sogenannte „Ausreißer") dar, so bieten sie anderseits doch sehr häufig wertvolle Anhaltspunkte für die Beurteilung der Gleichmäßigkeit der Gesteinausbildung (Vorkommen von Schnitten und Haarrissen), machen unter Umständen auf das Vorhandensein minderwertigerer und besserer Gesteinabarten im Steinbruch aufmerksam und veranlassen so die Ausführung weiterer, die Gesteinkenntnis und sachgemäße Verwertung des Gesteins fördernder, planmäßiger Festigkeitsuntersuchungen.

Mit den Festigkeitsprüfungen soll regelmäßig auch eine eingehende mikroskopische Untersuchung des Gesteins Hand in Hand gehen, aus der manche wichtige, die mechanische Prüfung ergänzende Erkenntnisse technischer Richtung geschöpft werden können; so z. B. die Art der Kornbindung, der Verwitterungsgrad der das Gestein zusammensetzenden Mineralien, das Vorhandensein feiner Haarrisse usw. (vgl. auch S. 407); diese Feststellungen sind wichtiger als eine in alle Einzelheiten gehende mineralogische Beschreibung der Bestandteile.

Die Festigkeituntersuchungen ergeben bei den natürlichen Bausteinen nur gute, brauchbare Anhaltspunkte, aber keineswegs wissenschaftlich völlig einwandfreie, rein herauszuschälende, unbedingte Ergebnisse. Es ist gut, sich dies vor Augen zu halten, weil es vor einer ungerechtfertigten Überschätzung der Festigkeitprüfungen bewahrt. Der Grund für die Begrenzung der erreichbaren Genauigkeit und Verläßlichkeit liegt in der Ungleichteiligkeit der Felsarten. Die „Stoffestigkeit" oder wie Smekal[26] sie nennt, die „molekulare Festigkeit", ist weit größer als die „Verwertungsfestigkeit" (Verwendungfestigkeit, Ausbildungfestigkeit) der Gesteine (Smekal nennt sie technische Festigkeit); die Gesteinkörper sind ja von zahlreichen Rissen und Klüften durchzogen, welche die Festigkeit um so mehr herabsetzen, je engständiger sie sind und je vollständiger sie den Zusammenhang des Gesteinstoffes aufheben. Die Festigkeitprüfung der Gesteine ermittelt also die grobkörperliche Spannungverteilung, welche von anderer Größenordnung ist als die hinter ihr verborgene feinbauliche Spannungverteilung. So erklären sich zwanglos die hohen Festigkeitwerte kleiner Probekörper und die niedrigen Prüfungziffern großer Probekörper aus dem gleichen Gestein; für die Gesteinprüfung ist der von den Kluftscharen begrenzte Teilkörper der Gesteinmasse die Einheit; Blöcke, die aus mehreren solchen Teilstücken bestehen, stellen schon einen zusammengesetzten Körper, einen Körper höherer Ordnung mit ganz anderen Festigkeitverhältnissen dar. Es ist also bei der Benutzung von Festigkeituntersuchungergebnissen von grundlegender Wichtigkeit, auf die Klüftung der Gesteine entsprechend Rücksicht zu nehmen; eigentlich muß dies schon bei der Auswahl der Probekörper und der Bemessung ihrer Größe geschehen. Es genügt daher, bei der Untersuchung von Schottern kleine Probekörper von der Größenordnung der Schotterstücke selbst herzustellen; Bruchsteine erfordern etwas größere Abmessungen der Probekörper, besonders große dann, wenn erwiesen ist, daß der anscheinend einheitliche Block durch mikroskopische Haarrisse zerlegt ist.

Die Abhängigkeit der Druckfestigkeit von der Klüftigkeit zeigen besonders deutlich die Ergebnisse von vier Proben eines mergeligen Werfenersandsteines aus dem Preingraben, N.-Ö.: 18 kg/qcm, 272 kg/qcm, 303 kg/qcm, 856 kg/qcm.

Druckfestigkeit

Die Druckfestigkeit ist der Widerstand, den ein Körper äußeren Kräften entgegensetzt, die ihn zu verkürzen streben. In Abb. 345 wirken auf den stabförmigen Körper von der Breite d und der Länge l die äußeren Kräfte P und P ein; die Länge l wird dadurch auf l' vermindert, die Breite d auf d_1 vergrößert. Sind die äußeren Kräfte gleichmäßig über den Stabquerschnitt verteilt, so ergibt sich die in jedem Stabquerschnitt (f) erzeugte Grundspannung σ mit

$$\sigma = \frac{P}{f}.$$

Die Spannung im Augenblicke des Bruches heißt **Druckfestigkeit** (K) des Probekörpers.

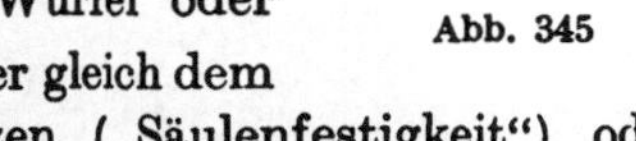

Abb. 345

Als Probekörper verwendet man Würfel oder Walzen (Zylinder) von der Höhe $=\sqrt{f}$ oder gleich dem Durchmesser; würde man höhere Walzen („Säulenfestigkeit") oder Stäbe („Stabfestigkeit", „Prismenfestigkeit") wählen, so ergeben sich Knickbeanspruchungen, die das Ergebnis verzerren. Umgekehrt erhöht eine Verkürzung der Höhe der Probekörper die Druckfestigkeit.

Die Würfel zur Bestimmung der „Würfelfestigkeit" sägt man mittels der Steinsäge aus einem Block heraus und schleift sie dann auf einer Steinschleifmaschine maßgerecht und eben an. Walzen für die Ermittlung der „Walzenfestigkeit" werden mittels großer Kernbohrer aus dem Gestein herausgebohrt.

Was die Größe der Probekörper anlangt, so wird sie sich, wenn man die Verwendungsfestigkeit der Felsart erproben will, nach der Verwertung der Gebirgsart richten; es genügen dann für Druckversuche an Schottergut Kantenlängen (Walzenhöhen) von 30 bis 50 mm; da beim Zerkleinern des gebrochenen Steins zu Schotter, Splitt usw. das Felsstück ohnedies nach den Klüften als Flächen geringsten Widerstandes zerspringt, empfiehlt es sich, die Probewürfel aus solchen Grobschotterstücken und nicht aus unzerkleinertem Bruchstein herauszuschneiden; man erhält so Werte, die dem Verhalten der Felsart bei ihrer Verwendung näher kommen. Bei der Prüfung von Bruchsteinen u. dgl. wird man wesentlich höhere Ausmaße empfehlen müssen (20 cm und mehr). Die für technische Zwecke minder bedeutsame Stoffestigkeit wird an kleinen Probekörpern von wenigen Millimeter Ausmaß erprobt. Bei gleichartigem Gestein umfaßt eine Versuchsreihe 6 bis 9 Würfelproben, bei ungleichartigen Felsarten 9 bis 12 Würfelprüfungen Die Probekörper sind vor der Prüfung bei gelinder Wärme (< 60° C) oder im luftverdünnten Raum zu trocknen.

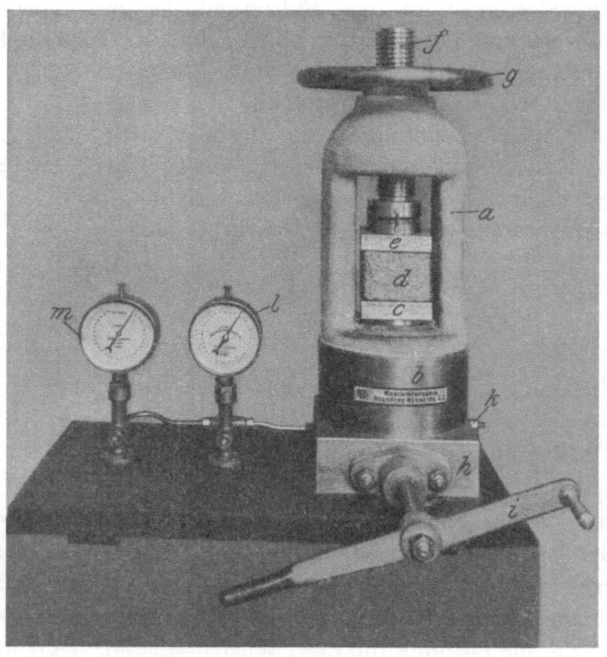

Abb. 346

Abb. 346 zeigt die Bauart eines Baustoffprüfers für 50.000 kg Druckkraft; das Pressegestell *a* besitzt einen Fuß *b*, in den eine hydraulische Kolbenpresse eingebaut ist; ihr Kolben trägt die untere Preßplatte *c*; diese nimmt den Probekörper *d* auf, der sich oben gegen die in einer Kugellagerung ruhende Deckpreßplatte *e* stemmt. Die Schraubenspindel *f*, am Handrade *g* betätigbar, stellt die obere Preßplatte in gewünschter Höhe ein. Der Maschinenfuß *h* enthält eine hydraulische Spindelpreßzunge, welche mit der Handkurbel *i* betätigt wird; zur Kraftmessung dienen die Manometer *l* und *m* (letzteres zur Überprüfung).

Beim Brechen des Gesteines lösen sich von den Seitenflächen des Würfels bzw. von den Mantelflächen der Probewalzen, Platten oder Ringstücke ab, welche gegen die Druckflächen zu scharfe Kanten zeigen und nach der Mitte des Probekörpers zu dicker werden. Die Bruchform (Abb. 347) eines Sandsteinwürfels zeigt zwei kegel- oder spitzdachförmige Bruchstücke, deren Spitzen gegeneinander gekehrt sind.

Sehr feste oder spröde Gesteine brechen plötzlich unter geräuschvollem Abplatzen und Fortschleudern der Splitter. Von Bedeutung für das Ergebnis des Druckversuches ist das Schmieren der Druckflächen. Wird dieses unterlassen, dann hält die Reibung an den Druckflächen das Gestein zusammen und verhindert seine Querdehnung. Schmiert man die Druckflächen mit dickem Öl u. dgl., so wird Querdehnung auf der ganzen Höhe des Probekörpers möglich und der Steinwürfel zerspringt nicht wie etwa in Abb. 347, sondern nach Flächen, die der Druckrichtung annähernd gleichlaufen; gleichzeitig erfolgt auch der Bruch des Gesteines schon bei einer um rund 50 v. H. geringeren Auflast. Die Druckfestigkeit steigt im allgemeinen mit der Auflastunggeschwindigkeit; um vergleichbare und für den Bau verwertbare Ergebnisse zu erzielen, muß man die Festigkeitprüfung bei einer geringen Auflastunggeschwindigkeit vornehmen.

Abb. 347

Die Druckfestigkeit der Gesteine wächst unter sonst gleichen Umständen mit der Zusammensetzung aus druckfesten Mineralien (Quarz bis zu 25000 kg/qcm, Feldspat nur 1200 bis 1700 kg/qcm Druckfestigkeit), der Feinheit des Kornes, dem lückenlosen Gefüge, dem Mangel an vollkommen spaltenden Mineralien (Glimmer), deren Trennungsflächen Ausweichs- bzw. Gleitebenen bilden könnten, der Haarrißfreiheit und mit der Innigkeit der Kornbindung bzw. des Verbandes. Bei schieferiger, stark schichtiger oder flaseriger Tracht ist die Druckfestigkeit sehr verschieden, je nachdem die Richtung der Druckkräfte mit jener der Schieferung bzw. Flaserung übereinstimmt oder senkrecht zu ihr verläuft (Abb. 348); man prüft daher bei solchen Gesteinen die doppelte Anzahl der Probekörper, und zwar die eine Hälfte gleichlaufend zur Schichtung (Schieferung) und den Rest senkrecht dazu. Der Wert

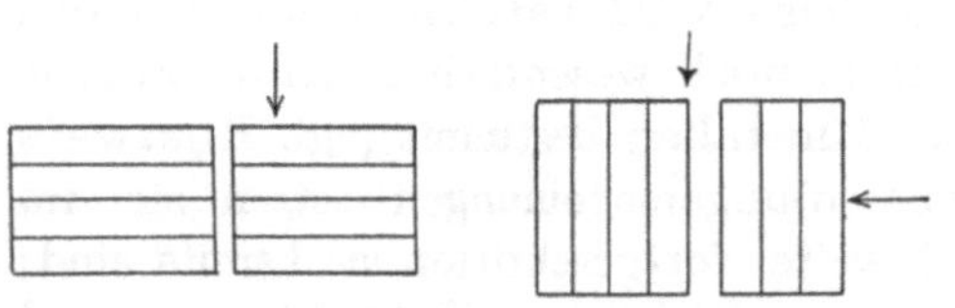

Abb. 348. Die Druckfestigkeit ist senkrecht auf die Schichtfugen größer als gleichlaufend mit ihnen

$\frac{K \perp - K \parallel}{K \perp} . 100$ gibt dann einen Maßstab für die Herabsetzung der Festigkeit gegenüber gleichlaufend mit der Schichtung angreifenden, äußeren Kräften. (Gerichtete Festigkeit, Richtungschwankung der Festigkeit).

Die Druckfestigkeit spielt hauptsächlich bei der Verwendung von Gesteinen zu Pflasterungen, Pfeilern, Säulen, als Bettungsstoff für Eisenbahnschwellen, Kleinschlag, für Gewölbebauten (Tunnelbau, Brückenbau) usw. eine große Rolle. Bei Druckstollenbauten spielt die Gesteinfestigkeit im großen eine Rolle; das Gestein muß imstande sein, unmittelbar oder durch Vermittlung der Ausmauerung den im Stollen auftretenden Innendruck ohneweiters aufzunehmen; seine Zusammendrückbarkeit muß so klein bleiben, daß schädliche Risse nicht auftreten. Nach dieser Richtung liegen noch wenig Erfahrungen vor, da Versuche in der Natur nötig fallen.

Hanisch ermittelte die Druckfestigkeit an Würfeln mit 5 bis 6 cm Kantenlänge unter Verwendung genau arbeitender Pressen. Er gibt als Werte je qcm senkrecht zum Lager an für:

	Kleinster	Größter Wert	Mittlerer
Porphyr	1344	2326	1835
Granit	1232	2041	1581
Diorit	1300	2900	2400
Basalt	920	4570	2600
Trachyte und Phonolithe	560	2600	1700
Gneis	480	2260	1200
Kalkgesteine, und zwar			
kristalline	795	1161	949
dichte	390	1915	1003
lückige	65	241	159
Kalkkonglomerate	283	1004	618
Sandsteine	291	1839	990

Die Zahlen der Übersicht sprechen von selbst. Sie zeigen u. a. das geringe Schwanken der Druckfestigkeitswerte bei den kristallinen Kalken, welche mithin verläßliche, Überraschungen ausschließende Bausteine darstellen und die großen Spannungen zwischen Kleinst- und Höchstwert bei den Basalten, Dioriten, Porphyren, Sandsteinen, dichten Kalksteinen usw. Gerade dieser Umstand zeigt wiederum ganz besonders deutlich die Notwendigkeit einer Prüfung des Baustoffes vor seiner Verwendung.

Die Druckfestigkeit eines Gesteins wird nämlich, außer von den weiter oben angeführten Umständen, noch wesentlich durch die Frische der den Fels zusammensetzenden Mineralien bestimmt (vgl. Rosiwals Untersuchungen, S. 511). Umwandlungerscheinungen setzen sie im allgemeinen um so mehr herab, je weiter fortgeschritten sie bereits sind; Ausnahmen bilden wohl nur die Saussuritisierung-, Epidotisierung- und Uralitisierungvorgänge, welche zumeist zähe und widerstandsfeste Neubildungen liefern. Schieferung, Flaserung, Fließ- und Lagentracht vermindern die Druckfestigkeit, insbesondere in ihrer eigenen Richtung. Wenig oder gar nicht druckfest sind weiters Gesteine, welche starken Zerrungs-, Druck-, Schub- oder Verdrehungkräften gelegentlich der Gebirgbildung ausgesetzt waren, also namentlich Felsarten in Quetschzonen, Rüttergebieten usw. (vgl. S. 415ff). Entsprechend der Abnahme der Druckfestigkeit mit zunehmendem Verwitterunggrade wird sie von einem in einer gewissen Tiefe herrschenden Höchstwerte an gegen die

Erdoberfläche zu immer geringer, um schließlich innerhalb der vergrusenden äußersten „Schwarte" den Wert Null zu erreichen.

In den nachstehenden Übersichten sind Druckfestigkeitwerte einiger häufiger benützter Gesteine zusammengestellt.

Ergebnisse der von Bauschinger ausgeführten Untersuchungen

Fundort	Druckfestigkeit ⊥ z. L.	Schubfestigkeit ⊥ z. L.	Biegungsfestigkeit ⊥ z. L.	Zugfestigkeit ∥ z. L.
Granit				
Mauthausen a. d. Donau (A)	1855	141	229	—
Neuhaus a. d. Donau (A)	1850	119	214	—
Mauthausen a. d. Donau (B)	1793	130	215	—
Neuhaus a. d. Donau (B)	1705	104	210	—
Nabburg	1660	122	—	—
Neuhaus a. d. Donau (C)	1648	134	190	—
Mauthausen a. d. Donau (C)	1640	67	154	—
Cham (A)	1480	—	140	—
Mauthausen a. d. Donau (D)	1430	63	152	—
Kirchenlamitz	1420	76	—	—
Nabburg	1390	—	216	—
Kirchenlamitz	1380	82	145	—
Kittlmühle bei Passau	1350	102	84	48
Metten (A)	1350	97	96	43,5
St. Gotthard-Tunnel (Gneisgranit)	1100	139	195	38
Cham (Roßberg) (B)	1080	76	95	14
Wunsiedel	1070	67	—	—
Kirchenlamitz, Oberfranken	1058	32	—	—
Hauzenberg, Niederbayern	1020	127	210	44,5
Gefrees, Oberfranken	1010	36	76	—
Hauzenberg, Niederbayern (A)	950	40	—	—
Cham (Findling) (C)	935	67	—	—
Fürstenstein bei Passau	925	82	92	22
Hauzenberg, Niederbayern (B)	900	85	—	—
Cham (D)	876	45	—	—
Selb, Oberfranken	795	37	—	—
St. Gotthard-Tunnel	790	48	132	27
Metten (B)	772	40	—	6,4
Sandstein				
Steineberg bei Kempten (Molasse)	2030	70	68	36
Grünten bei Immenstadt (Molasse)	1470	150	—	—
Saaletal, Unterfranken	1355	100	—	—
Karlsruhe, Baden	1035	81	178	—
Oberkammelohe bei Schaftloch (Molasse)	953	44	76	—
Steineberg bei Kempten (Molasse)	950	47	42	23
Murnau, Oberbayern (Molasse)	905	106	—	—

Fundort	Druckfestigkeit ⊥ z. L.	Schubfestigkeit ⊥ z. L.	Biegungsfestigkeit ⊥ z. L.	Zugfestigkeit ‖ z. L.
Durlach bei Karlsruhe	840	62	115	—
Hettingen bei Wertheim	800	67	115	16
Heigenbrücken	733	40	53	16
Schweiz (Molasse)	690	—	87	—
Murgtal, Baden	688	41	87	18
Annweiler, Pfalz	650	26	54	—
Weigolshausen bei Würzburg	635	58	50	34
Dornhan bei Sulz	633	75	—	—
Reistenhausen a. M.	610	23	51	14
Schweiz	603	45	—	—
Alsenztal, Rheinpfalz	600	32	71	17
Rorschach	570	37	51	—
Heigenbrücken	540	31	48	12
Hochstätten (Kohlensandstein)	535	42	29	12
Hall in Württemberg	529	46	75	27
Landstuhl in der Pfalz	522	40	33	7,5
Sachsen	518	37	61	—
Allgäu (Molasse)	510	43	24	—
Hochstätten	505	40	33	18
Alsenztal, Rheinpfalz	487	28	63	—
Dürckheim, Rheinpfalz	485	68	76	17
Sachsen	476	32	46	—
Zabern, Elsaß	475	28	30	9,5
Kaiserslautern	465	16	37	—
Alsenztal, Rheinpfalz	465	45	97	26
Kaiserslautern	463	25	47	—
Alsenztal, Rheinpfalz	450	39	56	—
Höchberg bei Würzburg (Kohlensandstein)	450	31	17,5	13
Dürckheim, Rheinpfalz	446	29	41	12
Flonheim, Hessen	445	35	84	30
Mittelbronn, Lothringen	438	36	53	18
Bayern	433	30	45	14
Kronach	433	32	24	9
Anweiler, Pfalz	420	27,5	31,5	—
Ebelsbach bei Bamberg	419	41	—	14
Abbach bei Kehlheim	350	29,5	75	15,8
Kaiserslautern	341	30	45	—
Kronach	340	21	—	—
Ihrlerstein bei Kehlheim	331	24	11	6,6
Waldhausen, Württemberg	330	16	25	—
Kronach	325	22	—	—
Trebgast bei Bayreuth	320	26	—	—
Coburg	316	16	30	4,2
Kapfelberg bei Kehlheim	310	32	50	12,5
Postelwitz, Sachsen	305	30	30	—
Welschhufe, Sachsen	300	17,5	43	—

Fundort	Druckfestigkeit ⊥ z. L.	Schubfestigkeit ⊥ z. L.	Biegungsfestigkeit ⊥ z. L.	Zugfestigkeit z. L.
Trebgast bei Bayreuth	263	21	—	—
Creussen	251	24	47	—
Lichtenau....................	240	26	17,5	6,9
Babenberg bei Bamberg..........	217	24	—	—
Fürth	214	17	9,5	4,7
Mariahilf bei Amberg	200	12,3	—	—
Neuricht bei Amberg	180	15,4	—	—
Coburg	159	8,6	13,2	—
Babenberg bei Bamberg..........	151	15	—	—
Kalkstein				
Kreuzberg bei Kronach	1600	59	—	—
Rosenheim	1380	120	—	69
Rohrdorf bei Rosenheim	1360	104	162	64
Neubeuern bei Rosenheim	1260	96	—	—
Hohen Saas bei Hof	1140	61	81	66
Untersberg	906	79	—	—
Randersacker	572	39	66	41
Münnerstadt bei Kissingen	571	64	—	—
Kehlheim (bessere Art)	537	32	88	—
Neuburg a. d. D................	510	32	—	18
Ihrlerstein bei Kehlheim	502	35	32,5	15
Randersacker	440	58	69	27
Marktbreit	392	34	53	35
Neuburg a. d. D................	355	32	—	—
Kehlheim (schlechtere Art	250	25	66	—
Dolomit				
Pappenheim....................	1300	70	180	28
Lohstadt bei Kehlheim	1050	60	100	34
Parsberg, Bayern	910	78	—	49
Fischbrunn bei Hersbruck	835	96	100	12
Pruppbach, Mittelfranken	790	75	74	16
Artelshofen bei Hersbruck	735	90	74	16
Rehberg, Mittelfranken...........	595	57	83	11
Steinberg bei Königstein, Mittelfranken..................	535	50	80	10
Parsberg, Bayern	390	63	—	18

In ähnlicher Weise wie feste Gebirgsarten können auch rollige und bindige auf ihre Druckfestigkeit untersucht werden. Solche Prüfungen bindiger und nichtbindiger Stoffe bilden einen wesentlichen Teil der technischen Bodenuntersuchung in der Baugrundgeologie. Die Erprobung der Druckfestigkeit von Tonen und ähnlichen Bindern kann in billigen Kugeldruckprüfern erfolgen, welche man dem vorliegenden

Zwecke leicht anpassen kann; man untersucht am besten Bodenwalzen bei freier und bei verhinderter Querdehnung.

22. Zugfestigkeit

Wird ein walzenförmiger Stab von der Länge l und dem im Verhältnisse dazu kleinen Durchmesser d durch Kräfte P beansprucht, die an seinen Enden angreifen, dann verlängert sich der Stab um den Betrag $l' - l = \lambda$ unter Verringerung seines Durchmessers. Die auf die Längeneinheit bezogene Verlängerung $\varepsilon = \frac{l' - l}{l} = \frac{\lambda}{l}$ wird als Dehnung bezeichnet. Unter den auch bei der Druckfestigkeit (S. 443) gemachten Voraussetzungen treten Spannungen auf, welche die Trennung je zweier benachbarter Querschnitte anstreben und der Größe nach gleich sind

$$\sigma = \frac{P}{f}.$$

Der Probestab zerreißt bei der Bruchbelastung (Höchstbelastung), bei der die Spannung σ_{max} auftritt, die als Zugfestigkeit (K_Z) bezeichnet wird.

Trägt man die Dehnungen in einem Schaubilde nach Art der Abb. 349 auf, dann erhält man einen guten Einblick in ihren Verlauf. Bis zum Punkte P (Proportionalitätsgrenze) herrscht geradlinige Zunahme von Spannung und Dehnung; von der Fließgrenze (F, Streckgrenze) ab wächst die Dehnung sehr rasch ohne Spannungerhöhung; nach dem Aufhören des Fließens schwingt sich die Schaulinie wieder empor und erreicht im Punkte B (Bruchgrenze) ihren Höchstwert; von hier fällt sie stetig bis zum Zerreißen (Z).

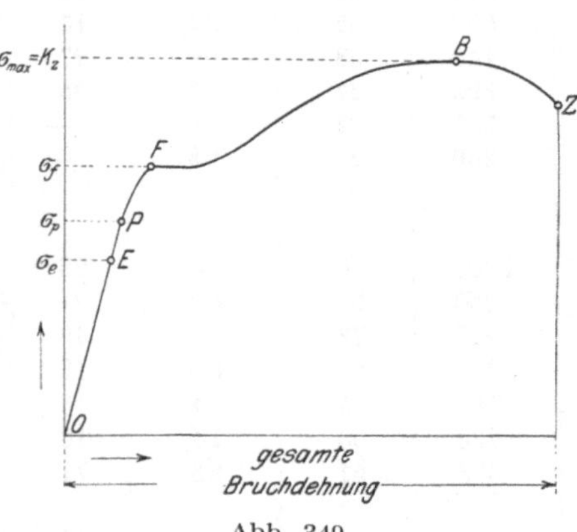

Abb. 349

Hooke hat zuerst erkannt, daß Spannungen und Dehnungen innerhalb gewisser Grenzen voneinander gesetzmäßig abhängig sind. Dies bringt die Formel $\varepsilon = a \cdot \sigma$ zum Ausdruck, in welcher a die Dehnungzahl bedeutet, d. h. die Verlängerung, welche ein Stab von 1 cm Länge und 1 qcm Querschnitt durch die Last 1 kg erfährt. Das Hookesche Gesetz gilt aber nur für elastische Formänderungen und für gewisse Stoffe (namentlich gleichteilige).

Das Aussehen eines Gerätes für Zugfestigkeituntersuchungen zeigt Abb. 350. Eine Handpreßpumpe a mit Füll- und Preßkolben erzeugt die Kraft. Die Einspannköpfe b und f der Abb. 350 sind für Eisenstäbe bestimmt; für Gesteine verwendet man nach dem Vorschlage von J. Hirschwald am besten Blöcke von der Form der Abb. 351 und 352. Man schneidet für eine Versuchreihe einen regelmäßig gestalteten Block aus dem Gestein heraus, versieht ihn mit Einschnitten und zerlegt ihn dann in einzelne Platten, welche in die Einspannvorrichtung (Abb. 350) eingelegt werden. Die Belastungen geben Federmanometer *d* und *e* an. Mit dem Handrade *l* stellt man die den Einspannkopf *f* tragende Schraubenspindel *g* auf die jeweils erforderliche Einspannlänge ein.

Abb. 350

Die **Zugfestigkeit** der Gesteine ist sehr gering; sie erreicht bei Durchbruchgesteinen im Mittel nur $^1/_{30}$ bis $^1/_{60}$ der Druckfestigkeit; bei dichten und kristallinen Kalksteinen beträgt sie meist etwa $^1/_{20}$, bei Sandsteinen $^1/_{18}$ bis $^1/_{40}$ der Druckfestigkeit. Wo es nur angeht, vermeidet man es daher in der Technik, Gesteine unmittelbar auf Zug zu beanspruchen oder schränkt wenigstens die Inanspruchnahme auf Zug tunlichst ein. Dieses Streben führt bei Stützmauern, Talsperren usw. zu der Forderung, daß die Mittellinie sämtlicher äußerer Kräfte im Kern bleiben soll.

Die Zugfestigkeit kann einen Maßstab für die Bearbeitbarkeit abgeben; sie ist ja der unmittelbare Ausfluß des Zusammenhaltes des Gesteins; da sie außerdem einen guten Einblick in die Kornbindung und das Gefüge eines Gesteins gewährt und die Veränderungen aufzeigt, welche der Kornbindunggrad durch Frost, Hitze,

Wasseraufnahme usw. erfährt, sollte ihre Ermittlung mehr gepflegt werden, als dies bisher geschieht; insbesondere bei manchen Verwendungzwecken — so z. B. in den Fahrbahndecken — spielt sie eine größere Rolle als die Druckfestigkeit. Ganz allgemein gesprochen, hängt ihre Größe von der Zugfestigkeit der einzelnen Mineralien des Gesteins und weiters von der Festigkeit ihres Aneinanderhaftens, also von der Innigkeit der Kornverbindung ab.

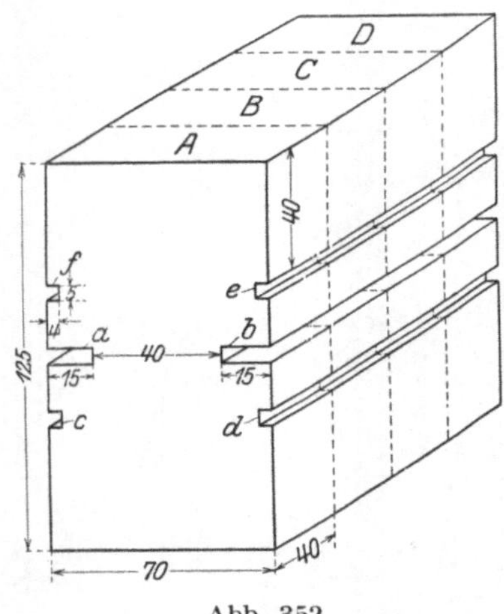

Abb. 352

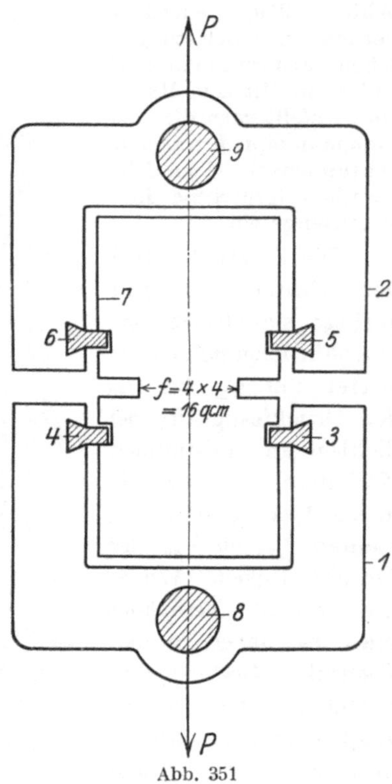

Abb. 351

Besonders die Glimmerarten bilden längs ihrer Spaltflächen Trennungsebenen im Gestein, welche die Zugfestigkeit wesentlich herabsetzen; auch spröde Gemengteile, namentlich Glasmasse und große rissige Einsprenglinge (z. B. Sanidin) in porphyrischen Gesteinen wirken höchst ungünstig. Filziger und verschränkter Verband dagegen liefert die zugfestesten Baustoffe (z. B. massige Amphibolite, manche Diorite und die meisten Diabase). Auch

Abb. 353. Einfacher Zugfestigkeitprüfer für Böden. Das Formplättchen links (aufgestellt) läuft beim Versuch auf Stahlkugeln (rechts oben!) Aufnahme: A. Winter.

lappiges Ineinandergreifen der Mineralkörner (wie in manchen Marmoren; vgl. Abb. 263) erhöht die Zugfestigkeit. Haarrisse und anderweitige Verborgenklüftigkeit setzt sie mehr oder minder beträchtlich herab.

Verhältnismäßig einfach ist die Bestimmung der Zugfestigkeit von bindigen Gesteinen oder Böden. Man sticht aus der gewachsenen Bergart mit Hilfe geeigneter Geräte Probekörper in Achterform aus und spannt sie in einfache Zuggeräte, die man sich selbst herstellen kann (Abb. 353).

Die Zugfestigkeit der Binder spielt bei der Beurteilung der Standfestigkeit des Untergrundes eine große Rolle (Rutschungen, Pfahlgründungen, Gebirgsdruck in Lockermassen usw.).

23. Biegungfestigkeit

Eine Platte wird auf Biegung beansprucht, wenn die äußeren Kräfte senkrecht zur Plattenebene angreifen und in jedem Querschnitte ein Kräftepaar hervorrufen, dessen Ebene auf die Querschnittebene senkrecht steht. Dadurch wird eine Krümmung der Platte hervorgerufen; zwei benachbarte, vor der Beanspruchung gleichgerichtete Querschnitte neigen sich einander zu und schneiden sich in ihrer Verlängerung im Krümmungsmittelpunkt. Die Mittelschicht der Platte erfährt weder eine Verkürzung noch eine Verlängerung, weder Dehnung noch Spannung, sie heißt daher auch die „spannunglose" (neutrale) Schicht (Nullebene). Auf der Außenseite der Krümmung herrscht Zerrung (Dehnung, Verlängerung; $\sigma_Z = \frac{M_b}{\Theta} \cdot e_Z$, wobei $M_b = P \cdot [l - x]$, Θ das Trägheitsmoment des Querschnittes in der Entfernung x, bezogen auf die spannunglose Achse und e den Abstand der am weitesten von der Nullebene entfernten Faserschicht bedeutet; auf der Krümmunginnenseite wird der Stoff gedrückt $\sigma_d = \frac{M_b}{\Theta} \cdot e_d$). Der Größtwert der Spannung, welcher den Bruch der Platte herbeiführt, heißt **Biegungfestigkeit**; je nachdem der Bruch infolge Zusammenstauchens der Körner auf der Druckseite der Platte erfolgt, oder durch Zerreißen der Kornfasern auf der Zugseite herbeigeführt wird, ist die Biegungfestigkeit eine Druck- (σ_d) oder Zugspannung (σ_Z). Bei Gesteinen ist die Biegungfestigkeit stets eine Zugspannung.

Die **Biegungfestigkeit** der Gesteine ist im allgemeinen etwas (nach **Hanisch** im Mittel 2,6mal) größer als die Zugfestigkeit. Sie beträgt in kg/qcm bei

	im Mittel	mindestens	höchstens
Porphyr	191	161	220
Granit	158	101	243
kristalliner Kalkstein	150	69	198
dichter Kalkstein	116	52	210
lückiger Kalkstein	25	30	53
Sandstein	35	18	215
Kalkkonglomerat	80	47	129

Auf Biegungfestigkeit werden unter anderem die Stufen freitragender Treppen, die Deckplatten von Durchlässen, Dachschiefer, Gesimsplatten, Tragsteine von Erkern, überhaupt auskragende Gesteine aller Art usw. beansprucht.

24. Schubfestigkeit (Scherfestigkeit)

Beanspruchung auf Schubfestigkeit liegt vor, wenn die auf den Körper einwirkenden äußeren Kräfte keine Normalspannungen erzeugen, sondern nur Spannungen, deren Richtung mit den Ebenen der Begrenzungsflächen der Körperelemente zusammenfällt; diese Spannungen werden Schubspannungen genannt, weil sie trachten, benachbarte Körperteilchen gegeneinander zu verschieben; sie werden, auf den Querschnitt bezogen, mit τ bezeichnet.

$$\tau = \frac{S}{f},$$

wobei S die Schubkraft und f den beanspruchten Querschnitt bedeutet. Scherversuche werden mit Schneiden durchgeführt; man erhält freilich niemals die Schubspannung rein, da die Ausführungweise der Schneiden stets auch Biegespannungen auslöst.

Die Schub- oder Scherfestigkeit der Gesteine bewegt sich zwischen den Werten von $^1/_5$ und $^1/_{16}$ der Druckfestigkeit; sie ist bei den Kalksandsteinen gleich $^1/_5$, bei den Kalkkonglomeraten $^1/_{10}$, bei den kristallinen Kalksteinen, den dichten Kalksteinen und den Graniten gleich $^1/_{12}$, bei den Sandsteinen mit tonigkieseligem Bindemittel $^1/_{15}$ und bei den Porphyren gar nur $^1/_{16}$ der Druckfestigkeit. Sie wird bei Stützmauern, bei unter starkem Seitendruck stehenden Sperrenflügeln usw. in Anspruch genommen. Sie ist bei kristallinen Schiefern in der Richtung der Schieferung, bzw. Flaserung äußerst gering.

Auch für die Standfestigkeit von Lockermassen besitzt die Schubfestigkeit eine große, bisher vielfach noch unterschätzte Rolle (Rutschungen u. dgl.; vgl. Stiny[59]).

25. Knickfestigkeit

Die Knickbeanspruchung tritt bei Gesteinen dann auf, wenn höhere Säulen, Pfeiler u. dgl. auf Druck beansprucht werden. Dann ruft die in der Richtung der Längsachse des Gesteinkörpers wirkende Druckkraft in den einzelnen Querschnitten neben den Druckspannungen auch Zugspannungen hervor; diese trachten den Körper zu verbiegen; sie haben ihre Ursache in außermittigen Belastungen, in Abweichungen der Säulenachse von der Geraden und in Ungleichartigkeiten des Stoffes. Als Knickbelastung (P_0) wird jene Kraft bezeichnet, welche das Gleichgewicht zwischen der Summe der Momente der inneren Kräfte eines in der Achse belasteten stabförmigen Körpers und dem äußeren biegenden Momente eben stört.

$$P_0 = \pi^2 \cdot \frac{1}{a} \frac{\Theta}{l^2}.$$

In dieser Gleichung bedeutet α die Dehnungzahl, l die Länge des Stabes, Θ jenes Trägheitsmoment des Stabquerschnittes, welches der Biegung gegenüber in Betracht kommt.

Auf Knickfestigkeit werden vorwiegend nur Gesteine beansprucht, welche zu Pfeilern, Säulen u. dgl. verarbeitet werden. Knickfestigkeitversuche umgeht man in der Regel dadurch, daß man solche Gesteinkörper nur mit dem zwanzigsten bis dreißigsten Teil ihrer Druckfestigkeit belastet.

26. Schlagfestigkeit

Die Schlagfestigkeit wird durch die Arbeit ausgedrückt, die man einem Körper einverleiben muß, um ihn zum Bruche zu bringen; im Gegensatze zu den statischen Beanspruchungen durch Kräfte, wie sie bei den bisher erörterten Festigkeitarten vorlagen, hat man es bei der Schlagfestigkeit mit dynamischer Einwirkung zu tun. Eine solche kommt bei den Verwendungweisen der natürlichen Gesteine sehr häufig vor, namentlich im Straßen- und Eisenbahnbau. Darum wird von vielen Seiten die Schlagfestigkeit für wichtiger gehalten als die Druckfestigkeit.

Die Widerstandfähigkeit der Gesteine bei statischer und dynamischer Beanspruchung ist meist sehr ungleich groß; so besitzen z. B. manche Quarzite eine hohe Druckfestigkeit, aber nur eine geringe Widerständigkeit gegen Schlag; wir nennen sie spröde. Viele Diorite, Diabase u. a. Gesteine verhalten sich dagegen Stößen und anderen Erschütterungen gegenüber sehr widerstandkräftig; wir bezeichnen sie deswegen als zäh. Spröden Gesteinen mangelt die Fähigkeit, innerhalb kurzer Zeit (Bruchteilen von Sekunden) ihnen aufgezwungene Formänderungen ohne Aufgabe des Zusammenhanges auszuführen. Ein äußeres Kennzeichen der Zähigkeit ist vielfach auch die Bruchflächenbeschaffenheit; zackiger Bruch spricht meist für Sprödigkeit, flachmuscheliger für Zähigkeit. Zähigkeit fordert man u. a. von Dachschiefern, Pflastersteinen, Schottergut, Fußbodenplatten, Bürgersteigplatten, Unterlagplatten von Maschinen usw.

Für die Ermittlung der Schlagfestigkeit von Gesteinen hat man verschiedene Versuchanordnungen ersonnen.

Schlagwerke benutzen birnförmige Fallkörper von 0,5, 1, 2, 5 kg Gewicht, die an ihrem unteren Ende nach Halbmessern von 20, 26, 32, 45 mm abgerundet sind und am oberen Ende eine Öse tragen. Die Bausteine werden auf trockenen, feingesiebten Sand gelagert. Die Fallhöhe der an der auslösbaren Klaue befestigten Birne wird an einer Teilung abgelesen. Als Maß der Schlagfestigkeit gilt die Arbeit, welche imstande ist, den Probekörper mit einem Schlage zu zertrümmern (Bruchziffer). Nach dem Vorschlage von R. Grengg könnte man einem Gestein auch eine bestimmte Schlagarbeit einverleiben und sodann die Verminderung seiner Druckfestigkeit feststellen; Versuchreihen können dann das Schrittmaß der Gefügelockerung mit zunehmender Schlagarbeit ermitteln und in Schaubildern vorführen; dabei wäre das Federn der Unterlage zu berücksichtigen.

J. Stiny hat vorgeschlagen, zu untersuchendes Schottergut (Sand, Splitt usw.) in eine Stahlbüchse zu füllen und mit einem herabfallenden Stößel solange zu bearbeiten, bis ihm eine bestimmte, bei allen Versuchen gleichbleibende Arbeitsgröße einverleibt ist; sodann wird der Zertrümmerunggrad durch Sieben und Schlämmen des Büchseninhaltes festgestellt. Von J. Rinagl in der technischen Versuchanstalt der Technischen Hochschule in Wien angestellte Versuche lassen diese Untersuchungweise ausbaufähig erscheinen. Eine Annehmlichkeit des Verfahrens ist das Entfallen jeder Probekörperherstellung.

A. Rosiwal bezeichnete als Zermalmungfestigkeit jene Arbeit (mkg), welche nötig ist, um die Raumeinheit eines Gesteines (1 ccm) zu Staub zu zermalmen; man kann sie aus trockenem, nassem und gefrorenem Gestein erheben.

	Zermalmungfestigkeit mkg/ccm
Kalkspat	1,28
Hornblende	1,56 bis 1,98
Orthoklas	1,83
Biotit	1,94
Basaltischer Augit	2,29
Quarz	2,47
Eisenkies	2,58
Granit	2,76
Bronzit	3,06
Marmor, grobkörnig	1,70
„ feinkörnig, (Hannsdorf, Mähren)	2,72
Dichter Kalk (Gießhübel bei Mödling, N.-Ö.)	3,85
Granit, Mauthausen, O.-Ö.	2,24
Diabas, Oels, Mähren	4,18
Basalt, Friedland, Mähren, schlackig	5,28
„ „ „ dicht	7,11
Wiener Sandstein, Exelberg bei Wien	4,03 bis 4,4
Quadersandstein, Ringelkoppe bei Braunau, Böhmen	0,43
Tertiärer Sandstein, Perg, O.-Ö.	1,33
Beilstein (Nephrit), Neuseeland	20,6

Danach beeinflussen die Zermalmungfestigkeit: Mineralart, Korngröße, Kornform, Verband usw.

Föppl verwendet zur Feststellung der „Zähigkeit“ Gesteinwürfel von 3,5 cm Kantenlänge und einen Fallhammer von 50 kg Gewicht. Die Schlagversuche werden bis zum Bruche des Würfels in der Weise ausgeführt, daß man stetig steigende Fallhöhen anwendet (z. B. 2, 4, 6, 8, 10 cm usw.); sämtliche aufgewendeten Schlagarbeiten geben gesummt die Gesamtarbeit; als Wertziffer dient der Bruch $\frac{\text{Gesamtarbeit}}{\text{Rauminhalt des Probekörpers}}$. Nach Föppl haben Sandsteine die Wertziffer 15 bis 25, Granite etwa 216,7, Grauwacke 537, Basalte 263 bis 819. Maß der Zähigkeit (Sprödigkeit) nennt Föppl den Wert $s = \frac{\text{Wertziffer in cmkg/ccm}}{\text{Druckfestigkeit in kg/qcm}}$.

Auch die sogenannte „Kugelrücksprungzahl" vermag einen gewissen Einblick in die Zähigkeitsverhältnisse des Gesteins zu geben, ebenso die verschiedenen Kugeldruckverfahren.

Die Ermittlung der Schlagfestigkeit (Stoßfestigkeit), Glättbarkeit und Abnützbarkeit zugleich verbindet die Untersuchung von Gesteinen in der sogenannten Trommelmühle oder in Kollergängen. Wie manche andere Verfahren, ist auch dieses ein gemischtes und seine Ergebnisse stellen uns keine reine Gesteinseigenschaft, sondern ein Gemengsel verschiedener Widerstandfähigkeiten der Felsarten dar. Es ist aber handsam, vergleichweise leicht ausführbar (besondere Form der Probekörper unnötig) und wird trotz der ihm anhaftenden, unleugbaren Mängel in neuerer Zeit wieder aus dem Staube der Vergessenheit hervorgeholt; man empfiehlt es namentlich zur Untersuchung von Straßenschottern.

Rudeloff hat zur Untersuchung von Kies und Steinschlag, besonders im Eisenbahnbau, zwei Geräte vorgeschlagen, eine Stopfhacke und einen Stempel; beide wirken in Fallwerken. Näheres hierüber bringt die Arbeit: Rudeloff, Untersuchungen von Kies und Steinschlag zur Beurteilung ihres Wertes als Stopfmaterial für den Eisenbahnoberbau; Mitteilungen aus den Technischen Versuchsanstalten, Berlin 1897 S. 279.

Von Schubert[36] ausgeführte Stopfversuche sprechen sehr für die Güte von Basalt und Grauwacke als Bettungstoffe; etwa ein Drittel gegen sie zurück stehen Quarzit und Diorit; Granit und Schlacke überragen den gesiebten Kies nicht sehr viel (verwendete Stoffe: Basaltkleinschlag aus den Brüchen der Sproitzer Werke bei Mücka, Grauwackenkleinschlag aus den Brüchen in der Nähe von Wildemann, Granit von Striegau, Quarzit aus den Brüchen von See bei Niesky, oberschlesische Hochofenschlacke).

27. Abnützbarkeit

Die Abnützung eines Gesteins ist die Verminderung seiner Masse bei seiner Verwendung; sie hat mit der Bearbeitbarkeit vieles gemein; außerdem hängt sie auch von der Härte der vorwaltenden Gesteingemengteile, von ihrer Menge gegenüber den anderen Bestandteilen, von der Zähigkeit der Mineralien und schließlich von der Festigkeit der Kornbindung ab.

Die Abnützbarkeit ist mithin eine sehr verwickelt zusammengesetzte Gesteineigenschaft, die rein nur für ganz bestimmte Abnützungsarten erhalten werden kann. Der Steinarbeiter, der die Gesteine bearbeitet, der Techniker, der Steinkäufer usw. beurteilt im allgemeinen das Gestein nach dem Grade seiner Abnützbarkeit; dem Arbeiter gilt sie als Maßstab für die Einschätzung der Gesteinhärte und als Grundlage seiner Einteilung der Bergarten in Hart- und Weichgesteine; der Steinkäufer, darunter auch der Ingenieur, aber sieht in der Abnützbarkeit im allgemeinen eine Gesteineigenschaft, welche die Verwendungsdauer der Felsart bedingt und damit auf die Kosten der Anlage usw. entscheidenden Einfluß nimmt.

Von großer Bedeutung für die Abnützung der Gebirgsarten ist ihre mineralische Zusammensetzung; den Ausschlag gibt die weitaus vorherrschende Mineralart und die Art ihrer Verteilung in der Gesteinmasse. So erhöht z. B. reichlicher Glimmergehalt ganz wesentlich die Abnützung; andere, härtere Gemengteile, wie Quarz und Feldspat, vermögen dann, wenn sie an Menge hinter den weichen und sich leicht zerteilenden Glimmern weit zurückstehen, die Auflösung der Oberflächenschicht und den Verschleiß der Bergart nicht aufzuhalten; sie werden einfach aus der sie umgebenden Glimmermasse herausgerissen, ohne selbst eine nennenswerte Abnützung, d. h. Verringerung ihrer Masse zu erfahren. Bei Bändertracht, Flasertracht usw. wechselt oft die Abnützbarkeit von Lage zu Lage, bzw. von Flaser zu umhüllter Linse; dies tritt insbesondere dort sehr augenfällig hervor, wo die Härte der Mineralbestandteile in den einzelnen Lagen sehr verschieden ist (z. B. in Bändergneisen usw.).

Lückig gefügte Gesteine nützen sich rascher ab, als sonst vergleichbare geschlossengefügte Bergarten; so ist z. B. der Verschleiß von Bimsstein trotz seiner ziemlich großen Mineralhärte (5 bis 6) wegen seines blasig-schaumigen Gefüges sehr groß.

Der Abnützungsgrad einer Bergarbeit spielt eine große Rolle bei verschiedenen Verwendungarten der Gesteine; so namentlich bei der Erzeugung von Schottergut, Pflastersteinen, Fließen, Stiegenstufen, Bürgersteigplatten, Mühlsteinen, Schleifsteinen, Steinbelägen aller Art usw. Zu ihrer Ermittlung sind am dienlichsten langjährige Erprobungen in gewissen Verwendungszweigen; so hat z. B. Voit die durchschnittliche Bestanddauer des Wiener Granitpflasters erhoben mit

19,6 Jahren bei starkem Verkehre
18,3 „ „ mittlerem „
19,0 „ „ schwachem „

Bis die Ergebnisse langjähriger Versuche im großen vorliegen, ist man gezwungen, Untersuchungen im Arbeitsraume anzustellen. Die zahlreichen, vielfach abgeänderten Verfahren lassen sich in nachstehende Gruppen bringen:

a) Schleifverfahren. Die Gesteine werden im trockenen oder nassen Zustande mit verschiedenen Schleifmitteln (Schmirgel, Stahlsand usw.) bearbeitet. Der Abnützungvorgang besteht in einer vielfachen unzähligemale in verschiedenen Richtungen wiederholten Kritzung der an der Gesteinoberfläche bloßliegenden Mineralien durch das härtere Schleifmittel; dabei wird auch die Kornbindung der Oberflächenschicht der Bergart gelockert, bis die geschrammten Gemengteile absplittern und herausbrechen.

Bei gleicher Mineralhärte und gleichem Prüfer nehmen auf die Ergebnisse der Abnützungsprüfung durch Abschleifen Einfluß: die Kornbindung, die Spaltbarkeit (Glimmer!), die Sprödigkeit bzw. Zähigkeit des Minerales (spröde Quarze!) usw.

Was die Abnützungshärte der Gesteingemengteile anbelangt, so widr diese nach dem Rosiwalschen Vorgang dadurch ermittelt, daß eine Probefläche von 4 qcm Ausdehnung mit Korundpulver von 0,2 mm Durchmesser durch acht Minuten hindurch verschliffen wird; der Massenverlust beim Schleifen gibt bei Mineralien ein Maß für ihre Abnützungshärte, bei Gesteinen aber einen Maßstab für ihre mittlere Härte bzw. ihre Abnützbarkeit.

Rosiwal hat auf dieser Grundlage auch ein absolutes Härtemaß abgeleitet, indem er den durch Abschleifen erzeugten Raumverlust in Beziehung zum Arbeitsaufwand gesetzt hat. Dabei hat Rosiwal folgende Werte von Meterkilogramm gefunden, welche der Abschliff von 1 ccm des Probekörpers bei den Mineralien erfordert, die Vertreter der Mohsschen Härtestufen sind:

Härte I:	Talk	49,6
Härte II:	Steinsalz	109
Härte III:	Kalkspat (Mittelwert)	202
Härte IV:	Flußspat	210
Härte V:	Apatit	322
Härte VI:	Orthoklas (auf der Endfläche)	947
Härte VI:	Orthoklas (auf der Längsfläche)	1395
Härte VII:	Quarz	5250

Für Gesteine ergeben die Untersuchungen A. Rosiwals folgende Werte, welche nicht nur reine Härte- sondern auch Abnützungsziffern sind:

Feuerstein	7900	m/kg	je	1	ccm
Lydit	5875	„	„	1	„
Roter Hornstein aus Tithonkalk von Budua	5555	„	„	1	„
Gelber Hornstein aus Böhmen	5100	„	„	1	„
Süßwasserquarzit von La Fertè	4820	„	„	1	„
Cenomaner Quarzit von Policka (Böhmen)	4000	„	„	1	„
Feinstkörniger Granit (Mikrogranit)	2770	„	„	1	„
Turmalingranit von Longstone	2530	„	„	1	„
Lückiger Quarzit von Mürzzuschlag	2210	„	„	1	„
Härteste Pflastergranite bis zu	2200	„	„	1	„
Beste Pflastergranite von 1580 bis	2050	„	„	1	„
Grauwacke, Wischau (Mähren)	1610	„	„	1	„
Harter Wiener Sandstein (Schottergut) 1215 bis	1500	„	„	1	„
Granit von Mauthausen III. Güte	1260	„	„	1	„
Urtonschiefer, Oberlindewiese (Schlesien)	122	„	„	1	„
Chlorit und Strahlsteinschiefer, Neumarkt (Steiermark)	1118	„	„	1	„
Talkschiefer, Zöptau (Mähren), Abschliff gleichlaufend mit der Schieferungsfläche	515	„	„	1	„

Bauschinger hat sich bei seinen Untersuchungen einer Schleifscheibe von 49 cm Schleifhalbmesser, 44,6 kg Belastung, 200 Umdrehungen und einer Aufgabe von 20 g Naxosschmirgel Nr. 3 auf 22 Umdrehungen in der Minute bedient; die Einrichtung der von ihm erdachten Schleifmaschine geht aus der Abb. 354 hervor. Die ebenen Probeplatten messen 50 qcm Fläche, werden in Haltevorrichtungen eingesetzt und durch ein Gewichtshebelwerk mit gleichbleibender Kraft gegen die Schleifscheibe

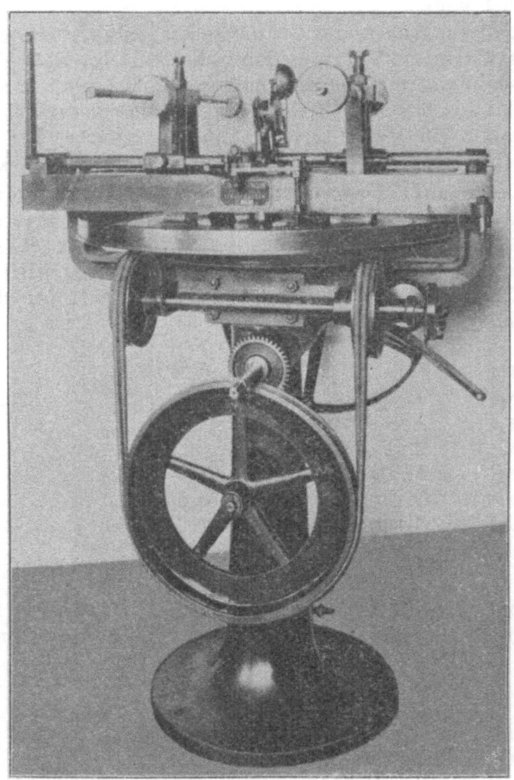

Abb. 354

gedrückt. Ausmaße und Einrichtung der Maschine haben später Änderungen erfahren.

Die Abnützung der Steinmasse wird entweder unmittelbar in Grammen (g) angegeben oder im Raummaß (ccm) ausgedrückt); es ist z. B.

$$\text{Rauminhalt des abgenutzten (in ccm) Gesteins} = \frac{\text{Abnützung in g}}{\text{D (Dichte)}}.$$

Prüfungsergebnisse betreffend Druckfestigkeit und Abnutzungshärte nach Bauschinger

Fundort	Druckfestigkeit kg/qcm	Abnutzung trocken in g
Granit		
Vilshofen	2800	13,7
Messeler Wald, Hessen	2410	10,3
Grube Barenbach I	2331	11,7
Baden	2320	9,1
Vilshofen	2261	13,2
Hambach a. d. Bergstraße	2230	10,4
Mettenbach b. Wiesbaden	2221	26,3
Neunburg v. W.	2190	8,4
Fonday, Elsaß	2180	13,1
Melibocus	2161	12,2
Bischofsweiler, Oberelsaß	2150	9,7
Schneeberg, Erzgebirge	2118	11,9
Hambach an der Bergstraße	2100	12,1
Nabburg	2093	7,8
Allersweiler, Pfalz	2037	9,6
Hambach an der Bergstraße	2030	12,1
Nothalten, Oberelsaß	2000	8,6
Hambach an der Bergstraße	1830	9,4
Steinberg b. Schwandorf	1830	10,1
Ruß, Elsaß	1827	11,6
Hambach an der Bergstraße	1770	12,3
Nabburg	1750	8,2
Riedlberg bei Schärding	1745	12,5
Nabburg	1740	7,7
Mariental b. Schärding	1735	12,7
Grube Barenbach II	1733	9,7
Blauberg bei Cham	1715	12,9
Cham	1705	16,9
Cham	1700	16,2
Blauberg, Operpfalz	1670	11,8
Lindenstein, Hessen	1650	13,8
Blauberg, Oberpfalz	1650	13,5
Fichtelgebirge	1645	9,4
Blauberg, Oberpfalz	1590	11,4
„ „	1580	11,4
Blauberg, Oberpfalz	1550	10,2
Allersweiler, Rheinpfalz	1534	8,6
Fichtelgebirge	1530	7,4
Blauberg, Oberpfalz	1530	10,6
Nabburg, Oberpfalz	1530	9,7
Gernsbach, Baden	1520	11,3
Wunsiedel, Fichtelgebirge	1520	15,5
Zeitlhof, Bayr. Wald	1520	13,9
Blauberg, Oberpfalz	1500	12,8
„ „	1490	11,9
Gernsbach, Baden	1450	8,2
Blauberg, Oberpfalz	1430	9,2
„ „	1420	12,9
„ „	1410	11,4
Kornberg, Oberfranken	1410	15,4
Allersweiler, Pfalz	1370	9,5
Blauberg, Oberpfalz	1370	12,6
„ „	1350	9,6
Gernsbach, Baden	1320	9,5
Blauberg, Oberpfalz	1320	9,1
Allersweiler, Pfalz	1300	8,7
Schurbach b. Kemnath	1290	11,5
Blauberg, Oberpfalz	1270	10,7
„ „	1270	9,1
Achern, Baden	1265	12,2
Lindenstein, Hessen	1240	14,4
Schurbach b. Kemnath	1230	14,6
Gernsbach, Baden	1230	8,2
„ „	1210	10,5
Schurbach b. Kemnath	1140	13,6
Bischofsmais	1125	16,9
Gernsbach, Baden	880	12,1
Felsit		
Rohrschweyer, Oberelsaß	2865	9,4
Breitenbach, Oberelsaß	2305	20,5
Kirzheim, Oberelsaß	2045	9,4
Porphyr		
Ottrott, Oberelsaß	2845	9,1
Hersbach II, Elsaß	2795	6,9

Fundort	Druckfestigkeit kg/qcm	Abnutzung trocken in g
Hersbach I, Elsaß ...	2600	6,5
Köln (?)	2583	7,5
Hersbach, III Elsaß .	2580	7,0
Hersbach II, Elsaß ..	2425	6,3
Hersbach V, Elsaß ...	2255	8,8
Hersbach IV, Elsaß ..	2045	7,6
Gebweiler, Oberelsaß .	1695	13,9
Fichtelgebirge	1360	12,4
Fressilian	1325	11,0
Diorit		
Aschaffenburg	2380	16,2
Fraize, Frankreich ...	2300	14,6
Otterberg. Pfalz	1860	30,7
Trachyt		
Stenzelberg, Siebengebirge	1515	21,1
Wolkenburg, Siebengebirge	1165	41,4
Melaphyr		
Gebweiler, Oberelsaß ..	2480	7,6
Wattweiler, Oberelsaß .	2245	13,2
Rammelsbach, Rheinpfalz	2220	16,1
St. Wendel...........	2010	19,8
Rammelsbach, Pfalz ..	1853	18,8
Rimbachzell, Oberelsaß	1810	15,3
St. Wendel bei Saarbrücken	1545	19,9
Basalt		
Neustadt a. S.	3700	10,3
„ „ „	3250	10,4
Bischofsheim	3210	11,6
Roden...............	2990	9,1
Ortenberg, Hessen ...	2987	9,7
Grube Wilsenroth	2984	9,7
Ortenberg, Hessen ...	2883	13,6
Offenbach	2841	16,6
Altenstadt, Hessen ...	2840	13,9
Ober-Ramstadt	2747	18,5
Unterweißenbrunn bei Schweinfurt	2720	11,1
Düdelsheim, Oberhessen	2457	16.3
Kirn a. d. Nahe......	2407	16,2
Lauterbach, Hessen...	1971	24,8
Niedermendig	835	22,3
Quarzit		
Kugelberg, Oberelsaß .	3200	4,6
Sierk bei Metz	2850	8,2
Mettlach I	2800	8,2
Mettlach II	2580	8,6
Sandstein		
Isenberg a. d. Ruhr ..	2247	6,1
Kupferdreh	1862	6,4
Wetter a. d. Ruhr....	1782	9,5
Rheinprovinz	1687	6,6
„	1667	6,9
Kupferdreh	1628	7,5
Essen	1588	6,8
Altenbochum.........	1560	9,2
Hespertal bei Werden a. d. Ruhr.........	1407	8,6
Altenbochum.........	1280	10,9
Westhofen a. d. Ruhr.	1197	8,5
Amt Herbede	1137	8,7
Dielkirchen, Alsenztal.	421	36,4
Grauwacke		
Grendelbruch, Oberels.	2965	16,4
Sulzbach, Oberelsaß ..	2775	11,7
Moosch	2685	10,3
Pont du Bas.........	2590	11,1
Wisch	2430	18,0
Kaltenbach bei Thann	2340	13,9
Buchberg, Elsaß	2315	9,5
Framont.............	2310	8,9
Schineck	2230	17,5
Burbach	2205	11,7
Wackenbach, Oberelsaß	2095	8,4
Sulz, Oberelsaß	1915	14,6
Oberelsaß	1750	16,0
Kalkstein		
Kirchheim bei Würzburg	608	106,6
Kirchheim bei Würzburg	576	109,7

Prüfungsergebnisse betreffend Druckfestigkeit und Abnutzungshärte nach Böhme und Gary

Fundort	Druckfestigkeit kg/qcm	Abnutzung trocken in g
Granit		
Sternö I, Schweden	3135	12,0
Oerstreit, Schlesien	2993	19,3
Bebersdorf	2696	10,9
Sternö II. Schweden	2670	18,8
Stilleryd, Schweden	2667	16,1
Lüptitz, Sachsen	2576	14,6
Sternö, Schweden	2547	16,5
Hammeren, Bornholm	2470	17,4
Nitterwitz-Matwitz	2393	18,9
Lauter bei Schwarzberg	2388	18,3
Altenhain bei Grimma	2346	16,1
Malmö, Schweden	2344	13,5
Wekerun I, Schweden	2344	14,2
Cerčan I, Č. S. R.	2329	25,9
Galgenberg bei Striegau	2281	23,9
Blauberg I, Bayern	2257	19,9
Wekerun II, Schweden	2248	13,5
Striegau	2228	22,6
Strehlen I	2228	29,5
Görzig bei Strehla	2223	17,7
Carlskrona, Schweden	2221	15,0
Selb, Bayern	2197	19,3
Lindenstein, Odenwald	2195	19,8
Goeppersdorf bei Strehlen	2179	28,5
Kalthaus I bei Striegau	2176	16,9
Cerčan II, Č. S. R.	2153	21,2
Kummersdorf, Bayern	2125	18,0
Namering, Bayern	2117	28,8
Frauenberg bei Altenhain	2092	19,2
Nabburg I, Bayern	2078	14,7
Nabburg II, Bayern	2076	15,7
Blauberg II, Bayern	2074	11,2
Niclasdorf bei Strehlen	2070	19,3
Rennholding bei Aicha a. d. W.	2047	22,8
Bautzen	2036	15,2
Wahnitz, Sachsen	2018	15,4
Halmstadt I, Schweden	2018	18,6
Halmstadt II, Schweden	2016	22,6
Carlskrona	2014	18,7
Lysekil, Schweden	2007	21,3
Fischbach, Schlesien	1996	16,3
Neuhaus, Bayern	1962	22,0
Thumitz, Sachsen	1958	20,2
Strehlen II	1950	15,6
Graeben bei Striegau	1942	22,5
Drammen, Norwegen	1938	16,4
Heinsbach	1919	24,0
Schurbach, Bayern	1909	36,0
Auritz, Sachsen	1889	21,5
Blauberg III, Bayern	1864	21,2
Blauberg IV, Bayern	1862	20,3
Göppersdorf, Schlesien	1862	35,1
Klein-Krosse bei Weidenau	1858	33,4
Kalthaus II, Schlesien	1849	25,1
Kalthaus III, Schlesien	1838	21,1
Strehlen III	1838	26,0
Weiden bei Nabburg	1835	18,6
Mühlberg bei Striegau	1780	28,2
Frederikstadt, Norweg.	1777	23,9
Wohnitz. Sachsen	1766	20,3
Zwingsberg, Hessen	1759	20,2
Streitberg bei Oberstreit	1755	17,1
Zodel bei Meißen	1688	19,6
Häslicht bei Striegau	1671	18,5
Meißen	1583	15,2
Gefrees, Fichtelgebirge	1580	28,8
Triberg, Schwarzwald	1574	17,0
Buchleithen bei Aicha	1463	19,7
Blauberg V, Bayern	1449	38,6
Wehrsdorf, Oberlausitz	1394	23,1
Steinkirche	1355	37,6
Porphyr		
Schönau, Baden	2577	17,4
Lüptitz, Sachsen	2562	15,7
St. Quenast, Belgien	2544	14,0
Petersberg I, Saalkreis	2246	16,3
Petersberg II, Saalkreis	2219	14,6
Dossenheim	2205	22,4
Löbejün I bei Halle	2018	17,1
Beucha, Sachsen	2008	14,7
Löbejün II bei Halle	1967	22,2
Hoheleden bei Löbejün	1958	20,7

Fundort	Druckfestigkeit kg/qcm	Abnutzung trocken in g	Fundort	Druckfestigkeit kg/qcm	Abnutzung trocken in g
Basalt			Liège, Belgien	2774	21,8
Debus bei Proskowitz	5071	12,6	Piesberg, Westfalen	1736	10,7
Hummelsberg bei Linz a. Rh.	4740	22,1	Sistig, Eifel	1481	31,8
Am Breiten Berg bei Striegau	4606	17,3	Cudowa, Schlesien	1415	22,4
Wirlberg b. Heisterbach	4397	22,5	Velpke	1361	54,3
Romstal, Hessen-Kassel	4270	15,9	Horst bei Steele	1248	43,5
Sproitz, Oberlausitz	4081	17,2	Osterwald, Hannover	1167	47,9
Orb bei Gelnhausen	3931	15,7	Schlegel bei Neurode	1160	55,7
Dollendorfer Hardt, Rheinland	3788	20,9	Friedrichstein, Schlesien	1098	41,7
Dornhecke bei Oberkassel	3780	18,7	Friedersdorf bei Cudova	1082	36,5
Belgien	3666	14,1	Buchholz, Kreis Tecklenburg	1079	51,7
Roßberg, Hessen-Nass.	3642	21,9	Hartenkopf bei Neuheilenbach	947	73,1
Watzenhahn bei Willmenrod	3477	22,9	Oberkirchleithen a. d. E.	897	76,9
Schwarzenberg, Rheinl.	3445	24,0	Seffern	839	77,9
Ölberg, Siebengebirge	3309	17,4	Stadtoldendorf	837	45,8
Finkenberg bei Limperich	3277	8,2	Neuwaltersdorf	816	203,6
Billstein, Hessen-Kassel	3152	25,0	Gißelberg, Hessen-Kassel	788	114,8
Plaidt bei Andernach (Basaltlava)	1764	29,6	Dornberg bei Walldüre	769	56,1
Rottenheim bei Mayen (Basaltlava)	1452	22,7	Nesselberg bei Altruhagen	753	74,5
Grauwacke			Rotenburg a. d. S.	729	45,2
Pretzien bei Gommern	2881	20,9	Born, Luxemburg	687	131,5
Hunswinkel im Listertal	2871	29,3	Fließen bei Bitburg	684	33,3
Gommern, Sachsen	2636	12,3	Heiligenberg bei Mutzig	671	102,2
Bleienburg	2459	88,2	Willsberg I, Vogesen	669	57,1
Hundisburg I bei Magdeburg	2183	23,0	Wasselnheim	660	121,2
Niederbergheim bei Allagen	1960	19,5	Alt-Worthau, Schlesien	660	157,2
Ebendorf b. Magdeburg	1944	23,6	Daufenbach, Rheinland	651	82,2
Hundisburg II bei Magdeburg	1732	28,7	Rackwitz, Schlesien	648	135,2
Sandstein			Plagwitz bei Löwenberg, Schlesien	620	222,7
Eggeholtz bei Laatzen	3226	24,5	Arzweiler	616	34,2
Dinant, Belgien	3213	17,9	Stangenwald I b. Zabern	609	89,5
Rönsahl, Hessen	2861	22,9	Wangenscher Grund, Thüringen	607	56,6
			Wünschelburg, Schles.	587	101,6
			Willsberg II, Vogesen	586	69,8
			Obersulzbach	560	94,0
			Besserlich	560	238,5
			Stangenwald II bei Zabern	554	45,8
			Mürlenbach	553	214,3
			Dielskirchen	545	91,6

Fundort	Druckfestigkeit kg/qcm	Abnutzung trocken in g
Daufenbach, Eifel	537	115,6
Herrenleithe bei Lohmen...............	530	49,1
Deutmannsdorf I, Schlesien	529	113,2
Medard a. d. Glan.....	527	56,5
Deutmannsdorf II, Schlesien	509	81,1
Udelfangen	493	186,8
Otterberg bei Kaiserslautern	484	96,6
Biewer..............	414	323,1
Schiffweiler I bei Saargemünd	414	78,7
Schiffweiler II bei Saargemünd	411	73,6
Wingen-, Münztal, Eisenbahn	276	76,8
Deutsch-Altheim, Lothringen.........	229	214,4
Kalkstein		
Kiefersfelden, Bayern .	1937	63,3
Unterrißdorf bei Eisleben	1815	81,0
Ronnenberg I, Hannov.	1494	85,4
Solhope bei Seesen ...	1315	70,5
Ronnenberg II, Hannov.	1115	158,0
Riesenbeck bei Hörstel	726	60,3
Leutnitz, Thüringen ..	581	171,4
Jaumont bei Metz....	270	174,1
Dolomit		
Mutzig	1606	67,5
Allendorf, Thüringen..	704	101,2

Nach O. Graf[44] nehmen u. a. nachstehende Umstände auf die Schleifergebnisse Einfluß: Größe der Probekörper und Zahl der gleichzeitig behandelten Prüfstücke, aufdrückende Belastung, Schleifmittelbeschaffenheit, Geschwindigkeit der Schleifscheibe, Menge des Schleifmittels, Schleifweg (ununterbrochen oder unterbrochen), Stellung der Prüffläche zur Schleifbahn, Beschaffenheit des Stoffes und der Oberfläche der Schleifbahn, Feuchtigkeitsgrad der Probe und des Schleifmittels, besondere Eigenschaften des Prüflinges (z. B. Art des entstehenden Schleifstaubes) usw.

b) Untersuchung mit dem Sandstrahlgebläse. Unter einem Drucke von mehreren Atmosphären (meist 3 Atm.) wird getrockneter Sand (Normsand, der durch ein 120 Maschensieb gefallen ist) mittels Trockendampf oder Preßluft auf die Fläche eines Probewürfels geschleudert (Abb. 356). Als Maß der Abnützungsgröße dient der Raum- oder der Gewichtsverlust, bezogen auf die Flächeneinheit der Verschleißfläche.

Durch Einwirkung des Sandstrahles treten Unterschiede in der Abnützung verschiedener Stellen der Nutzungsfläche, d. i. Gleichmäßigkeit oder Ungleichmäßigkeit der Abnützung des Gesteines deutlich hervor (Abb. 357); es werden nämlich die harten Bestandteile weniger angegriffen und ragen als schützende Erhabenheiten über die weicheren Gemengteile hervor. Es gelten daher, strenge genommen, die Ergebnisse der Untersuchungen mit dem Sandstrahlgebläse nur für den Verschleiß von Mauerwerkaußenflächen, Denkmälern usw., welche dem Abscheuern durch Flugsand in Wüstengebieten oder der abschleifenden Wirkung von Staubkörnchen ausgesetzt sind, wie sie auch in anderen Gegenden von heftigen Winden mitgeführt werden; so entstehen oft wie angefressen aussehende Steinflächen (Süditalien, Süddeutschland usw.) und die sogenannten Windschliffe. Die Abnützung von Pflastersteinen, Steinbelägen usw. erfolgt dagegen in ganz anderer Art; hier werden durch die darüberfahrenden Lasten, den Stoß der Räder, den Schlag der Pferdestollen usw. die vorragenden Hartbestandteile sehr bald zerdrückt oder herausgebrochen; so werden dann immer wieder neue Gesteinschichten dem Verschleiße preisgegeben; die Oberfläche des Gesteines wird niemals so tief aufgerauht werden wie beim Sandstrahlversuch; freilich wirken anderseits bei dieser Beanspruchung die abgesplitterten und herausgebrochenen Teilchen, die sich in die Vertiefungen der Verschleißfläche hineinlegen, eine

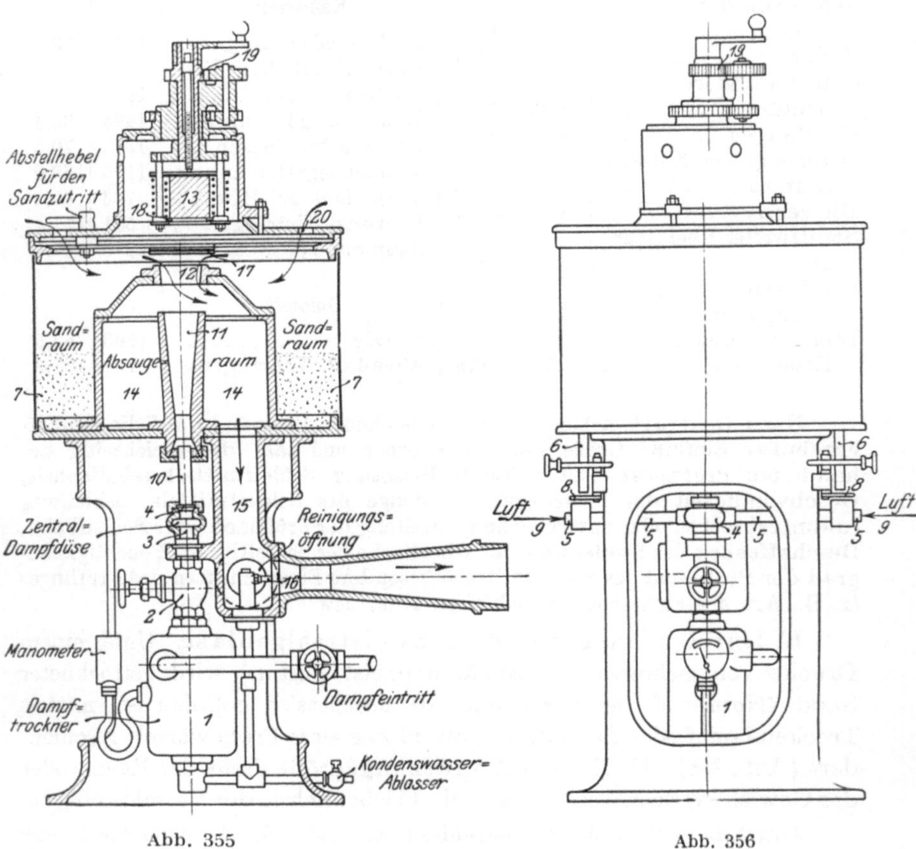

Abb. 355 Abb. 356

Zeitlang schützend auf ihre Umgebung ein, bis der Regen sie auswäscht oder der Wind sie fortbläst.

Dafür weist das Gebläse auch gewisse, allerdings zum Teil anzweifelbare Vorzüge gegenüber dem Schleifverfahren auf. So kommen die Sandkörner des Gebläses nur einmal zur Wirkung, während die Schleifmittel sich je nach der Härte der Mineralgemengteile der Bergart rascher oder langsamer abreiben und schließlich unwirksam werden; durch Aufgabe eines Überschusses von Schleifmittel wird übrigens dieser Übelstand wesentlich verringert. Weiters verbleibt das abgelöste Gesteinpulver bei den Schleifverfahren auf der Verschleißfläche, während es im Sandstrahlgebläse gleich nach seiner Abtrennung weggeblasen wird. Die angeführten Bedenken gegen das Schleifverfahren wiegen jedoch nicht schwer; ja man kann sich des Eindruckes nicht erwehren, daß gerade diese „Nachteile" es sind, welche Verschleiß in der Natur und beim Versuch gegenseitig näher bringen.

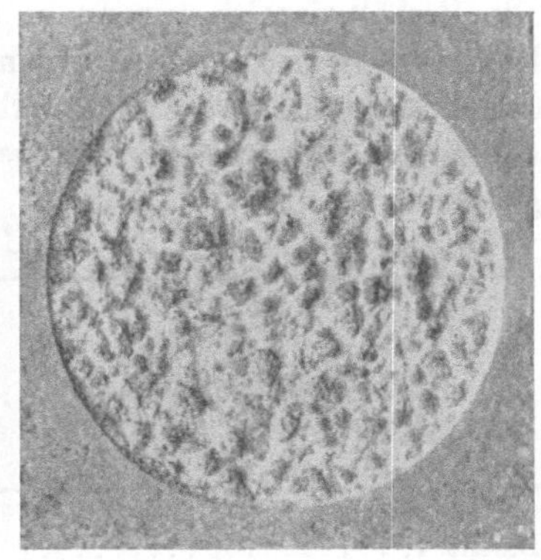

Abb. 357

Hanisch ging bei seinen Untersuchungen über die Abnützbarkeit von Bausteinen mit dem Sandstrahlgebläse in folgender Weise vor; die Probewürfel von 7 cm Kantenlänge wurde bis zur Gewichtsgleichheit getrocknet, gewogen und die vorher abgeschliffene Fläche dem Sandstrahle unter vier Atmosphären Druck zwei Minuten lang ausgesetzt; die zu untersuchende Fläche ist mittels eines Blechblättchens bis auf eine etwa 6 cm im Durchmesser messende, der Einwirkung des Sandes ausgesetzte Öffnung abgedeckt. Unter Anwendung dieses Verfahrens ergab sich die Abnützung in ccm bei:

Granit von Mauthausen (Oberösterreich)	9,2
Granit von Sarmingstein (Niederösterreich)	6,6
Porphyr von Branzoll (Südtirol)	6,2
Forellenstein von Gloggnitz (Niederösterreich)	3,9
Gabbro von Bosnien	10,3
Quarzandesit von Kis-Sebes (Ungarn)	8,0
Trachyt von Algersdorf (Böhmen)	26,8
Trachyt von Lakompak bei Ödenburg (Ungarn)	3,8
Trachyt von Eicht bei Auscha (Böhmen)	7,3
Grauwacke von Stulpykany (Bukowina)	6,0
Dichter Kalkstein von Klein-Engersdorf	10,5
Dichter Kalkstein von Deutsch-Altenburg	14,5
Quarzit von Karlsbad (Böhmen)	9,9
Amphibolit von Buchelsdorf bei Freiwaldau (Schlesien)	12,0
Serpentin von Hosterlitz bei Eisenberg a. d. M. (Mähren)	22,6

Die Abnützung nimmt nach O. Graf[44] von der Mitte gegen den Rand der bestrahlten Fläche rasch ab; sie wird also durch ihre Größe bedingt. Steigerung des Überdruckes der Preßluft vermehrt die Abnützung unverhältnismäßig stark (unter Zunahme der geschleuderten Sandmenge). Das Düsenende soll etwa 6 cm von der Prüffläche abstehen. Die Abnützung wächst mit der Menge des aufprallenden Sandes, aber nur bis zu einem bestimmten Höchstwerte.

Beim Verschleiße spielt auch die Zähigkeit (Kantenhärte; Gegensatz: Sprödigkeit) eines Gesteines (vgl. S. 455) eine große Rolle; man müßte also die vorgeschlagenen Untersuchungen durch Schlagversuche (vgl. S. 456, z. B. nach Stiny) ergänzen. Hanisch hat dies bereits richtig erkannt; er brachte die Abnützbarkeit mit der Druckfestigkeit in Beziehung und bezeichnete als „Verbrauchsziffer" (richtiger wäre „Verschleißziffer") den Ausdruck

$$v = \sqrt{\frac{\text{Verhältniszahl der Abnützbarkeit } (b)}{\text{Verhältniszahl der Druckfestigkeit } (a)}}$$

Die Verhältniszahl gewann er durch Vergleich der Versuchsergebnisse bei einem bestimmten Gestein mit den entsprechenden Werten der Druckfestigkeit und Abnützbarkeit bei einem als Normgestein (Einheit) aufgestellten Basalt. Tieferstehend folgen die von ihm ermittelten Vergleichswerte.

Übersicht

Steingattung	Gewicht 1 cbm in Kilogramm Mittelwert	Verhältniszahl der Druckfestigkeit a	Verhältniszahl der Abnützbarkeit b	Verbrauchsziffer $\sqrt{\frac{b}{a}}$
Basalt I	3090	1	1	1
Basalt II	2900	0,839	0,909	1,04
Diorit I	2980	0,872	0,971	1,06
Basalt III	3050	0,825	1,180	1,20
Granit I	2650	0,745	1,082	1,21
Basalt IV	3010	0,845	1,275	1,23
Gabbro (Hypersthenit)	3000	0,676	1,042	1,24
Basalt V	2720	0,723	1,141	1,26
Basalt VI	3000	0,696	1,150	1,28
Quarzporphyr	2570	0,662	1,105	1,30
Diorit II	2930	0,825	1,441	1,32
Basalt VII	2850	0,753	1,333	1,33
Amphibolit	2970	0,721	1,399	1,39
Granit II	2640	0,628	1,248	1,41
Granit III	2570	0,646	1,379	1,46
Diorit III	2870	0,685	1,356	1,47
Granit IV	2660	0,599	1,290	1,48
Granit V	2650	0,535	1,196	1,49
Granit VI	2650	0,577	1,317	1,51
Granit VII	2660	0,522	1,194	1,51
Grauwacke	2660	0,560	1,614	1,70
Porphyr	2500	0,716	2,131	1,73
Granit VIII	2800	0,478	1,438	1,73
Dolomit	2760	0,648	2,036	1,77
Phonolit	2610	0,447	1,611	1,89
Granit IX	2810	0,403	2,147	2,31
Glimmerschiefer	2750	0,373	2,039	2,34
Dichter Kalk, feste und harte Sorte	2800	0,350	2,363	2,70
Sandstein, feste und harte Sorte	2400	0,453	3,810	2,90
Kristallinischer Kalk, feste und harte Sorte	2820	0,639	6,324	3,15

J. Hirschwald und J. Brix bestimmen zur Beurteilung von Straßenbausteinen Härteziffer h, Stoßschleifhärte hs und vereinigte Schlag-

und Abnützungshärte $r = \frac{h s}{h}$. Die Härteziffer h ermitteln sie auf einer lotrechten Gußeisenscheibe unter Anwendung von 500 g feinkörnigem Diamantstahl je Versuch. Zur Nachahmung der Radstöße usw. werden auf der zu schleifenden Fläche von einem kleinen Hammerwerk Meißelschläge in 2 mm Abstand erzeugt.

c) Die Bestimmung des Gesteinverschleißes in der Trommelmühle oder in Kollergängen.

Wie bereits weiter oben (S. 457) erwähnt, findet das seit altersher bekannte Verfahren, Gesteine in Kollergängen oder in Trommelmühlen auf ihren Verschleiß zu prüfen, nach einem Dornröschenschlafe in neuerer Zeit wieder mehr Beachtung und mannigfache Abänderung (Verfahren von Deval, Wawrziniok, Grengg u. a. m.); einige schlagen die Beigabe von Stahlkugeln usw. vor.

In seiner einfachsten Ausführung unterwirft das Verfahren die eingebrachten Probestücke von unregelmäßiger, eckiger Form ähnlichen, zusammengesetzten und schwer nachprüfbaren Beanspruchungen, wie sie Geschiebe in Wildbächen und Wildflüssen erleiden. Es dürfte daher zur Anschätzung des Verschleißes von Gesteinen in Wasserläufen sehr gute Dienste leisten. Es gibt gewiß auch hinsichtlich des Verhaltens von Schottergut usw. in Fahrbahndecken manchen wertvollen Fingerzeig; inwieweit es sich zur normenmäßigen Prüfung und entscheidenden Beurteilung von Pflaster- und Schottergut eignet, werden im Zuge befindliche Versuche wohl lehren.

Eine große Gleichartigkeit der Abnützung wird von Schleifsteinen bzw. Wetzsteinen gefordert. Ungleichmäßiger Verschleiß erzeugt rauhe Nutzflächen. Ein gewisses Maß von Rauhigkeit ist bei Mühlsteinen erwünscht, ferner auch bei der Verwendung eines Gesteins zu Treppenstufen, Bürgersteigplatten, Pflastersteinen usw. Hier würden Gesteine von an allen Stellen gleicher Abnützung beim Gebrauche bald schlüpfrig werden (wie z. B. mancher Basalt, Serpentin) und Menschen wie Tieren das Gehen erschweren. Freilich muß die Ungleichmäßigkeit der Abnutzung von Punkt zu Punkt der Nutzfläche wechseln und darf nicht flächenhaft auftreten, weil sonst in den Platten förmliche Mulden und Gruben entstehen, welche den Verkehr hindern oder unangenehm gestalten; solche flächenhaft wechselnde Abnutzbarkeit weisen viele kristalline Schiefer auf, wie z. B. die sogenannten Stainzer Platten, welche in Graz, Bruck an der Mur und anderen Städten Steiermarks vielfach als Treppenstufen und Bürgersteigbelag Verwendung finden. Gesteine von günstig wirkender, ungleichmäßiger Abnützung sind beispielsweise: Granit, Porphyr mit kleinen Einsprenglingen, viele Liparite (z. B. jene der Umgebung von Schemnitz in Ungarn), Diabas usw. Dichte, glättbare, meist bunte Kalksteine („Marmore" der Steinmetze) enthalten oft Tonadern und Tongallen, welche sich im Wasser leicht erweichen und schon nach kurzer Zeit ausgetreten werden, wenn das Gestein unzweckmäßigerweise zu Fußbodenfließen verwendet wird.

Im allgemeinen wird von einem zu verwertenden Gestein möglichst geringe Abnützung verlangt, um an Neuanschaffungen bzw. Erhaltungskosten zu sparen und die mit dem Verschleiße Hand in Hand gehenden unangenehmen Nebenerscheinungen möglichst herabzusetzen. Eine solche Begleiterscheinung ist z. B. die Bildung von Gesteinmehl, das in trockenen Zeiten als Staub und bei feuchter Witterung in Form von zähem Schlamm (manche Basalte!) eine wahre Straßenplage bildet; die feinsten Schüppchen von Glimmer, welche sich bei der Abnutzung des Granitpflasters ablösen, und in der Großstadtluft lange schwebend erhalten, wirken außerdem reizend auf die Schleimhäute der Atmungsorgane ein (Wiener Pflaster aus Mauthausener Granit). Manche Amphibolite und Hornfelse werden zu Sand zerdrückt. Was die Verwendung der verschiedenen Felsarten zu Steinschlagdecken auf den Verkehrswegen anlangt, so muß man vor allem die Verkehrsanforderungen berücksichtigen, die an eine Straße gestellt werden. Für wenig benützte, von Lastenkraftwagen nicht befahrene Straßen werden dichte Kalksteine, Marmore, Zellendolomite usw. ein vorzügliches Schottergut abgeben. Hohen Ansprüchen, namentlich infolge Kraftwagenverkehrs, vermögen dagegen solche weiche Stoffe nicht zu genügen; man fährt auf solchen Straßen bei Sonnenschein wie durch Mehl, bei Regen durch tiefen Schlamm. Hier greift man am besten zu Basalt oder zu Diabas, zähen Amphiboliten, Apliten, Dioriten, glasfreien Porphyren mit kleinen Einsprenglingen, zu Syenit, Granit usw. Basalt eignet sich namentlich für das in neuerer Zeit auf Straßen, die von schweren Kraftwagen viel befahren werden, vielfach mit Erfolg angewendete sogenannte Kleinpflaster (mit 7 bis 9 cm Würfelkantenlänge). Schieferschotter liefern Fahrbahnen, die unter den mahlenden Rädern der Kraftwagen verseifen; etwas günstiger verhalten sich diesbezüglich Gneise, namentlich echte Gneise. Der Hauptmuschelkalk Badens liefert ein zwar weiches, aber die Fahrbahn gut bindendes Schottergut; allerdings stauben die Straßen im Sommer wegen der raschen Gesteinsabnutzung stark und zeigen sich im Winter vielfach klebrig-tonig. In neuerer Zeit hat man, wie Hundt berichtet, mit Kieselschiefern in Deutschland günstige Erfahrungen gemacht. Auch in Österreich verwendet man örtlich gerne Quarzite und Quarzitschiefer zur Beschotterung von Wegen und Straßen; sie geben sich wenig abnützende, trockene Fahrbahnen.

In den neuzeitlichen Fahrbahndecken hängt die Abnützung ganz wesentlich vom Bindemittel des Schotters ab. Wie Cassinone[34] nach einem Aufsatze von M. Quelle berichtet, betrug die Abnützung im Jahre bei

mittelhartem Kalkstein von Berne und von Beaulien	16	mm
weichem Kalkstein mit Na-Wasserglas behandelt	9,5	„
wassergebundenem, weichem Kalkstein	45	„

Die gewöhnliche, wassergebundene Decke nützte sich also fast fünfmal so stark ab als die wasserglasbehandelte aus demselben Gestein. Der Berichterstatter schließt aus den beiden ersten Ziffern weiters, daß das kieselsaure Natrium harten Schotter nur oberflächlich mit einer Schutzhaut umgibt, die verhältnismäßig rasch zerstört werden kann und dann den Kern schutzlos der Zerstörung preisgibt (Bildung von Stoßsteinen und Schlaglöchern); in weichen (d. i. wohl lückigen) Kalkstein dringt die Wasserglaslösung viel tiefer ein und schafft so einen längere Zeit wirksamen Schutz gegen Abschleifen. Dieser besteht anscheinend darin, daß das Wasserglas mit dem Kalkstein sich zu kieselsaurer Kalkerde und Soda umsetzt; das Kohlendioxyd der Luft erzeugt an der Oberfläche freie Kieselsäure; in dem Maße als die Schutzschicht aus kieselsaurem Kalk und Kieselsäure abgenutzt wird, ersetzt sie sich aus dem freien, kieselsauren Natron der Unterschicht wieder. Die chemische Wirkung des Wasserglases wird von manchen Forschern aber bestritten oder doch abgeschwächt.

28. Härte

Auch die Gesteinhärte ist eine mannigfach zusammengesetzte, von verschiedenen Einflüssen abhängige und mit anderen Gesteineigenschaften verflößende Eigenschaft; namentlich bestehen innige Wechselbeziehungen zur Abnützung, Festigkeit und Bearbeitbarkeit. Sie wird gewöhnlich umschrieben als der Widerstand, den eine Gebirgsart dem Ritzen, dem Herausreißen (Absplittern unter Druck) einzelner Teilchen aus der Gesteinsoberfläche bzw. dem Eindringen eines Fremdkörpers zwischen die Gemengteile der Bergart entgegensetzt. Sie hängt vor allem ab von der Kornbindungsfestigkeit (dem Zusammenhalte der Gesteinteilchen), der Elastizität des Gesteins, der Härte seiner Gemengteile, der Oberflächenbeschaffenheit, der Geschwindigkeit des angreifenden (ritzenden) Körpers, Tracht, Gefüge usw., Feuchtigkeitsgrad.

Man muß die Gesteinhärte sorgfältig von der Mineralhärte auseinanderhalten. Beide fallen selbst bei einfachen, nur aus einer Mineralart aufgebauten Gesteinen häufig nicht zusammen; man denke da nur an die weit auseinanderliegenden Gesteinhärten von Kreide und Marmor, obwohl beide wesentlich aus demselben Mineral (Kalkspat) aufgebaut sind; das gleiche gilt für Kieselgur und Hornstein, welche aus mehr oder minder wasserhältiger Kieselsäure bestehen. Es spielen eben bei einer Gebirgsart neben der Mineralhärte noch wesentlich das Gefüge, die Tracht, namentlich aber die Kornbindung eine große Rolle. Für technische Zwecke läßt sich die Mineralhärte ohne teure Behelfe auf folgende Weise leicht bestimmen:

Mineralien der Mohsschen Härte

7 und darüber: geben am Stahl Funken; ritzen selbst Fensterglas leicht (z. B. Quarz, Granat);

6 (Stahlhärte): geben am Stahl Funken, werden vom Quarzsplitter geritzt, nicht aber vom Messer (grauer Strich von Eisenfeile auf der Fläche); ritzen selbst bei stärkerem Andrücken Fensterglas (z. B. Kalifeldspat);

5: mit dem Messer erst bei stärkerem Andrücken ritzbar; von weichem Eisen nicht geritzt (z. B. Apatit);

4: mäßiger Druck des Messers ritzt bereits, ebenso ein Nagel aus weichem Eisen, Fensterglas (5); Kupfermünze erzeugt keine Kratzer (z. B. Flußspat);

3: mit dem Messer ohne Druck leicht ritzbar, weniger leicht durch eine Kupfermünze (z. B. Kalkspat);

2: ritzbar durch den Fingernagel (z. B. Gips);
1: sehr leicht mit dem Fingernagel ritzbar (z. B. Talk).

Bei gemengten Gesteinen wechselt die Härte von Stelle zu Stelle; einheitliche Angaben, wie z. B. bei Mineralien, sind daher unmöglich und wirken nur irreführend. Man behilft sich bei der Anschätzung von Gesteinhärten daher anderer Verfahren.

Die Bestimmung der Abnützungshärte nach dem Vorschlage von A. Rosiwal wurde bereits erwähnt (S. 459).

Nach Kick vermag die Schubfestigkeit einen Maßstab für die Härte eines Körpers abzugeben.

Gut ausgebildet sind bereits die Eindruckverfahren; sie streben die Härte durch stoßfreies Eindrücken eines Stempels festzustellen. Als Stempel verwendet Brinell eine gehärtete Stahlkugel von 10 mm Durchmesser; sie

Abb. 358

wird durch meßbaren Druck in die vorher geebnete und geglättete Gesteinoberfläche eingetrieben und der größte Durchmesser des Eindruckes in $^1/_{100}$ mm gemessen. Das Maß der Härte ist die „Härtezahl"; man erhält sie aus dem Bruche

$$\frac{\text{Angewendete Druckkraft in kg}}{\text{Einbeulungfläche in qmm}}.$$

Da trockene Gesteine härter sind als feuchte, ist stets auch die Ermittlung des Wassergehaltes bei der Härteprüfung nötig.

Der Härteprüfer von Martens-Heyn zeigt die Eindrucktiefe der Kugel unmittelbar an; auch aus ihr läßt sich die Eindruckfläche und damit die Härte berechnen.

Das von Mohs bei der Aufstellung seiner Härtestufenleiter angewendete, von der Richtung abhängige Ritzverfahren ist später von vielen Forschern weiter ausgebildet worden; so von Gollner, Müllner, Turner, Martens und vielen anderen. Als zuverlässig gilt der Martenssche Ritzhärteprüfer (Sklerometer, Abb. 358 und 359). Die Probeflächen müssen sauber geebnet und geglättet sein. Ermittelt wird die Strichbreite, welche ein Diamantstift unter bestimmter Belastung erzeugt; man bedient sich hiezu eines Schraubenfeinmessers (Okularschraubenmikrometer). Das Gerät selbst trägt an dem einen Ende des Waghebels (1) einen Diamant (2) mit kegelförmiger Spitze von nahezu 90° Spitzenwinkel; der Stift wird mit Hilfe des Gewichtes (3) auf das Probestück (5) gedrückt, das ein Schlitten (4) trägt. Der zweite Hebelarm besitzt eine Teilung; auf ihm kann ein Laufgewicht (6) verstellt werden, um den Diamant beliebig entlasten zu können; die Zeigerspitze (7) zeigt die Gleichgewichtslage des Waghebels an.

Die Ritzhärteprüfer können nicht bloß für Mineralien verwendet werden, sondern eignen sich auch zur Bestimmung der Härte einfacher Gesteine. Sie liefern brauchbare Durchschnittswerte, wenn die Gemengteile völlig regellos liegen (z. B. bei Marmoren, dichten Kalken usw.); herrscht Gleichrichtung der Bestandteile, wie z. B. in manchen Quarziten, dann muß die Härtebestimmung in mehreren Richtungen vorgenommen werden, besonders wenn schon die Härte der Mineralien an und für sich in verschiedenen Richtungen ungleich ist (bekanntestes Beispiel: Disthen!). In zusammengesetzten

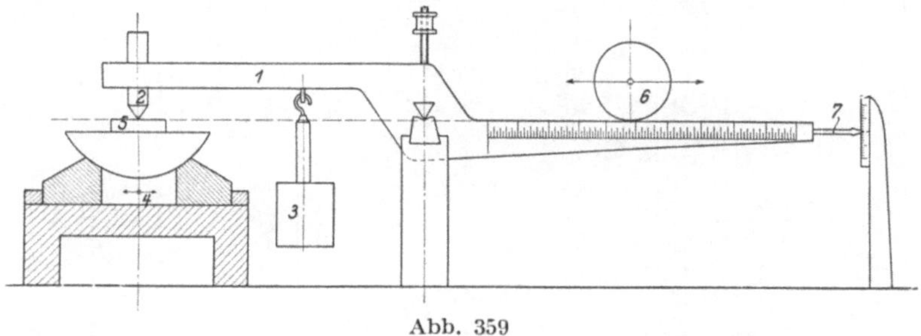

Abb. 359

Gesteinen sinkt der Wert der Ritzhärteprüfer; man verwendet sie aber auch hier dann und wann, wenn man z. B. die Frische einzelner grobkörniger Bestandteile ermitteln oder die Härte der weichsten Bestandteile kennen lernen will. In den gemengten Gesteinen setzt sich die eingeritzte Furche bei Beobachtung mit dem Meßmikroskop aus Strecken verschiedener Breite (bzw. Tiefe) zusammen.

Man hat auch die sogenannte Bohrhärte (vgl. S. 485) festzustellen versucht; sie gibt im allgemeinen Flächenwerte an. Bei Riesenkorngesteinen, grobporphyrartigen Gebirgsarten usw. sind Mittelwerte nur bei langen Versuchsreihen gewinnbar; die Einzelwerte streuen sehr, je nachdem gerade ein bestimmtes, sehr grobes Korn (riesiger Einsprengling usw.) durchbohrt wird. Bei Schiefergesteinen, Lagentracht usw. können sich Richtungbeziehungen ergeben. Bohrhärte, Anarbeitungshärte usw. leiten zu einer anderen Gesteineigenschaft, der Bearbeitbarkeit, hinüber.

Anhaltspunkte für die Gesteinhärte kann auch die von Shore eingeführte Kugelrücksprungzahl bieten. Man läßt eine Stahlkugel (oder nach Shore auch ein kleines Hämmerchen) aus bestimmter Höhe auf die zu prüfende Fläche fallen; die Rücksprunghöhe der Kugel gibt ein Maß für die Härte oder besser eigentlich für das Federn des Stoffes. Die Rücksprungzahl hängt nicht bloß vom geprüften Stoff, sondern auch von den Eigenschaften der verwendeten Stahlkugel ab; es sind daher nur Werte vergleichbar, welche mit demselben Gerät ermittelt wurden.

29. Bearbeitbarkeit

Die Bearbeitbarkeit eines Gesteins wird durch den Widerstand gemessen, den das Gestein seiner Bearbeitung entgegensetzt. Freilich kennen wir derzeit ein unbedingtes Maß für den Grad der Bearbeitbarkeit eines Felsens noch nicht; denn es richtet sich, strenge genommen, der Bearbeitbarkeitsgrad auch bei einer und derselben Gesteinsart nach dem verwendeten Werkzeuge.

Die Steinbrucharbeiter unterscheiden die Gesteine nach ihrer Bearbeitbarkeit in Hartgesteine (sämtliche frischen Durchbruchgesteine mit Ausnahme lückiger Trachyte und ähnlicher Ergußgesteine, Kiesel-

Abb. 360. Verschiedene Steinbearbeitungsmaschinen in den Werkstätten von W. Thust, Groß-Kunzendorf, Schlesien

schiefer, Kieselkalke, Eklogite, Kieselsandstein, viele Gneise, die Quarzite, quarzreiche Phyllite und Glimmerschiefer, Amphibolite, Hornfelse) und in Weichgesteine (Durchbruchgesteintuffe, eisenschüssige Sandsteine, Mergel, glimmerreiche Gneise, Glimmerschiefer, Anhydrit, Gips [läßt sich häufig sägen und mit Messern schaben], Kalkstein, Dolomit, Marmor, Kalksandstein, tonige Sandsteine, Kalksinter, Magnesit, Talk und Talkschiefer, Chloritschiefer, Kalk- und Serizitphyllite, Serpentin usw.).

Schon aus dieser rohen Einteilung geht hervor, daß die Bearbeitbarkeit eines Gesteins nicht von der Härte der dasselbe aufbauenden Mineralien allein abhängt. Ein Tonsandstein besteht z. B. größtenteils aus Körnern des sehr harten Quarzes (H = 7) und muß doch zu den Weichgesteinen gerechnet werden, weil die harten Quarzkörner, ohne zerschnitten zu werden, von den Werkzeugen aus der weichen Zwischenmasse leicht herausgerissen werden; Weichgesteine haben also verhältnismäßig geringe Verbandfestigkeit, gleichgültig, ob sie aus weichen oder harten Mineralien aufgebaut werden. Hartgesteine besitzen dagegen nicht bloß harte Gemengteile, sondern ihre Mineralien weisen zugleich auch eine feste Kornbindung auf. Auch die Frische des Gesteins und der Grad seiner tektonischen Beanspruchung beeinflussen die Bearbeitbarkeit wesentlich; so sind z. B. Gesteine, deren Zusammenhang durch beginnende Zersetzung oder durch Gebirgsdruck gelockert wurde, ebenso leicht bearbeitbar als nachbrüchig (zerrüttetes oder verruscheltes Gebirge, serizitisierte Gneise usw., überhaupt Quetschgesteine). Glimmerreichtum erleichtert die Bearbeitbarkeit der Gesteine.

Im nachstehenden soll die Bearbeitbarkeit kurz erörtert werden, wie sie sich bei der Anwendung verschiedener Arbeitsgeräte ergibt; nur die Spaltbarkeit und die Bohrfestigkeit findet weiter unten gesonderte Behandlung.

Im Bruche erhalten die losgelösten Gesteinblöcke zuerst eine rohe Formung. Man gibt ihnen meist die Form eines Langklotzes oder einer Platte mit zwei kleineren und vier größeren, längeren Flächen. Die Rohstücke werden nun nach vorgerissenen Linien derart angearbeitet, daß alle ihre Begrenzungflächen Rechtecke sind. Dies geschieht bei den Hartgesteinen mit Spitzeisen (Spitzmeißel) und Handfäustel, bei den Weichgesteinen mit dem Spitzhammer (Zweispitz) oder dem Bossierhammer.

Das Spitzeisen (Abb. 361) hat am besten achtkantigen Querschnitt, doch wird zu seiner Herstellung manchmal auch Rundstahl oder Vierkantstahl verwendet. Der Arbeiter setzt es mit der linken Hand schräg zur Oberfläche auf dem Steine an und schlägt mit dem rechten fäustelbewehrten Arm auf den Kopf des Spitzmeißels, bis ein Gesteinsplitter abgesprungen ist. Durch planmäßiges Wechseln der Ansatzstelle entstehen gespitzte Flächen.

Abb. 361. Spitzeisen

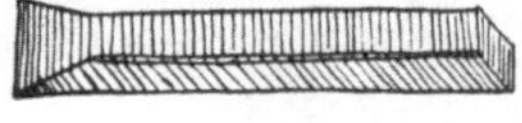
Abb. 362. Schlageisen

Abb. 363. Scharìereisen

Der Spitzhammer (Abb. 365) verbindet gewissermaßen Fäustel- und Meißelwirkung in einem Werkzeuge. Der Bossierhammer besitzt eine breite vierkantige Schlagfläche und auf der entgegengesetzten Seite eine hackenähnliche Schneide.

Die weitere Bearbeitung erfolgt auf eigenen Werkplätzen (Steinhauereien); diese liegen zumeist nahe dem Steinbruche, seltener weiter von ihm entfernt. Auf den Werkplätzen werden die rohen Blöcke meistens zuerst zerteilt; hiezu verwendet man Spaltkeile oder Steinsägen; letztere spielen namentlich bei der Veredelung der Ware eine große Rolle. Die Feinbearbeitung

— mit Ausnahme des auf S. 493 kurz behandelten Glättens — erfolgt bei Hartgesteinen mit dem Schlageisen (Abb. 362), dem Spitzeisen und Handfäustel (Abb. 367), dem Stockhammer (Kieshammer, Abb. 368, 372) usw.,

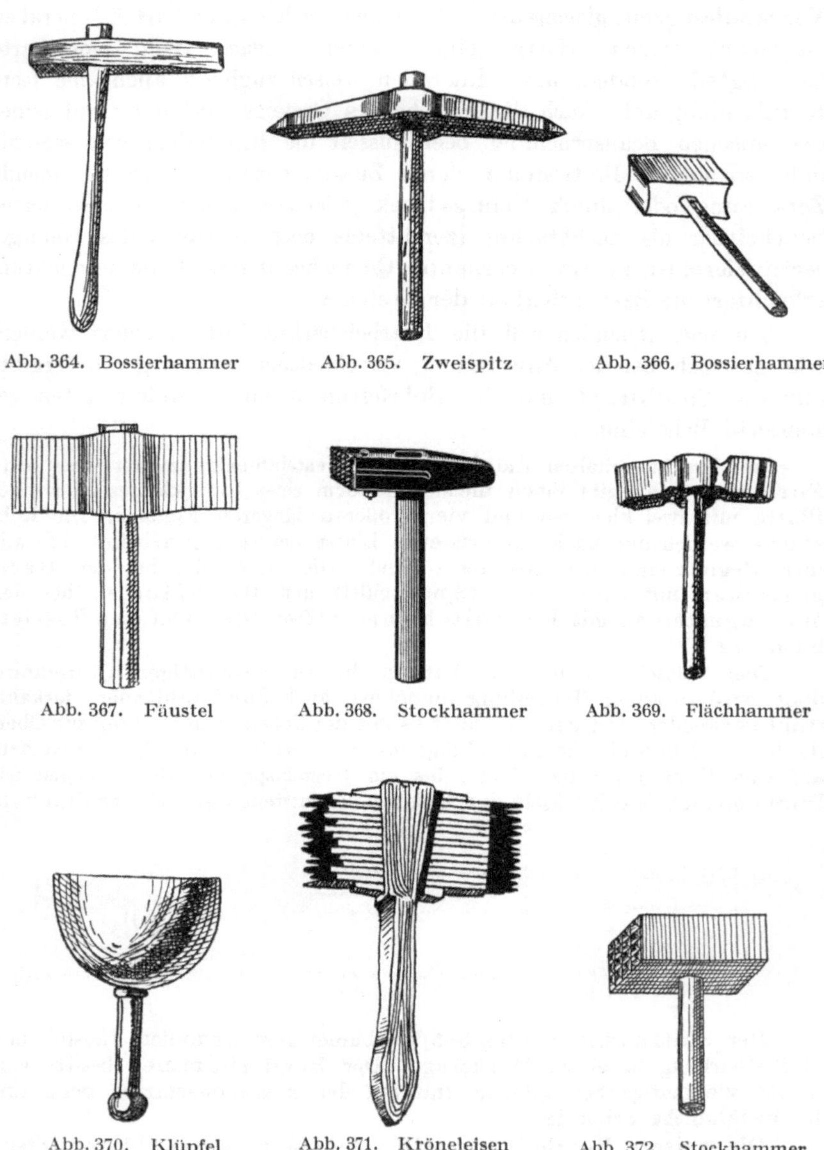

Abb. 364. Bossierhammer Abb. 365. Zweispitz Abb. 366. Bossierhammer

Abb. 367. Fäustel Abb. 368. Stockhammer Abb. 369. Flächhammer

Abb. 370. Klüpfel Abb. 371. Kröneleisen Abb. 372. Stockhammer

bei Weichgesteinen mit dem Klöpfel (Klüpfel, Knüppel, Abb. 370), dem Flächhammer (Zweiflach), dem Schariereisen (Abb. 363), dem Kröneleisen (Krönel, Gründel, Abb. 371) usw.

Daß mit Fäustel und Spitzeisen „gespitzte“ Flächen erzeugt werden, wurde bereits erwähnt. Handfäustel und Schlageisen (wenn schmäler, Beizeisen genannt) helfen beim Ziehen der Schläge, d. h. 2 bis 4 cm breiter, ebener Bahnen längs der Kanten; die mehrere Zentimeter hoch über diese Bahnen vorragenden Flächen der Gesteinblöcke heißen Bossen (Posten); der Block heißt in diesem Zustande „bossiert“. Bossierte Flächen werden je nach späterer Verwendungsart des Gesteines „gespitzt“ oder mit dem Stockhammer „gestockt“. Bei Weichgesteinen erzeugt der aus festem, zähem Holz (Weißbuche, Buchsbaum usw.) hergestellte Klüpfel die Schläge; die Bossen werden mit dem Spitzhammer oder dem Flächhammer (Hammer mit zwei dem Stiele gleichlaufenden Schneiden) „abgeflächt“; öfters überarbeitet man solche Flächen noch mit dem Kröneleisen („gekrönelte Flächen“) oder dem Breiteisen (Scharierereisen; „scharierte“ Flächen).

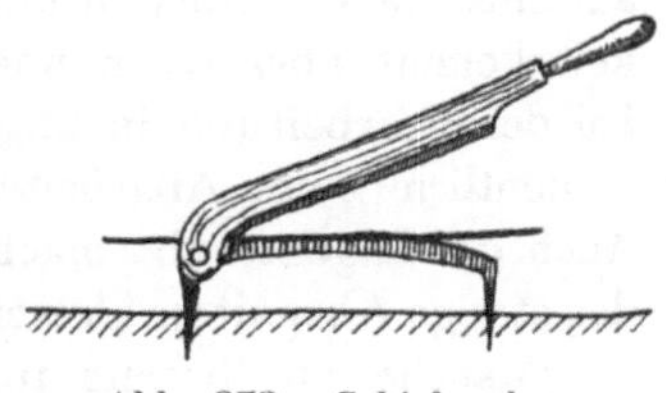

Abb. 373. Schieferschere

Zum Beschneiden der Dachschiefer dient eine Schere (Abb. 373).

Der Erzeugung von Straßenbaustoffen, Betongut, Gleisbettunggut usw. dienen Schotterbrecher, Sonderungtrommeln u. dgl. (Abb. 374—378).

Abb. 374. Zweischwingenbrecher. Großbrecher mit 600 mm Backenbreite. Brecherbett in einem Stück aus Stahl oder Grauguß gegossen. Leistung für mittelhartes Gestein bei 50 mm Spaltweite ca. 10 bis 20 cbm pro Stunde.

Schieferige Tracht fördert die Bearbeitung in der Richtung der Schieferungsebene weit mehr als flaserige Tracht; während bei ersterer

Gesteinsteile von oft weiter Flächenerstreckung zur Ablösung gebracht werden können, beschränkt sich die Abtrennung bei flaseriger Tracht auf einzelne von Flasern umhüllte Linsen. Ein Übermaß der Schieferigkeit kommt aber dann unerwünscht, wenn ganze Platten des Gesteins bei der Bearbeitung in ungewollter Richtung abspringen, wie sich dies namentlich beim Anarbeiten von Stirn- (Kopf-) Flächen oft ereignet. Auch die Lagentracht macht die Gesteine leichter bearbeitbar, weil sie das stetige Abspalten kleiner Stücke begünstigt.

Manche, aus bereits an sich harten Gemengteilen (wie Hornblende, Augit, Feldspat usw.) bestehende Gesteine erhalten durch den innigen filzigen (Nephrit) oder verschränkten Verband (Diabas) eine überaus große Zähigkeit und Widerstandsfestigkeit gegen Werkzeuge. Aus solchen Gesteinen fertigten die alten Völker ihre Steinbeile usw., und auch heutzutage zieht man bei allen Verwendungsarten, wo die Stoffe starken Stößen, Schlägen, Erschütterungen usw. ausgesetzt sind, Felsarten mit großer Verbandsinnigkeit, wie feinkörnige Diorite, gewisse Amphibolite mit verfilzten Hornblendesäulchen, Eklogite, Diabase mit verschränktem Verbande usw. vor.

Abb. 375. Einschwingenbrecher. Grobbrecher, mit besonderer Einrichtung auch als Feinbrecher verwendbar. Brecherbett vierteilig, Vor- und Rückwand aus Stahlguß, Seitenwände aus SM-Stahlplatten; Backenbreite 450 mm. Leistung bei 50 mm Spaltweite ca. 7 bis 14 cbm pro Stunde.

Lückiges Gefüge fördert die Bearbeitung des Gesteins um so mehr, je größer die Summe der Hohlräume ist; große Lücken erschweren oder verhindern trotz leichten Arbeitsfortschrittes die Erzeugung ebener Flächen.

Der bruchfeuchte (bergfeuchte) Zustand erleichtert die Bearbeitung aller Gesteine sehr (vgl. S. 517). Frischgebrochene Gesteine geben auch bessere, ebenere Spaltflächen, ein Vorteil, welcher namentlich bei der Erzeugung von Platten jeder Art, von Pflasterwürfeln usw. in die Wagschale fällt.

Manche Kalksteine und Kalksandsteine lassen sich im bergfeuchten Zustande leicht mit der Säge und Hacke zerlegen und anarbeiten, während sie sich nach dem vollständigen Austrocknen und Erhärten weit schwerer bearbeiten lassen. Ich erinnere da an die verschiedenen Kalksinterbildungen (Travertine), an den mitteleozänen Grobkalk der Umgebung von Paris, den Leithakalksandstein von Aflenz bei Wildon in Steiermark

Abb. 376. Fahrbare Schotteranlage, bestehend aus: einem 10 PS-Rohölmotor mit Kühlwasserpumpe, Kühlwassergefäß und Brennstoffbehälter, in einem Blechgehäuse staubdicht verschalt; einem Einschwingenbrecher, 350 mm Backenbreite, samt Bedienungsbühne, einer vom Steinbrecher aus angetriebenen Sortiertrommel von 625 mm Durchmesser und 2200 mm Länge, für 3 verschiedene Körnungen; alles aufgebaut auf einem mit Regendach versehenen schmiedeeisernen Fahrgestell

und an die sarmatische Muschelkalkbresche der Umgebung von Gnas, Poppendorf, Meierdorf und Grafendorf in Oststeiermark; auch die Phonolith- und Trachyttuffe des Rheinlandes lassen sich im bruchfeuchten Zustande beliebig schneiden und sägen, erhärten aber nach dem Austrocknen und zeigen sich dann wetterfest und widerstandsfähig.

Genauere Anhaltspunkte für die Wertung der Bearbeitbarkeit gewinnt man aus den Ziffern der Zugfestigkeit. Da die Bearbeitung

Abb. 377. Walzenmühle zur Erzeugung von Sand und Grus, mit Hartstahlwalzen. 750 mm Durchmesser und 300 mm Breite, die eine Walze fest, die andere beweglich gelagert, mit Vorgelege und Einwurfgosse; für eine stündliche Leistung von 10.000 bis 15.000 kg

der Gesteine in letzter Linie auf die Abtrennung von Gesteinsteilen, also auf die Überwindung der Zugfestigkeit hinausläuft, kann die Zugfestigkeit sehr wohl einen Maßstab für den Bearbeitungswiderstand abgeben.

Wo Schichten mit verschiedenen Bearbeitbarkeitgraden im wagerechten oder lotrechten Sinne miteinander rasch abwechseln, wird bei der Beurteilung der Bearbeitbarkeit ein Mittelwert angegeben.

Weiter empfiehlt sich bei der Beurteilung der Bearbeitbarkeit des Gesteins die Ergänzung gemachter Wahrnehmungen durch die *Beobachtung von Bruchflächen*.

Mikroskopische Untersuchungen sind geeignet, über die Art und Weise der Aneinanderlagerung der Körner, das Gefüge usw., kurz über Dinge Klarheit zu verschaffen, welche die Bearbeitbarkeit eines Gesteines wesentlich beeinflussen.

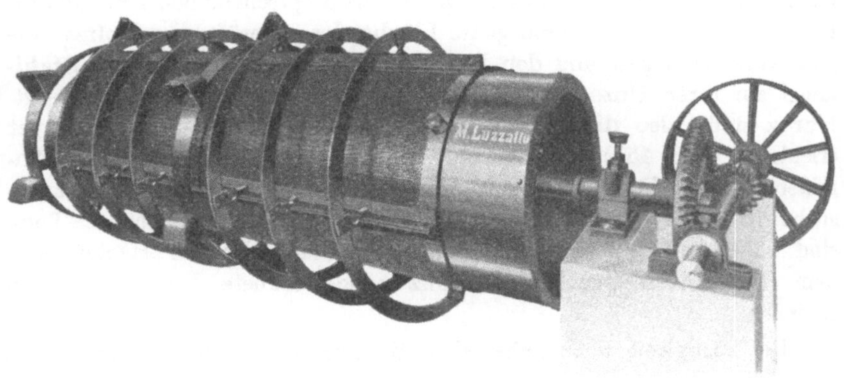

Abb. 378. Sandwaschmaschine. 800 mm Durchmesser, 2500 mm Länge; für 3 Körnungen einschließlich des Überlaufes und zwei Schöpfwerken; der zur Maschine gehörige, mit Wasser durchspülte Eisen- oder Betontrog ist in der Abbildung nicht ersichtlich; das zu waschende Gut wird der Trommel von der höher gelegenen Seite zugeführt. das gesiebte Gut wird mittels der Schnecke gewaschen und dem Schöpfwerk zugeleitet; das Schöpfwerk, bestehend aus einer Reihe umlaufender, mit gelochtem Boden versehener Schöpfbecher, trägt das gewaschene Material seitlich aus

Versuche großen Maßstabes unter Anwendung verschiedener Werkzeuge wurden bisher nur für mehr minder lockere Gesteinsarten angestellt; für festere Gebirgsarten stehen sie noch aus.

Die *Sprödigkeit* mancher Gesteine beschleunigt oft den Arbeitsfortschritt, ist aber meist unwillkommen, weil Richtung und Art der erfolgenden Abtrennung unberechenbar sind. Ganz allgemein gesprochen ist sie die Eigenschaft gewisser Felsarten, ohne vorausgehende wesentliche Formänderung Sprünge und Risse zu erhalten, auch zu zerfallen, wenn sie Erschütterungen, Stößen, Schlägen usw. ausgesetzt werden; die Abtrennungsflächen setzen sich, wie z. B. in vielen, gegen brisante Sprengmittel sehr empfindlichen Marmoren, oft weit fort. Die Sprödigkeit ist wohl auf innere Spannungen zurückzuführen, wie sie durch Gebirgsdruck (manche Quarze), rasche Abkühlung (Gesteinsgläser, Sanidin), hohe

Kristallisationskraft bei der Ausfällung aus Lösungen (Quarz z. T., manche Marmore) usw. hervorgerufen werden. Die Auslösung der Spannungen erfolgt urplötzlich und führt eben das Zerspringen herbei. Derartige Gesteine vertragen wohl ruhige, aber keine rasch wechselnden Belastungen und bewähren sich weder als Steinschlag für Straßendecken und Schwellenbettungen, noch als Unterlagplatten für Maschinen, Lager von Eisenkonstruktionen des Brückenbaues, als Pflastersteine usw. Den Grad der Sprödigkeit zeigt schon das Verhalten des Gesteins beim Schlagen eines Handstückes an.

Die gegensätzliche Eigenschaft heißt Zähigkeit; zähe Gesteine besitzen große Formänderungsfähigkeit bei entsprechend hoher Festigkeit. Hertz schlug vor, auf eine glatte Fläche des zu prüfenden Stoffes eine Stahlkugel zu legen und den Druck zu bestimmen, bei dem die Stahlkugel auf ihrer Unterlage einen feinen, kreisförmigen Sprung erzeugt. Hertz stellt also die Sprödigkeit gewisser Körper fest; zähe Körper erleiden (vgl. S. 455) eine dauernde Einbiegung ohne sprungartiges Abreißen. Über die Sprödigkeit unterrichten auch Schlagfestigkeitversuche (S. 455). Wasser setzt die Sprödigkeit herab; feuchte Tone sind zähe und nur mit dem Preßluftspaten oder der Hacke oder dem Stechspaten bearbeitbar; ganz ausgetrocknete Tone kann man schießen.

Der Zähigkeit nach reihen sich die Gesteine wie folgt (Granit = 1)

Gestein	Zähigkeit	Gestein	Zähigkeit
Diabas	2,8	Granit	1,3
Basalt	2,2	Sandstein	1,1
Amphibolit	2,1	Biotit-Granit	1,0
Diorit	1,9	Kalkstein	1,0
Quarzit	1,9	Dolomit	1,0
Gabbro	1,6	Marmor	0,7
Hornblendegranit	1,4		

(Angaben des Americ. Depart. of Agriculture)

Bei der Beschaffung von Bausteinen muß auch die Möglichkeit leichter Anarbeitung von Stirn- und Lagerflächen für gewisse Zwecke wohl beachtet werden. Spröde oder kleinklüftige Gesteine lassen sich schwer oder gar nicht nach bestimmten Linien behauen; schiefrige Gesteine geben zwar im allgemeinen gleich vielen Schichtgesteinen gute, ebene Lagerflächen, brechen aber an den Köpfen und Stoßfugen oft unregelmäßig aus. Übrigens hängt die Möglichkeit entsprechender Anarbeitung von gewünschten Flächen sehr von der Art und Wirkungsweise des verwendeten Werkzeuges ab; sägend wirkende Geräte erzielen naturgemäß bessere Flächen als mit Stoß und Schlag arbeitende.

Schichtige und schiefrige Tracht erfordert um so mehr Aufmerksamkeit bei der Steinbearbeitung, je ausgeprägter sie ist.

J. Hirschwald unterscheidet sieben Schichtungsstufen.

Stufe 1: Ein 2 cm breiter, recht scharfer Meißel trennt weder trocken noch nach sechstägiger Wasserlagerung wahrnehmbare Ebenflächen ab.

„ 2: Schichtablösung findet im trockenen Zustande nicht, wohl aber spurenhaft nach Wasserlagerung statt.

„ 3: Trocken Spuren von Schichtenablösung, nach der Wasserlagerung ebenflächige Spaltflächen bis zu 4 qcm;

„ 4: Im trockenen Zustande ebenflächige Abspaltung bis zu 4 qcm, wassergelagert solche von doppelter Größe.

„ 5: Ebene Spaltflächen bis zu 9 qcm (trocken) bzw. 18 qcm (wassergelagert).

„ 6: Im trockenen Zustande grobschichtige, ebenflächige Zerspaltung der ganzen, faustgroßen Gesteinprobe.

„ 7: Trocken dünnschichtige, ebenflächige Zerspaltung der ganzen Gesteinprobe.

Bei schichtigen und schiefrigen Gesteinen empfiehlt sich nur die lagerhafte Anarbeitung (Abb. 380) der Werkstücke; in dieser Richtung ist auch die Bearbeitbarkeit am leichtesten. Querflächige Bearbeitung (Abb. 379, Schichtung senkrecht auf die Mauerfläche, gleichlaufend mit der Stoßfuge), beeinträchtigt die Widerstandfähigkeit des Gesteines; noch schädlicher wirkt schrägflächige Bearbeitung (Abbildung 380, Schichtung schräg zur Maueroberfläche und zu den beiden Fugen), am schädlichsten spaltflächige Bearbeitung (Abb. 380, Schichtung läuft der Mauerfläche gleich); auf den Spalt gestellte Werkstücke neigen zum Abblättern. Werksteine mit Kreuzschichtung (Abb. 381) neigen zum Abbröckeln und Ausbrechen der Ecken und Kanten. Ebenschiefrigkeit (Abb. 382) ist jeder anderen Schiefertracht vorzuziehen (S. 360).

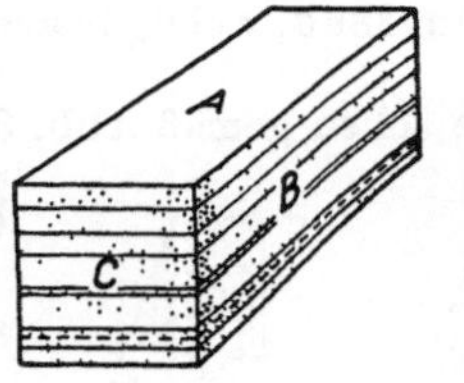

Lagerhafter Binder

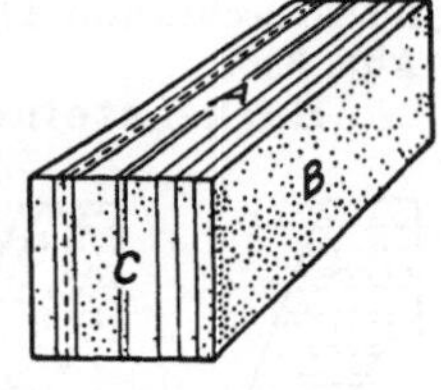

Querflächiger Binder

Abb. 379

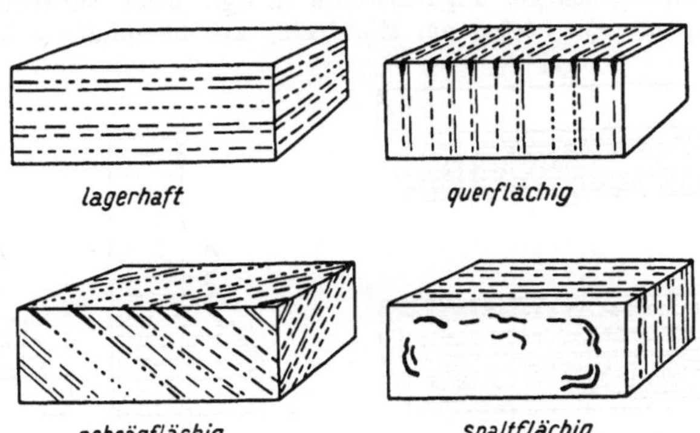

Abb. 380. Läufer. Nach Hirschwald

Im besonderen empfiehlt J. Hirschwald die Beachtung nachstehender Regeln.

Bei Gewölbsteinen arbeite man die Werkstücke gemäß Abb. 386 a an; schlechter ist die Bearbeitungsweise Abb. 386 b, fehlerhaft jene des Bildes 386 c,

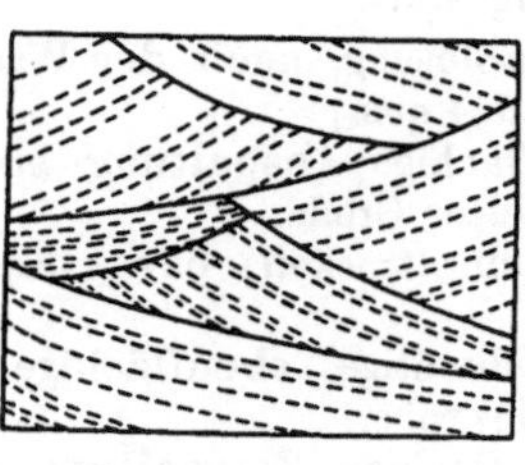

Abb. 381. Werkstück mit Kreuzschichtung

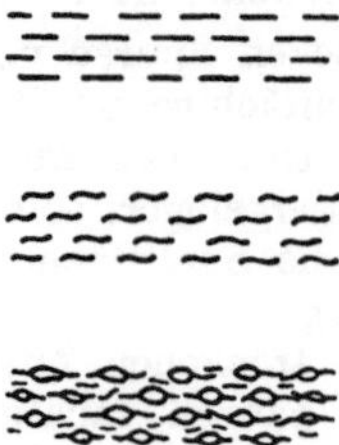

Abb. 382. Ebenschiefrig (oben), welligschiefrig (Mitte), flasrig-schiefrig (unten)

am schlechtesten Abb. 386 d, richtig bearbeitet ist ferner das Widerlagerstück, Abb. 386.

Hackensteine sollen gemäß Abb. 383 angearbeitet werden, wenn man nicht vorzieht, zu nichtgeschichtetem Gestein zu greifen.

Abb. 383. Hakensteine, gut (links) und schlecht (Mitte und rechts) angearbeitet

Platten sind lagerhaft zu bearbeiten.

Gesteine der Schichtungstufe 4 bis 7 dürfen für Gesimse, Friese, Tragsteine, Fialen, Wimperge, Baldachine, Strebebögen, Fenstermaßwerk, Brüstungen, Baluster, Abdeckplatten, plattenförmige Verblendsteine, Verzierungsstücke, Figurensteine u. dgl. nicht verwendet werden; hiezu wähle man am besten nur stichfreie, kornbindungfeste Gesteine mit

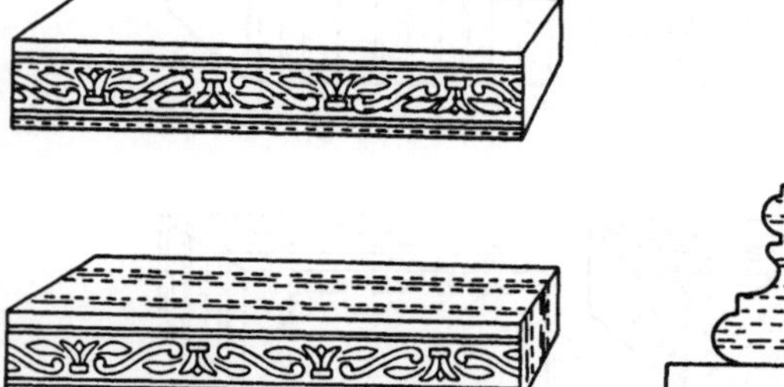

Abb. 384. Friese, gut (oben) und schlecht (unten) bearbeitet

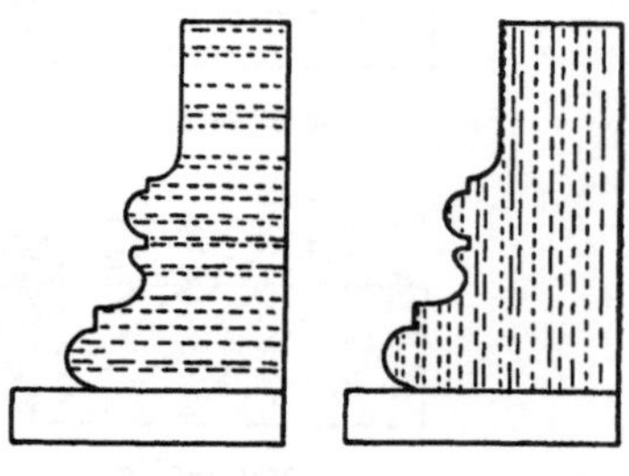

Abb. 385. Fußgesimse, richtig (links) und fehlerhaft (rechts) angearbeitet

richtungloser Tracht und geschlossenem Gefüge. Sollen jedoch trotzdem Gesteine der Schichtungstufen 1 bis 3 verwendet werden, so beachte man nachstehendes:

Gesimse arbeite man gemäß Abb. 387 an (Ausführung Abb. 387, links, begünstigt Wassereindringen und Abwitterung der Kanten an der Unterseite); nur Fußgesimse mache man lagerhaft (Abbildung 385, links). Lagerhafte

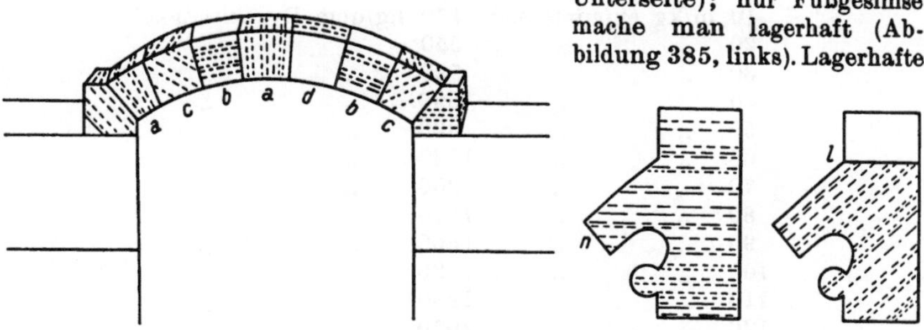

Abb. 386. Verschiedene Anarbeitung von Gewölbsteinen

Abb. 387. Gute (rechts) und schlechte (links) Anarbeitung von Gesimsen

Bearbeitung erfordern auch Friese (Abb. 384), Baluster (Abb. 389), Fußplatten (Abb. 389) und Abdeckungplatten (Abb. 389). Kreuzblume und Riese der Fialen verwittern bei querflächiger Bearbeitung (Abb. 388, 390) leicht; ist man gezwungen, Schichtgesteine anzuwenden, so setze man Fialen größerer Abmessungen aus mehreren, lagerhaft angearbeiteten Stücken zusammen (Abb. 390, rechts).

Abb. 388. Zierstein (Rose) schlecht angearbeitet (Abplatzen)

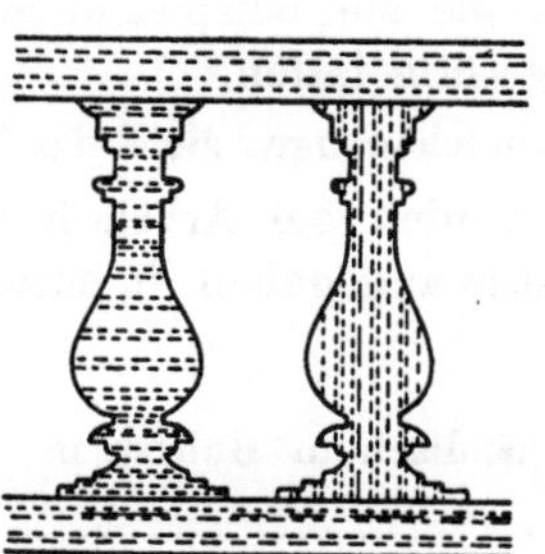

Abb. 389. Brüstungen. Säule links gut, rechts schlecht bearbeitet

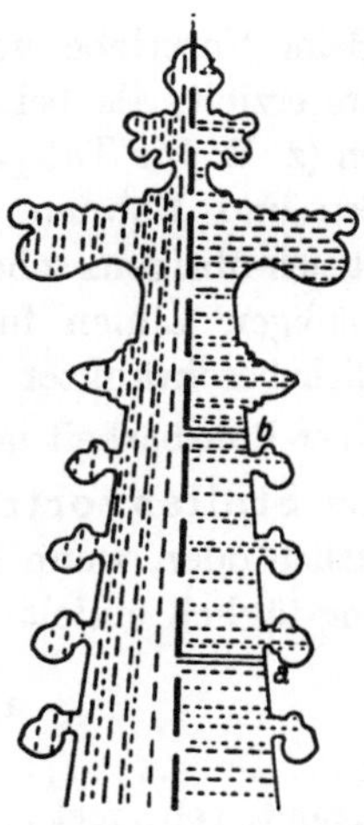

Abb. 390. Spitztürmchen mit Riese, Kreuzblume, Krabben usw., links schlecht, rechts gut bearbeitet

30. Bohrbarkeit (Bohrfestigkeit, Bohrhärte vgl. S. 473)

A. Rosiwal untersuchte die Beziehungen zwischen der Bohrfestigkeit eines Gesteins und seiner Druckfestigkeit. Dabei wird die Bohrfestigkeit durch die Anzahl der Arbeit in Meterkilogrammen ausgedrückt welche die Erbohrung eines Raumzentimeters Bohrloch erfordert. So fand Rosiwal folgende Durchschnittswerte an Bohrfestigkeit (auf die Bohrlochweite von 1 cm bezogen) in Meterkilogramm je 1 ccm:

10	m/kg	entsprechend	170	kg/qcm	Druckfestigkeit
20	„	„	350	„	„
30	„	„	520	„	„
40	„	„	690	„	„
50	„	„	860	„	„
60	„	„	1030	„	„
70	„	„	1200	„	„
80	„	„	1370	„	„
90	„	„	1560	„	„
100	„	„	1720	„	„
110	„	„	1880	„	„
120	„	„	2020	„	„
130	„	„	2150	„	„
140	„	„	2270	„	„
150	„	„	2350	„	„
160	„	„	2430	„	„
170	„	„	2500	„	„
180	„	„	2560	„	„
190	„	„	2636	„	„

Beim Vortriebe von Stollen werden weitaus kleinere Arbeitsfortschritte erzielt, als bei der freien Lösung zwecks Aushub größerer Baugruben (z. B. für Talsperren), Herstellung von Ein- und Anschnitten für Straßen und Bahnen und im Steinbruchbetriebe. Verzögerte Lösung macht sich übrigens schon bei kleineren Felssprengungen nach bestimmten planmäßigen Linien fühlbar, wie sie beispielsweise bei der Gründung räumlich beschränkter Werke nötig fallen.

Über Bohrbarkeit in Steinbrüchen usw. siehe das S. 492ff. Gesagte.

Im Stollenvortriebe wurden bei Arbeit in drei Dritteln durchschnittlich oder, wenn besonders angegeben, in einzelnen Fällen an Ausfahrung täglich erzielt:

a) bei händischem Bohren in

Gabbro	0,4 bis 0,6 m
Gneisgranit, sehr fest	0,5 „ 0,8 „
Felsitporphyr	0,4 „ 0,7 „
Gneisglimmerschiefer	0,6 „ 1,0 „
Fester Dolomit	0,5 „ 1,0 „
Glimmerschiefer	0,7 „ 1,3 „
Urtonschiefer	0,7 „ 1,2 „
Bunt- und Keupersandstein	0,9 „ 1,5 „
Tertiärer Sandstein der Oststeiermark je nach Härte	1,2 „ 1,8 „
Nagelfluh	1,2 „ 1,3 „
Jüngerer Kalkstein	1,1 „ 1,4 „
Molasse-Mergel	1,3 „ 3,0 „
Mittelharte Werfener Sandsteine, Trias	1,2 „ 1,8 „
Tertiäre Tone der Oststeiermark (sarmatisch)	1,8 „ 2,1 „

Tertiärkonglomerat im Wocheiner Tunnel	3,5 m im Mittel
Dachsteinkalk	2,3 „ „ „
Woltschacher Kalk mit Hornsteineinlagerungen, Wocheiner Tunnel	2,21 „ „ „
Jurahornsteinkalke	2,2 „ „ „
Haselgebirge im Bosrucktunnel, trocken	0,9 „ 1,3 m
Granitgneis des Tauerntunnels, fest und sehr hart	0,5 „ 0,8 „
Gutensteiner Kalk im Bosrucktunnel	1,2 „ 1,5 „
Paläozoische Schiefer des Wocheiner Tunnels	4,11 „

b) bei maschineller Bohrung

Gipskeuper des Hauensteintunnels	11,5 bis 14,7 m
Juramergelkalk usw. des Hauensteintunnels	8,3 „ 10,4 „
Jurakieselkalk mit Hornstein, Wocheiner Tunnel	4,4 „ 5,4 „
Quarzitischer Gneis, Gotthardtunnel	3,0 „ 5,0 „
Werfener Schichten (graue Kalke, Tonschiefer, Dolomit des Wocheiner Tunnels)	5,3 „ 7,9 „
Gneis (Monte Cenere-Tunnel der Gotthardbahn)	4,1 m im Mittel
Porphyrkonglomerat, Brandleitentunnel der preußischen Staatsbahnen	2,9 „ „ „
Harter Kalk mit Kalkspatadern, Bosrucktunnel	6,0 bis 6,5 m
Kreide- und Juragesteine, Lötschbergtunnel	7,6 m im Mittel
Gasterngranit, Lötschbergtunnel	7,5 „ „ „
Kristalline Schiefer, Lötschbergtunnel	5,0 „ „ „
Granit, Lötschbergtunnel	4,7 „ „ „
Gneis und quarzreicher Glimmerschiefer, Arlbergtunnel	5 bis 6 m
Antigoriogneis, Simplon	4,5 „ 5,2 „
Granit, Albulatunnel	6,4 „ 7,3 „
Gneisgranit, Tauerntunnel	5,0 „ 6,0 „
Dachsteinkalk, Wocheiner Tunnel	5 m und mehr
Granit, Tauerngoldbergbau Böckstein	$\leqq$ 5,5 m (3,66 m im Mittel)
Plöckinger Granit, Partensteinwerk	3,0 bis 3,5 m im Mittel
Hornblendehältiger Kristallgranit	2,5 bis 2,8 (0,9 bis 3,8)
Hauptdolomit, Frieslingstollen	$\leqq$ 5,7 m (4,81 m im Mittel).

In quarzreichen Felsarten werden Stahlbohrer rasch stumpf; so mußten beim Ausfahren von Antigoriogneis im Stollen des Simplontunnels täglich etwa 10.000 Hand- und 1200 Maschinenbohrer frisch geschärft und gehärtet werden. Eine starke Abnützung der verwendeten Handbohrer machte sich auch bei der Auffahrung des Stollens für das Köflacher Elektrizitätswerk in der Teigitsch bei Edelschrott (Weststeiermark) geltend, wo zahllose Schnüre und Linsen von Quarz und Riesenkorngneis die sonst nicht sehr schwer bearbeitbaren Gneise durchschwärmten. Sehr schwer bohrbar waren auch die zähen Amphibolite und Eklogite des hinteren Ötztales (Straßenbau zwischen Längenfeld und Sölden).

Die Anordnung und Richtung der Bohrlöcher in Stollen geht unmittelbar aus den Abb. 391 bis 398 und ihren Begleitworten hervor.

Die Schußwirkung ist im massigen, lückenlos gefügten Gesteine am kräftigsten; Schichtfugen, Schieferungsflächen, Klüfte aller Art,

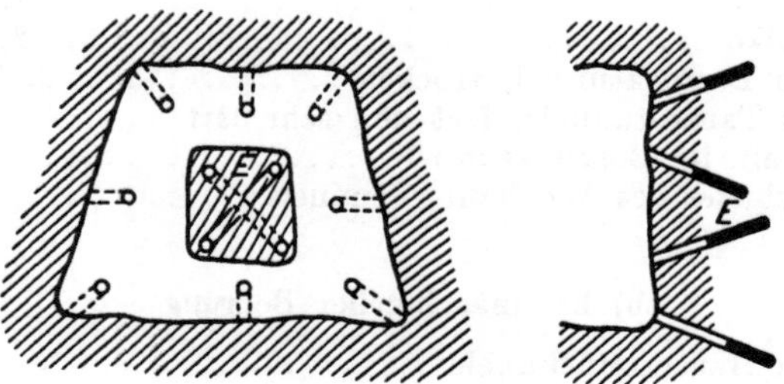

Abb. 391. Massiges, sehr hartes Gestein. Trichterförmiger Mitteleinbruch, sodann First-, Ulm- und Sohlenschüsse (welche man allenfalls gleichzeitig abtun kann; Kranzelschüsse). Eckschüsse schief nach oben bzw. unten

Hohlräume verschiedenster Entstehung, überhaupt Lückigkeit des Gesteins schwächen die Sprengwirkung, zwingen zu stärkeren Ladungen

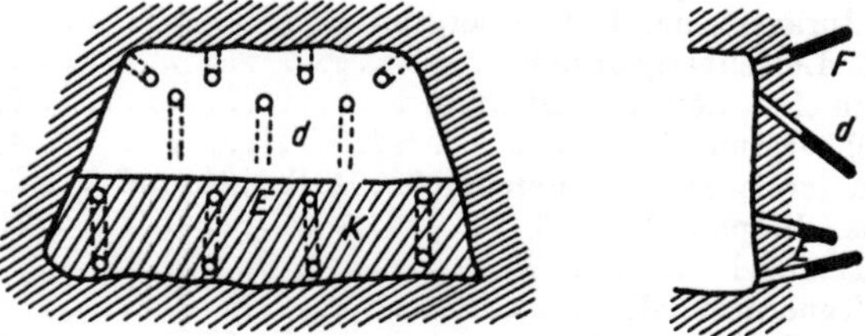

Abb. 392. Breiter, vergleichweise niederer Querschnitt. Wagrechter, keilförmiger Einbruch an der Sohle („Schramm"); sodann lagenweise Druckschüsse (d) und Firstschüsse (F). Der Schramm wird nicht selten auch durch eine söhlige Kluft (K) bedingt

und nehmen die Möglichkeit, die Menge und Art des Sprengmittels im vorhinein richtig zu bemessen bzw. anzuschätzen (vgl. auch S. 397).

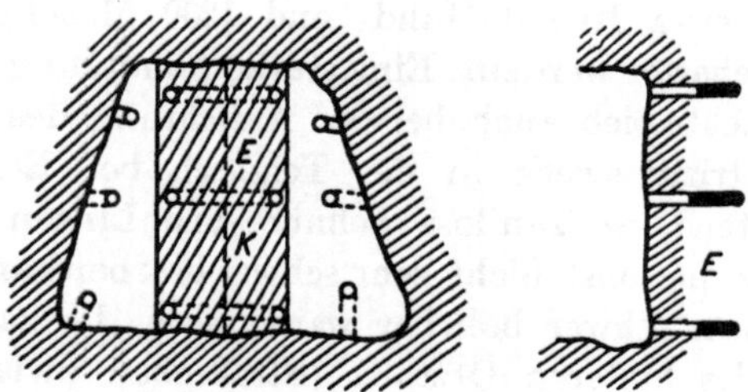

Abb. 393. Massiges Gestein mit Mittelkluft oder schmaler, verhältnismäßig hoher Querschnitt. Keilförmiger Mitteleinbruch („Schlitz"); sodann, je nach Bedarf, Sohlen-, Ulm- und Firstschüsse. Mit der Lage der Kluft verschiebt sich der Mitteleinbruch nach rechts oder links

31. Teilbarkeit (Spaltbarkeit, Spaltfestigkeit)

Die Teilbarkeit ist die Eigenschaft der Gesteine, sich mehr weniger leicht zerlegen (teilen, spalten) zu lassen; die Erscheinung der den Steinbrucharbeitern wohlbekannten „Gare“ fällt auch unter diesen Begriff. Ihr Maß ist der Widerstand der Bergart gegen das Auseinandergetriebenwerden, z. B. durch einen Keil. Um ziffernmäßige Werte erhalten zu können, müßten Versuchsreihen mit Normkeilen angestellt werden. Auch ließen sich aus der Zug- und Schubfestigkeit der Bergarten Anhaltspunkte für ihre Zerlegbarkeit gewinnen.

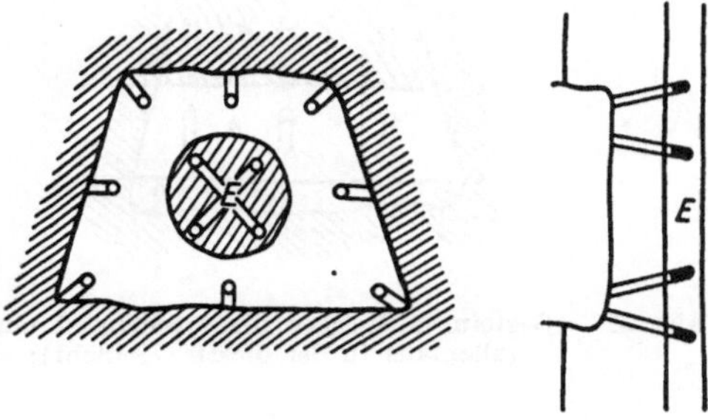

Abb. 394. Gestein steht saiger und streicht quer zur Stollenachse. Trichterförmiger Mitteleinbruch, sodann Kranzelschüsse, allenfalls auch Zwischenschüsse. Durchörtern die Bohrlöcher mehrere Schichten, dann ist stärkeres Laden erforderlich (Schichtfugen schwächen die Schußwirkung!)

Die Teilbarkeit ist eine allseitige, wenn sich das Gestein nach allen Richtungen ziemlich gleich gut zerlegen läßt. Sie hat zur Voraussetzung, daß das Gestein richtungslose Tracht besitzt und keine Mineralien reichlicher beigemengt enthält, welche nach einer einzigen Richtung vollkommen spalten und dadurch die Teilbarkeit in diese Richtung zu

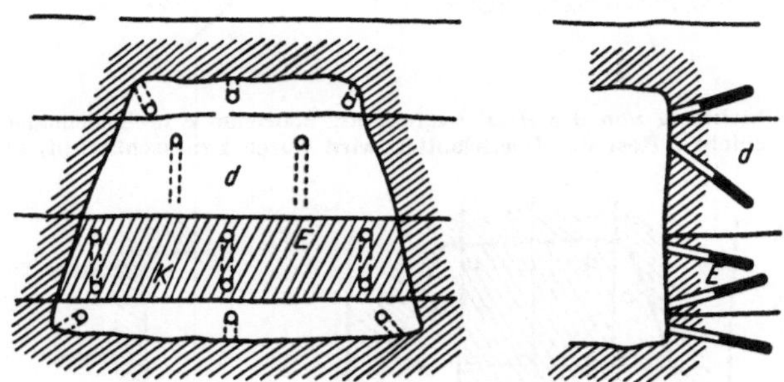

Abb. 395. Söhlige Schichtlagerung. Schramm E, sodann lagenweise Druckschüsse. Bei ungleichmächtigen Schichten Anlage des Schrammes in der dicksten Bank, sodann Druck- bzw. auch Hebeschüsse

lenken versuchen. Glimmerarme, quarzreiche Felsarten spalten meist allseitig. Bei gerichteter Spaltbarkeit geht die Zerteilung nach ein bis drei Richtungen leichter vonstatten als nach allen übrigen. Sie gründet sich auf das Vorhandensein gut spaltbarer Mineralien, namentlich von Glimmern, im Gestein, auf eine gleichlaufende Anordnung der Felsgemengteile oder auf Zusammenhangsunterschiede, wie sie z. B. in Form der bereits öfter erwähnten Ablösungsflächen durch Austrocknen, Erkalten, Gebirgsdruck usw. sich herausbilden.

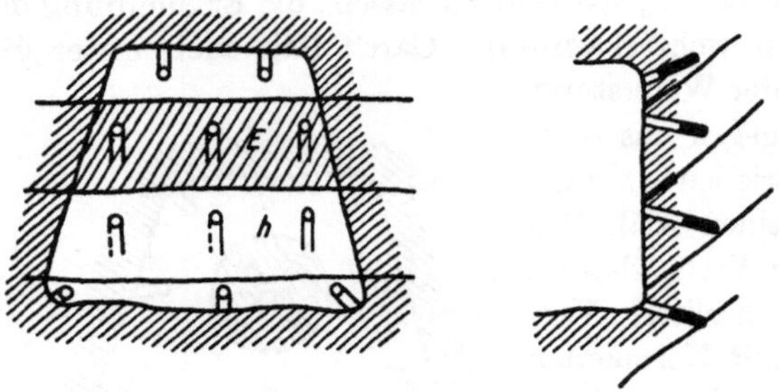

Abb. 396. Gestein fällt gegen die Arbeitsbrust ein. Keilförmiger, söhliger Schramm E (allenfalls in der dicksten Schicht); sodann Hebeschüsse (h)

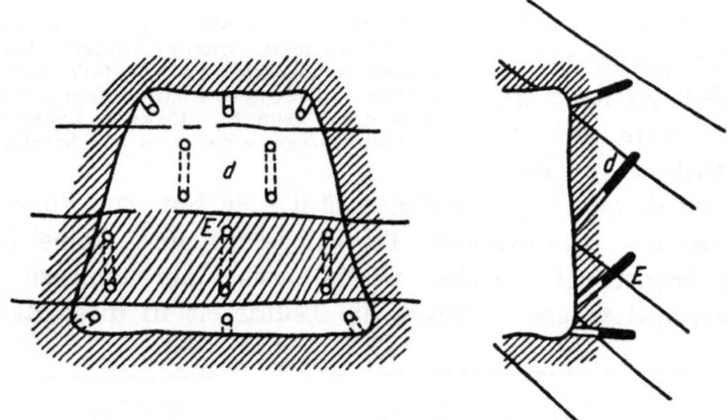

Abb. 397. Schichtung von der Brust wegfallend. Schramm E in Sohlennähe (oder in der dicksten Schicht), Rest des Querschnittes wird durch Druckschüsse (d) abgeworfen

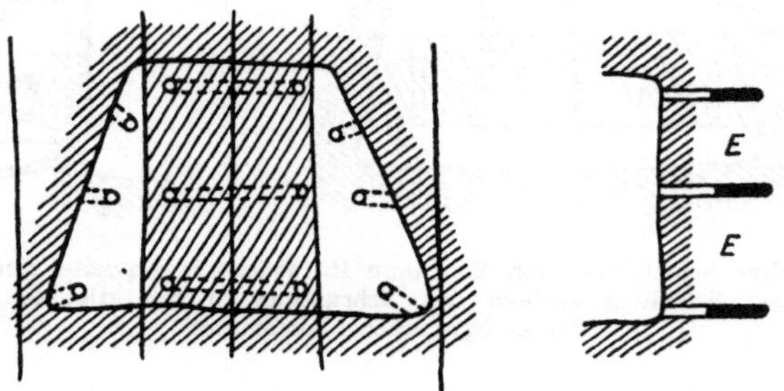

Abb. 398. Saigere Schichten streichen mit der Stollenachse gleich. Keilförmiger, lotrechter Einbruch in der Mitte (oder in der dicksten Schicht)

Die gerichtete Spaltbarkeit folgt in den bank- und plattenförmig abgesonderetn Gesteinen den Bankungsklüften und ihnen gleichlaufenden Ebenen. Mit der fast immer zu beobachtenden Abnahme der Absonderungsdichte nach der Tiefe schwächt sich auch die Teilbarkeit ab. Geschichtete Gesteine spalten naturgemäß nach den Schichtflächen am besten, besonders, wenn sich auf den Schichtflächen Häutchen oder vereinzelte Schüppchen von flächenhaft entwickelten Mineralien (Glimmer, Eisenglimmer usw.) oder Versteinerungen (Blätter, Fischreste usw.) angesiedelt haben. In den kristallinen Schiefern bestimmt die Flaserungs-, Schieferungs- (vgl. Abb. 382) oder Lagenfläche (vgl. Abb. 278) die Richtung der besten Teilbarkeit. Durchbruchgesteine mit Schiefer- oder Fließtracht lassen eine leichtere Teilbarkeit nach den Flächen der Schieferung, bzw. den Strömungslinien erkennen, wenngleich der Grad der Spaltbarkeit hinter jenem der kristallinen Schiefer im allgemeinen zurücktritt.

Neben diesen Hauptspaltungsrichtungen treten aber in den meisten Gesteinen (vielleicht mit Ausnahme weniger Vorkommen vorwiegend glimmerreicher kristalliner Schiefer wie Gneis, Glimmerschiefer, Phyllit, Talkschiefer, Chloritschiefer) noch ein bis zwei Teilbarkeitsflächen auf, welche die sogenannte Kopfspaltung oder „Querspaltung" hervorrufen. Sie erleichtert den Steinbrucharbeitern die Zerlegung großer Blöcke wesentlich.

Je nach der Verwertung des Gesteins ist bald ein hoher, bald ein geringerer Grad der Spaltbarkeit erwünscht. Vollkommene Teilbarkeit nach ebenen, glatten und meist enge gescharten Flächen wird für Dachschiefer, lithographische Steine (Solenhofener Platten) usw. gefordert. Bei Bausteinen schadet ein Zuviel an Teilbarkeit leicht, weil es zum unerwarteten Abspringen von Teilstücken usw. führen kann. Die in ihrer Form unvollkommenste Spaltbarkeit findet im muscheligen Bruche ihren Ausdruck, wie er bei vielen dichten, oft gestaltlosen, meist harten und spröden Massen (Gesteinglas, Quarzfels, Chalzedon, sehr dichte Kalke („Majolika" und Mergel (z. B. des Flysch), Felsit, Basalt usw.) nicht selten beobachtet wird. Muschelige Kopfspaltung schärft die Kanten von Pflastersteinen übermäßig zu und verzögert ihre Abrundung.

32. **Lösbarkeit** (Gewinnungfestigkeit)

Die Gewinnungsfestigkeit des Gebirges wird am besten durch Versuche im Großen bestimmt; die Ergebnisse haben für die Aufstellung von Kostenvoranschlägen, Wirtschaftlichkeitsberechnungen usw. höchste Bedeutung. Man hat daher die verschiedenen Felsarten wiederholt je nach dem Grade ihrer Bearbeitbarkeit in Gruppen zu teilen versucht. Ein solcher Vorschlag zur Einordnung der Gesteine nach ihrer Lösbarkeit sei nachstehend wiedergegeben:

1. Stichboden; mit der Schaufel oder dem Spaten stech- und grabbar. Hieher gehören loser Sand, sehr magerer Lehm, manche Löße, ganz locker gelagerte Schotter, Ackererde, lockerer Torf, lose, reine

Kiese und ähnliche Lockergebilde, welche einen so geringen Zusammenhang ihrer Bestandteile zeigen, daß ihre Lösung keinen besonderen Arbeitsaufwand erfordert und der Arbeiter hiezu je Raummeter nur 0,5 bis 0,9 Stunden benötigt.

2. Leichter (milder) Hackboden; mit der Spitzhaue (Pickel) lassen sich leicht bearbeiten: mittelfetter Lehm, Löß (zum Teil), dichtgelagerter Moorboden, Letten, lehmige Kiese, Grande und Schotter (wenn dicht gepackt), loser Gehängeschutt, Verwitterungsgrus von Durchbruchgesteinen, mürbe Mergel, bindige Sande usw. Die Bodenarten dieser Gruppe können auch noch mit stärkeren Spaten oder mit der Breithacke gelöst werden; die zäheren und dichteren unter ihnen lassen sich mit Vorteil von 3 bis 4 m hohen Arbeitsbrustwänden abkeilen. Die Lösung eines Raummeters erfordert im Mittel 0,9 bis 1,5 Arbeitsstunden.

3. Spitzhackenboden (schwerer Hackboden). Mit dem Pickel sind schwer zu bearbeiten: Blockschutt, Geschiebelehme und ähnliche Ablagerungen, Gipsgesteine einschließlich Anhydrit, zäher oder stark ausgetrockneter Ton, schwerer Letten, fester Mergel, Tonmergel, weiche Sandsteine, festgelagerte Durchbruchgesteintuffe, Schiefertone, Tonschiefer, manche mürbe kristalline Schiefer (Talkschiefer, Serizitschiefer, glimmerreiche Phyllite, namentlich in Quetschzonen), sehr grobe, fest gelagerte Kiese, Schotter usw. Sprengung mit Pulver lockert einzelne Gesteinsarten dieser Gruppe so weitgehend, daß ihre weitere Lösung hiedurch sehr gefördert wird. Erforderliche Arbeitszeit: 1,5 bis 2,3 Stunden je Raummeter.

4. Brüchiges Gestein, mit Brechstange, Spitzhacke, Schlegel und Keil lösbar. Hieher gehören viele glimmerreiche Glimmerschiefer, die meisten Phyllite, dünngeschichtete, namentlich mit Tonen wechsellagernde Sandsteine und Kalke, weitgehend abgesonderte Basalte (Säulenbasalt) und Phonolithe, Plattelquarze (dünngeschichtete Quarzite), gebräches Durchbruchgestein, lockeres Konglomerat, Kalkmergel, Chloritschiefer, verwittertes Gestein, kleinbrüchige Schiefer usw. Erforderliche Arbeitszeit: 2,3 bis 3,3 Stunden je Raummeter.

5. Mittelfestes Gestein; durch gelegentliches Anschießen (Verwendung von Sprengmitteln neben Brechstange und Keil) lösbar; feste aber gutplattige bzw. bankige Sandsteine, Kalke, Dolomite, manche Durchbruchgesteintuffe, viele Gneise und manche Glimmerschieferarten, festere Chloritschiefer, mildere Grauwacken, mittelfeste Konglomerate, massige, aber zerklüftete Kalke und Durchbruchgesteine, Verwitterungschwarten fester Gesteinsarten. Arbeitsaufwand für 1 Raummeter: 3,3 bis 4,5 Stunden.

6. Festes Gestein, nur durch Schießen lösbar; Anwendung von Stahlbohrern noch wirtschaftlich: Marmor, klotzige Dolomite, mittelharte Durchbruchgesteine, feste Sandsteine und Konglomerate, sehr harte,

quarzreiche Urtonschiefer, feste, körnige Grauwacke. Aufwand: 4,5 bis 6 Arbeitsstunden und etwa 0,3 bis 6,45 kg Pulver je Raummeter.

7. Sehr festes Gestein, nur durch Schießen mit brisanten Sprengmitteln lösbar. In dem aus harten und obendrein noch innig verbundenen Gemengteilen aufgebauten Gesteine nutzen sich die Stahlbohrer so rasch ab, daß Bohrstangen mit Diamant- oder Korundbohrkronen wirtschaftlicher arbeiten. Benutzung von Stahlbohrern eigentlich nur Notbehelf. Sehr harte Durchbruchgesteine (Basalt, Diorit, Peridotite und Pyroxenite, viele Gabbros, Diabase, Granulit), zähe, kristalline Schiefer (massige Amphibolite, Hornblendefels, Eklogit); Aufwand an Arbeitszeit etwa 6 bis 10 Stunden je Raummeter, an Sprengmittel etwa 0,50 kg Pulver oder 0,85 kg Sprengöl.

Wo Schichten mit verschiedenen Bearbeitungsgraden im wagerechten oder lotrechten Sinne miteinander rasch abwechseln, wird bei der Beurteilung der Bearbeitbarkeit ein Mittelwert angegeben.

33. Glättbarkeit

Die Fähigkeit eines Gesteines, durch geeignete Behandlung eine glatte, spiegelnde Oberfläche anzunehmen, ist für die Technik nicht ohne Bedeutung. Die Glätte vertieft die Farbenwirkung, vermindert die Ansiedlung von Staub, Ruß, niedrigen Pflanzen usw. auf der Gesteinoberfläche, bringt schädliches Wasser und Lösungen zum raschen Abfluß und erhöht so auch die Haltbarkeit des Gesteines.

Auf die Glättbarkeit hat vor allem das Gefüge und die Tracht eines Gesteines Einfluß; lückige Felsarten, wie Trachyt, schlackige Gesteine, Bimsstein usw. nehmen ebensowenig Glätte an als stark schiefrige Felsarten, wie Glimmerschiefer, Chloritschiefer usw.

Auch Gesteine mit weichen oder gar erdigen Bestandteilen (Tongesteine, Mergel) lassen sich nicht glätten. Bei Felsarten mit Bestandteilen von sehr abweichender Härte werden die härteren Gemengteile beim Glätten blank, während die weicheren matt bleiben; aus diesem Grund lassen sich manche Porphyre mit angewitterten Felsspäten nicht glätten.

Was die einzelnen Gesteingemengteile anbelangt, so nehmen Quarz und Kalkspat schnell, etwas weniger rasch Feldspat völlig glatte, glänzende Flächen an. Augit und Hornblende sind schwieriger zu glätten und ragen in Dioriten und Diabasen selbst bei vollendetem Glätten immer etwas über den stärker abgeschliffenen Feldspäten hervor. Die geringe Härte und vollkommenere Spaltbarkeit der Glimmermineralien verhindert ihre Glättung, ein Umstand, welcher beim Glätten glimmerreicher Gesteine sehr stark störend wirkt.

Gut glättbar sind im allgemeinen Granit, Syenit, Diorit, Gabbro, Quarzporphyr, Diabas, Alabaster, Marmor, viele dichte Kalk- und

Dolomitgesteine, manche Kieselsandsteine, Serpentin, Ophikalzit usw. Von einer gut geglätteten Fläche soll sich ein frischer Tintenfleck entfernen lassen, ohne nennenswerte Spuren zu hinterlassen.

Alabaster schleift man zuerst grob mit feuchtem Schachtelhalm oder trocken mit Glaspapier, dann fein mit gelöschtem Kalk; so erzielt man eine reine Oberfläche, die aber noch matt ist; schönen, atlasähnlichen Glanz erzeugt nachfolgendes Glätten mit Seifenwasser, Kalk und geschlämmtem Federweiß (oder auch mit einem Brei aus Milch, Seife und Schlämmkreide, oder mit Knochenasche, weißgebranntem, gepulvertem Hirschhornsalz usw.).

Das mühsame Handschleifen wird namentlich bei Hartstein immer mehr durch maschinenmäßiges ersetzt (Abb. 360); meist wendet man Rundschleifen an. Als Schleifmittel dienen zunächst reiner Sand oder Stahlsand, sodann Bimsstein, Schmirgel usw.; Glättmittel sind bei buntem Marmor Glättrot, bei hellem Zinnasche; viel verwendet wird Kleesalz.

34. Standfestigkeit und Nachbrüchigkeit

Die Standfestigkeit eines Gesteines ist der Widerstand, den die Felsart dem nie ruhenden Bestreben der Verwitterung, der Schwerkraft und der von ihr geweckten Kräfte entgegensetzt, seine Böschung zum Absanden, Abblättern, Abbröckeln usw. zu bringen und zu verflachen.

Die Standfestigkeit wirkt also der auf der Erdoberfläche herrschenden Neigung zur Einebnung aller Hohl- und Vollformen entgegen; die Kräfte, mit denen sie dabei zu kämpfen hat, sind, wie oben angedeutet, teils die natürliche Erdschwere selbst, teils Kräfte, die von ihr ausstrahlen, wie z. B. die Gewalt rinnenden Wassers, teils die Verwitterungserscheinungen. Die Standfestigkeit als solche beruht auf dem inneren Zusammenhalte des Gesteins, der einerseits durch eine kräftige Kornbindung, lückenloses Gefüge usw. gefördert wird. Sie wird durch alle Ablösungflächen (Schichtfugen, Schieferungflächen, Klüfte, Absonderungflächen) herabgesetzt.

Den Gegensatz zur Standfestigkeit bildet die Nachbrüchigkeit, das ist die Neigung von Teilen des Gesteines, unter dem Einflusse der Verwitterung (des Frostes, der Besonnung usw.) und der Schwerkraft abzubröckeln, abzuschalen oder abzusanden. Vorbereitend wirken Haarrisse und Ablösungflächen aller Art; die Erhebung der Klüftigkeitziffer (S. 419) ist daher von hohem technischem Werte. Die Nachbrüchigkeit wird besonders lästig in steilen Einschnitten am Fuße von schroffen Felswänden empfunden; hier nötigt sie den Techniker zur Anlage von kostspieligen Futter- und Verkleidungsmauern, von Schutzdächern (Galerien), Fangwänden usw. In Stollen und anderen Hohlbauten gefährdet die Nachbrüchigkeit Gesundheit und Leben der Arbeiter und den Bestand der Hohlräume selbst; der Ingenieur begegnet ihr hier durch entsprechenden Ausbau und Verzug der Stollen. In den Einzugsgebieten der Wildbäche und Wildflüsse ist die Nachbrüchigkeit der Gesteine eine Hauptquelle der Geschiebeansammlung in den Gerinnen und ihrer Umgebung.

Von großem Einflusse auf die Standfestigkeit der Gesteine ist ihr Wassergehalt. Trockener Sand besitzt gar keinen Zusammenhang und hält nicht einmal auf mittelmäßig geneigten Böschungen; schwach angefeuchtet erhält er einigen Zusammenhalt, von dem die Kinder beim Backen ihrer Sandkuchen Gebrauch machen, um bei Zunahme der Durchtränkung wieder leicht beweglich zu werden („Schwimmsande“, von den Bergleuten gefürchtet). Trockener Lehm und trockener Ton besitzen ziemlich bedeutende Standfestigkeit; Wasseraufnahme verringert den Zusammenhang allmählich bis zum vollständigen Fließen. Nach Atterberg liegt die Stoßfließgrenze von

schweren Tonen bei	38,6 bis 56	v. H.	Wassergehalt
lehmigen „ „	26,1	„ „	„
Lehmen bei	20,7	„ „	„
Schwere Tone werden bei	87,0	„ „	Durchtränkung „schwerflüssig“
lehmige „ „ „	69,2	„ „	
Lehm wird bei „	39,7	„ „	

Fließerscheinungen beobachtet man in Tongesteinen überall dort, wo Oberflächen- oder Sickerwässer sie durchfeuchten. Aber schon lange vor Erreichung der Fließgrenze treten Bewegungen im nassen Gesteine dann ein, wenn Schichtenneigung oder Steilheit des Hanges das Abgleiten begünstigen. Solche Bodenbewegungen, die man je nach der Raschheit oder Langsamkeit der Bewegungen als Rutschungen, Fließen, Gewälze, Gekrieche usw. bezeichnet, trifft man besonders häufig in jüngeren Schichtgliedern an, so z. B. im Jungtertiär der Oststeiermark, von Südungarn und Siebenbürgen, in dem sandige und tonige Schichten miteinander wechsellagern, in den weichen Mergeln und feinerdigen Tuffschiefern der Wengener und Cassianer Schichten Südtirols (Erdgletscher und Gewälze des Enneberger Tales), in den tonreichen Flyschmergeln am Nordsaume des Appenins und der Karpathen (Tunnelbau bei Lukow) usw. Die Tone und tonähnlichen Gesteine dehnen sich bei der Wasseraufnahme aus (sie „quellen“) und zeigen das Bestreben, in ihnen erzeugte Hohlräume (Schächte, Einschnitte, Baugruben, Stollen) zuzudrücken; freilich beruht nicht jeder Fall von „Treiben“ des Gesteines auf Quellung, sondern zumeist auf Wirkungen des Gebirgsdruckes (Stollen) bezw. der Schwerewirkung der Massen (Einschnitte, Anschnitte usw.)

Der Böschungwinkel, welchen ein Gestein durch längere Zeit hindurch erleidet, ohne stärker nachzubrechen, kann Standwinkel genannt werden. Mit dem sogenannten natürlichen Böschungwinkel von Schutthalden usw. hat er nichts zu tun; letztere Bezeichnung führt sogar irre. Der Standwinkel hängt außer von der Gesteinart und ihren Eigenschaften ganz wesentlich von der Höhe der Böschung ab, mit welcher er abnimmt.

Löß zeigt sich ziemlich standfest und bricht erst bei länger anhaltendem Regen oder Frostwetter nach.

Die Standfestigkeit der Durchbruchgesteine ist im allgemeinen groß; engständige Klüftung, Riesenkornverband, besonders groß entwickelte Einsprenglinge, glasige Ausbildung, Glimmerreichtum, Unfrische der Hauptbestandteile usw. befördern aber die Nachbrüchigkeit.

Unter den Absatzgesteinen sind Gips, Salz und Salztone, Anhydritfelse und alle lockeren Ablagerungen, wie Sand, Kies, Schotter usw., wenig standfest. Beim Anschneiden von Schuttbildungen hat man sich immer die möglicherweise eintretenden Gegenwirkungen auf die verursachten Gleichgewichtsstörungen vor Augen zu halten und rechtzeitig Abwehrmaßnahmen zu treffen, ehe noch die im lockeren Gestein schlummernden Kräfte erwacht sind. Am gefährlichsten wirkt Ton als Zwischenlage in sandigen oder schotterigen Bildungen; seine Oberfläche verseift durch das auf ihr abfließende Wasser und bildet eine Gleitebene, auf der die Hangendschichten bei den geringsten Gleichgewichtsstörungen durch Anschneiden (Einschnitte von Straßen, Eisenbahnen usw.) oder Belasten (Aufschüttung von Dämmen, Errichtung von Bauten jeder Art) in Bewegung geraten. Die Standfestigkeit der Trümmergesteine, deren Bestandteile in einer Zwischenmasse liegen, ist gering, wenn dieses Zwischenmittel als eine bloße Füllmasse entwickelt ist; derartige Felsmassen erliegen leicht der Erweichung durch Wasser und der Frostwirkung. Ist dagegen ein wirkliches Bindemittel vorhanden, so wächst die Standfestigkeit des Gesteins mit der Widerstandsfähigkeit des Kittes.

Die Standfestigkeit der kristallinen Schiefer ist — von gewissen Ausnahmen (Quarzitschiefer, granitähnliche Gneise, viele Amphibolite, Eklogite usw.) abgesehen — geringer als jene der Durchbruchgesteine. Dünnschieferige Tracht, Glimmerreichtum und steile Schichtstellung verkleinern sie oft beträchtlich. Quarzphyllite erweisen sich meist stark nachbrüchig, außer wenn sie quarzreich sind.

Vermindernd wirken auf die Standfestigkeit aller Gesteine sämtliche Vorgänge, welche als Äußerungen gebirgsbildender Kräfte betrachtet werden können, wie Kleinfältelung, starke Quetschung, Zermalmung, Auswalzung, Zerrüttung und Zermürbung des Gesteines (vgl. über Klüftung, S. 417 ff.).

Nur der gesunde, unverwitterte und unzermürbte Fels gewährleistet die erforderliche Sicherheit für die Gründung wichtiger Bauwerke und gestattet z. B. bei Ein- und Anschnitten die Belassung einer steilen Böschung. Selbst der sonst so standfeste Granit oder Quarzporphyr verträgt keine besondere Beanspruchung hinsichtlich Standfestigkeit, wenn er durch gebirgsbildende Vorgänge stark zerrüttet und zermürbt oder durch Kräfte der Tiefenzersetzung weitgehend stofflich umgewandelt ist. Man darf sich da nicht durch die laienhafte Hoffnung verleiten lassen, daß die ungünstige Veränderung des Gesteines auf die oberflächliche Schicht beschränkt sei und in größerer Tiefe einer gesunden Beschaffenheit des Felsens Platz mache. Der Geologe wird unschwer feststellen können, ob in einem solchen Falle eine weitgreifende Zerrüttung und Zersetzung des Gesteines eingetreten ist oder eine gewöhnliche Verwitterungskruste von begrenzter Mächtigkeit vorliegt. Für die Beurteilung dieser mit dem Gebirgsbaue innig zusammenhängenden Frage leistet die tektonische Untersuchung des ganzen Gebietes wichtige Dienste. Manches Mal sind ganze Gebirgsmassen bei der Auffaltung und Überschiebung durch und durch zerbrochen und zerklüftet worden; dies trifft beispielsweise für den die Unterlage der westlichen Gesäuseberge bildenden Ramsaudolomit zu, dessen Schichten weithin bei der Bloßlegung längs gebirgsbaulich vorgebildeter, kurzer Klüfte in eckiges Trümmerwerk zerfallen.

Bei allen Gründungen und sonstigen Eingriffen in den Gebirgsleib ist die Lagerung der Gesteinschichten wohl zu beachten. Bergeinwärtsfallen der Felsplatten erhöht die Standfestigkeit des Gesteines, ermöglicht sichere Gründung des Baues, erlaubt Abböschung unter steilerem Winkel und gestattet die Belassung einer geringeren Fleischstärke bei der Führung von Lehnenstollen. Bergauswärtsfallende Schichten wollen sowohl bei der Gründung von Hochbauten aller Art, von Pfeilern für Kunstbauten, beim Aufsetzen von Stütz- und Futtermauern als auch beim Anschneiden vorsichtig behandelt sein. Auf die Schleppung der Schichtköpfe auf Berghängen sei besonders aufmerksam gemacht; solche talabwärts gezogene, hackenförmig umgebogene Schichtenendigungen geben ein schlechtes Auflager für Bauten und müssen bis auf den regelmäßig gelagerten Fels abgeräumt werden.

35. Bruchflächenbeschaffenheit, Farbe der Gesteinoberfläche

Rauhe oder glatte Beschaffenheit der Bruchflächen beeinflußt, wie bereits gezeigt wurde, die Gleichmäßigkeit der Abnutzung des Gesteines. Sie hängt von der Größe, der Härte, der Spaltbarkeit und dem Verbande der einzelnen Gemengteile ab, ferner von dem Gefüge und von der Oberflächengestalt der Bruchfläche, welche entweder eben, muschelig, splittrig oder hackig sein kann. Erdiges Aussehen der Bruchfläche, schaumiges Gefüge usw. verraten eine geringe Festigkeit und Frostbeständigkeit.

Auch die Tracht der Gesteine wirkt auf die Ausbildung der Bruchflächen bestimmend ein. Gut geschieferte und lagige Felsarten liefern ebene Bruchflächen, welche gute Lagerflächen abgeben. Flasrige Tracht erzeugt unebene, wellig-buckelige Bruchflächen. Dagegen ist die Beschaffenheit der Querbruchflächen bei den Schiefergesteinen ungünstig und erschwert das Anarbeiten der „Köpfe" oder Stirnflächen. Die gleichen Verhältnisse zeigen auch schichtige Gesteine, nur in meist abgeschwächtem Maße.

Die Farbe und das Aussehen der Bruchfläche bestimmen die Verwendung eines Gesteines als Kunst- und Zierstein, während sie für die gewöhnlichen technischen Gebrauchsarten nebensächlich oder gleichgültig sind.

Die Gesteinfarbe hängt von der Farbe der Gemengteile bzw. bei einfachen Gesteinen (Marmor, Alabaster) von der Färbung des einzigen Bestandteiles ab. Nehmen mehrere Mineralien in ungefähr gleicher Menge am Aufbau einer Felsart teil, so geben sie eine um so einheitlichere und ruhigere Gesamtfarbe, je feiner ihr Korn ist (feinkörnige Granite, Diorite, Diabase, Basalte usw.). Herrscht aber ein Bestandteil weitaus vor, so wird seine Farbe bestimmend für die Färbung des Gesteines.

So wird z. B. die hochrote Farbe der roten schwedischen und schottischen Granite, das Rosarot der Turmalingranite von Predazzo durch den

Farbenton ihrer Felsspate bedingt; der dunkelgrüne Augit ruft die grünschwarze Färbung der kleinkörnigen Diabase Südschwedens und der Steiermark (Graz Umgebung) hervor. Bläulich, grünlich oder rötlich schillernde Felsspäte rufen den berühmten Farbenschiller mancher Syenite, Porphyrite usw. hervor.

Die Farbe der Gemengteile eines Gesteines und daher auch des Felses selber ist selten eine Eigenfarbe; meist wird sie entweder durch Einlagerungen gefärbter Stoffe oder durch feinste Verteilung färbender Stoffe bedingt. So rühren die gelben und braunen Farben vieler Kalke, Sandsteine usw. von Brauneisen, rote Färbungen (z. B. beim Buntsandstein, roten Hierlatz-Seelilienkalk, Adnether Kalk, Grödener Sandstein und vielen Arten der Werfener Schiefer) von wasserarmem Eisenoxydhydrat, graue, graublaue, schwärzliche bis schwarze Farbentöne bei Kalken, Dolomiten, Tongesteinen usw. häufig von kohligen Stoffen, Bitumen oder feinst verteiltem Eisenkies, grüne Färbungen von Chlorit, Epidot, Glaukonit, Seladonit, grüner Hornblende, Strahlstein, zart gelbgrünem Saussurit, Eisenoxydul, Nickelverbindungen usw. her.

Für manche Verwendungszwecke werden ungleichmäßige Farbenverteilungen bevorzugt, durch welche die Gesteine ein punktiertes, geflecktes, wolkiges, geadertes, streifiges oder gebändertes und geflammtes Aussehen erhalten. Die bunten Farbenzeichnungen vieler „Marmore“, des Ophikalzites, der Gesteine mit Breschentracht usw. entstehen durch den Farbengegensatz zwischen den einzelnen Trümmern oder Linsen und den sie einhüllenden, meist durch Ausfüllung von Klüften entstandenen Gesteinteilen; es sei da an die warmen Farbentöne der sogenannten Höttingerbresche, die Zeichnungen des Untersberger Marmors, die sogenannten Tropfmarmore (obertriadische Kalke mit weißen, tropfenartige Schnitte liefernden Versteinerungen einer Lithodendron genannten Koralle), die grünen, gelben oder roten Adneter Marmore, die Karstbreschen (Nabresina, Repen), die Kramsacher Bresche (Nordtirol) usw., die in der Umgebung der grünen Bergwässer, Matten und Wälder reizvoll wirkenden Hierlatz-Seelilienkalke der Ausseer Gegend erinnert.

Der wundervolle Glanz der sog. „Inselmarmore“ (Paros, Naxos usw.) rührt von der Lichtzurückwerfung an den Rhomboederspaltflächen her; sehr feinkörnige Marmore bieten einen mehr stumpfen (kreidigen, gipsigen) Anblick.

Hochbauer und Bildhauer müssen der Auswahl der Gesteine bezüglich ihrer Farbe ein lebhaftes Augenmerk zuwenden, da von dem Farbentone eines Bauwerkskörpers oder Kunstgegenstandes nicht bloß der künstlerische Eindruck des Werkes beeinflußt wird, sondern auch seine Harmonie mit anderen Teilen des Baues und mit der Umgebung abhängt. Schwere Steinmassen von braunem Sandstein, dunklem Biotitgneis, schwarzem bis schwarzgrünem Diabas, dunklem Diorit, Melaphyr und Basalt wirken

z. B. an sich schon trübe und stimmen düster, während die hellen, warmen Farben lichter Granite, Marmore, Sandsteine usw. das Auge erfreuen, das Gemüt erheitern und angenehme Eindrücke erzeugen. Die rote Farbe vieler Granite paßt sehr gut zum Tone der Bronze von Denkmälern, Standbildern usw. und hat die roten Granite zum bevorzugten Sockelsteine gemacht. Den tiefen Eindruck der Farbenwirkung wird jeder zugeben, der sich an das melancholische Grau des Kölner Domes, das

Abb. 399. Rohstoff: Schlesischer Edelmarmor, Werke W. Thust, Gr.-Kunzendorf (Neisse). Entwurf: Kunstbildhauer A. Bauer, Düsseldorf

dunkle schwere Rot der oberrheinischen Münsterbauten, den warmen Ton des Keupersandsteines, das düstere Schwarz der Basalte (Eifel, Oststeiermark), das helle Gelb der Jurakalke Bayerns usw., das freundliche Weiß des Schlanderser und Laaser Marmors erinnert. Manche Schöpfungen des Künstlers verlangen eine besondere Zartheit des Tones, eine bestimmte „Zeichnung“ (z. B. Onyxmarmor) des Gesteines usw.; Beispiele für die Verwendungsfähigkeit deutscher Marmore geben die Abb. 399 bis 405. Über die deutschen Marmore vgl. auch S. 298.

Ebenso wichtig als die Farbenauswahl ist auch die Beachtung der **Farbenbeständigkeit**; die Verwitterung führt bei dunklen Gesteinen oft zu einer Bleichung oder Bräunung, bei hellen Felsarten zu einer rostroten oder dunklen Umfärbung.

Abb. 400. Auf der Weltausstellung in St. Louis preisgekrönte Marmorpforte. Ausgeführt in verschiedenfarbigen Lahnmarmorarten der Firma G. Joerissen, G. m. b. H., Weilburg a. d. Lahn

Die durch kohlige Stoffe dunkel gefärbten Gesteine, wie z. B. manche Marmore, Dachschiefer usw. färben sich im Freien durch allmähliche Verbrennung (Oxydation) der organischen Beimengungen zuerst blaugrau, dann grau und schließlich weißgrau bis weiß. Die Bräunung vieler Gesteine, welche an das Rosten des Eisens in feuchter Luft erinnert, rührt vorwiegend von der Zersetzung eingemengten Eisenkieses oder von der Baueritisierung des Magnesiaglimmers her, wobei Brauneisen

Abb. 401. Hauptbahnhof in München. Säulen und Stufen aus Treuchtlinger Marmor der Treuchtlinger Marmorwerke A. G., Treuchtlingen in Bayern

abgeschieden wird; Schwefelkiesgehalt im Baustein kann die schönsten Baudenkmäler verderben. Rote Farben, welche von feinzerteiltem Eisenoxyd (Roteisen, Eisenglimmer) oder von wasserarmem Eisenoxydhydrat herrühren, erweisen sich meist wetterbeständig. Eisen- und

Mangankarbonate rufen bei ihrer Verwitterung bräunliche Verfärbungen hervor, gleich jenen, welche vom Eisenglanz oder Magnesiaglimmer ihren Ausgang nehmen.

Die Farbenveränderungen zeigen z. B. recht deutlich die Bausteine der wuchtigen Stützmauer hinter dem Bahnhofe von Hieflau (Ennstal). Die aus Reiflinger Hornsteinkalken bestehenden Eckquadern und

Abb. 402. Stadttheater in Chemnitz. Pfeilerverkleidungen von den Werken G. Taussig, Bayer. Marmorwerke, Bd. Aibling, Oberbayern

Gewölbesteine haben im Laufe der Jahre durch Verbrennung ihres geringen Bitumengehaltes einen weißen Farbenton angenommen und rufen im Beschauer noch immer einen freundlichen Eindruck hervor. Zum übrigen Mauerwerk der Pfeiler, Widerlager und der Nachmauerung wurde Biotitgranit von Mauthausen verwendet, der infolge fortgeschrittener Verwitterung des Magnesiaglimmers bereits recht mißfarbig und unscheinbar geworden ist.

Abb. 403. Fliesenbelag. Rohstoff: Verschiedene schlesische Marmore der Werke W. Thust, Gr.-Kunzendorf, Kr. Neisse, Schlesien

Abb. 404. Hotel Traube, Weilburg/Lahn, Vorhalle. Fußbodenbelag in den Lahnmarmoren „Schupbach schwarz“ und „Estrellante“. Wandverkleidung in dem Lahnmarmor „Greifenstein“. Kaminverkleidung in dem Lahnmarmor „Brunhildenstein“. Sämtliche Marmore aus den Brüchen der Firma G. Jörissen, G. m. b. H., Weilburg/Lahn

36. Erweichbarkeit

Die Erweichbarkeit eines Gesteines ist der Ausdruck der Abnahme seiner Festigkeit mit wachsender Durchfeuchtung der Felsmasse.

Abb. 405. Kaiserthron im Schloß zu Posen. Rohstoff: „Altrot" der Saalburger Marmorwerke G. m. b. H., Saalburg a. d. Saale

Das Verhältnis der Festigkeit im wassersatten Zustande (F_w) zu jener im trockenen Zustande (F_t) nennt man Erweichungsziffer (e); ihre Größe errechnet sich aus der Gleichung: $e = \frac{F_w}{F_t}$ (Erweichungwiderstandzahl).

Die Erweichungziffer gibt uns nicht nur einen Fingerzeig für das Verhalten der Felsarten unter Wasser, also beim Grundbau, Wasserbau usw., sondern zugleich auch einen Maßstab für ihre Wetterbeständigkeit, welche nämlich unter sonst gleichen Umständen mit dem Anstiege der Erweichungziffer wächst; stark wassererweichbare Gesteine sind durchweg frostunbeständig. Die Erweichbarkeit selbst hängt größtenteils von der Beschaffenheit der Mineralbestandteile des Gesteines und von seiner Lückigkeit ab; alle tonreichen Gesteine, wie beispielsweise Mergel, Mergelkalke, Kalkmergel, Schiefertone, Tonschiefer, Sandsteine mit mergeligen oder sonstigen tonreichen Bindemitteln erweichen im Wasser leicht, die quarzreichen dagegen schwer, wie z. B. die kristallinischen Felsarten, stark verkieselte Absatzgesteine usw.

Hanisch fand bei	F_t	F_w	e	Lückigkeit in Raumhundertsteln
Granit, Grasstein (Tirol)	1223	1169	0,95	
Granit, Mauthausen (Oberösterreich)	1612	1444	0,89	1,63
Granit, Jungferndorf (Schlesien)	1731	1604	0,92	—
Granit, Gmünd (Niederösterreich)	1070	908	0,85	2,43
Granit, Säusenstein (Niederösterr.)	1923	1788	0,93	—
Kristalliner Kalkstein von Kraßtal (Kärnten)	1359	1262	0,93	0,71
Kristalliner Kalkstein von Nonndorf (Niederösterreich)	1229	1109	0,90	—
Kristalliner Kalkstein von Pörtschach	1204	1131	0,94	1,13
Kristalliner Kalkstein von Sterzing (Tirol)	618	547	0,88	1,12
Kristalliner Kalkstein vom Kainachtal (Steiermark)	993	960	0,96	—
Kristalliner Kalkstein von Lindewiese (Schlesien)	949	885	0,93	1,69
Basalttuff von Raase (Schlesien)	206	122	0,59	27,10
Porphyr von Branzoll (Tirol)	2084	1753	0,84	2,10
Basalt von Muglinau bei Poln.-Ostrau	2605	2144	0,82	0,95
Gary teilt folgende Werte mit:				
Granit von Stroebel (Schlesien)	2679	2653	0,99	—
„ „ Reichenstein (Schlesien)	2653	2499	0,94	—
„ „ Röcknitz in Sachsen	2578	2467	0,95	—
„ „ Geppersdorf (Schlesien)	2158	2061	0,95	—
„ „ Waldulm (Schwarzwald)	1454	1419	0,97	—

Nur wenige Gesteine werden durch Wasseraufnahme „härter" und „fester".

Nach H. Heß (54) verliert Schilfsandstein von Zeil a. Main wassergesättigt (15,85—16,20 Raumhundertstel Wasser) rund 37 v. H. an Festigkeit. Die Gesamtzusammendrückung des nassen Sandstein ist wesentlich größer als jene des trockenen; dieser übertrifft dafür jenen an bleibender Verformung unbedingt und bezogen (28,6 v. H. gegen 11,5 v. H).

Nach Hirschwald dürfen Sandsteine, welche zu Wasserbauten verwendet werden sollen, keine niedrigere Erweichungsziffer als 0,9 zeigen; Bauteile, welche mit dem Erdreich in unmittelbarer Berührung stehen, verlangen Bausteine mit einer 0,85 übersteigenden Erweichungsziffer, und dieselben

Ansprüche muß man auch an bildhauermäßige Bauformglieder stellen; bei Gesimsen und Kragsteinen darf die Erweichungsziffer bis auf 0,8, bei glatten Werkstücken im aufgehenden Mauerwerk sogar bis 0,75 sinken. Für Kalksteine sind die angegebenen Werte um 0,03 bis 0,05 zu erhöhen. Bei kristallinen Felsarten darf die Erweichungsziffer nicht unter 0,9 sinken.

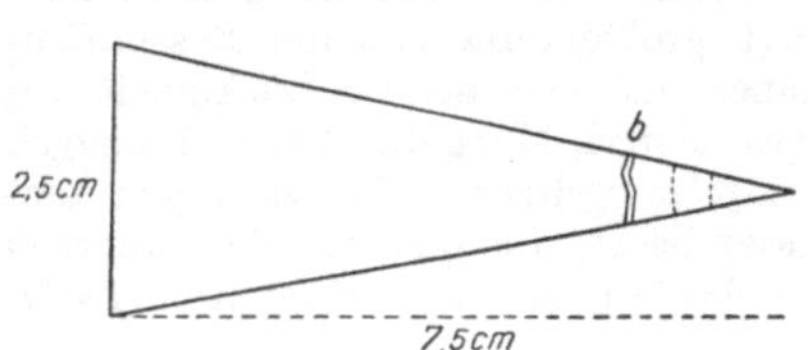

Abb. 406. Form und Ausmaß von Gesteinsplittern für die Erweichbarkeitsprobe. Keilwinkel etwa 20°. Nach J. Hirschwald.

Die annähernde Feststellung der Wassereinwirkung auf Gesteine führt J. Hirschwald an keilförmigen Splittern (Abb. 406) aus. Zwei bis drei Keile werden unter Wasser gelegt, ebensoviele an der Luft aufbewahrt. Nach vier Tagen bricht man von der scharfen Kante her soviel als tunlich mit den Fingern ab (z. B. bis b bei den trockenen, bis b_1 an den wassergelagerten Proben). Der Bruch $\frac{b}{b_1}$ liefert einen Maßstab für den Erweichunggrad (E); dieser beträgt bei Sandsteinen mit

rein	kieseligem	Berührungskitt	0,75 bis 0,85
stark	„	„	 0,66
mäßig	„	„	 0,57
geringem	„	„	 0,44

37. Wetterbeständigkeit

Die Wetterfestigkeit einer Gebirgsart ist seine Widerständigkeit gegen Verwitterung jeder Art (vgl. S. 215). Sie läuft nicht gleich mit der Druckfestigkeit der Gesteine, obwohl viele Felsarten mit hoher Druckfestigkeit auch schwer verwittern; sie wird nämlich außer durch den Verband, das Gefüge usw. auch von dem mineralischen Aufbau der Bergarten sehr beeinflußt; so kann beigemengter Schwefelkies selbst recht feste Gesteine rasch und tiefgreifend zerstören.

Nach dem auf S. 215ff. Gesagten könnte man eine Widerstandsfähigkeit gegen Frost (Frosthärte, Frostbeständigkeit), gegen chemische Zersetzung, Besiedlung durch Lebewesen usw. unterscheiden. Zur Ergänzung des bereits Erwähnten mögen noch nachstehende Bemerkungen dienen.

Die Spaltenfrostwirkung beschäftigt wegen der ständigen Erzeugung von frachtbereitem Schutt nicht bloß den Wasserbauer, sondern infolge der Veränderungen, die sie an Bausteinen hervorruft, jeden Ingenieur, welcher Bauten aus Stein auszuführen gedenkt. Den bei der Überführung des Wassers aus dem festen in den flüssigen Zustand geweckten Kräften vermögen nämlich unter dem lückigen Gesteinen nur die festesten zu widerstehen; die minder festen erliegen ihnen je nach Bindungsinnigkeit, Zahl und Größe der Hohlräume innerhalb kürzerer oder längerer Frist. Wiederstandskräftig zeigen sich lückenlos gefügte Felsarten, welche frei von Spaltrissen sind, und Gesteine mit sehr großen Hohlräumen und zugleich festen Wänden; bei letzteren kommt es in der Regel zu keiner vollständigen Füllung der Lücken mit Wasser, so daß der Raumvermehrung beim Gefrieren keine Hindernisse entgegenstehen; obendrein würde auch die Wandfestigkeit ihr Zerdrücktwerden verhindern.

Einmaliges Gefrieren zeitigt nur bei ganz lockeren, fast keine Festigkeit aufweisenden Gesteinen wahrnehmbare Frostwirkungen; diese treten, wenn überhaupt, erst nach wiederholtem Gefrieren und Wiederauftauen ein. Sie bestehen häufig in einem Absanden und Abgrusen, das namentlich an den Ecken und Kanten beschleunigt vor sich geht und führen zu rundlichen (Abb. 409, 408), eiförmigen bis kugelähnlichen Formen; weiche, feinkörnige Sandsteine, Schmelzfluß-Tuffe usw. neigen zu dieser Verwitterungsart. Bei grobkörnigeren Gesteinen kommt es meist zum Abbröckeln der Kanten und Ecken (Abb. 407) in der vorgeschrittenen Stufe zum gänzlichen Zerbröckeln der Felsmasse. Schichtige und schieferige Gesteine neigen zum Abschalen und Abblättern, das im allgemeinen um so rascher vor sich geht, je dünnschiefriger das Gestein ist. In selteneren Fällen äußert sich die Frostwirkung in der Bildung unregelmäßiger Risse, nach denen schließlich das Felsstück in einzelne Trümmer zerfällt.

Abb. 407. Abkanten von Lithothamnienkalk. Bildsäule an der Straße von Eggenburg (N.-Ö.) nach Kattau

So wie die Gesteine im hohen Norden und im Hochgebirge wegen des öfteren Auftauens und Wiedergefrierens mehr leiden als in niedrigeren Breiten und im

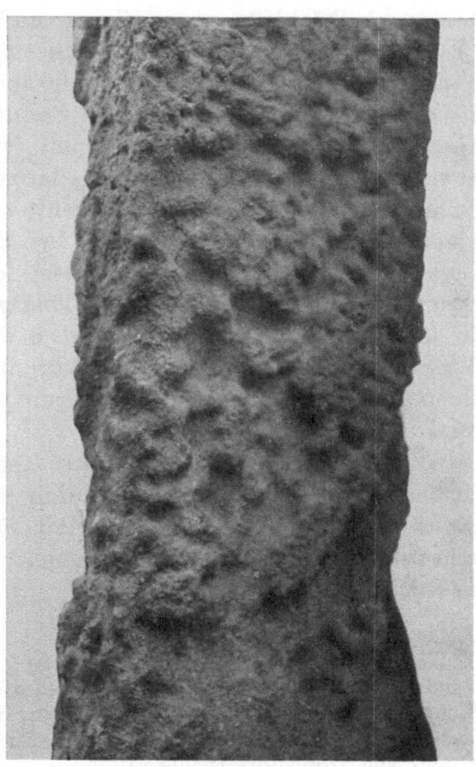

Abb. 408. Abgrusen von Lithothamnienkalk. Schaft einer Bildsäule in Zogelsdorf (N.-Ö.)

Tieflande, so sind auch die Bausteine sonniger Wände den Frostwirkungen mehr ausgesetzt als die schattseitigen. Frostempfindliches Gestein sollte überhaupt nur in Innenräumen und niemals im Freien Verwendung finden.

Dem Spaltenfrost leisten alle Gesteine wenig Widerstand, die sich leicht mit Wasser vollsaugen, weil sie eine große Zahl kleinster Lücken und Haarrisse aufweisen; im Laufe der Zeit tritt durch diese Lückenfrostwirkung eine gänzliche Zermürbung und Lockerung des Bausteines, oft ohne eigentliche Rißbildung ein. Engschichtige und schiefrige Gesteine werden durch das auf den Schicht- oder den Schieferungsflächen kreisende Wasser, das insbesondere in auf die hohe Kante gestellte, die Schichten geringsten Zusammenhanges lotrecht tragende Steine leicht eindringen kann, aufgespalten und aufgeblättert (Schichtfrostwirkung nach J. Hirschwald). Spaltfrostwirkung kommt bei allen klüftigen Gesteinen vor und äußert sich um so stärker, je mehr und je tiefergehende Spalten das Gestein durchziehen. Man trifft sie besonders bei Felsarten, die durch den Gebirgsdruck zermalmt und zerquetscht wurden, bei der bereits oberflächlich angegriffenen äußeren Verwitterungsrinde, der „Schwarte“ der Felskörper usw. Frostempfindlich sind auch alle von der Tiefenzersetzung erfaßten Gesteinsmassen, Felsarten mit großen und rissig gewordenen Kristallen (z. B. Sanidinen in Trachyten), tonhaltige Gesteine usw. Frostunbeständig sind ferner alle durch Wasser leicht erweichbaren Gesteine; Felsarten, deren Festigkeitswert beim Durchtränken mit Wasser stark zurückgeht, sind von vornherein der Frostempfindlichkeit höchst verdächtig. Der Erweichbarkeit in Wasser unterliegen aber alle Gesteine, welche viel feinsten Mineralstaub enthalten oder toniger, mergeliger bis mergelig-kalkiger Natur sind. Sie ist begründet in der bei Ton 40 bis 70, bei Staub etwa 30 bis 50 v. H. betragenden Wasseraufnahmefähigkeit, die bewirkt, daß die ganze Gesteinsmasse in ihren Lücken von Feuchtigkeit erfüllt und der Frosttätigkeit preisgegeben wird.

Hanisch hat durch 25maliges Gefrierenlassen von Probewürfeln durch jedesmal vier Stunden hindurch und Bestimmung des Gewichtsverlustes infolge Abfrierens ein Maß für die Frostbeständigkeit verschiedener Gesteine zu gewinnen gesucht. Er fand einen Gewichtsverlust in Hundertsteln bei:

Kalksandstein von Aflenz (Steiermark)	0,473
Kalksandstein von Winden (Burgenland)	0,922
Sandstein von St. Andrä-Wördern (Niederösterreich)	0,879
Konglomerat von Rohrbach (Niederösterreich)	0,139
Konglomerat von Wöllersdorf (Niederösterreich)	0,242
Granit von Domsdorf (Schlesien)	0,000
Granit von Zlabings (Mähren)	0,292
Trachyttuff von Gleichenberg (Steiermark)	0,485

Dichter Kalkstein von Göstling (Niederösterreich)	0,080
Kristalliner Kalk von Grossau bei Raab (Niederösterreich)	0,030
Bresche von Hötting bei Innsbruck	0,691
Sandstein von Hütteldorf (Niederösterreich)	0,190
Sandstein von St. Andrä-Wördern (Niederösterreich)	0,879
Marmor von Laas (Tirol)	0,030
Granit von Gmünd (Niederösterreich)	0,046
Granit von Mauthausen (Oberösterreich)	0,005
Porphyr von Waidbruck (Tirol)	0,000
Porphyr von Branzoll (Südtirol)	0,084
Wettersteinkalk von der Pölzmauer bei St. Gallen	0,070
Kalksandstein von Mühlendorf (Burgenland)	0,912
Kalksandstein von Mokritz (Krain)	0,301
Kalksandstein von Schütna (Krain)	36,074
Sandstein von Tullnerbach (Niederösterreich)	0,047
Sandstein von Eichgraben (Niederösterreich)	0,833
Sandstein von Waydhofen a. d. Ybbs (Niederösterreich)	0,311
Serpentin von Wiesen bei Sterzing (Tirol)	0,000
Dichter Kalkstein von Adnet (Salzburg)	0,000
Kalksandstein von Both (Burgenland)	0,796
Kalksandstein von Breitenbrunn (Burgenland), dichte Steine	0,007
Kalksandstein von Breitenbrunn (Burgenland), lückige Steine	1,583
Kalksandstein von Brusau (Mähren)	7,248
Kalksandstein von St. Margarethen (Burgenland)	0,470
Sandstein von Dannöfen (Vorarlberg)	0,532
Grauwackensandstein von Dielhau bei Schönbrunn (Schlesien)	0,009

Die Raschheit, mit der die Verwitterung von der Rinde her, den vorhandenen Spalten und Ritzen folgend, gegen den Kern zu vordringt, hängt von verschiedenen Umständen ab.

Abb. 409. Verrunden von Bruchstein einer Stützmauer; darunter anstehender Lithothamnienkalk. Steinbruch nächst Zogelsdorf (N.-Ö.)

Sonnige Lagen und warme Klimate beschleunigen oft die Verwitterungsvorgänge; auf die Witterungverhältnisse des Standplatzes

(Besonnung. Niederschläge, Wärmeschwankungen, Frosttage usw.) sollte bei der Auswahl des Bausteines für Denkmäler usw. mehr als bisher Rücksicht genommen werden.

Von besonderem Einflusse ist die Beschaffenheit und Größe der Oberfläche des Gesteines. Blank gescheuerte Außenflächen (Gletscherbuckel), Glätte und Ebenheit verzögern die Verwitterung. Rauhe Oberflächen bieten dagegen den zerstörenden Kräften, auch den Lebewesen, zahlreiche Angriffspunkte; Die Verwitterung schreitet um so rascher fort, je größer die Unebenheiten der Oberfläche sind.

Das Verhalten der technisch wichtigen Mineralien und Gesteine wurde bereits in den betreffenden Abschnitten jeweils ausführlich erörtert.

In vorliegenden besonderen Fällen prüft man das zur Verwendung bestimmte Gestein u. a. auch im Arbeitsraume auf seine Frostbeständigkeit. Man läßt die Versuchkörper 25mal bei —20 bis —22° C durch je vier Stunden ausfrieren (österreichische Norm) und über eine Stunde lang in Wasser von mindestens +10° C auftauen; der Frostraum soll größer sein als $^1/_4$ cbm; nach jedem Gefrieren untersucht man die Versuchkörper auf Rißbildung, Absanden, Abblättern usw. und wiegt sie. Zum Schlusse ermittelt man noch die Druckfestigkeit im nassen Zustande. Der Frostprobe haften viele Mängel an. Man kann sie ersetzen durch Beobachtung der Verwitterungserscheinungen, wie sie sich beispielsweise in Steinbrüchen, an anstehenden Felswänden, auf Schutthalden, Blocklammern usw. dem Beschauer darbieten. Kantenrunde Basalttrümmer in Schuttablagerungen deuten z. B. auf minderwertiges Gestein, Bruchstücke, welche trotz jahrhundertelangen Liegens ihre Kanten messerscharf erhalten haben, dagegen auf Basalt bester Güte für Beschotterungs- und ähnliche Zwecke. Rostbraune Verwitterungshäute auf Gesteinflächen sind in der Regel ein schlechtes Zeichen und verraten die reichliche Anwesenheit leicht zersetzbarer, eisenhaltiger Mineralien, wie z. B. Biotit, Granat, Chlorit, Glaukonit usw. Die Steinbruchtechniker der Ostteiermark lassen z. B. die gebrochenen Basalttuffblöcke mindestens ein Jahr lang im Steinbruche liegen und wählen von dem Vorrate zur tatsächlichen Verwendung nur diejenigen Stücke aus, die sich während des Lagerns wetterfest erwiesen haben; der merkliche Verwitterungserscheinungen zeigende Rest wandert in den Abraum. Man soll es daher bei Begehungen zwecks Erkundung geeigneten Bausteins nicht versäumen, den in Steinbrüchen etwa vorhandenen alten Steinvorrat einer aufmerksamen Besichtigung zu unterziehen. Ferner empfiehlt es sich dringend, tunlichst viele Bauten aufzusuchen und zu besehen, bei deren Ausführung ein gewisses Gestein Anwendung gefunden hat; insbesondere bei älteren Bauwerken kann man dann aus dem Grade, in dem sich der Stein bewährt oder nicht bewährt hat, einen Rückschluß auf die Verwendbarkeit für den eigenen Zweck schließen. Besonders lehrreich sind Friedhöfe; hier künden die Grabdenkmäler meist das Verwendungsjahr und lassen dann bessere Schlüsse auf die Raschheit des Verwitterungsvorganges zu.

Einen weiteren Fingerzeig für die Anschätzung der Frosthärte eines Felses gibt nach J. Hirschwald die Sättigungsziffer (S). Das in den Hohlräumen des Gesteines gefrierende und sich hier um ein Zehntel seines Rauminhaltes ausdehnende Wasser kann nämlich nur dann auf die Wände seiner Behälter drücken und sie sprengen, wenn sie zu mehr als neun Zehntel ihres Inhaltes mit Wasser gefüllt sind. Erfahrungsgemäß ist

$S = 0{,}8$ der gefährliche Wert. Aus ähnlichen Gründen wirken kleine Hohlräume im allgemeinen schädlicher als große.

Eine der ersten Vorbedingungen für die Wetterbeständigkeit eines Gesteines ist seine „Frische"; die Mineralien, welche sein Stützgerüst bilden, müssen unversehrt sein und dürfen keine schädlichen Umwandlungvorgänge in bereits vorgeschrittenem Zustande zeigen; den Angelpunkt der Feststellungen bildet meist die Beschaffenheit der Feldspäte (vgl. S. 77). Wichtig ist es, zwischen Oberflächenverwitterung und Tiefenzersetzung (bzw. Umprägung durch den Gebirgsdruck) zu unterscheiden; erstere nimmt nach dem Innern des Berges zu ab, letztere gehorcht ganz anderen, von der Oberflächengestalt gänzlich unabhängigen Gesetzen.

A. Rosiwal[50] stellt als Maß für die Frische (F) eines Gesteines das Verhältnis der im Versuchwege ermittelten Härte (h) zur rechnungmäßigen (H) auf: $F = \frac{h}{H}$; dabei ist $H = p_1 h_1 + p_2 h_2 + \ldots = \Sigma p_n h_n$, wobei p_1, p_2 usw. die Verhältnisanteile der einzelnen Mineralien (Härte h_1 h_2 usw.) bedeuten.

Der Verwitterunggrad (V) kennzeichnet nach A. Rosiwal[50] die Einbuße an Härte, welche das Gestein erlitten hat.

$$V = \frac{H - h}{H}, \text{ daher } F + V = 1.$$

Die tieferfolgenden Erhaltunggrade eines Gesteins nach A. Rosiwal berücksichtigen nur die Wirkung der Oberflächen- und Tiefenzersetzung; für die Beanspruchung durch die Gebirgbildung wäre eine besondere Stufenleiter aufzustellen.

		F.	V.
I,	vollkommen frisch	0,9 bis 1,0	0,0 bis 0,1
II,	hochgradig frisch	0,8 „ 0,9	0,1 „ 0,2
III,	sehr frisch	0,7 „ 0,8	0,2 „ 0,3
IV,	mittelfrisch	0,6 „ 0,7	0,3 „ 0,4
V,	halbfrisch	0,5 „ 0,6	0,4 „ 0,5
VI,	halbverwittert	0,4 „ 0,5	0,5 „ 0,6
VII,	stark verwittert	0,3 „ 0,4	0,6 „ 0,7
VIII,	brüchig verwittert	0,2 „ 0,3	0,7 „ 0,8
IX,	hochgradig verwittert	0,1 „ 0,2	0,8 „ 0,9
X,	gänzlich verwittert	0,0 „ 0,1	0,9 „ 1,0

38. Feuerbeständigkeit

Feuerbeständige Stoffe sind zwar nicht völlig unschmelzbar, widerstehen aber sehr hohen Wärmegraden. Nur wenige Gesteine gelten als feuerfest; so Graphit, Quarzfels, Ton, Quarzit, Magnesit, Talk und Talkschiefer, glimmerreiche Glimmerschiefer, Kieselsandstein, Bimsstein, Trachyttuff, Serpentin, glasfreier Feldspatbasalt. An Glas und Feldspatvertretern reiche Basalte schmelzen im Feuer, Granit zerspringt, Karbonate (Kalk, Dolomit, Mergel) verlieren Kohlensäure und werden gebrannt, desgleichen Kalk- und Mergelsandsteine. Ton ist um so feuerfester, je weniger er durch Alkalien, Eisen und Mangansalze, Kalk usw. verunreinigt ist.

Feuerfeste Steine für Öfen müssen nicht bloß hohen Hitzegraden, sondern auch verschiedenen chemischen Einflüssen gut widerstehen können; in dieser Hinsicht entsprechen namentlich Quarz, den obendrein große Festigkeit auszeichnet, Ton und Graphit; sehr feuerfest ist auch der gebrannte Magnesit (MgO); Verunreinigungen setzen die Feuerfestigkeit der Stoffe oft beträchtlich herab; so vermindern z. B. Eisen die Wärmebeständigkeit von Ton und Magnesit, Mangan, Kalk, Alkalien und Quarzteilchen jene des Tones.

Feuerfeste Tone sollen tunlichst reine wasserhältige Tonerdesilikate sein. Kleine Mengen organischer Stoffe brennen sich unschädlich heraus. Alkalien, Eisenoxyd, Kalkerde, Bittererde sollen zusammen nur 4 bis 5 v. H. ausmachen (3 bis $3^1/_2$ v. H. im Durchschnitt). Die Tone sind im allgemeinen um so feuerfester, je höher ihr Tonerdegehalt im Verhältnis zu den Flußmitteln und je geringer ihr Gehalt an Kieselsäure im Verhältnis zur Tonerde ist.

Bei der Auswahl von Gesteinen für Treppenstufen ist Vorsicht geboten. Granit, Karstkalk usw. zerspringen bei Bränden, wenn sie mit Löschwasser bespritzt werden.

Zur Erprobung der Feuerbeständigkeit setzt man Gesteinwürfel hohen Hitzegraden aus und löscht sie dann rasch ab; Gesteinproben, welche dabei ihren Zusammenhang bewahren, können als hitzebeständig gelten.

Das Verhalten der Gesteine gegen Hitze kommt auch bei Straßenbaustoffen nicht selten in Frage; so z. B. bei der Herstellung von Teer- und Asphaltbeton; hier wird das zerkleinerte Gestein unvermittelt mit heißen Bindemitteln (um 180° C) zusammengebracht. Ist diese Verwendungsart geplant, dann sind die betreffenden Bergarten auch darauf zu untersuchen, ob sie rasche Erhitzung bis auf etwa 200° schadlos vertragen können; man erhitzt fünf bis sechs gewogene Probestücke des Schotters (Splitts usw.) im Trockenschrank so rasch als möglich auf etwa 200° C und kühlt sie dann durch Entfernen der Wärmequelle und Öffnen des Schrankes wieder rasch ab. Nach jeder Erhitzung und Abkühlung beobachtet man etwa auftretende Risse, Absanden, Abbröckeln usw.; schließlich wird durch Abwiegen festgestellt, ob durch die Erprobung ein Gewichtsverlust stattgefunden hat und in welchem Ausmaße.

39. Tragfähigkeit der Gesteine als Baugrund

Der Ingenieur, welcher Bauten plant und ausführt, muß wissen, mit welchen Gesteinen er zu tun bekommt; die technischen Eigenschaften der Gesteinsarten, in oder auf die er seine Werke baut, sind bestimmend für die Wahl der Bauweise, für die Linienführung von Verkehrswegen, für die Höhe der Bau- und Erhaltungskosten und andere wichtige Dinge. Der Untersuchung des Baugrundes muß daher in jedem Falle eine besondere Aufmerksamkeit geschenkt werden. Darauf mit besonderem Nachdrucke hingewiesen zu haben, ist ein Verdienst M. Singers[58]. Die Verfahren, welche bei der Bodenuntersuchung für Bauzwecke Erfolg versprechen, fußen völlig auf geologischer Grundlage und streben die Durchgeistigung des Geländes als Endzweck an; sie werden ganz wesentlich unterstützt, ergänzt und nach der Größenordnung der tätigen Kräfte hin gesichert durch bodenphysikalische Untersuchungen;

letztere[2], [59] werden *neben* den alten baugrundgeologischen Verfahren in Hinkunft vom Ingenieur nicht mehr übersehen und entbehrt werden können. In der Kunst, von den Beobachtungen auf der Oberfläche der Erde auf die Beschaffenheit und den Bau des Innern der Erdhaut zu schließen, wird der Geologe ganz wesentlich unterstützt durch die Winke, welche ihm die *Formen und Gestalten* des Geländes geben; hängt doch die Herausbildung der unendlich mannigfaltigen Groß- und Kleinformen der Erdoberfläche von den geologischen Kräften und dem Baustoffe ab, den sie modeln, so daß es dem Erfahrenen erlaubt ist, von den Formen auf die wirksam gewesenen Kräfte und den Rohstoff zu schließen. Viele der Formen des Geländes liegen uns gleichsam als Fertiggebilde vor; sie erfahren wenigstens vor unseren Augen und innerhalb der kurzen Zeiträume, mit denen wir Menschen zu rechnen gewohnt sind, keine wesentlichen, merklichen Veränderungen ihrer Masse und Gestalt mehr; sie stellen für uns Menschen gewissermaßen „*tote Formen*" dar, wenn sie auch nach geologischem Maßstabe genau so im Werden und Vergehen, im Auf-, Um- und Abbau begriffen sind, wie alle übrigen körperlichen Gebilde unserer Welt. Für den Ingenieur stellen diese toten Formen den eigentlichen Baugrund dar, dem er im allgemeinen bis zu einer gewissen Grenze und mit Einschränkungen vertrauen darf.

So wie es aber in der belebten Welt neben den wirklichen Toten auch Scheintote gibt, so können auch tote Geländeformen mit einem Schlage wieder lebendig werden, wenn der Mensch durch unbedachte kühne Eingriffe ihr Gleichgewicht allzusehr stört. Das Erwachen der totgeglaubten Gestalten der Erdoberfläche zu neuem geologischen Leben bringt dem Ingenieur unerwartete Verlegenheiten und Schwierigkeiten, erhöht die Baukosten oft wesentlich und führt dann zu mitunter großen Kostenüberschreitungen. In geologischem Sinne stellen solche Formen daher keine toten, sondern nur schlafende, schlummernde Körper dar, welche den Gegensatz bilden zu den wachen oder *lebendigen* Formen, die in der Gegenwart deutlich verfolgbare Veränderungen erfahren. Solchen lebendigen Geländeformen, wie im Wachsen begriffenen Schuttkegeln, rutschenden Hängen usw. weicht der Ingenieur am besten aus; er wird den Kampf mit den dabei in Erscheinung tretenden geologischen Naturgewalten nur dann aufnehmen, wenn er sicher ist, ihrer mit einem zu rechtfertigenden Aufwande an Kosten Herr werden zu können.

Für die Untersuchung des Baugrundes liefern alle vorhandenen natürlichen oder künstlichen Aufschlüsse gute Anhaltspunkte; man darf aber hiebei nicht in den häufigen Fehler verfallen, seine Folgerungen aus dem kleinen, für den Bau selbst in Betracht kommenden Raume allein ziehen zu wollen. Erst die gründliche geologisch-formenkundliche Erforschung des weiteren Gebietes schafft jene breite, gediegene Grundlage, auf welcher alle wichtigeren Schlüsse über den Gebirgsbau, die Entstehung der Geländeformen, die Wasserführung der Schichten, die technischen Eigenschaften der vom Baue betroffenen Gesteine usw. aufgebaut werden können. Zur Ergänzung der auf diese Weise gewonnenen Ergebnisse und zu ihrer Sicherstellung fällt es meist noch nötig, entsprechende Schürfungen (Probegruben, Probeschächte, Proberöschen, Bohrungen) zu veranlassen.

Als *Tragfähigkeit* des Baugrundes bezeichnet man die auf die Flächeneinheit bezogene äußerste Belastung, welche ein Baugrund ohne Schaden für das Bauwerk vertragen kann; jener Bruchteil dieser Tragfähigkeit, welcher einem angenommenen Sicherheitsgrade entspricht, wird *zulässige Belastung* des Baugrundes genannt. Böden zu geringer Tragfähigkeit müssen durch geeignete Verdichtung tragfähiger gemacht werden, wenn man es nicht vorzieht, die Traglast durch Verbreiterung der Sockelfläche des Bauwerkes herabzusetzen.

Für größere und wichtigere Bauten müssen in nichtfestem (rolligem, bindigem) Gebirge ohne gewachsenen Fels stets Belastungsversuche und bodenphysikalische Erprobungen empfohlen werden. Für den annähernden Überblick mögen nachstehende Angaben beiläufige Anhaltspunkte bieten:

	Zulässige Belastung in kg/qcm
Schlamm, Torf, Moor	0
Triebsand, nasser Sand	0 bis 2
Junge Anschwemmungen, sandig-lehmig	0,8 „ 1,6
Nasser Tonboden, je nach Wassergehalt	0,5 „ 2,0
Fester, reichlich Sand führender, trockener Ton	3 „ 4
Obereozäner, zäher, bräunlichgrauer Ton (sogenannter Londonton)	3 „ 5
Fester, trockener Ton, ohne Sandbeimengung	3 „ 7
Kreide, feucht-tonig, unrein, ohne Feuersteine	1,1 „ 1,6
Weiße Schreibkreide, mit Feuersteinen	2,2 „ 3,3
Berliner Sandboden, bei wechselnder Belastung (Pfeiler gewölbter Brücken usw.)	2,5 „ 4,5
Berliner Sandboden bei gleichmäßiger Verteilung des Druckes und Bauten, welche gegen Setzungen weniger empfindlich sind	3 „ 6,5
Fester, reiner Fluß- oder Meeressand	4,5 „ 5,5
Sandiger Kies bei Gründungen:	
unter 6 m Tiefe	3 „ 5
nicht unter 6 m Tiefe	6,5 „ 7,5
Eckiger Gebirgsschutt oder reiner Kies, beide in festgelagertem Zustande	6,5 „ 8,5
Festgelagerter, sehr dichter Kies	7,5 „ 10
Weiche, mit der Hand zerdrückbare Sandsteine	1,5 „ 2,0
Weichere Felsarten, wie Tuffe, Trachyte, Phyllite, Glimmerschiefer, mittelharte Sandsteine, von Gebirgsdruck mitgenommene Granite, Kalke, Dolomite usw.	7 „ 15
Härtere Felsarten, wie: Granit, fester Kalkstein usw.	20 „ 50

Auch der neuzeitliche Straßenbau mit seinen hohen Anforderungen an die Erschütterungsfestigkeit des Untergrundes bedingt sorgsame Bedachtnahme auf den Baugrund als Träger der Fahrbahndecke (vgl. z. B. Stiny[59], [60]).

B) Die Anlage von Steinbrüchen, Lehm-, Sand-, Schottergruben und ähnlichen Gewinnungstätten technisch nutzbarer Gesteine

In den vorhergehenden Abschnitten gibt das Buch über die technischen Eigenschaften der Gesteine und ihre Prüfung kurze Auskunft. Im Berufsleben handelt es sich aber häufig nicht bloß darum, die Verwertbarkeit eines neu aufgefundenen, neu beachteten oder bereits bekannten Gesteines gründlich zu erforschen, sondern für einen ganz bestimmten Verwendungszweck, z. B. für den neuzeitlichen Straßenbau, ein brauchbares Gestein unweit des Verwendungsortes aufzufinden. Die Beschaffung des entsprechenden Bausteines stellt dann eine Frage dar, deren Lösung der Ingenieur und Architekt, durch zahllose Mißgriffe infolge Sorglosigkeit gewitzigt, steigende Aufmerksamkeit entgegenbringen muß. Die richtige Auswahl des Baugutes setzt einerseits die Kenntnis der Anforderungen voraus, die der besondere Zweck an das Gestein stellt, und anderseits auch die Vertrautheit mit den gesteinkundlichen und geologischen Verhältnissen der Umgebung der Baustelle bzw. des Verwendungsortes. Die Beiziehung eines erfahrenen Geologen wird in den meisten Fällen nicht zu umgehen sein.

Die Suche nach einem für einen bestimmten Verwendungszweck geeigneten Gestein wird erleichtert durch Nachschau im vorhandenen Schrifttume, in den vorliegenden geologischen Karten, in örtlichen öffentlichen und Eigensammlungen, durch Umfrage bei ortsansässigen Baumeistern, Steinmetzen, Geistlichen, Lehrern, alten Einheimischen und durch Untersuchung der Geschiebe der Bäche und Flüsse. Eigene Begehungen müssen dann weitere Anhaltspunkte zutage fördern.

Hat man sich für einige Gesteinvorkommen entschieden, die geeignet erscheinen, zur engeren Auswahl bestimmt zu werden, dann gilt es, die für entsprechend angeschätzten Gesteine auf ihre Verwertbarkeit so gründlich zu untersuchen, als es der geplante Zweck erfordert (vgl. S. 381 ff.).

Entspricht das in Aussicht genommene Gestein den zu stellenden, berechtigten Anforderungen, dann tritt an den Ingenieur in allen Fällen, wo es noch nicht steinbruchmäßig aufgeschlossen oder für den Großbetrieb eingerichtet ist, die wohl zu erwägende Frage heran, ob die Anlage oder die Vergrößerung einer Steingewinnungstätte lohnt oder nicht; aber auch sonst wird der Tätige und Unternehmende nicht selten darüber zu entscheiden haben, ob ein vorliegendes Vorkommen Ausbeutung vom wirtschaftlichen Standpunkte aus verdient oder nicht.

Bei der Anlage von Steinbrüchen, Schottergruben u. dgl. muß vor allem auf die örtliche Lage und die geologische Erscheinungsweise des Gesteinvorkommens (Bildungsart, Mächtigkeit, Auftreten im Schichtverbande, Absonderung und Klüftigkeit, Reinheit usw.) geachtet werden.

Die geographische Lage des Vorkommens entscheidet über die Möglichkeit einer billigen Abförderung und bestimmt die Kosten der Zulieferung zu den Verbrauchsorten. Von der Summe der Gewinnungskosten und Frachtauslagen hängt es unter sonst gleichen Umständen ab, ob ein Vorkommen den Wettbewerb mit einem anderen aufnehmen kann oder nicht.

Die Lage einer Gesteinfundstelle an einem Wasserwege, in der Nähe einer Großstadt oder nahe einer Kraftwagenstraße (Abb. 410), unweit einer Eisenbahn usw. vermindert die Verfrachtungskosten und macht selbst eine mittelmäßige Ware marktfähig. Nur bei Gesteinen, an welche besondere Ansprüche hinsichtlich Festigkeit, Farbenwirkung, Glättbarkeit usw. gestellt werden, fallen Frachtauslagen weniger in die Wagschale (Edelware).

Liegt ein Vorkommen an keiner bestehenden Verkehrsader, so muß ermittelt werden, ob die Aufschließung des Vorkommens und seine Angliederung an das vorhandene Verkehrsnetz verlohnt bzw. welche Zuförderungsart (Straße, Kleinbahn, Drahtseilbahn usw.) unter Berücksichtigung der Verzinsung der Anlagekosten und der Betriebsauslagen am billigsten zu stehen kommt. Bei der Widmung eines Gesteines für die Zwecke eines bestimmten, geplanten Baues kommt wesentlich die Lage zur Baustelle in Frage.

Abb. 410. Abförderung aus den Steinbrüchen Weißenburg i. B.; Juramarmorbruch

Was das geologische Auftreten des Gesteines anlangt, so bedarf es vor der Inangriffnahme der Gewinnungsarbeiten einer genauen, fachmännischen Untersuchung.

In dieser Hinsicht werden noch immer viele Unterlassungsünden durch Sparsamkeit am unrichtigen Platze, Voreiligkeit oder Unwissenheit begangen. Empfehlenswert ist eine geologische Sonderaufnahme im Katastermaßstabe (1 : 1000, 1 : 2500 oder 1 : 2880). Wo das Gesteinvorkommen schlecht aufgeschlossen ist, müssen Schürfungen in Form von Probegruben, Schächten und Röschen, nötigenfalls auch von Probebohrungen eingeleitet werden und ihre Ergebnisse planlich und gutachtlich dargestellt werden.

Die Tiefenlage eines Vorkommens bestimmt über die Art der Ausbeutung im Tag- oder Tiefbau.

Gesteine für rein bautechnische Zwecke werden zumeist im Tagbau gewonnen. Die bergmännischen Tiefbauverfahren kommen vorwiegend bei der Erhauung von Erzen, Kohlen, Salzen usw. zur Anwendung. Manches Mal freilich kann man auch bei der Gewinnung von Baustein auf den grubenmäßigen Abbau angewiesen sein, so z. B., wenn die bergfeuchte Beschaffenheit die Gewinnung wesentlich erleichtert oder der die nutzbaren Schichten überlagernde Abraum zu mächtig ist, als daß seine Fortschaffung wirtschaftlich wäre.

Die Katakomben Roms waren solche alte, unterirdische Steinbrüche. Aber auch der Leithakalksandstein der Umgebung von Wildon

Abb. 411. Derik-Anlage und Kleinbahn in den Marmorsteinbrüchen der Marmorwerke W. Thust, Groß-Kunzendorf, Kreis Neisse

in Steiermark, der bekannte Aflenzer Stein, wird im sogenannten Pfeilerbau gewonnen; der bergfeucht sehr weiche Stein kann bereits unterirdisch leicht mit der Säge und Hacke in Stücke von der gewünschten Größe und Form zerlegt werden; man erhält dabei wenig Abfall und nutzt den Stein bestens aus. In der Eifel werden auf diese Weise Basalte (die sogenannte Mühlsteinlava), am Rhein, in der Lahngegend und bei Mariatal in den Kleinen Karpathen Dachschiefer, in der Umgebung von Laas der berühmte, weiße, feinkörnige und druckfeste Marmor, bei Inkermann, unweit Sebastopol (Krim) Sandsteine gewonnen; auch der bekannte „Kreidetuff“ von Maestricht (Belgien) wird bei Valkenberg (Fanquemont) und am Petersberge bei Maestricht in weit ausgedehnten, unterirdischen Bauen erhauen.

Abb. 412. Gewinnung von Juramarmor; Treuchtlinger Marmorwerke A. G. (Bayern)

Überlagerung des nutzbaren Gesteines mit mächtigem Abraum erschwert und verteuert die Ausbeutung des Vorkommens; für den Haldensturz werden dann häufig große Flächen — oft kostbaren Grundes — nötig.

Für größere Mächtigkeiten kann sich die Beseitigung des Abraumes mittels Baggern empfehlen. Wo Wasser in genügender Menge und mit einem zur Erzeugung größeren Druckes hinreichenden Gefälle zur Verfügung steht und dem unschädlichen Abflusse des verbrauchten Wassers keine Hindernisse entgegenstehen, kann lockerer Schutt geringerer Größe, Sand usw. auch durch das billige „Spritzverfahren" weggeschafft werden.

Die Mächtigkeit des ganzen Vorkommens entscheidet namentlich bei den Gegenständen bergmännischen Abbaues (Erzen, Kohlen, Salzen) über die Wirtschaftlichkeit der Ausbeutung.

Abb. 413. Anordnung von Steinbruch, Förderanlage, Aufbereitung usw. Taunus-Quarzitwerke Köppern A. G., Bad Homburg a. d. Höhe

Die Erhebung der Gesteinmächtigkeit spielt aber auch beim Steinbruchbetriebe eine bedeutende Rolle. Stöcke, Kuppeln, Quellkuppen und Intrusivlager werden, wenn ihrer Natur nach richtig erkannt, selten große Täuschungen über das abbauwürdige Gesteinvermögen hervorrufen. Anders bei wenig mächtigen Gängen, Decken und Lagern; besonders wenn der Fuß eines Deckenergusses durch eine mächtige Schutthalde aus Trümmern des Ergußgesteines aufgebaut ist, kann ein unerfahrener Beobachter, namentlich bei sehr schwer verwitternden Gesteinsarten, leicht auf größere Mächtigkeit des anstehenden Gesteines schließen, als tatsächlich vorhanden ist. Auch linsenähnliche Vorkommen können manches Mal schwer enttäuschen (vgl. S. 385). Vgl. auch Abb. 415.

Weit häufiger als die Gesamtmächtigkeit des Vorkommens bestimmt die Mächtigkeit der gewinnbaren Einzelschicht (Einzelbank, Platte usw.), die Verwertbarkeit oder Unbrauchbarkeit eines Gesteinkörpers für bestimmte Zwecke.

Abb. 414. Unterbringung des Abraumes (Sturzhalde). Taunus-Quarzitwerke Köppern, G. m. b. H., Bad Homburg

Am geringsten sind diesbezüglich die Anforderungen, welche die Verwendung als Schottergut an die Gesteinvorkommen stellt; für diesen Zweck entsprechen — bei sonstiger Tauglichkeit — selbst noch Vorkommen mit einer ziemlich weitgehenden Absonderung oder Schichtung des Gesteines, ja eine Plattung des Felskörpers erleichtert sogar die Gewinnung und Zerkleinerung des Rohstoffes sehr. Größere Plattenmächtigkeit wird bereits für die Erzeugung von Pflastersteinen, Deckplatten, Belagsteinen usw. gefordert. So spaltet z. B. der fast in ganz Steiermark bekannte Stainzer Gneisglimmerschiefer in 12 bis 25 cm starken Platten von oft großer Breite und Länge (2 bis 3 m); er gibt somit einem billigen Rohstoff für Bürgersteigplatten, Treppenstufen,

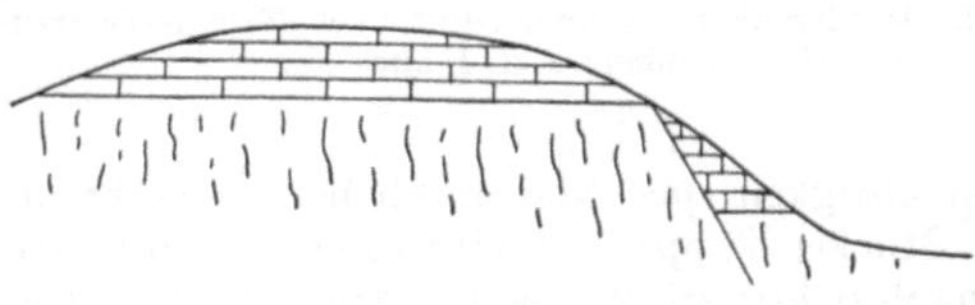

Abb. 415. Der Ausbiß rechts täuscht für den Laien, welcher die Verwerfung nicht erkennt, eine größere Mächtigkeit des Kalkes (gekastelt) vor

Wandverkleidungen usw. ab. Zur Gewinnung von Bruchsteinen für Mauerwerk, Wasserbauten usw. eignet sich eine Plattenstärke von 40 bis 60 cm am besten. Die Zurichtung von Quadern ist nur bei Gesteinen möglich, welche bankig (Bankmächtigkeit mehr als 80 cm) abgesondert sind; so eignet sich z. B. der plattig abgesonderte Granit und Gneisgranit von Znaim in Südmähren zwar vorzüglich zur Gewinnung von Baustein, bei der Plattenmächtigkeit von durchschnittlich 30 bis 80 cm aber nicht mehr zur Erzeugung von Quadern und großen Werksteinen. Die Verwendung eines Gesteines zu Gedenkbauten endlich knüpft sich

Abb. 416. Congerienschichten von Wr.-Neudorf, N.-Ö. (Ziegelei) Ungleichmäßigkeit der Ausbildung des Vorkommens

an Vorkommen von ganz besonders dicker Bankung (mancher Granite, Sandsteine, Marmore usw.).

In Schutthalden u. dgl. sind die Gesteine für manche Verwertungszwecke bereits voraufbereitet und brauchen bloß mehr nach der Größe gesichtet zu werden (Kalkstickstoffwerke, Schotterwerke usw.).

Sehr mächtige Gesteine müssen aus Sicherheitsgründen für die Arbeiter stufenweise abgebaut werden; die Bauhöhe jeder Arbeitsbrust soll 3 bis 6 m nicht übersteigen.

Ausgezeichnete Beispiele für Stufenbau geben die gewaltigen Tagbaue der Magnesitbrüche in der Veitsch (Mürztal), die Eisensteinbrüche der Alpine-Montangesellschaft am Erzberge bei Eisenerz und die Mergelbrüche der Gewerke Hatschek u. Gen. bei Gmunden. Bei solchen größeren Betrieben trägt jede Stufe ein Rollbahngleis, das mit dem Schienenstrange der Nachbarstufen durch Spitzkehren verbunden ist und namentlich die Wegschaffung des Abraums und die Zufuhr des verwertbaren Gutes zu den Bremsbergen vermittelt.

Die Abwärtsförderung des nutzbaren Gesteines bis zum nächsten Verkehrswege besorgen dort, wo Bremsberge oder Seilbahnen nicht verlohnen, häufig sogenannte „Rutschen", das sind aus Holz gezimmerte, an der Sohle meist mit Eisenblech bewehrte, und oben in der Regel gedeckte Rinnen, in welchen das Fördergut, der eigenen Schwere folgend, zu Tale fährt. Diese meist nur für kleinere Lockergebilde wie Schotter, Grus, Sand usw. angewendeten Rutschen bewähren sich nur dort, wo

Abb. 417. Günstige Lage eines Steinbruches am Fuße eines Steilhanges. Granitwerke Limberg (N.-Ö.), Ing. R. Hengl. Unmittelbarer Gesteinsturz in die Schotterquetsche und von hier auf die Abfuhrwägen

ein entsprechend großes, nicht unter 35° bleibendes Gefälle zur Verfügung steht. An ihrem Auslaufe kann bei geeigneter Anlage unschwer eine rohe Sonderung des Gutes nach der Korngröße bewirkt werden, da die größeren Stücke das Holzgerinne in weiterem Bogen verlassen als die kleineren, welche bereits nahe der Ausmündung zu Boden fallen. In manchen Gegenden sind sogenannte „Schleppen" beliebt, hölzerne Schlitten oder kastenähnliche Gestelle, welche mit dem gewonnenen Gestein beladen entweder allein oder zur Verhinderung des Überstürzens an Seilen geführt, den Steilhang hinabgleiten.

Im Steinbruche selbst fördert weitgehende Verwendung von Baggern, Kränen u. dgl. sehr (vgl. Abb. 411, 412).

Auch die Reinheit des Gesteines spielt bei Beurteilung eines Vorkommens eine nicht zu unterschätzende Rolle; jede Beimengung, welche andere Eigenschaften aufweist als das Hauptgestein, unterbricht die Einheitlichkeit und Gleichmäßigkeit der Gesteinausbildung und ist daher unwillkommen. So kommen gröber ausgebildete Schlieren, Einschlüsse von Nebengesteinen, namentlich solchen mit stark abweichender Beschaffenheit, festeren oder weicheren Zusammenwachsungen, wie z. B. jene

Abb. 418. Anlage eines Steinbruches in ebenem Gelände

von Hornstein in Kalken, die kugeligen Zusammenwachsungen im eozänen Greifensteiner Sandstein, andersgeartete Zwischenlagen (z. B. von Ton in Sandstein, weichen Mergeln, Kalken, Tuffen, Laven) stets unerwünscht, da solche begleitende Bestandmassen und Einlagerungen den Abbau stören und die Verwertung der Gesteinmasse einschränken, ja unter Umständen sogar unmöglich machen.

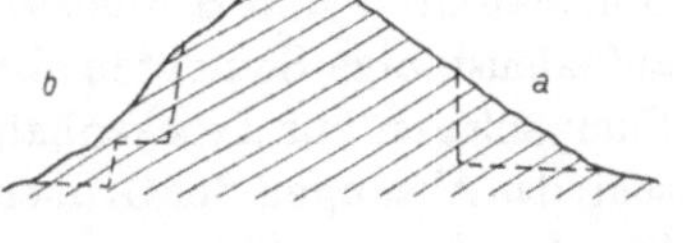

Abb. 419. Schichteinfallen bei a ungünstig, bei b günstig

Besonders lästig sind lehmige Zwischenmassen in Sanden und Schottern, welche für Bauzwecke gebraucht werden. Im Straßenbau werden sie nur zuweilen begrüßt; so bei der Anwendung im Kitonverfahren (schwach lehmige Sande) und auf wassergebundenen Straßen (vgl. die sogenannten „Pechschotter“ des Alpenvorlandes).

Auch Versteinerungen können, wenn sie reichlich im Gestein auftreten, die Verwertbarkeit beeinträchtigen; so enthalten z. B. gewisse Lagen der Tegel des Laaer und Wiener Berges südlich von Wien (Abb. 416) derart zahlreiche Schalen von Muscheln (Kongerien), daß man genötigt ist, die Muschelschalen vor der Verwendung des Tegels zu Ziegelschlag sorgfältig auszulesen. Begleitende Bestandmassen erschweren auch den Vortrieb von Stollen, namentlich wenn sie härter sind als das umgebende Hauptgestein.

Was das Gelände anbelangt, das von dem zu nutzenden Gestein aufgebaut wird, so begünstigen Steilhänge die Anlage und den Betrieb von Steinbrüchen am meisten. Auf ihnen läßt sich die erforderliche Abbauwand am raschesten und billigsten herstellen, sie tragen meist eine nur geringe Eigen- oder Fremdschuttdecke, erleichtern die Abförderung aller Lasten wie Abfall, Abraum, roher Blöcke und fertiger Waren und lassen sich ohne Schwierigkeiten mittels einfacher offener Gräben entwässern (Abb. 413, 417, 420).

In mäßig geneigtem Gelände wird vor allem die Anlage eines Zuganges in Form eines Einschnittes oder eines Stollens erforderlich; am Ende dieses, am besten sanft ansteigenden Zufahrtsweges erweitert sich dann der Steinbruch kesselartig. Wenn auch in diesem Falle die Kosten für die Eröffnung des Bruches höher sind wie bei der Anlage an steileren Gehängen, und die Überlagerung der nutzbaren Schicht durch Eigen- und Fremdschutt meist mächtiger entwickelt ist, so stellen sich der Abfuhr der gebrochenen Massen und der Entwässerung doch noch keinerlei nennenswerte Erschwerungen in den Weg (Abb. 421).

Minder günstig steht die Sache, wenn ein Steinbruch in ebenem Gelände eröffnet und betrieben werden muß (Abb. 418; viele Ziegeleien südlich Wiens). Er erhält nämlich dann die Gestalt eines mehr minder tiefen Kessels, aus dem alles Fördergut und auch der Abraum der Schwerkraft entgegen mühsam emporgeschafft werden muß. Zu diesem Zwecke empfehlen sich behufs Ersparnis an Arbeitskräften und Förderkosten häufig entsprechende maschinelle Förderanlagen, wie Bremsberge, Seilbahnen usw. In Gebieten mit reichlichem Grundwasserzufluß erfordert auch die Wasserhaltung große Aufmerksamkeit; wo es nicht gelingt, das zudringende Grundwasser und das fallende Niederschlagswasser mittels Schluckröhren und Schluckschächten in tiefer gelegene, durchlässige und aufnahmsfähige Schichten abzuführen, wird die Anbringung von eigenen Pumpanlagen zur Trockenhaltung der Steinbruchsohle nicht zu umgehen sein; das Absaugen der Grubenwässer aus dem „Sumpfe", der die gesamten Steinbruchwasserfäden sammelt, mittels großen Winkelhebern ist nur bis zu einer zu überwindenden Höhe von 8 bis 9 m möglich, im übrigen aber ein billiges und ziemlich betriebsicheres Wasserhaltungsmittel.

Durchbruchgesteinskuppen sind bei der Anlage von Steinbrüchen tunlichst zu meiden, da auf ihnen die Verwitterung des Gesteines meist schon weit in die Tiefe fortgeschritten ist, und die Absonderungsflächen nach allen Seiten abfallen, was die Gewinnung gerade nicht erleichtert.

Auch die Richtung des Einfallens der Schichten kann den Steinbruchbetrieb wesentlich beeinflussen.

Die Ablösung und Abförderung der Platten und Bänke wird am meisten begünstigt, wenn die Schichten der Abbauwand sanft zufallen (Abb. 418b).

Fallen die Schichten dagegen von der Abbauwand weg bergeinwärts, so wird die Hereingewinnung der gelösten Steine sehr erschwert, da sie stets

Abb. 420. Günstiges Gelände für den Steinbruchbetrieb. Casseler Basaltindustrie A. G.

ein Stück weit auf den liegenden Schichtflächen bergaufwärts bewegt und dann um die Kante der Abbauwand gekippt werden müssen. Es ist darum bei der Neuanlage von Steinbrüchen auf die Richtung des Verflächens der Schichten

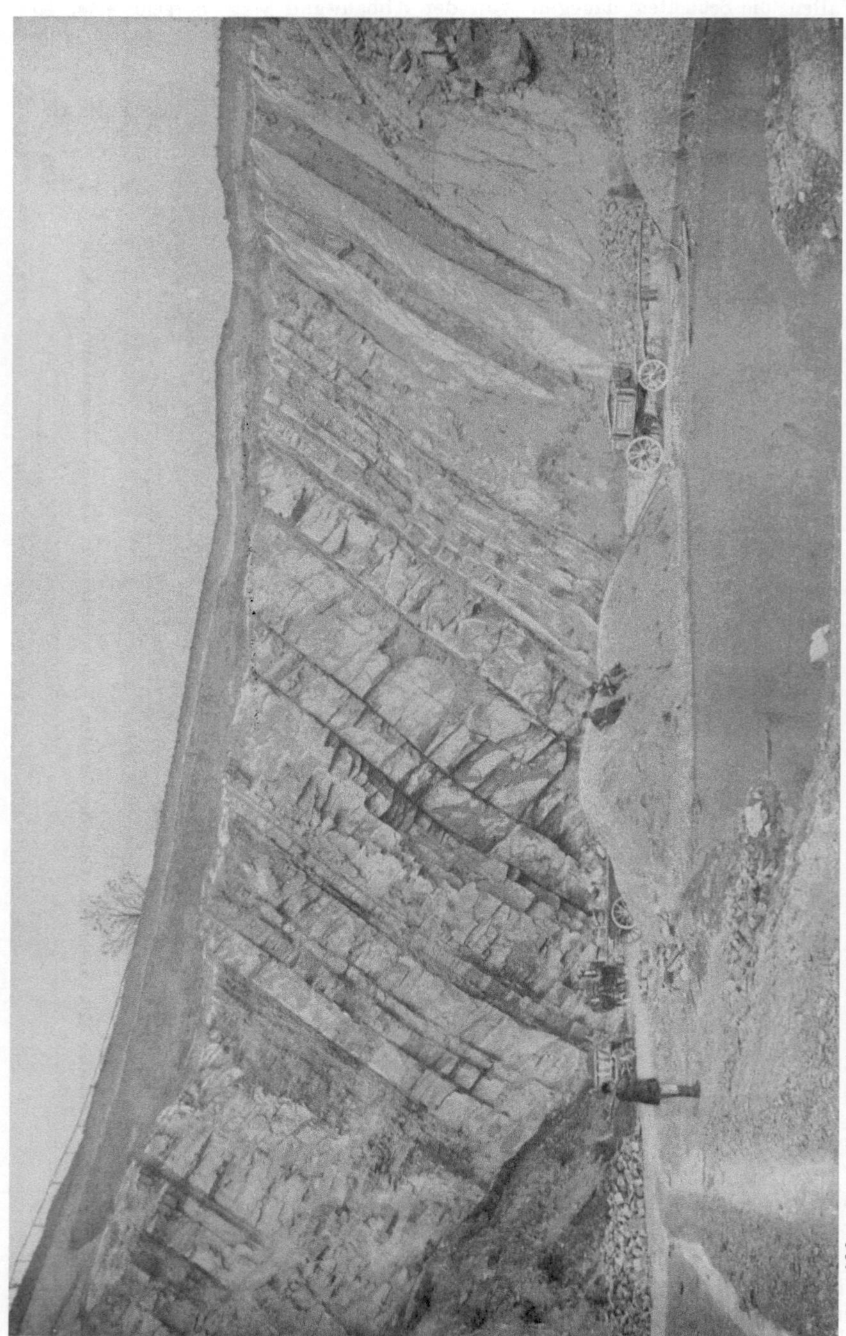

Abb. 421. Alter Steinbruch im Flysch unweit des Bahnhofes Klosterneuburg-Weidling. Im Vordergrunde Wasseransammlung.

wohl zu achten. Manchmal spielen Kluftflächen in dieser Hinsicht eine ähnliche Rolle wie die Schichtflächen (vgl. S. 329 und Abb. 411.)

Störungstreifen meidet der Techniker in den meisten Fällen, und zwar nicht bloß bei der Anlage von Steinbrüchen allein. Denn in ihnen und ihrer Nachbarschaft sind die Gesteine regelmäßig stark zertrümmert, oft auch innerlich zermürbt oder stark gefaltet, ausgewalzt und verbogen.

Abb. 422. Weckelsdorfer Felsengebirge (Nordböhmen). Quadersandstein; Lotklüfte (Steilklüfte) viel stärker ausgeprägt und durch Verwitterung und Abtrag herausgearbeitet als die Schichtklüfte.

Aus derartigen Gesteinkörpern lassen sich wohl selten taugliche Bausteine von entsprechender Größe, Festigkeit und Wetterbeständigkeit gewinnen; oft ist sogar eine Verwendung zu Schottergut nicht mehr möglich, da die Gebirgsbildung häufig sogar die Kornbindung der Gesteine aufgelockert hat; dann erscheinen sogar Hartgesteine (Gloggnitzer Forellenstein, Amphibolite usw.) wie zermürbt und lassen sich höchstens zur Erzeugung von Sand in Quetschen verwenden (Amphibolite in Quetschstreifen der Koralpe usw.). Einschnitte und Stollenbauten leiden im Störungsgebiet, namentlich aber in sogenannten Quetschstreifen, sehr unter der geringen Standfestigkeit und großen Nachbrüchigkeit des zerrütteten Gesteines. Sprengschüsse üben keine kräftige Wirkung aus, da die Gase nach allen Richtungen entweichen können; zudem sind die Verwerfungsklüfte, namentlich die Querspalten, häufig

Wasserbringer und schütten oft große Wassermassen in den Stollen, deren Ableitung mitunter erhebliche Schwierigkeiten verursachen (Bosrucktunnel). Die Lage von solchen Bruchlinien und Störungstreifen gibt die geologische Karte an.

Da aber die Verwerfungslinien selten vereinzelt auftreten, sondern meist von mehreren gleichlaufenden oder senkrecht zu ihnen stehenden Brüchen von geringerer Sprunghöhe begleitet werden, fällt es nötig, die Angaben der geologischen Karte durch sorgfältige eigene Begehungen zu ergänzen, wenn man es nicht vorzieht, diese Erhebungen durch einen erfahrenen Fachgeologen pflegen zu lassen. Wie alle Wirkungen des Gebirgsdruckes, die eine Kleinfältelung, Zerrüttung oder Zerlegung eines Gesteinkörpers in einzelne Schollen oder kleinere Stücke ausgelöst haben, so beeinträchtigt auch eine schräge Schieferung einer Schichtmasse die Standfestigkeit und die Verwertbarkeit eines Gesteines.

Nur in Ausnahmefällen bringen derartige Störungen im Gebirgsbau dem Techniker Vorteile, so z. B. u. a. jene, welche den Zerfall des Ramsau- oder Hauptdolomites zu Grus und Blockwerk für den Straßenbau vorbereiten halfen. Außerdem etwa dann, wenn Verwerfungsspalten Wasser führen, das einer Trinkwasserversorgungsanlage nutzbar gemacht werden kann, oder wenn in Störungstreifen Druckbreschen vorkommen, deren Trümmer nachträglich so fest verkittet wurden, daß sie einen brauchbaren und bei schönem Farbengegensatze zwischen Bindemitteln und Trümmern auch dem Auge angenehmen Baustoff liefern.

Schriftenverzeichnis

1. Schoklitsch, A.: Geschiebebewegung in Flüssen und an Stauwerken. J. Springer. 1926.

2. Terzaghi, K.: Erdbaumechanik auf bodenphysikalischer Grundlage. Leipzig und Wien: Fr. Deuticke. 1925.

3. Schenk, R.: Die Korn- und Siebnormung in der Bauindustrie. Zeitschrift: Der Straßenbau, H. 2. 1926.

4. Gutenberg, B.: Lehrbuch der Geophysik. Berlin: Gebr. Bornträger. 1926.

5. Linck, G.: Aufbau des Erdballs. Jena: G. Fischer. 1924.

6. Erdmannsdörfer, O. H.: Grundlagen der Petrographie. Stuttgart: F. Enke. 1924.

7. Goldschmidt, V. M.: Der Stoffwechsel der Erde. Videnskappselskapets Skrifter Kristiania, math.-nat. Kl. Nr. 10, 1922, und Geochemische Verteilungsgesetze der Elemente, ebenda 1923ff. (mehrere Hefte).

8. Niggli, P.: Lehrbuch der Mineralogie. Berlin: Bornträger. 1920.

9. Höfer, H.: Anleitung zum geologischen Beobachten, Kartieren und Profilieren. Braunschweig: F. Vieweg. 1915.

10. Schmitthenner, L.: Die chinesische Lößlandschaft. Geographische Zeitschrift, S. 308ff. 1919.

11. Penck, A.: Die Alpen im Eiszeitalter. S. 14. Leipzig 1909.

12. Sander, Br.: Über tektonische Gesteinsfazies. Verhandl. d. geol. Reichsanstalt 1912, S. 249ff.

13. Grubenmann-Niggli: Die Gesteinmetamorphose. I. Teil. Berlin 1924.

14. Hanisch, A.: Prüfungsergebnisse mit natürlichen Bausteinen. S. 20. Wien 1912.

15. Gericke, S.: Versuche über die Vorbereitung und Ausführung der Schlämmanalyse nach Atterberg. Fortschr. d. Landwirtsch., 2. Jg., H. 14, S. 455 bis 457. 1927.

16. Hirschwald, J.: Handbuch der bautechnischen Gesteinprüfung. 2 Bde. Berlin 1912.

17. Rosiwal, A.: Verhandlungen d. geolog. Reichsanstalt Wien, S. 143 bis 175. 1898.

18. Shand, S. J.: Journ. Geolog. Chicago 24. S. 394 bis 404. 1916.

19. Stiny, J.: Gesteinklüfte und alpine Aufnahmsgeologie. Jahrb. d. geolog. Bundesanstalt Wien, S. 97 bis 127. 1925.

20. Derselbe: Bewegungen der Erdkruste und Wasserbau. Die Wasserwirtschaft, H. 7 bis 17. Wien 1926.

21. Derselbe: Die Ausführung der Kluftmessung. Der Geologe, Nr. 38. 1925.

22. Derselbe: Zur Geschichte des Millstätter Sees. Die Eiszeit, S. 9ff. 1926.

22. Stiny, J.: Technische Geologie, S. 739.

23. Derselbe: Über die Lage des Felsuntergrundes bei Talsperrengründungen. Die Wasserwirtschaft, 1923.

24. Derselbe: Kluftmessung und Quellenkunde. Internationale Zeitschrift f. Bohrtechnik, Erdölbergbau und Geologie, H. 13. 1926.

25. Wilser, J.: Grundriß der angewandten Geologie. Berlin 1921.

26. Smekal, A.: Festigkeit und Molekularkräfte. Zeitschr. d. österr. Ing.- u. Arch.-Ver., 74, 217. 1922.

27. Wawrziniok, O.: Handbuch des Materialprüfungswesens. Berlin 1923.

28. Geßner, H.: Der verbesserte Wiegnersche Schlämmapparat. Mitt. aus d. Gebiete d. Lebensmitteluntersuchung und Hygiene. B. 13, S. 238 bis 243. 1922.

29, Stiny, J.: Zerrüttungstreifen und Steinbruchbetrieb. Geologie und Bauwesen Heft 1, 1929.

30. Smekal, A.: Technische Festigkeit und molekulare Festigkeit. Naturwissenschaften 10, 799. 1922.

31. Stiny, J.: Gesteine vom Steinberge bei Feldbach. Verhdlg. d. Geolog. Bundesanstalt, S. 138. Wien 1923.

32. Hibsch, J. F.: Über den Sonnenbrand der Gesteine. Zeitschr. f. prakt. Geologie, S. 69ff. 1920.

33. Matthiaß, W.: Das Ton- und Klebsandlager zu Hettenleidelheim (Rheinpfalz). Zeitschr. f. prakt. Geologie, S. 133ff. 1920.

34. Cassinone, H.: Kalksteinschotter zur Straßenunterhaltung. Die Bautechnik, H. 16. 1926.

35. Fuchs, A.: Über die Klasseneinteilung des Kleinschlag und die Stellung der sauerländisch-bergischen Grauwackensandsteine. Zeitschr. f. prakt. Geologie. 1927.

36. Schubert: Schwellenabstand und Bettungstoff im Eisenbahngeleise. Zeitschr. f. Bauwesen, Jg. XLVII, S. 207 bis 239. 1897.

37. Keilhack, K.: Einige Bemerkungen über die Korngröße der Dünensande. Chemiker Zeitung, H. 53. 1905.

38. Rinne, F.: Zur mikroskopischen Struktur von Kalksandsteinen. Tonindustrie-Zeitung. 1903.

39. Hoppe, W.: Die Untersuchung des Buntsandsteines. Die Steinindustrie. 1925.

40. Hundt, R.: Der mittlere Zechstein bei Gera als Fundplatz von Baumaterialien. Die Steinindustrie, S. 338ff. 1927.

41. Kölbl, L.: Vorkommen und Entstehung des Kaolins im nied.-österr. Waldviertel. Tscherm. Min. u. Petrogr. Mittlg., Bd. 37. 1926.

42. Hirsch, H.: Ton und Klinker. Tonindustrie-Zeitung. 1927.

43. Fuchs, A.: Änderung physikalischer und chemischer Eigenschaften von Gesteinen bei Wasseraufnahme. Glückauf, S. 1757ff. 1927.

44. Graf, O.: Über Versuche zur Ermittlung des Widerstandes von nichtmetallischen Baustoffen gegen Abnutzung. Der Straßenbau, H. 33. 1927.

45. Hirschwald, J.: Bautechnische Gesteinsuntersuchungen. H. 8. Berlin: Gebr. Bornträger. 1921.

46. Hanisch, A.: Frostversuche mit Bausteinen der österr.-ungar. Monarchie. Wien: C. Graeser. 1895.

47. Rosiwal, A.: Beitrag zur Bohrfestigkeit der Gesteine.

48. Derselbe: Über geometrische Gesteinsanalysen. Verhdlg. der k. k. Geolog. Reichsanstalt, H. 5/6. 1898.

49. Derselbe: Neue Untersuchungsergebnisse über die Härte von Mineralien und Gesteinen. Verhdlg. der k.k. Geolog. Reichsanstalt, H. 17/18. 1896.

50. Derselbe: Über einige neue Ergebnisse der technischen Untersuchung von Steinbaumaterialien. Verhdlg. d. k. k. Geolog. Reichsanstalt, H. 6/7. 1899.

51. Greger, O.: Über die Untersuchung von Bausteinen und Straßendeckstoffen. Zeitschr. d. österr. Ing.- u. Arch.-Ver., H. 47/48. 1926.

52. Ludwik, P.: Kohäsion, Härte und Zähigkeit. Metallkunde. 1922.

53. Zelter, W.: Petrographische Untersuchung über die Eignung von Graniten als Straßenbaumaterial. Halle a. d. Saale: W. Knapp. 1927.

54. Schenck: Kornstufen und Bezeichnungen der Zuschlagstoffe im Straßenbau. Der Straßenbau, H. 35. 1927.

55. Rosiwal, A.: Neuere Ergebnisse der Härtebestimmung von Mineralien und Gesteinen. Verhdlg. d. k. k. Geolog. Reichsanstalt, H. 5/6. 1916.

56. Derselbe: Quarz als Standardmaterial für die Abnutzbarkeit. Verhdlg. d. k. k. Geolog. Reichsanstalt, H. 9. 1902.

57. Derselbe: Die Zermalmungfestigkeit der Gesteine. Verhdlg. d. k. k. Geol. Reichsanstalt, H. 16. 1909.

58. Singer, M.: Bodenuntersuchung für Bauzwecke. Leipzig: W. Engelmann. 1911.

59. Stiny, J.: Rutschungen, Gebirgsdruck, Bergbauschäden und Baugrundbelastung. Intern. Zeitschr. f. Bohrtechnik, Erdölbergbau und Geologie, H. 8. 1928.

60. Derselbe: Hat die bodenphysikalische Untersuchung des Untergrundes von Fahrbahndecken auch für Deutschland Bedeutung? Asphalt- und Teerindustriezeitung, H. 11. 1928.

61. Reich, H.: Über die elektrische Leitfähigkeit von Gesteinen und nutzbaren Mineralien. Jahrb. d. preuß. Geolog. Landesanstalt, S. 627ff. 1926.

62. Jesser, L.: Raumänderungen beim Quellen von Gesteinen. Berg- u. Hüttenmänn. Jahrb., H. 3. 1925.

63. Freyberg, B. v.: Eine mitteldeutsche Traßlagerstätte. Die Steinindustrie, H. 11, S. 163 bis 164. 1928.

64. Heß, H.: Elastizität trockener und feuchter Gesteine. Zentralbl. f. M., H. 15, S. 471 bis 479. 1912.

65. Dienemann, W., und O. Burre: Die nutzbaren Gesteine Deutschlands. Stuttgart: F. Enke. 1928.

66. Hirschwald, J.: Leitsätze für die praktische Beurteilung, zweckmäßige Auswahl und Bearbeitung natürlicher Bausteine. Berlin 1915.

67. Gäbert, C., A. Steuer, K. Weiß: Die nutzbaren Gesteinvorkommen Deutschlands. Berlin 1915.

68. Weinschenk, E.: Petrographisches Vademekum. Freiburg 1924.

69. Derselbe: Das Polarisationsmikroskop. Freiburg 1925.

70. Becke, Fr.: Über Mineralbestand und Struktur der kristallinen Schiefer. Optische Untersuchungsmethoden. Zur Physiographie der Gemengteile der kristallinen Schiefer. Denkschriften d. Kaiserl. Akademie d. Wissenschaften, math.-naturw. Kl. Wien 1913.

71. Till, A.: Mineralogisches Praktikum. Wien 1920.

72. Derselbe: Petrographisches Praktikum. Wien 1920.

73. **Sandkühler, B.**: Einführung in die mikroskopische Gesteinuntersuchung. Stuttgart.

74. **O. Herrmann**: Steinbruchindustrie und Steinbruchgeologie.

75. **Derselbe**: Gesteine für Architektur und Skulptur. Berlin 1914.

76. **Rinne, Fr.**: Gesteinskunde. Leipzig 1921.

77. **Reinisch, R.**: Petrographisches Praktikum I. und II. Teil. Berlin 1914.

78. **Keilhack, K.**: Praktische Geologie. 2 Bde. Berlin 1916, 1918.

Sachverzeichnis

Ortsverzeichnis

SALZBURGER MARMORE

(ANGESCHLIFFEN)

Untersberger „Hofbruch“

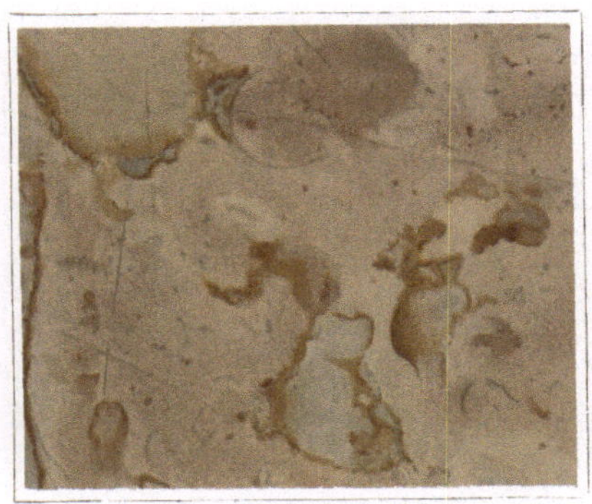

Adneter „Rosa Urbano“

Adneter „Rotgrauer Schnöll“

Adneter „Grauer Schnöll“

Adneter „Rotscheck“

Adneter „Lienbach“

ZIERSTEINE AUS DEN BRÜCHEN DER

MARMORWERKE KIEFER A. G., OBERALM BEI HALLEIN

Stiny, Gesteinkunde, 2. Aufl. Verlag von Julius Springer, Wien

Geologische Voraussetzungen für Wasserkraftanlagen. Von Professor Dr. **J. L. Wilser,** Freiburg i. Br. 58 Seiten. 1925. RM 3,60

Der neuzeitliche Straßenbau. Aufgaben und Technik. Von Professor Dr.-Ing. **E. Neumann,** Stuttgart. (Handbibliothek für Bauingenieure, herausgegeben von R. Otzen, Teil II, Band X.) Mit 210 Textabbildungen. XII, 400 Seiten. 1927. Gebunden RM 29,50

Handbuch der neuen Straßenbauweisen mit Bitumen, Teer und Portlandzement als Bindemittel. Mit etwa 200 Textabbildungen. Etwa 480 Seiten. In Vorbereitung

Technologie der Brecher, Mühlen und Siebvorrichtungen. Backenbrecher, Rundbrecher, Rollenbrecher, Walzenmühlen, Kollergänge, Mahlgänge, Stampf- und Pochwerke, Schlagmühlen, Ringmühlen, Kugelmühlen, Sichtung nach Korngröße, Brech- und Mahlanlagen, Hilfsmaschinen, vollständige Anlagen. Von Ingenieur a. m. **E. C. Blanc.** Deutsche Bearbeitung von Oberingenieur Hermann Eckardt, vereidigter Sachverständiger für Hartzerkleinerung und Keramik. Mit 196 Textabbildungen. XVI, 457 Seiten. 1928. Gebunden RM 34,—

Handbuch des Materialprüfungswesens für Maschinen- und Bauingenieure. Von Dipl.-Ing. **Otto Wawrziniok,** ord. Professor an der Technischen Hochschule, Dresden. Zweite, vermehrte und vollständig umgearbeitete Auflage. Mit 641 Textabbildungen. XX, 700 Seiten. 1923. Gebunden RM 24,—

Materialprüfung mit Röntgenstrahlen unter besonderer Berücksichtigung der Röntgenmetallographie. Von Professor Dr. **Richard Glocker,** Stuttgart. Mit 256 Textabbildungen. VI, 377 Seiten. 1927. Gebunden RM 31,50

Verfahren und Einrichtungen zum Tiefbohren. Kurze Übersicht über das Gebiet der Tiefbohrtechnik. Von Ingenieur **Paul Stein.** Zweite, gänzlich umgearbeitete Auflage. Mit 20 Textfiguren und 1 Tafel. IV, 33 Seiten. 1913. RM 1,20

Diamantbohrungen für Schürf- und Aufschlußarbeiten über und unter Tage. Von Dipl.-Berging. **Georg Glockemeier.** Mit 48 in den Text gedruckten Figuren. III, 58 Seiten. 1913. RM 2,—

Die Bodenbewegungen im Kohlenrevier und deren Einfluß auf die Tagesoberfläche. Von Ing. **A. H. Goldreich.** Mit 201 Figuren im Text. VIII, 308 Seiten. 1926. RM 22,50, gebunden RM 24,—

Die Theorie der Bodensenkungen in Kohlengebieten mit besonderer Berücksichtigung der Eisenbahnsenkungen des Ostrau-Karwiner Steinkohlenrevieres. Von Ing. **A. H. Goldreich.** Mit 132 Textfiguren. IX, 260 Seiten. 1913. RM 10,—

Statische Probleme des Tunnel- und Druckstollenbaues und ihre gegenseitigen Beziehungen. Gleichgewichtsverhältnisse im massiven und kreisförmig durchörterten Gebirge und deren Folgeerscheinungen. Spannungsverhältnisse unterirdischer Gewölbebauten. Von Dr. sc. techn. **Hanns Schmid,** Ingenieur E. T. H., Chur. Mit 36 Textabbildungen. VI, 148 Seiten. 1926. RM 8,40